基本単位（国際単位系 SI）

量	単位名	記号
長さ	メートル	m
質量	キログラム	kg
時間	秒	s
温度	ケルビン	K

量	単位名	記号
電流	アンペア	A
物質量	モル	mol
光度	カンデラ	cd

組立単位

量	単位名	記号	単位の間の関係
角度	度，ラジアン	°，rad	πrad＝180°
速度	メートル毎秒	m/s	
加速度	メートル毎秒毎秒	m/s^2	
力	ニュートン	N	1 N＝1 kg·m/s
ばね定数	ニュートン毎メートル	N/m	
力のモーメント	ニュートンメートル	N·m	
仕事	ジュール	J	1 J＝1 N·m
エネルギー	ジュール	J	
仕事率	ワット	W	1 W＝1 J/s
圧力	パスカル	Pa	1 Pa＝1 N/m^2
密度	キログラム毎立方メートル	kg/m^3	
熱量	ジュール	J	1 cal＝4.19 J
熱容量	ジュール毎ケルビン	J/K	
比熱	ジュール毎グラム毎ケルビン	J/(g·K)	
振動数	ヘルツ	Hz	
電気量	クーロン	C	
電位，電圧	ボルト	V	1 V＝1 J/C
電場の強さ	ニュートン毎クーロン	N/C	1 N/C＝1 V/m
電気抵抗	オーム	Ω	
抵抗率	オームメートル	Ω·m	
電力	ワット	W	

毎日の勉強と定期テスト対策に

For Everyday Studies and Exam Prep for High School Students

よくわかる 高校物理基礎+物理

Basic Physics + Advanced Physics

小牧研一郎
東京大学名誉教授・理学博士

右近修治
東京都市大学理工学部自然科学科客員教授

長谷川大和
東京工業大学附属科学技術高等学校教諭

徳永恵里子
慶應義塾高等学校非常勤講師

Gakken

まえがき

自然界では，さまざまな現象が起こり，また，それらは絶えず変化しています。その現象や変化に対して，「なぜだろう？」という探究心をもつことから物理学は発展してきました。物理学は，自然界の現象の仕組みや法則性を，観察や実験を通して解き明かそうとする学問であるといえます。

また，物理学によって解明されたことは，日常生活で使用している製品などにも幅広く応用されています。自動車や航空機などの交通機関や，スマートフォンや冷蔵庫をはじめとした電化製品など，いたるところで目にすることができます。基礎学問としての物理学の発展が，今日の科学技術の発展をもたらしています。このように物理は，現象を探究する学問であるとともに，われわれの生活とも深く密着したものであるといえます。

高校の物理では，物理の基礎について幅広く学習します。単に公式や用語を覚えるのではなく，現象を生み出している理由についてよく考え，じゅうぶんに理解しながら，着実に勉強するよう心がけましょう。

本書は，次のような点に留意しながら執筆してあります。

1．令和4年度からの新学習指導要領にしたがって作成し，どの教科書にも適応できるように配慮してあります。

2．授業に役立つことはもちろんですが，定期テストにそなえることにも重点をおいています。

3．図や表を多用し，わかりやすい記述を心がけるとともに，親しみやすいよう配慮してあります。

4．種々の法則や原理・性質などを理解したり問題を解くためのポイントを明示し，関連図・モデル図なども用いて，解説や問題を解く際の重要ポイントがつかみやすいように工夫してあります。

5．各章・項目・事項の相互の関係を重視し，物理全体を体系的に理解できるようにしてあります。

本書をじゅうぶんに活用し，物理に対する一層の興味と理解を深めることを期待します。

小牧研一郎

本書の使い方

学校の授業の理解に役立ち，基礎をしっかり学べる参考書

本書は，高校の授業の理解に役立つ物理基礎＋物理の参考書です。
授業の予習や復習に使うと授業を理解するのに役立ちます。

図や表が豊富で，見やすく，わかりやすい

カラーの図や表を豊富に使うことで，学習する内容のイメージがつかみやすく，また，図中に解説を入れることでポイントがさらによくわかります。

POINT や太字で要点がよくわかる

POINT で「覚えておきたいポイント」，「問題を解くためのポイント」がわかります。色のついた文字や，太字になっている文章は特に注目して学習しましょう。

例題 や章末の**定期テスト対策**でしっかり確認

解説を読んだ後，例題 を解くことで学んだ内容を定着させましょう。また，章末にある「この章で学んだこと」で重要用語を再確認し「定期テスト対策問題」にチャレンジすることで学習内容の理解度を知ることができます。

Q&Aで学習の疑問を解決

学習をしているとき疑問について，先生がていねいに解答しており，理解を深めながら学習を進めることができます。

Q 「速さ」と「速度」の違いは何ですか？

A 進む向きを考えずに速度の大きさだけを表す量を「速さ」とよび，このような量をスカラーといいます。「速度」は大きさと向きを合わせて考えた量で，このような量をベクトルといいます。

※本書では煩雑さを避けるため，計算の過程で単位を省略する場合があります。

MY BEST

CONTENTS もくじ

物理

High School Study Tips
to Help You Reach Your Goals

よくわかる

高校の勉強ガイド

中学までとどう違うの?

勉強の不安, どうしたら解消できる!?

高校3年間のスケジュールを知ろう！

中学までとのギャップに要注意！

中学までの勉強とは違い，**高校の学習はボリュームも難易度も一気に増す**ので，テスト直前の一夜漬けではうまくいきません。部活との両立も中学以上に大変です！

また，高校では入試によって学力の近い人が多く集まっているため，中学までは成績上位だった人でも，初めての定期テストで予想以上に苦戦し，**中学までとのギャップ**にショックを受けてしまうことも…。しかし，そこであきらめず，勉強のやり方を見直していくことが重要です。

高3は超多忙！
高1・高2のうちから勉強しておくことが大事。

高2になると，**文系・理系クラスに分かれる**学校が多く，より現実的に志望校を考えるようになってきます。そして，高3になると，一気に受験モードに。

大学入試の一般選抜試験は，早い大学では高3の1月から始まるので，**高3では勉強できる期間は実質的に9か月程度しかありません。**おまけに，たくさんの模試を受けたり，志望校の過去問を解いたりするなどの時間も必要です。高1・高2のうちから，計画的に基礎をかためていきましょう！

一般的な高校3年間のスケジュール

※3学期制の学校の一例です。くわしくは自分の学校のスケジュールを調べるようにしましょう。

高1	4月	●入学式　●部活動仮入部
	5月	●部活動本入部　●一学期中間テスト
	7月	●一学期期末テスト　●夏休み
	10月	●二学期中間テスト
	12月	●二学期期末テスト　●冬休み
	3月	●学年末テスト　●春休み
高2	4月	●文系・理系クラスに分かれる
	5月	●一学期中間テスト
	7月	●一学期期末テスト　●夏休み
	10月	●二学期中間テスト
	12月	●二学期期末テスト　●冬休み
	2月	●部活動引退（部活動によっては高3の夏頃まで継続）
	3月	●学年末テスト　●春休み
高3	5月	●一学期中間テスト
	7月	●一学期期末テスト　●夏休み
	9月	●総合型選抜出願開始
	10月	●大学入学共通テスト出願　●二学期中間テスト
	11月	●模試ラッシュ　●学校推薦型選抜出願・選考開始
	12月	●二学期期末テスト　●冬休み
	1月	●私立大学一般選抜出願　●大学入学共通テスト　●国公立大学二次試験出願
	2月	●私立大学一般選抜試験　●国公立大学二次試験（前期日程）
	3月	●卒業式　●国公立大学二次試験（後期日程）

部活との両立をしたいな

受験に向けて基礎をかためなきゃ

やることがたくさんだな

高1・高2のうちから受験を意識しよう！

基礎ができていないと，高3になってからキツイ！

高1・高2で学ぶのは，**受験の「土台」**になるもの。**基礎の部分に苦手が残ったままだと，高3の秋以降に本格的な演習を始めたとたんに，ゆきづまってしまうことが多い**です。特に，英語・数学・国語の主要教科に関しては，基礎からの積み上げが大事なので，不安を残さないようにしましょう。

また，文系か理系か，国公立か私立か，さらには目指す大学や学部によって，受験に必要な科目は変わってきます。**いざ進路選択をする際に，自分の志望校や志望学部の選択肢をせばめてしまわないよう**，苦手だからといって捨てる科目のないようにしておきましょう。

暗記科目は，高1・高2で習う範囲からも受験で出題される！

社会や理科などのうち**暗記要素の多い科目は，受験で扱われる範囲が広いため，高3の入試ギリギリの時期までかけてようやく全範囲を習い終わる**ような学校も少なくありません。受験直前の焦りやつまずきを防ぐためにも，高1・高2のうちから，習った範囲は受験でも出題されることを意識して，マスターしておきましょう。

増えつつある，学校推薦型や総合型選抜

《国公立大学の入学者選抜状況》

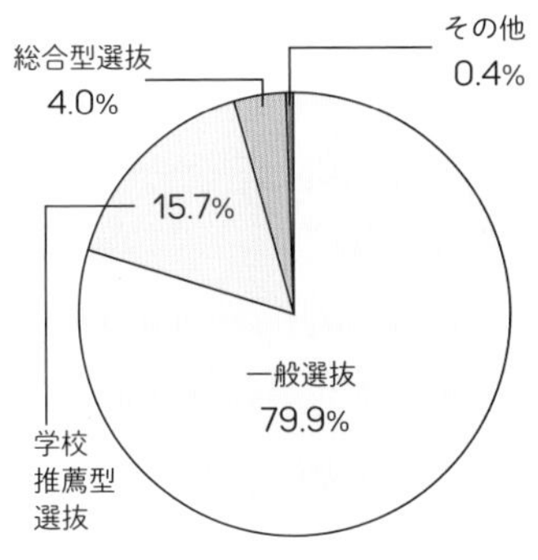

《私立大学の入学者選抜状況》

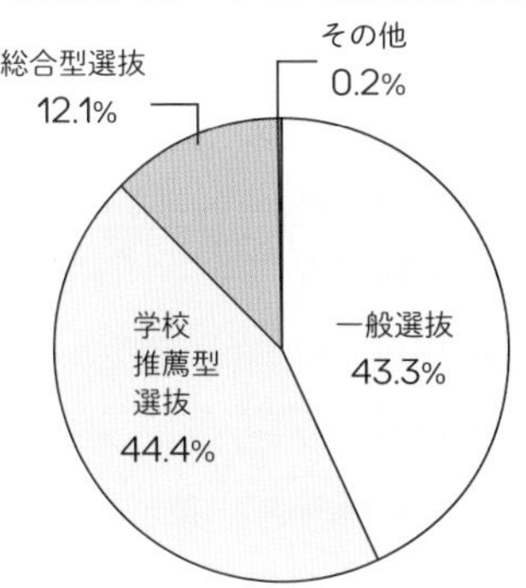

文部科学省「令和2年度国公私立大学入学者選抜実施状況」より
AO入試→総合型選抜、推薦入試→学校推薦型選抜として記載した

私立大学では入学者の50%以上！　国公立大でも増加中。

大学に入る方法として，一般選抜以外に近年増加傾向にあるのが，**学校推薦型選抜（旧・推薦入試）**や**総合型選抜（旧・AO入試）**です。

学校推薦型選抜は，出身高校長の推薦を受けて出願できる入試で，大きく分けて，「公募制」と「指定校制（※私立大学と一部の公立大学のみ）」があります。推薦基準には，学校の成績（高校1年から高校３年1学期までの成績の状況を５段階で評定）が重視されるケースが多く，スポーツや文化活動の実績などが条件になることもあります。

総合型選抜は，大学の求める学生像にマッチする人物を選抜する入試です。書類選考や面接，小論文などが課されるのが一般的です。

高1からの成績が重要。毎回の定期テストでしっかり点を取ろう！

学校推薦型選抜，総合型選抜のどちらにおいても，学力検査や小論文など，**学力を測るための審査**が必須となっており，大学入学共通テストを課す大学も増えています。また，**高1からの成績も大きな判断基準になるため，毎回の定期テストや授業への積極的な取り組みを大事にしましょう。**

高校に入って急にわからなくなった…！
どうしたら授業についていける？

授業の前に，予習をしておこう！

高校の勉強は中学に比べて難易度が格段に上がるため，授業をまじめに聞いていたとしても難しく感じられる場合が少なくないはずです。

授業についていけないと感じた場合は，授業前に参考書に載っている要点にサッとでもいいので目を通しておくことをおすすめします。予習の段階ですから，理解できないのは当然なので，完璧な理解をゴールにする必要はありません。それでも授業の「下準備」ができているだけで，授業の内容が頭に入りやすくなるはずです。

Q

今日の授業，よくわからなかったけど，先生に今さら聞けない…どうしよう!?

A

参考書を活用して，わからなかったところはその日のうちに解決しよう。

先生に質問する機会を逃してしまうと，「まあ今度でいいか…」とそのままにしてしまいがちですよね。

ところが，高校の勉強は基本的に「積み上げ式」です。「新しい学習」には「それまでの学習」の理解が前提となっている場合が多く，ちょうどレンガのブロックを積み重ねていくように，「知識」を段々と積み上げていく必要があるのです。そのため，わからないことをそのままにしておくと，欠けたところにはレンガを積み上げられないのと同じで，次第に授業の内容がどんどん難しく感じられるようになってしまいます。

そこで役立つのが参考書です。参考書を先生代わりに活用し，わからなかった内容は，その日のうちに解決する習慣をつけておくようにしましょう。

テスト直前にあわてたくない！ いい方法はある!?

試験日から逆算した「学習計画」を練ろう。

定期テストはテスト範囲の授業内容を正確に理解しているかを問うテストですから，よい点を取るには全範囲をまんべんなく学習していることが重要です。すなわち，試験日までに授業内容の復習と問題演習を全範囲終わらせる必要があるのです。

そのためにも，毎回「試験日から逆算した学習計画」を練るようにしましょう。事前に計画を練って，いつまでに何をやらなければいけないかを明確にすることで，テスト直前にあわてることもなくなりますよ。

Q

部活で忙しいけど，成績はキープしたい！効率的な勉強法ってある？

通学時間などのスキマ時間を効果的に使おう。

部活で忙しい人にとって，勉強と部活を両立するのはとても大変なことです。部活に相当な体力を使いますし，何より勉強時間を捻出するのが難しくなるため，意識的に勉強時間を確保するような「工夫」が求められます。

具体的な工夫の例として，通学時間などのスキマ時間を有効に使うことをおすすめします。実はスキマ時間のような「限られた時間」は，集中力が求められる暗記の作業の精度を上げるには最適です。スキマ時間を「効率のよい勉強時間」に変えて，部活との両立を実現しましょう。

物理基礎＋物理 の勉強のコツ Q&A

物理の効率のよい勉強の仕方は？

アウトプットの回数を増やしましょう。

物理は覚えることが少ない分，問題ごとに状況を判断し，それに合わせて立式し，計算する力が求められます。この力は，さまざまな問題にたくさん取り組まなければ身につきません。インプットよりもアウトプットの時間を増やして勉強するようにしましょう。

公式が覚えられません。
どうやって覚えればいいですか？

問題を解いて覚えるようにしましょう。

物理で出てくる公式は，公式だけで覚えようとしてもなかなか覚えられません。問題を解きながら，公式のそれぞれの文字がどのような物理量を表しているものかを意識することが大切です。ポイントなどで公式を確認したら，必ず例題を解くようにしましょう。

問題だけに取り組めば，
物理はできるようになりますか？

問題に取り組む前に，物理の原理原則を
理解することが重要です。

物理はアウトプットをより重視する科目であることは間違いありません。しかし，「なぜその公式を使うのか」や「その公式が表しているものは何か」というのは，問題を解く前にきちんと理解しておく必要があります。その原理原則を本書で学習していきましょう。

Basic Physics

物理基礎

第1部

運動と力

MY BEST

Basic Physics

第1章 運動の表し方

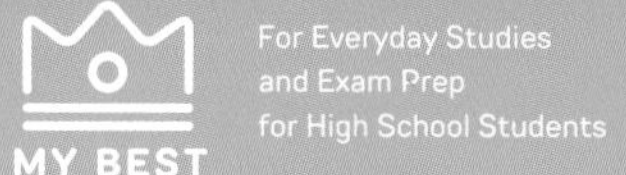

1 直線運動の速さ・速度

1 直線運動の速さ

A 速さ

一直線上を進む物体があるとき，一定時間内に進む距離が長いほど速い運動である。そこで，1秒や1分などの単位時間あたりに進む距離で，物体の**速さ**を表す。時間 t〔s〕の間に距離 s〔m〕移動するときの速さ v〔m/s〕は次の式で表される。

$$v=\frac{\text{移動距離}}{\text{時間}}=\frac{s}{t} \quad \cdots\cdots (1)$$

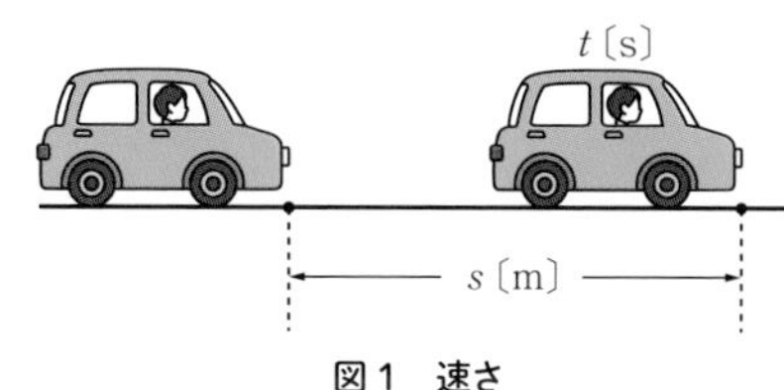

図1　速さ

B 速さの単位

物理では通常，速さの単位は m/s（メートル毎秒）を用いる。しかし，日常生活では km/h（キロメートル毎時）がよく使われている。例えば，30 km/h は1時間あたりに 30 km 進む速さを表している。

例題1 単位の変換

36 km/h で走っている自動車がある。この自動車の速さは何 m/s か。

考え方　36 km/h は，1 h（1時間）に 36 km 進む速さである。

解答

1 h＝60 min＝60×60 s，1 km＝1000 m であるから

$$36\ \text{km/h}=\frac{36\ \text{km}}{1\ \text{h}}=\frac{36\times 1000\ \text{m}}{60\times 60\ \text{s}}=10\ \text{m/s} \quad \cdots \text{答}$$

コラム　**(物理量)＝(数値)×(単位)**

単位 m（メートル）は 1 m の長さそのものを表す記号である。3.0 m は 3.0×m，つまり，1 m の 3.0 倍の長さという意味になる。一般に長さや時間などの物理量は(数値)×(単位)で表される。2.0 s は 2.0×s で 1 s の 2.0 倍の時間を表す。2.0 s 間に 3.0 m 移動すれば，速さは $\frac{3.0\ \text{m}}{2.0\ \text{s}}=1.5\times\frac{\text{m}}{\text{s}}=1.5\ \text{m/s}$ となる。速さの単位 m/s は $\frac{\text{m}}{\text{s}}$ を1行に書き表したものである。

2 直線運動の速度

速さだけでは，物体が直線上を右に進むか左に進むかわからない。そこで直線上に座標軸をとり，物体の進む向きを正・負の符号で表す。

A 変位

物体が運動して位置が変わるとき，その位置の変化のことを**変位**という。図のように，はじめ P_1（座標 x_1）の地点にあった物体が P_2（座標 x_2）の地点に進んだときの変位 Δx は，次のように表される。

$$\Delta x = x_2 - x_1$$

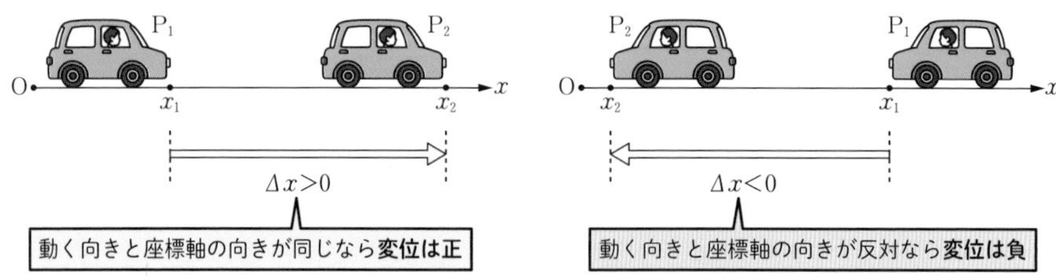

図 2　変位の正負

B 速度

時刻 t_1 に位置 P_1（座標 x_1）にあった物体が，その後の時刻 t_2 に位置 P_2（座標 x_2）へ進んだとすると，P_1 から P_2 に進むのに要した時間 Δt は $\Delta t = t_2 - t_1$（$\Delta t > 0$）なので，この間の速度 v は次のように表される。

$$v = \frac{\Delta x}{\Delta t} = \frac{x_2 - x_1}{t_2 - t_1} \quad \cdots\cdots (2)$$

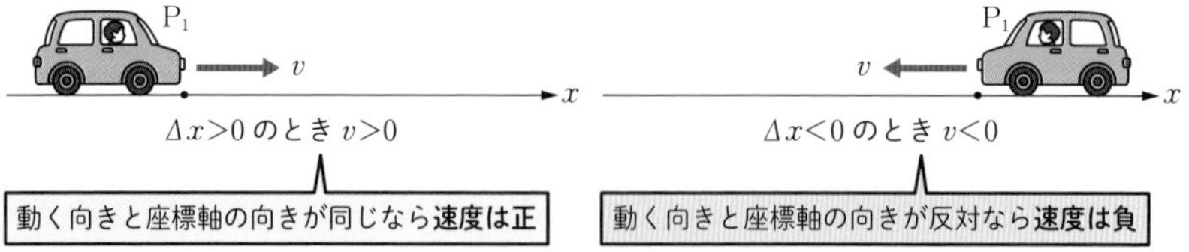

P1　v　x　$\Delta x > 0$ のとき $v > 0$

動く向きと座標軸の向きが同じなら**速度は正**

P1　v　x　$\Delta x < 0$ のとき $v < 0$

動く向きと座標軸の向きが反対なら**速度は負**

図 3　速度の正負

例題 2　変位と速度

図 2 の x 軸上で，5.0 s 間に自動車が $x_1 = 8.0$ m の位置から $x_2 = 2.0$ m の位置まで移動した。この間の自動車の変位と速度はいくらか。

解答

変位は　$\Delta x = x_2 - x_1 = 2.0\ \mathrm{m} - 8.0\ \mathrm{m} = -6.0\ \mathrm{m}$　…答

速度は $\dfrac{\Delta x}{\Delta t}=\dfrac{-6.0\ \mathrm{m}}{5.0\ \mathrm{s}}=-1.2\ \mathrm{m/s}$ …(答)

C x-t グラフ

直線上の物体の運動を表すには，横軸に時刻 t，縦軸にそのときの物体の位置 x をとってグラフにするとわかりやすい。これを**位置－時間グラフ（x－t グラフ）**という。x-t グラフを見れば，物体がどのような運動をしたのかがわかる。

D 平均の速度と瞬間の速度

図 4 の青い実線は物体の運動を表す x-t グラフである。時刻 t_1 における位置は x_1，t_2 においては x_2 であるが，それ以外のあらゆる瞬間における位置もグラフから読みとることができる。P_1P_2 間の速度は式(2)で表されるが，これはちょうど**図 4** の x-t グラフにおける P_1P_2 の傾き（直線①の傾き）に相当する。ところが①の傾きは時刻 t_1，t_2 の選び方によって異なる。式(2)は選んだこの区間における**平均の速度** $\overline{v}$ を表している。平均の速度は求める区間により異なる。

$$\overline{v}=\frac{\Delta x}{\Delta t}=\frac{x_2-x_1}{t_2-t_1} \qquad \cdots\cdots (3)$$

P_2 を P_2'，P_2''，…ととり，Δt を次第に 0 に近づけていくと Δx も 0 に近づき，それぞれの区間の平均の速度は，直線②の傾き，③の傾き，…というように変化していく。Δt をきわめて小さくする（$\Delta t\to 0$）と式(3)は P_1 における接線④の傾きとなる。これは時刻 t_1 における**瞬間の速度** v を表す。

$$v=\frac{\Delta x}{\Delta t}\ (\Delta t\to 0) \qquad \cdots\cdots (4)$$

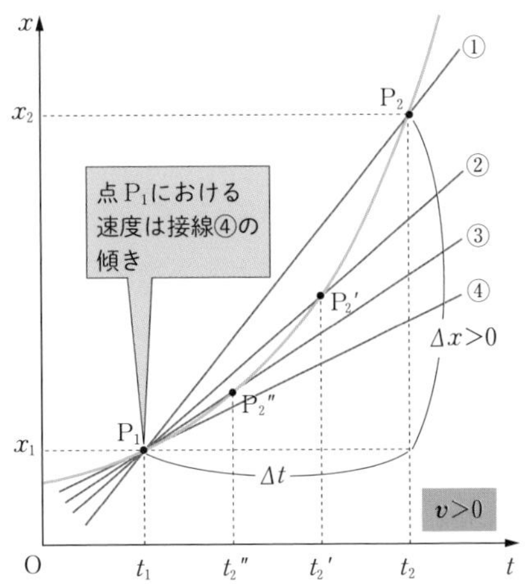

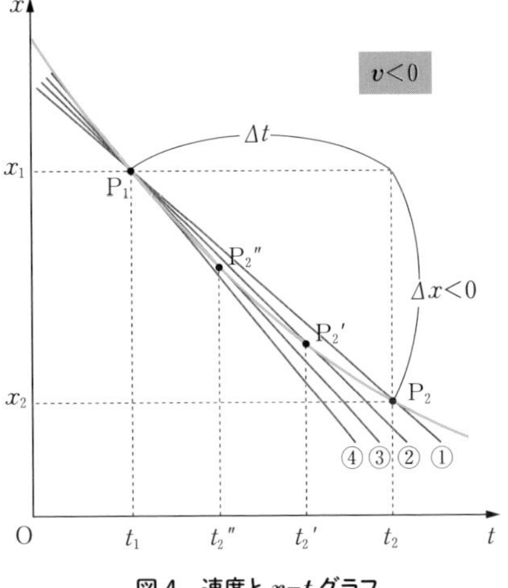

図 4　速度と x－t グラフ

瞬間の速度は各時刻ごとに定まった値をとる。通常，「速度」というときには瞬間の速度を意味する。「速さ」は速度の大きさ，すなわち速度の絶対値である。

POINT

平均の速度 $\overline{v}=\dfrac{\Delta x}{\Delta t}=\dfrac{x_2-x_1}{t_2-t_1}$　　瞬間の速度 $v=\dfrac{\Delta x}{\Delta t}$ $(\Delta t\to 0)$

- 速度は x-t グラフの接線の傾きに等しい。
- 速度の大きさ（絶対値）を速さという。

例題 3　平均の速度・瞬間の速度

右のグラフは x 軸上を運動する物体 a，b の x-t グラフである。次の各問いに答えよ。

(1)　物体 a の 15 s から 25 s にかけての平均の速度はいくらか。

(2)　物体 b の 20 s の瞬間の速度はいくらか。ただし，青線は 20 s における接線とする。

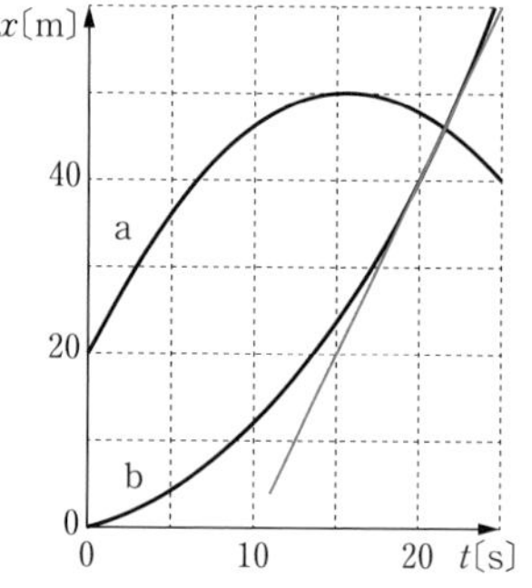

考え方

(1)　物体 a の 15 秒から 25 秒にかけての変位は $\Delta x=40\text{ m}-50\text{ m}$ であり，時間は $\Delta t=25\text{ s}-15\text{ s}$ である。$\Delta x<0$ となることに注意。

(2)　物体 b のグラフの 20 秒における接線の傾きを読みとる。

解答

(1)　$\overline{v}=\dfrac{\Delta x}{\Delta t}=\dfrac{40\text{ m}-50\text{ m}}{25\text{ s}-15\text{ s}}=-1.0\text{ m/s}$　…答

(2)　図の青線の傾きが 20 s の瞬間の速度 v で，点(20，40)，(15，20)を通るから

$$v=\dfrac{40\text{ m}-20\text{ m}}{20\text{ s}-15\text{ s}}=4.0\text{ m/s}$$　…答

Q「速さ」と「速度」の違いは何ですか？

A 進む向きを考えずに速度の大きさだけを表す量を「速さ」とよび，このような量をスカラーといいます。「速度」は大きさと向きを合わせて考えた量で，このような量をベクトルといいます。

E 速度の合成

速度 v_1 で動く歩道上を，通常の道路上を速度 v_2 で歩く人が歩くと，その人の地上に対する速度 V は

$$V=v_1+v_2 \cdots\cdots (5)$$

となる。このとき，V を**合成速度**といい，こうした操作を**速度の合成**という。

図5　速度の合成

例題4　速度の合成

1.0 m/s の速さで流れる川がある。また，静水に対して 2.0 m/s の速さで進むことのできる船がある。この船が船着き場 A から，下流にある船着き場 B までの間を往復する。

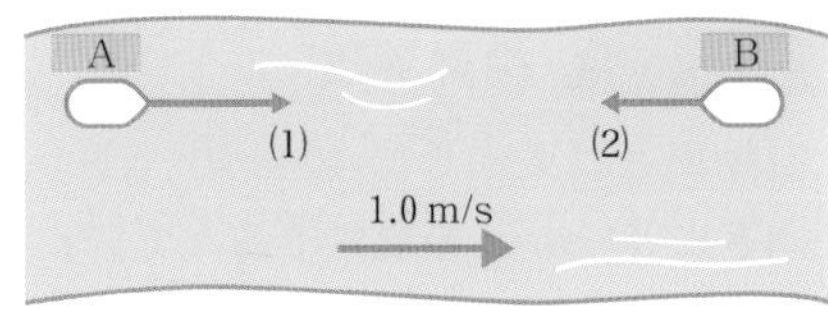

(1)　A から B に向かう船の，岸に対する速さはいくらか。

(2)　B から A に向かう船の，岸に対する速さはいくらか。

考え方

(1)　船の岸に対する速度は，川の流れの速度 v_1 と静水に対する船の速度 v_2 を合成したものとなる。ここでは，下流に向かう向きを正の向きとする。

(2)　(1)と同様にして速度を合成するが，速度の向きにより符号が変わることに注意する。

解答

(1)　船の岸に対する速度を V_1 とすると，$v_1=1.0$ m/s，$v_2=2.0$ m/s であるので，速度の合成より　$V_1=v_1+v_2=1.0\ \mathrm{m/s}+2.0\ \mathrm{m/s}=3.0\ \mathrm{m/s}$

よって，速さは 3.0 m/s　…答

(2)　下流に向かう向きを正の向きとすると，船の速度は $v_2=-2.0$ m/s である。このとき，船の岸に対する速度を V_2 とすると

$V_2=v_1+v_2=1.0\ \mathrm{m/s}+(-2.0\ \mathrm{m/s})=-1.0\ \mathrm{m/s}$　よって，速さは 1.0 m/s…答

F 相対速度

図6のように自動車AとBがそれぞれ速度 v_1, v_2 で進んでいるとき，Aから見たBの速度 V を，Aに対するBの**相対速度**という。Aに対するBの相対速度は

$$V=(\text{Bの速度 } v_2)-(\text{Aの速度 } v_1) \quad \cdots\cdots (6)$$

と表すことができる。

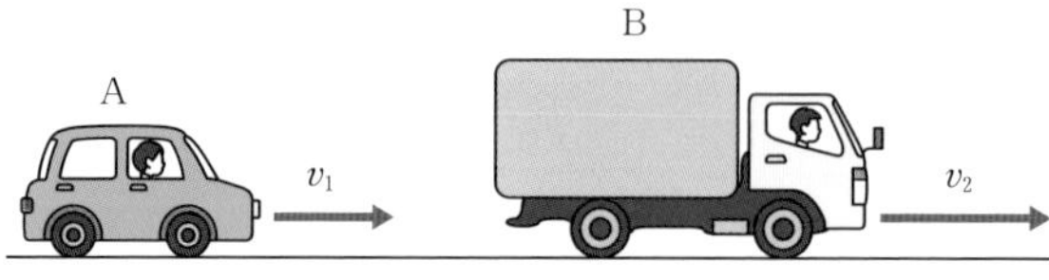

図6　相対速度

例題5　相対速度

自動車Aは東向きに40 km/h，トラックBは東向きに55 km/h，自動車Cは西向きに30 km/hの速さで進んでいる。東向きを x 軸正の向きとする。

(1)　Aに対するBの相対速度はいくらか。

(2)　Bに対するCの相対速度はいくらか。

考え方

(1)　相対速度の関係式 $V=$(Bの速度 v_2)$-$(Aの速度 v_1)を用いる。$v_1=40$ km/h，$v_2=55$ km/hである。

(2)　Cの速度は $v_3=-30$ km/hと表されることに注意。

解答

(1)　Aの速度 $v_1=40$ km/h，Bの速度 $v_2=55$ km/hであるので，

$$V=v_2-v_1=55\text{ km/h}-40\text{ km/h}=15\text{ km/h}$$ …答

(2)　Bに対するCの相対速度は $V=$(Cの速度 v_3)$-$(Bの速度 v_2)であるので

$$V=v_3-v_2=(-30\text{ km/h})-55\text{ km/h}=-85\text{ km/h}$$ …答

3 等速直線運動

速度が時間とともに変化せずに一定である運動を，**等速直線運動**あるいは**等速度運動**という。物体が一定の速度 v〔m/s〕で運動しているとする。時刻が 0 s のときの位置を x_0〔m〕とすると，時刻 t〔s〕の位置 x〔m〕は次の式で表される。

$$x=x_0+vt \quad \cdots\cdots (7)$$

A x-t グラフ

v は一定なので，**傾きが一定の直線**になる。

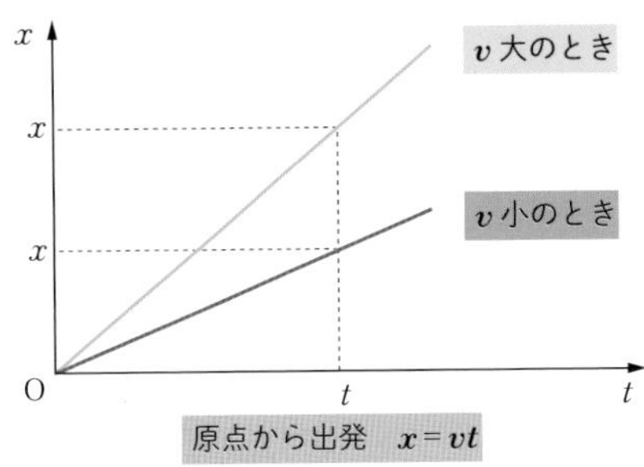

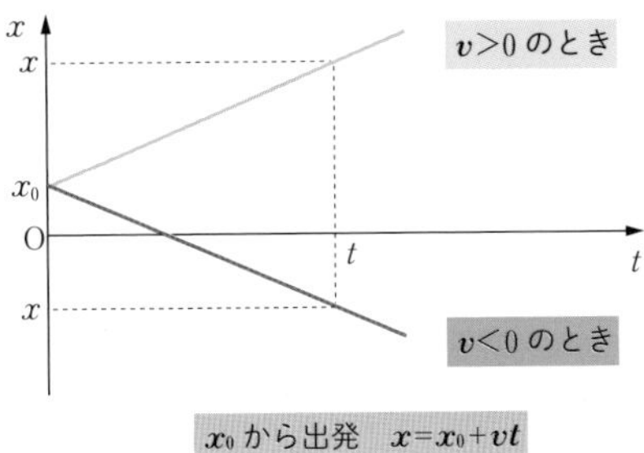

図7　等速直線運動の x-t グラフ

B v-t グラフ

縦軸に物体の速度，横軸に時間をとったものを**速度-時間グラフ（v-t グラフ）**という。等速直線運動の v は一定なので，v-t グラフは t 軸と平行な直線になる。

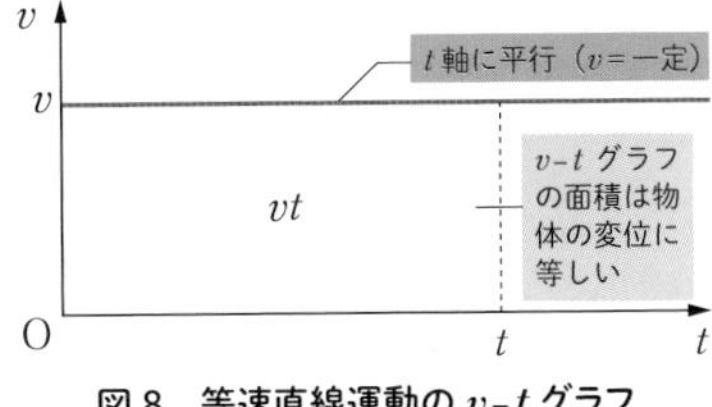

図8　等速直線運動の v-t グラフ

例題6　等速直線運動

x 軸上を -1.5 m/s で運動する物体の時刻 0 s における位置を 25 m とするとき，時刻 6.0 s における位置を求めよ。

考え方　速度は負なので x 軸負の向きへの運動である。

解答　$x=x_0+vt=25\ \mathrm{m}+(-1.5\ \mathrm{m/s})\times 6.0\ \mathrm{s}=16\ \mathrm{m}$　…答

等速直線運動
- 原点から出発　$x=vt$
- x_0 から出発　$x=x_0+vt$

2 直線運動の加速度

1 直線運動の加速度

走行中の自動車は，アクセルを踏めば速度が増し，ブレーキを踏むと減速する。このような物体の速度の変化を数量的に表現するにはどうしたらよいだろうか。

A 平均の加速度

図9のように，x 軸上を進む自動車がある。自動車は時刻 t_1〔s〕のとき，x 軸正の向きに位置 P_1 を速度 v_1〔m/s〕で通過後，時刻 t_2〔s〕のときに位置 P_2 を速度 v_2〔m/s〕で通過した。この間の経過時間 Δt〔s〕を $\Delta t=t_2-t_1$，速度の変化量 Δv〔m/s〕を $\Delta v=v_2-v_1$ とすると，単位時間あたりの速度の変化量 $\overline{a}$ は

$$\overline{a}=\frac{\Delta v}{\Delta t}=\frac{v_2-v_1}{t_2-t_1} \quad \cdots\cdots (8)$$

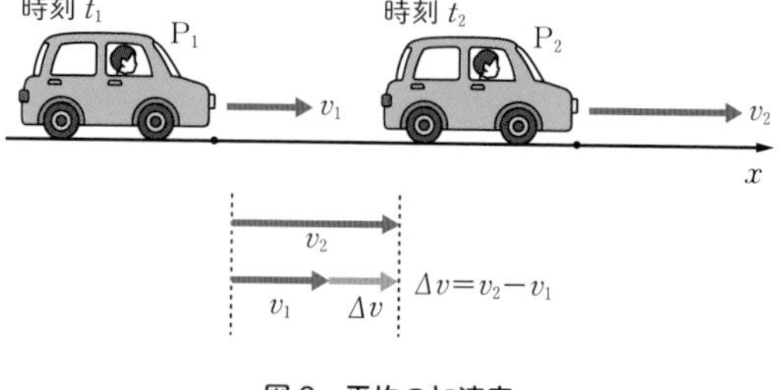

図9　平均の加速度

この $\overline{a}$ を**平均の加速度**という。加速度の単位は，$\frac{速度の単位}{時間の単位}=\frac{\text{m/s}}{\text{s}}=\text{m/s}^2$ の関係より，m/s^2（メートル毎秒毎秒）となる。加速度には向きがある。**図9**で，x 軸正の向きの加速度は正の値，負の向きの加速度は負の値で表される。

例題7　加速度の正負

次のように速度が変化したとき，平均の加速度の向きと大きさを答えよ。

(1) 東向きに 6.0 m/s で走行していた車が 10 s 後には東向きに 8.0 m/s となった。

(2) 東向きに 2.0 m/s で走行していた車が 20 s 後には西向きに 4.0 m/s となった。

考え方 (2) 西向きに 4.0 m/s は，−4.0 m/s として代入する。

解答

(1) $\frac{8.0\ \text{m/s}-6.0\ \text{m/s}}{10\ \text{s}}=0.20\ \text{m/s}^2$　　東向きに $0.20\ \text{m/s}^2$ …答

(2) $\frac{(-4.0\ \text{m/s})-2.0\ \text{m/s}}{20\ \text{s}}=-0.30\ \text{m/s}^2$　　西向きに $0.30\ \text{m/s}^2$ …答

B　v-t グラフと加速度

P_1 から P_2 へ移動するときの物体の速度(瞬間)が**図 10** のように変化すると，P_1 から P_2 への平均の加速度は

$$\overline{a}=\frac{v_2-v_1}{t_2-t_1}=\frac{\Delta v}{\Delta t}$$

で，これは図の P_1P_2 の直線①の傾きに等しい。瞬間の加速度を求めるには Δt を小さくとるので，P_2 の位置を P_2'，P_2'' と P_1 に近づけると，それぞれの平均の加速度は②，③の直線の傾きに等しい。

Δt を小さくとるほど($\Delta t \to 0$)，この直線は P_1 における接線④に近づくことから，P_1 における**瞬間の加速度**は P_1 における**接線の傾き**に等しいことがわかる。

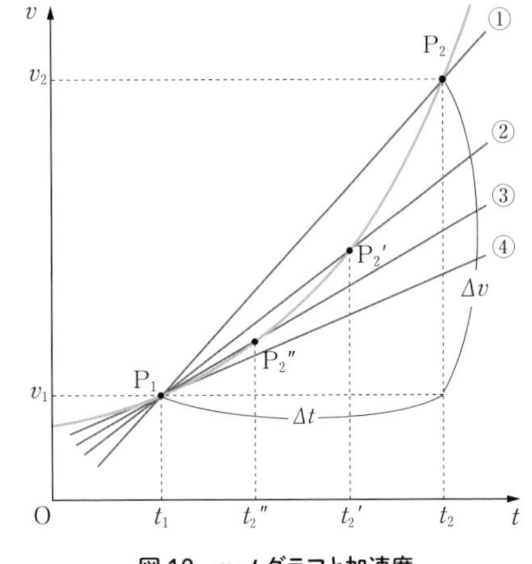

図 10　v−t グラフと加速度

加速度は単位時間あたりの速度の変化を表している。今後，特に断らない限り，“**加速度**”という用語は“**瞬間の加速度**”の意味で用いるものとする。

> **＋アルファ**
> 速度も加速度も瞬間値で考える。

POINT

平均の加速度　$\overline{a}=\dfrac{\Delta v}{\Delta t}$　　瞬間の加速度　$a=\dfrac{\Delta v}{\Delta t}$　($\Delta t \to 0$)

C　v-t グラフと変位

v-t グラフで P_1 から P_2 までの変位を考える。**図 11** で，速度 v'，微少時間 $\Delta t'$ の間の変位は図の細長い長方形の面積 $v'\Delta t'$ に等しいとみなすことができる。このような長方形を t_1 から t_2 まで多数つくり，$\Delta t'$ をできるだけ小さくとって合計すれば，この間の変位が求まる。したがって，t_1 から t_2 の間の物体の変位は **v-t グラフと t 軸とにはさまれた部分の面積**に等しいことがわかる。

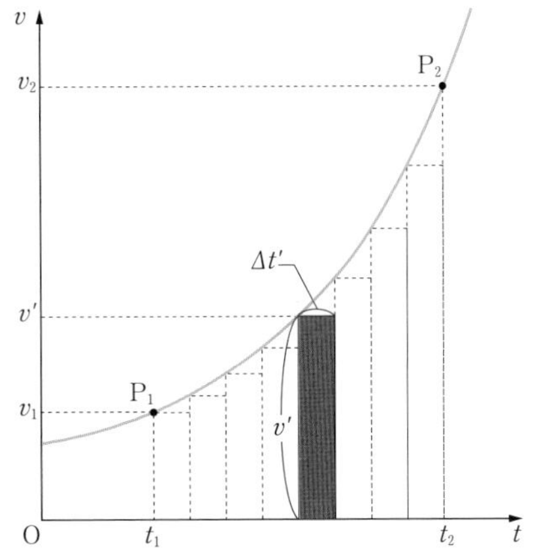

図 11　v−t グラフと変位

v-tグラフの接線の傾きは瞬間の加速度に等しい。
v-tグラフの面積は，物体の変位に等しい。

2 等加速度直線運動

直線上を運動している物体の加速度が一定の場合を**等加速度直線運動**という。加速度が一定なので，v-t グラフは一定の傾きをもつ直線になる。

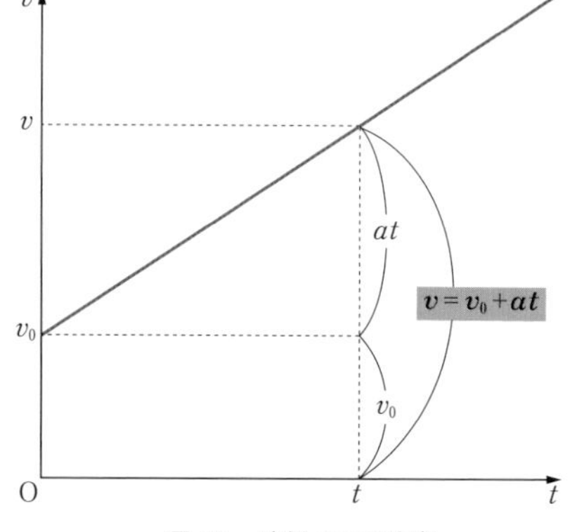

図 12　時刻 t での速度

A 時刻 t での速度

原点 O から時刻 $t=0$ に初速度 v_0 で出発した物体が，時刻 t のとき速度が v になったとする。加速度 a が一定なので

$$\boldsymbol{a=\frac{v-v_0}{t-0}}$$

ゆえに　$v=v_0+at$　…… (9)

B 時刻 t での位置

v-t グラフの面積は原点からの変位すなわち，(x 軸上の)位置に等しく，これは**図 13** の台形の面積に等しい。台形の面積は，図の三角形の面積 $\frac{1}{2}at^2$ と長方形の面積 v_0t の和だから，時刻 t での位置を x とすると

$$x=v_0t+\frac{1}{2}at^2 \quad \cdots\cdots (10)$$

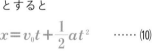

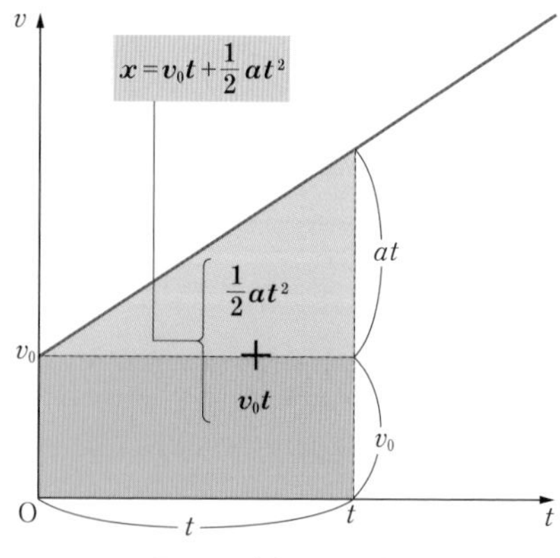

図 13　時刻 t での位置

C v と x の関係

式(9)から t を求め，式(10)に代入して t を消去すると

$$v^2-{v_0}^2=2ax \quad \cdots\cdots (11)$$

(注意) 上の 3 式の x，v_0，a，v は正負の符号を含む量である。

等加速度直線運動を表す式

$$\begin{cases} v=v_0+at & \cdots\cdots① \\ x=v_0t+\dfrac{1}{2}at^2 & \cdots\cdots② \\ v^2-{v_0}^2=2ax & \cdots\cdots③ \end{cases}$$

D 等加速度直線運動と加速度の正負

直線運動では，ふつう，v_0 の向きを x 軸の正の向きにとる。そのとき，加速度が正ならばしだいに速さを増し，加速度が負ならばしだいに遅くなって，ついには逆向きに運動するようになる。

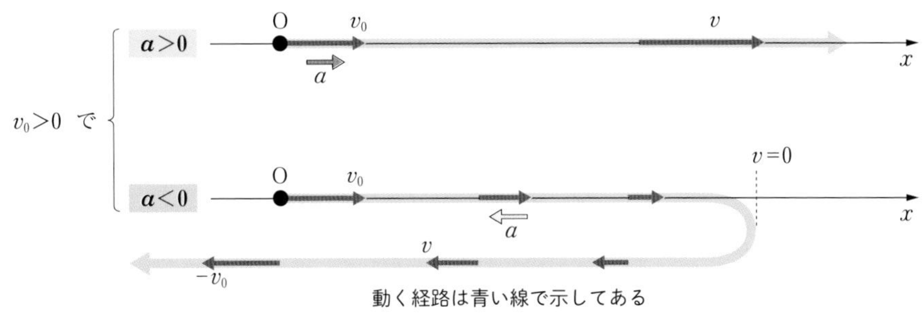

図14　加速度の正負による運動の違い

例題 8　等加速度直線運動

直線上を右向きに 6.0 m/s で運動していた物体が，4.0 s 後に左向きに 2.0 m/s で運動していた。この運動は等加速度直線運動であるとする。

(1)　この運動の加速度はいくらか。

(2)　物体の速度が 0 になるまでに運動した距離はいくらか。

考え方

(1)　右向きを正にとって，$v=v_0+at$ の式に，
$v_0=6.0$ m/s，$v=-2.0$ m/s，$t=4.0$ s を代入する。

(2)　$v=0$ になるまでの時間は $v=v_0+at$ から求められる。距離は
$x=v_0t+\dfrac{1}{2}at^2$ の式から求められる。

解答

(1) 右向きを正とする。

$$a=\frac{v-v_0}{t}=\frac{(-2.0\ \mathrm{m/s})-6.0\ \mathrm{m/s}}{4.0\ \mathrm{s}}=-2.0\ \mathrm{m/s^2}\quad 左向きに\ 2.0\ \mathrm{m/s^2}\quad \cdots 答$$

(2) 速度が 0 になるまでの時間を t_0 とおくと，$v=v_0+at_0=0$ より

$$t_0=-\frac{v_0}{a}=-\frac{6.0\ \mathrm{m/s}}{-2.0\ \mathrm{m/s^2}}=3.0\ \mathrm{s}$$

$$x=(6.0\ \mathrm{m/s})\times(3.0\ \mathrm{s})+\frac{1}{2}\times(-2.0\ \mathrm{m/s^2})\times(3.0\ \mathrm{s})^2=9.0\ \mathrm{m}\quad \cdots 答$$

例題 9　v-t グラフ

右図の v-t グラフのように，x 軸に沿って原点から運動した物体がある。

(1) t が 4.0 s〜6.0 s の間の加速度はいくらか。

(2) $t=10.0$ s のときの位置（x 座標）を求めよ。

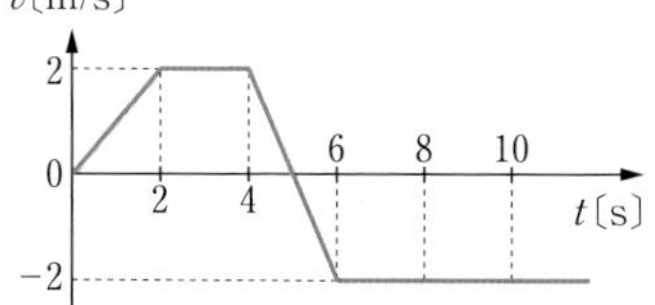

考え方

(1) $t=4.0$ s と $t=6.0$ s の間の速度の変化を求める。

(2) 0 s〜5.0 s の間は $v>0$ なので x 軸の正の向きに進み，5.0 s〜10.0 s の間は $v<0$ なので x 軸の負の向きに進む。v-t グラフの面積は移動距離に等しい。

解答

(1) $$a=\frac{v_2-v_1}{t_2-t_1}=\frac{(-2.0\ \mathrm{m/s})-2.0\ \mathrm{m/s}}{6.0\ \mathrm{s}-4.0\ \mathrm{s}}=-2.0\ \mathrm{m/s^2}\quad \cdots 答$$

(2) t 軸の上の台形の面積は　$\frac{1}{2}\times(2.0\ \mathrm{s}+5.0\ \mathrm{s})\times 2.0\ \mathrm{m/s}=7.0\ \mathrm{m}$

下の台形の面積は　$\frac{1}{2}\times(5.0\ \mathrm{s}+4.0\ \mathrm{s})\times 2.0\ \mathrm{m/s}=9.0\ \mathrm{m}$

したがって位置の座標は　$x=7.0\ \mathrm{m}-9.0\ \mathrm{m}=-2.0\ \mathrm{m}$　… 答

コラム　単位につける〔　〕

物理量は定義された段階で，その具体的な値を表すときに用いる単位が定まっている。たとえば，速さは単位時間に進む距離なので，(長さ)/(時間)として単位が m/s となる。

高校の教科書や本書では，初心者がこの考え方に慣れるのを助けるために「速度 v〔m/s〕」などと表記している。物理量を表す文字(v や t など)は単位を含んでいるので，さらに単位をつけてはいけない。数値には括弧で囲まずに単位をつける。

例題 10 記録データの処理

図のような実験装置を用い，斜面を下る台車の位置 x〔mm〕と時刻 t〔s〕の関係を得た。以下の問いに答えよ。

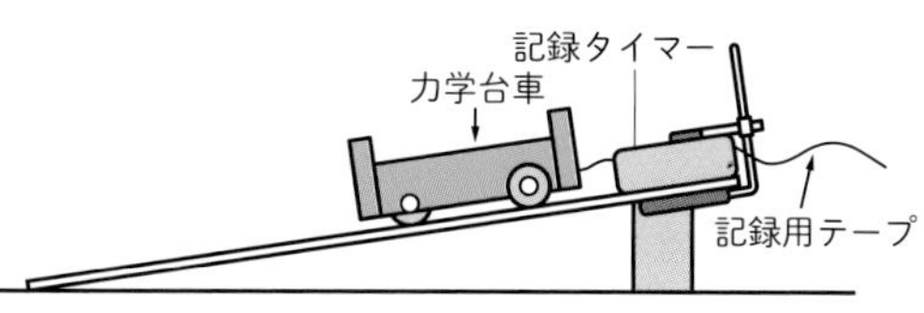

⑴　表の①〜⑩の空欄を埋めよ。

⑵　表から台車の v-t グラフを作成せよ。

⑶　v-t グラフより台車の加速度の大きさを求めよ。

時刻 t〔s〕	0	0.10	0.20	0.30	0.40	0.50
位置 x〔mm〕	0	16	44	85	137	200
変位 Δx〔mm〕	①	②	③	④	⑤	
速度 v〔m/s〕	⑥	⑦	⑧	⑨	⑩	

考え方

⑴　変位 $\Delta x = x_2 - x_1$ の関係より求める。①の変位は 16 mm − 0 mm = 16 mm である。また，この間の平均の速度を $\overline{v} = \dfrac{\Delta x}{\Delta t}$ の関係より求める。⑥は $\overline{v} = \dfrac{16\text{ mm}}{0.10\text{ s}}$ となるが，これを m/s の単位に変換して記入する。

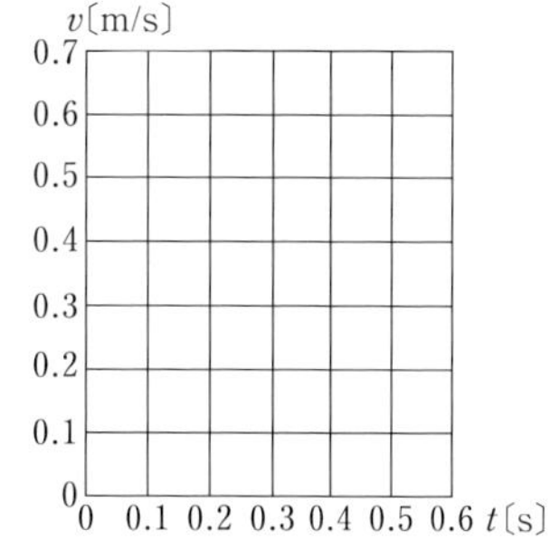

⑵　0.10 s ごとの各区間の平均の速度をその間の中央時刻における瞬間の速度と読み替えて v-t グラフに×印をかく。例えば⑥は 0.05 s，⑦は 0.15 s における瞬間の速度となる。かき入れたら，これらの×印にできるだけ近づいた 1 本の直線を引く。

解答

⑴　①は 16 mm − 0 mm = 16 mm，⑥は $\overline{v} = \dfrac{16\text{ mm}}{0.10\text{ s}} = 160\text{ mm/s} = 0.16\text{ m/s}$ となる。以下同様にして求める。

① 16　② 28　③ 41　④ 52
⑤ 63　⑥ 0.16　⑦ 0.28
⑧ 0.41　⑨ 0.52　⑩ 0.63　…答

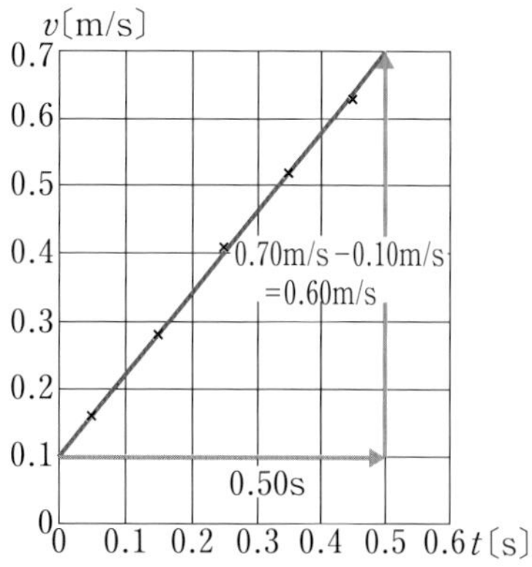

⑵　⑥〜⑩の速度をそれぞれ 0.05 s，0.15 s，0.25 s，…における瞬間の速度とみなして図のように×印をかき，1 本の直線で近似。

⑶　図の v-t グラフの傾き a を求める。

$$a = \frac{0.70\text{ m/s} - 0.10\text{ m/s}}{0.50\text{ s}}$$

$$= 1.2\text{ m/s}^2$$ …答

この章で学んだこと

1 直線運動の速さ・速度

(1) **直線運動の速さ**

平均の速さ $\bar{v} = \dfrac{\text{移動距離}}{\text{時間}} = \dfrac{s}{t}$

速さは単位時間あたりに進む距離。

(2) **直線運動の速度**

平均の速度 $= \dfrac{\text{変位}}{\text{時間}} = \dfrac{x_2 - x_1}{t_2 - t_1} = \dfrac{\Delta x}{\Delta t}$

瞬間の速度 $= \dfrac{\Delta x}{\Delta t}$ $(\Delta t \to 0)$

速度は単位時間あたりの変位。速度は向きを含む。

(3) **x-t グラフと速度**

x-t グラフの接線の傾きが(瞬間の)速度に等しい。

(4) **等速直線運動(等速度運動)**

$\boldsymbol{x = vt}$ ($x = 0$ から出発)

$\boldsymbol{x = x_0 + vt}$ (x_0 から出発)

(5) **直線運動の速度の合成**

速度 v_1 で動く歩道上を，道路上では速度 v_2 で歩く人が歩く。

$V = v_1 + v_2$

V を合成速度という。

(6) **直線運動の相対運動**

速度 v_1 で進む A に対する，速度 v_2 で進む B の相対速度 V

$V = v_2 - v_1$

2 直線運動の加速度

(1) **直線運動の加速度**

平均の加速度 $\bar{a} = \dfrac{v_2 - v_1}{t_2 - t_1} = \dfrac{\Delta v}{\Delta t}$

瞬間の加速度 $a = \dfrac{\Delta v}{\Delta t}$ $(\Delta t \to 0)$

加速度は単位時間あたりの速度変化のことである。

(2) **v-t グラフ**

① 接線の傾きは(瞬間の)加速度に等しい。

② 囲まれた面積は変位に等しい。

(3) **等加速度直線運動**

$v = v_0 + at$

$x = v_0 t + \dfrac{1}{2}at^2$

$v^2 - {v_0}^2 = 2ax$

MY BEST　Basic Physics

第  章

重力による運動

1 重力による鉛直方向の運動

1 重力加速度

地上の物体に地球がおよぼす(万有)引力を**重力**という。手に持っていた物体をはなすと，物体は重力によって落下する。この落下のとき物体に生じる加速度を**重力加速度**という。重力加速度は鉛直方向にはたらき，その大きさを**記号 g** で表す。g の値は地表の場所により少し異なるが，標準の重力加速度の大きさは

$$g=9.80665\ \mathrm{m/s^2}$$

で，数値計算では近似値として，$\boldsymbol{g=9.8\ \mathrm{m/s^2}}$ を使う。

落下運動は加速度の向き(鉛直下向き)も大きさ g も一定だから，等加速度直線運動の 1 つの例である。

> **＋アルファ**
> g は重力加速度の大きさを表す。g の標準値は，1901 年の国際度量衡総会で定められたものである。

2 自由落下

初速度 0 の落下運動を，特に**自由落下(運動)**という。手をはなす位置を原点とし，鉛直下向きに y 軸をとると，等加速度直線運動の式で x を y，a を g，v_0 を 0 とおけばよいから

$$\left.\begin{aligned} v&=v_0+at \\ x&=v_0t+\frac{1}{2}at^2 \\ v^2-v_0{}^2&=2ax \end{aligned}\right\} \Rightarrow \left.\begin{aligned} v&=gt \\ y&=\frac{1}{2}gt^2 \\ v^2&=2gy \end{aligned}\right\} \quad \cdots\cdots (12)$$

(12)式の y は，手をはなしてから時間 t 後の位置(落下距離)，v は時間 t 後の速度である。

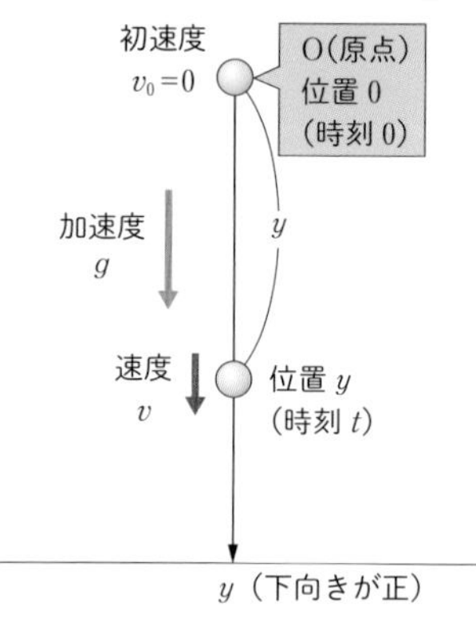

図 15　自由落下

例題 11　自由落下

つり橋の上から小石を静かに落下させたら，1.5 s 後に下の水面に着くのが見えた。小石をはなした点の水面からの高さはいくらか。$g=9.8\ \mathrm{m/s^2}$ とする。

考え方　“静かに”というのは，初速度 0 で手をはなすということである。

解答

$$y=\frac{1}{2}gt^2=\frac{1}{2}\times(9.8\ \mathrm{m/s^2})\times(1.5\ \mathrm{s})^2\fallingdotseq 11\ \mathrm{m} \quad \cdots \text{答}$$

自由落下の式　$v=gt$, $y=\frac{1}{2}gt^2$, $v^2=2gy$

3 鉛直に投げ下ろされた物体の運動

物体を初速度 v_0 で鉛直下向きに投げ下ろすとき，出発点を原点とし鉛直下向きに y 軸をとる。等加速度直線運動の式で x を y, a を g とおいて

$$\left.\begin{array}{l} \boldsymbol{v=v_0+at} \\ \boldsymbol{x=v_0t+\frac{1}{2}at^2} \\ \boldsymbol{v^2-v_0^2=2ax} \end{array}\right\} \Rightarrow \left.\begin{array}{l} v=v_0+gt \\ y=v_0t+\frac{1}{2}gt^2 \\ v^2-v_0^2=2gy \end{array}\right\} \begin{array}{r} \cdots\cdots(13) \\ \cdots\cdots(14) \\ \cdots\cdots(15) \end{array}$$

v, y は投げ下ろしてから時間 t 後の速度と位置を表している。自由落下では $v_0=0$ である。

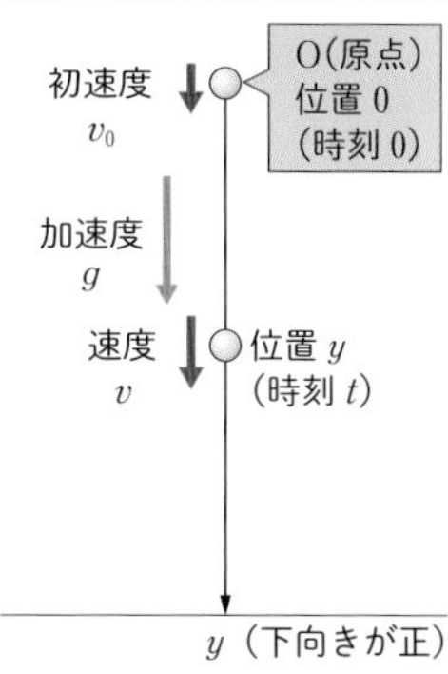

図16　鉛直投げ下ろし

4 鉛直に投げ上げられた物体の運動

物体を初速度 v_0 で鉛直上向きに投げ上げるとき，出発点を原点とし，鉛直上向き(初速度の向き)に y 軸をとることが多い。等加速度直線運動の式で x を y, a を $-g$ とおいて

$$\left.\begin{array}{l} \boldsymbol{v=v_0+at} \\ \boldsymbol{x=v_0t+\frac{1}{2}at^2} \\ \boldsymbol{v^2-v_0^2=2ax} \end{array}\right\} \Rightarrow \left.\begin{array}{l} v=v_0-gt \\ y=v_0t-\frac{1}{2}gt^2 \\ v^2-v_0^2=-2gy \end{array}\right\} \begin{array}{r} \cdots\cdots(16) \\ \cdots\cdots(17) \\ \cdots\cdots(18) \end{array}$$

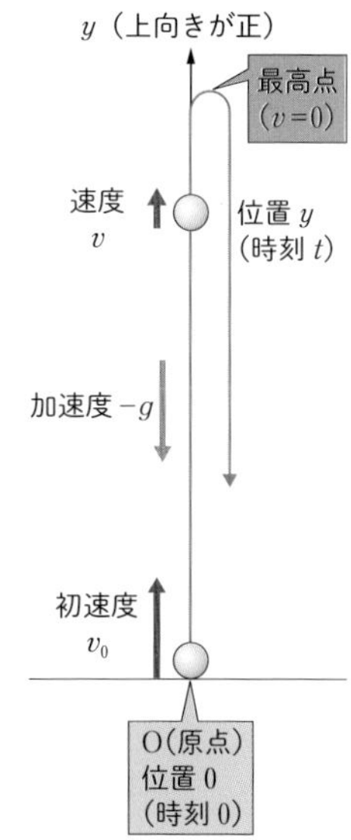

図17　鉛直投げ上げ運動

例題 12　鉛直投げ上げ運動①

初速度 v_0 で鉛直上向きに投げ上げた物体について，最高点に達するまでの時間，最高点の高さ，投げ上げた点に戻るまでの時間，および戻ってきたときの速度をそれぞれ求めよ。

考え方

最高点では速度 $v=0$ になるので，これを式(16)，式(18)に代入すると最高点に達するまでの時間と最高点の高さを求めることができる。戻ってきたときは $y=0$ なので，式(17)に代入して戻るまでの時間を求める。これから，戻ってきたときの速度が求められる。

解答

最高点では $v=0$ なので，最高点に達するときの時刻 t は $v=v_0-gt$ に $v=0$ を代入して

$$0=v_0-gt$$

ゆえに　$t=\dfrac{v_0}{g}$　…答

最高点の高さは，$v^2-{v_0}^2=-2gy$ で，$v=0$ としたときの y なので

$$0-{v_0}^2=-2gy$$

ゆえに　$y=\dfrac{{v_0}^2}{2g}$　…答

もとに戻ったときは，$y=v_0t-\dfrac{1}{2}gt^2$ において，$y=0$ として

$$0=v_0t-\frac{1}{2}gt^2=\left(v_0-\frac{1}{2}gt\right)t$$

$t≠0$ だから　$v_0-\dfrac{1}{2}gt=0$

ゆえに　$t=\dfrac{2v_0}{g}$　…答

そのときの速度は

$$v=v_0-gt=v_0-g\times\frac{2v_0}{g}=-v_0$$　…答

注意　最高点まで上昇する時間と，最高点から投げ上げた点へ戻るまでの時間は等しく，また，戻ってきたときの速度は初速度と向きが逆で大きさは等しい。

例題 13 鉛直投げ上げ運動②

ビルの屋上の端(地面からの高さ 24.5 m)から，小石を 19.6 m/s で鉛直上向きに投げた。小石はビルに当たらず地面に落ちた。$g=9.8\ \mathrm{m/s^2}$ とする。

(1) 投げてから小石が地面に着くまでに要した時間はいくらか。

(2) 小石が地面に着く直前の速さはいくらか。

考え方

(1) 地面は小石を投げ上げたところより 24.5 m 低い場所なので，鉛直上向きを正とすると，$y=-24.5\ \mathrm{m}$。これを式(17)に代入する。

(2) (1)で求めた時間 t の値を使って式(16)に代入する。

解答

(1) 求める時間を t とすると，$y=v_0t-\dfrac{1}{2}gt^2$ から

$$-24.5\ \mathrm{m}=(19.6\ \mathrm{m/s})t-\frac{1}{2}\times(9.8\ \mathrm{m/s^2})t^2$$

両辺を $4.9\ \mathrm{m/s^2}$ で割って整理すると

$t^2-(4.0\ \mathrm{s})t-5.0\ \mathrm{s^2}=0$

$(t-5.0\ \mathrm{s})(t+1.0\ \mathrm{s})=0$

$t>0$ だから　$t=5.0\ \mathrm{s}$ …(答)

(2) $v=v_0-gt=19.6\ \mathrm{m/s}-(9.8\ \mathrm{m/s^2})\times5.0\ \mathrm{s}=-29.4\ \mathrm{m/s}$

よって，速さは 29 m/s …(答)

POINT

鉛直投げ上げ運動（上向きを正とする）

$$\begin{cases} v=v_0-gt \\ y=v_0t-\dfrac{1}{2}gt^2 \\ v^2-v_0^2=-2gy \end{cases}$$

鉛直投げ下ろし運動の場合は下向きを正とするので，上式で $-g$ を g と置き換えればよい。

探究活動　重力加速度の大きさ g の測定

目的　記録タイマーを使って v-t グラフをつくり，g を求める。

実験手順

❶ 右図のような実験装置を組み立てる。ぞうきんは，騒音と損傷防止のために置く。

❷ 記録テープは約 1 m の長さにし，一端はセロハンテープでおもりに固定し，他端はスタンドに固定する。

❸ 記録タイマーのスイッチを入れ，はさみでテープを瞬間的に切る。

❹ 記録が得られたら，タイマーのスイッチをすぐに切る。

❺ 紙テープを 2 打点ごとに切り，右図下のように方眼紙にはる。はるときはすき間ができないようにぴったりと並べる。タイマーの打ち始めの部分は打点が接近しているので，少し離れたところから切るようにする。

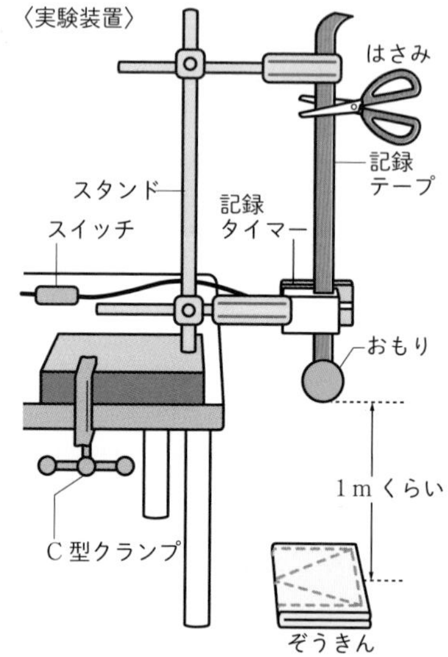

結果　**東日本では，交流は 50 Hz（ヘルツ）なので打点は $\frac{1}{50}$ s ごとにできる。**

横軸は時間軸を表す。2 打点ごとに切っているから，各テープの幅は $\frac{2}{50}$ s となる。テープを 5 枚貼ると，図の Δt は，$\Delta t=\frac{2}{50}\times5=0.20$ s になる。縦軸の値は各区間の平均の速度を表し，縦軸の 1 cm は $\frac{2}{50}$ s に 1 cm 進むことを表すから，1 cm÷$\frac{2}{50}$ s=25 cm/s にあたる。

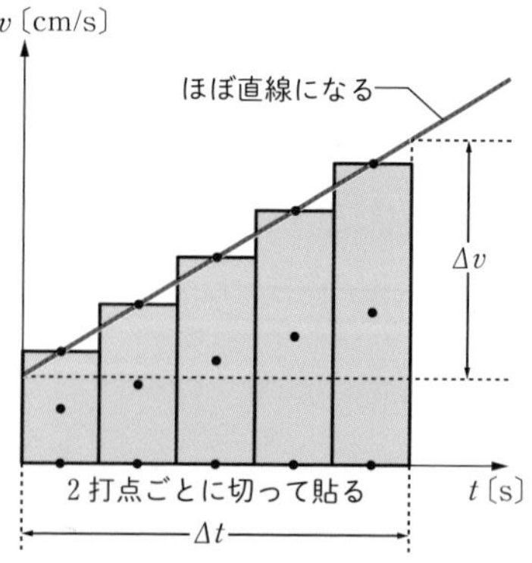

考察　図の Δv の長さが実測して 7.7 cm になったので，その値は

$$\Delta v=7.7\text{ cm}\times\frac{25\text{ cm/s}}{1\text{ cm}}=192.5\text{ cm/s}$$

よって，重力加速度の大きさ（グラフの傾き）g は

$$g=\frac{\Delta v}{\Delta t}=\frac{192.5\text{ cm/s}}{0.20\text{ s}}=962.5\text{ cm/s}^2\fallingdotseq9.6\text{ m/s}^2$$

2 放物運動

1 水平投射

物体を水平方向に投げたときの放物運動は，**水平方向の等速直線運動と，鉛直方向の自由落下運動を組み合わせた運動**である。

A 速度と位置

時刻 $t=0$ に原点を初速度 $\vec{v_0}$ で出発した物体の時刻 t における位置を $\mathrm{P}(x,\ y)$，速度を $\vec{v}$（成分 v_x，v_y）とする。投げた点を原点とし，$\vec{v_0}$ を含む鉛直面と交わる水平面の向きに x 軸，鉛直下向きに y 軸をとる。

❶ 速度

水平成分は，初速度 v_0 が保たれるから　$v_x=v_0$

鉛直成分は，自由落下と同じだから　$v_y=gt$

速度 $\vec{v}$ の大きさは　$v=\sqrt{{v_x}^2+{v_y}^2}=\sqrt{{v_0}^2+(gt)^2}$　（三平方の定理）

速度 $\vec{v}$ の向きは

$$\tan\theta=\frac{v_y}{v_x}=\frac{gt}{v_0}$$

この式を満たす θ が $\vec{v}$（の向き）と x 軸とのなす角である。

❷ 物体の位置 P$(x,\ y)$

x 軸方向には等速度で運動するから

$$x=v_0t \quad \cdots\cdots(\text{i})$$

y 軸方向には自由落下運動をするから

$$y=\frac{1}{2}gt^2 \quad \cdots\cdots(\text{ii})$$

❸ 軌道の式

(i)，(ii)から t を消去すると

$$y=\frac{g}{2{v_0}^2}x^2 \quad \cdots\cdots(19)$$

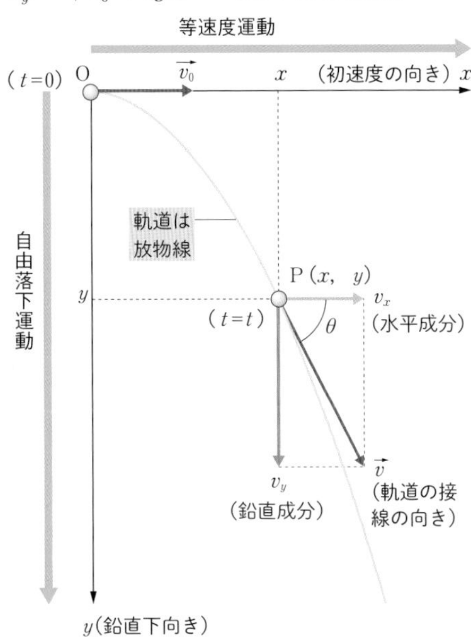

図18　水平投射

この式は $y=ax^2$（a は定数）の形をしているから，y-x グラフは放物線である。式(19)は水平投射による運動の軌道の式を表している。

例題 14　水平投射

がけの上から石を水平方向に 10 m/s で投げたら，2.0 s 後に下の水平な地面に着いた。$g=9.8\ \mathrm{m/s^2}$ として，次の問いに答えよ。

(1)　下の地面から石を投げた場所までの高さはいくらか。

(2)　石を投げた場所の真下から，石の着地点までの水平距離はいくらか。

考え方

(2)　水平方向には，初速度のまま等速度で運動する。

解答

(1)　高さを y とすると

$$y=\frac{1}{2}gt^2=\frac{1}{2}\times(9.8\ \mathrm{m/s^2})\times(2.0\ \mathrm{s})^2=19.6\ \mathrm{m}\fallingdotseq 20\ \mathrm{m}\quad\cdots 答$$

(2)　水平距離を x とすると

$$x=v_0t=(10\ \mathrm{m/s})\times 2.0\ \mathrm{s}=20\ \mathrm{m}\quad\cdots 答$$

		速度	位置
水平投射	水平方向…等速直線運動	$v_x=v_0$	$x=v_0t$
	鉛直方向…自由落下	$v_y=gt$	$y=\frac{1}{2}gt^2$

水平投射による運動は，水平方向と鉛直方向に分けて考える。

Q　物体を斜め方向に投げるとどんな運動になりますか？

A　物体を斜め方向に投げることを斜方投射といい，水平投射と同じように，水平方向と鉛直方向に分けて運動のようすを考えます。詳しくは高校物理で学習します。

コラム　**座標軸のとり方と，速度・加速度の正・負**

速度や加速度は大きさと向きをもつベクトルで，その向きは直線運動の場合には正・負の符号によって区別できる。このとき，座標軸の向きの選び方で符号が変わってくる。

下図(a)のように座標軸(y 軸)の正の向きを鉛直下向きにとれば，重力加速度の向きは y 軸の正の向きと一致するから，加速度は正の値($+g$)でよいが，(b)のように y 軸の正の向きを鉛直上向きにとると，重力加速度は負の向きを向くことになるので，負の値($-g$)となる。

座標軸の正の向きの決め方や原点の選び方には特別な決まりはなく，問題に応じて都合よく選べばよい。また，原点 O の位置は時刻 $t=0$ の位置を選ぶことが多い。

自由落下で図(c)のように座標軸の正の向きを上向きにとり，手をはなした位置を $y=h$ とすれば，時刻 t における速度 v と位置 y は

$$v=-gt\ (<0),\quad y=h-\frac{1}{2}gt^2$$

となる。これは高さ h からの鉛直投げ上げ運動の関係式

$$v=v_0-gt$$

$$y=h+v_0t-\frac{1}{2}gt^2$$

で $v_0=0$ とおいた式にほかならない。

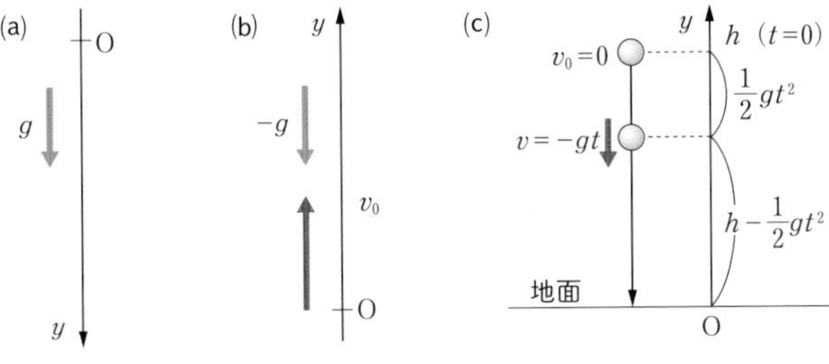

正・負の符号は，座標軸の正の向きを正，負の向きを負と定めればよい。

この章で学んだこと

1 重力加速度

重力によって生じる落下の加速度。大きさは g，向きは鉛直下向き。

$g \fallingdotseq 9.8\ \mathrm{m/s^2}$

2 重力による鉛直方向の運動

(1) 自由落下

等加速度直線運動の式を利用する。鉛直下向きに y 軸をとると加速度は正，v_0 は 0。

$$\left.\begin{array}{l} v = v_0 + at \\ x = v_0 t + \dfrac{1}{2}at^2 \\ v^2 - v_0{}^2 = 2ax \end{array}\right\} \Rightarrow \begin{array}{l} \boldsymbol{v = gt} \\ \boldsymbol{y = \dfrac{1}{2}gt^2} \\ \boldsymbol{v^2 = 2gy} \end{array}$$

(2) 投げ下ろし

鉛直下向きに y 軸をとる。加速度は正。

$$\boldsymbol{v = v_0 + gt}$$

$$\boldsymbol{y = v_0 t + \frac{1}{2}gt^2}$$

$$\boldsymbol{v^2 - v_0{}^2 = 2gy}$$

(3) 投げ上げ

鉛直上向きに y 軸をとる。加速度は負。

$$\boldsymbol{v = v_0 - gt}$$

$$\boldsymbol{y = v_0 t - \frac{1}{2}gt^2}$$

$$\boldsymbol{v^2 - v_0{}^2 = -2gy}$$

出発点から最高点に達するまでにかかる時間と，最高点から出発点に落下してくるまでの時間は等しい。

3 水平投射

水平方向には等速直線運動，鉛直方向には自由落下運動をする。

(1) 位置

$$\boldsymbol{x = v_0 t,\quad y = \frac{1}{2}gt^2}$$

これから求められる軌道は放物線である。

(2) 時刻 t での速度

x 成分　$\boldsymbol{v_x = v_0}$

y 成分　$\boldsymbol{v_y = gt}$

$\vec{v}$ の大きさ　$\boldsymbol{v = \sqrt{v_x{}^2 + v_y{}^2}}$

MY BEST

Basic Physics

第章 力

| 1 | 力と力のつり合い

| 2 | 作用・反作用の法則

| 3 | いろいろな力

1 力と力のつり合い

1 力の表し方

A 力

力を加えると，物体は変形したり，止まっている物体が動き出したりする。この変形や加速の原因になるものが**力**である。

力を図示するには，**力のはたらく点(作用点)から力の方向を向いた矢印をかき，その長さを力の大きさに比例**させる。力の大きさ，向き，作用点を力の3要素という。

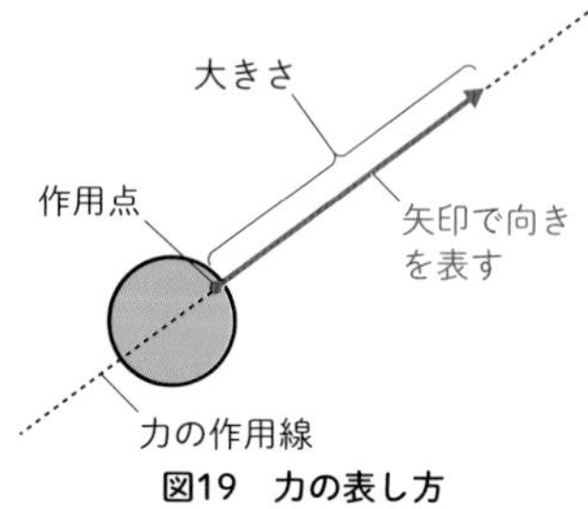

図19　力の表し方

B 力の単位

力の大きさは通常**ニュートン(記号：N)**という単位を用いて表す。地球上で質量1kgの物体が受ける重力の大きさは約9.8Nである。単位質量あたりの受ける力の大きさをg=9.8N/kgと表すと，質量m〔kg〕の物体が受ける重力の大きさはmg〔N〕である。運動の法則によるNの定義(p.69)から，この比例係数は重力加速度の大きさに等しいことがわかる。

2 フックの法則

つるまきばねに同じおもりを1個，2個，…と加えていくと，ばねの伸びはおもりの数に応じて増していく。このとき，ばねにはもとの状態(長さ)に戻ろうとする力(ばねの弾性力)が，伸びの方向とは逆向きにはたらいている。弾性力の大きさFとばねの伸びの大きさxの関係は

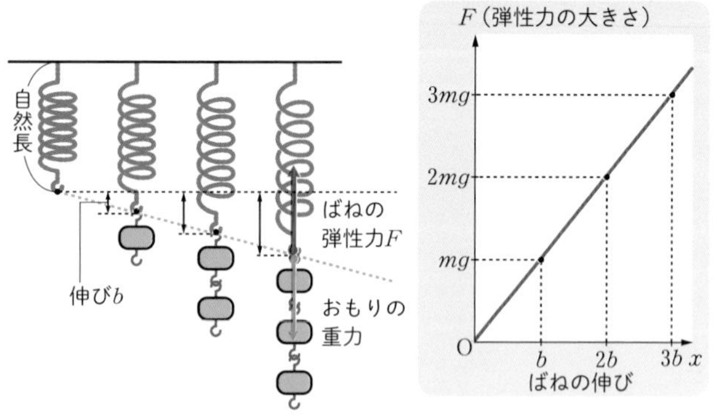

図20　フックの法則

$$F = kx \quad \cdots\cdots (20)$$

これを**フックの法則**といい，kを**ばね定数(弾性定数)**という。

例題 15 ばね定数

質量 0.50 kg のおもりをつるすと 4.9 cm 伸びるつるまきばねがある。重力加速度の大きさを $9.8\ \mathrm{m/s^2}$ (=9.8 N/kg)とする。

(1) このばねのばね定数は何 N/m か。

(2) このつるまきばねを 12 cm 伸ばすのに必要な力の大きさは何 N か。

考え方 フックの法則 $F=kx$ を用いる。

解答

(1) $k=\dfrac{F}{x}=\dfrac{0.50\ \mathrm{kg}\times 9.8\ \mathrm{N/kg}}{4.9\times 10^{-2}\ \mathrm{m}}=1.0\times 10^2\ \mathrm{N/m}$ …答

(2) $F=kx=(1.0\times 10^2\ \mathrm{N/m})\times(12\times 10^{-2}\ \mathrm{m})=12\ \mathrm{N}$ …答

探究活動 力の合成

目的 2つの力が平行四辺形の法則で合成できることを確かめる。

実験手順

❶ 机の上に白紙を置き，その上に針金でつくった輪を置いて，3本のばねはかり A_1, A_2, A_3 をひっかける。

❷ A_1, A_2, A_3 を適当に引っ張って輪が静止したとき，それぞれのばねの目盛り a_1, a_2, a_3 を読み，それぞれのばねの方向(作用線)を白紙に記録する。

❸ 作用線の交点Oから a_1, a_2, a_3 に比例する長さをもつ矢印 $\vec{F_1}$, $\vec{F_2}$, $\vec{F_3}$ をつくる。

❹ $\vec{F_1}$ と $\vec{F_2}$ を2辺とする平行四辺形の対角線をつくり，この対角線の方向が $\vec{F_3}$ の作用線の方向と一致し，対角線の長さが $\vec{F_3}$ の長さと等しいことを確かめる。

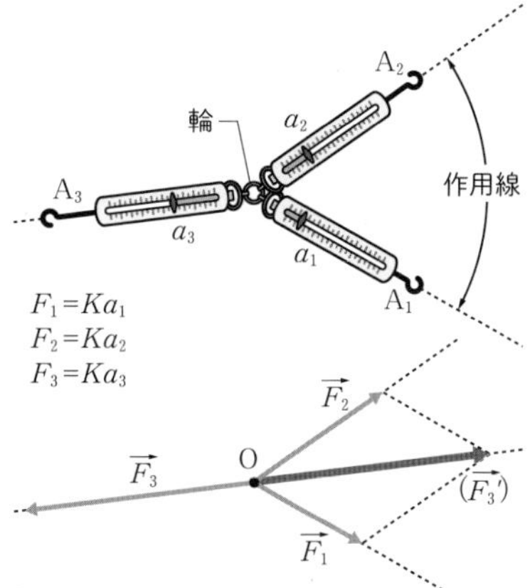

結果 対角線の矢印を $\vec{F_3'}$ とすると，$\vec{F_3}$ と $\vec{F_3'}$ がつり合っている。$\vec{F_1}$ と $\vec{F_2}$ の合力が $\vec{F_3'}$ で表される。すなわち，2力 $\vec{F_1}$ と $\vec{F_2}$ は平行四辺形の法則によって合成できる。この実験を3力 $\vec{F_1}$, $\vec{F_2}$, $\vec{F_3}$ のつり合いの実験と考えると，「2力の合力が，ほかの1つの力と同じ作用線上で大きさが等しく向きが反対」のときにつり合うことがいえる。

3 力の合成・分解

A 力の合成

力は大きさと向きをもつ**ベクトル**である。**力は平行四辺形の法則で合成でき**，合わせた力を**合力**（ごうりょく）という。

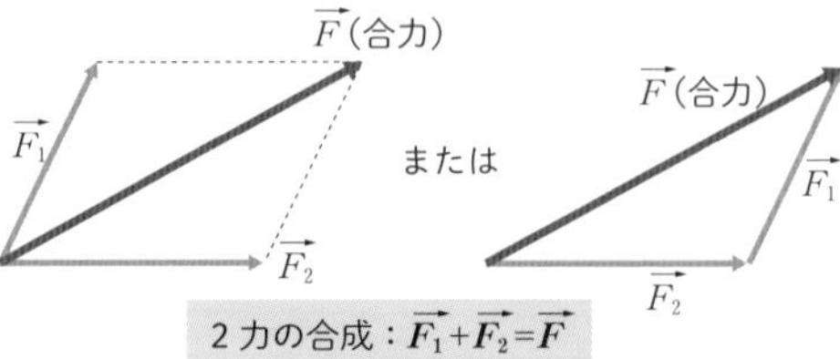

2力の合成：$\vec{F_1}+\vec{F_2}=\vec{F}$

B 力の分解・成分

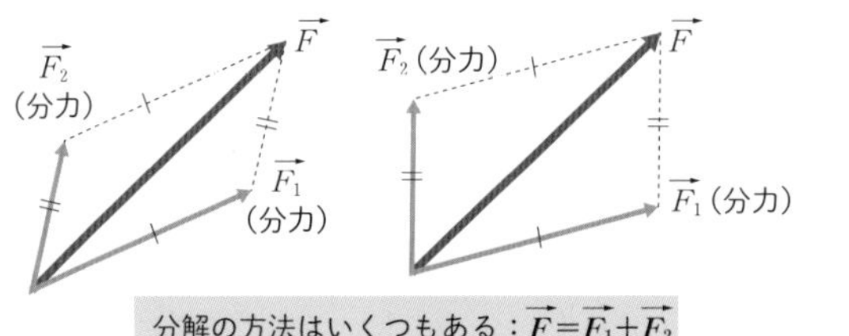

分解の方法はいくつもある：$\vec{F}=\vec{F_1}+\vec{F_2}$

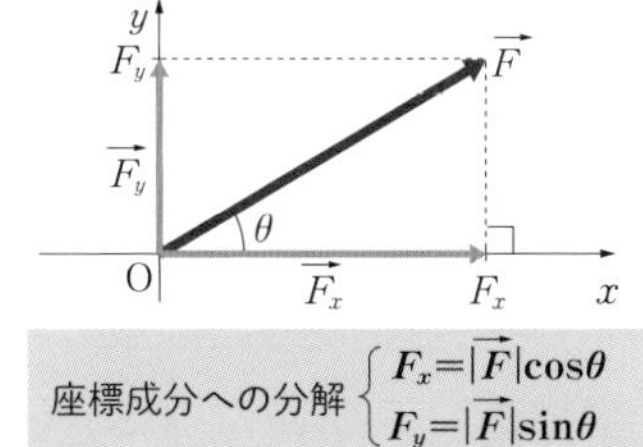

座標成分への分解 $\begin{cases} F_x=|\vec{F}|\cos\theta \\ F_y=|\vec{F}|\sin\theta \end{cases}$

C 力の成分による合成

$\vec{F_1}$，$\vec{F_2}$ の合力 $\vec{F}$ はそれぞれの成分から求めることもできる。$\vec{F_1}$ の x，y 成分を $(F_{1x},\ F_{1y})$，$\vec{F_2}$ の x，y 成分を $(F_{2x},\ F_{2y})$，合力 $\vec{F}$ の x，y 成分を $(F_x,\ F_y)$ とすると，**図21** より次の関係式が成り立つ。

$$\left.\begin{aligned} F_x&=F_{1x}+F_{2x} \\ F_y&=F_{1y}+F_{2y} \end{aligned}\right\} \quad \cdots\cdots (21)$$

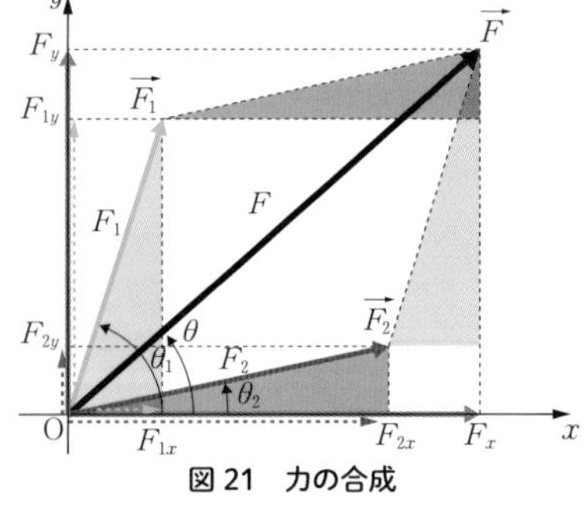

図21　力の合成

すなわち合力 $\vec{F}$ の x，y 成分は，$\vec{F_1}$，$\vec{F_2}$ それぞれの x，y 成分を足したものになる。

また，$\vec{F_1}$，$\vec{F_2}$の大きさおよび向きをそれぞれ，F_1，F_2 および θ_1，θ_2 とすると，$(F_{1x},\ F_{1y})$ は $(F_1\cos\theta_1,\ F_1\sin\theta_1)$，$(F_{2x},\ F_{2y})$ は $(F_2\cos\theta_2,\ F_2\sin\theta_2)$ と表されるので

$$\left.\begin{aligned} F_x&=F_1\cos\theta_1+F_2\cos\theta_2 \\ F_y&=F_1\sin\theta_1+F_2\sin\theta_2 \end{aligned}\right\} \quad \cdots\cdots (22)$$

となる。合力 $\vec{F}$ の大きさ F と向き θ は，$(F_x,\ F_y)$ が $(F\cos\theta,\ F\sin\theta)$ と表されることから求めることができる。

$$F=\sqrt{{F_x}^2+{F_y}^2},\quad \tan\theta=\frac{F_y}{F_x}$$

例題 16 力の合成

図に示すような力 $\vec{F_1}$, $\vec{F_2}$ がある。1目盛りが 1.0 N を表すとして，$\vec{F}=\vec{F_1}+\vec{F_2}$ の大きさ F を平行四辺形の法則で求めよ。ただし，$\sqrt{5}=2.24$ とする。

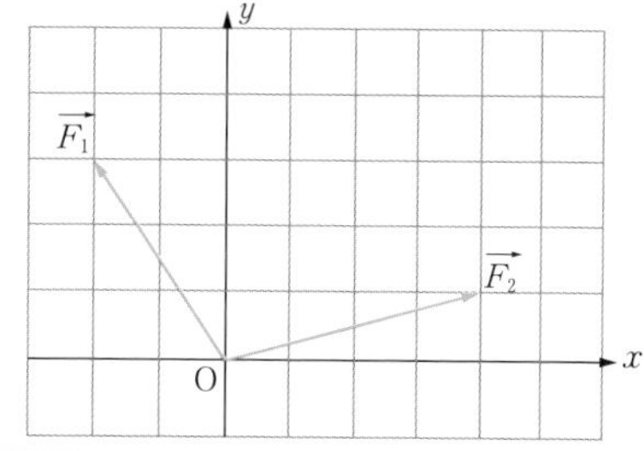

考え方 平行四辺形を作図する。成分から求めてもよい。

解答

$\vec{F_1}$, $\vec{F_2}$ を2辺とする平行四辺形の対角線を大きさとするベクトルを作図する。あるいは図のように $\vec{F_1}$ に $\vec{F_2}$ をつなげて $\vec{F}$ を作図する。右図より

$$F=\sqrt{2.0^2+4.0^2}\ \mathrm{N}=2\sqrt{5.0}\ \mathrm{N}$$
$$\fallingdotseq 4.5\ \mathrm{N}\quad \cdots 答$$

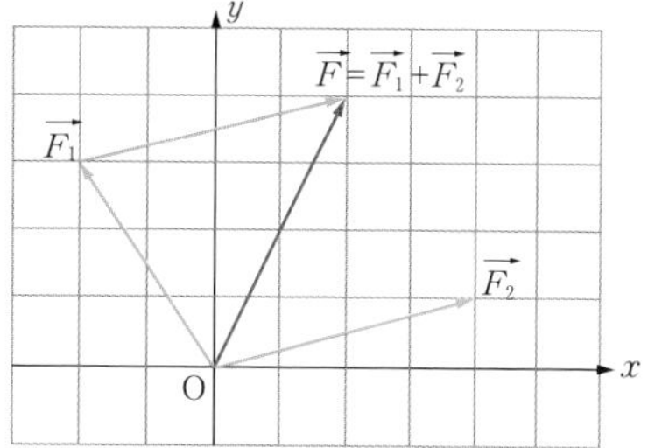

4 1点にはたらく力のつり合い

合力が $\vec{0}$ になるとき，それらの力は**つり合っている**という。

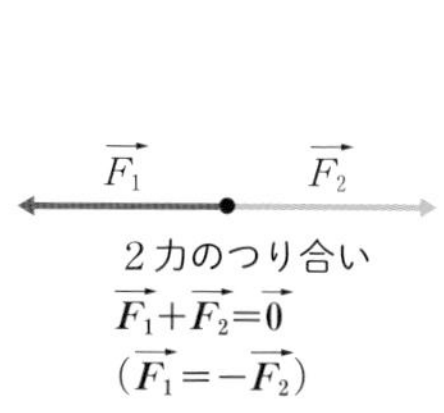

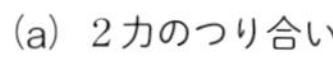
(a) 2力のつり合い

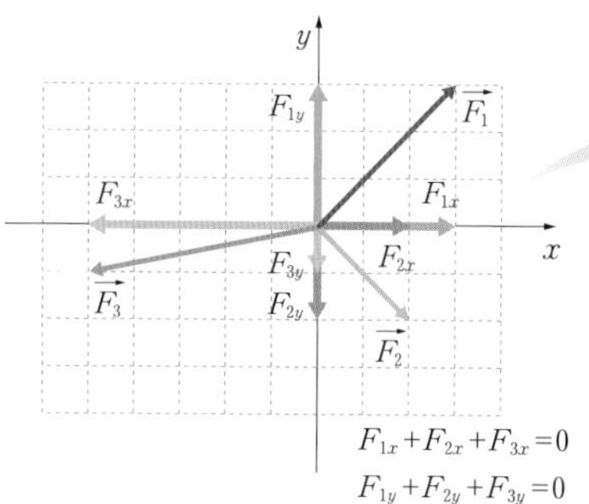

(b) 3力のつり合い

$\vec{F_1}$ $\vec{F_2}$ $\vec{F_3}$

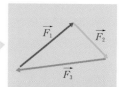

合力 $=\vec{0}$ であるから力のベクトルを順番に結んで得られる三角形(力の三角形)は，閉じた三角形をつくる。

図22 1点にはたらく力のつり合い

A 多くの力のつり合い

$$\vec{F_1}+\vec{F_2}+\cdots+\vec{F_n}=\vec{0}\quad \begin{cases} F_{1x}+F_{2x}+\cdots+F_{nx}=0 \\ F_{1y}+F_{2y}+\cdots+F_{ny}=0 \end{cases} \quad \cdots\cdots (23)$$

例題 17　力のつり合い

重さ W〔N〕のおもりに糸をつけて天井につるし，糸の途中の点 O に別の糸をつけて水平な力を加えたところ，天井からの糸は鉛直線と 30° の角をなして静止した。糸は軽くて伸び縮みしないものとして，次の問いに答えよ。

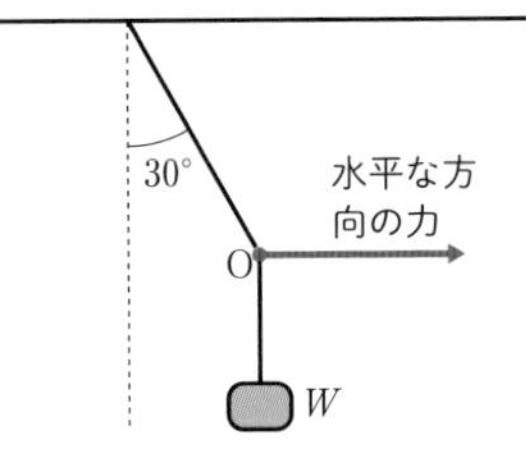

(1)　点 O と天井の間の糸の張力の大きさはいくらか。

(2)　水平に引いた力の大きさはいくらか。

考え方

おもりにはたらく重力を $\vec{W}$(重さ W)，(1)の力を $\vec{T}$(大きさ T)，(2)の力を $\vec{F}$(大きさ F)とする。点 O には $\vec{T}$, $\vec{F}$, $\vec{W}$ の 3 力がはたらいてつり合っている。解き方は，水平方向の成分のつり合いの式と鉛直方向の成分のつり合いの式から未知数 T, F を求める方法と，力の三角形が閉じることを利用して解く方法とがある。

解答

図のように水平方向に x 軸，鉛直方向に y 軸をとると

x 方向のつり合い

$$F+(-T\sin 30^\circ)=0 \qquad \cdots\cdots ①$$

y 方向のつり合い

$$T\cos 30^\circ+(-W)=0 \qquad \cdots\cdots ②$$

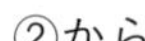

②から

$$T=\frac{W}{\cos 30^\circ}=\frac{2}{\sqrt{3}}W \quad \cdots (1)の答$$

①から

$$F=T\sin 30^\circ=T\times\frac{1}{2}=\frac{1}{\sqrt{3}}W \quad \cdots (2)の答$$

POINT

1 点にはたらく多くの力 $\vec{F_1}$, $\vec{F_2}$, …, $\vec{F_n}$ がつり合うとき

$$\vec{F_1}+\vec{F_2}+\cdots+\vec{F_n}=\vec{0}$$

成分で表すと $\begin{cases} x\text{方向} & F_{1x}+F_{2x}+\cdots+F_{nx}=0 \\ y\text{方向} & F_{1y}+F_{2y}+\cdots+F_{ny}=0 \end{cases}$

5　物体が受ける力

A　遠隔力と接触力

物体が受ける力は必ず他の物体から受ける。力は次の(1)，(2)に分類できる。

(1)　他の物体と空間的に離れていても受ける力（重力，静電気力，磁気力）

(2)　他の物体と接触しているところで受ける力（張力，抗力等）

一般に(1)のような力を**遠隔力**，(2)のような力を**接触力**という。遠隔力である重力の作用点を重心という。接触力の作用点は接触している点である。

B　物体が受ける力の求め方

❶ **図 23** は糸でつるされた質量 m の物体である。

(1)　遠隔力：地球から鉛直下向きに大きさ mg の重力を受ける。

(2)　接触力：物体は糸と接触しているので，糸から大きさ T の張力を受ける。

物体は静止している。物体が受ける力はつり合うので，張力の大きさ T は重力の大きさ mg と等しく，鉛直上向きである。

$$T=mg$$

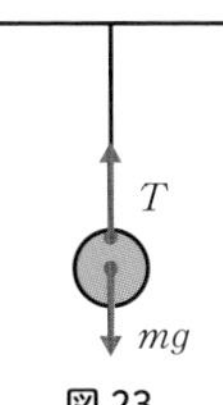

図 23

❷ **図 24** は床の上に置かれた質量 m の物体である。

(1)　遠隔力：地球から鉛直下向きに大きさ mg の重力を受ける。

(2)　接触力：物体は床と接触しているので，床から大きさ N の抗力を受ける。

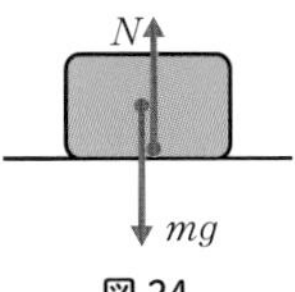

図 24

物体は静止している。物体が受ける力はつり合うので，抗力の大きさ N は重力の大きさ mg と等しく，鉛直上向きである。

$$N=mg$$

例題 18　重力と張力のつり合い

床の上に置かれている質量 m の物体が受ける糸の張力の大きさが T のとき，物体が床から受ける抗力はいくらか。重力加速度の大きさを g とする。

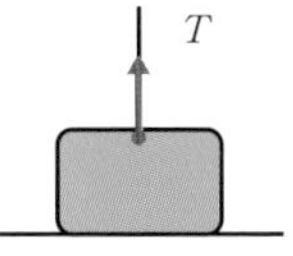

考え方　物体が受ける力のつり合いを考える。

解答

物体は鉛直下向きに大きさ mg の重力を，鉛直上向きに大きさ T の張力と大きさ N の抗力を受けてつり合っているので

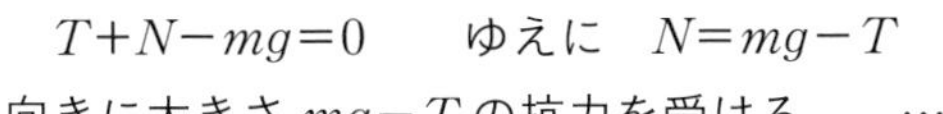

$$T+N-mg=0 \qquad \text{ゆえに} \quad N=mg-T$$

鉛直上向きに大きさ $mg-T$ の抗力を受ける。　…答

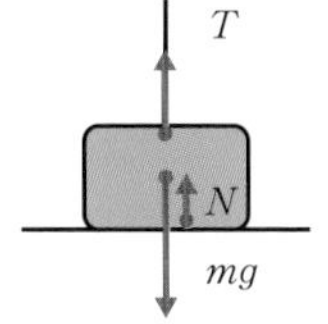

2 作用・反作用の法則

1 作用・反作用の法則

指(A)でつるまきばね(B)を押す。このときAはBから力を受け，BもAから力を受ける。

$\vec{F}_{A\leftarrow B}$：AがBから受ける力

$\vec{F}_{B\leftarrow A}$：BがAから受ける力

とすると，$\vec{F}_{A\leftarrow B}$の大きさは$\vec{F}_{B\leftarrow A}$と等しく，向きは反対である。すなわち

$$\vec{F}_{A\leftarrow B}=-\vec{F}_{B\leftarrow A} \quad \text{あるいは}$$

$$\vec{F}_{A\leftarrow B}+\vec{F}_{B\leftarrow A}=\vec{0} \quad \cdots\cdots(24)$$

これを**作用・反作用の法則**という。$\vec{F}_{A\leftarrow B}$を作用とすれば，$\vec{F}_{B\leftarrow A}$は反作用である。どちらを作用としてもよい。

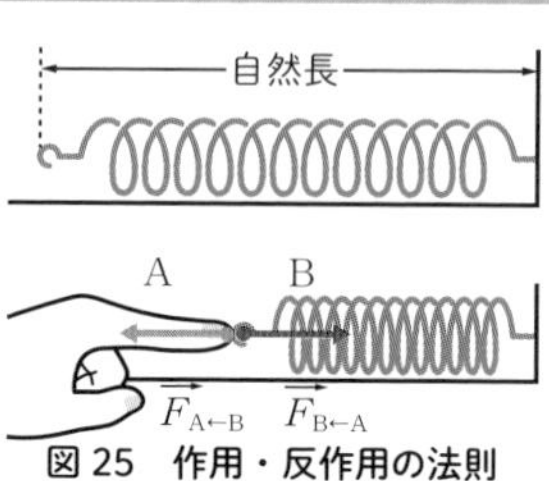

図25　作用・反作用の法則

＋アルファ

$\vec{F}_{B\leftarrow A}$の向きを反転したものを$-\vec{F}_{B\leftarrow A}$と表す。$\vec{F}_{A\leftarrow B}=-\vec{F}_{B\leftarrow A}$の関係式は$\vec{F}_{A\leftarrow B}$と$-\vec{F}_{B\leftarrow A}$とは等しいこと，つまりその大きさと向きとが等しいことを表している。

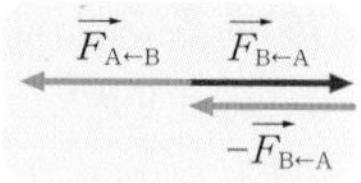

$\vec{F}_{A\leftarrow B}$　$\vec{F}_{B\leftarrow A}$　$-\vec{F}_{B\leftarrow A}$

2 力のつり合いと作用・反作用の法則

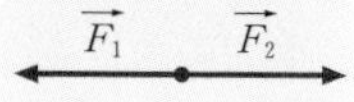

図26はすでに学習した2力のつり合いの関係を示している。物体が$\vec{F}_1$，$\vec{F}_2$の2力を受け，力のつり合いの関係にあるとき

$\vec{F}_1$　$\vec{F}_2$

図26　力のつり合い

$$\vec{F}_1+\vec{F}_2=\vec{0} \quad \cdots\cdots(25)$$

の関係が成り立つ。式(25)は式(24)とまったく同じ形をしている。しかし式の意味するところは異なる。式(25)は同一物体が受ける2力の関係であるのに対し，式(24)は異なる2物体がそれぞれ受ける力の関係である。式(24)が成り立っていても，力がつり合っているわけではない。

図27のように，物体がばねに衝突しやがて離れていく実験をする。物体がばねに接触しているあらゆる瞬間に，ばねと物体間でおよぼし合う力$\vec{F}_{A\leftarrow B}$，$\vec{F}_{B\leftarrow A}$の間に作用・反作用の法則が成り立つ。しかしこの間，物体が受ける力はつり合っていない。

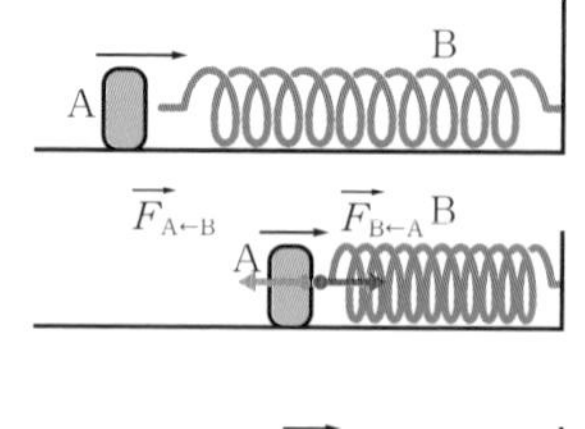

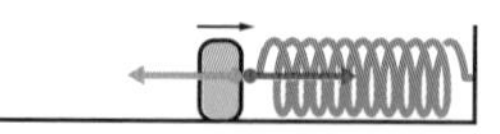

図27　物体とばねの衝突

3 地表の物体が受ける力と地球が受ける力

図 28 は地表に置かれた物体を表す。

[地球-物体間で及ぼし合う力]

(1) 遠隔力：物体は地球から重力 $\vec{W}$(大きさ W)を受け，地球は物体から重力 $\vec{F}$(大きさ F)を受ける。$\vec{W}$ と $\vec{F}$ とは作用・反作用の関係にあり($\vec{W}+\vec{F}=\vec{0}$)，大きさが等しく($W=F$)，向きが反対である。

(2) 接触力：物体は地球から垂直抗力 $\vec{N}$(大きさ N)を受け，地球は物体から垂直抗力 $\vec{N'}$(大きさ N')を受ける。$\vec{N}$ と $\vec{N'}$ とは作用・反作用の関係にあり($\vec{N}+\vec{N'}=\vec{0}$)，大きさが等しく($N=N'$)，向きが反対である。

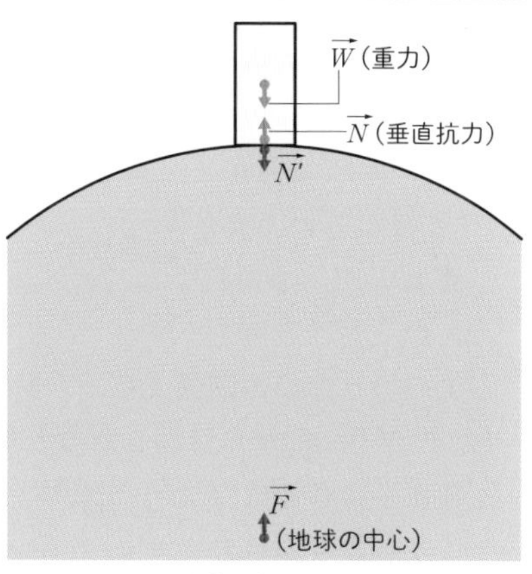

図 28　地表の物体にはたらく力

例題 19　作用・反作用の関係

台Aの上に物体Bと人Cがのっている(図1)。物体B，人Cの受ける重力の大きさはそれぞれ 300 N，500 N である。その後，図2のように，人Cが物体Bを上から 15 N の力で押さえつけた。

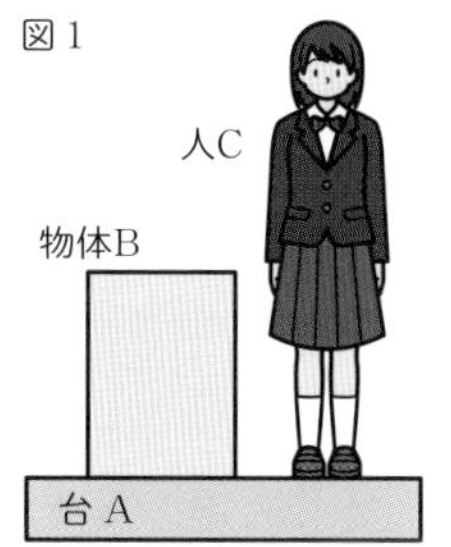

(1) 図1で，台Aが物体Bと人Cから受ける力の大きさの合計はいくらか。

(2) 図2で，人Cが物体Bから受ける力の大きさはいくらか。

(3) 図2で，台Aが物体Bと人Cから受ける力の大きさの合計はいくらか。

考え方

台Aが受ける力，物体Bが受ける力，人Cが受ける力を記入し，力のつり合いの関係，作用・反作用の関係を考察する。

解答

(1)　[Bが受ける力の大きさ]

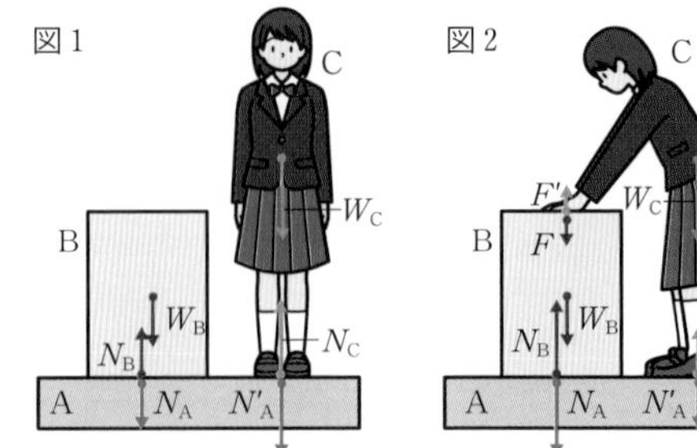

重力：$W_B=300$ N

Aから受ける抗力：N_B

力のつり合いの関係より

$N_B=W_B$　よって　$N_B=300$ N

[Cが受ける力の大きさ]

重力：$W_C=500$ N

Aから受ける抗力：N_C

力のつり合いの関係より　　$N_C=W_C$　　よって　$N_C=500$ N

[台AがB, Cから受ける力の大きさ]

Bから受ける抗力：N_A　作用・反作用の関係 $N_A=N_B$ より　$N_A=300$ N

Cから受ける抗力：N'_A　作用・反作用の関係 $N'_A=N_C$ より　$N'_A=500$ N

B, Cから受ける抗力の合計：$N_A+N'_A=300\text{ N}+500\text{ N}=800\text{ N}$　…㊟

(2)　人Cが物体Bを大きさ15Nの力 F で押せば，作用・反作用の法則により，人Cは物体Bから反対向きに大きさ15Nの力 F' を受ける。　15N　…㊟

(3)　[Bが受ける力の大きさ]

重力：$W_B=300$ N　Aから受ける抗力：N_B　　Cから受ける力：$F=15$ N

力のつり合いの関係より　$N_B=W_B+F$

よって　$N_B=300\text{ N}+15\text{ N}=315\text{ N}$

[Cが受ける力の大きさ]

重力：$W_C=500$ N　Aから受ける抗力：N_C　　Bから受ける力：$F'=15$ N

力のつり合いの関係より　$N_C+F'=W_C$

よって　$N_C=500\text{ N}-15\text{ N}=485\text{ N}$

[台AがB, Cから受ける力の大きさ]

Bから受ける抗力：N_A　作用・反作用の関係 $N_A=N_B$ より　　$N_A=315$ N

Cから受ける抗力：N'_A　作用・反作用の関係 $N'_A=N_C$ より　　$N'_A=485$ N

B, Cから受ける抗力の合計：$N_A+N'_A=315\text{ N}+485\text{ N}=800\text{ N}$　…㊟

POINT

作用・反作用の法則

①　作用があれば必ず反作用がある。

②　作用と反作用は同一直線上にあり，大きさは等しく，向きが逆。

例題 20　ばねの伸び

重さの無視できる同じつるまきばね（ばね定数 k）を用いて，下図のようにおもりをつるした。それぞれのばねの伸びはいくらか。ただし，おもりはすべて重さ W とし，滑車はなめらかに動くものとする。

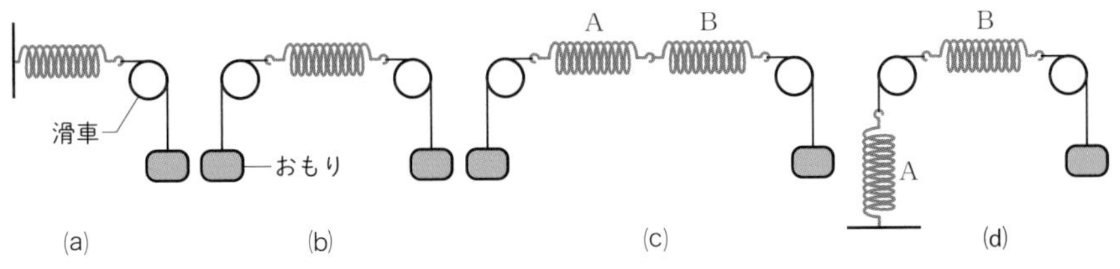

考え方

天井にばねの一端を固定し，他端におもりをつけると，ばねの伸びはフックの法則により $x=\dfrac{W}{k}$ となる。（p.48 参照）

このとき，ばねは天井を引っ張り（大きさ F_1 の力），天井はばねを引く（大きさ F_2 の力）。この 2 力は作用・反作用の関係にあるので

$$F_1=F_2$$

おもりはばねの下端を引き（大きさ F_3 の力），ばねの下端はおもりを引く（大きさ F_4 の力）。この 2 力は作用・反作用の関係なので

$$F_3=F_4$$

ばねは軽い（質量を考えない）ので，ばねにはたらく力のつり合いの式は　$F_2+(-F_3)=0$

よって　$F_2=F_3$

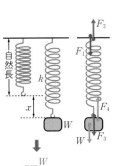

また，おもりにはたらく力はつり合っているので，$F_4=W$ といえる。したがって，$F_1=F_2=F_3=F_4=W$ が成り立つことになる。

解答

どのばねも下図のように両側から大きさ W の力で引かれている。

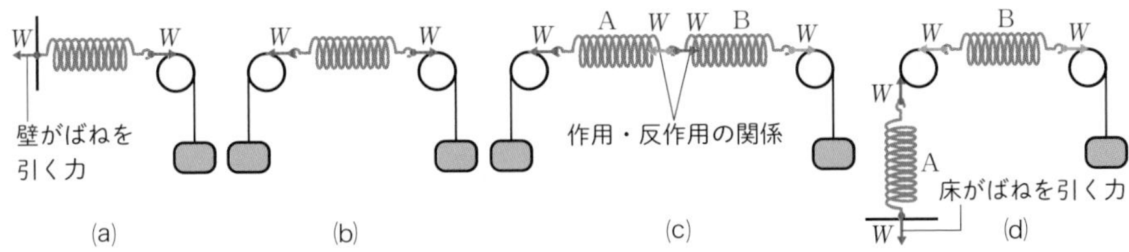

(a)，(b)，(c)の A と B，(d)の A と B の伸びはどれも　$\dfrac{W}{k}$　…㊚

3　いろいろな力

1　摩擦力

A 静止摩擦力

図29 のように，机の上に置かれた本は重力 $\vec{W}$（大きさ W）と抗力 $\vec{R}$（大きさ R）を受ける。重力 $\vec{W}$ は鉛直下向きで，力のつり合いの関係 $\vec{R}+\vec{W}=\vec{0}$ より $\vec{R}=-\vec{W}$，つまり $\vec{R}$ の向きは $\vec{W}$ と逆向きで，大きさは $\vec{W}$ と等しい。

(a)　(b)

図 29　重力と抗力

それでは **図 30** のように本を真横から力 $\vec{F}$（大きさ F）で押している状態で，本が静止している場合，本が受ける抗力はどうなるだろうか。本が受ける力は $\vec{F}$，抗力 $\vec{R}$，重力 $\vec{W}$ の 3 力なので，これらは力のつり合いの関係にある。

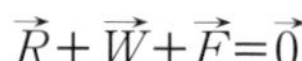

$$\vec{R}+\vec{W}+\vec{F}=\vec{0}$$

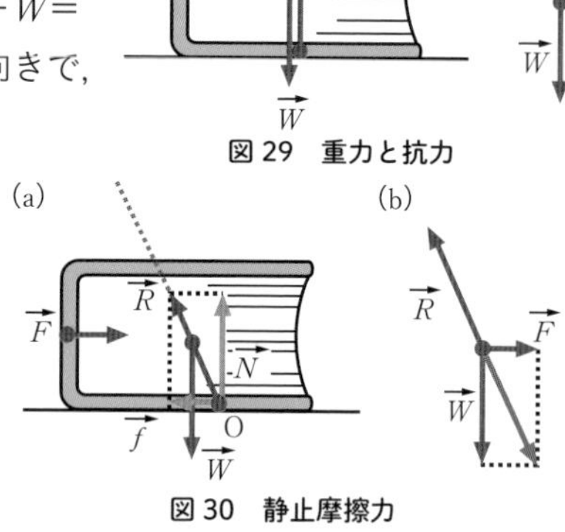

図 30　静止摩擦力

このとき抗力 $\vec{R}$ の向きは **図 30** に示す向きとなり，面に対して垂直とはならない。そこで抗力 $\vec{R}$ を面に対して垂直方向と水平方向に分解したとき，垂直方向の分力 $\vec{N}$（大きさ N）を**垂直抗力**，水平方向の分力 $\vec{f}$（大きさ f）を**静止摩擦力**という。力のつり合いの関係より，$f=F$，$N=W$ が成り立つ。

B 最大摩擦力

図 31 (a)，(b)のように，本を押す外力 $\vec{F}$ の大きさ F を大きくしていくと，静止摩擦力 $\vec{f}$ の大きさ f も大きくなる。しかし静止摩擦力の大きさ f にはそれ以上増えることのできない限界がある。これを**最大摩擦力** f_0 という。すなわち

$$f \leqq f_0 \qquad \cdots\cdots (26)$$

である。最大摩擦力 f_0 は垂直抗力 $\vec{N}$ の大きさ N に**比例**し，その比例定数 μ を**静止摩擦係数**という。

$$f_0=\mu N \qquad \cdots\cdots (27)$$

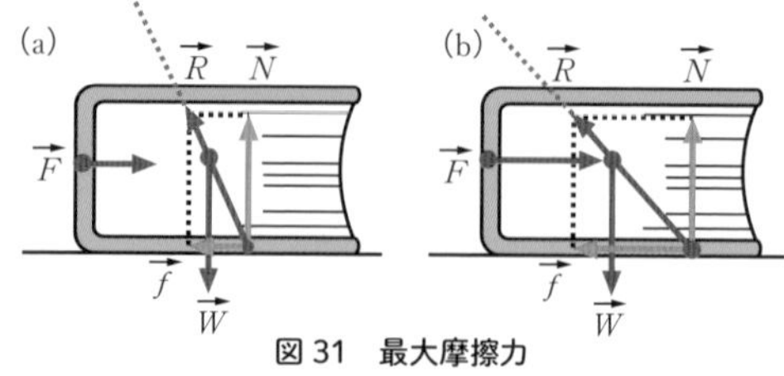

図 31　最大摩擦力

静止摩擦係数は接する物体と面の材質と状態で決まる。**図 31** の外力 $\vec{F}$ の大きさ F が最大摩擦力 f_0 をこえると，本はずるっと右向きに動く。

C 動摩擦力

面に対して運動している物体と面との間にはたらく摩擦力を**動摩擦力**という。動摩擦力の大きさを f' とすると，f' も垂直抗力 $\vec{N}$ の大きさ N に**比例**する。

$$f' = \mu' N \quad \cdots\cdots (28)$$

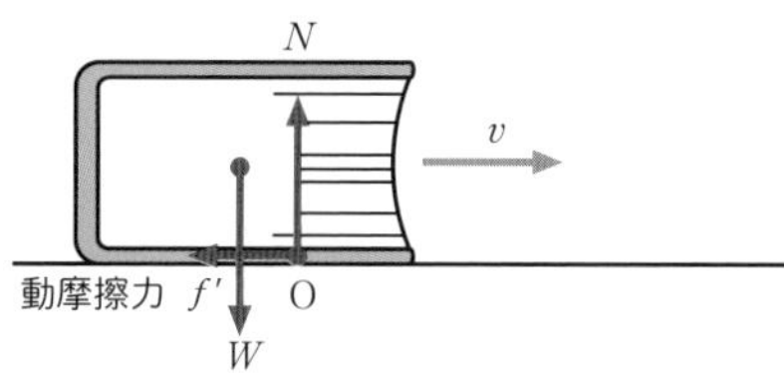

μ' を**動摩擦係数**という。μ' は物体の速度には無関係で，一般に $\mu > \mu'$ である。外力の大きさ F をだんだん大きくしていくと，F が f_0 に達するまでは物体は動かない。F が f_0 をこえると物体は動き出し，動くと面から受ける摩擦力は動摩擦力に変わる。

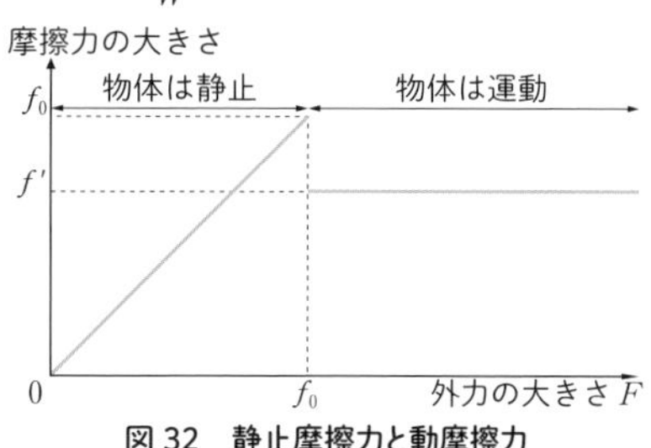

図 32　静止摩擦力と動摩擦力

例題 21　摩擦角

粗い斜面上に質量 m の物体をのせ，斜面の傾角をしだいに大きくしていったところ，傾角が θ_0 をこえると物体はすべることがわかった。静止摩擦係数 μ と θ_0 の関係を求めよ。ただし，重力加速度の大きさを g とする。

考え方　すべり出す前の状態では，物体は大きさ mg の重力，斜面に垂直で大きさが N の垂直抗力，斜面に平行で大きさが f の静止摩擦力がはたらいてつり合っている。物体がすべる瞬間には傾角は θ_0（摩擦角という）で，このとき静止摩擦力の大きさは最大摩擦力になっている。重力を図のように x，y 方向に分け，それぞれの成分についてつり合いの式をつくる。

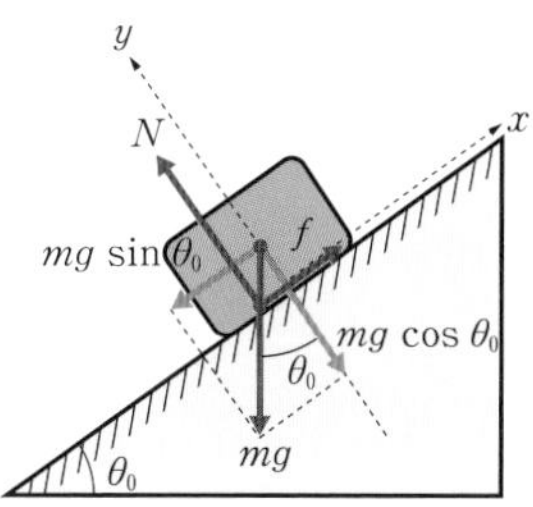

解答

$\theta = \theta_0$ のとき，f は最大摩擦力に等しいので

$$f = \mu N \quad \cdots\cdots ①$$

x 方向の力のつり合いから　$f + (-mg\sin\theta_0) = 0$　……②

y 方向の力のつり合いから　$N + (-mg\cos\theta_0) = 0$　……③

①，②，③から　$\mu = \tan\theta_0$　…答

最大摩擦力 $f_0 = \mu N$，動摩擦力の大きさ $f' = \mu' N$

一般に，最大摩擦力は動摩擦力の大きさより大きいので，$\mu > \mu'$ である。

例題 22 粗い斜面上の物体のつり合い

傾角 θ が摩擦角 θ_0 よりも大きい斜面上に質量 m の物体をのせると，物体はすべり出した。そこで，この物体がすべらないように，斜面に沿って上向きに大きさ F の力を加えて静止させようとした。このとき，F の最小値を求めよ。ただし，重力加速度の大きさを g，静止摩擦係数を μ とする。

考え方　図のように斜面上に x 軸，y 軸をとり，それぞれの方向につり合いの式をつくる。垂直抗力の大きさを N とおく。

解答

F が最小のとき，摩擦力は斜面に沿って上向きで，その大きさは最大摩擦力 μN になっている。

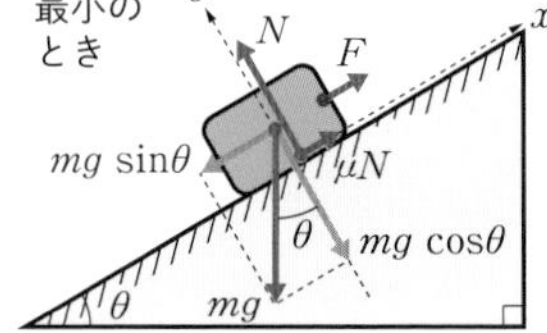

x 軸方向のつり合いの式は

$$F+\mu N-mg\sin\theta=0 \quad \cdots\cdots①$$

y 軸方向のつり合いの式は

$$N-mg\cos\theta=0 \quad \cdots\cdots②$$

①，②から，最小値は

$$F=mg(\sin\theta-\mu\cos\theta) \quad \cdots 答$$

2 圧力，大気圧，水圧

A 圧力

レンガをスポンジの上に置くと，面積の大きな面を下にするか，小さな面を下にするかで，レンガの沈み具合が異なる。同じ質量のレンガであるので，レンガがスポンジを押す力の大きさはどれも等しい。これはスポンジの受ける圧力の違いである。

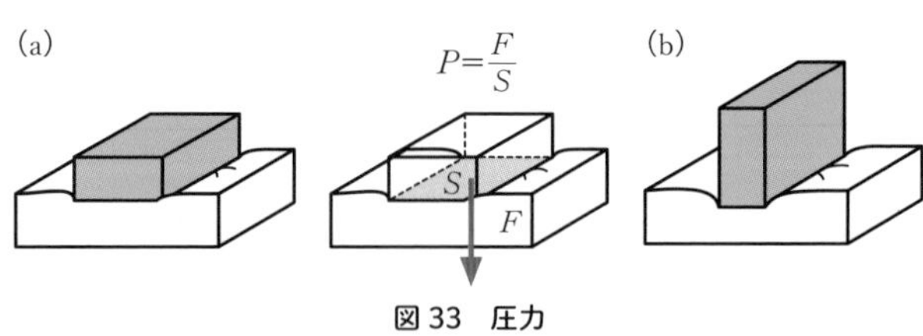

図 33　圧力

単位面積あたりに受ける力の大きさを**圧力**という。圧力の単位は N/m^2(ニュートン毎平方メートル)であるが，これをあらためて Pa（パスカル）と呼ぶ。面積 S〔m^2〕が垂直に受ける力の大きさが F〔N〕のとき，圧力 P〔Pa〕は次式で表される。

$$P=\frac{F}{S} \quad \cdots\cdots(29)$$

B 大気圧

地球には大気があるために，大気圧を受ける。地表面で受ける標準の大気圧 P_0 は，$P_0=1.013\times10^5$ Pa である。これを 1 気圧(atm)とする。1 気圧は 1 m^2 あたり，面に垂直に大きさ約 10^5 N の力を受けていることを表している。1 kg の物体が受ける重力の大きさが約 10 N だから，10^5 N の力は 10000 kg，すなわち 10 t の物体が受ける重力の大きさに等しい。つまり 1 気圧は，水平に置かれた 1 m^2 の面積の上に 10 t の物体が乗っているときに受ける圧力である。

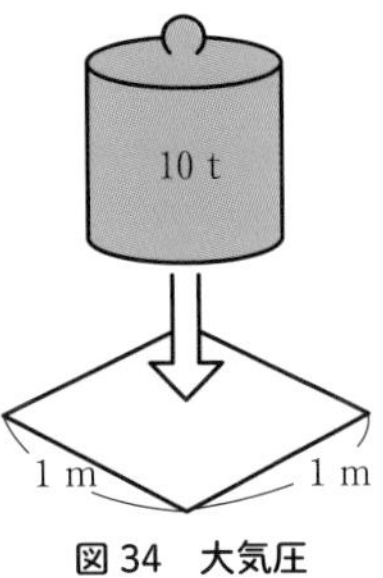

図 34　大気圧

C 水圧

水中で受ける圧力を水圧という。水面からの深さが h〔m〕の場所にある水平な面積 S〔m^2〕が受ける力の大きさ F〔N〕から圧力 P〔Pa〕を求める。

① 水深 h にある面積 S の上に乗っている水の体積を V〔m^3〕と置くと，$V=Sh$ である。

② 単位体積あたりの水の質量を水の密度 ρ〔kg/m^3〕という。

③ 体積 V の水の質量を M〔kg〕，受ける重力の大きさを W〔N〕と置くと，$M=\rho V=\rho Sh$，$W=Mg=\rho Sgh$ となる。

④ 水面ですでに P_0〔N〕の圧力を受けているので，水面および水深 h に置かれた面積 S が(上方から)受ける力の大きさを F_0〔N〕および F〔N〕と置くと，

$F_0=P_0S$，$F=F_0+W=P_0S+\rho Sgh$ となる。

⑤ したがって，水面からの深さ h の水中で受ける水圧 P は

$$P=\frac{F}{S}=P_0+\rho gh \qquad \cdots\cdots (30)$$

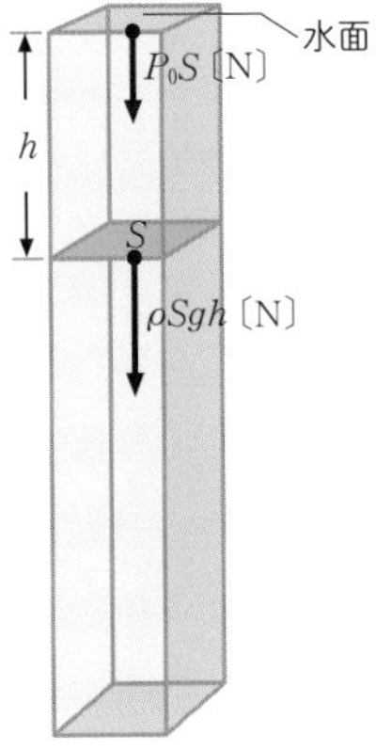

図 35　水圧

注意 **ここでは水圧を計算するために水平な面を考えたが，静止した流体中の大気圧や水圧は任意の走行を向いた単位面積が垂直に受ける力の大きさであり，スカラー量である。**

例題 23　水圧

水深 15 m の水圧 P は何 Pa か。ただし，大気圧 P_0 を 1.0×10^5 Pa，水の密度 ρ を 1.0×10^3 kg/m^3，重力加速度の大きさ g を 9.8 m/s^2 とする。

考え方 深さ h の水圧 P は $P=P_0+\rho gh$ で表される。

解答

$$P=1.0\times10^5\ \text{Pa}+1.0\times10^3\ \text{kg/m}^3\times9.8\ \text{m/s}^2\times15\ \text{m}\fallingdotseq2.5\times10^5\ \text{Pa} \quad \cdots 答$$

3 浮力

A アルキメデスの原理

全体が水中にある断面積 S〔m^2〕の円柱が周囲にある水(密度ρ)から受ける力を求めよう。

① 上面の水面からの深さ　x
② 円柱の高さ　h
③ 下面の水面からの深さ　$x+h$
④ 上面が受ける水圧　$P_1=P_0+\rho gx$
⑤ 下面が受ける水圧　$P_2=P_0+\rho g(x+h)$
⑥ 上面が受ける下向きの力の大きさ　$f_1=P_1S$
⑦ 下面が受ける上向きの力の大きさ　$f_2=P_2S$

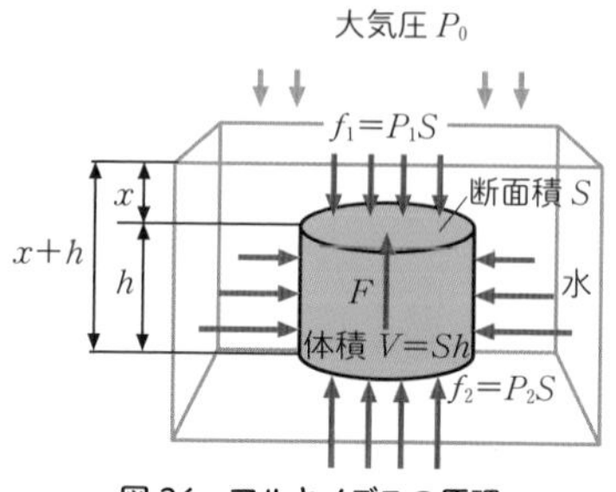

図 36　アルキメデスの原理

円柱は側面からも水深が深くなるほど大きくなる水圧を受ける。しかし，これらによる合力は0になる。すると円柱が受ける合力は，上面が受ける下向きの f_1 と下面が受ける上向きの f_2 で決まり，上向きに大きさ

$$F=f_2-f_1=\{P_0+\rho g(x+h)\}S-(P_0+\rho gx)S=\rho gSh$$

の力となる。Sh は円柱の体積 V であるから

$$F=\rho Vg \qquad \cdots\cdots (31)$$

と表される。浮力は物体が受ける圧力による力の合力である。

アルキメデスの原理によると，「流体中の物体は，物体が排除した流体が受ける重力に大きさが等しい浮力を鉛直上向きに受ける」と考えることができる。

物体の流体内にある部分の体積を V〔m^3〕として，この部分を排除したところを周囲と同じ流体で満たす。この流体の密度を ρ〔kg/m^3〕とすれば，その質量は $M=\rho V$〔kg〕である。したがって，その流体は大きさ $Mg=\rho Vg$ の重力を受ける。流体はその位置に留まるので，この重力と同じ大きさである式(31)の浮力 F を周囲の流体から上向きに受けている。もとの物体でも同じ浮力を受ける。浮力の作用点を**浮心**という。

POINT

アルキメデスの原理

流体中の物体が受ける浮力の大きさ F〔N〕は

$$F=\rho Vg$$

ρ〔kg/m^3〕：流体の密度（単位体積あたりの質量），V〔m^3〕：流体中の体積

例題 24 浮力とつり合い

質量 m〔kg〕，体積 V〔m^3〕の鉄球を糸でつるして，はかりの上に置かれた密度 ρ〔kg/m^3〕の油の中に全体が沈むようにつけた。このとき，糸を持つ手にかかる力の大きさ f〔N〕と，鉄球によってはかりに生じた目盛りの増減を求めよ。重力加速度の大きさを g〔m/s^2〕とする。

考え方

手にかかる力の大きさ f は糸の張力の大きさ T に等しい。T は鉄球にはたらく糸の張力，浮力（大きさ F）と重力（大きさ mg）とのつり合いから求めることができる。

解答

鉄球にはたらく浮力の大きさ F は

$$F=\rho Vg$$

鉄球は張力，浮力，重力の 3 力がはたらいてつり合うので

$$T+F+(-mg)=0$$

よって　$f=T=mg-F=mg-\rho Vg$　…答

鉄球は，周囲の油からの圧力による力の合力として浮力を鉛直上向きに受けているので，周囲の油にはその反作用として，鉛直下向きに浮力の大きさと同じ大きさの力がはたらいている。

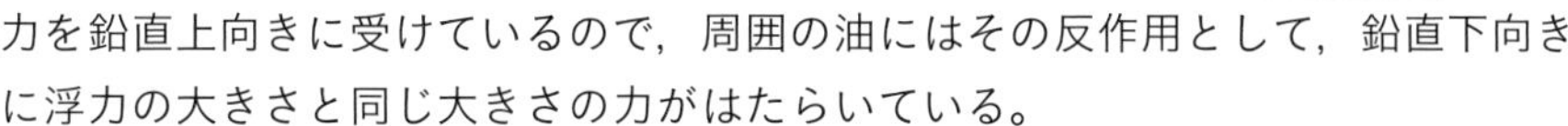

よって，はかりは ρVg，すなわち ρV だけ大きい目盛りを示す。　…答

Q 物体が受ける水圧の向きって，どうして面に対して垂直な方向だけを考えていいんですか？

A 図の左側のように，静止した水中の 1 点では全ての方向から同じ大きさの水圧を受け，すべて打ち消し合う。しかし，図の右側のように水中の物体表面上の 1 点では，物体の中から押す水圧は存在しないから，面に垂直に押す水圧だけが打ち消されずに残ります。だから，面に垂直な方向からの水圧だけを考えてもよいのです。

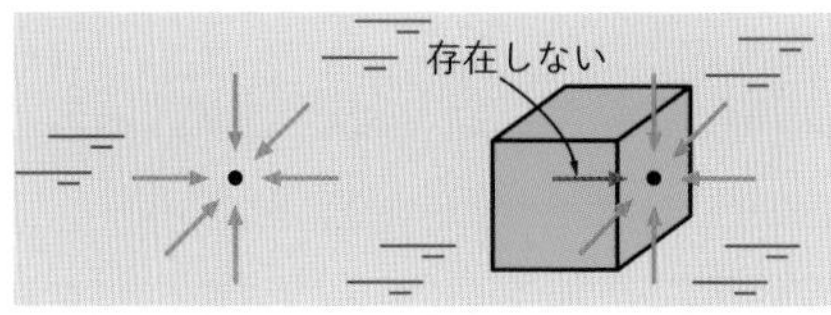

この章で学んだこと

1 力と力のつり合い

(1) **力**

力は大きさと向きをもつベクトル。平行四辺形の法則で合成できる。

(2) **力の単位**

N(ニュートン)を用いる。

(3) **力のつり合い**

1点に $\vec{F_1}$, $\vec{F_2}$, …, $\vec{F_n}$の力がはたらいてつり合うと

$$\boldsymbol{\vec{F_1}+\vec{F_2}+\cdots+\vec{F_n}=\vec{0}}$$

$$\begin{cases} x\text{成分} & F_{1x}+F_{2x}+\cdots+F_{nx}=0 \\ y\text{成分} & F_{1y}+F_{2y}+\cdots+F_{ny}=0 \end{cases}$$

2 作用・反作用の法則

作用・反作用の法則(運動の第3法則)

作用があれば反作用がある。作用と反作用は同じ作用線上にあって，大きさが等しく，向きが反対である。

3 いろいろな力

(1) **重力**

鉛直下向きにはたらく。大きさは mg である。

(2) **ばねの弾性力(フックの法則)**

$\boldsymbol{F=kx}$ (k：ばね定数)

(3) **糸の張力**

ピンと張った糸が物体を引く力。

(4) **垂直抗力**

物体が，接触している面から垂直に受ける力。

(5) **摩擦力**

① **静止摩擦力**　大きさは0～最大摩擦力 f_0 の範囲。物体が動こうとする向きと反対向きにはたらく。

$\boldsymbol{f_0=\mu N}$

μ：静止摩擦係数

N：垂直抗力の大きさ

② **動摩擦力**　運動中の物体が速度と反対向きに受ける力。

$\boldsymbol{f'=\mu' N}$

μ'：動摩擦係数

N：垂直抗力の大きさ

(6) **圧力**

$$\boldsymbol{P=\frac{F}{S}}$$

面積：S〔$\mathrm{m^2}$〕，力の大きさ：F〔N〕

圧力：P〔Pa〕

単位：Pa(パスカル)，$1\ \mathrm{Pa}=1\ \mathrm{N/m^2}$

(7) **水圧**

$\boldsymbol{P=P_0+\rho gh}$

大気圧：$P_0=1.013\times10^5\ \mathrm{Pa}$

水面からの深さ：h〔m〕

水の密度：ρ〔$\mathrm{kg/m^3}$〕

(8) **浮力(アルキメデスの原理)**

$\boldsymbol{F=\rho Vg}$

ρ：流体の密度

V：流体中の体積

MY BEST

Basic Physics

第4章 運動の法則

1 ニュートンの運動の法則

1 慣性の法則

図のように，上の2面に無数の小さい穴をあけた中空の三角柱を水平に置いて圧力の高い空気を吹き込み，上面にプラスチック板Pをまたがせると，**図37**(a)のようにPは少し浮いた状態になって静止している(エアー・トラック)。

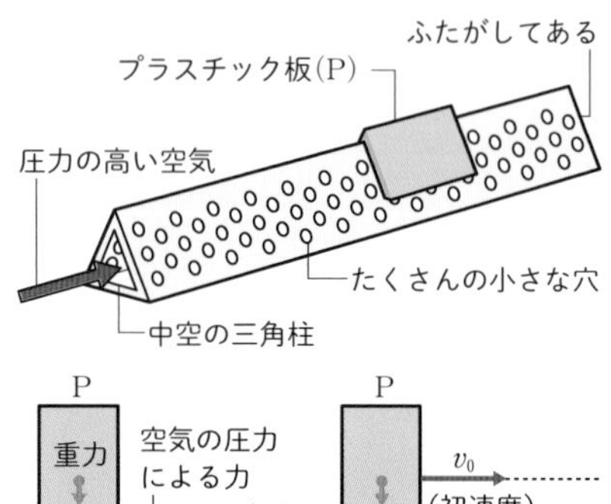

図37　摩擦がないときの物体の運動

このように，摩擦のほとんどない状態でPに水平な初速度 v_0 を与えると，Pは水平方向に速度 v_0 のまま端まで等速直線運動をする(**図37**(b))。

このことから，**物体にはたらく力が0ならば，はじめに止まっているものは止まったままで，はじめに運動しているものはそのままの速度(大きさも向きも一定)で運動し続ける**ことがわかる。これを，**慣性の法則(運動の第1法則)**という。

はたらく力が0ということは，力がまったくない場合だけでなく，合力が0という場合もある。**図37**(a)，(b)のとき，Pには重力と空気の圧力による力がはたらくが，この2力はつり合っていて合力は0である。

2 加速度と力・質量

プラスチック板Pの右端にゴムひもをつけ，ゴムひもの伸びが一定になるように注意しながら，手を右へ動かしていく。

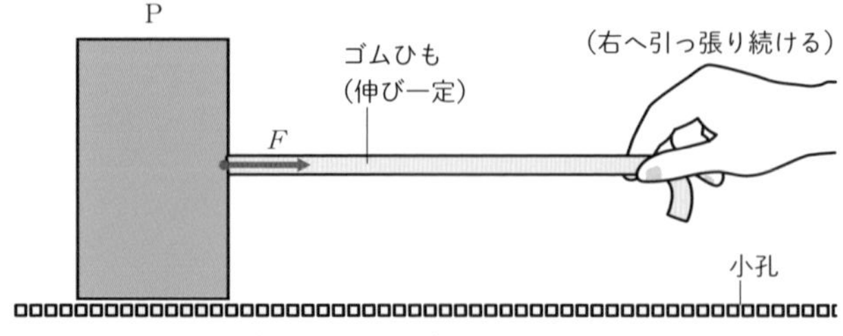

図38　一定の大きさの力がはたらくときの物体の運動

このとき，Pには一定の大きさの力 F

($F=kx$，ゴムひもの伸び x を一定にして力の大きさ F を一定にする)が加わり，止まっていたPがどんどん右へ加速される(加速度を生じる)ことがわかる。Pの質量を大きくすると，加速度が小さくなることもわかる。力の大きさ F，質量 m および加速度の大きさ a の関係は，このような実験で確かめられる。

探究活動　加速度と力・質量の関係

目的　質量 m の物体に力 $\vec{F}$ を加えると，力の向きに加速度 $\vec{a}$ を生じる。生じる加速度の大きさ a と質量 m，力の大きさ F の間にどのような量的関係があるかを調べる。

実験手順

【1】 a と F の関係

台車の質量を一定にして，生じる加速度の大きさ a と力の大きさ F の間の関係を調べる。

1. 記録テープをタイマーに通し，セロハンテープで台車につける。
2. ゴムひも1本を台車にひっかけ，他端はものさしにひっかける。
3. スイッチを入れ，ゴムひもの伸びが一定(力の大きさが一定)になるようにしながら台車を引く。
4. 得られたテープを5打点(東日本)，または6打点(西日本)ごとに切り，グラフ用紙にはって，右図のように直線の傾きから加速度の大きさ a_1 を求める。
5. 同様に，ゴムひもを2本，3本，4本にして，同じ伸びを与えながら引っ張り，それぞれの加速度の大きさ a_2，a_3，a_4 を求める。
6. a_1～a_4 と，力の大きさ(ゴムひもの本数)のグラフ(p.68の図(a))をつくり，各点が原点を通る直線の上にだいたいのることを確かめる。

(予備実験)

ゴムが4本になると台車が速くなりすぎて追いつけないことがあ

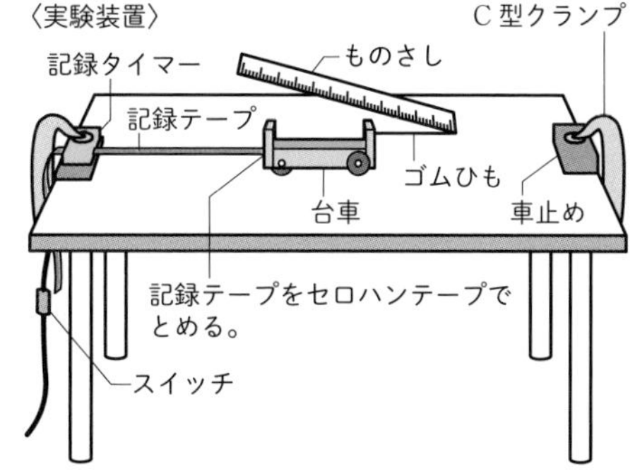

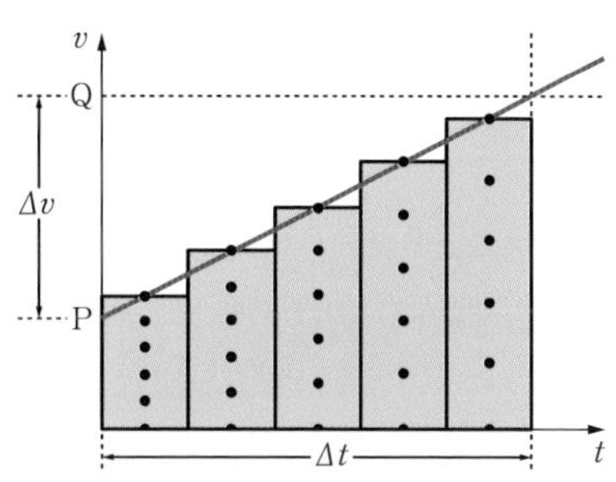

各実験で，切ったテープを5本ずつはることにすると，Δt は一定。

Δv はPQの長さに比例する。

$a=\dfrac{\Delta v}{\Delta t}$ なので，a は Δv に比例する。

る。はじめにテープをつけずにゴム1本と4本で試してみて，問題ないことを確かめた上で木番に入るとよい。

【2】 a と m の関係

加える力の大きさを一定にして，生じる加速度の大きさ a と質量 m の間の関係を調べる。

❶ ゴムひもの本数と，この実験でのゴムひもの伸びを決めておく。以下は，それを一定にして行う。

❷ はじめに台車だけを❶のゴムひもで引いて，その加速度の大きさ a_1' を求める。

❸ 台車に，台車と同じ質量のおもりを1個のせた場合，2個のせた場合，3個のせた場合について，それぞれの加速度の大きさ a_2'，a_3'，a_4' を求める。

❹ $a_1' \sim a_4'$ と，台車とおもりの数の和の逆数 $\left(\dfrac{1}{m}\right)$ のグラフをつくり（右の図(b)），各点が原点を通る直線の上にだいたいのることを確かめる。

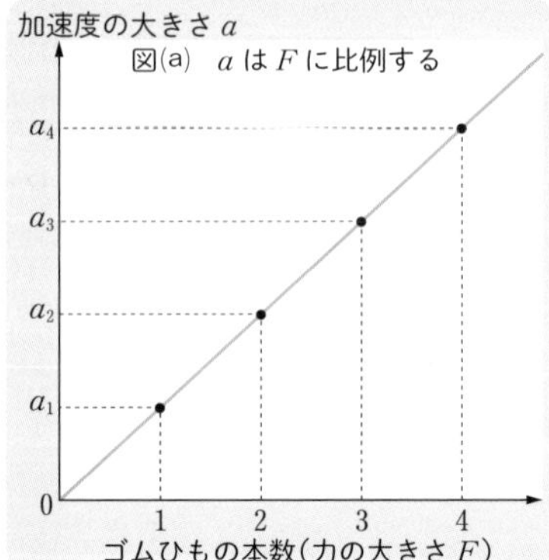

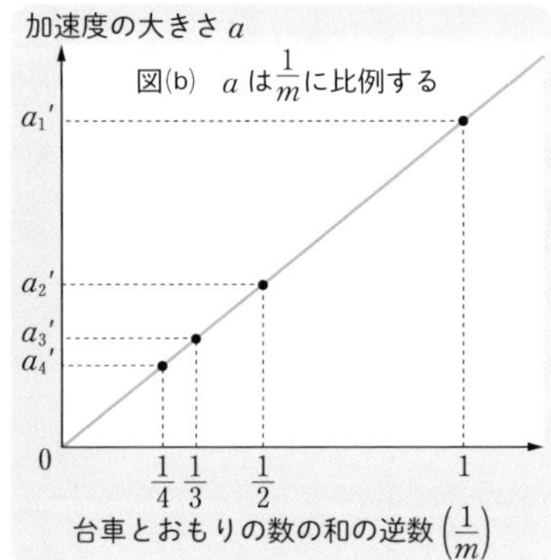

結果　**【1】から「a は F に比例する」**

【2】から「a は $\dfrac{1}{m}$ に比例する」

したがって，【1】，【2】の結果から

「a は $\dfrac{F}{m}$ に比例する」

ゆえに，　$a = k\dfrac{F}{m}$（k は定数）と表すことができる。

東日本では，5打点の時間は　$\dfrac{1}{50} \times 5\,\mathrm{s} = \dfrac{1}{10}\,\mathrm{s}$

西日本では，6打点の時間は　$\dfrac{1}{60} \times 6\,\mathrm{s} = \dfrac{1}{10}\,\mathrm{s}$

なので，テープの長さに相当する時間はいずれも $\dfrac{1}{10}\,\mathrm{s}$ になる。

このテープを5本はると，図の Δt は

$$\Delta t = \frac{1}{10} \times 5\,\mathrm{s} = \frac{1}{2}\,\mathrm{s}$$

（注意）交流の周波数が，東日本では 50 Hz，西日本では 60 Hz と異なることによる。

考察　生じる加速度 $\vec{a}$ の向きと，加えた力 $\vec{F}$ の向きは一致しているから，ベクトルの関係式として次のように表すことができる。

$$\vec{a} = k\frac{\vec{F}}{m}$$

3 運動の法則

前の探究活動の結果から

$$\vec{a}=k\frac{\vec{F}}{m} \quad \cdots\cdots (32)$$

すなわち，**物体に生じる加速度は加えた力に比例し，質量に反比例する**ことがわかる。 これを**運動の(第2)法則**という。

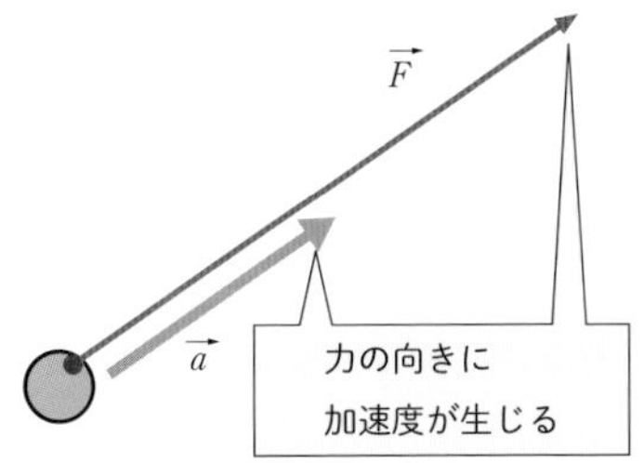

A 力の単位N（ニュートン）

質量1kgの物体に1 m/s^{2}の加速度が生じているとき，物体が受けている力の大きさを1N(ニュートン)と定義する。すなわち，N=kg・m/s^{2}である。式(32)より，生じる加速度の大きさは力の大きさに比例し，質量に反比例するのだから，同じ1kgの物体に2 m/s^{2}の加速度が生じていれば，受けている力は2Nになる。このように力の大きさをNという単位で表せば，式(32)は次のようにかける。

> **+アルファ**
> 運動方程式はベクトル式である。つまり$\vec{a}$と$\vec{F}$は同じ向きである。

$$\vec{a}=\frac{\vec{F}}{m} \quad \text{あるいは} \quad m\vec{a}=\vec{F} \quad \cdots\cdots (33)$$

この式を**ニュートンの運動方程式**という。

一直線上の場合は加速度aと力Fの向きを正負の符号で表すこととして次のようにかける。

$$ma=F \quad \cdots\cdots (34)$$

B 質量・重力

❶ 質量

プランク定数を6.62607015×10^{-34}ジュール秒とすることにより，J・S=kg・m^2/sの関係を通して定まる質量を1kgと定めた。質量の測定にはてんびんを用いる。

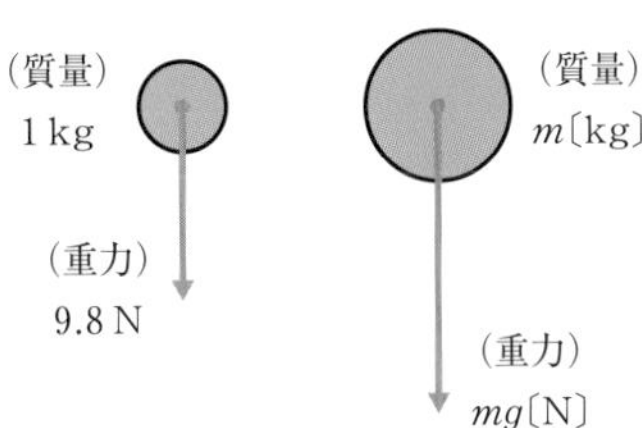

図39　地表の物体にはたらく重力

❷ 重力

地表の物体は重力を受けて落下する。この加速度の大きさはg〔m/s^2〕だから，質量m〔kg〕の物体にはたらく重力の大きさ(重さ) W〔N〕は式(33)より

$$W=mg \quad \cdots\cdots (35)$$

g=9.8 m/s^{2}であるので，1kgの物体が受ける重力の大きさは9.8Nである。

4 ニュートンの運動の法則

これまでに学んだ**慣性の法則**(p.66 参照)を**運動の第 1 法則**といい，**運動の法則**(p.69 参照)を**運動の第 2 法則**，**作用・反作用の法則**(p.54 参照)を**運動の第 3 法則**という。この 3 つの法則を合わせて，**ニュートンの運動の 3 法則**とよぶ。

例題 25 運動の法則

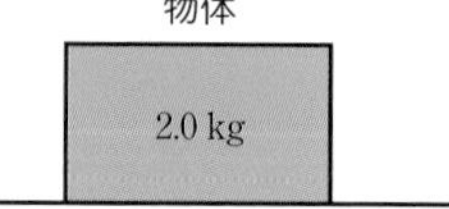

なめらかな水平面上に質量 2.0 kg の物体を置く。このとき，次の問いに答えよ。

(1) 水平右向きに 8.0 N の力を加えたとき，生じる加速度の大きさはいくらか。

(2) ある大きさの力を加えたら，物体は水平右向きに 3.0 m/s^2 の加速度で運動した。加えた力の大きさはいくらか。

考え方

なめらかというのは，摩擦がないとみなせる，ということ。どれも運動方程式 $ma=F$ を用いる。どの場合も，物体には重力と垂直抗力がはたらいているが，この 2 力はつり合っているので考えに入れる必要はなく，水平方向の運動方程式だけを考えればよい。

解答

(1) $ma=F$ から　$a=\dfrac{F}{m}=\dfrac{8.0\,\mathrm{N}}{2.0\,\mathrm{kg}}=\dfrac{8.0\,\mathrm{kg\cdot m/s^2}}{2.0\,\mathrm{kg}}=4.0\,\mathrm{m/s^2}$ …答

(2) $F=ma=2.0\,\mathrm{kg}\times3.0\,\mathrm{m/s^2}=6.0\,\mathrm{kg\cdot m/s^2}=6.0\,\mathrm{N}$ …答

注意 **本来は上の例のように数値にはすべて単位をつけ，単位も含めて計算するものである。慣れてきたら，まぎれがない場合には計算途中の単位を省略しても構わないが，最終結果には正しい単位をつける必要がある。本書では計算途中の単位も極力省略せず記すようにした。**

POINT

運動方程式　$m\vec{a}=\vec{F}$

(質量〔kg〕) × (加速度〔m/s^2〕) = (物体にはたらく力の合力〔N〕)

例題 26 運動方程式

粗い水平面上で質量 m の物体を大きさ v_0 の初速度ですべらせた。物体と面との間の動摩擦係数を μ'，重力加速度の大きさを g とする。

(1) 物体が静止するまでに要する時間はいくらか。

(2) 静止するまでに物体がすべった距離はいくらか。

考え方

初速度の向きを正とする直線上の運動として考える。物体が受ける動摩擦力の大きさ f' は垂直抗力の大きさを N として $f'=\mu' N=\mu' mg$ である。運動方程式より物体の加速度を求め，等加速度運動の関係式を用いる。

解答

(1) 物体が受ける合力は初速度の向きを正として $-f'$ である。物体に生じる加速度を a とすると

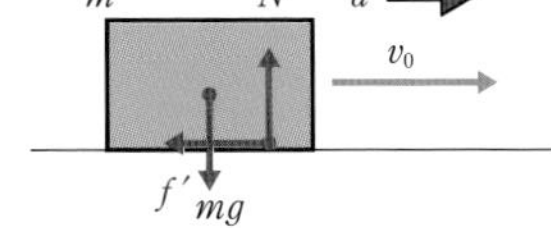

$$a=\frac{-f'}{m}=\frac{-\mu' mg}{m}=-\mu' g$$

一方，等加速度で運動する物体の時間 t 後の速度 v は

$$v=v_0+at=v_0+(-\mu' g)t$$

で表される。$v=0$ となるまでの時間を t_1 とすれば　$0=v_0+(-\mu' g)t_1$

よって　$t_1=\dfrac{v_0}{\mu' g}$　…㊟

(2) 加速度 $a=-\mu' g$ で運動する物体の時間 $t_1=\dfrac{v_0}{\mu' g}$ 後の移動距離を x とする。

$$x=v_0t_1+\frac{1}{2}(-\mu' g)t_1^2=\frac{v_0^2}{2\mu' g}$$ …㊟

POINT

力を受ける物体の運動

(1) 運動方程式 $m\vec{a}=\vec{F}$ より，物体に生じる加速度 $\vec{a}$ の向きと大きさを決定する。$\vec{a}$ の向きは合力 $\vec{F}$ の向き。

(2) 等加速度運動の関係式 $v=v_0+at$，$x=v_0t+\dfrac{1}{2}at^2$ などを用い，必要な量を求める。

例題 27　運動とグラフ

摩擦のないなめらかな水平面上で，台車が x 軸に沿って運動する。右向きを x 軸の正の向きとする。台車が(1)〜(3)の運動をするとき，それぞれの台車にはたらいている力 F を(a)〜(h)の中から選べ。

x

(1)　台車は静止状態から右向きに動き出し，速さは一定の割合で増加していく。

(2)　台車は左向きに一定の速度で動いている。

(3)　台車は右向きに動いており，その速さは一定の割合で減少していく。

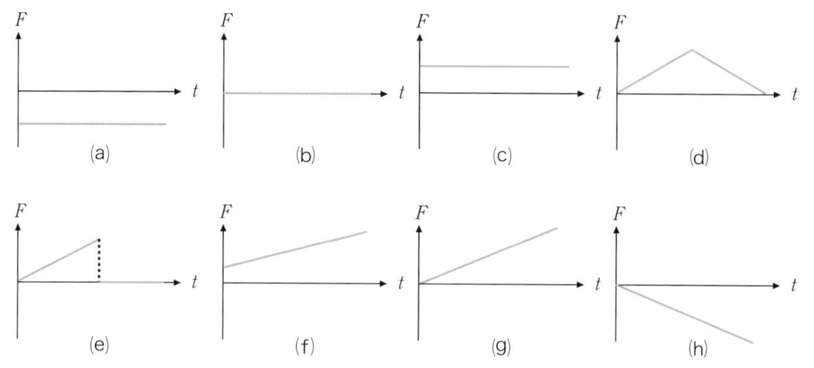

考え方

直線に沿った運動では，運動方程式より物体が受ける力 F と物体に生じる加速度 a は比例するので，選択肢の F-t グラフと，物体に生じる加速度の a-t グラフの形は同じになる。加速度 a の向き，力 F の向きは右向きを正として考える。

(1)　速度は一定の割合で増加するのだから，等加速度運動である。加速度が一定であれば，この間に受ける力はどうなるか考える。

(2)　台車は左向きに一定の速度で運動している。受ける合力はどうなるか。

(3)　台車の速度は一定の割合で減少しているので等加速度運動である。加速度の向きはどちら向きか。それがわかれば受ける力の向きもわかる。

解答

(1)　等加速度運動であり，正の向きの速度が増加するので加速度は $a>0$ で一定である。したがって，この間 $F>0$ で一定である。　(c)　…答

(2)　台車の運動が右向きでも左向きでも，速度が一定であるので加速度は 0 になる。したがって，受ける合力 F もつねに 0 である。　(b)　…答

(3)　台車の右向きの速度が一定の割合で減少するので，加速度は $a<0$ で一定である。したがって，この間 $F<0$ で一定である。　(a)　…答

2　運動方程式の応用

1　鉛直方向の運動や複数の物体の運動

A　糸につるした物体の運動

鉛直方向の座標を用い，上向きを正とする。質量 m〔kg〕の物体を伸び縮みしない軽い糸でつるすと，物体には糸の張力と大きさ mg〔N〕の重力がはたらき，その合力によって加速度を生じる。いま，a〔m/s^2〕の加速度で鉛直上向きに引き上げる場合の張力の大きさを求める。物体にはたらく糸の張力の大きさを T〔N〕とすると，上向きの張力と下向きの重力の合力が加速度 a の原因だから，運動方程式は

$$ma = T + (-mg)$$

よって　　$T = m(a+g)$

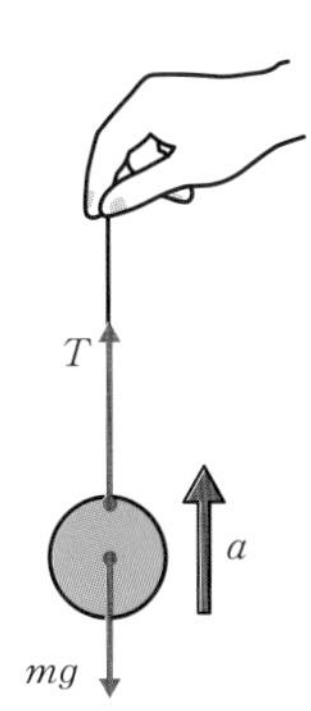

図 40　糸につるした物体の運動

B　エレベーター内の物体

鉛直方向の座標を用い，上向きを正とする。上皿はかりに質量 m〔kg〕の物体を乗せ，エレベーターが a〔m/s^2〕の加速度で上昇するとき，はかりは何 kg を指すかを求めよう。

エレベーター内の物体には，大きさ mg〔N〕の重力と，はかりからの大きさ N〔N〕の垂直抗力がはたらき，その合力によって上向きの加速度 a を生じているから，運動方程式は

$$ma = N + (-mg)$$

よって　　$N = m(a+g)$

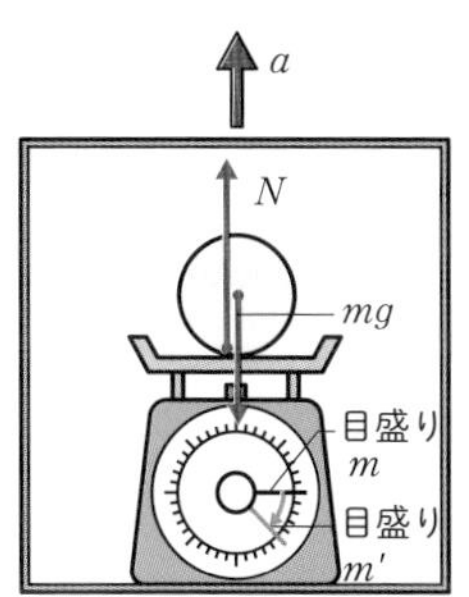

図 41　エレベータ内の物体

はかりは垂直抗力と逆向きに，大きさ N の反作用を受けて動くから，はかりが示す目盛り m'〔kg〕は

$$m' = \frac{N}{g}$$

$$= \left(\frac{a}{g} + 1\right)m$$

＋アルファ

地上に立ち止まっている人から見ると，中の物体もエレベーターと同じ加速度 a で上昇する。

例題 28　糸につるした物体の運動

糸でつるした物体を一定の大きさ a〔m/s^2〕の加速度で鉛直下向きに下降させると，糸の張力はいくらになるか。重力加速度の大きさを g〔m/s^2〕とし，$a<g$ とする。また，糸はたるまないものとする。

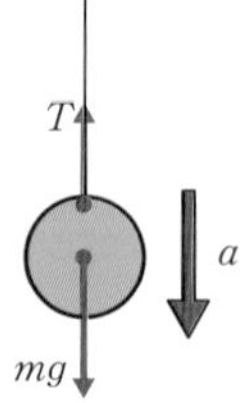

考え方

物体には下向きに大きさ mg〔N〕の重力が，上向きに大きさ T〔N〕の糸の張力がはたらいて下向きの加速度 a〔m/s^2〕で運動する。重力と糸の張力の合力により下向きの加速度 a を生じるので，$mg>T$ が予想できる。

解答

下向きを正とすると，運動方程式は，求める力の大きさを T として

$$ma=mg+(-T) \qquad よって \quad T=m(g-a)$$

張力は鉛直上向きで，大きさ T は　$m(g-a)$　…㊟

例題 29　2 つの物体の運動

なめらかな水平面上に，質量 M の物体 A と質量 m の物体 B を接触させて置く。物体 A に水平に大きさ F_1 の力を加えたとき，物体 A と B の接触面において，物体 B が A から受ける力の大きさ f と，そのときの加速度の大きさ a_1 を求めよ。ただし，2 つの物体は離れないものとする。

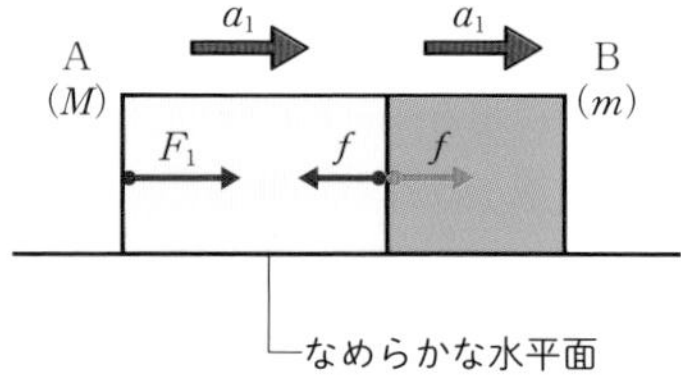

考え方

A，B が接触したまま同時に運動するとき，両者の加速度は共通で，互いにおよぼし合う力は作用・反作用の関係にある。

解答

水平方向の運動方程式は，加えた力の向きを正として

A について　$Ma_1=F_1+(-f)$　……①

B について　$ma_1=f$　……②

①，②から　$a_1=\dfrac{F_1}{M+m}$，$f=\dfrac{m}{M+m}F_1$　…㊟

一体となって動く2物体の運動

⇨ ① 加速度は同じ
　 ② 運動方程式は個別につくる

例題 30 糸でつながれた物体

なめらかな水平面上で，質量が共通の質量 m をもつ物体A，B，Cを左から順に軽い糸でつなぎ，Cの右端に水平右向きに大きさ F の力を加えて運動させた。このときのA，B，Cの加速度の大きさとAとBおよびBとCをつなぐ糸の張力の大きさを求めよ。ただし，糸はたるまないものとする。

（図：A, B, C（各質量 m）、加速度 a、張力 T_1, T_1, T_2, T_2、力 F）

考え方

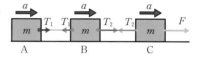

A，B，Cは一体となって動くから，生じる加速度は等しいので，これを a とおく。AとBをつなぐ糸の張力の大きさを T_1，BとCをつなぐ糸の張力の大きさを T_2 とすると，各物体には右上図のように力がはたらく。

解答

加速度を a，AとBをつなぐ糸の張力の大きさを T_1，BとCをつなぐ糸の張力の大きさを T_2 とする。右向きを正として，各物体についての運動方程式は

Aについて　$ma=T_1$
Bについて　$ma=T_2+(-T_1)$
Cについて　$ma=F+(-T_2)$

左の式を a，T_1，T_2 について解いて

$a=\dfrac{F}{3m}$，$T_1=\dfrac{1}{3}F$，$T_2=\dfrac{2}{3}F$　…答

糸の張力（「糸」や「軽い糸」は伸び縮みせず，質量は無視できるものとする）

⇨ ① 糸の両端に結ばれた物体が受ける張力の大きさは等しい。
　 ② 張力は糸が物体を引く向きにはたらく。

2 定滑車につるされた物体の運動

軽くてなめらかに回る定滑車に軽い糸をかけ，糸の両端に質量がM〔kg〕の物体Aと質量がm〔kg〕の物体Bをつるして手をはなす。ただし，$M>m$とする。このとき，A，Bには糸から同じ大きさの張力が加わり，糸がピンと張った状態ではAが下降する加速度とBが上昇する加速度の大きさは等しい。

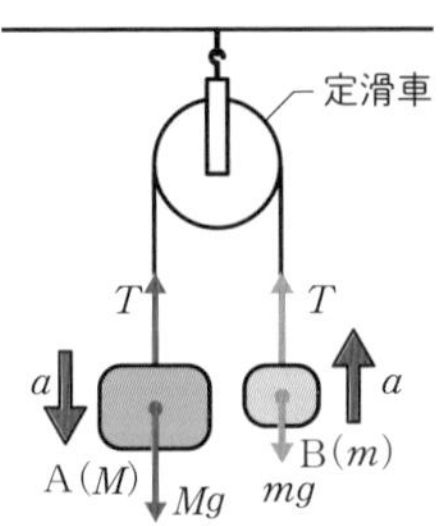

図42　定滑車につるされた物体の運動

＋アルファ

左図のような装置を重力加速度gの測定に用いるとき，アトウッド(Atwood)の装置という。

鉛直上向きを正の向きとして，その加速度をa，張力の大きさをTとすると，Aの加速度は$-a$となり，運動方程式は

Aについて　$M(-a)=T+(-Mg)$　……①

Bについて　$ma=T+(-mg)$　……②

①，②から

$$a=\frac{M-m}{M+m}g,\quad T=\frac{2Mm}{M+m}g$$

また，天井が滑車をつるす力は

$$F=2T=\frac{4Mm}{M+m}g$$

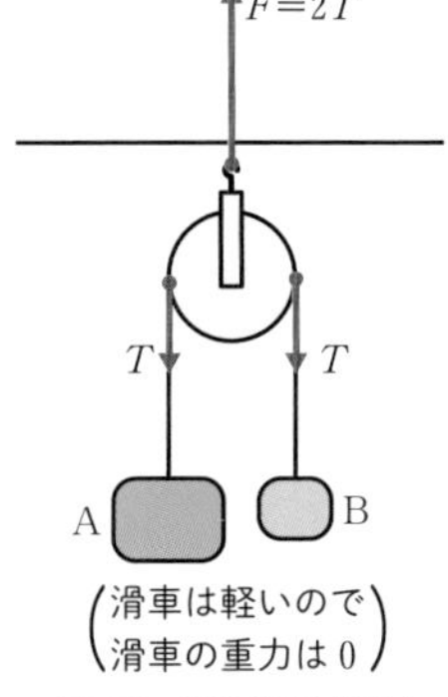

(滑車は軽いので滑車の重力は0)

図43　滑車が受ける力

Q AとBのどちらの加速度が正の向きを向いているか，どうやって判断すればいいんですか？

A 加速度の向きが分からなかったとしても，AとBは逆に動くことに注意して，正の向きを適当に設定すればいいですよ。計算の結果，加速度が負の値になったら，自分が設定した向きとは反対に動くことを意味しています。

例題 31 定滑車につるされた物体の運動

水平でなめらかな机の上に質量Mの物体Aを置き，Aに軽くて伸び縮みしない糸をつけ，軽くて小さい滑車にかけてから，糸の他端に質量mの物体をつるして手を離した。この運動の加速度の大きさと糸の張力の大きさを求めよ。ただし，滑車はなめらかに回るものとする。

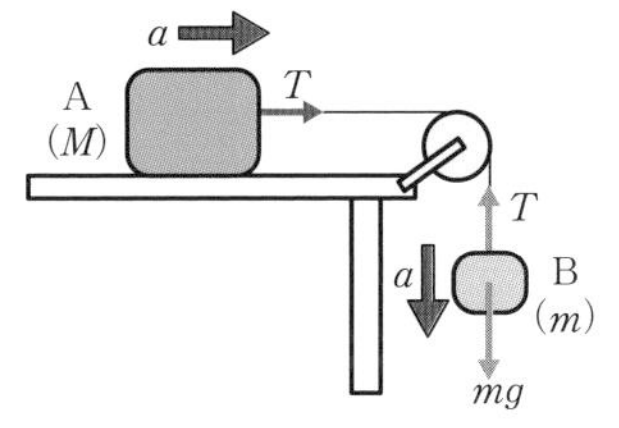

考え方

糸がたるまない限り，A，Bの加速度の大きさは等しい。また，AとBにはたらく糸の張力の大きさは等しい。

解答

糸の張力の大きさをT，加速度をaとする。水平方向右向き，および鉛直方向下向きを正として

$$Ma=T \quad \cdots\cdots①$$

$$ma=mg+(-T) \quad \cdots\cdots②$$

①，②から

$$a=\frac{m}{M+m}g,\quad T=\frac{Mm}{M+m}g \quad \cdots \text{答}$$

3 粗い水平面上を運動する物体

粗い水平面上を運動する物体には運動を妨げる向きに動摩擦力がはたらく。

動摩擦係数がμ'の水平面上に質量m〔kg〕の物体を置き，水平右向きの力を加えたら加速度a〔m/s^2〕で運動したとする。物体には大きさmgの重力，大きさNの垂直抗力，大きさFで加えた力，大きさ$\mu'N$の動摩擦力がはたらいている。物体の運動方程式を各成分ごとに書くと

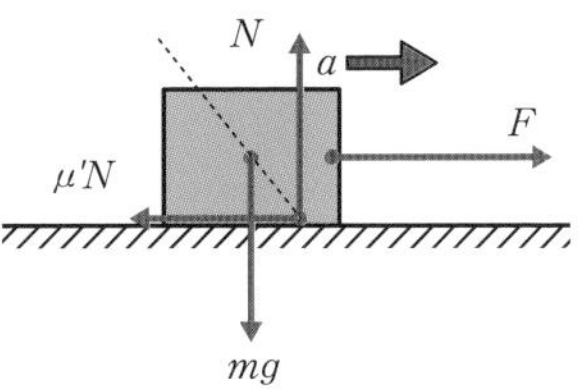

図 44 粗い水平面上の物体の運動

鉛直方向の力はつり合うので，上向きを正として

$$N+(-mg)=0$$

水平方向の運動方程式は，加えた力の向きを正として

$$ma=F+(-\mu'N)$$

例題 32　粗い水平面上の等速度運動

動摩擦係数が μ' の水平面上に質量 m の物体を置き，水平に初速度を与え，その後，力を初速度と同じ向きに加えたところ，物体は等速度で運動した。加えた力の大きさ F はいくらか。

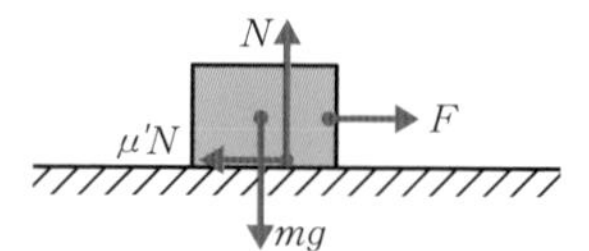

考え方

等速直線運動(等速度運動)なので，合力は0である。

解答

鉛直方向成分のつり合いから

$$N=mg$$

等速度運動なので，水平方向成分のつり合いから

$$F=\mu'N=\mu'mg$$ …(答)

加速度0 ⟹ はたらく力 (合力) =0

力が0というのは，力がまったくはたらかないか，力の合力が0(つり合っている) の場合である。

4 斜面上を運動する物体

A 斜面上の物体にはたらく力

斜面上に置かれた物体には大きさ mg の重力が鉛直方向にはたらく。この**重力を斜面に平行な方向と垂直な方向に分解して考える**と，物体の運動がわかりやすい。

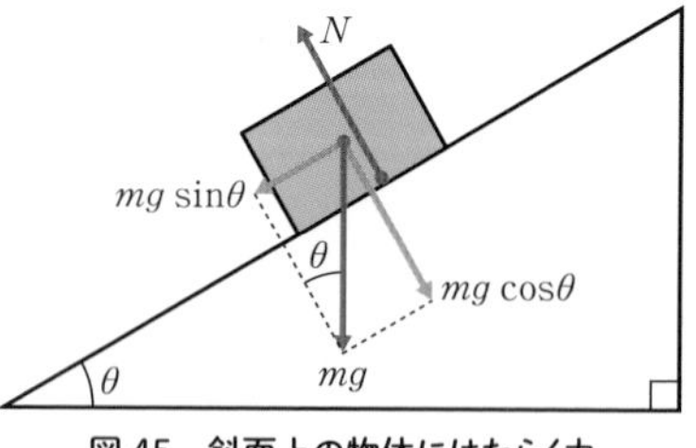

図 45　斜面上の物体にはたらく力

右図から

$$\begin{cases} \textbf{斜面に平行な分力} & mg\sin\theta \\ \textbf{斜面に垂直な分力} & mg\cos\theta \end{cases} \quad \cdots\cdots (36)$$

また，物体は斜面に垂直な方向には運動しないから，垂直方向の合力は0。すなわち，物体に対する斜面からの垂直抗力の大きさを N とすると

$$N=mg\cos\theta$$

B 斜面上の物体にはたらく摩擦力

まず，物体が静止しているときを考える。

❶ 摩擦力以外の斜面方向の合力の大きさが最大摩擦力 μN 以下の場合

摩擦力以外の斜面方向の合力と，同じ大きさで逆向きに静止摩擦力がはたらく。この場合，物体は静止し続ける。

❷ 摩擦力以外の斜面方向の合力の大きさが最大摩擦力 μN に等しい場合

合力と逆向きに大きさ μN の静止摩擦力がはたらく。

❸ 摩擦力以外の斜面方向の合力の大きさが最大摩擦力より大きい場合

物体は合力の方向に動き始める。物体が運動しているときは，他の力とは関係なく，運動の方向とは逆向きに大きさ $\mu' N$ の動摩擦力がはたらく。

例題 33　粗い斜面上の物体の運動

右図のような傾角 θ の粗い斜面上に，質量 m の物体 A が置かれている。A は，斜面の上端の滑車にかけられた糸で，質量 M のおもり B とつながれている。B を支えていた手を静かにはなしたら B が下がった。糸の張力の大きさを T，動摩擦係数を μ' として，A の斜面方向と B の鉛直方向の運動方程式をつくれ。

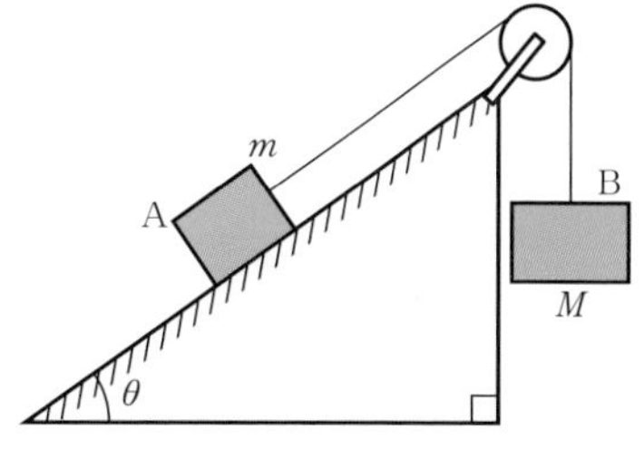

考え方

A にはたらく斜面方向の力は，①重力の斜面方向の分力，②糸の張力，③摩擦力，である。また，B にはたらく鉛直方向の力は，①重力，②糸の張力，である。これらの力と加速度を用いて，運動方程式をつくる。

A と B はつながれているから，それぞれの加速度と張力の大きさは等しい。

解答

各物体について，その運動方向を正とする座標をとり，その加速度を a とし，垂直抗力の大きさを N とする。A にはたらく大きさ mg の重力の斜面に垂直な分力と垂直抗力はつり合うから

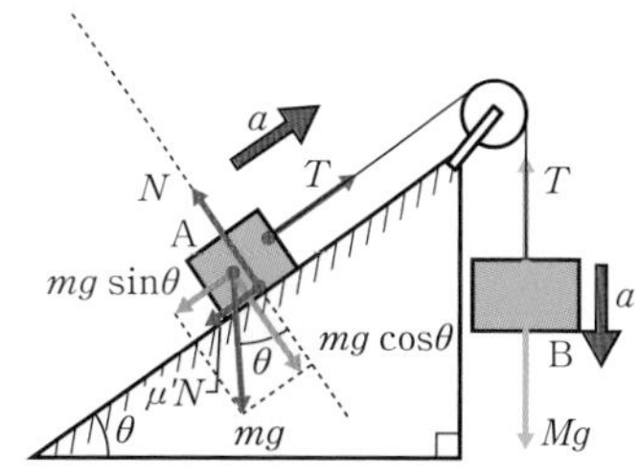

$N - mg\cos\theta = 0$ より　　$N = mg\cos\theta$

A の斜面方向の運動方程式は，斜面上向きを正とすると

$$ma = T - mg\sin\theta - \mu' N$$
$$= T - mg\sin\theta - \mu' mg\cos\theta$$
$$= T - mg(\sin\theta + \mu'\cos\theta) \quad \cdots ㊟$$

Bの鉛直方向の運動方程式は，鉛直下向きを正とすると

$$Ma = Mg - T \quad \cdots ㊟$$

5 雨滴の運動

A 終端速度

物体が空気や水などの流体中を運動すると，運動の向きと逆向きに大きさ f の抵抗力を受ける。**図 46** は空気中を落下する雨滴が受ける力と，v-t グラフである。抵抗力の大きさ f は雨滴の速度が 0 のとき 0 であり，速度 v とともに増加する。鉛直下向きを正とし，重力加速度の大きさを g とすると，質量 m の雨滴の運動方程式は以下のようになる。

(1) 落ちはじめ：速度 v は 0 あるいは小さいので，抵抗力の大きさ f は 0 か，小さくて無視できる。運動方程式は　$ma = mg$　よって　$a = g$

すなわち雨滴の落ちはじめは，加速度 g の自由落下運動である。

(2) 途中：空気抵抗を運動の向きと逆向きに受けるので，運動方程式は

$$ma = mg - f \qquad よって \quad a = g - \frac{f}{m}$$

落下の速度が増す度に f は次第に増加するので加速度 a は減少していく。v-t グラフの傾きが a なので，グラフの傾きは次第に減少する。

(3) 十分な時間が経過した後：空気抵抗 f はさらに増加し，やがて f_{max} となって重力 mg と等しくなる。運動方程式は

$$ma = mg - f_{max} = 0 \qquad よって \quad a = 0$$

雨滴が受ける重力と空気抵抗の合力は 0 となり，加速度も 0 になる。速度はこれ以上増加することはない。このときの速度 v_f を**終端速度**という。

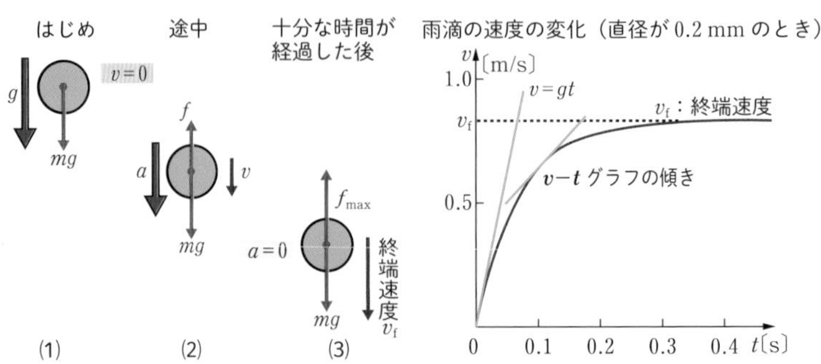

図 46　雨滴の速度の変化

例題 34　終端速度

質量 m の弁当のおかず入れ用紙カップを静かに落下させたところ，カップは終端速度に達し，床の上に落下した。カップが受ける空気抵抗 f は，$f=kv^2$(k は比例定数)と表せるものとする。重力加速度の大きさを g として，紙カップの終端速度を求めよ。

考え方

カップの運動方程式を立てる。終端速度は加速度 a が $a=0$ となるときの速度である。

解答

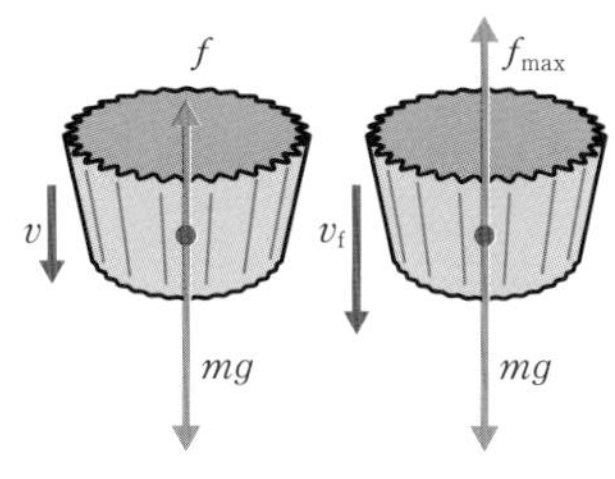

紙カップの落下速度が v のとき，運動方程式は次式で与えられる。

$$ma=mg-f,\ f=kv^2$$

落下速度が増して v_f となったとき空気抵抗は $f_{max}=kv_f^2$ となり，落下の加速度が 0 となる。

$$0=mg-kv_f^2 \qquad \text{よって} \quad v_f=\sqrt{\frac{mg}{k}} \quad \cdots \text{答}$$

注意　**紙カップを落とすと，すぐに終端速度に達するので，落下の全行程は終端速度による等速度運動とほぼみなせる。そこで 1 枚のカップを 50 cm の高さから，4 枚重ねを 1 m の高さから同時に落とすと，ほぼ同時に床に達する。**

この章で学んだこと

1 ニュートンの運動の法則

(1) 慣性の法則(第 1 法則)

合力が 0 のとき，物体の運動状態は変わらない。はじめ静止していれば静止のまま，はじめ運動していたものはその速度を保って等速度で運動する。

(2) 運動の法則(第 2 法則)

質量 m の物体に力 $\vec{F}$ を加えたとき，生じる加速度を $\vec{a}$ とすると

$$\vec{a}=k\frac{\vec{F}}{m}$$

質量に kg，加速度に $\mathrm{m/s^2}$，力に N の単位を用いると $k=1$ となり，運動方程式は

$$\boldsymbol{m\vec{a}=\vec{F}}\quad(\vec{F}\text{は合力})$$

(3) 力の単位

N（ニュートン）

質量 1 kg の物体が 1 N の力を受けると，1 $\mathrm{m/s^2}$ の加速度が生じる。

2 運動方程式の応用

(1) 物体の運動

a. 物体が受ける力を見いだす。

b. 物体が受ける合力を求める。

c. 合力の向きは物体の加速度の向き。

d. $ma=F$ の運動方程式を立てる。
 m〔kg〕：物体の質量
 a〔$\mathrm{m/s^2}$〕：生じる加速度
 F〔N〕：物体が受ける合力

e. 加速度 a を求める。

f. a が一定であれば，等加速度運動の関係式(p.32 参照)を使うことができる。

(2) 複数の物体の運動

a. 物体ごとに受ける力を求め，それぞれの合力からそれぞれの運動方程式を立てる。

b. 2 物体間でおよぼし合う力の間には作用・反作用の法則が成り立つ。

c. 複数の物体が同じ向きと大きさの加速度 $\vec{a}$ で運動する場合，これらを 1 物体とみなすことができる。

d. 1 物体とみなした物体間でおよぼし合う力は作用・反作用の法則を満たす。これらは同じ 1 物体が受ける力であるので，合力を求める際には互いに打ち消し合う。

定期テスト対策問題 1

解答・解説は p.626 ～ 628

1 右の表は，$t=0$ s のとき $x=5.7$ cm の点 A にいた物体が，$\Delta t=0.10$ s ごとに B，C，D，E と移動した記録である。なお，平均の速度は $\overline{v}=\dfrac{\Delta x}{\Delta t}$，平均の加速度は $\overline{a}=\dfrac{\Delta v}{\Delta t}$ によって算出した。

	位置 x〔cm〕	間隔 Δx〔cm〕	平均の速度 $\overline{v}$〔cm/s〕	速度の変化 Δv〔cm/s〕	平均の加速度 $\overline{a}$〔m/s^2〕
A	5.7				
		2.1	21		
B	7.8			14	1.4
		3.5	35		
C	11.3			14	1.4
		4.9	49		
D	16.2			(ウ)	(エ)
		(ア)	(イ)		
E	22.5				

(1) 表の空欄(ア)～(エ)に適当な数値を入れよ。

(2) この物体の運動はどんな運動といえるか。

2 物体 A は初速度 2.0 m/s で原点から x 軸正の向きに出発し，そのまま等速度で運動した。一方，物体 B は物体 A の出発と同時に，初速度 4.0 m/s で原点から x 軸正の向きに出発し，その後一定の割合で減速して時刻 10 s で静止した。A，B ともに x 軸上を運動しているとして以下の問いに答えよ。

(1) 物体 A の v-t グラフをかけ。

(2) 物体 B の v-t グラフをかけ。

(3) 物体 A に対する物体 B の相対速度が 0 になるのは，出発してから何秒後か。

3 次の各問いに答えなさい。

(1) 2.0 m/s の速さで流れる川を，岸から見て 5.0 m/s の速さで下流に向かって進む船がある。この船が上流に向かうとき，岸からは何 m/s で進むように見えるか。

(2) 北向きに 60 km/h の速さで進んでいる電車 A が反対方向から来た電車 B とすれ違った。A から見た B の速さは南向きに 110 km/h であった。地面に対する電車 B の速さは何 km/h か。また，その向きを答えよ。

4 地面からの高さが 80 m のところから，小球 A をそれぞれ次の(1)，(2)のように落下させると同時に，小球 B を小球 A の真下の地面から鉛直上向きに投げ上げた。すると，2 球は地面から 40 m の高さのところで衝突した。(1)，(2)の場合について，小球 B の初速度の大きさをそれぞれ求めよ。

ただし，$g = 9.8\ \mathrm{m/s^2}$ とする。

(1) 小球 A を自由落下させたとき。

(2) 小球 A を初速度 21 m/s で鉛直下向きに投げ下ろしたとき。

5 (1)〜(3)の斜線の物体にはたらく力をすべて矢印(ベクトル)でかけ。矢印の長さ，作用点に注意してかくこと。また，それぞれの力の大きさに W(重力)，N(抗力)，T(張力)などの記号を割り当て，力が複数ある場合には，それらの力の間に成り立つ関係を式で表せ。

(1) 水平な床に置かれている物体。

(2) 床に置かれている物体に糸をつけ，鉛直上向きに引いている。しかし物体は床の上に静止したままである。

(3) 空中を飛んでいる物体。空気抵抗は無視できる。

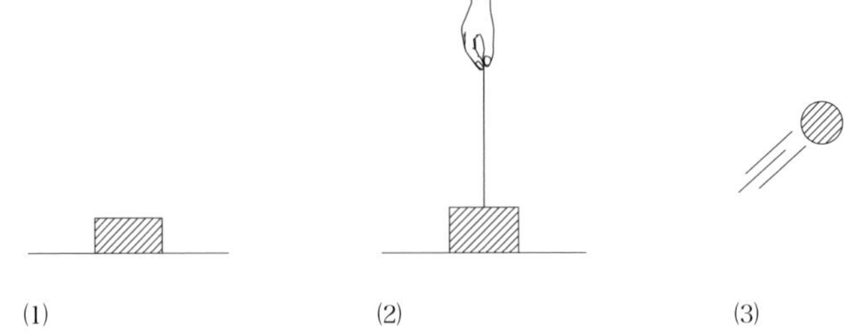

6 図のつるまきばねAとBは同じ自然長をもち，ばね定数はどちらも49 N/mである。重力加速度の大きさを9.8 m/s^{2}とする。

(1) A，Bを図(a)のように一直線につなぎ，その下に100 gのおもりをつるすとき，2本のばね全体で何cm伸びるか。

(2) A，Bを図(b)のように並べてつなぎ，その下に100 gのおもりをつるすとき，おもりは何cm下がるか。

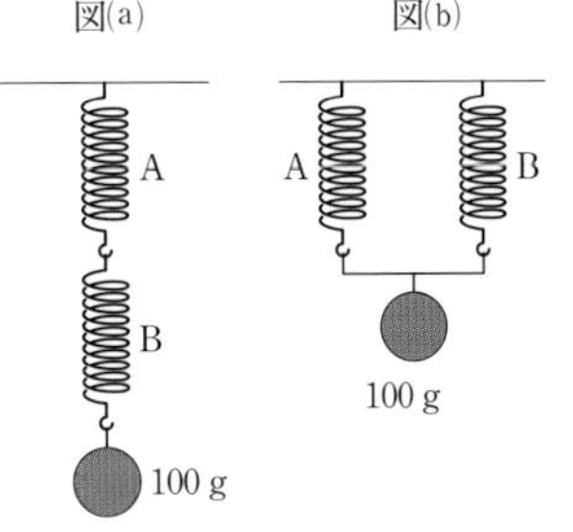

7 次の文章で，内容が正しいものには○，誤りがあるものには×をつけよ。

(1) 物体に加える力を2倍にすると，速さも2倍になる。

(2) 加速度が質量に反比例するのは，摩擦力が質量に比例するためである。

(3) 宇宙空間では重さがなくなるので，運動の第2法則は成立しない。

(4) 鉛直投げ上げ運動の最高点では，物体は静止するので，その瞬間，力はつり合っている。

8 なめらかな水平面上に，質量3.0 kgの物体Aと質量2.0 kgの物体Bを接して置く。Aの左端に水平方向右向きに大きさFの力を加えたところ，AもBも1.5 m/s^{2}の加速度で右向きに運動した。

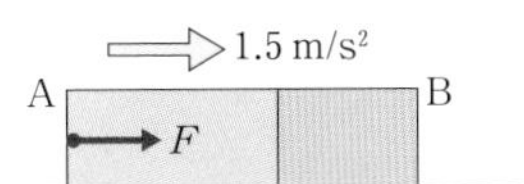

(1) 加えた力Fの大きさは何Nか。

(2) 運動しているとき，Bの左端がAを押している力の大きさは何Nか。

9 図のようになめらかに回る軽い滑車に軽くて伸びない糸をかけ，両端に質量 m，M $(m<M)$ のおもり A，B をつけた装置がある。重力加速度の大きさを g とする。

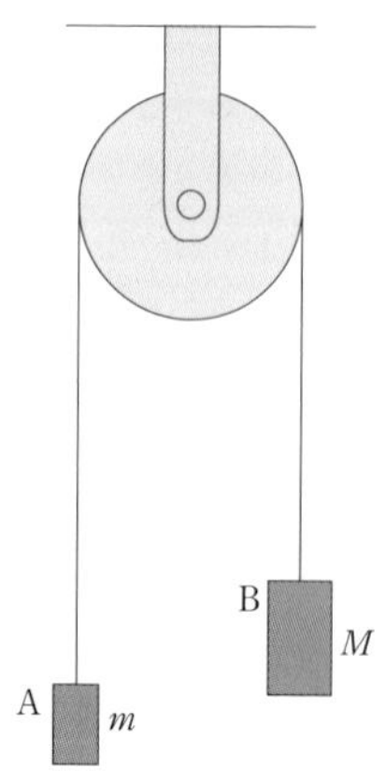

(1) 動かないように A を手で持っているとき，糸がおもりを引く力の大きさを求めよ。

(2) A からは手をはなし，B を手で持って動かないようにしているとき，糸がおもりを引く力の大きさを求めよ。

手をはなすと 2 個のおもりは等加速度運動を始める。そのときの加速度の大きさを a とする。また，運動中におもりが糸を引く力の大きさは(1)，(2)のいずれとも異なるのだが，今は未知なので記号 T で表すことにする。

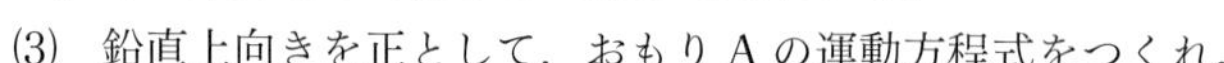

(3) 鉛直上向きを正として，おもり A の運動方程式をつくれ。

(4) 鉛直下向きを正として，おもり B の運動方程式をつくれ。

(5) a と T を求めよ。

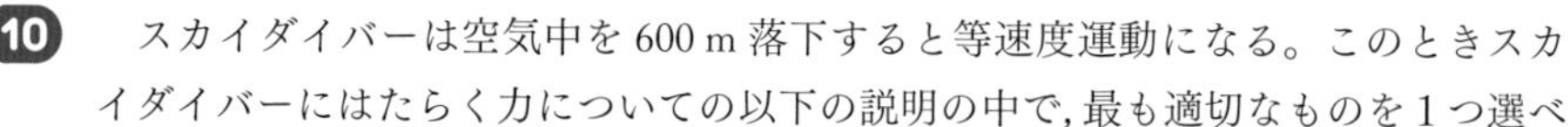

10 スカイダイバーは空気中を 600 m 落下すると等速度運動になる。このときスカイダイバーにはたらく力についての以下の説明の中で，最も適切なものを 1 つ選べ。

① スカイダイバーは重力と空気抵抗を受けるが，重力＞空気抵抗の関係がある。

② スカイダイバーは重力と空気抵抗を受けるが，重力＝空気抵抗の関係がある。

③ スカイダイバーは重力と空気抵抗を受けるが，重力＜空気抵抗の関係がある。

④ スカイダイバーは重力だけを受けて降下している。

⑤ スカイダイバーは空気抵抗だけを受けて降下している。

Basic Physics

物理基礎

第2部

エネルギー

Basic Physics

第  章 仕事と力学的エネルギー

1 仕事

1 仕事

A 仕事の定義

物体に一定の大きさF〔N〕の力を加えて，その力の向きに距離s〔m〕だけ物体が動いたとき(**図1**)，**加えた力の大きさFと，力の向きに動いた距離sとの積Fs**を，その力のした**仕事**と定義する。すなわち，仕事W〔N･m〕は次式で表される。

$$W=Fs \quad \cdots\cdots (1)$$

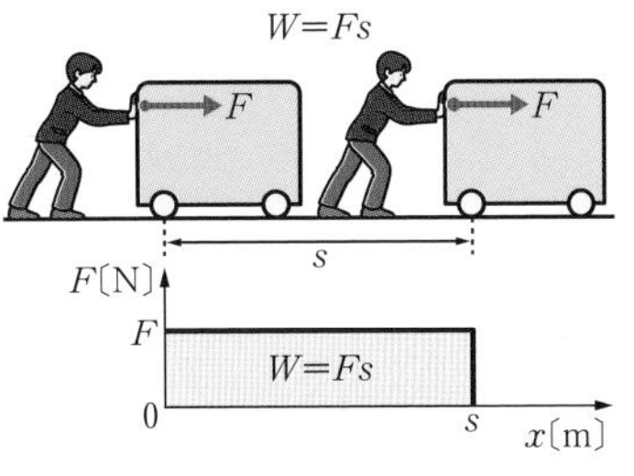

図1　直線上の仕事

B 仕事の単位

1 Nの力で，物体を力の向きに1 m動かしたときの仕事の量を，**1ジュール(記号：J)**といい，仕事の単位とする。

$$1\,\mathrm{N}\times 1\,\mathrm{m}=1\,\mathrm{N\cdot m}=1\,\mathrm{J}$$

> **＋アルファ**
> $W=Fs$だから，**図1**のグラフの色のついた部分の面積が仕事の大きさを表している。
>
> 鉛直方向の力F_yは
> $F_y=F\sin\theta$
> となるが，鉛直方向には移動しないので，F_yは仕事をしない。

C 力の向きと仕事

力のはたらく向きと，物体の動く向きとが異なるとき，その力のはたらく向きと，物体の動く向きとがなす角をθとすると，仕事W〔J〕は次式で表される。

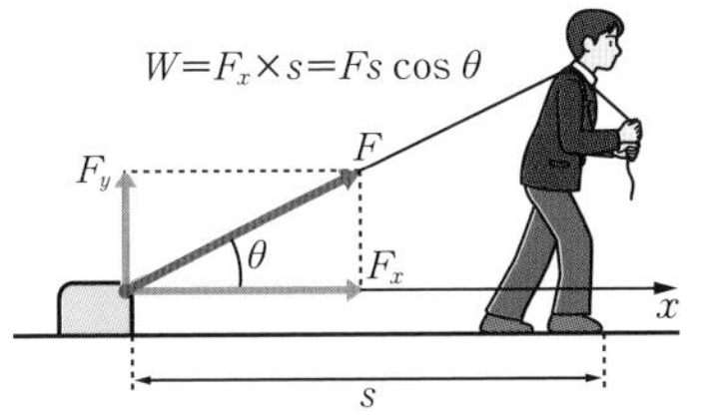

図2　力の向きと仕事

$$W=Fs\cos\theta \quad \cdots\cdots (2)$$

したがって，θの値によって，仕事はそれぞれ，次のようになる(**図3**参照)。

① $\theta=0°$　　$W=Fs\cos 0°=Fs>0$
② $0°<\theta<90°$　　$W=Fs\cos\theta>0$
③ $\theta=90°$　　$W=Fs\cos 90°=0$
④ $90°<\theta<180°$　　$W=Fs\cos\theta<0$
⑤ $\theta=180°$　　$W=Fs\cos 180°=-Fs<0$

注意 ①，②**は正の仕事，**④，⑤**は負の仕事，**③**は仕事をしない。**

> **＋アルファ**
> ある人が「負の仕事をした」ということは，その人が「正の仕事をされた」という意味である。

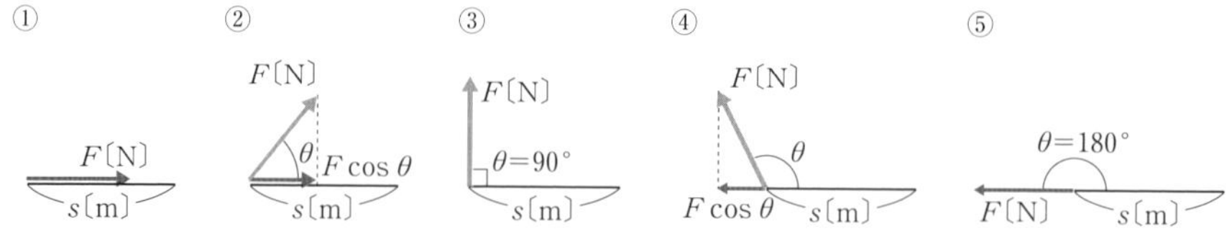

図3　力の向きと仕事

D いろいろな力のする仕事

❶ 物体を持ち上げる仕事

質量 m の物体を，ゆっくり高さ h だけ持ち上げるには，物体にはたらく重力の大きさ mg と同じ大きさの力 F が必要である。そして，このときの仕事 W は次式で表される。

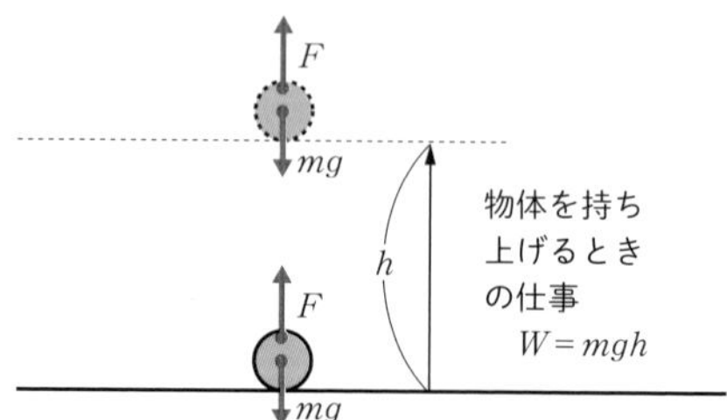

図4　物体を持ち上げる仕事

$$W=Fh=mgh$$

❷ 動摩擦力のする仕事

物体を摩擦のある水平面に沿って s だけ動かすとき，動摩擦力の大きさは f で，その向きは物体の運動の向きと反対なので

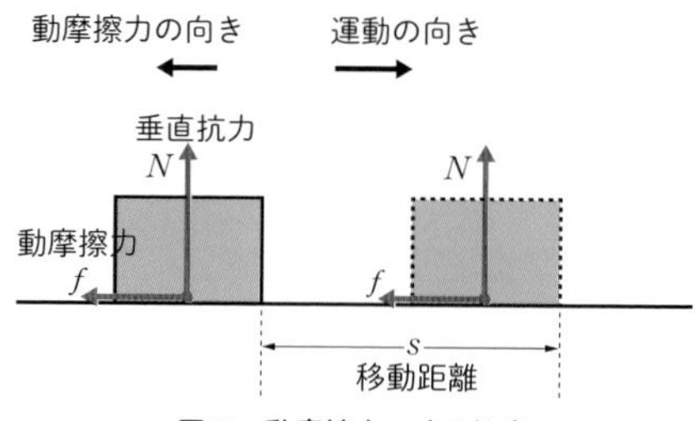

図5　動摩擦力のする仕事

$$W=fs\cos 180°=-fs$$

となり，負の仕事となる。

❸ 単振り子の張力のする仕事

図6のような単振り子では，物体が円弧上を運動するので，大きさ T の張力の向きは物体の運動方向とつねに垂直になる。このとき，**張力のする仕事は0**である。

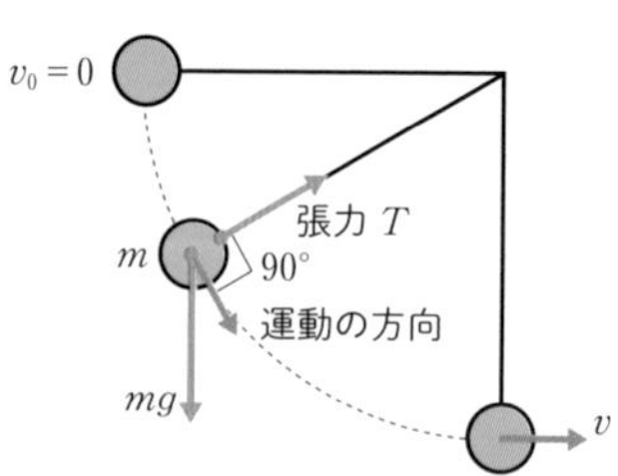

図6　単振り子の張力のする仕事

2 仕事率

A 仕事率の定義

単位時間(1秒間)あたりにする仕事を**仕事率**といい，t〔s〕間に W〔J〕の仕事をするとき，仕事率 P〔J/s〕は次式で表される。

$$P=\frac{W}{t} \quad \cdots\cdots(3)$$

＋アルファ

仕事率とは，仕事の能率を表す量であるといえる。

B 仕事率の単位

1 秒間に 1 J の仕事をするときの仕事率を，**1 ワット（記号：W）**といい，仕事率の単位とする。

$$\frac{1\,\mathrm{J}}{1\,\mathrm{s}}=1\,\mathrm{J/s}=1\,\mathrm{W}$$

なお，式(3)を変形すると，$W=Pt$ となる。これを反映した仕事の単位として，kWh がある。1 kWh とは，1 kW（1000 W）の仕事率で 1 h（3600 s）仕事をすることを表している。kWh と J の関係は次のようになる。

$$1\,\mathrm{kWh}=1\,\mathrm{kW}\times1\,\mathrm{h}=10^3\,\mathrm{J/s}\times3.6\times10^3\,\mathrm{s}=3.6\times10^6\,\mathrm{J}$$

C 仕事率と速度

大きさ F の力を加えて，力の向きに時間 Δt の間に物体が距離 Δx 動いたとすると，力のした仕事 W は $W=F\Delta x$ である。物体の速度 v は $v=\dfrac{\Delta x}{\Delta t}$ なので，この場合の仕事率 P〔W〕は，次式で表される。

$$P=\frac{W}{\Delta t}=\frac{F\Delta x}{\Delta t}=Fv \qquad \cdots\cdots (4)$$

例題 35 仕事

なめらかな床であるとして，次の問いに答えよ。

(1) 右図のように，ある物体を 5.0 N の力で 4.0 m 動かした。このとき，力のした仕事はどれだけか。

(2) (1)と同じ物体に 5.0 N の力を水平から 60° の角度で加え，水平に 4.0 m 動かした。このとき，力のした仕事はどれだけか。

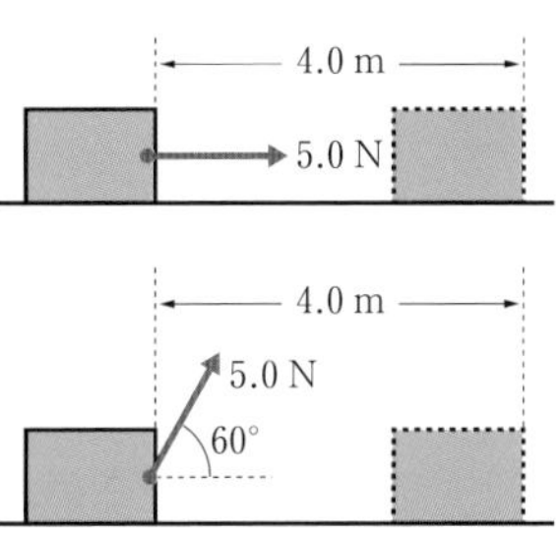

考え方

(1) 仕事 W は，物体に加えた力の大きさ F と，力の向きに物体が移動した距離 s との積で表される。$W=Fs$ にそれぞれの数値を代入する。

(2) 物体に加えた力 F の向きと異なる方向に動く場合の仕事は，F の移動方向の成分 $F\cos\theta$ と物体が移動した距離 s との積で表される。

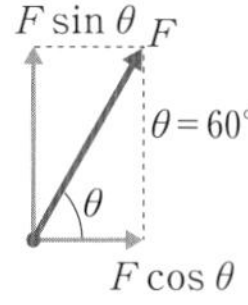

解答

(1) $W=Fs=5.0\,\mathrm{N}\times4.0\,\mathrm{m}=20\,\mathrm{J}$ …答

(2) 力の向きと物体の動く向きが違うから

$$W=Fs\cos\theta=5.0\,\mathrm{N}\times4.0\,\mathrm{m}\times\cos60^\circ=10\,\mathrm{J}$$ …答

コラム　**物理特有の表現について**

物理では，「ゆっくり持ち上げる」とか「なめらかな面」などという表現は，それぞれ，「加速度0の状態(等速度)で持ち上げる」，「摩擦がない」という意味である。

例題 36　仕事

水平から30°傾けたすべり台の上から，質量40 kgの物体が10 mすべり下りるとき，次の問いに答えよ。ただし，重力加速度の大きさを$9.8\ \mathrm{m/s^2}$とする。

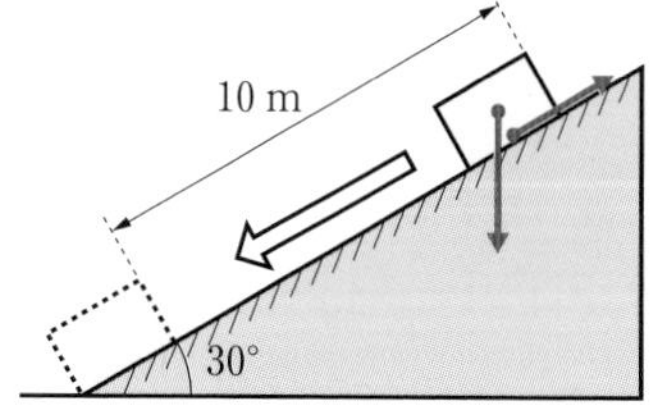

(1)　重力がする仕事はどれだけか。

(2)　動摩擦力がする仕事はどれだけか。ただし，物体とすべり台との間の動摩擦係数μ'は0.20とする。

考え方

(1)　重力の斜面方向の分力だけが仕事をする。

(2)　動摩擦力の大きさは，垂直抗力の大きさNにμ'をかけたものである。また，斜面と垂直方向の力のつり合いより，$N=mg\cos 30^\circ$である。

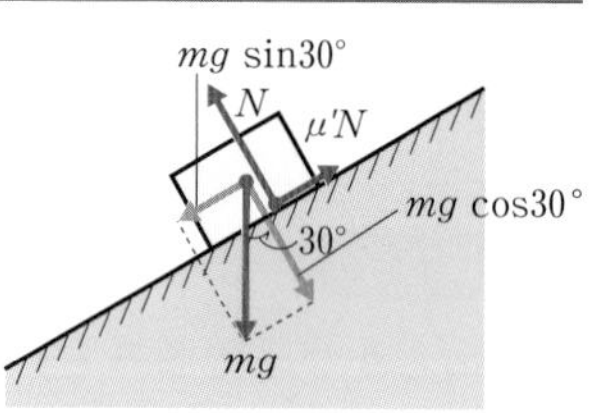

解答

(1)　重力は，斜面方向の分力$mg\sin 30^\circ$だけが仕事をする。

$$mg\sin 30^\circ=40\ \mathrm{kg}\times 9.8\ \mathrm{m/s^2}\times\frac{1}{2}=196\ \mathrm{N}$$

$$W=196\ \mathrm{N}\times 10\ \mathrm{m}=1.96\times 10^3\ \mathrm{J}\fallingdotseq 2.0\times 10^3\ \mathrm{J}$$ …(答)

(2)　動摩擦力の大きさは，$\mu' mg\cos 30^\circ$だから，動摩擦力のした仕事は

$$-0.20\times 40\ \mathrm{kg}\times 9.8\ \mathrm{m/s^2}\times\frac{\sqrt{3}}{2}\times 10\ \mathrm{m}\fallingdotseq -392\times\sqrt{3}\ \mathrm{J}$$

$$\fallingdotseq -6.8\times 10^2\ \mathrm{J}$$ …(答)

POINT

仕事　$W=Fs\cos\theta$　(θは力の向きと物体の動く向きのなす角)

仕事率　$P=\dfrac{W}{t}$　(仕事Wの単位:J(ジュール)　仕事率Pの単位:W(ワット))

3 仕事の原理

てこや滑車，斜面などの道具を使うと，質量の大きい物体も小さな力で動かせるが，物体を動かす距離は長くなるので，道具の質量や摩擦を無視できるときは，**道具を使っても使わなくても必要な仕事の量は，結局，変わらない。**これを，**仕事の原理**という。

❶ **動滑車を使う場合**(動滑車などの質量を無視できるとき)

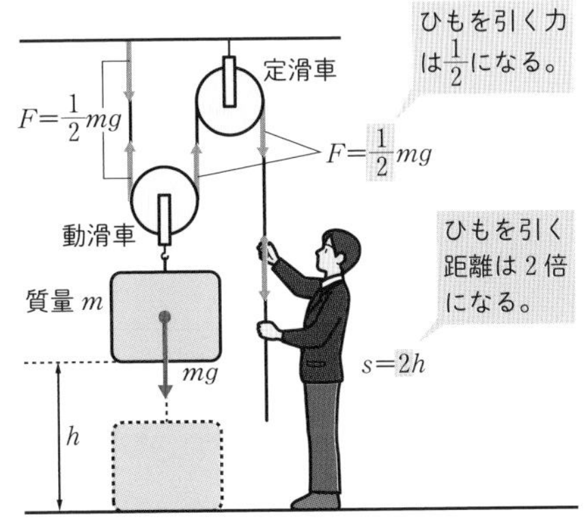

図7 動滑車を使う仕事

引き上げる力 $F=\dfrac{1}{2}mg$

ひもを引く距離 $s=2h$

仕事 W_1 は

$$W_1=\frac{1}{2}mg\times 2h=\boldsymbol{mgh}$$

❷ **斜面を使う場合**(斜面との摩擦などを無視できるとき)

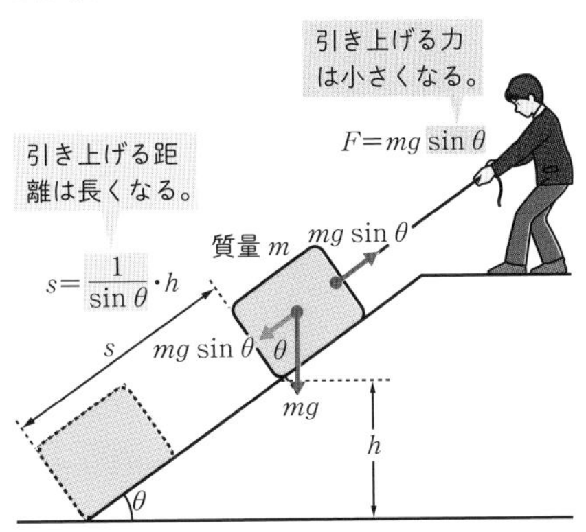

図8 斜面を使う仕事

引き上げる力 $F=mg\sin\theta$

引き上げる距離 $s=\dfrac{h}{\sin\theta}$

仕事 W_2 は

$$W_2=mg\sin\theta\times\frac{h}{\sin\theta}=\boldsymbol{mgh}$$

一方，道具を使わずに質量 m の物体を高さ h 持ち上げる仕事 W は $W=\boldsymbol{mgh}$ である。つまり，**W_1，W_2 とも，道具を使わないときの仕事 W と等しい。**道具を使うと，動かす力は小さくなるが，動かす距離は力が小さくなった分の逆数倍だけ大きくなるので，仕事の量は等しくなる。

POINT

仕事の原理 道具を使っても仕事の量は変わらない。

ただし，道具の質量や摩擦を無視できないときは，その分だけよけいに仕事をすることになり，仕事の原理は成り立たない。

例題 37　仕事と仕事率

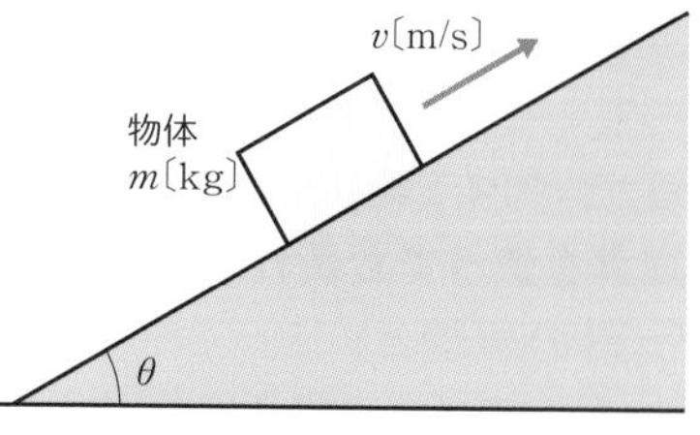

質量 m〔kg〕の物体を，水平と θ の角度のなめらかな斜面上に置き，v〔m/s〕の一定の速さで，t〔s〕間引き上げた。重力加速度の大きさを g〔m/s^2〕として，次の問いに答えよ。

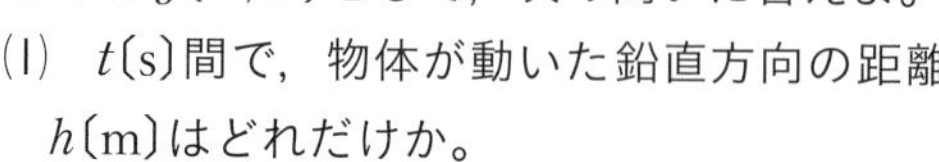

(1)　t〔s〕間で，物体が動いた鉛直方向の距離 h〔m〕はどれだけか。

(2)　引き上げる力が t〔s〕間に物体にした仕事 W〔J〕はいくらか。

(3)　$m=10$ kg，$\theta=30°$，$v=2.0$ m/s，$t=5.0$ s，$g=9.8$ m/s^2 のとき，物体にした仕事の仕事率は何 W か。

考え方

(2)　物体を，(1)で求めた鉛直方向の距離だけ持ち上げたと考えてもよいし，斜面方向に vt の距離だけ引き上げたと考えてもよい。

(3)　仕事率は $\dfrac{W}{t}$ で表される。(2)で求めた答えに，与えられた数値を代入する。

解答

(1)　鉛直方向の速度は，$v\sin\theta$ なので，物体が動いた鉛直方向の距離 h は

$$v\sin\theta\times t=vt\sin\theta \quad \cdots \text{(答)}$$

(2)　質量 m の物体を高さ h だけ持ち上げたと考えれば　$W=mgh$

(1)から　$h=vt\sin\theta$

よって　$W=mgvt\sin\theta$　…(答)

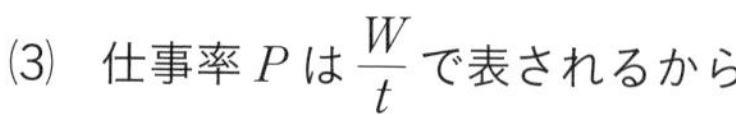

(3)　仕事率 P は $\dfrac{W}{t}$ で表されるから

$$P=\frac{mgvt\sin\theta}{t}=mgv\sin\theta=10\times9.8\times2.0\times\frac{1}{2}=98\text{ W} \quad \cdots \text{(答)}$$

別解

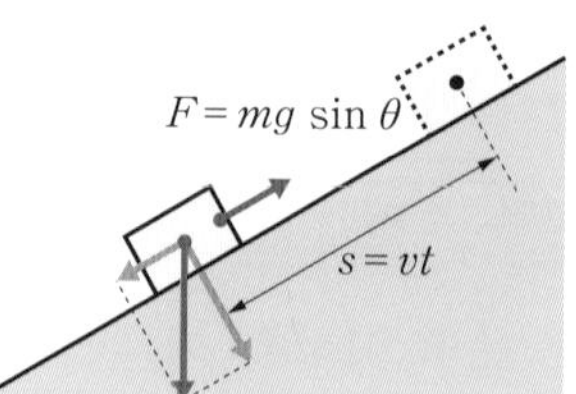

(2)　引き上げられる方向にかかる力 F は

$$F=mg\sin\theta$$

で表される。この力 F で距離 s だけ動いたと考えれば $s=vt$ であるから，この力がした仕事 W は

$$W=Fs=mgvt\sin\theta \quad \cdots \text{(答)}$$

2 運動エネルギーと位置エネルギー

1 エネルギー

金づちを勢いよく振りおろせば，釘を打ち込むことができる。高い所にある水や，引き伸ばされたばねは，ほかの物体に仕事をすることができる。このように，ある物体がほかの物体に仕事をする能力をもっているとき，その物体は**エネルギー**をもっているという。

エネルギーとは仕事をする能力であり，エネルギーの単位は，仕事の単位と同じJを用いる。

2 運動エネルギー

A 運動している物体のする仕事

図9のように，質量mの台車Aが速さvで等速直線運動してきて，本に挟まった定規Bにあたり，台車Aは定規Bに一定の大きさFの力を加えながらs動いて止まったとする。右向きを正とする。

台車Aは，定規Bから$-F$の力を受けるため，台車Aの速さはしだいに小さくなる。このとき，台車Aに生じる加速度aは，運動方程式より，次のようになる。

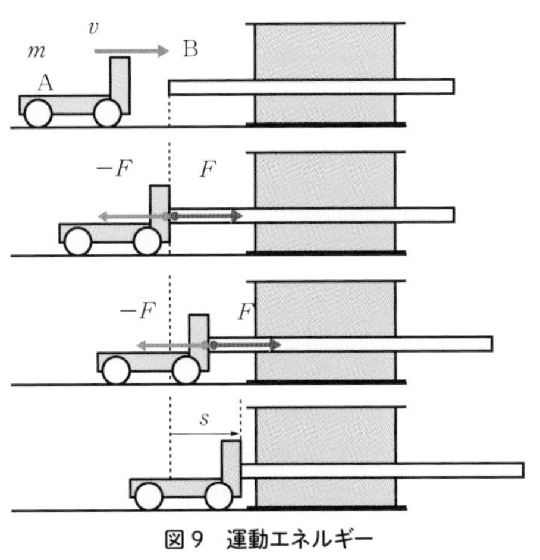

図9　運動エネルギー

$$a=-\frac{F}{m}$$

また，**等加速度直線運動の式**(p.32 式(11))，　$v^2-v_0{}^2=2ax$ から

$$0^2-v^2=2\left(-\frac{F}{m}\right)s$$

よって　　$Fs=\frac{1}{2}mv^2$

したがって，台車Aが止まるまでに定規Bにする仕事W〔J〕は

$$W=Fs=\frac{1}{2}mv^2 \quad \cdots\cdots (5)$$

B 運動エネルギー

A からわかるように，運動している物体は，ほかの物体に仕事をする能力(エネルギー)をもっている。この運動している物体がもっているエネルギーを**運動エネルギー**という。

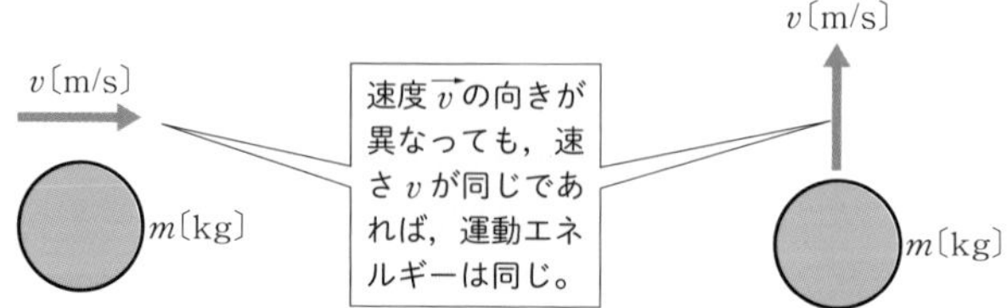

質量 m〔kg〕の物体が速さ v〔m/s〕で動いているとき，この物体がもっている運動エネルギー K〔J〕は次式で表される。

$$K=\frac{1}{2}mv^2 \quad \cdots\cdots (6)$$

運動エネルギー $K=\frac{1}{2}mv^2$ （m：質量，v：速さ）

C 仕事と運動エネルギー

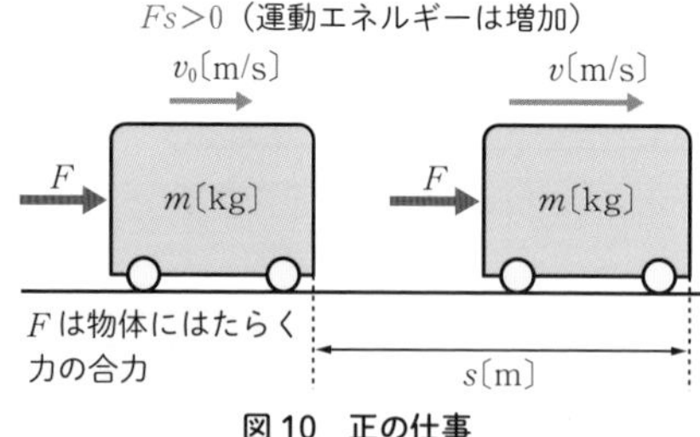

図10 正の仕事

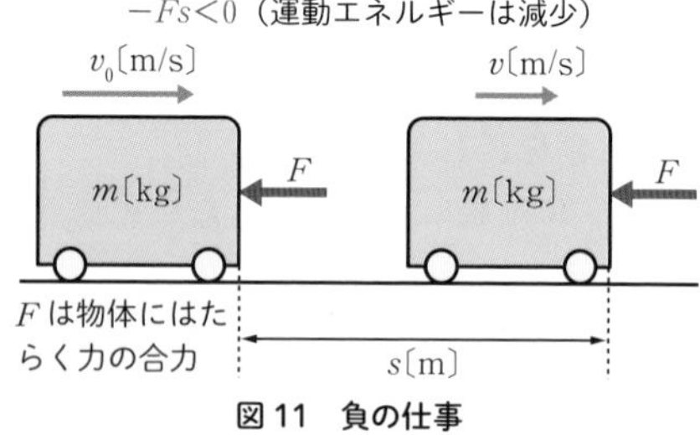

図11 負の仕事

❶ 物体が**正の仕事**をされた場合

物体がされた仕事分だけ，運動エネルギーは増加する。

$$\frac{1}{2}mv^2-\frac{1}{2}mv_0{}^2=Fs=W>0$$

❷ 物体が**負の仕事**をされた場合

物体がされた仕事分だけ，運動エネルギーは減少する。

$$\frac{1}{2}mv^2-\frac{1}{2}mv_0{}^2=-Fs=W<0$$

エネルギーの原理 $\frac{1}{2}mv^2-\frac{1}{2}mv_0{}^2=W$

運動エネルギーの変化量は物体がされた仕事に等しい。

3 重力による位置エネルギー

A 重力による位置エネルギー

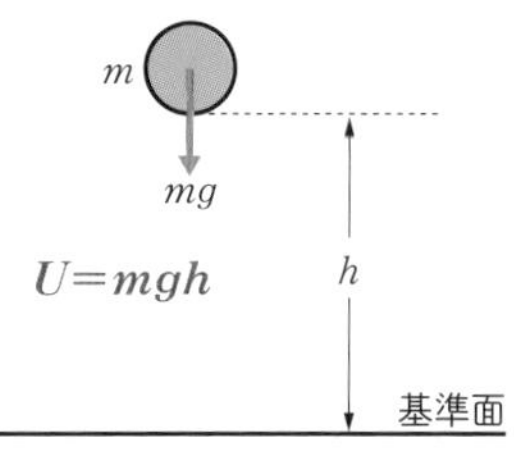

図 12　位置エネルギー

高い位置にある物体は，低い位置にある物体よりも大きいエネルギーをもっている。質量 m の物体が重力により h 落下すると，重力は物体に対して mgh の仕事をする。エネルギーの原理より，物体は仕事をされた分だけ運動エネルギーが増加する。これにより他の物体に仕事ができる。このエネルギーを**重力による位置エネルギー**という。**図12** で，質量 m の物体は，mgh の仕事をする能力をもっているので，**重力による位置エネルギー** U は次式で表される。

$$U = mgh \qquad \cdots\cdots(7)$$

重力による位置エネルギー U　$U = mgh$
（m：質量，g：重力加速度の大きさ，h：基準面からの高さ）

B 基準面と重力による位置エネルギー

❶ 地面を基準面とした場合

屋上にある質量 m の物体の重力による位置エネルギー U_1 は

$$U_1 = mg(h_1 + h_2)$$

❷ 2階の床を基準面とした場合

屋上にある質量 m の物体の重力による位置エネルギー U_2 は

$$U_2 = mgh_2$$

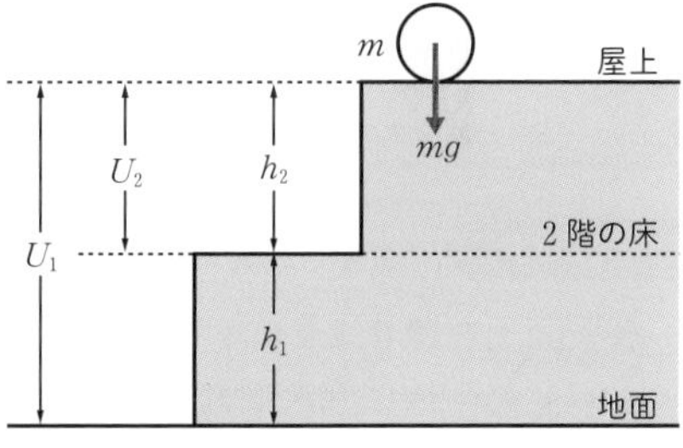

図 13　基準面ごとの重力による位置エネルギー

基準面のとり方によって，重力による位置エネルギーは変わるが，任意の2点間の重力による位置エネルギーの差は変わらない。

注意　基準面より低い場所では，重力による位置エネルギーは負となる。

4 弾性力による位置エネルギー

A 弾性力による位置エネルギー

変形されたばねによるエネルギーを，**弾性力による位置エネルギー**(**弾性エネルギー**)という。

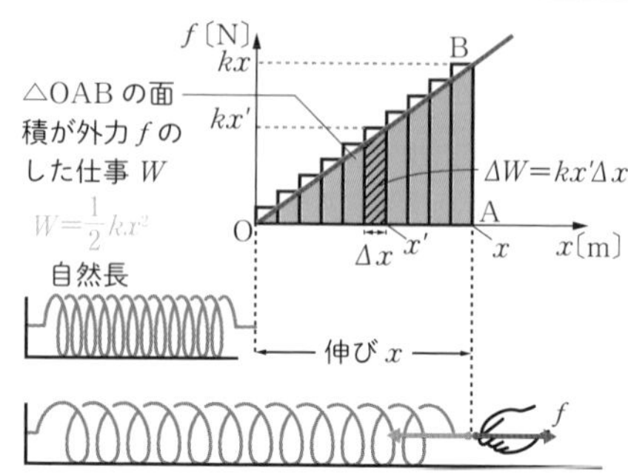

図 14　弾性力による位置エネルギー

B 弾性力による位置エネルギーの大きさ

ばね定数が k のばねを x 伸ばす仕事 W は，Δx 伸ばす仕事 ΔW を 0 から x まで加えなければならない。つまり**図 14** で，△OAB の面積が力 f のした仕事になる。

$$W=\triangle\text{OAB の面積}=\frac{1}{2}x\times f=\frac{1}{2}x\times kx=\frac{1}{2}kx^2$$

この仕事が，**弾性力による位置エネルギー U** としてたくわえられるので

$$U=\frac{1}{2}kx^2 \quad \cdots\cdots (8)$$

POINT

弾性力による位置エネルギー U

$$U=\frac{1}{2}kx^2$$　**(k：ばね定数，x：ばねの伸びまたは縮み)**

例題 38　**仕事と運動エネルギー**

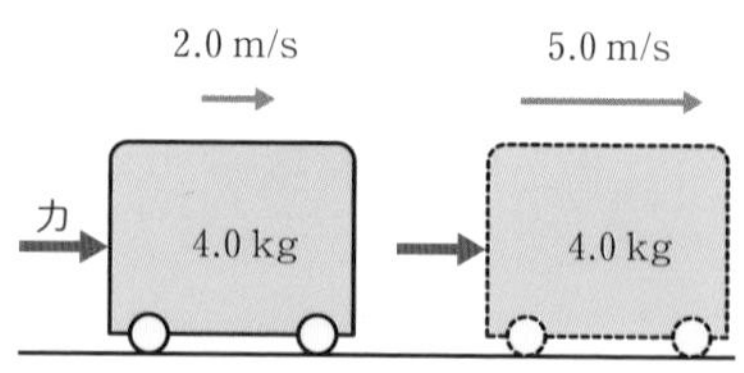

水平面上を速さ 2.0 m/s で動いていた質量 4.0 kg の物体に，水平方向の力を一定時間加え続けたところ，5.0 m/s の速さになった。このとき，次の問いに答えよ。

(1) 2.0 m/s で動いていたときのこの物体の運動エネルギー K_0 を求めよ。

(2) 加えた力が，この物体にした仕事 W を求めよ。

考え方

(1) 質量 m，速さ v の物体のもつ運動エネルギー K は　$K=\frac{1}{2}mv^2$

(2) はじめにもっていた運動エネルギーと最後にもっている運動エネルギーの差(変化量)が，加えた力が物体にした仕事に等しい。

解答

(1) 運動エネルギーK_0は，質量mの物体が速さv_0で動いているとき

$$K_0=\frac{1}{2}mv_0^{\ 2}\quad(v_0\text{ は初速度を表す})$$

$$=\frac{1}{2}\times 4.0\text{ kg}\times(2.0\text{ m/s})^2=8.0\text{ J}$$ …答

(2) エネルギーの原理より，運動エネルギーの変化量は加えた仕事Wに等しいから

$$W=\frac{1}{2}mv^2-\frac{1}{2}mv_0^{\ 2}\quad(v\text{ は終わりの速さを表す})$$

$$=\frac{1}{2}\times 4.0\text{ kg}\times\{(5.0\text{ m/s})^2-(2.0\text{ m/s})^2\}=42\text{ J}$$ …答

例題 39 仕事と運動エネルギー

粗い水平面上を4.0 m/sの速さで進んでいる質量2.0 kgの物体に，5.0 Nの大きさの動摩擦力がはたらき，減速した。

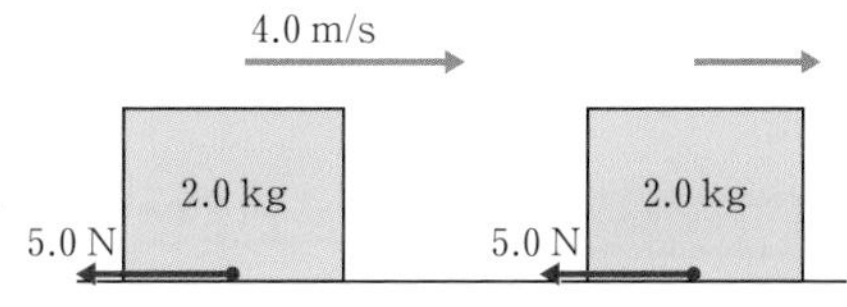

(1) 3.0 m進んだ場合，動摩擦力のした仕事を求めよ。

(2) 3.0 m進んだ直後の，物体の速さを求めよ。

考え方

仕事をしているのは動摩擦力である。この仕事は負であり，その分だけ運動エネルギーは減少する。

解答

(1) 動摩擦力のした仕事は

$$W=fs\cos 180^\circ=-fs=-5.0\text{ N}\times 3.0\text{ m}=-15\text{ J}$$ …答

(2) エネルギーの原理より

$$\frac{1}{2}mv^2-\frac{1}{2}mv_0^{\ 2}=W$$

(1)より $$\frac{1}{2}\times 2.0\text{ kg}\times v^2-\frac{1}{2}\times 2.0\text{ kg}\times(4.0\text{ m/s})^2=-15\text{ J}$$

$$v^2=(16-15)\text{ m}^2/\text{s}^2=1\text{ m}^2/\text{s}^2$$

したがって $v=1$ m/s …答

例題 40　重力による位置エネルギー

右図のような建物の2階の床に，質量 4.0 kg の物体がある。重力加速度の大きさを 9.8 m/s² として，基準面を次のようにしたときの，この物体の重力による位置エネルギーを求めよ。

⑴　地面を基準面としたとき(U_1)。

⑵　屋上を基準面としたとき(U_2)。

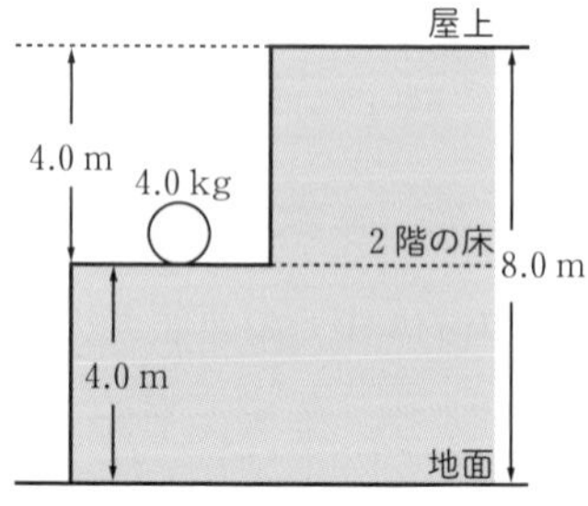

考え方

基準面の高さから h の地点での重力による位置エネルギー U〔J〕は，mgh で表される。h が負の場合は，位置エネルギーも負になる。

解答

⑴　$U_1 = mg(4.0\ \mathrm{m} - 0\ \mathrm{m}) = 4.0\ \mathrm{kg} \times 9.8\ \mathrm{m/s^2} \times 4.0\ \mathrm{m} = 156.8\ \mathrm{J} \fallingdotseq 1.6 \times 10^2\ \mathrm{J}$　…答

⑵　$U_2 = mg(-4.0\ \mathrm{m} - 0\ \mathrm{m}) \fallingdotseq -1.6 \times 10^2\ \mathrm{J}$　…答

例題 41　弾性力による位置エネルギー

右図のようにばね定数 4.0 N/m のばねに物体を取り付けた。

⑴　ばねを 0.40 m 引き伸ばした場合，弾性力による位置エネルギー U_1 を求めよ。

⑵　⑴の状態から自然長に戻るまでに，ばねの弾性力が物体にした仕事を求めよ。

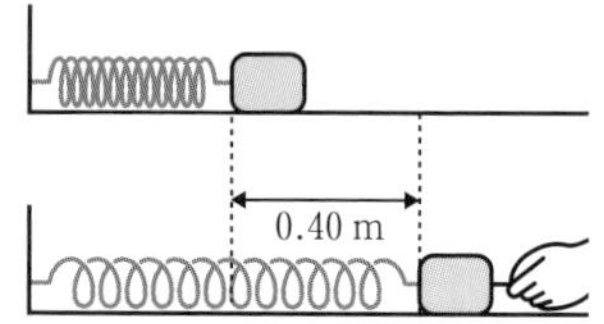

考え方

弾性力による位置エネルギー U は，$U = \frac{1}{2}kx^2$ で与えられる。自然長に戻るまでに弾性力のする仕事は，位置エネルギーの差によって求められる。

解答

⑴　$U_1 = \frac{1}{2}kx^2 = \frac{1}{2} \times 4.0\ \mathrm{N/m} \times (0.40\ \mathrm{m})^2 = 0.32\ \mathrm{J}$　…答

⑵　ばねが自然長のときは，位置エネルギーは 0 J である。したがって，位置エネルギーの差は $U_1 - 0 = 0.32\ \mathrm{J}$ である。この分だけ，ばねは物体に仕事をする。
よって　　$W = 0.32\ \mathrm{J}$　…答

3 力学的エネルギー

1 力学的エネルギー

物体のもつ運動エネルギー K と位置エネルギー U の和を**力学的エネルギー**という。力学的エネルギーを E とすると

$$\boldsymbol{E=K+U}$$

となる。

2 保存力

質量 m〔kg〕の物体が高さ h〔m〕の $\mathrm{P_0}$ から基準面 PQ まですべり下りるとき，その経路が図の A，B，C のように異なっていても重力のする仕事の大きさは mgh で，すべて同じである。

このように，力のする**仕事が物体を動かす途中の経路（道すじ）によらず，始点と終点の位置だけで定まるような力**を，**保存力**という。

ばねの弾性力なども保存力である。

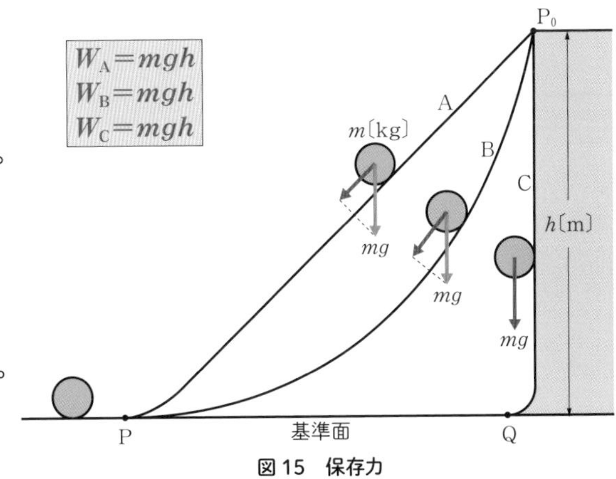

図15　保存力

3 力学的エネルギー保存の法則

物体に，重力やばねの弾性力などの保存力のみが仕事をする場合，物体の運動エネルギーの増加分は，位置エネルギーの減少分に等しく，**物体の力学的エネルギー E は一定に保たれる**。これを**力学的エネルギー保存の法則**という。

$$E = K + U = \text{一定}$$

（力学的エネルギー）（運動エネルギー）（位置エネルギー）

A 自由落下運動

質量 m〔kg〕の物体を，基準面より h〔m〕の高さから落下させたとき，運動エネルギーと位置エネルギーの和は一定である（空気の抵抗力を無視できる場合）。

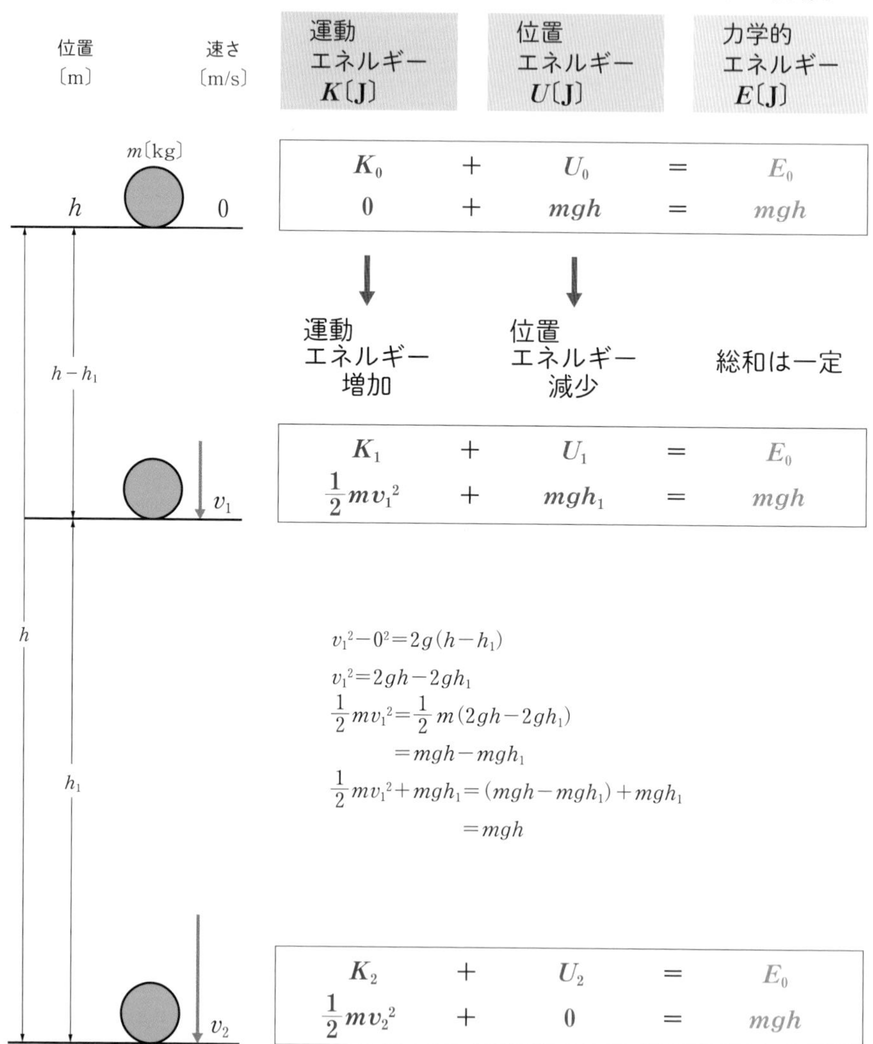

POINT

力学的エネルギー保存の法則　$E=K+U=$一定

動摩擦力や空気の抵抗力などを無視できる場合に成り立つ。

B 振り子の運動

質量 m〔kg〕のおもりに軽い糸をつけ，天井からつるす。糸がたるまないようにして，おもりを最下点から高さ h〔m〕まで持ち上げて静かに手をはなすと，運動エネルギーと位置エネルギーの関係は，**図 17** のようになる。

おもりには，大きさ mg の重力と大きさ T の糸の張力がはたらくが，張力はおもりの動く向きとつねに垂直にはたらくので，おもりに対しては仕事をしない。仕事をするのは，**重力の運動方向の分力**だけである(糸の重さや空気の抵抗力を無視できる場合)。

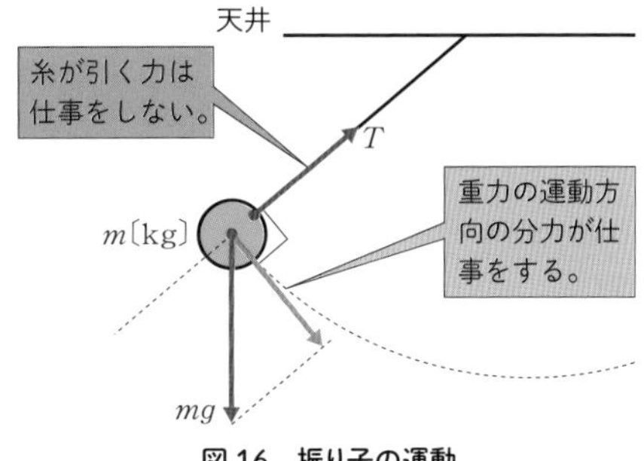

図 16　振り子の運動

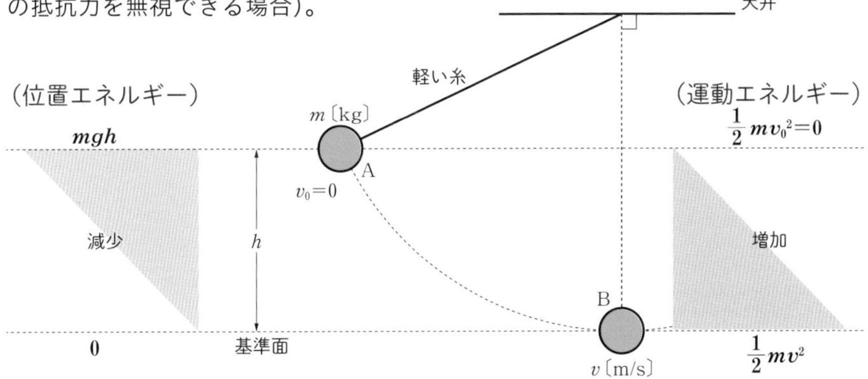

図 17　力学的エネルギーの保存

図 17 において，運動エネルギーと位置エネルギーの和は，振り子の状態がAのときとBのときで同じであり

A			B	
0 ＋ mgh		＝	$\frac{1}{2}mv^2$ ＋ 0	
(運動エネルギー)	(位置エネルギー)		(運動エネルギー)	(位置エネルギー)

図 17 の振り子の最下点での速さ v〔m/s〕を求めると，$mgh=\frac{1}{2}mv^2$ から

$v^2=2gh$　　よって　$v=\sqrt{2gh}$

POINT

振り子の運動についても，力学的エネルギー保存の法則が成り立つ。

C ばねの位置エネルギー

ばね定数 k〔N/m〕のばねの一端を固定し，他端には質量 m〔kg〕の物体をつけて，なめらかな水平面上に置く。

ばねを自然長から x_0〔m〕押し縮めて，静かに手をはなすと，ばねは左右に振動し，運動エネルギーと位置エネルギーの関係は**図 18** のようになる。

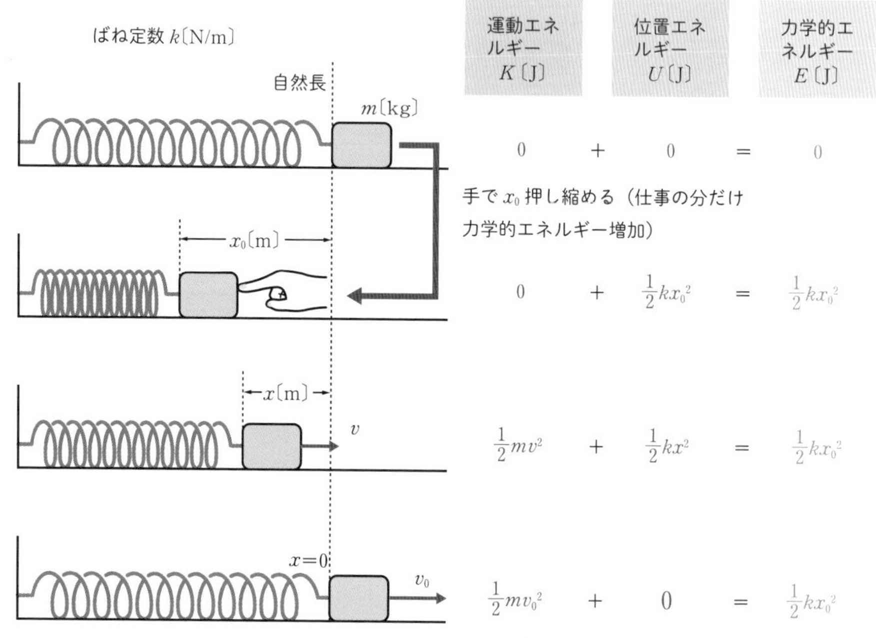

図 18　ばねの位置エネルギー

物体にはたらく重力 mg となめらかな面からの垂直抗力 $N=mg$ は，物体の動く向きと垂直なので，物体に対しては仕事をしない。仕事をするのは，**弾性力**だけである(物体と面との摩擦力を無視できる場合)。

ばねの弾性力についても，力学的エネルギー保存の法則が成り立つ。

図 18 の運動で，自然長での速さ v_0〔m/s〕を求めると，$\frac{1}{2}mv_0^2=\frac{1}{2}kx_0^2$ から

$$v_0=x_0\sqrt{\frac{k}{m}}$$

例題 42 自由落下のときの力学的エネルギー保存の法則

質量 0.50 kg の物体を，地上 1.0×10^3 m の高さから自由落下させた。このとき，次の問いに答えよ。ただし，重力加速度の大きさは 9.8 m/s^2 とし，空気抵抗は無視できるものとする。

(1) 地面に達したときの運動エネルギー K_0 を求めよ。

(2) 地面に達したときの速さ v を求めよ。

考え方 地面を重力による位置エネルギーの基準面として，力学的エネルギー保存の法則を用いる。

解答

(1) 地面に達したときの運動エネルギー K_0 は，はじめの高さ h における位置エネルギーに等しいから

$$K_0 = \frac{1}{2}mv^2 = mgh = 0.50\ \text{kg} \times 9.8\ \text{N/kg} \times 1.0 \times 10^3\ \text{m} = 4.9 \times 10^3\ \text{J} \quad \cdots \text{答}$$

(2) $v = \sqrt{2gh} = \sqrt{2 \times 9.8\ \text{m/s}^2 \times 1.0 \times 10^3\ \text{m}}$

$$= \sqrt{1.6 \times 10^4\ \text{m}^2/\text{s}^2} = 1.4 \times 10^2\ \text{m/s} \quad \cdots \text{答}$$

注意 重力加速度の大きさ g の単位は m/s^2 = N/kg である。

例題 43 力学的エネルギー保存の法則

ばね定数 100 N/m のばねの一端を固定し，他端に質量 1.0 kg の物体をつけて，なめらかな水平面上に置く。このとき，次の問いに答えよ。

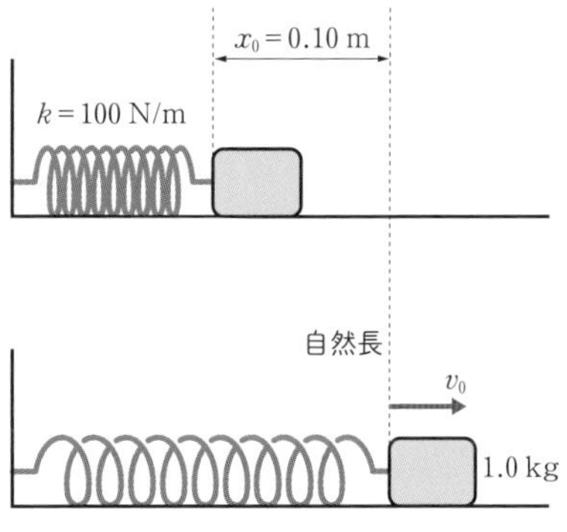

(1) 物体を押して，ばねを自然長から 0.10 m 縮めたとき，ばねの弾性エネルギー U を求めよ。

(2) (1)の状態から手をはなすと，ばねが伸びて物体が動き出した。ばねが自然長のときの物体の速さ v_0 を求めよ。

考え方 ばねの自然長を基準として，力学的エネルギー保存の法則を用いる。

解答

(1) 弾性エネルギー U は，$\frac{1}{2}kx_0{}^2$ で表されるから

$$U = \frac{1}{2}kx_0{}^2 = \frac{1}{2} \times 100\ \text{N/m} \times (0.10\ \text{m})^2 = 0.50\ \text{J} \quad \cdots \text{答}$$

(2)　ばねが自然長になったときの運動エネルギーは，(1)の弾性エネルギー U に等しいから

$$U=\frac{1}{2}kx_0{}^2=\frac{1}{2}mv_0{}^2$$

$$v_0=x_0\sqrt{\frac{k}{m}}=0.10\ \mathrm{m}\times\sqrt{\frac{100\ \mathrm{N/m}}{1.0\ \mathrm{kg}}}=1.0\ \mathrm{m/s}\quad\cdots\text{答}$$

例題 44　力学的エネルギー保存の法則

質量 2.0 kg のおもりに長さ 5.0 m の軽い糸をつけ，天井からつるし，糸がたるまないようにして，鉛直線から 60° 傾けてはなした。このとき，次の問いに答えよ。ただし，重力加速度の大きさは 9.8 m/s^2 とする。

(1)　最下点を基準面としたとき，最初におもりがもっていた位置エネルギー U を求めよ。

(2)　おもりが最下点にきたときの速さ v を求めよ。

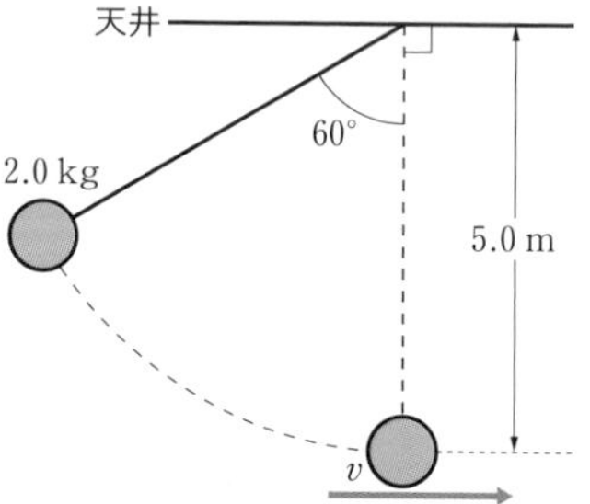

考え方

振り子についても，力学的エネルギー保存の法則が成り立つことを用いる。基準面はどこにとってもよいが，なるべく計算のしやすいところにする。

解答

(1)　おもりの最下点を基準面とすると，最初のときのおもりの高さ h は

$$h=5.0\ \mathrm{m}-5.0\ \mathrm{m}\times\cos 60^\circ=2.5\ \mathrm{m}$$

だから，位置エネルギーは

$$U=mgh$$
$$=2.0\ \mathrm{kg}\times 9.8\ \mathrm{N/kg}\times 2.5\ \mathrm{m}=49\ \mathrm{J}\quad\cdots\text{答}$$

(2)　(1)の位置エネルギーと最下点での運動エネルギーは等しいから

$$mgh=\frac{1}{2}mv^2$$

$$v=\sqrt{2gh}=\sqrt{2\times 9.8\ \mathrm{m/s^2}\times 2.5\ \mathrm{m}}$$
$$=\sqrt{49\ \mathrm{m^2/s^2}}=7.0\ \mathrm{m/s}\quad\cdots\text{答}$$

注意　**重力加速度の大きさ g の単位は m/s^2 = N/kg である。**

重力や弾性力などの保存力のみが仕事をするとき，
力学的エネルギーは一定

力学的エネルギー保存の法則は非常に重要で使い道の多い法則だが，この法則が成り立つのは，重力や弾性力などの保存力のみが仕事をする場合だけである。

4 力学的エネルギーが保存されない場合

A 非保存力

図19のように，粗い平面上で物体を点Aから点Bまで移動するのに，２つの道のり１，２で動かす場合を考える。平面上では動摩擦力の大きさは一定であることより，動摩擦力が物体にする仕事の量は道のりによって変化する。このように，重力や弾性力と異なり，仕事が道のりによって変化するような力のことを**非保存力**という。

非保存力の例としては，動摩擦力や空気抵抗力などがある。

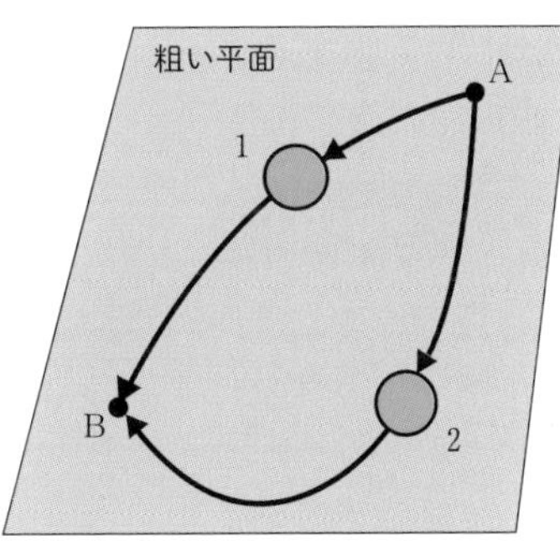

図19　非保存力のする仕事

B 非保存力が仕事をする場合の力学的エネルギー

一般に，動摩擦力のような非保存力が仕事をする場合，力学的エネルギーは保存されず，その力の仕事の分だけ変化することになる。

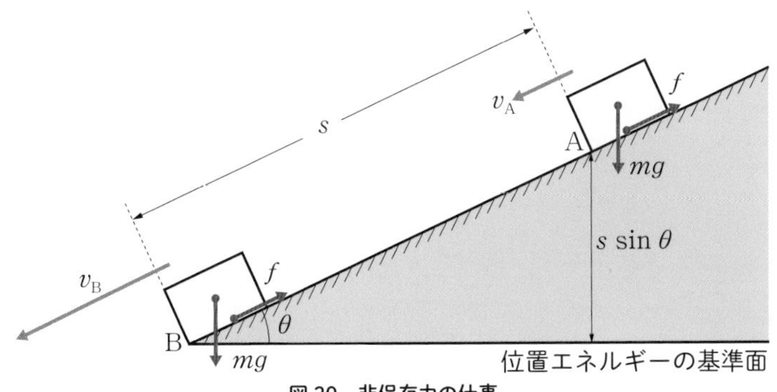

図20　非保存力の仕事

図 20 のように，動摩擦力 f のはたらく傾き θ の粗い斜面上で，点 A から点 B まで，質量 m〔kg〕の物体が距離 s〔m〕をすべり下りていく。点 A における速さを v_A〔m/s〕，点 B における速さを v_B〔m/s〕とする。

重力のする仕事 W_1 は $mgs\sin\theta$ であり，動摩擦力のする仕事 W_2 は $-fs$ であることと，エネルギーの原理より，次式が成立する。

$$\frac{1}{2}mv_B{}^2-\frac{1}{2}mv_A{}^2=W_1+W_2=mgs\sin\theta-fs$$

変形すると，次式のようになる。

$$\left(\frac{1}{2}mv_B{}^2+0\right)-\left(\frac{1}{2}mv_A{}^2+mgs\sin\theta\right)=-fs$$

左辺は，点 B の高さを重力による位置エネルギーの基準としたときの，力学的エネルギーの変化を表す。つまり，力学的エネルギーは，動摩擦力のした仕事の分だけ変化する。

非保存力がはたらく場合，非保存力のする仕事の分だけ力学的エネルギーは変化する。

Q 保存力か非保存力かをどうやって見分ければいいんですか？

A 仕事が経路に依存しないものを保存力，依存するものを非保存力といいました。高校物理では，「重力」「弾性力」「静電気力」「万有引力」が保存力だと覚えておくといいですよ。

探究活動　力学的エネルギー保存の法則

目的　単振り子を用い，重力による位置エネルギーの減少と運動エネルギーの増加との関係を調べ，力学的エネルギー保存の法則が成り立つことを確かめる。

実験手順

1. 金属球に2本のしつけ糸a，bをつけ，aをスタンドに固定し，金属球の最下点の高さHを測る。
2. スタンドからおもりをつけた糸を垂らし(下げ振り)，点Bの真下の位置の床に印(O)をつける。
3. スタンドにかみそりの刃を固定し，しつけ糸が金属球すれすれに切れるようにスタンドを置く。
4. しつけ糸bをスタンドに固定し，球の下端と床との距離H'を測る。
5. 白紙の上にカーボン紙を重ね，床の上にとめる。
6. しつけ糸bを焼き切ると金属球は振れ，最下点Bでしつけ糸aが切られて，水平に飛び，カーボン紙上の点Cに落ちる。OC間の距離lを測る。
7. H'をいろいろ変えて実験をする。

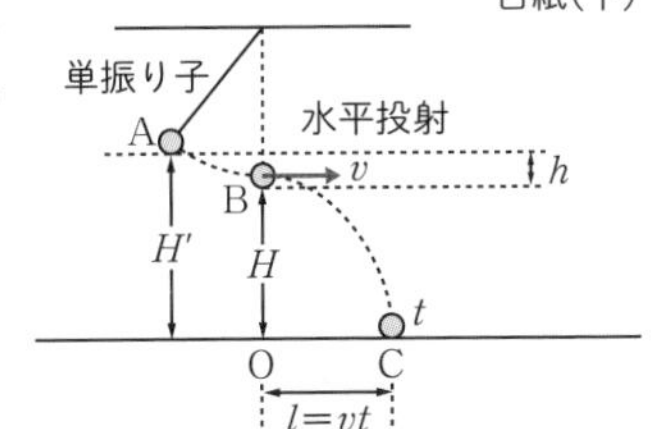

結果　実験の結果，右の表のようなデータが得られた。

〔結果〕

	H'(cm)	H(cm)	l(cm)
例1	110.0	90.0	84.2
例2	100.0	90.0	59.7

考察　**【1】 理論値の求め方**

高度差hに対応する位置エネルギーの減少が運動エネルギーの増加に変わることを，水平投射の現象と結びつけて証明する実験である。点Bにおける金属球の水平方向の速さvを，g，hを用いて表すと，力学的エネルギー保存の法則により

$$\frac{1}{2}mv^2=mgh$$

よって　$v=\sqrt{2gh}$

金属球がBからCまで落下する時間tを，g，Hを用いて表すと，$H=\frac{1}{2}gt^2$より

$$t=\sqrt{\frac{2H}{g}}$$

これより，距離OCの理論値をLとすると

$$L=vt=\sqrt{2gh}\times\sqrt{\frac{2H}{g}}=2\sqrt{Hh}$$

と表すことができる。

【2】 理論値 L と測定値 l の比較

$h=H'-H$ より h を求めて，理論値 L を計算して測定値 l と比較し，相対誤差 $\delta=\frac{l-L}{L}\times100\%$ を求めたものが次の表である。

〔理論値 L と測定値 l の比較〕

回数	H'〔cm〕	H〔cm〕	$h=$〔cm〕	理論値 L〔cm〕	測定値 l〔cm〕	δ〔%〕
1	110.0	90.0	20.0	84.9 ①	84.2	−0.82 ①′
2	100.0	90.0	10.0	60.0 ②	59.7	−0.50 ②′

注意 ① $2\sqrt{Hh}=2\sqrt{90.0\ \text{cm}\times20.0\ \text{cm}}=84.85\ \text{cm}\fallingdotseq84.9\ \text{cm}$

①′ $\frac{84.2\ \text{cm}-84.9\ \text{cm}}{84.9\ \text{cm}}\times100=-0.82\%\fallingdotseq-0.8\%$

② $2\sqrt{Hh}=2\sqrt{90.0\ \text{cm}\times10.0\ \text{cm}}=60.0\ \text{cm}$

②′ $\frac{59.7\ \text{cm}-60.0\ \text{cm}}{60.0\ \text{cm}}\times100=-0.50\%\fallingdotseq-0.5\%$

(1) 実験手順❷で，下げ振りを使わないとき，点Oを決めるには，落下点近くにカーボン紙を置き，おもりを静かに落下させて点Oを決める。

(2) 実験手順❸で，しつけ糸がかみそりの刃で金属球すれすれに切れるようにするのは，球を水平に飛ばせるためである。あまり上で切ると球が鉛直真下を過ぎてから糸が切れ，球は少し上向きに飛び出すので，誤差の原因となる。

(3) 実験手順❸で，しつけ糸がかみそりの刃にさわるとき，刃の向きはどのようにしたらよいかは，右図のように説明できる。

かみそりの刃は糸の支点の真下に置くが，右の図2のように，球の運動方向に対して90°よりわずかに傾けたほうが，抵抗が少なく糸が切れ，実験結果がよい。

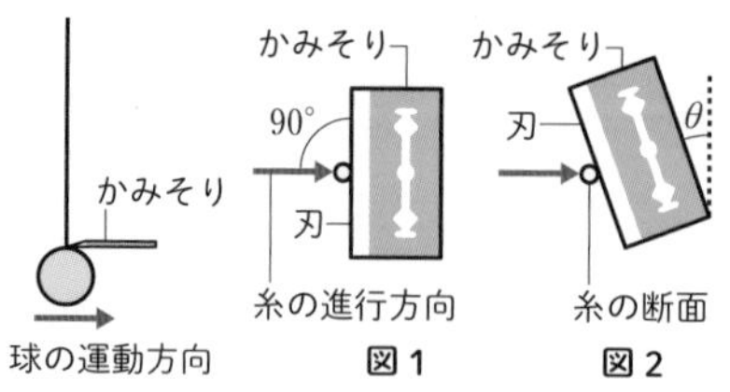

図1　図2

(4) 実験手順❺で，カーボン紙は次のように敷く。

理論値により，落下点がだいたいわかるので，その付近に敷く。カーボン紙は広い範囲に敷かないほうがよい。

(5) 実験手順❻で，金属球を手に持たずに，しつけ糸を焼き切って金属球をはなすのは，手で持つと高さを一定に保ちにくく，はなすとき初速度を与えてしまうことがあるためである。

この章で学んだこと

1 仕事

(1) 仕事の定義

物体に一定の大きさ F の力を加えて，その力の向きに物体が距離 s だけ動いたとき Fs をその力のした仕事という。すなわち，仕事 W は

$$W=Fs$$

(2) 仕事の単位

ジュール〔J〕で表す。

1 J＝1 N･m

(3) 力の向きと仕事

力のはたらく向きと物体の動く向きとのなす角を θ とすると

$$W=Fs\cos\theta$$

(4) いろいろな力のする仕事

① 物体をゆっくりと(加速度 0 で)高さ h だけ持ち上げる仕事 W は

$$W=mgh$$

② **動摩擦力のする仕事**

$$W=-fs$$ （f：動摩擦力の大きさ）

③ **単振り子の張力のする仕事**　張力の向きは物体の運動方向とつねに垂直なので，仕事はしない。

(5) 仕事率

単位時間あたりにする仕事を仕事率という。仕事率 P は

$$P=\frac{W}{t}$$

(6) 仕事率の単位

ワット〔W〕で表す。

1 W＝1 J/s

(7) 仕事の原理

道具などを使うと，重い物体も小さな力で動かすことができるが，物体を動かす距離が長くなるので，仕事の量は変わらない。

2 運動エネルギーと位置エネルギー

(1) エネルギー

ある物体がほかの物体に仕事をする能力をもっているとき，その物体はエネルギーをもっているという。

(2) 運動エネルギー

運動をしている物体がもっているエネルギー K は

$$K=\frac{1}{2}mv^2$$

(3) エネルギーの原理

運動エネルギーの変化量は，加えた仕事に等しい。

$$\frac{1}{2}mv^2-\frac{1}{2}mv_0{}^2=W$$

(4) 重力による位置エネルギー

基準面より h の高さにある物体の位置エネルギー U は

$$U=mgh$$

(5) 弾性力による位置エネルギー

x 伸ばされた(縮められた)ばねによる位置エネルギー U は

$$U=\frac{1}{2}kx^2$$ （k：ばね定数）

3 力学的エネルギー

(1) 力学的エネルギー

物体のもつ運動エネルギー K と位置エネルギー U の和を力学的エネルギー E という。

(2) 力学的エネルギー保存の法則

動摩擦力や空気の抵抗力など，非保存力が仕事をしないとき，E は一定。

$$E=K+U=\text{一定}$$

(3) 非保存力がはたらく場合

非保存力のする仕事の分だけ力学的エネルギー E は変化する。

Basic Physics

第2章 熱とエネルギー

1 熱と温度

1 熱と運動

A 熱とエネルギー

物体の**熱運動**のエネルギーを**熱エネルギー**といい，移動した熱エネルギーを**熱量(熱)**という。

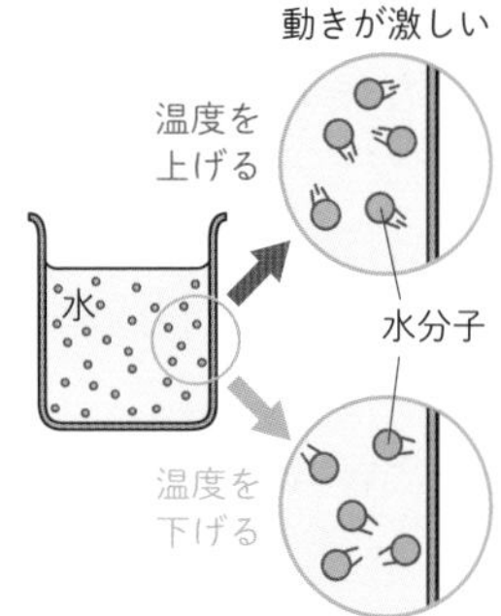

図 21　温度と分子の運動

B 熱運動

物質は原子や分子からできていて，これらは不規則な運動をしている。この原子や分子の運動は熱現象を起こすもとになっており，**熱運動**といわれる。

C 熱膨張

液体温度計は，温度計内の液体の体積が温度によって変化するという現象を利用している。この現象を**熱膨張**という。熱膨張の原因は，物体を構成している原子・分子の熱運動の激しさの変化である。

2 熱と温度に関する様々な量

A 温度

物体の冷暖は，接触したときに熱が移動する向きを表す。冷暖の程度は，原子や分子の熱運動の激しさを表し，温度によって数値化される。

❶ **セ氏**(セルシウス)**温度**

温度の値として，1 気圧のもとで，水の凝固点(融点)を 0 ℃，沸点を 100 ℃とし，その間を 100 等分して 1 ℃と決めたもの。

❷ **絶対温度**

分子の熱運動が完全に止まってしまう−273 ℃を基準にした温度を**絶対温度**といい，単位は**ケルビン(記号：K)**である。セ氏温度を t〔℃〕，絶対温度を T〔K〕とすると，次式のようになる。

$$T=t+273 \qquad \cdots\cdots (9)$$

注意 **T や t は本来，単位を含んだ物理量だが，式(9)では数値のみを表すものとして扱っている。**

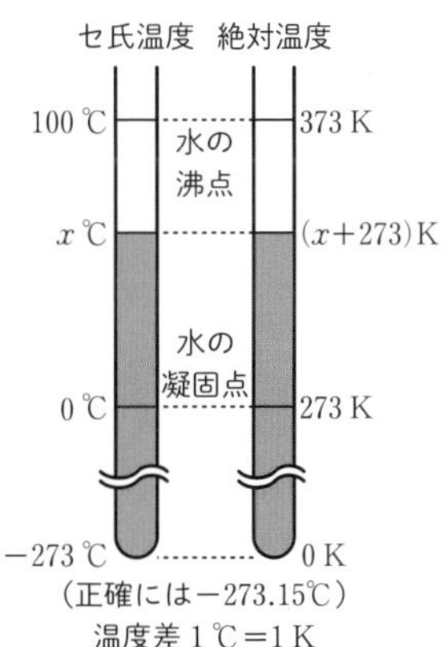

図 22　セ氏温度と絶対温度

B 熱量の単位

熱量 Q の単位にはエネルギーと同じように**ジュール(記号：J)**を用いる。熱量の単位には，栄養の計算などに用いられるカロリー〔cal〕もある。(p.119 参照)

> **+アルファ**
>
> カロリー〔cal〕とジュール〔J〕
> **1 cal** は，水 **1g** の温度を **1K**（**1℃**）上げるのに必要な熱量で
> **1 cal＝4.2 J**
> である。

C 熱容量

物体の温度を上げるのに必要な単位温度あたりの熱量を，その物体の**熱容量**という。熱容量は，物体の温度を 1K だけ下げるとき放出する熱量でもある。熱容量の単位は**ジュール毎ケルビン(記号：J/K)**である。

熱容量 C〔J/K〕の物体の温度を ΔT〔K〕上昇させるのに必要な熱量 Q〔J〕は次式で表される。

$$Q = C\Delta T \quad \cdots\cdots (10)$$

注意 **同じ温度差を，セ氏温度で℃を単位として表したときの数値と絶対温度で K を単位として表したときの数値は等しい。**

> **+アルファ**
>
> 物質の比熱〔J/(g･K)〕

物質（温度〔℃〕）	比熱
水（15）	4.19
氷（0）	2.10
エタノール（0）	2.29
なたね油（20）	2.04
鉄（0）	0.435
銅（0）	0.379
鉛（0）	0.126

水は比熱が大きいことにより，温まりにくく，冷めにくい。

D 比熱（比熱容量）

質量の等しい水と油に，等しい熱量を与えても，油のほうが水よりも温度が上がる。

単位質量の物質の温度を単位温度上げるのに必要な熱量をその物質の**比熱（比熱容量）**という。比熱の単位は**ジュール毎グラム毎ケルビン(記号：J/(g･K))**である。

比熱 c〔J/(g･K)〕，質量 m〔g〕の物質の温度を ΔT〔K〕上昇させるのに必要な熱量 Q〔J〕は次式で表される。

$$Q = mc\Delta T \quad \cdots\cdots (11)$$

式(10)と式(11)より，熱容量 C と比熱 c，物質の質量 m の関係は次式で表される。

$$C = mc \quad \cdots\cdots (12)$$

POINT

質量 m〔g〕の物体の温度を ΔT〔K〕上げるのに必要な熱量 Q〔J〕は

$Q = C\Delta T = mc\Delta T$〔J〕　（$C$:熱容量〔J/K〕，$c$:比熱〔J/(g･K)〕）

比熱は単位質量の物質の温度を単位温度上昇させるのに必要な熱量だから，比熱に質量 m〔g〕と温度差 ΔT〔K〕を掛けたものが，必要な熱量である。

3 熱量の保存

高温の物体と低温の物体を接触または混合させると，高温の物体から低温の物体へと熱が移動する。2つの物体を接触させてから十分に時間が経過すると，2物体は同じ温度となり，それ以降，熱は移動せず，温度は変化しない。この熱の移動がない状態のことを**熱平衡状態**という。物体の温度を測定する場合は，温度計と物体を接触させてしばらく時間を経過させる必要がある。これは，温度を測りたい物体と温度計の間で熱平衡状態にならなくてはいけないからである。

高温の物体と低温の物体の間でのみ熱のやり取りが行われる場合，すなわち，外部との間で熱の出入りがないとき，高温の物体の失った熱量 Q_1 と低温の物体が得た熱量 Q_2 とは等しくなる。これを**熱量の保存**という。

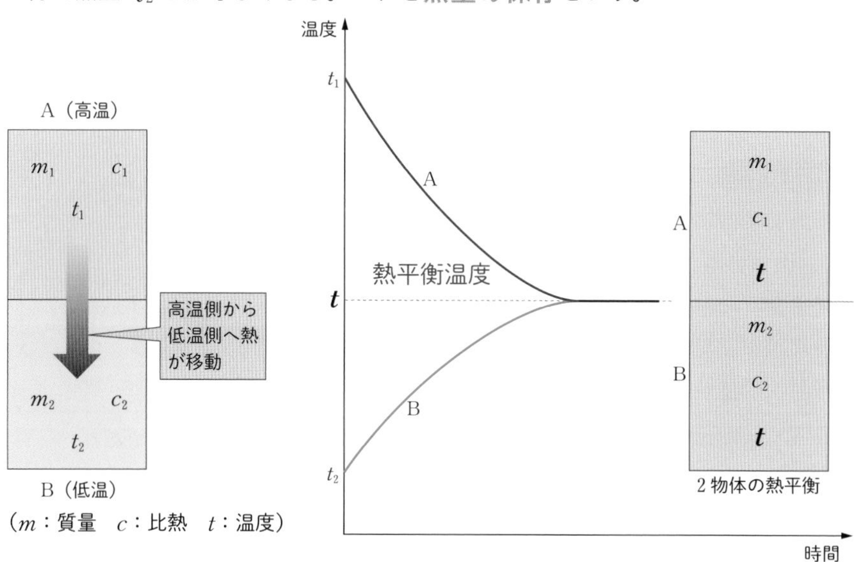

熱量の保存：外部との間で熱の出入りがないとき

$$m_1c_1(t_1-t) = m_2c_2(t-t_2)$$

（高温の物体が失った熱量 Q_1）＝（低温の物体が得た熱量 Q_2）

例題 45　熱容量と熱量

質量 100 g の鉛がある。鉛の比熱を 0.13 J/(g·K)として，次の値を求めよ。

(1)　この鉛の熱容量。

(2)　この鉛を 20 ℃から 70 ℃にするときに必要な熱量。

考え方　熱量の計算式 $Q=C\Delta T=mc\Delta T$ を用いる。

解答

(1)　鉛の熱容量 C は，$C=mc$ から

$$C=100\ \mathrm{g}\times 0.13\ \mathrm{J/(g\cdot K)}=13\ \mathrm{J/K}$$
$$=1.3\times 10\ \mathrm{J/K}\quad \cdots 答$$

(2)　$t_1=20$ ℃から $t_2=70$ ℃にするときの温度差 ΔT は

$$\Delta T=50\ \mathrm{K}$$
$$Q=C\Delta T=13\times 50=650$$
$$=6.5\times 10^2\ \mathrm{J}\quad \cdots 答$$

例題 46　熱量の保存

発泡スチロールのカップに入った，温度が 25 ℃で質量 100 g の水の中に，温度が 80 ℃で質量 50 g のお湯を入れてかきまぜた。まぜた後の全体の温度を求めよ。ただし，水の比熱は 4.2 J/(g·K)であり，熱は水とお湯の間でのみ移動し，外部には逃げないものとする。

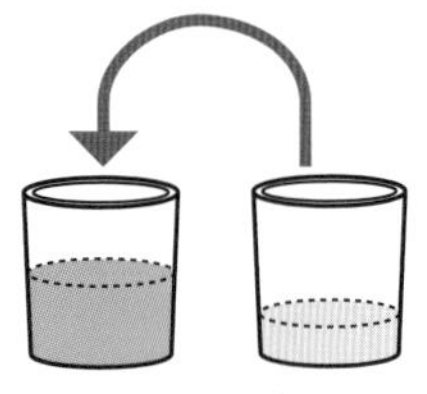

考え方　熱量の保存を考えると，(お湯が失った熱量)＝(水が得た熱量)である。

解答

熱平衡状態に達した温度を t とする。

お湯が失った熱量 Q は，$Q=mc\Delta T$ より

$$Q=mc\Delta T=50\ \mathrm{g}\times 4.2\ \mathrm{J/(g\cdot K)}\times(80\ ℃-t)$$

水が得た熱量 Q' は

$$Q'=m'c\Delta T'=100\ \mathrm{g}\times 4.2\ \mathrm{J/(g\cdot K)}\times(t-25\ ℃)$$

熱量の保存 $Q=Q'$ に代入し，両辺を 2.1×10 J/K で割ると

$$(80\ ℃-t)=2.0\times(t-25\ ℃)$$
$$t=\frac{80\ ℃+2.0\times 25\ ℃}{2.0+1.0}=43.3\ ℃\fallingdotseq 43\ ℃\quad \cdots 答$$

例題 47　熱量の保存

断熱材で囲まれた熱容量 50.0 J/K の容器(かくはん棒も含む)に 1.50×10^2 g の水が入っていて，全体の温度が 20.0 ℃で一定であった。100.0 ℃の湯の中で熱平衡に達していた質量 100 g の鉄球を容器に入れて，かくはん棒でかきまぜると，全体の温度は，25.0 ℃で一定になった。温度計の影響は無視できるものとし，水の比熱を 4.20 J/(g·K)とする。鉄の比熱を求めよ。

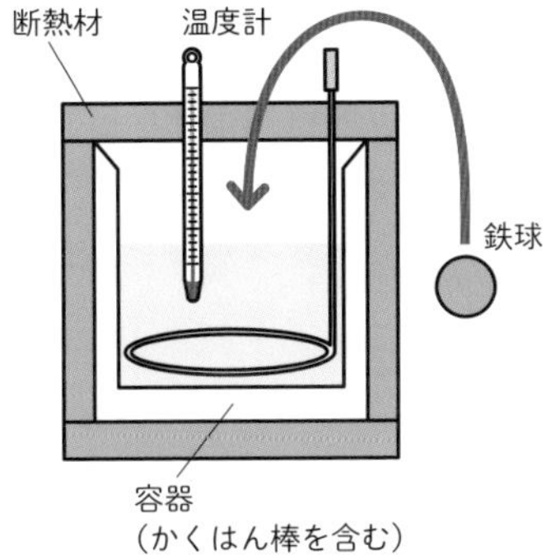

考え方

熱量の保存より，(鉄球が失った熱量)＝(水が得た熱量)＋(容器が得た熱量)である。

解答

鉄の比熱を c とする。

鉄球が失った熱量＝100 g×c×(100.0 ℃−25.0 ℃)

水と容器が得た熱量＝1.50×10^2 g×4.20 J/(g·K)×(25.0 ℃−20.0 ℃)
＋50.0 J/K×(25.0 ℃−20.0 ℃)

熱量の保存の式を立てて整理すると　100 g×75.0 K×c＝680 J/K×5.0 K

よって　c＝0.453 J/(g·K)≒0.45 J/(g·K)　…答

4 状態の変化

A 物質の三態

物質は，温度や圧力の変化によって，**固体・液体・気体**の 3 つの状態に変化する。これを**物質の三態**という。水を例にとると，**図 23** のようになる。

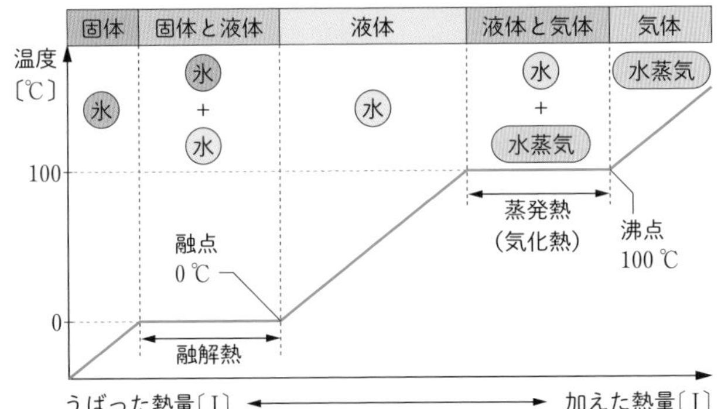

図 23　水の状態変化

＋アルファ

物質の状態が変化しつつあるときは，加えた(うばった)熱量は状態変化のために消費されるので，変化が終わるまでは，温度は変わらない。

B 融解熱

氷の温度が 0 ℃ (**融点**)になると,熱を加えても温度が上がらなくなる。これは,加えた熱がすべて固体から液体に変化する**融解**という状態変化に消費されるからで,このとき,融点において,単位質量または単位物質量の物質を固体から液体にするのに必要な熱量を**融解熱**といい,単位としてジュール毎グラム(記号:J/g)またはジュール毎モル(記号:J/mol)などが用いられる。

C 蒸発熱(気化熱)

水の温度が 100 ℃ (**沸点**)になると,熱を加えても温度が上がらなくなる。これは,加えた熱が,液体から気体に変化する**蒸発**という状態変化に消費されるからで,このとき,沸点において,単位質量または単位物質量の物質を液体から気体にするのに必要な熱量を**蒸発熱**といい,単位としてジュール毎グラム(記号:J/g)またはジュール毎モル(記号:J/mol)などが用いられる。

D 潜熱

気体が液体に変わるときや液体が固体に変わるときには,それぞれ蒸発熱や融解熱と同じ熱量を放出する。蒸発熱や融解熱などをまとめて**潜熱**という。比熱はふつう単位質量当たりの量とされているが,融解熱や蒸発熱などの潜熱は単位物質量当たりの量を表す場合がある。

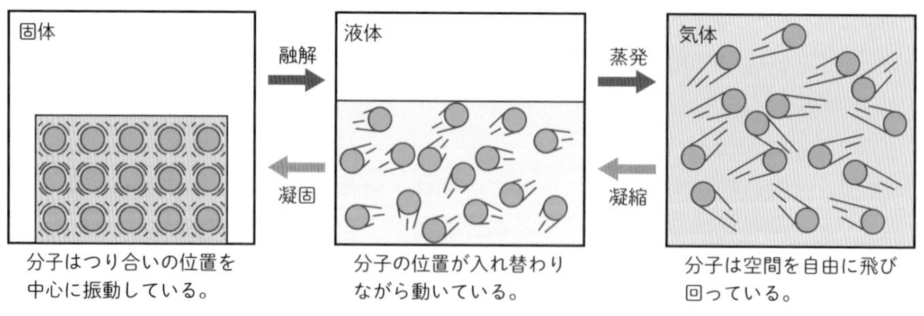

固体
融解
凝固
液体
蒸発
凝縮
気体
分子はつり合いの位置を中心に振動している。
分子の位置が入れ替わりながら動いている。
分子は空間を自由に飛び回っている。

図 24 物質の状態変化と分子の運動

2 熱と仕事

1 仕事と熱量

A 熱と仕事

手と手をこすり合わせたり，木と木をこすり合わせたりすると，熱くなる。また，**図25**のように，鉛粒をつめた布袋を持ち上げて床に落下させることを何回も繰り返すと，鉛粒の温度が上がる。摩擦力に逆らって仕事をしたり，この実験のようにして床に衝突させたりすると，外力の仕事の一部が物体の温度の上昇に費やされる。

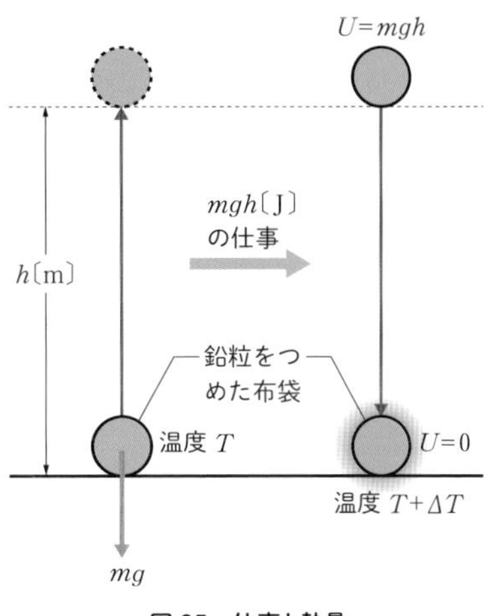

図25 仕事と熱量

B 熱量の単位

熱はエネルギー移動の一形態であり，物体の温度を上げるには，熱を与えてもよいし，仕事をしてもよい。このことから，熱量の単位には，仕事と同じ単位ジュール(記号：J)が用いられる。

C 熱の仕事当量

イギリス人ジュールは，仕事と発生する熱との関係を調べ，仕事がすべて熱に変わるとき，仕事の量と発生熱量との比はつねに一定であることを確かめた。

すなわち，仕事 W〔J〕と熱量 Q〔cal〕の関係は，$\boldsymbol{J}$ を**比例定数**とすると

$$W=JQ \quad (J=4.19\ \mathrm{J/cal}) \qquad \cdots\cdots (13)$$

この定数 J を熱の**仕事当量**といい 1 cal の熱量は 4.19 J の仕事に相当する。

コラム | **ジュールの実験**

ジュールは，1847 年，図のような装置を用いて，仕事が熱に変わるときの量的な関係を調べた。おもりが静かに落下すると，羽根車が回転し，熱量計の中の液体をかき回して液体の温度が上がる。熱 1 cal の発生に，4.19 J の仕事が必要であることを確かめた。

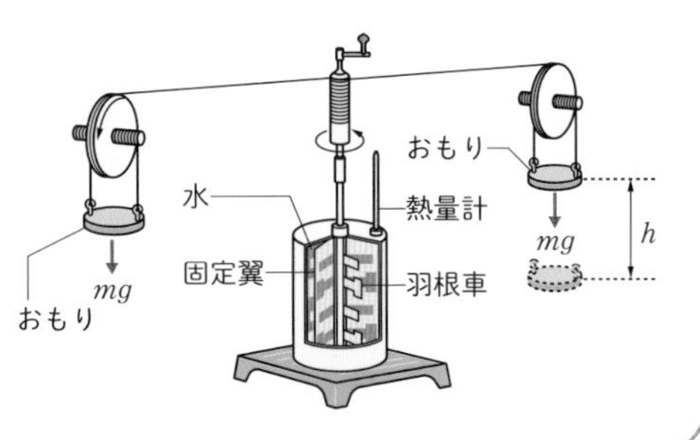

2 内部エネルギー

A 内部エネルギー

物体を構成する分子は，熱運動による運動エネルギーと，分子間にはたらく引力または反発力による位置エネルギーをもっている。物体を構成する分子の**運動エネルギーと位置エネルギーの総和**を物体の**内部エネルギー**という。

B 物質の三態と内部エネルギー

物体は，その温度や圧力に応じて，固体・液体・気体の状態をとる。**図 26** のように，物体を構成している分子は，その状態にかかわらず，温度に応じた熱運動を行っている。したがって，**温度が高いと，物体の内部エネルギーは大きい。**

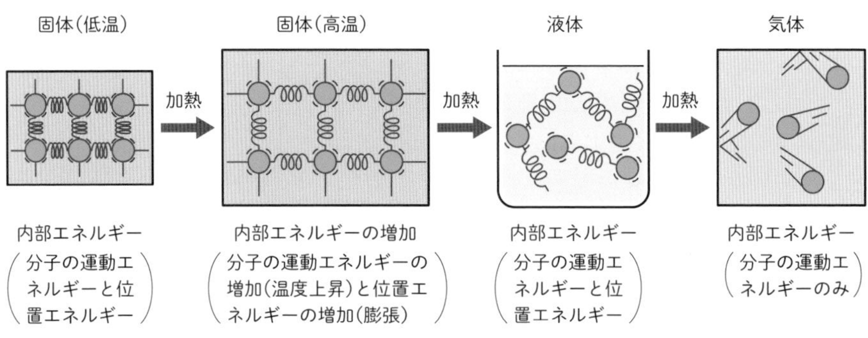

図 26　内部エネルギー

気体の分子は，分子と分子の間隔が広く，互いに力をおよぼし合うことなく自由に飛び回っていると考え，位置エネルギーは小さく無視できる。すなわち，気体の内部エネルギーとは，**気体の分子の運動エネルギーの総和**と考えてよい。

3 熱力学第 1 法則

物体が Q〔J〕の熱を受け取ったり，外部から W〔J〕の仕事をされると，物体の内部エネルギーはその分だけ増加する。その増加量を ΔU〔J〕とすると，次式が成り立つ。これを**熱力学第 1 法則**という。

$$\Delta U = Q + W \quad \cdots\cdots (14)$$

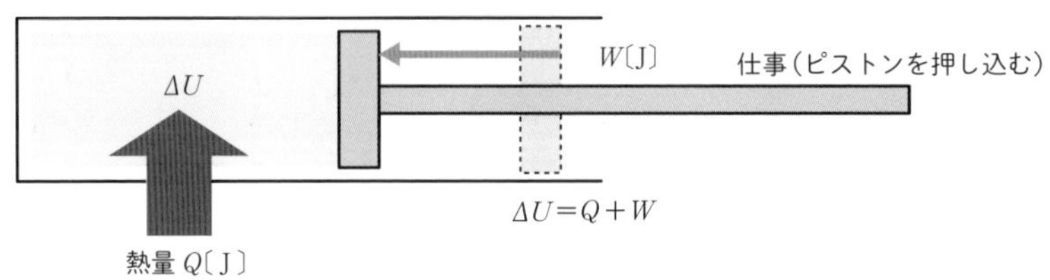

図 27　熱力学第1法則

熱力学第1法則

物体が熱をもらう(Q)
物体が仕事をされる(W) } ⇒ 内部エネルギー(U)は増加

上記のことは，$\Delta U = Q + W$と表され，熱を出したり仕事をするときはQやWは負となり，$\Delta U < 0$で内部エネルギーは減少する。

4 熱機関と効率

A 熱機関

熱は力学的エネルギー（仕事）に変えることができる。例えば，蒸気機関，ガソリンエンジン，ディーゼルエンジンなどは，高温の気体の膨張を利用して，熱を力学的エネルギーに変換する装置で，**熱機関**とよばれている。

> **＋アルファ**
>
> 熱機関の効率
> 蒸気機関　10～20％
> ガソリンエンジン
> 20～30％
> ディーゼルエンジン
> 30～40％

B 熱効率

熱機関において，供給された熱量の何％を仕事に変えることができるかという割合を，**熱機関の効率**，または**熱効率**という。熱効率eは，**図28**のように，高温熱源から吸収した熱量をQ_0〔J〕，低温熱源に放出した熱量をQ〔J〕，取り出した仕事をW〔J〕とすると，次式で表される。

$$e = \frac{W}{Q_0} = \frac{Q_0 - Q}{Q_0} = 1 - \frac{Q}{Q_0} \quad (0 \leqq e < 1) \qquad \cdots\cdots (15)$$

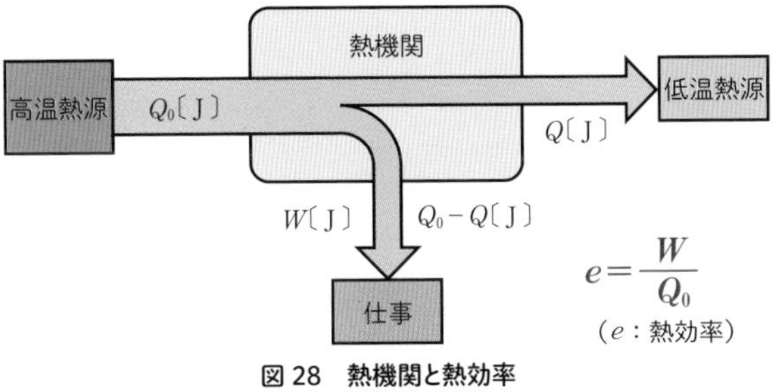

熱機関
高温熱源　Q_0〔J〕
低温熱源　Q〔J〕
W〔J〕　$Q_0 - Q$〔J〕
仕事

$$e = \frac{W}{Q_0}$$
（e：熱効率）

図28　熱機関と熱効率

> コラム｜**熱機関のサイクル**
>
> 熱機関は繰り返し運転することによって，継続的に仕事をする。繰り返し熱を仕事に変えるためには，熱機関は高温熱源から熱を吸収するだけでなく，低温熱源へ熱を放出しなくてはならない。このように，ある状態から別の状態に変化して，再びもとの状態に戻る過程を**サイクル**という。

5 エネルギー保存の法則

自然界ではいろいろな種類のエネルギーがあり，それらは互いに移り変わることができる。しかし，あらゆる自然現象におけるエネルギーの変換では，それに関係したすべてのエネルギーの総和は一定不変である。これを**エネルギー保存の法則**という。

熱力学第1法則は，エネルギー保存の法則を熱エネルギーまで拡張したものである。

例題 48　熱機関の効率

ある船の熱機関の最大仕事率は750 kWである。この船が全速力(最大仕事率)で2.0時間運転するためには，燃料の重油が何kg必要か。ただし，重油1.0 kgの発熱量を4.2×10^{7} J，この熱機関の効率を0.30とする。

考え方

仕事＝仕事率×時間と熱機関の効率＝$\dfrac{\text{仕事}}{\text{(重油の)発熱量}}$から，必要な重油の量を$x$〔kg〕として求める。

解答

最大仕事率P=750 kWで，t=2.0 hにする仕事W〔J〕は

$$W=(750\times10^{3}\ \mathrm{W})\times2.0\ \mathrm{h}\times(3600\ \mathrm{s/h})=5.4\times10^{9}\ \mathrm{J}$$

必要な重油をx〔kg〕とすると，重油の発熱量Q〔J〕は

$$Q=\frac{4.2\times10^{7}\ \mathrm{J}}{1.0\ \mathrm{kg}}\times x$$

効率e=0.30で$W=5.4\times10^{9}$ Jの仕事をするのにQ〔J〕必要なので，$e=\dfrac{W}{Q}$より

$$Q=\frac{W}{e}$$

$$\frac{4.2\times10^{7}\ \mathrm{J}}{1.0\ \mathrm{kg}}\times x=\frac{5.4\times10^{9}\ \mathrm{J}}{0.30}$$

よって　　$x\fallingdotseq4.3\times10^{2}$ kg　…㊟

例題 49 エネルギー保存の法則

ある水力発電所では，100 m の落差を利用して，毎秒 5.0 t の水を流して電気を起こしている。水の位置エネルギーの 30 %が電気エネルギーに変換されるものとすると，この水力発電所が発電する電力 P は何 kW か。ただし，重力加速度の大きさを $9.8\ \mathrm{m/s^2}$ とする。

考え方

毎秒減少する水の位置エネルギー ΔU〔J/s〕の 30 %が，電力 P〔J/s＝W〕に変換されると考える。

解答

$5.0\ \mathrm{t}=5.0\times10^3\ \mathrm{kg}$ だから，毎秒の位置エネルギーの減少量 $-\dfrac{\Delta U}{\Delta t}$ は

$$P'=-\frac{\Delta U}{\Delta t}=\frac{(-\Delta m)gh}{\Delta t}=\frac{(5.0\times10^3\ \mathrm{kg})\times(9.8\ \mathrm{N/kg})\times100\ \mathrm{m}}{1\ \mathrm{s}}=4.9\times10^6\ \mathrm{J/s}$$

このうちの 30 %が電気エネルギーに変換されるから

$$P=P'\times\frac{30\ \%}{100\ \%}=4.9\times10^6\ \mathrm{W}\times0.30=1.47\times10^6\ \mathrm{W}\fallingdotseq1.5\times10^3\ \mathrm{kW}$$ …答

POINT

エネルギー保存の法則

エネルギーの種類がいろいろに変化しても，変換前と変換後のエネルギーの総和はつねに一定である。

Q 効率が 1 の熱機関って存在するんですか？

A 存在しません。熱機関は繰り返し使えないといけないので，仕事をしたのちには元の状態に戻っていることが必要です。しかし，仕事をすべて熱に変えることができても，熱を仕事に変えるときには必ず熱を排出するため，すべてを仕事に変えることはできないのです。このように，もとの状態に戻すことができない変化を**不可逆変化**といいます。

3　気体の法則

1　気体の圧力

A　気体の圧力

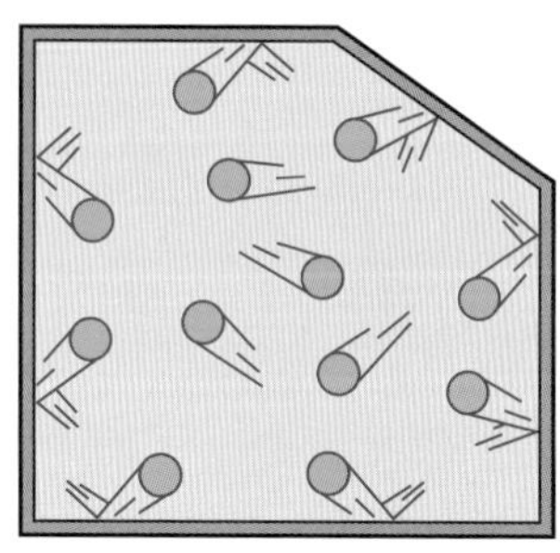
図 29　気体の分子運動

気体の分子は，空間をほとんど自由に飛び回っている(p.118 **図 24** 参照)。

気体を**図 29** のように容器の中に閉じ込めておくと，分子は飛び回っているうちに，容器の壁に何度も衝突して壁に力をおよぼす。分子 1 個がおよぼす力はとても小さいが，きわめて多くの分子が次々に衝突するので，全体としては大きな力をおよぼすことになる。

この力は，きわめて多くの分子が不規則におよぼすので，気体と接触する**あらゆる面で一様**であり，**面に対して垂直**にはたらくと考えられる。この力の大きさを単位面積あたりの力の大きさで表したものが**気体の圧力**である。

B　圧力の単位

1 m^2 に 1 N の力がはたらいているとき，その圧力を 1 **パスカル(記号：Pa)**といい，圧力の単位とする。

$$\frac{1\ \mathrm{N}}{1\ \mathrm{m}^2}=1\ \mathrm{N/m^2}=1\ \mathrm{Pa}$$

＋アルファ

1 atm
＝760 mmHg
$=1.013\times10^5\ \mathrm{N/m^2}$
$=1.013\times10^5\ \mathrm{Pa}$
＝1013 hPa
(1 hPa＝100 Pa)

C　大気圧

地球の大気が地表などの単位面積におよぼす圧力を**大気圧(気圧)**という。大気圧の単位には，**気圧**(記号 atm)，水銀柱ミリメートル(記号 mmHg)，ヘクトパスカル(記号 hPa)などがある。

この章で学んだこと

1 熱と温度

(1) 熱と運動

温度は原子や分子の熱運動の激しさを表す。

(2) 熱と温度に関する様々な量

① **温度**　絶対温度の数値 T は

$T=t+273$ （t はセ氏温度の数値）

② **熱量**　熱はエネルギー移動の一形態なので，単位はジュール〔J〕を使用。

③ **熱容量**　物体の温度を 1 K 上げるのに必要な熱量。単位：J/K

④ **比熱(比熱容量)**　物質 1 g の温度を 1 K 上げるのに必要な熱量。単位：J/(g・K)

$$\boldsymbol{C=mc}$$

（C：熱容量，m：質量，c：比熱）

(3) 熱量の計算

$$\boldsymbol{Q=mc\Delta T}$$

（Q：熱量，m：質量，c：比熱，ΔT：温度変化）

(4) 熱量の保存

高温の物体の失った熱量と低温の物体の得た熱量は等しい。

(5) 物質の三態

気体・液体・固体の状態。

潜熱　状態変化に伴って出入りする熱（**融解熱**，**蒸発熱**など）。

2 熱と仕事

(1) 仕事と熱量

熱と仕事は同じはたらきをする。

1 cal = 4.2 J

(2) 内部エネルギー

物体を構成している原子・分子の運動エネルギーと位置エネルギーの総和。温度が高いほど，物体の内部エネルギーは大きい。

(3) 熱力学第 1 法則

$$\boldsymbol{\Delta U=Q+W}$$

（ΔU：内部エネルギーの変化，
Q：外部から受け取る熱，
W：外部からされる仕事）

(4) 熱機関の効率

$$\boldsymbol{e=\frac{W}{Q}}$$

Q：受け取った熱，W：外にする仕事

(5) エネルギー保存の法則

すべてのエネルギーの総和は一定不変。

3 気体の法則

(1) 気体の圧力

気体の分子がおよぼす単位面積あたりの力

1 atm = 760 mmHg = 1.013×10^5 Pa

定期テスト対策問題 2

解答・解説は p.629 ～ 630

1　水平な地上で質量 10 kg の物体に軽い綱をつけ，地面より 30° 上方へ引いて物体をゆっくり動かす。物体と地面との間の動摩擦係数を 0.50，重力加速度の大きさを 9.8 m/s^2 とする。このとき，次の問いに答えよ。ただし，$\sqrt{3}=1.73$ とする。

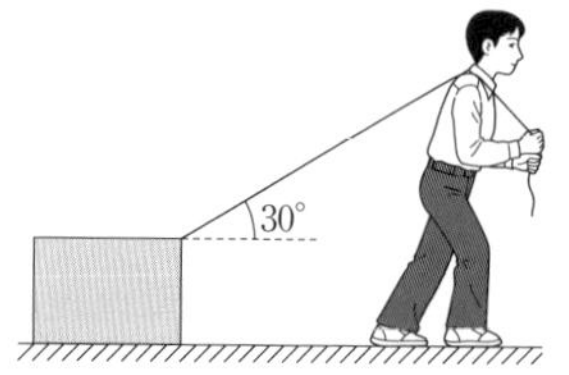

(1)　綱が物体を引いている力は何 N か。

(2)　物体を 2.0 m 動かすときに綱の張力がする仕事は何 J か。

(3)　(2)の仕事を 7.0 秒かかってしたとすると，その間の仕事率は何 W か。

2　図のように，なめらかな斜面がある。質量 40 kg の物体を斜面上をゆっくりと点 A から点 B まで引き上げた。重力加速度の大きさを 9.8 m/s^2 として，次の問いに答えよ。

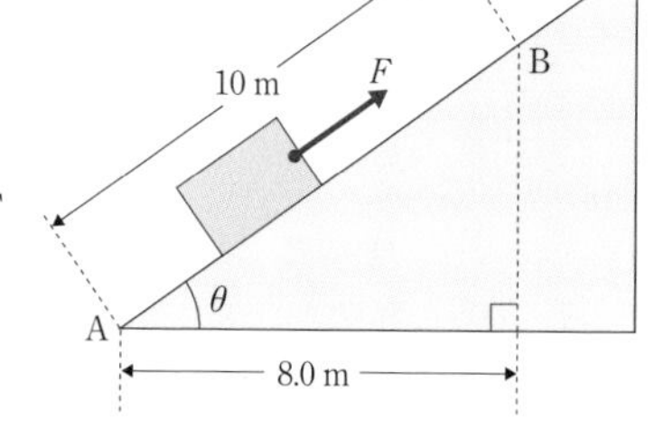

(1)　物体をゆっくり引き上げる力の大きさ F は何 N か。

(2)　引き上げる力がした仕事は何 J か。

(3)　物体にはたらく重力がした仕事は何 J か。

(4)　垂直抗力がした仕事は何 J か。

3　なめらかな水平面上で，ばね定数 25 N/m の軽いつるまきばねの一端を固定し，他端に質量 0.25 kg のおもりをつける。このとき，次の問いに答えよ。

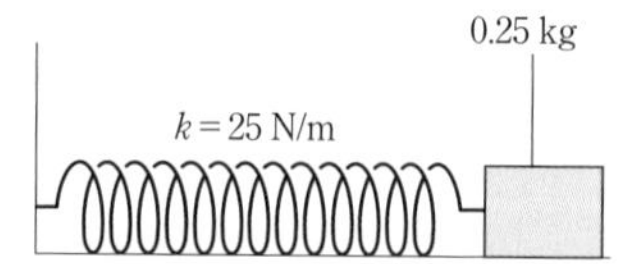

(1)　ばねを 0.20 m 押し縮めると，ばねは何 J のエネルギーをたくわえるか。

(2)　手をはなして，ばねが自然長になったとき，おもりの速さは何 m/s か。

(3)　ばねが自然長より 0.12 m 伸びた位置でのおもりの速さは何 m/s か。

ヒント

1 (1)　$F\sin 30^\circ$ の力が上向きにはたらいている分，垂直抗力の大きさ N が小さくなっている。

2 (1)　F は $mg\sin\theta$ に等しい。$\sin\theta=0.60$ である。(3)　重力のする仕事は負である。

3 (2)，(3)　力学的エネルギー保存の法則を用いる。

4 長さ l の軽い糸におもりをつけ，糸の他端を天井に固定する。糸をたるませないようにして，おもりを鉛直線と60°の角をなすところまで持ち上げてから，おもりを静かにはなす。重力加速度の大きさを g として，次の問いに答えよ。

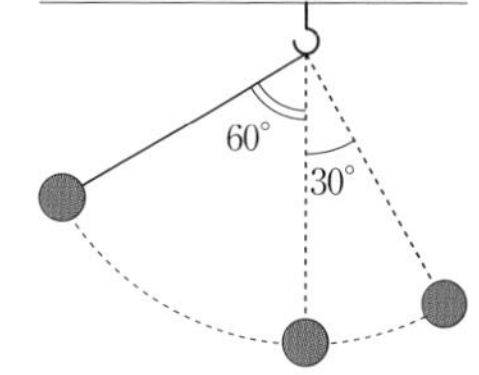

(1) おもりが最下点を通るとき，おもりの速さ v_1 を求めよ。

(2) 最下点を過ぎてから，おもりが鉛直線と30°の角をなす位置にきたとき，おもりの速さ v_2 を求めよ。

(3) おもりをはなすとき，運動の向きに初速度を与えて，糸が水平になる位置までおもりを上げたい。おもりに与える初速度の大きさ v_0 を求めよ。

5 軽いつるまきばねの一端を固定し，他端に質量 m のおもりをつるしたところ，ばねが a だけ伸びた位置でつり合った。重力加速度の大きさを g とする。

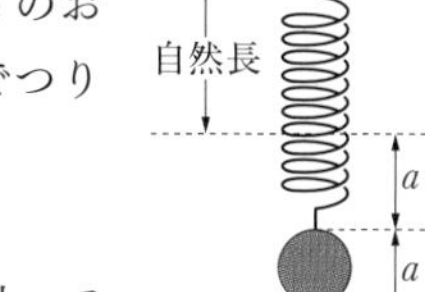

(1) ばね定数 k を a，m，g を用いて表せ。

(2) この位置から，おもりをさらに下方へ a だけ引いてはなすとき，おもりがつり合いの位置を通過する瞬間の速さを求めよ。

6 なめらかな水平面ABと曲面BCが続いている。Aにばね定数9.8 N/mのつるまきばねをつけ，その他端に質量0.010 kgの小球を置き，0.020 m縮めてはなす。重力加速度の大きさを9.8 m/s^2 とする。

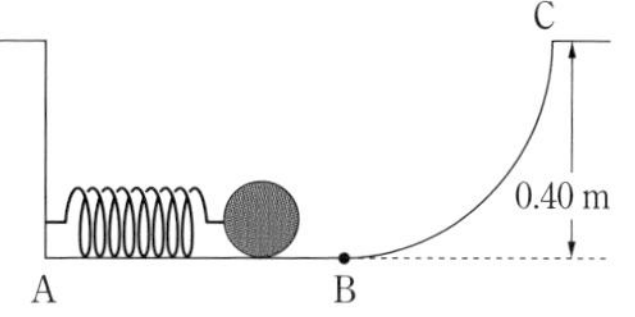

(1) 小球はBを通る水平面から何mの高さまで上がるか。

(2) Bを通る水平面からCまでの高さは0.40 mである。ばねを0.10 m縮めてはなすと，小球はCから飛び出した。このときの小球の速さを求めよ。

ヒント

4 (1)，(2)，(3) 最下点を位置エネルギーの基準面にとり，力学的エネルギー保存の法則を用いる。

5 (1) フックの法則により求める。(2) つり合いの位置から，さらに a だけ下げた位置を，重力による位置エネルギーの基準面とし，力学的エネルギー保存の法則を用いる。

6 AB面を位置エネルギーの基準面にとり，力学的エネルギー保存の法則を用いる。

7 水平面と30°の傾きをなす粗い斜面の頂上になめらかな滑車を固定し，これに糸をかけ両端に物体A，Bをつけて，Aは斜面上に置き，Bをつるした。Aが斜面に沿って初速度0の状態から，xすべり下りたときの速さはvだった。物体Aの質量は$3m$，物体Bの質量はm，重力加速度の大きさはgとして，次の問いに答えよ。

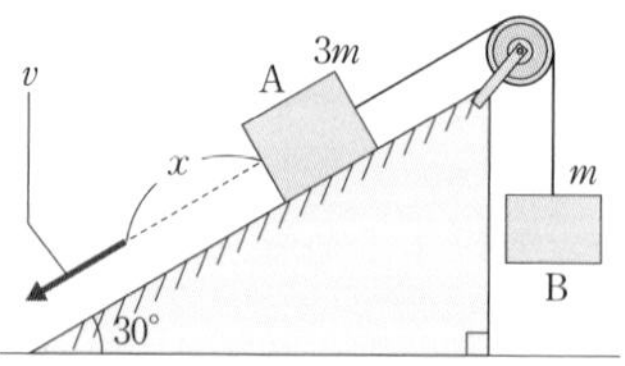

(1) Aが斜面に沿ってxすべり下りる間に，Aの力学的エネルギーはどれくらい変化したか。

(2) この間にBの力学的エネルギーはどれくらい変化したか。

(3) Aと斜面の摩擦によって発生した摩擦熱を求めよ。

(4) Aが斜面をすべり下りるときの動摩擦係数μ'を求めよ。

8 1時間に500gのガソリンを消費して，出力800Wの仕事をするガソリンエンジンがある。ガソリンの燃焼熱は1.0gにつき4.2×10^4Jとして，次の問いに答えよ。

(1) 1時間の燃焼熱は何Jか。

(2) ガソリンエンジンが1時間にする仕事量は何Jか。

9 容器の中に氷0.80kg，水1.2kgが入っており，全体が0℃になっている。容器の熱容量を420J/K，氷の0℃での融解熱を3.3×10^2J/g，水の比熱を4.2J/(g・K)として，次の問いに答えよ。

(1) この容器を温めて全体を50℃とするためには，何Jの熱量が必要か。水と氷の蒸発はないものとして計算せよ。

(2) (1)の熱量を700Wの電熱器から供給するとすれば，何分かかるか。電熱器から発生する熱は，全部利用できるものとする。

ヒント

9 (1) 氷を水に融解した後に，水を50℃まで温度変化させる。

Basic Physics

物理基礎

第3部

波動

MY BEST

Basic Physics

第章 波動

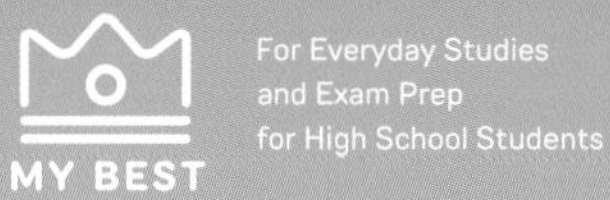

1　波の伝わり方

1　波の発生

　静かな水面に石を投げ入れると，その場所を中心として波紋が広がっていく。水面に浮かんでいる木の葉を見ると，同じ場所付近で上下に動いているだけで，波とともに移動することはない。ある場所に起こった振動が少しずつ遅れて順に伝わっていく現象を**波**，または**波動**という。

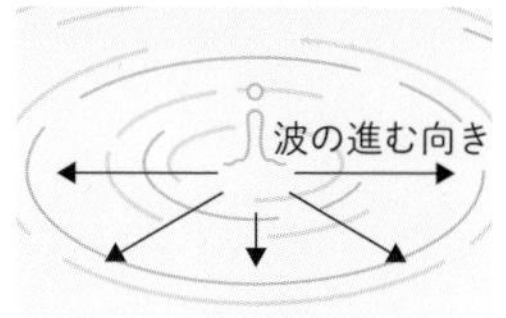

図1　水面を伝わる波

A 媒質と変位

　水面波では水，ロープを伝わる波ではロープ，空気中を伝わる音では空気(気体)が**媒質**である。

　媒質には重力や張力などがはたらいているが，ふつうはこれらがつり合った状態で静止の位置にある。**媒質のつり合いの位置からのずれを変位**という。

> ＋アルファ
>
> 媒質はロープなどの固体のこともあれば，水などの液体や窒素や酸素などの気体のこともある。

B 波形

　ある時刻の媒質の各点の変位を結んだ曲線を**波形**という。同じ波形が繰り返し伝わっていく波を**連続波**，孤立した波形が伝わっていく波を**パルス波**という。波は，媒質の性質で定まる一定の速さ v で伝わっていく。

> ＋アルファ
>
> 波の速さとは波の形が伝わる速さで，媒質の振動の速さではない。

2　波の表し方

A 連続波の表し方

　波形の中で変位が正(＋)の向きに最大の場所を**山**，負(－)の向きに最大の場所を**谷**という。

　波形の隣り合った2つの波の山と山，または谷と谷の間の距離を**波長**といい，λを用いて表す。これは波の位相(p.134 参照)が同じ隣り合う2点の間の距離である。また，変位の絶対値の最大値を**振幅**という。

B 振動数と周期

連続波が伝わる媒質の各点の変位は，同じ振動パターンを繰り返す時間の周期関数となる。単位時間に繰り返す回数を**振動数**といい，単位は s^{-1}（毎秒）であるが，これを**ヘルツ（記号：Hz）**と呼ぶ。単位時間の繰り返し回数が f〔Hz〕であるとき，1回の振動にかかる時間（**周期**という）T〔s〕は次の式で表される。

$$T=\frac{1}{f} \quad \cdots\cdots (1)$$

C 波の速さ

媒質が1回振動する間に，波は1波長 λ だけ進む。単位時間に f 回振動するとき，波は $f\lambda$ だけ進むから，波の伝わる速さ v は次の式で表される。

$$v=\frac{\lambda}{T}=f\lambda \quad \cdots\cdots (2)$$

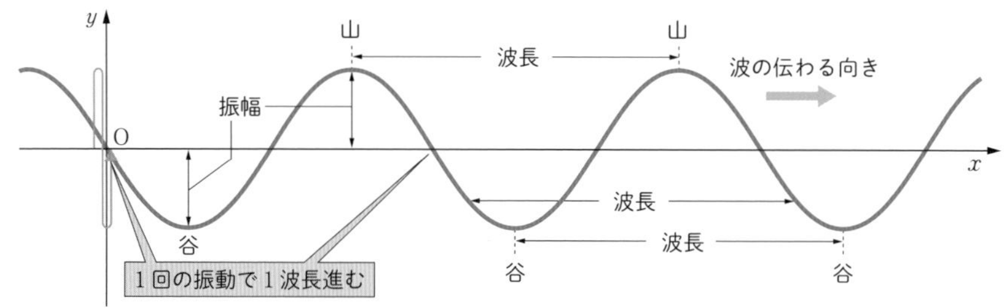

図2　波の表し方

例題 50　波の要素

x 軸の正の向きに，2.0 m/s の速さで進む図のような波がある。この波について，次のものを求めよ。

(1)　波長　　(2)　振幅　　(3)　周期

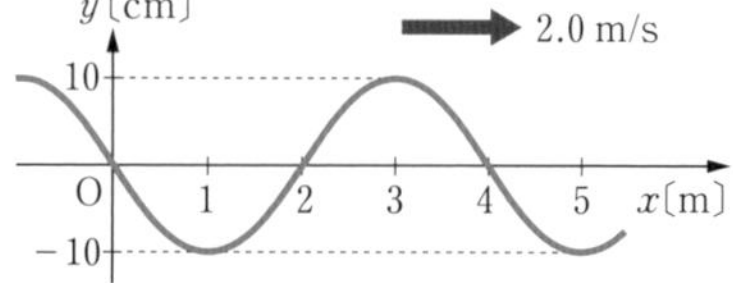

考え方

(1)　波長は，隣り合う波の位相が同じ点の間の距離である。変位が0の点で考えるときは，1つおいた隣の点との距離になる。

(2)　振幅は変位の最大値を読む。グラフの y 軸の目盛りに注意する。

解答

(1)　4.0 m　　(2)　10 cm　　(3)　2.0 s　…答

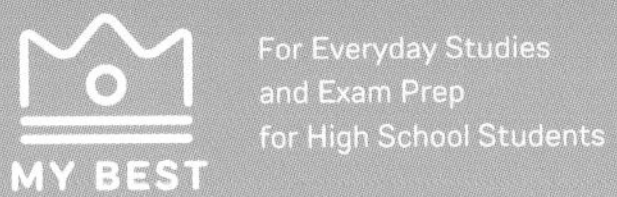

2 正弦波

1 単振動

A 単振動

ばねにおもりをつるし，つり合いの状態からばねを下方にAだけ引き下げて静かに手をはなすと，おもりはつり合いの位置を中心にして，上下に振幅Aの周期的な振動を繰り返す。この振動を**単振動**という。最高点と最下点ではおもりの速さは0，中心では速さが最大である。

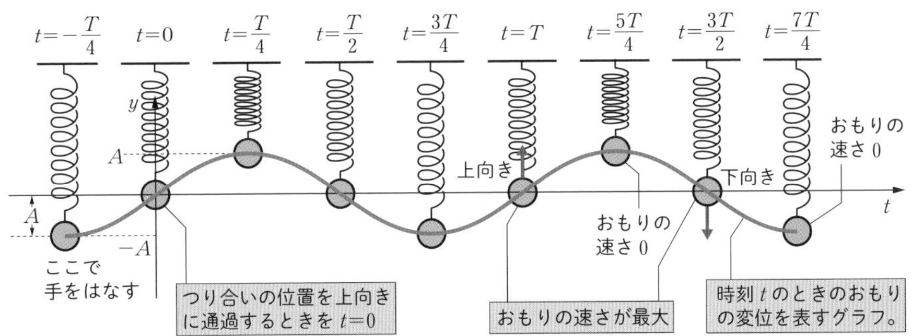

図3　ばねにつるしたおもりの単振動

2 正弦波

A 単振動と正弦波

原点の媒質(静止時に原点にあった媒質)の単振動が周囲の媒質に伝わると，波形が正弦曲線で表せる**正弦波**となる。これは，単振動する媒質が隣の媒質に周期的な力を及ぼし，少し遅れて同じ振動数の単振動を引き起こすからであり，結果としてすべての媒質が同じ振動数で振動する正弦波が生じる。

B 波の速さ

波の速さの式は，正弦波でも成り立つ。

$$v=f\lambda \quad \cdots\cdots (3) \qquad T=\frac{1}{f}=\frac{\lambda}{v} \quad \cdots\cdots (4)$$

3 正弦波のグラフ

A y-x グラフ

y-x グラフは，ある瞬間の媒質の各点の変位，すなわち波形を表したもの。振幅と波長はグラフから直接読み取れる。グラフの波形を進行方向に少し平行移動させると，各点の媒質がこれからどんな動きをするかがわかる。

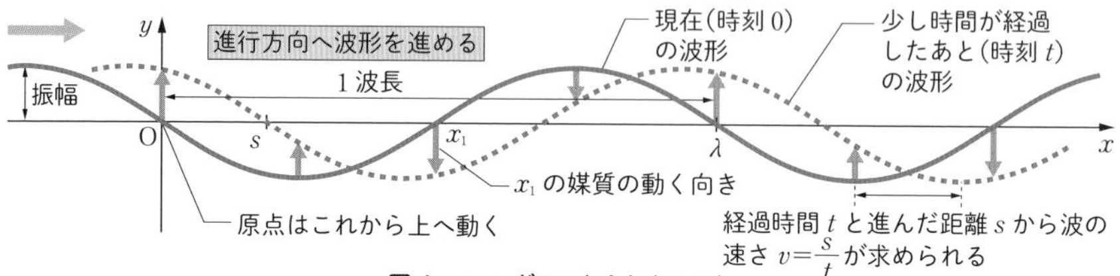

図 4　y-x グラフからわかること

B 波の位相

媒質がどのような振動状態にあるかを表した量を波の**位相**という。振動の状態(変位と速度)が同じ場所を**同位相**，変位と速度が逆向きで大きさの等しい場所を**逆位相**という。

C y-t グラフと y-x グラフの関係

y-t グラフは，ある点の媒質が時間とともにどのように振動するかを表したもの。y-x グラフと同様に，正弦曲線となる。振幅と周期はグラフから直接読み取れる。媒質が次にどんな動きをするかは，グラフを右にたどればわかる。

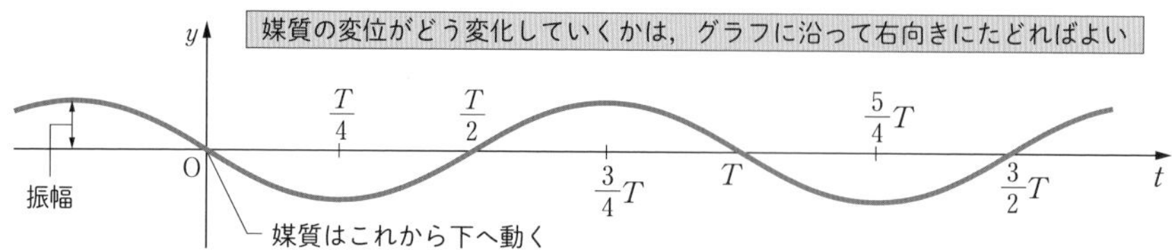

図 5　y-t グラフからわかること

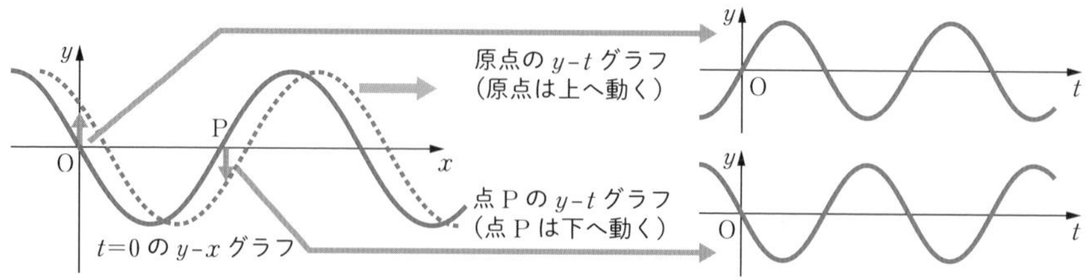

図 6　y-x グラフと y-t グラフの関係

例題 51 波のグラフ

右のグラフは，x 軸の正の向きに進む正弦波の，時刻 $t=0$ のときの波形を表している。この波の速さが 0.50 m/s であるとき，次の問いに答えよ。

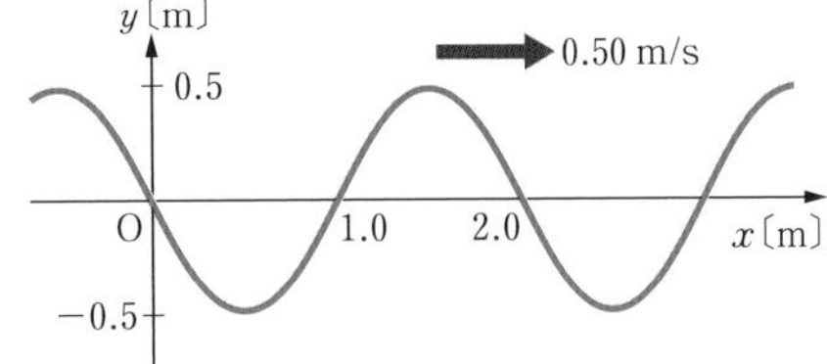

(1) 1 秒後の波形を表すグラフをかけ。

(2) 原点の変位 y〔m〕と時刻 t〔s〕の関係を表すグラフをかけ。

考え方

与えられているのは y-x 図である。

(1) 波の速さが 0.50 m/s だから，1 秒後には波形全体が 0.5 m だけ右へ平行移動した形になる。

(2) (1)のように波を少し進めてみると，原点ははじめ上向きに動くことがわかる。よって，$t=0$ から右上がりにスタートする正弦波になる。

また，周期は

$$T=\frac{\lambda}{v}=\frac{2.0\ \mathrm{m}}{0.50\ \mathrm{m/s}}=4.0\ \mathrm{s}$$

解答

(1)

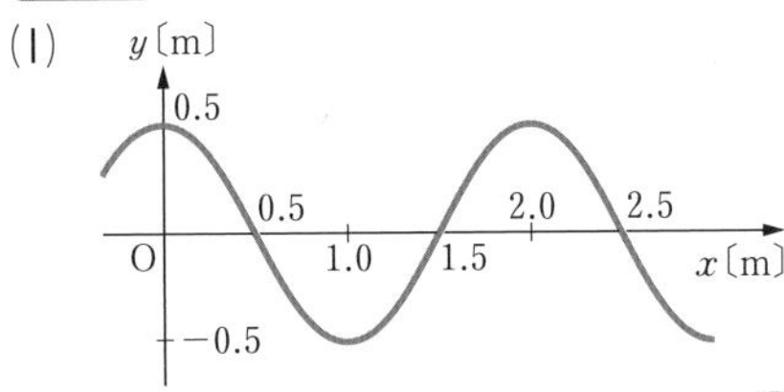

…答

(2)

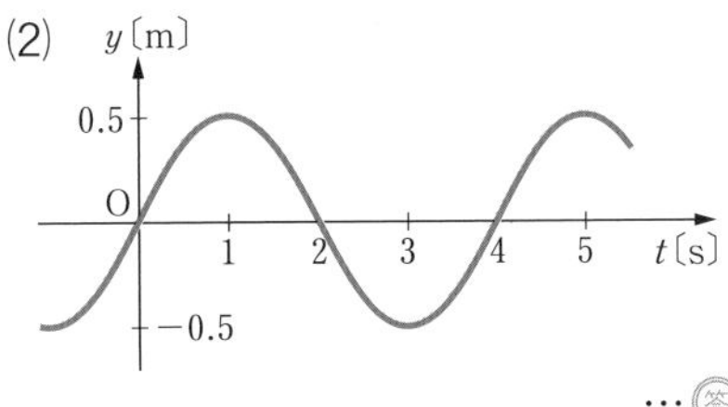

…答

コラム y-x グラフでは媒質は上下に動く

波は，正弦波のカーブに沿ってくねくねと進行するイメージが強い。y-t グラフはこのイメージでよいが，y-x グラフをこのイメージで読んでしまうと致命的なミスになる。y-x グラフでは必ず波形を進行方向に平行移動させて，各点の媒質の動きを読み取ること。

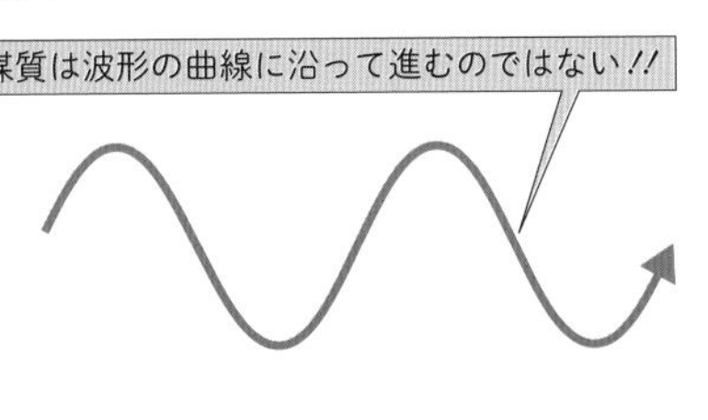

3 横波と縦波

1 横波

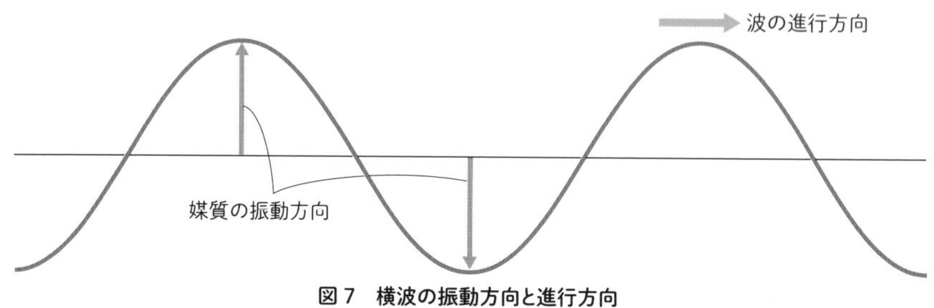

図 7　横波の振動方向と進行方向

A 横波

媒質の振動方向と波の進行方向が垂直な波が横波である。ロープを横に振ったり弦をはじいたときの波，地震の S 波は横波である。

B 横波を伝える媒質

媒質の一部が進行方向と垂直なある方向に変位したとき，**進行方向に隣り合った媒質との間で力をおよぼし合うような媒質**は横波を伝えることができる。

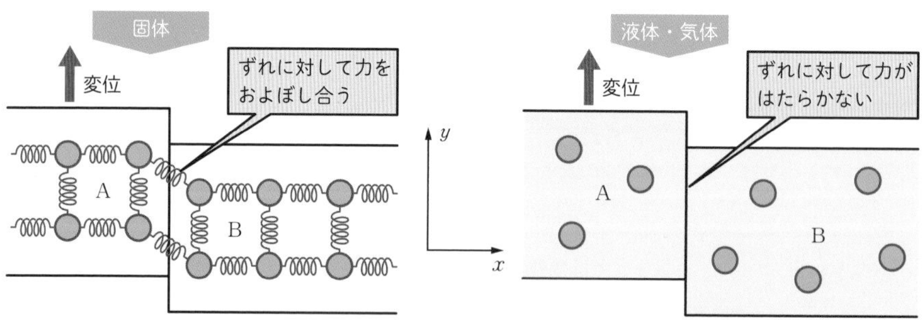

A が y 方向に振動を起こすと，B も力を受けて y 方向に振動する。

A が y 方向に振動を起こしても，B は力を受けないので振動しない。

図 8　横波に対する固体，液体，気体の動き

固体は，ずれやねじれによる変形に対してもとの形を保とうとする力がはたらくので横波を伝えることができるが，液体や気体は，ずれやねじれに対して自由に形を変えてしまい，一定の形を保とうとする力がはたらかないため横波を伝えることができない。

2 縦波

A 縦波

媒質の振動方向と波の進行方向が同じ波が縦波である。押されたり引かれたりして媒質の密集した部分(密)とまばらな部分(疎)ができ，これが伝わっていくので**疎密波**ともいう。音波や地震のP波は縦波である。

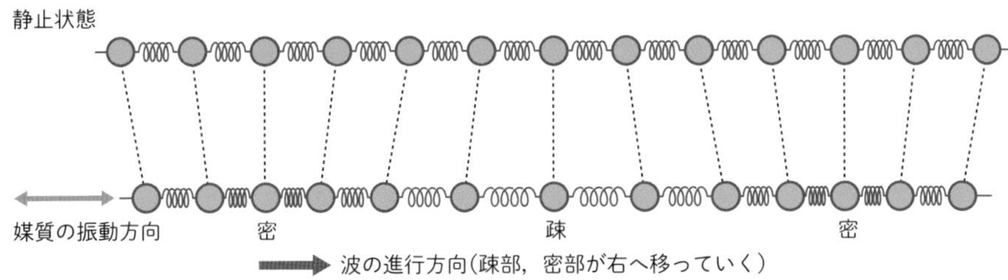

図9　縦波の振動方向と進行方向

B 縦波を伝える媒質

縦波は，媒質どうしの押し合う力によって伝わる。このような，圧縮による体積変化ともとに戻ろうとする力はすべての物体に生じるので，縦波は固体，液体，気体のいずれの中でも伝わる。

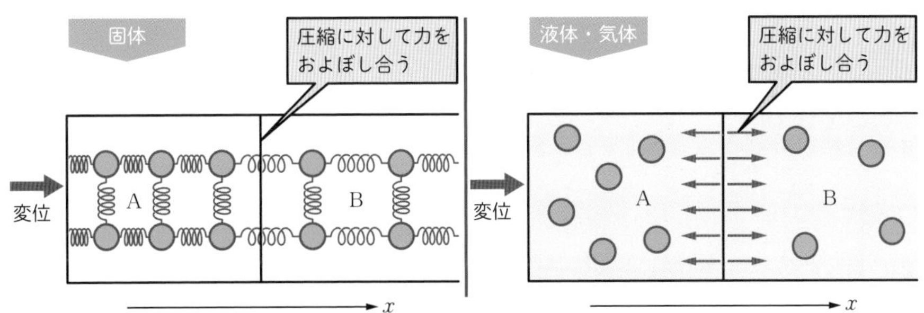

Aがx軸方向に振動を起こすと，Bも力を受けて振動を始めるので，縦波は固体，液体，気体の中を伝わる。

図10　縦波に対する固体，液体，気体の動き

横波　⇨　固体の中は伝わるが，液体や気体の中は伝わらない。
縦波　⇨　固体，液体，気体のいずれの中でも伝わる。

3　縦波の横波表示

A 縦波の横波表示

縦波は媒質の振動方向と波の進行方向が一致しているためそのままでは表しにくいので，x 軸の正の向きの変位を y 軸の正の向きの変位に，x 軸の負の向きの変位を y 軸の負の向きの変位に変換して，横波の形で表す。

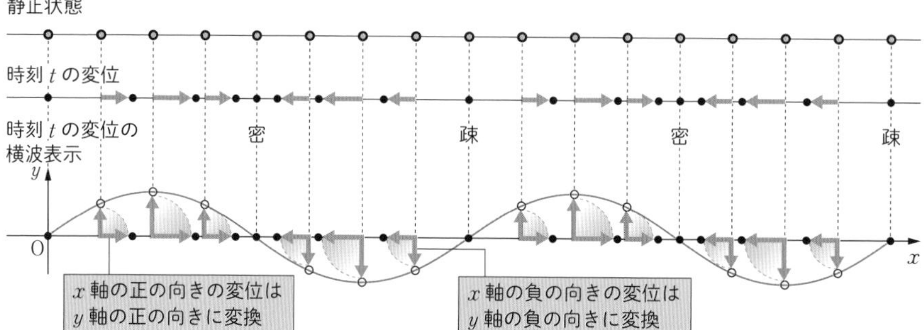

図 11　縦波の横波表示

注意 **横波表示の波形の勾配が右下がりのところでは，媒質の間隔が狭まり，媒質が密になる。逆に，波形の勾配が右上がりのところでは，媒質の間隔が広がり，媒質が疎になる。**

B 横波表示された縦波の読み方

媒質の変位が y 軸方向に置き換えられている以外は，y-x グラフ，y-t グラフともに横波の読み方と同じ。

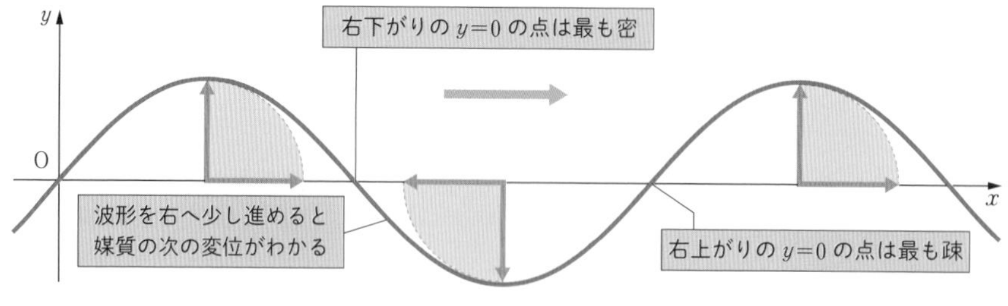

図 12　横波表示された縦波

注意 **変位 y をそのまま x 軸方向に回転させると，密部では変位の矢印が重なることがある。媒質の変位は矢印の先端の位置になる。媒質の順番が入れ替わるように見えることがあるが，実際の媒質は混み合うことはあっても位置が入れ替わることはない。**

縦波の横波表示
x 軸正の向きの変位を y 軸正の向きの変位にする。
x 軸負の向きの変位を y 軸負の向きの変位にする。

例題 52　縦波の横波表示

右のグラフは x 軸の正の向き(右向き)に伝わる正弦波の縦波の，時刻 $t=0$ s のときの波形を横波の形に表したものである。グラフ中のA～Dの点について，次の問いに答えよ。

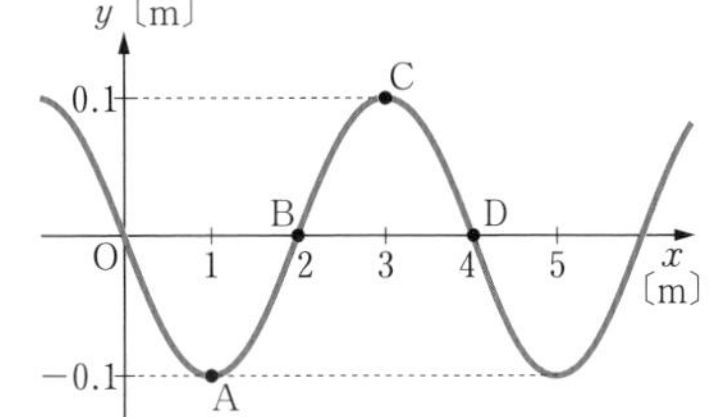

(1) 媒質が最も左に変位している点はどこか。
(2) 媒質が最も密になっている点はどこか。
(3) 媒質の速さが右向きに最大な点はどこか。
(4) 媒質の速さが 0 の点はどこか。
(5) 時間とともに波が進んで，時刻 $t=0.2$ s のとき，はじめて再びグラフと同じ波形となった。点Aの y-t グラフをかけ。

考え方

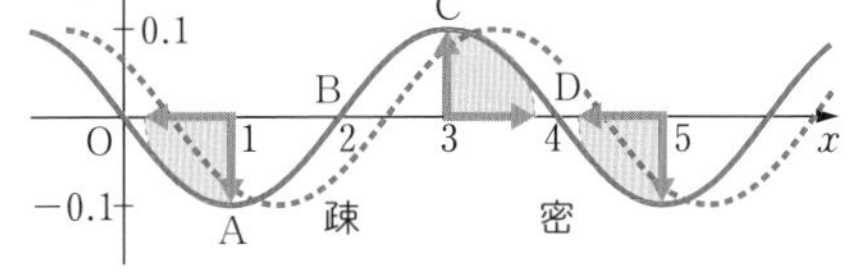

(1), (2) 変位を縦波の形に戻すと右のグラフのようになる。
(3) 単振動をする媒質の速さが最大になるのは，つり合いの位置を通過するときで，変位が0の点である。このうち，波形を少し進ませてみたとき y 軸の正の向き(上向き)に動く点が，右向きの速さが最大の点である。
(4) 単振動では，変位の大きさが最大の点で，媒質はいったん停止する。
(5) 0.2 秒後に波形が再び同じになったというのは，この波の周期が 0.2 秒ということである。波を少し進ませると，点Aは上へ変位することがわかる。

解答

(1) 点A　(2) 点D　(3) 点D　(4) 点A，C　…答

(5)

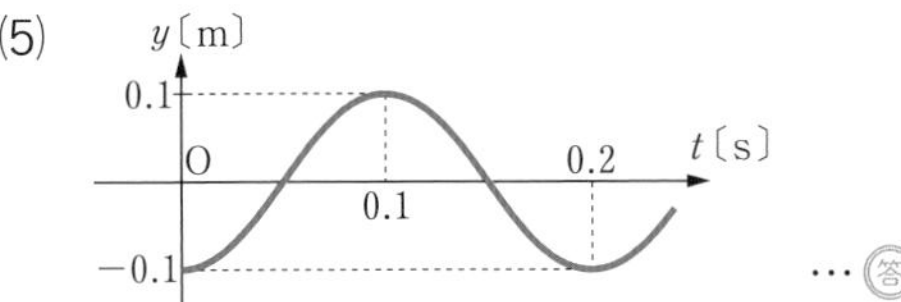

…答

4 重ね合わせの原理

1 重ね合わせの原理

A 重ね合わせの原理

2 つ以上の波が重なり合ってできる**合成波の変位 y は，それぞれの波の変位 y_1，y_2，……の和に等しい**。これを波の**重ね合わせの原理**という。すなわち

$$y = y_1 + y_2 + \cdots\cdots \qquad \cdots\cdots (5)$$

+アルファ

変位の符号を含めて計算する。

変位が 0 となっても，波が消滅するわけではない。

B 波の独立性

波が重なり合っても，それぞれの波の伝わる速さや振幅，波長には影響をおよぼさない。**図 13** のように，パルス波が重なり合い，通り過ぎた後には，それぞれの波はそのままはじめの進行方向に，もとの形のままで進んでいく。

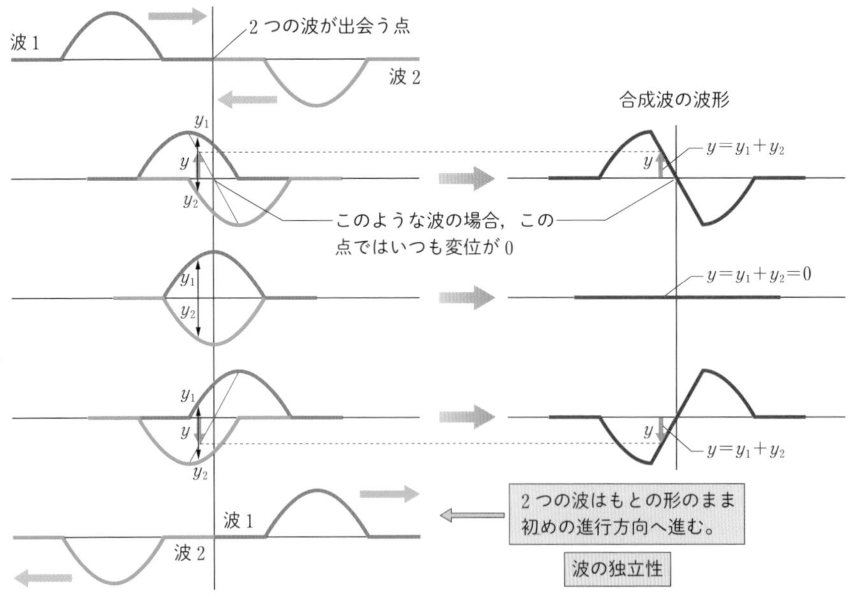

図 13　変位が逆向きで同じ大きさの 2 つの波の重ね合わせ

2 定在波(定常波)

A 進行波

時間とともに，波形(波の山や谷の形)が進んでいく波が**進行波**である。これまであつかってきた波は，すべて進行波である。

B 定在波(定常波)

周期・振幅・波長の等しい正弦波が左右から進んで重なり合うと，媒質の各点が，それぞれの場所ごとに決まった大きさの振幅の振動を繰り返すだけの合成波が生じる。これを**定在波(定常波)**という。

定在波では進行波と違って，波形は進んでいかない。最大振幅(山や谷)の振動を繰り返す点を定在波の**腹**，まったく振動しない点を定在波の**節**という。

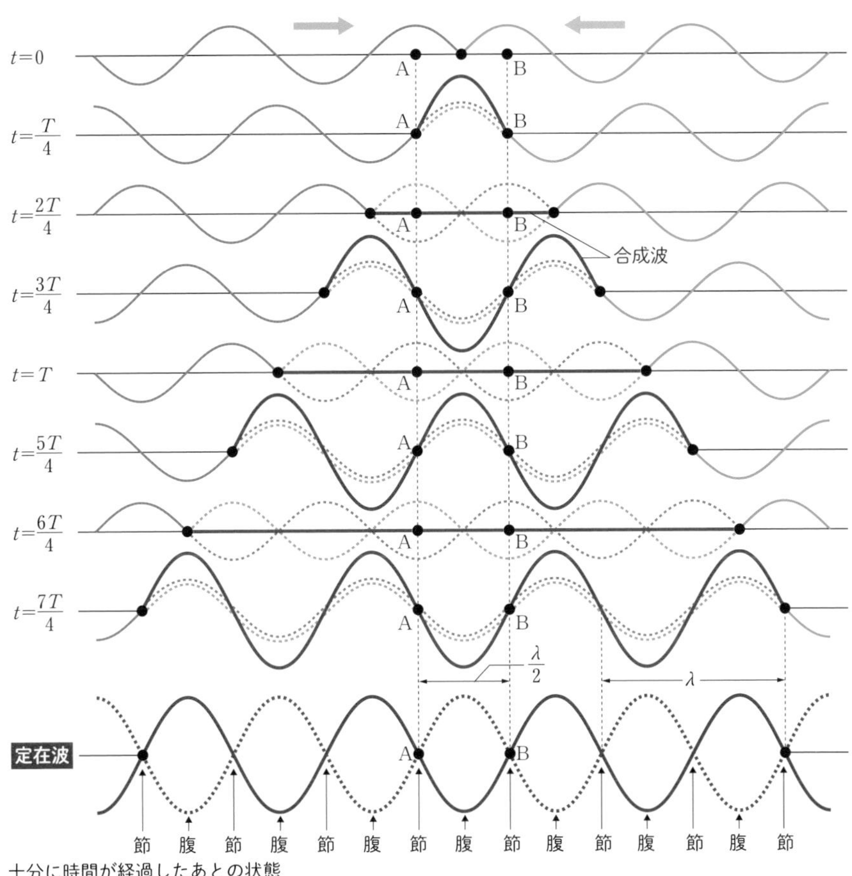

図14　定在波のでき方

定在波⇨
- 腹の振幅：もとの波の振幅の2倍
- 腹と腹，節と節の間隔：もとの波の波長の$\frac{1}{2}$
- 腹と節の間隔：もとの波の波長の$\frac{1}{4}$
- 周期，振動数：もとの波と同じ

例題 53　定在波

右の図のように，振幅と周期が等しいx軸の正の向きに進む正弦波(青い線)と負の向きに進む正弦波(緑の線)がある。2つの波の進む速さが同じであるとき，次の問いに答えよ。

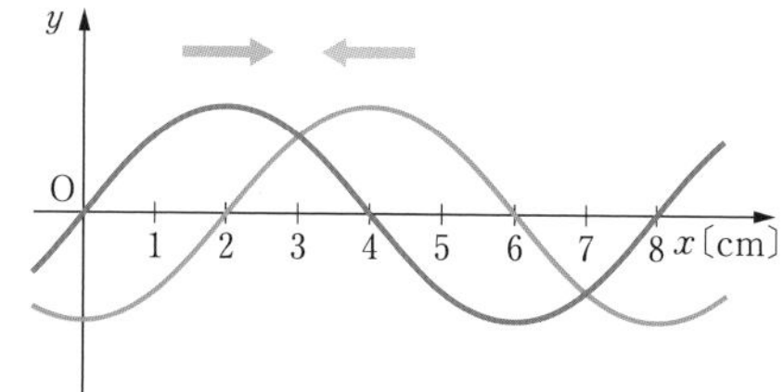

(1)　2つの波を合成してできる定在波の節のx座標($0 \leqq x \leqq 8$)をすべて求めよ。

(2)　すべての媒質の変位が初めて0となるのは，図の何周期後か。

考え方　(1)　2つの波の波形を合成して変位が0となる点をみつける。逆位相の部分の合成変位はつねに0になる。また，合成変位が最大の点は必ず腹である。

(2)　波長，振幅，周期の等しい2つの波がまったく逆の変位で重なったとき，すべての点の変位が0となる。

解答

(1)　問題の図の状態で2つの波を合成すると，右図上のようになる。

$x=1\ \mathrm{cm}$，$5\ \mathrm{cm}$　…(答)

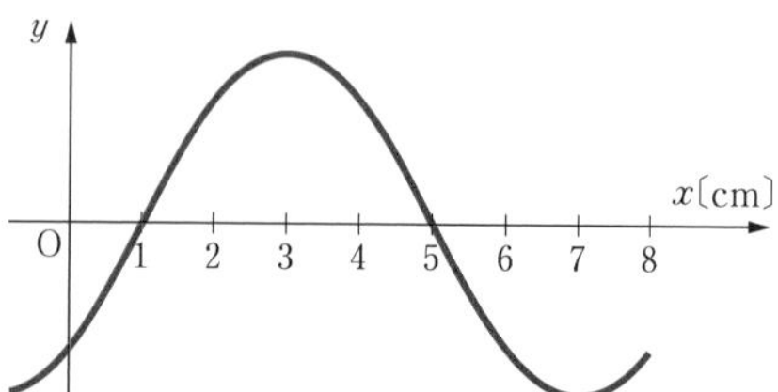

(2)　初めて山と谷が重なるのは，問題の図の$x=2\ \mathrm{cm}$の山と$x=8\ \mathrm{cm}$の谷が重なるときである。2つの波は同じ速さで進むので，重なるのは右図下のように中間点の$x=5\ \mathrm{cm}$の点で，それぞれ3 cm進むことになる。1周期で1波長の8 cm進むから

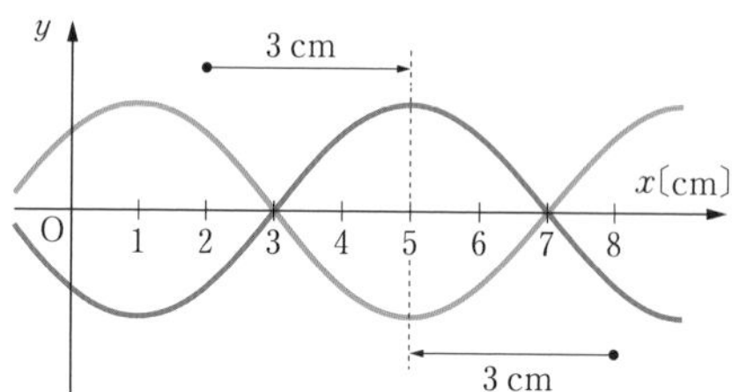

$\frac{3}{8}$周期後　…(答)

3 波の反射

A 固定端での反射

❶ 固定端での反射

壁に取りつけたロープなどの固定端では，変位が0にならなければいけないので，**反射波は入射波と逆の符号の波になる。**

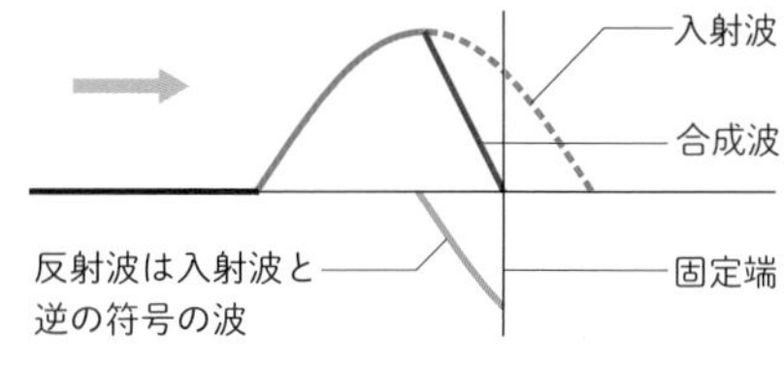

図 15　固定端での反射

❷ 固定端での反射波の作図

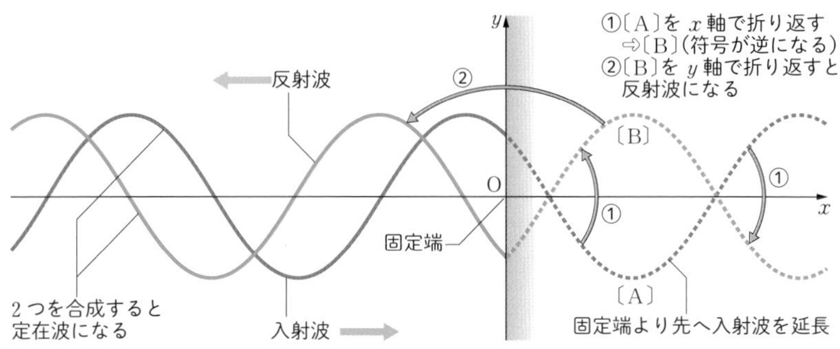

B 自由端での反射

❶ 自由端での反射

容器やプールの壁に接している水などの自由端では，媒質の存在しない側からもとに戻そうとする力がはたらかないので，**反射波は入射波と同じ符号の波になる。**

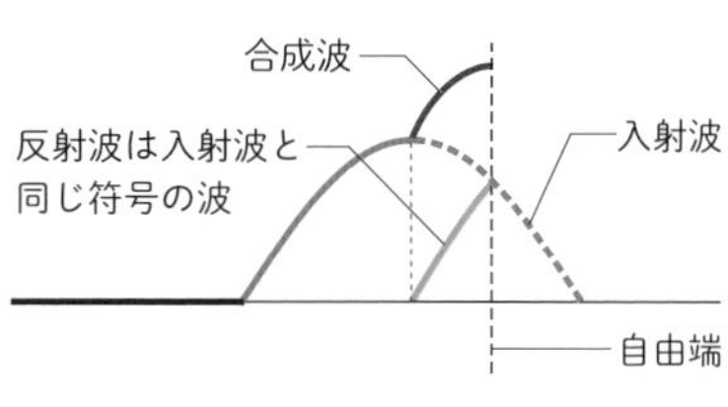

図 16　自由端での反射

❷ 自由端での反射波の作図

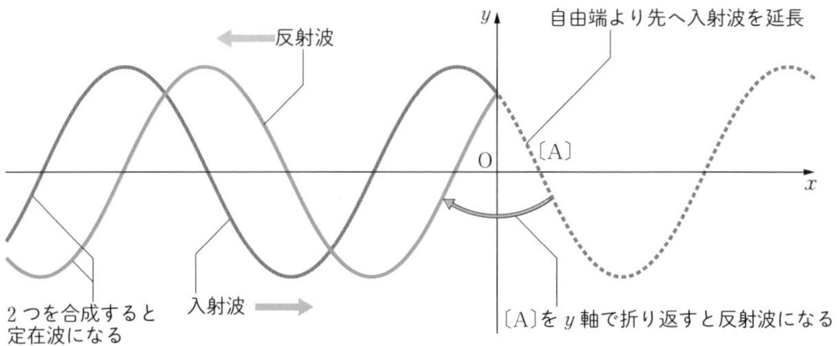

固定端での反射：反射波は符号が逆の波である。
山（谷）が入射したら谷（山）が反射。
自由端での反射：反射波は符号が同じ波である。
山（谷）が入射したら山（谷）が反射。

C 反射波のつくる定在波

正弦波が端に入射すると，反射波は入射波と周期，振幅，波長が同じで，進む向きが逆だから，2 つの波が合成されて定在波が発生する。自由端は腹に，固定端は節になる。

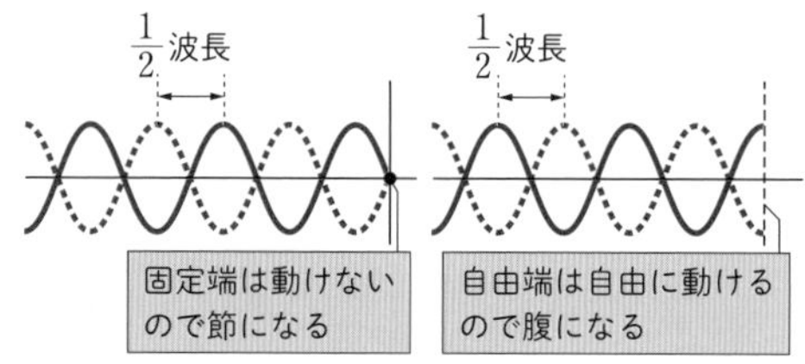

図 17　固定端と自由端での定在波

例題 54　入射波と反射波の合成波

右の図のような正弦波の先端が，固定端 (x=0) に向かって速さ 4 cm/s で進んでいる。このとき，次の問いに答えよ。

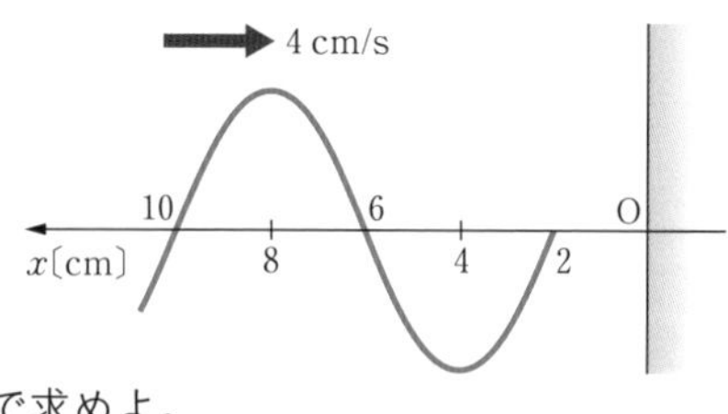

(1)　2 秒後の合成波の波形をかけ。

(2)　入射波と反射波が重なり合ってできる定在波の，節の位置の x 座標を図の範囲で求めよ。

考え方 (1)　2 秒後の位置まで波を固定端の先へ進め，その波を x 軸を軸にして折り返し，さらに y 軸を軸にして折り返すと反射波になる。これを入射波と合成する。

(2)　固定端は，必ず定在波の節になる。定在波の節の間隔はもとの波の波長 (8 cm) の半分になる。

解答

(1)　図の赤いグラフ　　(2)　x=0 cm，4 cm，8 cm　…答

この章で学んだこと

1 単振動と正弦波

⑴ **単振動**

変位 y が，時間 t とともに周期的に変化する。

⑵ **正弦波**

媒質の単振動が伝わるときの波が正弦波である。

⑶ **波の速さ**

波は 1 回の振動で 1 波長進む。

$$v=\frac{\lambda}{T}=f\lambda$$

2 波のグラフ

⑴ **y-x グラフ**

ある瞬間の波の形を表す。グラフを進行方向に平行移動すると，次の瞬間の媒質の変位の向きがわかる。

⑵ **y-t グラフ**

媒質の振動のようすを，時間を追って表したもの。媒質の変位は，時間とともにグラフの曲線に沿って変化する。

3 横波と縦波

⑴ **横波**

媒質の振動方向と垂直な向きに進む波。弦の振動，地震の S 波。

⑵ **縦波(疎密波)**

媒質の振動方向と同じ方向に進む波。音，地震の P 波。

4 重ね合わせの原理

⑴ **重ね合わせの原理**

2 つの波(変位 y_1，y_2)が重なるときには，合成波の変位 y は　$\boldsymbol{y=y_1+y_2}$

パルス波が重なり合い，通り過ぎた後には，2 つの波はそれぞれの進行方向にもとのままの形で進む。**(波の独立性)**

⑵ **定在波**

周期，振幅，波長が同じ正弦波が逆向きに進んで重なり合うと，どちらにも進まない定常波ができる。

5 反射波の符号

⑴ **固定端**

媒質が動けない固定端では，反射波は入射波と逆符号。

山が入射すると谷が反射し，谷が入射すると山が反射する。固定端は定常波の節になる。

⑵ **自由端**

媒質が自由に動ける自由端では，反射波は入射波と同符号。

山が入射すると山が反射し，谷が入射すると谷が反射する。自由端は定常波の腹になる。

Basic Physics

第2章 音波

|1| 音の伝わり方

|2| 発音体の振動

1 音の伝わり方

1 音波

A 音波

媒質中を伝わる縦波のうち，人の耳に聞こえる振動数が 20 ～ 20000 Hz のものが音(音波)である。20 Hz 以下は超低周波，20000 Hz 以上は**超音波**という。

音は縦波だから，固体・液体・気体のどのような媒質でもその中を伝わることができる。ただし，媒質のない真空中では，音は伝わることができない。媒質中を音が伝わるとき，媒質は音源(発音体)と同じ振動数で振動する。

B 音波のグラフ

音は縦波(疎密波)だから，ルール(p.138 参照)にしたがって横波の形に変えてグラフに表す。媒質が密な点は圧力が高くなり，疎な点は圧力が低くなる。

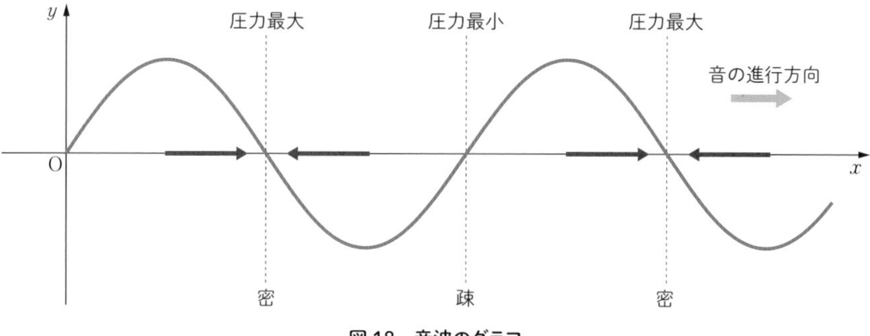

図 18　音波のグラフ

2 音速

A 媒質中の音の速さ

「気体＜液体＜固体」の順に，媒質中を伝わる音速は大きくなる。

表 1　媒質中を伝わる音の速さの例(単位は m/s)

物質名(温度など)	空　気(0℃，1 気圧)	ヘリウム(0℃，1 気圧)	水(23 ～ 27℃)	鉄(常温)	銅(常温)	アルミ(常温)
音　速	331.5	970	1500	5950	5010	6420

❶ 空気中の音速

空気中を伝わる音の速さは気温とともに増加する。t〔℃〕のときの音速 V〔m/s〕は

$$V=331.5+0.6t \quad \cdots\cdots (6)$$

20℃の空気中の音速は約 344 m/s になる。気温の変化によって**音速が変化するとき，波長は変化するが，振動数は発音体の振動数に等しいまま変化しない。**

注意 **式(6)において，V および t は物質量そのものではなく，それぞれ m/s と℃を単位としたときの数値を表す。**

> +アルファ
> 空気中の音速は気圧や密度に関係するが，温度が一定であれば気圧や密度の関係もほぼ一定となるとみなしてよい。

B 音の3要素

音の高さ，音の大きさ，音色を**音の3要素**という。

❶ 音の高さ

振動数の小さい音は低い音，振動数の大きい音は高い音である。

音楽用語で1オクターブ高い音というのは，振動数が2倍の音である。NHK ラジオの時報の周波数は 440 Hz と 880 Hz の正弦波である。このうち 440 Hz の音を**標準音**という。

❷ 音の大きさ

音波が運ぶエネルギーは振動数の2乗と振幅の2乗に比例する。同じ高さ(＝同じ振動数)の音であれば，振幅の大きい音ほど大きく聞こえる。音は一般に球面状に広がるので，距離の2乗に反比例して音が小さくなる。そのため，音源からの距離が遠くなると聞こえる音は急速に小さくなる。

> +アルファ
> 球の表面積は半径の2乗に比例して増加するため，単位面積あたりの音のエネルギーは距離の2乗に反比例して小さくなる。

❸ 音色

おんさの音は単一の振動数だが，一般の楽器の音は振動数の異なる複数の音が重なってできたものである。そのため，音の波形をオシロスコープで観察すると，おんさの音は完全な正弦波だが，楽器の音は複雑な波形となる。

> +アルファ
> どんなに複雑な波形の音でも，いくつかの正弦波の重ね合わせで表せることがわかっている。

下の図のように，おんさとピアニカは，音の高さは同じでも，波形は異なり，別の音色となる。

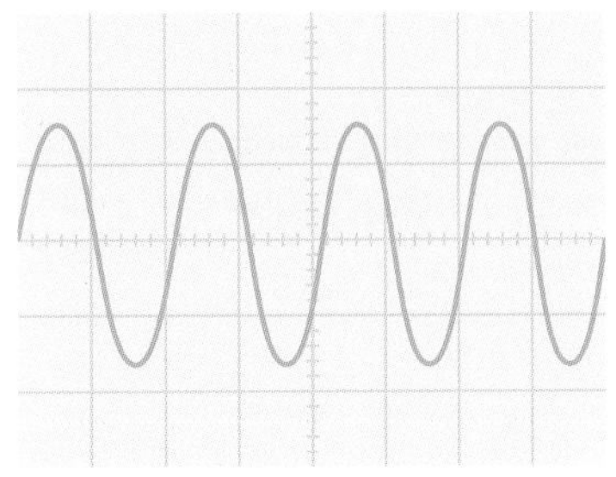

▲おんさの波形

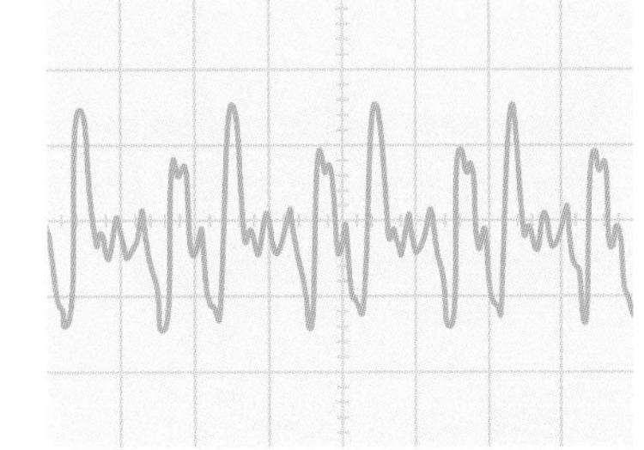

▲ピアニカの波形

例題 55　音速と音の高さ

振動数 700 Hz の音を出す音源があり，音速は 340 m/s である。気温が 15℃低くなったとき，この音源から聞こえる音の振動数と波長を求めよ。

考え方　1℃につき空気中での音速は 0.6 m/s 変化するが，空気を伝わる音の振動数は変化しない。

解答

15℃低くなったときの音速は

$V=340-0.6\times15=331$　　よって　331 m/s

振動数は変化しないから，$V=f\lambda$ より

$$\lambda=\frac{V}{f}=\frac{331}{700}\fallingdotseq0.473\ \mathrm{m}$$

よって　振動数 700 Hz，波長 0.473 m　…㊎

POINT

音波の速さ　$V=f\lambda$

空気中の音速　$V=331.5+0.6t$

※Vとtはそれぞれm/sと℃を単位としたときの数値を表す。

3 音の伝わり方

A 音の反射

音は媒質の境界や端で反射する。壁で囲まれた空間では入射波と反射波が重なり合って定在波が発生したり，異なった道筋で届く反射波が残響となってしばらく音が消えずに残ることがある。

例題 56 音の反射

高い壁に向かっていろいろな時間間隔で太鼓をたたいたところ，1秒間に1回の割合でたたいたときに，ちょうど直接音と反射音が重なって聞こえた。音速が340 m/sであるとすると，これが起こるときの壁までの最小の距離はいくらか。

考え方

太鼓の音の間隔は1秒だから，反射音は1秒間に壁との間を往復したことになる。

解答

壁までの距離をxとすると

$$2x = (340\ \mathrm{m/s}) \times 1\ \mathrm{s}$$

よって　$x = 170\ \mathrm{m}$　…答

4 うなり

A うなり

❶ うなりの発生

わずかに振動数が異なる2つの音波が重なると，ある瞬間には2つの音の位相が一致して大きな音になり，その後，しだいに位相がずれて音が小さくなる。これを繰り返して，音の大小の変化が周期的に生じる。

これが**うなり**である。

+アルファ

振動数の違いが大きすぎると，うなりは生じない。

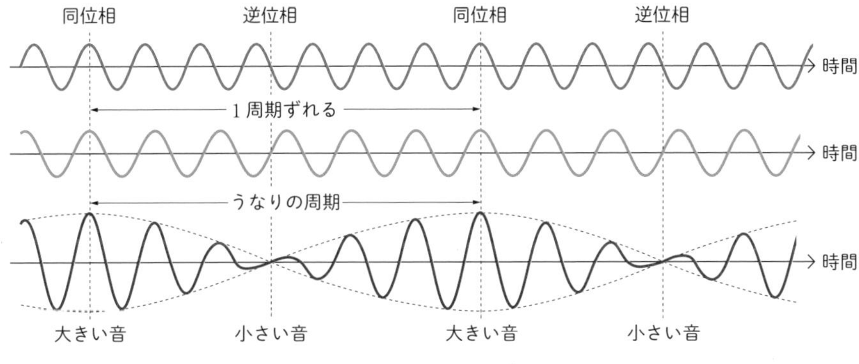

図19 うなりの発生

❷ うなりの周期と回数(振動数)

振動数 f_1 と f_2 の 2 つの波の位相がそろってから，次にそろうまでの時間を T_0〔s〕とする。T_0 はうなりの間隔，すなわち周期であり，1 周期の T_0〔s〕の間に 2 つの波はそれぞれ f_1T_0，f_2T_0 回振動し，その差が 1 回だから

$$|f_1T_0-f_2T_0|=1 \quad \cdots\cdots①$$

また，単位時間のうなりの回数を f とすると

$$\frac{1}{T_0}=f \quad \cdots\cdots②$$

①，②から

$$f=|f_1-f_2| \quad \cdots\cdots(7)$$

＋アルファ

一方の振動数を変えたとき，うなりの周期が長くなれば 2 つの音の振動数は近づいている。逆に，うなりの周期が短くなるときは，振動数のズレが大きくなっている。

POINT

単位時間のうなりの回数　$f=\dfrac{1}{T_0}=|f_1-f_2|$

うなりの周期　$T_0=\dfrac{1}{f}$

すなわち，1秒当たりのうなりの回数は，2つの音の振動数の差に等しい。

2 発音体の振動

1 共振と共鳴

A 共振

物体には，材質や形状で決まる固有の振動数(**固有振動数**)があり，その振動を**固有振動**という。ブランコを，その固有振動と同じ周期で押すと，押す力はつねに正の仕事をするので，ブランコの振動はしだいに大きくなる。このような現象を**共振**という。

> **＋アルファ**
> 建物の固有振動が地震の揺れの周期と一致すると，建物が共振して大きく揺れるため被害が大きい。

図 20 で，A の振り子を振動させると，同じ長さの D の振り子が共振して振動を始め，A の振動がしだいに減衰して止まったとき，D の振幅が最大になる。次に，D の振動が減衰して再び A が振動を始める。この間，長さの違う B と C の振り子は固有振動数が異なるので振動しない。

このように共振では最も効率よくエネルギーが伝達される。

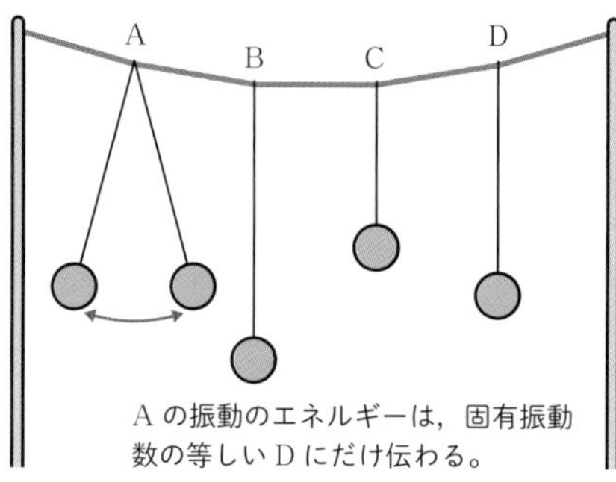
A
B
C
D
A の振動のエネルギーは，固有振動数の等しい D にだけ伝わる。

図 20　振り子の共振

B 共鳴

共振にともなって音を発生する現象を，一般に**共鳴**という。おんさに取りつけられた共鳴箱は，おんさの音の振動数に共鳴箱の内部の空気が共鳴して大きく聞こえるような大きさと形につくられている。

> **＋アルファ**
> ギターなどの弦楽器では，弦で発生する音に胴の内部の空気が共鳴して大きく聞こえる。

2 弦の振動

A 弦を伝わる波

両端を固定した弦を一定の速さで伝わる正弦波を考えよう。弦の両端で反射されて重なり合い，定在波が発生する。弦の両端が固定されているので，**弦に発生する定在波はつねに両端が節**となる。

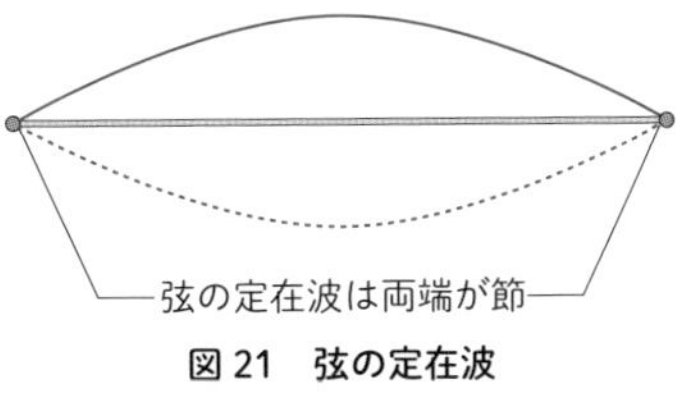

図21　弦の定在波

B 弦の固有振動

弦に生じる定在波は，図22のように半波長(節から節までの長さ)の整数倍が弦の長さに等しいものに限られる。これを**弦の固有振動**といい，腹の数を m とすると，$m=1$ を**基本振動**，$m=2$ を**2倍振動**，$m=3$ を**3倍振動**などという。

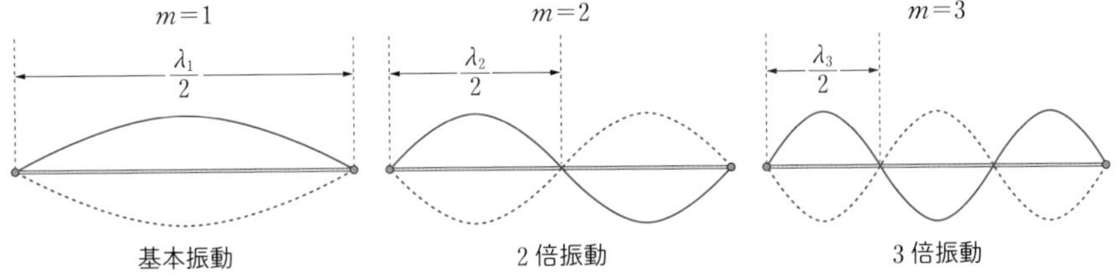

m 倍振動のとき，弦には m 個の腹ができており，隣り合う節と節の間隔は半波長である。

図22　弦の固有振動

長さ l〔m〕の弦に生じる m 倍振動の定在波の波長 λ_m〔m〕は

$$\lambda_m=\frac{2l}{m}\quad (m=1,\ 2,\ 3,\ \cdots\cdots) \qquad \cdots\cdots(8)$$

となる。弦の1点をはじくとこれらの固有振動(定在波)の重ね合わせが生じる。

C 弦の振動数

弦の振動数は，弦を伝わる横波の振動数である。$v=f\lambda$ の関係から，m 倍振動のときの弦の振動数 f_m〔Hz〕は

$$f_m=\frac{v}{\lambda_m}=\frac{mv}{2l}\quad (m=1,\ 2,\ 3,\ \cdots\cdots) \qquad \cdots\cdots(9)$$

弦をはじくと，はじいた場所により音色は異なるが，同じ高さの音が聞こえる。これは音の高さが基本振動の振動数で決まるからである。このとき，弦の長さ l が短いほど，張力 S が大きいほど，線密度 ρ が小さい(弦が軽い)ほど，弦の振動数 f は大きくなり，高い音が発生する。

弦を伝わる波の波長　$\lambda_m=\dfrac{2l}{m}$

弦の振動数　$f_m=\dfrac{mv}{2l}$

(l〔m〕:弦の長さ，v〔m/s〕:弦を伝わる波の速さ，m:定在波の腹の数)

D 弦の振動で発生する音

❶ 音の振動数

弦が振動すると，弦に接する空気が弦と同じ振動数で振動するので音が発生する。この音の振動数は，弦の振動数と同じである。基本振動で発生する音を**基本音**，m 倍振動で発生する音を **m 倍音**という。

> **＋アルファ**
> 弦の振動数と音の振動数は一致するが，弦を伝わる横波の速さと波長は，音の速さや波長とはまったく別のものである。

❷ 弦楽器の音色

ギターの弦の中央部分をはじいた場合には基本振動となるが，弦の端のほうをはじくと基本振動に加えて倍振動も発生する。弦楽器では，基本音と倍音が重なって楽器特有の音色が生じる。

例題 57　弦の振動

長さ 1.0 m の弦をはじいたら基本振動が起こり，340 Hz の音が聞こえた。音速を 340 m/s として，次の問いに答えよ。

(1)　弦を伝わる横波の速さはいくらか。

(2)　聞こえる音の波長はいくらか。

考え方

(1)　弦の振動数と音の振動数は同じで，基本音では弦の長さは半波長。

(2)　音の波長は，弦の定在波の波長とは別のものである。

解答

(1)　$v=f\lambda=340\ \text{Hz}\times2\times1.0\ \text{m}=6.8\times10^2\ \text{m/s}$　…㊟

(2)　$\lambda=\dfrac{V}{f}=\dfrac{340\ \text{m/s}}{340\ \text{Hz}}=1.0\ \text{m}$　…㊟

3 気柱の振動

A 気柱の振動

試験管を口で強く吹くと，管内の空気（**気柱**）が振動して特有の音が発生する。これは，管内に定在波ができたためである。この定在波をつくる振動が気柱の**固有振動**であり，その振動数は，管内に発生する定在波の波長と音速で決まる。管内の気柱は，**開口端**（口の部分）では媒質の空気が自由に振動できるので**自由端**，**閉じた端**（底部）では振動方向に壁があり空気が振動できないため**固定端**になる。

B 閉管の固有振動

試験管のように，管の一端が開いており，もう一端が閉じられたものを**閉管**という。気柱の定在波では，**開口端（自由端）が腹，閉じた端（固定端）が節になる**という制約があるため，閉管の定在波は**図 23** のようになる。

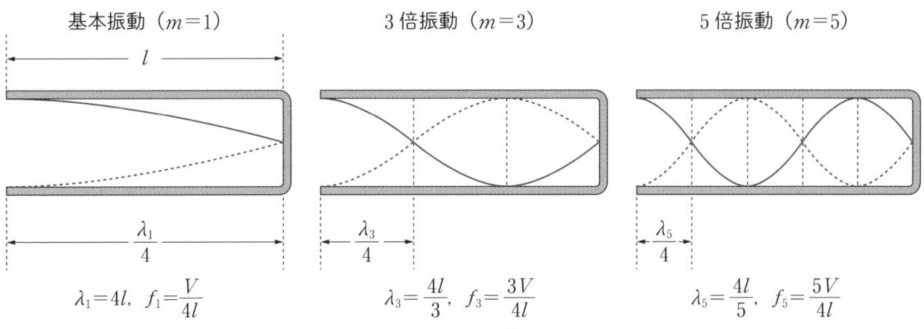

閉管内の気柱の長さは定在波の$\frac{1}{4}$波長の奇数倍である。

図 23　閉管内の気柱の固有振動

C 開管の固有振動

両端が開いた管を**開管**という。**開管に生じる定在波は両端が腹**となり，その定在波は**図 24** のようになる。

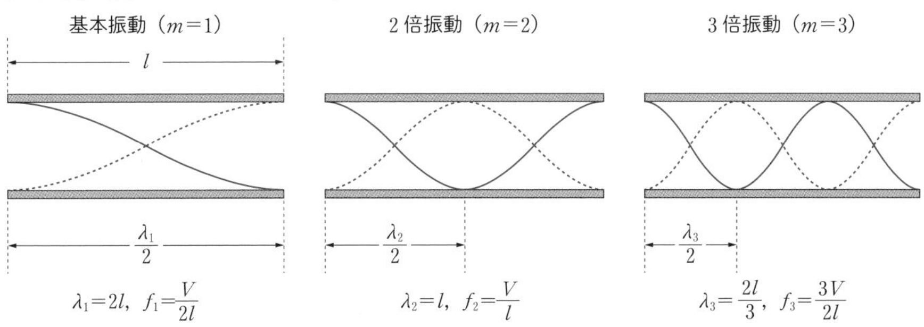

開管内の気柱の長さは定在波の$\frac{1}{2}$波長の整数倍である。

図 24　開管内の気柱の固有振動

D 開口端補正

開口端にできる定在波の腹の位置は，厳密には開口端より少し外へはみ出している。そのため，固有振動している気柱の長さは，管の長さよりもわずかに長くなる。このわずかな長さの違いを**開口端補正**という。

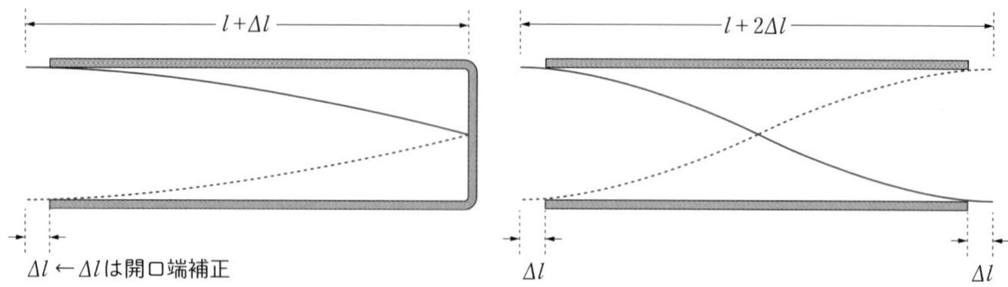

図 25　閉管と開管の開口端補正

POINT

閉管の固有振動　$\lambda_m = \dfrac{4l}{m},\ f_m = \dfrac{mV}{4l}$　（mは閉管内の$\dfrac{1}{4}$波長の数。$m=1,\ 3,\ 5,\ \cdots\cdots$）

開管の固有振動　$\lambda_m = \dfrac{2l}{m},\ f_m = \dfrac{mV}{2l}$　（mは開管内の$\dfrac{1}{2}$波長の数。$m=1,\ 2,\ 3,\ \cdots\cdots$）

（l〔m〕：管の長さ，V〔m/s〕：音速）

例題 58　気柱の振動

長さ 25.0 cm の閉管の口を吹いたら，基本音と倍音が発生した。音速を 340 m/s とし，開口端補正は無視してよい。このとき，次の問いに答えよ。

(1)　基本音の振動数はいくらか。

(2)　基本音が出ているとき，管内の空気の密度変化が最大の場所は，管の口から何 cm のところか。

(3)　倍音のうち，一番低い音の振動数はいくらか。

考え方

(1)　閉管の基本振動の定在波の波長は，閉管の長さの 4 倍である。

(2)　p.138 の図 11 のように，横波表示の「右下がりは密」，「右上がりは疎」であり，勾配の絶対値が最大である定在波の節で密度変化が最大となる。

(3)　閉管では，基本振動の次は 3 倍振動になる。

解答

(1)　$f_1=\dfrac{V}{\lambda_1}=\dfrac{340\ \mathrm{m/s}}{4\times 0.250\ \mathrm{m}}=340\ \mathrm{Hz}$　…㊟

(2)　空気の密度変化が最大なのは，定在波の節の部分である。図より，管口から 25.0 cm の部分。…㊟

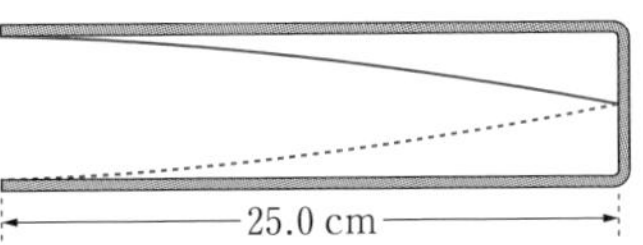

(3)　基本振動の次は 3 倍振動だから

$$f_3=3\times 340\ \mathrm{Hz}=1.02\times 10^3\ \mathrm{Hz}$$　…㊟

探究活動　気柱の共鳴

目的　閉管の気柱の共鳴を利用して，おんさの音の振動数と波長を求め，開口端補正についても確かめる。

実験手順

❶ 管内の温度 t_1〔℃〕を測定する。
❷ おんさを鳴らして管口に近づけ，水だめをゆっくり下げて，管内の水面を下げる。
❸ 管内の気柱が共鳴して音が大きく聞こえたときの，管口から水面までの距離 l_1〔cm〕を測定する。
❹ おんさを鳴らしながらさらに水面を下げ，再び音が大きく聞こえるときの，管口から水面までの距離 l_2〔cm〕を測定する。
❺ ❷～❹を数回繰り返す。
❻ 管内の温度 t_2〔℃〕を測定する。

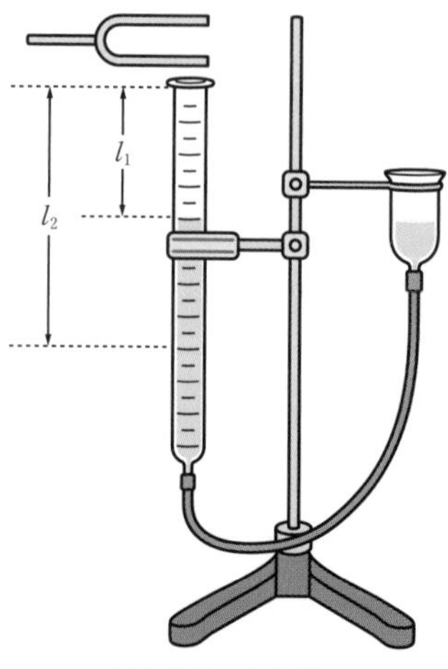

気柱共鳴の実験装置

(1) **l_1 の平均値は 13.3 cm であった。**
(2) **l_2 の平均値は 41.9 cm であった。**
(3) **l_2-l_1 の平均値は 28.6 cm であった。**
(4) **t_1 と t_2 の平均値は 21.0 ℃であった。**

【1】 音速の温度係数の詳しい値を調べたら，0.61 m/(s･℃) であることが分かった。音速 V はいくらか。

$$V=331.5+0.61\times21.0=344.3$$

よって　344.3 m/s

【2】 おんさの音の波長 λ と振動数 f はいくらか。

$$\lambda=2\times(l_2-l_1)$$
$$=2\times28.6\text{ cm}$$
$$=57.2\text{ cm}=0.572\text{ m}$$
$$f=\frac{V}{\lambda}=\frac{344.3\text{ m/s}}{0.572\text{ m}}=601.9\text{ Hz}\fallingdotseq602\text{ Hz}$$

【3】 ガラス管の開口端補正 Δl はいくらか。

$$\Delta l=\frac{\lambda}{4}-l_1=\frac{l_2-l_1}{2}-l_1$$
$$=14.3-13.3=1.0\text{ cm}$$

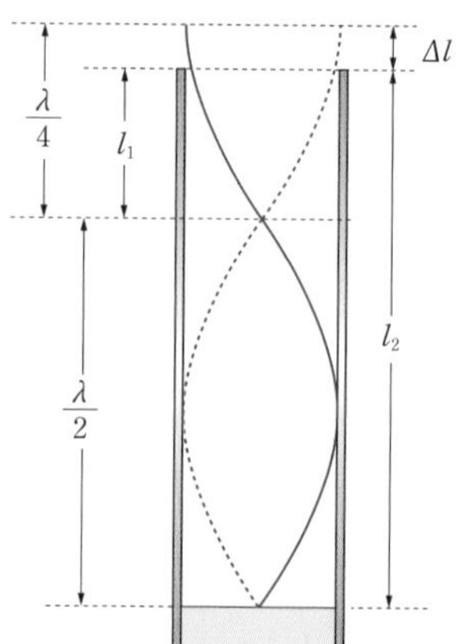

この章で学んだこと

1 音の伝わり方

(1) **音速**

気温 t〔℃〕のときの空気中の音速 V〔m/s〕は

$$\boldsymbol{V=331.5+0.6t}$$

（この式での V，t はそれぞれ m/s と℃を単位としたときの数値を表す。）

(2) **音の高さ**

音の高さは振動数で決まる。

(3) **うなり**

単位時間のうなりの回数 $=|f_1-f_2|$

2 発音体の振動

(1) **共振と共鳴**

物体の固有振動と同じ周期の力を加えると，共振して大きく振動したり，共鳴して固有振動数と同じ振動数の音を出す。

(2) **弦の振動**

弦には両端を節とする定在波ができて，弦の固有振動数と同じ振動数の音を発生する。

(3) **弦の固有振動**

長さ l の弦の m 倍振動。v は弦を伝わる波の速さである。

$$\boldsymbol{\lambda_m=\frac{2l}{m},\quad f_m=\frac{mv}{2l}}$$

（$m=1, 2, 3,$ ……定在波の腹の数）

f_m は音の振動数と同じ。

(4) **気柱の振動**

開口端は定在波の腹，閉じた端は節。定在波の波長 λ，振動数 f は音の波長，振動数と同じ。また，l は管の長さ，V は音速である。

① **閉管の固有振動**（$m=1,\ 3,\ 5,$ ……）

$$\boldsymbol{\lambda_m=\frac{4l}{m},\quad f_m=\frac{mV}{4l}}$$

② **開管の固有振動**（$m=1,\ 2,\ 3,$ ……）

$$\boldsymbol{\lambda_m=\frac{2l}{m},\quad f_m=\frac{mV}{2l}}$$

③ **開口端補正**

開口端の定在波の腹は，開口端から少し外にはみ出す。

定期テスト対策問題 3

解答・解説は p.631 ~ 632

1 波についてかかれた次の文の(　　)内に正しい用語や数値，式を入れよ。

(1) 媒質の振動方向と波の進行方向が同じ波は(1)波である。

(2) 液体や気体の中を伝わることができないのは(2)波である。

(3) 正弦波の媒質の速さが最大となるのは，変位が(3)のときである。

(4) y-t グラフの隣り合う山と山の間隔は波の(4)を表す。

2 時刻 $t=0$ のときの波形がグラフの実線で表される正弦波がある。この波が，$t=0.01$ s のとき，波形上の点 P が P′ に移動して，グラフの破線の波形になった。このとき，次の問いに答えよ。

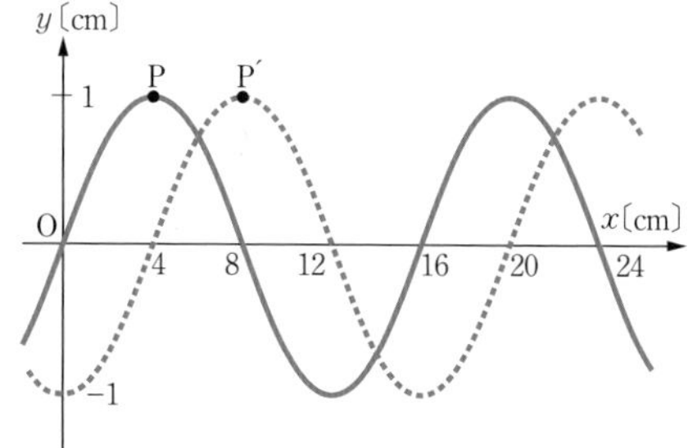

(1) この波の進む速さは何 cm/s か。

(2) $x=4$ cm の点の媒質の変位の時間変化の様子を表すグラフはどれか。

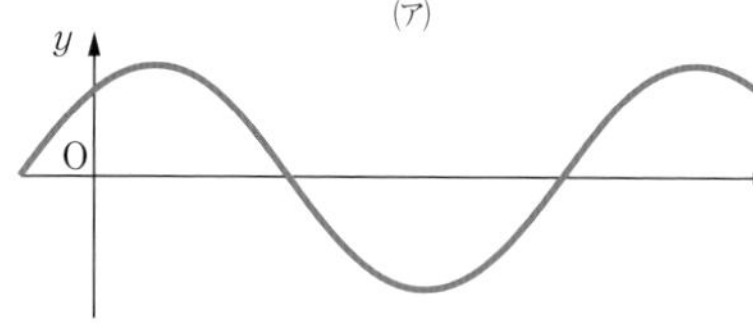

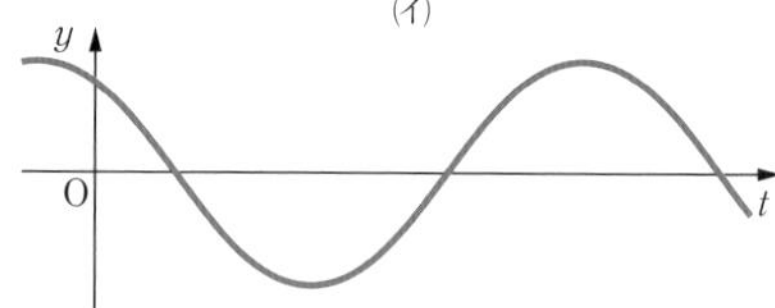

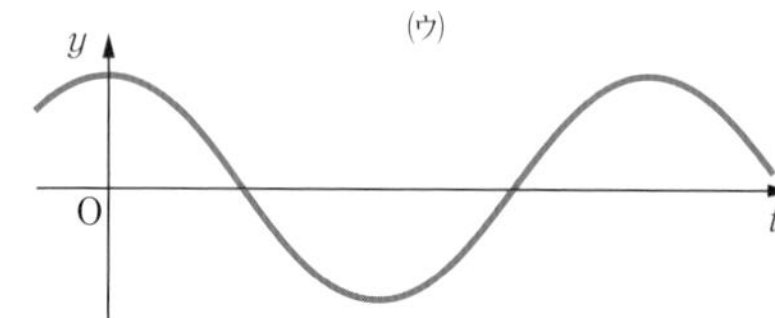

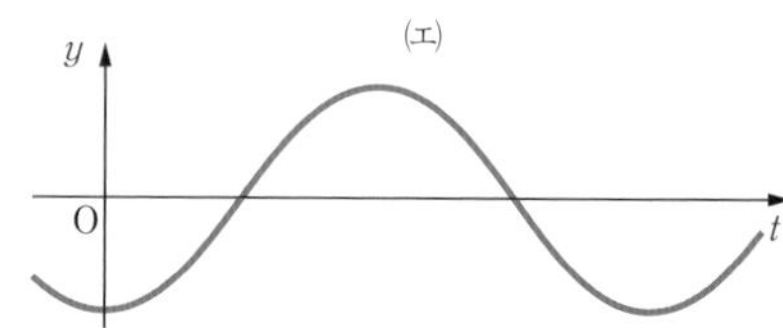

(3) $x=12$ cm の点の媒質の，時刻 $t=0.12$ s のときの変位は何 cm か。

ヒント

2 (2) $x=4$ の点は，$t=0$ のとき変位が最大(山)で，その後下向きに変位する。

(3) 0.12 秒は 3 周期になる。

3 　x軸の正の向きに0.1 m/sの速さで進む正弦波の横波がある。$x=0$の点の媒質の振動を観察したところ，図のようであった。$t=0$のときの波形をグラフで表せ。

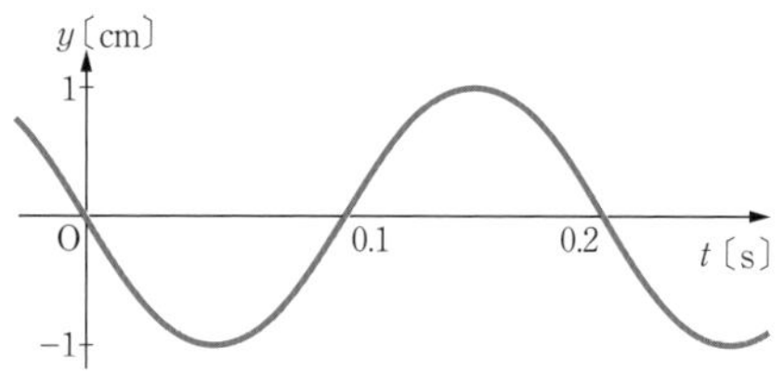

4 　波動現象では，波の形は進んでいくが，媒質はその場で振動するだけである。媒質が進まなくても波の形が進んでいくことを，身近な波の例を1つ示して説明せよ。

5 　図のように進行波が反射面に入射しているとき，次の問いに答えよ。

(1) 点aが自由端であるとき，生じている定在波の波形をかけ。

(2) 点aが固定端であるとき，生じている定在波の波形をかけ。

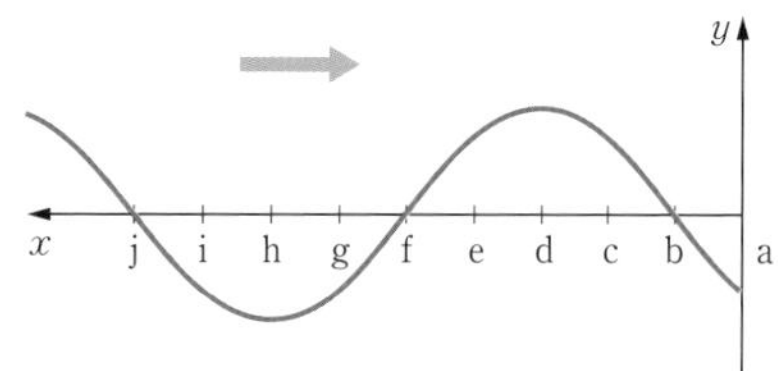

6 　音について述べた次の文の(　　)内に，正しいことばや数値，式を入れよ。

音は(　1　)波だから，どの媒質中でも伝わることができる。温度がt℃の空気中の音速をV m/sとおくと，$V=331.5+$(　2　)と表すことができる。このとき，331.5は(　3　)℃のときの空気中の音速をm/sの単位で表した数値である。以下では，音速を340 m/sとして考えることにする。

人の耳に聞こえる音の振動数は約20〜20000 Hzだから，人が聞く音の波長は(　4　)cm〜(　5　)mの範囲になる。

ヒント

3 原点の媒質はこれから下向きに変位する。グラフは最低1周期分を図示し，x軸との交点の数値も記入する。

7 振動数 500 Hz のおんさ A と振動数のわからないおんさ B を同時に鳴らしたところ，1 秒間に 5 回のうなりが聞こえた。次に，A のおんさの腕に針金を巻きつけて 2 つを同時に鳴らしたところ，うなりが聞こえなかった。B のおんさの振動数はいくらか。

8 長さ 50.0 cm の開管と閉管の，気柱の振動による音を観測した。音速を 340 m/s として，次の問いに答えよ。ただし，開口端補正は無視できるものとする。

(1) 開管の基本音の波長はいくらか。

(2) 開管で，基本音の次に発生する倍音の振動数はいくらか。

(3) 閉管の基本音の波長はいくらか。

(4) 閉管で，基本音の次に発生する倍音の振動数はいくらか。

50.0 cm　　50.0 cm

ヒント

7 おんさの腕に針金を巻きつけると，腕が重くなるため振動数が少し小さくなる。

8 閉管は $m=1, 3, 5, \cdots\cdots$，開管は $m=1, 2, 3, \cdots\cdots$。

Basic Physics

物理基礎

第  部

電気と磁気

Basic Physics

第1章 電流

1 電荷と静電気力

1 電気

A 電気のみなもと

わたしたちの身のまわりのものはすべて原子からできており，この原子は原子核と電子から成っている。原子核は正(＋)の電気をもっており，電子は負(－)の電気をもっている。

この原子核の正の電気と電子の負の電気が，すべての電気による現象のもとになっている。

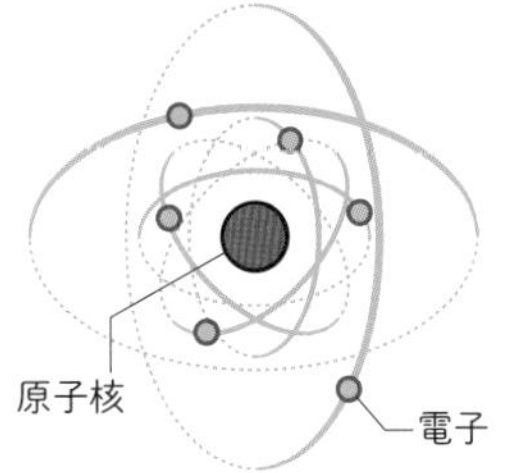

図1　原子核と電子

B 静電気

ふつうの状態では，物質中の原子の正と負の電気は互いに打ち消し合って，物質全体としては，正でも負でもない(電気的に中性)状態にある。

しかし，2つの物質をこすり合わせることによって，一方は正に，他方は負に電気を帯びた状態にできる。このような電気を**静電気**，電気を帯びた2つの物体間にはたらく力を**静電気力**，電気を帯びた物体を**帯電体**という。

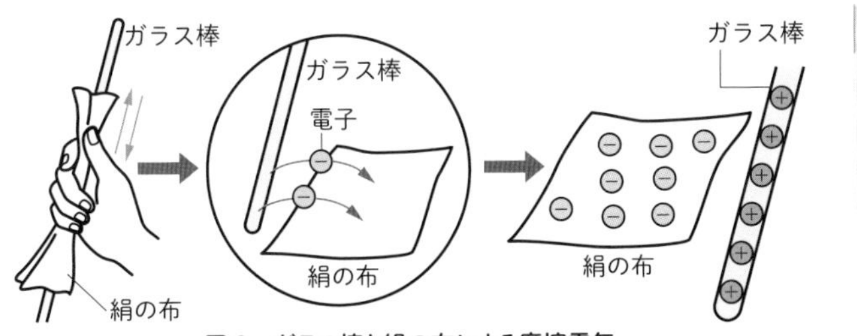

図2　ガラス棒と絹の布による摩擦電気

＋アルファ
このような摩擦によって起こる静電気を，摩擦電気という。

C 正・負の判別

正・負のどちらに帯電しているかは，静電気力により判別する。例えば，絹でこすったガラス棒(正の帯電体)から

① **反発力(斥力)を受けるのは正**
② **引力を受けるのは負**

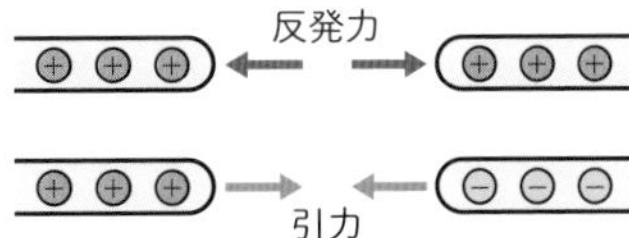

図3　静電気の正・負の判別

D 電子の移動

絹の布でガラス棒をこすったときガラス棒が正に帯電するのは，**図2**のように，摩擦したときにガラス棒から絹の布に電子が移動したからである。

① ガラス棒は**電子が不足**→**正に帯電**

② 絹の布は**電子が過剰**→**負に帯電**

2 電荷と電気量

A 電荷

帯電体のもっている電気のことを**電荷**という。正の帯電体は，「**正の電荷をもっている**」という。

B 電気量と電気量の単位

帯電体のもっている電気の量，すなわち電荷には大小がある。この電気の量のことを**電気量**という。電気量の単位は**クーロン(記号：C)**である。電子1個のもつ電気量は-1.6×10^{-19} C であり，$e=1.6\times10^{-19}$ C を**電気素量**という。電気素量の値を，$e=1.602176634\times10^{-19}$ アンペア秒と定義することにより，組立単位であるクーロン(記号C)が C=A･s として定められた。

「電荷」は「電気量」や「電気量を担う荷電粒子」などの意味でも使われることがある。

> **+アルファ**
> 電気素量は電気量の最小単位である。

C 電場

電荷は，離れている別の電荷に対して静電気力をおよぼす。この力は，電荷から電荷に直接およぼされるのではなく，電荷がそのまわりの空間に静電気力を伝えるような媒体をつくり，その媒体によって力をおよぼすと考えることができる。このような空間に生じた静電気力を伝える媒体を**電場(電界)**という。

3 導体と不導体

A 導体と不導体

物質には，電気をよく通すものと通さないものがある。

金属などの電気をよく通す物質を**導体**という。

これに対し，ガラス，ゴム，陶磁器などの電気をほとんど通さない物質を**不導体**という。また，絶縁体ともいう。

> **+アルファ**
> 不導体といっても，まったく電気を通さないわけではない。導体に比べると，非常に電気を通しにくい物質をこうよんでいる。

B 導体と不導体の構造

導体の金属が電気をよく通すのは，**図4**のような，金属内を自由に動き回れる**自由電子**の存在による。自由電子は特定の原子核に束縛されていないので，電場による力がはたらくと自由に移動できる。不導体では，電子はそれぞれの原子核に束縛されているため自由に動くことはできず，電気を伝えることができない。

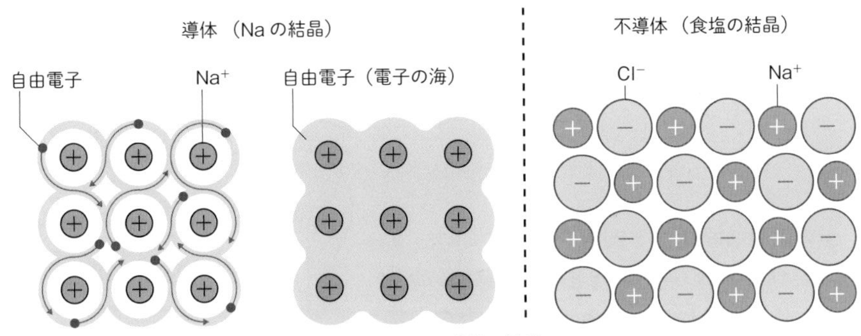

図4 導体と不導体の構造

2 電流と電気抵抗

1 電流

イオンや電子などの電荷を帯びた粒子(荷電粒子)が移動する現象を**電流**という。

食塩水などの電解質水溶液では，陽イオン，陰イオンの流れによって電流が生じる。また，豆電球を導線で電池につなぐと電流が流れ，豆電球が点灯する。これは導線や豆電球の中を自由電子が流れるからである。

A 電流の大きさ

電流現象の激しさを表す物理量を電流という。電流の大きさを単に電流ともいい，導線のある断面を単位時間に通過する電気量で表す。電流の単位は**アンペア(記号：A)**である。1秒間に1Cの電気量が流れているときの電流の大きさを**1A**という。時間t〔s〕の間にq〔C〕の電気量が流れるときの電流の大きさI〔A〕は次式となる。

$$I=\frac{q}{t} \quad \cdots\cdots (1)$$

+アルファ

1Aの$\frac{1}{1000}$を1mA(ミリアンペア)という。

B 電流の向き

正の電荷の移動する向きを電流の向きとする。実際に導線中を流れるのは負の電荷をもった自由電子なので，電流の向きと自由電子の移動する向きは互いに逆向きになる。

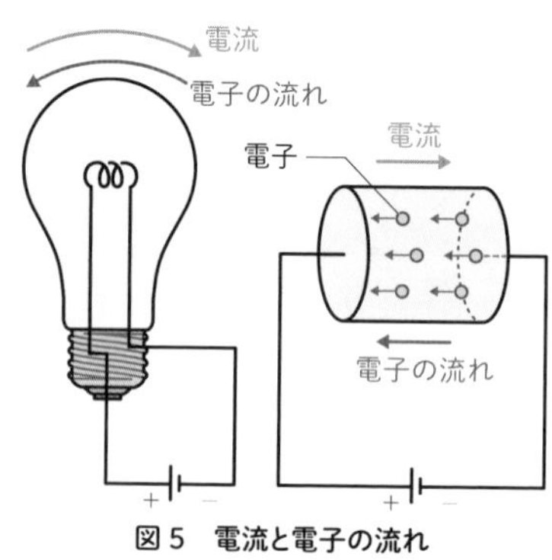

図5　電流と電子の流れ

Q 導体中の電流の向きと電子の流れる向きが逆なのは変な気がしますが，なぜ，こんなことになったのですか。

A 有名なアメリカのフランクリンは，電気は流体であり，物体のもっている電気の流体が過剰になったり，不足したりすることによって，物体は帯電すると考えました。そして，それぞれの状態を正および負と決めました。その後，この流体の正体は電子であることが発見され，その電気的性質はフランクリンが考えたものとは逆であることがわかりました。しかし，今さら正・負を変更することもできないので，今日に至っています。

図5に示すように，自由電子は電池の負極側から出て導線，豆電球を通り正極に入っていくが，電流は正極から負極に向かって流れることになる。

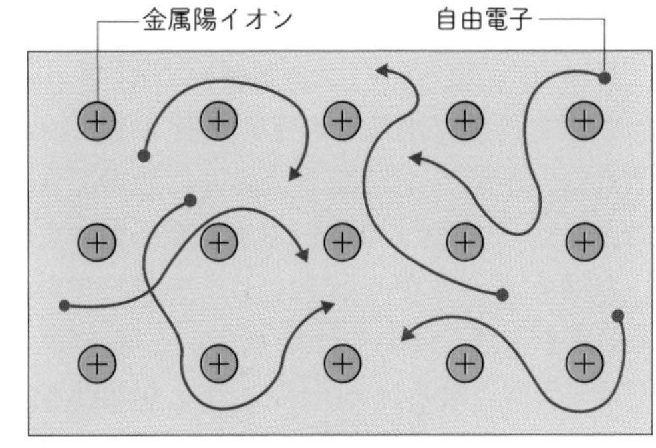

図6　金属と自由電子

C 金属(導体)と自由電子

金属原子がそれぞれ価電子を放出して陽イオンとなり，これらの電子がすべての金属イオンに共有されることによって金属イオンは規則正しく結合し，結晶構造をつくっている。

図6のように，**金属内では，規則的に並んだ金属イオンのまわりを，原子から放出された自由電子が結晶全体にわたって運動している。**

D 電流と自由電子の動き

導体の棒に電池を接続すると，**図7**のように棒の中に電場ができる。金属内の自由電子は負の電荷をもっているので，電場と逆向きに力を受け，自由電子の流れが生じる。

金属イオンはしっかりと結晶をつくり，固定されているので，電場から力を受けても移動することはない。

> **+アルファ**
> 長さ vt の円柱の体積は vtS〔m^3〕，1 m^3 あたり n 個の自由電子があるので，この中の自由電子の数は $nvtS$ 個である。

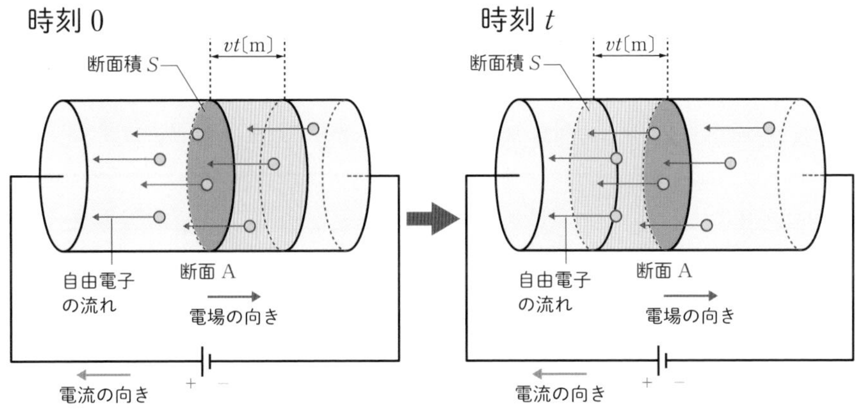

図7　電流と自由電子の動き

E 導体中の電流の大きさ

いま，断面積 S〔m^2〕の金属棒に I〔A〕の一定の大きさの電流が流れているとする。

このときの自由電子の平均の速さを v〔m/s〕，単位体積中の数を n〔個 /m^3〕とすれば，断面 A を時間 t〔s〕の間に通過できる電子数は，長さ vt〔m〕の円柱（**図 7** の赤い部分）に含まれている自由電子の数に等しく，$nvtS$ 個となる。

断面 A からちょうど vt〔m〕まで離れている電子が時間 t〔s〕の間に A に到達することができ，それ以上離れている電子にはそれが不可能だからである。

電子 1 個の電荷は $-e$〔C〕なので，断面 A を時間 t〔s〕の間に通過する電気量 q〔C〕は $q=envtS$ となる。したがって

$$I=envS \qquad \cdots\cdots (2)$$

例題 59 自由電子と電流

断面積 20 mm^2 の銀線に 3.0 A の電流が流れている。このとき，自由電子の移動する平均の速さ v〔m/s〕を求めよ。ただし，銀線中の自由電子の密度は 5.8×10^{28} 個 /m^3，電子 1 個の電荷は -1.6×10^{-19} C であるとする。

考え方　$I=envS$ の関係から，$v=\dfrac{I}{enS}$ として求める。

解答

$$v=\frac{I}{enS}=\frac{3.0\ \text{A}}{1.6\times10^{-19}\ \text{C}\times5.8\times10^{28}\ \text{個/m}^3\times20\times10^{-6}\ \text{m}^2}\fallingdotseq1.6\times10^{-5}\ \text{m/s} \quad \cdots 答$$

POINT

導体を流れる電流の大きさは

$$I=envS$$

電流の大きさは，導体の断面を単位時間に通過する電気量である。

Q スイッチを入れれば電灯はすぐつくのに，なぜ電子の運動はこんなにゆっくりなのですか？　そこがよくわかりません。

A 電子は電場によって力を受けて運動します。スイッチを入れた瞬間に，回路のすべての部分で電流の流れる向きに電場が生じ，そこにある電子が移動して電流が流れます。スイッチにある電子が，電灯まで移動してから点灯するわけではないのです。

2 電気抵抗

A 電圧

電池や電源には導体に電流を流そうとするはたらきがある。その大きさを**電圧**といい，単位としてボルト(記号：V)を用いる。

B オームの法則

図8のようにニクロム線に電圧計，電流計，電源を接続して，流れる電流，電圧の関係を調べると，電流 I は電圧 V に比例する。その比例定数を $\frac{1}{R}$ とすると，次式で表され，これを**オームの法則**という。R が大きいほど，電流は流れにくい。

$$I=\frac{V}{R} \quad \cdots\cdots (3)$$

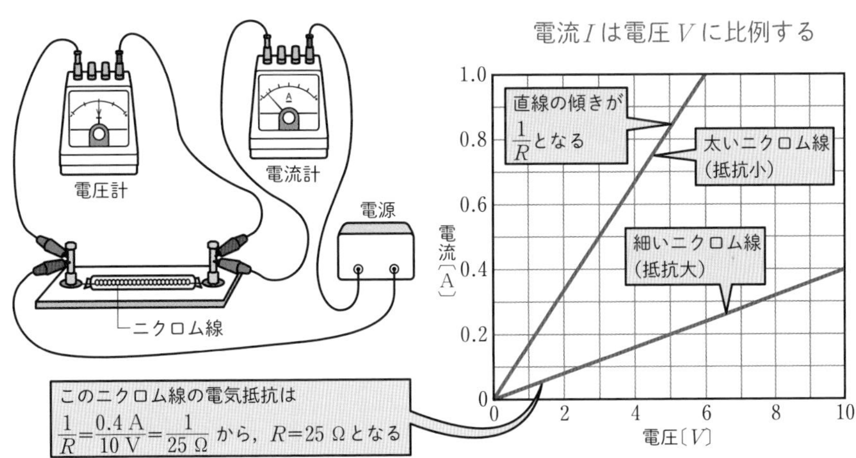

図8 電気抵抗の測定

C 電気抵抗

式(3)の R を**電気抵抗(抵抗)**といい，これは導線の種類や断面積，長さ，温度により決まる定数である。抵抗の単位には**オーム(記号：Ω)**を用い，1 V の電圧で 1 A の電流が流れるときの抵抗値を 1 Ω とする。

$$\frac{1\ \mathrm{V}}{1\ \mathrm{A}}=1\ \mathrm{V/A}=1\ \Omega$$

D 電圧(電位差)

適切に定めた基準点から測ったある点までの電圧をその点の電位という。単位は電圧と同じである。また，式(3)は

$$V=RI$$

とかき直せる。**図9**のように，抵抗 R の導線に，電流 I が流れているとき，抵抗の両端の電圧を見ると，電流の流れる向きに RI〔V〕下がっている。これを**電位差**という。

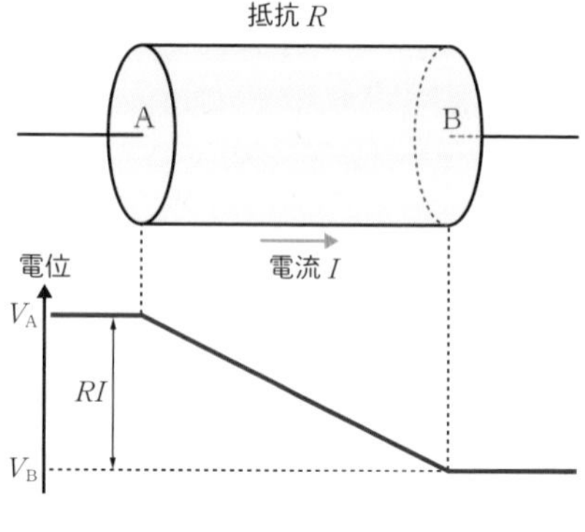

図9　電位差

図9の導線の両端A，Bの電位を V_A，V_B とすると，電位差 V は次のようになる。

$$V=RI=V_A-V_B$$

3 自由電子の運動とオームの法則

A 抵抗率

同じ材質，同じ太さ，同じ長さの導線2本を直列接続すると抵抗が2倍になり，並列接続すると抵抗が半分になる。一般に，導体の抵抗 R〔Ω〕はその導体の断面積 S〔m^2〕に反比例し，長さ l〔m〕に比例するから

$$R=\rho\frac{l}{S} \quad \cdots\cdots(4)$$

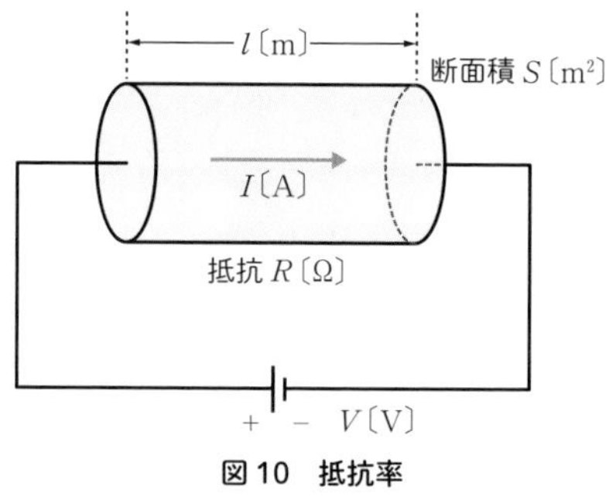

図10　抵抗率

比例定数 ρ〔Ω·m〕を**抵抗率**といい，導体の種類と温度により決まる定数である。

B 導体に抵抗が生じるわけ

導体に電場がかかっていないときは，自由電子はあらゆる方向に乱雑な運動を続けている。しかし，電源を接続して電圧をかけると，導体中の自由電子は全体としては電場と逆向きに運動するようになる。このとき，電子の運動は，導体中にある不純物原子や金属イオンの熱運動に妨害される。これが導体に抵抗が生じる原因である。

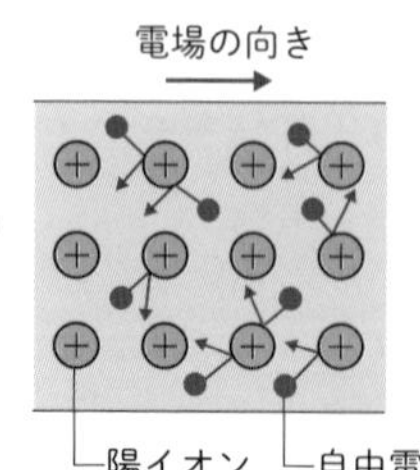

電場中の自由電子は，金属中の陽イオンに衝突しながら金属中を移動すると考えられる。

図11　抵抗が生じるわけ

4 ジュール熱と電力

A ジュール熱

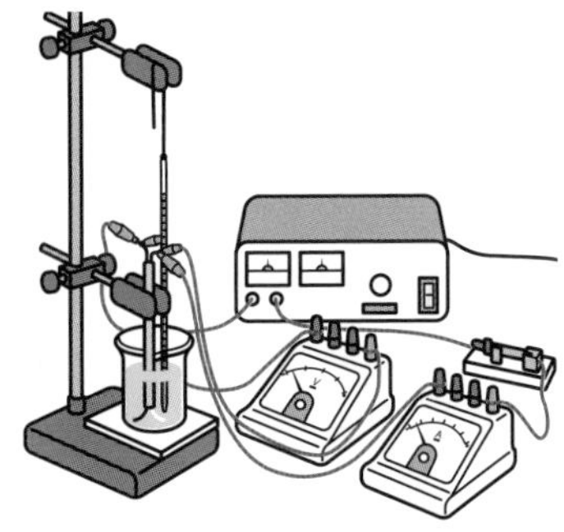
図12　電流による発熱の測定

導体に電流が流れると熱が発生する。これを**ジュール熱**という。R〔Ω〕の導体に電圧 V〔V〕を加えて電流を I〔A〕流す。時間 t〔s〕の間流したとき，発生するジュール熱 Q〔J〕は次のように表すことができる。

$$Q=IVt=I^2Rt=\frac{V^2}{R}t \qquad \cdots\cdots(5)$$

B ジュール熱が発生するわけ

自由電子は電場により力を受けて加速されるが，金属イオンに妨げられ，結局はある平均速度の等速度運動を行うようになるとみなせる。つまり，自由電子が電場から受けた仕事は，すべてイオンの熱運動のエネルギーの増加に使われる。

C 仕事率と電力

電池や電流が単位時間あたりにする仕事，すなわち仕事率を**電力**といい，P で表す。電力 P は，電熱線などでは単位時間に発生するジュール熱に等しいので

$$P=\frac{Q}{t}=IV=I^2R=\frac{V^2}{R} \qquad \cdots\cdots(6)$$

電力は仕事率なので，単位は**ワット(記号：W)**を用いる。

D 電力量

式(7)のように，電力 P を使って電流の仕事 W を表すことができる。

$$W=Pt \qquad \cdots\cdots(7)$$

1 W の電力で 1 秒間電流が流れると，**1 Ws（ワット秒）**＝1 J の仕事をしたことになる。一般に，電流が一定時間内にする仕事の総量を**電力量**という。

電力量の実用的な単位として，**ワット時(記号：Wh)**や**キロワット時(記号：kWh)**が用いられる。

1 Wh＝1 W×(60×60) s＝3600 J

1 kWh＝1000 Wh

電力は仕事率であるが，電力量は仕事である。

＋アルファ

電源がモーターに接続してあれば，電力の一部は力学的仕事に変換され，電球であれば光のエネルギーに変換される。

ジュール熱 ⇨ $Q=IVt=I^2Rt=\dfrac{V^2}{R}t$

電力と電力量 ⇨ $P=IV=I^2R=\dfrac{V^2}{R}$ $\left(R=\dfrac{V^2}{P}\right)$

$W=Pt$

例題 60 ジュール熱

100 V で 400 W のアイロンがある。発熱によって抵抗の大きさが変わらないとして，次の問いに答えよ。

(1) 100 V の電源に 3.0 分間接続して電流を流し続けたら，発熱量は何 J になるか。

(2) アイロンの抵抗は何Ωか。

考え方

(1) アイロンの電力は，単位時間あたりに発生するジュール熱に等しい。

(2) 電圧が 100 V と与えられているので，$R=\dfrac{V^2}{P}$ の関係を用いる。

解答

(1) $W=Pt=400\ \mathrm{W}\times3.0\ \mathrm{min}\times60\ \mathrm{s/min}=7.2\times10^4\ \mathrm{J}$ …答

(2) $R=\dfrac{V^2}{P}=\dfrac{(100\ \mathrm{V})^2}{400\ \mathrm{W}}=25.0\ \Omega$ …答

5 半導体

A 半導体

抵抗率は，物質の種類によって定まる。抵抗率が導体と不導体の中間の範囲の値をもつものを**半導体**という。半導体の例としては，ケイ素 Si やゲルマニウム Ge がある。

これらの半導体に，わずかな不純物を加えることによって，抵抗率が小さくなり電流が流れやすくなる。このような半導体を**不純物半導体**という。

表1　物質の抵抗率

	物質	抵抗率〔Ω・m〕
導体	銅	2×10^{-8}
	ニクロム	10^{-6}
半導体	ゲルマニウム(不純物あり)	10^{-2}
	ゲルマニウム(純粋)	5
	ケイ素	10^{3}
不導体	ガラス(ソーダガラス)	10^{9}〜10^{11}
	ポリ塩化ビニル(硬)	5×10^{12}〜10^{13}
	ポリスチレン	10^{15}〜10^{19}

B 不純物半導体

Si に電子の数が多いリン P，ヒ素 As などの不純物をわずかに加えると，**図 13** のように原子の結合に関わらない電子が存在するようになる。この余った電子は結晶内を自由に動き回ることができ，電荷を運ぶ担い手(**キャリア**)になる。このような不純物半導体のことを **n 型半導体**という。

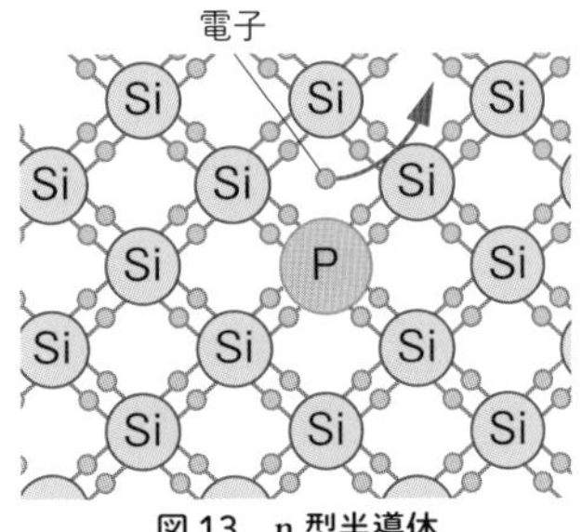

図 13　n 型半導体

Si に電子の数が少ないホウ素 B，アルミニウム Al などの不純物をわずかに加えると，**図 14** のように原子の結合に電子の空いた部分が生じる。この空いた部分のことを**ホール(正孔)**という。ホールの運動は電子の運動とは逆向きになり，ホールがキャリアとなって電流が流れる。このような不純物半導体のことを **p 型半導体**という。

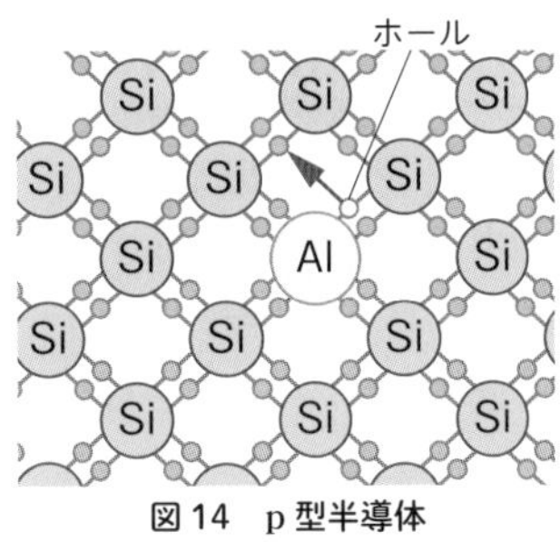

図 14　p 型半導体

p 型と n 型の半導体を接合したものを**ダイオード**という。ダイオードには，電流をある決まった方向にだけ流す作用がある。これを**整流作用**という。ダイオードは交流を直流にかえるときなどによく用いられる。

C 半導体の利用

半導体は，トランジスタや集積回路(IC)，太陽電池，発光ダイオードなどで利用されており，現代の社会に必要不可欠なものとなっている。

▲発光ダイオード

3 直流回路

1 電気抵抗の接続

A 直列接続

2つの電気抵抗 R_1, R_2 を**図 15** の左図のように接続したとき，その抵抗のはたらきを**図 15** の右図のように1つの抵抗と置き換えることができる。この置き換えた抵抗の抵抗値 R を，抵抗 R_1 と R_2 の**合成抵抗**という。

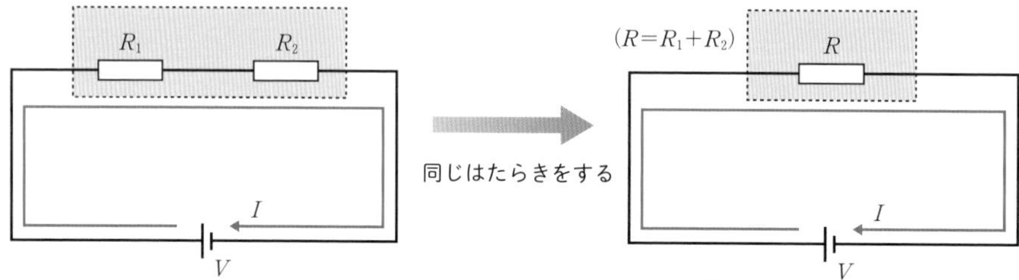

図 15　直列接続の合成抵抗

抵抗 R_1 と R_2 を直列接続したときの合成抵抗 R は

$$\boldsymbol{R=R_1+R_2}$$

抵抗 R_1, R_2 には等しい電流 I が流れている。それぞれにオームの法則を用いて

$V_1=R_1I$ ……①, $V_2=R_2I$ ……②

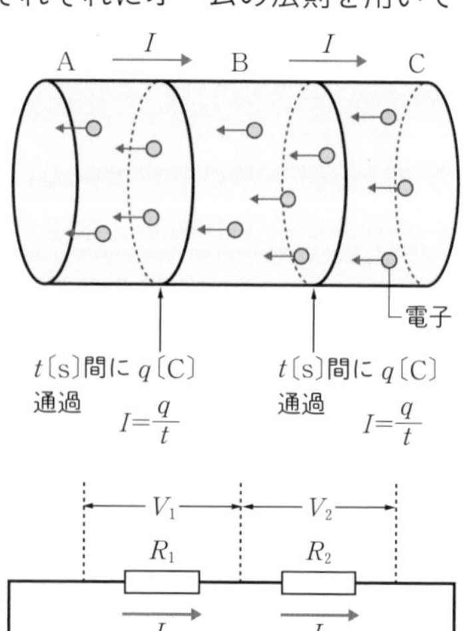

注意 **直列接続では，電流は A→B→C と1本の導線を流れる。電荷は途中で増えたり減ったりしないので，どの断面でも流れる電流は等しい。**

抵抗 R_1, R_2 の電圧降下 V_1, V_2 の合計が全体の電圧降下 V となる。

$V=V_1+V_2$ ……③

回路に V の電圧をかけたとき，同じ I の電流を流すのが合成抵抗 R だから

$V=RI$ ……④

式③に，式①，②，④を代入して

$RI=R_1I+R_2I$　　よって　$R=R_1+R_2$

直列接続では，3個以上の場合も同様で

$$\boldsymbol{R=R_1+R_2+R_3+\cdots\cdots} \quad \cdots\cdots(8)$$

B 並列接続

2つの抵抗 R_1, R_2 を**図16**の左図のように接続したとき，その抵抗のはたらきは，**図16**の右図のように1つの抵抗 R と置き換えることができる。

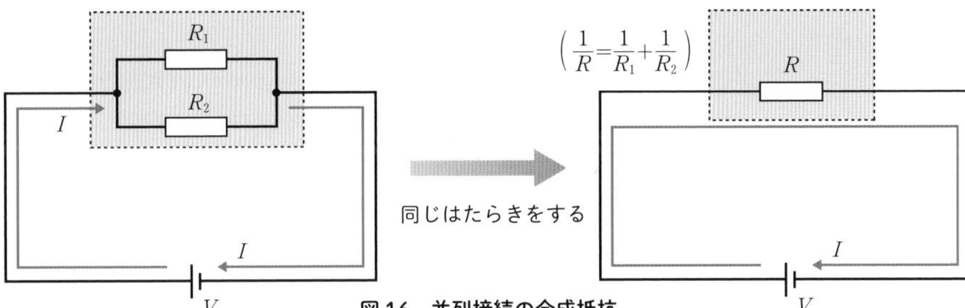

図16　並列接続の合成抵抗

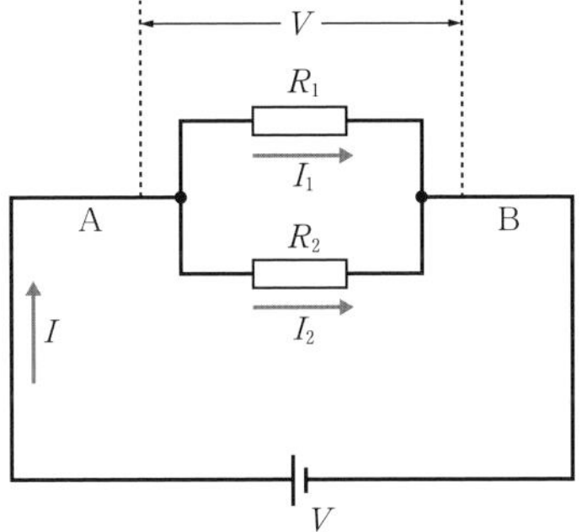

抵抗 R_1 と R_2 を並列接続したときの合成抵抗 R は

$$\frac{1}{R}=\frac{1}{R_1}+\frac{1}{R_2}$$

抵抗 R_1, R_2 による電圧降下 V は等しい。

それぞれにオームの法則を用いて

$$I_1=\frac{V}{R_1} \quad \cdots\cdots①, \qquad I_2=\frac{V}{R_2} \quad \cdots\cdots②$$

(注意) **抵抗 R_1 を電流が流れることにより，点Bの電位が点Aの電位よりも V 下がるのであれば，抵抗 R_2 を流れても V だけ下がらなければならない。もしそうでなければ，点Bは電位として2つの別の値をもつことになってしまう。**

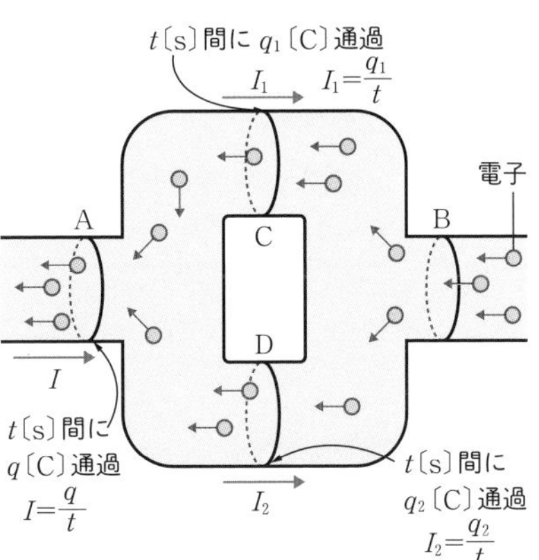

抵抗 R_1, R_2 を流れる電流の合計が，全体を流れる電流となる。

$$I=I_1+I_2 \quad \cdots\cdots③$$

回路に V の電圧をかけたとき，同じ I の電流を流すのが合成抵抗 R だから

$$I=\frac{V}{R} \quad \cdots\cdots④$$

式③に式①，②，④を代入して

$$\frac{V}{R}=\frac{V}{R_1}+\frac{V}{R_2} \qquad \text{よって} \qquad \frac{1}{R}=\frac{1}{R_1}+\frac{1}{R_2}$$

並列接続では，3個以上の場合も同様で

$$\frac{1}{R}=\frac{1}{R_1}+\frac{1}{R_2}+\frac{1}{R_3}+\cdots\cdots \quad \cdots\cdots(9)$$

例題 61　抵抗の接続

次の問い に答えよ。

(1)　電圧 V の電池に抵抗 R_1 と R_2 とが直列接続されている。それぞれの抵抗の両端の電圧 V_1, V_2 を, R_1, R_2, V を使って表せ。

(2)　(1)の抵抗 R_1 と R_2 を並列接続にした場合に，それぞれの抵抗を流れる電流 I_1, I_2 を，電池を流れる電流 I および抵抗値 R_1, R_2 を使って表せ。

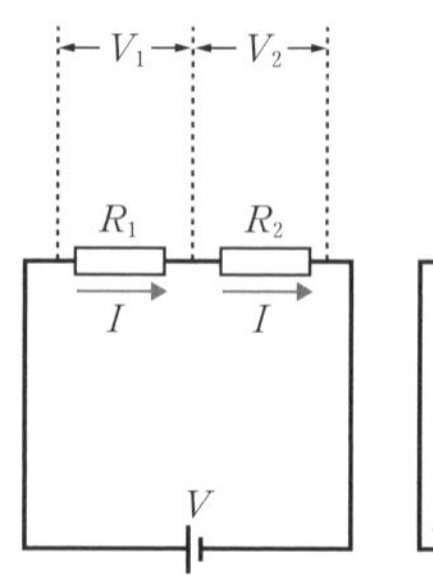

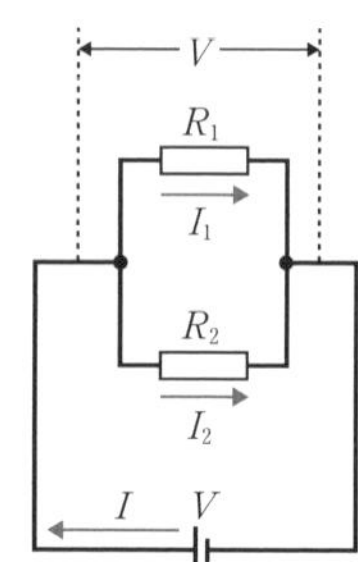

考え方

(1)　抵抗 R_1 と R_2 を流れる電流 I は共通だから，それぞれの抵抗に対してオームの法則を用いると　　$V_1=R_1I$,　$V_2=R_2I$

また，$V_1+V_2=V$ の関係がある。

(2)　(1)と同様にして　　$V=R_1I_1$,　$V=R_2I_2$

さらに，$I_1+I_2=I$ を用いる。

解答

(1)　オームの法則から　　$\dfrac{V_1}{R_1}=\dfrac{V_2}{R_2}$

また，電圧の関係は　　$V_1+V_2=V$

よって　　$V_1=\dfrac{R_1}{R_1+R_2}V$,　$V_2=\dfrac{R_2}{R_1+R_2}V$　…(答)

すなわち，全体の電圧 V をそれぞれの抵抗の大きさで比例配分すればよい。

(2)　オームの法則から　　$R_1I_1=R_2I_2$

また，流れる電流の関係は　　$I_1+I_2=I$

よって　　$I_1=\dfrac{R_2}{R_1+R_2}I$,　$I_2=\dfrac{R_1}{R_1+R_2}I$　…(答)

すなわち，全電流をそれぞれの抵抗値の逆比で比例配分すればよい。

POINT

合成抵抗
- 直列接続：$R=R_1+R_2+\cdots\cdots$
- 並列接続：$\dfrac{1}{R}=\dfrac{1}{R_1}+\dfrac{1}{R_2}+\cdots\cdots$

この章で学んだこと

1 電荷と静電気力

(1) 電気

原子は原子核(+)と電子(−)から成っている。電子の移動により**帯電**が起こる。電気量の単位は〔C〕。

2 電流と電気抵抗

(1) 電流

電流の大きさは，**単位時間あたりに断面を通過する電気量**で表される。

$$I=\frac{q}{t}$$

(2) 自由電子の運動と電流の関係

$I=envS$

(e：電気素量(1.6×10^{-19}C)，
n：導体内の自由電子の密度，
v:自由電子の速さ，S:断面の面積)

(3) オームの法則

$I=\dfrac{V}{R}$ (I：導体に流れる電流，
V：電圧(電位差)，R：抵抗)

$R=\rho\dfrac{l}{S}$ (R：抵抗，ρ：抵抗率，
l：導体の長さ，S：導体の断面積)

(4) ジュール熱と電力，電力量

ジュール熱　$Q=IVt=RI^2t=\dfrac{V^2}{R}t$

電力　$P=IV=RI^2=\dfrac{V^2}{R}$

電力量　$W=Pt=IVt=RI^2t=\dfrac{V^2}{R}t$

3 半導体

(1) 不純物半導体

n 型半導体　Si に P，As などの不純物をわずかに加えると，電子が余り，電荷を運ぶ担い手(キャリア)になる。

p 型半導体　Si に B，Al などの不純物をわずかに加えると，ホール(正孔)が生じる。このホールがキャリアになる。

4 直流回路

(1) 直列接続と並列接続

直列接続の合成抵抗　$R=R_1+R_2+\cdots$

並列接続の合成抵抗　$\dfrac{1}{R}=\dfrac{1}{R_1}+\dfrac{1}{R_2}+\cdots$

MY BEST　Basic Physics

第  章　電気の利用

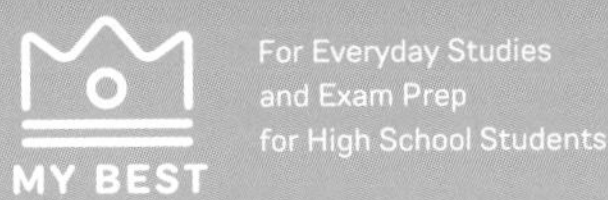

1 電流がつくる磁場

1 磁石がつくる磁場

A 磁気力と磁場

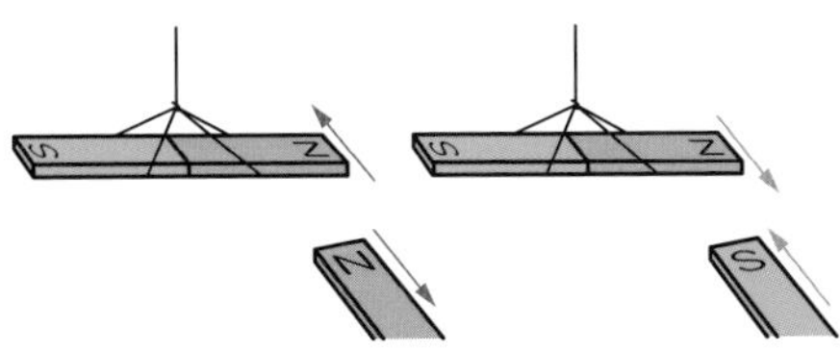

図 17 磁石間にはたらく力

棒磁石を糸で水平につるし，そこにもう 1 本の棒磁石を近づけると，N 極と N 極，S 極と S 極の磁極間では反発力，N 極と S 極の磁極間では引力がはたらく。磁石にはたらく力を**磁気力**(磁力)といい，空間に生じた，磁気力を伝える媒体を**磁場**(磁界)という。互いにおよぼし合う磁気力の大きさは，磁極の強さ(磁気量)の積に比例し，磁極間の距離の 2 乗に反比例することが実験的に知られている。

B 方位磁針

方位磁針は小さな磁石である。方位磁針で，北を向く側の磁極を N 極，南を向く側の磁極を S 極とする。方位磁針が南北を向くのは，地球自身磁石であり，北極側が S 極，南極側が N 極になっているからである。

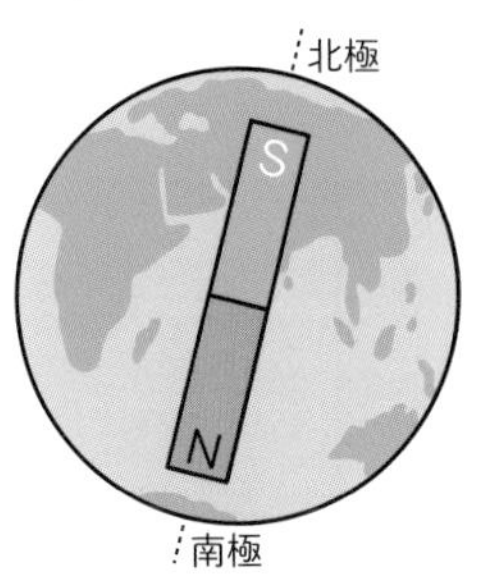

地球は 1 つの大きな磁石であると考えられる

N
S

図 18 方位磁針と地磁気

+アルファ

地軸で決まる地理的な極と地磁気の極は少しずれている。地磁気の北極は北緯 81°，西経 73°，南極は南緯 81°，東経 107° 付近にある。(2020 年現在)

POINT

磁気力：同じ種類の極は反発し，異なる種類の極は引き合う。
磁場（磁界）：空間に生じた，磁気力を伝える媒体。
地球の磁極：北極付近はS極，南極付近はN極。

C 磁石の性質

1本の棒磁石について考える。S極とN極の磁極の強さは同じである。この棒磁石を中心で切断したらどうなるか。切断したところに磁極が生じ，2本の棒磁石になる。2本の棒磁石の磁極の強さは変化していない。N極のみやS極のみといった，単独の磁極を取り出すことはできないことが知られている。

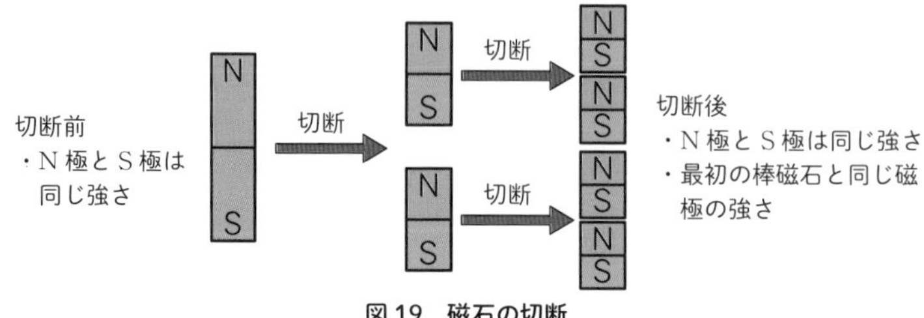

図19　磁石の切断

D 磁力線

棒磁石のまわりに小さな方位磁針を置くと，磁針は棒磁石から磁気力を受ける。方位磁針のN極が指す向きがその点の磁場の向きである。各方位磁針の磁場の向きを次々とつなげていくと，**図20**の曲線が得られる。この曲線を**磁力線**という。

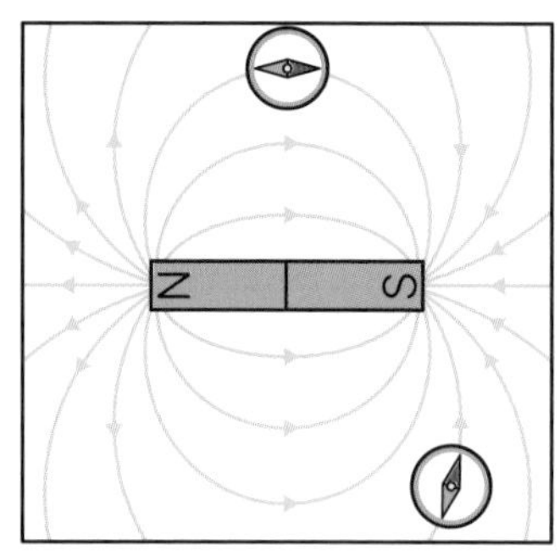

図20　棒磁石のまわりの磁力線

E 磁場の向き・強さと磁力線

磁力線にはN極からS極に向かって矢印をつける。これが磁力線上の各点での磁場の向きを表している。また**図20**を見ると，磁力線どうしの間隔は場所により異なっている。

磁力線が密なほど，磁場が強く，疎であるほど弱い。磁力線の疎密は，その場所の磁場の強さを表している。

POINT

磁力線の接線の向き ⇨ 磁場の向き
磁力線の密度 ⇨ 磁場の強さ

2 電流がつくる磁場

A 直線電流のつくる磁場

直線状の導線に電流を流すと，**図 21** のように，導線を中心とした磁場が生じる。電流の向きに右ねじが進むように回転させたときの回転の向きが磁場の向きとなる(右ねじの法則)。中心にある導線に近いほど磁場は強い。磁場は電流に比例して強くなる。

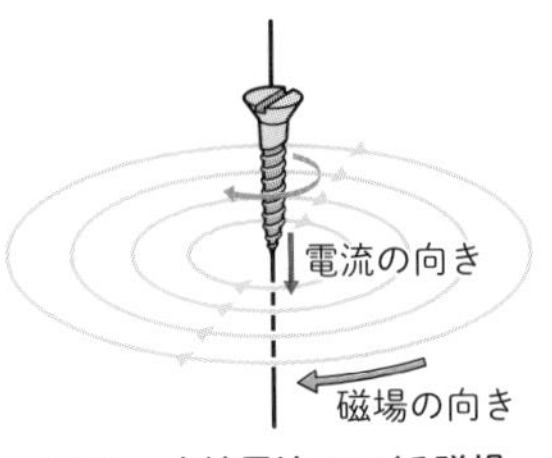

図 21 直線電流のつくる磁場

B 円形電流のつくる磁場

円形の導線に電流を流すと，**図 22** のような磁場が生じる。円の中心では，右ねじを円形電流の流れる向きに回転させたときに，右ねじが進む向きに磁場が生じる。

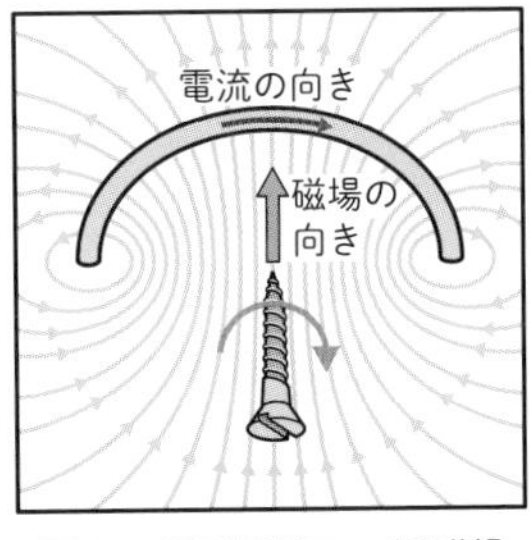

図 22 円形電流のつくる磁場

C コイルのつくる磁場

導線を**図 23** のように円筒状に巻いたものをコイルという。コイルは円形の導線を多数つなげたものとみなすことができる。コイルを流れる電流の向きとコイル内に生じる磁場の向きの間には図のような関係がある。

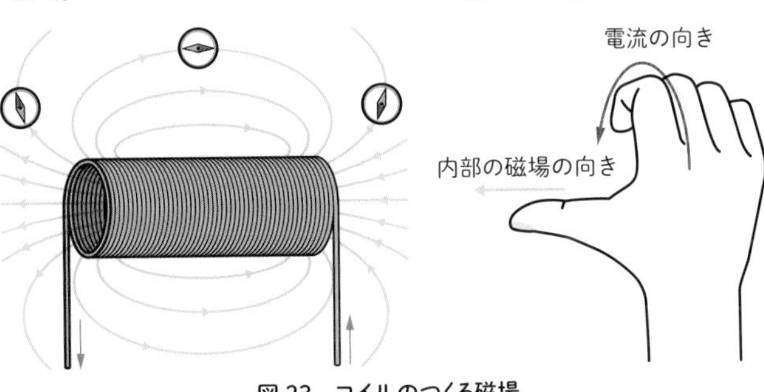

図 23 コイルのつくる磁場

2 モーター

1 電流が磁場から受ける力

A 電流が受ける力の性質

❶ 電流の向きを変えずに磁場の向きを反対にすると，力の向きは逆向きになる。
❷ 磁場の向きを変えずに電流の向きを反対にすると，力の向きは逆向きになる。
❸ 磁場の向きと電流の向きが平行のときには，力を受けない。
❹ 磁場が強いほど，電流が大きいほど，大きな力を受ける。

2 モーター

電流が磁場から受ける力を利用して電気エネルギーを力学的な仕事に変える装置がモーターである。原理的にモーターはコイル，磁石，整流子，ブラシの 4 つの部品からなる。

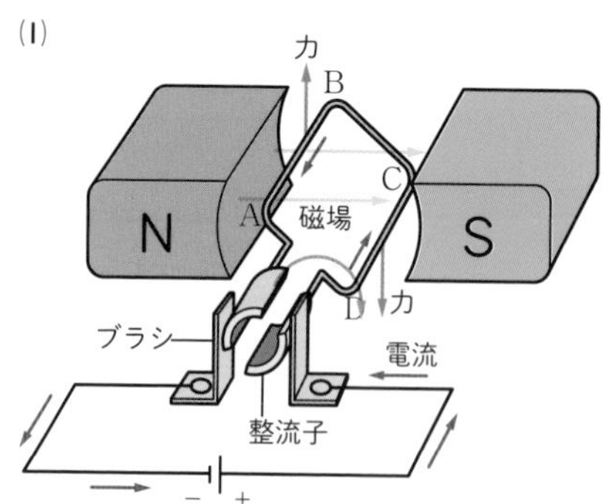

電流は電池の正極，ブラシ，整流子，コイル(D→C→B→A)，整流子，ブラシ，電池の負極へと流れる。コイルの AB 部は B→A の向きに電流が流れるので，上向きの力を受ける。同様に CD 部は下向きの力を受ける。その結果，コイルは時計回りに回転する。

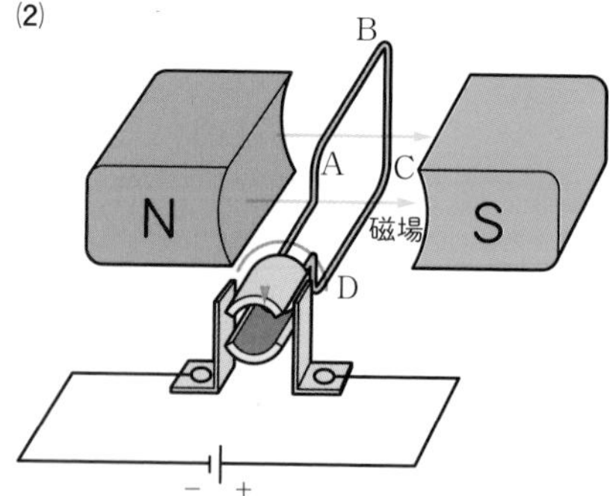

コイルの面が垂直になると，一瞬電流が流れなくなるが，慣性によりコイルは回転を続ける。

(3)

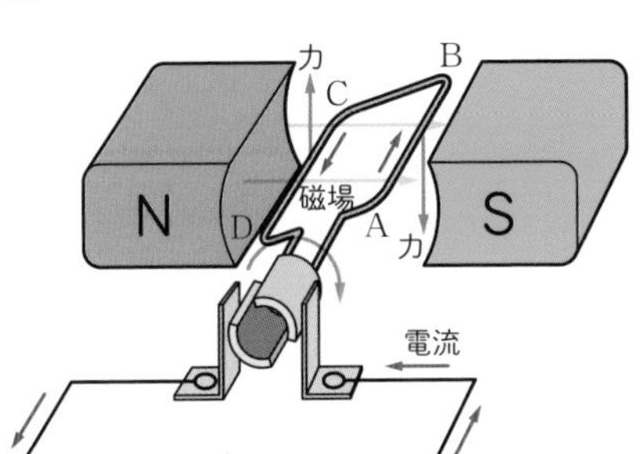

ブラシと整流子の接触が変わり，コイルの AB 部は今度は A→B の向きに電流が流れる。その結果 AB 部は下向きの力を受ける。同様に CD 部は上向きの力を受けるので，コイルは時計回りの回転を続ける。

(4)

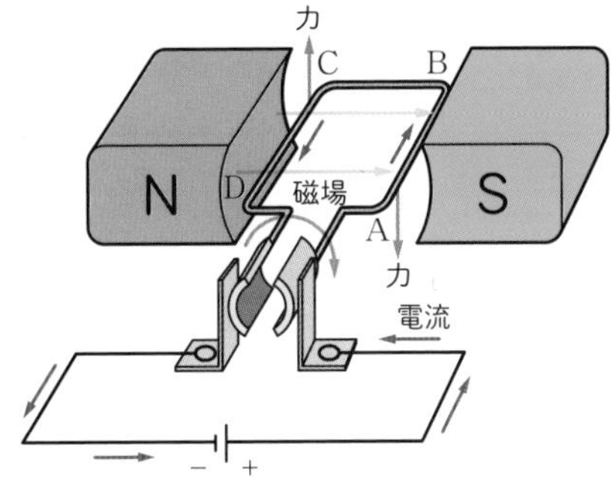

回転を続けてもブラシと整流子の接触は保たれたままなので，そのまま時計回りの回転を続ける。

探究活動 モーターをつくってみよう

目的 身近な材料でモーターを作成し，その原理を理解する。

実験手順

モーターの作成

[用意するもの] フェライト磁石，エナメル線，真鍮棒(しんちゅう)(直径 2 mm 程度)，板(厚さ 1 cm，大きさ 10 cm×6 cm 程度)，単三乾電池，ミノムシクリップ，紙やすり，ペンチ，ドライバー

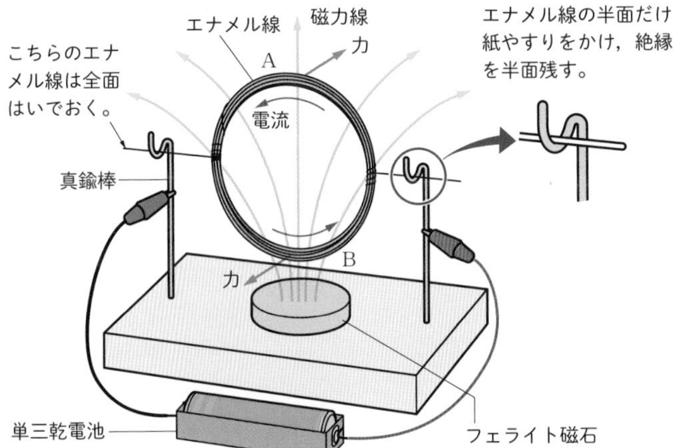

磁石の上面がN極，コイルに流れる電流は反時計回りだとすれば，図のような力がはたらき，コイルは回転する。しかし回転してもAの部分，Bの部分にはたらく力の向きはつねにこの向きなので，Aが下に来たときには，力の向きが回転の向きと逆になってしまう。そこで，A が下のときには電流が流れないように，真鍮棒の支えに接するエナメル線の絶縁を半面だけ残しておく。

3 電磁誘導と発電機

1 電磁誘導

磁場の中でコイルに電流を流すと，コイルが動き出す。これがモーターである。その反対に，磁場の中でコイルを動かすとコイルに電流が流れる。

+アルファ

検流計は微弱な電流の大きさと向きを検出できる。

A 電磁誘導

図 24 のようにコイルに検流計をつなぎ，コイルに対して棒磁石を出し入れすると，検流計の針が動き，コイルに電流が流れたことがわかる。これを**電磁誘導**といい，流れる電流を**誘導電流**という。実験をすると，次のことがわかる。

❶ 磁石を出し入れして動かすと誘導電流が流れる。磁石を出すときと入れるときでは，誘導電流の向きが逆になる。

❷ 磁石を止めておき，コイルを動かしても誘導電流が流れる。コイルを動かす向きが逆になると誘導電流の向きも逆になる。

❸ 磁石とコイルが互いに相手に対して動かなければ，誘導電流は生じない。

❹ コイルの巻き数が多いほど，コイルと磁石の相対的な運動が速いほど，大きい誘導電流が生じる。

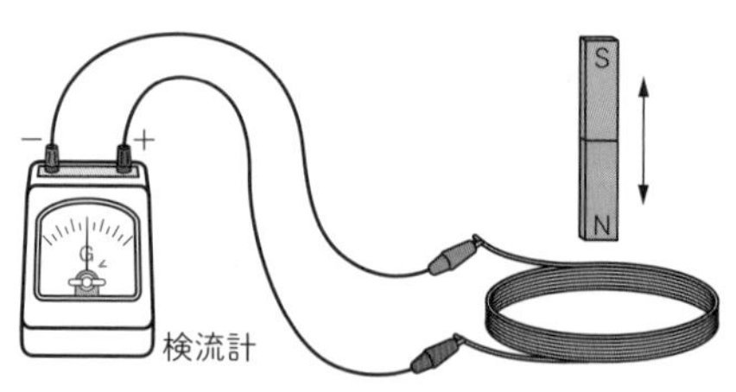

図 24　検流計と電磁誘導

B 誘導起電力

磁力線が変化するとコイルに誘導電流が流れるのは，コイルに電流を流すはたらきである起電力が生じたからである。電磁誘導によって生じる起電力を**誘導起電力**という。磁力線が変化する速さが速いほど，大きな誘導起電力が生じる。

2 発電機

p.184 のモーターから電池をはずし，代わりに抵抗器を接続する。

外力により，モーター内のコイルを時計回りに回転させると，コイルが**図 25** (**1**)の状態にあるときは，コイルを貫く右向きの磁力線の本数が増加していく。すると図の向きに誘導電流が流れる。

さらにコイルが回転して**図 25** (**2**)の状態になると，コイルを貫く右向きの磁力線の本数は減少していく。このときコイルを流れる誘導電流は逆向きになるが((**1**)では A → B，(**2**)では B → A)，整流子のはたらきにより，抵抗器を流れる電流の向きは変わらない。

発電機にはいろいろな種類があるが，このように同じ向きの電流を取り出す発電機を直流発電機という。直流モーターはそのままで直流発電機になる。

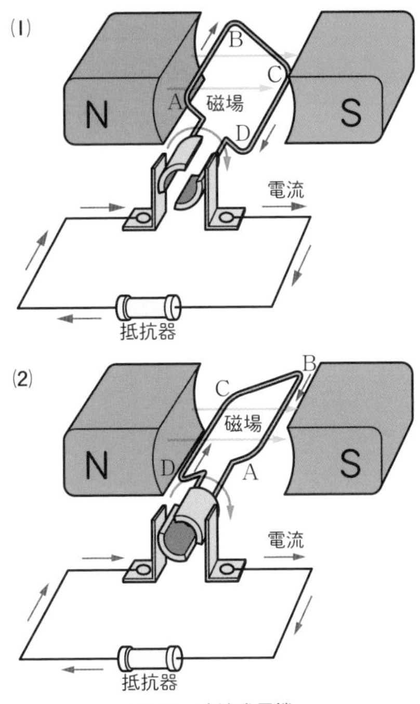

図 25　直流発電機

Q モーターと発電機って何が違うんですか？　どちらも同じに見えるのですが…。

A モーターは電気エネルギーを力学的な仕事に変えるもの。一方，発電機はコイルの回転（力学的な仕事）から電気エネルギーを得るもの。つまり，モーターと発電機では逆の現象が起こっているのです。図で見たときの見分け方は，回路に電源がついている方がモーター，ついていない方が発電機です。

4 交流

1 直流と交流

A 直流

電池を用いた回路では，電流は＋極から－極に向かって流れ続け，その向きが時間変化することはない。このような電流を**直流**という。

> **＋アルファ**
>
> 家庭用電気製品には，交流のまま使う電熱器，蛍光灯，電灯などや，交流を直流に変換して使うパソコンやスマートフォンの充電器などがある。

B 交流

オシロスコープで調べると，家庭用コンセントから取り出す電流は流れる向きが周期的に変化し，振動しているのがわかる。このような電流を**交流**という。交流では電圧の向きも周期的に変化する。

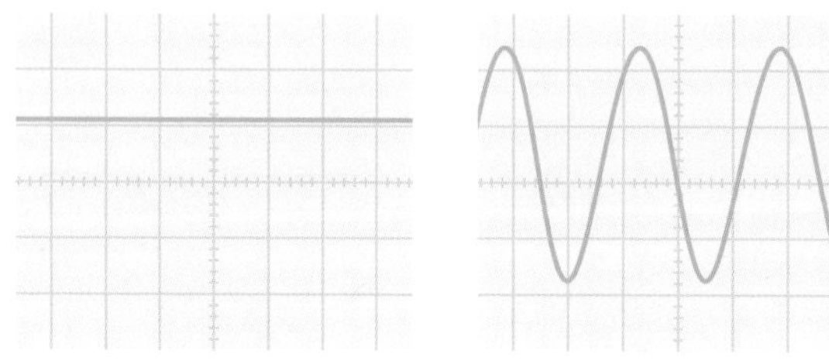

▲直流の波形　　▲交流の波形

C 周波数(振動数)

電流，電圧の1秒間あたりの繰り返しの回数を**周波数**といい，単位は**ヘルツ(記号：Hz)**である。1秒間に＋と－が50回入れ替わる交流であれば，周波数は50 Hzである。東日本では50 Hz，西日本では60 Hzの交流が家庭に送られている。

D 交流電圧

家庭用コンセントから得られる交流電圧の波形は**図26**のようになる。その最大電圧はおよそ140 Vに達し，電圧は＋140 Vと－140 Vの間で周期的に変化している。これを100 Vの交流電圧とするのは，この交

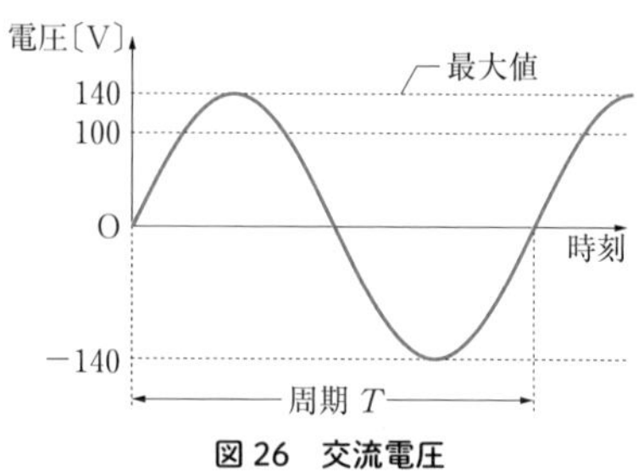

図26　交流電圧

流で電球を点灯させたときの明るさと，100 V の直流で電球を点灯させたときの明るさが同じになるからである。

直流と交流で電球が同じ明るさの場合，交流の最大値は，直流の値の 1.4 倍（正確には $\sqrt{2}$ 倍）である。これは，交流では，電圧の値が時間的に振動しているので，直流と同じはたらきをするには，1.4 倍したものでなくてはならないからである。交流では，電圧や電流の最大値の 0.7 倍（正確には $\frac{1}{\sqrt{2}}$ 倍）が実際の効果をもつ値として，**実効値**とよばれる。一方，ある時刻における値を**瞬時値**という。

E 交流の周期と周波数

交流が 1 回振動する時間 T〔s〕を**周期**という。周期が 0.1 秒なら，1 秒間に 10 回振動するので，周波数は 10 Hz である。周期 T と周波数 f の間には $f=\frac{1}{T}$ の関係がある。

POINT

周期を T〔s〕，周波数を f〔Hz〕とすると

$$f=\frac{1}{T},\quad T=\frac{1}{f} \qquad \text{あるいは} \qquad fT=1$$

2 交流の発生

A 電磁誘導と交流の発生

p.186 で学んだように，コイルに棒磁石を近づけたり遠ざけたりすると，誘導電流が流れる。しかし，棒磁石を往復運動させるよりも，**図 27** のように，棒磁石を回転させるほうがしくみとしてはやさしい。

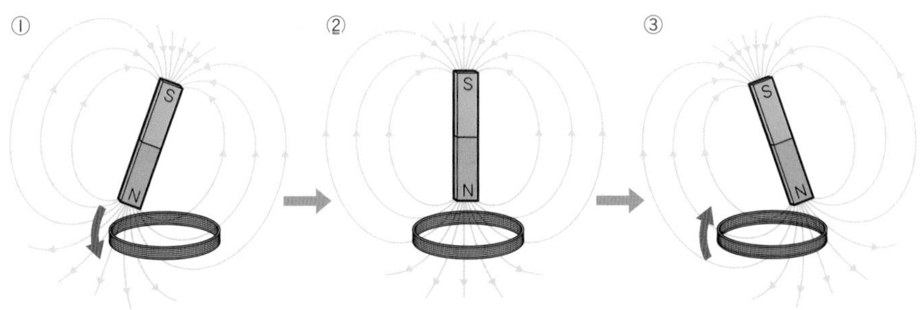

図 27　交流の発生

p.189 の**図 27** ①で棒磁石が反時計回りに回転すると，コイルにN極が近づく。そのとき，矢印の向きに誘導電流が流れる。②から③になり，N極が遠ざかると，電流の向きは逆転する。つまりコイルに流れる電流の向きは，棒磁石の回転に伴って変化する。これが交流発電機の原理である。誘導電流はコイルと磁石の相対的な運動により生じるので，磁石，コイル，どちらを回転させてもよい。

B 交流発電機

図 28 のようにコイルを磁場中で回転させると，誘導起電力が生じ，抵抗に誘導電流が流れる。これが交流発電機である。コイルが 1 回転すると，交流は 1 回振動する。50 Hz の交流は，コイルが 1 秒間に 50 回転して生じる。

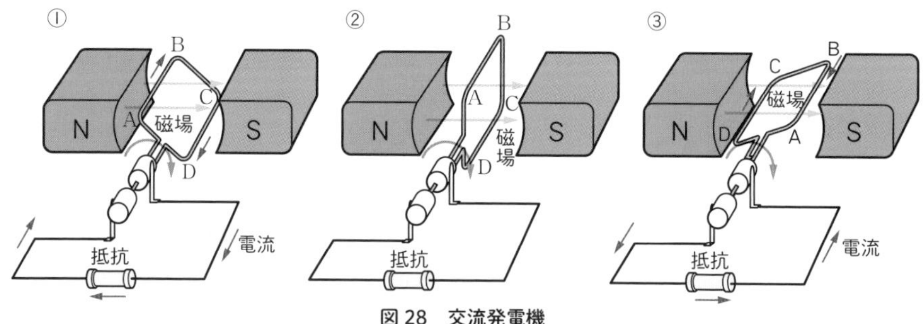

図 28　交流発電機

コイルが①の状態で時計回りに回転すると，コイルを左から右に貫く磁力線が増加していく。その結果コイルには図のような誘導電流が流れ，コイルのつくる磁場が磁力線の増加を打ち消そうとする。②から③に回転すると，コイルを左から右へ貫く磁力線が減少していくので，逆向きの電流が流れる。コイルが 180°回転するたびに電流の流れる向きが逆転する。

5 変圧器

1 相互誘導

A 棒磁石とコイルによる電磁誘導

図 29 (a)のように，コイルに棒磁石のN極を近づけると，電磁誘導により，赤色の矢印の向きに誘導電流が流れる。これはコイルを貫く磁力線が左向きに増加するため，その変化を打ち消そうと，青色の矢印のように右向きの磁力線をつくるように誘導電流が生じるからである。

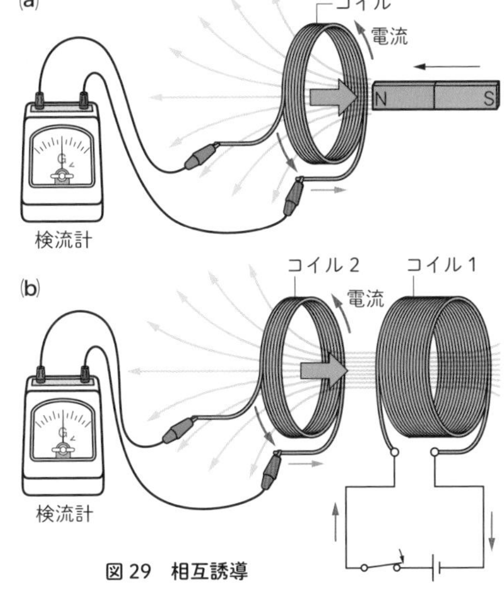

図 29　相互誘導

B 2つのコイルによる電磁誘導

図 29 (b)のように，コイルに棒磁石を近づける代わりに，近くにあるコイル 1 と電源からなる回路のスイッチを入れ，電流を流す。その瞬間，コイル 2 を左向きの磁力線が貫く。これは(a)のように棒磁石のN極をコイルに近づけたのと同じ結果になり，コイル 2 に誘導電流が流れる。

C 相互誘導

図 29 (b)のように，近くにあるコイル 1 の電流が変化するとコイル 2 に誘導電流が生じる。この現象を**相互誘導**という。スイッチを入れた瞬間と切った瞬間にだけ磁力線が変化するので，そのときだけコイル 2 に誘導電流が流れる。磁力線が変化しないと誘導電流は生じない。

2 変圧器

コイル1(一次コイル)を電池につないでスイッチを入れたり切ったりする代わりに，交流電源と接続する。交流は周期的に電流の向きと大きさが変化するので，コイル2(二次コイル)に誘導電流が流れる。二次コイル側には一次コイル側と等しい周波数の交流が生じる。また，2つのコイルの間で磁力線の漏れがなければ，一次コイルと二次コイルの交流電圧の比は巻き数の比に等しく，エネルギーの損失がなければそれぞれのコイルの「電力＝電流×電圧」は等しい。

+アルファ

導線や鉄心での発熱がなければ，それぞれのコイルの電力は等しい。

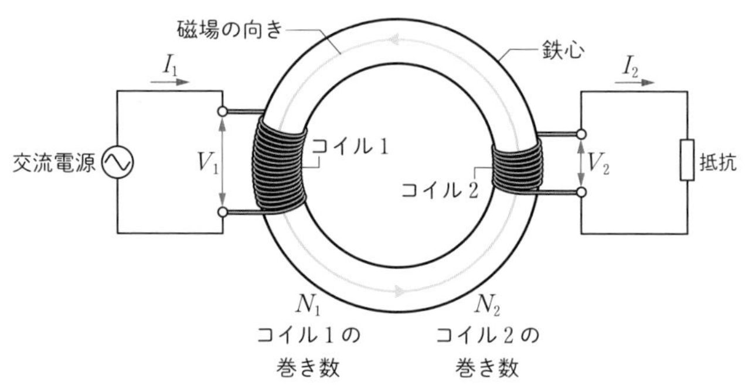

図30　変圧器の原理

POINT

一次コイル：巻き数N_1，電圧V_1，電流I_1

二次コイル：巻き数N_2，電圧V_2，電流I_2

$$V_1:V_2=N_1:N_2,\quad I_1V_1=I_2V_2$$

例題 62 変圧器

一次コイルの巻き数が500回，二次コイルの巻き数が1000回の変圧器がある。二次コイルの両端の端子をa，bとし，途中400回と800回のところから出ている端子をc，dとする。この変圧器の一次コイルに100Vの交流電圧を入力した。

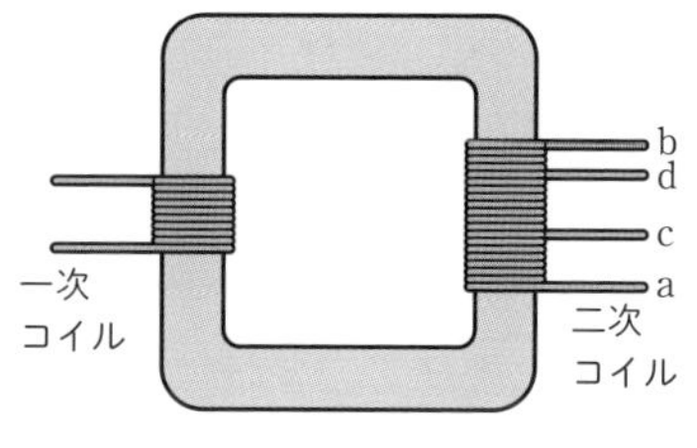

(1) ab間に生じる電圧はいくらか。

(2) cd間に200Ωの抵抗を接続した。流れる電流はいくらか。

考え方

(1) 電圧と巻き数の関係から求める。

(2) 電圧と巻き数の関係とオームの法則から求める。

解答

(1) $V_2=\dfrac{N_2}{N_1}V_1=\dfrac{1000\text{回}}{500\text{回}}\times 100\text{ V}=200\text{ V}$ …答

(2) cd間は巻き数が400回なので，(1)と同様にして　$V_2'=80.0\text{ V}$

オームの法則より　$I=\dfrac{V_2'}{R}=\dfrac{80.0\text{ V}}{200\ \Omega}=0.40\text{ A}$ …答

3 発電と送電

A 発電

火力発電は，化石燃料(石油，石炭，天然ガス)を燃やした際に発生する熱を使って，ボイラー内の水を高温・高圧の水蒸気にし，その蒸気で発電用の羽車であるタービンを回す。タービンに取り付けられた発電機によって電気をつくり出す。この際につくり出す電気は交流である。交流の利点は，変圧器を用いることで，容易に電圧の大きさを変化させることができることである。

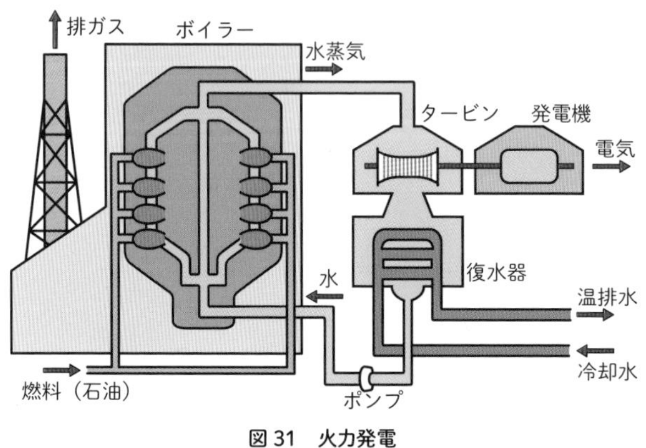

図 31　火力発電

B 送電

水力発電，火力発電，原子力発電など発電所でつくられた交流の電気は，変電所を経由して家庭に送られる。

ある大きさの電力 $P=IV$ の電気を送ることを考える。この式からわかるように，同じ電力 P を送るとき，電流 I を大きくしようとすれば電圧 V は小さくなる。逆に，電圧 V を大きくしようとすれば電流 I は小さくなる。一方，電気を送る際に，送電線(導線)には電気抵抗があるため，ジュール熱が発生し電力を消費してしまう。送電線に流れる電流を I，送電線の抵抗を R とすると，送電線による電力消費 P'(すなわち単位時間で発生するジュール熱 Q)は $P'=Q=RI^2$ となる。したがって，送電線による電力消費をなるべく抑えるために，発電所では送電する電圧を高くして，送電線に流れる電流を小さくするように工夫している。

送電

交流電圧は，変圧器を用いて容易に大きさを変えることができる。
送電線での消費電力を小さくするために，高電圧にして送る。

例題 63 送電における電力の損失

変電所から 2000 W の電力を送ることを考える。変電所から家庭までの送電線の抵抗は 2 Ωであった。

(1) 変電所での電圧は 1000 V であった。送電における電力の損失は何 W か。

(2) 変電所での電圧は 10000 V であった。送電における電力の損失は何 W か。

考え方 送電線での消費電力は $P=RI^2$ で与えられる。

解答

(1) 変電所での電圧が 1000 V，電力を 2000 W とすると，電力は $P=IV$ で与えられることより，送電電流は 2.000 A である。したがって，送電での電力の消費は

$$P=RI^2=2\ \Omega\times(2.000\ \mathrm{A})^2=8\ \mathrm{W}$$ …答

(2) (1)と同様に，変電所での電圧が 10000 V，電力を 2000 W とすると，電力は $P=IV$ で与えられることより，送電電流は 0.2000 A である。したがって，送電での電力の消費は

$$P=RI^2=2\ \Omega\times(0.2000\ \mathrm{A})^2=0.08\ \mathrm{W}$$ …答

注意 **このことより，高圧送電の方が送電における電力の損失が小さいことがわかる。**

C 家庭での電気の利用

私たちは，家庭に届いた交流 100 V の電圧を利用する。この際，多くの電化製品は，交流を直流に変換して利用している。

例えば，ノートパソコンなどの電気製品には，交流を直流に変換する AC アダプターがついている。この AC アダプターをコンセントに接続する。AC アダプター内には，変圧器とダイオード，コンデンサー，抵抗などの素子が入っている。交流電圧 100 V を変圧器で下げ，さらにダイオードを通して一方向のみの直流電圧にしている。

6 電磁波

1 電磁波の発生

A ヘルツの実験

携帯電話は電磁波を使って情報をやり取りする。電磁波は 19 世紀の物理学者マクスウェルが理論的にその存在を予言し，ヘルツがその後実験によって検出することに成功した。

ヘルツは電磁波が光と同じように，直進，屈折，反射することを確かめた。

B 電磁波の伝わり方

電磁波は，電場と磁場の変化が波として，空間を光の進む速さ c(＝3.0×10^8 m/s)で伝わっていく現象である。電磁波は横波である。**図 33** のように，電場も磁場も進行方向と垂直な方向に振動しており，電場の振動方向と磁場の振動方向は互いに直交している。電場あるいは磁場が 1 回の振動で進む距離を波長といい，記号 λ〔m〕で表す。周波数 f〔Hz〕の電磁波ならば単位時間の振動回数が f なので，単位時間に進む距離は $f\lambda$ である。したがって，**電磁波の速さ c〔m/s〕は**

$$c=f\lambda$$

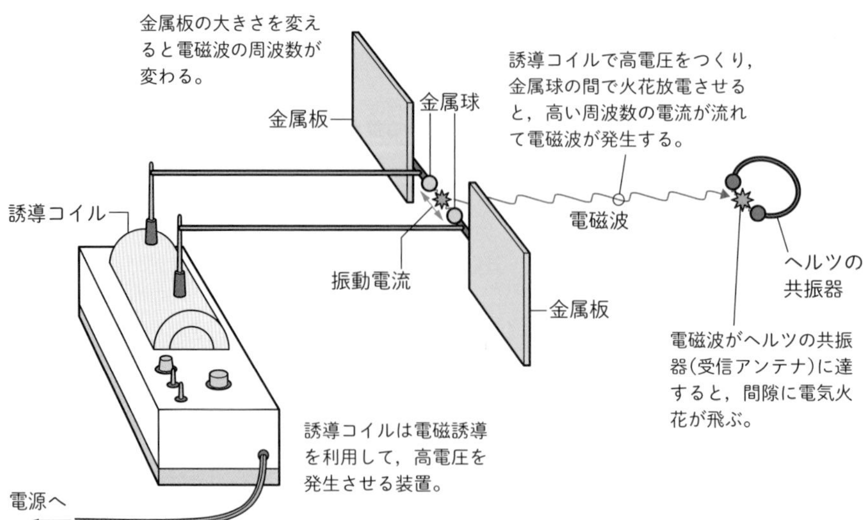
金属板の大きさを変えると電磁波の周波数が変わる。
金属板
金属球
誘導コイルで高電圧をつくり，金属球の間で火花放電させると，高い周波数の電流が流れて電磁波が発生する。
誘導コイル
電磁波
振動電流
ヘルツの共振器
金属板
電磁波がヘルツの共振器(受信アンテナ)に達すると，間隙に電気火花が飛ぶ。
誘導コイルは電磁誘導を利用して，高電圧を発生させる装置。
電源へ

図 32　電磁波の発生

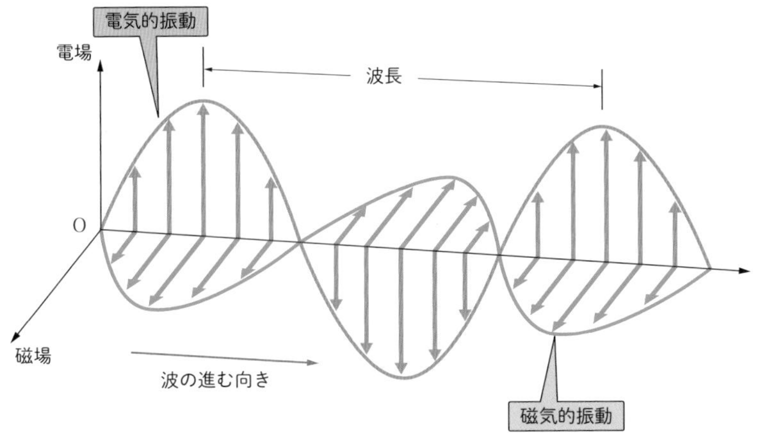

図 33　電磁波における電場と磁場の様子

電磁波は光速 c〔m/s〕で進む
電磁波の波長を λ〔m〕，周波数を f〔Hz〕とすると

$$c=f\lambda,\quad c=3.0\times10^{8}\ \mathrm{m/s}$$

2　電磁波の分類と利用

電磁波は周波数や波長の違いにより，異なった性質を示す。

> ＋アルファ
> 1 nm＝10^{-9} m
>
> いわゆる虹の7色は，波長が長いものから順に赤，橙，黄，緑，青，藍，紫である。

A 光

光は電磁波である。特に波長が約 380 nm〜770 nm（周波数が 3.9×10^{14} Hz〜7.9×10^{14} Hz）の電磁波を**可視光線**という。可視光線は人が目で見ることのできる光である。可視光線の波長が 700 nm 程度であれば赤色，500 nm 程度であれば緑色，400 nm 程度であれば紫色，というように，人は波長の違いを色の違いとして認識する。

B 赤外線

可視光線の赤よりも波長の長い電磁波（波長が 770 nm 〜 100 μm）を**赤外線**という。人は赤外線を見ることはできない。赤外線は温度の高い物体から放射され，物を温める性質がある。

> ＋アルファ
> 1 μm＝10^{-6} m

C 紫外線

可視光線の紫よりも波長の短い電磁波(波長が約 1 nm ～ 380 nm)を**紫外線**という。紫外線には殺菌作用がある。

D X線・γ線

紫外線よりもおおむね波長の短い電磁波は**X線**とよばれる。X線は物質を透過するので，医療検査に使われる。レントゲンによって発見された。**γ線**はX線よりさらに波長が短い電磁波である。

E 電波

波長が0.1 mmよりも長いものが電波である。1 mm程度のものは**ミリ波(EHF)**でレーダーや電波望遠鏡に使われる。1 cm程度のものは**センチ波(SHF)**でレーダーや衛星通信に使われている。さらに波長の長くなる順に，**極超短波(UHF)**，**超短波(VHF)**，**短波(HF)**，**中波(MF)**，**長波(LF)**と続く。中波(MF)は国内向けラジオ放送に使われている。携帯電話やPHS，電子レンジ，TV放送に使われている電波は極超短波(UHF)である。

F 電波による通信

電波により情報を送る方法には2つある。情報を振幅の変化によって伝えるものを**振幅変調(AM)**，周波数の変化によるものを**周波数変調(FM)**という。

表2　電磁波の利用

名称			波長	周波数	用途
電波	超長波(VLF)		10～100 km	3～30 kHz	海中での通信
	長波(LF)		1～10 km	30～300 kHz	船舶，航空機用通信，電波時計
	中波(MF)		100～1000 m	300～3000 kHz	国内向けラジオ放送
	短波(HF)		10～100 m	3～30 MHz	ラジオ短波放送
	超短波(VHF)		1～10 m	30～300 MHz	ラジオFM放送，テレビ放送(アナログ波)
	マイクロ波	極超短波(UHF)	10～100 cm	300～3000 MHz	携帯電話，電子レンジ，TV放送(地上波デジタル)
		センチ波(SHF)	1～10 cm	3～30 GHz	電話中継，衛星通信，レーダー
		ミリ波(EHF)	1～10 mm	30～300 GHz	電話中継，レーダー，電波望遠鏡
		サブミリ波	100～1000 μm	300～3000 GHz	電波望遠鏡
赤外線			約770 nm～100 μm	(省略)	赤外線写真，熱線医療，赤外線リモコン
可視光線			約380～約770 nm		光学機器，光通信
紫外線			1～約380 nm*		殺菌灯，化学作用
X線			0.01～10 nm*		X線写真，材料検査，医療
γ線			0.1 nm未満*		材料検査，医療

*　紫外線とX線，X線とγ線の波長は一部重なり，厳密な境界はない。

この章で学んだこと

1 電流のつくる磁場

(1) **磁石** 磁極(N 極と S 極)が存在。

(2) **磁場** 空間に生じた，磁気力を伝える媒体。

(3) **磁力線** 磁場の様子を表す。

(4) **電流のつくる磁場** 電流の向きに右ねじが進むように回転させたときの回転の向きが磁場の向きとなる(右ねじの法則)。

2 モーター

電流が磁場から受ける力を利用して電気エネルギーを力学的な仕事に変える装置が**モーター**である。

3 電磁誘導と発電機

(1) **電磁誘導**

コイルに検流計をつなぎ，コイルに対して棒磁石を出し入れすると，検流計の針が動き，コイルに電流が流れたことがわかる。これを**電磁誘導**といい，流れる電流を**誘導電流**という。

(2) **発電機**

外力により，モーター内のコイルを軸の回りに回転させると，誘導電流が流れる。これが発電機の原理である。

4 交流

(1) **直流と交流**

直流 向きや大きさが時間変化することはない電気。

交流 向きや大きさが周期的に変化するような電気。

交流では，電圧や電流の最大値の 0.7 倍(正確には $\frac{1}{\sqrt{2}}$ 倍)が実際の効果をもつ値として，**実効値**という。

(2) **交流の周波数(振動数)と周期**

電流，電圧の単位時間あたりの繰り返しの回数(振動数)を周波数といい，単位はヘルツ(記号 Hz)である。

交流が 1 回振動する時間 T〔s〕を周期という。周期 T と周波数 f の間には $fT=1$ の関係がある。

(3) **交流の発生**

磁場中でコイルを回転させれば，コイルに誘導電流が流れる。

5 変圧器

コイル 1 の電圧とコイル 2 の電圧の比はコイル 1 とコイル 2 の巻き数の比になる。

$$V_1 : V_2 = N_1 : N_2$$

$$I_1V_1 = I_2V_2$$

6 電磁波

電磁波は電場と磁場の変化が波として空間を光の速さ c で伝わっていく。

波長の違いで，電波，赤外線，可視光線，紫外線，X 線，γ 線に分類することができる。

定期テスト対策問題 4

解答・解説は p.633 ～ 634

1 黒鉛筆で方眼紙のマスを濃く均一に塗りつぶして電気抵抗をつくり，合成抵抗の実験をする。**図 1** のように，12×1 マスの太線を 2 本かき，太線の端を導線に接続し，導線の他端を端子に接続する。端子間の合成抵抗をテスターを使って測定する。ただし，同じ幅の太線の抵抗は長さに比例するものとし，方眼紙は電気を通さないものとする。

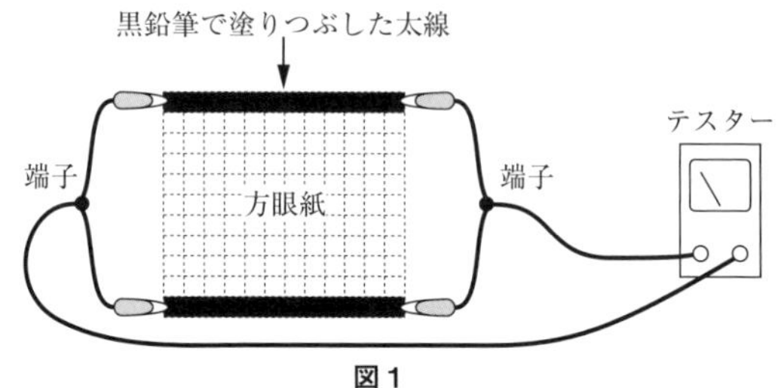

図 1

図 2 のように，12×1 マスの太線をかき加え，太線の端を導線で端子に接続する。この操作を繰り返して行い，1 回ごとに合成抵抗を測定する。太線の数 M に対する合成抵抗の測定値を示した図として最も適当なものを，下の①～⑤のうちから 1 つ選べ。 （センター本試）

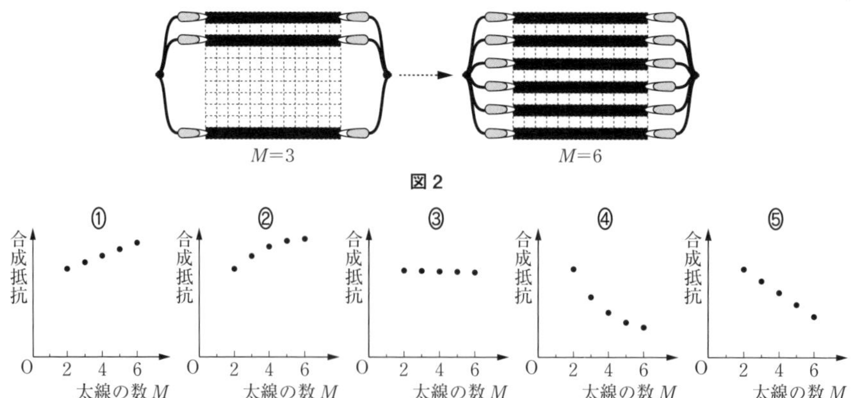

2 抵抗率が $1.1 \times 10^{-6}\ \Omega \cdot \mathrm{m}$，断面積 $50\ \mathrm{mm^2}$，長さ $20\ \mathrm{m}$ のニクロム線に，0.50 V の電圧をかけた。このとき，次の問いに答えよ。

(1) このニクロム線の抵抗はいくらか。また，流れる電流はいくらか。

(2) 同じニクロム線で断面積 $100\ \mathrm{mm^2}$，長さ $60\ \mathrm{m}$ のものの抵抗は，上に示した抵抗の何倍か。

3 12 V の直流電源と 3 つの抵抗(12 Ω，20 Ω，30 Ω の抵抗値)を用いて，図のような回路を組んだ。

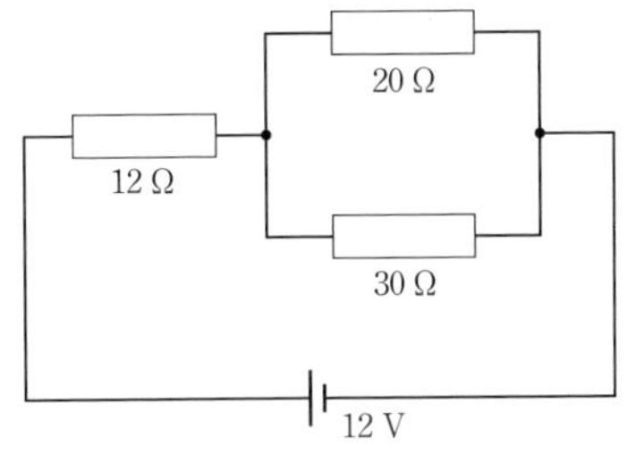

(1) 回路全体の合成抵抗は何Ωか。

(2) 回路に流れる電流は何 A か。

(3) 20 Ω の抵抗に流れる電流は何 A か。

4 コイルに流れる電流と磁場の向きの関係を調べるため，図のように導線でコイルをつくり，直流電源と接続した。図では右が北，手前が東になっており，コイルは南北を向いている。そこに図のように 4 つの方位磁針(a)〜(d)を，(a)は導線 AB の真下，(b)はコイルの東側，(c)はコイルの中，(d)はコイルの西側にそれぞれ配置した。電源のスイッチを入れる前はすべての方位磁針は北向きである。電源のスイッチを入れたところ，方位磁針(a)は北西を向いた。以下の問いに答えよ。

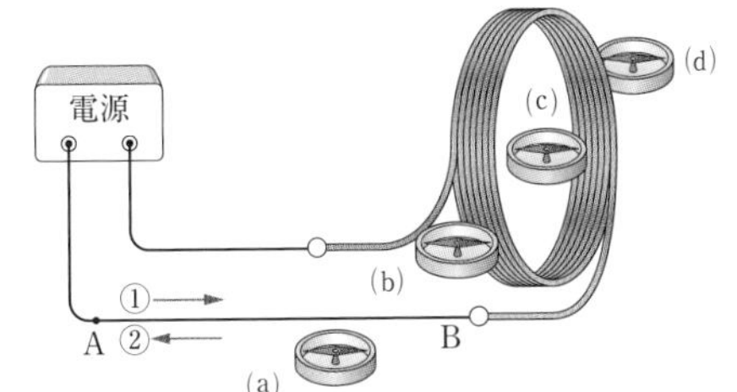

(1) 導線を流れる電流の向きは①，②のどちら向きか。

(2) スイッチを入れたとき，(a)が北西を向いたのはなぜか。以下の(ア)〜(ウ)の文章の中から最も適切なものを 1 つ選べ。

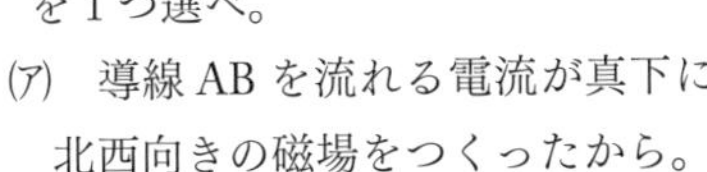

(ア) 導線 AB を流れる電流が真下に北西向きの磁場をつくったから。

(イ) 導線 AB を流れる電流は真下に西向きの磁場をつくったが，地球の磁場は北向きなので，真下に北西向きの磁場ができた。

(ウ) 導線 AB を流れる電流は真下に東向きの磁場をつくったが，地球の磁場は南向きなので，真下に南東向きの磁場ができた。

(3) このとき方位磁針(b)，(c)，(d)はどうふるまうか述べよ。ただし，コイルのつくる磁場は，地球のつくる磁場に比べて十分に強いものとする。

ヒント

4 (2) 地球磁場と導線のつくる磁場というように，同時に 2 つの向きに磁場がある場合には，これらの合成がその場所での磁場となる。

5 電流が磁場から受ける力を調べるため，図のようにU字型磁石のN極とS極の間に銅線をつるし，乾電池を図のように接続した。以下の問いに答えよ。

(1) 電子の流れる向きは①，②のどちらか。

(2) 磁石のつくる磁場の向きは(a)，(b)のどちらか。

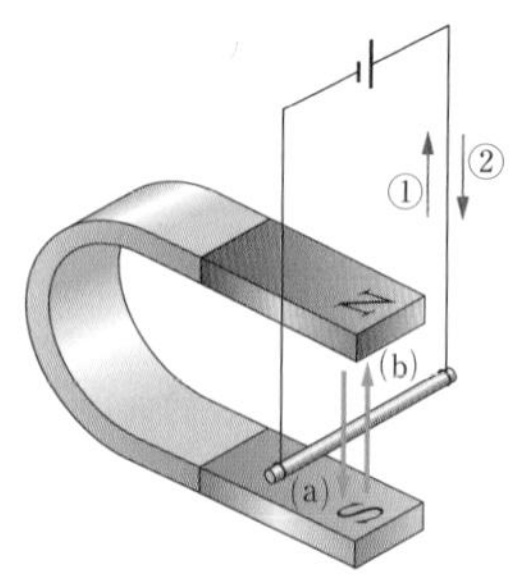

6 コイルに検流計を接続し，コイルの上方で棒磁石のN極を近づけたところ，誘導電流が①の向きに流れた。コイルに対して棒磁石を図(A)〜(D)のように動かすとき，誘導電流は①，②どちらの向きに流れるか。電流が流れないときは0と記せ。

(A) コイルの上方でN極を遠ざける　(B) コイルの中で棒磁石を止める

(C) コイルの下方でS極を遠ざける　(D) コイルの下方でS極を近づける

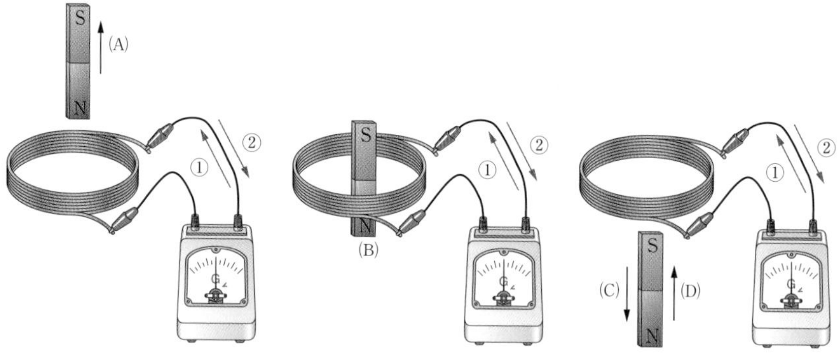

7 一次コイルの巻き数が500回，二次コイルの巻き数が1000回の変圧器がある。その一次コイル側に120 V，50 Hzの交流電源を，二次コイル側には2000 Ωの抵抗を接続した。以下の問いに答えよ。

(1) 二次コイルに生じる交流の周波数はいくらか。

(2) 二次コイルに生じる誘導起電力の大きさはいくらか。

(3) 抵抗に流れる電流は何mAか。

Basic Physics

物理基礎

第5部

物理学の拓く世界

MY BEST　Basic Physics

第  章　物理量の測定

|1| 単位と次元

|2| 有効数字

|3| 物理の計算で使う数学の公式

1 単位と次元

1 単位

A 基本単位

長さや質量を数量的に表現するためには，共通の基準が必要である。これが**単位**である。世界中の長さの単位は国や地方によってさまざまであるが，m(メートル)を世界共通の約束としているのが**国際単位系(SI)**である。

国際単位系には長さの他に，質量 kg(キログラム)，時間 s(秒)，電流 A(アンペア)があり，これらを**MKSA 単位系**の**基本単位**としている。

国際単位系(SI)は MKSA 単位系に温度 K(ケルビン)，物質量 mol (モル)などを加えたものを基本単位としている。

国際単位系(SI)
・長さ m
・質量 kg
・時間 s
・電流 A
（以上 MKSA 単位系）
・温度 K
・物質量 mol
・光度 cd (カンデラ)

B 物理量

長さや質量などの量を**物理量**という。物理量がある具体的な値をもつことは

物理量＝数値×単位

と表される。例えば長さを表す 5.0 m は 5.0×m の意味で，単位の m は「1 m の長さそのもの」を表す。つまり 5.0 m は「1 m の長さそのもの」の 5.0 倍の長さという意味になる。

C 組立単位

基本単位を組み合わせることにより，さらに多くの単位をつくることができる。これを**組立単位**という。すでに学習したように，速さは

$$速さ=\frac{距離}{時間}$$

で定義される。5.0 m 進む時間が 2.0 s であるとき，速さは

$$速さ=\frac{5.0\ \mathrm{m}}{2.0\ \mathrm{s}}=\frac{5.0\times\mathrm{m}}{2.0\times\mathrm{s}}=2.5\times\frac{\mathrm{m}}{\mathrm{s}}=2.5\ \mathrm{m/s}$$

と計算する。単位も通常の代数と同じように計算する。速さの単位である m/s (メートル毎秒)は，計算に現れる $\frac{\mathrm{m}}{\mathrm{s}}$ をそのまま 1 行で表したものである。m/s は組立単位である。

D グラフや表での単位の表し方

グラフの両軸の目盛りや表中の数値には煩わしさを避けるため，単位を付けない。そのため，それらの「数値」がどの「物理量」をどの「単位」で表したものかを，グラフの軸ラベルとして，あるいは表の見出しの欄に明示する必要がある。「物理量」は「数値」と「単位」の積であるので，「物理量」を「単位」で割れば，「物理量」を「単位」で表記したときの「数値」が得られるという立場から，SI ではこれを「物理量／単位」と表記することを推奨している。たとえば，長さ L を単位 cm で表したときの数値であることを，記号「L/cm」で表す。物理の専門書や論文，データ集などでは SI 推奨の記法が主流になってきている。また，以前から用いられてきた「L(cm)」という記法も，国際的に用いられている。日本の高校教科書では，従来丸かっこの「L(cm)」が広く用いられてきたが，近年は「L〔cm〕」が使用されていることが多い。

例題 64 組立単位

ある物体の体積が V〔$\mathrm{m^3}$〕で，その質量が M〔kg〕であるとき，密度 ρ は $\rho=\dfrac{M}{V}$ で表される。

(1) 基本単位のみから組み立てられる，密度の SI 単位は何か。

(2) 水は体積 1.0 $\mathrm{cm^3}$ あたりの質量が 1.0 g である。水の密度を(1)で求めた SI 単位系で表せ。

考え方 単位は文字式と同じように計算できるので，ある物理量の定義式が与えられれば，その単位(組立単位)が決まる。

解答

(1) $\rho=\dfrac{M〔\mathrm{kg}〕}{V〔\mathrm{m^3}〕}$ であるので，ρ の単位は $\mathrm{kg/m^3}$ である。　$\mathrm{kg/m^3}$ …答

(2) $1.0\ \mathrm{cm^3}=1.0\times10^{-6}\ \mathrm{m^3}$，$1.0\ \mathrm{g}=1.0\times10^{-3}\ \mathrm{kg}$ である。

$$1.0\ \mathrm{g/cm^3}=\frac{1.0\ \mathrm{g}}{1.0\ \mathrm{cm^3}}=\frac{1.0\times10^{-3}\ \mathrm{kg}}{1.0\times10^{-6}\ \mathrm{m^3}}=1.0\times10^{3}\ \mathrm{kg/m^3}$$

$1.0\times10^{3}\ \mathrm{kg/m^3}$ …答

2 次元

A 次元

m（メートル），in（インチ），yd（ヤード）などはすべて長さを表す単位である。長さをどのような単位で表そうと，それが長さを表すことに変わりはない。そこで，どのような単位で表した長さであっても，すべて「長さ」という同じ**次元**をもつと考える。質量や時間についても同様であり，長さ(Length)，質量(Mass)，時間(Time)の次元を記号L，M，Tで表す。

B 次元式

物理量Aの次元を[A]とかく。速さv(m/s)の次元は$[v]=[\mathrm{LT^{-1}}]$である。これを**次元式**という。次元式は，その物理量がL，M，Tとどのような関係にあるのかを示す式である。力学で扱う物理量の次元式は$[\mathrm{L}^x\mathrm{M}^y\mathrm{T}^z]$の形をしている。速さの次元式は$[\mathrm{LM^0T^{-1}}]$となり，$x=1$，$y=0$，$z=-1$である。これから速さが，長さ，質量，時間とどのような関係にあるのかがわかる。

> **＋アルファ**
> 0乗は関係しないことを示す。また，1乗の1は省略する。

注意 **力にはN，圧力にはPaのように，固有の単位がSIで認められているものもあるが，これらも基本単位を用いて表すことができる。**

例題 65 次元式

次の物理量の次元式，および SI 単位を答えよ。

(1) 加速度　　(2) 力

考え方 ある物理量の定義式が与えられれば，その単位(組立単位)が決まる。

解答

(1) 加速度は単位時間あたりの速度の変化量で定義されている。Δt(s)間に速度がΔv(m/s)変化するときの加速度aは$a=\dfrac{\Delta v}{\Delta t}$である。$[\Delta v]=[\mathrm{LM^0T^{-1}}]$，

$[\Delta t]=[\mathrm{L^0M^0T}]$であるから，$[a]=\left[\dfrac{\mathrm{LM^0T^{-1}}}{\mathrm{L^0M^0T}}\right]=[\mathrm{LM^0T^{-2}}]$となる。また，L=m，T=sとおけば，SI単位は$\mathrm{m/s^2}$　　次元式：$[\mathrm{LM^0T^{-2}}]$，SI単位：$\mathrm{m/s^2}$ …答

(2) 質量mの物体が力Fを受けると加速度aが生じる。これらの間には，ニュートンの運動方程式より$ma=F$の関係式が成り立つ。

$$[F]=[m][a]=[\mathrm{L^0M^1T^0}][\mathrm{LM^0T^{-2}}]=[\mathrm{LMT^{-2}}]$$

L=m，M=kg，T=sとおけば，SI単位は$\mathrm{kg\cdot m/s^2}$

次元式：$[\mathrm{LMT^{-2}}]$，SI単位：$\mathrm{kg\cdot m/s^2}$ …答

注意 **$\mathrm{kg\cdot m/s^2}$ をN(ニュートン)と表記する。**

C 次元解析

いままで学習してきた $v=v_0+at$，$ma=F$ などの方程式は，すべて異なる物理量の間に成り立つ関係式である。これらの関係式は左辺と右辺を等号で結びつけ，両辺が等しいことを示している。あらゆる物理量には次元があるので，これらの関係式は両辺の次元が等しいこと，さらには，各辺を加減算で構成するすべての項(加減算の対象)の次元が等しいことをも意味している。これを**同次元の原理**という。

例えば $v=v_0+at$ の関係に着目しよう。左辺の v の次元式は$[\mathrm{LM^0T^{-1}}]$である。右辺の v_0 はもちろん同じ次元，at の次元式は$[\mathrm{LM^0T^{-2}}][\mathrm{L^0M^0T}]=[\mathrm{LM^0T^{-1}}]$となり，左辺の次元と一致する。

方程式中に現れる加速度 a×時間 t などのように，異なる次元をもつ物理量の積や商をとることはできる。しかし，これらの和や差をとることはできない。加速度 a＋時間 t という式は無意味である。

同次元の原理を用いて，異なる物理量の間に成り立つ未知の関係式を推察することができる。これを**次元解析**という。

物理量の間の関係式では，同次元の原理が成り立たなければならない。それは，式中のいくつかの物理量が具体的な値で置き換えられた場合も同様である。したがって，関係式に含まれる具体的な値は，その数値だけでなく，数値と単位との積の形でなければならない。

ところが，「同次元の原理」に反する記述がしばしば現れる。一つの例が，空気中の音速の式やセ氏温度と絶対温度の間の関係式である。式中の数値に付けるべき単位を省略することによって，同じ文字 v，t，T が，それぞれ，物理量の音速 v〔m/s〕，セ氏温度 t〔℃〕，絶対温度 T〔K〕を，対応する単位で表したときの数値のみを意味するものと見なしていることがある。この場合，それぞれの文字が物理量を表しているのか数値のみを表しているのかを注意して確認する必要がある。

2 有効数字

1 測定と誤差

A 偶然誤差

図 1 の物体の長さを 30 cm のものさしで測る。いくらだろうか。物体の左端は 1.5 cm，右端は 7.8 cm と読める。しかし，ものさしなどの測定器具では，**最小目盛りの $\frac{1}{10}$ まで読む**のが原則である。すると左端は 1.55 cm，右端は 7.85 cm であり，物体の長さは 7.85 cm－1.55 cm＝6.30 cm となる。だが，ほんとうに左端は 1.55 cm なのだろうか。1.546 cm ではないのだろうか。あるいは真の値は 1.554 cm なのかもしれない。こうした違いを判定することは，このものさしではできない。1.55 cm の 3 桁目の 5 は，測定の限界による誤差を含んだ値なのである。長さの測定手段をマイクロメーターのような，より精密な器具に変更すれば，さらに精度を高めた計測が可能となる。しかし，それでも測定値の最後の値には，それ以上どうしようもない誤差が存在する。どのような測定器具を用いても無限の精度で測定値を決定することはできない。

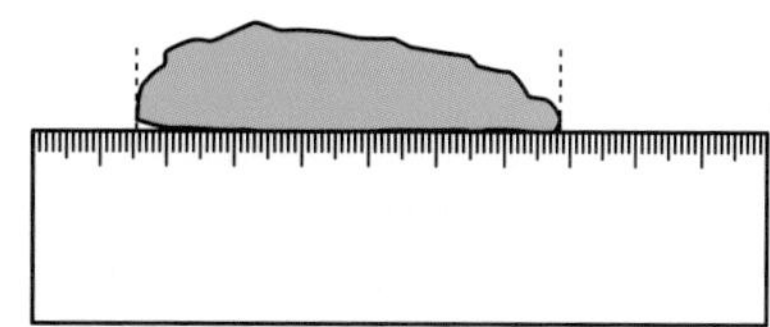
図 1　ものさしで長さを測る

このように，あらゆる測定には避けることのできない**誤差**が存在する。こうした誤差を**偶然誤差**という。誤差には，ある特定の原因による**系統誤差**や個人の不注意による**個人誤差**などがある。系統誤差や個人誤差は測定器を適切なものにしたり，個人が注意したりすればある程度は取り除くことができる。しかし，偶然誤差は原理的に取り除くことのできない誤差である。一般に誤差は

誤差＝測定値－真の値

とかかれるが，真の値がわからないのと同様に，誤差の値も知ることができない。測定の繰り返しや，測定時の状況を考察することによって，その大きさの程度が「不確かさの度合い」として見積ることができるだけである。

2 有効数字

A 有効数字

図 1 の物体の左端の測定値として 1.55 cm が得られたとき，測定値として意味のある数字を**有効数字**という。例えば，1.55 cm では 1，5，5 の 3 桁が有効数字である。最後の桁の数字 5 には誤差が伴うが，ここまでは実際に測定した数値

であり，記録する意味がある。もし測定結果を 1.6 cm と記録すれば，有効数字は 2 桁となり信頼度が下がる。1.60 cm と書けば最後の桁が 0 であることを測定しているので，有効数字は 3 桁となり信頼度が上がる。

B 有効数字の表し方

物体の質量を測ったら 5000 g であったとき，どこまでが有効数字か不明である。5.0×10^3 g と表記すれば，有効数字は 2 桁，5.00×10^3 g ならば，有効数字は 3 桁，5.000×10^3 g ならば，有効数字は 4 桁であることが明瞭となり，有効数字を位取りの 0 と区別することができる。0.00234 kg のような場合，2 の前の 0 は位取りを表すので，有効数字ではない。有効数字は 2，3，4 の 3 桁である。このままの表記でもまぎれはないが，これを 2.34×10^{-3} kg と表記すればより明確になる。このような数値の記法を科学的表記あるいは指数表記という。

C 測定値どうしの計算(積と商)

1 辺が 10.2 cm，もう 1 辺が 8.5 cm の長方形の面積はいくらだろう。

10.2 cm は有効数字 3 桁で，最後の 2 は誤差を含む。すると 1 辺の真の値 x は $10.15\ \mathrm{cm}\leqq x<10.25\ \mathrm{cm}$ の範囲にあると考えられる。同様にもう 1 辺の真の値 y も $8.45\ \mathrm{cm}\leqq y<8.55\ \mathrm{cm}$ の範囲になる。すると長方形の面積 xy の真の値は $10.15\ \mathrm{cm}\times8.45\ \mathrm{cm}\leqq xy<10.25\ \mathrm{cm}\times8.55\ \mathrm{cm}$ の範囲に存在する。すなわち

$$85.7675\ \mathrm{cm}^2\leqq xy<87.6375\ \mathrm{cm}^2$$

である。長方形の面積を $10.2\ \mathrm{cm}\times8.5\ \mathrm{cm}=86.7\ \mathrm{cm}^2$ と計算すれば，86.7 cm^2 はこの範囲に入ってはいる。しかし，最後の 7 はまったく意味がない。これが 0 から 9 までのどの値でも，やはり上の範囲に入るからである。そこで最後の 7 を四捨五入し，計算結果を 87 cm^2 とする。最後の 7 は誤差を含むので真の値は

$$86.5\ \mathrm{cm}^2<xy<87.4\ \mathrm{cm}^2$$

となり，先の範囲内に収まる。

一般に有効数字の異なる測定値を用いて積や商を計算した結果の有効数字は，計算に用いた元の測定値のうち，桁数の少ない有効数字にあわせる。有効数字が 2 桁と 3 桁の測定値を用いた場合，その積や商の有効数字は 2 桁となる。

D 測定値どうしの計算(和と差)

測定値 324 cm と 0.671 cm の和は 324.671 cm となり，有効数字が 6 桁に見える。しかし 324 cm は一の位，0.671 cm は小数第三位に誤差を含み後者は一の位の誤差に含まれてしまうので，324.671 cm の小数第一位を四捨五入し 325 cm とする。

たとえば，6.6 と 5.8 の和と差はそれぞれ 12.4 と 0.8 となる。このように，加減算では有効数字の桁数が増減する場合があるので注意が必要である。

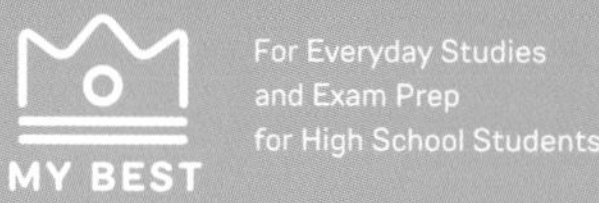

3　物理の計算で使う数学の公式

1　2次方程式

$ax^2+bx+c=0\,(a\neq 0)$ の解は　　$x=\dfrac{-b\pm\sqrt{b^2-4ac}}{2a}$

例　$x^2-3x+2=0$ では，上の式にあてはめると，$a=1$，$b=-3$，$c=2$ なので，解は

$$x=\frac{-(-3)\pm\sqrt{(-3)^2-4\cdot1\cdot2}}{2\cdot1}=\frac{3\pm1}{2}\qquad x=2,\ 1$$

注意　$x^2-3x+2=(x-2)(x-1)$ と因数分解すれば

$(x-2)(x-1)=0$　より $x=2$，1 と求めることができる。

2　三角比・三角関数

A　三角比

直角三角形の各辺の比は角 θ で決まる。

$$\sin\theta=\frac{c}{a},\quad \cos\theta=\frac{b}{a},\quad \tan\theta=\frac{c}{b}$$

θ	0°	30°	45°	60°	90°
$\sin\theta$	0	$\frac{1}{2}$	$\frac{1}{\sqrt{2}}$	$\frac{\sqrt{3}}{2}$	1
$\cos\theta$	1	$\frac{\sqrt{3}}{2}$	$\frac{1}{\sqrt{2}}$	$\frac{1}{2}$	0
$\tan\theta$	0	$\frac{1}{\sqrt{3}}$	1	$\sqrt{3}$	

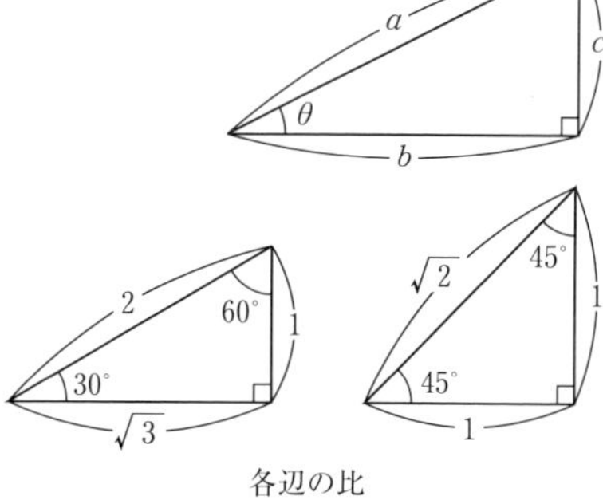

各辺の比

B　三角関数

角 θ の動径と，原点を中心とする半径1の円との交点を $\mathrm{P}(x,\ y)$ とすると

$$\sin\theta=\frac{y}{1},\quad \cos\theta=\frac{x}{1}$$

が成り立つ。$0°\leqq\theta\leqq360°$ で $-1\leqq x\leqq1$，$-1\leqq y\leqq1$ の範囲で変化するので，$\sin\theta$，$\cos\theta$ は θ とともに次のように変化する。

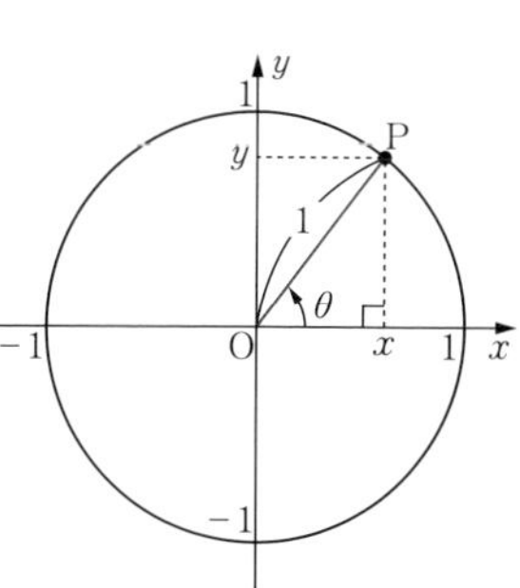

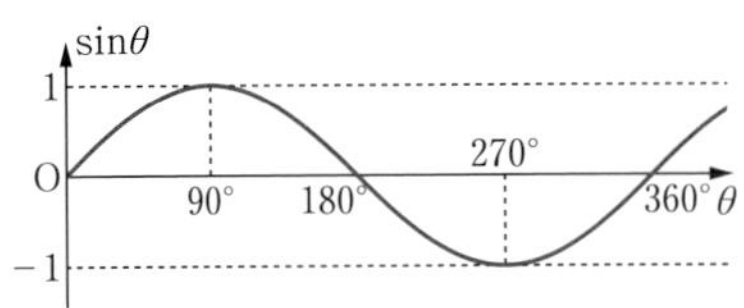

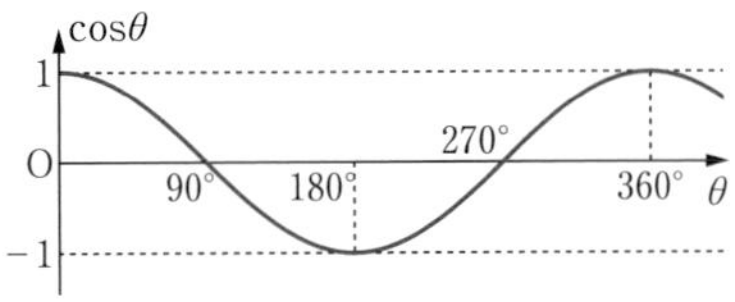

C 三角関数の公式

$\sin^2\theta+\cos^2\theta=1$, $\tan\theta=\dfrac{\sin\theta}{\cos\theta}$

$\sin(\theta+90^\circ)=\cos\theta$, $\cos(\theta-90^\circ)=\sin\theta$

3 ベクトル

A ベクトルの表記

ベクトルは大きさと向きをもつ量なので，矢印で表す。これを $\vec{a}$ や $\overrightarrow{\mathrm{AB}}$ のような記号で表記する。矢印の向きがベクトルの向き，長さがベクトルの大きさである。ベクトル $\vec{a}$ の大きさを単に a あるいは $|\vec{a}|$ と表すことが多い。

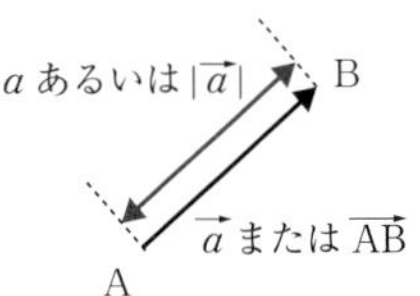

1 次元(直線上)のベクトルは，向きを符号で表すので正負の値をとる。1 次元のベクトル a の大きさは $|a|$ と表すことが多い。

B ベクトルの負号

ベクトル $\vec{a}$ に負号をつけた $-\vec{a}$ は，$\vec{a}$ と大きさが等しく，向きが反対のベクトルを表す。

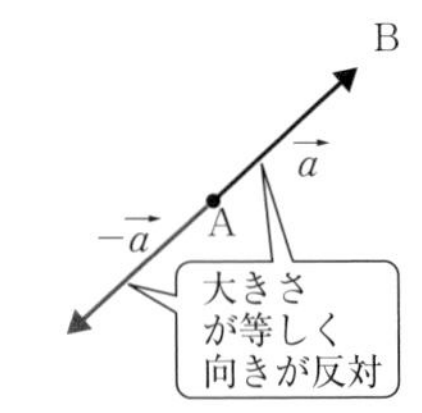

C ベクトルの和(合成)

$\vec{c}=\vec{a}+\vec{b}$ として $\vec{a}$ と $\vec{b}$ の和 $\vec{c}$ を求めるには，$\vec{a}$ と $\vec{b}$ を平行四辺形の法則により合成すればよい。

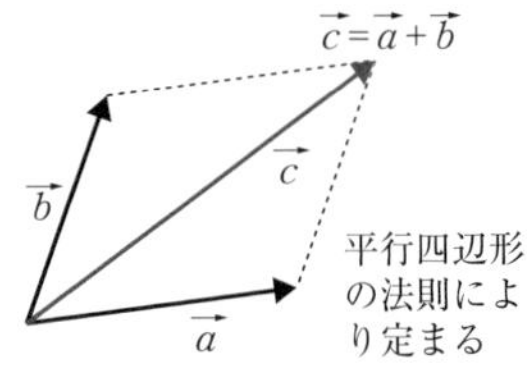

D ベクトルの差

$\vec{d}=\vec{a}-\vec{b}$ として $\vec{a}$ と $\vec{b}$ の差 $\vec{d}$ を求めるには，$\vec{a}-\vec{b}=\vec{a}+(-\vec{b})$ として $\vec{a}$ と $-\vec{b}$ を平行四辺形の法則により合成すればよい。

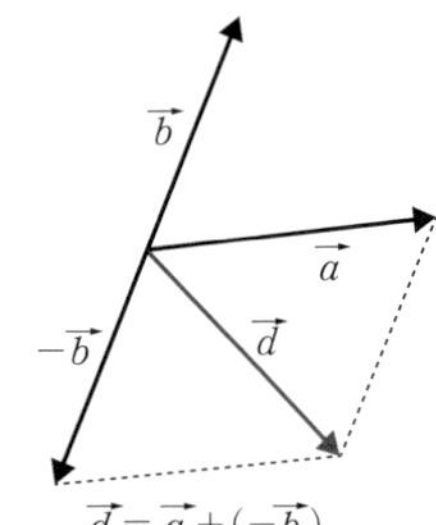

E ベクトルの定数倍

ベクトル $\vec{a}$ を k 倍したベクトル $k\vec{a}$ は，$k>0$ のとき，$\vec{a}$ と同じ向きで，大きさが a の k 倍のベクトルを表す。

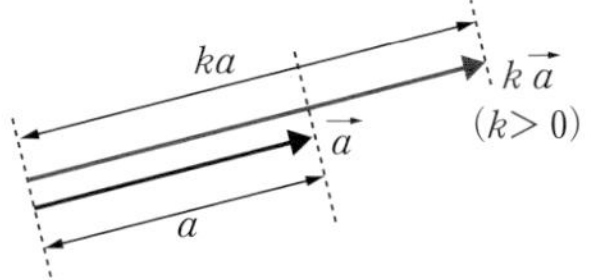

F ベクトルの分解

ベクトル $\vec{c}$ を2つの方向のベクトル $\vec{a}$，$\vec{b}$ に分解することができる。$\vec{c}$ が力のベクトルの場合は，$\vec{a}$，$\vec{b}$ を分力という。分力 $\vec{a}$，$\vec{b}$ とベクトル $\vec{c}$ は同一平面上にある。

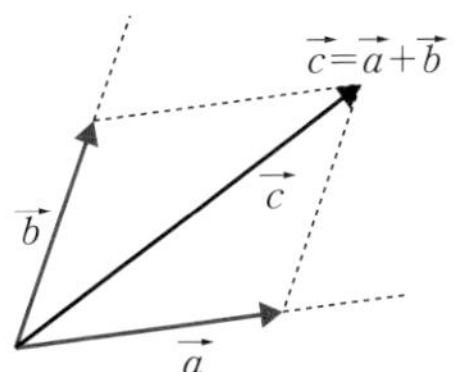

4 ベクトルの成分表示

ベクトル $\vec{a}$ を，直交する x 方向，y 方向に分解すると便利である。分解で得られたベクトルの大きさに，それぞれの座標軸と同じ向きのときはそのまま，逆向きのときはマイナスをつけたものが，その座標軸方向の成分となる。

$$\vec{a} \longleftrightarrow (a_x,\ a_y)$$

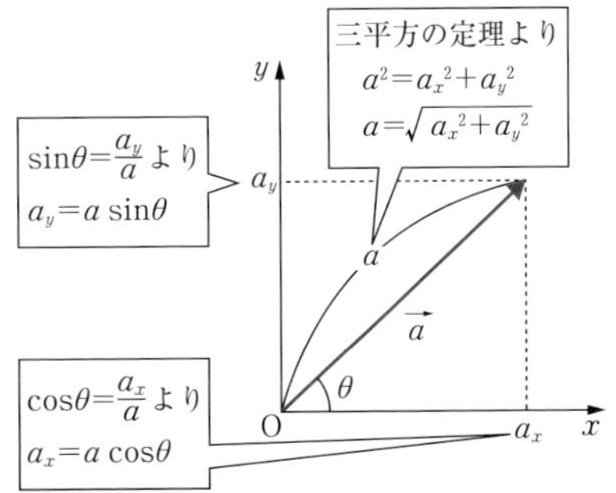

5 ベクトル合成の成分表示

$\vec{a}$ と $\vec{b}$ の和 $\vec{c}=\vec{a}+\vec{b}$ は3のCのように平行四辺形の法則で求めることができるが，ベクトルの成分表示によっても求めることができる。ベクトル $\vec{a}$，$\vec{b}$，$\vec{c}$ を成分表示すると

$$\vec{a} \longleftrightarrow (a_x,\ a_y)$$
$$\vec{b} \longleftrightarrow (b_x,\ b_y)$$
$$\vec{c} \longleftrightarrow (c_x,\ c_y)$$

$\vec{c}=\vec{a}+\vec{b}$ の関係より

$$c_x=a_x+b_x$$
$$c_y=a_y+b_y$$

の関係が成り立つ。

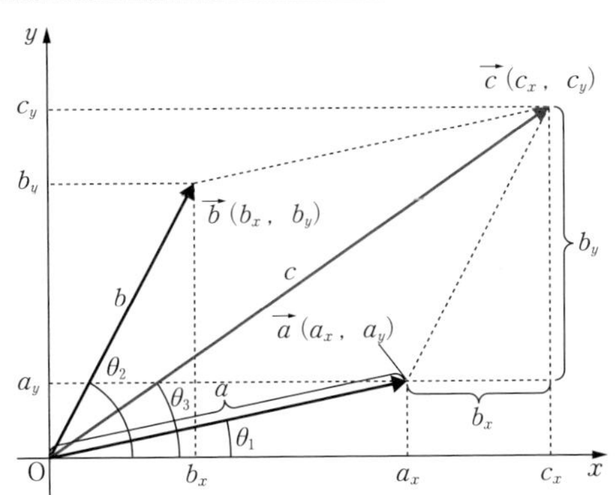

この章で学んだこと

1 単位と次元

(1) 物理量

長さや質量などの量を物理量という。

物理量＝数値×単位

(2) 基本単位

国際単位系(SI)の基本単位

長さ　m(メートル)
質量　kg(キログラム)
時間　s(秒)
電流　A(アンペア)

など。

(3) 組立単位

基本単位を組み合わせることによってつくられた単位。

速さ　m/s (メートル毎秒)
加速度　m/s^2 (メートル毎秒毎秒)

など。

(4) 次元

長さ(Length)，質量(Mass)，時間(Time)の次元を記号L，M，Tで表す。

(5) 次元式

ある物理量がL，M，Tとどのような関係にあるのかを示す式を次元式という。力学で扱う物理量の次元式は$[L^xM^yT^z]$の形をしている。

(6) 同次元の原理

物理量の満たす関係式の両辺の次元は等しい。

例：$v=v_0+at$の左辺のvの次元式は$[LM^0T^{-1}]$。右辺のv_0はもちろん同じ次元，atの次元式は$[LM^0T^{-2}][L^0M^0T]=[LM^0T^{-1}]$となり，左辺の次元と一致する。

(7) 次元解析

物理量の関係式の左辺と右辺の次元が等しいという同次元の原理を利用して，未知の式を推測できる。

2 有効数字

(1) 誤差

あらゆる測定値は誤差を含む。測定値が32.4 cmのとき，最後の「4」には誤差が存在する。

偶然誤差：「誤り」ということではなく，「不確かさの度合い」という意味。

誤差＝測定値－真の値

(2) 有効数字

32.4 cmの有効数字は「3」「2」「4」の3桁であり，最後の「4」は誤差を含む。この測定値は「確からしさ」が3桁である。

有効数字の桁数が大きいほど「確からしさ」が高い。

(3) 科学的表記(指数表記)

560を5.6×10^2とかけば，「5」と「6」が有効数字であることがはっきりする。

(4) 測定値の積・商・和・差

・積と商

有効数字の桁数の最も小さいものにあわせる。

$$3.1\times2.57=7.967\fallingdotseq8.0$$

・和と差

誤差を含む桁の最も高いものにあわせる。

$$25.2+1.234=26.434\fallingdotseq26.4$$

MY BEST

Basic Physics

第2章 エネルギーとその利用

| 1 | さまざまなエネルギー

| 2 | 核エネルギー

| 3 | エネルギーの変換と保存

1 さまざまなエネルギー

1 さまざまなエネルギー

A エネルギー

物体が仕事をする能力をもっているとき，物体はエネルギーをもつ。

B エネルギーの種類

エネルギーとよばれるものには，運動エネルギーと位置エネルギーの和である力学的エネルギー，熱エネルギー（内部エネルギー），音や光のエネルギー，電気エネルギー，化学エネルギー，核エネルギーなどがある。

2 さまざまなエネルギーと発電

A 電気エネルギーと発電

自然界にはさまざまな形のエネルギーが存在しているが，それらを変換して得られる電気エネルギーは，電気製品や交通，コンピュータなど，日常生活に必須なエネルギーとして利用されている。

電気エネルギーを得るための発電方式には火力発電，原子力発電，水力発電，太陽光発電，太陽熱発電，風力発電，地熱発電，潮汐発電などがあり，日本は火力発電が大部分を占めている。

B 火力発電

石炭，石油，天然ガスなどの**化石燃料**を燃やして高温高圧の水蒸気をつくり，その水蒸気でタービンを回す仕事をして発電機で電気エネルギーをつくり出す発電方式が**火力発電**である。

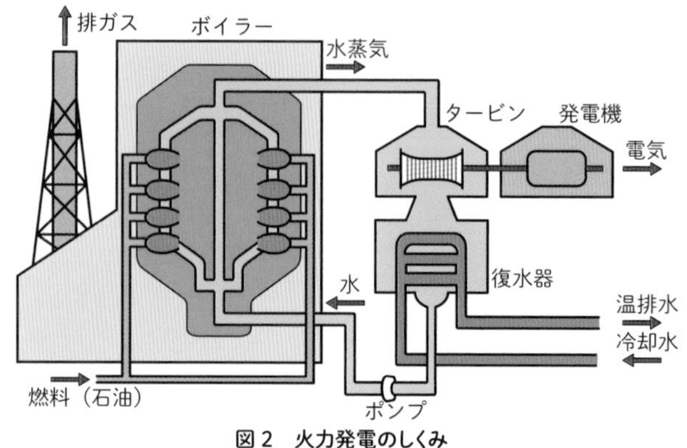

図2　火力発電のしくみ

化石燃料は，生物の遺骸が長い年月をかけて地層の中で変質したもので，有限の資源である。また，化石燃料は，発熱量は大きいが大気中に二酸化炭素や窒素酸化物，硫黄酸化物を発生させ，地球温暖化や酸性雨の一因となるという問題点がある。

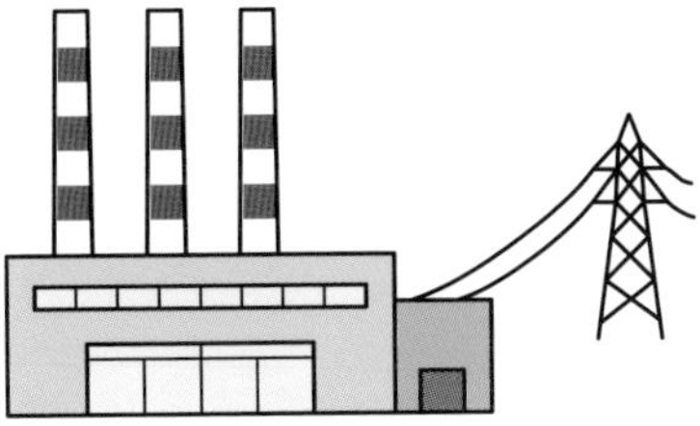

図3　火力発電所

C 水力発電

降水によってダムに貯まった水を落下させて発電機を回す発電方法を**水力発電**という。降水は，太陽熱によって蒸発した水が雨や雪として降ってきたものなので，水力発電では太陽光による熱エネルギーが重力による位置エネルギーとして蓄えられ，ダム底の高圧の水がタービンを回す仕事をして，電気エネルギーと変化することになる。

図4　水力発電所

水力発電はダムに水を貯めておくことによって水量の調整がしやすいため，発電量の調整がしやすく，また，短時間で発電を開始させることができる。有害な廃棄物が出ることもない。しかし，建設費用や生態系への影響が問題点である。

他の発電電力に余剰が生じたときに，その電力で低所の水を高所に汲み上げ，位置エネルギーとしてたくわえ，電力不足時の発電にそなえる機能を持つ揚水発電所もある。

D 太陽光発電

太陽電池に太陽光を当てて，光エネルギーを電気エネルギーに変換させる発電方法を**太陽光発電**という。

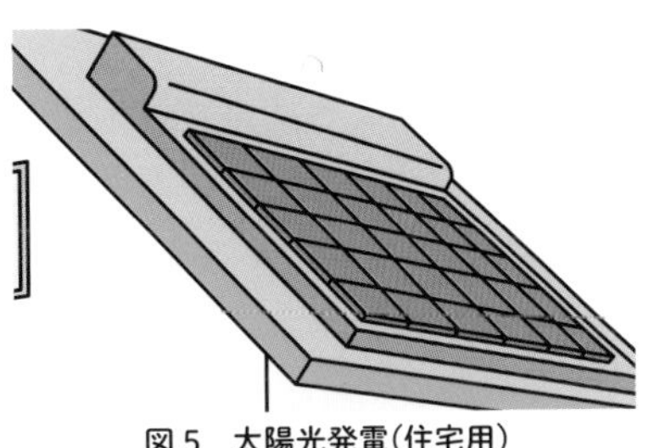
図5　太陽光発電（住宅用）

太陽光発電は燃料費がかからず廃棄物が出ないクリーンなシステムである。設備は太陽電池だけなのでシステムを維持する費用もかからない。しかし，ソーラーパネルを設置する広大な土地が必要であり，天候により発電量が左右されるという問題点がある。

E 太陽熱発電

太陽光を太陽光炉で集光して得た熱によってタービンを回して発電する発電方法を**太陽熱発電**という。太陽光の光エネルギーが水蒸気の熱エネルギーとなり，高圧の水蒸気がタービンを回す仕事をして発電機により電気エネルギーに変換される。

エネルギー源は太陽光なので燃料費がかからず，廃棄物も出ないクリーンなエネルギーであるが，太陽光を集光するので夏至と冬至の昼間の時間の差の大きい地域には向かないなど設置場所に制約がある。また，天候に大きく左右される。

F 風力発電

風で風車を回すことにより発電する発電方法が**風力発電**である。風力発電では，太陽光によって空気が暖められて生じた風を利用するので，太陽光による熱エネルギーが風の運動エネルギーとなり，風車を回す仕事により発電機で電気エネルギーとエネルギーが変換される。

図6　風力発電

風力発電もクリーンなエネルギーであるが，安定して風が吹く場所でないと建設できないという制約がある。また，風向きや風量によって発電量が大きく左右される。

G 地熱発電

地熱による水蒸気を用いてタービンを回すことにより発電する発電方法を**地熱発電**という。地熱発電では，地球の内部で生じた熱エネルギーで高圧水蒸気をつくり，水蒸気がタービンを回す仕事をして，発電機により電気エネルギーを得ている。

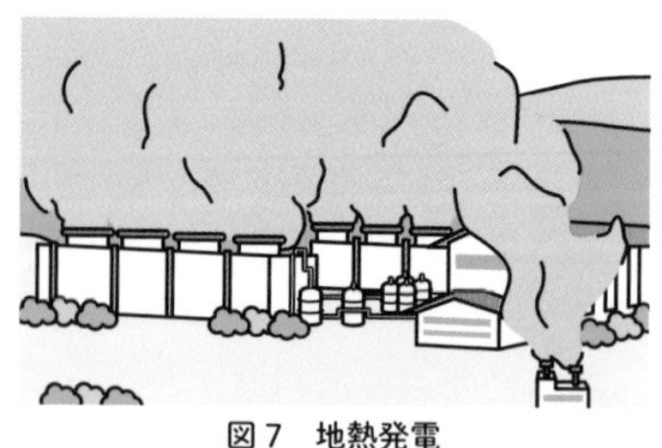
図7　地熱発電

地熱発電は燃料を必要としない上，太陽光発電や風力発電に比べると気候の影響を受けないので安定的な発電が見込める。しかし，地熱発電を行える土地が限られており，立地に適している土地が国立公園内などにあるといった事情から，普及が進んでいないのが現状である。

H 潮汐発電

海水の干満の差を利用して発電する方法が**潮汐発電**である。満潮時に貯めた海水を干潮時に放流して発電機を回す。満潮時と干潮時の差により位置エネルギーが水流の運動エネルギーに変換され，発電機により電気エネルギーに変換される。

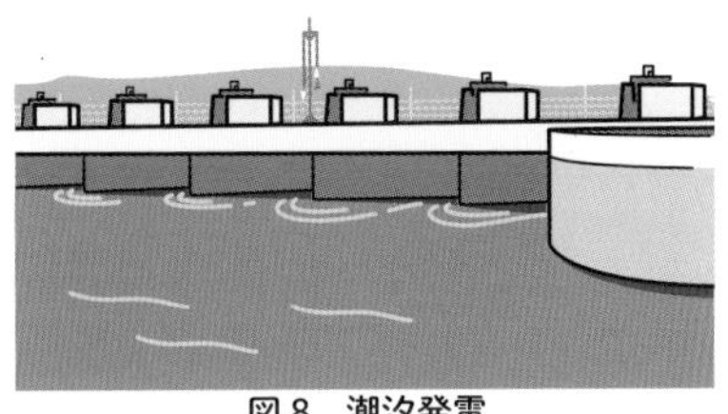

図8　潮汐発電

燃料が要らず，二酸化炭素の排出もないクリーンなエネルギーである。太陽光発電や風力発電に比べると天候の影響も受けにくく，安定した発電方法である。しかし，耐用年数が短いのでコストがかかること，適した場所が少ないことなどが問題点として挙げられる。

また，潮汐発電のような海洋発電の中には，水波のエネルギーを利用してタービンを回し，発電機により電気エネルギーを得る**波力発電**がある。

2 核エネルギー

1 原子

A 原子

原子は原子核と負電荷をもつ**電子**からなり，原子核は正電荷をもつ**陽子**と電荷をもたない**中性子**からなっている。陽子のもつ電気量と電子のもつ電気量は大きさが等しく，ふつうの状態の原子は，陽子数と電子数は等しく，電気的に中性になっている。原子核を構成している陽子，中性子を総称して**核子**といい，核子どうしを結びつける力を**核力**という。

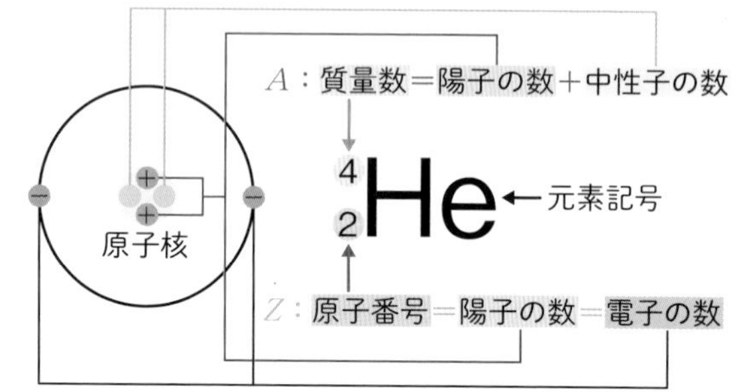

原子核に含まれている陽子の数は元素によって決まり，陽子数を**原子番号**という。また，陽子数と中性子数の和を**質量数**という。原子番号 Z の原子の原子核は Ze の正電荷をもつ。

原子核の構成は，元素記号 X，原子番号 Z，質量数 A を用いて

$$ {}^{A}_{Z}\mathrm{X} $$

と表記する。

B 同位体

陽子数 Z は変わらないが中性子数 N が変わるために質量数 A が異なる原子核をもつ原子を**同位体(アイソトープ)**という。同位体では核を取り巻く電子配置は変わらないので，原子の化学的性質は変わらない。

2 放射能と放射線

A 放射能

物質が自然に放射線を出す性質を**放射能**といい，放射能をもつ原子を**放射性原子**，放射能をもった同位体を**放射性同位体(ラジオアイソトープ)**という。

B 放射線

天然の放射性原子から出る放射線に電場や磁場をかけて曲げられ方や電荷の有無を調べると，放射線には**α線**，**β線**，**γ線**などがあることがわかる。

α線は高速のヘリウム原子核$^{4}_{2}He$（α粒子)の流れで，α粒子は$2e$の正電荷をもち，電離作用が強く，透過力が弱い。β線は高速の電子の流れで，α線より電離作用は弱いが透過力が強い。γ線は波長の非常に短い電磁波で，電離作用はα線・β線より弱いが，透過力は最も強く，α線やβ線の放出に引き続いて放出されることが多い。

C 放射性崩壊

原子番号の大きい原子では原子核が大きくなり，核子を結び付けている核力より陽子どうしの斥力(静電気力)の方が強くなる。原子核は不安定になり，放射線を放出して別の原子核になる。原子核が放射線を出して，より安定した原子核に変わる現象を**放射性崩壊**という。

D 放射能および放射線量の単位

放射能の強さを表す単位には**ベクレル**がある。原子核が毎秒1個の割合で崩壊するときの放射能の強さを1ベクレル(記号：Bq)としている。

また，放射線の吸収線量は，放射線を照射された単位質量の物質が吸収するエネルギー量である。物質1kgあたり1Jのエネルギーが吸収されるとき1**グレイ**(記号：Gy)としている。

E 等価線量の単位

吸収された放射線の人体への影響を表す**等価線量**の単位には**シーベルト**を用いる。人間や生物が受ける放射線の影響は，同じ吸収線量でも放射線の種類によって異なるので補正する必要がある。補正された吸収線量，すなわち線量当量の数値は吸収線量の数値と放射線の種類による係数の積として定義され，その単位にはシーベルト(記号：Sv)を用いる。補正係数は，X線，γ線，β線は1，α線は10～20となる。

F 放射線の性質

放射線は物質を電離させる性質があり，物質を透過する際，物質中の原子から電子をはじき出す。それにより，写真フィルムを感光させる**感光作用**，蛍光物質を光らせる**蛍光作用**，物質に化学変化を起こさせる**化学作用**をもつ。

G 放射線の利用

放射線の透過力を利用したものとして，非破壊検査がある。これは，金属製品や建物の構造などを内部を破壊しないで調べるもので，透過力の強いγ線などを利用している。

放射線の吸収を利用したものには，β線やγ線が物質によって吸収される割合が決まっていることを利用した厚さの測定がある。また，放射線を吸収し熱に変換したあとでさらに電気に変える原子力電池などがある。

化学作用を利用した例には，放射線治療が挙げられる。がん病巣にγ線を放射すると，正常な細胞に比べて分裂が盛んながん細胞は多く損傷することを利用して，治療が行われている。

放射線の検出を利用して，物質の移動や反応の経路を調べることもできる。放射性同位体を分子内に含むトレーサーとよばれる物質を体内にとりこませると，生物体内の物質の移動のようすを知ることができる。

H 人体に対する影響

放射線は有効に利用される反面，人体に与える影響も大きく，放射性物質の扱いには注意が必要である。人体に対して大量に照射した場合には，遺伝子を傷つけることにより，腫瘍ができたり，白血球が減少したりする。特に，細胞分裂の盛んな骨髄やリンパ節，生殖腺などへの影響が大きい。

3 原子核反応

A 原子核反応

原子核にα粒子(ヘリウムの原子核 $^{4}_{2}He$)，陽子($^{1}_{1}H$)，中性子($^{1}_{0}n$)や，他のさまざまな原子核を衝突させると，原子核が他の原子核に変わることがある。このようにして他の原子核に変わる現象を**原子核反応**または**核反応**という。原子核反応では，反応前後で陽子数の和と質量数の和はそれぞれ保存される。

B 核融合

軽い原子核が2個結合して，より重い原子核になることを**核融合反応**あるいは単に**核融合**という。このとき，核エネルギーが放出される。

C 核分裂

ある種の重い原子核は，自発的に，あるいは中性子などの放射線が当たると，2つ以上の軽い原子核に分裂することがある。このように，重い原子核が同程度の質量の複数の原子核に分裂することを，**核分裂反応**あるいは単に**核分裂**という。これにともない，核エネルギーが放出される。このとき放出されるエネルギーは化学変化で放出されるエネルギーに比べてきわめて大きいので，大量の核を用いれば大きなエネルギーを得ることができる。

D 連鎖反応

核分裂が起こるとき，2個以上の中性子が放出されることがある。これらの中性子はふたたび他の原子核に当たり核分裂を起こす。この結果，ねずみ算的に核分裂が引き起こされる。このように，核分裂によって放出された中性子が別の原子核に当たって核分裂を引き起こし，原子核の密度が高い場合に次々と核分裂が起こることを**連鎖反応**という。

核分裂によって放出される中性子は速いので，原子核の量が少ないと次の原子核にぶつからずに連鎖反応が起こらない。連鎖反応が行われるために必要な一定の原子核の量を**臨界量**という。

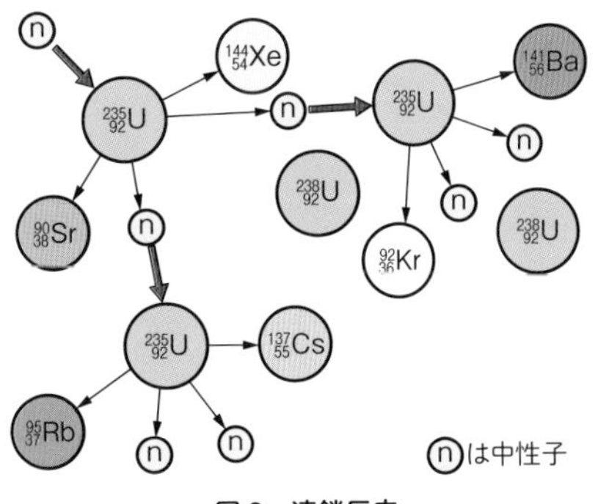

図9　連鎖反応

E 原子力発電

核分裂の連鎖反応を制御された状態で起こし，エネルギーを取り出す装置が**原子炉**(動力炉)である。核分裂で生じた中性子を減速して連鎖反応を起こしやすくする機能と，中性子を吸収して連鎖反応を止める機能を調整して，連鎖反応が維持される臨界状態を保ちながら必要な熱出力を得ている。

原子力発電は，原子炉内で発生した大きな核エネルギーを利用してタービンを回して発電する。原子炉内で得られた核エネルギーにより，炉内に循環する水を加熱し，水蒸気を得てタービンを回す。大量の電気エネルギーが得られる利点があるが，人体に有害な放射性物質も大量に発生するので，廃棄物の処理など，管理に十分な注意が必要となっている。

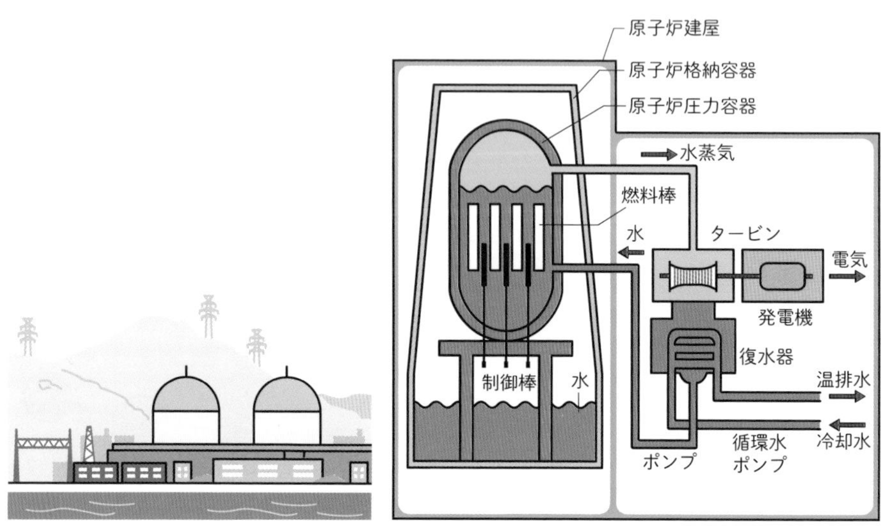

図10　原子力発電のしくみ

3 エネルギーの変換と保存

1 エネルギーの変換

エネルギーにはいろいろな種類があるが，エネルギーは互いに移り変わる。

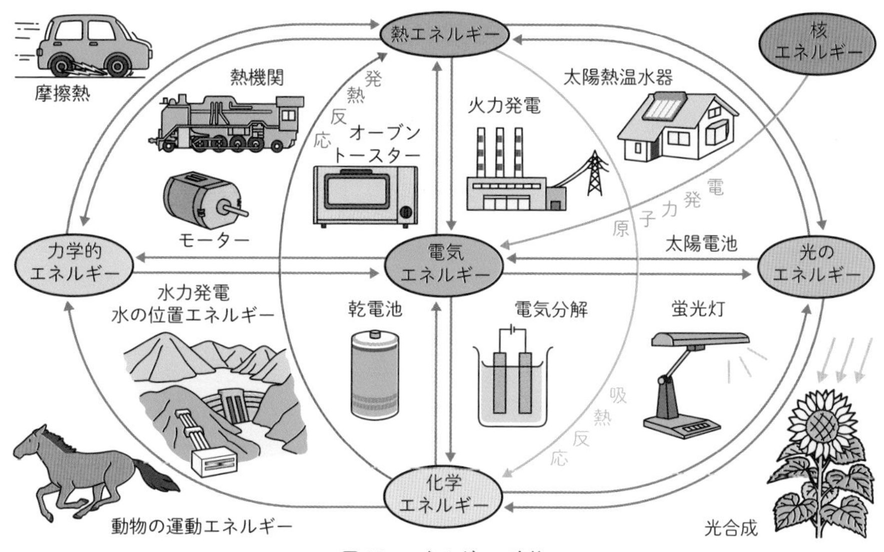

図 11　エネルギーの変換

例えば，水力発電所では，太陽光の熱エネルギーにより蒸発した水が雨となって降り，ダムに貯まる。ダムに貯まった水がもつ位置エネルギーは，高圧の水がタービンを回す仕事を経て，発電機により電気エネルギーと形を変えていく。

また，火力発電所では，石油の化学エネルギーを水蒸気の熱エネルギーに変換し，タービンを回し最後に発電機によって電気エネルギーに変えている。

このように，エネルギーはさまざまな形に移り変わっていく。

2 エネルギーの保存

エネルギーは移り変わっていくが，電気アイロンでは電気エネルギーが熱エネルギーに変わり，車のブレーキでは運動エネルギーが熱エネルギーに変わるなど，エネルギーは最終的には熱エネルギー（内部エネルギー）となって環境に拡散する。

熱エネルギーも含めて，あらゆる現象におけるエネルギーの変換では，すべてのエネルギーの和が一定に保たれる。これを**エネルギー保存の法則**という。

＋アルファ

熱に関する現象は不可逆変化なので，一般に，熱やエネルギーは拡散する方向に変化が進んでいく。よって，エネルギー保存の法則によりエネルギーは保存されるが，最終的には常温の物体(環境)の熱エネルギー(内部エネルギー)となる。

POINT

エネルギー保存の法則

あらゆる現象におけるエネルギーの変換では，変換前と変換後のすべてのエネルギーの和は変わらない。

この章で学んだこと

1 エネルギーの種類

エネルギーとよばれるものには

力学的エネルギー，熱エネルギー，
波のエネルギー，電気エネルギー，
化学エネルギー，核エネルギー，
太陽光のエネルギー

などがある。

2 発電方法

⑴ **火力発電**

化石燃料を燃焼させて得られた熱でタービンを回し発電する。

⑵ **水力発電**

ダムに貯めた水の位置エネルギーで発電する。

⑶ **太陽光発電**

太陽電池に太陽光を当てて発電する。

⑷ **太陽熱発電**

太陽光炉で太陽光を集光し，得た熱によって発電する。

⑸ **風力発電**

風で風車を回して発電する。

⑹ **地熱発電**

地熱による水蒸気によりタービンを回して発電する。

⑺ **潮汐発電**

海水の干満の差を利用して発電する。

3 放射能と放射線

⑴ **放射能**

物質が自然に放射線を出す性質。

⑵ **放射性原子**

放射能をもつ原子。

⑶ **放射性同位体(ラジオアイソトープ)**

放射能をもった同位体。

⑷ **放射線**

α 線(高速のヘリウム原子核)
β 線(高速の電子の流れ)
γ 線(波長の短い電磁波)

⑸ **放射性崩壊**

原子核が放射線を出してより安定した原子核に変わること。

4 核エネルギー

⑴ **核融合**

2個以上の軽い原子核が融合してより重い核ができ，エネルギーを外部に放出する。

⑵ **核分裂**

原子核が自発的に，あるいは中性子などの放射線が当たることにより，2つ以上の軽い原子核に分裂する現象。分裂のときに大きなエネルギーを放出する。

⑶ **連鎖反応**

核分裂で放出された中性子が次の核分裂を引き起こし，核分裂が次々と起こる現象。大量のエネルギーを放出する。

⑷ **原子炉**

核分裂の連鎖反応を制御された状態で起こし，エネルギーを取り出す装置。

⑸ **原子力発電**

原子炉内で得られた核エネルギーを用いて水蒸気によりタービンを回す発電方法。

5 エネルギーの変換と保存

いろいろなエネルギーの間でエネルギーは移り変わるが，熱エネルギー（内部エネルギー)を含めてエネルギーの総和は変わらない。

定期テスト対策問題 5

解答・解説は p.635

1 次の測定値の有効数字は何桁か。

(1) 10.2　(2) 0.026　(3) 1.2×10^3

(4) 265　(5) 521＋2.35　(6) 23－1.25

2 有効数字に注意して，次の計算をせよ。

(1) 2.23×3.1　(2) 1.8×2.30　(3) $20.2\div2.0$

(4) $22.6\div2.5$　(5) 6.2＋0.15　(6) 20.2＋15

(7) 5.2－0.23　(8) 32－1.2　(9) $2.5+3.6\times10^2$

(10) $2.56\times10^2-5.24$　(11) 0.087×2.00　(12) $(2.2\times10^2)\times(5.3\times10^4)$

(13) 2 辺が 20.5 cm と 12 cm の長方形の面積

(14) 体重 62 kg と 56 kg の 2 人の平均の体重

(15) 質量 52.6 kg の物体 3 個の合計の質量

3 ダム式水力発電所では，右図のように，ダムによってせき止められた水が取水口からパイプを通って発電機のタービンを回したのち，川に放出される。発電では，発電機と湖面の高低差 h による水の位置エネルギーの一部が電気エネルギーに変換されている。

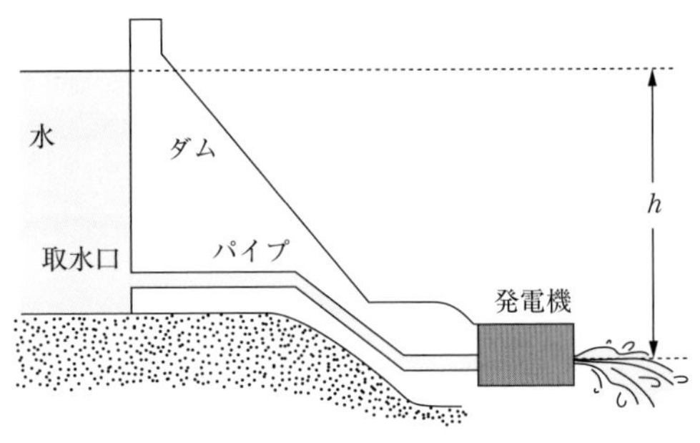

(1) ある日，発電機と湖面の高低差 h は 100 m であった。この発電所で 1 時間に，質量 3.6×10^6 kg の水が発電のために利用された。水の位置エネルギーの 80% が電気エネルギーに変換されたとすると，この 1 時間に平均何ワット(W)の電力が得られたか。ただし，重力加速度の大きさを 9.8 m/s^2 とする。

(2) 水力発電のように，自然界の力学的エネルギーを利用して直接，発電機を回す発電方法として最も適当なものを次の①～④のうちから 1 つ選べ。

① 火力発電　② 風力発電　③ 太陽光発電　④ 原子力発電

物理

第 1 部

さまざまな運動

MY BEST

Advanced Physics

第  章

平面内の運動

1 平面運動の速度・加速度

1 ベクトルとスカラー

A ベクトル

変位，速度，加速度のように，**大きさと向き**をもち，平行四辺形の方法で合成できる量を**ベクトル**という。ベクトル $\vec{a}$ の大きさを $|\vec{a}|$ あるいは a と表す。

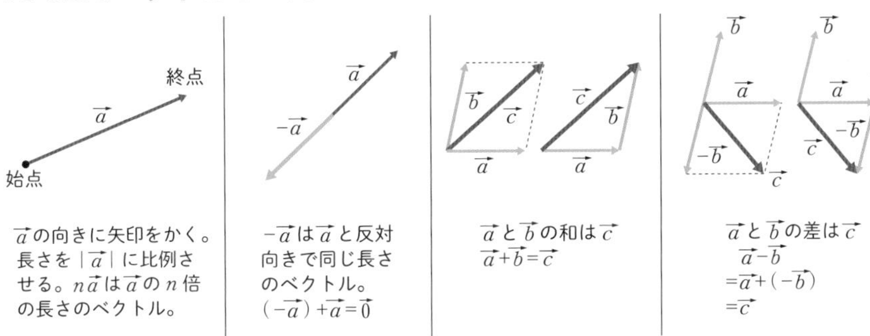

終点
始点
$\vec{a}$ の向きに矢印をかく。長さを $|\vec{a}|$ に比例させる。$n\vec{a}$ は $\vec{a}$ の n 倍の長さのベクトル。
$-\vec{a}$ は $\vec{a}$ と反対向きで同じ長さのベクトル。$(-\vec{a})+\vec{a}=\vec{0}$
$\vec{a}$ と $\vec{b}$ の和は $\vec{c}$
$\vec{a}+\vec{b}=\vec{c}$
$\vec{a}$ と $\vec{b}$ の差は $\vec{c}$
$\vec{a}-\vec{b}$
$=\vec{a}+(-\vec{b})$
$=\vec{c}$

図1　ベクトルのおもな性質

B スカラー

距離，面積など，正や負の数値で表され，和は代数和として求められる量を**スカラー**という。

2 平面運動の速度

水面を走るモーターボートなど，1つの平面内での曲線運動を考えよう。この場合の速度は，曲線の接線方向のベクトルとして表される。

A 位置ベクトル

点Pの位置を表すには，**図2(a)**のように直交座標を用いたり，**図2(b)**のように位置ベクトルを用いたりする。$\vec{r}$ は，OからPへの向きをもち，長さ $\mathrm{OP}=r$ のベクトルである。

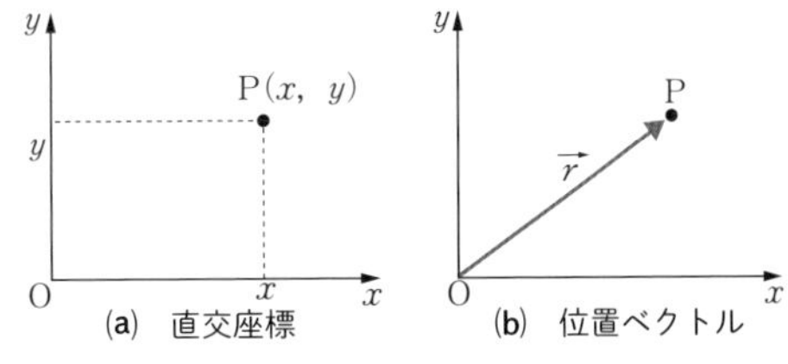

図2　平面上での位置の表し方

B 平面運動の変位

物体が運動の経路に沿って P_1 から P_2 へ移動すると，位置ベクトルは $\vec{r_1}$ から $\vec{r_2}$ に変わる。このとき，変位(位置の変化量)を $\Delta\vec{r}$ とすれば，$\vec{r_1}+\Delta\vec{r}=\vec{r_2}$ なので

$$\Delta\vec{r}=\vec{r_2}-\vec{r_1} \quad \cdots\cdots(1)$$

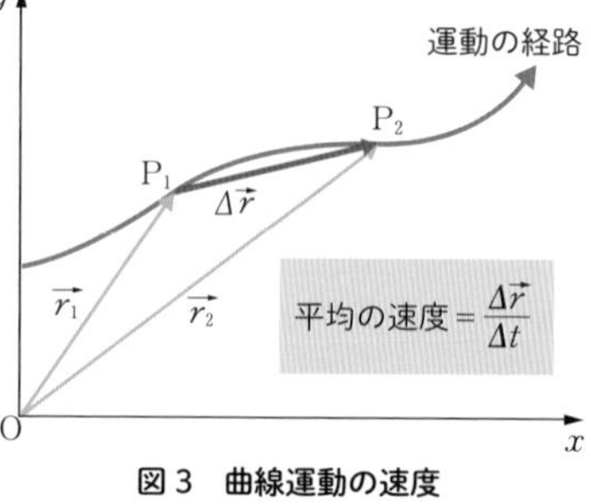

図 3　曲線運動の速度

C 平面運動の速度

P_1 から P_2 に進むのに要した時間を Δt とすると

$$\text{平均の速度}=\frac{\text{変位}}{\text{時間}}=\frac{\Delta\vec{r}}{\Delta t}$$

瞬間の速度 $\vec{v}$ は Δt を小さくとり次のように決める。

$$\vec{v}=\frac{\Delta\vec{r}}{\Delta t} \quad (\Delta t \to 0) \quad \cdots\cdots(2)$$

Δt を小さくすると P_2 は P_1 に近づき，$\Delta\vec{r}$ の向き($\vec{v}$ の向き)は P_1 における経路の接線の向きに一致する。

3　速度の合成・分解・成分

A 速度の合成

図 4 のように速度 $\vec{v_1}$ で移動する船の甲板を，人が速度 $\vec{v_2}$ で移動すれば，人は水面に対して，$\vec{v_1}$ と $\vec{v_2}$ を**合成したベクトル** $\vec{V}$ の速度で移動したことになる。$\vec{V}$ は**図 5** の(**a**)や(**b**)の方法で求められる。

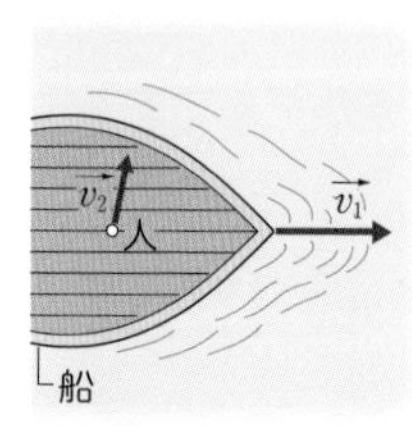

図 4　水面に対する船と人の速度

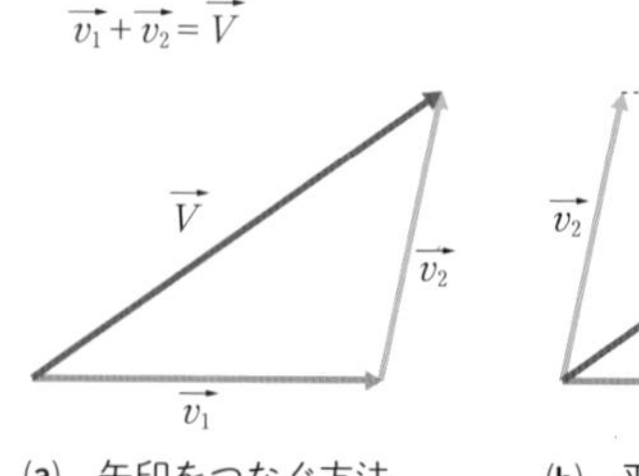

(a)　矢印をつなぐ方法　　(b)　平行四辺形の方法

図 5　速度の合成

B 速度の分解

A の速度の合成とは逆に，1つのベクトルで表された速度を，2つの方向に分解して考えることもある。これが速度の分解で，**図6**の$\vec{V}$を対角線とする平行四辺形をつくれば，$\vec{v_1}$と$\vec{v_2}$が分解された速度である。

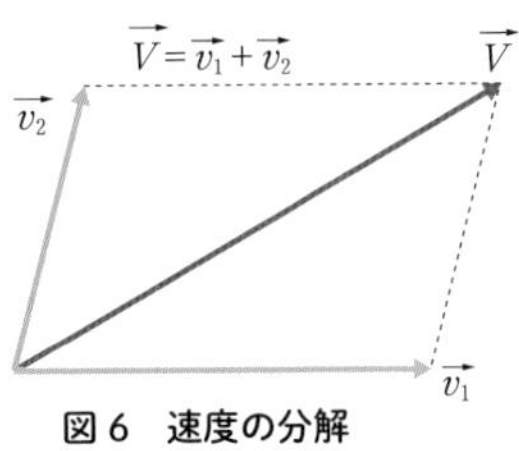

図6 速度の分解

> **＋アルファ**
> $\vec{V}$を対角線とする平行四辺形はいくつでもあるから，分解のしかたは無数にある。

C 座標成分

図7のように，速度$\vec{v}$を座標方向へ分解した$\vec{v_x}$，$\vec{v_y}$の大きさに，その向きを表す符号をつけたものを$\vec{v}$のx成分，y成分といい，それぞれv_x，v_yと表す。$\vec{v}$の大きさをvとし，$\vec{v}$とx軸のなす角をθとすると，成分$(v_x,\ v_y)$は次式で与えられる。

$$\left.\begin{array}{l} v_x=v\cos\theta \\ v_y=v\sin\theta \end{array}\right\} \quad \cdots\cdots (3)$$

逆に，成分$(v_x,\ v_y)$が与えられれば

$$v=\sqrt{{v_x}^2+{v_y}^2} \qquad \text{および} \qquad \tan\theta=\frac{v_y}{v_x}$$

によって$\vec{v}$の大きさと向きが決まる。

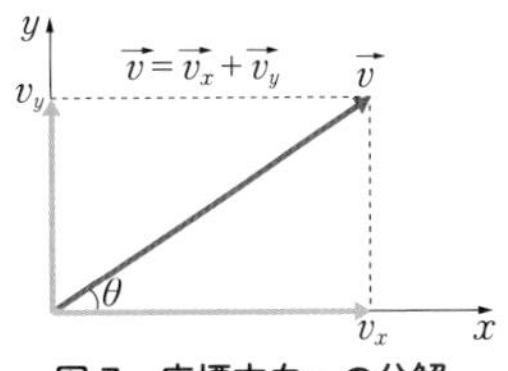

図7 座標方向への分解

> **＋アルファ**
> v_x，v_yは符号を含む。符号は$\cos\theta$，$\sin\theta$の値で決まる。

4 平面運動の加速度

A 速度の変化量

図8のような曲線上を移動する物体がP_1を通過した瞬間の速度を$\vec{v_1}$，P_2を通過した瞬間の速度を$\vec{v_2}$とする。点O′を始点として$\vec{v_1}$，$\vec{v_2}$をかき，速度の変化量を$\Delta\vec{v}$とすると

$$\vec{v_1}+\Delta\vec{v}=\vec{v_2}$$

なので

$$\Delta\vec{v}=\vec{v_2}-\vec{v_1} \qquad \cdots\cdots (4)$$

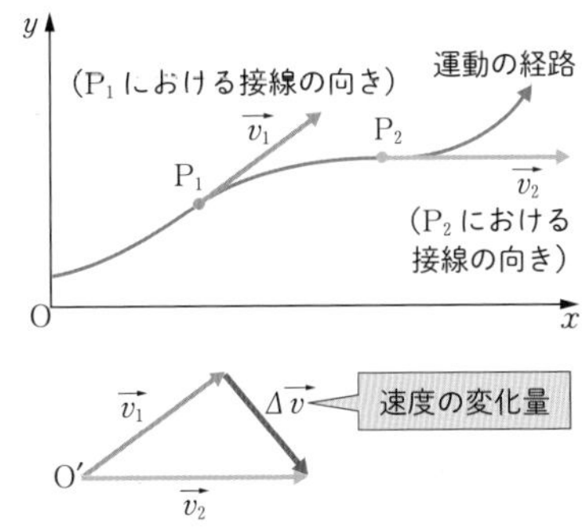

図8 速度の変化量

B 加速度

P_1 から P_2 への時間が Δt とすると，平均の加速度は

$$平均の加速度=\frac{\Delta\vec{v}}{\Delta t}$$

P_1 を通過した瞬間の加速度 $\vec{a}$ は，Δt を小さくとり次のように決める。

$$\vec{a}=\frac{\Delta\vec{v}}{\Delta t}\quad(\Delta t\to 0)\qquad\cdots\cdots(5)$$

例題 66 平均の加速度

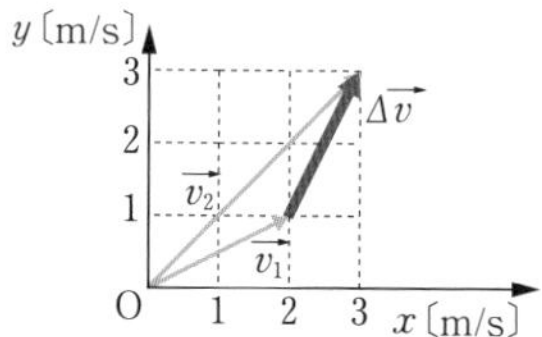

ある物体の速度が，図の $\vec{v_1}$ から 2.0 秒後に $\vec{v_2}$ になった。この物体の平均の加速度の大きさと，この加速度が x 軸となす角を θ として，$\tan\theta$ の値を求めよ。ただし，$\sqrt{5}=2.23$ とする。

考え方 $\Delta\vec{v}$ の x，y 成分を Δv_x，Δv_y とすると，$\Delta\vec{v}$ の大きさは$\Delta v=\sqrt{(\Delta v_x)^2+(\Delta v_y)^2}$ である。また，$\tan\theta=\dfrac{\Delta v_y}{\Delta v_x}$ である。

解答

図から，$\Delta v_x=1.0$ m/s，$\Delta v_y=2.0$ m/s だから

$$\Delta v=\sqrt{1.0^2+2.0^2}\ \text{m/s}=\sqrt{5.0}\ \text{m/s}$$

平均の加速度の大きさは　$\dfrac{\Delta v}{\Delta t}=\dfrac{\sqrt{5.0}\ \text{m/s}}{2.0\ \text{s}}\fallingdotseq 1.1\ \text{m/s}^2$　…答

また　$\tan\theta=\dfrac{2.0\ \text{m/s}}{1.0\ \text{m/s}}=2.0$　…答

POINT

曲線運動の（瞬間）速度　$\vec{v}=\dfrac{\Delta\vec{r}}{\Delta t}\quad(\Delta t\to 0)$

（単位時間あたりの変位）

曲線運動の（瞬間）加速度　$\vec{a}=\dfrac{\Delta\vec{v}}{\Delta t}\quad(\Delta t\to 0)$

（単位時間あたりの速度変化）

2 相対速度

動く物体上の観測者から見たときの速度を**相対速度**という。

人Aが地面に対して$\vec{v_A}$の速度で進んでいるとき，地面は人Aに対して$-\vec{v_A}$で運動している。また，雨粒Bが地面に対して$\vec{v_B}$の速度で落下しているとする。このとき雨粒は，人に対しては$\vec{v_A}$で近づきながら$\vec{v_B}$で落下する。このため，人Aに対する雨粒Bの相対速度$\vec{V}$は速度の合成により，次の式のようになる。

$$\vec{V}=\vec{v_B}+(-\vec{v_A})=\vec{v_B}-\vec{v_A} \quad \cdots\cdots(6)$$

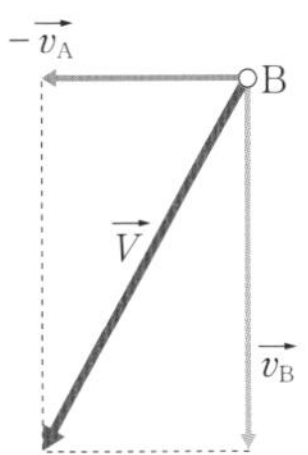

図9 相対速度

例題 67 相対速度

電車が停止しているとき鉛直に降っていた雨が，電車が走り出したら進行方向と反対向きに30°傾いて降っているように見えた。電車の速さを5.0 m/sとすると，地面に対する雨粒の落下の速さは何m/sか。ただし，$\sqrt{3}=1.73$とする。

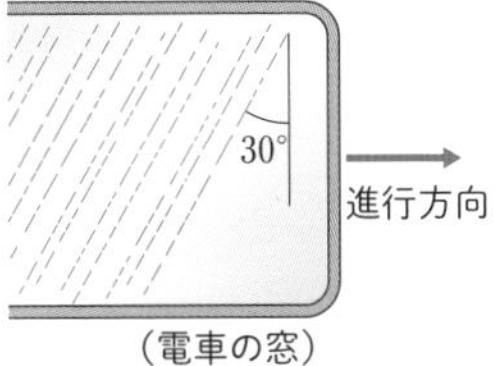

（電車の窓）

考え方 電車の速度を$\vec{v_A}$，雨粒の速度を$\vec{v_B}$とすると，相対速度$\vec{V}$は右図のようになる。

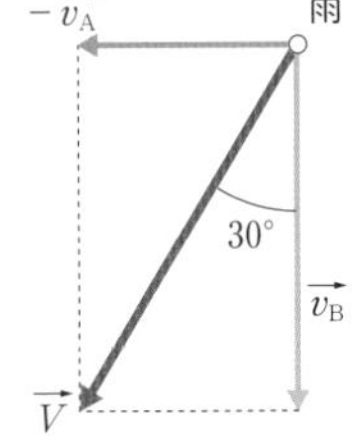

解答

図から　$\tan 30^\circ=\dfrac{v_A}{v_B}$

よって　$v_B=\dfrac{v_A}{\tan 30^\circ}=\sqrt{3}\times 5.0\ \mathrm{m/s}\fallingdotseq 8.7\ \mathrm{m/s}$　…答

POINT

相対速度　$\vec{V}=\vec{v_B}-\vec{v_A}$　（（相対速度）＝（相手の速度）－（観測者の速度））

3 放物運動

1 水平投射

A 速度と位置

p.43 で学習したように，物体を水平方向に投げたときの放物運動は，**水平方向の等速直線運動と，鉛直方向の自由落下運動を組み合わせた運動**である。

投げた点を原点とし，初速度の向きに x 軸，鉛直下向きに y 軸をとる。時刻 $t=0$ に原点を初速度 $\vec{v_0}$ で出発した物体の時刻 t における位置を P(x, y)，速度を $\vec{v}$(成分(v_x, v_y))とすると，水平投射の運動は**図 10** のようになる。

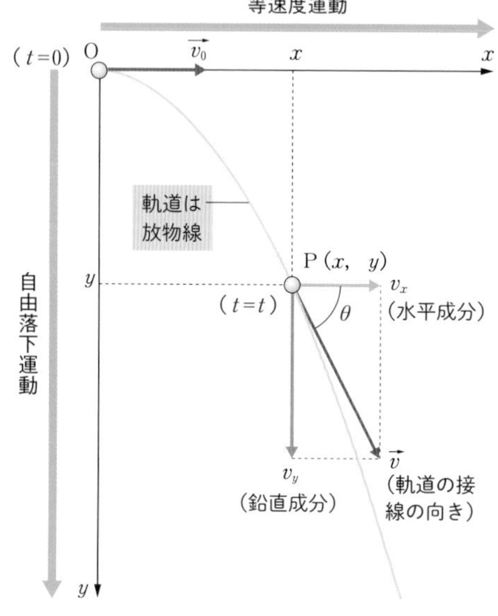

図 10　水平投射

POINT

		速度	位置
水平投射	水平方向…等速直線運動	$v_x=v_0$	$x=v_0t$
	鉛直方向…自由落下	$v_y=gt$	$y=\frac{1}{2}gt^2$

水平投射による運動は，水平方向と鉛直方向に分けて考える。

水平方向の位置の式と鉛直方向の位置の式から t を消去すると

$$y=\frac{g}{2{v_0}^2}x^2 \quad \cdots\cdots (7)$$

式(7)は水平投射による運動の軌道の式を表している。

B 速度の変化

曲線運動をする物体の速度は軌道の接線の向きをもつ。水平投射の場合は**図 11** のように刻々と変わる。

微少時間 Δt 後の速度は

$$\vec{v_1}=\vec{v_0}+\vec{g}\Delta t$$

であり，次の Δt の間には

$$\vec{v_2}=\vec{v_1}+\vec{g}\Delta t$$

と変わっていく。各速度ベクトルの先端を結ぶ線は，鉛直線になる。ただし，$\vec{g}$ はベクトル量としての重力加速度である。

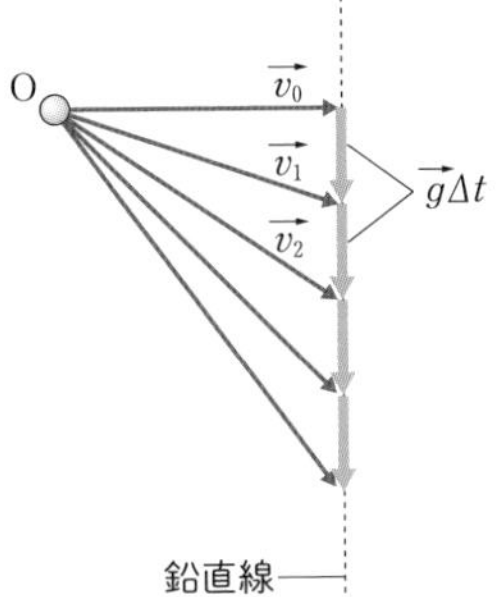

図 11　速度の変化

> **＋アルファ**
>
> この図は，ベクトル $\vec{v_0}$，$\vec{v_1}$，$\vec{v_2}$，…$\vec{g}\Delta t$ の関係を表している。
>
> $\vec{g}$を成分で示せば
> $\vec{g}=(0,\ g)$

これより，**図 10** の P における速度 $\vec{v}$ は次のように表される。

$$\vec{v}=\vec{v_0}+\vec{g}t \qquad \cdots\cdots (8)$$

例題 68　水平投射

高さ 4.9 m のところから小球を水平方向に 9.8 m/s で投げた。$g=9.8\ \mathrm{m/s^2}$ として，次の問いに答えよ。

(1)　小球が地面に達するまでの時間はいくらか。

(2)　着地する直前の小球の速度の大きさを求めよ。ただし，$\sqrt{2}=1.4$ とする。

考え方

鉛直方向には自由落下運動をする。

(2)　v_x と v_y を求めると，速度 $\vec{v}$ の大きさは $v=\sqrt{{v_x}^2+{v_y}^2}$ で得られる。

解答

(1)　求める時間を t とすると

$$y=\frac{1}{2}gt^2$$

$$4.9\ \mathrm{m}=\frac{1}{2}\times(9.8\ \mathrm{m/s^2})\times t^2$$

$$t^2=1.0\ \mathrm{s}$$

よって，$t=1.0\ \mathrm{s}$　…答

(2)　速度の水平成分 v_x と鉛直成分 v_y はそれぞれ

$$v_x=v_0=9.8\ \mathrm{m/s},\quad v_y=gt=(9.8\ \mathrm{m/s^2})\times(1.0\ \mathrm{s})=9.8\ \mathrm{m/s}$$

よって，速度 $\vec{v}$ の大きさは

$$v=\sqrt{{v_x}^2+{v_y}^2}=\sqrt{9.8^2+9.8^2}\ \mathrm{m/s}=9.8\times\sqrt{2}\ \mathrm{m/s}\fallingdotseq 14\ \mathrm{m/s}$$　…答

2 斜方投射

放物運動は投げた点を原点とし，$\vec{v_0}$ を含む鉛直面と水平面の交わる向きに x 軸，鉛直方向上向きに y 軸をとる(**図12**)と，**水平方向には初速度 $v_0\cos\theta_0$ での等速直線運動**(p.29)，**鉛直方向には初速度 $v_0\sin\theta_0$ での投げ上げ運動**(p.39)**に分解できる。**

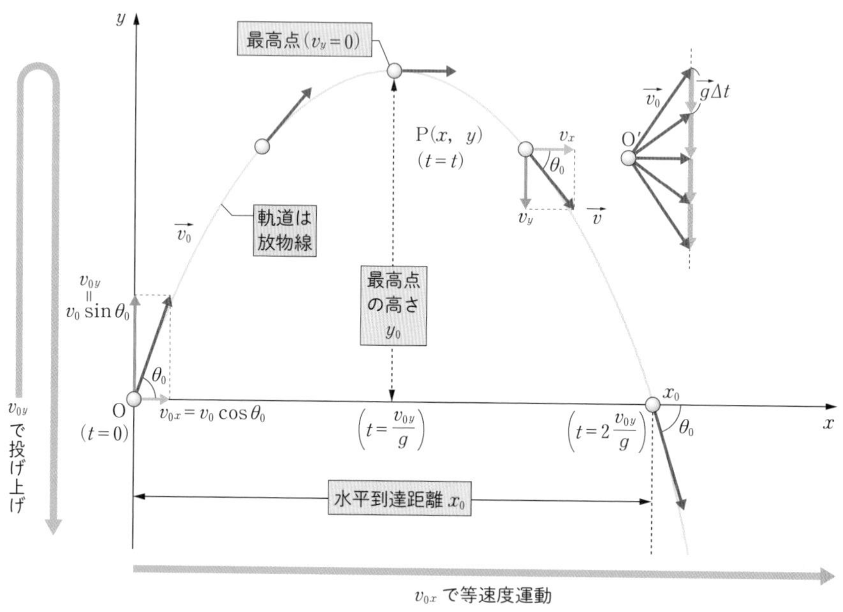

図12　斜方投射

A 投げてから時間 t 後の速度

$$v_x=v_{0x}=v_0\cos\theta_0 \quad \cdots\cdots①$$

$$v_y=v_{0y}-gt=v_0\sin\theta_0-gt \quad \cdots\cdots②$$

⇨ $v=\sqrt{v_x{}^2+v_y{}^2}$，$\tan\theta=\dfrac{v_y}{v_x}$

B 投げてから時間 t 後の位置

$$\boldsymbol{x=v_{0x}t=v_0\cos\theta_0\cdot t} \quad \cdots\cdots③$$

$$\boldsymbol{y=v_{0y}t-\frac{1}{2}gt^2=v_0\sin\theta_0\cdot t-\frac{1}{2}gt^2} \quad \cdots\cdots④$$

⇨（t を消去） $y=\tan\theta_0\cdot x-\dfrac{g}{2(v_0\cos\theta_0)^2}x^2$ （軌道の式） ……(9)

C 最高点に達するまでの時間と高さ

時間　②式で $v_y=0$ として　$t=\dfrac{v_{0y}}{g}=\dfrac{v_0\sin\theta_0}{g}$

高さ　④式に t の値を代入して　$y_0=\dfrac{(v_0\sin\theta_0)^2}{2g}$

D 水平到達距離

$y=0$ になるまでの時間を t' とすると，④式より

$$0=v_0\sin\theta_0\cdot t'-\frac{1}{2}g(t')^2$$

$$t'=2\cdot\frac{v_0\sin\theta_0}{g}$$

（$t'=0$ も上式の解だが，$t'=0$ は物体が原点にあるときの値で，求めようとしている解ではない）

ここで，三角関数の 2 倍角の公式　$\sin2\theta=2\sin\theta\cdot\cos\theta$ から

$$x_0=v_0\cos\theta_0\cdot t'$$

$$=\frac{{v_0}^2}{g}\cdot2\sin\theta_0\cdot\cos\theta_0=\frac{{v_0}^2}{g}\sin2\theta_0$$

例題 69　x_0 を最大にする θ_0

物体を斜めに投げたとき，初速度の大きさ v_0 を一定にしたまま，x_0 を最大にしたい。θ_0 を何度にしたらよいか。

考え方

$x_0=\dfrac{{v_0}^2}{g}\sin2\theta_0$ を最大にするには $\sin2\theta_0$ を最大，すなわち $\sin2\theta_0=1$ にすればよい。

解答

$\sin2\theta_0=1$ となる θ_0 を求めればよいから　$2\theta_0=90°$

よって　$\theta_0=45°$　…答

例題 70 斜方投射

初速度 $\vec{v_0}$，水平面となす角 θ_0 で物体を投げ上げたら最高点の高さは 44.1 m，水平到達距離は 24 m であった。$g=9.8\ \mathrm{m/s^2}$ として次のものを求めよ。

(1) 最高点に達するまでの時間

(2) $\vec{v_0}$ の水平方向の成分

(3) $\vec{v_0}$ の鉛直方向の成分

考え方 最高点に達するまでの上昇時間と，最高点から地面に至る落下時間は等しい。最高点からの運動は，水平投射の場合と同じである。

解答

(1) 最高点から地面に達するまでの時間を t とすると

$$44.1\ \mathrm{m}=\frac{1}{2}\times(9.8\ \mathrm{m/s^2})t^2$$

よって　$t=3.0\ \mathrm{s}$　…答

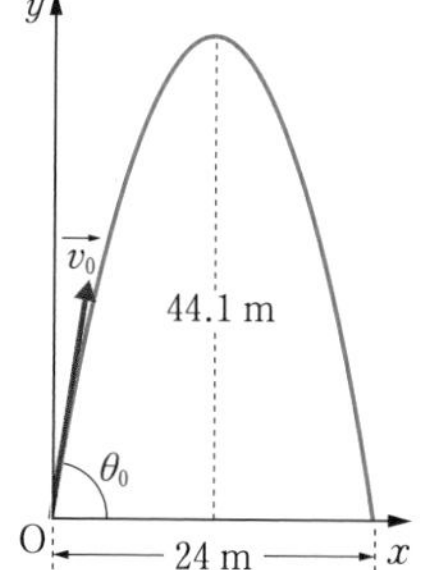

(2) 水平成分 v_{0x} は $24\ \mathrm{m}=v_{0x}\times3.0\ \mathrm{s}\times2$ から

$v_{0x}=4.0\ \mathrm{m/s}$　…答

(3) 鉛直成分 v_{0y} は(1)から

$0=v_{0y}-(9.8\ \mathrm{m/s^2})\times3.0\ \mathrm{s}$

よって　$v_{0y}=29.4\ \mathrm{m/s}\fallingdotseq29\ \mathrm{m/s}$　…答

POINT

斜方投射 { 水平方向…速度 $v_0\cos\theta_0$ での等速直線運動
鉛直方向…初速度 $v_0\sin\theta_0$ での鉛直投げ上げ

斜方投射による運動は，水平方向と鉛直方向に分けて考える。

この章で学んだこと

1 平面運動の速度・加速度

(1) 平面運動の速度

平均の速度 $=\dfrac{\text{変位}}{\text{時間}}=\dfrac{\vec{r}_2-\vec{r}_1}{\Delta t}=\dfrac{\Delta\vec{r}}{\Delta t}$

瞬間の速度 $\boldsymbol{\vec{v}=\dfrac{\Delta\vec{r}}{\Delta t}}$ $(\Delta t\to 0)$

$\Delta\vec{r}$ と $\vec{v}$ の向きは同じ。

(2) 速度の合成・分解・成分

① **合成** 速度は平行四辺形の方法で合成できる。

② **分解** 合成と逆の方法で分解できる。

③ **座標成分**

$\boldsymbol{v_x=v\cos\theta}$，$\boldsymbol{v_y=v\sin\theta}$ より

$v=\sqrt{v_x^{\,2}+v_y^{\,2}}$，$\tan\theta=\dfrac{v_y}{v_x}$

$(v_x,\ v_y)$：成分，v：大きさ，

θ：向き（x 軸となす角）

(3) 平面運動の加速度

平均の加速度 $=\dfrac{\vec{v}_2-\vec{v}_1}{\Delta t}=\dfrac{\Delta\vec{v}}{\Delta t}$

瞬間の加速度 $\boldsymbol{\vec{a}=\dfrac{\Delta\vec{v}}{\Delta t}}$ $(\Delta t\to 0)$

2 相対速度 $\vec{V}$

$\vec{V}=\vec{v}_\mathrm{B}-\vec{v}_\mathrm{A}$

観測者 A から見た相手 B の速度ベクトルは，A に対する B の相対速度。

3 水平投射

時刻 0 に原点から，初速度の大きさ v_0 で水平に投射した。水平方向には等速直線運動，鉛直方向には自由落下運動をする。

(1) 時刻 t での速度

x 成分 $\boldsymbol{v_x=v_0}$

y 成分 $\boldsymbol{v_y=gt}$

$\vec{v}$の大きさ $\boldsymbol{v=\sqrt{v_x^{\,2}+v_y^{\,2}}}$

$\vec{v}$の向き $\boldsymbol{\tan\theta=\dfrac{v_y}{v_x}}$

(2) 時刻 t での位置

$\boldsymbol{x=v_0t,\ y=\dfrac{1}{2}gt^2}$

軌道は放物線である。

4 斜方投射

時刻 0 に原点から，初速度の大きさ v_0 で水平となす角度 θ_0 で投射した。水平方向には $v_{0x}=v_0\cos\theta_0$ で等速直線運動，鉛直方向には初速度 $v_{0y}=v_0\sin\theta_0$ で投げ上げ運動をする。

(1) 時刻 t での速度

x 成分 $\boldsymbol{v_x=v_0\cos\theta_0}$

y 成分 $\boldsymbol{v_y=v_0\sin\theta_0-gt}$

$\boldsymbol{v=\sqrt{v_x^{\,2}+v_y^{\,2}}}$，$\boldsymbol{\tan\theta=\dfrac{v_y}{v_x}}$

(2) 時刻 t での位置

$\boldsymbol{x=v_0\cos\theta_0\cdot t}$

$\boldsymbol{y=v_0\sin\theta_0\cdot t-\dfrac{1}{2}gt^2}$

軌道は放物線となる。

(3) 最高点までの時間と高さ

時間 $\boldsymbol{\dfrac{v_0\sin\theta_0}{g}}$

高さ $\boldsymbol{\dfrac{(v_0\sin\theta_0)^2}{2g}}$

(4) 水平到達距離

$\boldsymbol{x_0=\dfrac{v_0^{\,2}}{g}\sin2\theta_0}$

MY BEST　Advanced Physics

第2章 剛体のつり合い

1 剛体にはたらく力

1 質点と剛体

A 質点

物体を質量をもつ1つの点とみなして，この1点にいろいろな力がはたらくと考えるとき，この点を**質点**という。

B 剛体

質量と大きさをもち，力による変形を無視できるような物体を**剛体**という。剛体にいくつかの力がはたらくとき，それらの作用点は一般には互いに異なる。

2 2力による剛体のつり合い

任意の形に切った板の両端に小さい穴をあけ，板を机上に置いてからこの穴にばねはかりをつけて両端から引っ張ると，板は動くがやがて2本のばねはかりが一直線になったところで静止する。このとき，ばねはかりは等しい目盛りを示すことが確かめられる。

すなわち，2つの力がはたらいたとき，剛体がつり合うのは，**2力が同一作用線上にあり，大きさが等しく，向きが互いに反対**の場合である。

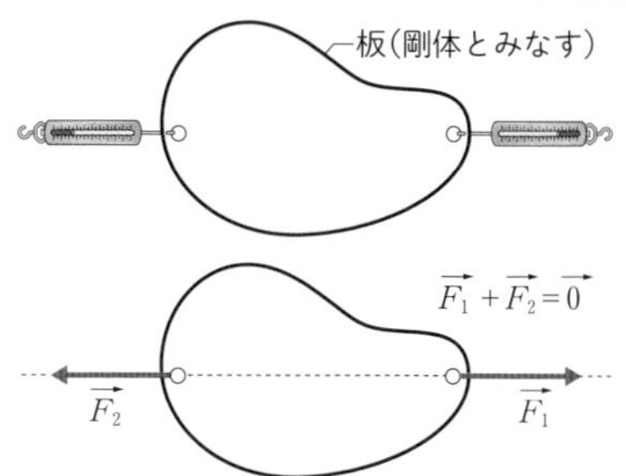

図13　2力による剛体のつり合い

3 作用線の法則

剛体にはたらく力は，その作用線上の任意の点に作用点を移動しても，はたらきは変わらない。このことは，次ページの**図14**のように考えればよい。

① 点Pにはたらく力$\vec{F}$の作用線上の点Qに，$\vec{F}$と同じ大きさの力$\vec{F'}$，$-\vec{F'}$を**図 14**(b)のように加える($\vec{F'}$と$-\vec{F'}$は，大きさが等しく向きが反対だから，**図 14**(a)と状態は変わらない)。

② $\vec{F}$と$-\vec{F'}$は共通の作用線をもち，大きさが等しく向きが反対だから，この2力はつり合うのでこれを消すと，残るのは$\vec{F'}$。これは大きさと向きが$\vec{F}$と同じだから，点Qには力$\vec{F}$がはたらくと考えることができる(**図 14**(c))。

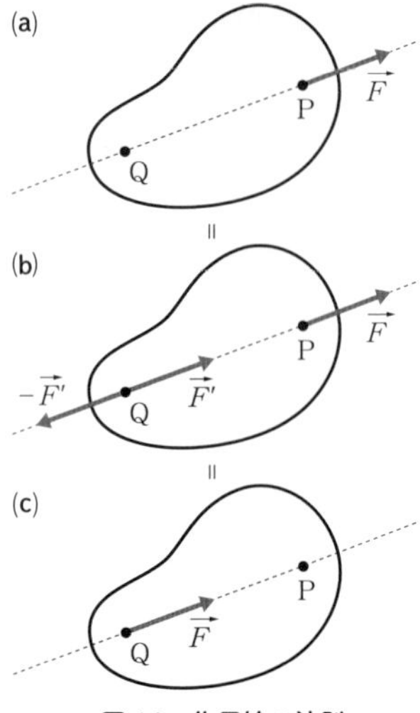

図 14　作用線の法則

4 剛体にはたらく2力の合成

剛体上の2点A，Bにそれぞれ，平行でない2力$\vec{F_1}$，$\vec{F_2}$がはたらくとき，2力の作用線が同一平面上にある場合には，この2力の合力は，作用線の法則を用いて，**2力の作用線の交点Pまで2力を移動して始点をそろえ，平行四辺形の方法によって合成**すれば求められる。

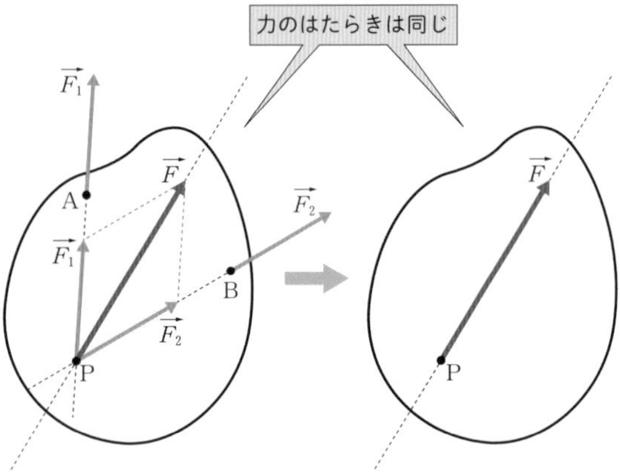

図 15　剛体にはたらく2力の合成

$\vec{F_1}$，$\vec{F_2}$の合力が$\vec{F}$ならば，**2力$\vec{F_1}$，$\vec{F_2}$を加える代わりに$\vec{F}$という1つの力を加えても，力のはたらきの効果は変わらない。**

5 剛体にはたらく力のつり合い

図 15 で，$\vec{F_1}$ と $\vec{F_2}$ の他にもう 1 つの力 $\vec{F_3}$ を加え，剛体をつり合わせるようにしたい。$\vec{F_1}$ と $\vec{F_2}$ は，1 つの力 $\vec{F}$ に合成できるから，点 P に $\vec{F}$ と同じ大きさで逆向きの力 $\vec{F_3}$ を加えれば，これらの 3 力は 1 点 P でつり合う力となる。すなわち

$$\vec{F_1}+\vec{F_2}+\vec{F_3}=\vec{0}$$

となり，剛体にはたらく力もつり合う。$\vec{F_3}$ の作用点は $\vec{F_3}$ の作用線上のどこにあってもよい。

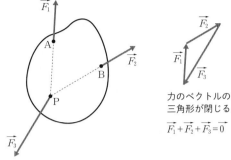

力のベクトルの三角形が閉じる

$\vec{F_1}+\vec{F_2}+\vec{F_3}=\vec{0}$

図 16　3 力によるつり合い

以上から **3 力の作用線が 1 点で交わり，2 力の合力が他の 1 つの力と同一作用線上にあって，大きさが等しく，向きが反対のとき，剛体にはたらく 3 力はつり合う。**

6 剛体にはたらく平行力の合成

A 同じ向きの平行な 2 力の合成

図 17 のように，剛体上の 2 点にはたらく，同じ向きで平行な 2 力を合成するには，次ページの **図 18** のように A と B に $-\vec{f}$，$\vec{f}$ を付け加えて考える。

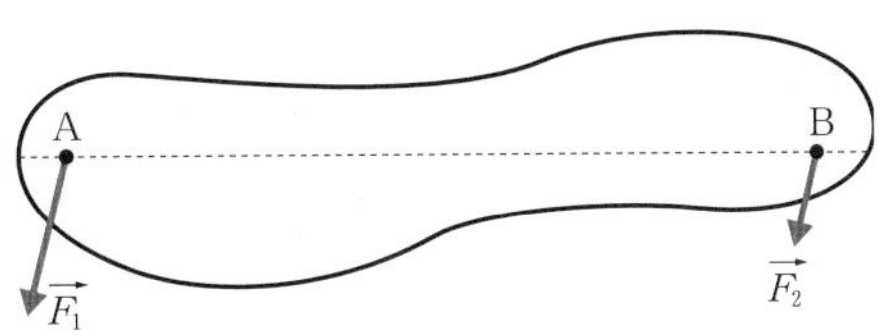

図 17　剛体上の 2 点にはたらく同じ向きで平行な力

$\vec{F_1}$ と $-\vec{f}$ の合力 $\vec{F_1}'$ の作用線と，$\vec{F_2}$ と $\vec{f}$ の合力 $\vec{F_2}'$ の作用線の交点を O とする。$\vec{F_1}'$ と $\vec{F_2}'$ を O に移動し，ここで，$\vec{F_1}'$，$\vec{F_2}'$ を再びもとの力に分解すると，$-\vec{f}$ と $\vec{f}$ は打ち消し合うので，$\vec{F}=\vec{F_1}+\vec{F_2}$ が合力として残る。この合力 $\vec{F}$ の作用点を作用線に沿って AB 上の点 C(C は $\vec{F}$ の作用線と線分 AB の交点) まで移動する。

すると，三角形の相似の関係を用いて

$$\frac{l_1}{\mathrm{CO}}=\frac{f}{F_1},\quad \frac{l_2}{\mathrm{CO}}=\frac{f}{F_2}$$

よって　$\dfrac{l_1}{l_2}=\dfrac{F_2}{F_1}$

以上から，**合力 $\vec{F}$ は，大きさが $F=F_1+F_2$（2 力の和）に等しく，もとの 2 力と同じ向き**をもつ。

合力 $\vec{F}$ の作用線は，もとの 2 力の作用点を結んでできる線分 AB を，力の大きさの逆比に内分する点 C を通る。

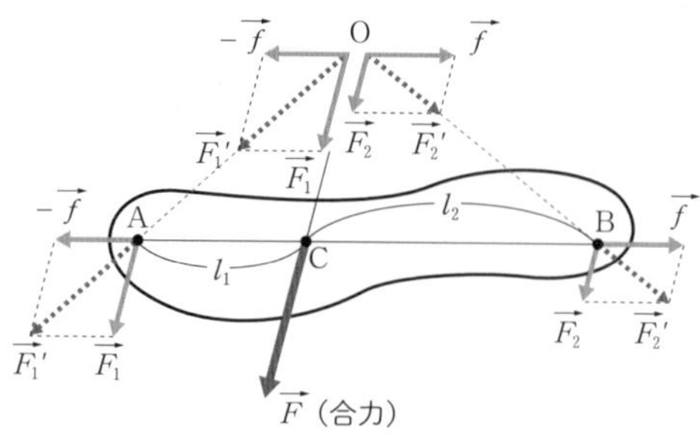

図 18　同じ向きの平行な 2 力の合成

B 反対向きの平行な 2 力の合成

図 19 のように，点 A と B に逆向きで平行な 2 力 $\vec{F_1}$ と $\vec{F_2}$ がはたらくとき，この 2 力を合成しよう。ここで，2 力の大きさは異なるものとし，$F_2>F_1$ とする。

A と同様に，A と B にそれぞれ大きさが同じで逆向きの 2 力 $-\vec{f}$，$\vec{f}$ を付け加える。

$\vec{F_1}$ と $-\vec{f}$ の合力を $\vec{F_1}'$，$\vec{F_2}$ と $\vec{f}$ の合力を $\vec{F_2}'$ とし，$\vec{F_1}'$，$\vec{F_2}'$ をそれぞれの作用線の交点 O に移動する。O で再び $\vec{F_1}'$ を $\vec{F_1}$ と $-\vec{f}$ に，$\vec{F_2}'$ を $\vec{F_2}$ と $\vec{f}$ に分解すれば，合力 $\vec{F}=\vec{F_1}+\vec{F_2}$ が残る。合力 $\vec{F}$ の大きさは $F=F_2-F_1$ となる。合力 $\vec{F}$ の作用点を，$\vec{F}$ の作用線に沿って AB の延長上の点 C まで移動し，$\mathrm{AC}=l_1$，$\mathrm{BC}=l_2$ とすると，三角形の相似から

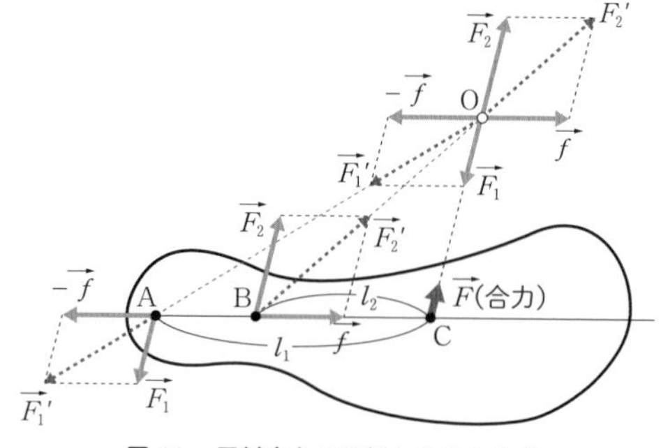

図 19　反対向きの平行な 2 力の合成

$$\frac{l_1}{\mathrm{CO}}=\frac{f}{F_1},\quad \frac{l_2}{\mathrm{CO}}=\frac{f}{F_2}$$

よって　$\dfrac{l_1}{l_2}=\dfrac{F_2}{F_1}$

以上から，**合力 $\vec{F}$ は，大きさが $F=F_2-F_1$（2 力の差）に等しく，大きいほうの力 $\vec{F_2}$ の向きと同じ向き**をもつ。合力 $\vec{F}$ の作用線は線分 AB を力の大きさの逆比に外分する点 C を通る。

7 力のモーメント

A 力のモーメント

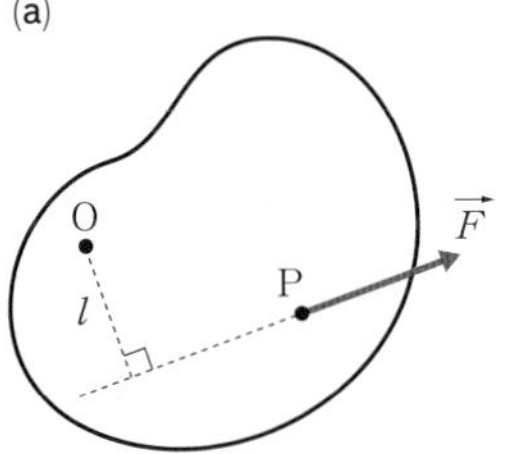

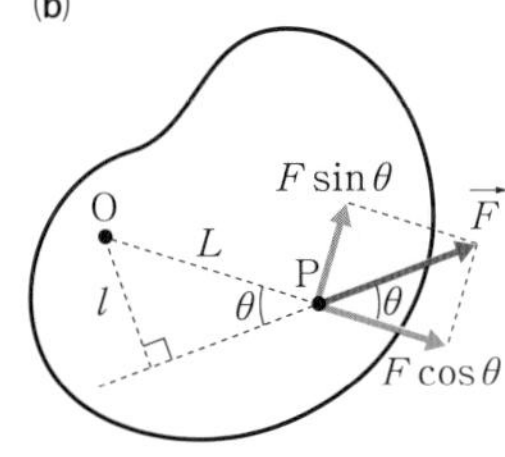

図20　力のモーメント

回転軸 O のまわりに剛体を回転させる能力を**力のモーメント**という。ここでは，平面状の剛体を考え，O は剛体の回転の中心，力は剛体の面内にあるものとする。

力を $\vec{F}$，O から力の作用線に下ろした垂線の長さを l（図20(a)）とすると，力のモーメントは $M=Fl$ と表される。OP の距離を L とし，$\vec{F}$ と OP のなす角を θ とすると（図20(b)）

$$Fl=F\times L\sin\theta=FL\sin\theta$$

ここで，$F\sin\theta$ は力 $\vec{F}$ の OP に垂直な方向の成分である。

$$M=Fl=FL\sin\theta \quad \cdots\cdots (10)$$

O のまわりを左右どちらに回ろうとするかによって，モーメントの作用は異なる。一般に力のモーメントは左回り（反時計回り）を正，右回りを負と決めることが多い。

＋アルファ

力のモーメントをトルクともいう。

＋アルファ

モーメントの単位

N·m はエネルギーの単位 J と同じ次元であるが，モーメントには J ではなく N·m が用いられる。

M_1，M_2，…，M_n はそれぞれ正負の符号を含む。

式(11)はモーメントのつり合いを表す式である。

B 力のモーメントのつり合い

回転軸 O をもつ剛体に，n 個の力 $\vec{F}_1$，$\vec{F}_2$，…，$\vec{F}_n$ がはたらき，これらの力のモーメントをそれぞれ M_1，M_2，…，M_n とすると，力のモーメントがつり合うのは

$$M_1+M_2+\cdots+M_n=0 \quad \cdots\cdots (11)$$

が成り立つときである。

例題 71　力のモーメントのつり合い

O 点で糸でつるした軽い棒の A と B に図のように力を加えた。棒が水平を保つためには，おもりにはたらく重力の大きさ W を何 N にしたらよいか。ただし，糸は軽く，滑車はなめらかに回転するものとする。

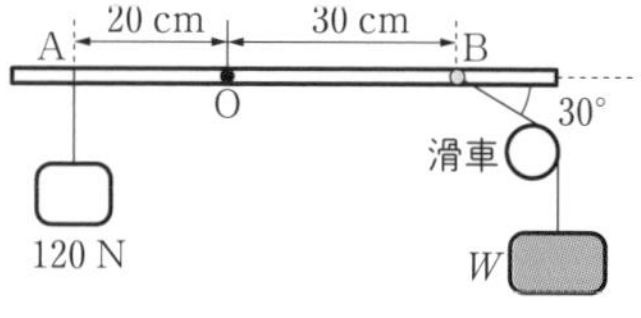

考え方　B に加わる糸の張力の大きさは W に等しいから，張力の鉛直成分は $W\sin30°$。

解答

O のまわりに関して，力のモーメントのつり合いの式を立てると

$$120\ \mathrm{N}\times0.20\ \mathrm{m}+(-W\sin30°\times0.30\ \mathrm{m})=0$$

よって　$W=120\ \mathrm{N}\times\dfrac{0.20\ \mathrm{m}}{\sin30°\times0.30\ \mathrm{m}}=160\ \mathrm{N}$

$=1.6\times10^2\ \mathrm{N}$　…答

8 偶力

A 偶力

互いに反対向きで大きさの等しい 2 つの平行力 $\vec{F}$，$-\vec{F}$ の組を**偶力**という。偶力の合力は 0 で，物体を移動させるはたらきはないが，回転させるはたらきをもっている。すなわち，偶力はモーメントだけをもっているといえる。両手で車のハンドルを回そうとする力などがこの例である。

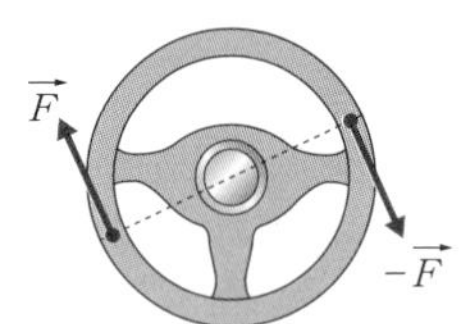

図 21　偶力の例

B 偶力のモーメント

偶力の作用線間の距離を d とし，作用線間の任意の点 O のまわりのモーメントを考えると（図 22 (a)）

$$M=F(d-x)+Fx=Fd$$

回転軸が外側の O′ にあるとき（図 22 (b)）

$$M=F(d+x')+(-Fx')=Fd$$

となり，いずれの場合も偶力のモーメントは軸の位置に依らない。

$$\boldsymbol{M=Fd} \qquad \cdots\cdots(12)$$

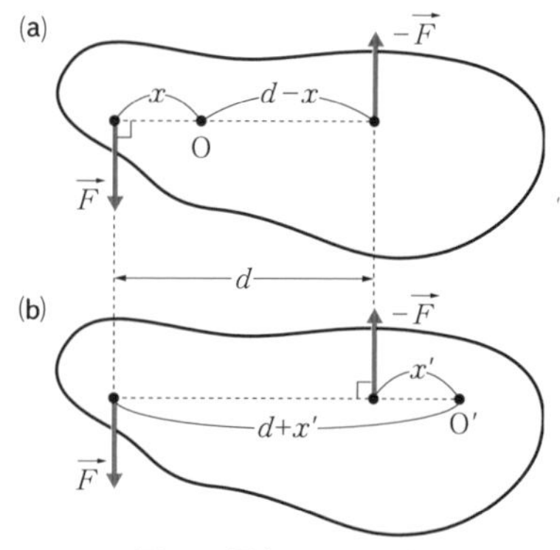

図 22　偶力のモーメント

例題 72　3 力による剛体のつり合い

重さ W の一様な棒 AB を軽い糸で天井につるし，B 端に水平右向きに大きさ F の外力を加えたところ，糸と棒は水平と α，β の角をなして静止した。糸の張力の大きさ T と $\tan\alpha$，$\tan\beta$ の値をそれぞれ求めよ。

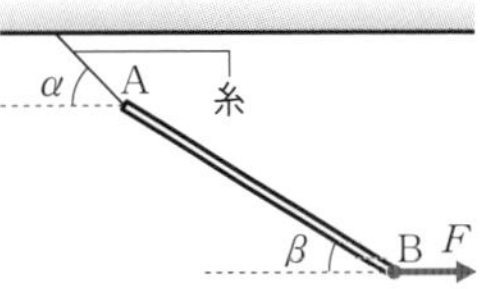

考え方 重力は棒の中点(重心)にはたらく。重力(大きさ W)と糸の張力(大きさ T)，外力(大きさ F)の 3 力でつり合うから，張力の作用線は外力と重力の作用線の交点 C を通る。力の三角形は閉じた三角形となり，この場合，直角三角形である。
また，張力と外力のなす角が α である。

解答

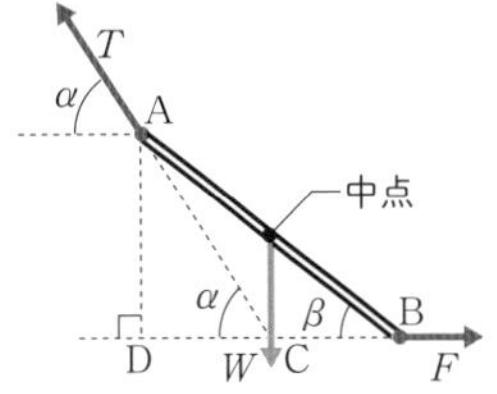

大きさ T，W，F の 3 力がつり合うので，p. 245 のように力の三角形が閉じる。よって，

力の三角形の図から

$T=\sqrt{W^2+F^2}$ …㊀

長さ T と F の斜辺と底辺がなす角が α だから

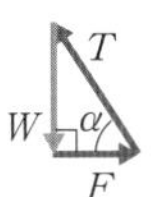

$\tan\alpha=\dfrac{W}{F}$ …㊀

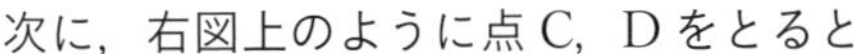

次に，右図上のように点 C，D をとると

$\tan\alpha=\dfrac{\mathrm{AD}}{\mathrm{DC}}$　　$\tan\beta=\dfrac{\mathrm{AD}}{\mathrm{DB}}$

ここで C は DB の中点だから　　DB＝2DC

よって　　$\tan\beta=\dfrac{1}{2}\tan\alpha=\dfrac{W}{2F}$ …㊀

POINT

力のモーメント　　$M=Fl=FL\sin\theta$（左回りを正）

力のモーメントのつり合い　　$M_1+M_2+\cdots+M_n=0$

剛体がつり合う（静止し続ける）ためには

①剛体にはたらく力の合力が0

②モーメントの和が0

でなければならない。条件②は，ある一つの回転軸について成り立てばよい。条件①が成り立つ場合は，他の任意の回転軸についても条件②が成り立つからである。

2 剛体にはたらく力のつり合い

1 多くの力による剛体のつり合い

A 剛体にはたらく力の考え方

厚紙を**図 23**(a)のように切り，任意に選んだ点 O に穴をあけて画びょうをさす(ここでは厚紙を剛体とみなし，重力の影響をさけるため水平な机の上で画びょうをさすものとする)。剛体上の点 P_1 に力 $\vec{F_1}$を加える。$\vec{F_1}$ と平行で大きさが等しい互いに逆向きの 2 力 $\vec{F_1}'$，$-\vec{F_1}'$ を点 O に加えても，力 $\vec{F_1}$ が 1 つだけはたらいている場合と変わらない。この状態は，次の①，②のように分けて考えることもできる。

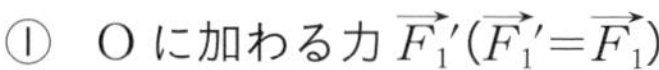
① O に加わる力 $\vec{F_1}'(\vec{F_1}'=\vec{F_1})$

② 偶力($\vec{F_1}$と$-\vec{F_1}'$の組)

すると，偶力のモーメントは $M_1=F_1l_1$ で，これは O のまわりの $\vec{F_1}$ のモーメントに等しい。剛体に**図 23**(b)のように多くの力 $\vec{F_1}$，$\vec{F_2}$，…，$\vec{F_n}$ を加えた場合にもそれぞれの力を①，②と同様に考えると

①′ O に加わる力 $\vec{F_1}$，$\vec{F_2}$，…，$\vec{F_n}$(**図 23**(c))

②′ O のまわりの $\vec{F_1}$，$\vec{F_2}$，…，$\vec{F_n}$ のモーメント M_1，M_2，…，M_n (**図 23**(d))

に分けて考えることができる。

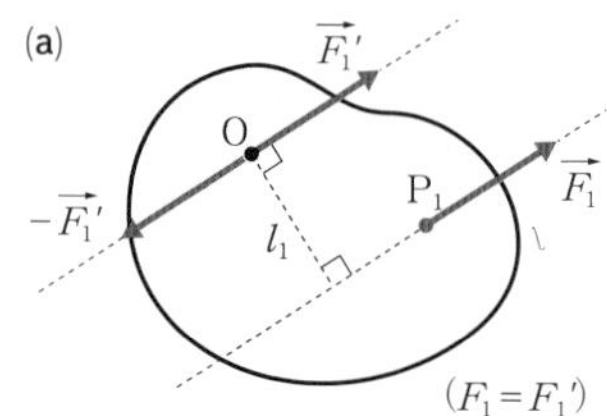

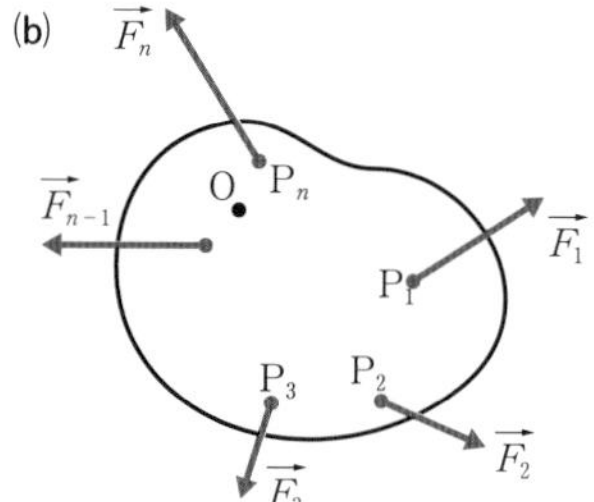

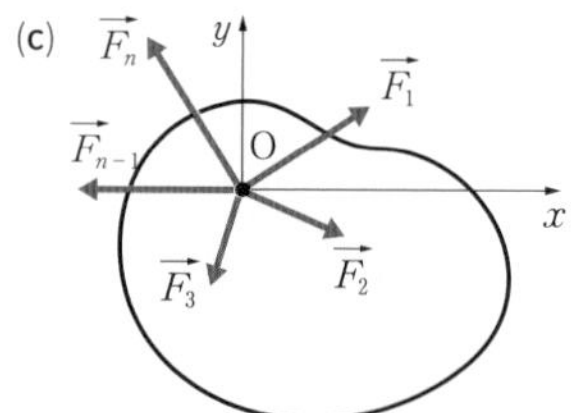

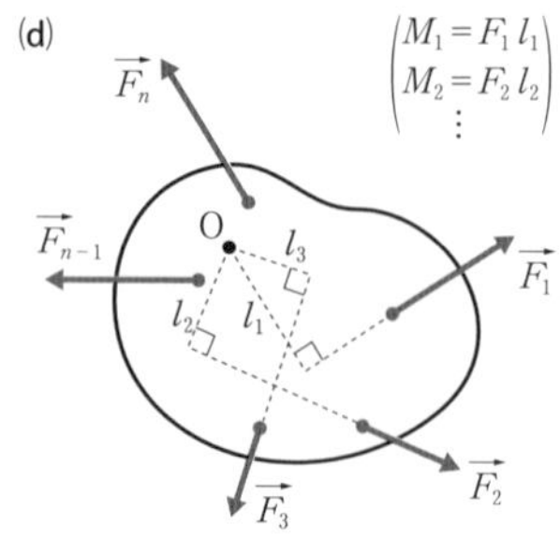

図 23 剛体にはたらく力

B 剛体のつり合い

剛体に多くの力 $\vec{F_1}$，$\vec{F_2}$，…，$\vec{F_n}$がはたらいてつり合う(O の画びょうをはずしても剛体が動き始めず，回転もし始めない)ためには，A の①′の力の和が 0 で，②′のモーメントの和が 0 でなければならない。すなわち

$$\vec{F_1}+\vec{F_2}+\cdots+\vec{F_n}=\vec{0} \quad \cdots\cdots (13)$$

$$\begin{cases} x\text{ 成分} & F_{1x}+F_{2x}+\cdots+F_{nx}=0 \\ y\text{ 成分} & F_{1y}+F_{2y}+\cdots+F_{ny}=0 \end{cases}$$

$$M_1+M_2+\cdots+M_n=0 \qquad \cdots\cdots (14)$$

剛体がつり合うための条件は，式(13)，(14)の2式が同時に成り立つことである。任意に定める点Oは，剛体の外にとっても構わない。

例題 73　剛体のつり合いの条件の利用

例題72において式(13)，(14)を利用して，糸の張力の大きさT，$\tan\alpha$，$\tan\beta$を求めよ。

考え方　右図のようにx軸，y軸をとり，水平方向，鉛直方向のつり合いの式をつくる。棒(重力は中点に作用する)の長さを$2l$として，点Aのまわりのモーメントのつり合いの式をつくる。モーメントを考える点は，点Bでも棒の中点でもよいが，未知数が少なくなるような点を選ぶと計算が楽になる。

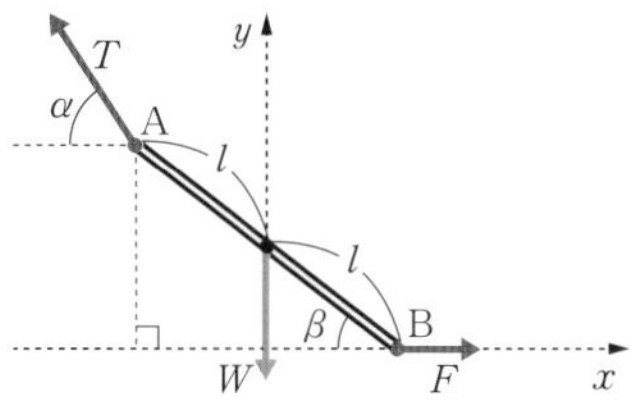

解答

x軸方向のつり合いから　$F+(-T\cos\alpha)=0$　……①

y軸方向のつり合いから　$T\sin\alpha+(-W)=0$　……②

点Aのまわりのモーメントのつり合いから

$F\times 2l\sin\beta+(-W\times l\cos\beta)=0$　……③

①，②から　$\tan\alpha=\dfrac{W}{F}$　…答

③から　$\tan\beta=\dfrac{W}{2F}$　…答

①，②から　$(T\sin\alpha)^2+(T\cos\alpha)^2=W^2+F^2$

よって　$T=\sqrt{W^2+F^2}$　…答

例題 74　粗い水平面に置いた正方形板のつり合い

粗い水平面上に，重さ$3W$，1辺の長さが$2a$の正方形の板ABCDを置き，図のBに水平右向きに大きさWの力を加えたが，板はそのまま静止していた。このとき，板にはたらく摩擦力の大きさF，垂直抗力の大きさN，Cから垂直抗力の作用点までの距離xを求めよ。ただし，板は厚さがあって倒れることはないものとする。

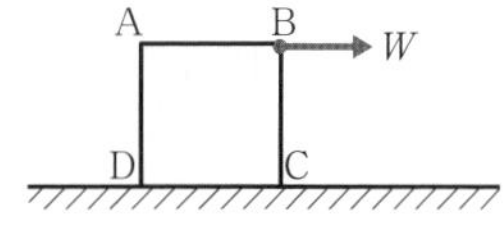

考え方　板にはたらく力を図示すると，解答の図のようになる。式(13)，(14)を用いる。

解答

x 軸方向のつり合いから　$W+(-F)=0$ ……①

y 軸方向のつり合いから　$N+(-3W)=0$ ……②

垂直抗力の作用点Eのまわりのモーメントのつり合いから

$$3W\times(a-x)+\left(-W\times 2a\right)=0 \quad \cdots\cdots③$$

①，②，③から　$F=W$，$N=3W$，$x=\frac{1}{3}a$ …答

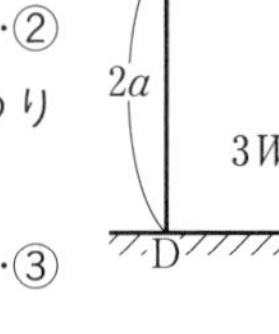
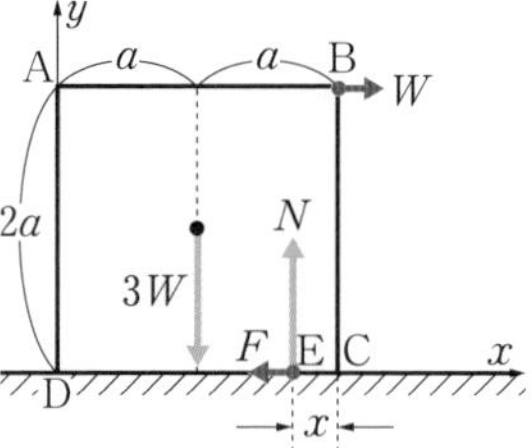

POINT

剛体のつり合い

①　剛体にはたらく力の合力が0(→移動し始めない)

②　力のモーメントの和が0(→回転し始めない)

2 重心

A 重心

剛体の各部にはたらく重力の合力の作用点を**重心**という(**図24(a)**)。作用点は，作用線の上で移動できるが，複数の姿勢の場合の作用線に共通な点が重心となる。

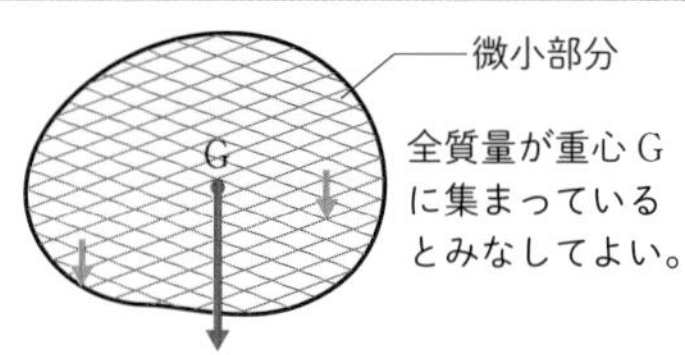

(a)　各部にはたらく重力の合力の作用点が重心(G)

B 重心の求め方

図24(b)のように点Aに糸を付けて物体をつるし，糸の延長線をかく。同様に点Bにおける糸の延長線を求める。この2本の線の交点が重心Gである。

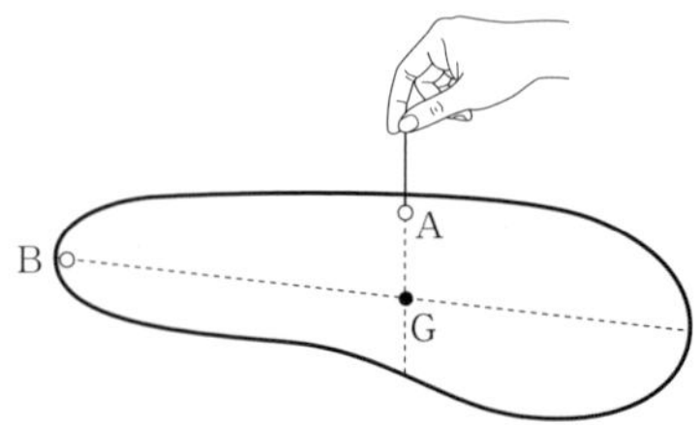

(b)　交点が重心(G)

C 一様な棒の重心

太さが一様な棒を，微小な長さの木片の集まりと考える。棒の中心に関して対称の位置にある2つの木片にはたらく重力の合力は，棒の中心に作用する。棒全体に対してこのことがいえるから，棒の重心Gは棒の中点にあることがわかる(**図24(c)**)。

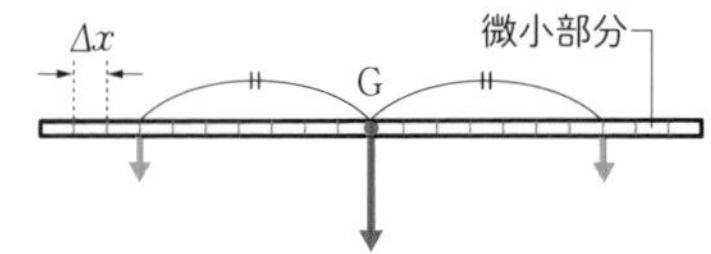

(c)　棒の重心(G)は中点にある

D 三角板の重心

図 24 (d)のように一様な三角板を，1辺に平行に細い棒に切って考える。各棒の重心は中点にあり，三角形の重心は中線上のどこかにある。別の辺でも同じことがいえるので，三角板の重心は3つの中線の交点にある。

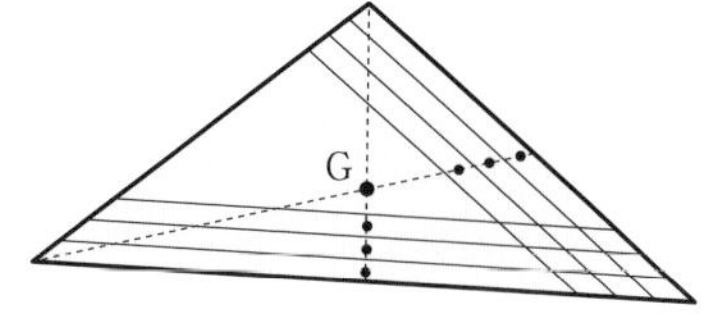

(d) 三角形の重心(G)は3中線の交点

E 2つの質点の重心

x-y 平面上の点 A(x_1, y_1) と B(x_2, y_2) に，それぞれ質量が m_1, m_2 の質点を置く。重心Gは平行な2つの重力の合力の作用点なので，p. 245 の平行力の合成より，その x 座標 x_G は

$$\frac{m_1g}{m_2g}=\frac{x_2-x_G}{x_G-x_1}$$

よって $$x_G=\frac{m_1x_1+m_2x_2}{m_1+m_2} \quad \cdots\cdots (15)$$

次に，重力が y 軸と直角にはたらくように考えれば，重心の y 座標 y_G は

$$\frac{m_1g}{m_2g}=\frac{y_G-y_2}{y_1-y_G}$$

よって $$y_G=\frac{m_1y_1+m_2y_2}{m_1+m_2} \quad \cdots\cdots (16)$$

この2式を用いれば，計算で重心Gの x 座標，y 座標が求められる。

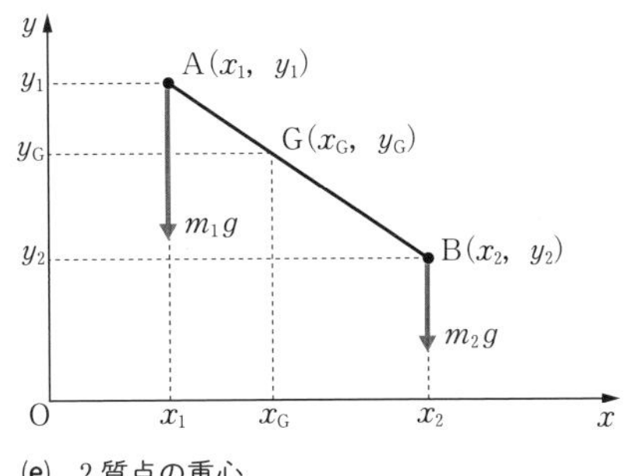

(e) 2質点の重心

図 24 重心

例題 75 丸太棒の重心

長さ 5.0 m の丸太棒 AB が水平な地面に置いてある。A端をもち上げるには F_A=30 N，B端をもち上げるには F_B=20 N の鉛直上向きの力が必要だった。丸太棒の重さは何Nか。また，重心はAからBへ何mのところにあるか。

考え方 F_A と F_B を同時に加えれば丸太はもち上がることになる。図の y 方向のつり合いの式と，Aのまわりのモーメントのつり合いの式をつくる。

解答

丸太棒の重さをW，Aと重心の距離をxとすると，y方向の力のつり合いから

$$30\ \mathrm{N}+20\ \mathrm{N}+(-W)=0 \quad \cdots\cdots①$$

Aのまわりのモーメントのつり合いから

$$20\ \mathrm{N}\times 5.0\ \mathrm{m}+(-W\times x)=0 \quad \cdots\cdots②$$

①から　$W=50\ \mathrm{N}$　…答

②から　$x=2.0\ \mathrm{m}$　…答

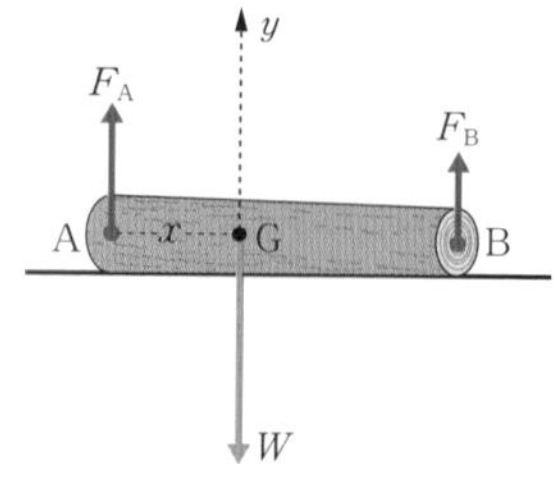

例題 76　2質点の重心

x-y平面上の点(2.0, 3.0)に質量2.0 kgの質点を置き，別の点(4.0, 1.5)に質量3.0 kgの質点を置いた。2つの質点の重心Gの位置(x_G, y_G)を求めよ。ただし，座標(位置ベクトルの成分)の単位はm単位とする。

考え方　式(15)，(16)を利用する。

解答

$$x_G=\frac{m_1x_1+m_2x_2}{m_1+m_2}=\frac{2.0\ \mathrm{kg}\times 2.0\ \mathrm{m}+3.0\ \mathrm{kg}\times 4.0\ \mathrm{m}}{2.0\ \mathrm{kg}+3.0\ \mathrm{kg}}=3.2\ \mathrm{m} \quad \cdots 答$$

$$y_G=\frac{m_1y_1+m_2y_2}{m_1+m_2}=\frac{2.0\ \mathrm{kg}\times 3.0\ \mathrm{m}+3.0\ \mathrm{kg}\times 1.5\ \mathrm{m}}{2.0\ \mathrm{kg}+3.0\ \mathrm{kg}}=2.1\ \mathrm{m} \quad \cdots 答$$

POINT

2質点の重心の位置　$x_G=\dfrac{m_1x_1+m_2x_2}{m_1+m_2}$，$y_G=\dfrac{m_1y_1+m_2y_2}{m_1+m_2}$

2つの質点の重心は，それぞれの質点の座標と質量から，上の式を用いて求めることができる。

また，n個の質点からなる場合の重心の位置は

$$x_G=\frac{m_1x_1+m_2x_2+\cdots\cdots+m_nx_n}{m_1+m_2+\cdots\cdots+m_n}$$

$$y_G=\frac{m_1y_1+m_2y_2+\cdots\cdots+m_ny_n}{m_1+m_2+\cdots\cdots+m_n}$$

となる。

この章で学んだこと

1 剛体にはたらく力

(1) 作用線の法則

剛体にはたらく力は，その力の作用線上で作用点を移動しても，力の効果は変わらない。

(2) 2力の合成

2力を作用線の交点に移動して合成する。合力は合力の作用線上で作用点を移動することができる。

(3) 同じ向きの平行な2力の合成

大きさ：2力の和

向き：2力と同じ

合力の作用線：2力の作用点を結ぶ線分を2力の逆比に内分する点を通る。

(4) 逆向きの平行な2力の合成

大きさ：2力の差

向き：大きい力の向き

合力の作用線：2力の作用点を結ぶ線分を2力の逆比に外分する点を通る。

(5) 力のモーメント

はたらく力を $\vec{F}$ とし，回転軸から力 $\vec{F}$ の作用線に下ろした垂線の長さを l とすると，この力のモーメント M は

$$\boldsymbol{M=Fl}$$

回転軸と力の作用点を結ぶ方向に対する力 $\vec{F}$ の直角成分を $F\sin\theta$ とし，回転軸と力の作用点の間の距離を L とすると，M は次のようにも表される。

$$\boldsymbol{M=FL\sin\theta}$$

(6) 偶力

互いに逆向きで，大きさの等しい平行な2力の組。力のモーメントだけをもつ。

$$\boldsymbol{M=Fd} \quad (d\text{ は作用線間の距離})$$

2 剛体のつり合い

(1) 2力によるつり合い

2力が同じ作用線上にあって，2力の大きさが等しく向きが反対のときにつり合う。

(2) 3力によるつり合い

3力の作用線が1点で交わり，うち2力の合力が残りの力と同一作用線上にあって，大きさが等しく，向きが反対のときにつり合い，力のベクトルの三角形は閉じる。

(3) 多くの力によるつり合い

多くの力 $\vec{F_1}$，$\vec{F_2}$，……，$\vec{F_n}$ がはたらくとき剛体がつり合うためには，次の①と②が同時に成り立つことが必要。

$$\boldsymbol{\vec{F_1}+\vec{F_2}+\cdots+\vec{F_n}=\vec{0}} \quad \cdots\cdots①$$

$$\begin{pmatrix} x\text{ 成分} & F_{1x}+F_{2x}+\cdots+F_{nx}=0 \\ y\text{ 成分} & F_{1y}+F_{2y}+\cdots+F_{ny}=0 \end{pmatrix}$$

$$\boldsymbol{M_1+M_2+\cdots+M_n=0} \quad \cdots\cdots②$$

条件②は任意に選んだ一つの回転軸について成り立てばよい。

3 重心

剛体の各部にはたらく重力の合力は1点にはたらく。この合力の作用点を**重心**といい，1つの剛体に1つだけである。

2つの質点がある場合，その重心の位置は

$$x_G=\frac{m_1x_1+m_2x_2}{m_1+m_2},\quad y_G=\frac{m_1y_1+m_2y_2}{m_1+m_2}$$

となる。

MY BEST

Advanced Physics

第3章 運動量の保存

1 運動量と力積

1 運動量

運動量とは，**運動の勢い(激しさ)を表す物理量**である。質量 m〔kg〕の物体が速度 $\vec{v}$〔m/s〕で運動している場合，運動量 $\vec{p}$ は，次式で表される。

$$\vec{p}=m\vec{v} \quad \cdots\cdots (17)$$

運動量の単位は，kg·m/s である。運動量はベクトルであり，物体の運動量の向きは速度の向きと同じである。

2 運動量の変化と力積

直線上を速度 $\vec{v}$ で運動している物体に，一定の力 $\vec{F}$〔N〕を Δt〔s〕間加える。力を加えた後の物体の速度を $\vec{v'}$ とする。このときの運動量の変化を考える(**図 25**)。

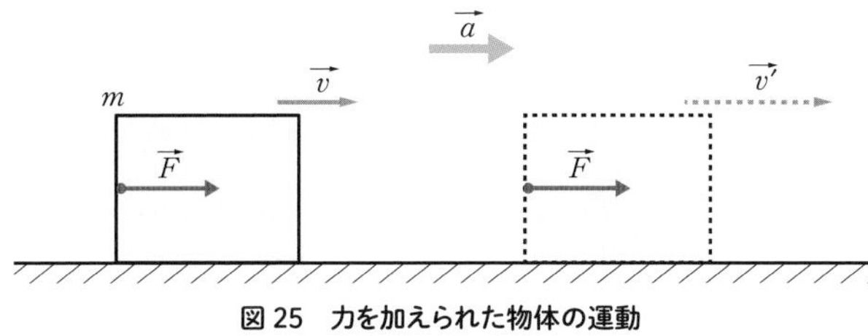

図 25　力を加えられた物体の運動

+アルファ

運動エネルギー K は，運動している物体のもつエネルギー(どれだけ仕事ができるかを表す量)であり，

$K=\frac{1}{2}mv^2$ である。

運動エネルギーの単位は J である。また，運動エネルギーはスカラーである。

加速度は，$\vec{a}=\frac{\Delta\vec{v}}{\Delta t}=\frac{\vec{v'}-\vec{v}}{\Delta t}$ で与えられる。運動方程式は，

$m\vec{a}=\vec{F}$ より

$$m\frac{\vec{v'}-\vec{v}}{\Delta t}=\vec{F}$$

となる。これを変形すると　$m(\vec{v'}-\vec{v})=\vec{F}\Delta t$

これより　$m\vec{v'}-m\vec{v}=\vec{F}\Delta t \quad \cdots\cdots (18)$

となる。左辺第一項は力を加えた後の運動量，左辺第二項は力を加える前の運動量である。つまり，**左辺は運動量の変化**を表している。右辺は力と力を加えた時間の積である。この $\vec{F}\Delta t$ を**力積**という。力積の単位は，N·s である。

直線運動の場合，力積は F-t グラフの曲線と横軸(t 軸)で囲まれる面積で表される(**図 26**)。

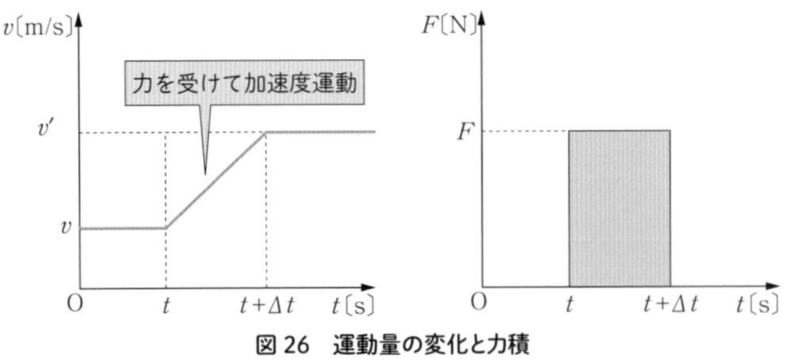

図 26　運動量の変化と力積

> **＋アルファ**
>
> 運動方程式 $m\vec{a}=\vec{F}$ より力の単位 N は kg·m/s^2 に等しい。したがって，力積の単位 N·s は，kg·m/s^2×s＝kg·m/s となり運動量の単位 kg·m/s に等しい。

運動量の変化と力積

$$m\vec{v'}-m\vec{v}=\vec{F}\Delta t$$

物体の運動量の変化は，物体が受けた力積に等しい。

3　力が変化する場合の F-t グラフと力積

ボールをバットで打つ場合の F-t グラフは**図 27** のようになる。バットが力をおよぼしている間，力の大きさは変化している。この場合の力積はどのように表されるかを調べるために，力をおよぼしている時間をさらに細かく分割して考える。分割した時間内では力が一定であるとみなすと，長方形の面積がその間の力積である。したがって，すべての長方形の面積の和が力をおよぼしている間の力積となる。この分割を限りなく細かくすると，**図 27** の一番右の F-t グラフで F-t 曲線と横軸で囲まれた面積となる。

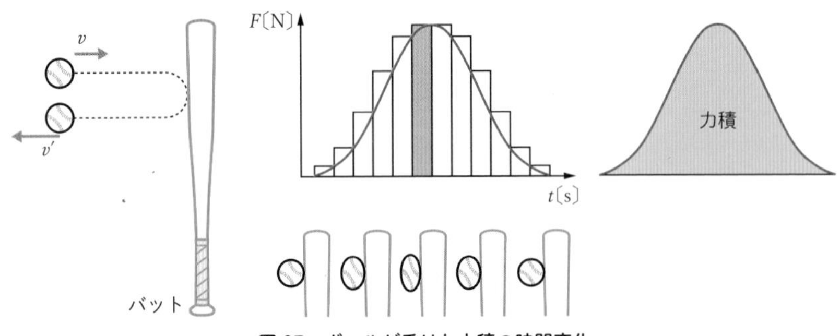

図 27　ボールが受けた力積の時間変化

ここで，平均の力 $\overline{F}$ という考え方を導入しよう。このとき，$\overline{F}\Delta t$ は F-t グラフで囲まれた面積と等しくなるようにする。そうすると，運動量の変化の大きさは，平均の力 $\overline{F}$ と接触時間 Δt の積で表される。すなわち

$$\overline{F}\Delta t = mv' - mv \qquad \cdots\cdots (19)$$

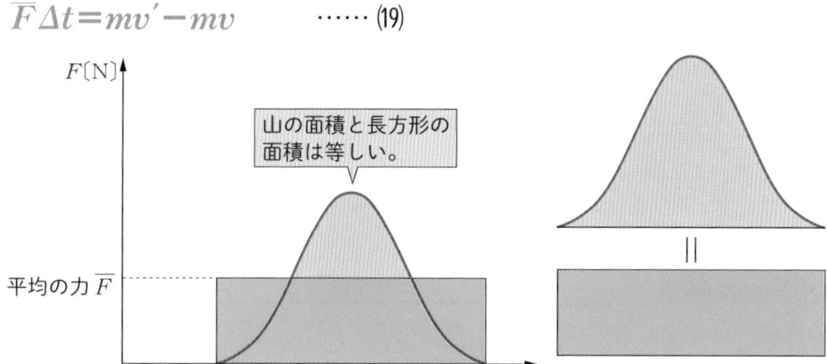

図 28　平均の力と力積の関係

POINT

(直線運動の場合の) 平均の力

$$\overline{F} = \frac{mv' - mv}{\Delta t}$$

運動量の変化と力を加えた時間より求めることができる。

4 運動量と力積のベクトル図

運動量と力積の関係は，次のようにベクトル図を用いて表すこともできる。

A 一直線上での運動の場合

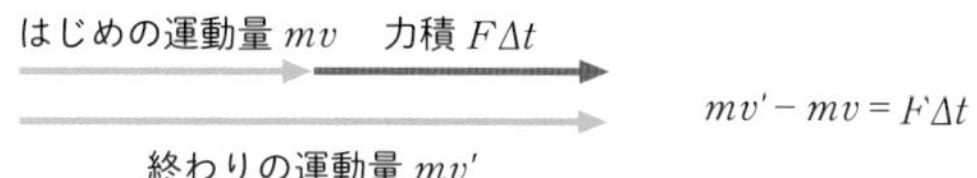

$$mv' - mv = F\Delta t$$

図 29　一直線上の運動量の変化と力積

B 平面上での運動の場合

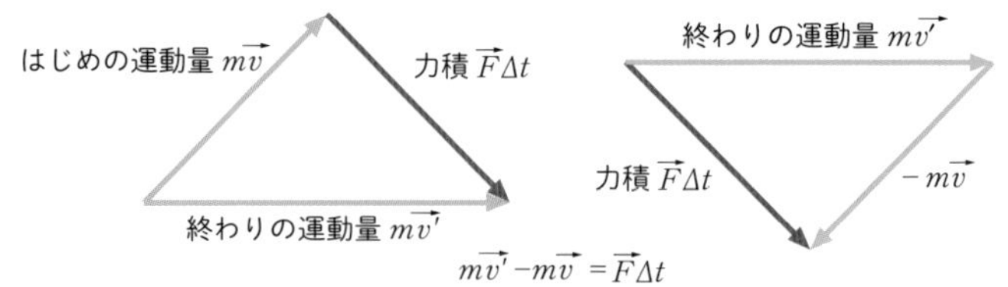

図 30　平面上での運動量の変化と力積

POINT

力積 $\vec{F}\Delta t$ は，運動量の変化 $(m\vec{v}'-m\vec{v})$ より求めることができる。

例題 77　運動量

質量 1.0×10^3 kg の自動車が左向きに 20 m/s の速度で運動している。この自動車の運動量の向きと大きさを求めよ。

考え方　運動量 $\vec{p}$ は，$\vec{p}=m\vec{v}$ で与えられる。

解答

運動量の向きは，速度の向きと同じ左向きである。

運動量の大きさは　　$p=mv=1.0\times10^3\ \text{kg}\times20\ \text{m/s}=2.0\times10^4\ \text{kg·m/s}$

よって　　左向きに 2.0×10^4 kg·m/s　…㊟

例題 78　運動量の変化と力積

地面上を速さ 10 m/s で進んできた，質量 0.45 kg のサッカーボールがある。

(1)　ボールの速さは変化させずに 90° 方向を変えた。このとき，ボールに与えた力積の大きさを求めよ。ただし，$\sqrt{2}=1.41$ とする。

(2)　(1)において，ボールへの接触時間を 0.020 s とすると，ボールに加えた平均の力の大きさはいくらか。

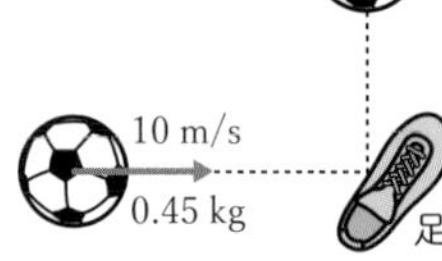

考え方 (1)　力の大きさや接触時間は与えられていないので，運動量ベクトルの変化の大きさとして求める。

(2)　$\overline{F}=\dfrac{|\vec{F}\Delta t|}{\Delta t}$を用いればよい。

解答

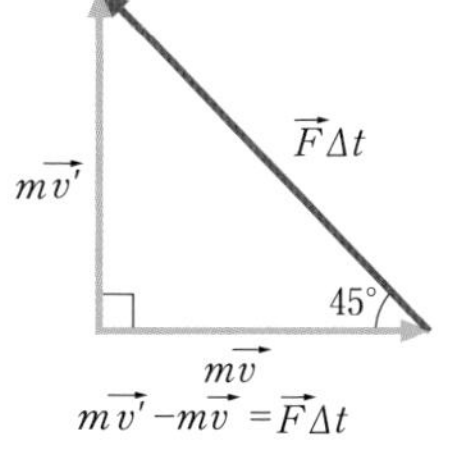

(1)　運動量の変化と力積の関係は右の図のようになる。運動量の大きさは，変化前，変化後ともに，$0.45\times10=4.5\ \mathrm{kg\cdot m/s}$ である。したがって，図より力積の大きさは

$$|\vec{F}\Delta t|=4.5\ \mathrm{kg\cdot m/s}\times\sqrt{2}$$
$$=6.345\ \mathrm{kg\cdot m/s}$$

よって　　$6.3\ \mathrm{N\cdot s}$　…㊟

(2)　平均の力 $\overline{F}$ は，$\overline{F}\Delta t=6.34\ \mathrm{N\cdot s}$ より

$$\overline{F}=\frac{6.34\ \mathrm{N\cdot s}}{\Delta t}=\frac{6.34\ \mathrm{N\cdot s}}{0.020\ \mathrm{s}}=3.17\times10^{2}\ \mathrm{N}$$

よって　　$3.2\times10^{2}\ \mathrm{N}$　…㊟

POINT

（平面運動の場合の）力積 $\vec{F}\Delta t$ と大きさ $F\Delta t$，平均の力 $\vec{\overline{F}}$ と大きさ $\overline{F}$

力積　$\vec{F}\Delta t=m\vec{v'}-m\vec{v}$　　**大きさ**　$F\Delta t=|\vec{F}\Delta t|=|m\vec{v'}-m\vec{v}|$

平均の力　$\vec{\overline{F}}=\dfrac{\vec{F}\Delta t}{\Delta t}$　　**大きさ**　$\overline{F}=\dfrac{F\Delta t}{\Delta t}=\dfrac{|\vec{F}\Delta t|}{\Delta t}=|\vec{\overline{F}}|$

2 運動量保存

1 一直線上の2物体の衝突

一直線上で，静止している物体に運動している物体が衝突すると，静止していた物体は運動を始め，運動していた物体は速さが小さくなったりはね返ったりする。2つの物体が衝突する際に，運動量はどのように変化するのだろうか。

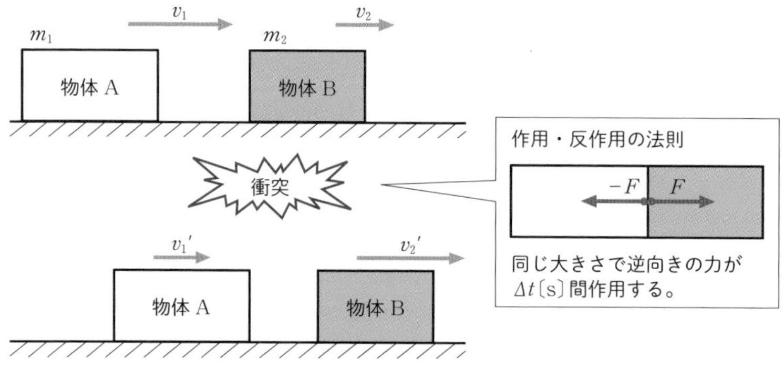

図31　一直線上での物体の衝突と速さの変化

図31 のように，質量 m_1〔kg〕の物体Aが右向きに速さ v_1〔m/s〕で，質量 m_2〔kg〕の物体Bが右向きに速さ v_2〔m/s〕で運動している。ただし，$v_1>v_2$ である。物体Aが物体Bに衝突して，物体Aは物体Bに右向きに大きさ F〔N〕の力を時間 Δt〔s〕の間およぼすとする。このとき，作用・反作用の法則より，物体Bは物体Aに左向きに大きさ F〔N〕の力を時間 Δt〔s〕およぼす。したがって，衝突後の物体A，物体Bそれぞれの速さを右向きに v_1'〔m/s〕，右向きに v_2'〔m/s〕とすると，運動量の変化と力積の関係は

物体A：$m_1v_1'-m_1v_1=-F\Delta t$

物体B：$m_2v_2'-m_2v_2=F\Delta t$

となる。2つの式から $F\Delta t$ を消去すると

$$m_1v_1'-m_1v_1=-(m_2v_2'-m_2v_2)$$

これを変形すると

$$\boldsymbol{m_1v_1+m_2v_2=m_1v_1'+m_2v_2'} \quad \cdots\cdots (20)$$

となる。この式の左辺は衝突前の2つの物体の運動量の和であり，右辺は衝突後の2つの物体の運動量の和である。つまり，2物体の衝突において，**運動量の和は衝突前後で変化しない**ことを示している。これを**運動量保存の法則**という。

運動量保存の法則（左辺は衝突前，右辺は衝突後の運動量）

$$m_1v_1+m_2v_2=m_1v_1'+m_2v_2'$$

2　運動量保存の法則が成立する条件

運動量保存の法則は，物体Aと物体Bの衝突時に作用・反作用の法則が成立することより導くことができた。もし，物体Aに物体Bがおよぼす以外の力がはたらくと運動量保存の法則は成立しない。つまり，物体Aと物体Bの運動量を変化させる力積が物体Aと物体B間に互いにおよぼし合う作用・反作用の力によるものだけである場合にのみ成立する。物体Aと物体Bの間に互いにおよぼし合う力のことを**内力**といい，物体Aと物体Bの外からおよぼされる力のことを**外力**という。

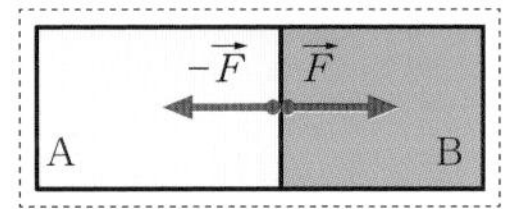

破線内の2つの物体を一体とみなした場合，内力は打ち消し合う。破線外からはたらく力が外力である。

図32　内力と外力

運動量保存の法則
外力による力積が無視できる場合にのみ成り立つ。

物体が2つに分裂する場合や，2つの物体が合体する場合においても運動量保存の法則は成り立つ。

3 平面上の２物体の衝突

２物体が平面上を運動していて衝突する場合，運動量はどうなるだろうか。

２つの物体ＡとＢが衝突する際には，ＡからＢにおよぼす力が $\vec{F}$ の場合，作用・反作用の法則よりＢからＡにおよぼす力は $-\vec{F}$ となる。したがって，この場合の衝突は**図33**のように表される。このとき，運動量保存の法則を x 成分，y 成分に分けて考えれば，それぞれの成分において運動量保存の法則が成り立つ。

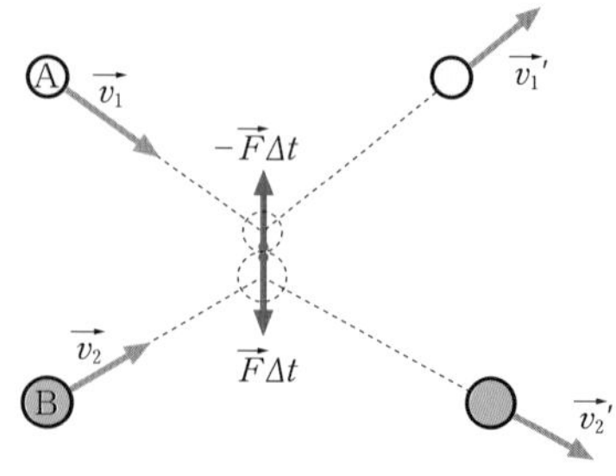

図33　平面上の２物体の衝突

POINT

運動量保存の法則（左辺は衝突前，右辺は衝突後の運動量）

$$m_1\vec{v_1}+m_2\vec{v_2}=m_1\vec{v_1}'+m_2\vec{v_2}'$$

$$\begin{cases} x\text{成分}：m_1v_{1x}+m_2v_{2x}=m_1v_{1x}'+m_2v_{2x}' \\ y\text{成分}：m_1v_{1y}+m_2v_{2y}=m_1v_{1y}'+m_2v_{2y}' \end{cases}$$

例題 79　運動量保存の法則（直線上）

質量 1.0 kg で右向きに速さ 2.0 m/s で等速直線運動している物体Ａと，質量 2.0 kg で右向きに速さ 1.0 m/s で等速直線運動している物体Ｂとが衝突した。衝突後，物体Ｂは右向きに速さ 1.5 m/s で運動した。衝突後の物体Ａの速度を求めよ。

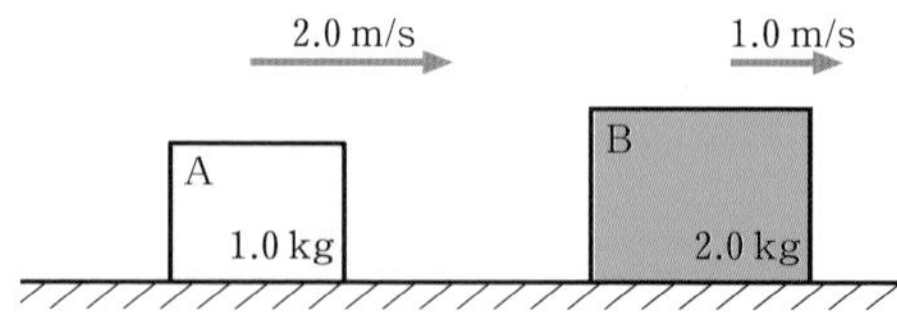

考え方　衝突においてはたらく力は内力のみであり，運動量保存の法則が成り立つ。

解答

物体A，Bの衝突前の速度を v_1，v_2 とし，衝突後の速度を v_1'，v_2' とする。

右向きを正とする。衝突前の運動量の和は

$$m_1v_1+m_2v_2=1.0\ \text{kg}\times2.0\ \text{m/s}+2.0\ \text{kg}\times1.0\ \text{m/s}=4.0\ \text{kg·m/s}$$

衝突後の運動量の和は

$$m_1v_1'+m_2v_2'=1.0\ \text{kg}\times v_1'+2.0\ \text{kg}\times1.5\ \text{m/s}$$

運動量保存の法則より

$$4.0\ \text{kg·m/s}=1.0\ \text{kg}\times v_1'+3.0\ \text{kg·m/s}$$

これより　$v_1'=1.0\ \text{m/s}$

よって　右向きに 1.0 m/s　…答

例題 80　運動量保存の法則（合体）

質量 2.0 kg で速さ 2.0 m/s で右向きに等速度で進む物体Aと，質量 1.0 kg で速さ 1.0 m/s で左向きに等速度で進む物体Bとが衝突した。衝突後，A，Bは合体して進んだ。このときの物体の速度を求めよ。

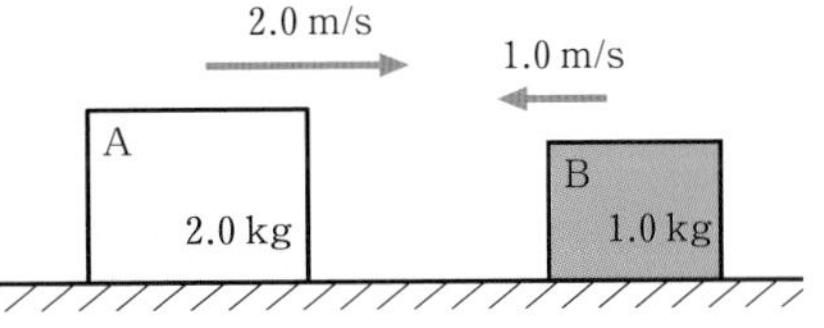

考え方　内力のみはたらいているので，運動量保存の法則が成り立つ。

解答

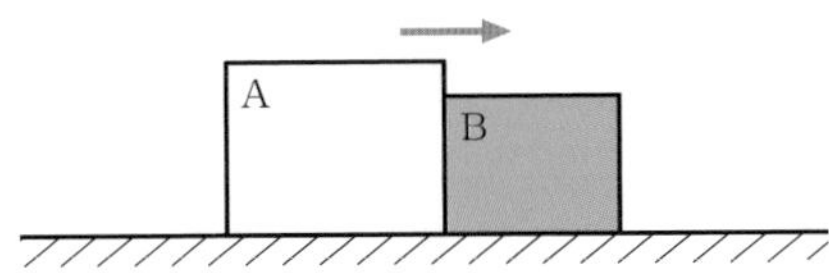

右向きを正とする。

衝突後の速度を v〔m/s〕とすると，運動量保存の法則は

$$2.0\ \text{kg}\times2.0\ \text{m/s}+1.0\ \text{kg}\times(-1.0\ \text{m/s})=2.0\ \text{kg}\times v+1.0\ \text{kg}\times v$$

これより　$v=1.0\ \text{m/s}$

よって　右向きに 1.0 m/s　…答

例題 81　運動量保存の法則（平面上）

図のように，なめらかな水平面上を速さ v_0〔m/s〕で進んできた質量 m〔kg〕の物体Aが，静止している質量 M〔kg〕の物体Bに衝突した。衝突後，物体Aの進んできた向きから，物体Aは60°傾いた向きに，物体Bは30°傾いた向きに進んだ。図のように x 軸と y 軸を設定する。このとき，以下の問いに答えよ。

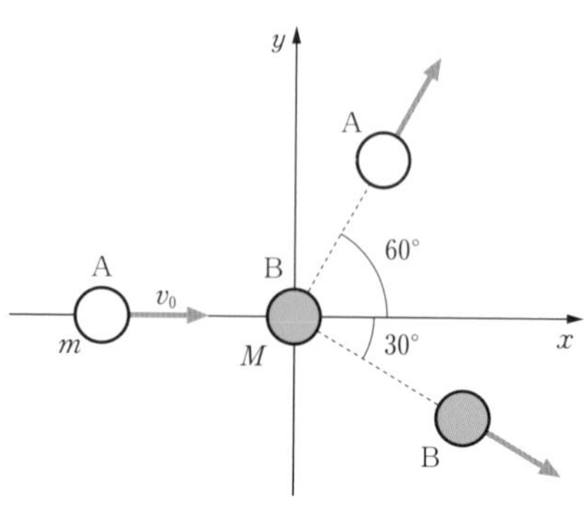

(1)　運動量の x 成分と y 成分を考える。
衝突後の物体Aの速さを v_A，物体Bの速さを v_B とする場合，各成分に関して，運動量保存の法則の式を書け。

(2)　衝突後の物体A，Bの速さ v_A，v_B を求めよ。

考え方　各物体について，衝突前後の運動量の x 成分，y 成分を考えて，運動量保存の法則を考える。

解答

(1)　物体Aの運動量は

衝突前 x 成分：mv_0，y 成分：0

衝突後 x 成分：$mv_A\cos60° = \frac{1}{2}mv_A$，$y$ 成分：$mv_A\sin60° = \frac{\sqrt{3}}{2}mv_A$

物体Bの運動量は

衝突前 x 成分：0，y 成分：0

衝突後 x 成分：$Mv_B\cos30° = \frac{\sqrt{3}}{2}Mv_B$，$y$ 成分：$-Mv_B\sin30° = -\frac{1}{2}Mv_B$

運動量保存の法則は

$$\begin{cases} x\text{ 成分：} mv_0+0=\frac{1}{2}mv_A+\frac{\sqrt{3}}{2}Mv_B \\ y\text{ 成分：} 0+0=\frac{\sqrt{3}}{2}mv_A-\frac{1}{2}Mv_B \end{cases}$$ …答

(2)　y 成分の式より

$\frac{\sqrt{3}}{2}mv_A=\frac{1}{2}Mv_B$　　よって　$v_B=\sqrt{3}\,\frac{m}{M}v_A$

x 成分の式に代入して

$mv_0=2mv_A$　　よって　$v_A=\frac{1}{2}v_0$　$v_B=\frac{\sqrt{3}}{2}\frac{m}{M}v_0$　…答

例題 82 運動量保存の法則（分裂）

質量 1.00 kg の物体を地表面から鉛直上方に投げ上げたところ，最高点に達したときに質量 0.20 kg, 0.80 kg の 2 つの物体に割れて水平方向に飛び出した。質量 0.20 kg の物体が水平方向西向きに速さ 12.0 m/s とすると，質量 0.80 kg の物体の速度を求めよ。

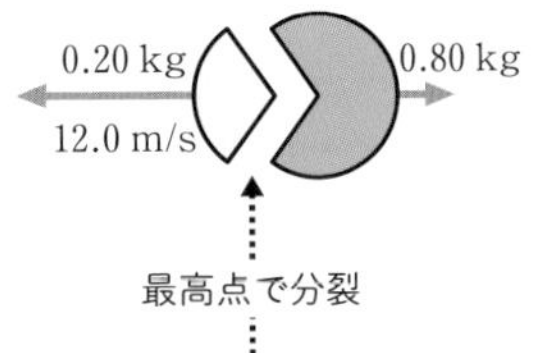

考え方 最高点では，物体の速度は 0 m/s である。0.20 kg の物体と 0.80 kg の物体が互いに力をおよぼし合って運動したと考えればよい。したがって，運動量保存の法則は成り立つ。

解答

分裂前の運動量は 0 kg·m/s である。西向きを正とし，0.80 kg の物体の速度を v_2'〔m/s〕とすると，運動量保存の法則は

$$0 = 0.20\ \text{kg} \times 12.0\ \text{m/s} + 0.80\ \text{kg} \times v_2'$$

$v_2' = -3.0$ m/s　　よって　東向きに 3.0 m/s　…㊀

4 衝突における重心の運動

2 つの物体の運動において，その 2 つの物体の重心はどうなるだろうか。**図 34** のように質量 m_1 の物体が速さ v_1 で，質量 m_2 の物体が速さ v_2 で運動している場合，2 物体の重心の位置 x_G は

図 34　重心の運動

$$x_G = \frac{m_1x_1 + m_2x_2}{m_1 + m_2}$$

となる。次に Δt〔s〕後の重心の位置を求める。Δt〔s〕間で衝突しないとすると，2 物体の位置はそれぞれ

$$x_1' = x_1 + v_1\Delta t, \qquad x_2' = x_2 + v_2\Delta t$$

となる。したがって，Δt〔s〕後の重心の位置 x_G' は

$$x_G' = \frac{m_1x_1' + m_2x_2'}{m_1 + m_2} = \frac{m_1x_1 + m_2x_2}{m_1 + m_2} + \frac{m_1v_1 + m_2v_2}{m_1 + m_2}\Delta t$$

となる。よって，重心の位置の変化から，重心の速度 v_G は

$$v_G = \frac{x_G' - x_G}{\Delta t} = \frac{m_1v_1 + m_2v_2}{m_1 + m_2} \qquad \cdots\cdots (21)$$

となる。内力のみはたらく場合(2物体でのみ力のやり取りがある場合)，運動量は保存されている。これを式で書くと，次のようになる。

$$m_1v_1+m_2v_2=一定$$

式(21)から，$m_1v_1+m_2v_2=(m_1+m_2)v_G$ だから，重心の速度 v_G は，一定の値となる。すなわち，**衝突や分裂などといった内力のみが作用する場合では，重心は等速直線運動を続ける。**

5 反発係数

A 壁との衝突

物体の衝突の特徴を表すものとして**反発係数(はね返り係数)**がある。反発係数は，衝突前後の相対速度の大きさの比として定義される。**図35**のように，水平な床の上を運動する物体の進行方向前方に壁があって，物体が壁に衝突してはね返る。壁は動かないので，反発係数は衝突前後の速さの比となる。衝突前の速度を v_0〔m/s〕，衝突後の速度を v〔m/s〕とすると，反発係数 e は

$$\boldsymbol{e=\frac{|v|}{|v_0|}=-\frac{v}{v_0}} \quad \cdots\cdots (22)$$

となる。この反発係数は，物体と壁の材質で決まる一定の値となる。

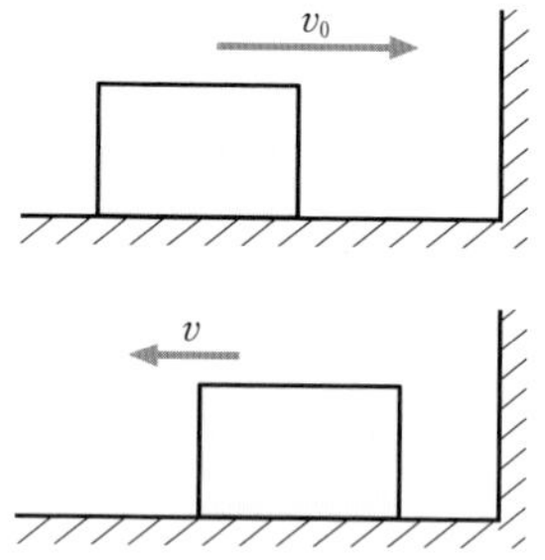

エネルギーの観点からも，反発係数が1をこえることはない。
完全非弾性衝突では，物体と壁は一体となる。

図35 壁との衝突

反発係数 e は，$0 \leqq e \leqq 1$ の値をとる。$e=1$ の衝突を**(完全)弾性衝突**，$0 \leqq e < 1$ の衝突を**非弾性衝突**，特に $e=0$ の衝突を**完全非弾性衝突**という。

例題83 床との衝突

水平な床から高さ h〔m〕のところから，物体を静かに落下させたところ，床に衝突し，床から高さ h'〔m〕のところまで物体は上昇した。このときの反発係数を求めよ。

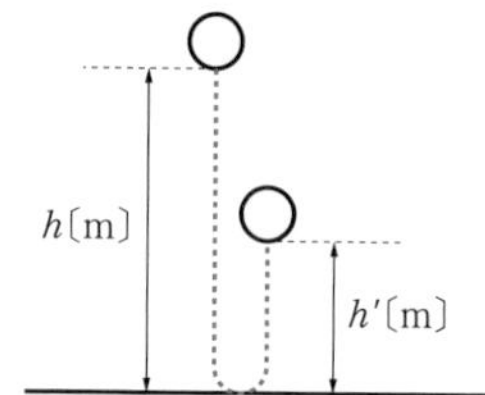

考え方 初速度0 m/sで落下させるので，物体の質量を m〔kg〕，重力加速度の大きさを g〔m/s^2〕とすると，最初の力学的エネルギーは mgh〔J〕である。

解答

床に衝突直前の速さ v_0 は，力学的エネルギー保存の法則より，$v_0=\sqrt{2gh}$ である。衝突直後の速さ v は，物体が h'〔m〕の高さまで上昇したことより，$v=\sqrt{2gh'}$ である。したがって，反発係数 e は

$$e=\frac{v}{v_0}=\frac{\sqrt{2gh'}}{\sqrt{2gh}}=\sqrt{\frac{h'}{h}} \quad \cdots 答$$

B 2物体の衝突における反発係数

一直線上を運動している2つの物体の衝突における反発係数はどのように表されるか。**図36** のように，衝突前の物体Aの速度を v_1〔m/s〕，物体Bの速度を v_2〔m/s〕，衝突後の物体Aの速度を v_1'〔m/s〕，物体Bの速度を v_2'〔m/s〕とすると，衝突前後の相対速度の大きさの比である反発係数 e は次の式で表される。

$$e=\frac{|v_1'-v_2'|}{|v_1-v_2|}=-\frac{v_1'-v_2'}{v_1-v_2} \quad \cdots\cdots (23)$$

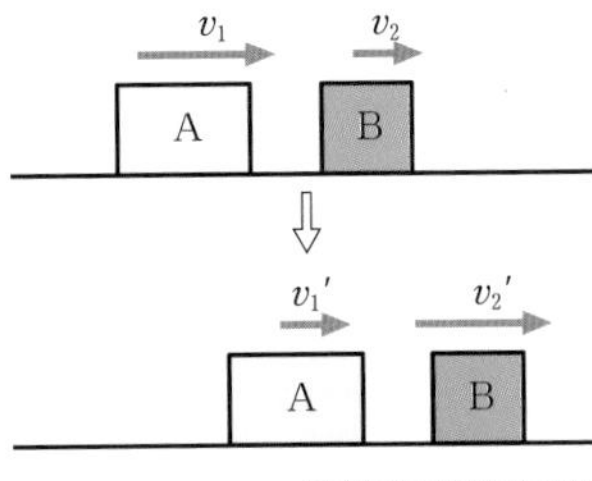

図36　2物体の衝突

POINT

反発係数（衝突前後の相対速度の大きさの比）

$$e=-\frac{v_1'-v_2'}{v_1-v_2}$$

例題 84　2物体の衝突

なめらかな一直線上を，右向きに速さ 6.0 m/s で進む質量 0.80 kg の物体Aと，左向きに速さ 4.0 m/s で進む質量 0.20 kg の物体Bが衝突した。2つの物体の反発係数が 0.50 である場合，衝突後の2つの物体の速度を求めよ。

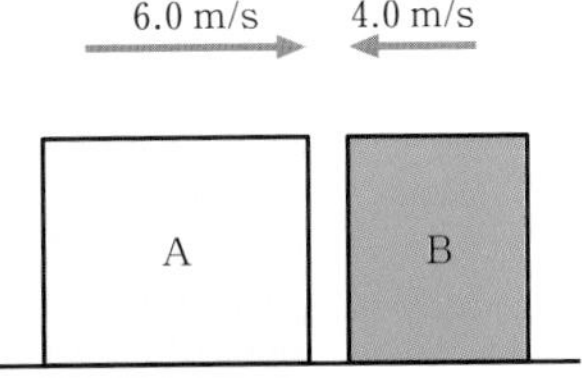

考え方　2物体の衝突においては運動量保存の法則が成り立つ。また，反発係数の式を立てることで，衝突後の2つの物体の速度を求めることができる。

解答

右向きを正として，衝突後の物体Aの速度を v_1'〔m/s〕，物体Bの速度を v_2'〔m/s〕とすると，運動量保存の法則は

$$0.80\ \text{kg}\times6.0\ \text{m/s}+0.20\ \text{kg}\times(-4.0\ \text{m/s})=0.80\ \text{kg}\times v_1'+0.20\ \text{kg}\times v_2'$$

整理して　$0.80\,v_1'+0.20\,v_2'=4.0\ \text{m/s}$　…①

反発係数の式は

$$0.50=-\frac{v_1'-v_2'}{6.0\ \text{m/s}-(-4.0\ \text{m/s})}$$ 分母をはらって $v_1'-v_2'=-5.0\ \text{m/s}$　…②

①＋0.2×②　および　①−0.8×②　より

$v_1'=3.0\ \text{m/s}$，$v_2'=8.0\ \text{m/s}$

よって　　Aは右向きに3.0 m/s，Bは右向きに8.0 m/s　…答

6　床との斜め衝突

図37のように，なめらかな床に物体が斜めに衝突する場合を考える。床から物体には水平方向に力ははたらかない。したがって，物体の速度の水平方向の成分は変化しない。すなわち，水平方向に x 軸を設定すると

$$v_x'=v_x \qquad \cdots\cdots(24)$$

一般に $\theta\leqq\theta'$ である。

図37　床との斜め衝突

となる。また，鉛直方向に y 軸を設定すると，$e=-\dfrac{v_y'}{v_y}$ より

$$v_y'=-ev_y \qquad \cdots\cdots(25)$$

となる。

例題85　床との斜め衝突

図のように，ボールがなめらかな床に斜めに衝突して，はね返った。床に立てた垂線と速度の向きとのなす角が衝突前は30°，衝突後は45°であった。衝突前のボールの速さは2.0 m/sであった。ただし，$\sqrt{3}=1.73$ とする。

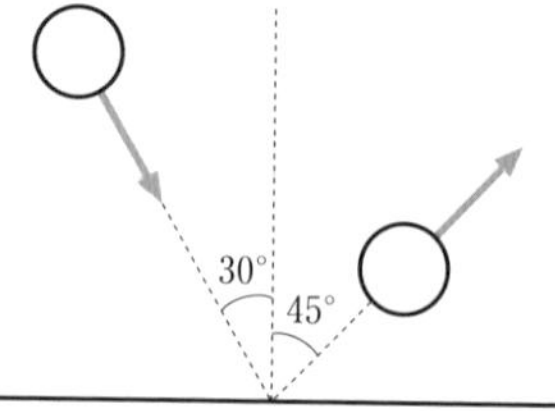

(1)　衝突前の速度の床面に垂直な成分の大きさを求めよ。

(2) 衝突後の速度の床面に垂直な成分の大きさを求めよ。

(3) 反発係数を求めよ。

考え方 速度の床面に平行な成分は変化しない。

解答

(1) 衝突前のボールの速さは $2.0\ \mathrm{m/s}$ なので，速度の床面に垂直な成分の大きさは $2.0\ \mathrm{m/s}\times\cos30^\circ=2.0\ \mathrm{m/s}\times\dfrac{\sqrt{3}}{2}=1.73\ \mathrm{m/s}\fallingdotseq1.7\ \mathrm{m/s}$ …㊟

(2) 衝突前後で速度の床面に平行な成分は変化せず，$2.0\ \mathrm{m/s}\times\sin30^\circ=1.0\ \mathrm{m/s}$ である。床に立てた垂線と速度の向きとのなす角が衝突後は 45° であったことより，衝突後の速度の床面に垂直な成分の大きさは $1.0\ \mathrm{m/s}$ …㊟

(3) 反発係数 e は

$$e=\frac{1.0\ \mathrm{m/s}}{1.73\ \mathrm{m/s}}=0.58$$ …㊟

7 衝突におけるエネルギー保存

2物体の衝突において，運動量が保存されることはすでに学習した。では，エネルギーは保存されるのだろうか。

例題 86 衝突におけるエネルギー

質量が m〔kg〕の物体Aと，質量が m〔kg〕の物体Bがある。Aが右向きに速さ v〔m/s〕で等速度運動して，静止しているBに衝突した。2物体の反発係数を e とする。

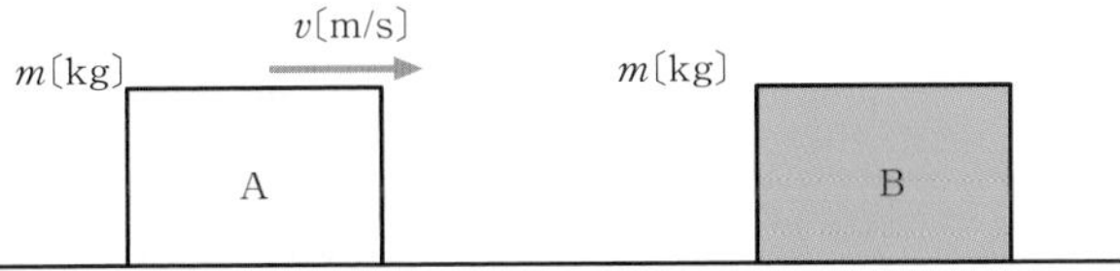

(1) 衝突直後のA，Bの速度を，e と v を用いて表せ。

(2) 衝突前の物体A，Bの運動エネルギーの和を，m，v を用いて表せ。

(3) 衝突後の物体A，Bの運動エネルギーの和を，m，v を用いて表せ。

考え方 運動量保存の法則と反発係数を考える。

解答

(1) 右向きを正として，衝突後の物体Aの速度をv_1'〔m/s〕，物体Bの速度をv_2'〔m/s〕とし，運動量保存の法則の式を立てると

$$m\times v+m\times 0=m\times v_1'+m\times v_2' \quad\cdots\cdots①$$

反発係数の式は

$$e=-\frac{v_1'-v_2'}{v-0} \quad\cdots\cdots②$$

①，②より

$$v_1'=\frac{1-e}{2}v$$

$$v_2'=\frac{1+e}{2}v$$

A：右向き $\frac{1-e}{2}v$　　B：右向き $\frac{1+e}{2}v$　…答

(2) 衝突前の物体A，Bの運動エネルギーの和Kは

$$K=\frac{1}{2}mv^2+\frac{1}{2}m\times 0^2=\frac{1}{2}mv^2 \quad\cdots答$$

(3) 衝突後の物体A，Bの運動エネルギーの和K'は

$$K'=\frac{1}{2}mv_1'^2+\frac{1}{2}mv_2'^2=\frac{1}{2}m\left(\frac{1-e}{2}v\right)^2+\frac{1}{2}m\left(\frac{1+e}{2}v\right)^2$$

$$=\frac{1}{2}mv^2\left(\frac{1+e^2}{2}\right) \quad\cdots答$$

例題86の結果より，$e=1$の場合，(2)と(3)の値が一致する。すなわち衝突前後で物体の運動エネルギーの和が保存されることがわかる。一般に，弾性衝突($e=1$)の場合には，力学的エネルギーは保存される。非弾性衝突($0\leqq e<1$)においては，力学的エネルギーは保存されない。

POINT

2物体の衝突における力学的エネルギー
$e=1$（弾性衝突）の際には，力学的エネルギーは保存される。

探究活動 運動量保存の法則

目的 2次元衝突装置を使って運動量保存の法則を確かめる。

実験手順

❶ 2球A，Bの質量を測定する。

❷ 2球が飛び出す点の真下の点A_0，B_0を，おもりを吊るした垂線を用いて記録する。

❸ 球Aのみを一定点Qから静かにはなし，白紙上に落ちる点Pを確かめる。何回か同じ実験をおこない，落下点をPとする。Pが紙面内にくるように，Qの高さを調整する。

❹ 球Bを支持金具上にのせ，球AをQから静かにはなし，A，Bが落下する点を求める。同じ実験を数回おこない，上図のような各球の落下点A′，B′を求める。

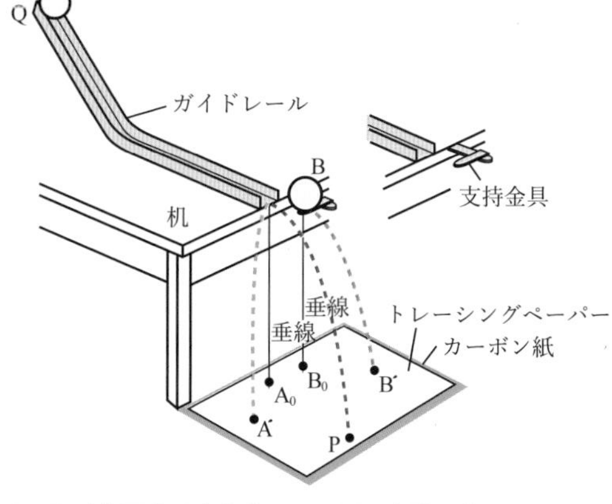

結果 **右図のように落下点A′，B′をA_0Pに平行な方向A_0A''，B_0B''と，A_0Pに垂直な方向A_0A'''，B_0B'''に分解して，その長さをそれぞれ測定する。**

測定例 $m_A=99.52$ g，$m_B=99.21$ g

$A_0A''=7.8$ cm，$B_0B''=15.7$ cm

$A_0P=24.2$ cm

$A_0A'''=12.9$ cm，$B_0B'''=13.1$ cm

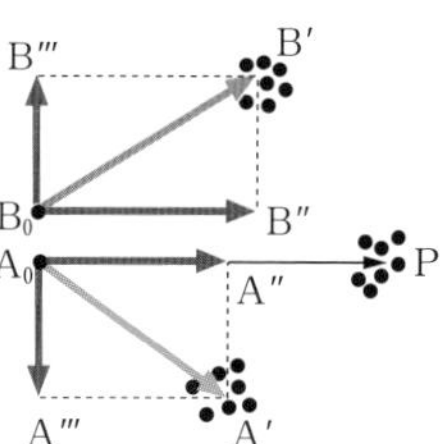

考察 上の実験例では，$m_A \fallingdotseq m_B$で2球の質量はほぼ等しいと考えてよい。A_0A'，B_0B'，A_0Pはそれぞれ飛び出す速度に比例すると考えられる。

上の実験例から

$A_0A''+B_0B''=7.8\text{ cm}+15.7\text{ cm}=23.5\text{ cm}\fallingdotseq A_0P$（24.2 cm）

A_0A'''とB_0B'''は12.9 cmと13.1 cmでほぼ等しい。

よって，運動量保存の法則が成り立っている。

A，B 2球の質量がm_A，m_Bで異なる場合は，長さをそれぞれA_0P，A_0A'，B_0B'とすれば，上の実験の
- A_0Pの代わりにm_AとA_0Pの積
- A_0A'の代わりにm_AとA_0A'の積
- B_0B'の代わりにm_BとB_0B'の積

を考えればよい。

この章で学んだこと

1 運動量と力積

(1) 運動量

運動量 $\vec{p}=m\vec{v}$

(m：質量，$\vec{v}$：速度)

(2) 力積

力積 $\vec{F}\Delta t$　($\vec{F}$：力，Δt：時間)

力積は F-t グラフで F-t 曲線と横軸で囲まれた面積となる。

(3) 運動量の変化と力積

物体の運動量の変化は，物体が受けた力積に等しい。

$$\boldsymbol{m\vec{v}'-m\vec{v}=\vec{F}\Delta t}$$

(4) 平均の力

平均の力 $\overline{F}=\dfrac{mv'-mv}{\Delta t}$　(直線運動)

$\overline{\vec{F}}=\dfrac{m\vec{v'}-m\vec{v}}{\Delta t}$　(平面運動)

2 運動量の保存

(1) 運動量保存の法則

2物体の衝突において，運動量の和は衝突前後で変化しない。

$$\boldsymbol{m_1\vec{v_1}+m_2\vec{v_2}=m_1\vec{v_1}'+m_2\vec{v_2}'}$$

各成分について考えると

$$\begin{cases} x\text{ 成分}：m_1v_{1x}+m_2v_{2x}=m_1v_{1x}'+m_2v_{2x}' \\ y\text{ 成分}：m_1v_{1y}+m_2v_{2y}=m_1v_{1y}'+m_2v_{2y}' \end{cases}$$

(2) 内力と外力

内力：衝突などにおいて考えている物体間ではたらく力。

外力：外から加えられる力。

運動量保存の法則は，外力による力積が無視できる場合にのみ成立する。

(3) 反発係数

① 壁との衝突における反発係数

$$\boldsymbol{e=\frac{|v|}{|v_0|}=-\frac{v}{v_0}}$$

(v_0:衝突前の速度，v:衝突後の速度)

② 2物体の衝突における反発係数

$$\boldsymbol{e=\frac{|v_1'-v_2'|}{|v_1-v_2|}=-\frac{v_1'-v_2'}{v_1-v_2}}$$

(v_1，v_2：衝突前の速度

v_1'，v_2'：衝突後の速度)

③ 反発係数の範囲：$0\leqq e\leqq 1$

$e=1$：(完全)弾性衝突

$0\leqq e<1$：非弾性衝突

$e=0$：完全非弾性衝突

(4) 衝突における力学的エネルギー

$e=1$ の際には，力学的エネルギーは保存される。

$0\leqq e<1$ の際には，力学的エネルギーは減少する。

MY BEST

Advanced Physics

第4章 円運動と単振動

1 運動の相対性と慣性力

1 ガリレオの相対性原理

A 運動の相対性

静止している船のマストからりんごを静かに落下させる。これを陸上から観測しても船上で観測しても，りんごは自由落下運動をしている(**図 38 (a)**)。では，陸に対して一定の速度で運動している船のマストからりんごを静かに落下させるとどうだろうか(**図 38 (b)**)。船上で観測すると自由落下運動をしている。しかし，陸上から観測するとりんごは放物運動をしている。このように，運動は観測する立場によって異なる。これを**運動の相対性**という。

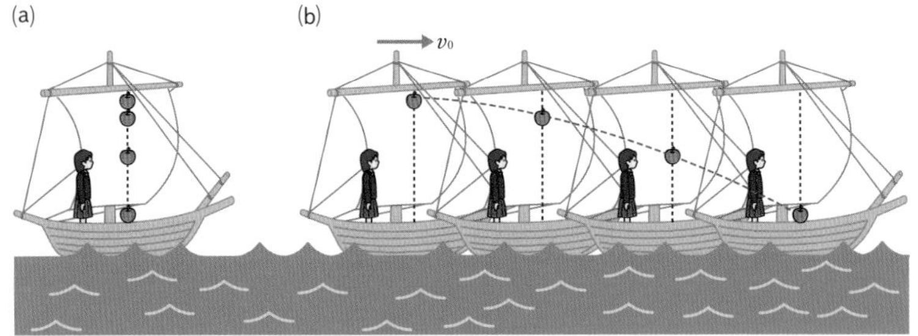

図 38　観測する位置による運動の違い

B ガリレオの相対性原理

船上の観測者から見ると，陸に対して静止している船の上でも，等速度で運動している船の上でも，静かにりんごを落下させると同じ自由落下運動が観測される。力学現象は船が静止していても等速度で運動していてもまったく変わらない。船上の人は船室内で生じる力学現象を観測するだけでは，自分ののっている船が静止しているのか，等速度で運動しているのかを判断することはできない。これを**ガリレオの相対性原理**という。

例題 87 運動の相対性

図 38 (a)の静止している船上でりんごを静かに落下させると 1.0 秒後に甲板に落下した。**図 38** (b)の $v_0=0.50\ \mathrm{m/s}$ で等速度運動する船上で同じ実験をしたとき

(1) りんごが落下するのは何秒後か。

(2) 船上で観測すると，りんごの落下地点は(a)と比較してどうなるか。また陸上で観測するとどうなるか。

考え方 水平投射では水平方向に等速度運動，鉛直方向には自由落下運動。

解答

(1) ガリレオの相対性原理より　1.0 秒 …答

(2) 等速度で運動する船上で観察すると，静かにはなされたりんごは鉛直方向に自由落下運動をする。したがって，船上での落下地点は(a)の場合と同じ。…答

陸上で観察すると，りんごは水平方向に船と同じ速度で等速度運動しながら，鉛直方向に自由落下運動をする。したがって，陸から観測した落下地点はりんごをはなした位置から水平方向に $0.50\ \mathrm{m/s}\times1.0\ \mathrm{s}=0.50\ \mathrm{m}$ 離れた位置であるが，そこには同じ距離進んだ船の甲板上の(a)の場合の落下点が来ている。

…答

2 慣性力

A 加速度運動する電車内で観測される運動

静止している電車内でりんごを静かにはなす。これを車内で観測しても車外で観測しても自由落下運動である(**図 39** (a))。

りんごをはなした瞬間から，電車が初速度 0，右向き加速度 α の等加速度運動を開始した場合はどうか。電車の時間 t 経過後の速度 v は $v=\alpha t$ である。このとき

車内の観測者：りんごは鉛直方向下向きには自由落下運動であるが，同時に水平方向左向きに加速度 $-\alpha$ で遠ざかる(**図 39** (b)，(c))。

車外の観測者：りんごは鉛直方向下向きに自由落下運動をする。

となる。

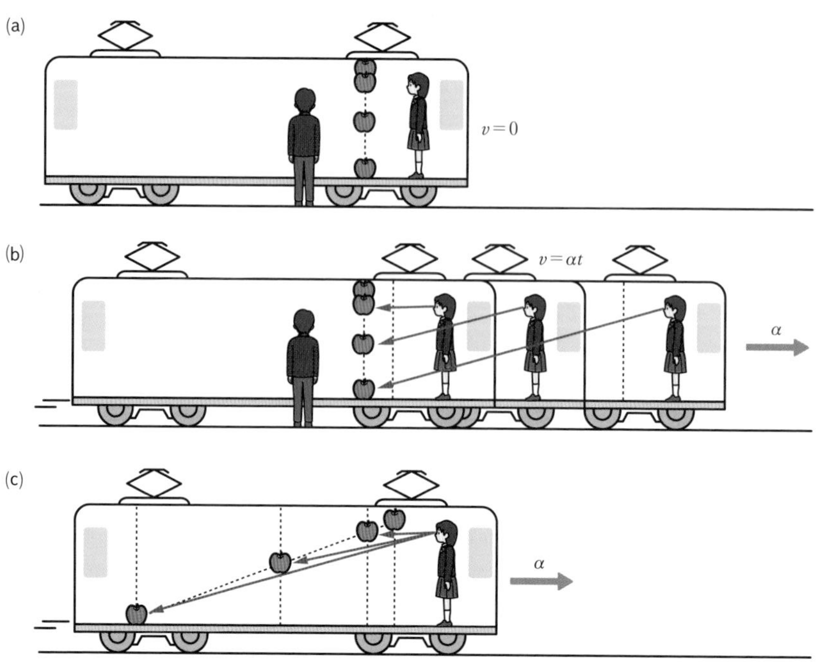

図 39　加速度運動する電車内で観測される運動

つまり，加速度運動する電車内で観測される現象は車外で観測される現象とは決定的に異なり，ガリレオの相対性原理が成り立たない。**図 39 (c)** のように，自由落下する質量 m のりんごが水平方向に加速度 $-\alpha$ で運動することが車内で観測されたら，りんごには重力の他に $f=-m\alpha$ の力がはたらいていると考えることができる。そう考えれば，りんごの水平方向の運動方程式 $ma=f$ より，りんごの水平方向の加速度は $a=-\alpha$ となる。一般に次のことがいえる。

加速度 $\vec{\alpha}$ で運動している観測者から質量 m の物体の運動を観測すると，地上から観測したときにその物体が受ける力に加え，さらに $\vec{f}=-m\vec{\alpha}$ の力を受けているとみなせる運動が観測される。この $\vec{f}$ を慣性力という。

慣性力は加速度運動する観測者が観測する力であり，地上や地上に対して等速度運動する観測者からは観測することのできない**見かけの力**である。

POINT

水平方向に加速度αで運動する観測者が質量mの物体を観測すると，地上で観測したときにはたらく力に加え，**$-m\alpha$ の慣性力が水平方向にはたらいているように見える。**

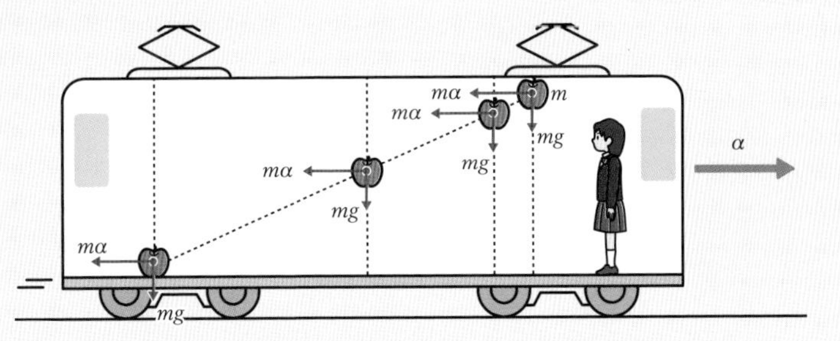

例題 88 等加速度運動する電車内で観測する運動

図 39 (b)のように，静止している電車の床から高さ 2.7 m の位置で 0.10 kg のりんごを静かにはなした瞬間，電車は右向きに一定の大きさ 0.20 m/s^2 の加速度で動き始めた。重力加速度の大きさを $g=9.8$ m/s^2 として，以下の問いに答えよ。

(1) 車内の観測者が観測する，りんごが受ける慣性力の大きさと向きを答えよ。

(2) 車内の観測者は，りんごの落下位置はもとの位置から水平方向にどれだけずれると観測するか。

考え方

(1) 大きさ α の加速度で運動する観測者が質量 m の物体を観測すると，物体は観測者の加速度の向きと反対に，大きさ $m\alpha$ の慣性力を受けているように見える。

(2) りんごは鉛直方向下向きに自由落下運動，水平方向左向きに大きさ α の等加速度運動をする。

解答

(1) 慣性力の大きさは

$$f=m\alpha=0.10\ \mathrm{kg}\times0.20\ \mathrm{m/s^2}=2.0\times10^{-2}\ \mathrm{N} \quad \cdots 答$$

向きは水平方向左向きである。 …答

(2) りんごが鉛直方向下向きに落下して床に達するまでの時間を t，はじめの床からの高さを h とすると，自由落下の関係式より

$$\frac{1}{2}gt^2=h$$

よって　$t^2=\frac{2h}{g}=\frac{2\times2.7\ \mathrm{m}}{9.8\ \mathrm{m/s^2}}=0.551\ \mathrm{s^2}$

りんごは水平方向左向きに大きさ $a=\frac{f}{m}=\alpha=0.20\ \mathrm{m/s^2}$ の等加速度運動をするので

$$\frac{1}{2}\alpha t^2=\frac{1}{2}\times0.20\ \mathrm{m/s^2}\times0.551\ \mathrm{s^2}$$

$$=5.5\times10^{-2}\ \mathrm{m}$$

つまり，りんごは水平方向左向きに 5.5 cm ずれた位置に落下する。　…答

例題 89　等加速度運動する電車内で観測する力のつり合い

図のように，水平な直線上を一定の加速度で進む電車がある。その車内で静かに，質量 m のりんごをひもでつるしたところ，ひもは鉛直線から角度 θ だけ，左に傾いてつり合った。重力加速度の大きさを g として，以下の問いに答えよ。

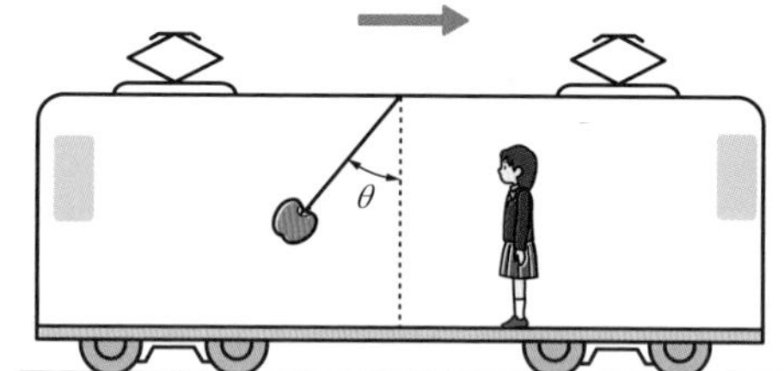

(1) 電車の加速度の大きさと向きを求めよ。

(2) ひもの張力の大きさはいくらか。

ひもを切断したところ，りんごは時間 t 経過後に床に落下した。

(3) 車内で観測されるりんごが床に落下する直前の速度の大きさを求めよ。

考え方 (1) りんごが受ける力のつり合いの関係より，慣性力の大きさと向きがわかる。これより観測者の加速度がわかる。

(2) 車内の観測者から見ると，りんごは重力とひもから受ける張力の他，慣性力を受けている。これら 3 力がつり合っている。

(3) りんごは鉛直方向に自由落下運動，水平方向に等加速度運動をする。

解答

(1) 電車の加速度の大きさをαとすれば，ひもが角度θだけ左に傾いてつり合ったことから，りんごが受ける3力の関係は右図のようになり，りんごの受ける大きさ$f=m\alpha$の慣性力は水平方向左向きである。よって，電車の加速度は右向きである。また，力のつり合いの関係より

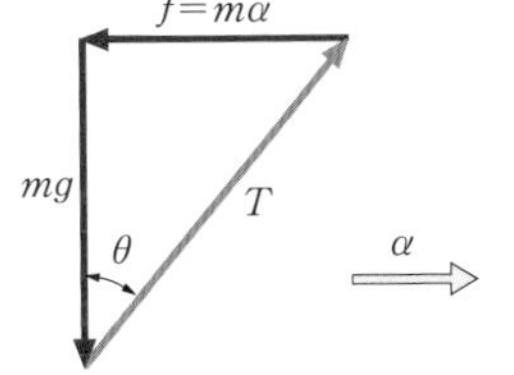
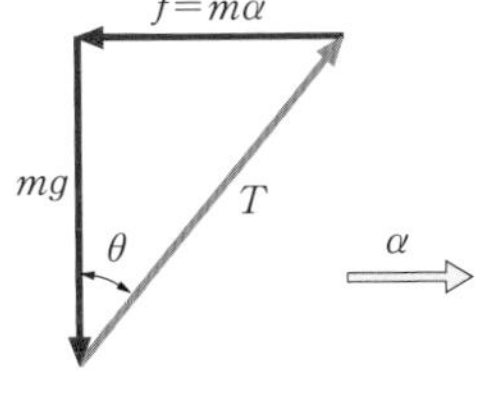

$$\tan\theta=\frac{m\alpha}{mg}$$

よって　　右向きに$\alpha=g\tan\theta$　…答

(2) 電車の加速度は右向きにαである。りんごが受ける慣性力は左向きに大きさ$m\alpha$，重力は鉛直下向きにmgである。ひもの張力の大きさをTとすると，これらの力のつり合いの関係より

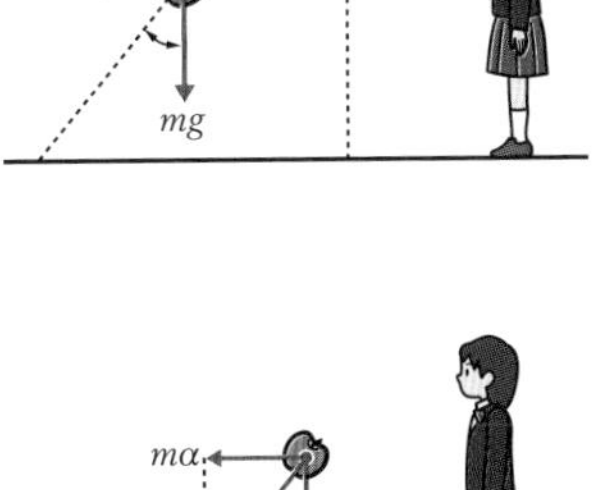

$$\cos\theta=\frac{mg}{T}$$

よって　　$T=\dfrac{mg}{\cos\theta}$　…答

(3) ひもが切れるとりんごが受ける力は，大きさ$m\alpha$の慣性力と大きさmgの重力だけになる。その合力の大きさをFとすると

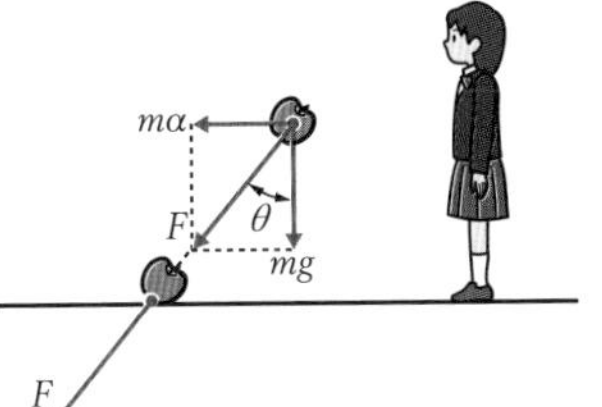

$$F=\frac{mg}{\cos\theta}$$

加速度は合力の向きで，その大きさは

$$a=\frac{F}{m}=\frac{g}{\cos\theta}$$

となる。よって，時間t経過後の速度の大きさvは

$$v=at=\frac{g}{\cos\theta}t$$　…答

2　等速円運動

1　等速円運動の周期, 回転数, 速さ

A　等速円運動

物体が円周上を一定の速さで回転する運動を**等速円運動**という。遊園地にあるメリーゴーラウンドの回転台上に固定された物体の運動は, 等速円運動である。

B　等速円運動の周期と回転数

等速円運動する物体が円周上を1回転してもとの位置に戻るまでの時間 T を**周期**という。単位はs(秒)などが用いられるが, s/回(秒毎回)という意味である。また, 単位時間あたりに回転する回数 f を**回転数**という。単位にはHz(ヘルツ)あるいは回/s(回毎秒)などが用いられる。周期が0.20 sの運動では1秒間に $\frac{1\,\text{s}}{0.20\,\text{s/回}}=5.0$ 回, 回転するので回転数は $f=5.0$ Hzである。一般に次の関係式が成り立つ。

$$f=\frac{1}{T},\quad T=\frac{1}{f} \qquad \cdots\cdots (26)$$

C　等速円運動の速度

半径 r の円周の長さは $2\pi r$〔m〕である。1周するのに要する時間が周期 T〔s〕であるので, 等速円運動する物体の速さ v は

$$v=\frac{2\pi r}{T} \qquad \cdots\cdots (27)$$

と表される。振動数 f を使えば

$$v=2\pi rf \qquad \cdots\cdots (28)$$

と書ける。円周上を運動する物体の運動方向は円の接線方向なので, 物体の**速度の向きは接線方向, 回転の向き**である。

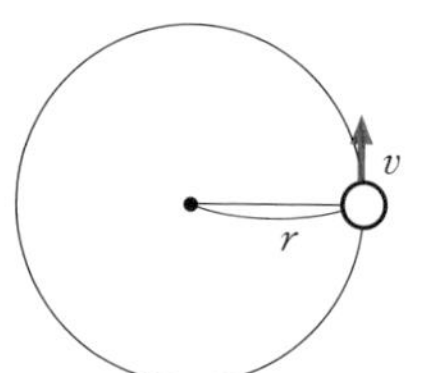

図40　等速円運動の速度

例題 90　等速円運動の周期，回転数，速さ

半径 5.0 m の円周上を周期 10 s で等速円運動する物体がある。この物体の回転数と速さを求めよ。

考え方　等速円運動する物体の周期 T，回転数 f，速さ v の関係を考える。

解答

回転数は $f=\dfrac{1}{T}$ の関係より　$f=\dfrac{1}{10\ \mathrm{s}}=0.10\ \mathrm{Hz}$　…答

速さは $v=\dfrac{2\pi r}{T}$ の関係より　$v=\dfrac{2\pi\times 5.0\ \mathrm{m}}{10\ \mathrm{s}}=3.1\ \mathrm{m/s}$　…答

2 角速度

A 円周上にある物体の位置

直線上の物体の位置は，原点から右に，あるいは左に何 m か，という位置座標で表す。これに対し，円周上にある物体の位置は**図 41** のように**回転角 θ** で表すと便利である。O の位置からの回転角 θ がわかれば，物体の円周上の位置が特定できる。

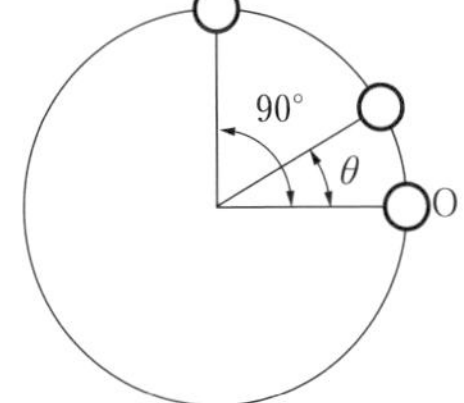

図 41　円周上の物体の位置

B 弧度法

通常，回転角 θ は 1 周を 360° と定義して測る。**図 41** に示す直角は 90° になる。

しかし，別の方法もある。半径 1 の円の円周の長さで角度を表すのである。これを**弧度法**という。**図 42** の半径 1 の円周上の弧 AB の長さが θ のとき，角 AOB を **θ rad（ラジアン）**と表す。半径 1 の円の 1 周の長さは 2π なので，360° は 2π rad である。また半径 1 の円の $\dfrac{1}{4}$ 周の弧の長さは $\dfrac{2\pi}{4}=\dfrac{\pi}{2}$ であるので，90° は $\dfrac{\pi}{2}$ rad である。

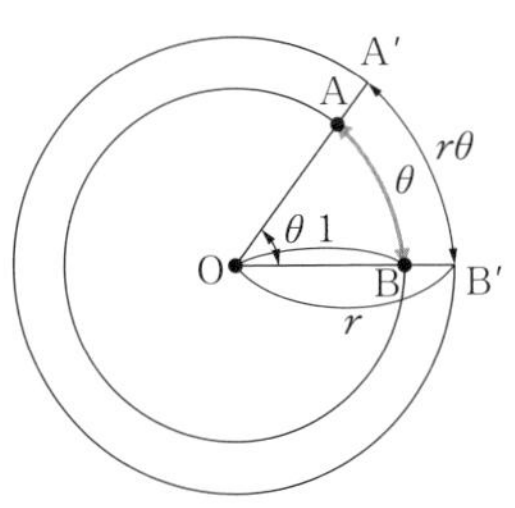

図 42　弧度法による角の定義

角度〔°〕	0	30	45	60	90	120	180	270	360
弧度法〔rad〕	0	$\dfrac{\pi}{6}$	$\dfrac{\pi}{4}$	$\dfrac{\pi}{3}$	$\dfrac{\pi}{2}$	$\dfrac{2\pi}{3}$	π	$\dfrac{3\pi}{2}$	2π

| +アルファ |

弧度法で表す角度は円弧の長さと半径の長さの比として定義されるので，その単位 rad（ラジアン）は m/m（メートル毎メートル）という組立単位となる。rad は無次元（L^0）であるので，角度であることが明白あるいは類推できる場合には，省略されることが多い。たとえば，2π rad を単に 2π と書くこともある。

C 弧度法による弧の長さ

前ページの**図 42** で，半径 r の円の 1 周の長さは $2\pi r$ となり，半径 1 の円の r 倍である。したがって，弧度法による角度が θ のとき，弧 A′B′ の長さは弧 AB の長さの r 倍で，$r\theta$ となる。

弧の長さ

半径 r，回転角 θ の弧 AB の長さ s は円運動の移動距離

$$s = r\theta$$

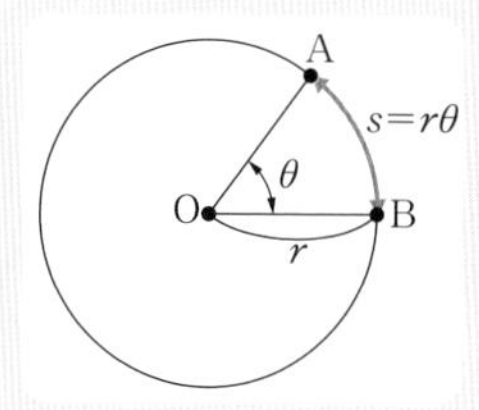

D 角速度

図 43 は半径 r の円周上を等速円運動する物体の運動を図示したものである。

位置 P_1 にあった物体は，時間 t 経過した後，位置 P_2 に移動している。この間の回転角が θ であるとき，単位時間あたりの回転角を角速度 ω〔rad/s〕という。

$$\omega = \frac{\theta}{t} \quad \cdots\cdots (29)$$

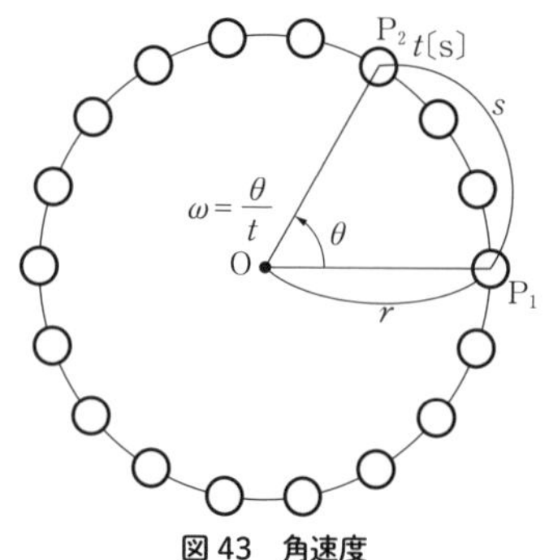

図 43　角速度

また，物体が 1 回転するのに要する時間は周期 T〔s〕であり，1 周の回転角は 2π rad であるから，角速度を

$$\omega = \frac{2\pi}{T} \quad \cdots\cdots (30)$$

と表すこともできる。回転数は $f = \dfrac{1}{T}$ なので，$\omega = 2\pi f$ とも書ける。

E 角速度と速度

半径 r の円周上を，物体が時間 t の間に位置 P_1 から位置 P_2 まで，角 θ 回転したとき，移動した弧の長さは $s=r\theta$ である。したがって，物体の円周に沿った速さ v〔m/s〕は

$$\boldsymbol{v=\frac{s}{t}=\frac{r\theta}{t}} \qquad \cdots\cdots (31)$$

と表される。一方，角速度は $\omega=\dfrac{\theta}{t}$ であるので

$$\boldsymbol{v=r\omega} \qquad \cdots\cdots (32)$$

とも書ける。また物体の速度の向きは接線方向，回転の向きである。

例題 91 等速円運動の角速度と速さ

半径 2.0 m の円周上を周期 4.0 s で等速円運動する物体がある。この物体の角速度と円周に沿った速さを求めよ。

考え方 等速円運動する物体の周期 T，角速度 ω，速さ v の関係を考える。

解答

円運動の周期を T とすると，角速度は $\omega=\dfrac{2\pi}{T}$ なので，$T=4.0\,\mathrm{s}$ より

$$\omega=\frac{2\pi\,\mathrm{rad}}{4.0\,\mathrm{s}}=1.57\,\mathrm{rad/s} \qquad \text{よって}\quad 1.6\,\mathrm{rad/s} \quad \cdots \text{答}$$

また，$v=r\omega$ であるから，$r=2.0\,\mathrm{m}$ より

$$v=2.0\,\mathrm{m}\times1.57\,\mathrm{rad/s}=3.14\,\mathrm{m/s} \qquad \text{よって}\quad 3.1\,\mathrm{m/s} \quad \cdots \text{答}$$

POINT

半径 r の円周上を等速円運動する物体の角速度 ω〔rad/s〕と速度 $\vec{v}$〔m/s〕

$$\omega=\frac{\theta}{t}=\frac{2\pi}{T}=2\pi f \qquad \left(\begin{array}{l} T\text{〔s〕：周期} \\ f\text{〔Hz〕：回転数} \end{array}\right)$$

速度 $\vec{v}$ $\begin{cases} \text{大きさ（速さ）：} v=r\omega \\ \text{向き：円の接線方向で回転の向き} \end{cases}$

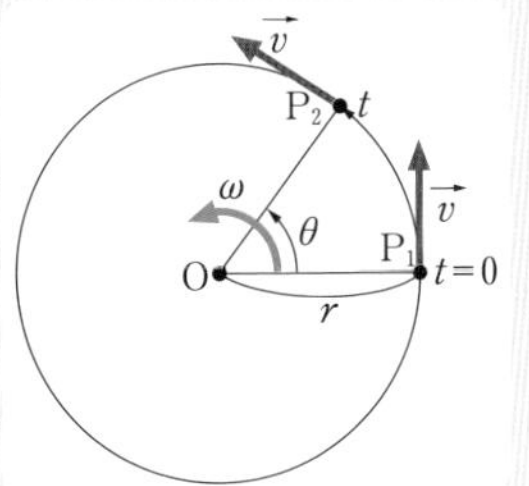

3 等速円運動する物体の加速度

A 等速円運動する物体の速度の変化

角速度 ω で等速円運動する物体の時刻 $t=0$，位置 P_1 のときの速度ベクトルを $\vec{v_1}$ とする。また時刻 Δt，位置 P_2 のときの速度ベクトルを $\vec{v_2}$ とする（図 44 (a)）。速度ベクトルは時間 Δt の間に $\vec{v_1}$ から $\vec{v_2}$ に変化した。その変化量 $\Delta\vec{v}$ は

$$\boldsymbol{\Delta\vec{v}=\vec{v_2}-\vec{v_1}} \quad \cdots\cdots (33)$$

と表すことができる（図 44 (b)）。

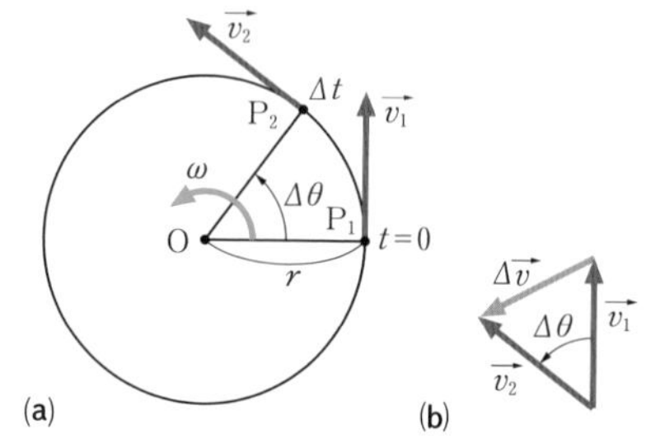

図 44　等速円運動する物体の加速度

等速円運動なので速さは一定値 $v=r\omega$ である。すなわち

$$\boldsymbol{|\vec{v_1}|=|\vec{v_2}|=v=r\omega} \quad \cdots\cdots (34)$$

が成り立つ。すると図 44 (b)より，速度ベクトルの矢印の先端は半径 v の円周上を左回りに回転していることがわかる（図 45）。

この間の時間 Δt が十分に短く，回転角の変化 $\Delta\theta$ が十分に小さければ，この間の速度ベクトルの変化の大きさ Δv は矢印の先端が描いた弧の長さ Δs に等しいとしてよい。すなわち

$$\Delta v \fallingdotseq \Delta s$$

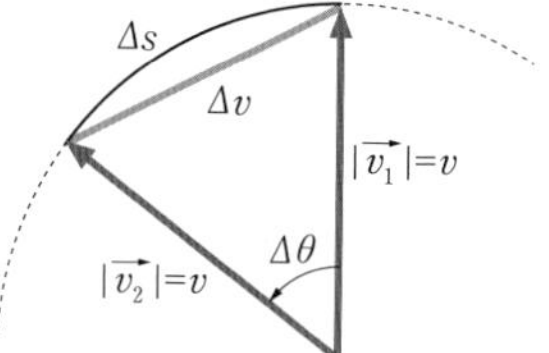

図 45　速度ベクトルの変化

弧の長さと円の半径，回転角の関係から $\Delta s=v\Delta\theta$ が成り立つので

$$\boldsymbol{\Delta v \fallingdotseq v\Delta\theta} \quad \cdots\cdots (35)$$

となる。

B 等速円運動する物体の速度の変化の向き

$\Delta\theta$ が十分に小さければ，$\Delta\vec{v}$ の向きは速度ベクトル $\vec{v}$ の向きを回転方向（左）に 90° 回転した向きである（図 46）。速度ベクトル $\vec{v}$ の向きは，円の接線方向で回転の向き（左向き）であるから，$\Delta\vec{v}$ の向きは，$\vec{v}$ の向きからさらに回転方向（左）へ 90° の向き，すなわち，円周上の物体から円運動の中心に向かう向きになる。

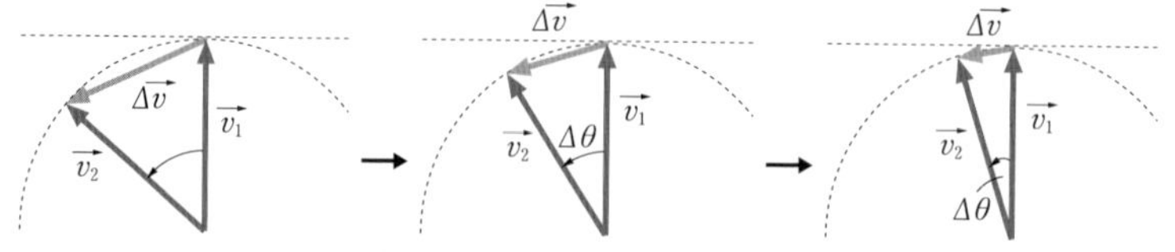

図 46　等速円運動する物体の速度の変化の向き
（$\Delta\theta$ を十分小さくしたとき，$\vec{v_1}\perp\Delta\vec{v}$ となる）

C 等速円運動する物体の加速度

時間 Δt の間に速度が $\Delta\vec{v}$ 変化したときの加速度は

$$\vec{a}=\frac{\Delta\vec{v}}{\Delta t} \quad \cdots\cdots (36)$$

である。Δt が十分に小さければ

$$\Delta\vec{v}\begin{cases}大きさ：|\Delta\vec{v}|=v\Delta\theta \quad （式(35)より）\\ 向き：円の中心に向かう\end{cases}$$

が成り立つので，円運動する物体の瞬間の加速度 $\vec{a}$ は

$$\vec{a}=\frac{\Delta\vec{v}}{\Delta t}\begin{cases}大きさ：a=\frac{|\Delta\vec{v}|}{\Delta t}=\frac{v\Delta\theta}{\Delta t}=v\omega=r\omega^2=\frac{v^2}{r}\left(ただし，\omega=\frac{\Delta\theta}{\Delta t}, v=r\omega\right) \cdots (37)\\ 向き：\textbf{円の中心に向かう}\end{cases}$$

となる。これを**向心加速度**という。

例題 92 向心加速度

半径 5.0 m の円周上を周期 10 s で等速円運動する物体がある。この物体の角速度と向心加速度の大きさを求めよ。

考え方 等速円運動する物体の角速度と向心加速度の関係を考える。

解答

角速度は　$\omega=\frac{2\pi}{T}=\frac{2\pi\ \text{rad}}{10\ \text{s}}=0.628\ \text{rad/s}$

向心加速度の大きさは，$a=r\omega^2$ なので

$a=5.0\ \text{m}\times(0.628\ \text{rad/s})^2=1.97\ \text{m/s}^2$

よって　角速度：0.63 rad/s，向心加速度：2.0 m/s^2 …答

POINT

半径 r の円周上を等速円運動する物体の加速度 $\vec{a}$

$$\begin{cases}大きさ：a=v\omega=r\omega^2=\frac{v^2}{r}\\ 向き：円運動の中心に向かう向き\end{cases}$$

これを向心加速度という。

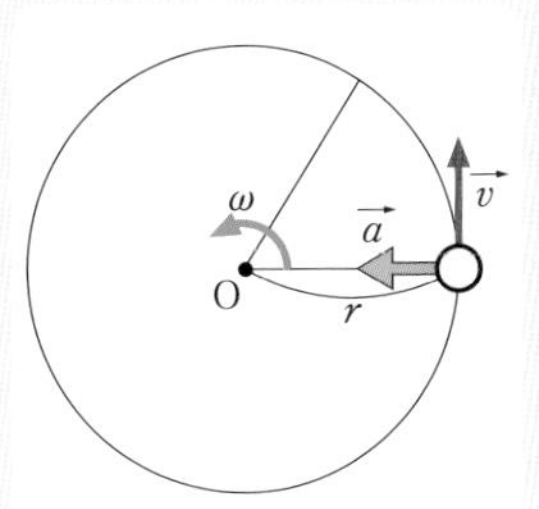

4 向心力

A 円運動する物体にはたらく力

半径rの円周上を角速度ωで等速円運動する物体がある。位置P_1における速度ベクトルを$\vec{v_1}$とする。等速円運動を続ければ，やがて物体は位置P_2に達し，速度ベクトルは$\vec{v_2}$になる。

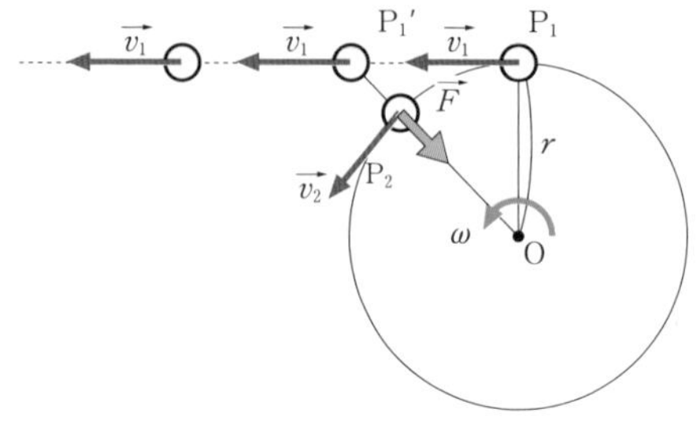

図 47　円運動する物体にはたらく力

しかし，物体が一切力を受けなければ，物体の速度は$\vec{v_1}$のまま変わらず，**図 47** のように左向きに等速直線運動を続けるだろう。物体がP_1'の位置ではなく，P_2の位置に達するということは，**図 47** のように円の中心に向かう向きに力$\vec{F}$を受けているからである。物体が円周に沿って運動を続けるためには，絶えず円の中心に向かう力を受けていなければならない。この力によって，向心加速度$\vec{a}$が生じ，物体は円運動を続けることができる。向心加速度$\vec{a}$を生む力$\vec{F}$を**向心力**という。物体の質量をmとすれば，運動方程式$\vec{F}=m\vec{a}$の関係より，円運動の向心力$\vec{F}$は次の式で表される。

$$\vec{F}=m\vec{a}\begin{cases}\textbf{大きさ：}F=ma=mr\omega^2=m\dfrac{v^2}{r}\\ \textbf{向き：円運動の中心に向かう}\end{cases}\quad\cdots\cdots(38)$$

B 水平面上を円軌道を描いて走る自動車

水平面上を円軌道を描いて走る自動車にはたらく向心力は，タイヤが道路から受ける摩擦力である。道路が雨で濡れ，タイヤがスリップすると十分な向心力が得られず，自動車はカーブを曲がり切れない。

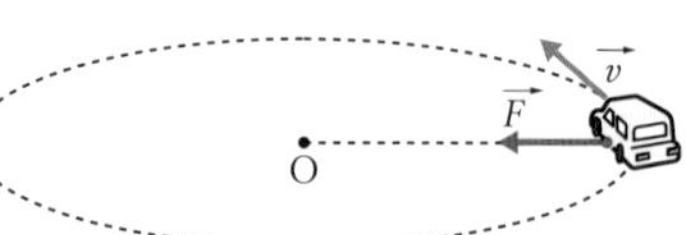

図 48　円軌道上を走る自動車が受ける力

例題 93 円錐振り子

図のように長さlの糸に質量mのおもりをつるし，糸が円錐形を描くようにして，おもりを円運動させた。糸と鉛直線のなす角はθであった。重力加速度の大きさをgとして以下の問いに答えよ。

(1) 物体が受ける向心力の大きさFを求めよ。

(2) 回転の角速度ωを求めよ。

(3) 物体の速さvを求めよ。

(4) 回転周期Tを求めよ。

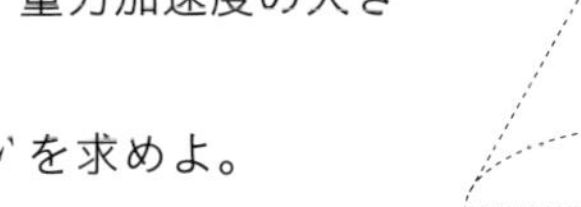

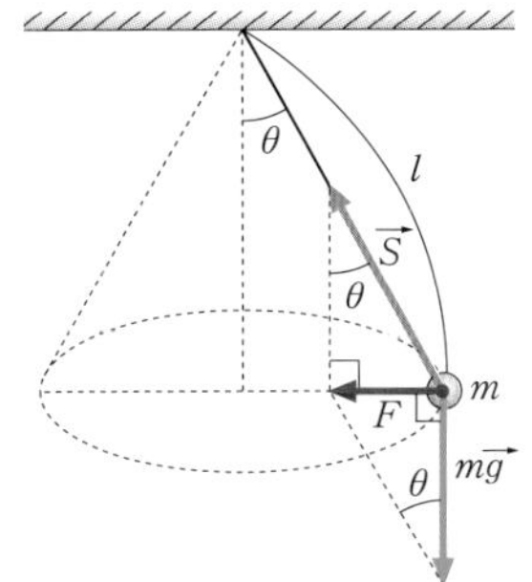

考え方 (1) 物体は水平面内を円運動するので，物体が受ける鉛直方向の合力は0である。また，物体が受ける向心力は水平面内にある円の中心に向かう。

(2) 向心力と向心加速度の関係。

(3) 角速度ωがわかればvがわかる。

(4) 角速度ωがわかればTがわかる。

解答

(1) 物体が受ける力は糸の張力$\vec{S}$と重力$m\vec{g}$の2力である。これらの合力が向心力$\vec{F}$であり，その向きは水平面内の円の中心に向かう向きである。図より

$$\tan\theta=\frac{F}{mg}$$

よって　$F=mg\tan\theta$　…㊟

(2) 向心加速度の大きさは$a=r\omega^2$と表されるので，円運動の運動方程式(向心力と向心加速度の関係）$F=ma$より

$$F=mr\omega^2$$

円軌道の半径をrとすると，図より$r=l\sin\theta$，また(1)のFを代入して

$$mg\tan\theta=ml\sin\theta\,\omega^2$$

よって　$\omega=\sqrt{\dfrac{g\tan\theta}{l\sin\theta}}=\sqrt{\dfrac{g}{l\cos\theta}}$　…㊟

ただし，$\tan\theta=\dfrac{\sin\theta}{\cos\theta}$の関係式を用いた。

(3) $v=r\omega$，$r=l\sin\theta$より

$$v=l\sin\theta\sqrt{\frac{g}{l\cos\theta}}=\sin\theta\sqrt{\frac{gl}{\cos\theta}}$$ …㊟

(4) $T=\dfrac{2\pi}{\omega}$より

$$T=2\pi\sqrt{\frac{l\cos\theta}{g}}$$ …㊟

5 遠心力

A 地上の観測者と回転円板上の観測者

図 49 のような円板に立てた棒からおもりをつるし，円板を角速度 ω で回転させる。そのおもりの運動を地上の観測者 A と回転円板上の観測者 B が観測すると，次のようになる。

- 地上の観測者 A：おもりは半径 r の円周上を角速度 ω で回転している。おもりが受ける向心力の大きさは $f=mr\omega^2$ である。
- 回転円板上の観測者 B：おもりは静止している。おもりが受ける力はつり合っている。

観測者 A の立場は，いままで学んできた等速円運動に他ならない。しかし，観測者 B の立場では同じ現象が，運動ではなく，力のつり合いとなっている。

糸の張力の水平方向の分力 f は A の立場でも，B の立場でも実在する。しかし，角速度 ω で等速円運動する円板上の観測者 B の立場では，質量 m の物体に，円の中心から遠ざかる向きに**大きさ $F=mr\omega^2$ の遠心力**がはたらくように観察される。その結果，物体が受ける糸の張力の水平方向の分力(大きさ f)と遠心力(大きさ F)がつり合い，糸が一定の角度傾いた状態が維持される。

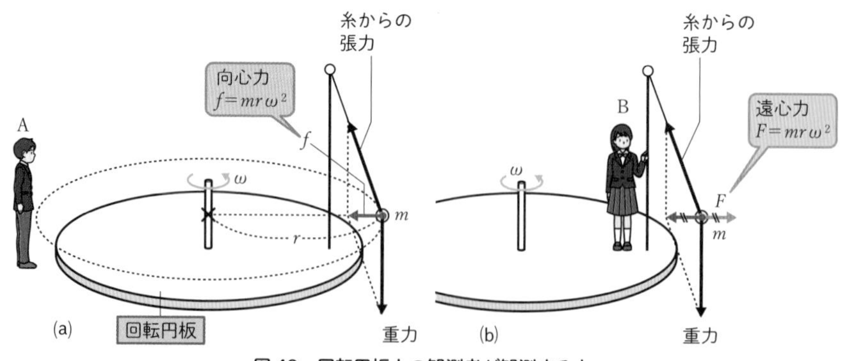

図 49　回転円板上の観測者が観測する力

B 遠心力は慣性力の 1 つ

すでに「慣性力」(p.277)で学習したように，加速度 $\vec{\alpha}$ で加速度運動する観測者は質量 m の物体に $-m\vec{\alpha}$ の慣性力がはたらくことを観測する。**遠心力は観測者が回転していることによって観測される別の種類の慣性力**である。

$$F=mr\omega^2=m\frac{v^2}{r}$$

(m：物体の質量
r：回転半径
ω：円板の回転の角速度
v：円周方向の速さ)

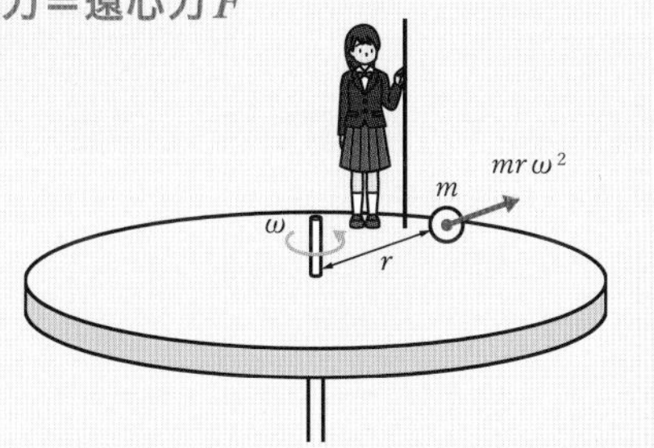

例題 94　回転円板上での力のつり合い

図 49 (b)のように回転円板上で質量mのおもりをつるしたら，糸と鉛直線のなす角がθとなり，おもりが受ける力がつり合うのが観察された。円板の中心からおもりまでの距離がrのとき，回転の角速度を求めよ。重力加速度の大きさをgとする。

考え方　回転円板上の観測者から観測すると，物体は糸の張力，重力，そして慣性力である遠心力を受け，これらの力はつり合いの関係にある。

解答

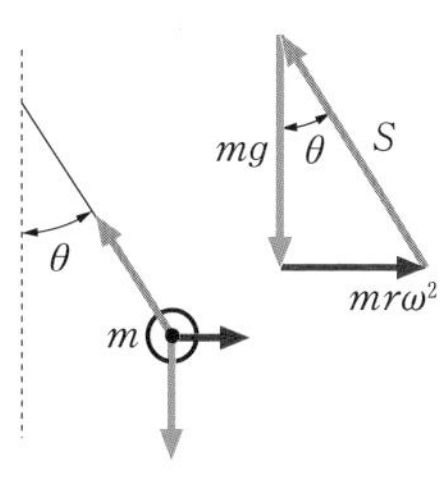

回転の角速度をωとする。物体が受ける力の大きさは

重力：mg，張力：S，遠心力：$mr\omega^2$

これらの力のつり合いの関係より

$$\tan\theta=\frac{mr\omega^2}{mg}$$

よって　$\omega=\sqrt{\frac{g\tan\theta}{r}}$　…答

C ループコースターの受ける遠心力

鉛直面内につくられた半径 r の円の内側の軌道を質量 m の台車が走るループコースターがある。台車は軌道上に接しているだけなので，速度 v が小さいと，軌道から落下してしまう。最下点で受ける力とその大きさは，重力 mg，垂直抗力 N，遠心力 $m\frac{v_0{}^2}{r}$ の3力で，これらはつり合いの関係にある。

$$N = mg + m\frac{v_0{}^2}{r} \quad \cdots\cdots (39)$$

もし，最高点に達することができれば，受ける力も同様につり合いの関係にある。

$$m\frac{v_T{}^2}{r} = mg + N' \quad \cdots\cdots (40)$$

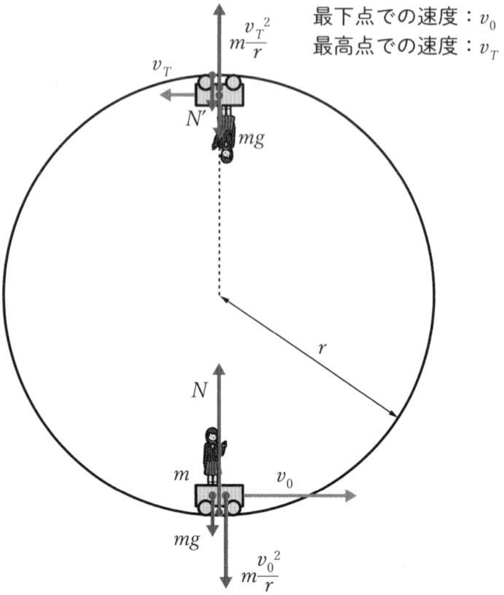

図 50　ループコースターの受ける遠心力

このとき，軌道から落下しない条件は $N'>0$ なので

$$N' = m\frac{v_T{}^2}{r} - mg > 0$$

よって　$m\frac{v_T{}^2}{r} > mg$　　$v_T > \sqrt{gr}$　　$\cdots\cdots$ (41)

つまり，最高点での台車の速度 v_T は $\sqrt{gr}$ よりも大きくなければならない。

3 単振動

1 単振動

A 円運動と単振動

回転円板上におもりを固定して円板を回転させ，これを真横から観察すると，おもりは左右に振動しているように見える(**図 51 (b)**)。一方，ばねにおもりを取り付け，回転円板の中心をつり合いの位置にして振動させると，おもりは左右に振動する。円板の回転の角速度を調節すれば，両者の運動を完全にそろえることができる。このような運動を**単振動**という。一般に物体が単振動しているとき，真横から見たときこれとまったく同じ運動をするような円運動を考えることができる。

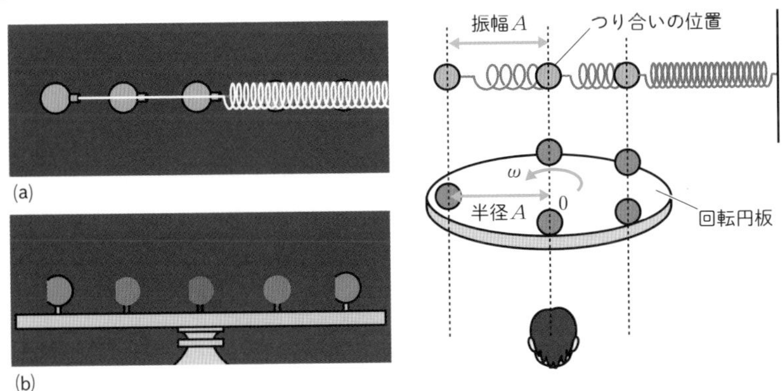

図 51　円運動と単振動

B 単振動の振幅，周期，振動数

図 51 で，単振動する物体のつり合いの位置から最大変位までの距離を**振幅**といい，A〔m〕で表す。これは対応する円運動の半径に等しい。また 1 回の単振動は，円運動の 1 回転に対応する。1 回単振動するのに要する時間を単振動の**周期** T〔s〕といい，これは対応する円運動の周期に等しい。また単位時間あたりの振動の回数を**振動数**といい，f〔Hz〕で表す。

$$f=\frac{1}{T},\ T=\frac{1}{f} \quad \cdots\cdots (42)$$

C 単振動の角振動数

ある単振動に対応する円運動の角速度 ω〔rad/s〕を単振動の**角振動数**という。対応する円運動の周期と単振動の周期は等しいので，単振動の角振動数は

$$\omega=\frac{2\pi}{T}=2\pi f \qquad \cdots\cdots(43)$$

と表される。

D 単振動の変位

図 52 のように，半径 A の円周上を物体が角速度 ω で等速円運動をしている。水平方向左から平行光線を照射すると，スクリーンに物体の影が映り，この影の運動が単振動となる。単振動は等速円運動の**射影**である。

スクリーン上に**図 52** のように x 軸をとり，円運動する物体が時刻 0 に位置 P_0 にあるときの影の位置を x 座標の原点とする。時刻 t における物体の位置を P とし，そのときの影の位置を Q とする。

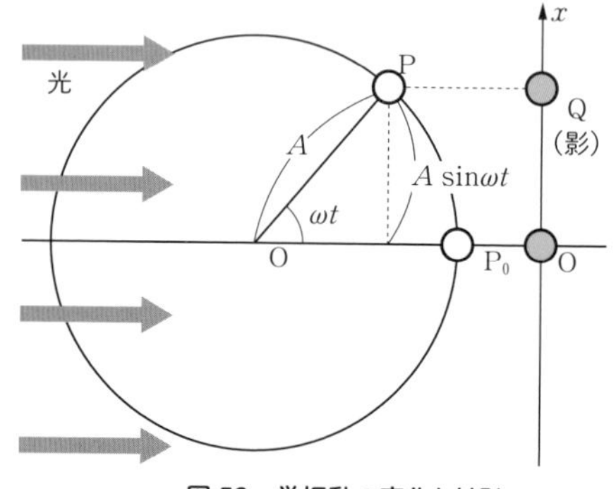

図 52　単振動の変化と射影

Q の位置が単振動する物体の時刻 t における位置 x を表す。**図 52** より

$$\boldsymbol{x=A\sin\omega t} \qquad \cdots\cdots(44)$$

と表される。この間の円運動の回転角 $\theta=\omega t$ を単振動の**位相**という。式(43)を用いれば

$$x=A\sin\frac{2\pi}{T}t=A\sin 2\pi ft \qquad \cdots\cdots(45)$$

と表すこともできる。

E 単振動の x-t グラフ

式(45)で表される，単振動する物体の位置 x と時刻 t の関係を表す x-t グラフは**図 53** のようになる。**図 53** には単振動する物体の位置と，これに対応する円運動する物体の位置，そして x-t グラフが示されている。

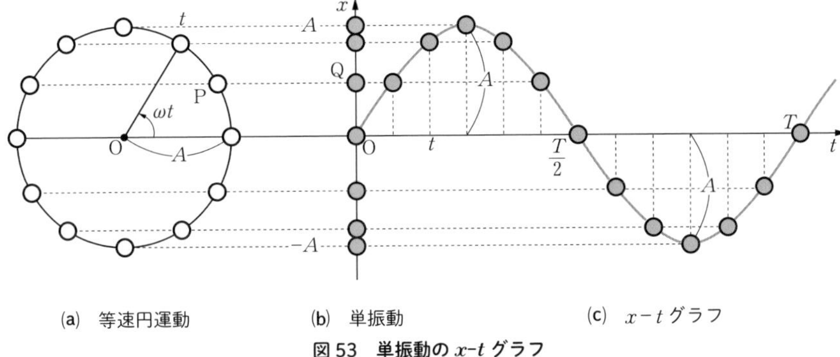

(a) 等速円運動　(b) 単振動　(c) $x-t$ グラフ

図 53　単振動の x-t グラフ

例題 95　単振動の変位

振幅 25 cm，周期 2.0 s の単振動する物体がある。物体は $t=0$ で x 軸の原点を正の向きに通過した。

(1) 単振動の角振動数はいくらか。

(2) $t=1.5$ s における位相を求めよ。

(3) $t=1.5$ s における変位を求めよ。

(4) $t=1.5$ s における位相と同じ位相になるまで，最低あと何秒かかるか。

考え方

(1) 角振動数と周期の関係に注意。

(2) 位相とは対応する円運動の回転角 θ のこと。

(3) 単振動の位相がわかれば変位がわかる。

(4) 対応する円運動がそこからさらに 1 回転するともとの位相に戻る。

解答

(1) 周期を T とすると，角振動数は $\omega=\dfrac{2\pi}{T}$ だから

$$\omega=\frac{2\pi\ \mathrm{rad}}{2.0\ \mathrm{s}}=3.14\ \mathrm{rad/s}$$

よって　3.1 rad/s　…答

(2) 時刻 t における位相は

$$\theta=\omega t=(3.14\ \mathrm{rad/s})\times(1.5\ \mathrm{s})=4.71\ \mathrm{rad}$$

よって　4.7 rad　…答

(3) 単振動の変位は

$$x=A\sin\frac{2\pi}{T}t=(0.25\ \mathrm{m})\times\sin\left(\frac{2\pi\ \mathrm{rad}}{2.0\ \mathrm{s}}\times 1.5\ \mathrm{s}\right)=(0.25\ \mathrm{m})\times\sin(1.5\pi)$$
$$=-0.25\ \mathrm{m}$$

よって　$-0.25\ \mathrm{m}$ …答

(4) 対応する円運動がさらに1回転すると同じ位相になる。

よって　$2.0\ \mathrm{s}$ …答

コラム　**単振動の位相**

円運動の回転角＝位相 θ が決まると，それに対応する単振動の変位が定まる。位相が

$$\theta+2\pi n\quad(n=\pm1,\ \pm2,\ \pm3,\ \cdots\cdots)$$

というように，2π の整数倍だけ異なっても，単振動の変位は等しく，速度も等しい同じ運動状態にある。

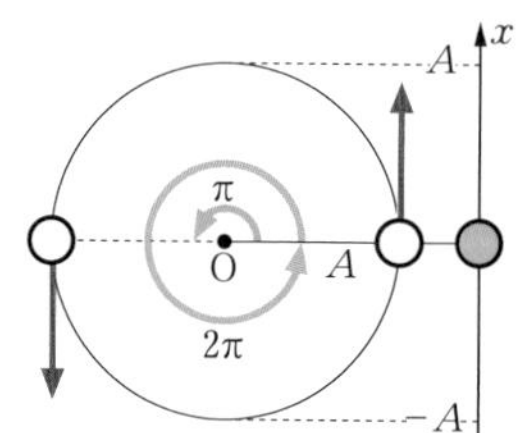

変位が等しくても，同じ位相になるとは限らない。例えば位相が $\theta=0$ と $\theta=\pi$ のときでは，変位は0で同じである。しかし，前者は正の速度，後者は負の速度をもつので，運動の状態が異なる。

位相が等しいか，2π の整数倍だけ異なる場合は，変位が等しく速度も等しい同じ運動状態にある。単振動の速度についてはこの後詳しく学ぶ。

F 単振動の速度

等速円運動する物体の位置を射影したものが単振動の変位を与えるのと同様に，等速円運動する物体の速度ベクトルを射影したものが単振動する物体の速度となる。

半径 A の円周上を角速度 ω で回転する物体の速度ベクトル $\vec{v}$ は**図54**に示す向きに，大きさ $A\omega$ である。その x 成分

$$\boldsymbol{v_x=A\omega\cos\omega t}\quad\cdots\cdots(46)$$

は回転する物体の速度ベクトル $\vec{v}$ の x 軸への射影であり，単振動する物体の速度を表す。式(43)を用いれば

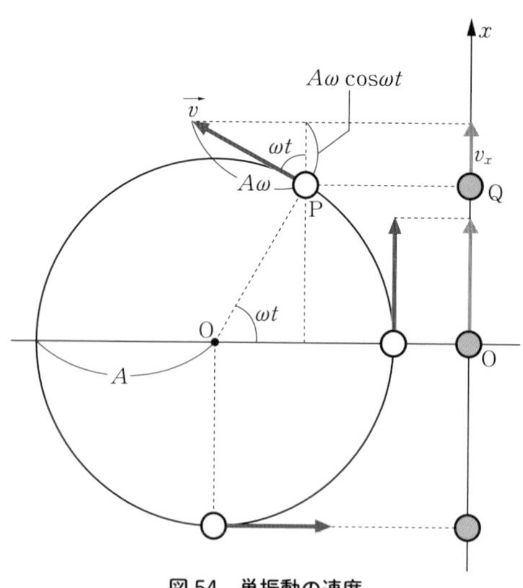

図54　単振動の速度

$$v_x = A\omega\cos\frac{2\pi}{T}t$$
$$= A\omega\cos 2\pi ft \quad \cdots\cdots (47)$$

と表すこともできる。

G 単振動の加速度

変位や速度と同様，等速円運動する物体の加速度ベクトルを射影したもの(x 成分)a_x が単振動する物体の加速度を与える。

半径 A の円周上を角速度 ω で回転する物体の加速度ベクトル $\vec{a}$ は向心加速度であり，つねに円の中心を向き，大きさは $A\omega^2$ である。その x 軸への射影は

$$a_x = -A\omega^2\sin\omega t \quad \cdots\cdots (48)$$

となる。式(43)を用いれば

$$a_x = -A\omega^2\sin\frac{2\pi}{T}t$$
$$= -A\omega^2\sin 2\pi ft \quad \cdots\cdots (49)$$

と表すこともできる。

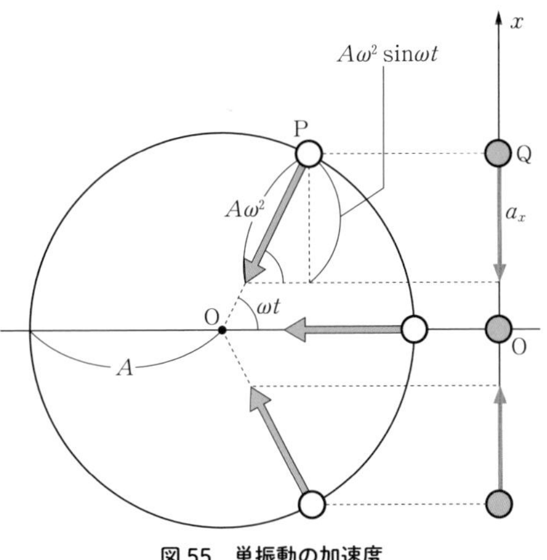

図55　単振動の加速度

H 単振動の加速度と変位

単振動する物体の変位 x は式(44)より $x = A\sin\omega t$，加速度は式(48)より $a_x = -A\omega^2\sin\omega t$ と与えられるので，変位 x と加速度 a_x の間には

$$a_x = -\omega^2 x \quad \cdots\cdots (50)$$

の関係が成り立つ。$x>0$ のとき $a_x<0$，$x<0$ のとき $a_x>0$ となるので，単振動の加速度の向きはつねに原点 O へ向かう向きになる。

時刻0に原点を正の向きに運動する，振幅A，角振動数ωの単振動の時刻tにおける変位x，速度v_x，加速度a_xは

$$x = A\sin\omega t = A\sin\frac{2\pi}{T}t = A\sin 2\pi ft$$

$$v_x = A\omega\cos\omega t = A\omega\cos\frac{2\pi}{T}t = A\omega\cos 2\pi ft$$

$$a_x = -\omega^2 x$$

$\left(\omega = \frac{2\pi}{T} = 2\pi f\right.$　T：周期　$\left.f\text{：振動数}\right)$

❶ 初期位相が0と異なるときの単振動の変位，速度，加速度

単振動する物体が$t=0$のとき，つねに$x=0$でx軸の正の向きへの運動，つまり$\theta=\omega t$であるとは限らない。

一般に，$t=0$のとき，単振動する物体は任意の変位x_0にある。そのときの位相を**初期位相**といい，これをαで表すと，時刻tにおける位相θ，変位x，速度v，加速度aは次式で表される。

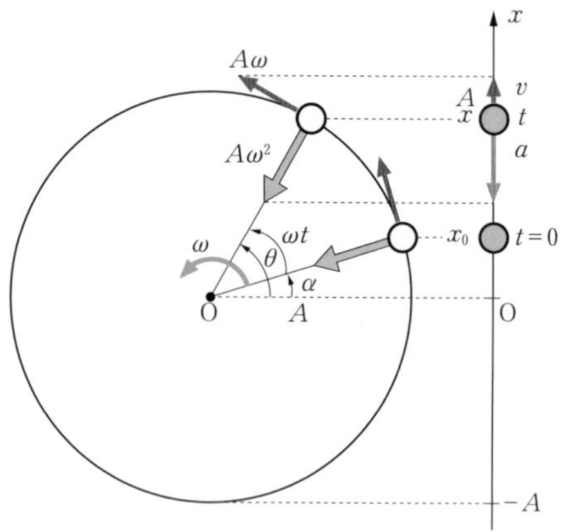

図 56　初期位相が異なる単振動

$$\begin{cases} \theta = \omega t + \alpha = 2\pi ft + \alpha \\ x = A\sin(\omega t + \alpha) = A\sin\left(\frac{2\pi}{T}t + \alpha\right) = A\sin(2\pi ft + \alpha) \\ v_x = A\omega\cos(\omega t + \alpha) = A\omega\cos\left(\frac{2\pi}{T}t + \alpha\right) = A\omega\cos(2\pi ft + \alpha) \\ a_x = -\omega^2 x \end{cases} \quad \cdots\cdots(51)$$

例題 96　単振動の変位，速度，加速度

振幅 20 cm，周期 8 s の単振動する物体がある。物体は$t=0$のとき$x=20$ cm の変位であった。$t=2$ s における単振動の変位，速度，加速度を求めよ。ただし数値に誤差はないとし，π はそのまま用いよ。

考え方 単振動の初期位相はいくらか。

解答

物体の変位は$t=0$で$x=20$ cm，つまり最大変位である振幅$A=20$ cmの位置なので，初期位相は$\alpha=\dfrac{\pi}{2}$である。

$\omega=\dfrac{2\pi\ \text{rad}}{8\ \text{s}}=\dfrac{\pi}{4}$ rad/sだから，$t=2$ sでは

$$x=(20\ \text{cm})\times\sin\left(\frac{\pi}{4}\times2+\frac{\pi}{2}\right)=0\ \cdots \text{答}$$

$$v=(20\ \text{cm})\times\left(\frac{\pi}{4}\ \text{rad/s}\right)\times\cos\left(\frac{\pi}{4}\times2+\frac{\pi}{2}\right)$$

$$=-5\pi\ \text{cm/s}$$

よって　-5π cm/s　… 答

$$a=-\left(\frac{\pi}{4}\ \text{rad/s}\right)^2x=0\ \cdots \text{答}$$

となる。

あるいは，図で回転角が$\theta=\alpha+\omega t=\dfrac{\pi}{2}+\dfrac{\pi}{4}\times2=\pi$のとき，円運動の射影から直接$x$，$v$を求めてもよい。

2 ばね振り子

A ばねによる単振動

ばね定数kのばねに台車を取り付け，ばねが自然長のときの台車の位置を原点Oとし，**図57**のように水平方向右向きを正の向きとしてx軸をとる。台車を正の向きにAだけ引いてはなすと，台車は振幅Aの単振動をする。

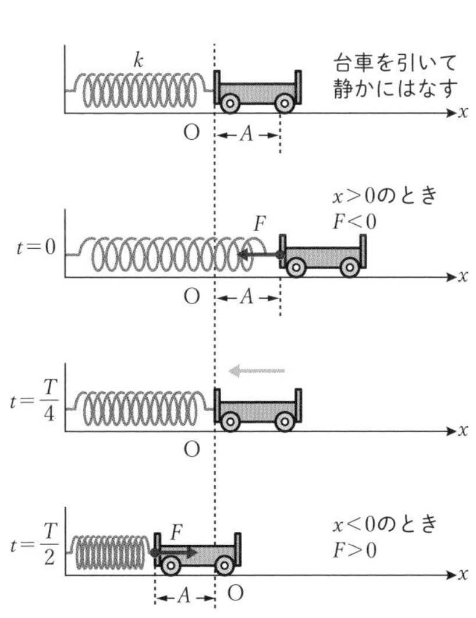

図57　ばねによる単振動

台車が単振動をするのは，ばねから弾性力Fを受けるからである。台車の変位がxのとき，フックの法則により

$$F=-kx \qquad \cdots\cdots (52)$$

が成り立つ。台車が$x>0$に変位すれば$F<0$の復元力を受け，原点に引き戻される。原点で$F=0$となるが，台車の質

量による慣性のため止まらずに，$x<0$ に変位して $F>0$ となり，やはり原点に引き戻される。

こうして台車は原点Oを中心とした単振動をする。これを**ばね振り子**という。

B ばね振り子の加速度，角振動数，周期，振動数

台車の質量を m，加速度を a とすれば，弾性力を受ける台車の運動方程式は

$$ma=-kx \qquad \cdots\cdots (53)$$

である。これより

$$a=-\frac{k}{m}x \qquad \cdots\cdots (54)$$

が成り立つ。台車の運動は単振動なので，式(50)の $a=-\omega^2 x$ の関係より，角振動数 ω は

$$\omega^2=\frac{k}{m} \quad \text{よって} \quad \omega=\sqrt{\frac{k}{m}} \qquad \cdots\cdots (55)$$

これより，ばね振り子の周期 T，振動数 f は

$$T=\frac{2\pi}{\omega}=2\pi\sqrt{\frac{m}{k}},\quad f=\frac{1}{2\pi}\sqrt{\frac{k}{m}} \qquad \cdots\cdots (56)$$

となる。

POINT

ばね振り子の周期と振動数

$$T=2\pi\sqrt{\frac{m}{k}},\quad f=\frac{1}{2\pi}\sqrt{\frac{k}{m}} \qquad (m\text{〔kg〕：物体の質量},\ k\text{〔N/m〕：ばね定数})$$

ばね振り子の周期，振動数は振幅や重力加速度の大きさに無関係である。

C 鉛直ばね振り子

ばね定数 k のばねに質量 m のおもりを取り付け，鉛直につるす。つり合いの位置を原点Oとし，下向きを正として x 軸をとる。おもりを下に A だけ引いて手をはなすと，おもりは振幅 A の単振動をする(**図 58**)。

ばねの自然長からつり合いの位置までの伸びを x_0 とすると，おもりが受けるばねの弾性力と重力のつり合いの関係より

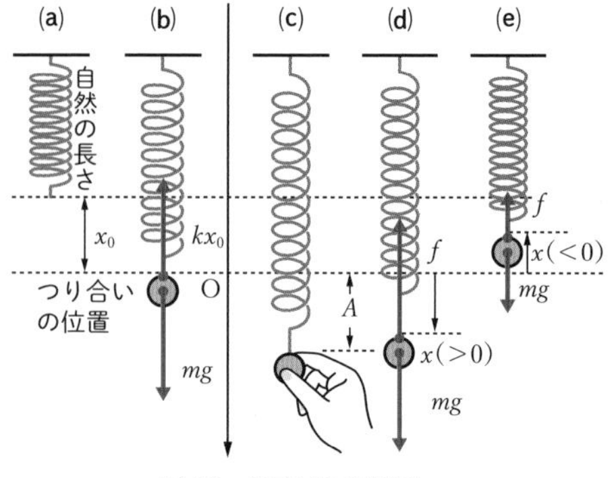

図 58　鉛直ばね振り子

$kx_0 = mg$

よって　$x_0 = \dfrac{mg}{k}$　……(57)

である。おもりの位置が x のとき，おもりが受ける合力 F は，下向きが正なので

$$F = mg - k(x_0 + x) = -kx \qquad \cdots\cdots (58)$$

となる。ただし，式(57)の関係を用いた。したがって，おもりの加速度を a とすれば，運動方程式は

$$ma = -kx$$

となり，これは式(53)にほかならない。つまり，ばね振り子を鉛直につるしても，振動の中心が水平な場合と比べて x_0（式(57)）だけ下にずれるだけで，運動は同じ単振動である。このときの角振動数 ω，周期 T，振動数 f はすべて式(55)，(56)と変わらない。

例題 97　鉛直ばね振り子

ばね定数 4.0 N/m のばねに質量 10 g のおもりを鉛直につるし，つり合いの位置から 4.0 cm ほど下に引いて，時刻 0 に手をはなしたところ，おもりは単振動した。つり合いの位置を原点，下向きを正として x 軸をとる。

(1)　ばね振り子の周期 T を求めよ。

(2)　時刻 t〔s〕における変位 x〔cm〕を求めよ。

考え方　ばね振り子の周期は，物体の質量 m とばね係数 k で決まる。

解答

(1)　$T = 2\pi\sqrt{\dfrac{m}{k}} = 2\pi\sqrt{\dfrac{0.010\ \mathrm{kg}}{4.0\ \mathrm{N/m}}} = \pi \times (0.10\ \mathrm{s}) = 0.314\ \mathrm{s} \fallingdotseq 0.31\ \mathrm{s}$

よって　0.31 s　…答

(2)　時刻 0 において，変位が最大値である振幅 $A = 4.0$ cm なので，初期位相 $\alpha = \dfrac{\pi}{2}$，角振動数 $\omega = \dfrac{2\pi}{T} = \dfrac{2\pi\ \mathrm{rad}}{\pi \times 0.10\ \mathrm{s}} = 20\ \mathrm{rad/s}$ より

$$x = A\sin(\omega t + \alpha) = (4.0\ \mathrm{cm}) \times \sin\left((20\ \mathrm{rad/s})t + \frac{\pi}{2}\right)$$

$$= 4.0\ \mathrm{cm} \times \cos\{(20\ \mathrm{rad/s})t\} \quad \cdots 答$$

3 単振り子

A 振り子による単振動

長さ l の軽い糸に質量 m のおもりを取り付けて振らせる。おもりは半径 l の円周に沿って振れ，糸が鉛直線となす角が θ のとき，おもりが受ける円周方向の力は，重力 mg の接線方向の分力

$$\boldsymbol{mg\sin\theta = mg\frac{x}{l}} \qquad \cdots\cdots (59)$$

となる。ただし，x 座標を，水平方向右向きを正の向き，おもりが鉛直に静止しているときの位置を原点として定義した。

糸が十分に長くおもりの振れ幅が十分に小さければ，おもりの高さの変化は無視できるので，物体は x 軸上を復元力

$$\boldsymbol{F = -\frac{mg}{l}x} \qquad \cdots\cdots (60)$$

を受けて単振動する。これを**単振り子**という。

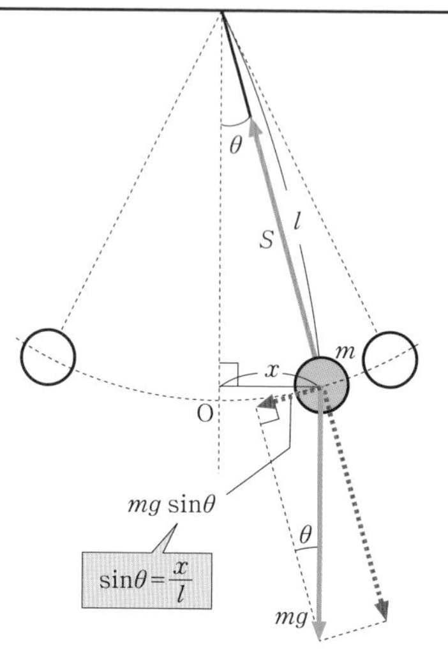

重力加速度の大きさを g とする。
図 59　振り子による単振動

B 単振り子の周期と振動数

単振り子の加速度を a とすると，運動方程式は

$$ma = -\frac{mg}{l}x \qquad \cdots\cdots (61)$$

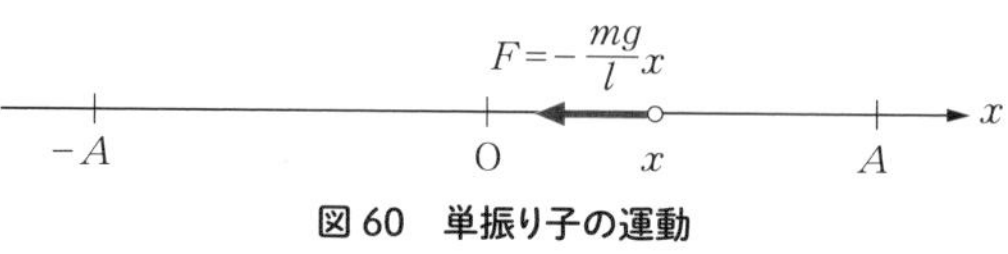

図 60　単振り子の運動

となり，加速度 $a = -\frac{g}{l}x$ を得る。角振動数 ω の単振動の一般的な関係式(50) $a = -\omega^2 x$ より

$$\omega^2 = \frac{g}{l}$$

よって　　$\omega = \sqrt{\frac{g}{l}}$

したがって，単振り子の周期 T，振動数 f は次のように表される。

$$\boldsymbol{T = \frac{2\pi}{\omega} = 2\pi\sqrt{\frac{l}{g}},\quad f = \frac{1}{2\pi}\sqrt{\frac{g}{l}}} \qquad \cdots\cdots (62)$$

単振り子の周期 T は糸の長さ l と重力加速度の大きさだけで決まり，おもりの質量 m に無関係である。振れ幅が十分に小さければ，周期は糸の長さの平方根に比例する。

C 月面上での単振り子の周期

同じ長さの単振り子を地上と月面上とで振らせると，月面上での重力加速度の大きさは地上の値のおよそ $\dfrac{1}{6}$ 倍なので，単振り子の周期はおよそ $\sqrt{6}$ 倍になる。

4 単振動のエネルギー

A 単振動の運動エネルギーと位置エネルギー

ばね定数 k のばねに質量 m の台車を取り付け，振幅 A の単振動をさせる。ばねが自然長のときの位置を x 座標の原点とする。変位 x のときの台車の速度を v とすると，このときの台車の運動エネルギー K は

$$K=\frac{1}{2}mv^2 \qquad \cdots\cdots (63)$$

である。

また，このときの弾性力による位置エネルギー U は

$$U=\frac{1}{2}kx^2 \qquad \cdots\cdots (64)$$

なので，ばねと台車の力学的エネルギー E は

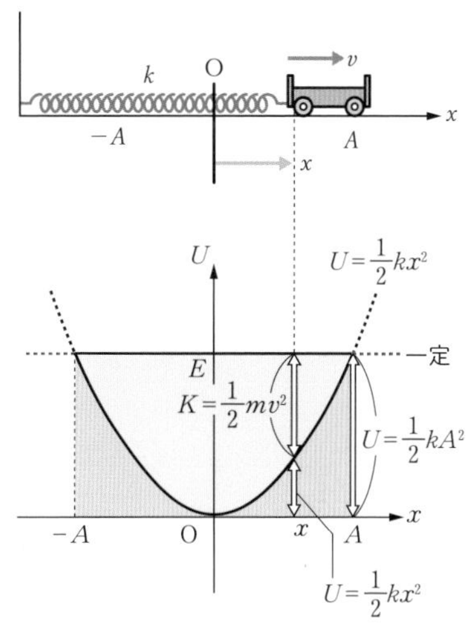

図 61　単振動の運動エネルギーと位置エネルギー

$$\boldsymbol{E=K+U=\frac{1}{2}mv^2+\frac{1}{2}kx^2} \qquad \cdots\cdots (65)$$

となる。物理基礎で学習したように，力学的エネルギー E は単振動する台車の変位 x にかかわらず一定である。

例題 98　単振動の力学的エネルギー

単振動する物体の変位 x，速度 v が p.298 の式(51)で与えられると，前ページの式(65)の力学的エネルギー E が一定となることを示せ。

$$\begin{cases} x = A\sin(\omega t + \alpha) \\ v = A\omega\cos(\omega t + \alpha) \end{cases} \quad \cdots\cdots (51)$$

考え方　式(51)を式(65)に代入する。

解答

$$E = \frac{1}{2}mv^2 + \frac{1}{2}kx^2$$
$$= \frac{1}{2}m\{A\omega\cos(\omega t + \alpha)\}^2 + \frac{1}{2}k\{A\sin(\omega t + \alpha)\}^2$$
$$= \frac{1}{2}m(A\omega)^2\cos^2(\omega t + \alpha) + \frac{1}{2}kA^2\sin^2(\omega t + \alpha)$$

ところで，ばね振り子では式(55)の関係式 $\omega^2 = \dfrac{k}{m}$ が成り立つので，これを最後の式の第 1 項に代入する。

$$E = \frac{1}{2}kA^2\{\cos^2(\omega t + \alpha) + \sin^2(\omega t + \alpha)\} = \frac{1}{2}kA^2$$

(2 番目の等号は $\cos^2\theta + \sin^2\theta = 1$ の関係式を用いた。)

この章で学んだこと

1 運動の相対性と慣性力

(1) ガリレオの相対性原理

物体の運動は，観測する立場によって異なる。力学現象は観測者が静止していても等速度で運動していても変わらない。

(2) 慣性力

加速度 $\vec{\alpha}$ で運動している観測者から質量 m の物体を観測すると，地上から観測したときにその物体が受ける力に加え，さらに慣性力 $\vec{f}=-m\vec{\alpha}$ を受けているとした運動が観測される。

2 等速円運動

(1) 等速円運動

① 物体の速度 $\begin{cases}\text{大きさ：}v=r\omega \\ \text{向き：接線方向}\end{cases}$

② 円運動の周期：$T=\dfrac{2\pi}{\omega}$

③ 円運動の回転数：$f=\dfrac{1}{T}=\dfrac{\omega}{2\pi}$

④ 向心加速度

$\begin{cases}\text{大きさ：}a=v\omega=r\omega^2=\dfrac{v^2}{r} \\ \text{向き：円の中心方向}\end{cases}$

⑤ 向心力

$\begin{cases}\text{大きさ：}F=ma=mr\omega^2=m\dfrac{v^2}{r} \\ \text{向き：円の中心方向}\end{cases}$

(2) 遠心力

① **遠心力**

等速円運動している物体を，物体とともに回転している観測者から見た場合，物体は円の中心に対して外向きにはたらく力(遠心力)を受けてつり合っているように見える。

② **遠心力の大きさ**

$$F=ma=mr\omega^2=m\frac{v^2}{r}$$

(力の向き：円の中心から遠ざかる向き)

3 単振動

(1) 単振動の変位・速度・加速度

① **変位**

$$x=A\sin\omega t=A\sin\frac{2\pi}{T}t=A\sin2\pi ft$$

② **単振動の速度**

$$v_x=A\omega\cos\omega t=A\omega\cos\frac{2\pi}{T}t=A\omega\cos2\pi ft$$

③ **単振動の加速度**

$$a_x=-A\omega^2\sin\omega t=-A\omega^2\sin\frac{2\pi}{T}t=-A\omega^2\sin2\pi ft=-\omega^2x$$

(2) 初期位相が 0 と異なるときの単振動の変位・速度・加速度

$t=0$ のときの位相を初期位相といい，これを α で表すと，時刻 t における変位 x，速度 v_x，加速度 a_x は次式で表される。

$x=A\sin(\omega t+\alpha)$

$v_x=A\omega\cos(\omega t+\alpha)$

$a_x=-\omega^2x$

(3) 復元力

単振動する物体にはたらく力。

$F=-kx$ の形となる。

(4) ばね振り子

周期：$T=2\pi\sqrt{\dfrac{m}{k}}$

(m：物体の質量，k：ばね定数)

(5) 単振り子

周期：$T=2\pi\sqrt{\dfrac{l}{g}}$

(l：振り子の長さ，g：重力加速度の大きさ)

(6) 単振動のエネルギー

$$E=K+U=\frac{1}{2}mv^2+\frac{1}{2}kx^2=\text{一定}$$

MY BEST

Advanced Physics

第  章　万有引力

1 ケプラーの法則

A 天動説と地動説

古代から人々は，観察から運動の規則性を見つけようとしていた。夜空の星や太陽の観察も運動の規則性を調べる対象とし，その規則性を見つける上で，静止した地球が存在し，地球のまわりを天体が運動しているという**天動説**(地球中心説)が人々の考えに存在していた。16 世紀半ば，コペルニクスは，すべての惑星は太陽を中心とする円運動をおこなうという**地動説**(太陽中心説)を提唱した。

B ケプラーの法則

惑星の詳細な運動の観察結果のデータをもとに，ケプラーが惑星の運動に関して次のようにまとめた。

第 1 法則：惑星は太陽を焦点の 1 つとする楕円軌道を描く。(楕円軌道の法則)

第 2 法則：惑星と太陽を結ぶ線分が単位時間内に通過する面積(面積速度)は，楕円軌道上の場所によらず一定である。(面積速度一定の法則)

第 3 法則：惑星の公転周期 T の 2 乗は，太陽と惑星との間の半長軸 a の 3 乗に比例する。(調和の法則)

これら 3 つの法則をまとめて**ケプラーの法則**という。

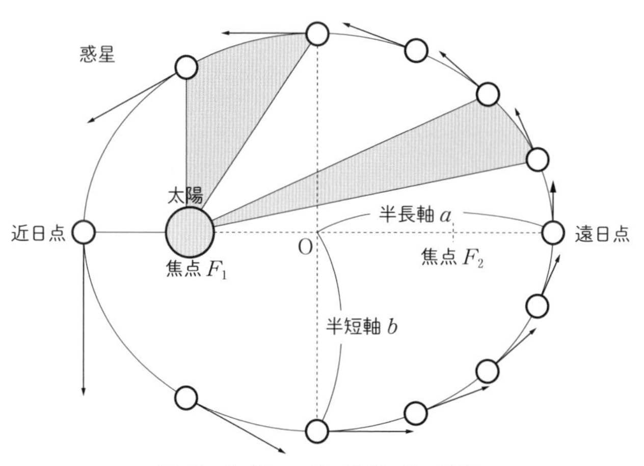

図 62　ケプラーの第 1 法則・第 2 法則

＋アルファ

楕円はある 2 定点からの距離の和が一定の点の集合である。この 2 定点を焦点という。楕円の内部に引いた，2 つの焦点を通る線分を長軸，長軸を垂直二等分する線分を短軸という。長軸，短軸の半分の長さをそれぞれ半長軸，半短軸という。

速度のベクトルの向きは，軌道の接線方向である。

❶ ケプラーの第２法則

一定時間に，太陽と惑星を結ぶ線分が通過した面積はすべて等しい。

例題 99　面積速度

惑星と太陽との距離を r，太陽と惑星を結ぶ線分と速度ベクトル(速さ v)とのなす角を θ とすると，楕円軌道をしている惑星について，惑星と太陽を結ぶ線分が単位時間に通過する面積(面積速度)〔$\mathrm{m^2/s}$〕を求めよ。

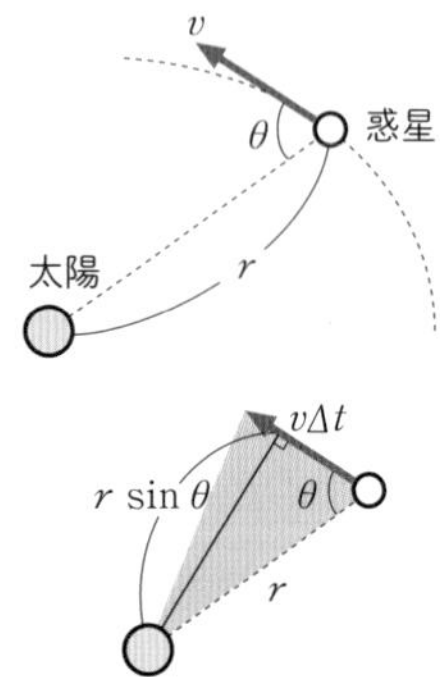

考え方　非常に短い時間に惑星はほぼ直線上を運動する。したがって図の三角形の面積を考えればよい。

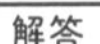
解答

非常に短い時間 Δt に惑星はほぼ直線上を $v\Delta t$ 進む。したがって，図の三角形の面積 ΔS は

$\Delta S=\dfrac{1}{2}rv\Delta t\sin\theta$ となる。

よって，面積速度は　$\dfrac{\Delta S}{\Delta t}=\dfrac{1}{2}rv\sin\theta$　…答

POINT

ケプラーの第2法則

$$\frac{1}{2}rv\sin\theta=\text{一定}$$

(r：太陽と惑星の距離，v：惑星の速さ，θ：惑星と太陽を結ぶ線分と速度のなす角)

例題 100　ケプラーの第２法則(面積速度一定の法則)

図のように，太陽からの近日点の距離を r_1，惑星の速さを v_1，遠日点の距離を r_2 としたときに，遠日点での惑星の速さを求めよ。

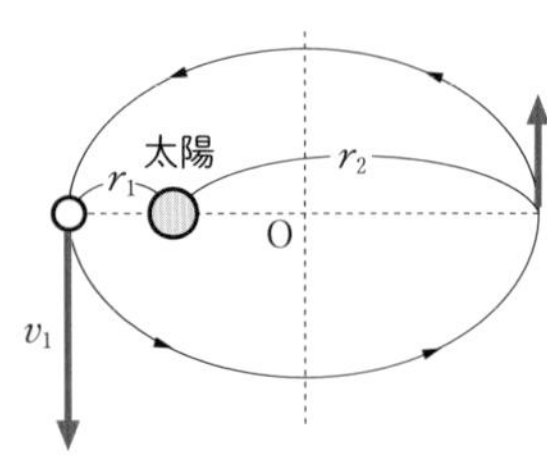

考え方　近日点と遠日点においては，惑星と太陽とを結ぶ線分と速度のなす角は 90° である。

解答

近日点と遠日点において，太陽と惑星とで囲まれた面積は右図のようになり，面積速度は $\frac{1}{2}rv\sin\theta$ となる。

近日点と遠日点においては $\theta=90°$ であることより，遠日点での惑星の速さを v_2 とすると

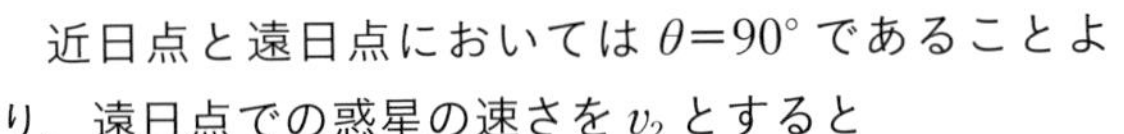

$$\frac{1}{2}r_1v_1\sin 90° = \frac{1}{2}r_2v_2\sin 90°$$

これより　$r_1v_1 = r_2v_2$

よって　$v_2 = \frac{r_1}{r_2}v_1$　…答

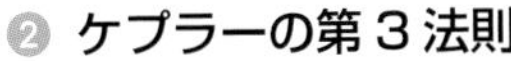

❷ ケプラーの第3法則

ケプラーの第3法則については，公転周期 T と半長軸すなわち軌道長半径 a は，**表1**のようになり，これをグラフにすると**図63**のようになる。

表1　惑星の公転周期と軌道長半径

惑星	公転周期 T〔年〕	軌道長半径 a〔天文単位〕	$\frac{T^2}{a^3}$
水星	0.241	0.387	1.00
金星	0.615	0.723	1.00
地球	1	1	1
火星	1.88	1.52	1.01
木星	11.9	5.20	1.01
土星	29.5	9.55	0.999
天王星	84.0	19.2	0.997
海王星	165	30.1	0.998

※1天文単位 $=1.50\times10^{11}$ m

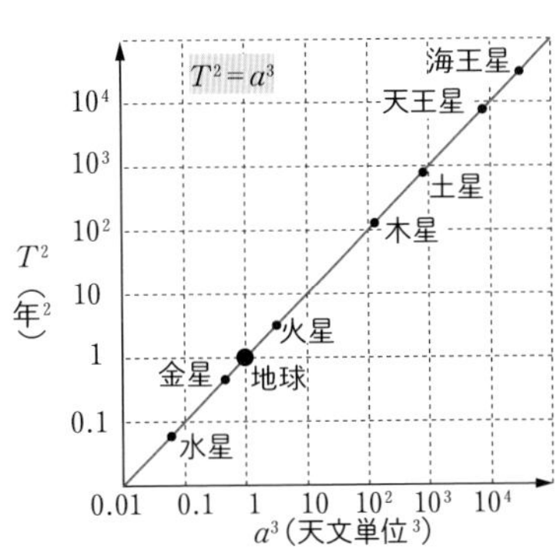

図63　公転周期と軌道長半径の関係

すなわち，公転周期 T と軌道長半径 a との間には次のような関係がある。

$$\boldsymbol{T^2 = ka^3} \qquad \cdots\cdots (66)$$

これをケプラーの第3法則という。

POINT

ケプラーの第3法則

$T^2 = ka^3$　（k は定数）

2　万有引力

A 惑星の楕円運動

慣性の法則によれば，物体は力を受けていなければ静止または等速直線運動を続ける。したがって，惑星が太陽のまわりを楕円運動していることは，太陽の方向に力がはたらいていることを示している。地球などの惑星の半長軸 a と半短軸 b の比 $\frac{a}{b}$ は，おおよそ 1 に近い。そこで，惑星の楕円軌道の運動を円運動と近似して考える。

B 惑星にはたらく力

質量 m〔kg〕の惑星が，太陽を中心とし半径 r〔m〕の円周上を角速度 ω〔rad/s〕で回転している場合，この惑星の加速度の大きさは $r\omega^2$〔m/s²〕となる。この円運動の向心力は太陽が惑星を引く力で，その大きさを F〔N〕とすると，運動方程式は次式で表される。

$$\boldsymbol{mr\omega^2=F} \qquad \cdots\cdots (67)$$

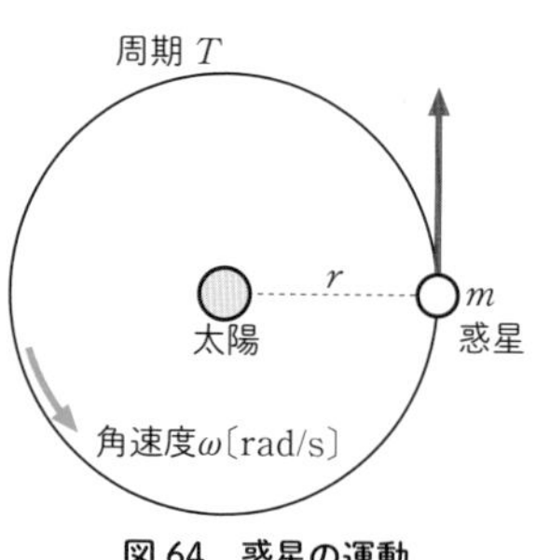

図 64　惑星の運動

円運動の周期 T と角速度 ω の間には，$T=\frac{2\pi}{\omega}$ の関係があることより

$$mr\left(\frac{2\pi}{T}\right)^2=F$$

となる。ここで，ケプラーの第 3 法則の関係式 $T^2=kr^3$ を代入すると，向心力の大きさ F は次のように表される。

$$F=\frac{4\pi^2mr}{T^2}=\frac{4\pi^2mr}{kr^3}=\frac{4\pi^2}{k}\cdot\frac{m}{r^2}$$

向心力の大きさ F は，惑星の質量 m に比例するが，作用・反作用の関係より，太陽の質量 M にも比例する。太陽の質量 M は定数 k の中に含まれていると考えられる。ここで，太陽の質量 M を取り出し，新しい比例定数 G を導入する。つまり，$GM=\frac{4\pi^2}{k}$ とすると，引き合う力の大きさ F は次式のように表される。

$$\boldsymbol{F=G\frac{Mm}{r^2}} \qquad \cdots\cdots (68)$$

＋アルファ

ケプラーの第 3 法則は，半長軸を a とすると，$T^2=ka^3$ であるが，円運動なので $a=r$ としている。

惑星の軌跡が太陽を中心とした円運動であれば，万有引力の大きさはつねに一定の値となり，等速円運動となる。

C 万有引力

一般に，質量をもつ2物体間には，2物体の質量 m_1，m_2 の積に比例し，距離 r の2乗に反比例する大きさの力がはたらく。この引き合う力のことを**万有引力**といい，式(68)で表される関係がある。

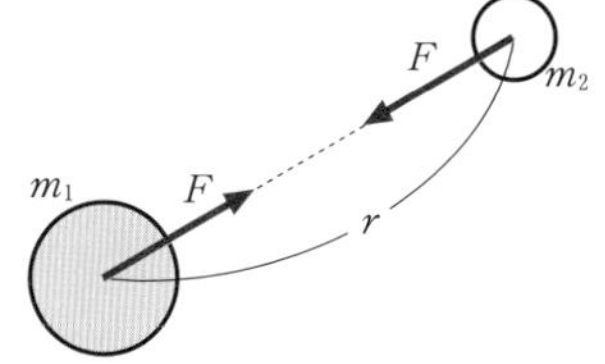

図65　2物体間にはたらく力

万有引力の法則

$$F=G\frac{m_1m_2}{r^2}$$

＋アルファ

静電気力と異なり，引力のみである。

大きさのある物体の場合，物体間の距離 r は，重心間の距離とすればよい。

ここで，G は万有引力定数であり

$$G=6.674\times10^{-11}\ \mathrm{N\cdot m^2/kg^2}$$

である。

例　50 kg どうしの2人が1.0 m 離れている場合に，互いにおよぼす力の大きさ F は

$$F=G\frac{m_1m_2}{r^2}=(6.673\times10^{-11}\ \mathrm{N\cdot m^2/kg^2})\times\frac{(50\ \mathrm{kg})\times(50\ \mathrm{kg})}{(1.0\ \mathrm{m})^2}=1.7\times10^{-7}\ \mathrm{N}$$

これは地球の引力に比べて非常に小さな力である。

D 万有引力と遠心力

質量 m〔kg〕の物体にはたらく重力の大きさ W は，$W=mg$ となることをすでに学習した。ここで，地球上に静止している観測者が，質量 m〔kg〕の物体にはたらく重力を測定する場合を考える。

半径 R〔m〕の地球が角速度 ω〔rad/s〕で自転している場合，緯度 ϕ の位置に静止している質量 m の物体は，地球とともに半径 $R\cos\phi$〔m〕，角速度 ω〔rad/s〕で円運動している。したがって，回転する地球に乗っている観測者からは，物体には万有引力などの真の力のほかに遠心力（回転する観測者が観測する慣性力）がはたらいているように見える。遠心力は円運動の中心から遠ざかる向き，つまり自転軸に垂直な方向に，大きさ $m(R\cos\phi)\omega^2$〔N〕ではたらいている。物体にはたらく重力は，大きさ $G\frac{Mm}{R^2}$ の万有引力と大きさ $m(R\cos\phi)\omega^2$ の遠心力との合力であると考えられる（**図66**）。

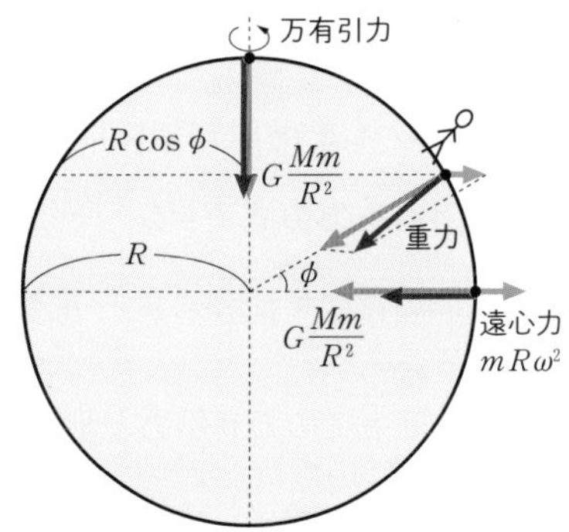

図66　万有引力と遠心力

例題 101　遠心力の効果

地球が半径 R〔m〕の完全な球体であり，周期 T〔s〕で南北両極を通る軸のまわりを回転しているものとする。質量 m〔kg〕の物体を北極と赤道上に置く。ただし，地球の質量を M〔kg〕，万有引力定数を G〔N・m^2/kg^2〕，円周率を π とする。

⑴　北極点において，物体にはたらく重力の大きさ W_1 を求めよ。

⑵　赤道上において，物体にはたらく重力の大きさ W_2 を求めよ。

考え方　重力は万有引力と遠心力の合力である。赤道上では，両者は互いに逆向きである。

解答

⑴　北極点では，遠心力ははたらかない。したがって，万有引力が重力 W_1 となる。よって

$$W_1=G\frac{Mm}{R^2}\quad \cdots 答$$

となる。

⑵　赤道上では，重力は⑴の万有引力と遠心力の合力であるが，向きが逆なので，2 つの力の差となる。角速度を ω〔rad/s〕とすると

$$W_2=G\frac{Mm}{R^2}-mR\omega^2$$

ここで，周期と角速度には，$T=\frac{2\pi}{\omega}$ の関係があることより

$$W_2=G\frac{Mm}{R^2}-\frac{4\pi^2 mR}{T^2}\quad \cdots 答$$

E　万有引力と重力加速度の関係（遠心力が無視できる場合）

地球上の質量 m の物体にはたらく重力の大きさ W は $W=mg$ で与えられる。これと万有引力の式 $F=G\frac{m_1m_2}{r^2}$ の関係はどうなっているだろうか。万有引力の式の r に地球の半径の大きさ R を，m_1 に地球の質量 M，m_2 に物体の質量 m を代入する。

地球表面上での万有引力と地球表面上での重力がほぼ等しいことより

$$G\frac{Mm}{R^2}=mg$$

よって　$$\boldsymbol{g=\frac{GM}{R^2}}\quad \cdots\cdots (69)$$

遠心力が無視できる場合，地球表面での重力加速度の大きさ g は，万有引力定数 G，地球の半径 R，地球の質量 M と式(69)のような関係がある。遠心力の効果

を考慮しなければいけない場合には注意が必要である。

地表での重力加速度の大きさ

$$g=\frac{GM}{R^2}$$ （G：万有引力定数，M：地球の質量，R：地球の半径）

例題 102 地球の質量

地球の半径を 6.4×10^6 m，地表での重力加速度の大きさを 9.8 m/s^2，万有引力定数を 6.67×10^{-11} N·m^2/kg^2 として，地球の質量を求めよ。なお，地球の自転の影響は無視してよい。

考え方　地表での重力加速度の大きさがわかっているので，地表での重力加速度の大きさの式 $g=\frac{GM}{R^2}$ を用いる。

解答

重力加速度の大きさは，$g=9.8$ m/s^2$=9.8$ N/kg と書けるので

$$M=\frac{gR^2}{G}=\frac{9.8\ \mathrm{N/kg}\times(6.4\times10^6\ \mathrm{m})^2}{6.67\times10^{-11}\ \mathrm{N\cdot m^2/kg^2}}=6.0\times10^{24}\ \mathrm{kg}\quad\cdots\text{答}$$

例題 103 地表からの高度 h における重力加速度

地面より高さ h の点 P における重力加速度の大きさ g' を求めよ。ただし，万有引力定数 G，地球の半径 R，地球の質量 M とする。

考え方　地球と物体の間にはたらく万有引力が重力であると考える。

解答

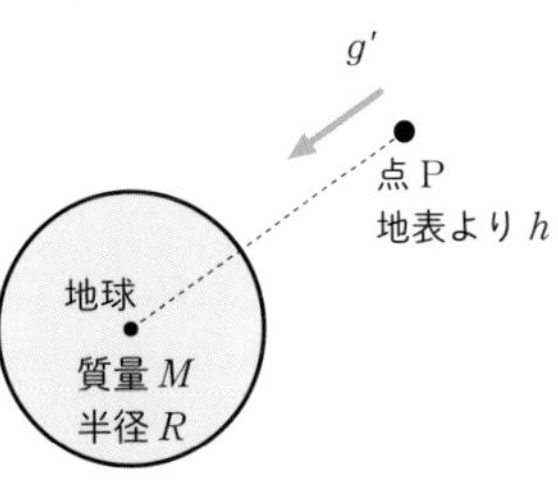

質量 m の物体が点 P に存在すると考えると，この物体にはたらく万有引力 F は

$$F=G\frac{Mm}{(R+h)^2}$$

点 P における重力加速度を g' とすると，この物体にはたらく重力 W は

$$W=mg'$$

$W=F$ より　$mg'=G\frac{Mm}{(R+h)^2}$

したがって　$g'=\frac{GM}{(R+h)^2}$　…答

3 万有引力による位置エネルギー

A 万有引力のする仕事

万有引力がする仕事の大きさは，はじめと終わりの位置だけで決まり，途中の経路に関係ない。このような力を**保存力**という。保存力においては位置エネルギーを考えることができるので，考えてみよう。

＋アルファ
弾性力や静電気力も保存力である。

質量 m〔kg〕の物体を，地球の中心から距離 r〔m〕離れた位置Pから，無限遠までゆっくりと運ぶのに必要な仕事 W を考える。位置Pから，無限遠まで運ぶのに必要な外力の大きさは，遠くへ運ぶにつれて小さくなり，外力のする仕事は，

$W=G\dfrac{Mm}{r}$ となる(**図 67**)。

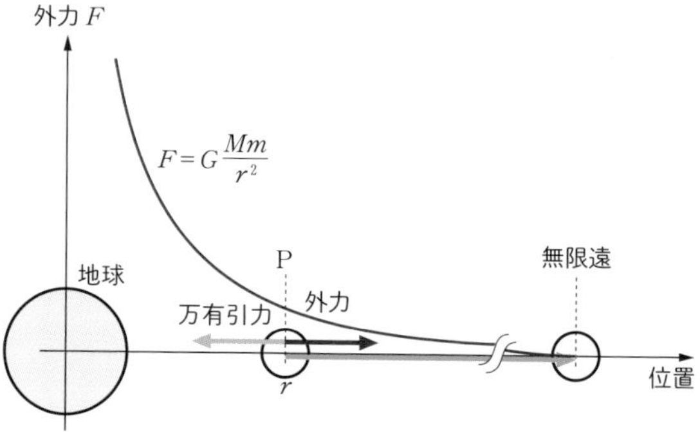

外力 F
$F=G\dfrac{Mm}{r^2}$
地球
P
万有引力
外力
r
無限遠
位置

図 67　万有引力のする仕事

B 万有引力による位置エネルギー

点Pでの位置エネルギーを U，無限遠での位置エネルギーを U' とすると，$U'-U=W$ となる。ここで，無限遠での位置エネルギーを基準とする。すなわち，$U'=0$ とすると**万有引力による位置エネルギー**を U として，次式が得られる(**図 68**)。

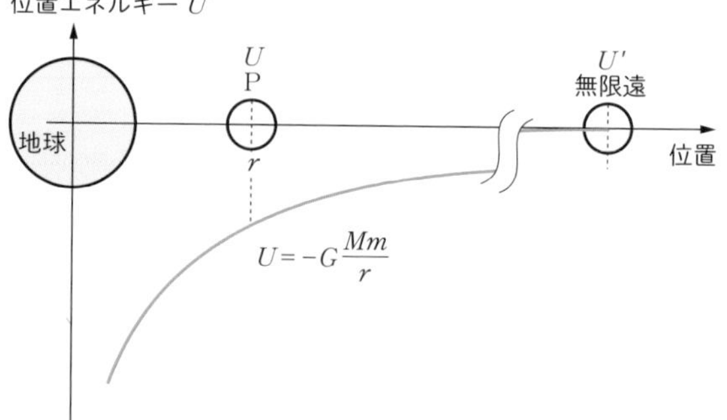

図 68　万有引力による位置エネルギー

$$\boldsymbol{U=-G\frac{Mm}{r}} \qquad \cdots\cdots (70)$$

万有引力による位置エネルギーはグラフのように，負の値となる。

万有引力の位置エネルギー

$$U=-G\frac{Mm}{r}$$

(位置エネルギーの基準は無限遠とする)

例題 104 第1宇宙速度

半径 R〔m〕の地球の表面すれすれを等速円運動する人工衛星の速さ v〔m/s〕(この速さのことを**第1宇宙速度**という)を求めなさい。ただし，地表面での重力加速度の大きさを g〔m/s^2〕とする。

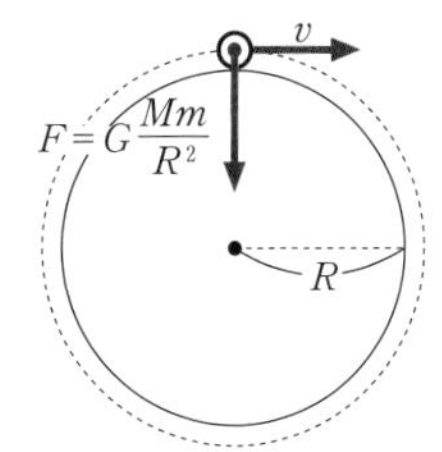

考え方 万有引力が向心力の役割をすると考える。

解答

地球の表面すれすれを運動する質量 m の人工衛星にはたらく万有引力の大きさ F は，$F=G\frac{Mm}{R^2}$ となる。この万有引力が向心力の役割をして等速円運動している。半径 R の円周上を一定の速さ v で運動している物体の加速度の大きさ a は，$a=\frac{v^2}{R}$ で与えられるので，等速円運動の運動方程式は $ma=F$ より

$$m\frac{v^2}{R}=G\frac{Mm}{R^2}$$

となり，これより，$v=\sqrt{\frac{GM}{R}}$ となる。ここで，地表面の重力加速度の式 $g=\frac{GM}{R^2}$ より

$$v=\sqrt{\frac{gR^2}{R}}=\sqrt{gR} \quad \cdots \text{答}$$

コラム **無重力状態**

国際宇宙ステーション(ISS：International Space Station)の中で，浮かぶ物体の映像を見たことがあるだろうか。これは，地球が物体におよぼす万有引力がきわめて小さくなっているのではない。ISSの中にいる人から物体を見ると，地球からの万有引力と外向きの遠心力を受け，両者がつり合うので，それらの合力である重力は0となり，物体は宙に浮いている。この状態のことを**無重力状態**という。

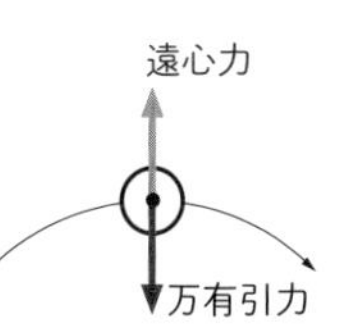

例題 105　静止衛星

静止衛星は，赤道上空を地球の自転と同じ向きに，同じ周期で運動しているため，地上からは静止して見える。地表における重力加速度の大きさ g，地球の半径 R，地球の自転周期 T として，静止衛星の軌道半径 r を求めよ。

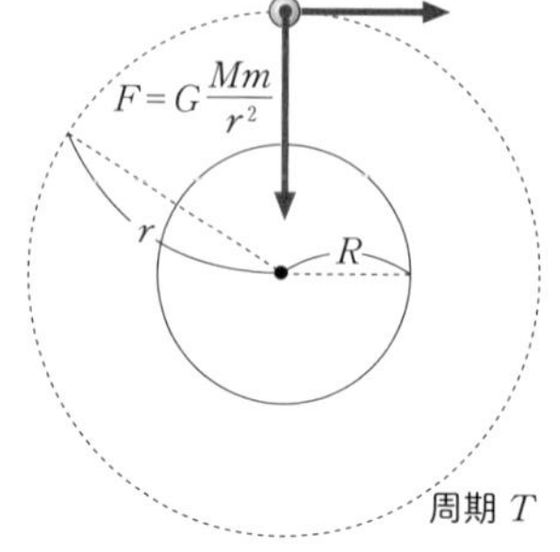

考え方　万有引力が向心力となっている。また，地表での重力加速度の式 $g=\frac{GM}{R^2}$ を用いる。

解答

円運動の運動方程式は，$mr\omega^2=F$ である。角速度 ω と周期 T の間には，$T=\frac{2\pi}{\omega}$ の関係があることより

$$mr\left(\frac{2\pi}{T}\right)^2=G\frac{Mm}{r^2}$$

これより　$r^3=\frac{GM}{4\pi^2}T^2$

ここで，地表での重力加速度の式 $g=\frac{GM}{R^2}$ を用いると

$$r^3=\frac{gR^2}{4\pi^2}T^2$$

したがって　$r=\sqrt[3]{\frac{gR^2}{4\pi^2}T^2}$　…答

C　万有引力がはたらく場合の力学的エネルギー

地表面付近では，重力による位置エネルギー U〔J〕は，基準面からの高さを h〔m〕とすると，$U=mgh$ で表してきた。人工衛星や惑星など，地表面よりもはるかに高いところの運動については，重力による位置エネルギーに代わって，万有引力による位置エネルギーを考える必要がある。

万有引力は保存力であることより，万有引力だけが仕事をする場合には，次の力学的エネルギー保存の法則が成り立つ。

力学的エネルギー保存の法則

$$E=K+U=\frac{1}{2}mv^2+\left(-G\frac{Mm}{r}\right)=一定$$

例題106 第2宇宙速度

地球の中心を原点とし，無限遠を位置エネルギーの基準とし，地球の半径をR，地球表面での重力加速度の大きさをgとする。

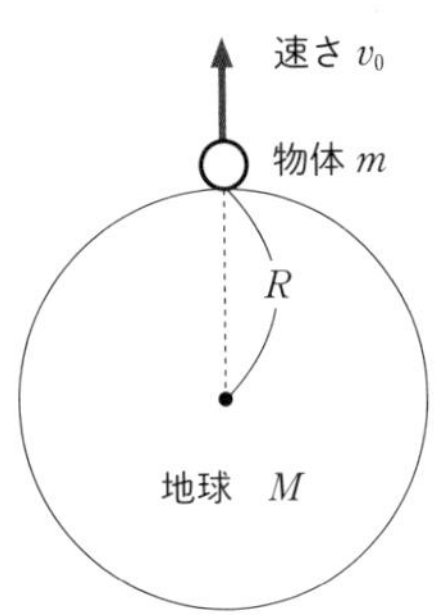

地球の表面から大きさv_0の初速度で質量mの物体を鉛直に打ち上げる。物体にはたらく力が，万有引力のみであれば力学的エネルギーEは保存される。

このときv_0を調節することによって物体が再び地上に戻ってこないようにしたい。このときの最小の速さv_0を**第2宇宙速度**という。第2宇宙速度を求めよ。

考え方　地球表面において，物体のもっている運動エネルギーKと万有引力による位置エネルギーUを求める。力学的エネルギーが保存されるので，位置エネルギーが0になる無限遠で運動エネルギーが値をもっていれば戻ってこない。

解答

地球の質量をMとすると，打ち上げる際の力学的エネルギーEは

$$E=K+U=\frac{1}{2}mv_0{}^2+\left(-G\frac{Mm}{R}\right)$$

となる。地球の中心よりrだけ離れたところで，物体の速さをvとすると，力学的エネルギーE'は

$$E'=K'+U'=\frac{1}{2}mv^2+\left(-G\frac{Mm}{r}\right)$$

となる。力学的エネルギーが保存されるので

$$E=E'$$

すなわち　$$\frac{1}{2}mv_0{}^2+\left(-G\frac{Mm}{R}\right)=\frac{1}{2}mv^2+\left(-G\frac{Mm}{r}\right)$$

ここで，物体が無限遠に達したとき($r\to\infty$)を考える。すると，位置エネルギーは0となる。運動エネルギーが値をもっていれば戻ってこないので

$$\frac{1}{2}mv_0{}^2+\left(-G\frac{Mm}{R}\right)=\frac{1}{2}mv^2\geqq 0$$

であればよい。したがって，$v_0\geqq\sqrt{\frac{2GM}{R}}$となる。

ここで，地表での重力加速度の式$g=\frac{GM}{R^2}$を用いると

$$v_0\geqq\sqrt{\frac{2gR^2}{R}}=\sqrt{2gR}$$　…答

例題 107　力学的エネルギー保存の法則

図のように，太陽を1つの焦点として，ある惑星が楕円運動をしている。太陽の中心からこの惑星の近日点(最も近い位置)までの距離をr_1〔m〕，遠日点までの距離をr_2〔m〕とする。惑星の近日点での速さをv_1〔m/s〕とし，太陽の質量をM〔kg〕，万有引力定数をG〔N·m^2/kg^2〕とする。ただし，万有引力による位置エネルギーの基準は無限遠とする。

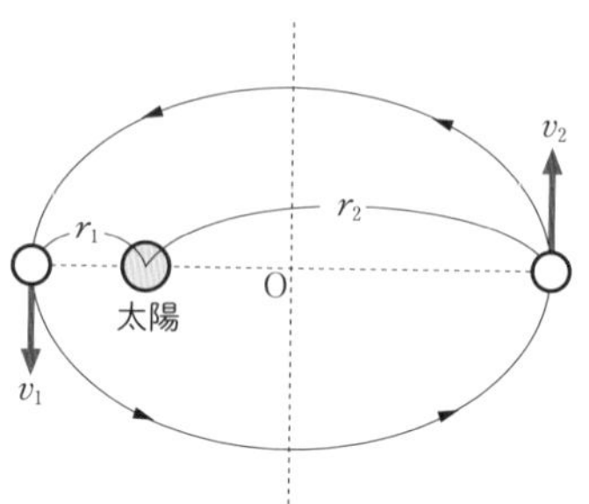

(1)　惑星の遠日点での速さv_2〔m/s〕を，r_1，r_2，v_1を用いて表せ。

(2)　惑星の近日点と遠日点における力学的エネルギー保存の法則を，G，m，M，r_1，r_2，v_1，v_2を用いて立式せよ。

(3)　(1)，(2)の結果より，v_1をG，M，r_1，r_2を用いて表せ。

考え方　(1)　ケプラーの第2法則(面積速度一定の法則)を用いる。

(2)　万有引力の位置エネルギーは，$U=-G\dfrac{Mm}{r}$である。

解答

(1)　ケプラーの第2法則(面積速度一定の法則)を近日点と遠日点で考えると

$$\frac{1}{2}r_1v_1=\frac{1}{2}r_2v_2$$

これより　$v_2=\dfrac{r_1}{r_2}v_1$　…㊟

(2)　力学的エネルギー保存の法則を近日点と遠日点で考えると

$$\frac{1}{2}mv_1{}^2+\left(-G\frac{Mm}{r_1}\right)=\frac{1}{2}mv_2{}^2+\left(-G\frac{Mm}{r_2}\right)$$　…㊟

(3)　(2)に(1)の$v_2=\dfrac{r_1}{r_2}v_1$を代入すると

$$\frac{1}{2}mv_1{}^2+\left(-G\frac{Mm}{r_1}\right)=\frac{1}{2}m\left(\frac{r_1}{r_2}v_1\right)^2+\left(-G\frac{Mm}{r_2}\right)$$

これより　$\left(\dfrac{r_2{}^2-r_1{}^2}{r_2{}^2}\right)v_1{}^2=\dfrac{2GM}{r_1r_2}(r_2-r_1)$

よって　$v_1=\sqrt{\dfrac{2GMr_2}{r_1(r_2+r_1)}}$　…㊟

この章で学んだこと

⑴ 天動説と地動説

① 天動説：地球を中心として惑星や太陽が運動する。

② 地動説：太陽を中心として惑星が運動する。

⑵ ケプラーの法則

① 第1法則：惑星は太陽を焦点の1つとする楕円軌道を描く。

② 第2法則：惑星と太陽を結ぶ線分が単位時間内に通過する面積は，楕円軌道上の場所によらず一定である。

$\frac{1}{2}rv\sin\theta$＝一定

（r：太陽と惑星の距離，v：速さ
θ：太陽と惑星を結ぶ線分と速度とのなす角）

③ 第3法則：惑星の公転周期Tの2乗は，太陽と惑星との間の半長軸aの3乗に比例する。

$\boldsymbol{T^2=ka^3}$　（k：定数）

⑶ 万有引力の法則

万有引力　$\boldsymbol{F=G\frac{m_1m_2}{r^2}}$

（$G=6.673\times10^{-11}\,\mathrm{N\cdot m^2/kg^2}$：万有引力定数
m_1：質量，m_2：質量，r：距離）

⑷ 万有引力と遠心力

物体にはたらく重力は，万有引力と遠心力の合力である。

⑸ 地表での重力加速度の大きさ

地表で遠心力の効果を無視すれば

$\boldsymbol{g=\frac{GM}{R^2}}$

（G：万有引力定数，M：地球の質量
R：地球の半径）

⑹ 万有引力による位置エネルギー

$\boldsymbol{U=-G\frac{Mm}{r}}$

位置エネルギーの基準を無限遠とする。
（M：物体1の質量，m：物体2の質量
r：2物体間の距離）

⑺ 宇宙速度

① 第1宇宙速度：地球の表面すれすれを等速円運動する人工衛星の速さ。

$v=\sqrt{gR}$　（$=7.9\,\mathrm{km/s}$）

（g：重力加速度の大きさ
R：地球の半径）

② 第2宇宙速度：物体が再び地上に戻ってこない最小の地表での速さ。

$v=\sqrt{2gR}$　（$=11.2\,\mathrm{km/s}$）

（g：重力加速度の大きさ
R：地球の半径）

⑻ 万有引力がはたらく場合の力学的エネルギー

$$\boldsymbol{E=K+U=\frac{1}{2}mv^2+\left(-G\frac{Mm}{r}\right)}$$

（G：万有引力定数，r：距離
M，m：質量，v：速さ）

万有引力のみはたらく場合，力学的エネルギーは一定となる。

定期テスト対策問題 1

解答・解説は別冊 p.636 ～ 640

1 静水中を 5.0 m/s の速さで走る船がある。この船で，流れの速さが 3.0 m/s の川を川岸に垂直に渡りたい。

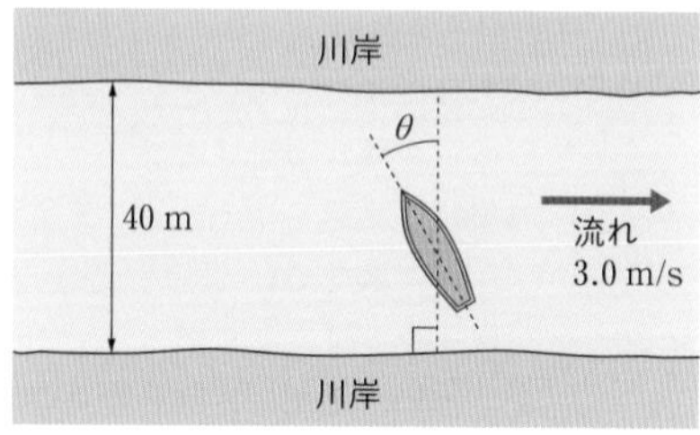

(1) このとき，船のへさきを川に垂直な線から角 θ だけ上流へ傾けて走らせる必要がある。$\sin\theta$ をいくらにすればよいか。

(2) 川の幅を 40 m とすると，船が向こう岸に着くまでに何秒かかるか。

2 ビルの屋上の高さ 78.4 m の位置から，ボールを水平方向に 10 m/s の速さで投げ出した。ただし，ボールの大きさは無視でき，重力加速度の大きさを 9.8 m/s^2 とする。

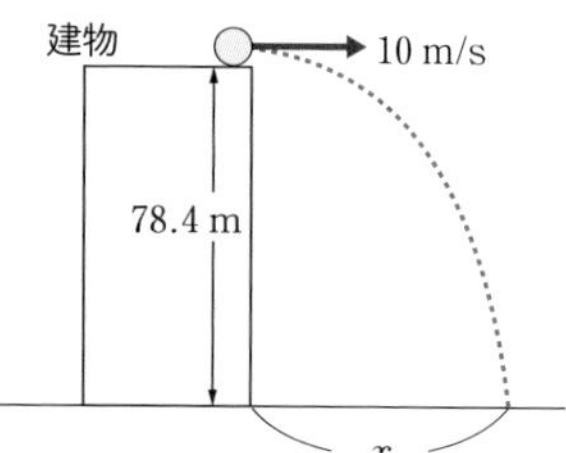

(1) ボールが地面に落下するのは何秒後か。

(2) ボールが落下するまでに進んだ水平距離 x を求めよ。

(3) ボールが地面に達する直前の速度と水平方向とのなす角を θ とするとき，$\tan\theta$ はいくらになるか。

3 水平方向から 30° 上の方向に，初速度 39.2 m/s で小球を蹴った。ただし，重力加速度の大きさを 9.80 m/s^2 とする。

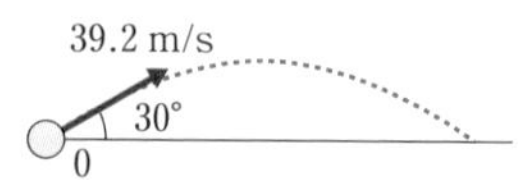

(1) 小球が最高点に達するまでの時間は何秒か。

(2) 最高点の高さは何 m か。

(3) 小球の水平到達距離は何 m か。ただし，$\sqrt{3}=1.73$ とする。

ヒント

2 (3) $\tan\theta=\dfrac{v_y}{v_x}$ で求められる。

4 なめらかな水平面上に，一様な太さの軽い棒ABを置き，棒の中点Mに，棒に直角な方向に40Nの力を加え，点Cにはこれと逆向きに15Nの力を加えた。このとき，次の問いに答えよ。ただし，MC＝50cmである。

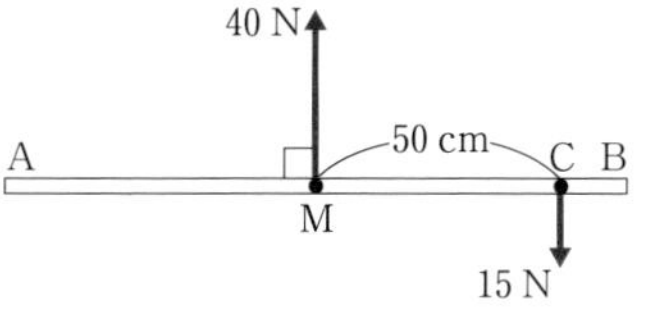

(1) この2力の合力の向きはどの向きか。

(2) この2力の合力の大きさを求めよ。

(3) この2力の合力の作用点が棒あるいはその延長線の上にあるとすると，Mからどちらの向きに何cmのところにあるか。

5 長さ$2l$，重さWの一様な棒ABのA端をなめらかな壁に，B端を粗い床に立てかけた。棒と床のなす角は60°で，棒は静止していた。このとき，次のものを求めよ。

(1) 壁が棒のA端におよぼす垂直抗力の大きさ

(2) 床が棒のB端におよぼす垂直抗力の大きさ

(3) 床が棒のB端におよぼす摩擦力の大きさ

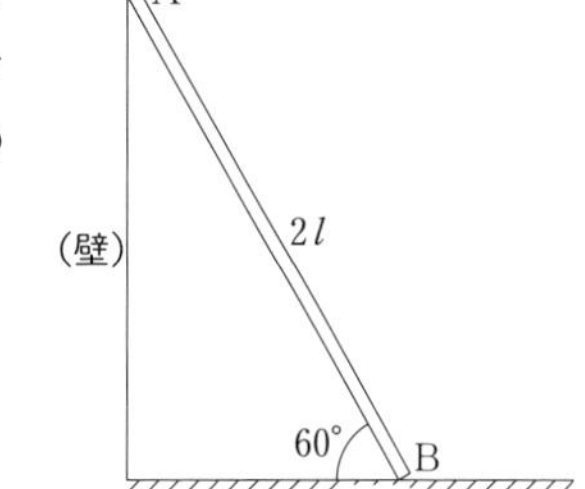

6 半径rの円板(中心をOとする)から，この円に内接する半径$\frac{r}{2}$の円板(中心をO′とする)を切り抜いた。残りの部分の重心の位置はどこか。ただし，もとの円板の面密度は一様であるとする。

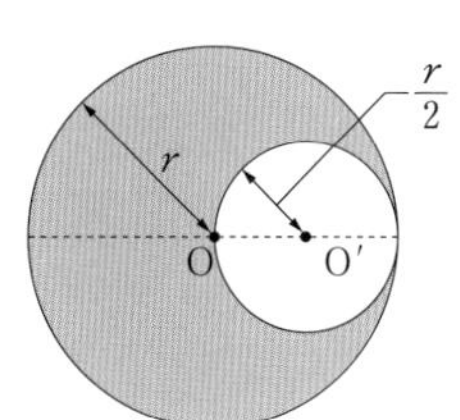

7　質量が m〔kg〕の物体Aと，質量が $2m$〔kg〕の物体Bがある。Aが右向きに速さ $2v$〔m/s〕で等速度運動して，右向きに速さ v〔m/s〕で等速度運動しているBに衝突した。反発係数を e とする。右向きを正として，次の問いに答えよ。

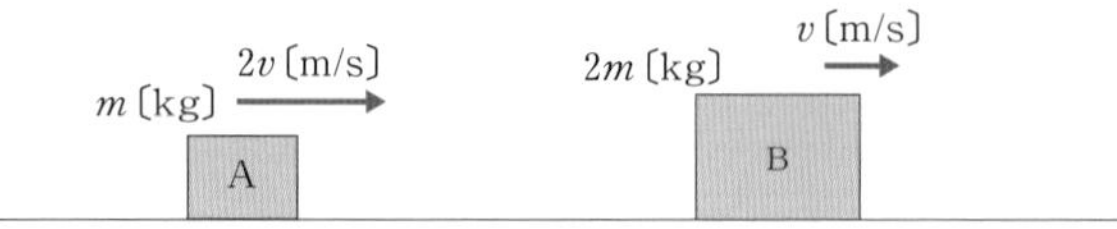

(1)　衝突直後のAの速度を，e と v を用いて表せ。

(2)　衝突直後のBの速度を，e と v を用いて表せ。

(3)　衝突の前後において物体Aと物体Bの運動エネルギーの和が一定になるには，どのような条件が必要か。

8　図のように，ボールがなめらかな床に斜めに衝突して，はね返った。床と速度の向きとのなす角が衝突前は60°，衝突後は45°であった。衝突前のボールの速さは3.0 m/sであった。次の値を求めよ。ただし，$\sqrt{3}=1.73$ とする。

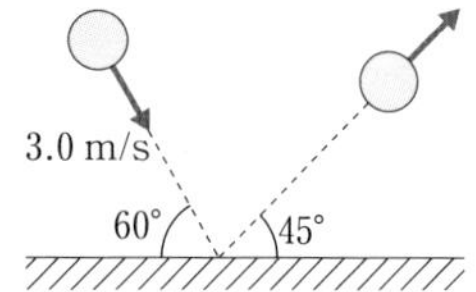

(1)　衝突前のボールの速度の床面に平行な成分の大きさ

(2)　衝突前のボールの速度の床面に垂直な成分の大きさ

(3)　衝突後のボールの速度の床面に平行な成分の大きさ

(4)　衝突後のボールの速度の床面に垂直な成分の大きさ

(5)　ボールと床との反発係数

9　図のように，なめらかな水平面上に自由に動くことのできる質量 M〔kg〕の材木が静止している。この材木に，水平方向から質量 m〔kg〕の弾丸を速さ v〔m/s〕で打ち込んだところ，弾丸は材木にある深さだけくい込み，材木に対して静止した。このとき，弾丸と材木との間にはたらく力の大きさは一定で F〔N〕であった。水平方向右向きを正として，次の問いに答えよ。

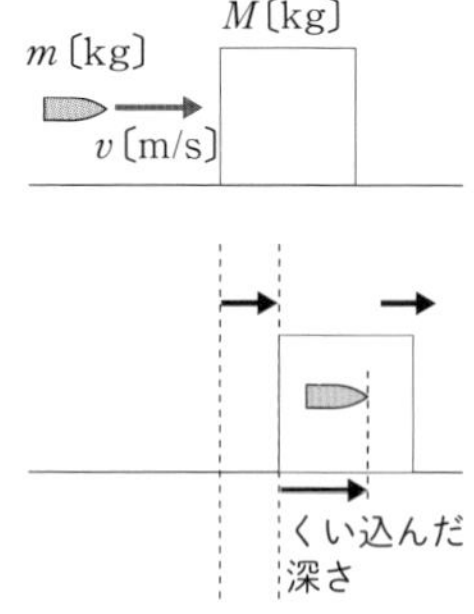

(1)　運動量保存の法則より，弾丸が材木に対して静止した後の，材木の速度を求めよ。

(2)　運動量の変化より，弾丸が材木に対して静止するまでに，弾丸が受けた力積を求めよ。

(3)　弾丸が材木にくい込み始めてから，材木に対して静止するまでの時間を求めよ。

(4)　弾丸が材木にくい込んだ深さを求めよ。

10 水平面上の点Oに糸を取り付け，半径 0.50 m の円周上を，質量 2.0 kg の物体が周期 4.0 s で等速円運動している。次の問いに答えよ。ただし，円周率を 3.14 とする。

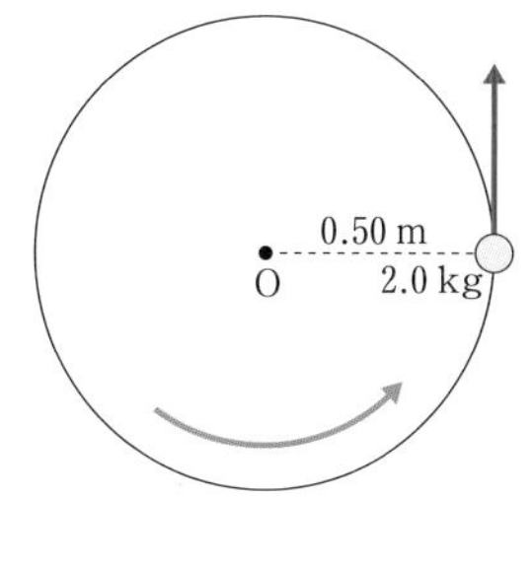

(1) 物体の角速度を求めよ。

(2) 物体の速さを求めよ。

(3) 物体の回転数を求めよ。

(4) 水平面内で物体にはたらく張力の大きさを求めよ。

(5) 物体の速さを大きくする。糸は 4.0 N までの張力であれば耐えられるが，それ以上になると糸は切れる。糸が切れたときの速さを求めよ。

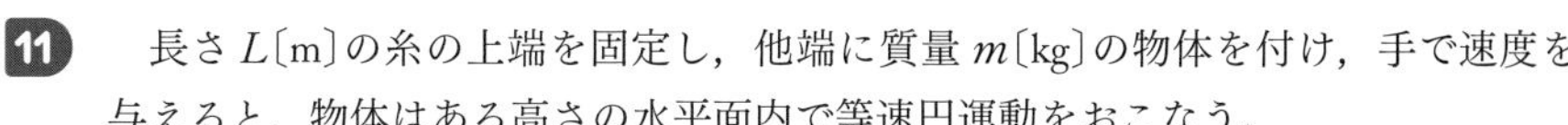

11 長さ L〔m〕の糸の上端を固定し，他端に質量 m〔kg〕の物体を付け，手で速度を与えると，物体はある高さの水平面内で等速円運動をおこなう。

与えた速さが v〔m/s〕の場合，図のような天井から $\frac{4}{5}L$ の水平面内で，等速円運動をおこなった。重力加速度の大きさを g〔m/s^2〕とし，以下の問いに答えよ。ただし，円周率 π はそのままにしてよい。

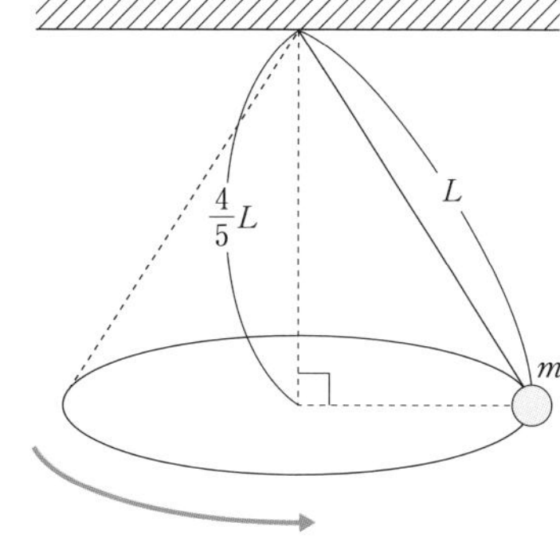

(1) この円運動の半径はいくらか。

(2) 糸の張力の大きさはいくらか。

(3) この円運動の向心力はいくらか。

(4) この円運動の角速度はいくらか。

(5) この円運動の回転数はいくらか。

12 図のように，ばね定数がk_1〔N/m〕，k_2〔N/m〕の2本のばねに，質量m〔kg〕のばねをつなぎ，両端を固定する。固定したとき，どちらのばねも自然の長さになるようにしておく。このとき，小球の静止位置をOとする。小球をOからA〔m〕だけ右方へずらして静かにはなした。床はなめらかなものとする。右向きを正とし，次の問いに答えよ。

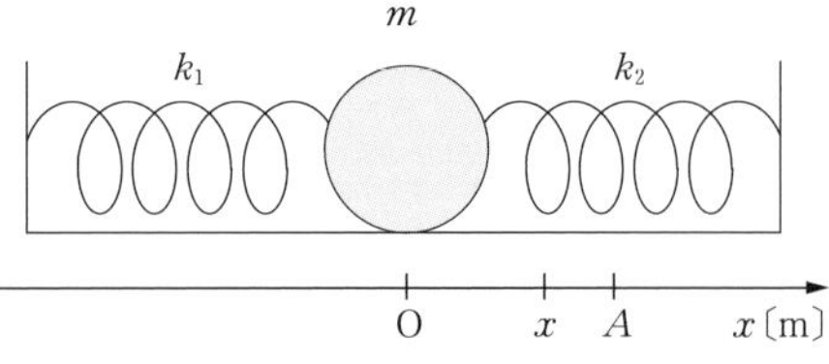

(1) 小球のOからの変位をx〔m〕，加速度をa〔m/s^2〕として，小球の運動方程式を書け(符号に注意すること)。

(2) 小球は振動することになる。このときの周期T〔s〕を求めよ。

(3) 小球が振動の端($x=A$もしくは$-A$)を通るときの加速度の大きさa_0〔m/s^2〕を求めよ。

13 人工衛星が地球のまわりを周期Tで等速円運動している。万有引力定数をG，地球の半径をR（地球は完全な球とみなす），人工衛星の高度をhとする。

(1) 人工衛星の速さを，T，R，hで表せ。

(2) 地球の平均密度を，T，G，R，hで表せ。

14 図のように，地表すれすれで円運動する人工衛星と，点A（地表すれすれで地球の中心からの距離R〔m〕）と点B（地球の中心からの距離$3R$〔m〕）を通過する楕円運動する人工衛星を考える。地球の半径をR〔m〕，地表における重力加速度の大きさをg〔m/s^2〕とする。

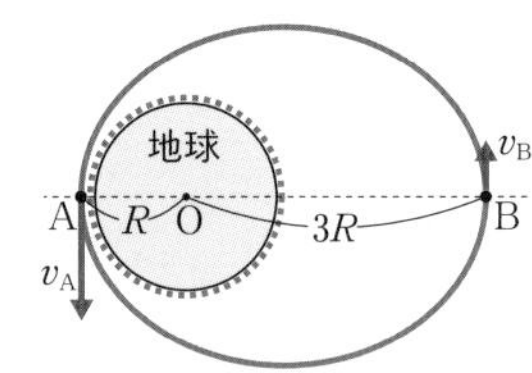

(1) 地表すれすれで円運動する人工衛星の公転周期T_0〔s〕を，g，Rを用いて表せ。

(2) この楕円軌道の公転周期T〔s〕は，地表すれすれの円軌道の公転周期T_0の何倍になるか。

(3) 点Aを通過するときの，楕円運動する人工衛星の速さv_A〔m/s〕を，g，Rを用いて表せ。

ヒント

14 (2) ケプラーの第3法則を用いるとよい。

(3) 力学的エネルギー保存の法則およびケプラーの第2法則を用いるとよい。

物理

第  部

熱と気体

MY BEST

Advanced Physics

第  章 気体の性質と分子運動

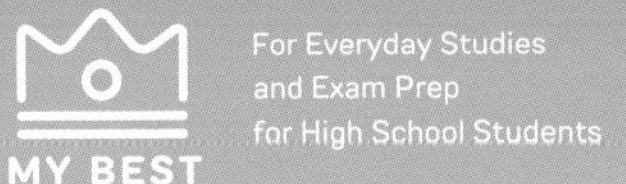
MY BEST
For Everyday Studies
and Exam Prep
for High School Students

1 気体の法則

1 気体の圧力

A 気体の圧力

気体を容器に閉じ込めると，気体分子は空間を飛び回り器壁に衝突する。気体が面におよぼす単位面積あたりの力を**気体の圧力**といい，単位はパスカル(記号：Pa)を用いる(p. 124 参照)。

面積 S〔m^2〕の面に垂直に加わる力の大きさが F〔N〕のとき，圧力 p〔Pa〕は，次式で表される。

$$p=\frac{F}{S} \qquad \cdots\cdots(1)$$

2 ボイル・シャルルの法則

A ボイルの法則

一定質量の気体を容器に閉じ込める。温度が一定のとき，圧力が p のときの体積を V，圧力が p' のときの体積を V' とすると，圧力と体積の積は一定になる。これを**ボイルの法則**といい，次式で表される。

$$pV=p'V' \qquad \cdots\cdots(2)$$

温度が一定
質量が一定 } のとき　$pV=p_1V_1=p_2V_2=$**一定**　(**図 1** の場合：p_0V_0)

ボイルの法則における圧力 p と体積 V の関係をグラフ(p-V グラフ)に表すと次ページの**図 1** の青線のようになる。この曲線を**等温線**という。

POINT

ボイルの法則

温度が一定のとき，一定質量の気体の体積は，圧力に反比例する。

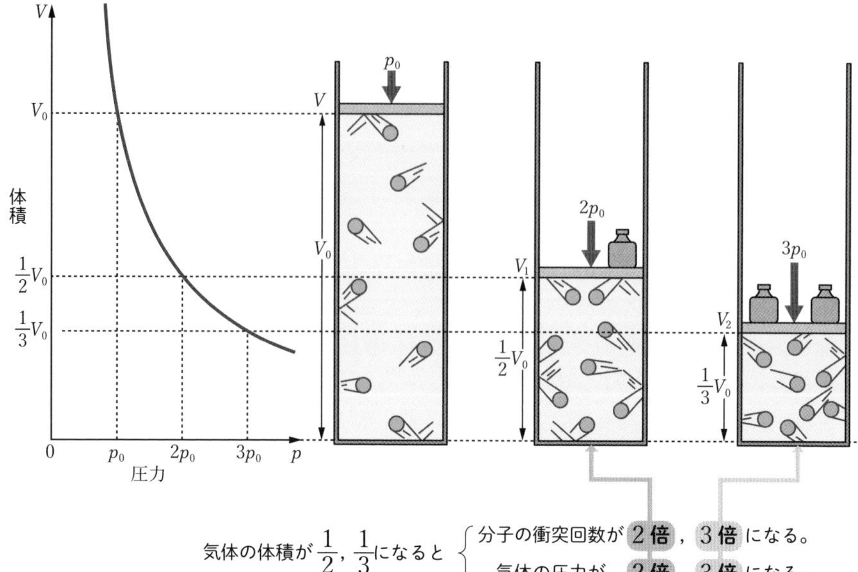

図1　ボイルの法則

例題 108　ボイルの法則

4.0×10^5 Pa で 1.0×10^{-2} m^3 の容器に入っている気体を，温度を変えずに，5.0×10^{-3} m^3 にしたときの気体の圧力 p を求めよ。

考え方 温度と質量が一定なので，ボイルの法則を用いる。

解答

$p_1V_1=p_2V_2$ から　$p\times5.0\times10^{-3}\ \mathrm{m^3}=4.0\times10^5\ \mathrm{Pa}\times1.0\times10^{-2}\ \mathrm{m^3}$

よって　$p=8.0\times10^5$ Pa …答

B シャルルの法則

質量が一定で，気体の圧力が一定のとき，絶対温度 T のときの体積を V，絶対温度 T' のときの体積を V' とすると，体積と絶対温度は比例する。これを**シャルルの法則**といい，次式で表される。

$$\frac{V}{T}=\frac{V'}{T'} \quad \cdots\cdots(3)$$

圧力が一定
質量が一定 ｝のとき　$\frac{V}{T}=\frac{V_1}{T_1}=\frac{V_2}{T_2}=$**一定**　(**図2**の場合：$\frac{V_0}{T_0}$)

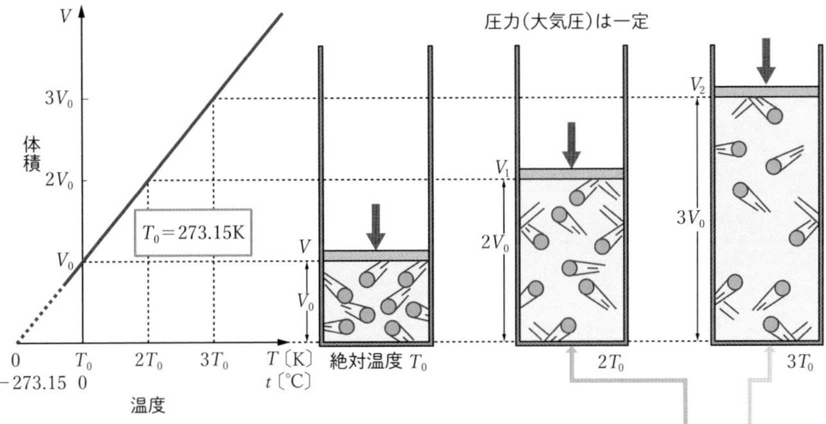

気体の温度が2倍,3倍になると,気体分子の熱運動が活発になり,気体の体積は **2倍**,**3倍** になる。

図2　シャルルの法則

POINT

シャルルの法則
圧力が一定のとき,一定質量の気体の体積は,絶対温度に比例する。

0℃の気体の体積を V_0, t〔℃〕のときの体積を V とすると

$$V=V_0\left(1+\frac{t}{273}\right)=\frac{273+t}{273}V_0 \qquad \cdots\cdots(4)$$

この式(4)と $T=t+273$（T：絶対温度)の関係から式(3)が得られる。

注意 **T や t は本来単位を含んだ物理量だが，式(4)と絶対温度とセ氏温度の関係式では数値のみを表すものとして扱っている。0 K は正確には，−273.15 ℃である。**

例題 109　シャルルの法則

0℃のとき $5.0\times10^{-3}\ \mathrm{m^3}$ であった気体を，圧力を一定に保ったまま，273℃に上げたときの気体の体積 V を求めよ。

考え方 気体の圧力と質量が一定なので，シャルルの法則を用いる。

解答

$V=\dfrac{273+t}{273}V_0$ から　　$V=\dfrac{273+273}{273}\times5.0\times10^{-3}\ \mathrm{m^3}=1.0\times10^{-2}\ \mathrm{m^3}$ …答

C ボイル・シャルルの法則

ボイルとシャルルの法則から，一定質量の気体の体積 V は，圧力 p に反比例し絶対温度 T に比例する。これが次式の**ボイル・シャルルの法則**である。

$$\frac{pV}{T}=k \quad (k\text{：比例定数})\text{，あるいは} \quad \frac{p_1V_1}{T_1}=\frac{p_2V_2}{T_2} \qquad \cdots\cdots(5)$$

気体の体積は｛絶対温度に比例／圧力に反比例｝するから　$V=k\dfrac{T}{p}$

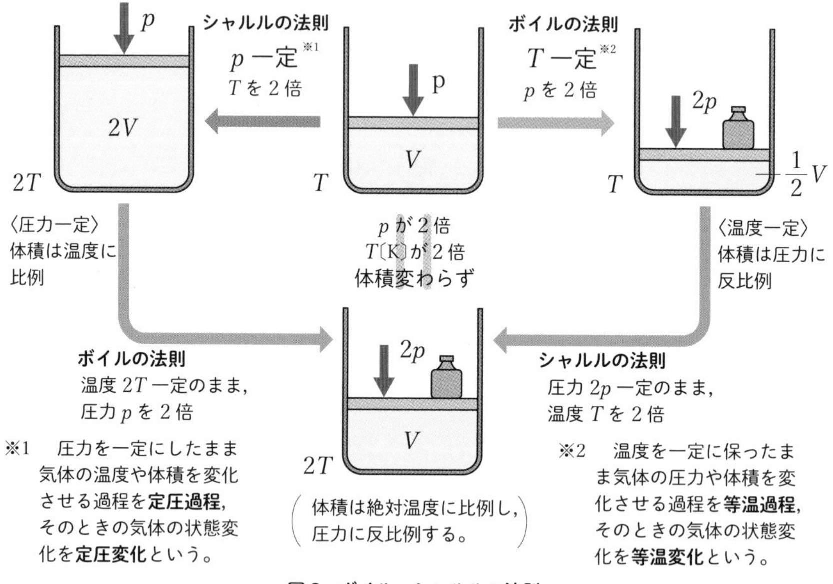

図 3　ボイル・シャルルの法則

POINT

ボイル・シャルルの法則

一定質量の気体の体積は，圧力に反比例し，絶対温度に比例する。

例題 110 ボイル・シャルルの法則

27 ℃, 5.0×10^4 Pa で 2.0×10^{-3} m^3 の気体は, 0 ℃, 1.0×10^5 Pa にすると, 何 m^3 になるか。

考え方 与えられた数値を，ボイル・シャルルの法則の式(5)に代入して求める。

ここでは, $p_1=5.0\times10^4$ Pa, $T_1=(27+273)$ K$=300$ K, $V_1=2.0\times10^{-3}$ m^3, $p_2=1.0\times10^5$ Pa, $T_2=273$ K であり, V_2 を求める。

解答

ボイル・シャルルの法則から $\dfrac{5.0\times10^4\ \mathrm{K}\times2.0\times10^{-3}\ \mathrm{m^3}}{300\ \mathrm{K}}=\dfrac{1.0\times10^5\ \mathrm{Pa}\times V_2}{273\ \mathrm{K}}$

よって　$V_2=9.10\times10^{-4}\ \mathrm{m^3}=9.1\times10^{-4}\ \mathrm{m^3}$ …答

D 理想気体

現実の気体では，分子の大きさや分子間にはたらく力などのために，ボイル・シャルルの法則は近似的にしか成り立たない。そこで，ボイル・シャルルの法則が完全に成り立つような想像上の気体を考えて，これを**理想気体**とよぶ。

分子の個数に着目して表した物質の量を**物質量**という。物質量の単位は**モル(記号：mol)**を用いる。原子や分子などの粒子が 6.02×10^{23} 個集まった集団を 1 mol といい，1 mol あたりの粒子数 $N_A=6.02\times10^{23}$/mol を**アボガドロ定数**という。

> **＋アルファ**
> n〔mol〕の物質中には，nN_A 個の粒子が含まれている。

同じ温度，同じ圧力の気体の体積 V〔m^3〕は物質量 n〔mol〕に比例する($V=nv$, v〔m^3/mol〕は物質量あたりの体積)。理想気体では，気体の種類と無関係に，標準状態(圧力 $p_0=1.013\times10^5$ Pa(＝1 atm)，温度 0 ℃ ($T_0=273.15$ K))において，気体の占める物質量あたりの体積は $v_0=2.24\times10^{-2}$ m^3/mol (＝22.4 L/mol)である。ボイル・シャルルの法則の定数 k も(体積と同様に)物質量 n に比例する。そこで，標準状態の理想気体について物質量当たりの定数を計算すると

$$R=\frac{p_0v_0}{T_0}=\frac{1.013\times10^5\ \mathrm{Pa}\times2.24\times10^{-2}\ \mathrm{m^3/mol}}{273.15\ \mathrm{K}}=8.31\ \mathrm{J/(mol\cdot K)}$$

となる。この定数を**気体定数**という。物質量 n の気体についてはボイル・シャルルの法則の比例定数 k は nR と書ける。したがって，物質量 n の理想気体については次の式が成り立つ。これを**理想気体の状態方程式**という。

$$pV=nRT \qquad \cdots\cdots(6)$$

POINT

理想気体の状態方程式
物質量nの気体について，圧力p，体積V，絶対温度Tの関係式

$$pV = nRT \quad (R = 8.31\ \mathrm{J/(mol \cdot K)}：気体定数)$$

E p-V グラフ

図4のように，シリンダーとピストンを用いて，中に気体を入れ，気体の圧力をp，体積をV，絶対温度をTとする。この気体の圧力や絶対温度を変えると，体積も変わる。このような気体の状態の変化を，体積Vを横軸に，圧力pを縦軸にとってグラフに表したものを**p-V グラフ**という。

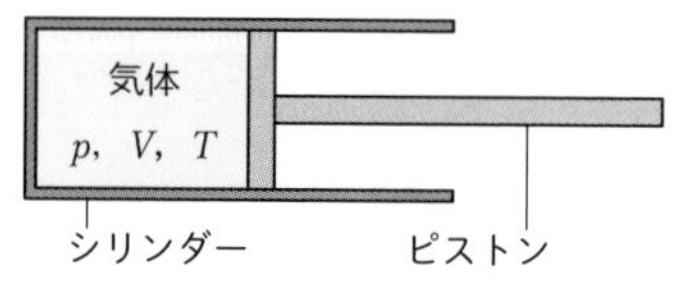

図4　気体の状態変化

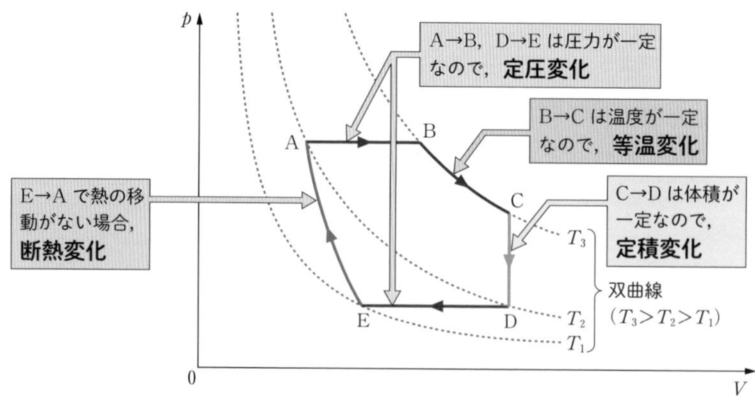

図5　p-V グラフとさまざまな状態変化

例題 111 気体の状態方程式

体積が $3.0\times10^{-3}\,\mathrm{m^3}$ の容器Aと $6.0\times10^{-3}\,\mathrm{m^3}$ の容器Bが，コックKの付いた細い管でつながれている。コックは始め閉じられており，容器Aには温度27℃，圧力 $3.0\times10^5\,\mathrm{Pa}$ の気体，容器Bには温度27℃，圧力 $1.0\times10^5\,\mathrm{Pa}$ の気体が入れてある。気体定数を $8.3\,\mathrm{J/(mol\cdot K)}$ とし，細い管の部分の体積は無視する。

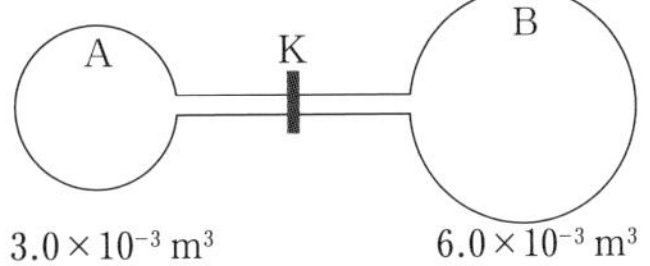

(1) 容器Aの気体，容器Bの気体の物質量を求めよ。

(2) コックを開いて容器をつなげ，加熱して気体の温度を87℃にした。容器内の圧力を求めよ。

考え方 温度を絶対温度に直し，容器A，Bに入っている気体についてそれぞれ気体の状態方程式を立てる。コックを開いた後の気体の物質量は，気体が外に逃げないのでAとBの気体の物質量の総和になる。

解答

(1) 容器A，Bの気体の物質量を n_A，n_B として，A，Bそれぞれの気体について，気体の状態方程式 $pV=nRT$ を立てる。

$$\mathrm{A}：3.0\times10^5\,\mathrm{Pa}\times3.0\times10^{-3}\,\mathrm{m^3}=n_\mathrm{A}\times8.3\,\mathrm{J/(mol\cdot K)}\times(27+273)\,\mathrm{K}$$

$$\mathrm{B}：1.0\times10^5\,\mathrm{Pa}\times6.0\times10^{-3}\,\mathrm{m^3}=n_\mathrm{B}\times8.3\,\mathrm{J/(mol\cdot K)}\times(27+273)\,\mathrm{K}$$

$n_\mathrm{A}=0.36\,\mathrm{mol}$，$n_\mathrm{B}=0.24\,\mathrm{mol}$ …㊟

(2) 圧力を p とすると，容器内の物質量は変化しないので気体の状態方程式 $pV=nRT$ より

$$p\times(3.0\times10^{-3}\,\mathrm{m^3}+6.0\times10^{-3}\,\mathrm{m^3})=(0.36+0.24)\times8.3\,\mathrm{J/(mol\cdot K)}\times(87+273)\,\mathrm{K}$$

$p=2.0\times10^5\,\mathrm{Pa}$ …㊟

2　気体分子の運動

1　分子運動と圧力

A　気体分子運動の考え方

気体の圧力は，多くの気体の分子が器壁に衝突することで生じる巨視的な物理量である。この巨視的な物理量を，気体の分子の運動という微視的な観点で考える。その過程では次のことから仮定する。

・分子は器壁と弾性衝突をし，分子どうしの衝突を無視する。
・分子は器壁との衝突時以外は等速直線運動をおこなう。
・分子にはたらく重力は無視する。

B　1回の衝突で1個の気体分子が器壁Sにおよぼす力積

1辺の長さがL〔m〕，体積がV〔m^3〕の立方体の容器の中に，質量m〔kg〕の気体の分子がN個入っている。**図6**のように，容器の各辺に合わせてx軸，y軸，z軸をとり，x軸に垂直な壁Sが気体分子から受ける圧力を微視的な観点で考える。

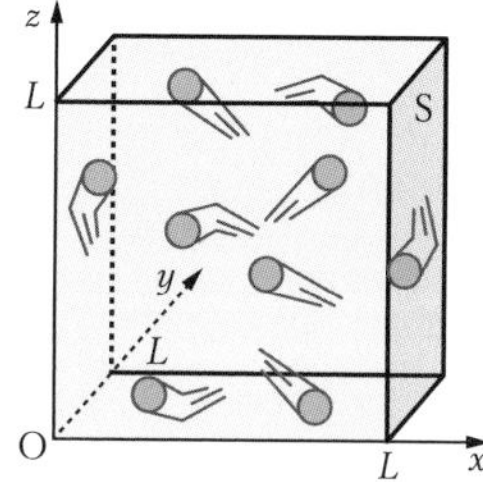

図6　分子運動と圧力

分子が器壁Sと衝突するときの分子の速度を$\vec{v}$〔m/s〕，分子の速度のx成分，y成分，z成分をv_x〔m/s〕，v_y〔m/s〕，v_z〔m/s〕とする(**図7**)。

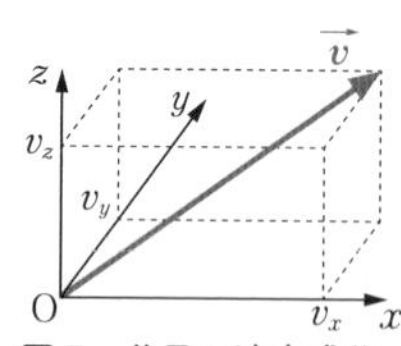

図7　分子の速度成分

分子が器壁Sに弾性衝突するとき，衝突によりv_yとv_zは変化しない。分子の衝突後の速度の成分は$-v_x$，v_y，v_zとなる。

そこで，器壁Sと衝突する分子はx軸方向にv_xの速さで直線運動するものとして衝突を考える。**図8**のように，分子の器壁Sとの衝突前後での運動量は

　衝突前：mv_x

　衝突後：$-mv_x$

であるので，運動量の変化は

$$(-mv_x)-mv_x=-2mv_x$$

となる。

運動量の変化は力積に等しいので，分子が受けた力積は$-2mv_x$である。したがって，作用・反作用の関係から，1個の分子が器壁Sにおよぼした力積I〔N・s〕は次式で与えられる(**図9**)。

$$I=2mv_x \qquad \cdots\cdots (7)$$

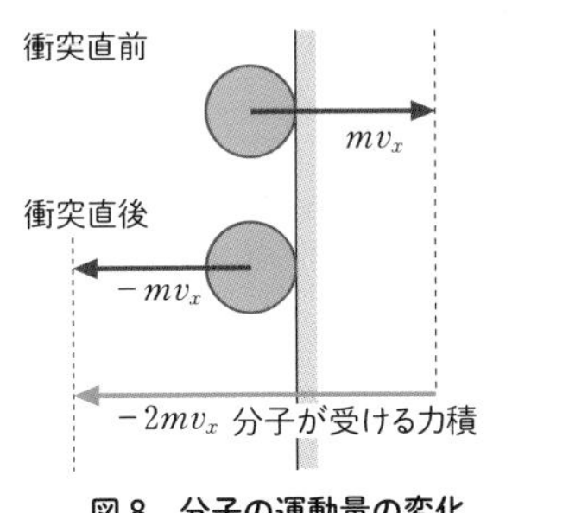

図8　分子の運動量の変化

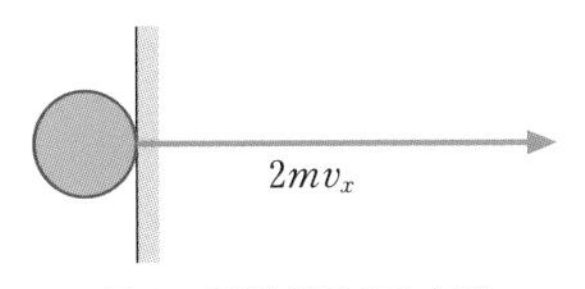

図9　器壁が受ける力積

C 器壁Sが1個の分子から受ける平均の力

器壁Sと，この気体分子の衝突は，分子が1往復$2L$〔m〕動くごとに1回生じる(**図10**)。Δt〔s〕間に分子は$v_x\Delta t$〔m〕運動するので，衝突する回数は，$\dfrac{v_x\Delta t}{2L}$となる。よって，器壁Sが1個の分子からΔt間に受ける力積は

$$2mv_x\times\frac{v_x\Delta t}{2L}=\frac{mv_x^2\Delta t}{L}$$

となる。したがって，1個の分子が器壁Sにおよぼす平均の力fは

$$f=\frac{mv_x^2}{L} \qquad \cdots\cdots (8)$$

と表される。

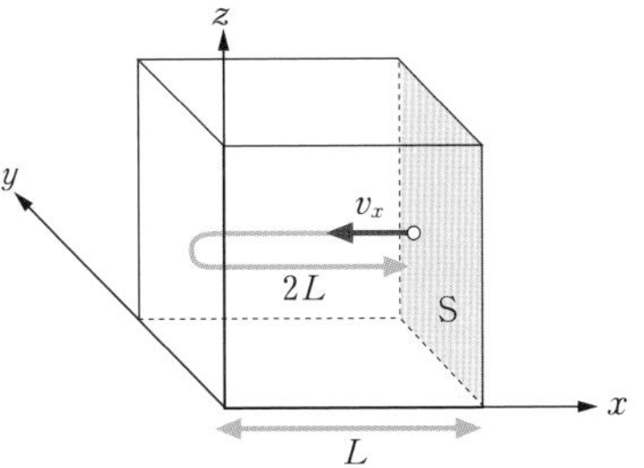

図10　壁が1個の分子から受ける平均の力

D 器壁SがN個の分子から受ける平均の力

容器内にはN個の分子が入っている。N個の分子から器壁Sが受ける平均の力Fは，1個の分子がおよぼす平均の力fの平均値を$\overline{f}$とすると

$$F=N\overline{f}$$

となる。また，速度の2乗v_x^2の平均値を$\overline{v_x^2}$とすれば

$$\boldsymbol{F=\frac{Nm\overline{v_x^2}}{L}} \qquad \cdots\cdots (9)$$

E N 個の分子が器壁Sにおよぼす圧力

N 個の気体分子が器壁Sに衝突して，面に対して一定の力 F が作用していると考えられるので，面積 L^2〔m^2〕の面Sにおよぼす圧力 p は

$$p=\frac{F}{L^2}=\frac{Nm\overline{v_x{}^2}}{L^3}$$

となり，$L^3=V$ を代入すると

$$\boldsymbol{p=\frac{Nm\overline{v_x{}^2}}{V}} \quad \cdots\cdots (10)$$

で与えられる。また，気体分子の速度の成分について考えると

$$v^2=v_x{}^2+v_y{}^2+v_z{}^2$$

で，その平均値は

$$\overline{v^2}=\overline{v_x{}^2}+\overline{v_y{}^2}+\overline{v_z{}^2} \quad \cdots\cdots (11)$$

である。容器内の分子数は非常に多く，それぞれの分子は勝手に運動しているために，分子は x，y，z の各方向について均等に乱雑な運動をしていると考えられるので

$$\overline{v_x{}^2}=\overline{v_y{}^2}=\overline{v_z{}^2}$$

が成り立つ。式(11)より次式が得られる。

$$\overline{v_x{}^2}=\overline{v_y{}^2}=\overline{v_z{}^2}=\frac{1}{3}\overline{v^2} \quad \cdots\cdots (12)$$

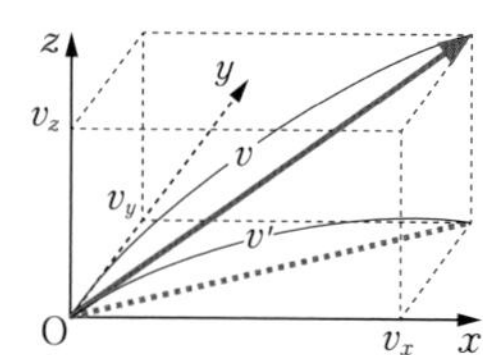

図より，$v'^2=v_x{}^2+v_y{}^2$
$v^2=v'^2+v_z{}^2$
$=v_x{}^2+v_y{}^2+v_z{}^2$

図11　分子の速度と速度の成分

したがって，器壁が受ける圧力 p は次式となる。

$$\boldsymbol{p=\frac{Nm\overline{v^2}}{3V}} \quad \cdots\cdots (13)$$

式(13)を変形すると，圧力 p は

$$p=\frac{2}{3}\times\frac{N}{V}\times\frac{1}{2}m\overline{v^2} \quad \cdots\cdots (14)$$

となり，気体の圧力 p が，気体の分子数 N と分子の運動エネルギー $\frac{1}{2}m\overline{v^2}$ の平均値に比例し，体積 V に反比例することを表している。

POINT

$$p=\frac{Nm\overline{v^2}}{3V}$$

気体の圧力は気体の分子の速度の2乗平均と，気体の分子数に比例。

2 気体分子の運動エネルギーと絶対温度

A 分子の平均運動エネルギー

気体の圧力を表す式(14)を次式のように変形する。

$$pV=\frac{2}{3}\times N\times\frac{1}{2}m\overline{v^2} \qquad \cdots\cdots (15)$$

$\frac{1}{2}m\overline{v^2}$ は，気体分子の運動エネルギーの平均値を表しているので，式(15)の，左辺は巨視的な量，右辺は微視的な量を表している。これを次式のように変形して

$$\frac{1}{2}m\overline{v^2}=\frac{3}{2}\frac{pV}{N} \qquad \cdots\cdots (16)$$

1 mol あたりの分子数はアボガドロ定数 N_A〔/mol〕で，物質量 n〔mol〕の気体の分子数 N は

$$N=nN_A$$

であるので，式(16)は

$$\frac{1}{2}m\overline{v^2}=\frac{3}{2}\frac{pV}{nN_A}$$

となる。理想気体の状態方程式の式(6)，$pV=nRT$ を代入すると

$$\frac{1}{2}m\overline{v^2}=\frac{3}{2}\frac{R}{N_A}T \qquad \cdots\cdots (17)$$

と表される。これは，気体分子の運動エネルギーの平均値が絶対温度に比例することを意味している。ここで，$\frac{R}{N_A}$ は気体定数をアボガドロ定数で割った値であり，この値を k とおくと

$$\boldsymbol{k=\frac{R}{N_A}=\frac{8.31\ \mathrm{J/(mol\cdot K)}}{6.02\times10^{23}/\mathrm{mol}}=1.38\times10^{-23}\ \mathrm{J/K}}$$

となる。k を**ボルツマン定数**という。ボルツマン定数を用いると式(17)は

$$\boldsymbol{\frac{1}{2}m\overline{v^2}=\frac{3}{2}kT} \qquad \cdots\cdots (18)$$

と表される。この式から，気体分子の運動エネルギー $\frac{1}{2}m\overline{v^2}$ は絶対温度 T に比例し，巨視的な量である温度は，微視的に見ると分子の熱運動の激しさを表していることがわかる。

> **＋アルファ**
>
> 式(18)の右辺は，x 方向，y 方向，z 方向それぞれの平均運動エネルギーが $\frac{1}{2}kT$ であることを意味している。これを**エネルギー等分配則**という。

例題 112 **気体分子の平均運動エネルギー**

温度が 0℃における気体分子の平均運動エネルギーはいくらか。また，温度が 1K 上昇すると，気体分子の平均運動エネルギーはいくら増加するか。ただし，ボルツマン定数を 1.38×10^{-23} J/K とする。

考え方 温度が T から $T+1$ K に変化したときの平均運動エネルギーを計算して差を求める。

解答

絶対温度を T として

$$T=(0+273)\ \mathrm{K}=273\ \mathrm{K}$$

を式⒅に代入する。

$$\frac{1}{2}m\overline{v^2}=\frac{3}{2}kT=\frac{3}{2}\times1.38\times10^{-23}\ \mathrm{J/K}\times273\ \mathrm{K}=5.65\times10^{-21}\ \mathrm{J}$$ …答

絶対温度が T から $T+1$ K になったとして，気体分子の平均運動エネルギーの増加分は

$$\frac{3}{2}k(T+1\ \mathrm{K})-\frac{3}{2}kT=\frac{3}{2}\times1.38\times10^{-23}\ \mathrm{J/K}\times1\ \mathrm{K}=2.07\times10^{-23}\ \mathrm{J}$$ …答

POINT

$$\frac{1}{2}m\overline{v^2}=\frac{3}{2}kT$$

気体分子の平均運動エネルギーは絶対温度に比例する。

B 2 乗平均速度

1 mol あたりの気体の質量を**モル質量**といい，M〔kg/mol〕で表す。気体分子 1 個の質量を m〔kg〕とおくと，物質のモル質量はアボガドロ定数 N_A を用いて

$$M=mN_\mathrm{A}$$

と表される。これは物質 1 mol あたりの質量であり，その値は無次元量である分子量 M' を用いて表すと

$$M=M'\ \mathrm{g/mol}=M'\times10^{-3}\ \mathrm{kg/mol}$$

と表される。

式⒄を変形すると

$$\overline{v^2}=\frac{3RT}{mN_A}=\frac{3RT}{M}$$

となり，左辺は速度を2乗したものの平均値であるので，平方根をとり，気体分子の平均の速さを$\sqrt{\overline{v^2}}$で表す。

$$\sqrt{\overline{\boldsymbol{v}^2}}=\sqrt{\frac{3RT}{mN_A}}=\sqrt{\frac{\boldsymbol{3RT}}{\boldsymbol{M}}} \quad \cdots\cdots (19)$$

この速さ$\sqrt{\overline{v^2}}$を**2乗平均速度**という。2乗平均速度は，気体分子の平均の速さを表す目安となる。同じ種類の気体では，絶対温度によって決まり，同じ温度のもとでは分子量が小さいほど気体の2乗平均速度は大きくなり，圧力と体積にはよらない。

気体の分子の速度分布を実験で調べると，気体は一定の速さで運動しているのではなく，いろいろな速さで運動していることがわかる。また，気体の速度の分布は，温度によって異なる。

表1　気体分子の2乗平均速度(273 K)

物質	分子量 M'	2乗平均速度 $\sqrt{\overline{v^2}}$〔m/s〕
水素	2	1.8×10^3
ヘリウム	4	1.3×10^3
窒素	28	4.9×10^2
酸素	32	4.6×10^2
二酸化炭素	44	3.9×10^2

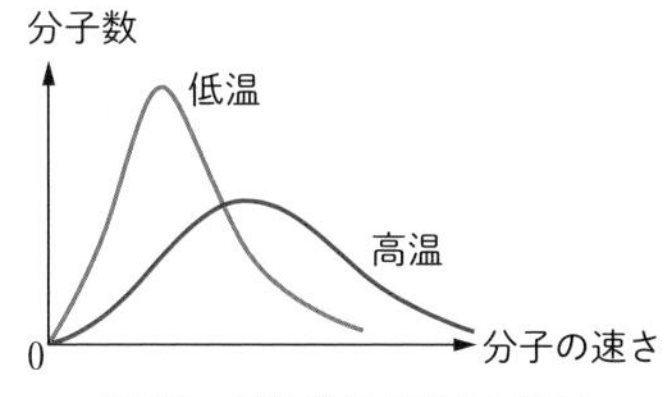

図12　気体分子の速さの分布

POINT

$$\sqrt{\overline{v^2}}=\sqrt{\frac{3RT}{mN_A}}=\sqrt{\frac{3RT}{M}}$$

気体分子の2乗平均速度は絶対温度とモル質量（分子量に比例）によって決まる。

例題 113　2 乗平均速度

温度が 27 ℃の酸素(分子量 32)とヘリウム(分子量 4)とネオン(分子量 20)がある。

(1) 酸素分子の 2 乗平均速度はいくらか。

(2) ヘリウム分子の 2 乗平均速度はネオン分子の 2 乗平均速度の何倍か。

考え方　温度を絶対温度に直し，式(19)に代入する。

解答

(1) $\sqrt{\overline{v^2}}=\sqrt{\dfrac{3RT}{M}}=\sqrt{\dfrac{3\times\{8.31\ \mathrm{J/(mol\cdot K)}\}\times(27+273)\ \mathrm{K}}{32\times10^{-3}\ \mathrm{kg/mol}}}=483\ \mathrm{m/s}$

よって　$4.8\times10^2\ \mathrm{m/s}$　…答

(2) ヘリウムとネオンのモル質量を $M_1=4\ \mathrm{g/mol}$，$M_2=20\ \mathrm{g/mol}$，2 乗平均速度を $\sqrt{\overline{v_1{}^2}}$，$\sqrt{\overline{v_2{}^2}}$ とする。式(19)より

$$\frac{\sqrt{\overline{v_1{}^2}}}{\sqrt{\overline{v_2{}^2}}}=\frac{\sqrt{\dfrac{3RT}{M_1}}}{\sqrt{\dfrac{3RT}{M_2}}}=\sqrt{\frac{M_2}{M_1}}=\sqrt{\frac{20\ \mathrm{g/mol}}{4\ \mathrm{g/mol}}}=\sqrt{5}$$

よって　$\sqrt{5}$ 倍　…答

3 単原子分子と二原子分子

A 単原子分子

ヘリウム(He)やネオン(Ne)のように，1 個の分子が 1 個の原子からなる分子を**単原子分子**という。単原子分子は，1 つの原子で安定した状態を保ちながら並進運動をするので，式(18)は単原子分子の理想気体について成り立つ式である。

B 二原子分子・多原子分子

酸素(O_2)や窒素(N_2)のように，1 個の分子が 2 個の原子からなる分子を**二原子分子**という。水(H_2O)やメタン(CH_4)のように，1 つの分子が 3 個以上の原子からなる分子を**多原子分子**という。

二原子分子や多原子分子の理想気体では，分子の並進運動だけでなく，分子の回転運動や分子内の振動を考えなければいけない。

この章で学んだこと

1 気体の法則

(1) 気体の圧力

$$p=\frac{F}{S}$$

(p：圧力，F：面に垂直に加わる力
S：面積)

(2) ボイルの法則

温度が一定のとき，一定質量の気体の体積は圧力に反比例する。

$pV=$**一定**　　等温過程

(p：圧力，V：体積)

(3) シャルルの法則

圧力が一定のとき，一定質量の気体の体積は絶対温度に比例する。

$\frac{V}{T}=$**一定**　　定圧過程

(V：体積，T：絶対温度)

(4) ボイル・シャルルの法則

一定質量の気体の体積は，圧力に反比例し，絶対温度に比例する。

$\frac{pV}{T}=$**一定**　　任意の過程

(p：圧力，V：体積，T：絶対温度)

(5) 理想気体

ボイル・シャルルの法則が厳密に成り立つ気体のこと。

(6) 物質量

原子や分子などが 6.02×10^{23} 個集まった集団を 1 mol とする。

(7) 理想気体の状態方程式

$$pV=nRT$$

(p：圧力，V：体積，n：物質量
R：気体定数(8.31 J/(mol・K))
T：絶対温度)

2 気体分子の運動

(1) 気体の圧力

気体分子が運動していることによって圧力が生じる。

$$p=\frac{Nm\overline{v^2}}{3V}$$

(p：圧力，N：分子数
m：分子の質量
$\overline{v^2}$：速度の 2 乗平均，V：体積)

(2) 気体分子の平均運動エネルギー

$$\frac{1}{2}m\overline{v^2}=\frac{3R}{2N_A}T=\frac{3}{2}kT$$

(m：分子の質量
$\overline{v^2}$：速度の 2 乗平均
R：気体定数(8.31 J/(mol・K))
N_A：アボガドロ定数
(6.02×10^{23}/mol)
T：絶対温度
k：ボルツマン定数
(1.38×10^{-23} J/K))

(3) 気体分子の 2 乗平均速度

$$\sqrt{\overline{v^2}}=\sqrt{\frac{3RT}{mN_A}}=\sqrt{\frac{3RT}{M}}$$

($\sqrt{\overline{v^2}}$：2 乗平均速度
R：気体定数(8.31 J/(mol・K))
m：分子の質量
N_A：アボガドロ定数
(6.02×10^{23}/mol)
M：モル質量，T：絶対温度)

注意 分子量 M' を用いるとモル質量は
$M=M'$ g/mol $=M'\times10^{-3}$ kg/mol
である。

(4) 単原子分子

1 個の分子が 1 個の原子からなる分子。

(5) 二原子分子

1 個の分子が 2 個の原子からなる分子。

MY BEST　Advanced Physics

第2章 気体の状態変化

| 1 | 気体の内部エネルギー

| 2 | 気体の状態変化と比熱

| 3 | 熱機関

1 気体の内部エネルギー

1 内部エネルギー

A 内部エネルギー

分子・原子の熱運動による運動エネルギーと分子間・原子間力による位置エネルギーの総和を**内部エネルギー**という。

B 単原子分子の理想気体の内部エネルギー

理想気体では気体分子は器壁や相互に弾性衝突することはあっても，分子の大きさは無視でき，分子間力ははたらかないとみなすので，分子間力による位置エネルギーは0である。よって，分子・原子の熱運動による運動エネルギーの総和が理想気体の内部エネルギーとなる。ヘリウムのような単原子分子の理想気体は，並進運動のみをおこなっているので，内部エネルギーとして並進運動の運動エネルギーだけを考えればよい。

> +アルファ
>
> **二原子分子の理想気体の内部エネルギー**
>
> 酸素や窒素などの二原子分子は並進運動の他に回転運動もおこなっているので，内部エネルギーは $U=\frac{5}{2}nRT$ となる。

アボガドロ定数を N_A〔/mol〕とすると，物質量 n〔mol〕の気体の分子数は

$$N=nN_A$$

となる。よって，絶対温度 T，物質量 n の単原子分子の理想気体の内部エネルギー U は，式(17)より

$$U=\frac{1}{2}m\overline{v^2}\times nN_A=\frac{3R}{2N_A}T\times nN_A=\frac{3}{2}nRT \qquad \cdots\cdots(20)$$

となる。

単原子分子の理想気体の内部エネルギーは，分子数と絶対温度に比例し，気体の体積にはよらない。また，絶対温度が $\varDelta T$ だけ高くなったとき内部エネルギーが $\varDelta U$ 増加したとすると

$$\varDelta U=\frac{3}{2}nR(T+\varDelta T)-\frac{3}{2}nRT=\frac{3}{2}nR\varDelta T \qquad \cdots\cdots(21)$$

$U=\frac{3}{2}nRT$ ， $\varDelta U=\frac{3}{2}nR\varDelta T$

単原子分子理想気体の内部エネルギーは絶対温度に比例する。

2 熱力学の第1法則

A 気体のする仕事

図13のように，自由に動くことのできるピストンとシリンダーからなる容器に気体が封入されている。この気体をゆっくり加熱し，気体を膨張させる。

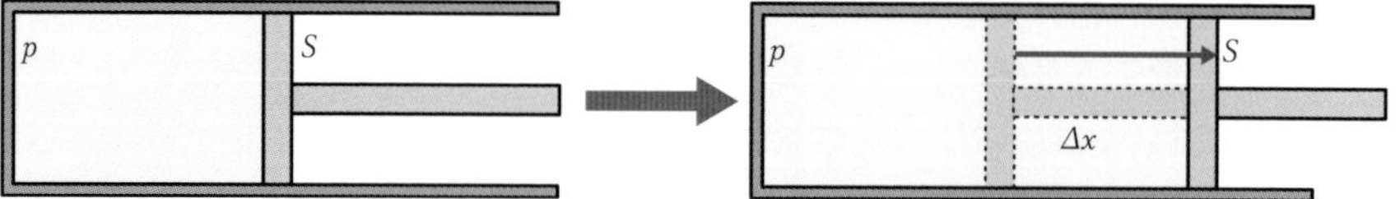

図13 気体のする仕事

気体の圧力を p，ピストンの断面積を S〔m^2〕とすると，気体がピストンにおよぼす力は pS〔N〕である。これより圧力 p が一定の場合，ピストンを Δx〔m〕動かすときに気体のする仕事 W' は $W'=pS\Delta x$ となる。ここで，$S\Delta x$ は気体の体積変化 ΔV に相当する。したがって，気体のする仕事 W' は次式で表せる。

$$W'=p\Delta V \qquad \cdots\cdots(22)$$

これは，**図14**の(a)のように，p-V グラフにおいて，長方形の面積に相当する。気体のする仕事は，体積変化のようすで符号が変わる。気体が膨張する場合は正の値，圧縮される場合は負の値となる。

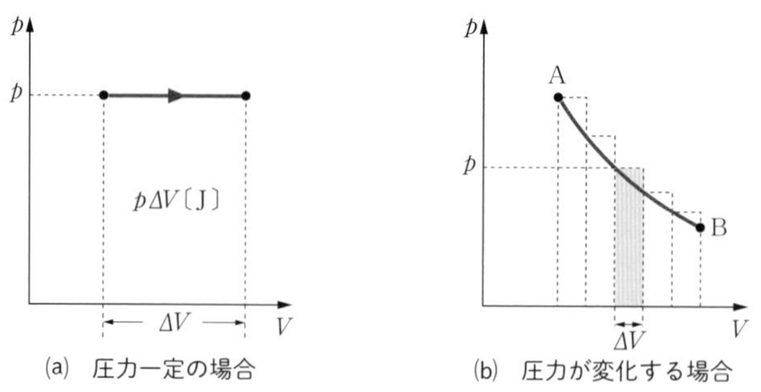

図14 p-V グラフ

図14の(b)のように状態Aから状態Bまで圧力 p が変化している場合について，気体のする仕事を考える。微小区間 ΔV ごとに分割し，この区間 ΔV では，圧力 p が一定であるとみなすと，この区間での気体のする仕事は，**図14**(a)の長方形の面積に相当する。この面積の和が気体のする仕事となる。ΔV を限りなく小さくすると，AからBへの変化における曲線ABと横軸で囲んだ p-V グラフの面積が気体のする仕事となる。

気体のする仕事$W'=p\Delta V$
気体が膨張する場合……$W'>0$
(気体は仕事をする)
気体が圧縮される場合……$W'<0$
(気体は仕事をされる)

B 熱力学の第1法則

「熱と仕事」の項目(p.119)で学習したように，気体の場合でも，外部から「熱を加える」または「仕事をする」ことで気体の温度を上昇させることができる。

これは，次のように説明することができる。

【加熱する場合】

密閉された容器に封入された気体について考える。気体分子は壁に衝突するが，加熱された壁を構成している分子は気体分子より激しく熱運動しているので，気体分子は高温の壁に衝突して気体分子の運動エネルギーは増加する。

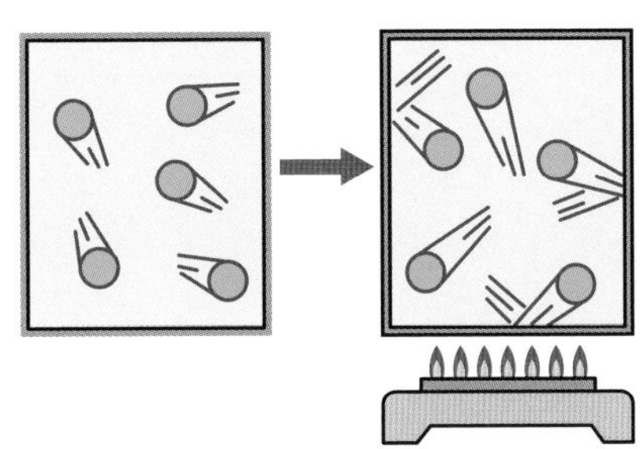

図15　加熱した場合の気体の内部エネルギー

【力学的な仕事をする場合】

シリンダーに封入した気体をピストンで押し込む場合を考える。運動するピストンと気体分子が衝突すると衝突後の気体分子は，衝突前よりも速さが増加する。

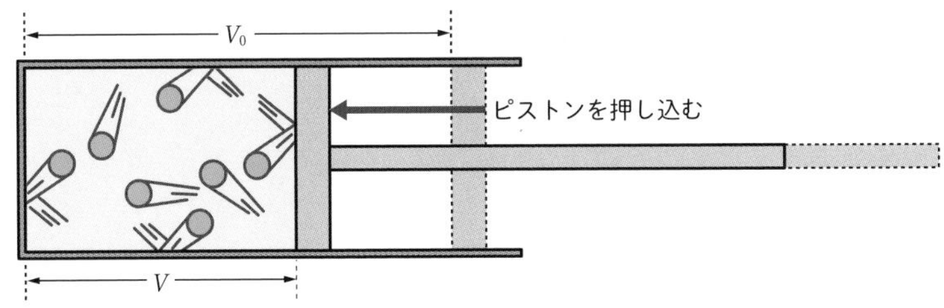

図16　仕事をした場合の気体の内部エネルギー

気体がQの熱を受け取ったり，外部からWの仕事をされると，気体の内部エネルギーはその分だけ増加する。その増加量をΔUとすると，次式が成り立つ。これを**熱力学の第1法則**という。

$$\Delta U = Q + W \quad \cdots\cdots(23)$$

＋アルファ

気体が外部に熱を放出したり，気体が外部に仕事をすると，QやWは負となるので，$\Delta U<0$となる。すなわち，気体の内部エネルギーは減少する。

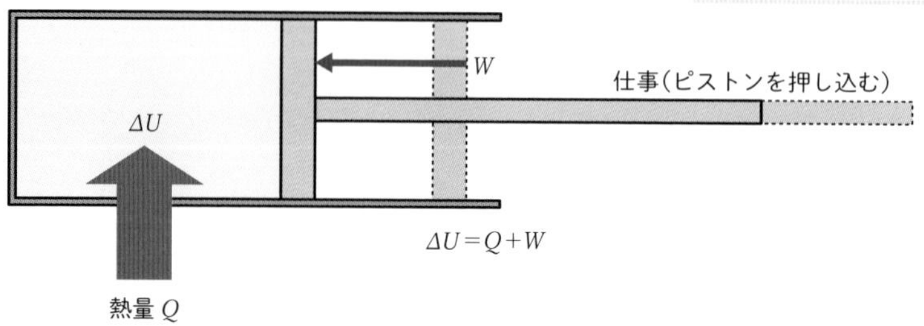

図17　熱力学の第1法則

POINT

熱力学の第1法則	$\Delta U = Q + W$
・気体を加熱する場合	$Q>0$
・気体が放熱する場合	$Q<0$
・気体を圧縮する場合（気体が仕事をされる場合）	$W>0$
・気体が膨張する場合（気体が仕事をする場合）	$W<0$

補足　気体のする仕事がW'，気体が外部からされる仕事がWなので

$W'=-W$である。

この関係より，熱力学の第1法則は

$Q=\Delta U+W'$

とも表せる。気体がQの熱を受け取ると，内部エネルギーΔUが増加したり，気体は外部に仕事W'をしたりするということである。

2 気体の状態変化と比熱

1 気体の状態量と p-V グラフ

A 気体の状態量

一定量の気体の状態を表す量は次の3つの量である(セ氏温度 t〔℃〕とする)。

- 圧力 p〔Pa〕 ($1\ \text{atm} = 1.013 \times 10^5\ \text{Pa}$)
- 体積 V〔m^3〕 ($1\ \text{m}^3 = 1000\ \text{L}$)
- 温度 T〔K〕 ($T = 273.15 + t$)

注意 **T, t は本来単位を含んだ物理量だが，この式では数値のみを表すものとして扱っている。**

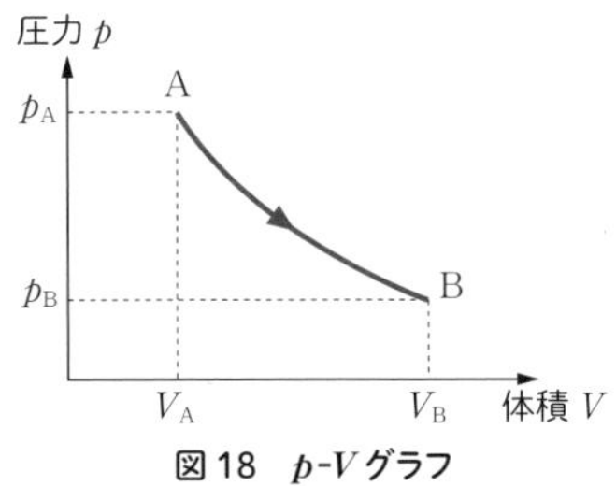

図18 p-V グラフ

B p-V グラフ

一定量の気体について，圧力と体積の状態の変化の関係をグラフにしたものを **p-V グラフ**という。**図18**において，曲線ABは，一定量の気体が

Aの状態(圧力 p_A，体積 V_A の状態) → Bの状態(圧力 p_B，体積 V_B の状態)

に変化したことを表している。

2 気体の状態変化

A 定積変化

体積を一定に保ったままでおこなう気体の状態変化を**定積変化**という。

図19のように，ピストンを固定して体積を一定に保ったシリンダー内の気体に熱量 Q を加える。このとき，気体の体積は一定のままで気体は外部から仕事をされないので，$W=0$ である。熱力学の第1法則

$$\Delta U = Q + W$$

より，$W=0$ であるので

$$\boldsymbol{\Delta U = Q} \qquad \cdots\cdots(24)$$

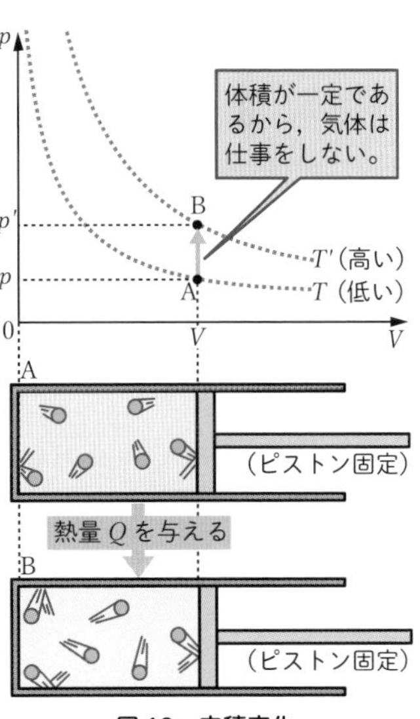

図19 定積変化

という関係が成り立つ。すなわち，定積変化では，気体に熱を加えると加えた熱はすべて内部エネルギーの増加となり，それにともなって気体の温度が上昇する。

また，ボイル・シャルルの法則より，圧力 p も大きくなる。これを，気体の分子運動で考えると，内部エネルギーが増加するので気体の分子の速さが大きくなり，器壁に衝突する回数が増え，気体の圧力が大きくなることによって説明できる。

定積変化（体積が一定）　　$\Delta U = Q$

気体に加えた熱は，すべて内部エネルギーの増加となる。

B 定圧変化

気体の圧力を一定にした状態での変化を**定圧変化**という。

図 20 のように，自由に動けるピストンが付いたシリンダーの中に気体を入れると，内外の圧力は等しくなる。熱を加えると気体は膨張し，外部に仕事をする。熱力学の第 1 法則

$$\Delta U = Q + W$$

は，熱を加えるので $Q>0$，気体が外部に仕事をするので $W<0$ となる。よって，加えた熱量は，一部は気体が外部に対してする仕事になり，残りが内部エネルギーの増加となる。気体が外部にする仕事 W' は，気体の圧力を p，膨張した体積を ΔV とすると

$$W' = p\Delta V$$

で与えられるので，熱力学の第 1 法則は

$$\Delta U = Q - p\Delta V \qquad \cdots\cdots(25)$$

で表される。

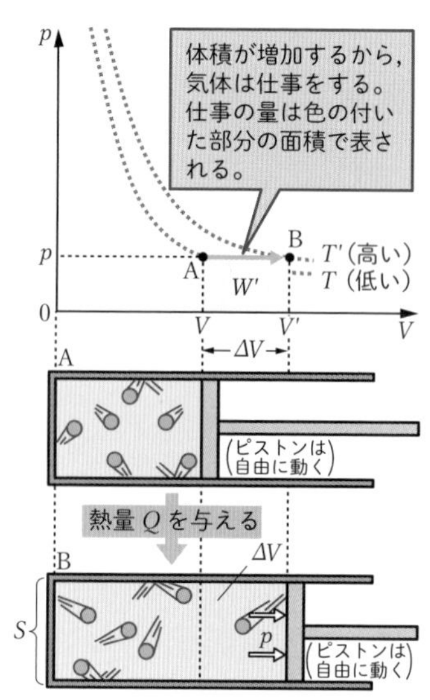

図 20　定圧変化

例題 114 定積変化と定圧変化

なめらかに動くピストンの付いたシリンダー内に一定量の気体を入れて，右の図のように，状態を圧力 p_1，体積 V_1 の状態Aから，A→B→C→D→Aと変化させた。

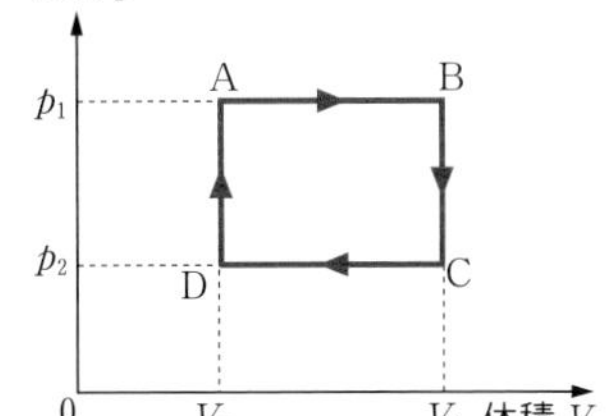

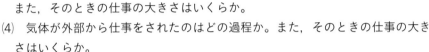

(1) 定積変化の過程はどの過程か。

(2) 定圧変化の過程はどの過程か。

(3) 気体が外部に仕事をした過程はどの過程か。また，そのときの仕事の大きさはいくらか。

(4) 気体が外部から仕事をされたのはどの過程か。また，そのときの仕事の大きさはいくらか。

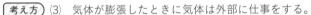

考え方 (3) 気体が膨張したときに気体は外部に仕事をする。
(4) 気体が圧縮されるときに気体は外部から仕事をされる。

解答

(1) 定積変化は体積が一定の気体の変化である。

B→C，D→Aの過程 …答

(2) 定圧変化は圧力が一定の気体の変化である。

A→B，C→Dの過程 …答

(3) 気体が外部に仕事をするとき，気体は膨張する。よって体積が増加するA→Bの過程となる。体積の変化は(V_2-V_1)なので，気体が外部にした仕事 W' は次式となる。

$W'=p\Delta V=p_1(V_2-V_1)$

A→Bの過程　　$p_1(V_2-V_1)$ …答

(4) 気体が外部から仕事をされるとき，気体は圧縮される。よって体積が減少するC→Dの過程となる。体積の変化は(V_1-V_2)なので，気体が外部からされた仕事 W は，次式となる。

$W=-p\Delta V=p_2(V_2-V_1)$

C→Dの過程　　$p_2(V_2-V_1)$ …答

POINT

定圧変化（圧力が一定）　$\Delta U=Q-p\Delta V$
気体に加えた熱は，一部は気体がする仕事になり，残りが内部エネルギーの増加となる。

C 等温変化

温度を一定に保っておこなう状態の変化を**等温変化**という。等温変化では，気体はボイルの法則（pV＝一定）にしたがうので気体の圧力と体積は反比例し，p-V グラフの双曲線上を変化し，圧力と体積がともに変化する。

図 21 のように，ピストンが自由に動けるシリンダーの中に一定量の気体を入れ，熱量 Q を加える。内部エネルギーの変化 ΔU は式(21)により

$$\Delta U=\frac{3}{2}nR\Delta T$$

と表される。等温変化では $\Delta T=0$ なので，内部エネルギーは変化しない。よって

$$\boldsymbol{\Delta U=0} \quad \cdots\cdots(26)$$

である。これを熱力学の第 1 法則

$$\Delta U=Q+W$$

に代入すると

$$0=Q+W$$

となる。この式は以下の意味がある。

① $-W=Q>0$ … **等温膨張**

② $W=-Q>0$ … **等温圧縮**

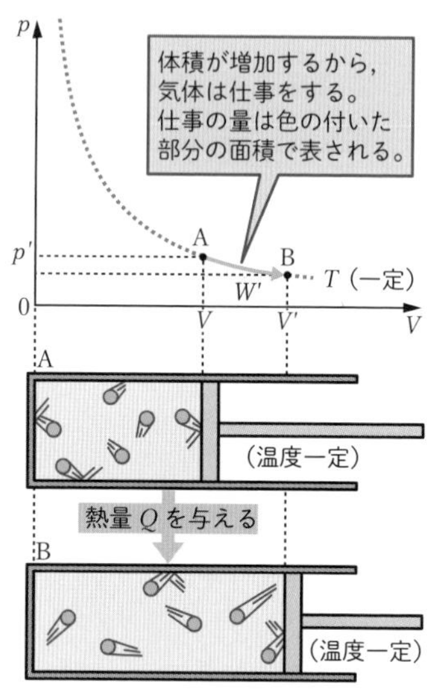

図 21　等温変化（等温膨張）

①の等温膨張では，気体に加えられた熱量はすべて気体が膨張するための仕事となり，②の等温圧縮では，外から加えられた仕事がすべて熱量となり外へ放出される。

POINT

等温変化（温度が一定）　$\Delta U=0$

① **等温膨張**（$-W=Q>0$）では，気体に加えられた熱量はすべて気体が膨張するための仕事となる。

② **等温圧縮**（$W=-Q>0$）では，外から加えられた仕事がすべて熱量となり外へ放出される。

D 断熱変化

外部と熱の出入りがないようにした状態の変化を**断熱変化**という。熱を通さない物質である断熱材で囲んで変化させる場合や，上昇する空気が急激に膨張する場合のように変化が急激に起こる場合は，外部との間で熱が移動しないので断熱変化となる。

断熱変化では外部と熱の出入りがないため，熱力学の第 1 法則

$$\Delta U = Q + W$$

において $Q=0$ なので

$$\boldsymbol{\Delta U = W} \qquad \cdots\cdots(27)$$

である。**図 22** の p-V グラフの C→A の過程は，**断熱膨張**である。断熱膨張では，気体が外に仕事をするので $\Delta U<0$ となり，内部エネルギーが減少するので温度が下がる。

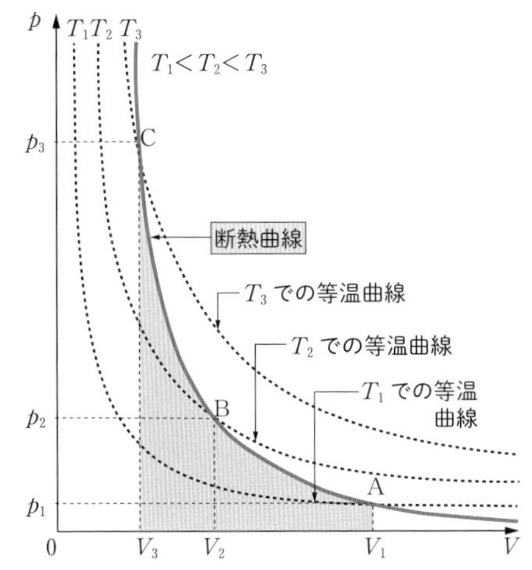

色の付いた部分の面積は，C→A の断熱膨張の過程で気体のした仕事を表している。

図 22　断熱変化

また，A→C の変化の過程は**断熱圧縮**となる。断熱圧縮では，気体は外から仕事をされるので $\Delta U>0$ となり，内部エネルギーが増加するので気体の温度が上がる。

例題 115　断熱変化

なめらかに動くピストンの付いたシリンダー内に，3.0 mol の単原子分子の理想気体を入れて，外部と熱の出入りがないようにして気体を膨張させた。気体がした仕事は 4.5×10^2 J であった。気体定数を 8.3 J/(mol·K) として，次の問いに答えよ。

(1)　気体の内部エネルギーの変化はいくらか。

(2)　気体の温度変化はいくらか。

考え方　(1)　断熱変化なので $Q=0$，気体が膨張したときに気体は外部に仕事をするので $W<0$ である。

解答

(1)　気体の内部エネルギーの変化を ΔU とする。熱力学の第 1 法則

$$\Delta U = Q + W$$

に $Q=0$ J，$W=-4.5\times10^2$ J を代入して

$$\Delta U = 0\,\mathrm{J} + (-4.5\times10^2\,\mathrm{J}) = -4.5\times10^2\,\mathrm{J}$$ …㊟

(2) 式(21)より，温度変化を ΔT とすると

$$\Delta U = \frac{3}{2}nR\Delta T$$

である。(1)の結果を代入する。

$$-4.5\times10^2\,\mathrm{J} = \frac{3}{2}\times3.0\,\mathrm{mol}\times8.3\,\mathrm{J/(mol\cdot K)}\times\Delta T$$

$\Delta T = -12\,\mathrm{K}$　　温度が 12 K 下がる　…㊟

断熱変化（熱の出入りがない）　　$\Delta U = W$

断熱膨張では，気体が外に仕事をして，内部エネルギーが減少し，温度が下がる。

断熱圧縮では，気体は外から仕事をされ，内部エネルギーが増加して温度が上昇する。

3 気体のモル比熱

A 気体のモル比熱

p.114 では，質量 1 g の物質の温度を 1 K 上昇させるのに必要な熱量を**比熱（比熱容量）**ということを習った。1 mol の物質の温度を 1 K 上昇させるのに必要な熱量を**モル比熱（モル熱容量）**という。気体では，加熱するときに，体積を一定に保って加熱する場合と圧力を一定にして加熱する場合でモル比熱の値が異なり，前者を**定積モル比熱**，後者を**定圧モル比熱**という。

B 定積モル比熱

体積を一定に保ちながら 1 mol の物質の温度を 1 K 上昇させるのに必要な熱量を**定積モル比熱（定積モル熱容量）**という。

定積変化では，気体は膨張しないので仕事をしない。よって，気体に加えた熱量を Q とすると，内部エネルギーの増加 ΔU は式(24)より

$$\Delta U = Q$$

となり，外部から加えた熱量がすべて内部エネルギーの増加分となり，気体の温度が上昇する。

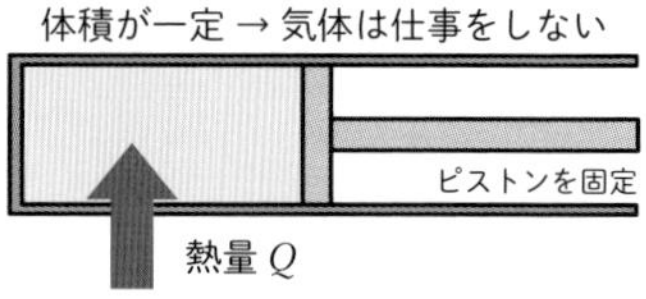

体積が一定 → 気体は仕事をしない
ピストンを固定
熱量 Q

図 23　定積モル比熱

このとき，物質量 n の気体の温度が ΔT 変化したとすると，定積モル比熱

C_V〔J/(mol·K)〕は

$$C_V=\frac{Q}{n\Delta T}=\frac{\Delta U}{n\Delta T} \quad \cdots\cdots(28)$$

となる。

式(21)より，単原子分子の理想気体の内部エネルギーの増加 ΔU は

$$\Delta U=\frac{3}{2}nR\Delta T$$

と表されるので

$$\boldsymbol{C_V}=\frac{\frac{3}{2}nR\Delta T}{n\Delta T}=\frac{3}{2}R=\frac{3}{2}\times 8.31\ \mathrm{J/(mol\cdot K)}\boldsymbol{=12.5\ J/(mol\cdot K)} \quad \cdots\cdots(29)$$

となる。

C 定圧モル比熱

圧力を一定に保ちながら 1 mol の物質の温度を 1 K 上昇させるのに必要な熱量を**定圧モル比熱（定圧モル熱容量）**という。

定圧変化での熱力学の第 1 法則は

$$\Delta U=Q-p\Delta V$$

となるので，外から加える熱量 Q は

$$Q=\Delta U+p\Delta V$$

となる。このとき，物質量 n の気体の温度が ΔT 変化したとすると，定圧モル比熱 C_p〔J/(mol·K)〕は

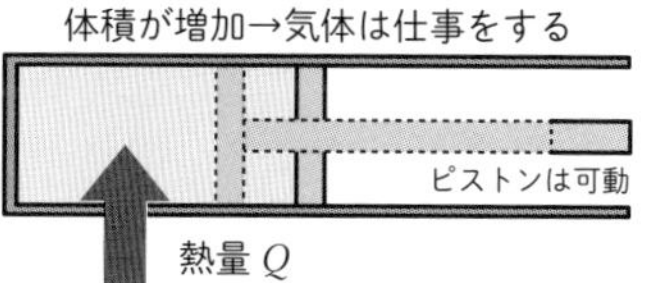

図 24　定圧モル比熱

$$C_p=\frac{Q}{n\Delta T}=\frac{\Delta U+p\Delta V}{n\Delta T} \quad \cdots\cdots(30)$$

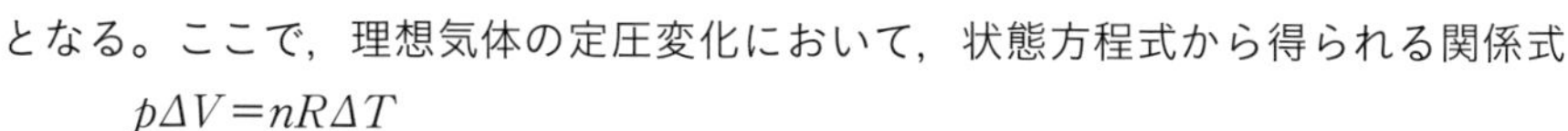

となる。ここで，理想気体の定圧変化において，状態方程式から得られる関係式

$$p\Delta V=nR\Delta T$$

を代入して

$$C_p=\frac{\Delta U+nR\Delta T}{n\Delta T}=\frac{\Delta U}{n\Delta T}+R$$

式(28)の定積モル比熱 C_V を代入すると

$$\boldsymbol{C_p=C_V+R} \quad \cdots\cdots(31)$$

となる。単原子分子の理想気体では

$$\boldsymbol{C_p}=\frac{3}{2}R+R=\frac{5}{2}R=\frac{5}{2}\times 8.31\ \mathrm{J/(mol\cdot K)}\boldsymbol{=20.8\ J/(mol\cdot K)} \quad \cdots\cdots(32)$$

となる。式(30)を**マイヤーの関係**という。この式から，定圧モル比熱 C_p は定積モル比熱 C_V より気体定数 R だけ大きいことがわかる。

例題 116　定圧変化と定圧モル比熱

なめらかに動くピストンの付いたシリンダー内に 2.0 mol の単原子分子の理想気体を入れ，圧力が一定の状態で 0 ℃から 50 ℃まで気体の温度を変化させた。気体定数を 8.3 J/(mol·K)として，次の問いに答えよ。

(1)　気体が吸収した熱量はいくらか。

(2)　気体が外部にした仕事はいくらか。

(3)　気体の内部エネルギーの変化はいくらか。

考え方 (1)　定圧モル比熱を用いる。

(2)　気体が外部にした仕事は $p\Delta V$ で与えられ，理想気体なので状態方程式から得られる関係式を用いる。

(3)　熱力学の第 1 法則より求める。

解答

(1)　式(30)を変形して

$$Q = nC_p\Delta T = 2.0\ \text{mol} \times \frac{5}{2} \times \{8.3\ \text{J/(mol·K)}\} \times (50-0)\ \text{K}$$

$$= 2075\ \text{J} = 2.1 \times 10^3\ \text{J} \quad \cdots \text{(答)}$$

(2)　気体が外部にした仕事 W' は

$$W' = p\Delta V = nR\Delta T = 2.0\ \text{mol} \times \{8.3\ \text{J/(mol·K)}\} \times (50-0)\ \text{K}$$

$$= 830\ \text{J} = 8.3 \times 10^2\ \text{J} \quad \cdots \text{(答)}$$

(3)　熱力学の第 1 法則より

$$\Delta U = Q - W'$$

$$= nC_p\Delta T - nR\Delta T = n(C_p - R)\Delta T = nC_V\Delta T$$

$$= 2.0\ \text{mol} \times \frac{3}{2} \times \{8.3\ \text{J/(mol·K)}\} \times (50-0)\ \text{K}$$

$$= 1245\ \text{J} = 1.2 \times 10^3\ \text{J} \quad \cdots \text{(答)}$$

POINT

単原子分子の理想気体の定積モル比熱

$$C_V = \frac{3}{2}R = 12.5\ \text{J/(mol·K)}$$

単原子分子の理想気体の定圧モル比熱

$$C_p = \frac{5}{2}R = 20.8\ \text{J/(mol·K)}$$

D 比熱比

定圧モル比熱 C_p と定積モル比熱 C_V の比を γ で表し，**比熱比**という。

$$\gamma=\frac{C_p}{C_V} \quad \cdots\cdots(33)$$

単原子分子の理想気体では，式(33)は

$$\gamma=\frac{\frac{5}{2}}{\frac{3}{2}}=\frac{5}{3} \quad \cdots\cdots(34)$$

となる。

理想気体の断熱変化では，圧力 p と体積 V の間に

$$pV^{\gamma}=一定 \quad \cdots\cdots(35)$$

の関係があり，これを**ポアソンの法則**という。理想気体の等温変化は，p.327 の式(2)のボイルの法則より

$$pV=一定$$

であり，$1<\gamma<2$ であることから，p-V グラフの曲線は**図 25** のようになる。

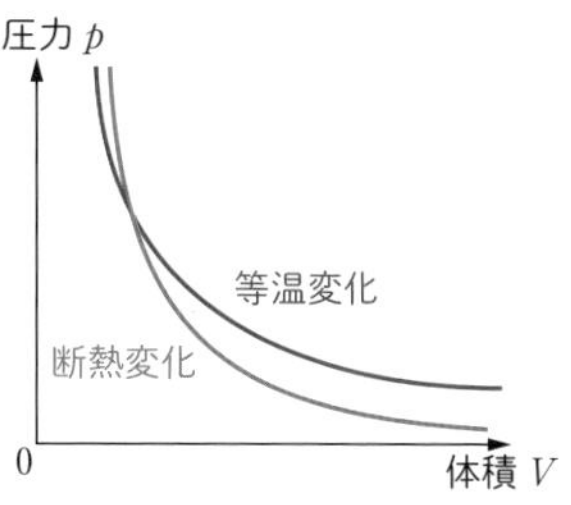

図 25　断熱変化と等温変化の p-V グラフ

＋アルファ　二原子分子の理想気体のモル比熱と比熱比

定積モル比熱　$C_V=\frac{5}{2}R=20.8\ \mathrm{J/(mol\cdot K)}$

定圧モル比熱　$C_p=\frac{7}{2}R=29.1\ \mathrm{J/(mol\cdot K)}$

比熱比　$\gamma=\frac{7}{5}$

3 熱機関

1 熱機関と熱効率

A 熱機関

p.121で学習したように，与えた熱(の一部)を力学的仕事として繰り返し連続的に取り出す装置を**熱機関**という。熱機関では，気体が高温熱源から熱を受け取り，低温熱源に熱を放出する過程で，熱の一部を力学的仕事に変えている。気体は，熱の一部を仕事に変えた後に熱を低熱源に捨ててもとの状態に戻り，熱機関ではこの過程を連続的におこなって力学的エネルギーを連続的に取り出している。これを**熱機関のサイクル**という。

B 熱機関のサイクルと p-V グラフ

熱機関のサイクルは，p-V グラフ上で，閉じた曲線を時計回りに1周する過程として表される。

図26は，定積変化と定圧変化からなる熱機関の p-V グラフである。シリンダーの中には，理想気体が入っている。

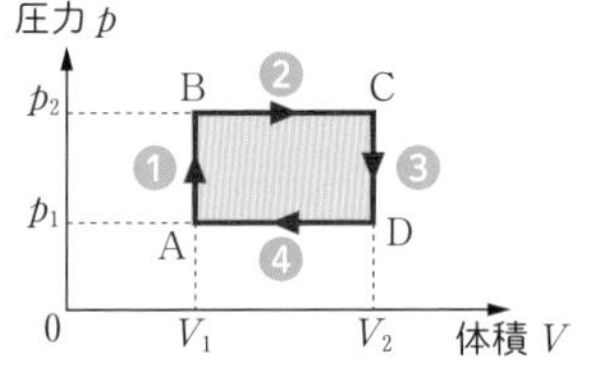

図26　熱機関の p-V グラフ

図27は，**図26**のサイクルの原理図である。ピストンの可動範囲は，気体の体積が V_1 から V_2 までの範囲である。ピストンにはたらく重力は，気体が圧力 p_1 のとき，内外の圧力差とつり合う。また物体をのせたピストンは，気体が圧力 p_2 のときにつり合うようになっている。

① A→Bの過程：定積変化

ピストンの上に物体をのせ，高温の熱源から体積 V_1 の気体に熱量 Q_{AB} を加え，圧力を p_1 から p_2 にする。ピストンの上の物体は静止している。

② B→Cの過程：定圧変化

圧力が p_2 の状態で体積が V_2 になるまで熱量 Q_{BC} を加える。この間，気体は体積が膨張するので外部に対して仕事 W_{BC} をする。

③ C→Dの過程

物体をピストンの上から下ろし，低温の物体に熱量 Q_{CD} を放出しながら圧力を p_1 の状態にする。

❹ D→A の過程

気体は，圧力 p_1 が一定のまま，熱量 Q_{DA} を放出しながら体積が V_1 になるまで圧縮される。この間に気体は外部から仕事 W_{DA} をされる。

❶〜❹の状態変化を繰り返す。

気体は，❷の過程で W_{BC} の仕事を外部にして，❹の過程で W_{DA} の仕事を外部からされるので，❶〜❹の1サイクルで $W_{\mathrm{BC}}-W_{\mathrm{DA}}$ の仕事をすることになる。これは，**図26** の p-V グラフの面積（　　の部分）に相当する。

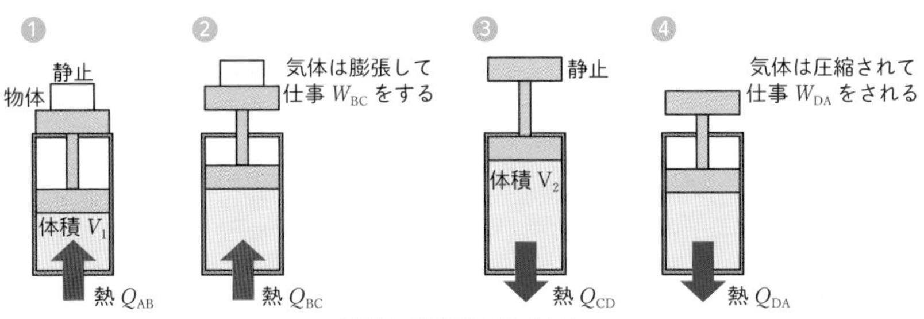

図27　熱機関のサイクル

C 熱効率

理想的な熱機関でも，低温熱源に放出する熱量を0にすることはできない。高温熱源から得た熱量に対して熱機関が外部にした仕事の量の割合を**熱機関の効率（熱効率）**という。高温熱源から得た熱量を Q_0，低温熱源に放出した熱量を Q，熱機関が外部にした仕事を W とすると，熱効率 e は

$$e=\frac{W}{Q_0}=\frac{Q_0-Q}{Q_0}=\mathbf{1-\frac{Q}{Q_0}} \qquad \cdots\cdots(36)$$

と表される。$W<Q_0$ であるから，$0<e<1$ である。

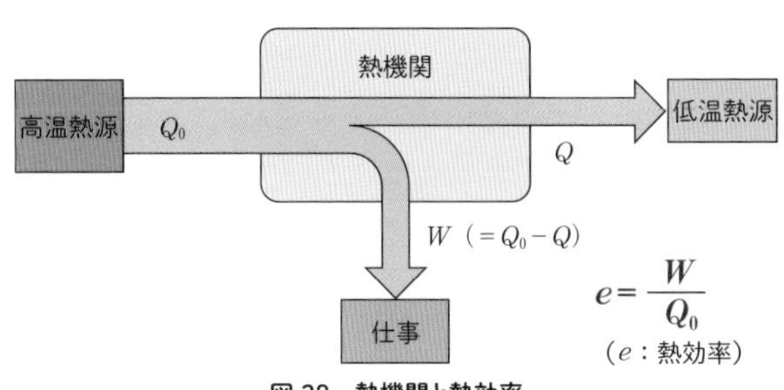

図28　熱機関と熱効率

例題 117　気体の状態変化と熱効率

物質量 n の単原子分子の理想気体を，図のように A→B→C→D→A と状態を変化させた。状態 A での気体の温度を T_A，気体定数を R として，次の問いに答えよ。

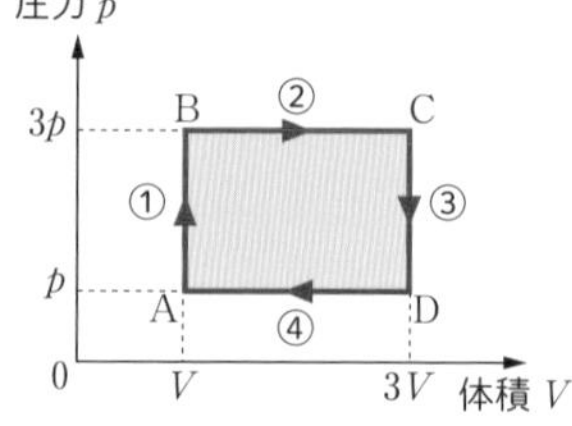

(1)　状態 B，C，D での温度 T_B，T_C，T_D を求めよ。

(2)　A→B，B→C の過程で，気体が吸収する熱量 $Q_{A \to B}$，熱量 $Q_{B \to C}$ を求めよ。

(3)　A→B→C→D→A の 1 サイクルの間に，気体がした仕事 W を求めよ。

(4)　この熱機関の熱効率 e を求めよ。

考え方　A→B，C→D の過程は定積変化，B→C，D→A の過程は定圧変化である。

解答

(1)　理想気体の状態方程式 $pV = nRT$ を用いる。定積変化では，圧力と絶対温度は比例し，定圧変化では，体積と絶対温度は比例する。

$$T_B = 3T_A \qquad T_C = 9T_A \qquad T_D = 3T_A \quad \cdots 答$$

(2)　A→B の過程は定積変化なので，定積モル比熱 $C_V = \frac{3}{2}R$ を用いると熱量は $Q = nC_V \Delta T$ で与えられる。

$$Q_{A \to B} = n \times \frac{3}{2}R \times (T_B - T_A) = \frac{3}{2}nR(3T_A - T_A) = 3nRT_A \quad \cdots 答$$

B→C の過程は定圧変化なので，定圧モル比熱 $C_p = \frac{5}{2}R$ を用いると熱量は $Q = nC_p \Delta T$ で与えられる。

$$Q_{B \to C} = n \times \frac{5}{2}R \times (T_C - T_B) = \frac{5}{2}nR(9T_A - 3T_A) = 15nRT_A \quad \cdots 答$$

(3)　A→B の過程は定積変化なので気体のした仕事 $W_{A \to B}$ は 0 である。

B→C の過程で気体のした仕事 $W_{B \to C}$ は $W' = p\Delta V$ で与えられる。

$$W_{B \to C} = 3p(3V - V) = 6pV$$

C→D の過程は定積変化なので気体のした仕事 $W_{C \to D}$ は 0 である。

D→A の過程で気体のした仕事 $W_{D \to A}$ は $W' = p\Delta V$ で与えられる。

$$W_{D \to A} = p(V - 3V) = -2pV$$

また，理想気体の状態方程式より $pV = nRT_A$ なので，1 サイクルの間に気体がした仕事 W は

$$W = W_{A \to B} + W_{B \to C} + W_{C \to D} + W_{D \to A}$$
$$= 0 + 6pV + 0 - 2pV = 4pV = 4nRT_A \quad \cdots 答$$

別解

p-V グラフの長方形の面積(　　　の部分)から求めてもよい。

$$W=(3p-p)(3V-V)=4pV=4nRT_{\mathrm{A}} \quad \cdots 答$$

(4)　熱効率の式に，(2)と(3)の結果を代入する。

$$e=\frac{W}{Q_{\mathrm{A}\to\mathrm{B}}+Q_{\mathrm{B}\to\mathrm{C}}}=\frac{4nRT_{\mathrm{A}}}{3nRT_{\mathrm{A}}+15nRT_{\mathrm{A}}}=\frac{2}{9}=0.22 \quad \cdots 答$$

2　熱力学の第２法則

温度の異なる２つの物体を接触させると，熱は高温の物体から低温の物体へ自然に移動する。**低温の物体から高温の物体に熱が移動し，他に何の変化も残さないようにすることは不可能**である。これを**熱力学の第２法則**という。

この章で学んだこと

1 気体の内部エネルギー

(1) 単原子分子の理想気体の内部エネルギー

単原子分子の理想気体の内部エネルギーは絶対温度に比例する。

$$\boldsymbol{U=\frac{3}{2}nRT}$$

（U：内部エネルギー，n：物質量
R：気体定数（8.31 J/(mol・K)）
T：絶対温度）

(2) 気体のする仕事

$$\boldsymbol{W'=p\Delta V}$$

（W'：気体のする仕事，p：圧力
ΔV：体積の変化量）

気体が膨張する場合　$W'>0$
気体が圧縮される場合　$W'<0$

(3) 熱力学の第1法則

$$\boldsymbol{\Delta U=Q+W}$$

（ΔU：内部エネルギーの増加量
Q：気体に加えた熱量
W：気体がされた仕事）

気体を加熱する場合　$Q>0$
気体が放熱する場合　$Q<0$
気体を圧縮する場合　$W>0$
（気体は外部から仕事をされる）
気体が膨張する場合　$W<0$
（気体は外部に仕事をする）

2 気体の状態変化と比熱

(1) 定積変化

体積を一定にしておこなう変化。

$W=0$ より　$\boldsymbol{\Delta U=Q}$

（ΔU：内部エネルギーの変化量
Q：気体に加えた熱量）

(2) 定圧変化

圧力を一定にしておこなう変化。

$$\boldsymbol{\Delta U=Q-p\Delta V}$$

（ΔU：内部エネルギーの変化量
Q：気体に加えた熱量，p：圧力
ΔV：体積変化）

(3) 等温変化

温度を一定にしておこなう変化。

$\Delta T=0$ より　$\boldsymbol{\Delta U=0}$

（ΔU：内部エネルギーの変化量）

(4) 断熱変化

外部との熱のやり取りがない状態でおこなう変化。

$Q=0$ より　$\boldsymbol{\Delta U=W}$

（ΔU：内部エネルギーの変化量
W：気体がされた仕事）

(5) 単原子分子の定積モル比熱と定圧モル比熱

$$\boldsymbol{C_V=\frac{3}{2}R=12.5\ \mathrm{J/(mol\cdot K)}}$$

$$\boldsymbol{C_p=\frac{5}{2}R=20.8\ \mathrm{J/(mol\cdot K)}}$$

（C_V：定積モル比熱
C_p：定圧モル比熱
R：気体定数（8.31 J/(mol・K)））

(6) 比熱比

$$\gamma=\frac{C_p}{C_V}$$

（γ：比熱比，C_V：定積モル比熱
C_p：定圧モル比熱）

3 熱機関

(1) 熱効率

$$\boldsymbol{e=\frac{W'}{Q_0}}$$

（e：熱効率，W'：外部にした仕事
Q_0：高熱源から得た熱量）

(2) 熱力学の第2法則

低温の物体から高温の物体に熱が移動し，他に何の変化も残さないようにすることはできない。

定期テスト対策問題 2

解答・解説は p.641 ~ 645

1 等しい体積の容器 A，B を細い管でつなぎ，温度 27℃，圧力 2.0×10^5 Pa の気体を入れ，B の温度を 27℃にしたまま，A の温度を 87℃にした。

(1) 容器 A の中の気体の物質量は，容器 B の中の気体の物質量の何倍か。

(2) 容器の中の気体の圧力を求めよ。

2 図のような断面積 4.0×10^{-2} m^2 のシリンダーの中に気体を閉じ込め，温度を 0℃に保って，圧力が 2.0×10^5 Pa になるようになめらかに動くピストンを調整したら，体積は 4.0×10^{-3} m^3 になった。ピストンの外側の圧力は 1.0×10^5 Pa として，次の問いに答えよ。

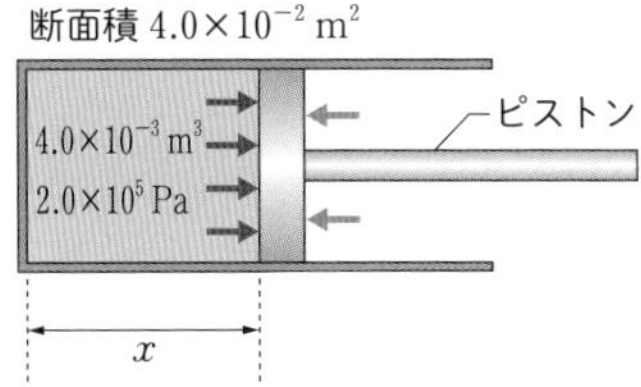

(1) ピストンに力を加えている状態で，シリンダーの底(左端)からピストンまでの長さ x は何 m か。

(2) ピストンに加えている力は何 N か。

(3) シリンダーの温度を 0℃に保ちながら，ゆっくりとピストンに加えている力を 0 にした。底からピストンまでの長さ x_0 は何 m になるか。

(4) (3)の状態になった後に，気体の温度を 27℃にすると，底からピストンまでの長さ x' は何 m になるか。

3 気体分子の平均運動エネルギーについて，各問いに答えよ。ただし，ボルツマン定数を 1.38×10^{-23} J/K とする。

(1) 27℃での気体分子 1 個の平均運動エネルギーを求めよ。

(2) 気体の温度が 1℃上昇すると，気体分子 1 個の平均運動エネルギーは何 J 増加するか。

(3) ヘリウムの原子量は 4，ネオンの原子量は 20 であり，ともに単原子分子の理想気体である。27℃のヘリウム原子 1 個の平均運動エネルギーは，27℃のネオン原子 1 個の平均運動エネルギーの何倍か。

(4) 327℃のヘリウム原子 1 個の平均運動エネルギーは，27℃のときのヘリウム原子 1 個の平均運動エネルギーの何倍か。

4 窒素分子の27℃における2乗平均速度はいくらか。ただし，窒素分子の分子量を28，気体定数を8.3 J/(mol・K)とする。また，$\sqrt{\frac{83}{7}}=3.45$ として計算すること。

5 一端を閉じた，太さが一様な細いガラス管に水銀を入れ，**図1**のように口を上にして鉛直に立てたところ，水銀柱の長さは0.100 mで，その下の密閉された空気柱の長さも0.100 mであった。

次に**図2**のように，これを倒立し，口を下にして立てたら，空気柱の長さは変化した。外の大気圧を 1.013×10^5 Paとする。水銀の密度を 1.36×10^4 kg/m^3 とし，重力加速度の大きさを9.80 m/s^2 とする。空気柱の温度は一定として，次の問いに答えよ。

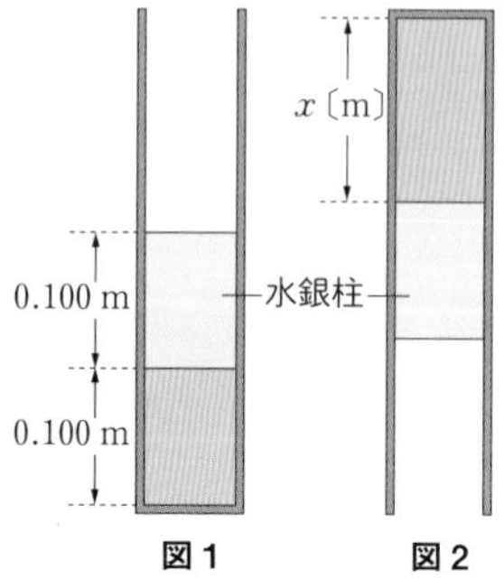

(1) **図1**のときの空気柱の圧力は何Paか。

(2) 同様に，**図2**のときの空気柱の圧力は何Paか。

(3) **図2**のときの空気柱の長さは何mか。

6 図のように，半径 r の球形の容器の中に，質量 m の気体分子が N 個入っている。気体の分子は速さ v で運動しており，容器の壁と完全弾性衝突し，気体の分子どうしは衝突しないものとする。

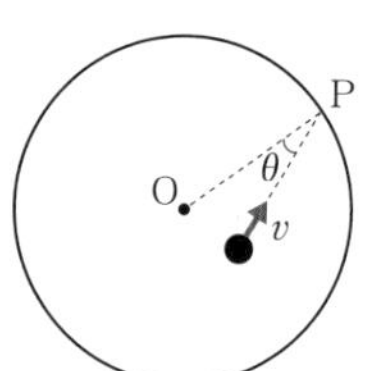

(1) 1個の気体分子が入射角 θ で器壁上の点Pで衝突するとき，分子の運動量変化の大きさはいくらか。

(2) 入射角 θ の気体分子が，単位時間あたりに器壁と衝突する回数を求めよ。

(3) 1個の気体分子が，単位時間あたりに器壁におよぼす力積の総和を求めよ。

(4) N 個の分子が，単位時間あたりに器壁におよぼす力積の総和を求めよ。

(5) 器壁が受ける圧力 p を求めよ。

(6) 容器の体積を V として，(5)で求めた圧力 p を，V，N，m，v で表せ。

ヒント

5 (3) ボイルの法則を用いる。

7 一定質量の気体をシリンダーの中に閉じ込めた。次のときは，図の①～③のどの変化にあたるか。

(1) 気体が仕事をするとき。

(2) 気体の温度が上昇するとき。

(3) 気体の内部エネルギーが増加するとき。

(4) 気体が外部から熱を吸収するとき。

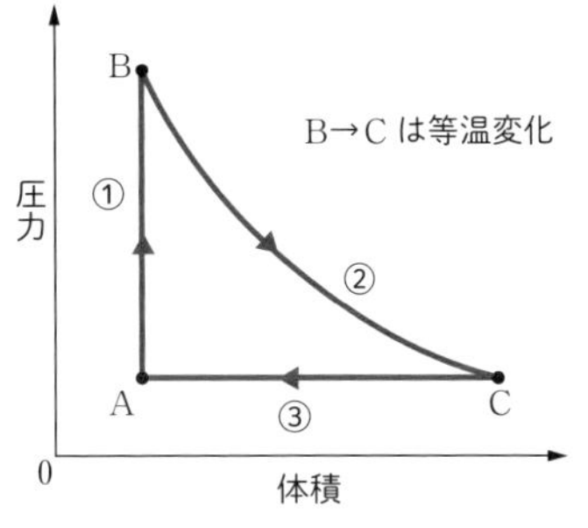

8 ピストンの付いた容器の中に一定量の理想気体を入れ，図のように圧力と体積の状態を変化させた。A から B の過程で気体が吸収した熱量を Q〔J〕，B から C の過程は等温変化で，外部から気体に加えられた仕事を W〔J〕とする。

(1) A から B の状態変化で，気体の内部エネルギーの変化量を求めよ。

(2) B から C の状態変化で，気体の放出する熱量を求めよ。

(3) C から A の状態変化で，気体の放出する熱量を求めよ。

9 図のように，断面積が 3.0×10^{-2} m^2 でピストンの付いた円筒形の容器に，温度が 0℃の単原子理想気体 1.0 mol を入れる。シリンダーは水平でピストンはなめらかに動き，容器内の圧力は外圧と等しく 1.0×10^5 Pa である。

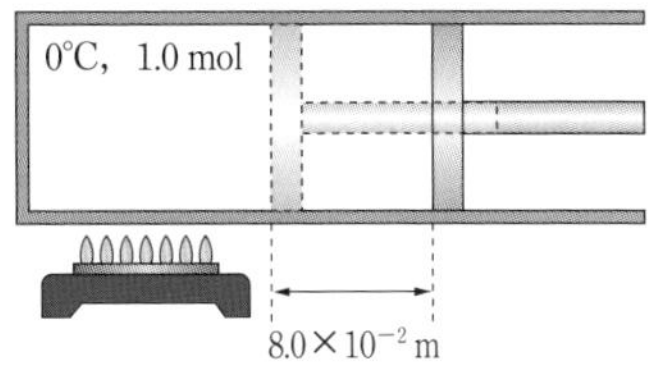

この気体の圧力を一定に保ちながら 6.0×10^2 J の熱を加えたところ，気体はピストンを 8.0×10^{-2} m 動かした。

(1) 気体の温度はいくら上昇したか。

(2) 定圧モル比熱はいくらか。

(3) 気体が外部にした仕事はいくらか。

(4) 気体の内部エネルギーの増加はいくらか。

(5) 定積モル比熱はいくらか。

ヒント

7 (2) p-V グラフの等温線を考える。(3) 熱力学の第1法則を用いる。

8 熱力学の第1法則より考える。

9 はじめの気体の体積は，標準状態なので 2.24×10^{-2} m^3 である。(1) シャルルの法則を用いる。

10 ピストンの付いた円筒形の容器に，圧力 2.0×10^5 Pa，温度 27℃の理想気体を $100\ \mathrm{m}^3$ 入れた。この気体を次の順番に変化させる。

① 圧力を一定にしながら 327℃に加熱する。
② 体積を一定にしながら 27℃に冷却する。
③ 圧力を一定にしながら −123℃に冷却する。
④ 体積を一定にしながら 27℃に加熱する。

(1) ①〜④の状態の変化を p-V 図に表せ。
(2) ③において，理想気体が外部からされる仕事は何 J か。
(3) ①において，理想気体が外部にする仕事は何 J か。

11 図のように，円筒容器にばねの付いたピストンがなめらかに動くようになっており，容器の中には温度が 400 K で 0.20 mol の単原子分子の理想気体が入っている。ピストンの断面積は $2.0\times10^{-3}\ \mathrm{m}^2$ で，はじめ，ばねの長さは自然長であった。その後，気体を加熱したところ，ピストンは 0.15 m 動いた。大気圧を 1.0×10^5 Pa，ばね定数を 6.0×10^2 N/m，気体定数を 8.3 J/(mol・K)とする。

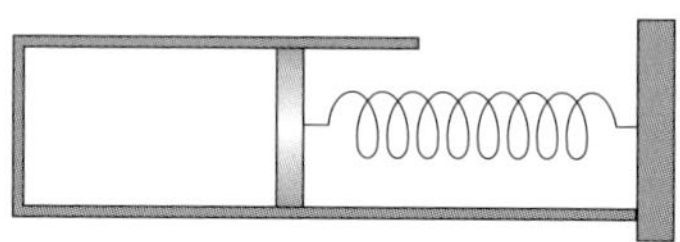

(1) 気体を加熱する前の気体の体積は何 m^3 か。
(2) 気体を加熱してばねが縮んだときのばねの弾性力は何 N か。
(3) 気体が膨張した後の気体の圧力は何 Pa か。
(4) 気体の体積は何 m^3 になったか。
(5) 気体の温度は何 K になったか。
(6) 気体の内部エネルギーの変化量は何 J か。

ヒント

10 (1) ①と③は定圧変化なのでシャルルの法則，②と④は定積変化なのでボイル・シャルルの法則より求める。

11 (3) 大気圧とばねの弾性力による圧力を考える。

Advanced Physics

物理

第3部

音と光

MY BEST

Advanced Physics

第章　波の伝わり方

| 1 | 単振動と正弦波

| 2 | 2つの波源からの波の干渉

| 3 | 波の反射・屈折・回折

1 単振動と正弦波

1 単振動

A 単振動

ばねにおもりをつるし，つり合いの状態からばねを下方に A だけ引き下げて静かに手をはなすと，おもりはつり合いの位置を中心にして，上下に振幅 A の周期的な振動(単振動)を繰り返す。最高点と最下点ではおもりの速さは0，振動の中心では速さが最大である。

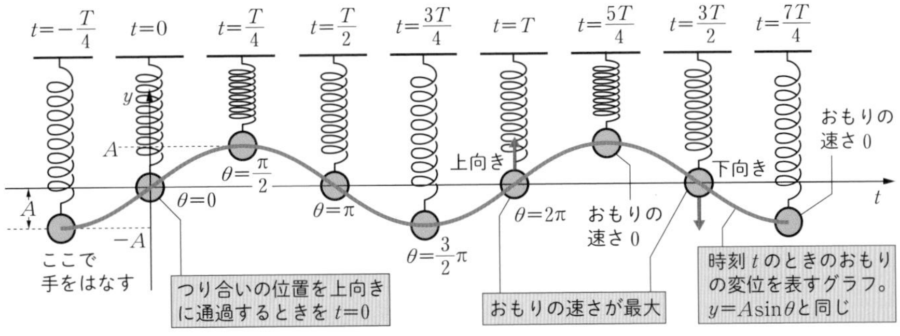

図1　ばねにつるしたおもりの単振動

B 単振動の式

図1 のように，時刻 $t=0$ のときにつり合いの位置を上向きに通過し，振幅が A の単振動をするおもりについて考える。単振動の周期を T とすると，$\frac{T}{2}$ ごとにおもりの変位は0となり，T ごとにはじめの状態に戻って，同じ運動を繰り返すことになる。

時間と回転角(右のプラス α 参照)の関係を対応させると，**1周期(T)は角度 2π rad の増加に対応する。**

つまり，単位時間に角度は $\frac{2\pi}{T}$〔rad/s〕増加する。したがって，t〔s〕後の角度は $\frac{2\pi}{T}t$〔rad〕で表される。

以上のことから，原点を $t=0$ で上向きに通過する振幅 A，周期 T の単振動の変位 y は次のように表される。

＋アルファ

図1 の単振動は，半径 A の円周を1周 T で等速円運動する物体の y 座標で表すことができる。このときの回転角 θ は位相を表し，弧度法を用いて rad で表す。

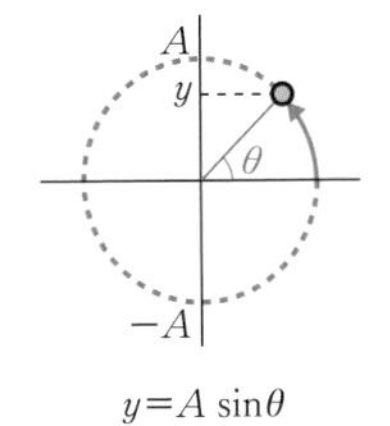

$y=A\sin\theta$

$$y = A\sin\frac{2\pi}{T}t \qquad \cdots\cdots(1)$$

2 正弦波

A 単振動と正弦波

$y=A\sin\dfrac{2\pi}{T}t$ の式で表される原点の媒質(静止時に原点にあった媒質)の単振動が周囲の媒質に一定の速さ v で伝わると，振幅 A，周期 T，正弦曲線の波形が速さ v で進む**正弦波**となる。

B 波の関係式

P.132 で学んだ波の関係式は正弦波でも成り立つので，正弦波の速さ v，波長 λ，周期 T，振動数 f の間に次の関係式が成り立つ。

$$v=\frac{\lambda}{T}=f\lambda \qquad \cdots\cdots(2) \qquad\qquad T=\frac{1}{f} \qquad \cdots\cdots(3)$$

C 正弦波の式

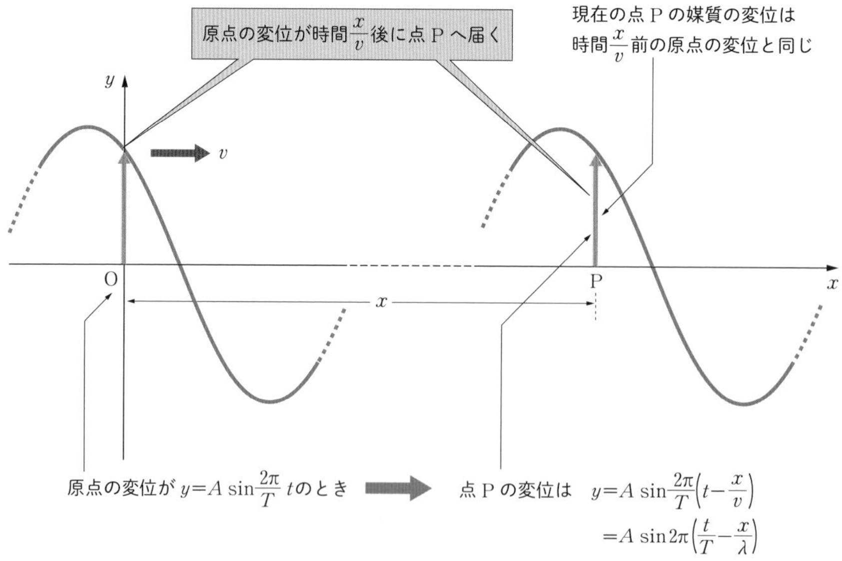

図2 x 軸の正の向きに進む正弦波

原点の媒質が式(1)で表される単振動をして，それが x 軸の正の向きに速さ v で伝わるとき，原点から距離 x だけ離れた点Pに正弦波が伝わるには時間 $\dfrac{x}{v}$ だけかかる。その結果, 時刻 t の点 P の媒質の変位は時間 $\dfrac{x}{v}$ だけ前の原点の媒質の変位と同じになる。

$t=0$ で原点の媒質が y 軸の正の向きに振動する正弦波の式は, 次のようになる。

$$y=A\sin\frac{2\pi}{T}\left(t-\frac{x}{v}\right)=A\sin2\pi\left(\frac{t}{T}-\frac{x}{\lambda}\right) \quad \cdots\cdots (4)$$

D 位相について

一般には, 式(4)は

$$y=A\sin\left\{\frac{2\pi}{T}\left(t-\frac{x}{v}\right)+\alpha\right\}=A\sin\left\{2\pi\left(\frac{t}{T}-\frac{x}{\lambda}\right)+\alpha\right\} \quad \cdots\cdots (5)$$

と書ける。式(4)は $\alpha=0$ の場合の式であり, $t=0$ のとき原点 O$(x=0)$ の変位が 0 でその後原点 O が上向きに変位する場合である。

式(5)の $\left\{2\pi\left(\dfrac{t}{T}-\dfrac{x}{\lambda}\right)+\alpha\right\}$ の部分を波の**位相**といい, 振動の状態を表す。α は原点の $t=0$ での波の位相(初期位相)を表す。

振動の状態が同じ場所を**同位相**, 位相が π rad 異なる場所を**逆位相**という。

例題 118 正弦波の式のつくり方

時刻 $t=0$ のとき, 波源が $y=0$ から上向きに周期 2.0 s, 振幅 0.050 m の単振動を開始した。生じた正弦波の波長は 0.40 m で x 軸の正の向きに連続して進んでいる。原点から距離 x〔m〕の点の媒質の, 時刻 t〔s〕のときの変位 y〔m〕を表す式を求めよ。

考え方 正弦波の式は, 時刻 t のときの座標 x の点の媒質の変位を表している。$t=0$ で波源が正の向きに振動する波だから, 式(4)がそのまま使える。

式 $y=A\sin2\pi\left(\dfrac{t}{T}-\dfrac{x}{\lambda}\right)$ に与えられた数値を代入する。

$v=f\lambda=\dfrac{\lambda}{T}$ を使って v を求め, $y=A\sin\dfrac{2\pi}{T}\left(t-\dfrac{x}{v}\right)$ に代入してもよい。

解答

$y=A\sin2\pi\left(\dfrac{t}{T}-\dfrac{x}{\lambda}\right)$ に $A=0.050$ m, $T=2.0$ s, $\lambda=0.40$ mを代入して

$$y=0.050\,\mathrm{m}\times\sin2\pi\left(\frac{t}{2.0\,\mathrm{s}}-\frac{x}{0.40\,\mathrm{m}}\right) \quad \cdots 答$$

E y-x グラフと y-t グラフの関係

図 3 の左図において，破線は時間が少し経過した後の y-x グラフである。

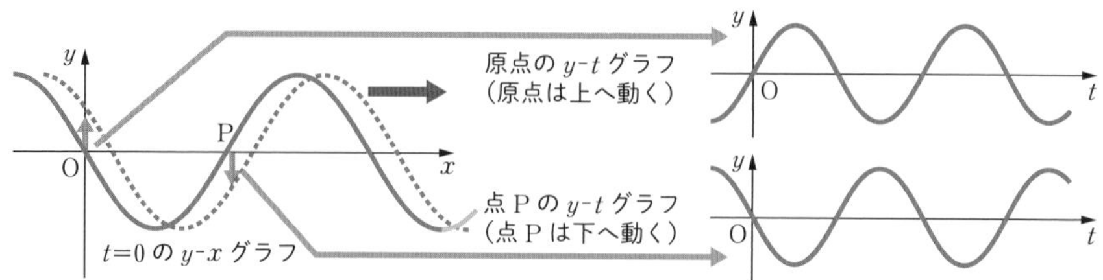

図 3　y–x グラフと y–t グラフの関係

例題 119　波のグラフと式

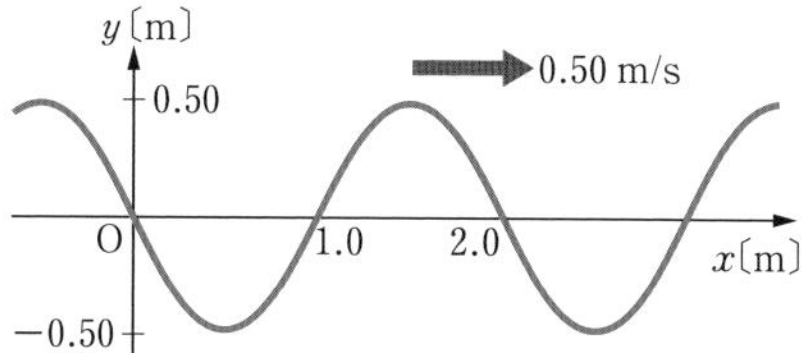

右のグラフは，x 軸の正の向きに進む正弦波の，時刻 $t=0$ のときの波形を表している。この波の速さが 0.50 m/s であるとき，次の問いに答えよ。

(1)　1.0 s 後の波形を表すグラフをかけ。

(2)　原点の変位 y〔m〕と時刻 t〔s〕の関係を表すグラフをかけ。

(3)　位置 x〔m〕の時刻 t〔s〕における変位 y〔m〕を表す式を求めよ。ただし $\pi=3.14$ とする。

考え方　与えられているのは y-x グラフである。

(1)　波の速さが 0.50 m/s だから，1.0 s 後には波形全体が 0.50 m だけ右へ平行移動した形になる。

(2)　(1)のように波を少し進めてみると，原点ははじめ上向きに動くことがわかる。よって，$t=0$ から右上がりにスタートする正弦波になる。

また，周期は

$$T=\frac{\lambda}{v}=\frac{2.0\ \mathrm{m}}{0.50\ \mathrm{m/s}}=4.0\ \mathrm{s}$$

(3)　原点が上向きに動くので，式(4)がそのまま使える。与えられた数値を

$y=A\sin\dfrac{2\pi}{T}\left(t-\dfrac{x}{v}\right)$ に代入する。

解答

(1)

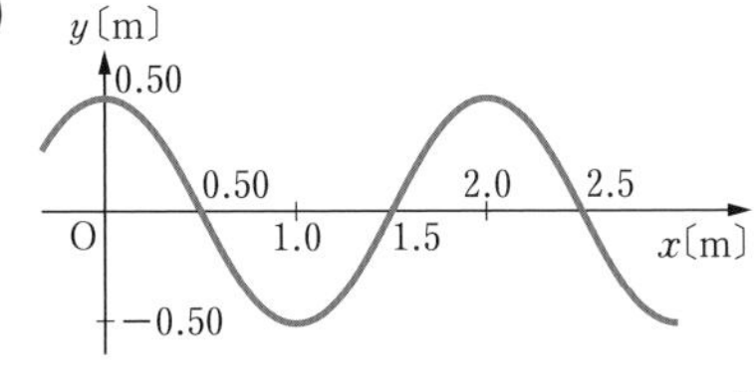

…答

(2)

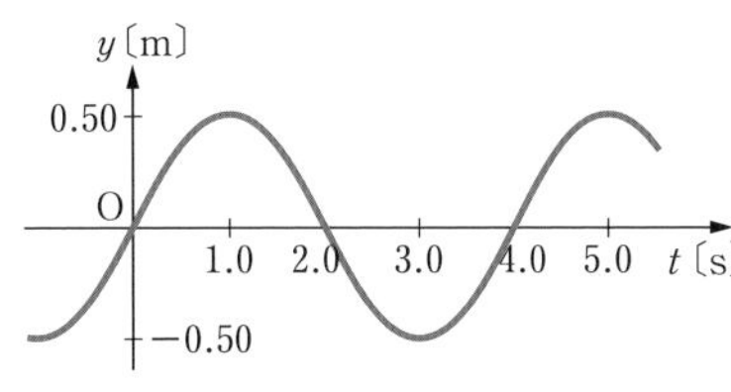

…答

(3) $y=A\sin\frac{2\pi}{T}\left(t-\frac{x}{v}\right)=0.50\ \mathrm{m}\times\sin\frac{2\pi}{4.0\ \mathrm{s}}\left(t-\frac{x}{0.50\ \mathrm{m/s}}\right)$

$=0.50\ \mathrm{m}\times\sin 3.14\left(\frac{t}{2.0\ \mathrm{s}}-\frac{x}{1.0\ \mathrm{m}}\right)$ …答

2　2つの波源からの波の干渉

1　波の干渉

A 波の干渉

2つの波が重なり合うとき，山と山，谷と谷のように同位相の波形が重なると振幅が大きくなり，山と谷のように逆位相の波形が重なると弱め合って振幅が小さくなる。このような現象を**波の干渉**という。定在波(定常波，p.141)も波の干渉によってできる。

B 2つの波源からの水面波の干渉

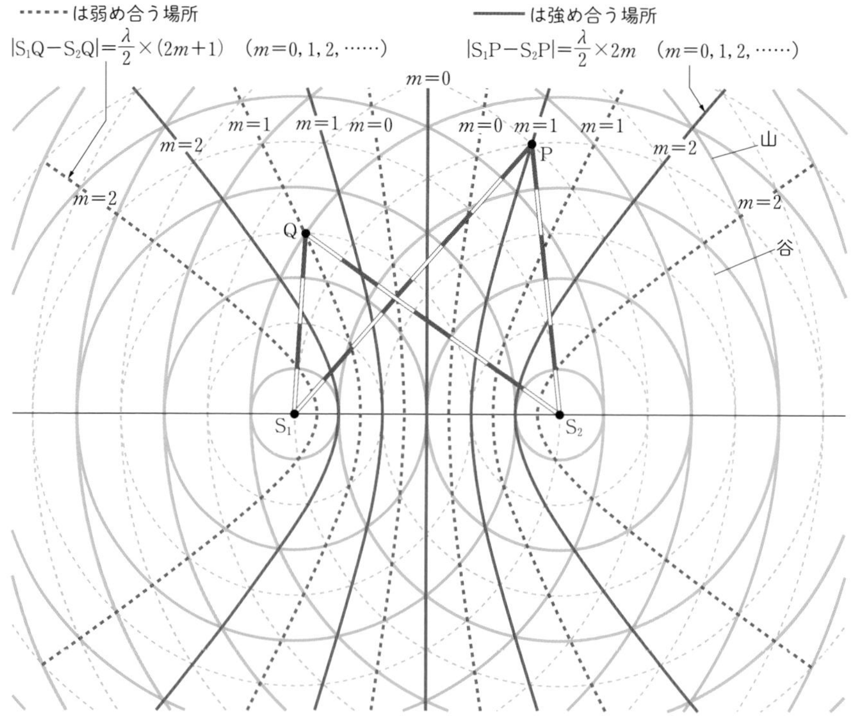

図4　波長の整数倍離れた2つの波源による同位相の水面波の干渉
波源の間には，6個の節（弱め合う点）をもつ定在波に近い合成波ができる。

S_1 と S_2 から点 P に向かって，2 人が同時に同じ足(同位相)から歩き出す。

$S_1P-S_2P=$偶数歩

なら同じ足で点 P を踏む。

$S_1P-S_2P=$奇数歩

なら逆の足で点 P を踏む。

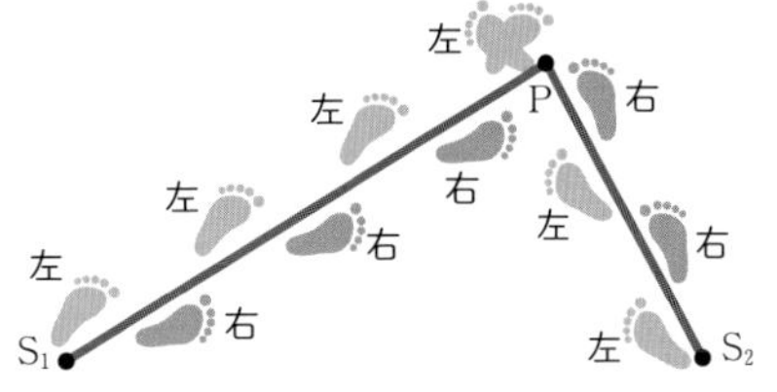

2 人が同じ足(同位相)で点 P を踏めば，強め合って大きな振幅となり，逆の足(逆位相)で点 P を踏めば，弱め合う点となる。このときの 1 歩を半波長と考えれば，波の干渉と同じである。

C 2 つの波源からの波の干渉の条件式

2 つの波源から同位相の波が発生しているとき

$$|S_1P-S_2P|=\begin{cases}\dfrac{\lambda}{2}\times 2m=m\lambda & (\text{強め合う})\\[2mm] \dfrac{\lambda}{2}\times(2m+1) & (\text{弱め合う})\end{cases}\quad\cdots\cdots(6)$$

(ただし，$m=0$，1，2，……)

+アルファ

波源から逆位相の波が発生しているとき，逆の関係となる。

POINT

2つの波源からの同位相の波の干渉

波源からの距離の差

＝半波長の偶数倍（＝波長の整数倍）の点⇨強め合う

＝半波長の奇数倍の点⇨弱め合う

波源が逆位相の場合は，上と逆の関係になる。

例題 120　逆位相の波の干渉

水面上に置かれた2つの波源A (4.5, 0)とB (−4.5, 0)において，逆位相で波長6 cmの同じ波が発生しているとき，次の問いに答えよ。ただし，座標の単位はcmとする。

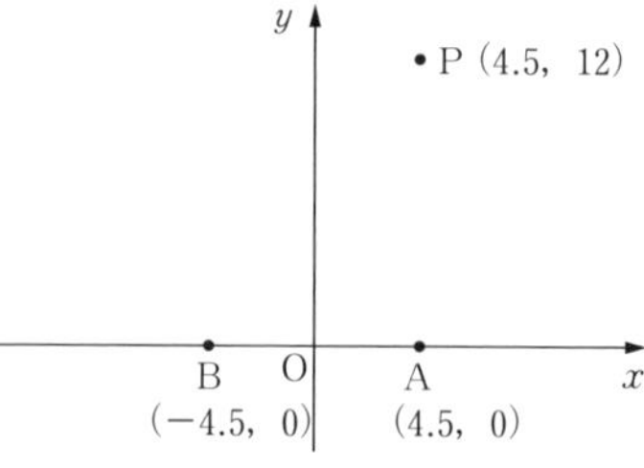

(1)　点P (4.5, 12)はどのような振動をしているか。

(2)　y軸上の各点はどのような振動をしているか。

(3)　AとBの間のx軸上には，弱め合う点はいくつあるか。

考え方　2つの波源では逆位相(位相がπ radずれた)の波が発生している点に注意する。

(1)　BPの距離は，三平方の定理から求める。

(2)　y軸上の点は波源から等距離の点，すなわち距離の差が0の点である。

(3)　AとBの間では，逆向きに進む周期・波長の等しい2つの波が重なり，定在波に近い合成波ができるが，ABの中点O以外では2つの波の振幅は異なり，弱め合う点においても完全には打ち消し合わない。弱め合う点の間隔はもとの波の波長の半分であること，逆位相の波源の中点では完全に打ち消し合うことに注意して，AB間の弱め合う点の位置を考える。

解答

(1)

$$BP=\sqrt{AB^2+AP^2}=\sqrt{(9.0\ \mathrm{cm})^2+(12\ \mathrm{cm})^2}=15\ \mathrm{cm}$$

$$AP=12\ \mathrm{cm}$$

$$BP-AP=3\ \mathrm{cm}$$

波源からの距離の差が半波長(3 cm)の奇数倍(1倍)であり，波源が逆位相だから，点Pでは強め合う。したがって

点Pはもとの波の和を振幅として振動をする　…答

(2)　y軸は波源から等距離の点の集合であり，波源が逆位相だから，すべて弱め合う。したがって

y軸上の各点はまったく振動しない　…答

(3)　ABの中点Oで完全に打ち消し合い，弱め合う点の間隔は半波長(3 cm)であるので，AB間の弱め合う点は(−3.0, 0)，(0, 0)，(3.0, 0)の3点である。

弱め合う点は3個　…答

D 波が運ぶエネルギー

波が運ぶエネルギーは媒質の運動エネルギーと媒質間にはたらく力による位置エネルギーを合わせたものの波の速さでの移動であり，進行方向に垂直な単位面積の面を通って単位時間に波が運ぶエネルギーを波の強さといい，振幅Aの2乗，振動数fの2乗，波の速さv，および媒質の密度ρに比例することが知られている。

空間の1点から広がっていく波のエネルギーは，波源から遠ざかるにつれ減少する。

＋アルファ

球面状に広がる波の表面積は，波源からの距離rの2乗に比例して増加するから，球面上の面積1 $\mathrm{m^2}$を通過する波のエネルギーはr^2に反比例する。したがって，波の振幅Aは波源からの距離rに反比例する。

Q 正負のパルス波が重なって弱め合ったとき，波のエネルギーはどうなるのですか？

A パルス波は，波形の勾配が大きいところにたまったエネルギーを波とともに運びます。正負のパルス波が逆進して出会い，両者が重なった領域では，変位は弱め合います。変位が完全に打ち消し合った瞬間には，波のエネルギーのうち位置エネルギーの部分は0となりますが，媒質の各点は速度をもっており，運動エネルギーをもっているので，波のエネルギーは0にはなりません。

3 波の反射・屈折・回折

1 ホイヘンスの原理

A 平面波と球面波

波の同じ振動状態点(連続波なら同位相の点)をつないだ面を**波面**という。波面が平面である波を**平面波**，波面が球面である波を**球面波**という。

+アルファ

海岸に打ち寄せる波は平面波，水面に小石を落として広がる波は球面波である。

素元波どうしが干渉によって弱め合い，共通に接する曲面にのみ波面が残る。

B ホイヘンスの原理

波面 AB 上の各媒質の振動によって，**素元波**とよばれる球面波が無数に発生する。これらの球面波に共通に接する曲面が次の瞬間の波面 A′B′ となって波が進んでいくと考えると波動現象をうまく説明できる。この考え方を**ホイヘンスの原理**という。

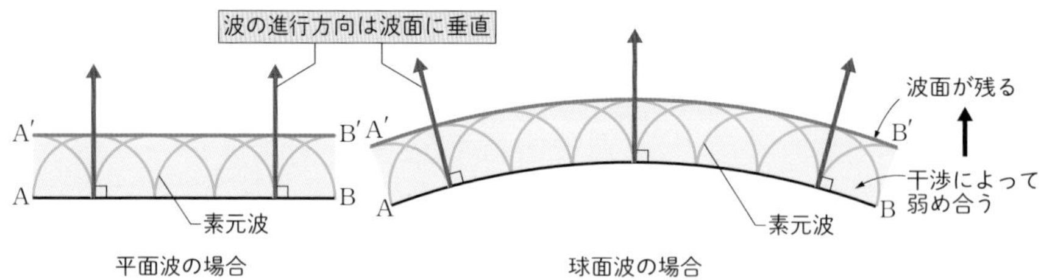

図5 ホイヘンスの原理による波の伝わり方の説明

2 波の反射

A 反射の法則

波が反射するとき，入射角を i，反射角を j とすると

入射角 i=反射角 j ……(7)

の関係があり，式(7)を**反射の法則**という。

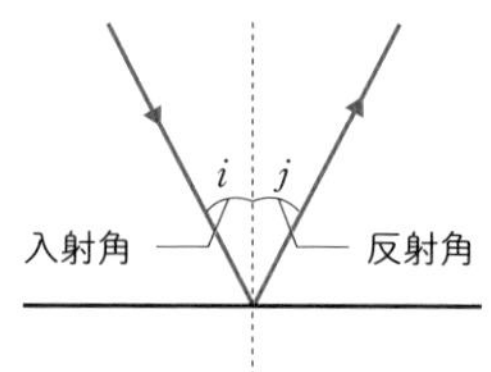

図6 波の反射

B ホイヘンスの原理による反射の説明

波面上の点Aが境界面に達したときの波面をA_1B_1とする。波の速さをvとすると，B_1が境界面に達するまでのt秒間に，A_1で発生した素元波の半径はvtになっており，これと境界面上の各点から発生した無数の素元波はすべて平面A_2B_2に接するので，これが反射波の波面となる。反射では振動数，波長とも変化せず，反射波は波面に垂直な方向に進む。

反射の法則は次のように説明できる。

図7の$\triangle A_1B_2B_1$と$\triangle B_2A_1A_2$は直角三角形で，A_1B_2が共通であり，$B_2B_1=A_1A_2$だから

$$\triangle A_1B_2B_1 \equiv \triangle B_2A_1A_2$$

そこで

$$\angle A_1B_2B_1 = \angle B_2A_1A_2$$

よって　$i=\dfrac{\pi}{2}-\angle A_1B_2B_1=\dfrac{\pi}{2}-\angle B_2A_1A_2=j$

＋アルファ

境界面上で媒質が変位できない**固定端**の場合には，反射波は逆符号になる。

波の進行方向は波面に垂直である。ホイヘンスの原理では，波面の動きのとらえ方がポイントになる。

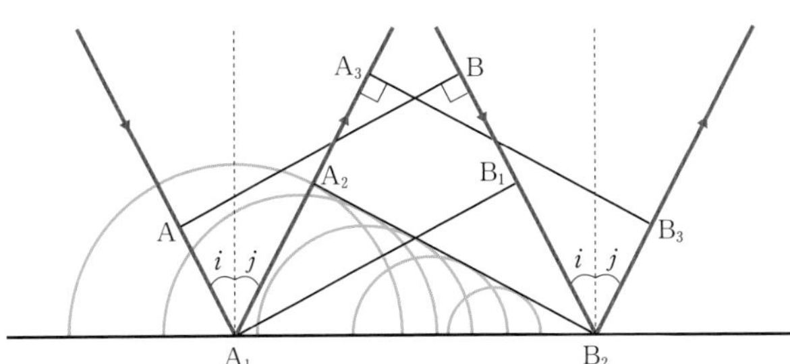

図7　ホイヘンスの原理による反射の説明

＋アルファ

入射角，反射角は波の進行方向と境界面に立てた垂線との間の角度で，反射面との間の角度ではない。

POINT

反射の法則

入射角i＝反射角j

3 波の屈折

A 屈折の法則

媒質中を伝わる波の速さが変化すると，波は**速さの遅い側へ曲がって進む。**これを**波の屈折**という。入射角と屈折角の正弦(sin)の比は一定であり，これを**屈折の法則**という。**図8**において，nを媒質1に対する媒質2の**屈折率**だとすると，次の関係がある。

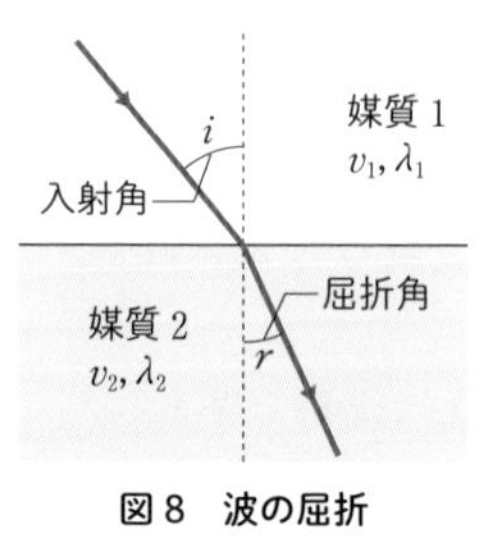

図8 波の屈折

＋アルファ

速さが変化するので波長も変化する。振動数は変わらない。

屈折率の式(8)は，境界面を分数に見立てて $\dfrac{媒質1}{媒質2}$ の関係をつくればよい。

$$n=\frac{\sin i}{\sin r}=\frac{v_1}{v_2}=\frac{\lambda_1}{\lambda_2} \qquad \cdots\cdots (8)$$

(i：入射角，r：屈折角，v_1：媒質1での速さ，λ_1：媒質1での波長，v_2：媒質2での速さ，λ_2：媒質2での波長)

B ホイヘンスの原理による屈折の説明

媒質1，2中を波が伝わる速さをv_1，v_2($v_1>v_2$)，Aが境界面PQに達したときの波面をA_1B_1とする。

B_1が境界面に達するまでのt秒間に，A_1から発生した素元波の半径はv_2tになっており，これと境界面上の各点から発生した無数の素元波に共通に接する平面A_2B_2が屈折波の波面となる。屈折波は波面A_2B_2に垂直な方向に進む。

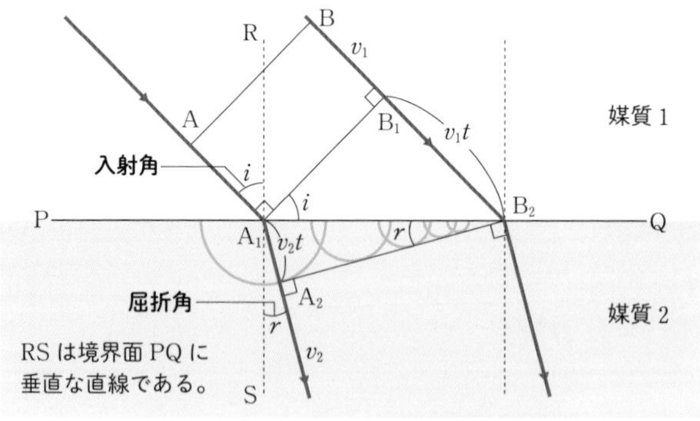

図9 ホイヘンスの原理による屈折の説明

$$\angle RA_1B_1+\angle B_2A_1B_1=\angle RA_1B_1+\angle RA_1A=\frac{\pi}{2}$$

よって　$\angle B_2A_1B_1=\angle RA_1A=i$　$\cdots\cdots$(入射角)

$$\angle SA_1A_2 + \angle A_2A_1B_2 = \angle A_1B_2A_2 + \angle A_2A_1B_2 = \frac{\pi}{2}$$

よって　$\angle A_1B_2A_2 = \angle SA_1A_2 = r$ ……(屈折角)

$\triangle A_1B_2B_1$ と $\triangle B_2A_1A_2$ において

$B_1B_2 = v_1 t$, $A_1A_2 = v_2 t$

よって　$\dfrac{\sin i}{\sin r} = \dfrac{\frac{B_1B_2}{A_1B_2}}{\frac{A_1A_2}{A_1B_2}} = \dfrac{v_1 t}{v_2 t} = \dfrac{v_1}{v_2} = \dfrac{f\lambda_1}{f\lambda_2} = \dfrac{\lambda_1}{\lambda_2} = n$ ……(屈折率)

POINT

屈折の法則　⇨　入射角と屈折角の正弦の比は一定

媒質1に対する媒質2の屈折率　$n = \dfrac{\sin i}{\sin r} = \dfrac{v_1}{v_2} = \dfrac{\lambda_1}{\lambda_2}$

波の速さの遅い媒質の側へ屈折する。屈折の際, 波の振動数は変化しない。

例題 121　波の反射と屈折

波長 8.0 cm の波が媒質 1 と媒質 2 の境界面で一部は反射し, 残りは屈折して媒質 2 へ進んだ。右図は, 入射波の波面と進行方向を表している。波の速さが, 媒質 1 中で 20 cm/s, 媒質 2 中で 40 cm/s であるとき, 次の問いに答えよ。

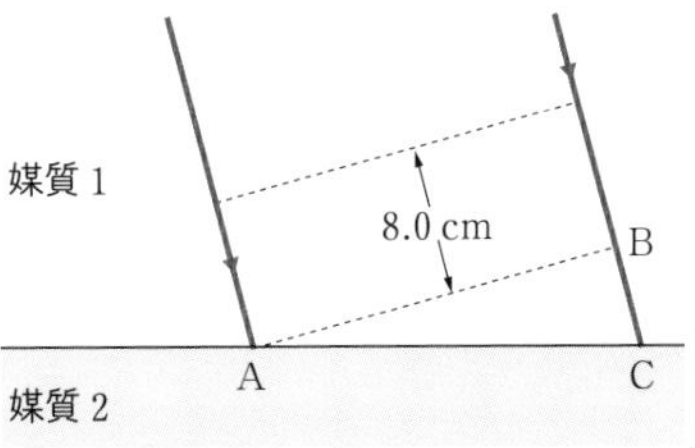

(1)　媒質 1 に対する媒質 2 の屈折率はいくらか。

(2)　反射波と屈折波の波面と進行方向を, 図にならってかけ。

考え方 (1)　屈折率は, 2 つの媒質の間の波の速さや波長の比である。

(2)　反射波の場合は速さが変化しないので, 波が点 B から点 C に進む間に点 A から広がる素元波の半径は BC と同じになる。屈折波の場合は速さが 2 倍になるので, 波が点 B から点 C へ進む間に点 A から広がる素元波の半径は BC の 2 倍になる。

解答

(1)　屈折率　$n = \dfrac{v_1}{v_2} = \dfrac{20\ \text{cm/s}}{40\ \text{cm/s}} = 0.50$ …答

(2) $\lambda_2=\frac{\lambda_1}{n}=\frac{8.0\text{ cm}}{0.50}=16\text{ cm}$

点Aを中心にBCを半径とした素元波の半円をかき，点Cから引いた接線が反射波の波面になる。屈折波は速さが2倍になるので，点Aを中心にしてBCの2倍の半径の素元波をかき，点Cから引いた接線が屈折波の波面になる。波の進行方向はつねに波面と垂直である。

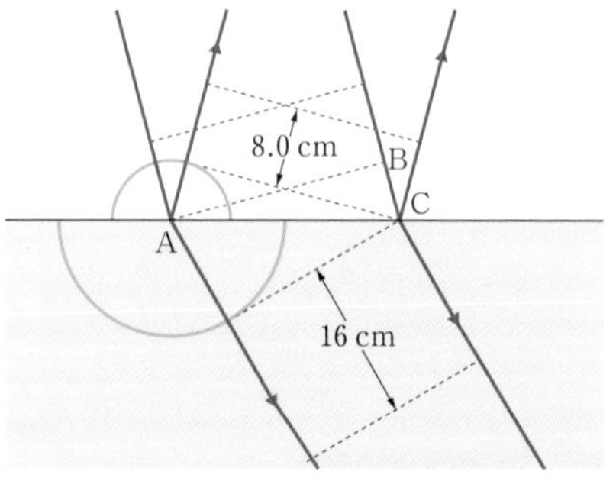

解答は右の図の通り。 …答

コラム　**波が平行に打ち寄せるわけ**

水深 h の浅いところでの水面波の速さは，重力加速度の大きさを g とすると $\sqrt{gh}$ で表される。沖合ではいろいろな方向へ進む波も，砂浜に打ち寄せるときは例外なく岸に平行に打ち寄せるのは，岸に近づくにつれて水深 h が浅くなるため波の速さが遅くなって，波が水深の浅い岸のほうへ向かって屈折するためである。また，速さが遅くなるにつれて後ろの波が前の波に追い付くので，波長が短くなり，波の間隔も狭くなる。

4 波の回折

A 波の回折

波は進路の途中に障害物(物体)があると，本来は波が届かないはずの障害物の背後へも回り込んで進む。この現象を**波の回折**という。**回折現象は物体の大きさに対して波の波長が大きいほどはっきりと現れる。**

B ホイヘンスの原理による波の回折の説明

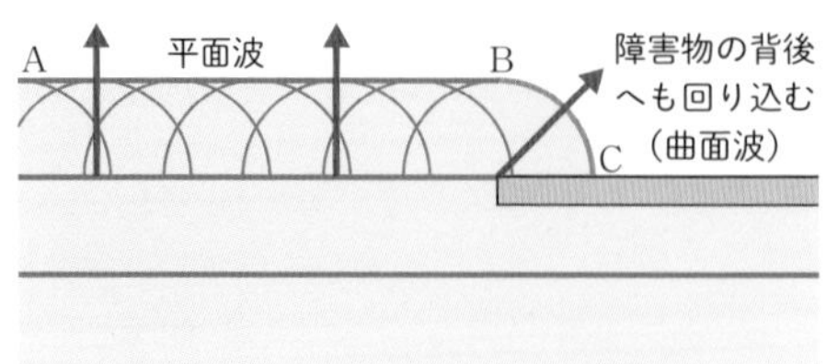

図10　ホイヘンスの原理による回折の説明

＋アルファ

波面ABは多数の素元波が重なり合うので，振幅も波のエネルギーも大きい。しかし，波面BCは重なり合う素元波の数が少ないので，振幅・エネルギーともに小さいため，回折波は目立たない。

大多数の素元波に共通に接する新しい波面は，**図 10** の AB のような平面波となる。しかし，障害物の端付近で発生した素元波については，障害物側からは素元波がこないので BC のように球面波になり，波は障害物の背後にも回り込んで進むことになる。このため，回折が起こる。

C 波長と回折現象の関係

図 11(a) は点 P と点 A，B との距離の差が半波長に比べて無視できるほど小さいので，点 P には AB 間の各点からほぼ同位相の波が届くことになり点 P は大きく振動する。点 Q は点 A，B との距離の差が半波長程度になるので打ち消し合う波が多くなるが全体としては小さく振動する。つまり，点 Q までの範囲には回折して波が届く。

図 11(b) は点 Q では点 A，B との距離の差が半波長以上になる。そのため波が互いに打ち消し合うので，点 Q には届かないことになる。

+アルファ

図 11 は 2 つの波源からの波の干渉と同じ考え方。

同じ波面上で AB 間以外の各点からも波が届くが，位相がバラバラだからすべて打ち消し合う。

波の入口（開口部）が狭いと回折現象が顕著になる。これは AB 間が小さくなるので距離の差も小さくなるためである。

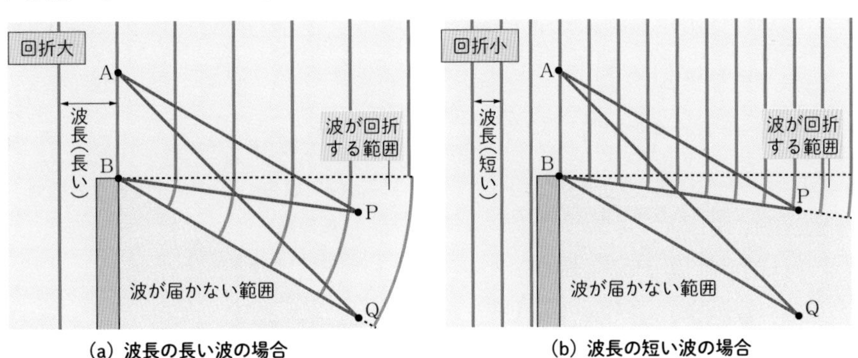

(a) 波長の長い波の場合　(b) 波長の短い波の場合

図 11　波長の違いによる回折現象の違い

POINT

波の回折現象がはっきり現れるのは，波長が障害物や開口部より大きい場合

波長が，障害物や開口部の大きさに比べて相対的に大きいほど，回折現象ははっきり現れる。

この章で学んだこと

1 単振動と正弦波

(1) 単振動

変位 y が，時間 t とともに正弦関数で周期的に変化する。

$$y=A\sin\frac{2\pi}{T}t$$

(2) 正弦波

媒質の単振動が一方向に伝わるときに生じる正弦関数を波形とする波が正弦波である。

(3) 波の関係式

波は１回の振動(周期 T)で波長 λ 進む。

$$v=\frac{\lambda}{T}=f\lambda$$

(4) 正弦波の式

時刻 t における位置 x の変位 y

$$y=A\sin\frac{2\pi}{T}\left(t-\frac{x}{v}\right)$$

$$=A\sin2\pi\left(\frac{t}{T}-\frac{x}{\lambda}\right)$$

(周期 T，速さ v，波長 λ)

(5) 初期位相がある場合の正弦波の式

$$y=A\sin\left\{\frac{2\pi}{T}\left(t-\frac{x}{v}\right)+\alpha\right\}$$

$$=A\sin\left\{2\pi\left(\frac{t}{T}-\frac{x}{\lambda}\right)+\alpha\right\}$$

(初期位相 α)

2 波の干渉

同じ振動数(つまり同じ波長)の波が重なったとき，強め合ったり，弱め合ったりする現象。同位相の波源 S_1 と S_2 による干渉条件は

$$|S_1P-S_2P|=\frac{\lambda}{2}\times\begin{cases}2m & \cdots強\\ 2m+1 & \cdots弱\end{cases}$$

$(m=0,\ 1,\ 2,\ \cdots\cdots)$

逆位相の場合は，干渉条件が反転する。

3 波の反射・屈折・回折

(1) ホイヘンスの原理

波面上の各媒質の単振動によって，素元波が発生する。この素元波に共通して接する曲面が次の波面となる。

(2) 反射

入射角 i と反射角 j は等しい。反射波は自由端では同符号だが，固定端では逆符号になる。

(3) 屈折の法則

波は媒質の境界面で速さの遅い媒質の側へ曲がって進む。

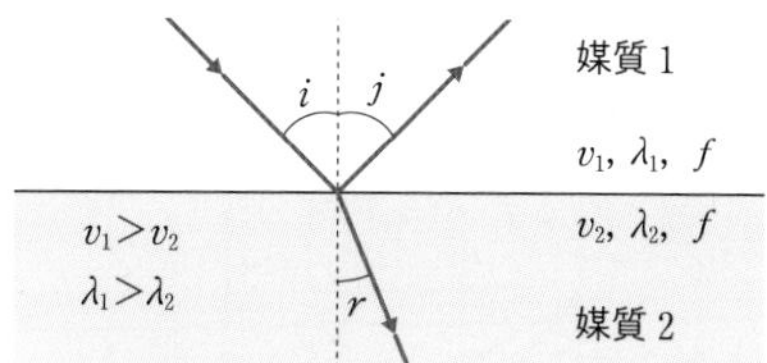

$$\frac{\sin i}{\sin r}=\frac{v_1}{v_2}=\frac{\lambda_1}{\lambda_2}=n$$

(n：媒質１に対する媒質２の相対屈折率)

振動数は変化しない。

(4) 回折

波が障害物の背後へ回り込んで進む現象。障害物の大きさに比べて波長の長い波ほど目立つ。

Advanced Physics

第  章　音波

|1| 音の伝わり方

|2| ドップラー効果

1 音の伝わり方

1 音波

A 音波

媒質中を伝わる縦波のうち，人が聞くことのできる振動数 20 Hz ～ 20000 Hz のものを**可聴音**という。音は縦波なので，どのような媒質中でも伝わることができる。媒質中を音が伝わる際に，媒質は音源(発音体)と同じ振動数で振動する。

B 音波のグラフ

音は縦波なので，横波表示でグラフに表す。媒質が**密**な点は，圧力が最大であり，媒質が**疎**な点は圧力が最小である(縦波を横波表示する場合は，変位の正の向きが縦波の進行方向についてのどの向きを表すかに注意する必要がある)。

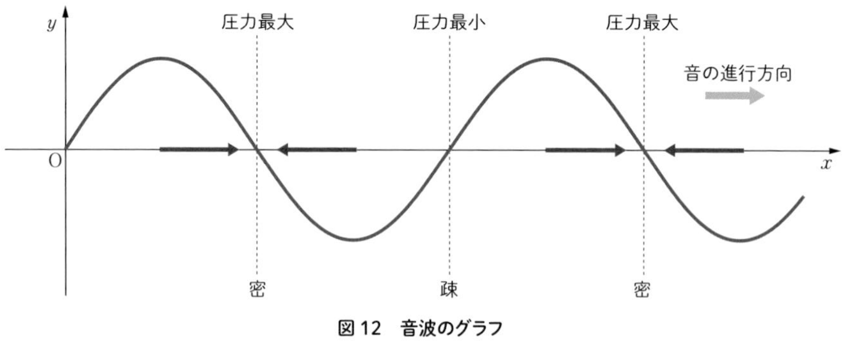

図 12　音波のグラフ

2 音速

A 媒質中の音の速さ

気体＜液体＜固体の順に媒質中を伝わる音速は大きくなる。

❶ **空気中の音速**

空気中を伝わる音の速さは気温とともに増加する。セ氏温度が t ℃のときの音速を V m/s とすると

$$V=331.5+0.6t \quad \cdots\cdots (9)$$

が成り立つ。気温の変化によって音速が変化するとき，**波長は変化するが，振動数は変わらない。**

❷ 風が吹く場合の空気中の音速

風が吹いても，空気に対する音の速さ自体は変化しない。ただし，風が吹くと媒質である空気が動くので，**地面に対する音速が変化する。**

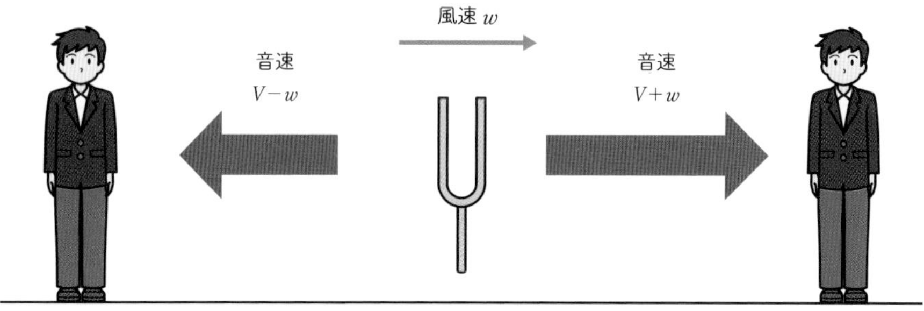

図 13　風が吹く場合の音速

B 音の 3 要素

音の高さ(振動数の大小)，音の強さ(運ばれるエネルギーの大小)，音色(音の振動のようす)を**音の 3 要素**という。

3 音の伝わり方

音は媒質中を伝わる縦波だから，一般の波と同じように反射・回折・屈折などの現象を示す。こうした音の伝わり方は，ホイヘンスの原理(p.376)で説明することができる。

A 音の反射

反射の法則にしたがって，入射角と等しい反射角で反射する。音のパルス波の往復によって生じるこだまや鳴き竜などとよばれる「残響」は，音の反射で生じる現象である。

B 音の回折

可聴音の波長は約 1.7 cm ～ 17 m と大きいために，身のまわりの建物や家具のような大きな障害物に対しても，**回折現象が顕著に現れる。**へいや建物の向こう側の音が聞こえるのは，このためである。

C 音の屈折

❶ 音の屈折

音速の異なる媒質中へ進むとき，音は**音速の小さい媒質の側へ屈折して進む。**

常温の空気中での音速 340 m/s に対し，水中の音速は 1500 m/s だから，屈折の法則から

$$\frac{\sin i}{\sin r}=\frac{v_1}{v_2}=\frac{340\ \mathrm{m/s}}{1500\ \mathrm{m/s}}=0.227$$

もし，$r=90°$ になれば音は水中には入射しない。このとき

$\sin i=0.227$　　よって　$i=13.1°\fallingdotseq 13°$

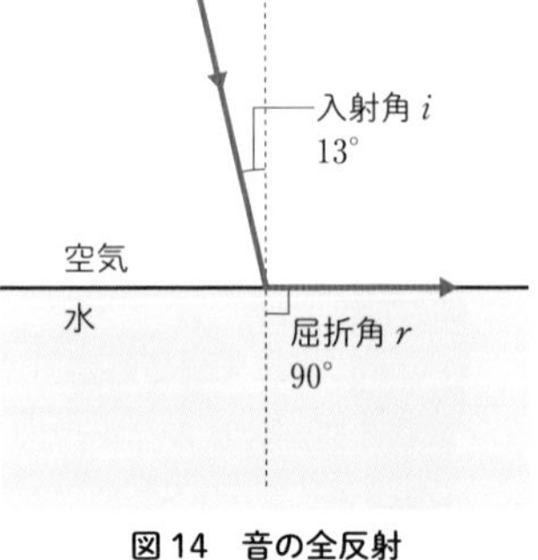

図 14　音の全反射

入射角が 13° 以上になると，音は水中へは入射せず，すべて反射する。これを，**全反射**という。つまり，ほぼ真上から入射する音でなければ，水中には伝わらない。

❷ 気温による屈折

空気中に温度の違いがあると，音速が異なるので，空気という同じ媒質であっても，音は屈折して進む。

日中は遠くの音が聞こえにくく，夜には遠くの音が聞こえやすくなるのはこのためである。つまり，日中は地表付近の気温が上空より高いため音は上方に屈折して逃げていき，夜は地表付近の気温が上空より低いので，音が下方に屈折して近づいてくるからである。

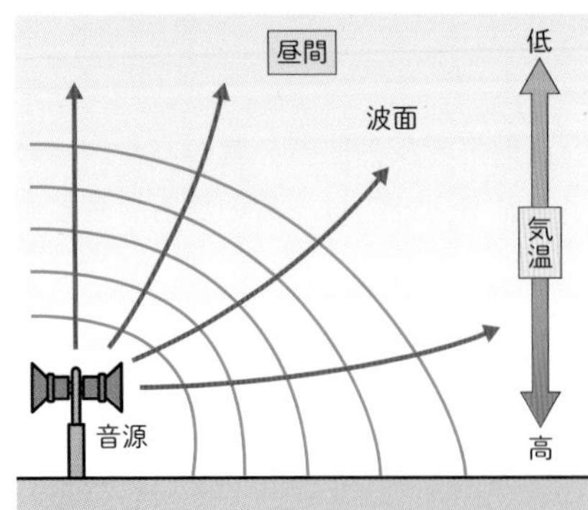

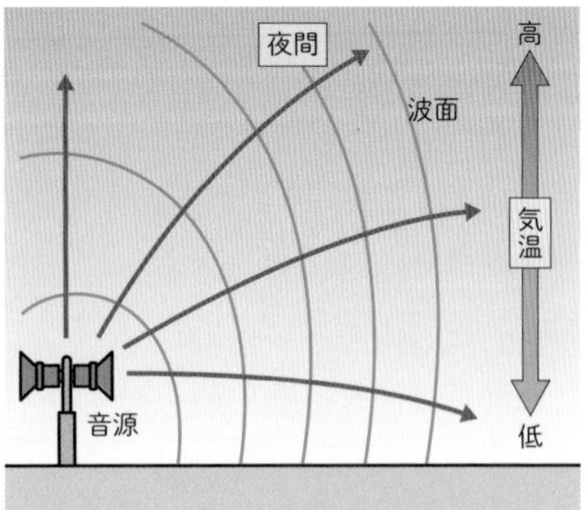

図 15　気温の差による音の屈折

例題 122　音の反射

高い壁に向かって時間間隔をだんだん短くしながら太鼓をたたいたところ，1秒間に1回の割合でたたいたときに，初めて直接音と反射音が重なって聞こえた。音速が340 m/s であるとすると，壁までの距離はいくらか。

考え方　太鼓の音の間隔は1秒だから，反射音は1秒間に壁との間を往復したことになる。

解答

壁までの距離を x〔m〕とすると

$$2x = 340\ \mathrm{m/s} \times 1\ \mathrm{s} = 340\ \mathrm{m}$$

よって　$x = 170\ \mathrm{m}$　…答

例題 123　風による音の曲がり

音は風上の側よりも風下の側へよく伝わるという。その理由を音の進路を考えて説明せよ。ただし，風は上空で水平方向に吹いており，上空よりも地表付近のほうが，障害物や地面との摩擦の影響で風速が小さいものとする。

考え方　風上へ向かう音は実際よりも長い距離を進まなければならないので，風下へ伝わる音よりも弱まり方が大きいように思えるが，10 m/s の強風の場合でもその差はわずかである。ここでは，風速による音速の変化に着目する。

解答

風上に向かって音が進むときは，地表付近よりも上空のほうが音速が小さいので，音は上空のほうへ向かって曲がる。風下に向かって音が進むときは，上空よりも地表付近のほうが音速が小さいので，音は地表のほうへ向かって曲がる。その結果，風上に向かって伝わる音は遠くまで届きにくいが，風下に向かって伝わる音は遠くまで届くことになる。…答

注意　この現象は，波の速度と媒質の速度の合成速度の違いによって起こるものであり，通常の「屈折」とは異なり，「屈折の法則」にはしたがわず，また，同じ道筋を波が逆進することもできない。

4　音の干渉

A 音の干渉

体育館などで２つのスピーカーからの音が重なり合うと，強め合って大きく聞こえる場所と，弱め合ってほとんど聞こえない場所が生じる。これは２つの音源からの音が**干渉**することによって起こる現象である。

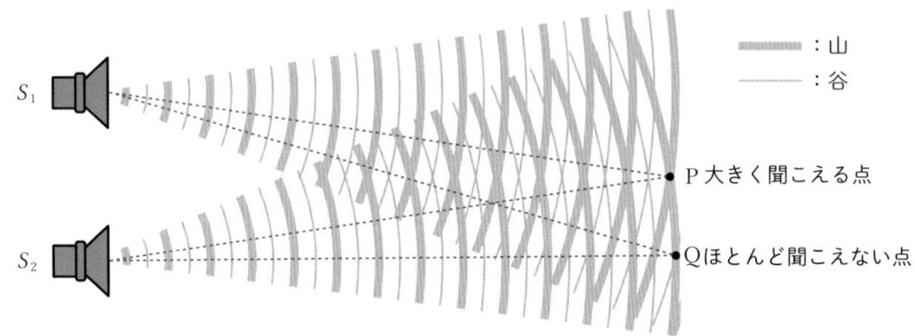

図 16　２個のスピーカーから同位相で出る音の干渉

例題 124　クインケ管

右の図はクインケ管とよばれるもので，A の部分が自由に抜き差しできるようになっている。クインケ管は，P から入った音が A と B に分かれて進み，Q の部分に耳を当てると２つの経路を通った音が重なって聞こえる。

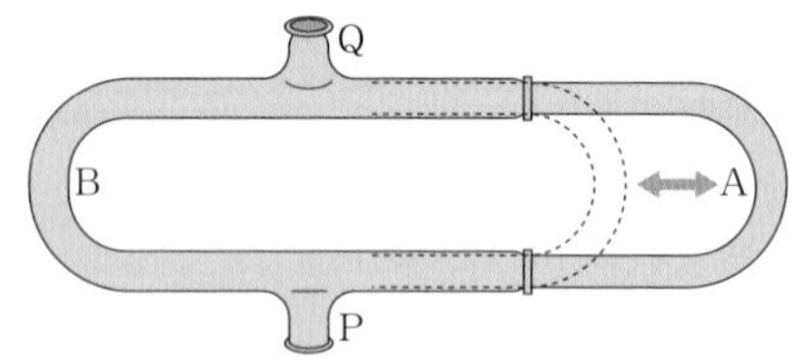

いま，P から 2000 Hz の音を入れて，A の部分を静かに引き出していったところ，8.5 cm 引き出すごとに Q から聞こえる音が小さくなった。このときの音速はいくらか。

考え方　経路 P → A → Q の長さが，波長の整数倍変わっても Q における干渉の条件は変わらない。つまり，P → A → Q と P → B → Q の距離の差が１波長になるごとに，音が小さくなる。

解答

クインケ管の構造から，引き出した長さ l の２倍が距離の差になるので

$$2l = 2 \times 8.5\ \text{cm} = 17\ \text{cm}$$

が 2000 Hz の音の１波長に相当する。したがって，音速は

$$V = f\lambda = 2000\ \text{Hz} \times 0.17\ \text{m} = 340\ \text{m/s}$$ …答

2 ドップラー効果

1 ドップラー効果

音源と観測者が近づいているとき，観測者は音源の振動数よりも大きい振動数の音(高い音)を聞く。逆に音源と観測者が遠ざかっているとき，観測者は音源の振動数よりも小さい振動数の音(低い音)を聞く。このように，音源や観測者の運動によって，音源の振動数と異なった振動数の音が聞こえる現象を**ドップラー効果**という。

2 観測者(O)が静止し，音源(S)が動く場合のドップラー効果

音速を V とする。振動数 f_0 の音源が速さ v_s で**図 17** の右方向へ動くとき，点 S で発生した音が時間 t 経過後に観測者 O_1，O_2 へ届いたときには，音源 S も $v_s t$ 右の点 S′へ動いており，$S'O_1$ と $S'O_2$ の間には，それぞれ時間 t の間に発生した $f_0 t$ 周期の音の波がある。

＋アルファ

ふつう，観測者をO(observer の頭文字)，音源をS (source の頭文字)と表す。

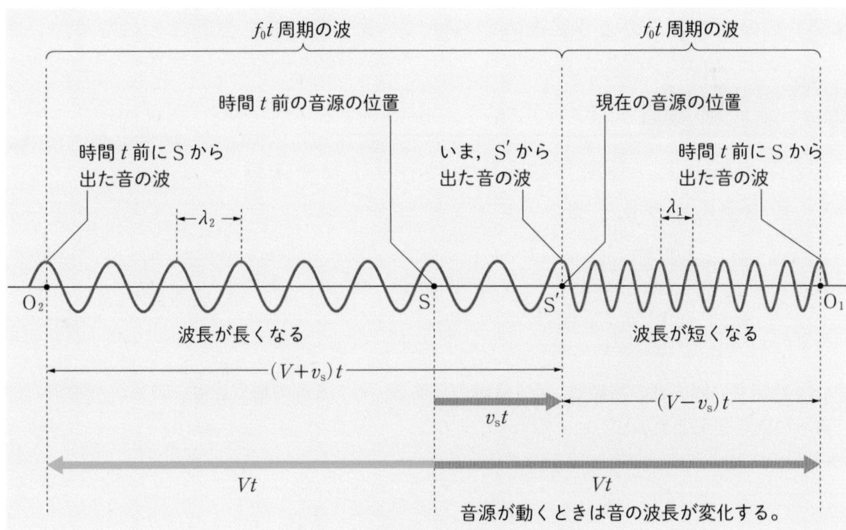

図 17　音源が動く場合のドップラー効果

A 音源が観測者に近づく場合

音源が速さ v_s で観測者に近づくとき，前ページの**図 17** から，観測者 O_1 へ向かう音は，$S'O_1$ の距離 $(V-v_s)t$ の間に f_0t 周期の波を含む。したがって観測者 O_1 に届く音の波長（波の間隔）λ_1 は

$$\lambda_1=\frac{(V-v_s)t}{f_0t}=\frac{V-v_s}{f_0} \quad \cdots\cdots (10)$$

となる。音速 V は変わらないので，観測者の聞く音の振動数 f_1 は次式で表される。

$$f_1=\frac{V}{\lambda_1}=\frac{V}{V-v_s}f_0 \quad \cdots\cdots (11)$$

B 音源が観測者から遠ざかる場合

音源が，速さ v_s で観測者から遠ざかるとき，前ページの**図 17** から，観測者 O_2 へ向かう音は，距離 $(V+v_s)t$ の中に f_0t 周期の波を含む。したがって観測者 O_2 に届く音の波長 λ_2 は

$$\lambda_2=\frac{(V+v_s)t}{f_0t}=\frac{V+v_s}{f_0} \quad \cdots\cdots (12)$$

となる。音速 V で変わらないので，観測者の聞く音の振動数 f_2 は次式で表される。

$$f_2=\frac{V}{\lambda_2}=\frac{V}{V+v_s}f_0 \quad \cdots\cdots (13)$$

音源から観測者へ向かう向きを正の向きとすると，音源が観測者から遠ざかる速度は $-v_s$ で表される。式(11)で v_s に $(-v_s)$ を代入すれば式(13)になるので，速度ベクトルの向きをこのように決めておけば，式(11)は式(13)も含むことになる。

POINT

観測者が静止し，音源が動く場合のドップラー効果
⇨ 音の波長が変化する。

$$\lambda=\frac{V-v_s}{f_0}$$

$$f=\frac{V}{V-v_s}f_0$$

（f：観測者の聞く音の振動数，f_0：音源の振動数，v_s：音源の動く速度。音源から観測者への向きを正とする）

例題 125　音源が動く場合のドップラー効果

振動数 500 Hz の音源が，静止した観測者に向かって 10 m/s の速さで近づき，通り過ぎる。音速を 340 m/s，有効数字を 3 桁として，次の問いに答えよ。

(1)　音源が近づくとき，観測者の聞く音の波長はいくらか。

(2)　音源が遠ざかるとき，観測者の聞く音の振動数はいくらか。

考え方 (1)　公式から振動数を求めて波長を計算してもよいが，1 秒間に観測者に届いた波の長さと周期数を考え，長さ (340−10) m の中に 500 周期の波があると考えたほうが考えやすい。

(2)　音源の速度の向きが，音源から観測者への向きと逆であることに注意する。

解答

(1)　$\dfrac{(340-10)\,\mathrm{m}}{500}=0.660\ \mathrm{m}$　…答

(2)　$\dfrac{340\ \mathrm{m/s}}{340\ \mathrm{m/s}-(-10\ \mathrm{m/s})}\times 500\ \mathrm{Hz}=\dfrac{340\ \mathrm{m/s}}{350\ \mathrm{m/s}}\times 500\ \mathrm{Hz}=485.7\ \mathrm{Hz}\fallingdotseq 486\ \mathrm{Hz}$　…答

3　音源が静止し，観測者が動く場合のドップラー効果

音源が動かないので波長 $\lambda=\dfrac{V}{f_0}$ は変わらない。音源が時間 t の間に出した長さ Vt の音波に含まれる周期数は $\dfrac{Vt}{\lambda}=f_0t$ であるが，観測者 O が動くと時間 t の間に耳に入る音波の長さが変わるので，そこに含まれる周期数が変わり，振動数が変化して聞こえる。

A　観測者が音源から遠ざかる場合

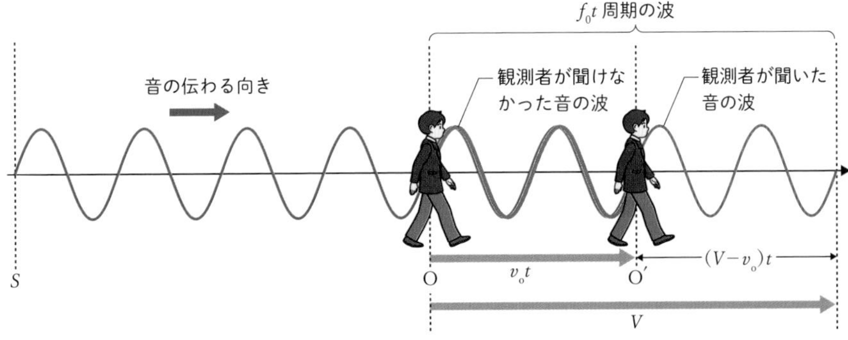

時間 t の間に観測者の耳に届くはずの f_0t 周期の波のうち，観測者が速さ v_0 で動いたために長さ v_0t の区間内の波が観測者には届かない。

図 18　観測者が音源から遠ざかる場合のドップラー効果

前ページの**図 18** のように観測者が速さ v_o で音源から遠ざかるとき，観測者の耳元を時間 t の間に通り過ぎる波は，
$(V-v_o)t$ の区間に含まれる波である。そこに含まれる波の周期数は

$$\frac{(V-v_o)t}{\lambda}=\frac{(V-v_o)t}{V}f_0$$

であり，これを時間 t の間に聞くので，観測者が聞く音の振動数 f_1 は次式で与えられる。

$$f_1=\frac{V-v_o}{V}f_0 \qquad \cdots\cdots (14)$$

+アルファ

波の周期数を比例分配したことになる。

B 観測者が音源に近づく場合

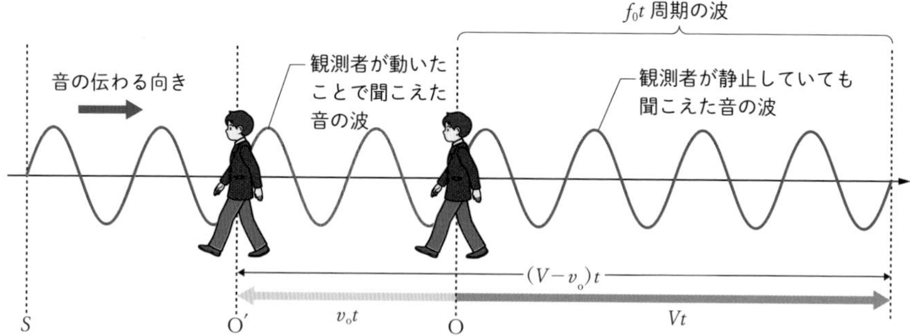

観測者が音源に速さ v_o で近づくので，時間 t の間には長さ $(V+v_o)t$ の区間内の波が観測者に届く。

図 19　観測者が音源に近づく場合のドップラー効果

図 19 のように観測者が速さ v_o で音源に近づくとき，観測者の耳元を時間 t の間に通り過ぎる波は，長さ $(V+v_o)t$ の区間に含まれる波である。そこに含まれる波の周期数は，

$$\frac{(V+v_o)t}{\lambda}=\frac{(V+v_o)t}{V}f_0$$

であり，これを時間 t の間に聞くので，観測者が聞く音の振動数 f_2 は次式で与えられる。

$$f_2=\frac{V+v_o}{V}f_0 \qquad \cdots\cdots (15)$$

+アルファ

一直線上の速度ベクトルの向きは，正と負の符号で表せる。

音源から観測者へ向かう向きを正の向きとすると，観測者が音源に近づくときの速度は $-v_o$ となるので，式(14)の v_o に $(-v_o)$ を代入すれば，式(14)は式(15)も含む

ことになる。

音源が静止し，観測者が動く場合のドップラー効果

⇨ 見かけ上，音の振動数が変化したように聞こえる。

$$f=\frac{V-v_o}{V}f_0$$

（f：観測者の聞く音の振動数，f_0：音源の振動数，v_o：観測者の動く速度。音源から観測者への向きを正とする）

4 音源と観測者がともに動く場合のドップラー効果

まず，音源だけが動くことによって空間にできる音波の振動数f'を求める。次に，このf'を振動数とする新しい音源を考え，この新しい音源に対して観測者が動くことで聞こえる音の振動数fを求める。

この振動数fが，音源と観測者の両方が動くことによって観測される音の振動数である。

> ＋アルファ
>
> 「人（観測者）が上」と覚えるとよい。

$$f=f'\times\frac{V-v_o}{V}=\frac{V}{V-v_s}\times f_0\times\frac{V-v_o}{V}$$

$$=\frac{V-v_o}{V-v_s}f_0 \quad \cdots\cdots (16)$$

ドップラー効果の一般式

$$f=\frac{V-v_o}{V-v_s}f_0$$

（v_o，v_sは音源から観測者への向きを正とする）

例題 126 音源と観測者が動く場合のドップラー効果

振動数 500 Hz の音源が，速さ 10 m/s で直線上を進んでいる。この音源の後方から観測者が速さ 20 m/s で音源に接近し，その後，音源を追い越して進んだ。音速を 340 m/s，有効数字を 3 桁として，次の問いに答えよ。

(1) 後方から接近する観測者が聞く音の振動数 f_1 を求めよ。

(2) 音源を追い越した後，観測者が聞く音の振動数 f_2 を求めよ。

考え方 v_s，v_o の向きに注意して，次のドップラー効果の一般式を使う。

$$f=\frac{V-v_o}{V-v_s}f_0$$

解答

(1) $f_1=\frac{V-v_o}{V-v_s}f_0=\frac{340\ \mathrm{m/s}-(-20\ \mathrm{m/s})}{340\ \mathrm{m/s}-(-10\ \mathrm{m/s})}\times 500\ \mathrm{Hz}\fallingdotseq 514\ \mathrm{Hz}$ …答

(2) $f_2=\frac{V-v_o}{V-v_s}f_0=\frac{340\ \mathrm{m/s}-20\ \mathrm{m/s}}{340\ \mathrm{m/s}-10\ \mathrm{m/s}}\times 500\ \mathrm{Hz}\fallingdotseq 485\ \mathrm{Hz}$ …答

この章で学んだこと

1 音の伝わり方

(1) 音波

音は縦波なので，どのような媒質中でも伝わることができる。

(2) 音速

気温 t ℃のときの空気中の音速を V m/s と表すと

$\boldsymbol{V=331.5+0.6t}$　が成り立つ。

(3) 音の反射

入射角＝反射角

(4) 音の回折

可聴音の波長は 1.7 cm ～ 17 m と大きいので，回折現象が顕著。

(5) 音の屈折

音速の小さい媒質の側へ屈折して進む。

例：気温による屈折

夜は遠くの音が聞こえやすい。

(6) 音の干渉

観測者に，同じ方向から届く 2 つの音波について，同位相の音源からの距離の差

＝半波長×{ 偶数倍…大きい音
奇数倍…ほとんど聞こえない

2 ドップラー効果

(1) ドップラー効果

音源や観測者の運動によって，音源の振動数と異なった振動数の音が聞こえる現象。

(2) 音源が動く場合のドップラー効果

観測者は静止し，音源は観測者に対し v_s で近づく場合。

$$\lambda'=\frac{V-v_s}{f}$$

$$f'=\frac{V}{V-v_s}f$$

(3) 観測者が動く場合のドップラー効果

音源は静止し，観測者は音源から速さ v_o で遠ざかる場合。

$$f'=\frac{V-v_o}{V}f$$

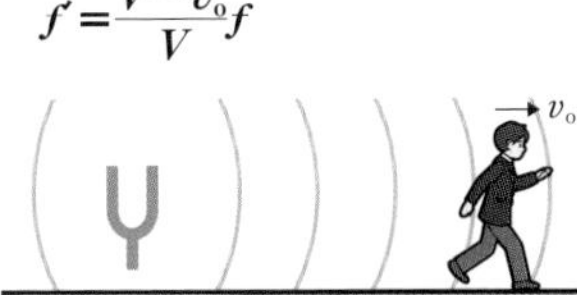

(4) ドップラー効果の一般式

$$f=\frac{V-v_o}{V-v_s}f_0$$

v_o(観測者の速度）と v_s(音源の速さ）は，音源→観測者の向きを正とする。

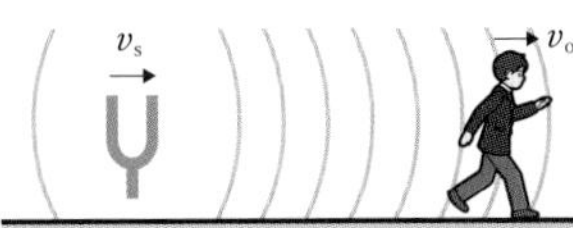

MY BEST　Advanced Physics

第  章　光

1 光の進み方

1 光波

A 光波

光は**電磁波の一種**である。光は横波であるが，媒質が振動するのではなく，空間をへだてて電気力や磁気力を伝えるはたらきをする電場と磁場が相互に周期的に変化しながら空間を伝わる。そのため，媒質を必要とせず，光は真空中でも伝わる。

+アルファ

電磁波のうち，人の目が感じることができる波長を中心としたものが「光」である。

真空中の光速を，特に c で表す。

B 光の速さ

詳しい測定で得られた値を用いて，現在，真空中の光の速さ c は

$$c = 2.99792458 \times 10^8 \text{ m/s} \fallingdotseq 3.00 \times 10^8 \text{ m/s}$$

と定義されている。空気や水などの物質中では，光の速さは真空中よりも遅くなる。

C フィゾーの実験

フランスのフィゾーは，高速で回転する歯車を利用して光速を測定した。

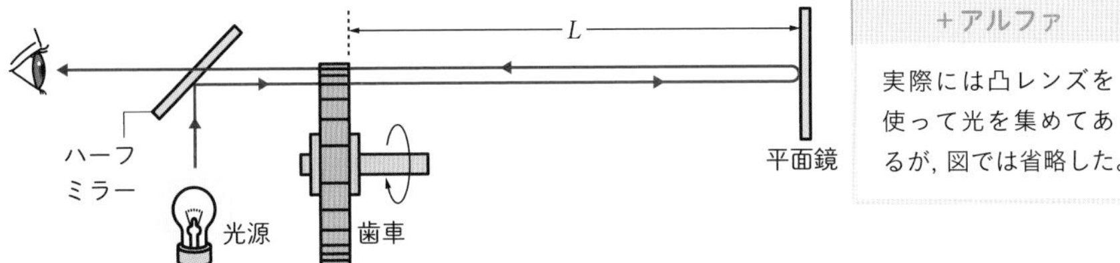

図20　フィゾーの光速測定装置

+アルファ

実際には凸レンズを使って光を集めてあるが，図では省略した。

❶ 回転する歯車の歯AとBの間を通った光は，距離 L の位置にある平面鏡で反射され，歯AとBの間を通って観測者の目に入る。歯によって反射光や平面鏡への光がさえぎられるため，観測者は反射光の明滅を観測する。

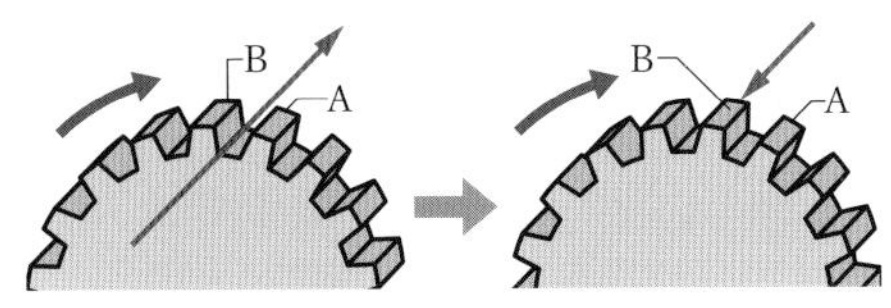

Aの歯の直後を通った光が反射して戻ってきたとき，Bの歯でさえぎられる。

図21　光の遮断

❷ 歯車の回転数を増すと，歯Aの直後を通った光が反射して戻ったときには，歯Bが回転してきていてさえぎられるために，観測者の目に入らないようになる(**図 21**)。この場合には，観測者は光をまったく観測できない。

❸ したがって，歯Bが隣の凹部へ移動する時間と，光が平面鏡との間を往復する時間が等しいことになる。

この実験で，フィゾーは光速として，3.13×10^{8} m/s の値を得た。

D 光の波長と振動数

光の波長λ，振動数f，光速cの間には，次のような波の関係式が成り立つ。

$$c=f\lambda \quad \cdots\cdots (17)$$

> **+アルファ**
> 音は振動数で表現するが，光は波長で表すことが多い。

可視光線の波長は3.80×10^{-7} m(紫)～7.70×10^{-7} m(赤)だから，その振動数は3.90×10^{14} Hz(赤)～7.89×10^{14} Hz(紫)という非常に大きい値となる。

2 光の反射と屈折

A 反射の法則

入射角iと反射角jは等しい。反射面に映った像は，反射面に関して物体と対称の位置にできる。

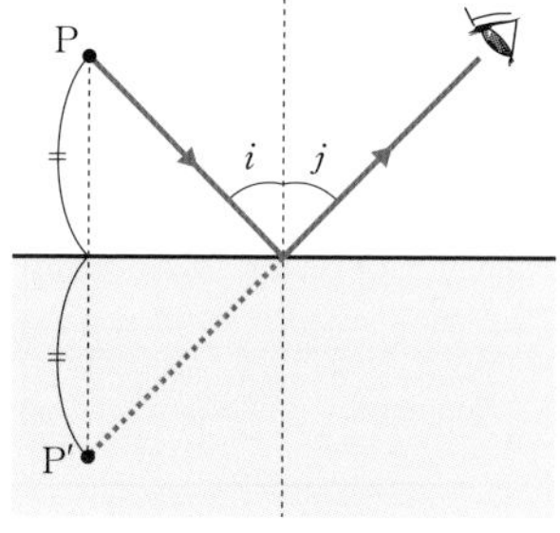

図 22 反射の法則

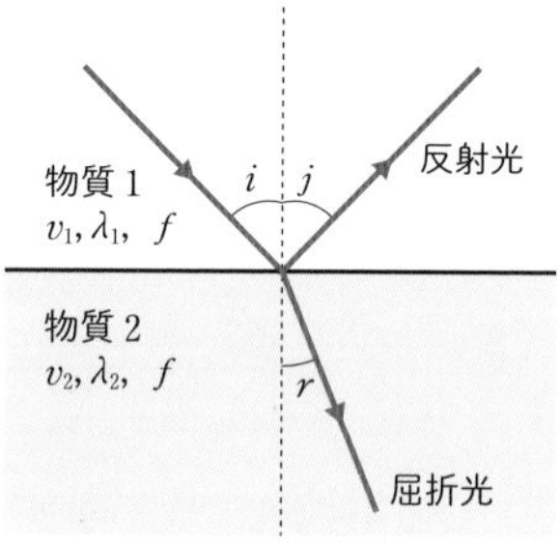

図 23 屈折の法則

B 屈折の法則

入射光と屈折光の間には，一般の波と同じように**屈折の法則が成り立つ。屈折によって光の振動数は変化しない。**

C 相対屈折率

物質1に対する物質2の屈折率をn_{12}とすると

$$n_{12}=\frac{\sin i}{\sin r}=\frac{v_1}{v_2}=\frac{f\lambda_1}{f\lambda_2}=\frac{\lambda_1}{\lambda_2} \quad \cdots\cdots (18)$$

となる。この屈折率n_{12}を**相対屈折率**という。

> **+アルファ**
> 入射光線，屈折光線，入射点に立てた法線は，同一平面上にある。
>
> 真空以外の物質に対する屈折率である。

D 絶対屈折率

真空中から物質中に光が入射するときの屈折率のことを，**絶対屈折率**(または，単に**屈折率**)という。屈折率というときは，ふつうは絶対屈折率をさす。

式(18)から，屈折率が n の物質では

$$n=\frac{\sin i}{\sin r}=\frac{c}{v}=\frac{\lambda}{\lambda'}$$

$$v=\frac{c}{n},\quad \lambda'=\frac{\lambda}{n} \qquad \cdots\cdots (19)$$

屈折率が n の物質中では，光の速さと波長が真空中の $\frac{1}{n}$ になる。その結果，光にとっては，屈折率 n の物質中の距離 l は真空中の距離 nl に相当することになる。この nl を**光路長**または**光学距離**という。

表1　波長 5.89×10^{-7} m の光に対する屈折率

物質名		屈折率
気体	ヘリウム	1.000035
0℃	空気	1.000292
1 atm	二酸化炭素	1.000450
液体	水	1.3330
20℃	パラフィン油	1.48
固体	ガラス	1.47〜1.92
20℃	ダイヤモンド	2.4195

E 屈折率の関係式

屈折率 n_1 の物質から屈折率 n_2 の物質に光が進むときの相対屈折率を n_{12} とし，それぞれの光速を v_1，v_2 とすると，式(18)，(19)から

$$n_{12}=\frac{v_1}{v_2}=\frac{\frac{c}{n_1}}{\frac{c}{n_2}}=\frac{n_2}{n_1} \qquad \cdots\cdots (20)$$

空気の屈折率はほぼ1に等しいため，空気に対する物質の屈折率は，その物質の絶対屈折率とほぼ等しい。

+アルファ

空気の屈折率は $n=1.000292$ である。特にことわりのない限り，「空気に対する屈折率＝絶対屈折率」としてよい。

F 蜃気楼(しんきろう)

空気の密度が小さくなると屈折率も小さくなる。圧力一定のもとでは，温度が高くなると空気の密度が小さくなるので，屈折率も小さくなる。そのため空気中に温度の異なる層があると光が屈折して，物体が変形したり本来の位置からずれて見えることがある。これが**蜃気楼現象**である。

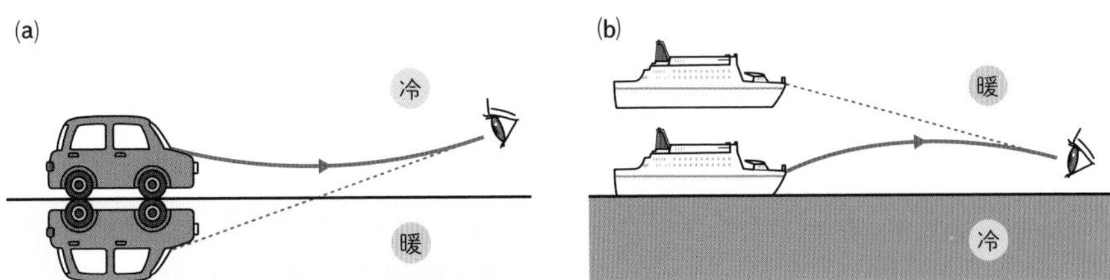

熱せられた路面に自動車が反射したり(a)，冷たい海水面の上に船が浮き上がって見える(b)ことがある。

図24　蜃気楼の原理

コラム ｜ **光の屈折の観察**

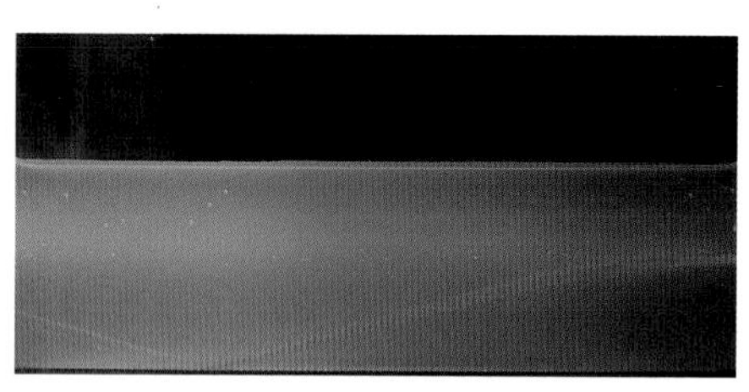

　底部へいくほど濃度が大きい砂糖水にレーザー光を入射させると，写真のように光は下方へ連続的に屈折し，底面で反射する。

　一般に，濃度が大きいほど溶液の屈折率は大きくなるので，底のほうが屈折率が大きく，光の速さが小さくなるためである。蜃気楼も，このように光が屈折することによって起こる。

例題 127　光の屈折

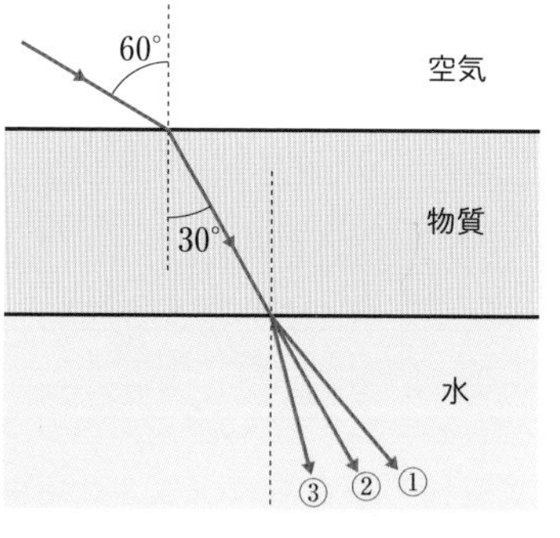

　波長 6.0×10^{-7} m の光が入射角 60° で空気中からある物質中へ入射したところ，屈折角は 30° であった。空気中の光速を 3.0×10^{8} m/s として，次の問いに答えよ。

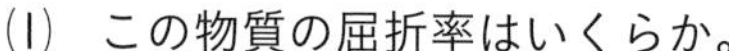

(1)　この物質の屈折率はいくらか。

(2)　この物質中の光の速さはいくらか。

(3)　この物質中の光の振動数はいくらか。

(4)　この物質から屈折率が 1.33 の水中へ光が進むとき，図の①〜③のどの道筋を通るか。

考え方 (1)　屈折の法則の式を使う。

(2)　物質中の光の速さは $\dfrac{1}{屈折率}$ 倍になる。

(3)　光の振動数は，媒質が変わっても変化しない。

(4)　光は，屈折率の大きい物質のほうへ曲がって進む。

解答

(1)　$n=\dfrac{\sin i}{\sin r}=\dfrac{\sin 60^\circ}{\sin 30^\circ}=\sqrt{3}\fallingdotseq 1.7$　…答

(2)　$v=\dfrac{c}{n}=\dfrac{3.0\times10^{8}\ \mathrm{m/s}}{1.7}=1.7\times10^{8}\ \mathrm{m/s}$　…答

(3)　$f=\dfrac{c}{\lambda}=\dfrac{3.0\times10^{8}\ \mathrm{m/s}}{6.0\times10^{-7}\ \mathrm{m}}=5.0\times10^{14}\ \mathrm{Hz}$　…答

(4)　物質の屈折率のほうが大きいので，光は①の道筋を通る。　…答

屈折の法則 $n_{12}=\dfrac{\sin i}{\sin r}=\dfrac{v_1}{v_2}=\dfrac{\lambda_1}{\lambda_2}=\dfrac{n_2}{n_1}$

屈折率 n の物質中の光 $v=\dfrac{c}{n}$，$\lambda'=\dfrac{\lambda}{n}$

光の場合も，屈折の法則は一般の波と同じである。屈折率 n の媒質中では光速，波長はどちらも $\dfrac{1}{n}$ になる。

G 全反射

屈折率の大きな物質Ⅰから屈折率の小さな物質Ⅱへ光が入射するときは，入射角よりも屈折角のほうが大きくなる。このとき，入射角がある角度以上になると，光は物質Ⅱへは入射せずにすべて反射されてしまう。この現象を**全反射**といい，屈折角が 90° となるときの入射角 i_0 を**臨界角**という。

臨界角 i_0 をこえて入射した光は，すべて反射の法則にしたがって反射される。このとき，次の関係式が成立する。

$$\frac{\sin i_0}{\sin 90^\circ}=\sin i_0=n_{12}=\frac{n_2}{n_1} \quad \cdots\cdots (21)$$

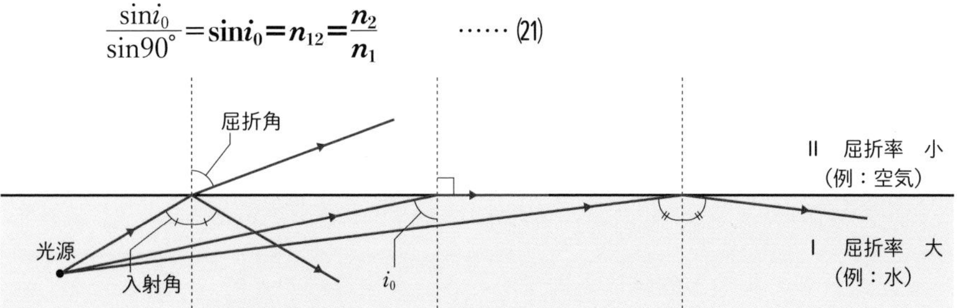

屈折率の大きい物質から屈折率の小さい物質へ進む光は，入射角が臨界角 i_0 より大きくなるとすべて反射される。

図25 全反射

臨界角 $\sin i_0=n_{12}=\dfrac{n_2}{n_1}$

屈折率大→小の向きに光が入射するときは，臨界角 i_0 を境に光は全反射する。

例題 128 全反射

池の中の深さ h〔m〕のところに魚がいる。魚の真上の水面に，水草がある半径以上に広がって浮いていると，空気中のどこから見ても魚を見ることができなくなる。このとき，水草の広がりの最小の半径はいくらか。

ただし，水の屈折率を n とし，魚の大きさは無視してよいものとする。

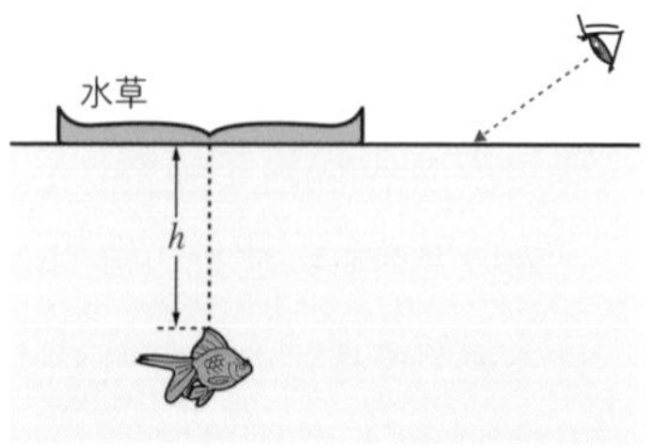

考え方 魚から出た光が空気中に進まなければ，魚の姿を見ることができない。水草のふちを通る光の入射角が臨界角となるような水草の広がりの半径を求めればよい。問題文に指示がないときは，空気の屈折率を 1 としてよい。

解答

水草の広がりの半径を r〔m〕とすると，図から　$OQ=\sqrt{r^2+h^2}$

臨界角 i_0 の式から　$\sin i_0=\dfrac{1}{n}$ より

$$\frac{1}{n}=\sin i_0=\frac{PQ}{OQ}=\frac{r}{\sqrt{r^2+h^2}}$$

両辺を 2 乗して整理すると

$$r^2+h^2=n^2r^2$$

$$r=\frac{h}{\sqrt{n^2-1}} \quad \cdots \text{答}$$

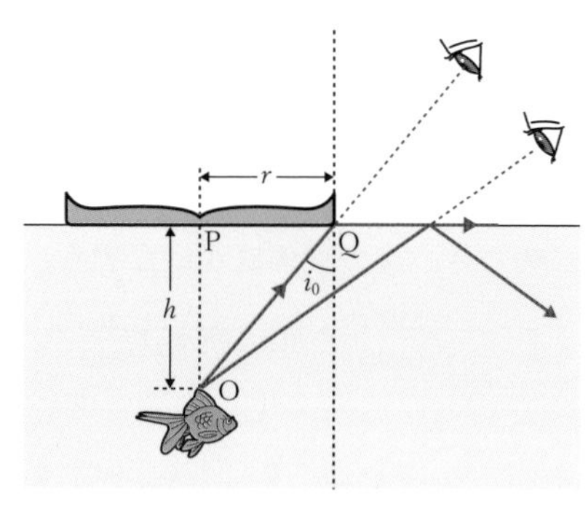

H 反射による位相の変化

光が屈折率の異なる物質に入射するとき，反射波の符号は，屈折率のより大きい物質に反射される場合では固定端反射と同様に符号が変わり，屈折率のより小さい物質に反射される場合では自由端反射と同様に符号は変わらない。正弦波では波の符号が変わることは位相が π rad ずれることと同等であるので，干渉の条件を調べる場合などには，固定端反射では位相が π rad ずれる，あるいは光路が半波長変わるとして計算することができる。

＋アルファ

屈折波の符号や位相は，どちらの場合も変化しない。

反射光の位相変化

屈折率 { 大→小　位相は変化しない（自由端反射）
　　　　小→大　位相はπ radずれる（固定端反射）

❶ 光の粒子説と波動説

17世紀にニュートンは光は粒子であると考えた。逆にホイヘンスが光の反射と屈折を波動のホイヘンスの原理で説明して以来，**粒子説**と**波動説**の論争は200年にわたって続けられた。

光のさまざまな現象は粒子説と波動説のそれぞれの立場から説明できるが，屈折に関しては結論が異なっていた。すなわち，粒子説では水中の光速は空気中の光速より速いはずであり，波動説ではその逆であった。

＋アルファ

現在では，原子よりも小さい世界では，光が粒子のような1つのまとまりとして振る舞うことがわかっている。

1850年になって，フーコーが水中での光速が空気中の約$\dfrac{3}{4}$であることを確認した結果，光が波であると考えられるようになった。

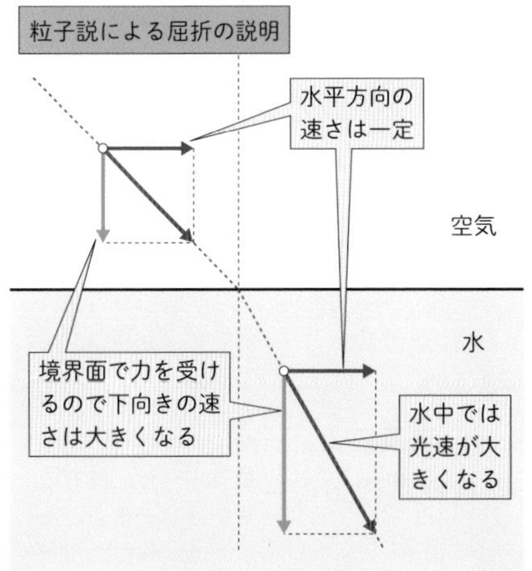
粒子説による屈折の説明
水平方向の速さは一定
空気
水
境界面で力を受けるので下向きの速さは大きくなる
水中では光速が大きくなる

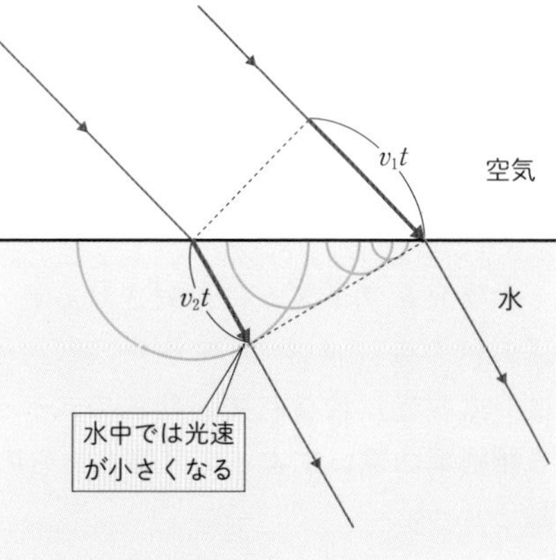
波動説(ホイヘンスの原理)による屈折の説明
v_1t
空気
v_2t
水
水中では光速が小さくなる

粒子説では水中の光速は空気中よりも大きくなるが，波動説では逆に小さくなる。

図26　光の粒子説と波動説による屈折の説明

2 光の分散と偏光

1 光の分散

A 光の色と波長

可視光線(人の目に見える光)の波長は 3.80×10^{-7} m(紫)〜7.70×10^{-7} m(赤)である。

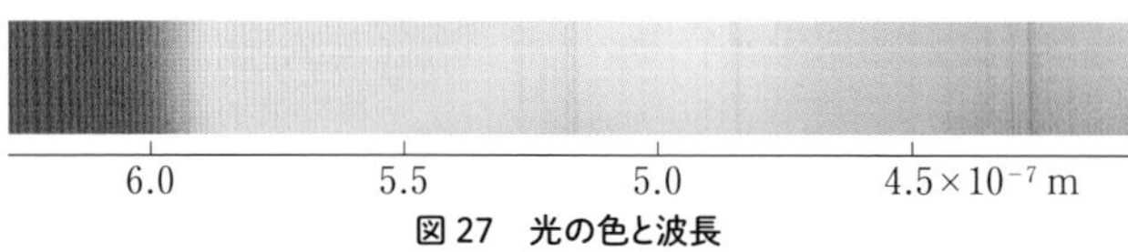

図 27　光の色と波長

+アルファ

紫外線は紫よりさらに波長が短く，赤外線は赤よりさらに波長が長い。

物体が色づいて見えるのは，その**物体が特定の波長のみを反射(ガラスの場合は透過)し，それ以外の光を吸収するため**である。赤いりんごに緑色の光を当てると，緑の光は吸収されるため，りんごは黒く見える。

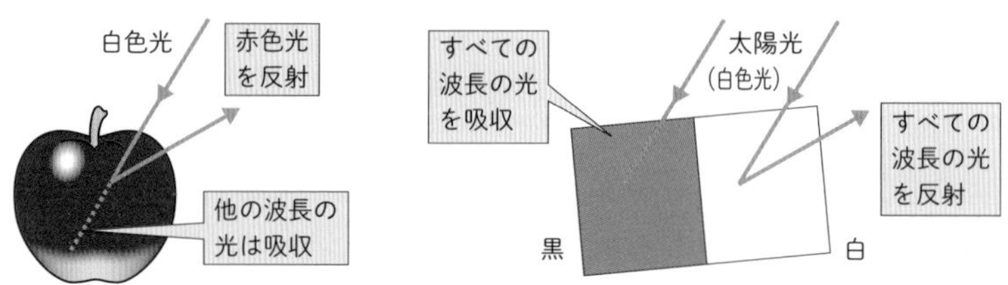

物体の色はその物体が反射している光の波長で決まる。

図 28　物体の色

B 光の分散

太陽光をプリズムに入射させると，赤から紫までの一連の色の帯(これを**スペクトル**という)が現れる。これは，太陽光に含まれていた色のスペクトルが，**波長による屈折率の違いによって分離**したもので，これを**光の分散**という。

一般に，物質の屈折率は波長(振動数といってもよい)によって異なり，**波長の短い光ほど屈折率が大きい。**

+アルファ

真空中の光速は，波長によらず一定だが，物質中では，波長の短い光ほど遅い。そのため，波長の短い光ほど屈折率が大きい。

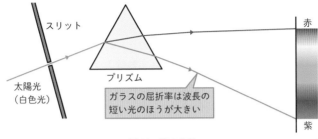

スリット
太陽光
（白色光）
プリズム
ガラスの屈折率は波長の短い光のほうが大きい
赤
紫

図 29　光の分散

C スペクトルの種類

① 連続スペクトル

太陽光のように，いろいろな波長の光が混ざり合った光を**白色光**といい，赤や青など単一波長の光を**単色光**という。白色光のスペクトルを**連続スペクトル**という。一般に，高温の固体や液体から出る光は連続スペクトルである。

② 線スペクトル

高温の気体から出る光は，その気体元素に特有の波長のスペクトルをもっており，これを**線スペクトル**という。炎色反応のスペクトルは線スペクトルの例である。

③ 吸収スペクトル

太陽光の連続スペクトルの中にはいくつかの黒い線がある。これは，太陽の近くや地球大気中の気体原子が特定の波長の光のエネルギーを吸収したために，その部分の光が欠落して暗くなったものである。これを**吸収スペクトル**という。炎色反応を示している気体に強い白色光を当てると，本来，線スペクトルが見られるはずの位置に吸収スペクトルが見られる。

線スペクトルや吸収スペクトルを見れば元素の存在が確認できる。

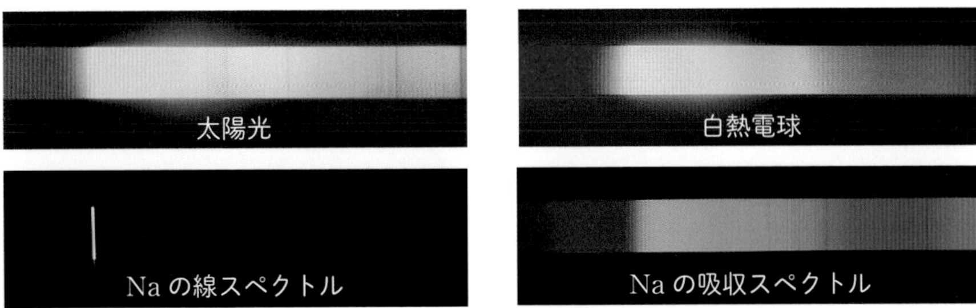

▲いろいろなスペクトル

D 赤外線と紫外線

❶ 赤外線

赤外線は赤色光より波長が長い。人の目には感じないが，赤外線は物質に吸収されると温度の上昇を起こすため，**熱線**とよばれる。物体は温度に応じた赤外線を放射しているので，赤外線探知装置を使うと暗闇でも物を見ることができたり，離れた位置から物体の温度を測定することができる。

❷ 紫外線

紫外線は紫の光よりも波長が短い。振動数が大きいのでエネルギーも大きく(p.585)，日焼けや漂白などの**化学作用**や細菌などに対する**殺菌作用が強い。**

> **+アルファ**
> 太陽からの紫外線の大部分はオゾン層が吸収している。

例題 129 虹のできるわけ

虹に関する次の文で，(　)内の適するほうを選べ。

雨や水滴に太陽光が当たると虹が見える。これは，太陽光が下図のような経路で屈折，反射をして目に入ったものである。一般に，波長の短い光ほど屈折率が(1)(大きい，小さい)ので，水滴を出た光のうち①は(2)(紫，赤)色，②は(3)(紫，赤)色である。虹は(4)(太陽の方向，太陽と反対方向)に円弧状にできるが，円弧の外側が(5)(紫，赤)色，内側が(6)(紫，赤)色である。

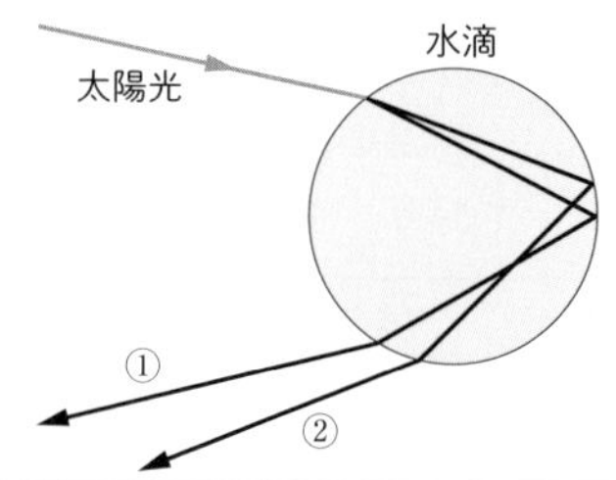

考え方 (1)，(2)，(3)　波長の短い光ほど屈折率が大きいので，プリズムによる光の分散でも波長の短い紫の光が最も大きく屈折する。

(4)　虹は基本的には水滴による反射光だから，太陽と反対の方向(太陽の反対方向から約 42°)に発生する。そのため，朝夕で太陽高度が低く，太陽と反対方向に水滴がある場合にのみ，虹が見える。

(5)，(6)　虹が人の目に入るときは右上図のような経路となり，外側が赤，内側が紫に見える。

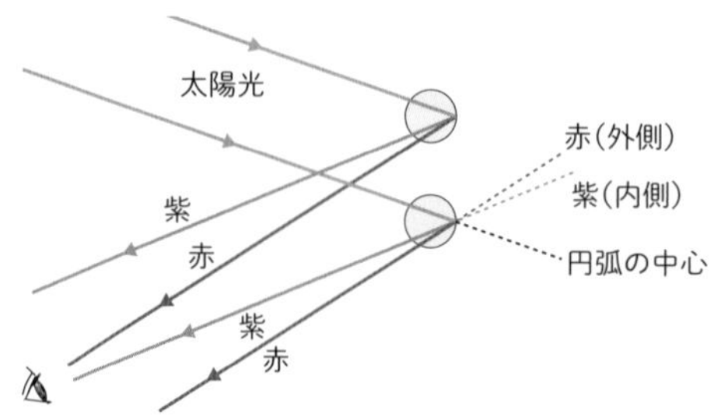

解答

(1) 大きい　(2) 紫　(3) 赤　(4) 太陽と反対方向　(5) 赤　(6) 紫　…㊎

2 偏光

A 自然光

光は横波だから，**進行方向と直角な方向に振動**している。振動方向で決まる面を**振動面**という。

一般の光源から発生した光には，180°のあらゆる方向の振動面をもつ光が含まれている。このような光を**自然光**という。

B 偏光

偏光板はいろいろな振動方向の光に対し，軸に平行な振動成分は通すが，それに垂直な振動成分は吸収して通さない。偏光板を通過した光の振動方向は，軸に平行な方向に限られる。この振動方向と進行方向で決まる面を**振動面**という。特定の振動面のみをもつ光を**偏光**(直線偏光)という。広い意味では，振動方向が一様でない光を偏光という。

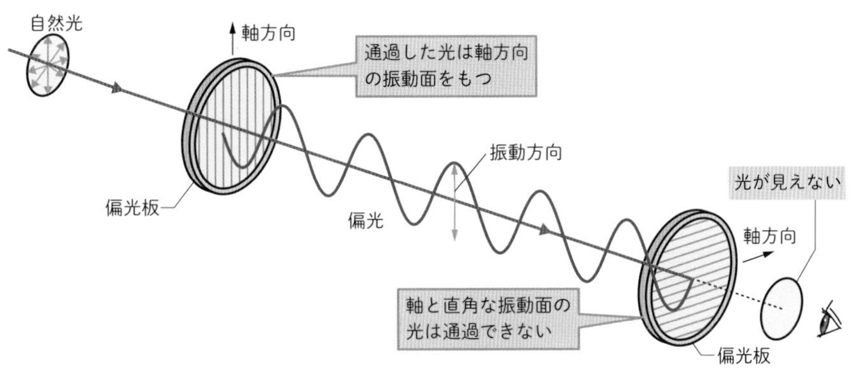

図30　偏光板による偏光

3　レンズと鏡

1　凸レンズと凹レンズ

A　凸レンズ

凸レンズは周辺部よりも中心部が厚い。光軸に平行に入射した光線は凸レンズでの屈折によって1点に集まる。この点を**焦点**という。焦点はレンズの両側の対称の位置にあり，レンズの中心から焦点までの距離を**焦点距離**という。

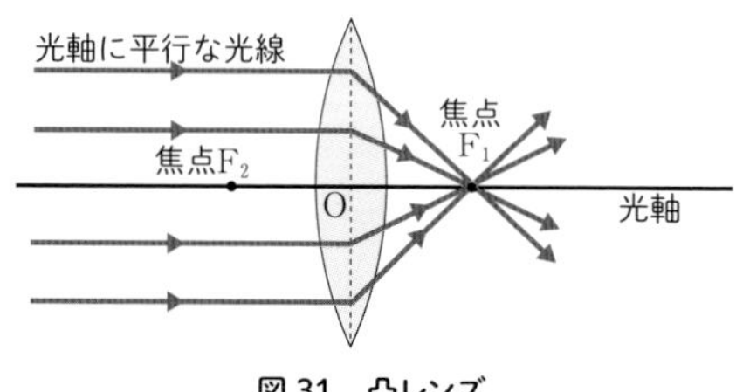

図31　凸レンズ

> **+アルファ**
> 光線は実際にはレンズに入るときと出るときに屈折するが，作図ではレンズの中心線で1回だけ屈折させる。

B　凸レンズのつくる像とレンズの式

❶ 物体を焦点よりも遠くに置く場合

光線の進み方は次のようになる。レンズ後方で光が集まり，**実像**をつくる。

> ①　光軸に平行な光線は，レンズを通過後，レンズ後方の焦点 F_1 を通る。
> ②　レンズの中心を通る光線は，直進する。
> ③　レンズの前方の焦点 F_2 を通る光線は，レンズを通過後，光軸に平行な光線となる。

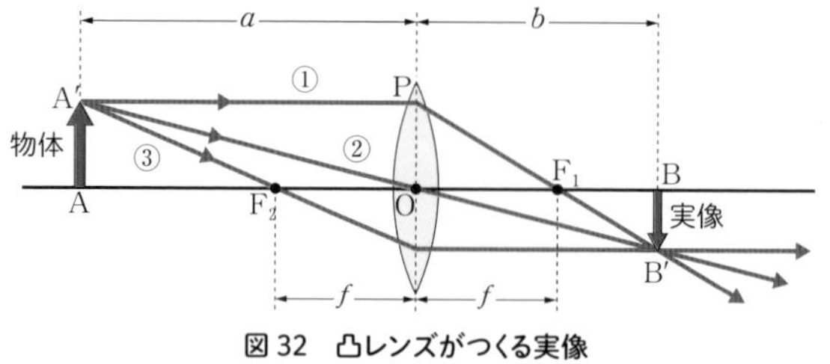

図32　凸レンズがつくる実像

> **+アルファ**
> レンズに対して物体側にある場合を「前方」，物体と反対側にある場合を「後方」とする。

OP＝AA′ であり，$\triangle OPF_1$ と $\triangle B'BF_1$ は相似であるから

$$\frac{BB'}{AA'}=\frac{BB'}{OP}=\frac{BF_1}{OF_1}=\frac{b-f}{f}$$

$\triangle OAA'$ と $\triangle OBB'$ も相似であり　$\dfrac{BB'}{AA'}=\dfrac{OB}{OA}=\dfrac{b}{a}$

よって，$\dfrac{b-f}{f}=\dfrac{b}{a}$ となり，整理すると

$$\boldsymbol{\frac{1}{a}+\frac{1}{b}=\frac{1}{f}} \qquad \cdots\cdots (22)$$

ここで $\dfrac{BB'}{AA'}$ を**レンズの倍率**といい，実像の倍率 m は $m=\dfrac{b}{a}$ となる。実像は実際に光が集まって像ができており，スクリーンを置くと像が映る。

❷ 物体を焦点よりも近くに置く場合

光線の進み方は❶と同じである。レンズの後方には光は集まらず，レンズ前方に**虚像**(そこにものがあるかのように見える)をつくる。

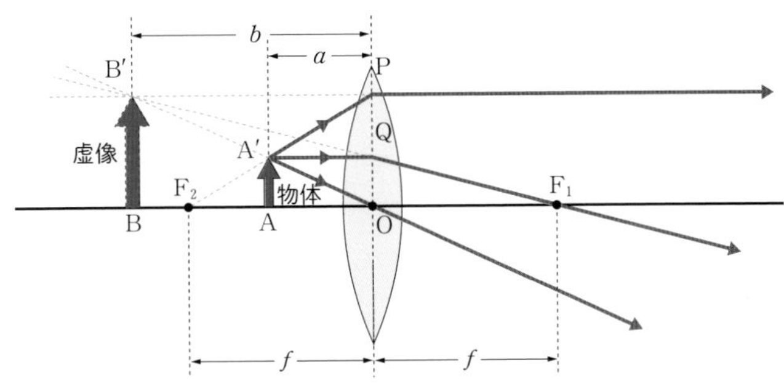

図 33　凸レンズがつくる虚像

OP＝BB′ であり，△OPF$_2$ と△AA′F$_2$ は相似だから $\dfrac{AA'}{BB'}=\dfrac{AA'}{OP}=\dfrac{AF_2}{OF_2}=\dfrac{f-a}{f}$

△OAA′ と△OBB′ も相似であり $\dfrac{AA'}{BB'}=\dfrac{AO}{BO}=\dfrac{a}{b}$

よって，$\dfrac{f-a}{f}=\dfrac{a}{b}$ となり $\boldsymbol{\dfrac{1}{a}-\dfrac{1}{b}=\dfrac{1}{f}}$ $\cdots\cdots (23)$

虚像の倍率 m は，$m=\dfrac{b}{a}$ となる。虚像の位置には，実際に光が集まっているわけではないので，スクリーンを置いても像は映らない。

C 凹レンズ

凹レンズは周辺部よりも中心部が薄く，屈折によって光を発散させる。光軸に平行に入射した光線がレンズを通過した後の経路を逆にたどると，レンズ前方の1点に集まる。この点を凹レンズの**焦点**という。焦点はレンズの両側の対称の位置にあり，レンズの中心から焦点までの距離を**焦点距離**という。凹レンズは**虚像**をつくる。

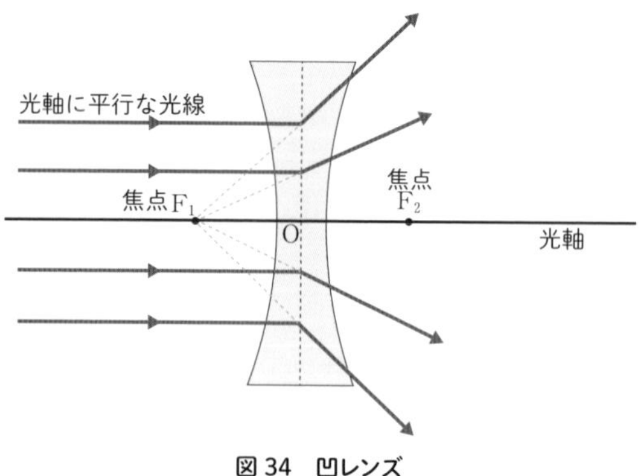

図 34　凹レンズ

D 凹レンズのつくる像とレンズの式

光線の進み方は次のようになる。レンズの後方には光は集まらず，レンズ前方に**虚像**をつくる。

> ①　光軸に平行な光線は，レンズを通過後，レンズ前方の焦点 $\mathrm{F_1}$ から広がるように進む。
> ②　レンズの中心を通る光線は，直進する。
> ③　レンズの後方の焦点 $\mathrm{F_2}$ に向かう光線は，レンズを通過後，光軸に平行な光線となる。

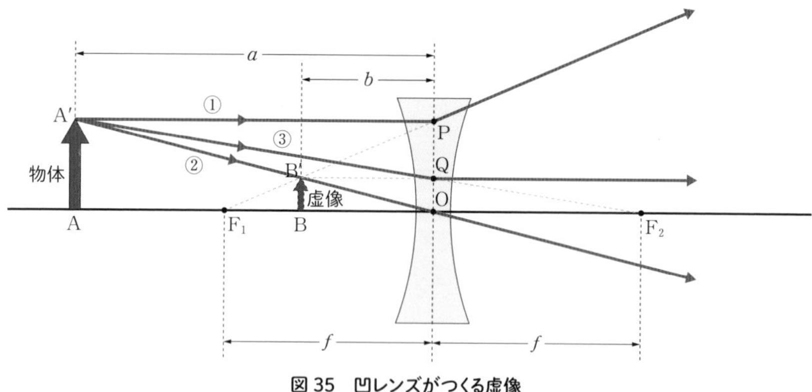

図 35　凹レンズがつくる虚像

OP＝AA′ であり，△OPF$_1$ と△BB′F$_1$ は相似だから　$\dfrac{\mathrm{BB'}}{\mathrm{AA'}}=\dfrac{\mathrm{BB'}}{\mathrm{OP}}=\dfrac{\mathrm{BF_1}}{\mathrm{OF_1}}=\dfrac{f-b}{f}$

△AA′O と△BB′O も相似であり　$\dfrac{\mathrm{BB'}}{\mathrm{AA'}}=\dfrac{\mathrm{BO}}{\mathrm{AO}}=\dfrac{b}{a}$

よって，$\dfrac{f-b}{f}=\dfrac{b}{a}$となり　　$\mathbf{\dfrac{1}{a}-\dfrac{1}{b}=-\dfrac{1}{f}}$　　……(24)

虚像の倍率 m は，$m=\dfrac{b}{a}$となる。

E レンズの式

物体までの距離 a，像までの距離 b，焦点距離 f の符号を表のように決めておけば，レンズの式と倍率は次のようになる。

レンズ	a	b	f
凸	＋	実像＋ 虚像－	＋
凹	＋	－	－

POINT

レンズの式　$\dfrac{1}{a}+\dfrac{1}{b}=\dfrac{1}{f}$

倍率　$m=\left|\dfrac{b}{a}\right|$

aはレンズ前方を正，bはレンズ後方を正とする。bが負になるのは虚像の場合である。fは，凸レンズでは正，凹レンズでは負とする。

例題 130　凸レンズを通過する光

図のように，凸レンズに向かって，光がやってきた。凸レンズを通過後の光の道筋で最も適切なものを(ア)～(キ)の中から1つ選べ。ただし，凸レンズの光軸上のFは凸レンズの焦点を表す。

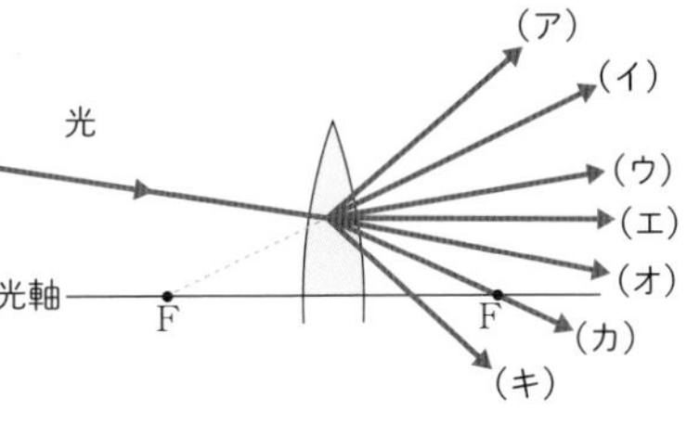

考え方　レンズの前方の焦点Fから出る光線が凸レンズを通過後どのように進むかを考える。また，光軸に平行な光線が凸レンズを通過後どのように進むかを考える。

解答

レンズの前方の焦点Fから出る光線は凸レンズを通過後(エ)を通過する光線となる。また，光軸に平行な光線が凸レンズを通過後は(カ)を通過する。よって，光は右図のように(キ)となる。　　(キ)　…答

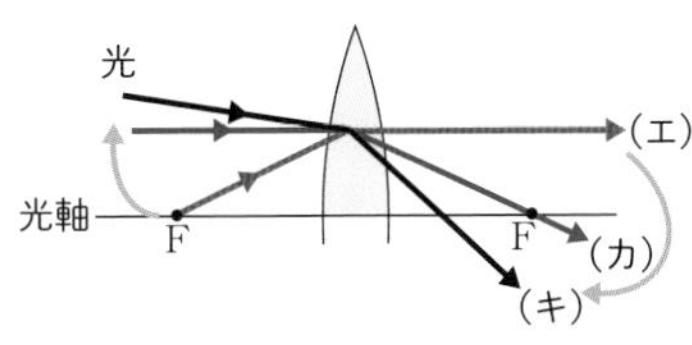

例題 131　レンズのつくる像

焦点距離 9.00 cm の凸レンズの光軸上 36.0 cm のところに物体を光軸に直角に立てた。

(1) できる像の位置，できる像の種類，倍率を求めよ。

(2) 次に，この凸レンズを焦点距離が 12.0 cm の凹レンズに取り替えた。このときにできる像の位置，できる像の種類，倍率を求めよ。

考え方　レンズの式 $\frac{1}{a}+\frac{1}{b}=\frac{1}{f}$ を用いる。凸レンズの場合には $f=+9.0$ cm, 凹レンズの場合には $f=-12.0$ cm を用いる。像の倍率は，$m=\left|\frac{b}{a}\right|$ を用いる。

解答

(1) レンズの式に，$a=36.0$ cm，$f=+9.00$ cm を代入すると

$$\frac{1}{36.0\text{ cm}}+\frac{1}{b}=\frac{1}{+9.00\text{ cm}}$$

よって，$b=12.0$ cm，$b>0$ より実像，倍率は $m=\left|\frac{a}{b}\right|=\frac{12.0\text{ cm}}{36.0\text{ cm}}=0.333$ 倍

レンズの後方 12.0 cm，実像，0.333 倍　…答

(2) レンズの式に，$a=36.0$ cm，$f=-12.0$ cm を代入すると

$$\frac{1}{36.0\text{ cm}}+\frac{1}{b}=\frac{1}{-12.0\text{ cm}}$$

よって，$b=-9.00$ cm，$b<0$ より虚像，倍率は $m=\left|\frac{-9.00\text{ cm}}{36.0\text{ cm}}\right|=0.250$ 倍

レンズの前方 9.00 cm，虚像，0.250 倍　…答

例題 132　凸レンズのつくる像

焦点距離が 10 cm の凸レンズを使って，物体と像の位置関係を調べる実験をおこなった。このとき，次の問いに答えよ。

(1) 物体とレンズの距離 a が 20 cm のとき，レンズと像の距離 b は何 cm か。

(2) (1)のとき，像は物体の何倍の大きさになるか。

(3) a を変化させたときの b の値をグラフにすると，図のようになった。グラフには①と②の 2 本の漸近線があるが，この漸近線の意味について説明せよ。

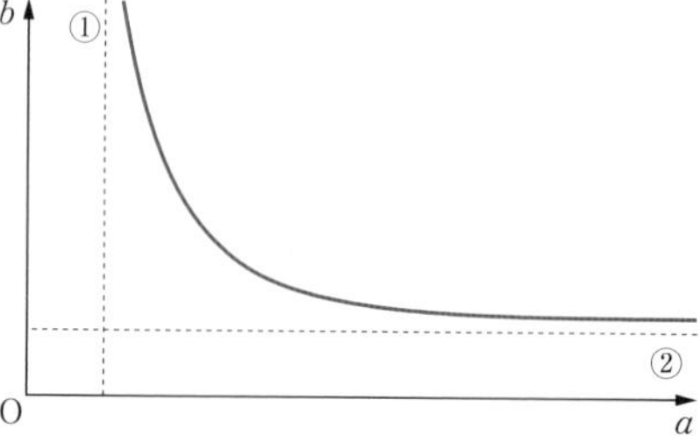

考え方 (1), (2)　レンズの式と倍率の式を使う。焦点距離の2倍の位置に物体を置くと，等倍(同じ大きさ)の像がレンズをはさんで物体と等距離(レンズ後方で焦点距離の2倍)の位置にできることを知っておくとよい。

(3)　グラフ上を無限に遠ざかるとき，漸近線に限りなく接近する。物体の位置と像のできる位置の関係に注目する。

解答

(1)　レンズの式から

$$\frac{1}{20\ \text{cm}}+\frac{1}{b}=\frac{1}{10\ \text{cm}}\qquad \text{よって}\quad b=20\ \text{cm}$$ …㊟

(2)　倍率の式から

$$m=\left|\frac{b}{a}\right|=\frac{20\ \text{cm}}{20\ \text{cm}}=1.0\qquad \text{よって}\quad 1.0\ \text{倍}$$ …㊟

(3)　物体をレンズに近づけると像のできる位置はしだいにレンズから遠ざかり，焦点の位置に物体がくる($a=10$ cm)と，像は無限遠点($b=\infty$)にできる。よって①の漸近線の式は $a=10$ cm である。

無限遠点($a=\infty$)にある物体の像は焦点の位置にできる($b=10$ cm)。よって，②の漸近線の式は $b=10$ cm である。

すなわち，漸近線は焦点距離を表している。　…㊟

2 凹面鏡と凸面鏡

A 凹面鏡

鏡面が球面になっているものを**球面鏡**といい，球面の内側を鏡面としたものを**凹面鏡**という。光軸に平行に入射した光線は凹面鏡での反射によって1点に集まる。光線が集まる点を**焦点**といい，鏡の中心Oから焦点までの距離を**焦点距離**という。

+アルファ

球の中心Cと鏡の中心Oを通る軸を**光軸(中心軸)**という。

+アルファ

焦点Fの位置は，おおよそOCの中点にある。$f=\frac{r}{2}$

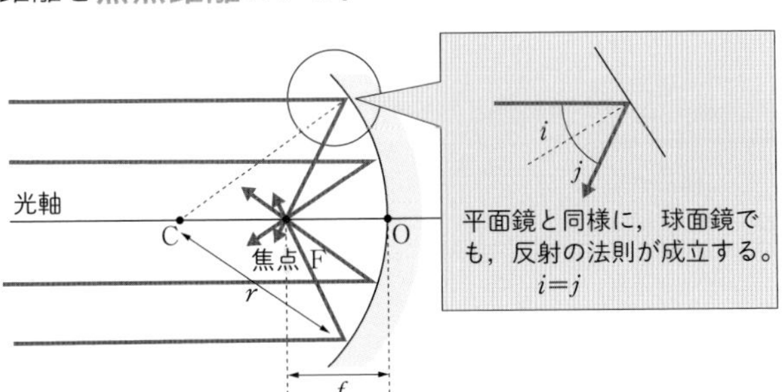

図36　凹面鏡

B 凹面鏡のつくる像と球面鏡の式

❶ 焦点よりも遠くに物体を置く場合

光線の進み方は次のようになる。凹面鏡前方で光が集まり，**実像**をつくる。

> ①　光軸に平行な光線は，凹面鏡で反射され，焦点 F を通る。
> ②　球面の中心(球面を球の一部とみなしたときの中心) C を通る光線は，反射後に C を通る光線となる。
> ③　凹面鏡の焦点 F を通る光線は，凹面鏡で反射され光軸に平行な光線となる。

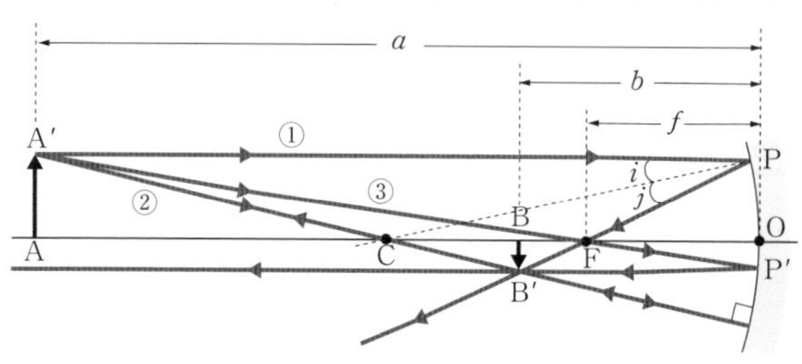

図 37　凹面鏡による実像

> **+アルファ**
> 光軸近くでは，P，O，P′ はほぼ一直線上とみなせる。

△AA′F と△OP′F は相似であり　$\dfrac{AA'}{OP'}=\dfrac{AF}{OF}=\dfrac{a-f}{f}$

△BB′F と△OPF も相似であり　$\dfrac{OP}{BB'}=\dfrac{OF}{BF}=\dfrac{f}{b-f}$

OP′＝BB′，OP＝AA′ より　$\dfrac{AA'}{BB'}=\dfrac{a-f}{f}=\dfrac{f}{b-f}$

$\dfrac{a-f}{f}=\dfrac{f}{b-f}$ を整理すると　$\boldsymbol{\dfrac{1}{a}+\dfrac{1}{b}=\dfrac{1}{f}}$　……(25)

となる。実像の倍率 m は，$m=\dfrac{b}{a}$ となる。

❷ 焦点よりも近くに物体を置く場合

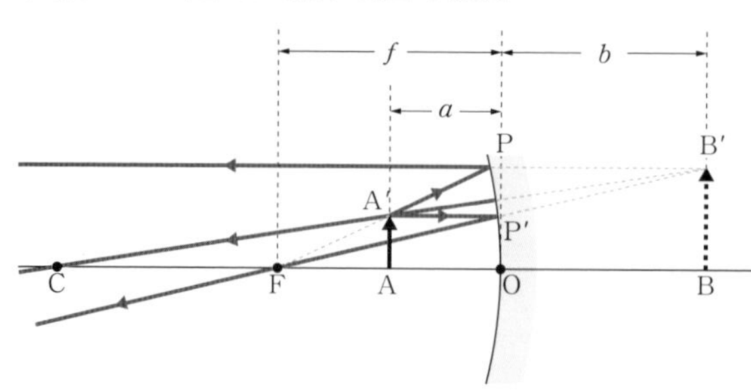

図 38　凹面鏡による虚像

> **+アルファ**
> 光軸近くでは，P，O，P′ はほぼ一直線上とみなせる。

△AA′F と△OPF は相似であり　$\dfrac{AA'}{OP}=\dfrac{AF}{OF}=\dfrac{f-a}{f}$

△BB′F と△OP′F も相似であり　$\dfrac{OP'}{BB'}=\dfrac{OF}{BF}=\dfrac{f}{f+b}$

OP′＝AA′，OP＝BB′ より　$\dfrac{AA'}{BB'}=\dfrac{f-a}{f}=\dfrac{f}{f+b}$

$\dfrac{f-a}{f}=\dfrac{f}{f+b}$ を整理すると　$\boldsymbol{\dfrac{1}{a}-\dfrac{1}{b}=\dfrac{1}{f}}$　……(26)

虚像の倍率 m は，$m=\dfrac{b}{a}$ となる。

C 凸面鏡

球面の外側を鏡面としたものを**凸面鏡**という。光軸に平行に入射した光線は凸面鏡での反射の法則によって 1 点から出たように広がる。この点を**焦点**といい，鏡の中心 O から焦点までの距離を**焦点距離**という。光は広がることにより，実像はつくらない。

図 39　凸面鏡（カーブミラー）

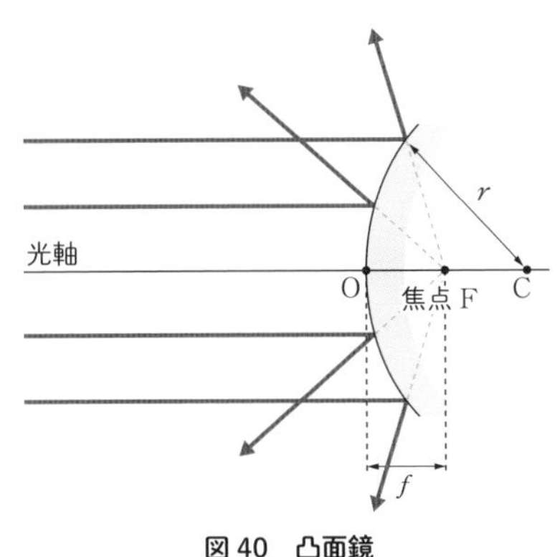

図 40　凸面鏡

＋アルファ

焦点 F の位置は，おおよそ OC の中点にある。$f=\dfrac{r}{2}$

D 凸面鏡のつくる像と球面鏡の式

光線の進み方は次のようになり，**虚像**をつくる。

① 光軸に平行な光線は，凸面鏡で反射され，焦点 F から出たように進む光線となる。
② 球面の中心 C に向かう光線は，反射後に C から出たように進む光線となる。
③ 凸面鏡の焦点 F に向かう光線は，凸面鏡で反射され光軸に平行な光線となる。

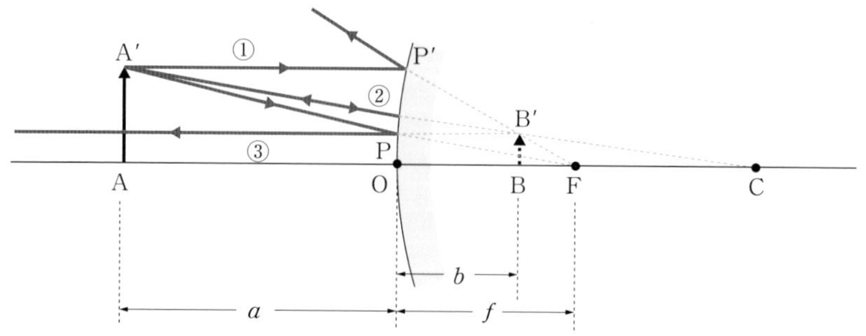

図 41　凸面鏡による虚像

△AA′F と△OPF は相似であり　$\dfrac{OP}{AA'}=\dfrac{OF}{AF}=\dfrac{f}{a+f}$

△BB′F と△OP′F も相似であり　$\dfrac{BB'}{OP'}=\dfrac{BF}{OF}=\dfrac{f-b}{f}$

OP′＝AA′，OP＝BB′ より　$\dfrac{BB'}{AA'}=\dfrac{f}{a+f}=\dfrac{f-b}{f}$

$\dfrac{f}{a+f}=\dfrac{f-b}{f}$ を整理すると　$\boldsymbol{\dfrac{1}{a}-\dfrac{1}{b}=-\dfrac{1}{f}}$　…… (27)

虚像の倍率 m は，$m=\dfrac{b}{a}$ となる。

> **＋アルファ**
> 光軸近くでは，P，O，P′ はほぼ一直線上とみなせる。

E 球面鏡の式

物体までの距離 a，像までの距離 b，焦点距離 f の符号を表のように決めておけば，球面鏡の式と倍率は次のようになる。

鏡	a	b	f
凹面鏡	＋	実像＋	＋
		虚像－	
凸面鏡	＋	－	－

POINT

球面鏡の式　$\dfrac{1}{a}+\dfrac{1}{b}=\dfrac{1}{f}$

倍率　$m=\left|\dfrac{b}{a}\right|$

f は凹面鏡では正，凸面鏡では負とする。

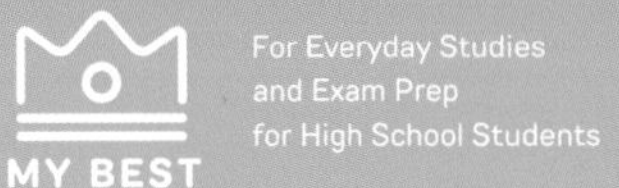

4　光の干渉と回折

1　ヤングの実験

A　光の回折

光も，他の波と同じように**回折現象を起こす**。ただし，音や水面の波の波長が数 cm ～数 m 程度であるのに対して，光の波長は 10^{-7} m 程度ときわめて短いため，身のまわりでは回折現象は目立たない。光の波長と同じ程度に小さい隙間(スリット)があると，光は顕著に回折して陰の部分へも進んでいく。

B　ヤングの実験

回折と干渉は波の特性の 1 つである。ヤングは 1801 年に，2 つのスリット S_1 と S_2 から回折した光が干渉して明暗のしま模様(**干渉じま**)ができることを実験で確かめ，光の波動説の根拠とした。

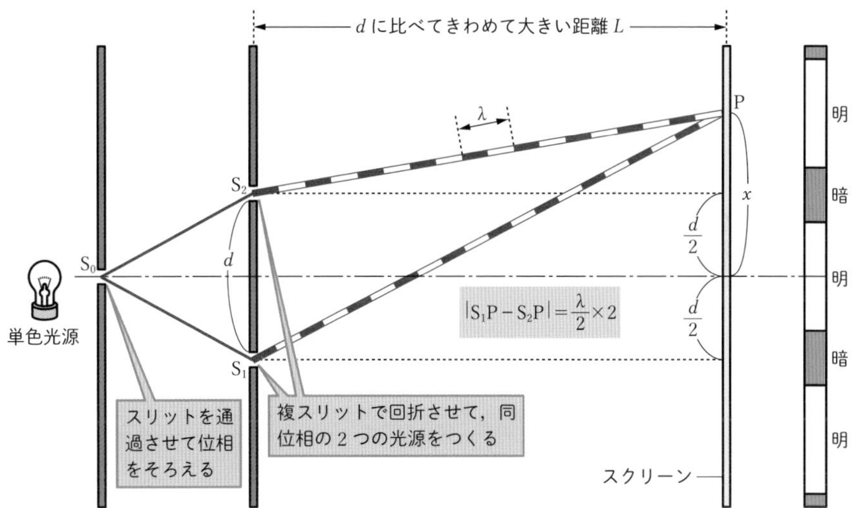

スクリーン上の点 P は，$|S_1P - S_2P|$ が半波長の偶数倍のときは光が強め合って明るくなり，奇数倍のときは打ち消し合って暗くなる。

図 42　ヤングの実験

水面波の干渉(p.372 参照)のように光を干渉させるには，S_1 と S_2 から同じ波長の光を同位相で発生させなければならない。光源からは，さまざまな位相の光が発生している。そこで，スリット S_0 によって，光源からの光を回折させれば，S_1 と S_2 ではほぼ位相のそろった光を得ることができる。

光の干渉によりスクリーン上に明暗のしまができる条件は

$$|S_1P-S_2P|=\frac{\lambda}{2}\times\begin{cases}偶数倍(2m) & \cdots\cdots明線\\ 奇数倍(2m+1) & \cdots\cdots暗線\end{cases}\quad(m=0,\ 1,\ 2,\ \cdots\cdots)\cdots\cdots(28)$$

このとき，m に対応する干渉じまを **m 次の明線(暗線)** という。

$$S_1P^2-S_2P^2=(S_1P+S_2P)(S_1P-S_2P)$$

であり，また

$$S_1P^2-S_2P^2=\left\{L^2+\left(x+\frac{d}{2}\right)^2\right\}-\left\{L^2+\left(x-\frac{d}{2}\right)^2\right\}=2xd$$

$$S_1P-S_2P=\frac{2xd}{S_1P+S_2P}$$

d は 1 mm 以下，x も 1 cm 程度であるのに対して，L は 1 m 以上だから，$S_1P+S_2P \fallingdotseq 2L$ と考えてよい。

$$|S_1P-S_2P|=\frac{xd}{L}=\frac{\lambda}{2}\times\begin{cases}偶数倍(2m) & \cdots\cdots明線\\ 奇数倍(2m+1) & \cdots\cdots暗線\end{cases}\quad\cdots\cdots(29)$$

スクリーンの中心から干渉じままでの距離 x は

$$x=\frac{L\lambda}{2d}\times\begin{cases}偶数倍(2m) & \cdots\cdots明線\\ 奇数倍(2m+1) & \cdots\cdots暗線\end{cases}\quad(m=0,\ 1,\ 2,\ \cdots\cdots)\quad\cdots\cdots(30)$$

干渉じまの間隔は

$$\Delta x=\frac{L\lambda}{d}\quad\cdots\cdots(31)$$

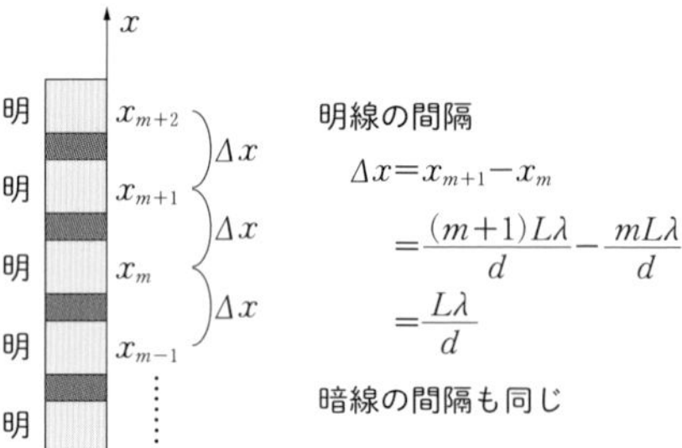

図 43　干渉じまの間隔

Q もし，$S_1P+S_2P \fallingdotseq 2L$ ならば，$|S_1P-S_2P|=0$ となってしまうのではないでしょうか。

A 近似計算では，近似が成り立つかどうかという精度の問題と，その近似をすることで意味のある結果が得られるかどうかの2つがポイントになります。

確かに $|S_1P-S_2P| \fallingdotseq 0$ ですが，ここではそのわずかな距離の差を求めたいのですから，$|S_1P-S_2P|=0$ と考えてしまうと意味のないことになります。

ヤングの実験
スクリーンの中心から干渉じままでの距離

$$x=\frac{L\lambda}{2d}\times\begin{cases}\text{偶数倍}\ (2m) & \cdots\cdots\text{明線}\\ \text{奇数倍}\ (2m+1) & \cdots\cdots\text{暗線}\end{cases}\qquad (m=0,\ 1,\ 2,\ \cdots\cdots)$$

干渉じまの間隔（明線または暗線の間隔）

$$\Delta x=\frac{L\lambda}{d}$$

光の干渉の場合も，干渉の条件は一般の波の場合と同じである。

例題 133 ヤングの実験

単色光源を使ってヤングの実験をおこなった。スリットの間隔は 0.50 mm, スリットとスクリーンの距離は 2.0 m である。スクリーンの中心付近での暗線の間隔は 2.4 mm であった。このとき，次の問いに答えよ。

(1) 光源の光の波長はいくらか。
(2) スリットを間隔の広いものに変えると，暗線の間隔はどう変化するか。
(3) 光源を波長の短いものに変えると，暗線の間隔はどう変化するか。

考え方 (1) $\Delta x=\frac{L\lambda}{d}$ の式から λ を求める。数値の単位に注意する。

(2), (3) $\Delta x=\frac{L\lambda}{d}$ の式から，d や λ を変えたときに Δx がどのように変化するかを考える。

解答

(1) $\Delta x=\frac{L\lambda}{d}$ から $\lambda=\frac{d\Delta x}{L}=\frac{0.50\times10^{-3}\ \text{m}\times2.4\times10^{-3}\ \text{m}}{2.0\ \text{m}}=6.0\times10^{-7}\ \text{m}$ …答

(2) スリットの間隔を広げると，暗線の間隔は小さくなる。 …答

(3) 波長の短い光では暗線の間隔は小さくなる。 …答

コラム | **白色光でのヤングの実験**

白色光を使ってヤングの実験をおこなうと，明暗のしま模様の代わりに，紫～赤に色づいたしま模様ができる。これは，$x=\frac{mL\lambda}{d}$ だから，1 つの明線の中でも波長 λ の短い紫は x が小さいところ，波長の長い赤は x が大きいところで強め合うからである。

2 回折格子

A 回折格子

平面ガラスの片面に，1 cm あたり数百本〜数千本の割合で細い溝を等間隔に掘ったものを**回折格子**という。溝の部分はギザギザのため光が透過せず，溝と溝の間のガラス面の部分が，光を透過するスリットの役目をする。その間隔を**格子定数**という。

＋アルファ

回折格子は，多数のスリットが等間隔で密集したもの。

道のりの差のことを経路差ともいう。

B 回折格子の干渉じま

回折格子に単色光を当てると，各スリットで回折した光の位相がそろう方向では光が強め合うので，スクリーン上には明線ができ，そろわない方向では打ち消し合うので暗い帯になる。

位相がそろうのは隣り合ったスリットからの光の道のりの差が半波長の偶数倍，すなわち1波長の整数倍の場合である。**図 44** で，隣り合ったスリットを通り，入射光の方向から角 θ の方向へ進む光の道のりの差は $d\sin\theta$ だから，光の波長を λ とすれば，回折光が強め合う条件は

$$d\sin\theta = m\lambda \quad (m=0, 1, 2, \cdots\cdots) \qquad \cdots\cdots (32)$$

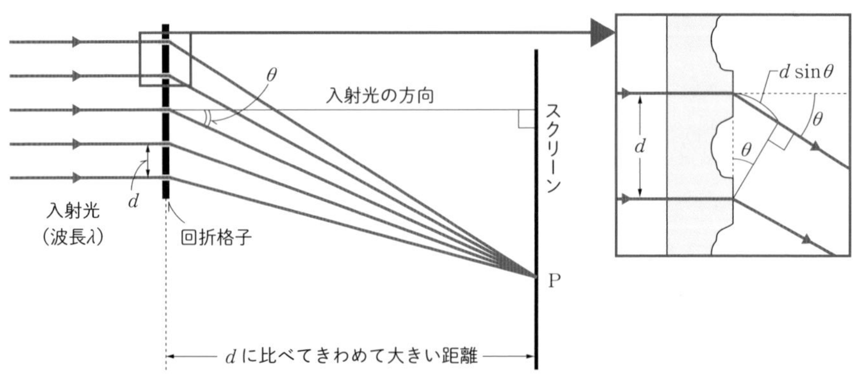

図 44　回折格子による干渉

ヤングの実験では回折光が1点に集まって干渉を起こすと考えたが，次に示すように，2つの回折光を平行光線として考えても，近似計算をすれば同じ結果が得られる。

POINT

回折格子での回折光が強め合う条件

$$d\sin\theta = m\lambda \quad (m=0, 1, 2, \cdots\cdots)$$

C ヤングの実験と回折格子

❶ ヤングの実験の条件式の別解

回折格子の手法を用いると

$$d\sin\theta = m\lambda \quad \cdots\cdots①$$

$$\sin\theta \fallingdotseq \tan\theta = \frac{x}{L} \quad \cdots\cdots②$$

②を①に代入すれば，ヤングの実験の条件式が得られる。

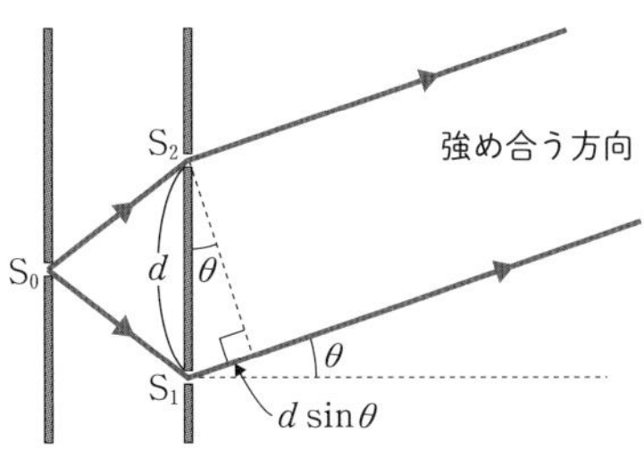

図 45 ヤングの実験と回折格子

❷ スリットと回折格子

回折格子は，多数のスリットから回折した少量の光の位相がそろう方向のみ光が強め合う。そのため，明瞭で細い明線が現れるので，明線の間隔から正確な波長が測定できる。また，スリットの繰り返し周期 d が小さいので，ヤングの実験のように光源を細めるためのスリット S_0 がなくても，明線が観測される。

3 レーザー光

エネルギーの高い状態にある多数の原子に特定のエネルギーの光を当てると，原子がいっせいにエネルギーの低い状態に移って，そのエネルギーの差に相当する光を放出することがある。この現象を**誘導放射**といい，このとき放出される光は，振動数や位相のそろった強い光である。

この誘導放射を効率よく起こして発生させたものが**レーザー光**である。レーザー光は位相のそろった単色光だから，複スリットに直接照射するだけでヤングの実験の干渉じまができる。

＋アルファ

CDやブルーレイディスクの読み取り部には，半導体レーザーが使われている。

別々のレーザーからの光では位相がそろわない。

例題 134　回折格子による光の干渉

格子定数 1.0×10^{-5} m の回折格子を通して波長 λ の単色光源を見たところ，図のようにスクリーン上に明線が見えた。このとき，次の問いに答えよ。

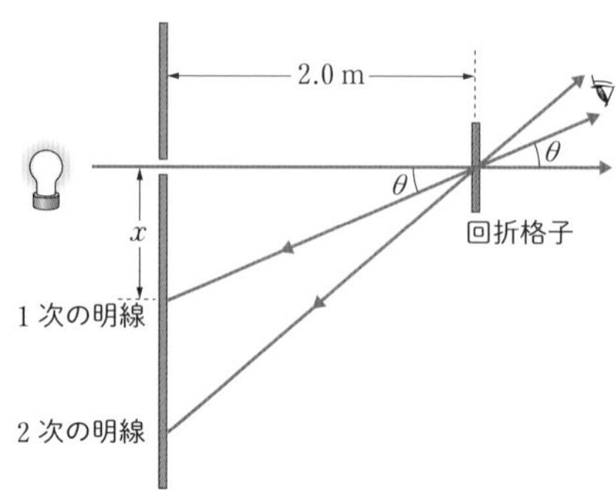

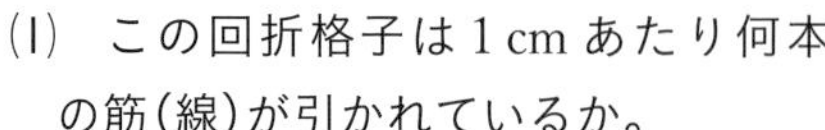

(1) この回折格子は 1 cm あたり何本の筋(線)が引かれているか。

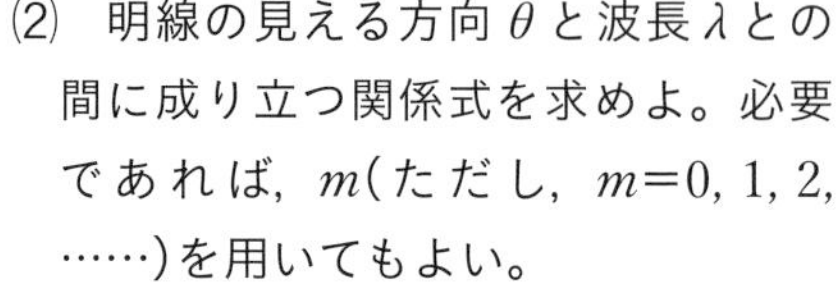

(2) 明線の見える方向 θ と波長 λ との間に成り立つ関係式を求めよ。必要であれば，m(ただし，$m=0, 1, 2, \cdots\cdots$)を用いてもよい。

(3) $\lambda=6.3 \times 10^{-7}$ m，回折格子からスクリーンまでの距離が 2.0 m であった。このとき，1 次の明線までの距離 x を求めよ。ただし，1 次の明線の見える方向 θ について，$\sin\theta \fallingdotseq \tan\theta$ が成り立つ。

考え方 (1) 格子定数は隣り合った筋と筋との間隔だから，格子定数の逆数が単位長さあたりの本数になる。単位に注意すること。

(2) 回折格子を直接目で見ると，スクリーン上に明線ができる方向と逆の方向に明線が見える。干渉の関係式はスクリーン上に明線ができる場合と同じだから

$$d \sin\theta = m\lambda$$

の関係が成り立つ。

(3) 近似の条件を考慮して x を求める。

解答

(1) 格子定数を cm 単位で表すと　$1.0 \times 10^{-5}\ \text{m} = 1.0 \times 10^{-3}\ \text{cm}$

よって，1 cm あたりの本数は　$\dfrac{1}{1.0 \times 10^{-3}\ \text{cm}} = 1.0 \times 10^{3}$ 本/cm　…(答)

(2) $d \sin\theta = m\lambda$ より

$1.0 \times 10^{-5}\ \text{m} \times \sin\theta = m\lambda$　(ただし，$m=0, 1, 2, \cdots\cdots$)　…(答)

(3) 1 次の明線なので，$m=1$，$\sin\theta \fallingdotseq \tan\theta = \dfrac{x}{2.0\ \text{m}}$ より

$$1.0 \times 10^{-5}\ \text{m} \times \frac{x}{2.0\ \text{m}} = 1 \times 6.3 \times 10^{-7}\ \text{m}$$

これより　$x = 0.126\ \text{m} = 0.13\ \text{m}$　…(答)

4 薄膜による干渉

水面に広がる油膜やシャボン玉が色づいて見えることがある。これは，薄膜の表面で反射した光と内面で反射した光の干渉が原因である。

A 油膜による干渉

屈折率が n (n>水の屈折率>空気の屈折率)の油が，水面に厚さ d の薄膜をつくって浮かんでいる。

これに白色光が当たると，観察者が見る光には

A′→B′→D→E

と進む光Ⅰと

A→B→C→D→E

と進む光Ⅱの2つが含まれる。2つの光の位相が同じなら強め合って明るくなり，逆位相なら打ち消し合って暗くなる。

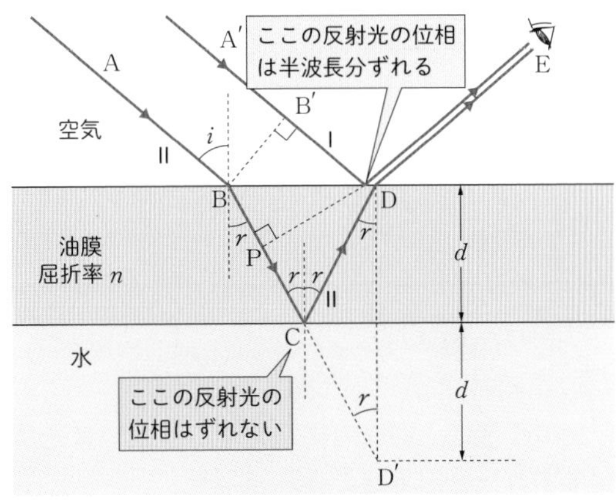

図46　油膜による干渉

図46の点Pの光と点Dでの反射直前の光の位相は同じだから，光の経路差

$$\mathrm{PC}+\mathrm{CD}(=\mathrm{PC}+\mathrm{CD'})=2d\cos r$$

が半波長の偶数倍なら強め合い，奇数倍なら打ち消し合うはずである。

ところが，点Dは屈折率が小さい空気から屈折率が大きい油へ向かう面での反射だから，反射光の位相が π rad (半波長分)変化する。一方，点Cは屈折率が大きい油から小さい水へ向かう面での反射だから，反射光の位相は変化しない。

そこで，$2d\cos r$ が半波長の奇数倍のとき，点Dで反射する光と，P→C→Dと進んだ光の位相が一致することになり，2つの光が強め合う。

また，空気中の波長を λ とすると油の中の光の波長は $\dfrac{\lambda}{n}$ だから

$$2d\cos r=\frac{\lambda}{2n}\times(2m+1)\quad(m=0,\ 1,\ 2,\ \cdots\cdots)\qquad\cdots\cdots(33)$$

+アルファ

2π rad が1波長に相当する。

膜が厚いと，式(33)の次数 m が大きな値となり，明暗を見分けることができなくなる。例えば，$m=10000$ と $m+1=10001$ の違いを示す r を区別できないので，干渉じまがわからなくなる。

の関係を満たす波長λの光だけが，点Dで明るく色づいて見える。

光路長の差(光路差)を考えて，左辺を$2nd\cos r$とすれば，右辺は空気中の半波長の奇数倍になる。

薄膜による光の干渉

$$\begin{cases} 2nd\cos r = \dfrac{\lambda}{2} \times (2m+1) & \cdots\cdots \text{明線} \\ 2nd\cos r = \dfrac{\lambda}{2} \times 2m & \cdots\cdots \text{暗線} \end{cases} \quad (m=0, 1, 2, \cdots\cdots)$$

(n：薄膜の屈折率，d：薄膜の厚さ，r：屈折角)

B 光路差と光の干渉

光の干渉は，別々の経路を通った2つの光が重なり合うとき，経路差による位相のずれが原因で起こる。

強め合って明線のできる条件をまとめると

ヤングの実験　$\dfrac{xd}{L} = m\lambda \left(= \dfrac{\lambda}{2} \times 2m \right)$　……①

回折格子　$d\sin\theta = m\lambda \left(= \dfrac{\lambda}{2} \times 2m \right)$　……②

薄膜の干渉　$2nd\cos r = \dfrac{\lambda}{2} \times (2m+1)$　……③

空気の屈折率は1としてよいから，①，②式の左辺も空気中の光路差を表していると考えてよい。

一般に，物質中の光の経路差を問題とするときは，経路差にその物質の屈折率をかけ合わせた**光路差を考え，光の波長は空気中(＝真空中)のものを使って考えればよい。**

> **＋アルファ**
>
> 基本的には，経路差が半波長の偶数倍のとき強め合うが，一方の経路だけ反射により位相が半波長分ずれるときは，経路差が半波長の奇数倍で強め合う。

干渉によって光が強め合う条件

⇨　光路差＝半波長の偶数倍

反射によって一方の光だけ位相がずれるとき，半波長の奇数倍で強め合う。

例題135 薄膜の干渉

水面に浮かぶ，厚さ 2.9×10^{-7} m の油膜に白色光を垂直に入射させて上方から見たところ，油膜は色づいて見えた。

白色光の波長領域は 3.8×10^{-7} m ～ 7.7×10^{-7} m であり，この波長領域では油の屈折率は 1.5 であるとして，油膜が色づいて見える光の波長を求めよ。

考え方 垂直に入射させた場合には屈折角 $r=0°$ だから，$\cos r=1$ である。

解答

反射による位相の変化は油膜の上面のみだから，明るくなる条件

$$2nd=\left(m+\frac{1}{2}\right)\lambda$$

の関係を満たす λ のうち，与えられた波長領域にあるものを求めればよい。

明るくなる条件から

$$\lambda=\frac{2nd}{m+\frac{1}{2}}=\frac{2\times1.5\times2.9\times10^{-7}\ \mathrm{m}}{m+\frac{1}{2}}$$

このうち，$3.8\times10^{-7}\ \mathrm{m}<\lambda<7.7\times10^{-7}\ \mathrm{m}$ を満たすものを求めると

$m=0$ のとき　$\lambda=1.7\times10^{-6}$ m で範囲外

$m=1$ のとき　$\lambda=5.8\times10^{-7}$ m で範囲内

$m=2$ のとき　$\lambda=3.5\times10^{-7}$ m で範囲外

$m=3$ 以上は不適

したがって，色づいて見える光の波長は　5.8×10^{-7} m　…答

C 空気の薄膜による干渉

平面ガラスを 2 枚重ね，一端に厚さ D の薄い紙をはさんで上から光を当てると，平行線状の干渉模様が等間隔に現れるのが観察される。

これは，ガラスの間の空気の層が薄膜と同じはたらきをするためである。

「ガラスの屈折率＞空気の屈折率」だから，点 A での反射光は位相が変化しないが，点 B での反射光の位相は半波長分変化する。

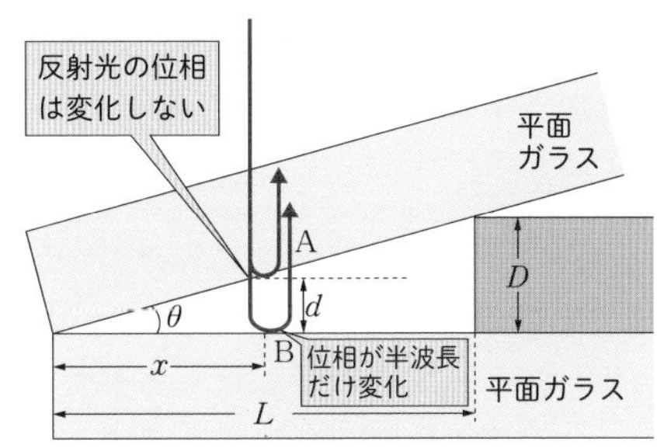

図47　空気の薄膜による光の干渉

したがって，明線ができる条件は油などによる薄膜の場合と同じである。

空気の薄膜の厚さが d の位置に，明線または暗線ができる条件は

$$2d=\frac{\lambda}{2}\times\begin{cases}2m & \cdots\cdots\text{暗線}\\ 2m+1 & \cdots\cdots\text{明線}\end{cases}\quad (m=0,\ 1,\ 2,\ \cdots\cdots) \qquad \cdots\cdots (34)$$

ただし，少しずれた位置でも光はわずかに強め合うので明線の幅は広がりがある。逆に，完全に打ち消し合う暗線のほうが細くて明瞭だから，空気の薄膜では暗線を測定することが多い。

暗線のできる位置 x は，2 枚のガラス板のなす角を θ，ガラスの接点と紙までの距離を L，紙の厚さを D とすると

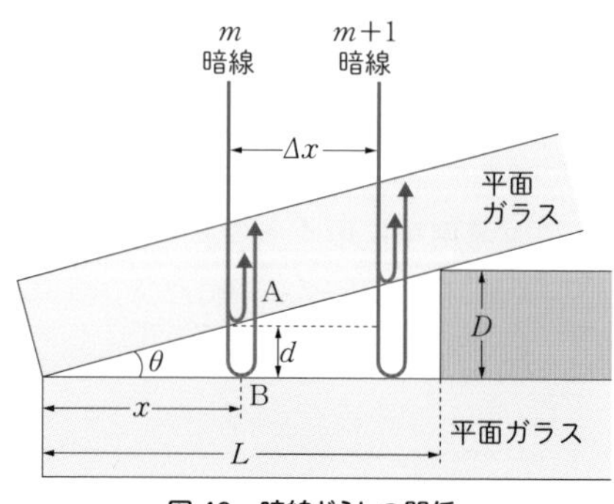

図 48　暗線どうしの関係

+アルファ

薄膜の干渉の場合，広がりのある明線を測定しても，誤差が大きく意味がない。回折格子でも，明瞭な明線についての条件だけを求めている。

明線の間隔も同じである。

$$x=\frac{d}{\tan\theta}=\frac{m\lambda}{2\tan\theta}=\frac{mL\lambda}{2D}$$

隣り合う暗線と暗線の間隔を Δx とすると

$$\Delta x=\frac{(m+1)L\lambda}{2D}-\frac{mL\lambda}{2D}$$

よって　$$\Delta x=\frac{L\lambda}{2D} \qquad \cdots\cdots (35)$$

白色光を当てた場合，明線の位置には，波長の短い青色が内側，波長の長い赤い光が外側に現れる。

D ニュートンリング

平面ガラスの上に凸レンズを置くと，同心円状の色の環が見える。これは，凸レンズの底面で反射した光と平面ガラスの上面で反射した光が干渉するためである。

ニュートンは，この現象を光の粒子説で説明しようとしたがうまくいかなかった。

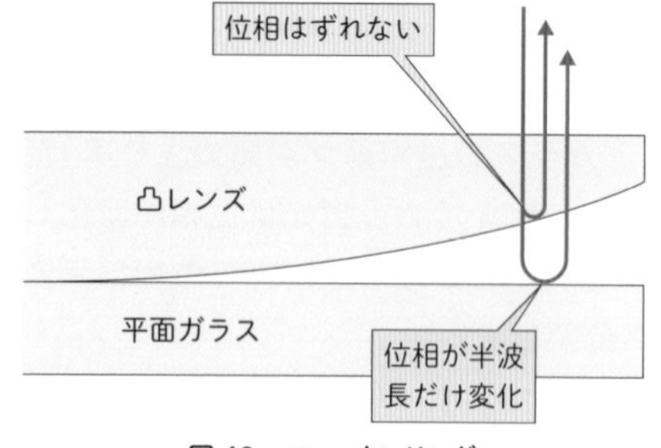

図 49　ニュートンリング

この章で学んだこと

(1) 光の速さ
真空中での光の速さ $c=3.0\times10^{8}$ m/s

(2) 光の反射と屈折
① 反射の法則：入射角 i＝反射角 j
② 屈折の法則：

$$n_{12}=\frac{\sin i}{\sin r}=\frac{v_1}{v_2}=\frac{\lambda_1}{\lambda_2}$$

(n_{12}：相対屈折率)

(3) 絶対屈折率と光路長
① 真空に対する物質の屈折率を絶対屈折率(または屈折率)という。

$$n_{12}=\frac{n_2}{n_1}$$

(n_1, n_2：絶対屈折率)

② 絶対屈折率 n の物質中での光の速さ

$$v=\frac{c}{n}$$

③ 光路長
屈折率 n の物質中の距離 l は，真空中の距離 nl に相当する。

(4) 全反射
屈折率大の物質 I から屈折率の小さな物質 II へ光が入射するとき

$$\sin i_0=\frac{n_2}{n_1}$$

(i_0：臨界角，n_1：物質 I の屈折率
n_2：物質 II の屈折率)

(5) 反射による位相変化
屈折率大→小　位相は変化しない。
屈折率小→大　位相は π rad 変化する。

(6) 光の波長
可視光線の波長領域
3.8×10^{-7} m(紫)〜7.7×10^{-7} m(赤)
スペクトル：太陽光をプリズムに入射させた際に波長に応じて屈折の度合いが異なることで生じる色の帯。

(7) 偏光
自然光はあらゆる振動方向をもつ光の集まりだが，偏光板を通すと偏光板の軸方向の振動のみをもつ偏光となる。

(8) レンズ
① **レンズ**
透過光を収束または発散させる。
② **レンズの式**

レンズの式　$\frac{1}{a}+\frac{1}{b}=\frac{1}{f}$

倍率　$m=\left|\frac{b}{a}\right|$

レンズ	a	b	f
凸	＋	実像＋ 虚像−	＋
凹	＋	−	−

(9) 球面鏡
① **凹面鏡や凸面鏡**
反射光を収束または発散させる。
② **球面鏡の式**

球面鏡の式　$\frac{1}{a}+\frac{1}{b}=\frac{1}{f}$

倍率　$m=\left|\frac{b}{a}\right|$

鏡	a	b	f
凹面鏡	＋	実像＋ 虚像−	＋
凸面鏡	＋	−	−

(10) 光の干渉
光路差と波長，反射による位相のずれなどにより明暗の条件が定まる。

定期テスト対策問題 3

解答・解説は別冊 p.646 ～ 650

1 波について述べた次の文の(　)内に正しいことばを入れよ。

(1) 波が障害物の背後に回り込んで進む現象を(　①　)という。この現象は，障害物の大きさに対して波の波長が(　②　)ほど顕著に現れる。このような波動特有の進み方は(　③　)によって説明される。

(2) 同位相の2つの波源からの波が強め合って大きく振動する場所は，波源からの距離の(　④　)が半波長の(　⑤　)倍の点である。

2 原点が単振動しており，時刻 t〔s〕のときの変位は $y = 0.50\ \mathrm{m} \times \sin\pi \dfrac{t}{1.0\ \mathrm{s}}$〔m〕で表される。発生した波は，$x$ 軸の正の向きに 0.5 m/s の速さで進んでいる。この波について，次の問いに答えよ。

(1) 何秒ごとに，原点の媒質の変位が0となるか。

(2) この波の周期はいくらか。

(3) この波の波長はいくらか。

(4) 時刻 t のときの原点の媒質の変位が，$x = 4.0$ m の点に届くのはいつか。

(5) $x = 4.0$ m の点の媒質の時刻 t のときの変位 y を表す式をつくれ。

(6) $t = 2.0$ s のときの波形を図示せよ。

3 速さ v，波長 λ，振動数 f の平面波が媒質ⅠとⅡの境界面ABに次々と入射している。図の実線はある時刻の入射波の山の波面を表したもので，a，b，c，……，g は境界面上の等間隔の点を表している。境界面での反射波は位相が π ずれ，媒質Ⅰに対する媒質Ⅱの屈折率は $\sqrt{3}$ であるとする。次の問いに答えよ。

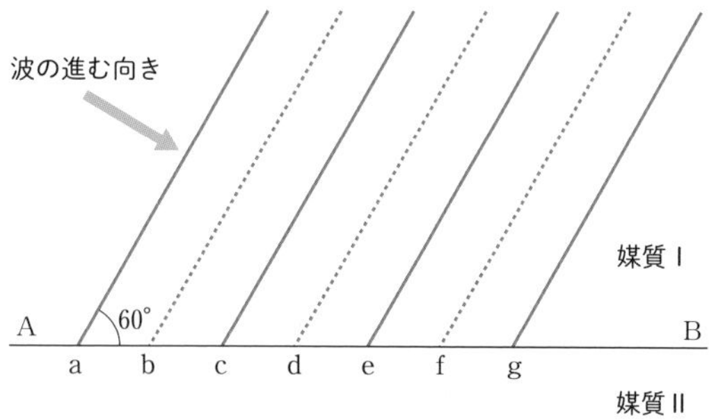

ヒント

3 波面では波の動きがつかめないので，波面に垂直に波の進行方向を示す線をかき込んで考える。入射角は 60° になる。

(1) 反射波の波面を図にかき込め。

(2) 反射波の速さ，波長，振動数を v，λ，f で表せ。

(3) 屈折波の波面を図にかき込め。

(4) 屈折波の速さ，波長，振動数を v，λ，f で表せ。

4 音の屈折について次の問いに答えよ。

音波は異なる媒質に進む際に屈折する。音波の空気に対する水の屈折率は0.227である。音波の振動数を500 Hz，音波の空気中の音速を340 m/sとする。

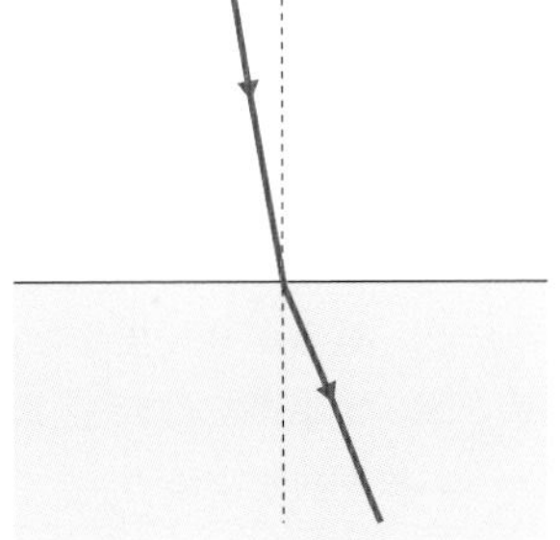

(1) 水中での音の伝わる速さを求めよ。

(2) 水中での音波の波長を求めよ。

(3) 入射角が7°の場合，屈折角を r とすると，$\sin r$ の値を求めよ。ただし，$\sin 7° = 0.122$ とする。

5 水平で平行なレール上を電車Sが，$f_0 =$ 1000 Hzの汽笛を鳴らしながら $v_s = 30$ m/sで走っている。その前方から，観測者Oを乗せた電車が，$v_o = 20$ m/sで反対向きに走ってきた。音の速さを340 m/sとして，次の問いに答えよ。

(1) Sが進む前方において，Sから出る音の波長は何mか。

(2) Oが観測する汽笛の振動数は何Hzか。

6 図の XY は広い平面上の線路，BO は線路に直交する道路である。電車が，f_0＝1000 Hz の汽笛を鳴らしながら図の A，B，C を 30 m/s の速さで通過していった。O は，踏み切り B から離れたところに静止している観測者である。音速は 340 m/s とする。

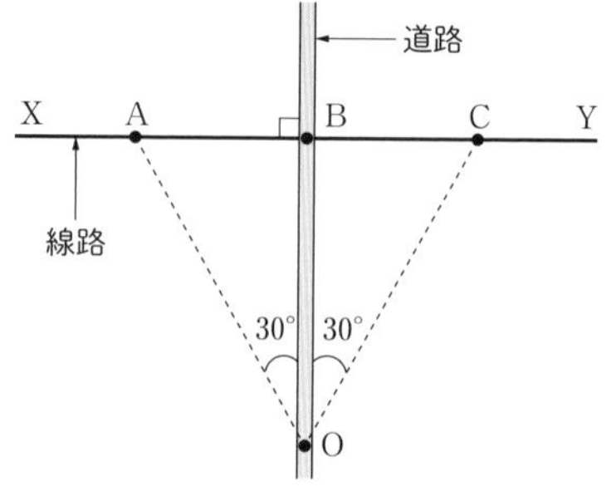

(1) 電車が A(ただし，∠BOA＝30°)で出した音の AO 方向の波長と，O の聞く振動数を求めよ。

(2) 電車が B で出した音の BO 方向の波長と，O の聞く振動数を求めよ。

(3) 電車が C(ただし，∠BOC＝30°)で出した音の CO 方向の波長と，O の聞く振動数を求めよ。

7 音源 S が f_0＝1000 Hz の音を出しながら v_s＝5.0 m/s の速さで右向きに動いていて，その前方に音をよく反射する壁 W がある。音速を 340 m/s とする。

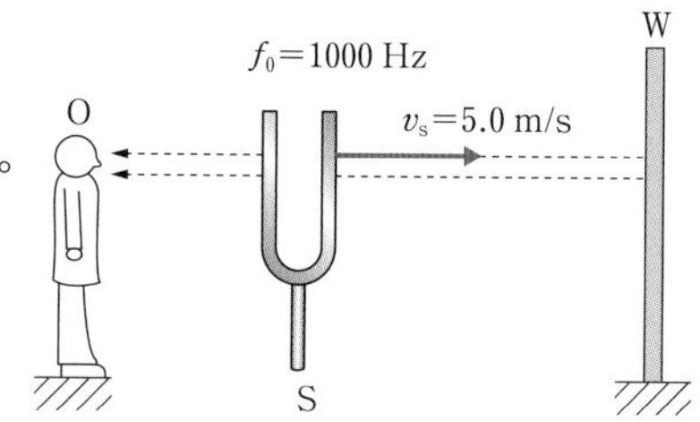

(1) S から O に達する直接音の振動数はいくらか。

(2) S から出て，W で反射した後に O に達する反射音の振動数はいくらか。

(3) O に直接音と反射音が同時に入るのでうなりが聞こえる。うなりの毎秒の回数を求めよ。

ヒント

6 (1) A を通るとき，音源の速さの AO 方向の成分は 30 cos60° m/s。この速さで O に近づくのと同じ。

(3) C では 30 cos60° m/s の成分で遠ざかることになる。

7 (2) まず，壁 W に届く音の振動数を求める。壁 W は，この音をそのまま観測者へ向かって反射するので，静止した観測者はこの振動数の音を聞く。

8 空気中の光の速さを 3.0×10^8 m/s，ガラスの屈折率を1.5，水の屈折率を1.3として，次の問いに答えよ。

(1) ガラスの中での光の速さを求めよ。

(2) 水中での光の波長は，空気中の波長の何倍か。

(3) ガラスに対する水の屈折率はいくらか。

(4) ガラスから水に光が進むときの臨界角を i_0 とすると $\sin i_0$ はいくらか。

(5) 厚さ1.0 cmのガラスを光が通過するとき，光路長は何cmか。

9 凸レンズの中心Oから左に5.0 cm離れた位置に大きさが3.0 cmの物体が置かれている。レンズの焦点距離は3.0 cmである。次の問いに答えよ。

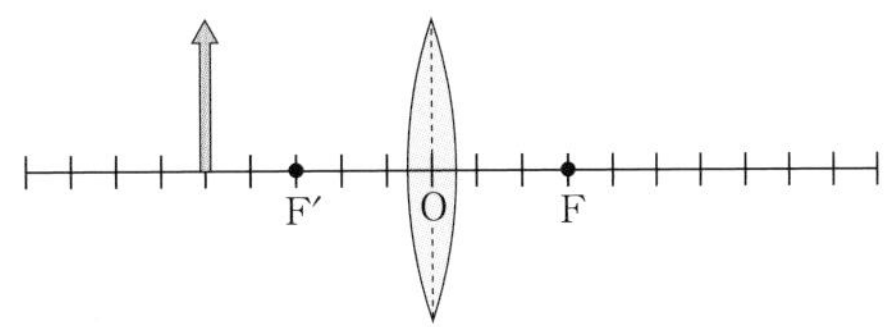

(1) 像ができる位置を求めよ。

(2) 像は実像か虚像か求めよ。

(3) 像の大きさは何cmか求めよ。

(4) 2.0倍の虚像をつくるには，物体をレンズの中心Oから何cm離れた位置に置いたらよいか求めよ。

10 ヤングの実験について，次の文の( )内を正しく埋めよ。

図のようなヤングの実験で，S_1P と S_2P がほぼ平行光線であれば，道のりの差 S_1P-S_2P は回折角 θ とスリット間の距離 d を用いると

$S_1P-S_2P=($ 1 $)$

と書ける。

ここで，θ が小さければ，$\sin\theta\fallingdotseq\tan\theta$ と近似することができ，さらに，d や x に比べると L がきわめて大きいから，$\sin\theta=($ 2 $)$ と表せる。よって，点Pに明線ができる条件は，$x=($ 3 $)$ $(m=0, 1, 2, \cdots\cdots)$ になる。

$d=0.60$ mm，$L=2.0$ m であるとき，スリットに単色光を当てると，明線と明線の間隔は2.0 mmであった。単色光の波長は(4)mである。

11　図のように，波長 7.00×10^{-7} m のレーザー光線を白い壁に垂直に入射した。レーザーが壁に当たる点をOとし，点Oとレーザーの間で点Oからの距離が 2.00 m である位置に，光路と垂直に回折格子を置いたところ，点Oを中心に左右対称な明るい点の列が生じた。次の問いに答えなさい。

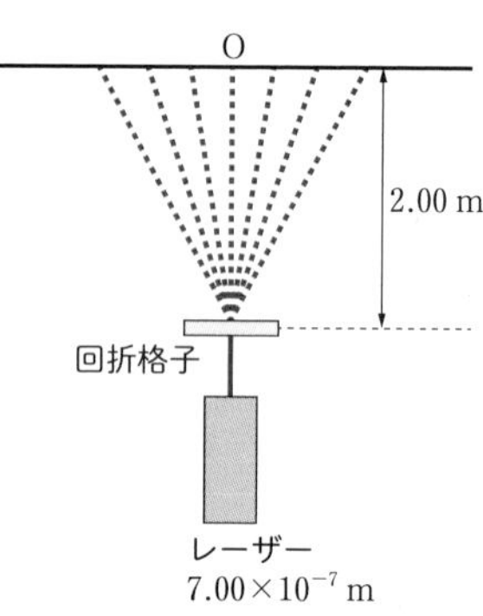

(1)　中心付近での隣り合う明点の間隔が 0.0500 m であった。回折格子の格子定数を求めよ。

(2)　回析格子から壁までを水(屈折率 1.33)で満たす。中心付近の明点の間隔を求めよ。

12　図のように，波長 λ〔m〕の単色光線が，屈折率 n，厚さ d〔m〕の反射防止膜に，入射角 i で入射し，屈折角 r で屈折する。空気およびレンズの屈折率をそれぞれ 1，n' とし，$1<n<n'$ の関係がある。次の問いに答えよ。

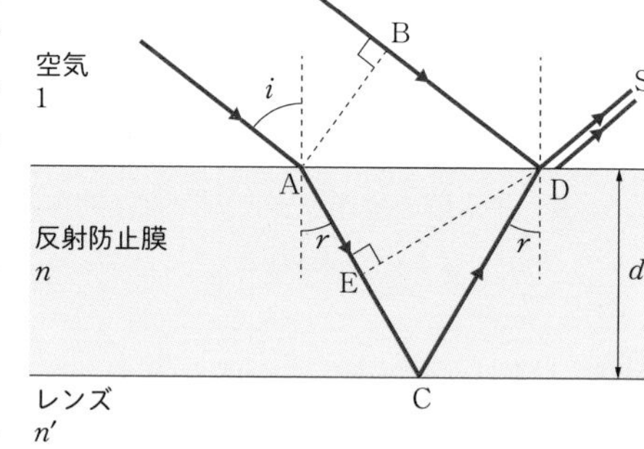

(1)　i，r，n の関係を求めよ。

(2)　点Cでの反射光と点Dでの反射光の経路差はいくらか。

(3)　2つの光が干渉により強め合う条件を求めよ。

(4)　レンズ面に垂直に入射する波長 5.5×10^{-7} m の光の反射を防ぐために，$n=1.40$ のフッ化マグネシウムを，$n'=1.55$ のレンズ表面にコーティングした。干渉によって反射光を打ち消すには，反射防止膜の最小の厚さをいくらにすればよいか。

Advanced Physics

物理

第4部

電場と磁場

MY BEST

Advanced Physics

第1章 電場と電位

1 静電気力

1 摩擦帯電

A 原子の帯電

身のまわりにあるすべての物体は原子からできている。その原子は正(+)の電気をもつ原子核と負(−)の電気をもつ電子からなる。原子内の正負の電気は等量あるので，原子は電気的に中性である。

化学でも学習するが，原子はその電子配置により，電子を放出しやすいものと受け取りやすいものがある。例えば原子番号 11 のナトリウム(Na)原子は最外殻(M 殻)にある 1 個の電子を放出すれば安定な電子配置になるため，1 価の陽イオン Na^+ になりやすい。また原子番号 17 の塩素(Cl)原子は最外殻(M 殻)にあと 1 個の電子が入ると安定な電子配置となるので，1 価の陰イオン Cl^- になりやすい。こうして電子が出入りすることにより，原子は正，あるいは負に帯電する。帯電した原子を**イオン**という。

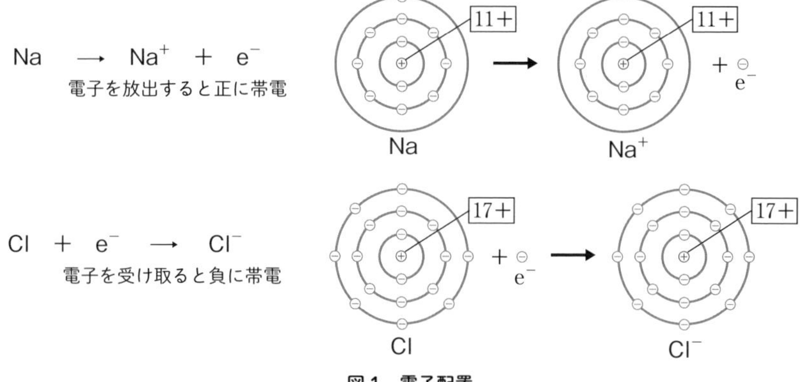

図 1　電子配置

B 物体の帯電

原子からなる物体についても，構成する原子の種類や結合の仕方により，電子を放出しやすいものと受け取りやすいものがある。異なる種類の物体が接触すると，より電子を受け取りやすいほうに電

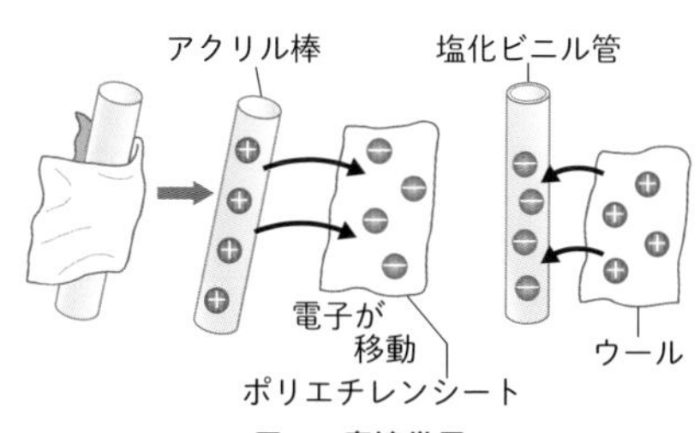

図 2　摩擦帯電

子が移動するので，それぞれの物体は正と負に帯電する。2つの物体を単に接触させただけでは，実際の接触面積は小さい。2物体をこすり合わせれば接触面積が増え，電子が移動しやすくなる。こうした帯電を**摩擦帯電**という。

C 電荷

> **+アルファ**
>
> 帯電の正負
> 電子を放出→正に帯電
> 電子を受け取る→負に帯電

物体は移動した電子の分だけ帯電する。帯電した物体のもつ電気を**電荷**，電荷の量を**電気量**という。電気量の単位として，C（クーロン）を用いる。1Cの電気量は，回路に1A（アンペア）の電流が流れているとき，導線のある断面を1秒間あたりに通過する電気量である。電子1個の電気量は-1.6×10^{-19} Cである。1.6×10^{-19} Cを**電気素量**といい，eで表す。電子1個の電気量は$-e$と表される。

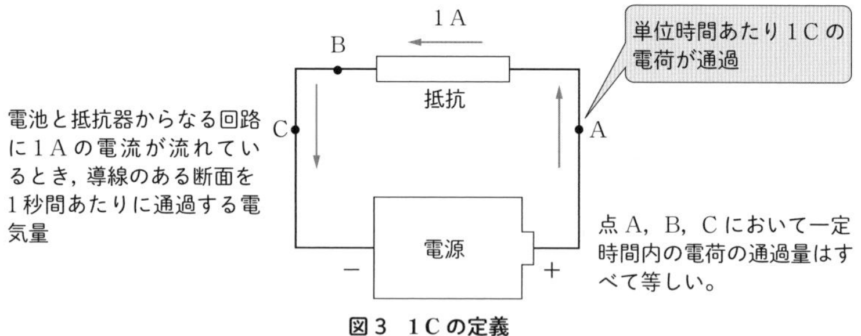

図3　1Cの定義

D 電気量保存の法則

q_A，q_Bに帯電した物体A，Bがある。AとBが接触すると，一方から他方に電子が移動するので，それぞれの電気量は変化する。再び離れたときのA，Bの電気量をそれぞれQ_A，Q_Bとすると，これらの間には次の関係が成り立つ。

$$q_A+q_B=Q_A+Q_B$$

これを**電気量保存の法則**という。

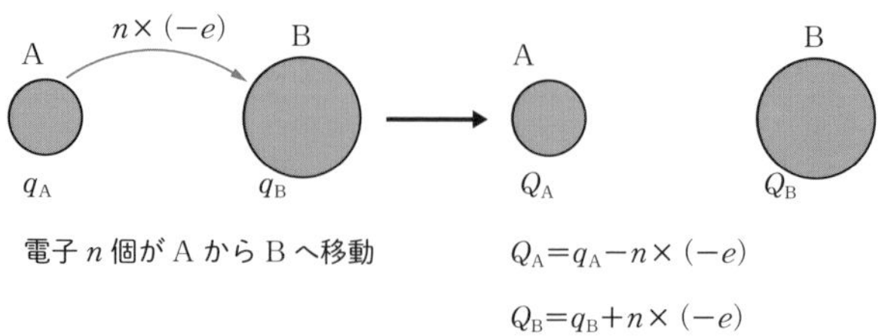

図4　電気量保存の法則

例題 136 **電気量保存の法則**

同じ材質，同じ大きさの金属球 A, B がそれぞれ $+9.6\times10^{-8}$ C，-3.2×10^{-8} C に帯電している。両者を接触させて引き離したところ，それぞれの電気量は等しい値となった。

(1) 引き離した後のそれぞれの電気量はいくらか。

(2) 電子はどちらからどちらへ何個移動したか。

考え方 電気量保存の法則より，接触前後で，A，B のもつ電気量の総和は変わらない。

解答

(1) 接触させて引き離した後のそれぞれの電気量を Q とすれば，電気量保存の法則により　$(+9.6\times10^{-8}\,\text{C})+(-3.2\times10^{-8}\,\text{C})=2Q$

よって　$Q=\dfrac{6.4\times10^{-8}\,\text{C}}{2}=3.2\times10^{-8}\,\text{C}$　…答

(2) 金属球 A：$+9.6\times10^{-8}$ C　→　3.2×10^{-8} C

金属球 B：-3.2×10^{-8} C　→　3.2×10^{-8} C

となっている。電子を受け取ると負の電気量が増す，あるいは正の電気量が減少するので，電子は B から A に移動した。電子 1 個移動するたびに A の電気量は -1.6×10^{-19} C ずつ変化するので，A が受け取った電子の個数 n は

$$n=\frac{3.2\times10^{-8}\,\text{C}-9.6\times10^{-8}\,\text{C}}{-1.6\times10^{-19}\,\text{C/個}}=4.0\times10^{11}\,\text{個}$$

よって，電子は B から A に 4.0×10^{11} 個移動した　…答

2 クーロンの法則

A クーロンの法則

q_A〔C〕，q_B〔C〕に帯電した物体 A，B が距離 r〔m〕離れて置かれているとき，物体間にはたらく静電気力の大きさ F〔N〕は距離 r の 2 乗に反比例し，q_A，q_B の積に比例する。これを**クーロンの法則**という。

$$F=k_0\frac{q_Aq_B}{r^2}\quad\cdots\cdots(1)\qquad(k_0=9.0\times10^9\,\text{N·m}^2/\text{C}^2：比例定数)$$

電荷 q_A，q_B が同符号であれば物体間にはたらく力は反発力(斥力)になり，異符号であれば引力になる。また，作用・反作用の法則により，A が受ける静電気力と B が受ける静電気力は大きさが等しく，同一作用線上にある。

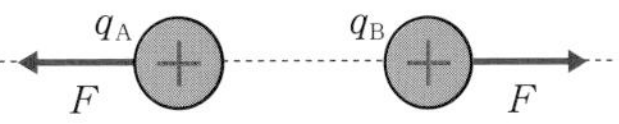

図 5　電荷間にはたらく力

例題 137　静電気力

右図のように質量 2.0×10^{-3} kg の絶縁体球 A をナイロン糸でつるし，$q(>0)$の電荷を与えた。球 A に $q_{\mathrm{B}}=2.0\times10^{-7}$ C に帯電した球 B を，球 A と同じ高さに保ちながら近づけたところ，A をつるしたナイロン糸の鉛直線となす角度が 30° になった。このとき A, B 間の距離は 30 cm であった。重力加速度の大きさを 9.8 m/s^2 として以下の問いに答えよ。

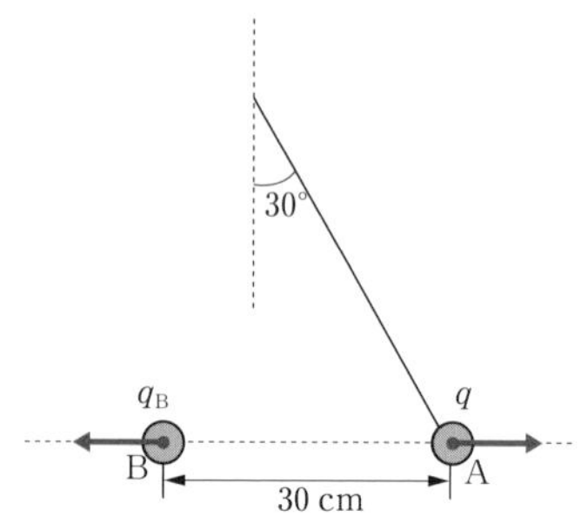

(1)　球 A の受ける静電気力の大きさはいくらか。

(2)　球 A の電気量はいくらか。

考え方 (1)　球 A が受ける力のつり合いの関係から静電気力を求める。

(2)　クーロンの法則を用いる。

解答

(1)　球 A の質量を m とすれば受ける重力は鉛直下向きに mg である。ナイロン糸の張力を T，静電気力を F とすれば，これらは図のような力のつり合いの関係にある。

$$\tan30^\circ=\frac{F}{mg}$$

$$F=mg\tan30^\circ=2.0\times10^{-3}\,\mathrm{kg}\times(9.8\,\mathrm{m/s^2})\times\frac{1}{\sqrt{3}}$$

$$=1.13\times10^{-2}\,\mathrm{N}\fallingdotseq1.1\times10^{-2}\,\mathrm{N}\quad\cdots(答)$$

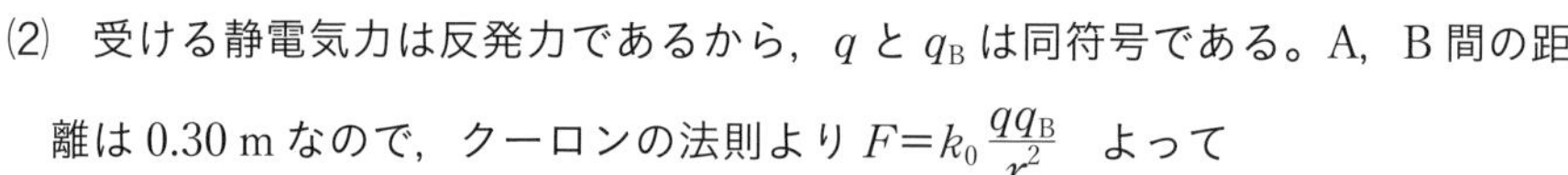

(2)　受ける静電気力は反発力であるから，q と q_{B} は同符号である。A, B 間の距離は 0.30 m なので，クーロンの法則より $F=k_0\dfrac{qq_{\mathrm{B}}}{r^2}$　よって

$$q=\frac{Fr^2}{k_0q_{\mathrm{B}}}=\frac{1.13\times10^{-2}\,\mathrm{N}\times(0.30\,\mathrm{m})^2}{(9.0\times10^9\,\mathrm{N\cdot m^2/C^2})\times2.0\times10^{-7}\,\mathrm{C}}$$

$$=5.65\times10^{-7}\,\mathrm{C}\fallingdotseq5.7\times10^{-7}\,\mathrm{C}\quad\cdots(答)$$

POINT

クーロンの法則　$F=k_0\dfrac{q_{\mathrm{A}}q_{\mathrm{B}}}{r^2}$

静電気力は2つの電荷の積に比例し，電荷間の距離の2乗に反比例する。

2 静電誘導

1 導体と不導体

A 導体と不導体

鉄や銅，アルミニウム，ナトリウムなどの金属は電気を通しやすい。これらの物質を**導体**という。これに対し，ガラスや硫黄，ゴム，塩化ナトリウムなどのように電気を通さない物質を**不導体**，あるいは**絶縁体**という。

B 金属

Na金属では，それぞれのNa原子から電子1個が離れ，自由に金属結晶中を動き回る。これらの電子を**自由電子**という。自由電子を放出したNa原子は正に帯電したNa^{+}イオンとなる。このように金属陽イオンが負の自由電子の海につかって結合している状態が金属であり，このような結合を**金属結合**という。

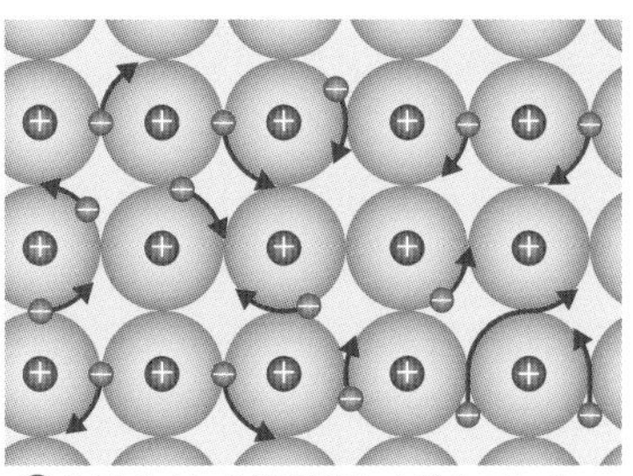

⊕金属イオンは規則正しく並んでいる。
⊖自由電子は自由に動き回っている。

図6 金属の構造

2 静電誘導

A 静電誘導

導体に帯電体を近づけると，静電気力により導体の帯電体側に異符号の電荷が，反対側に同符号の電荷が現れる。これを**静電誘導**という。金属で，自由電子が過剰に集まる場所が負に帯電し，不足する場所が正に帯電する。

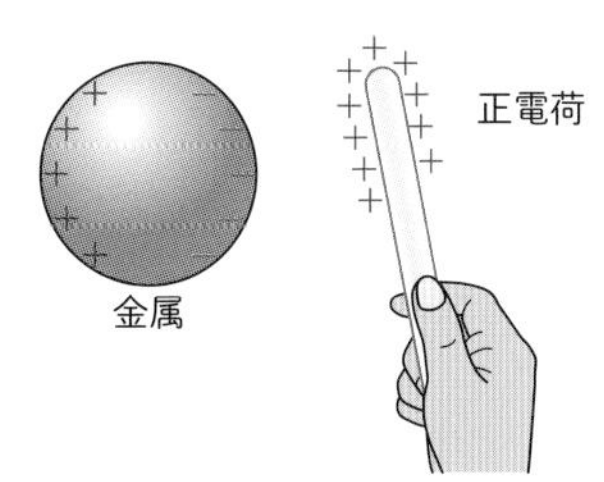

図7 導体の静電誘導

B はく検電器

静電誘導を利用して，物体が電荷を帯びているか否かや，帯電体の電荷の正負を調べる装置として**はく検電器**がある。

塩化ビニル棒などの負の帯電体をはく検電器の金属板に近づけると，金属板中の自由電子が反発力を受けてはくに移動する。その結果，金属板は自由電子が不足するので正に帯電する。一方，はくは自由電子が過剰となって負に帯電し，反発力によって開く。

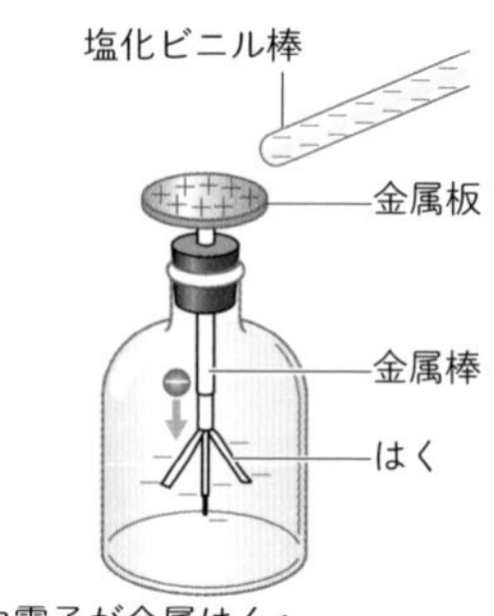

図8　はく検電器

例題 138　はく検電器

正に帯電したガラス棒を，帯電していないはく検電器①に近づけたところ，検電器は②の状態になった。続いて検電器の金属板に指を触れたところ，検電器は③の状態になった。そこで指を金属板から離し，ガラス棒を遠ざけたところ，検電器は④の状態になった。検電器②～④の状態として最もふさわしいものを，次の選択肢(1)～(6)より選べ。

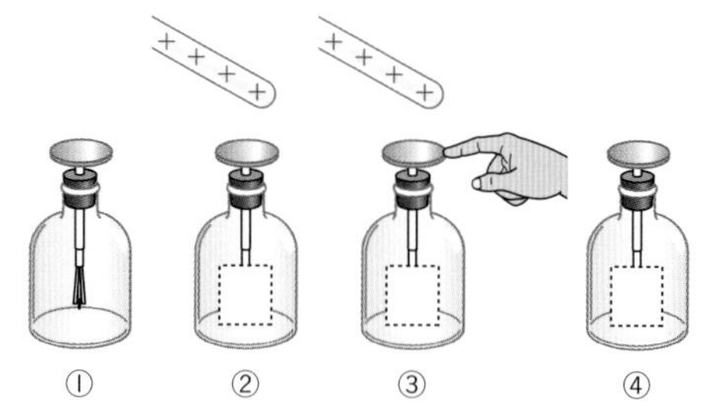

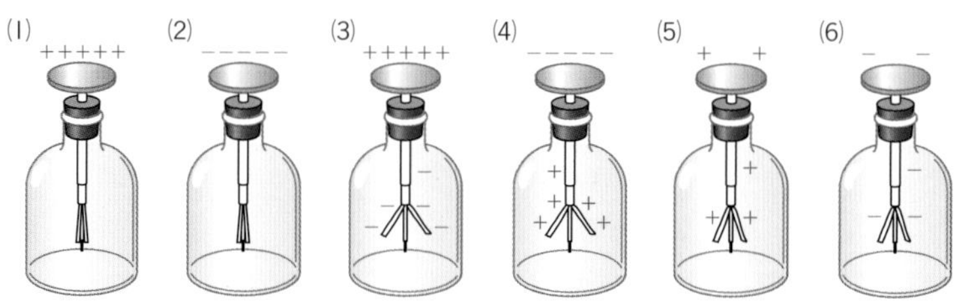

考え方　自由電子がどう移動するのか考える。またこの場合，電子は人の手を通って自由に検電器を出入りできると考えてよい。

解答

②の状態…正に帯電したガラス棒を金属板に近づけると，自由電子が引き付けられ，金属板は負に帯電する。はくは自由電子が不足して正に帯電し，反発力により開く。 (4) …答

③の状態…金属板中の自由電子は帯電体に引き付けられたままである。一方，外部から指を通って検電器に自由電子が流入し，不足しているはくの負電荷をおぎなうので，はくは閉じる。 (2) …答

④の状態…検電器は流入した自由電子の分だけ負に帯電している。帯電体を遠ざけると，自由電子が全体的に過剰に分布し，はくは開く。 (6) …答

C 誘電分極

不導体に帯電体を近づけても，自由電子の移動は生じないが，不導体を構成する原子，分子に束縛されている電子の分布に偏りが生じ，結果的に不導体の帯電体側に異符号の，反対側に同符号の電荷が生じる。これを**誘電分極**という。電子は原子，分子に束縛されたままなので，誘電分極により生じた誘導電荷は外部に取り出すことができない。

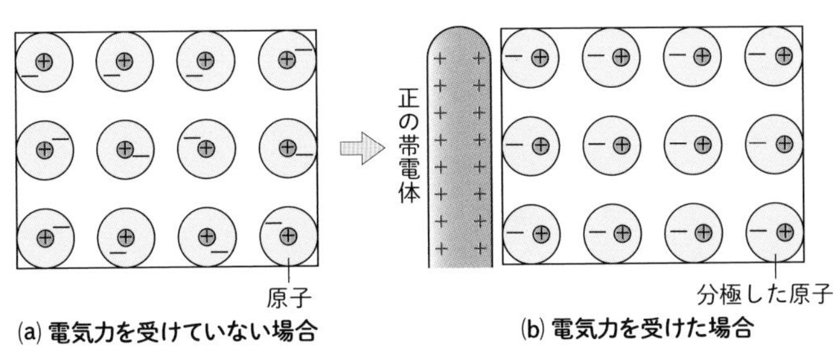

図9 誘電分極

POINT

導体には自由電子が存在し静電誘導が生じる。
不導体には自由電子が存在しない。帯電体を近づけると誘電分極が生じる。

3 電場

1 電場

A 遠隔力から「場」の考え方へ

すでに学習したように，距離 r 離れている電気量 Q，q の 2 個の電荷間には，$F=k_0\dfrac{Qq}{r^2}$ の静電気力がはたらく。しかし，その間が空間的に離れているのに，どうして力が伝わるのだろう。考えてみると不思議である。

そこで，電荷 Q が存在すると，そのまわりの空間が他の電荷に対して電気力をおよぼすような性質を帯びると考える。そうした性質を帯びた空間中の 1 点 A に他の電荷 q を置くと，電荷はその場所から力 F を受ける。その場所が，どれだけの力をどの向きにおよぼす性質をになっているかは，そこに置いた電荷が受ける力によりわかる。このように，空間が帯びている，電荷に力をおよぼすはたらきを**電場**あるいは**電界**という。

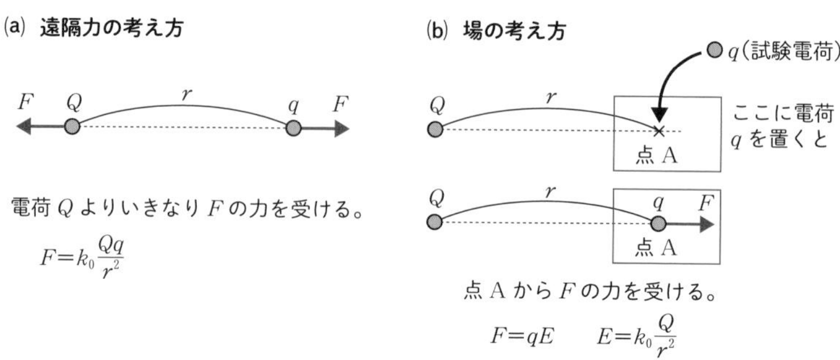

図 10　場の考え方

B 電場

空間のある点に試験電荷 q〔C〕(>0)を置いたとき，受ける電気力を $\vec{F}$〔N〕とする。このとき，単位電荷の受ける力の大きさをその場所の**電場の大きさ**，受ける力の向きを**電場の向き**とすると，電場は大きさと向きをもつベクトルである。電場の単位は〔N/C〕（ニュートン毎クーロン）で表され，電場は場所ごとに異なる。

$$\vec{E}=\frac{\vec{F}}{q} \quad \cdots\cdots (2)$$

（電場の大きさ：$E=\dfrac{F}{q}$　電場の向き：$\vec{F}$ の向き）

電場が$\vec{E}$である空間の1点に電荷q〔C〕(>0)を置くと，その電荷は

$$\vec{F}=q\vec{E} \quad \cdots\cdots(3)$$

の力を受ける。**図10**で，点Aの電場の大きさは次のように表される。

$$E=k_0\frac{Q}{r^2} \quad \cdots\cdots(4)$$

この場所にq〔C〕の電荷を置くと，次の力を受ける。

$$F=qE=k_0\frac{Qq}{r^2} \quad \cdots\cdots(5)$$

注意 **電場のようすを調べるために置く電荷を試験電荷という。その電気量は，その場所の電場に影響を与えないほど十分に小さい。**

C 電場の重ね合わせ

電気量Q_1，Q_2の2個の点電荷があるとき，これらのつくる電場はどうなるだろう。空間の1点に試験電荷q〔C〕(>0)を置いたとき，Q_1から$\vec{F_1}$，Q_2から$\vec{F_2}$の力を受けたとすると，試験電荷の受ける合力は

$$\vec{F}=\vec{F_1}+\vec{F_2}$$

である。単位電荷が受ける力の大きさと向きがその場所の電場$\vec{E}$であるから

$$\vec{E}=\frac{\vec{F}}{q}=\frac{\vec{F_1}+\vec{F_2}}{q}=\vec{E_1}+\vec{E_2} \quad \cdots\cdots(6)$$

$$\vec{E_1}=\frac{\vec{F_1}}{q},\quad \vec{E_2}=\frac{\vec{F_2}}{q}$$

となる。点電荷が3個以上あるときも同様で，その場所の電場はそれぞれの電荷がその場所につくる電場$\vec{E_1}$，$\vec{E_2}$，$\vec{E_3}$，**……のベクトル和**で表される。

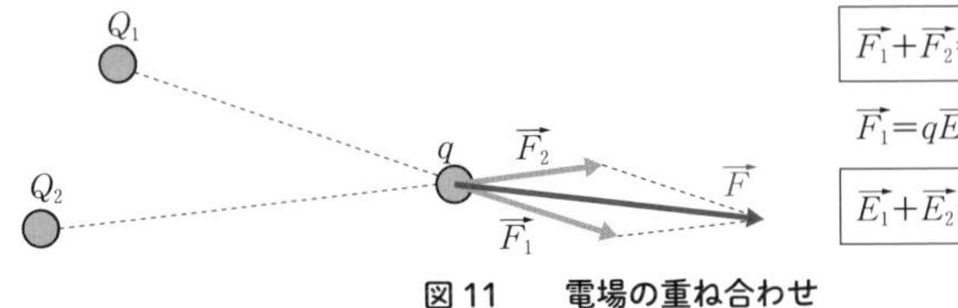

図11　電場の重ね合わせ

例題139　2つの点電荷による電場

図のようなx-y平面上の点A，Bに$+2.0\times10^{-6}$ C，-2.0×10^{-6} Cの点電荷2つが置かれている。

(1)　点Pに$+4.0\times10^{-6}$ Cの電荷を置いたとき，受ける力の大きさと向きを求めよ。

(2)　点Pにおける電場の大きさと向きを求めよ。

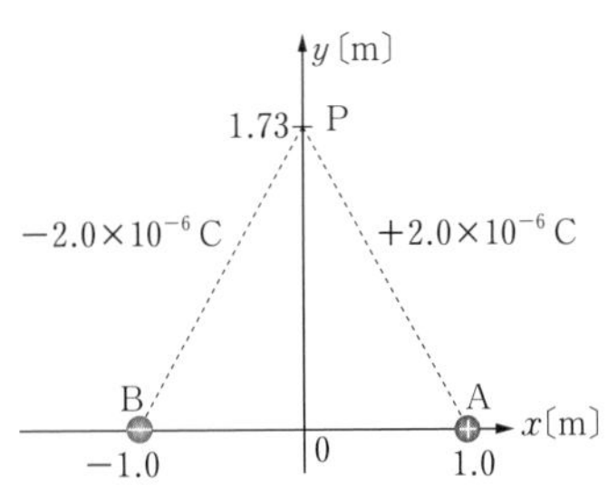

考え方 (1) 2つの電荷から受ける合力の大きさと向きを力の合成から求める。PA, PB 間の距離はそれぞれ 2.0 m である。

(2) 単位電荷あたりの受ける力の大きさと向きが電場の大きさと向きである。

解答

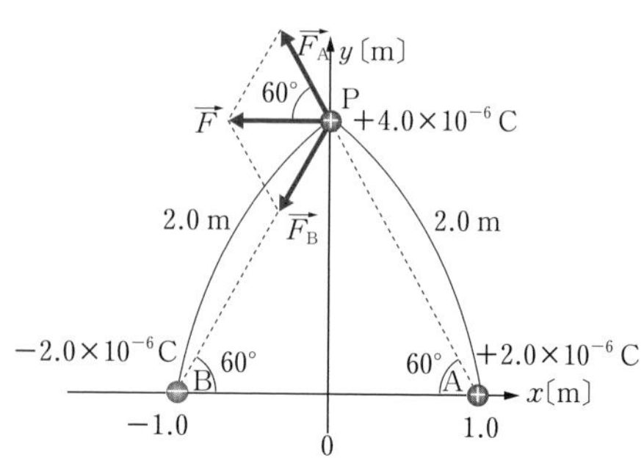

(1) A, B から受ける力 $\vec{F_A}$, $\vec{F_B}$ の大きさ F_A, F_B はともに等しい。

$$F_A = F_B = (9.0\times10^9\ \mathrm{N\cdot m^2/C^2})\times\frac{2.0\times10^{-6}\ \mathrm{C}\times4.0\times10^{-6}\ \mathrm{C}}{(2.0\ \mathrm{m})^2} = 1.8\times10^{-2}\ \mathrm{N}$$

合力 $\vec{F}=\vec{F_A}+\vec{F_B}$ の向きは左向き, その大きさ F は F_A, F_B と等しい。

左向きに 1.8×10^{-2} N …答

(2) 左向きに $E=\dfrac{F}{q}=\dfrac{1.8\times10^{-2}\ \mathrm{N}}{4.0\times10^{-6}\ \mathrm{C}}=4.5\times10^3\ \mathrm{N/C}$ …答

POINT

電場と力

$$\vec{F}=q\vec{E}$$

電場が $\vec{E}$ の場所に電気量 q の電荷を置くと, $q\vec{E}$ の力を受ける。

2 電気力線

A 電気力線

すべての場所において, 電場の大きさと向きがわかれば, 空間全体の電場のようすがわかる。それには**図 12** のように, 場所ごとに電場のベクトルをかき込んでいけばよい。しかし, 全体の電場のようすを表す別の方法がある。**電気力線**を用いる方法である。電気力線が電場のようすを表現するように, 次のように約束する。

場所ごとに電場のベクトルを記入する。

図 12 電場の表し方

電気力線の密度	**→「電場の大きさ」を表す**
電気力線の接線の向き	**→「電場の向き」を表す**

図 13 は**図 12** の電場を電気力線を用いて表したものである。点 A と点 B で，電気力線の接線の向きが電場の向きを表し，それぞれの点の電気力線の密度が電場の大きさを表していることがわかる。

図 13　電気力線によって表された電場

また，電気力線には次の性質がある。

① 正の電荷から出現し，負の電荷で消失する。

② 電荷のない場所でいきなり電気力線が出現したり，消失したりすることはない。

③ 正電荷だけがあり，消失する負電荷がなければ，電気力線は無限遠まで広がる。

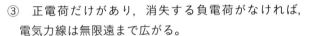

④ 負電荷だけがあり，出現する正電荷がなければ，電気力線は無限遠から出現する。

⑤ 電荷に出入りする電気力線の本数はその電荷の電気量に比例して決まる。

⑥ 電気力線は互いに交わらない。もし，(1)，(2)の赤い線のように交わっていれば，それぞれの電気力線から決まる電場を合成したものがその場所の電場であり，電気力線は(3)の赤い線のようになる。

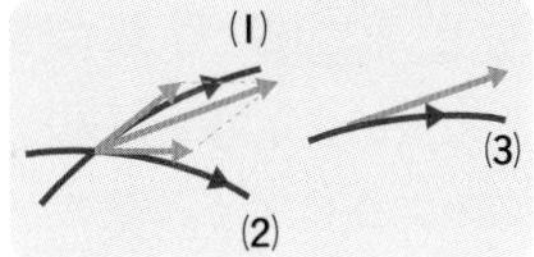

B 点電荷のつくる電気力線

空間の 1 点に電気量 Q〔C〕(>0)の正電荷があるとき，電荷から r〔m〕離れた点における電場の大きさ E〔N/C〕は

$$E = k_0 \frac{Q}{r^2} \qquad \cdots\cdots (7)$$

で与えられ，電場は電荷から離れるほど小さくなる。また，向きは電荷から遠ざかる向きになる(**図 14**(a))。このような電場を電気力線で表すには，**図 14**(b)のように電荷から放射状に広がるようにかく。

この場合，確かに電気力線の密度は電荷から離れるほど小さくなっていく。

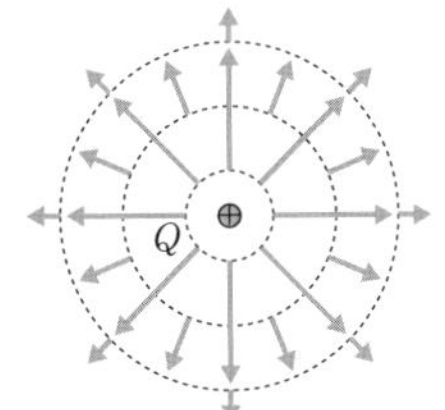

(a) 場所ごとに電場のベクトルをかいて点電荷の電場を表す。

(b) 電気力線によって点電荷の電場を表す。

図 14　点電荷のつくる電場と電気力線

C 等量の正負の点電荷２個がつくる電気力線

電気量 $Q(>0)$，$-Q$ の２個の電荷 1，2 による電気力線は**図 15** のようになる。

実際に点 A，B における電場 $\vec{E}$ を，それぞれの電荷のつくる電場 $\vec{E_1}$，$\vec{E_2}$ の重ね合わせ $\vec{E}=\vec{E_1}+\vec{E_2}$ から求めたものと，電気力線が示すものは定性的に一致している。

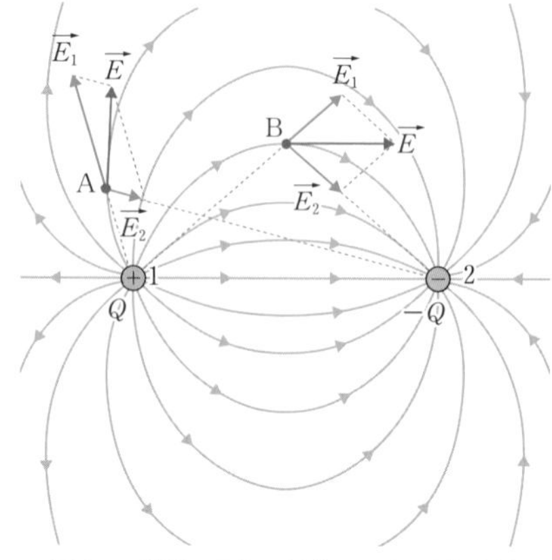

図 15　等量の正負の電荷のつくる電気力線

例題 140　等量の正電荷２個がつくる電気力線

等量の正電荷２個がつくる電気力線は図のようになる。点 A，B における電場を２個の電荷による電場の重ね合わせにより求めたものと，この電気力線が示すものとが定性的に一致することを確認せよ。

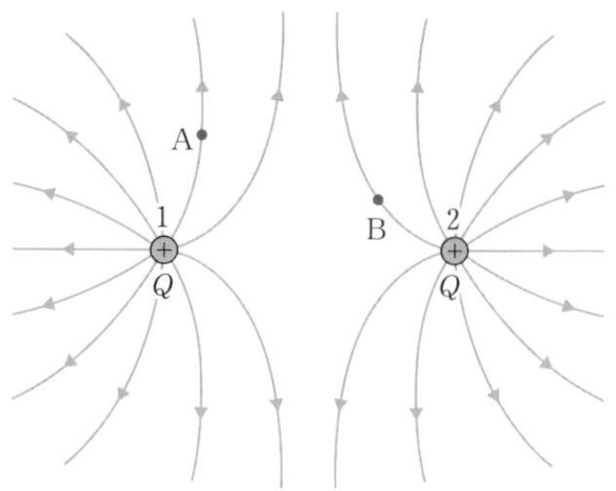

考え方　電荷 1，2 のつくる電場の重ね合わせにより，場所 A，B における電場を定性的に求める。

解答

点電荷のつくる電場は電荷からの距離が大きいほど小さくなることに注意して点 A，B における電場 $\vec{E_1}$，$\vec{E_2}$ をそれぞれ求め，合成する。合成した電場の向きは電気力線の接線の向き，大きさは電気力線の密度に比例する。

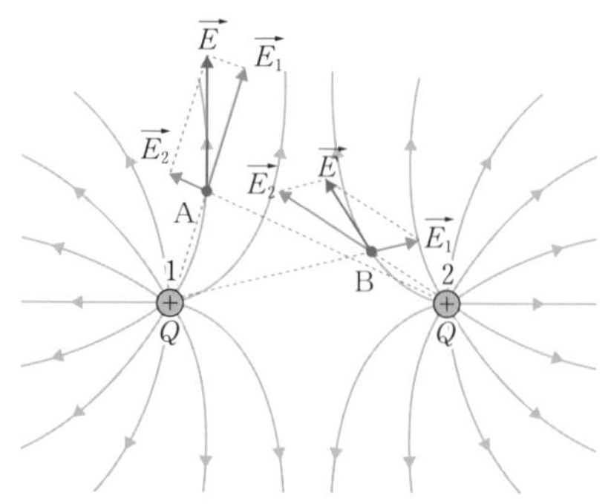

D 向き合う平行な金属板に正負等量の電荷が帯電しているときの電気力線

面積の大きな2枚の金属板が向き合っている。それぞれが正負等量の電気量に帯電しているとき，電気力線は**図16**のようになる。極板の端から十分に離れた内部では，電気力線の密度は場所によらず一定である。したがって，極板間の電場は一定となり，場所によらない(このような電場を**一様な電場**という)。また，極板の外側に電場は生じない。

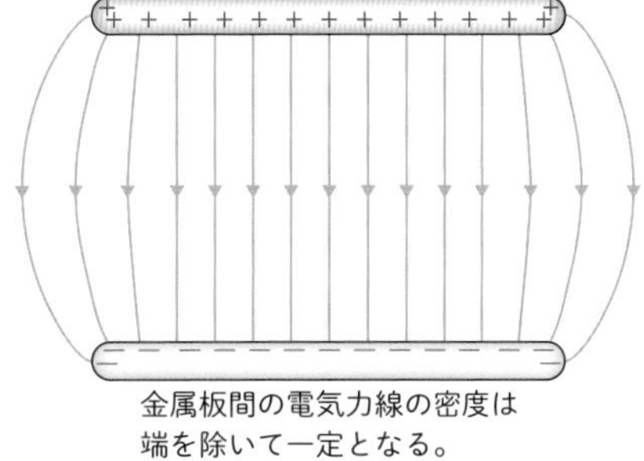

図16　向き合う平行な金属板間の電気力線

E 電気力線の密度と電場

面積 S〔m^2〕を垂直に N 本の電気力線が貫いているとき，単位面積あたりの本数が電気力線の密度であり，これがその場所の電場の大きさ E〔N/C〕を表す。

$$E=\frac{N}{S} \qquad \cdots\cdots (8)$$

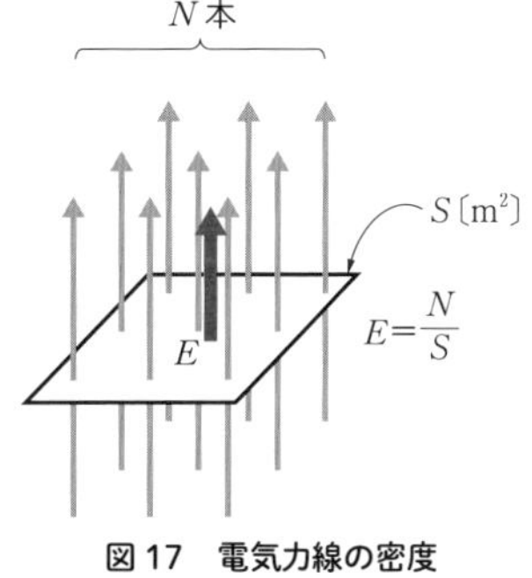

図17　電気力線の密度

F 電荷から出る電気力線の本数

電気量 $Q(>0)$ の電荷から何本の電気力線が出るか考えよう。電荷を中心とした半径 r の球面上では，電場の大きさ E はどこでも一定で，$E=k_0\dfrac{Q}{r^2}$ である。また電場の向きは球面に対して垂直に外向きである。球面の表面積を $S=4\pi r^2$，球面を貫く電気力線の総本数を N とすれば，単位面積あたりの電気力線の本数がその場所の電場の大きさ E であるので，$N=SE$ の関係が成り立つ。

したがって

$$N=4\pi r^2\cdot k_0\frac{Q}{r^2}=4\pi k_0 Q \qquad \cdots\cdots (9)$$

となり，球面を貫く電気力線の総本数が求まる。

電荷から出た電気力線は途中で消えたり，途中で出現したりしないので，この本数 N が電気量 Q の電荷から出る電気力線の総本数である。電荷が負であれば，本数も負になり，電気力線が入ることを表す。

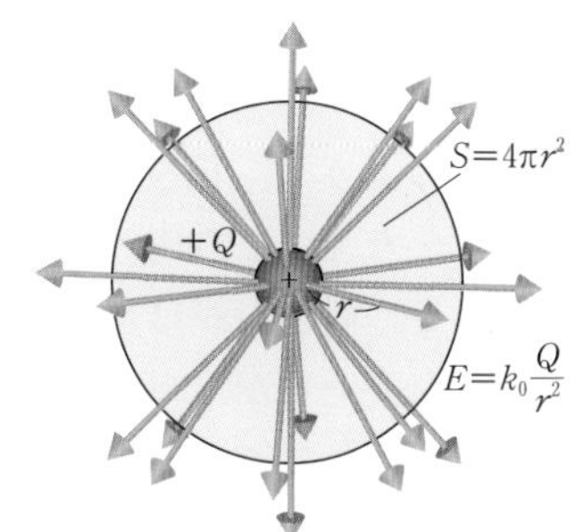

図18　点電荷から出る電気力線の本数

G 任意の閉曲面から出る電気力線の総本数

一般の閉曲面上では，面上の電場の大きさは場所により異なる。しかしその内部に Q_1，Q_2，Q_3，……の電荷を含むとき，それぞれから $N_1=4\pi k_0 Q_1$，$N_2=4\pi k_0 Q_2$，……の数の電気力線が出ているので，結局，任意の閉曲面を貫く電気力線の総本数は

$$\boldsymbol{N=4\pi k_0(Q_1+Q_2+Q_3+\cdots\cdots)} \quad \cdots\cdots (10)$$

と表すことができる。これを**ガウスの法則**という。

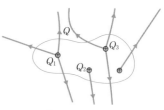

図 19　任意の閉曲面から出る電気力線の総本数

コラム　**閉曲面の形とガウスの法則**

閉曲面はどのような形でもよいので，図のように，1 本の電気力線が何度も出たり入ったりする場合もあり得る。しかし，閉曲面を出るときは＋1 回，入るときは－1 回として数えると，電荷が曲面の内部にあるときは 1 本の電気力線の貫く回数は 1 回，外部にあるときは 0 回となり，つねにガウスの法則が成り立つ。

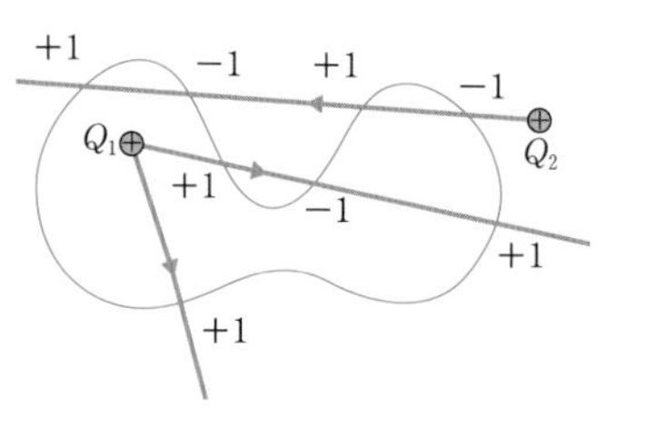

例題 141　一様に帯電している棒がその周囲につくる電場

一様に正に帯電している棒があり，単位長さあたりの電気量は λ〔C/m〕である。棒から垂直に距離 r〔m〕の点における電場の向きと大きさを求めよ。棒は十分に長く，かつ細いとする。

考え方　棒を中心とする半径 r の円筒を考え，この円筒を貫く電気力線に対してガウスの法則を適用する。

解答

図 1 のような，棒を中心にして半径 r，高さ L の円筒を考え，この円筒を貫く電気力線の総本数を求める。電気力線は棒上に分布するすべての電荷から出ているが，ガウスの法則により，この円筒を貫く電気力線の本数は円筒内部にある，長さ L の棒に含まれる電気量だけで決まる。

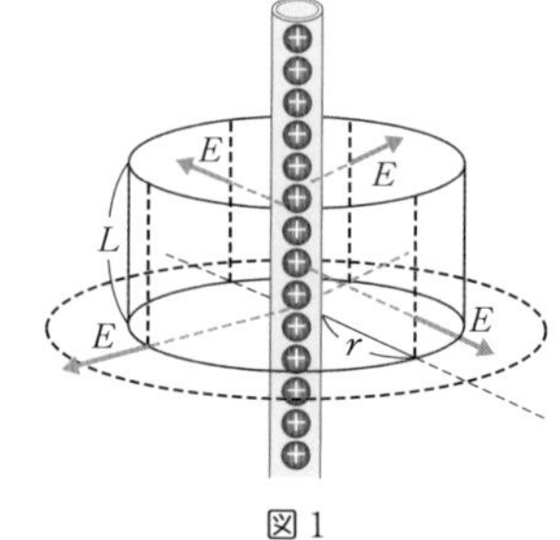

図 1

一方，電場は棒から半径 r の方向に生じる。もし図 2 のように電場が斜め方向であれば，対称の位置にある電荷によって上下方向の成分は打ち消され，結局電気力線の向きは図 2 の電場の向きで，棒に垂直，外向きとなる。　…㊟

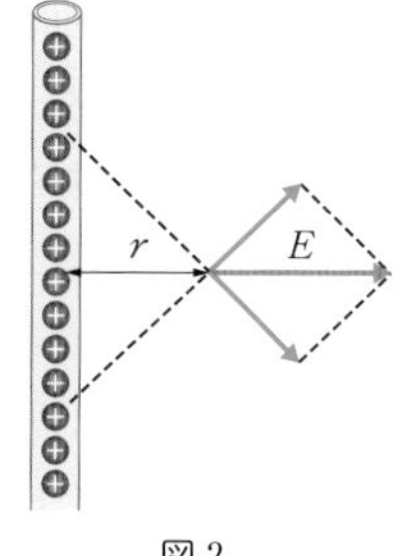

図 2

{円筒内にある総電気量：$L\lambda$
円筒側面から出る単位面積あたりの電気力線の本数(電場の大きさ)：E
円筒上ぶたと下底から出る電気力線の本数：0

円筒側面の表面積は $2\pi rL$ なので，ガウスの法則

$$\underbrace{2\pi rL}_{\text{円筒の表面積}} \cdot \underbrace{E}_{\text{単位面積あたりの本数}} = 4\pi k_0 \underbrace{L\lambda}_{\text{円筒内総電気量}}$$

より　$E=\dfrac{2k_0\lambda}{r}$　…㊟

例題 142　一様に帯電している平面がその周囲につくる電場

単位面積あたりの電気量が σ〔C/m^2〕で正に帯電している平板がある。この平板の面積は十分に大きいとして，平板近傍の点における電場の向きと大きさを求めよ。

考え方　平板を含む円筒表面を貫く電気力線の総本数をガウスの法則により求める。

解答

平板上に一様に分布する電荷によって生じる電場の向きは平板に対して垂直，外向きである。　…㊟

図 1 の B_1，B_2 の位置につくられる電場は，A_1 と A_2 のように対称の位置に分布する電荷のつくる電場によりその水平成分はすべて打ち消され，垂直方向のみになる。

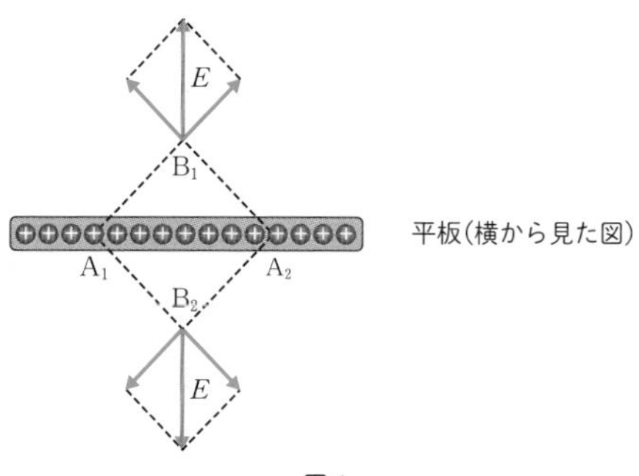

図 1

図2のように，平板を内部に含む円筒を考える。円筒の上ぶた，下底の面積を S とする。ガウスの法則により，円筒表面を貫く電気力線の総本数は円筒内部に存在する電気量によって決まる。

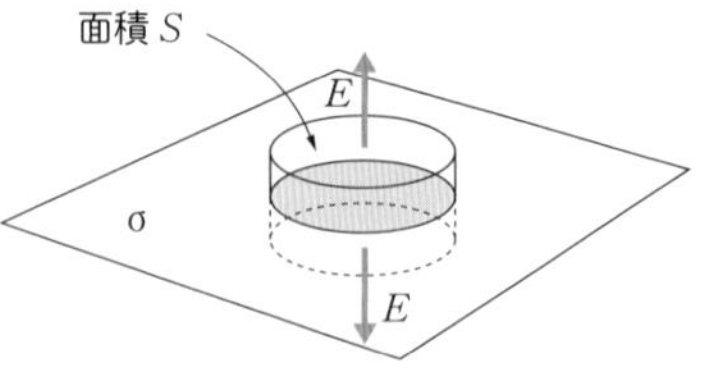

図2

$$\begin{cases} \text{円筒内にある総電気量：} S\sigma \\ \text{円筒側面から出る電気力線の本数：} 0 \\ \text{円筒上ぶたと下底から出る単位面積あたりの電気力線の本数＝電場 } E \\ \text{円筒上ぶたと下底から出る電気力線の本数：} 2SE \end{cases}$$

ガウスの法則より

$$2SE = 4\pi k_0 S\sigma$$

よって　　$E = 2\pi k_0 \sigma$　…㊔

つまり，電場は平板からの距離と無関係に一定の値をとる。

コラム　**平行平板のつくる電場**

十分に面積の大きな2枚の平板を平行に向き合わせ，それぞれを電荷密度 σ (>0)，$-\sigma$ で帯電させたとき，平板間の電場は $4\pi k_0 \sigma$，平板の外側の電場は0になる。これは，それぞれの平板のつくる電場を重ね合わせれば容易に導くことができる。

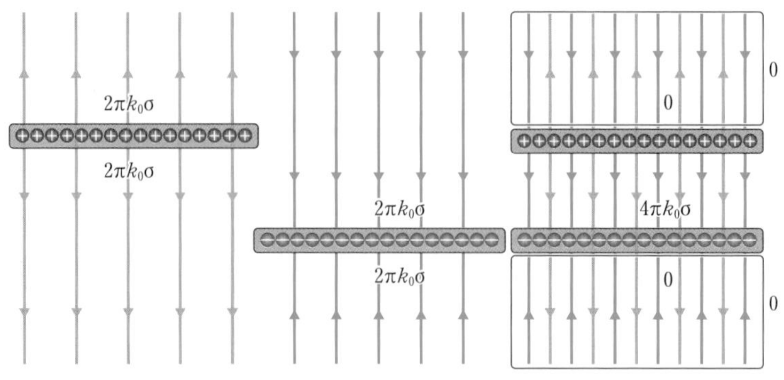

4　電位

1　静電気力による位置エネルギー

A　重力のする仕事と電気力のする仕事

一様に正，負に帯電した2枚の平行平板A，Bを向き合わせて配置すると，平板間の電場 E〔N/C〕は場所によらず一定となる。AB間に電気量 q〔C〕（>0）の電荷を置くと，電荷は電場から qE〔N〕の力を受け，そこから距離 d〔m〕離れている平板Bに移動するまでの間，電場のする仕事 W〔J〕は

$$W=Fd=qEd \qquad \cdots\cdots (11)$$

となる（**図20(a)**）。これはちょうど，高さ h〔m〕にある質量 m〔kg〕の物体が重力 mg〔N〕を受け，地上まで落下する間に重力のする仕事が

$$W=Fh=mgh$$

となるのと同じである（**図20(b)**）。

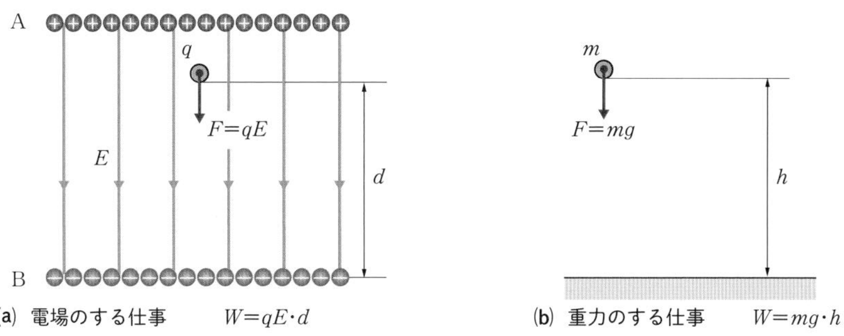

図20　重力のする仕事と電場のする仕事

B　静電気力による位置エネルギー

図20(a)の位置にある q〔C〕の電荷は，平板Bに達するまでの間，どのような経路で移動するかによらず，他の物体に対して qEd の仕事ができる。つまり，この位置にある電荷は qEd〔J〕の仕事をする能力をもつ。したがって，平板Bを基準点とすれば，電荷は $U=qEd$〔J〕の**静電気力による位置エネルギーをもつ。**

静電気力による位置エネルギー

$$U=qEd$$

電場E〔N/C〕が一定のとき，電気量q〔C〕の電荷が基準点に対してもつ静電気力による位置エネルギー。

2 電位

A 静電気力による位置エネルギーと電位

図21の位置にある電気量q〔C〕の電荷のもつ基準点に対する静電気力による位置エネルギーU〔J〕は

$$U=qEd \quad \cdots\cdots(12)$$

である。すると，単位電荷あたりの静電気力による位置エネルギーV〔J/C〕は

$$V=\frac{U}{q} \quad \cdots\cdots(13)$$

となる。これを**電位**といい，単位のJ/C（ジュール毎クーロン）を改めてボルト（記号：V）とよぶ。静電気力による位置エネルギーは位置で決まるので，電位も位置によって決まる。

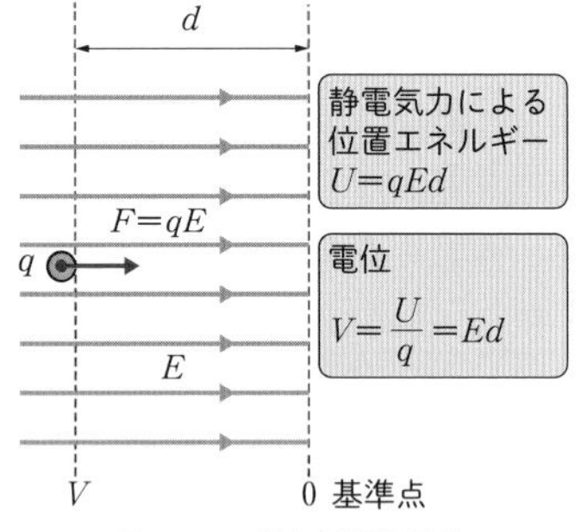

図21　一様な電場と電位

B 電位と場の考え方

場の考え方では，**電場に置かれた電荷は静電気力による位置エネルギーをもつ**。つまり電位がV〔V〕の場所には，単位電荷あたりV〔J/C〕の仕事をする能力が備わっている。その場所に置かれた電気量q〔C〕の電荷がもつ仕事をする能力の大きさU〔J〕は

$$U=qV \quad \cdots\cdots(14)$$

で表される。

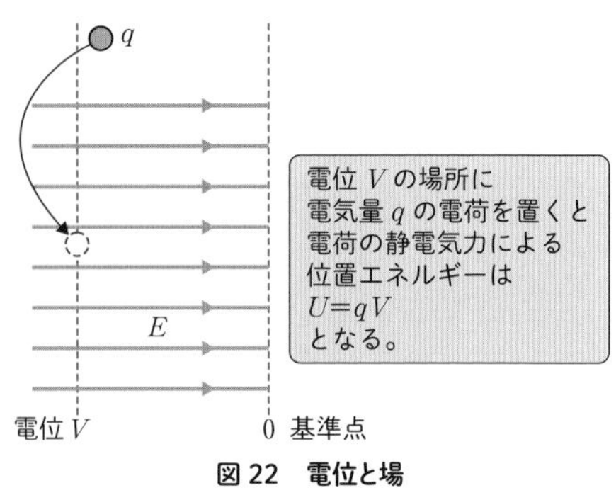

図22　電位と場

C 電位と電位差

空間の2点A, Bの電位をV_1, V_2とする。A, Bに電気量q〔C〕の電荷を置けば，電荷が基準点まで移動する間，その道筋によらず，電場はそれぞれqV_1，qV_2の仕事をする。すると，q〔C〕の電荷が点Aから点Bに移動する間に電場のする仕事W〔J〕は道筋によらず

$$\boldsymbol{W}=qV_1-qV_2=q(V_1-V_2)=\boldsymbol{qV} \quad \cdots\cdots(15)$$

となる。$V=V_1-V_2$を2点A，B間の**電位差**という。

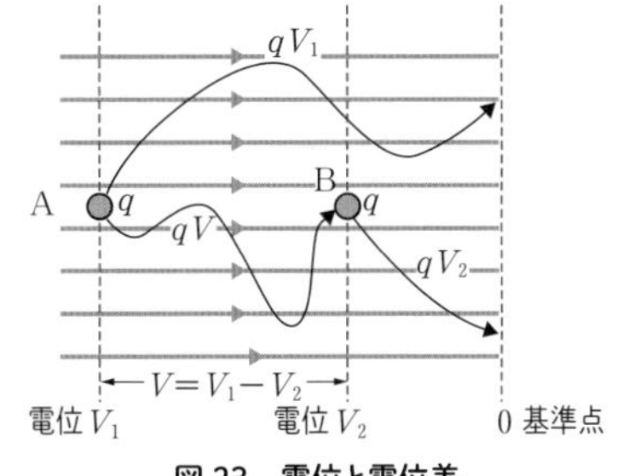

図23　電位と電位差

D 点電荷による電位

電気量$Q(>0)$の電荷からr_1離れた位置に電気量$q(>0)$の電荷を置く。この点からr_nまで遠ざかる間，電気力のする仕事Wは**図24**の青色の長方形の面積の総和で表される。

$$W=\Delta W_1+\Delta W_2+\Delta W_3+\cdots\cdots=k_0qQ\left(\frac{1}{r_1}-\frac{1}{r_n}\right)〔\mathrm{J}〕 \quad \cdots\cdots(16)$$

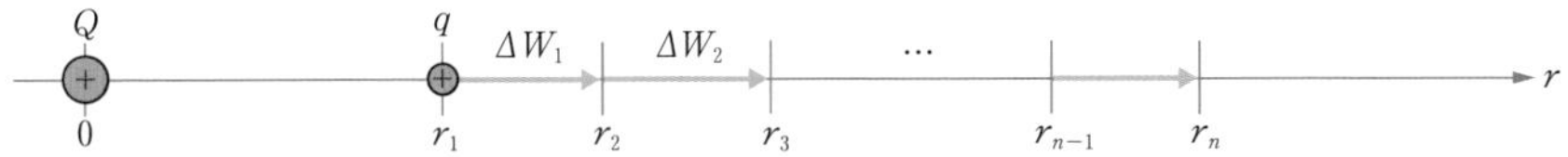

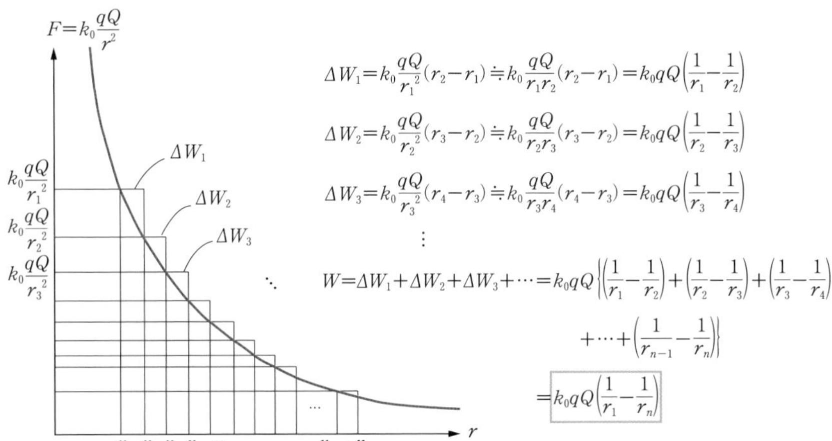

図24　点電荷による電場が試験電荷にする仕事

r_1 の位置から無限遠まで移動する間に静電気力がする仕事 W〔J〕を求めるには，$r_n \to \infty$ とすればよく，$W = k_0 \dfrac{qQ}{r_1}$ となる。これが無限遠を基準点としたときの静電気力による位置エネルギー U〔J〕となる。また，単位電荷あたりの位置エネルギーがその点の電位 V〔J/C=V〕である。

$$U = k_0 \frac{qQ}{r_1}, \quad V = \frac{U}{q} = k_0 \frac{Q}{r_1}$$

したがって，電気量 Q の電荷から r 離れた点の電位 V〔V〕は，無限遠を基準点として

$$\boldsymbol{V = k_0 \frac{Q}{r}} \quad \cdots\cdots (17)$$

と表すことができる。

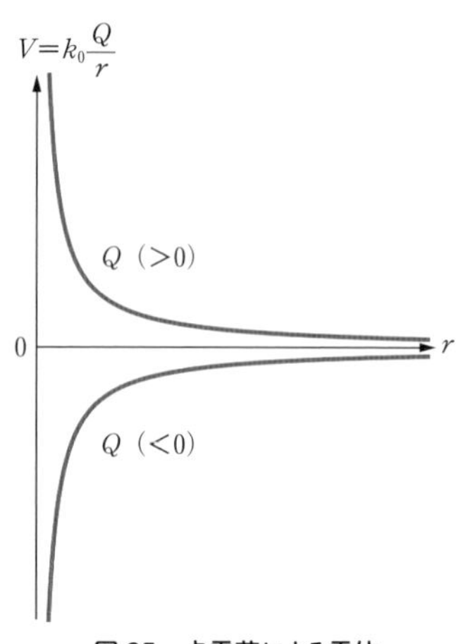

図 25　点電荷による電位

E 複数の点電荷による電位

電気量 Q_1 の電荷 1 から r_1，電気量 Q_2 の電荷 2 から r_2 離れた位置の電位は，無限遠を基準点として

$$\boldsymbol{V = k_0 \left(\frac{Q_1}{r_1} + \frac{Q_2}{r_2} \right)} \quad \cdots\cdots (18)$$

で与えられる。電荷が 3 個以上あっても同様である。

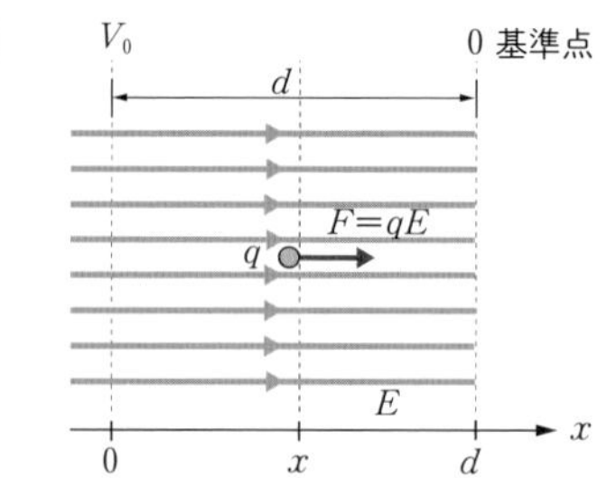

F 電場と電位

図 26 は $x=0$ から d の区間に一様な電場 E があるときの，電場-位置グラフ(b)と電位-位置グラフ(c)である。電場-位置グラフの面積が電位を表し，電位-位置グラフの傾きに－をつけたものが電場を表す。

$$V = (E\text{-}x \text{ グラフの面積})$$

$$E = -\frac{\Delta V}{\Delta x} \quad \cdots\cdots (19)$$

電場の単位 N/C は V/m（ボルト毎メートル）とも表せる。N/C=V/m である。

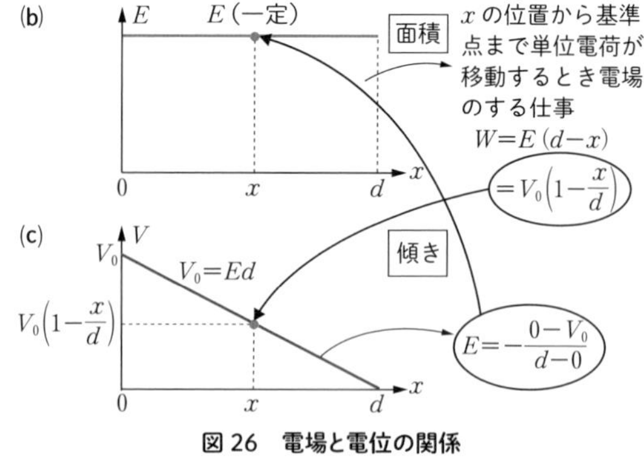

図 26　電場と電位の関係

例題 143　一様な電場と電位

図中の面Aと，そこから0.50 m離れている面Bの間に，面AからBに向かう$E=2.0\ \mathrm{V/m}$の一様な電場がある。座標を図のように定義し，以下の問いに答えよ。

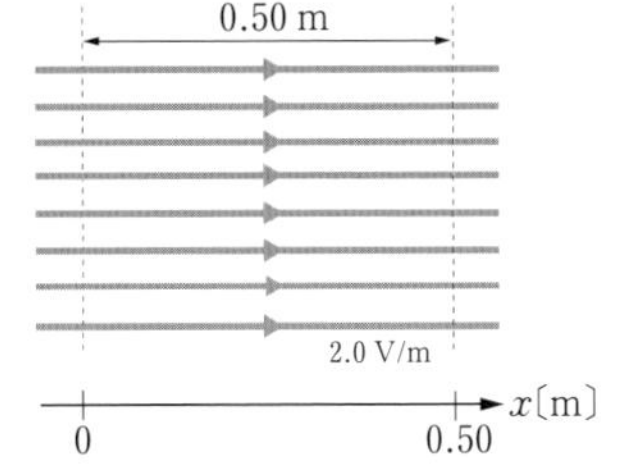

(1)　面A上に電気量$q=4.0\times10^{-6}\ \mathrm{C}$の電荷を置いたとき，電荷の受ける力はいくらか。

(2)　電荷が面A上から面B上まで移動する間，電場がする仕事はいくらか。

(3)　面A，B間の電位差はいくらか。

(4)　面Aの電位を2.0 Vとしたとき，位置$x(0<x<0.50\ \mathrm{m})$における電位はいくらか。

(5)　電位が0となる基準点のx座標を求めよ。

(6)　電位-位置グラフを$0\leqq x\leqq0.50\ \mathrm{m}$の範囲でかけ。

考え方　電場の大きさは単位電荷の受ける力，電位は単位電荷あたりに電場がする仕事である。力と仕事の違いをしっかりと理解する。

解答

(1)　$F=qE=4.0\times10^{-6}\ \mathrm{C}\times2.0\ \mathrm{V/m}=8.0\times10^{-6}\ \mathrm{N}$　…答

(2)　仕事Wは力F×距離dと表されるから

$$W=Fd=8.0\times10^{-6}\ \mathrm{N}\times0.50\ \mathrm{m}=4.0\times10^{-6}\ \mathrm{J}\quad\cdots 答$$

(3)　電位差をVとすれば

$$V=\frac{W}{q}=\frac{4.0\times10^{-6}\ \mathrm{J}}{4.0\times10^{-6}\ \mathrm{C}}=1.0\ \mathrm{V}$$

あるいは　　$V=Ed=(2.0\ \mathrm{V/m})\times0.50\ \mathrm{m}=1.0\ \mathrm{V}$　…答

(4)　位置$x=0$にある面Aの電位をV_0とおくと，面Aよりx軸正の向きに単位長さあたり電位はE〔V/m〕だけ下がるので，位置x〔m〕における電位V〔V〕は$V=V_0-Ex$と表される。よって

$$V=V_0-Ex=2.0\ \mathrm{V}-(2.0\ \mathrm{V/m})\times x\quad\cdots 答$$

(5)　$V=2.0\ \mathrm{V}-(2.0\ \mathrm{V/m})\times x=0$より

$$x=1.0\ \mathrm{m}\quad\cdots 答$$

(6)　$V=2.0\ \mathrm{V}-(2.0\ \mathrm{V/m})\times x$のグラフは右図のようになる。　…答

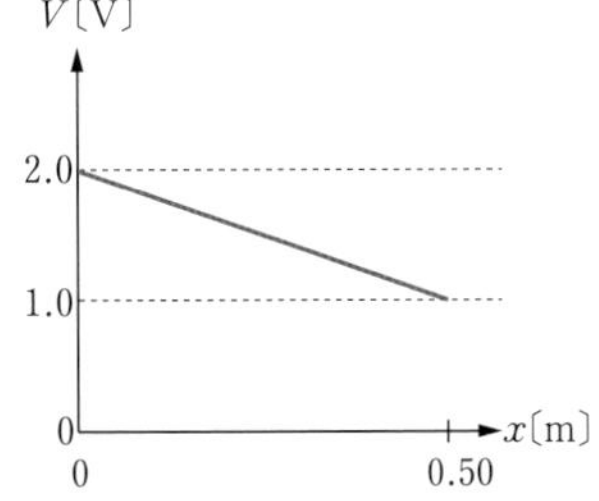

電位と仕事

$$W=qV$$

電位 V〔V〕の位置に電気量 q〔C〕の電荷を置いたとき，電荷が電位の基準点まで移動する間に電気力がする仕事 W〔J〕

3 等電位面

A 電場と等電位面

電位の等しい点を連ねた曲面を**等電位面**という。先の例題 143 のように，一様な電場に対して直角に交わる平面Aや平面Bは等電位面になっている。

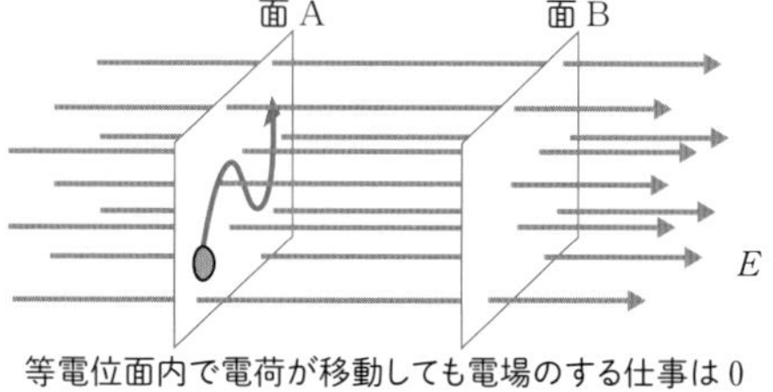

図 27　一様な電場と等電位面

面AあるいはB上で電荷が移動しても，面に沿う方向の電場は存在しないので,電荷が面内の方向に受ける静電気力は0である。したがって，いくら電荷がその面内で移動しても静電気力のする仕事は0になる。すると，その面内から基準点まで電荷が移動する間に電場のする仕事は，面内のどこにいてもすべて等しくなるので，この面は等電位面となる。電場が一様でなくても電場 $\vec{E}$ に対してつねに直交する面を繋げていけば，それは等電位面である。**電場 $\vec{E}$ と等電位面は直交する**ので，**電気力線と等電位面も直交する。**

B 点電荷のまわりの等電位面

電気量 Q の点電荷から r 離れた点の電位は，無限遠を基準点として

$$V=k_0\frac{Q}{r} \qquad \cdots\cdots (20)$$

で与えられる。したがって r の等しい点はすべて等電位となる。つまり，点電荷の等電位面は半径 r の球面である。

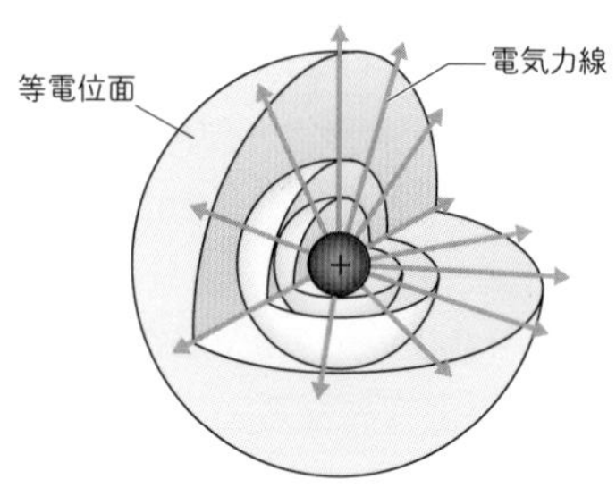

図 28　点電荷の等電位面

$Q>0$ ならば，電気力線は電荷から放射状に出ているので，球面である等電位面と電気力線は直交している。

電位が V_0 となる半径 r は

$$V_0=k_0\frac{Q}{r} \text{ より} \qquad r=\frac{k_0Q}{V_0}$$

で与えられる。同様に，$2V_0$，$3V_0$，……となる半径は，$\frac{r}{2}$，$\frac{r}{3}$，…で与えられる。点電荷を通る平面上で表すと，等電位面は**図 29**(**a**)のような同心円状の等電位線となる。

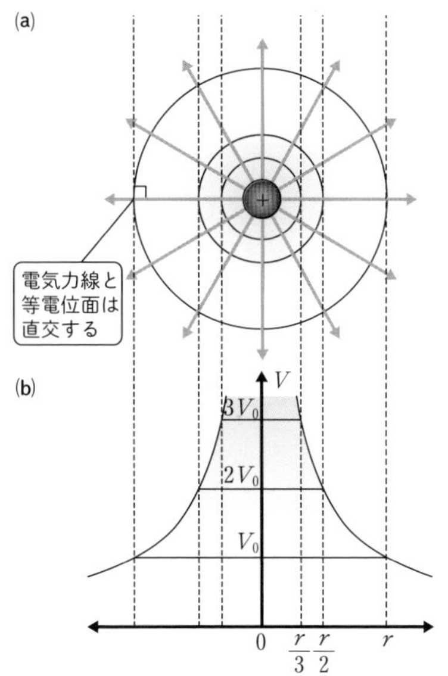

図 29　点電荷による等電位面と電気力線

C 2 個の正負の点電荷による等電位線

電気量の絶対値が等しい正負の電荷が 2 個あるときの等電位線は**図 30** のようになる。電気力線は正の電荷から負の電荷に向かい，等電位線と電気力線は直交している。**図 30**(**a**)の V 軸は電位の高さを表し，正の電荷に近いほど電位が高く，負の電荷に近いほど電荷は低くなる。また**図 30**(**b**)は**図 30**(**a**)を真上から見た図である。

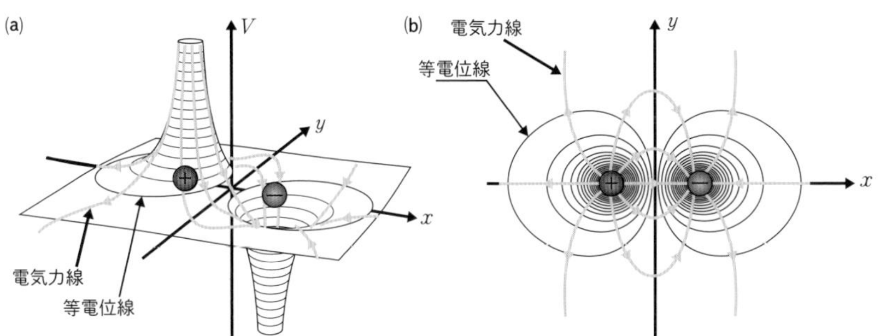

図 30　点電荷(異符号 2 つ)による等電位線と電気力線

前ページの**図 30**(a)の V-x 断面図は x 軸上の電位を表し，**図 31** のようになる。正電荷のつくる電位を V_+，負電荷のつくる電位を V_- とすれば，2 つの電荷のつくる電位は

$$\boldsymbol{V=V_++V_-} \quad \cdots\cdots (21)$$

と表すことができる。さらに多くの数の電荷があっても同様である。

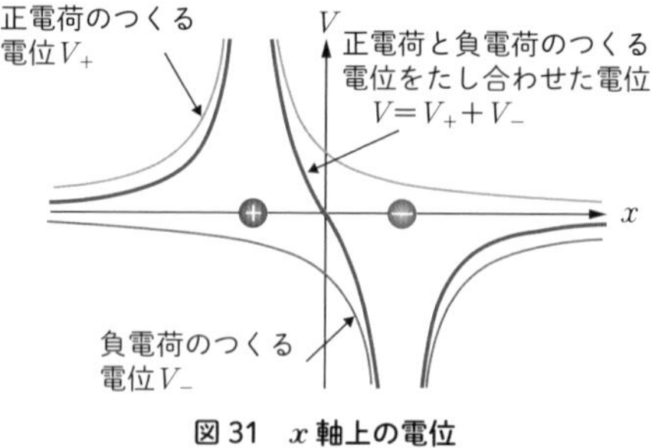

図 31　x 軸上の電位

コラム　**2 つの電荷のつくる電位**

電気量 Q〔C〕（>0）の電荷 A と $-Q$〔C〕の電荷 B が，x 軸の原点にあるときの x 軸上の電位は，それぞれ $V_+=k_0\dfrac{Q}{|x|}$，$V_-=k_0\dfrac{-Q}{|x|}$ と表すことができる。もし電荷 A の位置が $x=-a(a>0)$，電荷 B の位置が $x=a$ であれば，それぞれの電位は

$$V_+=k_0\frac{Q}{|x+a|},\quad V_-=k_0\frac{-Q}{|x-a|}$$

となる。したがって，2 つの電荷のつくる電位は x 軸に沿って

$$V=V_++V_-=k_0\frac{Q}{|x+a|}+k_0\frac{-Q}{|x-a|}$$

と表すことができる。これが**図 31** の青い太線のグラフである。

D　2 個の正の点電荷による等電位線

電気量の等しい正電荷が 2 個あるときの等電位線は**図 32** のようになる。電気力線はそれぞれの正電荷から出て無限遠に向かう。等電位線と電気力線は直交している。**図 32**(a)の V 軸は電位の高さを表す。**図 32**(b)は**図 32**(a)を真上から見た図である。

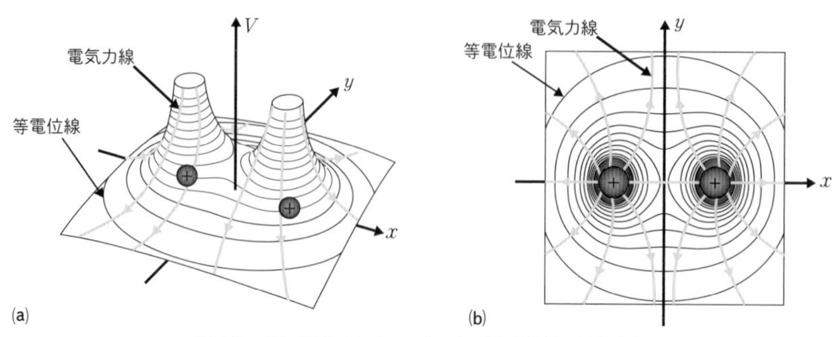

図 32　点電荷(同符号 2 つ)による等電位線と電気力線

図 32 (a)の V-x 断面図は x 軸上の電位を表し，図 33 のようになる。左側正電荷のつくる電位を V_1，右側正電荷のつくる電位を V_2 とすれば，2 つの電荷のつくる電位 V は

$$\boldsymbol{V = V_1 + V_2} \quad \cdots\cdots (22)$$

と表すことができる。

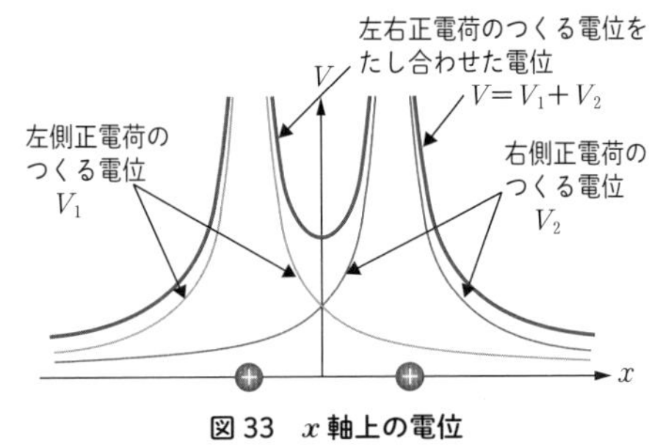

図 33　x 軸上の電位

例題 144　2 個の正電荷のつくる電位

x 軸上 $x = -3.0$ m と $x = 3.0$ m の位置それぞれに $+2.0 \times 10^{-8}$ C の電荷が置かれている。無限遠を基準点としたとき原点における電位はいくらか。

考え方　原点における，それぞれの電荷による電位の合計を求める。

解答

電気量 Q から r 離れた点の電位は $V = k_0 \dfrac{Q}{r}$ で与えられるので，原点における左右それぞれの電荷による電位は等しい。

$$V = (9.0 \times 10^9\ \text{N}\cdot\text{m}^2/\text{C}^2) \times \frac{2.0 \times 10^{-8}\ \text{C}}{3.0\ \text{m}} = 60\ \text{V}$$

したがって，両者の合計は 120 V となる。　　120 V　…答

例題 145　等電位面と仕事

図は 5.0 V 間隔で描かれている等電位線である。電気量 $q = 1.5 \times 10^{-8}$ C の電荷を位置 A から図のような経路に沿って運ぶときの仕事について，以下の問いに答えよ。

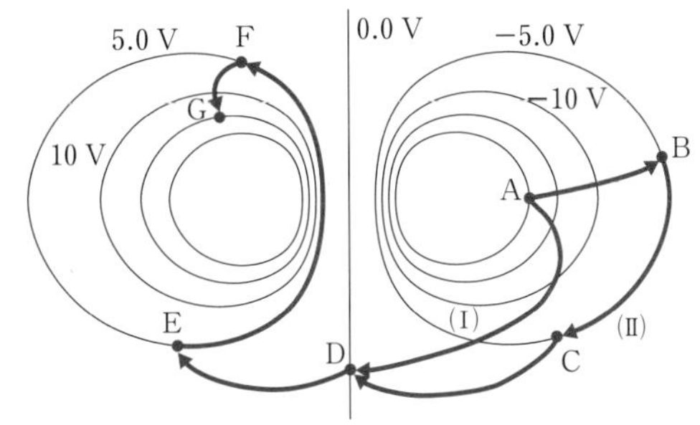

(1)　A → B，B → C，A → D，… 等の各区間において，仕事が最大の区間とそのときの仕事を求めよ。また，仕事が最小の区間とそのときの仕事を求めよ。

(2) 位置Aから位置Dまで運ぶのに，経路(Ⅰ)A → Dと経路(Ⅱ)A → B → C → Dの2つがある。各区間の仕事を $W_{A \to D}$，$W_{A \to B}$，$W_{B \to C}$，$W_{C \to D}$ と表したとき，これらの仕事の間に成り立つ関係式を求めよ。

(3) AからGに運ぶときの全仕事を求めよ。

考え方 図の等電位線は図29と同類のものである。図29のようにそびえる山に物体を運び上げる仕事を考えるとわかりやすい。10 Vの電位差があるとき，1 Cの電荷を運び上げるのに10 Jの仕事を要する。

解答

(1) 各区間で，電位差が最大の区間が最も多くの仕事を要し，最小の区間での仕事が最小となる。

仕事が最大：区間A→D，電位差 $5.0\ \mathrm{V} \times 4 = 20\ \mathrm{V}$

仕事 $= 1.5 \times 10^{-8}\ \mathrm{C} \times 20\ \mathrm{V} = 3.0 \times 10^{-7}\ \mathrm{J}$ …答

仕事が最小：区間B→C，E→F，電位差0　　よって，仕事も0 …答

(2) 電荷が移動するときに静電気力がする仕事はその間の電位差だけで決まる。このような力を保存力という。静電気力は保存力である。したがって，静電気力に逆らって外力のする仕事も電位差だけで決まり，その道筋には依存しない。

$W_{A \to D} = W_{A \to B} + W_{B \to C} + W_{C \to D}$ …答

(3) AG間の電位差は35 Vである。

$W = qV = 1.5 \times 10^{-8}\ \mathrm{C} \times 35\ \mathrm{V} = 5.3 \times 10^{-7}\ \mathrm{J}$ …答

等電位面と仕事

① **等電位面（線）内で電荷が移動しても電場のする仕事は0**

② **電場中を電荷が点Aから点Bまで移動するとき，電場のする仕事はAB間の電位差だけで決まり，移動経路に無関係である。**

4 電場内での荷電粒子の運動

A 静電気力のする仕事と運動エネルギー

一様な電場 E〔V/m〕内にある位置Aに，電気量 q〔C〕，質量 m〔kg〕の荷電粒子が速度 v_1〔m/s〕で**図34**の向きに運動している。荷電粒子は運動方向に静電気力 F〔N〕を受けて加速し，位置Bを通過するときの速度は v_2〔m/s〕であった。

この間の荷電粒子の運動エネルギーの増加量は，静電気力が粒子にした仕事 W〔J〕に等しい。

$$\frac{1}{2}mv_2{}^2-\frac{1}{2}mv_1{}^2=W$$

また，静電気力のする仕事はすでに学んだように

$$W=Fd=qEd=q(V_1-V_2)$$

これらの関係式より，荷電粒子の運動エネルギーや速度を求めることができる。

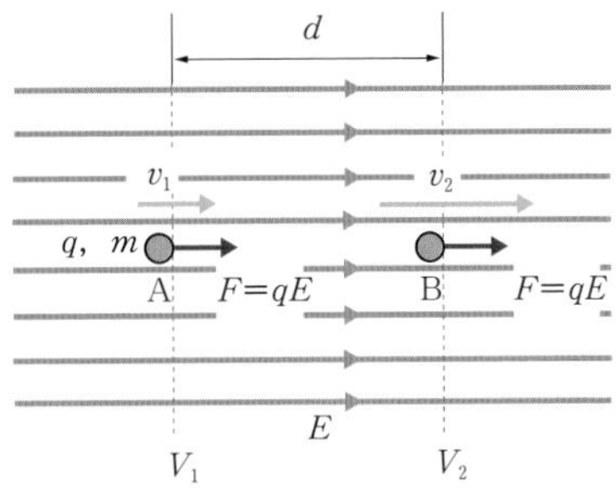

AB 間の距離を d，A，B の電位をそれぞれ V_1，V_2 とする。

図 34　静電気力のする仕事と運動エネルギー

例題 146　電場内での荷電粒子

質量 $m=3.0\times10^{-7}$ kg，電気量 $q=+2.0\times10^{-8}$ C の荷電粒子が金属板 A 上にある。これと向き合う金属板 B との間には電位差があり，A の電位を 0 としたときの B の電位は 15 V である。粒子を静電気力に逆らって B に到達させるためには，いくら以上の速度を与えればよいか。

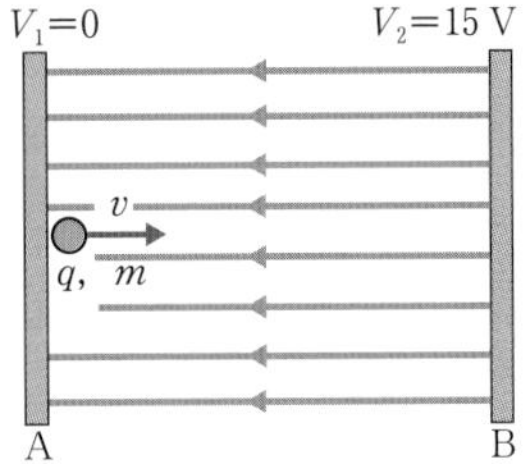

考え方 金属板 B に達したとき，荷電粒子が 0 以上の速度をもっていればよい。また，このとき電場は荷電粒子に負の仕事をする。

解答

静電気力のする仕事は

$$W=q(V_1-V_2)=-2.0\times10^{-8}\,\text{C}\times(0-15\,\text{V})=-3.0\times10^{-7}\,\text{J}$$

また，B に達したときの粒子の速度を v' とすると，仕事と運動エネルギーの関係は $\frac{1}{2}mv'^2-\frac{1}{2}mv^2=W$ となる。$\frac{1}{2}mv'^2\geqq0$ が金属板 B に達する条件なので

$$\frac{1}{2}mv'^2=\frac{1}{2}mv^2+W\geqq0 \qquad \text{よって}\quad \frac{1}{2}mv^2\geqq-W$$

$$v^2\geqq\frac{2(-W)}{m} \qquad v\geqq\sqrt{\frac{2(-W)}{m}}=\sqrt{\frac{2\cdot3.0\times10^{-7}\,\text{J}}{3.0\times10^{-7}\,\text{kg}}}=1.41\,\text{m/s}\fallingdotseq1.4\,\text{m/s}$$

1.4 m/s 以上の速度　…答

5 電場中の導体

1 導体の帯電

A 帯電した導体の特徴

静電気で帯電した導体は，自由電子が存在するために，次のような特徴がある。

① **導体内部の電場は0になる。**
② **帯電した電荷は導体表面に分布する。**
③ **導体の表面は等電位面になる。**
④ **導体表面から出る(に入る)電気力線は導体表面に対して垂直である。**

これらの性質を順に調べていこう。

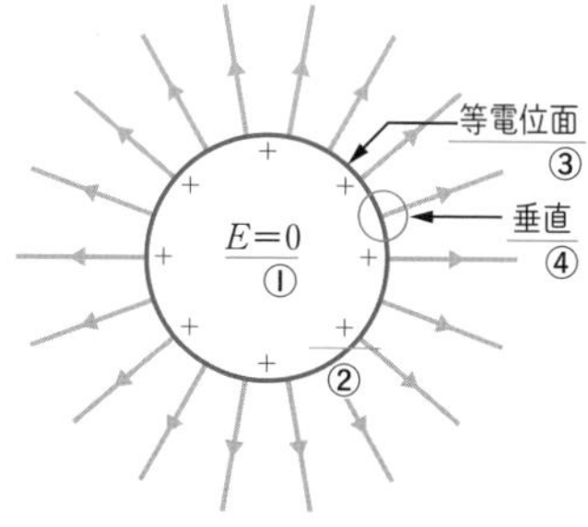

図35　帯電した導体

B 導体内部の電場は0

導体内部に電場 E が存在すれば，自由電子が電気力を受け，電場の向きと反対向きに移動する。その結果，自由電子の過剰が生じた部分は負，不足した部分は正に帯電し，もともとあった電場が打ち消される。電場が完全に打ち消されたとき，自由電子の移動が止まる。こうして実現された電荷分布はこれ以後時間変化しないので，このときの電荷を**静電荷**という。

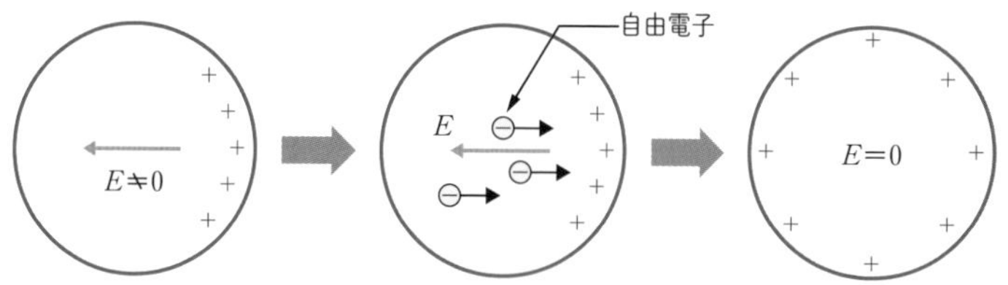

図36　導体内の電場

C 静電荷は導体表面に分布する

導体内部に任意の閉曲面(破線)をつくると，導体中の電場は0なので，その閉曲面から出る(入る)電気力線の本数は0である。したがって，ガウスの法則より，その閉曲面内に静電荷は存在しない。すると存在する静電荷はすべて導体表面に分布することとなる。

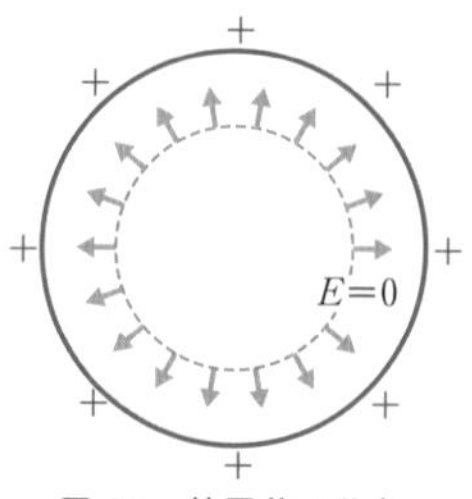

図37　静電荷の分布

D 導体表面は等電位面

導体表面上にある位置Aから位置Bまで電荷を移動させるときの仕事を考える。もし仕事が0でなければ，この間，表面に沿って電場が存在する。しかし，もし表面に沿って電場が存在していれば，自由電子が静電気力を受け，移動して新たな電場をつくり，これを完全に打ち消すまでその移動が続くだろう。その結果導体表面に静電荷による分布が形成される。その状態では表面に沿って電場は存在しないので，**導体表面は等電位面**となる。

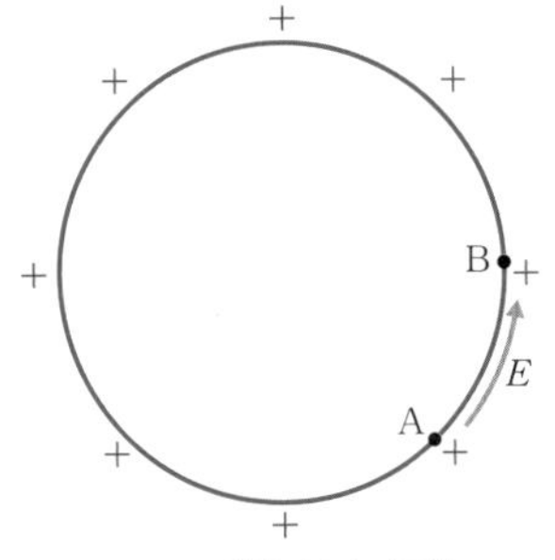

図38　導体表面の電位

E 帯電している導体表面近傍の電場

導体表面が等電位面であれば，電気力線と等電位面とは直交するので，導体表面と電気力線も直交する。

さて，導体表面の電荷密度(単位面積あたりの電荷)をσ〔C/m^2〕，電場をE〔N/C〕として，**図39**のような上ぶた，下底それぞれの面積がA〔m^2〕の円筒についてガウスの法則を適用する。

$$\underbrace{AE}_{\text{円筒から出る電気力線の総本数}}=4\pi k_0\cdot\underbrace{\sigma A}_{\text{円筒内部の総電荷量}} \qquad E=4\pi k_0\sigma \qquad \cdots\cdots (23)$$

金属表面付近では，このように電場は電荷密度で決まる一定値となる。

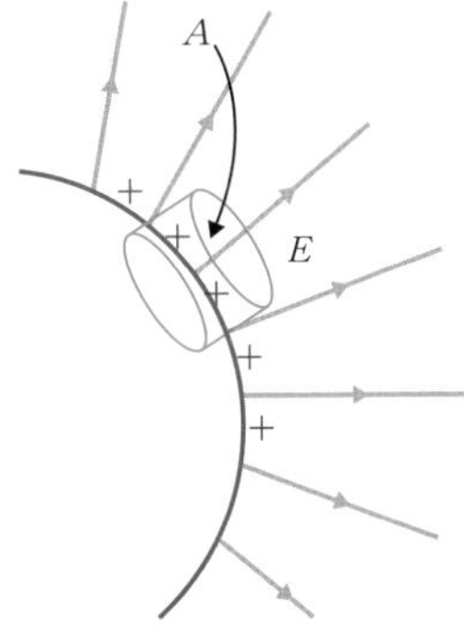

図39　導体表面近傍の電場

例題 147　導体球表面付近の電場

半径R〔m〕の導体球が電気量Q〔C〕（>0）に帯電している。

(1)　導体表面の電荷密度はいくらか。

(2)　導体表面付近の電場の大きさを求めよ。

考え方　導体が完全な球であれば，対称性により電荷は球表面に一様に分布する。

解答

(1)　球の表面積は$4\pi R^2$と表せるので，電荷密度は

$$\sigma=\frac{Q}{4\pi R^2} \quad \cdots \text{答}$$

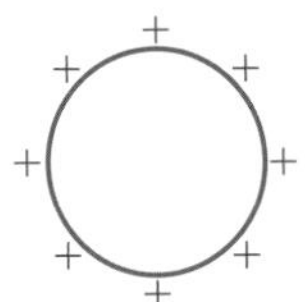

(2) 電荷密度σの導体表面付近の電場は $E=4\pi k_0\sigma$ であるから，(1)の答えを代入して

$$E=4\pi k_0\cdot\frac{Q}{4\pi R^2}=k_0\frac{Q}{R^2}\quad\cdots\text{答}$$

これは Q の点電荷があるとき，そこから距離 R 離れた点における電場と等しい。

POINT

導体表面付近の電場

$$E=4\pi k_0\sigma\quad\begin{pmatrix}\sigma\,[\mathrm{C/m^2}]:\text{導体表面の電荷密度}\\ k_0:\text{クーロンの比例定数}\end{pmatrix}$$

例題 148 帯電した導体球による電場と電位

半径 R〔m〕の導体球が電気量 Q〔C〕(>0)に帯電している。球の中心を原点として x 座標を定義し，以下の問いに答えよ。

(1) 導体球による電場の大きさ E と位置 $x(>0)$ の関係のグラフをかけ。

(2) 導体球による電位 V と位置 $x(>0)$ の関係のグラフをかけ。

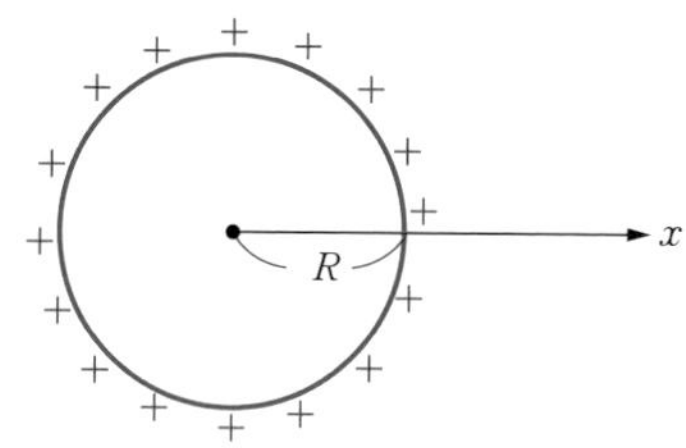

考え方 電場については $0\leqq x<R$ の場合と $R\leqq x$ の場合とに分けて考える。電場がわかれば，電場(力)と電位(仕事)の関係より電位がわかる。電位の基準点を無限遠とする。

解答

(1) $0\leqq x<R$：導体内部の電場は0であるので　$E=0$

$R\leqq x$：座標の原点を中心とし，半径 x の球を考え，球表面から出る電気力線の数についてガウスの法則を適用する。位置 x での電場を E とすれば，単位面積あたり E 本の電気力線が出ているので

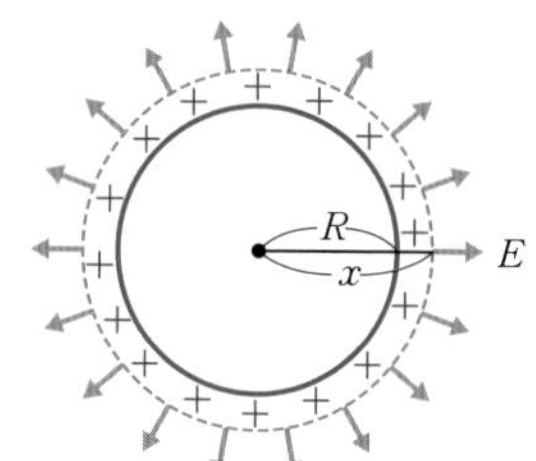

$$\underline{4\pi x^2\times E}=4\pi k_0\times\underline{Q}$$

（$4\pi x^2\times E$：半径 x の球面から出る電気力線の総本数）（Q：半径 x の球内にある総電荷量）

よって　$E=k_0\dfrac{Q}{x^2}$

したがって，E-x グラフは図のようになる。

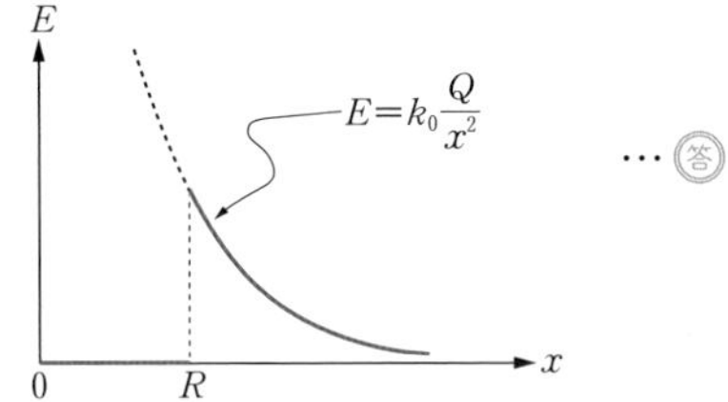

…㊟

(2) 位置 x における電位とは，その点から単位電気量の電荷を無限遠まで運んだときに電場がする仕事であり，これは E-x グラフの面積で表される。すでに計算した通り，これは $V=k_0\dfrac{Q}{x}$ である。$0 \leqq x < R$ の場合はすべて $V=k_0\dfrac{Q}{R}$ になるので，右下のような V-x グラフが得られる。

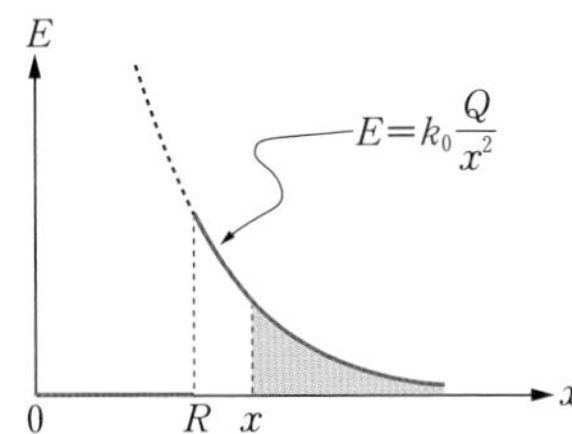

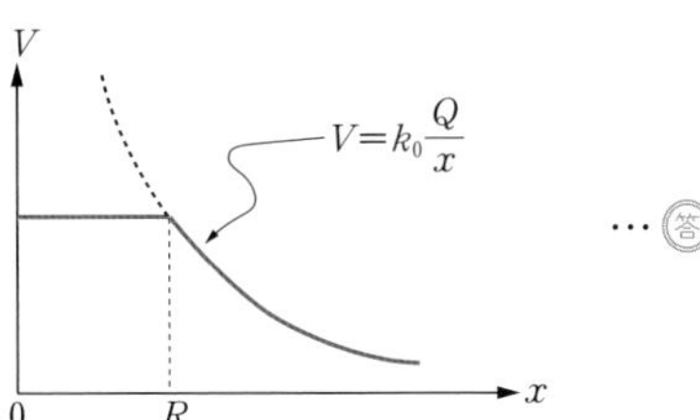

…㊟

2 電場中にある導体

一様な電場 E の空間に，帯電していない導体を挿入したとき，電場はどのように変化するだろうか。

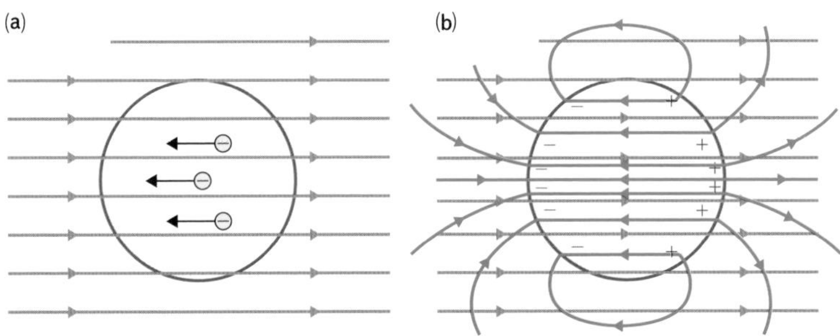

(a) 一様な電場に導体を入れると，自由電子が導体内部の電場が 0 になるように移動する。
(b) 新たに生じた導体表面の静電荷分布による電場（緑）ともとの電場（オレンジ色）の合成が全体の電場となる。

図 40　電場内の導体

導体周辺の電場は，外部の一様な電場と導体中の自由電子の移動によって生じた電荷分布による電場の合成となる。前ページの**図 40**(b)より合成電場は，**図 40** の導体球の左側，右側の位置ではそれぞれ強め合い，上下の位置では弱め合っている。もちろん導体内部の電場は完全に打ち消し合い，0となる。電気力線の密度が電場の大小を表すので，導体周辺の電気力線は**図 41** のようになる。青の実線は電気力線と直交する等電位線である。

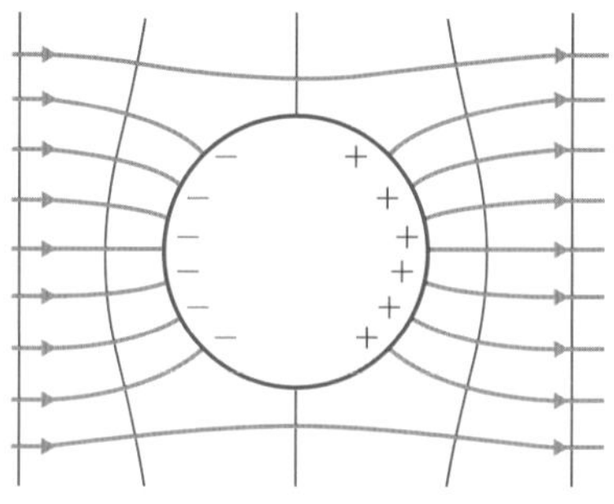

図 41　一様な電場内に導体を置いたときの電気力線と等電位線

3　静電遮蔽（しゃへい）

導体に外部から電場が作用したとき，導体内部が空洞であっても，導体表面の自由電子の移動により，つねに**導体内部の電場は0**となる。金属製容器内にはく検電器を入れ，外部から帯電体を近づけても，検電器はいっさいその影響を受けない。金属製容器の代わりに金網を用いてもよい。

携帯電話をアルミはくでくるむと，電波を受信しにくくなる。電波は電場と磁場の波である。電場が時間変化する場合は，電場は完全に打ち消されはしないが，弱められてしまう。

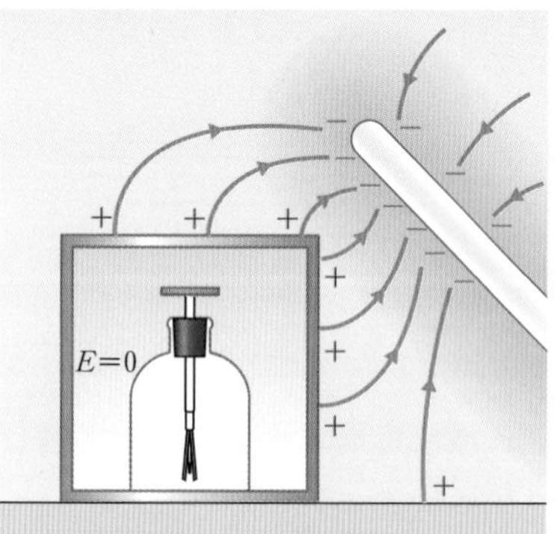

導体箱内の電場はつねに0となる。

図 42　静電遮蔽

POINT

静電遮蔽

導体内部の静電場（時間変化しない電場）は0である。

For Everyday Studies
and Exam Prep
for High School Students

6 コンデンサー

1 コンデンサーの電気容量

A 電荷をたくわえる

正に帯電したはく検電器がある。**図 43** (**a**)のように，これを絶縁した金属板Aと接続すると，正電荷はAと検電器全体に広がる。次に**図 43** (**b**)のように，もう1枚の，同様に絶縁してある金属板BをAに近づけると，静電誘導によりBのA側は負に，その反対側は正に帯電する。Aの正電荷はBの負電荷により引き付けられるが，Bの反対側の正電荷からは反発力を受けるので，Aが帯電する電荷量はそれほど変わらない。そこで**図 43** (**c**)のように，金属板Bを接地し，正電荷を逃がしてやると，Bの負電荷がAの正電荷を引き付けるため，金属板Aにはさらに多くの正電荷が集まり，はくの正電荷はその分だけ減少する。その結果，はくの開きは小さくなる。このように，向かい合わせた2枚の金属板は多くの電荷をたくわえるはたらきがある。このような装置を**コンデンサー**という。

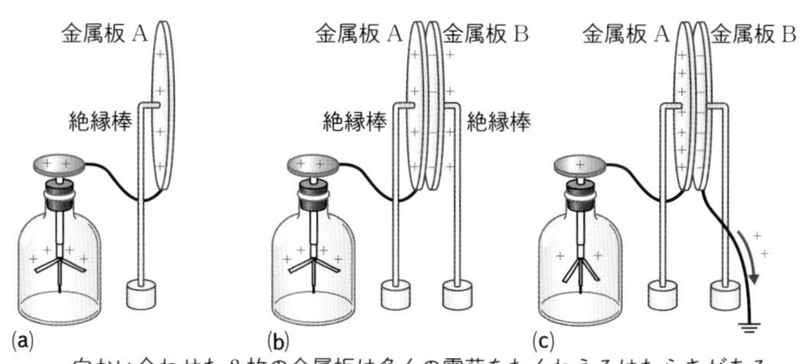

向かい合わせた2枚の金属板は多くの電荷をたくわえるはたらきがある。

図 43　コンデンサーの原理

B 平行平板コンデンサー

向かい合わせた2枚の金属板からなるコンデンサーを**平行平板コンデンサー**という。金属板間の距離を広げると，はく検電器の開きが大きくなることから，金属板間の距離が広がるほど，電荷をたくわえるはたらきが小さくなることがわかる。

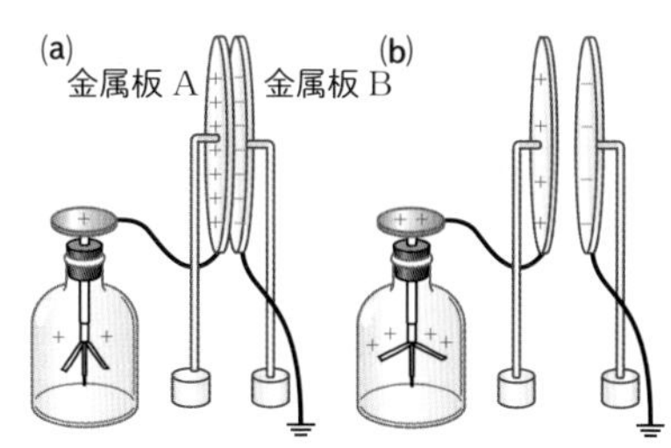

図 44　コンデンサーがたくわえる電荷の量

C 電気容量

図45のような平行平板コンデンサーに直流高圧電源を取り付け，500 V 程度まで徐々に電圧をかけていくと，金属板にたまる電気量がしだいに増えていくのが，はく検電器の開き具合からわかる。一般に，コンデンサーにたまる電気量 Q〔C〕は，コンデンサー両端の電圧 V〔V〕に比例する。

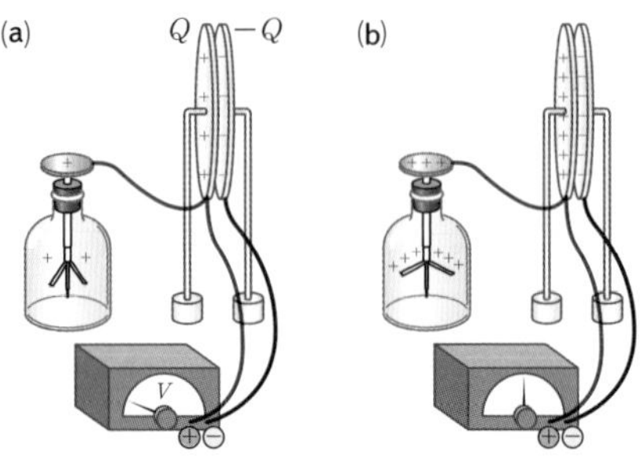

図45　コンデンサーにたまる電気量と電圧

$$Q = CV \quad \cdots\cdots (24)$$

比例係数 C をコンデンサーの**電気容量**といい，その単位 C/V(クーロン毎ボルト)をあらためてファラド(記号：F)とよぶ。同じ電圧をかけたとき，電気容量の大きなコンデンサーほど，多くの電気量をたくわえることができる。

1 μF (マイクロファラド)$=10^{-6}$ F である。

D 平行平板コンデンサー極板間の電場

面積 S〔m^2〕の金属板を電極として距離 d〔m〕離し，V〔V〕の電圧をかける。このとき各極板に帯電した電気量を Q〔C〕，$-Q$〔C〕とする。

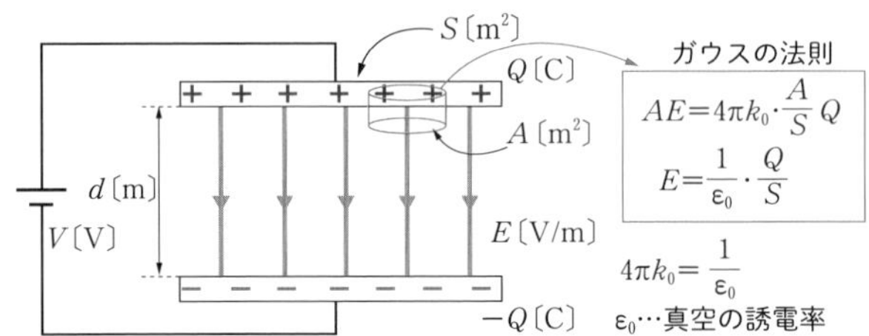

図46　金属極板間に生じる電場

すでに学習したように極板間には一様な電気力線が生じるので，極板間の電場 E は一定であり，これは金属板表面の電場 E に等しい。

$$E = 4\pi k_0 \sigma \quad \cdots\cdots (25) \quad \left(\sigma = \frac{Q}{S}：\text{金属板表面の電荷密度}\right)$$

クーロンの比例定数 k_0 の代わりに，あらためて

$$\varepsilon_0 = \frac{1}{4\pi k_0} = \frac{1}{4\pi \times 9.0 \times 10^9\ \mathrm{N \cdot m^2/C^2}} = 8.85 \times 10^{-12}\ \mathrm{F/m}$$

を定義し，これを**真空の誘電率**とよぶ。すると，極板間の電場は

$$E = \frac{1}{\varepsilon_0} \cdot \frac{Q}{S} \quad \cdots\cdots (26)$$

と表せる。

E 平行平板コンデンサーの電気容量

極板間の電場がEのとき，電気量qの受ける力はqE，これが正極板から負極板まで移動する間に電場のする仕事はqEdである。一方，極板間の電位差がVであれば，その間を電気量qの電荷が移動するときの仕事はqVである。$qV=qEd$より$V=Ed$が成り立つ。D で導いた$E=\frac{1}{\varepsilon_0}\cdot\frac{Q}{S}$の関係を用いれば

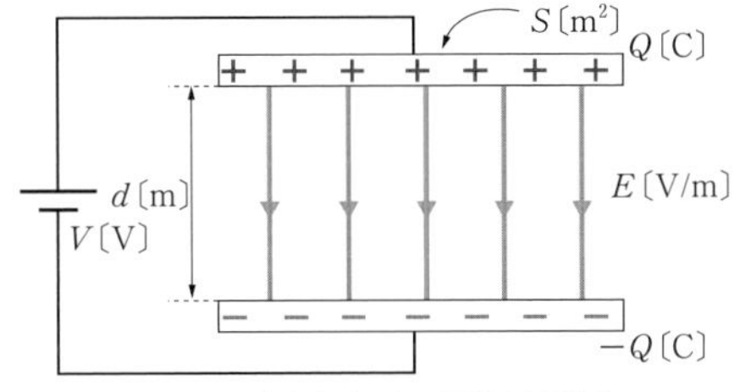

図 47　金属極板間の電場と電位差

$$V=\frac{1}{\varepsilon_0}\cdot\frac{Q}{S}d$$

となる。したがってコンデンサーの電気容量Cは

$$C=\frac{Q}{V}=\varepsilon_0\frac{S}{d} \qquad \cdots\cdots (27)$$

と表すことができる。すなわち平行平板コンデンサーの電気容量は，極板間の距離dが小さいほど，極板の面積Sが大きいほど，大きい。C，S，dの値をそれぞれ F, m^2, m を単位として表すとき，関係式$\varepsilon_0=\frac{Cd}{S}$から，$\varepsilon_0$の単位は F/m（ファラド毎メートル）となる。

例題 149　平行平板コンデンサー

面積 100 cm^2 の 2 枚の金属板を間隔 2.0 mm で向かい合わせ，平行平板コンデンサーをつくった。ここに 100 V の電圧をかけたとき，以下の問いに答えよ。$\varepsilon_0=8.85\times10^{-12}$ F/m とする。

(1)　電気容量を求めよ。
(2)　帯電している電気量は何 C か。
(3)　極板間の電場は何 V/m か。

考え方　平行平板コンデンサーの電気容量の関係式などを用いる。

解答

(1)　$C=\varepsilon_0\frac{S}{d}=(8.85\times10^{-12}\ \mathrm{F/m})\times\frac{100\times10^{-4}\ \mathrm{m^2}}{2.0\times10^{-3}\ \mathrm{m}}$

$=4.43\times10^{-11}\ \mathrm{F}\fallingdotseq4.4\times10^{-11}\ \mathrm{F}$　…答

(2)　$Q=CV=4.43\times10^{-11}\ \mathrm{F}\times100\ \mathrm{V}=4.43\times10^{-9}\ \mathrm{C}\fallingdotseq4.4\times10^{-9}\ \mathrm{C}$　…答

(3)　$E=\frac{V}{d}=\frac{100\ \mathrm{V}}{2.0\times10^{-3}\ \mathrm{m}}=5.0\times10^{4}\ \mathrm{V/m}$　…答

平行平板コンデンサー

$Q=CV$ $\left(\begin{array}{l} Q\text{〔C〕：帯電する電荷} \\ C\text{〔F〕：電気容量，} V\text{〔V〕：電圧} \end{array}\right)$

$C=\varepsilon_0\dfrac{S}{d}$ $\left(\begin{array}{l} S\text{〔m}^2\text{〕：極板の面積} \\ d\text{〔m〕：極板間の間隔，} \varepsilon_0\text{〔F/m〕：真空の誘電率} \end{array}\right)$

例題 150　電気容量と極板間距離

極板間の間隔が d の平行平板コンデンサーに電池を接続して充電した。

(1) 電池を接続したまま極板の間隔を2倍にすると，極板の電気量 Q，極板間の電位差 V，電気容量 C，電場 E はそれぞれ何倍になるか。

(2) 電池を切り離してから極板の間隔を2倍にすると，極板の電気量 Q，極板間の電位差 V，電気容量 C，電場 E はそれぞれ何倍になるか。

(1)
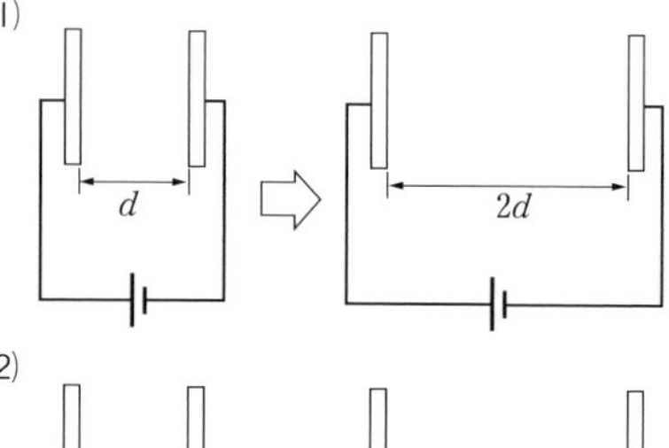

(2)
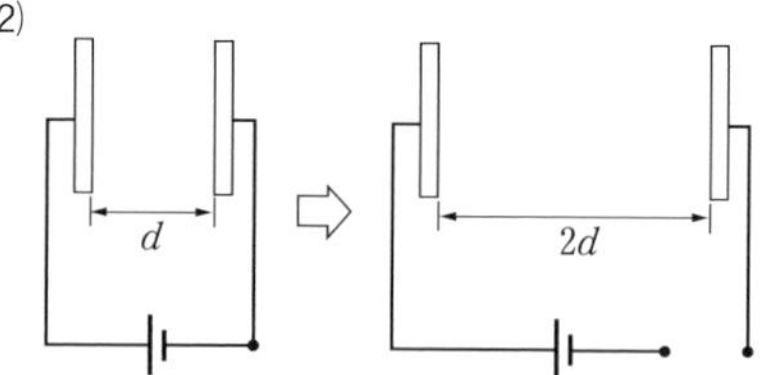

考え方 (1) 極板間の電位差 V はつねに電池の電圧に等しい。
(2) 極板の電荷はどこにも逃げ場がないので一定に保たれる。

解答

(1) 極板間の電位差 V は一定に保たれるので，1倍　…答

電気容量は $C=\varepsilon_0\dfrac{S}{d}$ より d に反比例するので，$\dfrac{1}{2}$ 倍　…答

したがって，$Q=CV$ の関係より Q は $\dfrac{1}{2}$ 倍　…答

電場 E は $E=\dfrac{1}{\varepsilon_0}\cdot\dfrac{Q}{S}$ であり，Q に比例するので，$\dfrac{1}{2}$ 倍　…答

(2) 電荷 Q は一定に保たれるので，1倍　…答

したがって，電場 E も，1倍　…答

$V=Ed$ の関係より，E が変わらなくても d が2倍になれば V は2倍　…答

電気容量は $C=\varepsilon_0\dfrac{S}{d}$ より d に反比例するので，$\dfrac{1}{2}$ 倍　…答

平行平板コンデンサーの極板間距離を変える
① 電池を接続したまま ⇨ 極板間の電位差は一定に保たれる
② 電池と切り離す ⇨ 極板の電荷は一定に保たれる

コラム | **ガウスの法則**

真空の誘電率 $\varepsilon_0 = \frac{1}{4\pi k_0}$ を使えば，ガウスの法則は

$$\boldsymbol{N} = \frac{\boldsymbol{\Sigma Q}}{\boldsymbol{\varepsilon_0}}$$

（N：任意の閉曲面から出る電気力線の総本数
ΣQ：閉曲面内にある総電荷）

と書ける。

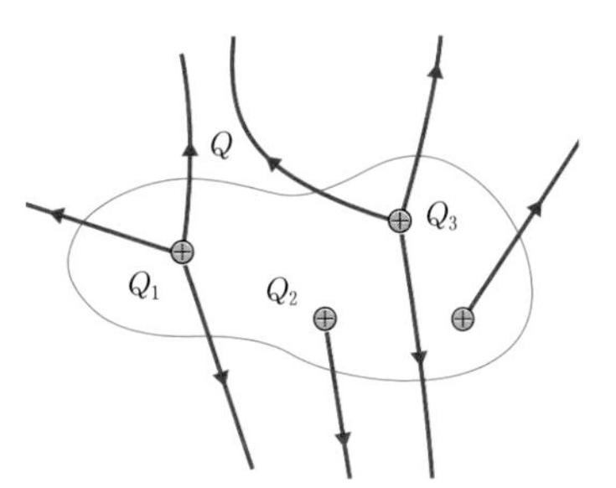

2 平行平板コンデンサーと誘電体

A 誘電体のはたらき

コンデンサーの極板間にガラスやパラフィンなどの不導体を入れると，極板の電荷が一定で変わらなければ，極板間の電場は小さくなる。

次ページの**図48**のような平行平板コンデンサーの極板間に不導体を入れると，誘電分極が生じ，それぞれの極板側に反対符号の電荷が生じる。すると，もとの電荷 $+Q$，$-Q$ が極板間につくる電場 $E_0 = \frac{1}{\varepsilon_0}\cdot\frac{Q}{S}$ に，新たに生じた分極電荷 $-q$，$+q$ による電場 $E' = \frac{1}{\varepsilon_0}\cdot\frac{-q}{S}$ が加わるので，極板間の電場は

$$E = E_0 + E' = \frac{1}{\varepsilon_0}\cdot\frac{Q-q}{S}$$

となり，E_0 よりも小さくなる。この電場をあらためて

$$\boldsymbol{E} = \frac{\boldsymbol{1}}{\boldsymbol{\varepsilon}}\cdot\frac{\boldsymbol{Q}}{\boldsymbol{S}} \qquad \cdots\cdots (28)$$

と表す。こうしたはたらきをする不導体を**誘電体**，式中の定数 ε を誘電体の**誘電率**という。$E < E_0$ となるのであるから，$\varepsilon_0 < \varepsilon$ である。

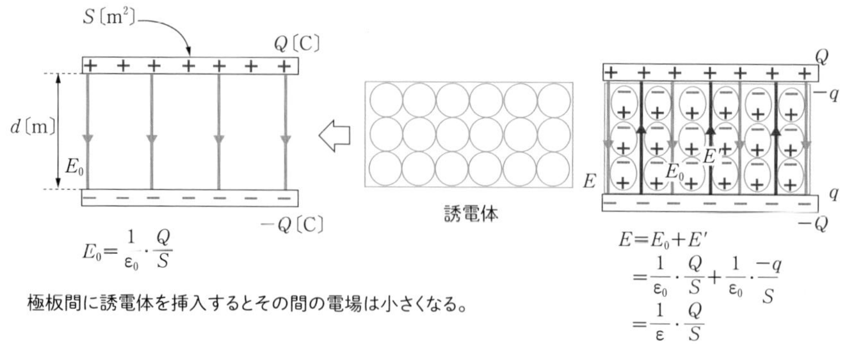

図 48　誘電体のはたらき

B 電気容量と誘電率

誘電体を入れたコンデンサー（**図 48**）で，極板間の電位差は $V=Ed$，極板間の電場は $E=\dfrac{1}{\varepsilon}\cdot\dfrac{Q}{S}$ となるので，電気容量 C は

$$C=\frac{Q}{V}=\frac{\varepsilon SE}{Ed}=\varepsilon\frac{S}{d} \quad \cdots\cdots (29)$$

と表すことができる。誘電体を入れたコンデンサーの電気容量は，**誘電体の誘電率 ε が大きいほど大きい。**

C 比誘電率

誘電率の値そのものよりも，それが真空の誘電率の何倍になるのかを表したほうが便利である。そこで，物質の誘電率 ε を真空の誘電率 ε_0 で割った値

$$\varepsilon_r=\frac{\varepsilon}{\varepsilon_0} \quad \cdots\cdots (30)$$

を，物質の**比誘電率**と定義する。比誘電率を使えば，電気容量は

$$C=\varepsilon_r\varepsilon_0\frac{S}{d}=\varepsilon_r C_0 \quad \cdots\cdots (31)$$

$$C_0=\varepsilon_0\frac{S}{d} \quad \cdots\cdots (32)$$

と表すことができる。C_0 は極板間が真空であるときの電気容量であるが，空気の比誘電率は 1.0005 なので，空気中にある平行平板コンデンサーの電気容量としてよい。そこに比誘電率 ε_r の誘電体を入れると，電気容量は ε_r 倍される。

表 1　比誘電率

物質名	比誘電率
空気(20℃)	1.0005
パラフィン(20℃)	2.2
ボール紙(20℃)	3.2
雲母(20℃～100℃)	7.0
チタン酸バリウム	約 5000

D 耐電圧

コンデンサーでは極板間にかけることのできる電位差には限度があり，その限度をこえると極板間に放電が生じ，コンデンサーは壊れてしまう。その限度の電位差をコンデンサーの**耐電圧**という。

例題 151　コンデンサーへの誘電体の挿入

図のように電圧 V_0 の電池に電気容量 C_0 のコンデンサーが接続してある。ここに比誘電率 ε_r の誘電体を入れた。

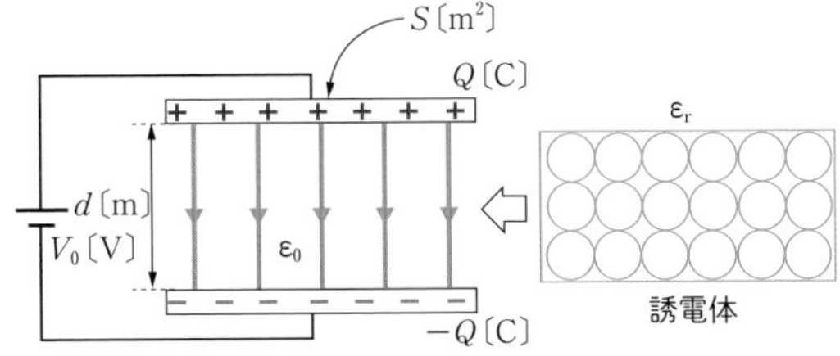

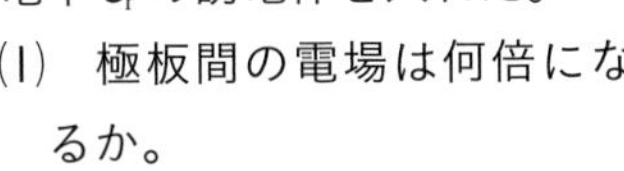

(1)　極板間の電場は何倍になるか。

(2)　極板の電荷は何倍になるか。

(3)　電気容量は何倍になるか。

考え方　極板間の電位差は変わらない。

解答

(1)　V_0 と極板間距離 d は変わらない。したがって $V_0=Ed$ より，電場 E も変わらない。1倍　…答

(2)　誘電体挿入前の電場は $\dfrac{1}{\varepsilon_0}\cdot\dfrac{Q}{S}$，挿入後の電荷を Q' とすると，電場は $\dfrac{1}{\varepsilon}\cdot\dfrac{Q'}{S}$ となる。電場は変わらないので

$$\frac{1}{\varepsilon_0}\cdot\frac{Q}{S}=\frac{1}{\varepsilon}\cdot\frac{Q'}{S}$$

よって　$Q'=\dfrac{\varepsilon}{\varepsilon_0}Q=\varepsilon_r Q$　　ε_r 倍　…答

(3)　$C=\dfrac{Q'}{V_0}=\dfrac{\varepsilon_r Q}{V_0}=\varepsilon_r C_0$　　ε_r 倍　…答

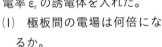

POINT

平行平板コンデンサーの電気容量

$$C=\varepsilon_r\varepsilon_0\frac{S}{d}$$

（S〔m²〕：極板の面積，d〔m〕：極板間の間隔
ε_0〔F/m〕：真空の誘電率，ε_r：物質の比誘電率）

3 コンデンサーがたくわえるエネルギー

A コンデンサーの充電

電気容量 C のコンデンサーの極板に $+Q$, $-Q$ の電荷を帯電させるためにどれだけの仕事が必要か，考えてみよう(**図 49**)。

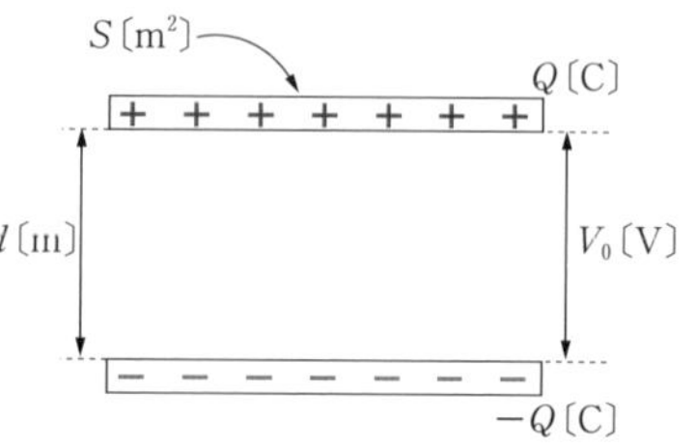

図 49　コンデンサーの充電

はじめ極板は帯電していないので，極板間に電場はない。したがって，このとき Δq (>0) の電荷を下の極板から上の極板に運ぶ仕事は 0 である(**図 50 (1)**)。やがて上の極板に q, 下の極板に $-q$ の電荷がたくわえられたとする。このとき極板間の電位差は $V=\dfrac{q}{C}$ になっているので，さらに Δq の電荷を運び上げる仕事は，$\Delta W=\Delta q\cdot V$ である(**図 50 (2)**)。すると電荷は $q+\Delta q$ に増えるので，電位差は $V'=\dfrac{q+\Delta q}{C}$ に増え，さらに Δq の電荷を運び上げる仕事も $\Delta W'=\Delta q\cdot V'$ と増加する(**図 50 (3)**)。最終的に $+Q$, $-Q$ の電荷がたくわえられるまでの間に必要な仕事は**図 50** の V-q グラフの面積で与えられ，$\boldsymbol{\dfrac{1}{2}\cdot\dfrac{Q^2}{C}}$ となる。

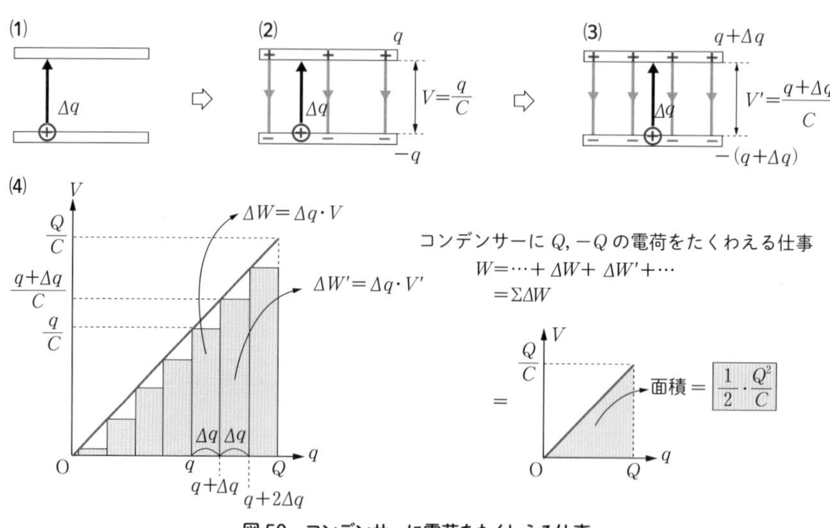

図 50　コンデンサーに電荷をたくわえる仕事

B 静電エネルギー

電気容量 C のコンデンサーが電気量 Q に帯電するまでの仕事 W は A により

$$W=\frac{1}{2}\cdot\frac{Q^2}{C} \quad \cdots\cdots (33)$$

で与えられる。すると，コンデンサーにはこれだけの量のエネルギーがたくわえられているので，これをコンデンサーの**静電エネルギー U** という。$Q=CV$ の関係に注意すれば

$$U=\frac{1}{2}\cdot\frac{Q^2}{C}=\frac{1}{2}CV^2=\frac{1}{2}QV \quad \cdots\cdots (34)$$

となる。

例題 152 コンデンサーがたくわえるエネルギー

図のような回路でスイッチを入れると，電気容量 C のコンデンサーに電気量 Q の電荷がたくわえられた。その後スイッチを切り，コンデンサーの極板間の距離を 2 倍に引き離した。

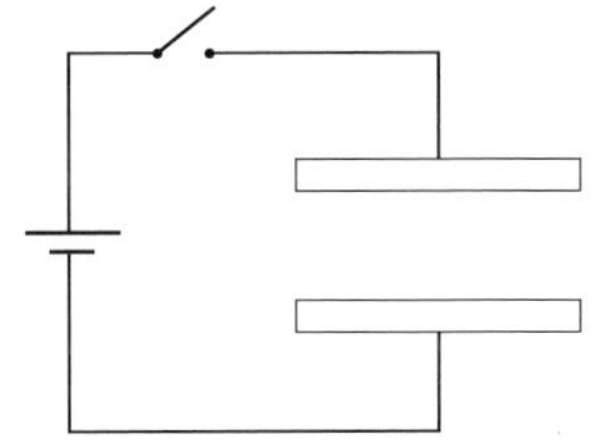

(1) 最初，スイッチを入れたときのコンデンサーの静電エネルギーはいくらか。

(2) 極板間の距離が 2 倍になったときのコンデンサーの静電エネルギーは，はじめの何倍になるか。

(3) 極板間の距離を 2 倍に引き離すまでに要した仕事はいくらか。

考え方 スイッチを切れば，以後コンデンサーの電気量は変わらない。

解答

(1) 静電エネルギーの関係式より $U=\dfrac{1}{2}\cdot\dfrac{Q^2}{C}$ …答

(2) 極板間の距離を 2 倍にするとコンデンサーの電気容量は $C'=\dfrac{1}{2}C$ となるので，静電エネルギーは

$$U'=\frac{1}{2}\cdot\frac{Q^2}{C'}=\frac{1}{2}\cdot\frac{Q^2}{\frac{C}{2}}=2U$$ となる。よって 2 倍 …答

(3) コンデンサーに外部から仕事 W をした分だけ，静電エネルギーは増加するので，$U'=U+W$ の関係式より

$$W=U'-U=2U-U=\frac{1}{2}\cdot\frac{Q^2}{C}$$ $W=\dfrac{1}{2}\cdot\dfrac{Q^2}{C}$ …答

コンデンサーの静電エネルギー

$$U=\frac{1}{2}\cdot\frac{Q^2}{C}=\frac{1}{2}CV^2=\frac{1}{2}QV \quad \left(\begin{array}{l} C\text{〔F〕：電気容量} \\ V\text{〔V〕：極板間の電位差} \\ Q\text{〔C〕：たくわえられている電気量} \end{array}\right)$$

4 コンデンサーの接続

A 並列接続と直列接続

図 51 (1)のようなコンデンサーの接続を**並列接続**, **図 51** (2)のような接続を**直列接続**という。コンデンサーの数が 3 個以上あっても同様である。

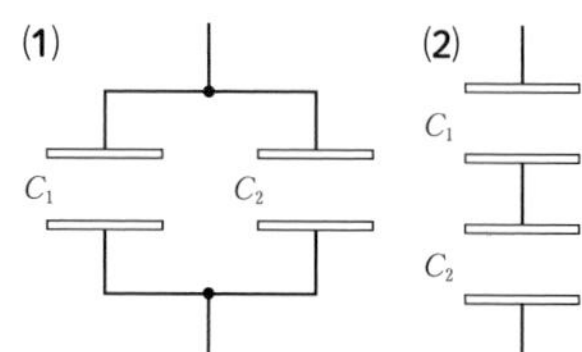

図 51 (1)並列接続と(2)直列接続

B 並列接続の合成容量

電気容量が C_1 と C_2 の 2 個のコンデンサーが並列接続してあるとき，これと同等のはたらきをする 1 個のコンデンサーの電気容量 C をこれらのコンデンサーの**合成容量**という。**図 52** の(1)と(2)に同じ電圧をかけたとき，同じ電気量がたくわえられれば，(1)と(2)は同等であるので，次の条件が成り立つ。

Ⅰ．$Q_1+Q_2=Q$

Ⅱ．すべてのコンデンサーの電位差 V が共通

電気容量が C_1 と C_2 の 2 個のコンデンサーを並列接続したときの合成容量は

$$C=C_1+C_2 \qquad \cdots\cdots (35)$$

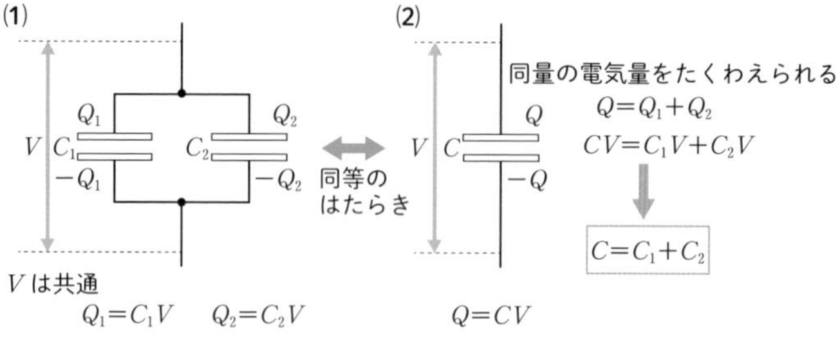

図 52 並列接続の合成容量

並列接続では，3 個以上の場合も同様で

$$C=C_1+C_2+C_3+\cdots\cdots \qquad \cdots\cdots (36)$$

例題 153　コンデンサーの並列接続

電気容量が 2.0 μF と 3.0 μF の 2 つのコンデンサーを並列接続し，10 V の電源に接続した。

(1)　合成容量はいくらか。

(2)　3.0 μF のコンデンサーの電気量はいくらか。

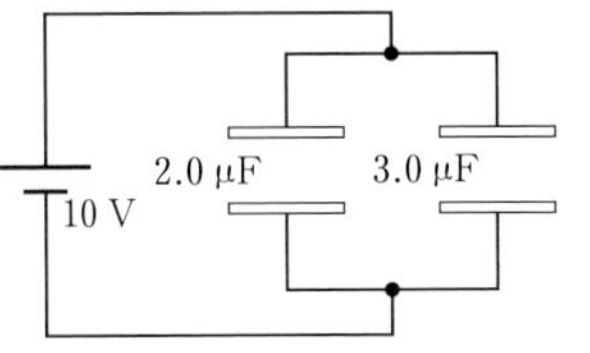

考え方　並列接続の合成容量を求める。$1\,\mu\text{F}=10^{-6}\,\text{F}$ である。

解答

(1)　$C=2.0\,\mu\text{F}+3.0\,\mu\text{F}=5.0\,\mu\text{F}$　…答

(2)　10 V の電位差がかかるので

$$Q=3.0\times10^{-6}\,\text{F}\times1.0\times10\,\text{V}=3.0\times10^{-5}\,\text{C}$$　…答

C　直列接続の合成容量

電気容量が C_1 と C_2 の 2 個のコンデンサーが直列接続してあるとき，これと同等のはたらきをする 1 個のコンデンサーの電気容量(**合成容量**) C を考える。**図 53** の(**1**)と(**2**)に同じ電圧をかけたとき，同じ電気量がたくわえられれば，(**1**)と(**2**)は同等であるので，次の条件が成り立つ。

Ⅰ．$V_1+V_2=V$

Ⅱ．すべてのコンデンサーの電気量 Q が共通

電気容量が C_1 と C_2 の 2 個のコンデンサーを直列接続したときの合成容量 C は

$$\frac{1}{C}=\frac{1}{C_1}+\frac{1}{C_2} \qquad \cdots\cdots(37)$$

の関係から求めることができる。

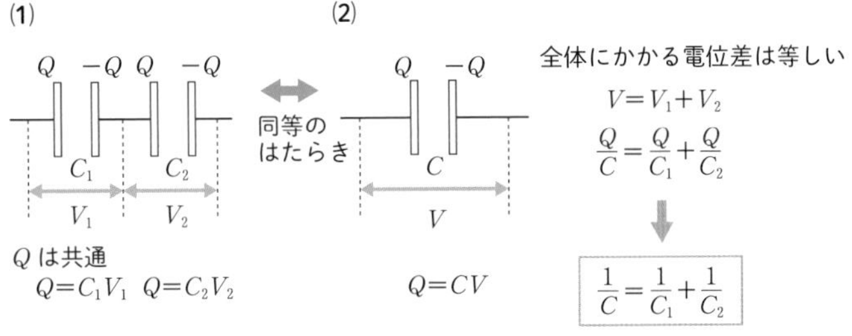

図 53　直列接続の合成容量

直列接続では，3 個以上の場合も同様で

$$\frac{1}{C}=\frac{1}{C_1}+\frac{1}{C_2}+\frac{1}{C_3}\cdots\cdots \qquad \cdots\cdots(38)$$

例題 154　コンデンサーの直列接続

電気容量 2.0 μF と 3.0 μF の 2 つのコンデンサーを直列接続し，10 V の電源に接続した。

(1)　合成容量はいくらか。

(2)　2.0 μF，3.0 μF のコンデンサーの電位差はそれぞれいくらか。

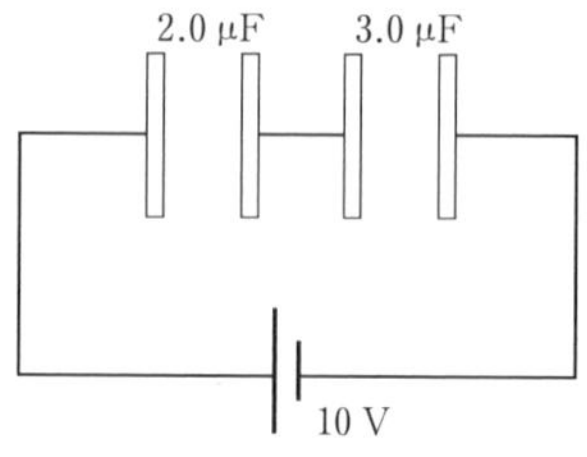

考え方　直列接続の合成容量を求める。

解答

(1)　$\frac{1}{C}=\frac{1}{2.0\ \mu\text{F}}+\frac{1}{3.0\ \mu\text{F}}=\frac{3.0+2.0}{6.0\ \mu\text{F}}=\frac{1}{1.2\ \mu\text{F}}$

$C=1.2\ \mu\text{F}$　…答

(2)　それぞれのコンデンサーの電気量は

$Q=CV=1.2\ \mu\text{F}\times 10\ \text{V}=12\ \mu\text{C}$

電位差を V_1，V_2 とすれば

$V_1=\frac{Q}{C_1}=\frac{12\ \mu\text{C}}{2.0\ \mu\text{F}}=6.0\ \text{V}$，　$V_2=\frac{Q}{C_2}=\frac{12\ \mu\text{C}}{3.0\ \mu\text{F}}=4.0\ \text{V}$

2.0 μF…6.0 V，3.0 μF…4.0 V　…答

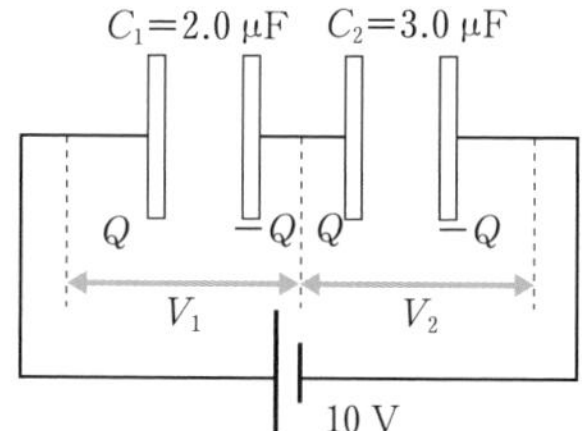

POINT

コンデンサーの合成容量

並列接続　$C=C_1+C_2+\cdots$

直列接続　$\frac{1}{C}=\frac{1}{C_1}+\frac{1}{C_2}+\cdots$

例題 155　コンデンサーの並列接続と直列接続

電気容量が $C_1=1.0\ \mu\text{F}$，$C_2=3.0\ \mu\text{F}$，$C_3=6.0\ \mu\text{F}$ の 3 つのコンデンサーを図のようにして 20 V の電源に接続した。

(1)　全体の合成容量はいくらか。

(2)　C_3 の電気量はいくらか。

(3)　C_3 の電位差はいくらか。

(4)　C_1，C_2 の電気量はそれぞれいくらか。

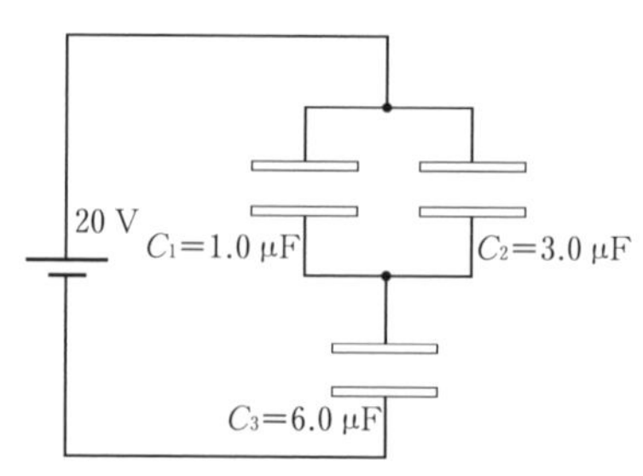

考え方 電気容量の並列接続，直列接続の公式を組み合わせて合成容量を求める。

解答

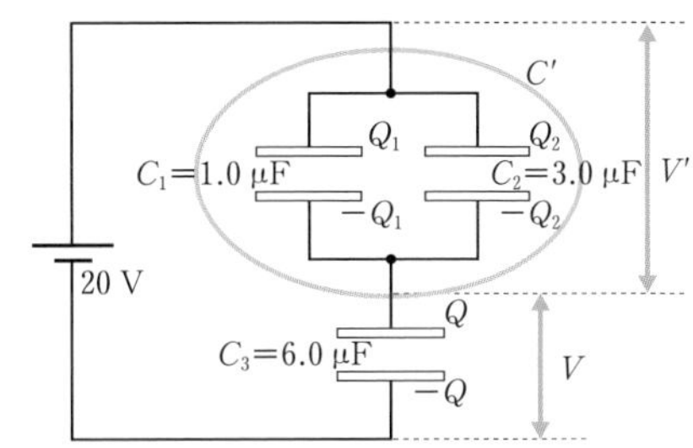

(1) C_1 と C_2 の並列接続の合成容量を C' とおくと，全体は C' と C_3 の直列接続の合成容量 C となる。

$$C'=C_1+C_2=1.0\,\mu\text{F}+3.0\,\mu\text{F}$$
$$=4.0\,\mu\text{F}$$

$$\frac{1}{C}=\frac{1}{C'}+\frac{1}{C_3}=\frac{1}{4.0\,\mu\text{F}}+\frac{1}{6.0\,\mu\text{F}}$$
$$=\frac{3.0+2.0}{12\,\mu\text{F}}=\frac{1}{2.4\,\mu\text{F}}$$

$C=2.4\,\mu\text{F}$ …答

(2) C_3 の電気量 Q は 20 V で合成容量 C にたくわえられる電気量に等しい。

$Q=2.4\,\mu\text{F}\times20\,\text{V}=48\,\mu\text{C}$ …答

(3) C_3 の電位差を V とすれば $Q=C_3V$ より

$$V=\frac{Q}{C_3}=\frac{48\,\mu\text{C}}{6.0\,\mu\text{F}}=8.0\,\text{V}$$ …答

(4) C_1，C_2 の電気量を Q_1，Q_2，かかる電圧を V' とすれば

$Q_1=C_1V'$，$Q_2=C_2V'$

また，$V+V'=20\,\text{V}$ より　　$V'=20\,\text{V}-8.0\,\text{V}=12\,\text{V}$

$Q_1=1.0\,\mu\text{F}\times12\,\text{V}=12\,\mu\text{C}$，$Q_2=3.0\,\mu\text{F}\times12\,\text{V}=36\,\mu\text{C}$ …答

POINT

コンデンサーの接続
並列接続：各コンデンサーの電位差が同じ
直列接続：各コンデンサーの電気量が同じ

例題 156 コンデンサーにたくわえられる電気量

電気容量が $C_1=2.0\,\mu\text{F}$，$C_2=3.0\,\mu\text{F}$ のコンデンサーを図のように切り替えスイッチ S とともに，10 V の電源に接続した。はじめにそれぞれのコンデンサーに電荷はたくわえられていないとして，以下の問いに答えよ。

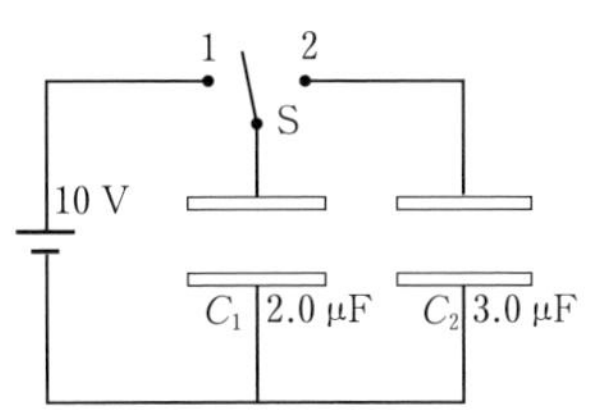

(1)　スイッチSを1側に倒したとき，C_1 にたくわえられる電気量はいくらか。

(2)　続いてSを2側に倒したとき，C_1，C_2 それぞれにたくわえられる電気量はいくらか。また，各コンデンサーの極板間の電圧はいくらか。

(3)　さらにSを1側に倒した後，再び2側に倒した。C_1，C_2 それぞれにたくわえられている電気量はいくらになるか。また，各コンデンサーの極板間の電圧はいくらか。

考え方　このようなスイッチ切り替え問題では，電気量保存の法則に注意するとよい。(2)でスイッチSを2側に倒す前と後で，C_1，C_2 の上の極板の電気量の合計値は変わらない。

解答

(1)　このとき C_1 にたくわえられる電気量を Q とする。

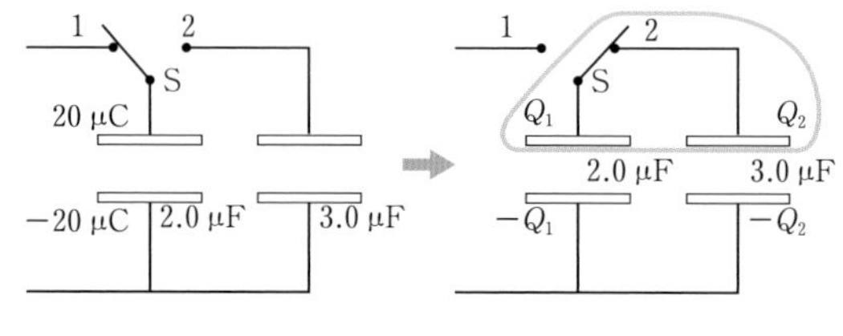

$$Q=C_1V$$
$$=2.0\,\mu\text{F}\times10\,\text{V}$$
$$=20\,\mu\text{C}\quad\cdots\text{答}$$

(2)　C_1，C_2 の上の極板は他のどこにも接続されていないので，電気量の合計はSの切り替え前後で変わらない。

$$Q_1+Q_2=20\,\mu\text{C}\quad\cdots\cdots①$$

また，切り替え後の C_1，C_2 の極板間電圧 V は等しい。

$$\frac{Q_1}{C_1}=\frac{Q_2}{C_2}=V\quad\rightarrow\quad\frac{Q_1}{2.0\,\mu\text{F}}=\frac{Q_2}{3.0\,\mu\text{F}}=V\quad\cdots\cdots②$$

式①，②より　　$Q_1=8.0\,\mu\text{C}$，$Q_2=12\,\mu\text{C}$，$V=4.0\,\text{V}$　…答

(3)　Sを1側に倒したとき，C_1 にたくわえられる電気量は(1)の $Q=20\,\mu\text{C}$ である。スイッチSを2側に倒したとき，電気量は保存されるので，新たな電荷を Q_1'，Q_2'，電圧を V' とすれば

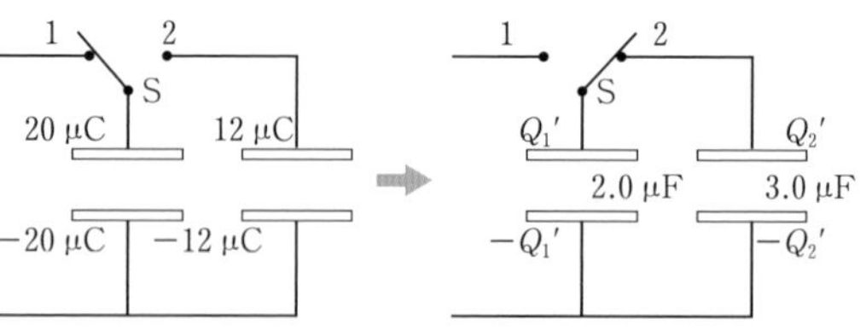

$$Q_1'+Q_2'=20\,\mu\text{C}+12\,\mu\text{C},\quad\frac{Q_1'}{2.0\,\mu\text{F}}=\frac{Q_2'}{3.0\,\mu\text{F}}=V'$$

の2式より　　$Q_1'=12.8\,\mu\text{C}$，$Q_2'=19.2\,\mu\text{C}$，$V'=6.4\,\text{V}$

よって　　$Q_1'=13\,\mu\text{C}$，$Q_2'=19\,\mu\text{C}$，$V'=6.4\,\text{V}$　…答

この章で学んだこと

1 静電気力

(1) **摩擦帯電**

原子は正の電荷をもつ原子核と負の電荷をもつ電子から成る。

電子の移動により帯電が生じる。

塩化ビニル棒とポリエチレンシートをこすり合わせると，塩化ビニル棒は負に，ポリエチレンシートは正に帯電する。

(2) **電気量保存の法則**

電荷の移動にかかわる電荷の総和は不変である。これを電気量保存の法則という。

(3) **クーロンの法則**

$$F=k_0\frac{q_Aq_B}{r^2}$$

(F〔N〕：静電気力
q_A〔C〕，q_B〔C〕：電気量
$k_0=9.0\times10^9\ \mathrm{N\cdot m^2/C^2}$：比例定数
r〔m〕：距離)

2 静電誘導

(1) **導体と不導体**

導体には自由電子が存在する。

(2) **静電誘導**

導体に帯電体を近づけると，近づけた側に帯電体と異符号の，反対側に同符号の電荷が誘導される。静電誘導は自由電子の移動により生じる。

(3) **誘電分極**

帯電体を不導体に近づけても，分極が生じて電荷が誘導される。

3 電場

(1) **電場**

電場が $\vec{E}$ の場所に電荷 q を置くと，$\vec{F}=q\vec{E}$ の力を受ける。

(2) **電場の重ね合わせ**

$\vec{E}=\vec{E_1}+\vec{E_2}$

(3) **電気力線**

電気力線の密度→「電場の大きさ」

電気力線の接線の向き→「電場の向き」

(4) **ガウスの法則**

任意の閉曲面を貫く電気力線の総本数は

$$N=4\pi k_0(Q_1+Q_2+Q_3+\cdots\cdots)$$

4 電位

(1) **静電気力による位置エネルギーと電位**

電位 V〔V〕の位置に電気量 q〔C〕の電荷があるとき，静電気力による位置エネルギー U〔J〕は　$U=qV$

(2) **点電荷による電位**

点電荷 Q〔C〕による，位置 r〔m〕における電位 V〔V〕

$$V=k_0\frac{Q}{r}$$

(3) **等電位面**

等電位面上では電位はすべて等しい。

5 電場中の導体

(1) **導体内部の電場は 0**

(2) **静電遮蔽**

6 コンデンサー

(1) **平行平板コンデンサーの電気容量**

$$C=\frac{Q}{V}=\varepsilon_0\frac{S}{d}$$

(Q〔C〕：帯電する電荷，C〔F〕：電気容量，V〔V〕：電圧，S〔$\mathrm{m^2}$〕：極板の面積，d〔m〕：極板間の間隔，ε_0〔F/m〕：真空の誘電率)

(2) **極板間の電場**

$$E=\frac{1}{\varepsilon}\cdot\frac{Q}{S}$$

(ε：誘電率(真空中では ε_0))

(3) **静電エネルギー**

$$U=\frac{1}{2}\cdot\frac{Q^2}{C}=\frac{1}{2}CV^2=\frac{1}{2}QV$$

(4) **コンデンサーの接続**

並列接続：$C=C_1+C_2+\cdots\cdots$

直列接続：$\frac{1}{C}=\frac{1}{C_1}+\frac{1}{C_2}+\cdots\cdots$

MY BEST　Advanced Physics

第  章　電流

1 電流と電気抵抗

1 電流

イオンや電子などの電荷を帯びた粒子(荷電粒子)が移動する現象を**電流**という。食塩水などの電解質水溶液では，陽イオン，陰イオンの流れによって電流が生じる。また，豆電球を導線で電池につなぐと電流が流れ，豆電球が点灯する。これは導線や豆電球の中を自由電子が流れるからである。

A 電流の大きさ

電流の大きさは，導線のある断面を単位時間に通過する電気量で表す。電流の単位は**アンペア(記号：A)**である。1 秒間に 1 C の電気量が流れているときの電流の大きさを **1 A** という。時間 t〔s〕の間に q〔C〕の電気量が流れるときの電流の大きさ I〔A〕は次式となる。

$$I=\frac{q}{t} \quad \cdots\cdots (39)$$

+アルファ

1 A の $\frac{1}{1000}$ を 1 mA (ミリアンペア)という。

例 5.0 秒間に 6.0 C の電気量が通過したときの電流の大きさは

$$\frac{6.0\ \mathrm{C}}{5.0\ \mathrm{s}}=1.2\ \mathrm{A}$$

B 電流の向き

正の電荷の移動する向きを電流の向きとする。実際に導線中を流れるのは負の電荷をもった自由電子なので，電流の向きと自由電子の移動する向きは互いに逆向きになる。

図 54 に示すように，自由電子は電池の負極側から出て導線，豆電球を通り正極に入っていくが，電流は正極から負極に向かって流れることになる。

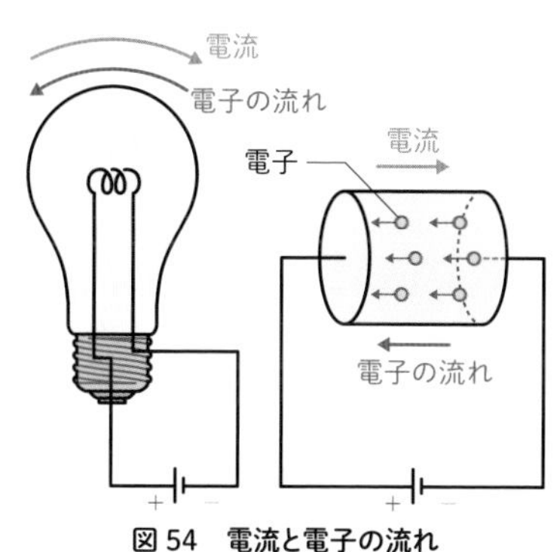

図 54　電流と電子の流れ

C 金属(導体)と自由電子

金属原子がそれぞれ価電子を放出して陽イオンとなり，これらの電子がすべての金属イオンに共有されることによって金属イオンは規則正しく並んで結合し，結晶構造をつくっている。

図 55 のように，**金属内では，規則的に並んだ金属イオンのまわりを，原子から放出された自由電子が結晶全体にわたって運動している。**

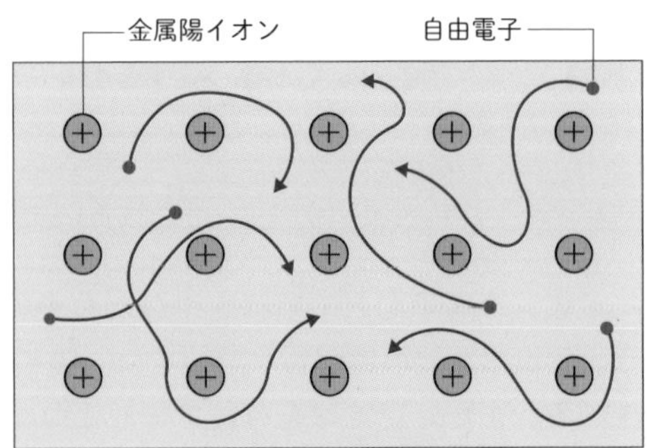

図 55　金属と自由電子

D 電流と自由電子の動き

導体の棒に電池を接続すると，**図 56** のように棒の中に電場ができる。金属内の自由電子は負の電荷をもっているので，電場と逆向きに力を受け，自由電子の流れが生じる。

金属イオンはしっかりと結晶をつくり，固定されているので，電場から力を受けても移動することはない。

> **+アルファ**
>
> 長さ vt の円柱の体積は vtS〔m^3〕，1 m^3 あたり n 個の自由電子があるとすると，この中の自由電子の数は $nvtS$ 個である。

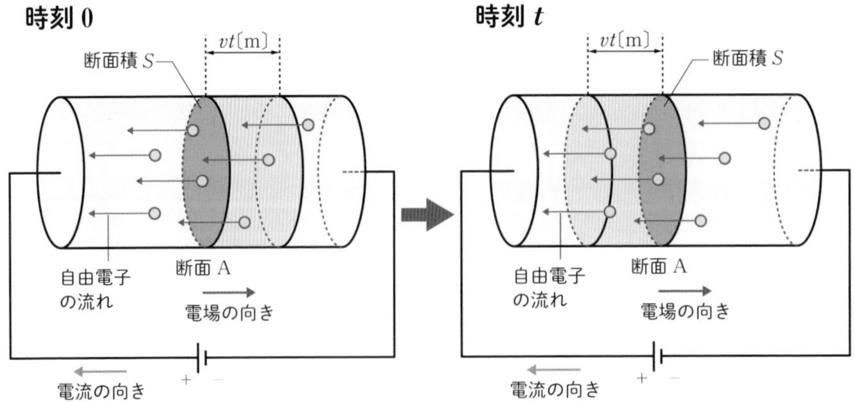

図 56　電流と自由電子の動き

E 導体中の電流の強さ

いま，断面積 S〔m^2〕の金属棒に I〔A〕の一定の大きさの電流が流れているとする。

このときの自由電子の平均の速さを v〔m/s〕，単位体積中の数を n〔個/m^3〕とすれば，断面 A を t〔s〕の間に通過できる電子数は，長さ vt〔m〕の円柱(**図 55** のピンク色の部分)に含まれている自由電子の数に等しく，$nvtS$〔個〕となる。

断面Aからちょうどvt〔m〕まで離れている電子がt〔s〕の間に断面Aに到達することができ，それ以上離れている電子にはそれが不可能だからである。

電子1個の電荷は$-e$〔C〕なので，断面Aをt〔s〕の間に通過する電気量の大きさは$envtS$〔C〕となる。したがって，断面Aを単位時間あたりに通過する電気量I〔C/s〕は次式で表される。

$$I=envS \quad \cdots\cdots (40)$$

2 電気抵抗

A オームの法則

図57のようにニクロム線に電圧計，電流計，電源を接続して，流れる電流，電圧の関係を調べると，電流Iは電圧Vに比例する。その比例定数を$\frac{1}{R}$とすると，式(41)で表され，これを**オームの法則**という。

$$I=\frac{V}{R} \quad \cdots\cdots (41)$$

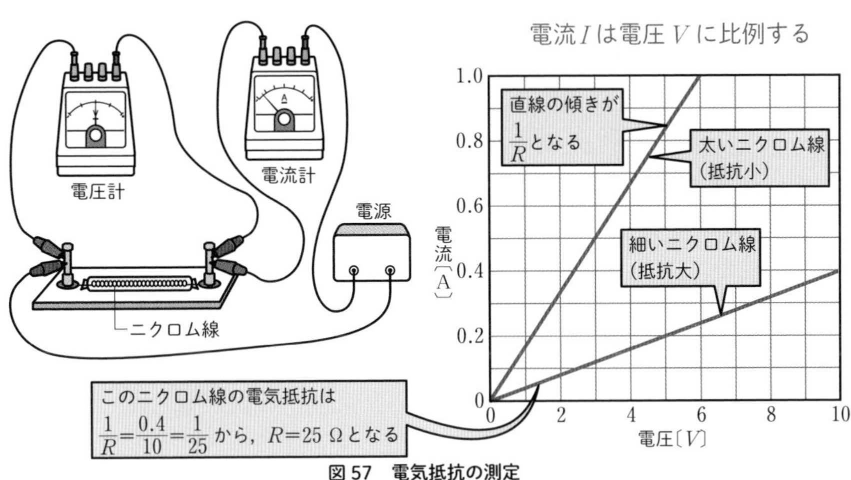

図57　電気抵抗の測定

B 電気抵抗

式(41)のRを**電気抵抗（抵抗）**といい，これは導線の材質や断面積，長さ，温度により決まる定数である。抵抗の単位には**オーム（記号：Ω）**を用い，1Vの電圧で1Aの電流が流れるときの抵抗値を1Ωとする。Ω=V/Aである。

C 電圧降下

式(41)は　　$V=RI$

と書き直せる。**図 58** のように，抵抗 R の導線に，電流 I が流れているとき，抵抗の両端の電圧を見ると，電流の流れる向きに RI〔V〕下がっている。これを**電圧降下**という。

図 58 の導線の両端 A，B の電位を V_A，V_B とすると，電圧降下 V は次のようになる。

$$V=RI=V_A-V_B$$

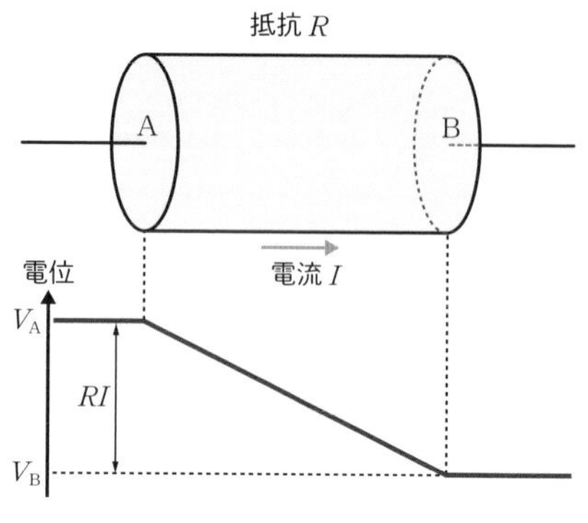

図 58　電圧降下

3 自由電子の運動とオームの法則

A 抵抗率

一般に，導体の抵抗 R〔Ω〕はその導体の断面積 S〔m^2〕に反比例し，長さ l〔m〕に比例するから

$$R=\rho\frac{l}{S} \quad \cdots\cdots (42)$$

と書くことができる。

比例定数 ρ〔Ω・m〕を**抵抗率**といい，物質の種類と温度により決まる定数である。

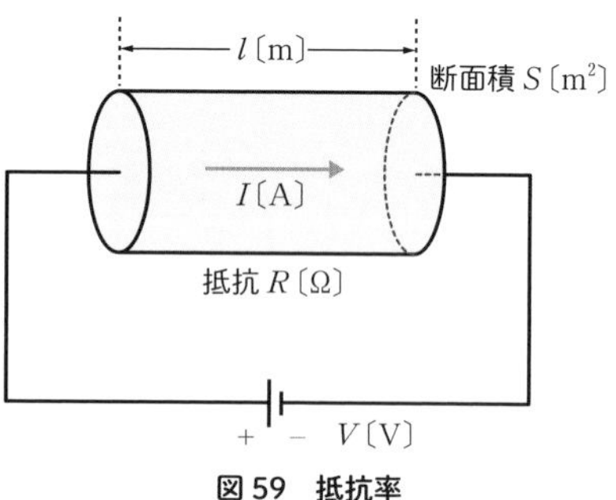

図 59　抵抗率

B 抵抗率の温度変化

金属(導体)の抵抗率は，一般に温度とともに増加し，温度変化が大きくない範囲では

$$\rho=\rho_0(1+\alpha t) \quad \cdots\cdots (43)$$

という関係がある。t はセ氏温度〔℃〕，ρ_0 は 0 ℃のときの抵抗率で，α〔/K〕は抵抗率の**温度係数**とよばれる。

＋アルファ

抵抗率 ρ の単位

$\rho=\frac{SR}{l}$ より

$\frac{m^2\Omega}{m}=\Omega\cdot m$

ρ は「ロー」と読む。

半導体では α の値は負になる。つまり，温度の上昇とともに半導体の抵抗値は減少する。

C 導体に抵抗が生じるわけ

導体に電場がかかっていないときは，自由電子はあらゆる方向に乱雑な運動を続けている。したがって，全体の平均を考えたとき，ある特定の向きに自由電子が移動することはない。つまり電子の平均速度は0であり，電流は流れない。

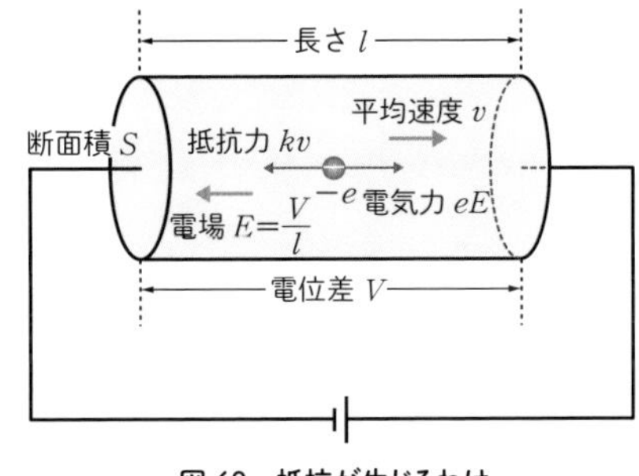

図 60　抵抗が生じるわけ

図 60 のように長さ l の導体に電圧 V がかかると，導体内部には図の向きに電場 $E=\dfrac{V}{l}$ が生じる。すると電荷 $-e(<0)$ の自由電子は電場の向きと反対向きに eE の電気力を受け，加速度運動をする。この間，電子は熱運動する金属陽イオンと衝突するなどの妨害を受けながら運動する。妨害は電子の速度が大きいほど頻繁に生じるので，電子はそのときの速度 v に比例する抵抗力 kv（k は比例定数）を受けながら運動すると考えることができる。その結果，電子は抵抗力が電気力と等しくなるような，一定の終端速度で運動する。これを電子の平均速度 v とみなす。すなわち

$$kv=eE \quad \rightarrow \quad v=\frac{eV}{kl} \qquad \cdots\cdots (44)$$

これを式(40)の v に代入すると

$$I=en\cdot\frac{eV}{kl}\cdot S=\frac{ne^2}{k}\cdot\frac{S}{l}\cdot V=\frac{V}{R} \qquad \cdots\cdots (45)$$

$$R=\frac{k}{ne^2}\cdot\frac{l}{S} \qquad \cdots\cdots (46)$$

> **＋アルファ**
> 終端速度の考え方は，雨滴などが空気抵抗を受けながら落下する場合について p.80 で学習している。

が得られる。n は単位体積あたりの自由電子数，R は導体の抵抗である。式(46)と式(42)とを比較すると，抵抗率 ρ は

$$\rho=\frac{k}{ne^2} \qquad \cdots\cdots (47)$$

と表されることがわかる。k や n は導体の種類と温度によって決まる。

D 抵抗率が温度変化するわけ

抵抗率の式(47)中の k は温度により変化する。温度が高いほど金属陽イオンは激しく熱運動するので，電子に対する抵抗力 kv が大きくなるのである。つまり k が大きくなるのである。その結果式(43)が成り立つ。

4 非直線抵抗

オームの法則によれば，電流Iは電圧Vに比例して増加するので，I-Vグラフは直線となる。しかし，電球のフィラメントのように，電流が流れることによって発熱し，このために抵抗Rの大きさが大きく変化してしまう場合がある。

結晶中の金属イオンは温度が高くなるほど激しく熱運動するようになるから，自由電子の進行はいっそう妨害され，抵抗は増加する。

図 61 はこうした電球のI-V特性の例を示す。このような抵抗を，一般に**非直線抵抗**という。

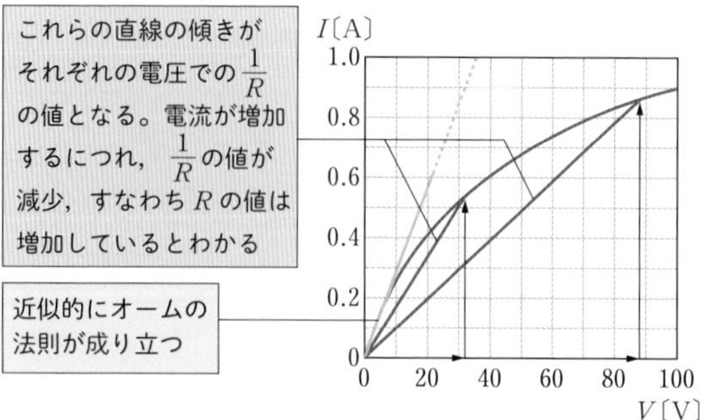

これらの直線の傾きがそれぞれの電圧での$\frac{1}{R}$の値となる。電流が増加するにつれ，$\frac{1}{R}$の値が減少，すなわちRの値は増加しているとわかる
近似的にオームの法則が成り立つ
I〔A〕
V〔V〕

図 61　非直線抵抗

例題 157　非直線抵抗

図のような電流I〔A〕と電圧V〔V〕の特性をもつ電球とR=100 Ωの抵抗を内部抵抗の無視できるE=80 V の電池に接続した。このとき，導線を流れる電流はいくらか。

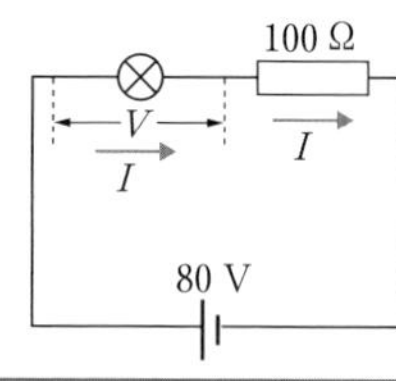

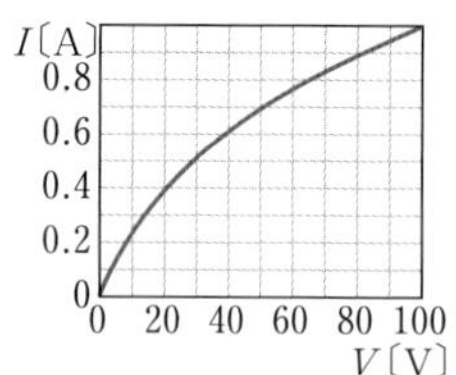

考え方　電球の両端の電位差をV，電球，抵抗を流れる電流をIとすれば，電球についてはグラフによりIとVの関係が与えられている。一方，抵抗についてIとVがどのような関係にあるかを調べる。両方の関係を満たすものが答えとなる。

解答

電球の両端の電位差をV，電球，抵抗を流れる電流をIとすると，抵抗の電圧降下はRI，電球の電圧降下はVだから，これらの合計が電池の電圧Eに等しい。

$$RI+V=E$$

をIについて書き直すと

$$I=\frac{E}{R}-\frac{V}{R}=0.8\,\mathrm{A}-\frac{V}{100\,\Omega}$$

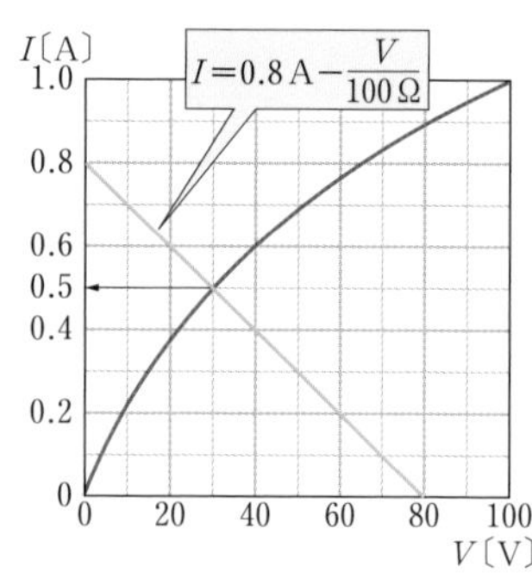

これと電球のI-Vグラフを同時に満たすIが答えとなる。よって　$I=0.5\,\mathrm{A}$　…答

2 直流回路

1 電気抵抗の接続

A 直列接続

2つの電気抵抗 R_1, R_2 を**図 62** の左図のように接続したとき，その抵抗のはたらきを**図 62** の右図のように1つの抵抗と置き換えることができる。この置き換えた抵抗の抵抗値 R を，抵抗 R_1 と R_2 の**合成抵抗**という。

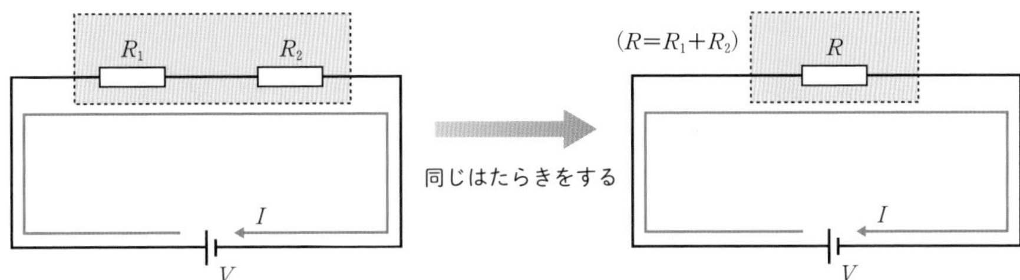

図 62　直列接続の合成抵抗

抵抗 R_1 と R_2 を直列接続したときの合成抵抗 R は

$$R=R_1+R_2$$

抵抗 R_1, R_2 には等しい電流 I が流れている。それぞれにオームの法則を用いて

$$V_1=R_1I \quad \cdots\cdots①, \quad V_2=R_2I \quad \cdots\cdots②$$

注意 **直列接続では，電流は A → B → C と1本の導線を流れる。電荷は途中で増えたり減ったりしないので，どの断面でも流れる電流は等しい。**

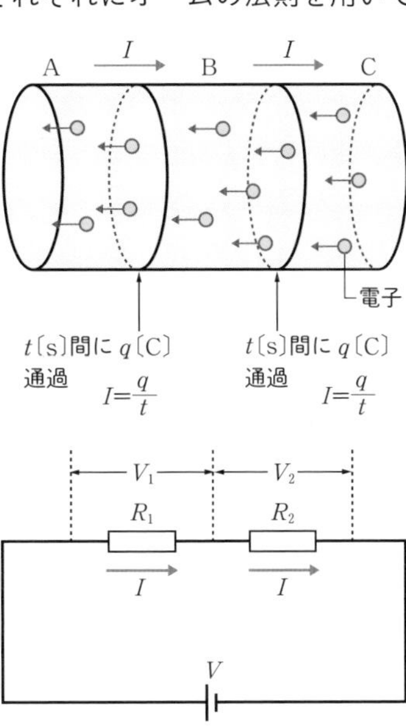

抵抗 R_1, R_2 の電圧降下 V_1, V_2 の合計が全体の電圧降下 V となる。

$$V=V_1+V_2 \quad \cdots\cdots③$$

回路に V の電圧をかけたとき，同じ I の電流を流すのが合成抵抗 R だから

$$V=RI \quad \cdots\cdots④$$

式③に，式①，②，④を代入して

$$RI=R_1I+R_2I \quad \text{よって} \quad R=R_1+R_2$$

直列接続では，3個以上の場合も同様で

$$R=R_1+R_2+R_3+\cdots\cdots \quad \cdots\cdots(48)$$

B 並列接続

2つの抵抗 R_1, R_2 を**図63**の左図のように接続したとき，その抵抗のはたらきは，**図63**の右図のように1つの抵抗 R と置き換えることができる。

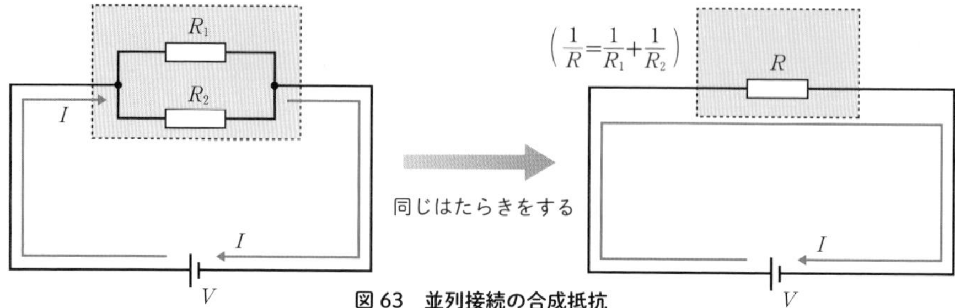

図63　並列接続の合成抵抗

抵抗 R_1 と R_2 を並列接続したときの合成抵抗 R は

$$\frac{1}{R}=\frac{1}{R_1}+\frac{1}{R_2}$$

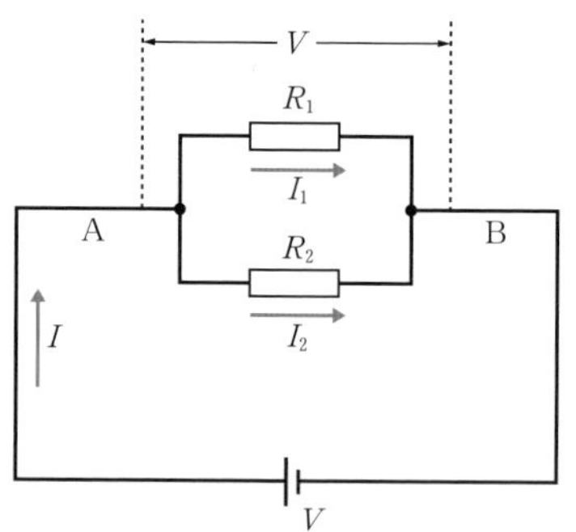

抵抗 R_1, R_2 による電圧降下 V は等しい。それぞれにオームの法則を用いて

$$I_1=\frac{V}{R_1}\quad\cdots\cdots①,\quad I_2=\frac{V}{R_2}\quad\cdots\cdots②$$

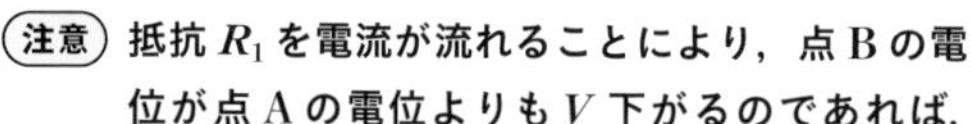

注意　抵抗 R_1 を電流が流れることにより，点Bの電位が点Aの電位よりも V 下がるのであれば，抵抗 R_2 を流れても V だけ下がらなければならない。もしそうでなければ，点Bは電位として2つの別の値をもつことになってしまう。

抵抗 R_1, R_2 を流れる電流の合計が，全体を流れる電流となる。

$$I=I_1+I_2\qquad\cdots\cdots③$$

回路に V の電圧をかけたとき，同じ I の電流を流すのが合成抵抗 R だから

$$I=\frac{V}{R}\qquad\cdots\cdots④$$

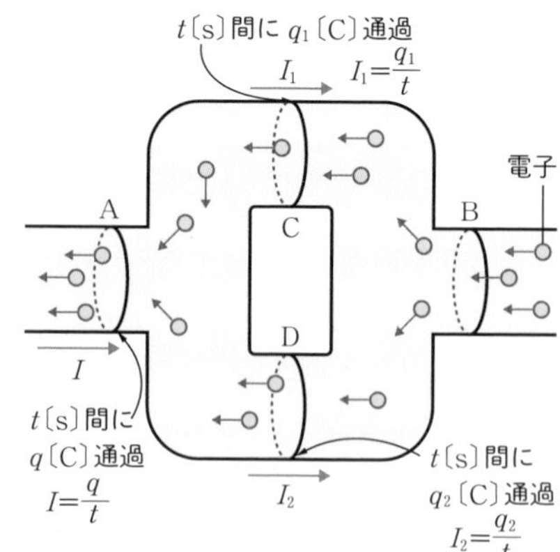

式③に式①，②，④を代入して

$$\frac{V}{R}=\frac{V}{R_1}+\frac{V}{R_2}\quad よって\quad \frac{1}{R}=\frac{1}{R_1}+\frac{1}{R_2}$$

並列接続では，3個以上の場合も同様で

$$\frac{1}{R}=\frac{1}{R_1}+\frac{1}{R_2}+\frac{1}{R_3}+\cdots\cdots\qquad\cdots\cdots(49)$$

例題 158　抵抗の接続

次の問いに答えよ。

(1)　内部抵抗が無視できる起電力 V の電池に抵抗 R_1 と R_2 とが直列接続されている。それぞれの抵抗の両端の電圧 V_1, V_2 を，R_1, R_2, V を使って表せ。

(2)　抵抗 R_1 と R_2 とが並列接続されている場合に，それぞれの抵抗を流れる電流 I_1, I_2 を，電池を流れる電流 I および抵抗値 R_1, R_2 を使って表せ。

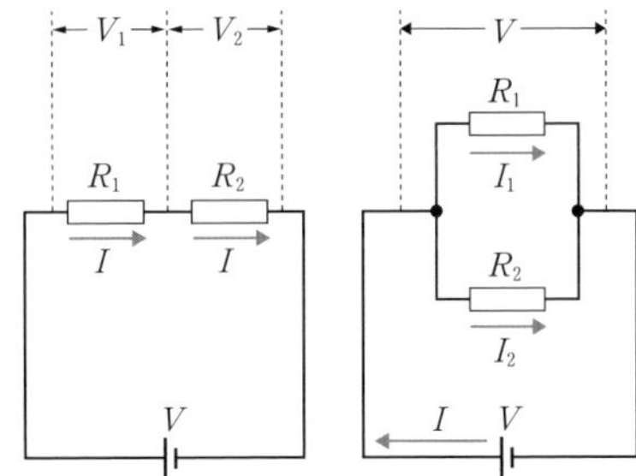

考え方

(1)　抵抗 R_1 と R_2 を流れる電流 I は共通だから，それぞれの抵抗に対してオームの法則を用いると，$V_1=R_1I$, $V_2=R_2I$ となる。また，$V_1+V_2=V$ の関係がある。

(2)　(1)と同様にして，$V=R_1I_1$, $V=R_2I_2$ となり，さらに $I_1+I_2=I$ を用いる。

解答

(1)　オームの法則から　$\dfrac{V_1}{R_1}=\dfrac{V_2}{R_2}$

また，電圧の関係は　$V_1+V_2=V$

よって　$V_1=\dfrac{R_1}{R_1+R_2}V$, $V_2=\dfrac{R_2}{R_1+R_2}V$　…(答)

すなわち，全体の電圧 V をそれぞれの抵抗の大きさで比例配分すればよい。

(2)　オームの法則から　$R_1I_1=R_2I_2$

また，流れる電流の関係は　$I_1+I_2=I$

よって　$I_1=\dfrac{R_2}{R_1+R_2}I$, $I_2=\dfrac{R_1}{R_1+R_2}I$　…(答)

すなわち，全電流をそれぞれの抵抗値の逆比で比例配分すればよい。

POINT

合成抵抗
- 直列接続：$R=R_1+R_2+\cdots\cdots$
- 並列接続：$\dfrac{1}{R}=\dfrac{1}{R_1}+\dfrac{1}{R_2}+\cdots\cdots$

2　電池の起電力と内部抵抗

A 電池

化学反応を利用して，正極と負極との間に一定の電位差を保つことにより，一定の電圧で電流を取り出すことができるようにした装置が**電池**である。

B 起電力

回路に電流が流れていないときの電池の両極間の電位差を，その電池の**起電力**という。起電力が E〔V〕であるというのは，**その電池がかけることのできる電圧の最大値**が E〔V〕である，という意味である。

C 電池内部での電流の向き

電池内部では電流は負極から正極に向かって流れる。

すなわち，電池は，正の電荷を電位の高い正極へと送り出すはたらきをするわけで，そのとき，電荷に対して仕事をしている。

D 電池の内部抵抗

電池を回路に接続し，電池から電流を取り出すと，**ふつう電池の両端の電位差は，その電池の起電力よりも小さくなる**。このときの両極間の電位差を，電池の**端子電圧**という。

これは，電池内に抵抗があり，電流が流れることによって電圧降下が生じたためである。この電池の**内部抵抗**を r，起電力を E，流れている電流を I とすれば，端子電圧 V と電流 I の間には次の関係がある。

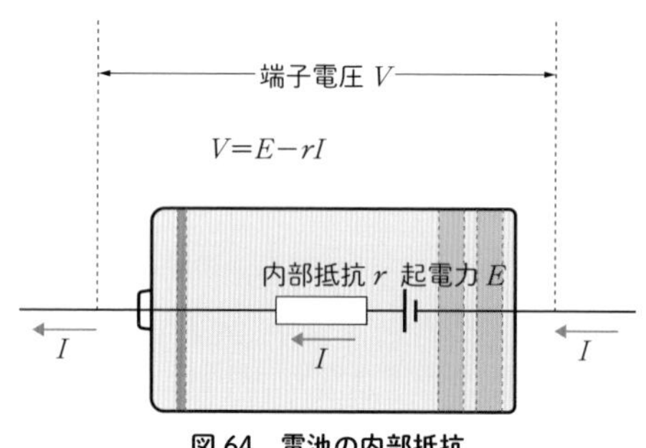

図 64　電池の内部抵抗

$$V=E-rI \qquad \cdots\cdots (50)$$

> コラム　**ボルタ電池**
>
> ボルタ電池は希硫酸に亜鉛板と銅板を入れたものである。亜鉛板側で，亜鉛が亜鉛イオン Zn^{2+} となって溶液中に溶け出すと，電子を放出する。これが導線を伝わり銅板に達すると，溶液中の水素イオン H^+ が電子を受け取り，還元されて水素分子となる。こうして，亜鉛板から銅板に向けてつねに電子の流れが生じるのである。

3 電流計と電圧計

A 電流計

電流計は電流が磁場から受ける力を利用して，電流の大きさを測定する。

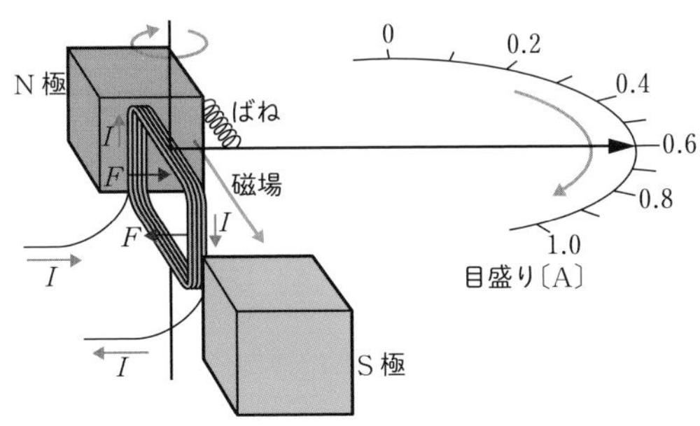

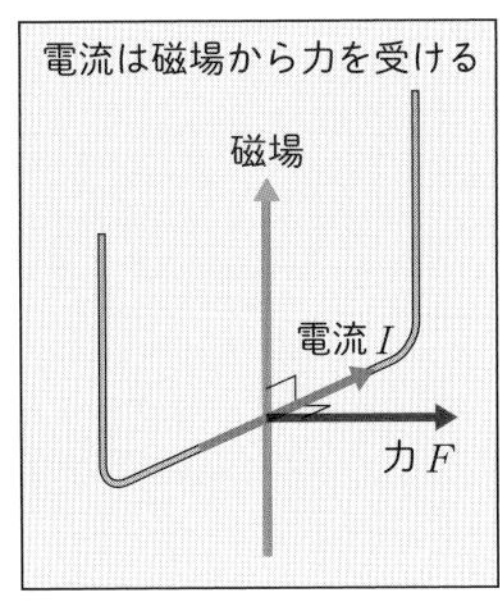

電流が大きいほど電流計の針を図の方向に回転させる力が強く，針はより大きな目盛りの値を指す。電流計は，導線を巻いてコイルにしたものの中を電流が流れるしくみなので，そこには必ず抵抗がある。これを電流計の**内部抵抗**という。

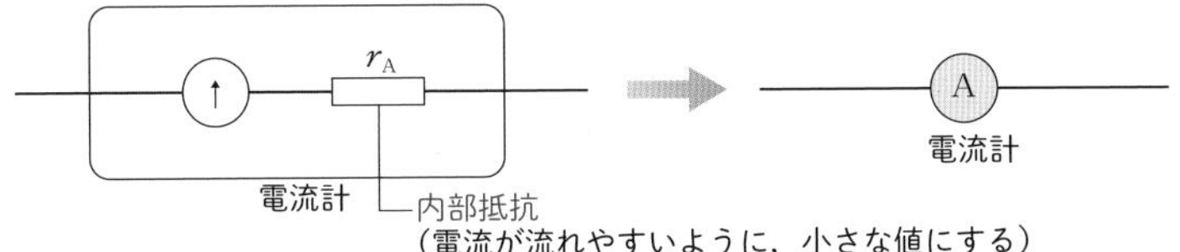

B 分流器

例えば，1.0 A までしかはかれない電流計で 10 A まではかるには，大きな電流 I の全部が電流計のコイルを流れないように，抵抗 R を電流計と並列に付ける。これを**分流器**という。$I=10$ A で $I_1=1.0$ A の電流がコイルを流れるように R の値を調節しておけば，1.0 A の目盛りを 10 A の目盛りに読みかえるだけで，10 A まではかれることになる。

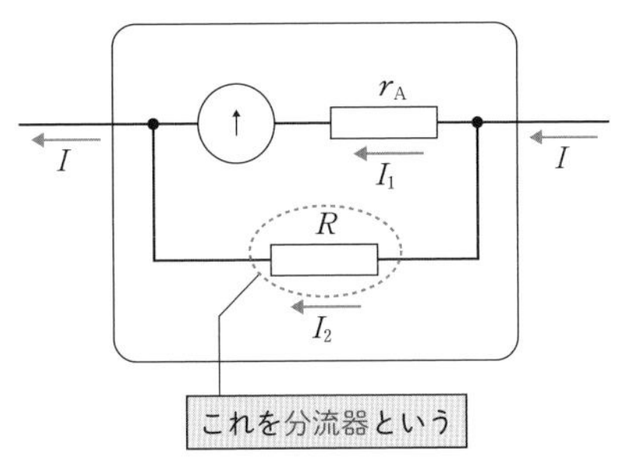

電流計の目盛りの n 倍の電流 I まではかる場合は

$I=nI_1$，$I=I_1+I_2$，$r_AI_1=RI_2$ から $r_AI_1=R(nI_1-I_1)$

$$\boldsymbol{R=\frac{r_A}{n-1}} \quad \cdots\cdots (51)$$

の分流器を付ければよい。

C 電圧計

電圧を測定する器具が**電圧計**である。電流計に抵抗値の大きな抵抗を接続することで電圧計となる。

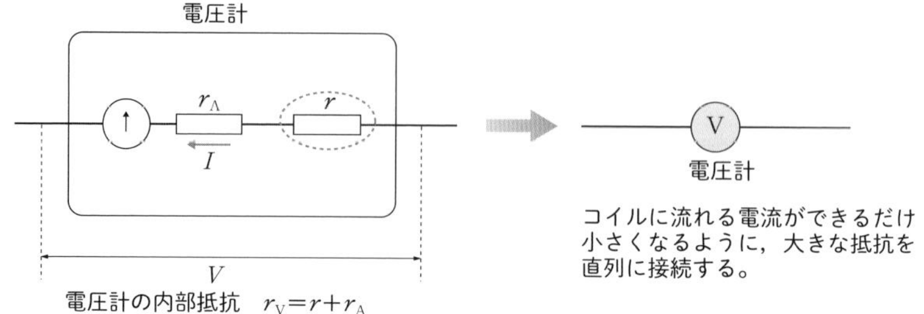

電流計に I〔A〕の電流が流れているときの計器両端の電圧降下は，$V=r_VI$ なので，電流計の目盛り I〔A〕のところに V〔V〕と書き込んでおけば電圧計となる。

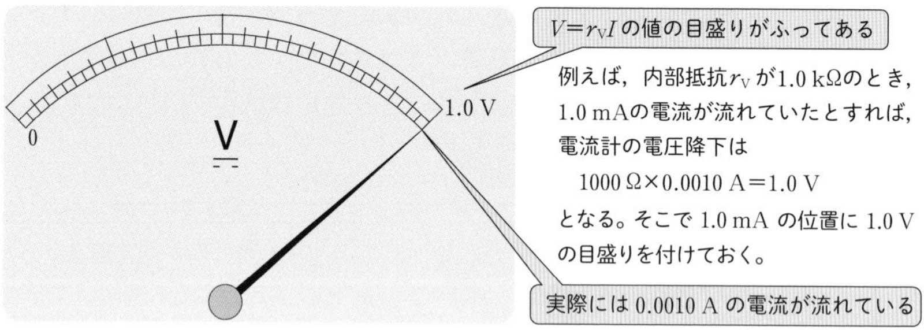

$V=r_VI$ の値の目盛りがふってある
0
1.0 V
V
例えば，内部抵抗 r_V が 1.0 kΩのとき，1.0 mAの電流が流れていたとすれば，電流計の電圧降下は
1000 Ω×0.0010 A＝1.0 V
となる。そこで 1.0 mA の位置に 1.0 V の目盛りを付けておく。
実際には 0.0010 A の電流が流れている

D 倍率器

大きな抵抗 R を直列接続すれば，より大きな電圧を測定できる。この抵抗 R を電圧計の**倍率器**という。

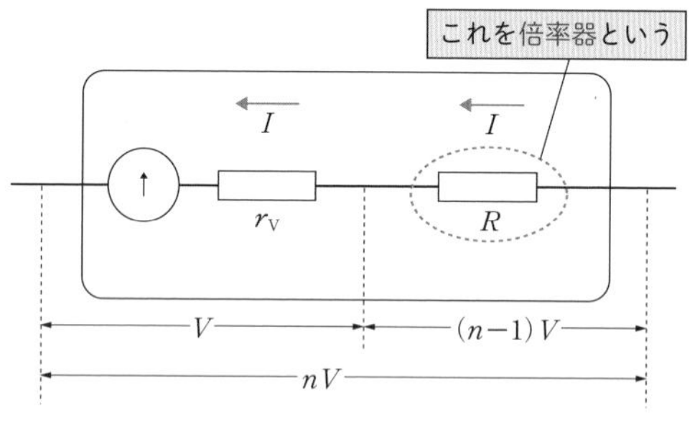

内部抵抗 r_V〔Ω〕で，V〔V〕まではかれる電圧計で，その n 倍の電圧の nV〔V〕まではかりたい場合は，そのとき流れている電流 I〔A〕に対して $(n-1)V$〔V〕の電圧降下を生じる抵抗値 R の抵抗を，電圧計と直列接続する。

$$\begin{cases}(r_V+R)I=nV \\ r_VI=V\end{cases} \quad から \quad \frac{r_V+R}{r_V}=n$$

$$\boldsymbol{R=(n-1)r_V} \qquad \cdots\cdots (52)$$

4 キルヒホッフの法則

複数の抵抗や電池が複雑に接続されているような回路で，それぞれの抵抗を流れる電流の大きさを求めるには，**キルヒホッフの法則**を利用するとよい。**キルヒホッフの法則**には，以下のような第１と第２の２つがある。

A キルヒホッフの第１法則

回路中の任意の分岐点で，流入する電流と流出する電流は等しい。

すなわち，**図 65** で点Ｐに流入する電流と点Ｐから流出する電流は等しく

$$I_1+I_2=I_3+I_4+I_5$$

もし，流入する電流を正，流出する電流を負とすれば，一般に

$$I_1+I_2+I_3+I_4+I_5+\cdots\cdots=0 \qquad \cdots\cdots(53)$$

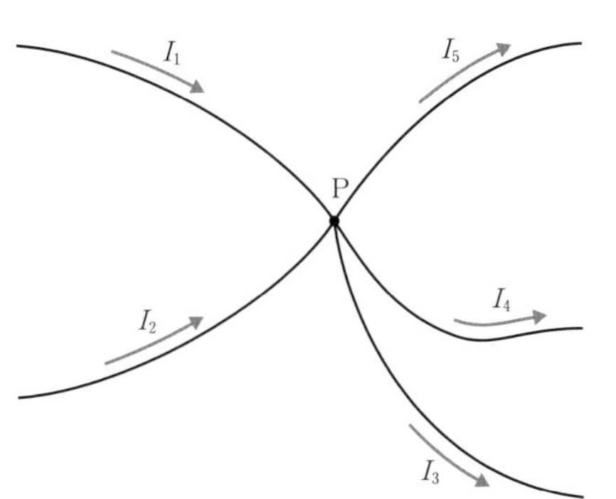

点Ｐに流入する電流 I_1，I_2 の和と，点Ｐから流出する電流 I_3，I_4，I_5 の和は等しい。

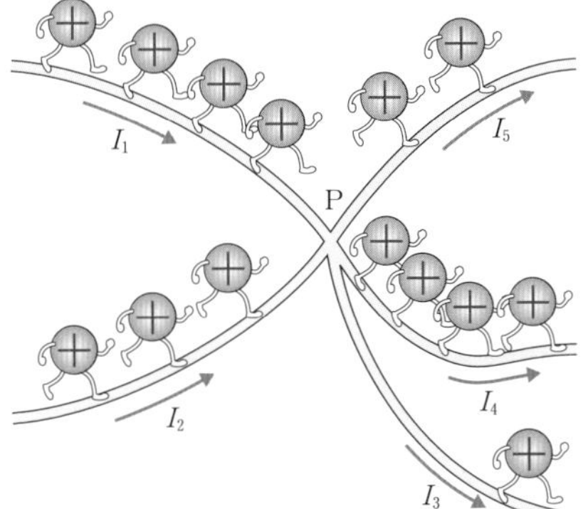

「Ｐ地点に入ってきた人数(電荷)と出ていった人数(電荷)は同じ」というように考えてよい。

図 65　キルヒホッフの法則

> コラム　**キルヒホッフの第１法則が成り立つ理由**
>
> 電流は，単位時間あたりに導線のある地点を通過する電荷の量である。そこで，もし，任意の点に入ってくる電荷の量と出ていく電荷の量が等しくなかったら，その点で電荷が消えたり，新たにわき出したりするという，おかしなことになってしまう。
>
> そのようなことはあり得ないので，キルヒホッフの第１法則が成り立つわけである。

B キルヒホッフの第２法則

回路中の任意閉回路について，まず回路の向きを付けることが重要である。そのことにより，回路の各点の電位を理解することができる。

起電力の合計は電圧降下の合計に等しい。

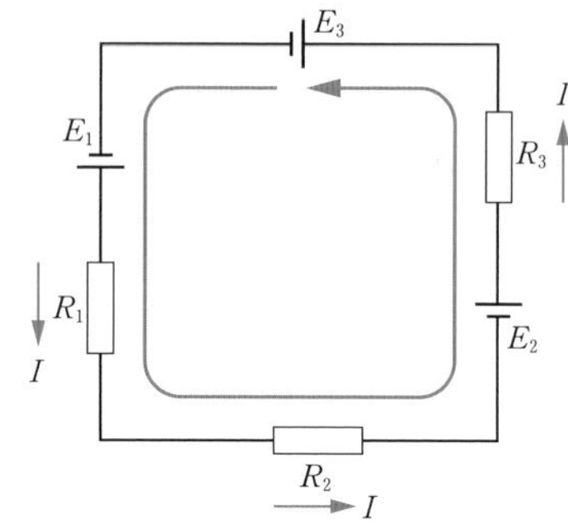

右図のような閉回路では，回路の向きを図の矢印の向きとすると

起電力の合計：$E_1+E_2+(-E_3)$

（E_3 の起電力の向きは，回路の向きと逆向きだから負になる）

電圧降下の合計：$R_1I+R_2I+R_3I$

このとき

$$E_1+E_2+(-E_3)=R_1I+R_2I+R_3I$$

というのが，第２法則の内容である。この法則は，下図のようなもっと複雑な回路にもあてはめることができる。

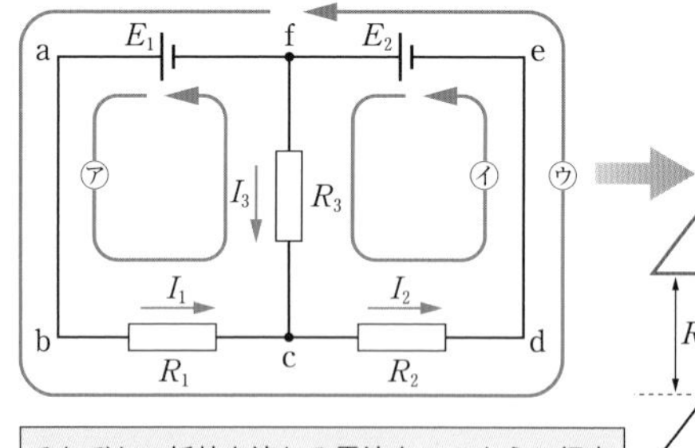

それぞれの抵抗を流れる電流をこのように仮定すると，回路の各点の電位は右図のようになる。電池は負極に対して正極側の電位を上げ，抵抗は電流の流れる向きに電位を下げる。

要するに

「ある点から出発して坂道を上がったり下がったりしながらもとの点に戻れば，上がった高さと下がった高さは等しい」というのと同じ。

閉回路㋐：f → a → b → c → f　　$E_1=R_1I_1+(-R_3I_3)$

閉回路㋑：e → f → c → d → e　　$E_2=R_3I_3+R_2I_2$

閉回路㋒：e → f → a → b → c → d → e　　$E_2+E_1=R_1I_1+R_2I_2$

一般に

$$E_1+E_2+E_3+\cdots\cdots=R_1I_1+R_2I_2+R_3I_3+\cdots\cdots \qquad \cdots\cdots(54)$$

（注意）キルヒホッフの第２法則を使うときには，次のことに注意すること。

① **起電力が回路の向きと逆にはたらくときは，負にする。**

② **電圧降下は，仮定した電流の向きと回路の向きが逆のときは負にする。**

例題 159 キルヒホッフの法則

右図の回路において，V_1，V_2 はそれぞれ起電力 5.0 V，10 V の内部抵抗が無視できる電池，R_1，R_2，R_3 は抵抗値 90 Ω，8.0 Ω，10 Ω の抵抗である。このとき，次の問いに答えよ。

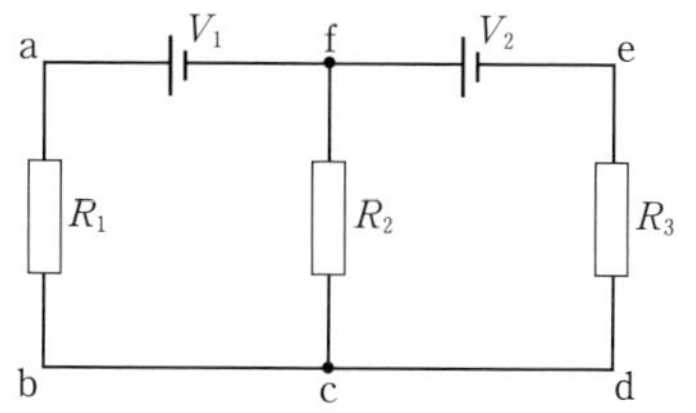

(1) 各抵抗を流れる電流 I_1，I_2，I_3 を求めよ。

(2) fc 間の電位差はいくらになるか。また，どちら側の電位が高くなるか。

考え方

(1) 各抵抗を流れる電流 I_1，I_2，I_3 を適当な向きに仮定し，回路に書き込む。そして，これらをキルヒホッフの法則により求めて，得られた電流の値が負であれば，実際に流れる電流の向きは最初に仮定したものと逆向きであったことになる。

(2) 抵抗 R_2 を流れる電流がわかれば，抵抗両端の電圧降下も計算できる。

解答

(1) 各抵抗を流れる電流を右図のように仮定する。

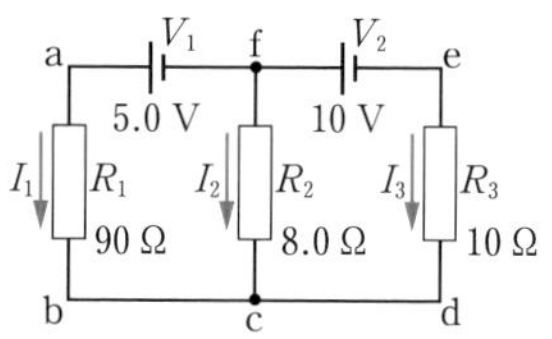

ここで，分岐点 c についてキルヒホッフの第 1 法則を利用すれば

$$I_1+I_2+I_3=0 \quad \cdots\cdots①$$

ただし，分岐点 c に流入してくる電流を正，出ていく電流を負とする。

閉回路 f → a → b → c → f について，キルヒホッフの第 2 法則を用いると

$$5.0\,\text{V}=90\,\Omega\times I_1+(-8.0\,\Omega\times I_2) \quad \cdots\cdots②$$

同様に，閉回路 e → f → c → d → e については

$$10\,\text{V}=8.0\,\Omega\times I_2+(-10\,\Omega\times I_3) \quad \cdots\cdots③$$

①，②，③から　$I_1=0.10$ A，$I_2=0.50$ A，$I_3=-0.60$ A

R_1：a → b に 0.10 A，R_2：f → c に 0.50 A，R_3：d → e に 0.60 A …(答)

(2) R_2 は 8.0 Ωで，電流は f → c に 0.50 A だから

点 f は点 c よりも 0.50 A×8.0 Ω＝4.0 V 電位が高い。 …(答)

POINT

キルヒホッフの法則

第1法則：ある点に流入する電流＝流出する電流

第2法則：起電力の合計＝電圧降下の合計

5 ホイートストンブリッジと起電力の測定

A ホイートストンブリッジ

抵抗 R の抵抗値をはかるには，抵抗に電池，電流計，電圧計を接続し，電流，電圧の測定値からオームの法則を用いて計算すればよい。

しかし，電流計，電圧計の測定値には内部抵抗があるために，必ず誤差が生じる。こうした誤差の影響がないように工夫されたのが，**ホイートストンブリッジ回路**である。

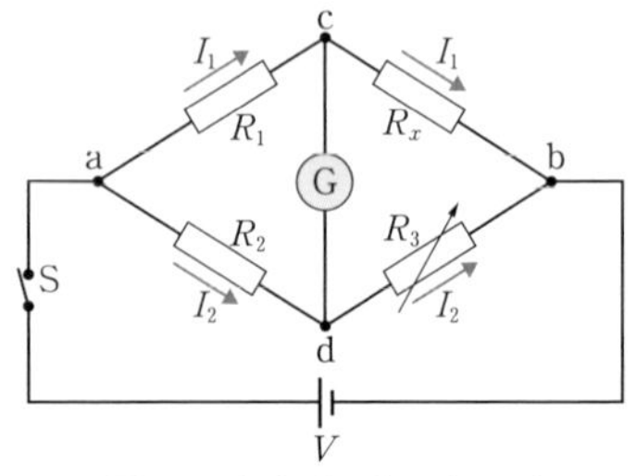

図 66　ホイートストンブリッジ

B ホイートストンブリッジでの測定方法

図 66 で，抵抗 R_1，R_2 はあらかじめその抵抗値がわかっており，R_3 は可変抵抗で，R_x を未知の抵抗とする。G は検流計で，これは微小な電流値がはかれ，電流の向きもわかる電流計である。

スイッチ S を閉じれば，検流計の針はどちらかに振れるが，R_3 を適当に調節すると，検流計を流れる電流を 0 にすることができる。そのときの可変抵抗の抵抗値を R_3 とすれば，R_x は次式で表される。

$$R_x = \frac{R_1 R_3}{R_2} \qquad \cdots\cdots (55)$$

> **＋アルファ**
>
> 可変抵抗は抵抗値を変えることのできる抵抗で，すべり抵抗器などがある。
>
> 検流計の針が 0 のとき，c と d の電位は等しいから，**図 66** から
>
> $I_1 R_1 = I_2 R_2$
>
> $I_1 R_x = I_2 R_3$
>
> よって　$\dfrac{R_1}{R_x} = \dfrac{R_2}{R_3}$

C 起電力の測定（電位差計）

電池の起電力は，**図 67** の**電位差計**を用いて測定することができる。E，E_x は，それぞれ起電力のわかっている電池と起電力が未知の電池である。抵抗線 AB はその長さに比例する抵抗値をもち，単位長さあたりの抵抗を r とする。スイッチ S を電池 E 側に倒したとき，接触点が P の位置で検流計の針が 0 になったとすれば，$E = L_1 r \cdot I$ である。I は抵抗線 AB を流れる電流である。同様に，電池 E_x 側では Q の位置で検流計の針が 0 になったとすれば，$E_x = L_2 r \cdot I$ となるから

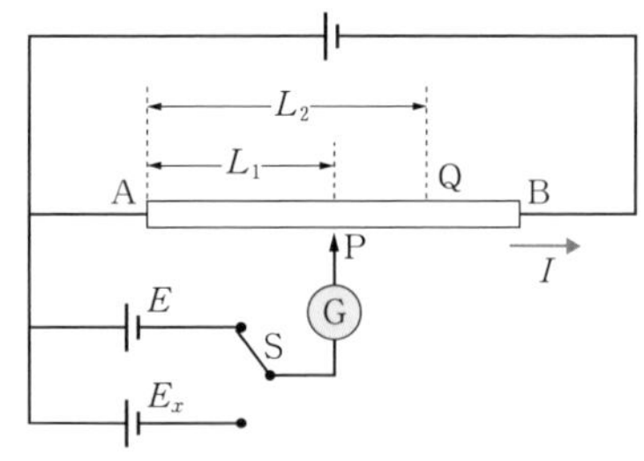

図 67　電池の起電力の測定

$$\frac{E_x}{E} = \frac{L_2}{L_1} \qquad \text{よって} \qquad E_x = \frac{L_2}{L_1} E$$

6 半導体

A 半導体

抵抗率は，物質の種類によって定まる。抵抗率が導体と絶縁体の中間の範囲の値をもつものを**半導体**という。半導体の例としては，ケイ素 Si やゲルマニウム Ge がある。

これらの半導体に，わずかな不純物を加えることによって，抵抗率が小さくなり電流が流れやすくなる。このような半導体を**不純物半導体**という。

表 2　物質の抵抗率

	物質	抵抗率〔Ω・m〕
導体	銅	2×10^{-8}
導体	ニクロム	10^{-6}
半導体	ゲルマニウム(不純物あり)	10^{-2}
半導体	ゲルマニウム(純粋)	5
半導体	ケイ素	10^{3}
絶縁体	ガラス(ソーダ)	10^{9}～10^{11}
絶縁体	ポリ塩化ビニル(硬)	5×10^{12}～10^{13}
絶縁体	ポリスチレン	10^{15}～10^{19}

B 不純物半導体

Si に電子の数が多いリン P，ヒ素 As などの不純物をわずかに加えると，**図 68** のように原子の結合に関わらない電子が存在する。この余った電子は結晶内を自由に動き回ることができ，電荷を運ぶ担い手(**キャリア**)になる。このような不純物半導体のことを **n 型半導体**という。

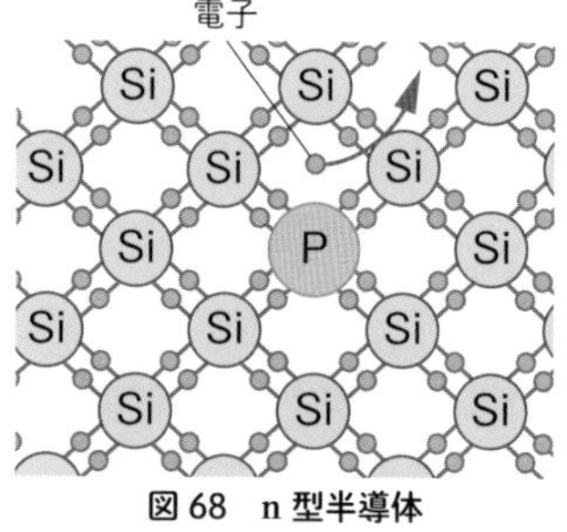

図 68　n 型半導体

Si に電子の数が少ないホウ素 B，アルミニウム Al などの不純物をわずかに加えると，**図 69** のように原子の結合に電子の空いた部分が生じる。この空いた部分のことを**ホール(正孔)**という。ホールの運動は電子の運動とは逆向きになり，ホールがキャリアとなって電流が流れる。このような不純物半導体のことを **p 型半導体**という。

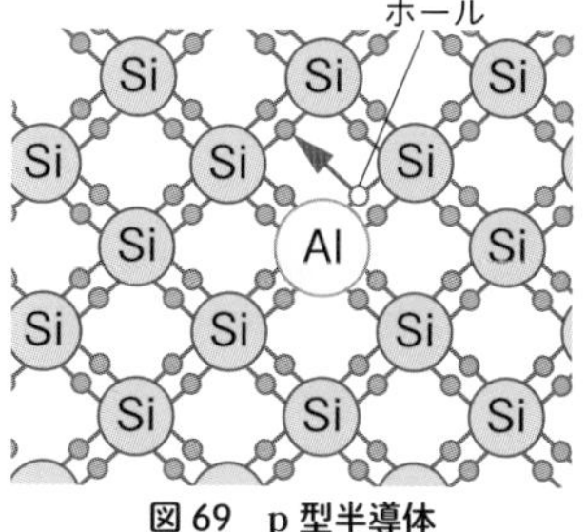

図 69　p 型半導体

p 型と n 型の半導体を接合したものを**ダイオード**という。ダイオードには，電流をある決まった方向にだけ流す作用がある。これを**整流作用**という。ダイオードは交流を直流に変えるときなどによく用いられる。

C 半導体の利用

半導体は，トランジスタや集積回路(IC)，太陽電池，発光ダイオードなどで利用されており，現代の社会に必要不可欠なものとなっている。

▲発光ダイオード

この章で学んだこと

1 電流と電気抵抗

(1) **電流**

電流の大きさは，**単位時間あたりに断面を通過する電気量**で表される。

$$\boldsymbol{I=\frac{q}{t}}$$

(2) **自由電子の運動と電流の関係**

$$\boldsymbol{I=envS}$$

（e：電気素量（1.6×10^{-19} C）
n：導体内の自由電子の密度
v：自由電子の速さ，S：断面の面積）

(3) **オームの法則**

$$\boldsymbol{I=\frac{V}{R}}$$

（I ：導体に流れる電流
V：電圧（電位差），R：抵抗）

$$\boldsymbol{R=\rho\frac{l}{S}}$$

（R：抵抗，ρ：抵抗率
l ：導体の長さ，S：導体の断面積）

(4) **抵抗率の温度変化**

温度によって導体の抵抗率は変化する。

$$\boldsymbol{\rho=\rho_0(1+\alpha t)}$$

（ρ ：t〔℃〕での抵抗率
ρ_0：0 ℃での抵抗率
α ：抵抗率の温度係数）

(5) **不純物半導体**

n 型半導体　Si に P，As などの不純物をわずかに加えると，電子が余り，電荷を運ぶ担い手（キャリア）になる。

p 型半導体　Si に B，Al などの不純物をわずかに加えると，ホール（正孔）が生じる。このホールがキャリアになる。

2 直流回路

(1) **直列接続と並列接続**

直列接続の合成抵抗

$$\boldsymbol{R=R_1+R_2+\cdots\cdots}$$

並列接続の合成抵抗

$$\boldsymbol{\frac{1}{R}=\frac{1}{R_1}+\frac{1}{R_2}+\cdots\cdots}$$

（R_1，R_2……：抵抗）

(2) **電池の起電力と内部抵抗**

電池の両端の電位差（端子電圧）V は，内部抵抗 r の存在により電池の起電力 E よりも小さい。

$$\boldsymbol{V=E-rI}$$

(3) **電流計と電圧計**

電流計は直列に接続（内部抵抗：小），電圧計は並列に接続（内部抵抗：大）。

(4) **キルヒホッフの法則**

第 1 法則　回路中の任意の分岐点における電流の代数和は 0 である。

$$\boldsymbol{I_1+I_2+\cdots\cdots=0}$$

第 2 法則　任意の閉回路に沿って 1 周するとき，起電力の代数和と電圧降下の代数和は等しい。

$$\boldsymbol{E_1+E_2+\cdots=R_1I_1+R_2I_2+\cdots\cdots}$$

(5) **ホイートストンブリッジ**

未知の抵抗値を精度よく求めることのできる回路。

(6) **電位差計**

未知の起電力を精度よく求めることのできる装置。

MY BEST　Advanced Physics

第  章　電流と磁場

1 磁場

1 磁石がつくる磁場

A 磁気に関するクーロンの法則

磁石には鉄クギなどを引き付けるはたらきがあり，これを**磁気力**という。棒磁石では，磁気力はその両端で最も大きく，この部分を**磁極**という。磁極には**N極**と**S極**とがある。磁石を糸でつるしたとき北を向く磁極がN極，南を向く磁極がS極である。**同種の磁極間には反発力，異種の磁極間には引力がはたらく。**

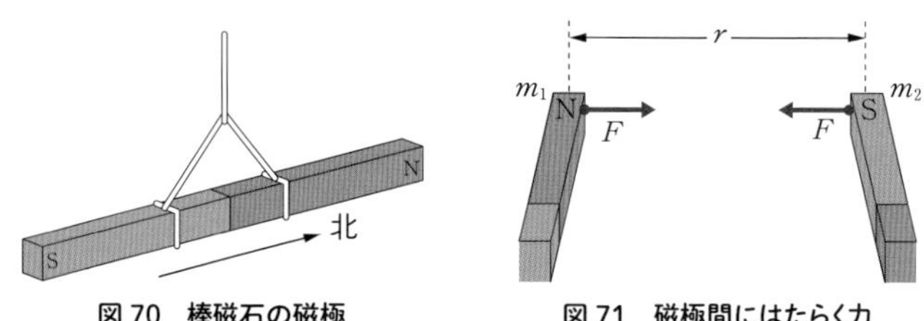

図70　棒磁石の磁極　　図71　磁極間にはたらく力

図71のようにして近づけた磁極間にはたらく力 F〔N〕は，それぞれの磁極の強さ m_1, m_2 の積に比例し，磁極間の距離 r〔m〕の2乗に反比例する。

$$F=\frac{1}{4\pi\mu_0}\cdot\frac{m_1m_2}{r^2} \qquad \cdots\cdots (56)$$

これを**磁気に関するクーロンの法則**という。

磁極の強さはウェーバ(記号：Wb)を単位として表す。また，μ_0 は**真空の透磁率**で

$$\mu_0=4\pi\times10^{-7}\,\mathrm{Wb^2/(N\cdot m^2)}$$

で与えられる。

例題 160　磁気に関するクーロンの法則

1.0 Wb の磁極を互いに 1.0 m 離しておいたとき，各磁極が受ける力の大きさはいくらか。

考え方　磁気に関するクーロンの法則を用いる。

解答

$$F=\frac{1}{4\pi\mu_0}\cdot\frac{m_1m_2}{r^2}=\frac{1}{4\pi\times\{4\pi\times10^{-7}\,\mathrm{Wb^2/(N\cdot m^2)}\}}\times\frac{(1.0\,\mathrm{Wb})^2}{(1.0\,\mathrm{m})^2}$$

$$=\frac{10^7\,\mathrm{N}}{(4\pi)^2}\fallingdotseq6.3\times10^4\,\mathrm{N}$$ …答

> コラム　**クーロンの法則**
>
> p.468 で学習したように，クーロン力の比例定数 k_0 は真空の誘電率 ε_0 を用いて $k_0=\frac{1}{4\pi\varepsilon_0}$ と書けるので，2 つの静電荷 q_1，q_2 間にはたらくクーロン力 F は $F=\frac{1}{4\pi\varepsilon_0}\cdot\frac{q_1q_2}{r^2}$ と表される。

B 磁場

電荷の受ける電気力を遠隔力として捉えるのではなく，電荷はその場所における電場から力を受けるとする「場の考え方」を以前に導入したが，同じ考え方を磁気力にもあてはめることができる。磁極は他の磁極のつくり出した**磁場**(**磁界**)から力を受ける。

磁場 $\vec{H}$
- **大きさ(強さ)…その場所で単位磁極が受ける力の大きさ**
- **向き…その場所に N 極を置いたときに受ける力の向き**

磁場の単位は **N/Wb** (ニュートン毎ウェーバ)である。

磁場の強さと向きは空間の場所ごとに決まる。磁場が $\vec{H}$〔N/Wb〕で表される場所に m〔Wb〕の磁極を置くと，受ける力 $\vec{F}$〔N〕は磁場の向きに

$$\vec{F}=m\vec{H}$$ …… (57)

となる。

C 磁力線

電場のようすを電気力線で表したように，磁場のようすを**磁力線**で表すことができる。

磁力線の密度	→	**「磁場の強さ」を表す**
磁力線の接線の向き	→	**「磁場の向き」を表す**

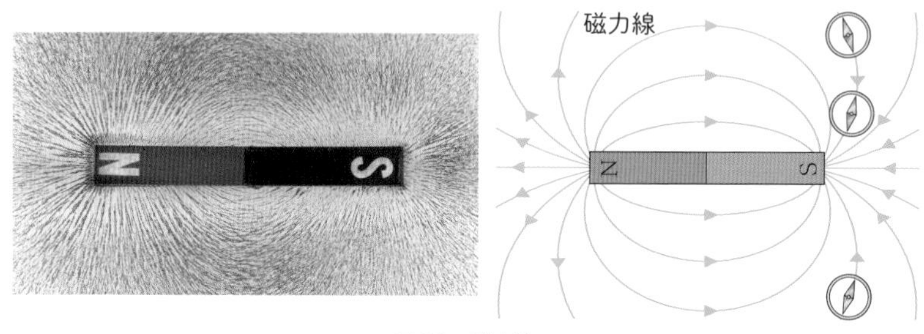

図 72　磁力線

D 磁石の分割

磁力と電気力は似ているが，磁極には電荷にはない性質がある。正負の電荷は自由に引き離すことができるが，**磁石の N 極と S 極とを切り離すことはできない。**

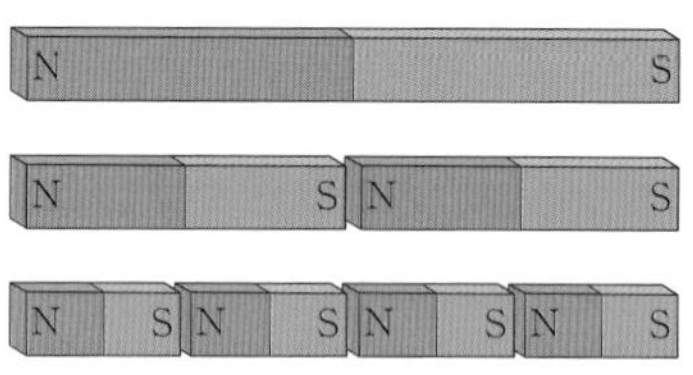

磁石を切っても，N 極だけ，S 極だけの磁石はできない。

図 73　棒磁石の分割

2 電流のつくる磁場

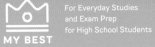

1 導線の形状と電流のつくる磁場

A 直線電流のつくる磁場

直線状の導線に電流を流すと，導線を中心とした同心円の磁場が生じる。磁場の向きと電流の向きとの関係は，**図 74** のように考えることができる。

I〔A〕の電流が流れている，十分に長い直線状の導線から r〔m〕離れた場所における磁場の強さ H〔A/m〕は

$$H=\frac{I}{2\pi r} \qquad \cdots\cdots (58)$$

で与えられる。磁場の強さの単位 N/Wb（ニュートン毎ウェーバ）は，**A/m**（アンペア毎メートル）とも表せる。N/Wb＝A/m である。

図 74　直線電流による磁力線

コラム ｜ **磁場の単位**

I〔A〕の流れている直線電流のまわりを m〔Wb〕の磁極を半径 r〔m〕の円周上に沿って 1 回転させるとき，磁場のする仕事 W は　$W=mH\cdot 2\pi r$

で与えられる。磁場は $H=\frac{I}{2\pi r}$ であるから　$W=mI$

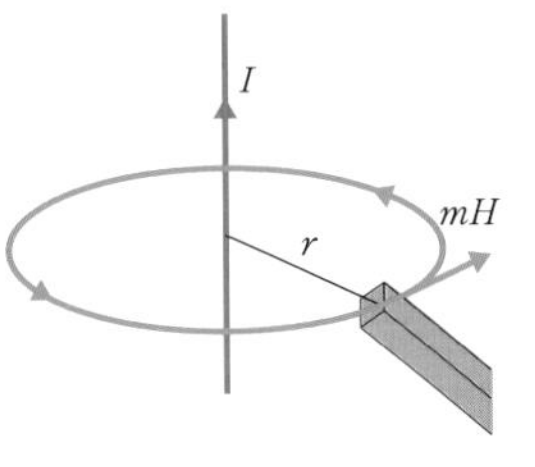

となる。仕事は直線電流からの距離に無関係で，1 周回れば mI である。そこで電流が 1 A で，ある磁極をそのまわりに 1 周させたときの仕事が 1 J であるとき，その磁極の強さを 1 Wb と定義する。すなわち，$1\,\text{Wb}=\frac{1\,\text{J}}{1\,\text{A}}$ である。これより，$\frac{\text{N}}{\text{Wb}}=\frac{\text{N}}{\text{J/A}}=\frac{\text{N}}{\text{N}\cdot\text{m/A}}=\frac{\text{A}}{\text{m}}$ であることがわかる。

B 円形電流のつくる磁場

1巻き円形コイルに電流を流したとき(これを円形電流という)にまわりに生じる磁場は**図75**のようになる。半径 r〔m〕の円形電流の中心における磁場の強さ H〔A/m〕は，電流が I〔A〕のとき

$$\boldsymbol{H=\frac{I}{2r}} \quad \cdots\cdots (59)$$

で与えられる。

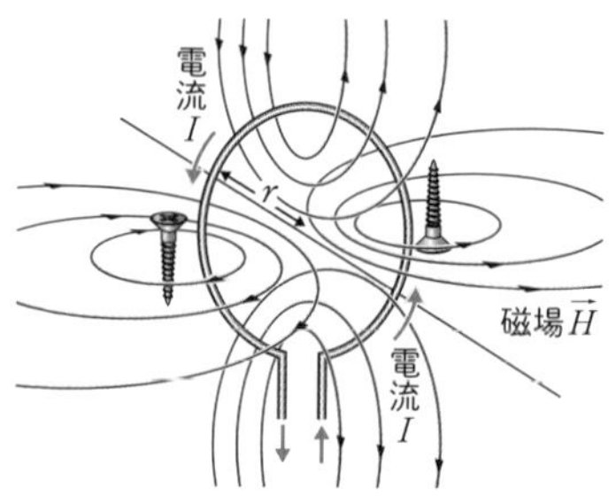

図 75　円形電流による磁力線

C ソレノイドのつくる磁場

導線をコイル状に巻いたものをソレノイドという。ソレノイドは円形電流が重なったものと考えてもよい。十分に長いソレノイドであれば，内部の磁場は場所によらず一定で，単位長さあたりの巻き数を n〔回/m〕，電流を I〔A〕とすれば，磁場の強さ H〔A/m〕は

$$\boldsymbol{H=nI} \quad \cdots\cdots (60)$$

で与えられる。

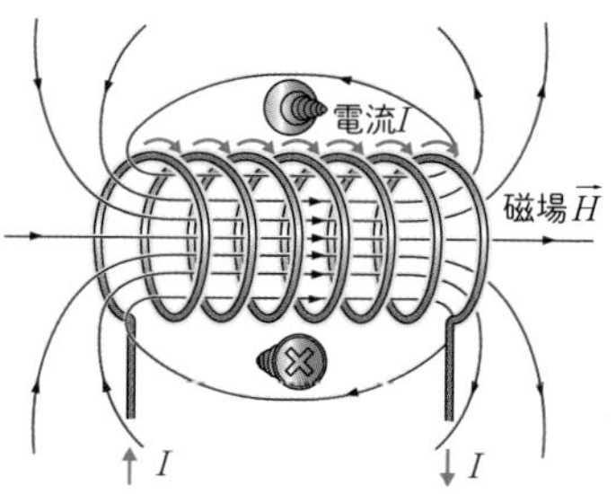

図 76　ソレノイドによる磁力線

POINT

① **直線電流のつくる磁場**

$$H=\frac{I}{2\pi r} \quad \left(\begin{array}{l} I\text{〔A〕：電流} \\ r\text{〔m〕：電流からの距離} \end{array}\right)$$

② **円形電流が円の中心につくる磁場**

$$H=\frac{I}{2r} \quad \left(\begin{array}{l} I\text{〔A〕：電流} \\ r\text{〔m〕：円の半径} \end{array}\right)$$

③ **ソレノイドのつくる磁場**

$H=nI$　(n〔回/m〕：単位長さあたりの巻き数，I〔A〕：電流)

例題 161 地球磁場をはかる

机の上から 0.20 m の高さを南北に導線をはり，18 A の電流を流したところ，導線の真下の机上に置かれている方位磁針が 30° 西に傾いた。地球磁場の水平成分の大きさはいくらか。

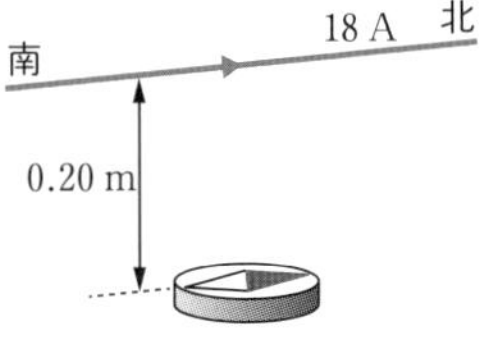

考え方 方位磁針には地球磁場と直線電流のつくる磁場による合成磁場がはたらく。

解答

地球磁場の水平成分の大きさを H_0，直線電流のつくる磁場を H とする。

$$H=\frac{I}{2\pi r}=\frac{18\ \mathrm{A}}{2\times3.14\times0.20\ \mathrm{m}}$$
$$=14.3\ \mathrm{A/m}$$

$$\tan30^\circ=\frac{H}{H_0}$$

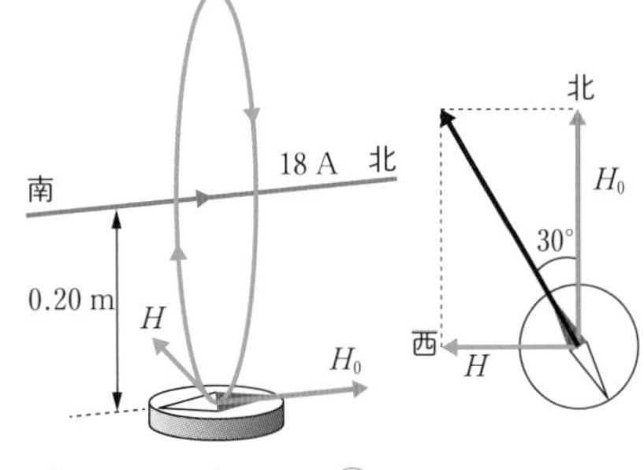

$$H_0=\frac{H}{\tan30^\circ}=14.3\ \mathrm{A/m}\times\sqrt{3}=24.8\ \mathrm{A/m}\fallingdotseq25\ \mathrm{A/m}\quad\cdots\text{答}$$

例題 162 ソレノイドのつくる磁場

長さ 0.50 m，巻き数 4000 回のソレノイドコイルがある。3.0 A の電流を流したとき，コイル内部の磁場はいくらになるか。

考え方 ソレノイドコイル内磁場は単位長さあたりの巻き数で決まる。

解答

コイル単位長さあたりの巻き数は

$$n=\frac{4000\ \text{回}}{0.50\ \mathrm{m}}=8.0\times10^3\ \text{回/m}$$

$$H=nI=(8.0\times10^3\ \text{回/m})\times3.0\ \mathrm{A}=2.4\times10^4\ \mathrm{A/m}\quad\cdots\text{答}$$

コラム　**ビオ・サバールの法則**

電流の流れる導線の微少部分ごとに磁場をつくると考えることもできる。

図のような電流 i の流れる導線の長さ Δs の部分がつくる磁場の強さ ΔH は，この場所から θ の向きに r 離れた点で

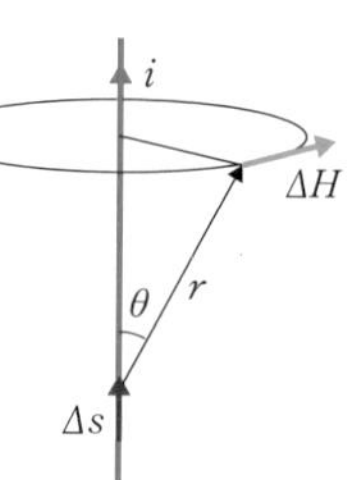

$$\Delta H=\frac{i}{4\pi}\cdot\frac{\Delta s\times\sin\theta}{r^2}$$

となり，向きは Δs と r を含む平面に垂直で，図に示す向きになる。これをすべての導線の部分についてたし合わせたものがその点の磁場を与える。これを**ビオ・サバールの法則**という。

円形電流が中心につくる磁場の大きさはビオ・サバールの法則から求めることができる。

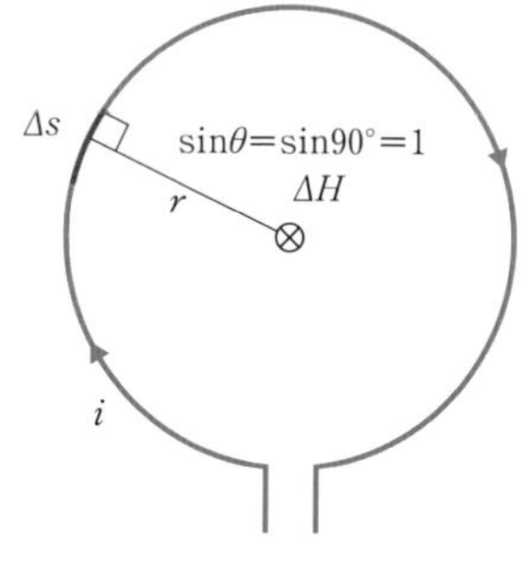

$$\Delta H=\frac{i}{4\pi}\cdot\frac{\Delta s}{r^2}$$

$$H=\Sigma\Delta H=\frac{i}{4\pi}\cdot\frac{\Sigma\Delta s}{r^2}$$

$$=\frac{i}{4\pi}\cdot\frac{2\pi r}{r^2}$$

$$=\frac{i}{2r}$$

3 電流が磁場から受ける力

1 電流が磁場から受ける力と磁束密度

A フレミングの左手の法則

図77(a)のように，U字型磁石のつくる一様な磁場中に導線を配置して電流を流すと，導線は力を受け，その向きに傾く。このとき導線が受ける力の向きと，電流，磁場の向きは，**図77**(b)のような関係になっている。

すなわち，

左手の親指，人差し指，中指を互いに直交させたとき，それぞれが力，磁場，電流の向きを示す。

これを**フレミングの左手の法則**という。あるいは，

電流の向きを磁場の向きにそろえるように右ねじを回転させたとき，その進む向きが力の向きになる

と考えてもよい。

(a)

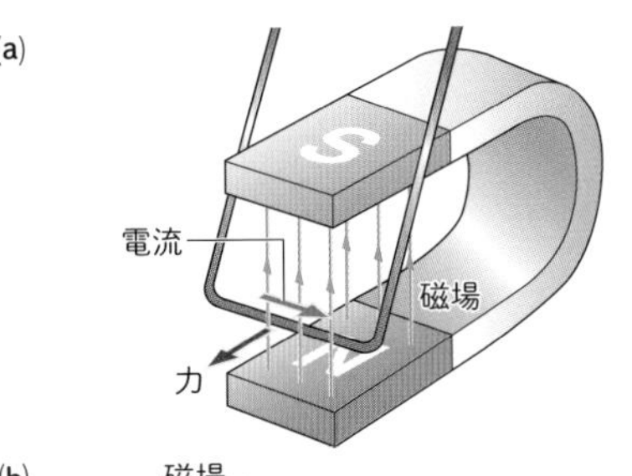

(b)

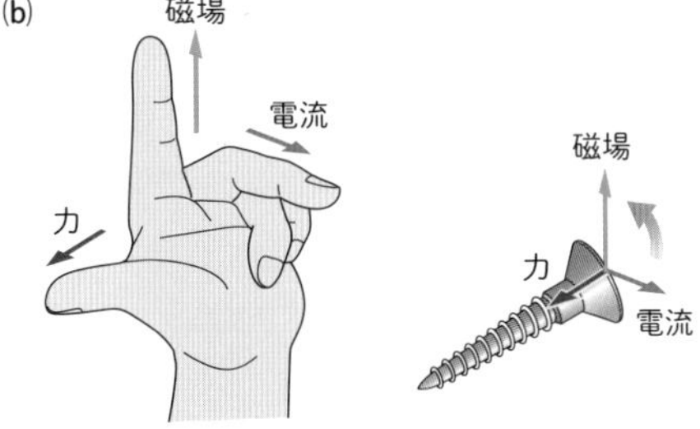

図77 フレミングの左手の法則

B 電流が磁場から受ける力の大きさ

図77(a)で導線が磁場から受ける力の大きさ F〔N〕は，電流の強さ I〔A〕，磁場の強さ H〔A/m〕，磁場中の導線の長さ l〔m〕に比例し

$$F=\mu IHl \qquad \cdots\cdots (61)$$

と表すことができる。μ は比例係数で**透磁率**とよばれており，媒質によって異なる。媒質が真空の場合の μ_0 を**真空の透磁率**といい

$$\mu_0=4\pi\times10^{-7}\ \mathrm{N/A^2}$$

である。空気中の透磁率はこれとほとんど変わらない。

例題 163　電流が磁場から受ける力

図 77 (a)の実験装置に 3.0 A の電流を流したとき，長さ 0.015 m の導線部が 50 A/m の磁場から受ける力の大きさはいくらか。

考え方　空気中では $F=\mu_0 IHl$ の関係式を用いる。

解答

$F=(4\pi\times10^{-7}\ \mathrm{N/A^2})\times3.0\ \mathrm{A}\times(50\ \mathrm{A/m})\times0.015\ \mathrm{m}=2.8\times10^{-6}\ \mathrm{N}$　…答

電流が磁場から受ける力

$F=\mu IHl$　（μ〔$\mathrm{N/A^2}$〕：透磁率，I〔A〕：電流　H〔A/m〕：磁場の強さ，l〔m〕：磁場中の導線の長さ）

C 磁束密度

磁場の強さを表す H〔N/Wb〕は，単位磁極が磁場から受ける力の大きさにより定めたものである。すなわち，磁場 H の場所に m〔Wb〕の磁極を置くと，その磁極は mH〔N〕の力を受ける。

これに対して，**図 77 (a)**では力を受けるのは磁極ではなく，電流である。また，これから出会う多くの物理現象では，磁極よりも電流が受ける力を議論する場合が大半を占める。そこで次のようにして磁場の強さを表すと便利である。

> ＋アルファ
>
> 磁場の強さを表す 2 つの方法
>
> H〔N/Wb〕：単位磁極あたりが受ける力の大きさ
>
> B〔T〕　：単位長さあたりの導線が，単位電流あたりから受ける力の大きさ

図 77 (a)の実験で，単位電流(1 A)あたり，導線単位長さ(1 m)あたりが受ける力の大きさを，その場所の磁場の強さとする。

したがって，その場所の磁場の強さが B で，導線を流れる電流が I〔A〕，磁場中の導線の長さが l〔m〕であれば，導線が受ける力の大きさ F〔N〕は

$$F=IBl \quad \cdots\cdots (62)$$

となる。この B は**磁束密度**とよばれており，単位は N/(A·m)である。これをあらためて**テスラ**(記号 T)という単位で表す。

磁場には向きと大きさがあるので，ベクトルである。したがって，磁場 $\vec{H}$ 同様に磁束密度も $\vec{B}$ とベクトル表記する。真空中では $\vec{H}$ の向きと $\vec{B}$ の向きは等しく，電流が受ける力の関係式 $F=\mu_0 IHl$ と $F=IBl$ との比較から

$$\vec{B}=\mu_0\vec{H} \quad \cdots\cdots (63)$$

の関係が成り立つ。

コラム　**磁束密度**

H と同様に磁場の強さを表す B はなぜ磁束「密度」などとよばれるのだろうか。B の単位は $1\ \mathrm{T}=1\ \mathrm{N/(A\cdot m)}=\mathrm{N\cdot m/(A\cdot m^2)}=\mathrm{J/(A\cdot m^2)}$ と書ける。ここで $1\ \mathrm{J}=1\ \mathrm{N\cdot m}$ の関係を使った。

また，p.505 で学習したように，$1\ \mathrm{Wb}=1\ \mathrm{J/A}$ であるから，B の単位は $\mathrm{Wb/m^2}$ となる。つまり

$$1\ \mathrm{T}=1\ \mathrm{Wb/m^2}$$

である。$\mathrm{Wb/m^2}$（ウェーバ毎平方メートル）は単位面積あたりの磁極の強さと読める。これが磁束「密度」などとよばれる理由である。「磁束」については後ほど学習する。

D 電流の向きと磁場の向きが直交していない場合

電流の向きと磁束密度の向きが角 θ をなす場合には，磁束密度の向きを電流に平行な向きの成分 $B\cos\theta$ と，これに垂直な向きの成分 $B\sin\theta$ に分解する。電流と同じ向きに磁場を加えても，電流は力を受けないことが実験で確かめられるので，電流が受ける力は磁場の垂直成分からのみで

$$\boldsymbol{F=IBl\sin\theta} \quad \cdots\cdots (64)$$

となる。

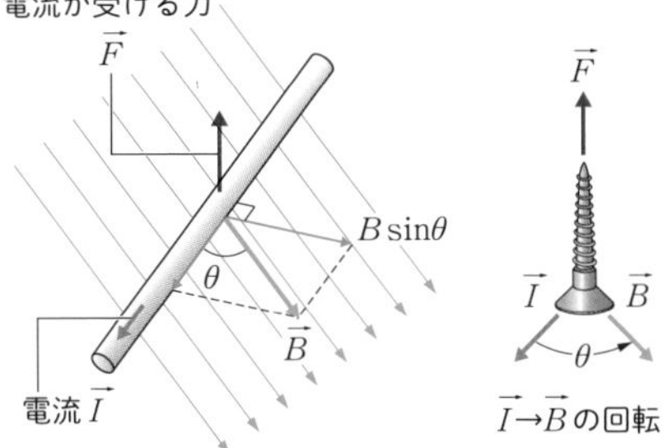

F は B と I でつくられる平面に垂直で，大きさは $F=IBl\sin\theta$ である

図 78　電流の向きと磁場の向きが斜めの場合に導線が受ける力

例題 164　電流が磁場から受ける力

質量 10.4 g，長さ 0.70 m の導線を質量の無視できる導線で図のようにつるし，3.0 A の電流を流したところ，導線は図のように鉛直方向に対して 30° 傾いて静止した。導線に対して鉛直方向上向きの磁束密度 B の大きさはいくらか。ただし，重力加速度の大きさは $g=9.8\ \mathrm{m/s^2}$ とする。

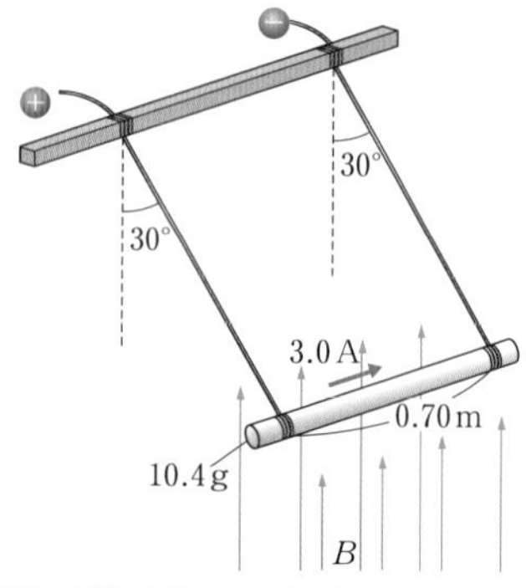

考え方　図から，電流の方向と磁束密度の方向は直交しているので，$\sin 90°=1$ である。

解答

導線が受ける力は張力 T，重力 mg，そして電流が磁場から受ける力 IBl の 3 つである。これらは力のつり合いの関係にあるので

$$\tan\theta=\frac{IBl}{mg}$$

よって　$$B=\frac{mg\tan\theta}{Il}$$

である。数値を代入して

$$B=\frac{10.4\times10^{-3}\ \mathrm{kg}\times(9.8\ \mathrm{m/s^2})\times\tan30°}{3.0\ \mathrm{A}\times0.70\ \mathrm{m}}$$

$$=2.8\times10^{-2}\ \mathrm{T}$$ …答

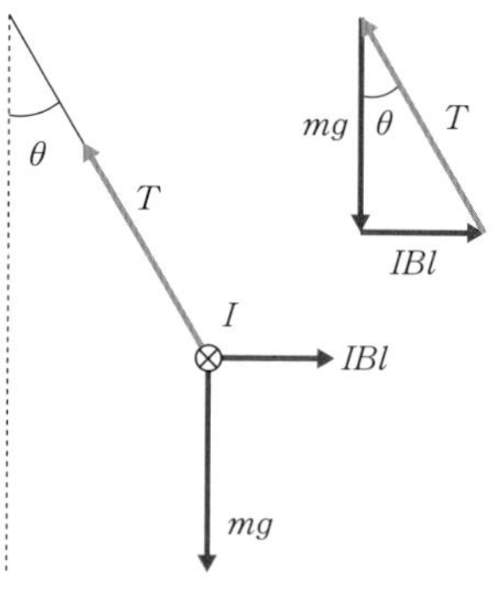

POINT

電流が磁場から受ける力

$F=IBl\sin\theta$ （I〔A〕：電流，B〔N/(A・m)〕：磁束密度，l〔m〕：磁場中の導線の長さ，θ：磁束密度と電流のなす角度）

2 平行電流間にはたらく力

A 平行電流間にはたらく力

2本の導線a，bを図のようにr〔m〕離して平行に置き，それぞれにI_1〔A〕，I_2〔A〕の電流を流すと電流間に力F〔N〕がはたらく。これは次のようにして理解できる。

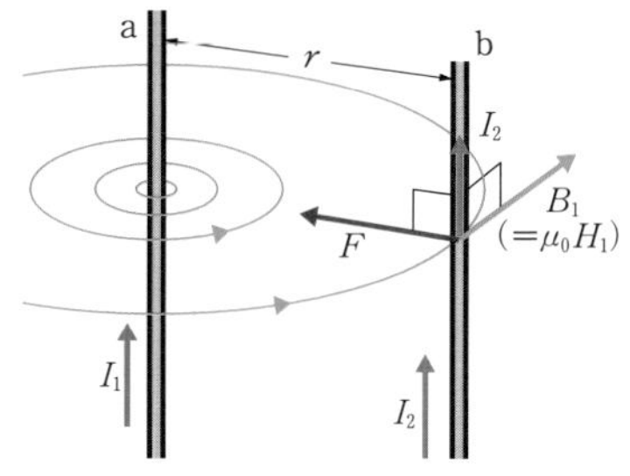

図79　平行電流間にはたらく力

① 導線aが導線bの場所に磁場H_1をつくる。

$$H_1=\frac{I_1}{2\pi r}$$

② 導線bの場所の磁束密度はB_1となる。

$$B_1=\mu_0 H_1=\frac{\mu_0 I_1}{2\pi r}$$

③ 導線bが長さlあたりに受ける力Fは

$$F=I_2B_1l=\frac{\mu_0 I_1 I_2}{2\pi r}l \qquad \cdots\cdots(65)$$

④ 同様にして導線aが長さlあたりにbの電流から受ける力Fも求めることができる。

$$F=I_1B_2l=\frac{\mu_0 I_1 I_2}{2\pi r}l$$

③と④とが等しくなることから，ここでも作用・反作用の法則が成り立っていることが確認できる。

Fに$\mu_0=4\pi\times10^{-7}\ \mathrm{N/A^2}$を代入すれば

$$\boldsymbol{F=(2\times10^{-7}\ \mathrm{N/A^2})\cdot\frac{I_1I_2}{r}l}$$

が得られる。

例題165 平行電流間にはたらく力

図のような配置にある導線a, b, cに2.0 A, 1.0 A, 2.0 Aの電流が図の向きに流れている。それぞれの導線1.0 mあたりが受ける力はいくらか。

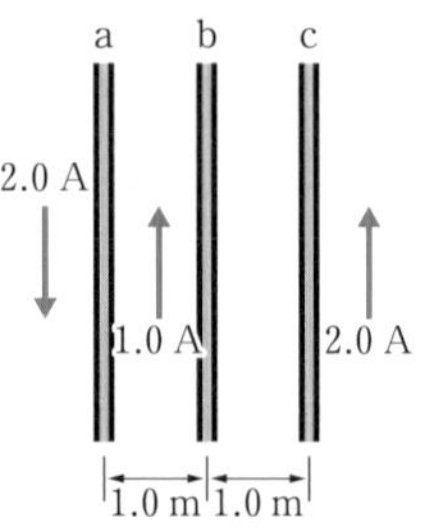

考え方 同じ向きに電流が流れるときは引力，反対向きでは反発力となる。

解答

aは導線b，cから左向きの反発力を受けるので，合力F_aは左向き。

$$F_a=(2\times10^{-7}\ \mathrm{N/A^2})\times\left\{\frac{2.0\ \mathrm{A}\times1.0\ \mathrm{A}}{1.0\ \mathrm{m}}\times1.0\ \mathrm{m}+\frac{2.0\ \mathrm{A}\times2.0\ \mathrm{A}}{2.0\ \mathrm{m}}\times1.0\ \mathrm{m}\right\}$$

$$=8.0\times10^{-7}\ \mathrm{N}$$ …答

bは導線aから右向きの反発力，cから右向きの引力を受け，合力F_bは右向き。

$$F_b=(2\times10^{-7}\ \mathrm{N/A^2})\times\left\{\frac{2.0\ \mathrm{A}\times1.0\ \mathrm{A}}{1.0\ \mathrm{m}}\times1.0\ \mathrm{m}+\frac{2.0\ \mathrm{A}\times1.0\ \mathrm{A}}{1.0\ \mathrm{m}}\times1.0\ \mathrm{m}\right\}$$

$$=8.0\times10^{-7}\ \mathrm{N}$$ …答

cは導線aから右向きの反発力，bから左向きの引力を受け，合力は0になる。

…答

B 1 Aの電流の定義

1 Aの電流が流れる2本の導線を1 m離して配置したとき，それぞれの導線1 mが受ける力は

$$F=2\times10^{-7}\ \mathrm{N/A^2}\cdot\frac{1\ \mathrm{A}\times1\ \mathrm{A}}{1\ \mathrm{m}}\cdot1\ \mathrm{m}$$

$$=2\times10^{-7}\ \mathrm{N}$$

となる。しかし，実は話が逆で，同じ大きさの電流を1 m離した2つの平行な導線に流し，導線間にはたらく力が1 mあたり2×10^{-7} Nとなるとき，その電流の大きさを1 Aと定義しているのである。これにしたがえば，式(65)は

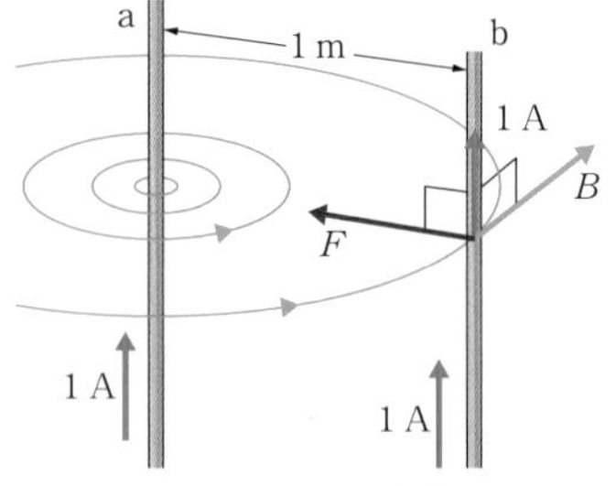

図80 1 Aの定義

$$2\times10^{-7}\ \mathrm{N}=\frac{\mu_0 1\ \mathrm{A}\times1\ \mathrm{A}}{2\pi\times1\ \mathrm{m}}\cdot1\ \mathrm{m}$$

となり，$\mu_0=4\pi\times10^{-7}\ \mathrm{N/A^2}$が得られる。真空の透磁率がこのような変な値になっているのは，こうして電流を定義していることによる。

3 コイルが受ける力

磁束密度Bの磁場中で，コイルABCDが回転するしくみを考える(**図81**)。コイルに流れる電流をI，$\overline{\mathrm{AB}}=\overline{\mathrm{CD}}=a$とすると，辺$\overline{\mathrm{AB}}$，$\overline{\mathrm{CD}}$それぞれが受ける力の大きさは

$$F=IBa \quad \cdots\cdots (66)$$

である。力の向きは図の向きで，互いに逆向きであるので，コイルには回転の偶力のモーメント(注)がはたらくことがわかる。$\overline{\mathrm{BC}}=\overline{\mathrm{AD}}=b$とすれば，コイルが受ける偶力のモーメント$M$は

$$M=Fb\sin\theta=IBab\sin\theta=\boldsymbol{IBS\sin\theta} \quad \cdots\cdots (67)$$

となる。

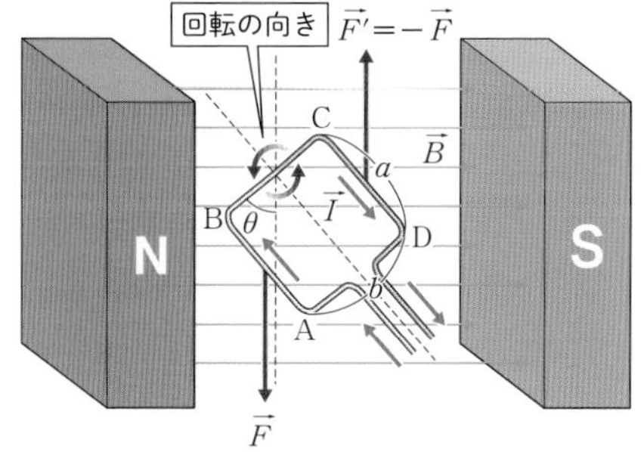

図81　磁場中でコイルが受ける力

注意 **偶力のモーメントについてはp.248を参照のこと。**

例題166　コイルにはたらく偶力のモーメント

図81のコイルにはたらく偶力のモーメントMが最大になるのは$0\leqq\theta<\pi$の範囲でθがいくらのときか。また，そのときのMはいくらか。

解答

$M=IBS\sin\theta$を最大にするのは，$\theta=\dfrac{\pi}{2}$，つまりコイルが水平になるときである。このとき$M=IBS$となる。…答

4 磁性体

A 磁性体の種類

物質は誘電的性質とともに何らかの磁気的性質をもっている。物質の誘電的性質に着目するとき，その物質は誘電体とよばれるが，それと同様に物質の磁気的性質に着目する限りで，その物質は**磁性体**とよばれる。

図 82 のようなソレノイドコイル内に棒状の物質を入れたとき，そのまわりの真空中の磁場を測定すると，中の磁性体の種類によって，次の結果が得られる。

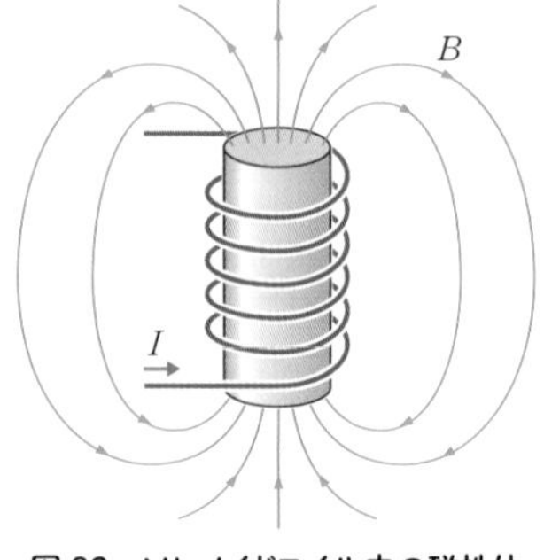

図 82　ソレノイドコイル内の磁性体

❶ **反磁性体**：磁場はわずかに弱くなる。電流を 0 にすると磁場も 0 になる。
(例) 炭素や水など，身のまわりの多くの絶縁体，銅

❷ **常磁性体**：磁場はわずかに強くなる。電流を 0 にすると磁場も 0 になる。
(例) アルミニウム，遷移元素や希土類元素などを含む物質

❸ **強磁性体**：磁場は相当強くなる。電流を 0 にしても磁場が残る場合がある。
(例) 鉄，コバルト，ニッケル，フェライト

B 透磁率と比透磁率

磁場の強さが H の場所に磁性体を置くと，磁性体内部の磁束密度 B は

$$\boldsymbol{B=\mu H} \quad \cdots\cdots (68)$$

となる。μ は磁性体によって決まる定数で**透磁率**とよばれている。鉄などの強磁性体の透磁率は空気の約 8000 倍と，非常に大きな値である。

表 3　磁性体の比透磁率

磁性体	比透磁率
空気	1.000
アルミニウム	1.000
鉄	8000

磁性体がソレノイドコイル内にあれば，コイルを流れる電流を I，単位長さあたりのコイルの巻き数を n として，$H=nI$ であるから

$$B=\mu nI=\boldsymbol{\mu_r\mu_0 nI} \quad (\mu=\mu_r\mu_0) \quad \cdots\cdots (69)$$

と表せる。μ_0 は**真空の透磁率**，μ_r はその磁性体の透磁率 μ が μ_0 の何倍かを表す量で，**比透磁率**とよばれる。

コラム｜**常磁性体と強磁性体**

常磁性体は，原子内電子の自転や公転により，バラバラの微小磁石が形成され，これが集まった状態になっている。外部磁場により微小磁石の向きがそろうので，その結果磁場が少し強くなる。強磁性体は，これらの微小磁石が強く相互作用しているので，外部磁場がなくても向きがそろう。

4 ローレンツ力

1 ローレンツ力

A 電流が磁場から受ける力と自由電子

p.510 で学習したように, B〔N/(A·m)〕の磁場中にある長さ l〔m〕の導線に I〔A〕の電流が流れているとき，電流が磁場から受ける力は**図 83** の向きに

$$F=IBl$$

と表される。

一方，電流は自由電子の流れであるから，これは運動する個々の自由電子が磁場から受ける力の合力と考えることもできる。

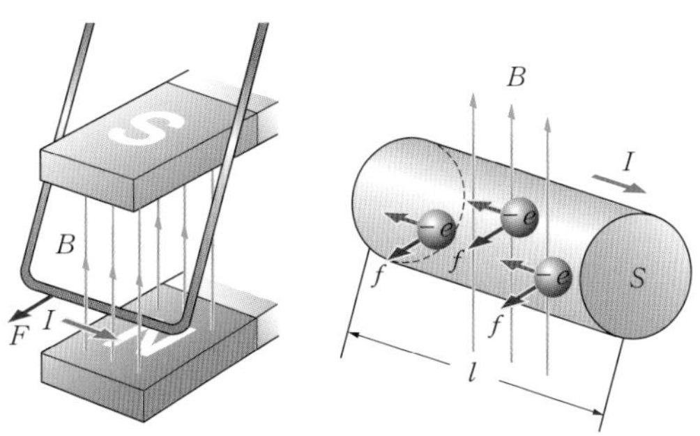

図 83　電流が磁場から受ける力と自由電子

導線単位体積あたり n〔個/m^3〕の自由電子が存在し，すべてが平均の速さ v〔m/s〕で**図 83** の向きに進んでいるとする。電子の電荷は $-e(<0)$ である。導線の断面積を S〔m^2〕とすれば，電子 1 個が受ける力の大きさ f〔N〕は

$$f=\frac{F}{nSl}=\frac{IBl}{nSl}$$

と表される。すでに p.485 で学習したように，電流は $I=envS$ と表されるので

$$\boldsymbol{f}=\frac{envSBl}{nSl}=\boldsymbol{evB} \qquad \cdots\cdots (70)$$

が得られる。つまり速度 v で運動している電荷 $-e$ の自由電子は $f=evB$ の大きさの力を受けている。

B ローレンツ力

一般に，磁束密度 $\vec{B}$ の磁場中を**図 84** の向きに速度 $\vec{v}$〔m/s〕で運動する電気量 q〔C〕（>0）の電荷は図の向きに大きさ

$$\boldsymbol{f=qvB\sin\theta} \qquad \cdots\cdots (71)$$

の力を受ける。これを**ローレンツ力**という。

$q<0$ であれば，受ける力はこれと反対向きになる。

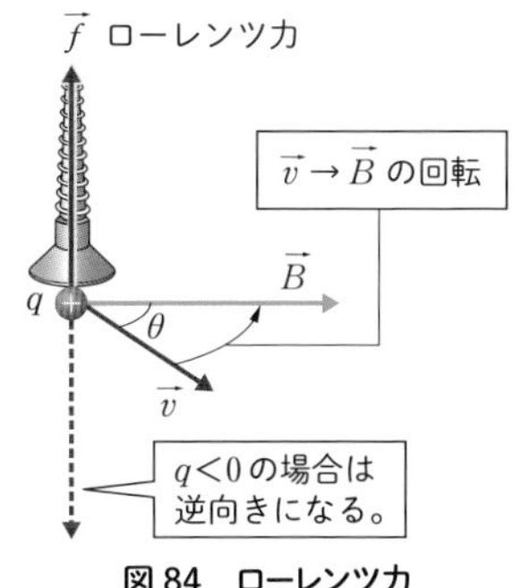

図 84　ローレンツ力

例題 167　ローレンツ力

断面積 5.0 mm^2 の銅線を図のように折り曲げ，2.0 A の電流を流し，34 mT の磁場をかけたところ，銅線は図の向きに力を受けた。これは銅線中の自由電子が力を受けたためである。銅線中の自由電子密度を 8.5×10^{28} 個/m^3 として以下の問いに答えよ。

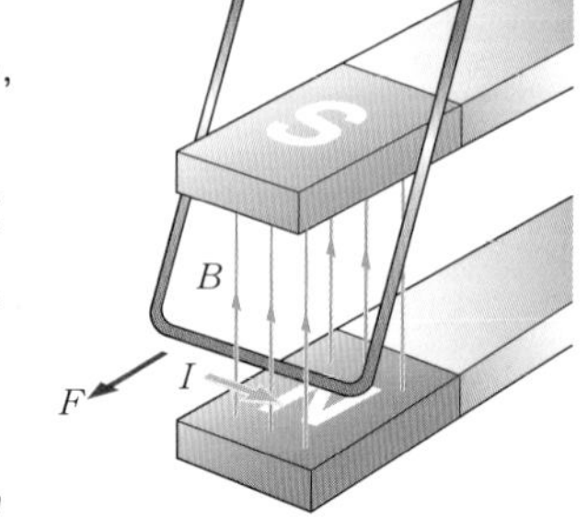

(1)　自由電子 1 個が受けている力 f を求めよ。

(2)　(1)で求めた f より，自由電子の平均の速度 v を求めよ。電子 1 個の電荷の絶対値を 1.6×10^{-19} C とせよ。

考え方　(1)　電流が磁場から受ける力を自由電子の数で割れば，自由電子 1 個あたりの力 f がわかる。

(2)　(1)で求めた力 f が電子の受けるローレンツ力となるので，ローレンツ力の関係式より電子の速さ v がわかる。

解答

(1)　長さ l の導線に電流 I が流れているとき，垂直にかかる磁場 B から受ける力は $F=IBl$ である。また自由電子密度を n とすると，長さ l，断面積 S の導線に含まれる自由電子の数は $N=nSl$ である。したがって，自由電子 1 個あたりの力 f は

$$f=\frac{F}{N}=\frac{IBl}{nSl}=\frac{IB}{nS}=\frac{2.0\,\mathrm{A}\times3.4\times10^{-2}\,\mathrm{T}}{(8.5\times10^{28}\,\text{個}/\mathrm{m}^3)\times5.0\times10^{-6}\,\mathrm{m}^2}$$

$$=1.6\times10^{-25}\,\mathrm{N}\quad\cdots\text{答}$$

(2)　自由電子の受けるローレンツ力 f は，電気量の絶対値を e，電子の平均の速さを v として $f=evB$ と書けるので

$$v=\frac{f}{eB}=\frac{1.6\times10^{-25}\,\mathrm{N}}{1.6\times10^{-19}\,\mathrm{C}\times3.4\times10^{-2}\,\mathrm{T}}=2.9\times10^{-5}\,\mathrm{m/s}\quad\cdots\text{答}$$

となる。

POINT

ローレンツ力

$f=qvB\sin\theta$
q〔C〕：電気量，v〔m/s〕：速さ
B〔T〕：磁束密度
θ：磁束密度と速度のなす角度

2 磁場中の荷電粒子の運動

A 磁場に対して垂直に入射した荷電粒子の運動

一様な磁束密度 $\vec{B}$〔T〕の磁場中に，磁場に対して垂直に速度 $\vec{v}$〔m/s〕で入射した，電気量 q〔C〕(>0)の荷電粒子の運動を調べよう。

$\vec{B}$ と $\vec{v}$ が**図 85** (a)の向きにあるとき，ローレンツ力 $\vec{f}$ は赤の矢印で表される。**図 85** (b)は**図 85** (a)を真上から見たものである。ローレンツ力はつねに粒子の進行方向に対して垂直で，右向きになる。これより，粒子はローレンツ力を向心力とした円運動をすることがわかる。

円運動の半径を R とすれば，運動方程式は

$$\underbrace{m}_{\text{質量}}\cdot\underbrace{\frac{v^2}{R}}_{\text{向心加速度}}=\underbrace{qvB}_{\text{向心力（ローレンツ力）}}$$

となる。これより荷電粒子の円運動の半径は

$$R=\frac{mv}{qB} \quad \cdots\cdots (72)$$

で与えられることがわかる。

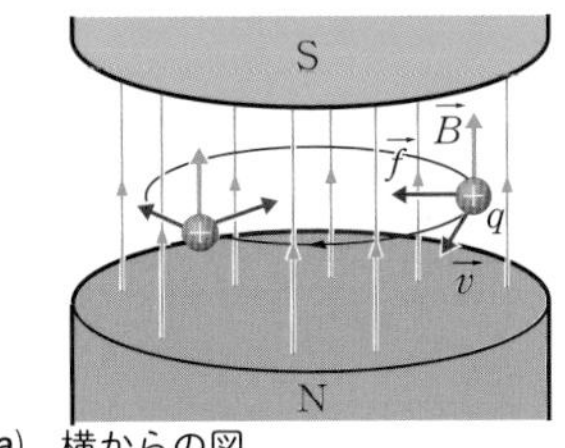

(a) 横からの図

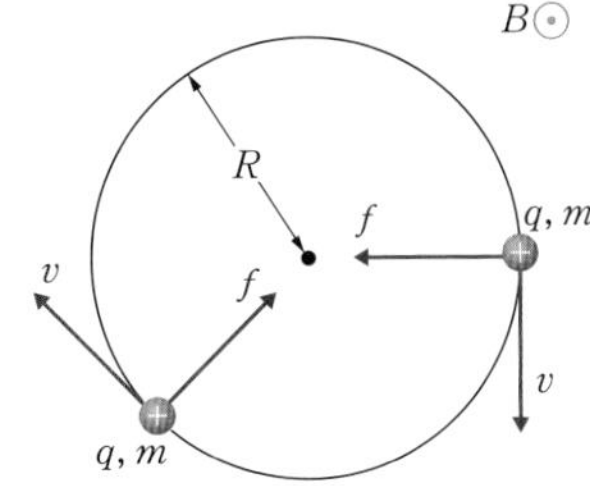

(b) 真上からの図

図 85 磁場中の荷電粒子

例題 168 磁場中の荷電粒子の運動

図 85 で，円運動する荷電粒子の周期 T を m, q, B を用いて表せ。また，質量 $m=9.1\times10^{-31}$ kg，電気量 $-q=-1.6\times10^{-19}$ C の電子が 20 mT の磁場中で円運動するとしたら，周期はいくらか。

考え方 荷電粒子はローレンツ力を向心力とした円運動をする。

解答

円運動の周期を T とすると $T=\frac{2\pi R}{v}$ であり，式(72)より $R=\frac{mv}{qB}$ であるから

$$T=\frac{2\pi}{v}\cdot\frac{mv}{qB}=\frac{2\pi m}{qB} \quad \cdots \text{答}$$

これに数値を代入して

$$T=\frac{2\pi\cdot9.1\times10^{-31}\ \text{kg}}{1.6\times10^{-19}\ \text{C}\times2.0\times10^{-2}\ \text{T}}=1.8\times10^{-9}\ \text{s} \quad \cdots \text{答}$$

磁場中の荷電粒子の運動は円運動

半径　$R=\dfrac{mv}{qB}$

周期　$T=\dfrac{2\pi m}{qB}$

$\left(\begin{array}{l} m〔\mathrm{kg}〕：質量,\ v〔\mathrm{m/s}〕：速度 \\ q〔\mathrm{C}〕：電気量,\ B〔\mathrm{T}〕：磁束密度 \end{array}\right)$

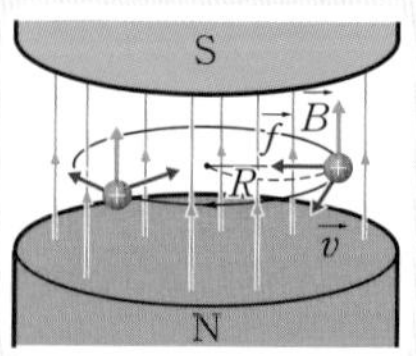

例題 169　電子の比電荷

陰極を加熱すると熱電子が放出される。その電子を電位差 V で加速したところ，速度 v に達した。これを一様な磁束密度 B の磁場中にスリット S_1 から入射させたところ，電子は半径 r の半円を描いて装置内の S_2 に達した。B は紙面に対して垂直である。また，電子の質量を m，電荷を $-e$ としたとき，$\dfrac{e}{m}$ の値を電子の比電荷という。以下の問いに答えよ。

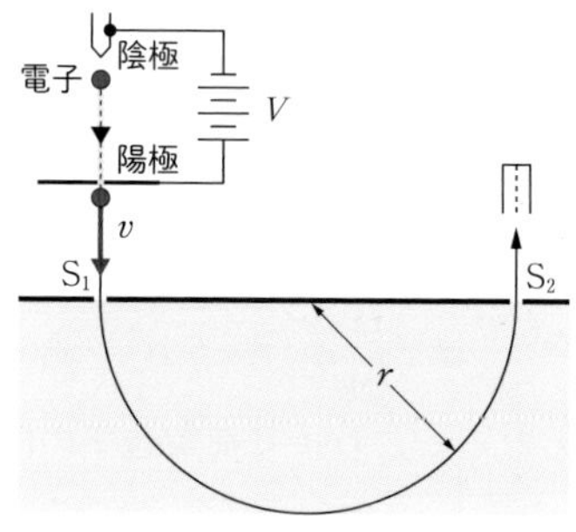

(1)　スリットに入射するときの電子の速度 v を求めよ。

(2)　磁束密度の向きは紙面に対して表から裏，裏から表のどちらの向きか答えよ。

(3)　電子の比電荷を V，r，B を用いて表せ。

考え方　(1)　電子は電場から力を受けて加速される。電子の運動エネルギーの増加量と仕事の関係を考える。

(2)，(3)　電子はローレンツ力を向心力とした円運動をする。

解答

(1)　電子は電場から eV の仕事をされるので，運動エネルギーの変化量と仕事の関係より

$$\frac{1}{2}mv^2-0=eV$$

よって　　$v=\sqrt{\dfrac{2eV}{m}}$　…答

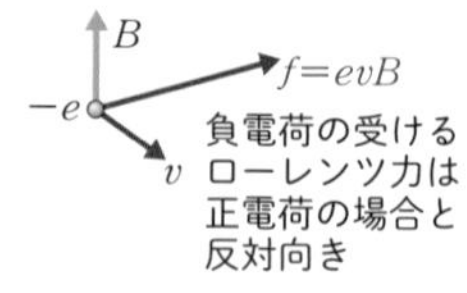

ただし，熱電子として陰極を出た直後の電子の運動エネルギーを 0 とした。

(2)　図の円運動を見ると，電子は進行方向に対して垂直左向きにローレンツ力を受けている。したがって，磁場は紙面に対して裏から表向きである。　…答

(3)　ローレンツ力を向心力とした円運動の方程式は $m\cdot\dfrac{v^2}{r}=evB$，ゆえに

$\dfrac{e}{m}=\dfrac{v}{Br}$ となる。(1)の v を代入すれば　$\dfrac{e}{m}=\dfrac{1}{Br}\sqrt{\dfrac{2eV}{m}}$

よって　$\dfrac{e}{m}=\dfrac{2V}{B^2r^2}$　…(答)

B 磁場に対して斜めに入射する荷電粒子の運動

磁束密度 $\vec{B}$ に対して角度 θ の向きに，速度 $\vec{v}$ で入射した電気量 $q(>0)$ の荷電粒子の運動を調べよう。

粒子の速度ベクトル $\vec{v}$ を $\vec{B}$ に対して垂直な成分 $v\sin\theta$ と平行な成分 $v\cos\theta$ に分解する。すると，磁場に対して垂直な平面内に投影した粒子の運動は，粒子の受けるローレンツ力 $q(v\sin\theta)B$ を向心力とした円運動となる。また同時に，$\vec{B}$ の向きに $v\cos\theta$ の等速度運動をする。これらの運動の合成が粒子の運動となり，その結果，粒子はらせん軌道を描くことがわかる。

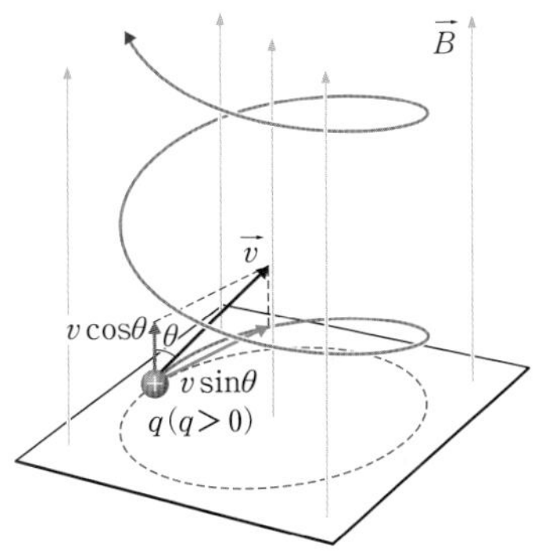

図 86　磁場に対して斜めに入射

例題 170　磁場に対して斜めに入射する荷電粒子の運動

磁束密度 $\vec{B}$ の磁場中に**図 86** のように速度 $\vec{v}$ で入射した質量 m，電気量 q の荷電粒子の運動について，以下の問いに答えよ。

(1)　磁場に対して垂直な平面内に投影した荷電粒子の軌跡は円軌道となるが，その半径はいくらか。

(2)　(1)の円軌道を 1 周する間に，磁場の向きに進む距離はいくらか。

考え方　(1)　磁場に対して垂直な投影面では，荷電粒子はローレンツ力 $q(v\sin\theta)B$ を向心力とした円運動をする。

(2)　$\vec{B}$ の向きに粒子は等速直線運動をする。

解答

(1)　磁場に対して垂直な投影面における荷電粒子の運動は円軌道となる。その半径を r とすれば，運動方程式は

$$m\cdot\frac{(v\sin\theta)^2}{r}=q(v\sin\theta)B$$

よって　$r=\dfrac{mv\sin\theta}{qB}$　…(答)

(2) 円運動の周期を T とすると

$$T=\frac{2\pi r}{v\sin\theta}=\frac{2\pi m}{qB}$$

粒子は $\vec{B}$ の向きに速度 $v\cos\theta$ の等速直線運動をする。したがって，T の間に進む距離は

$$v\cos\theta\cdot T=\frac{2\pi mv\cos\theta}{qB}\quad\cdots(答)$$

磁場に対して斜めに入射する荷電粒子の運動

荷電粒子の速度 $\vec{v}$ を磁場に対して垂直な成分 $v_{\perp}$ と平行な成分 $v_{\parallel}$ に分解する。磁場に対して垂直な平面内に投影した運動はローレンツ力 $qv_{\perp}B$ を向心力とした円運動となる。磁場の向きには $v_{\parallel}$ の等速度運動となる。

3 ホール効果

A ホール効果

図 87 のような導体の y 軸正の向きに電流を流し，同時に z 軸正の向きに磁場 B をかける。導体が金属であれば，電流は自由電子の流れであるので，電気量 $-e(<0)$ の自由電子が y 軸負の向きに平均速度 v で運動している。すると，自由電子は磁場から evB のローレンツ力を x 軸正の向きに受け，図の直方体右側面は負，左側面は正に帯電する。

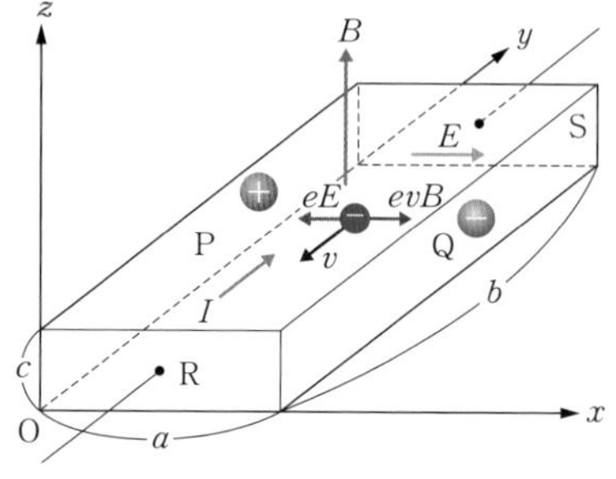

図 87　ホール効果

その結果，直方体内部に x 軸正の向きに向かう電場 E が発生する。したがって，両側面間に電位差が生じる。これを**ホール効果**（1879 年，E. Hall によって発見された）という。もし，電流が正の電荷を帯びた粒子の移動によるものであれば，生じる電場の向きが逆になる。

例題 171 ホール効果

図 87 の直方体(金属)に流れる電流を I〔A〕, 自由電子密度を n〔個/m^3〕とする。自由電子の電気量を $-e(<0)$, 平均速度を v〔m/s〕, z 軸正の向きの磁束密度を B〔T〕として, 以下の問いに答えよ。

(1) 自由電子の平均速度 v を電流 I を用いて表せ。

(2) 直方体の左右側面間に生じる電場 E はいくらか。また, この間に生じる電位差 V を求めよ。いずれも v を用いて表せ。

(3) もし, 導体を流れる電流が正の電気量 $e(>0)$ をもった粒子の流れによるものであれば, 電場の向きが(2)と逆になることを示せ。

考え方 (1) 電流と自由電子の電気量, 平均速度の関係式。

(2) x 軸方向に関しては, 自由電子の受けるローレンツ力と生じた電場による電気力とがつり合う。

解答

(1) $I=envS=env(ac)$ より　$v=\dfrac{I}{enac}$　…答

(2) $evB=eE$ より　$E=vB$　…答

また　$V=aE=avB$　…答

(3) 正の電荷が y 軸正の向きに速度 v で運動すれば, x 軸正の向きにローレンツ力 evB を受け, 右側面が正に帯電して, 電場は x 軸負の向きに生じる。

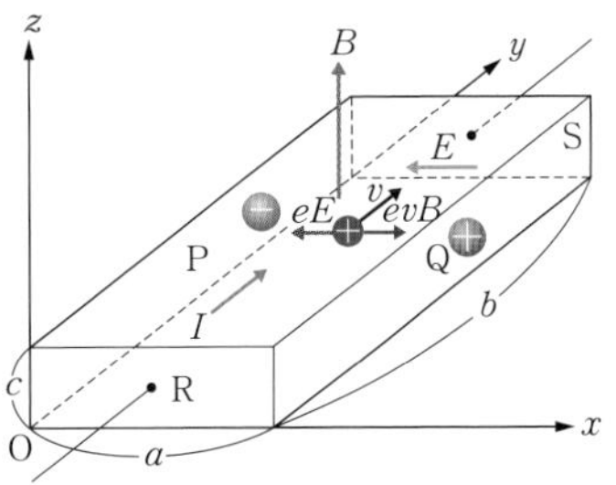

> **コラム | ホール効果の謎**
>
> 先に「電流が流れている導線が磁場から受ける力は, 電流を担っている電子が受けるローレンツ力の合力である」ことを学んだ。ホール効果では,「電子にはたらくローレンツ力とホール効果で生じた電場(ホール電場)による力はつり合う」ことを学んだ。そうすると,「導線にはたらく力はなくなるのではないか？」という気がする。
>
> 答えは,「ホール電場は電子だけでなく, 同じ数だけの正電荷をもった金属陽イオンにもはたらく」ということである。電子全体がホール電場から受ける合力と金属陽イオン全体がホール電場から受ける合力は大きさが同じで逆向きなので, 金属陽イオン全体がホール電場から受ける合力は電子が受けるローレンツ力の合力と等しくなる。つまり, 導線が磁場から受ける力は導線を構成する金属陽イオンがホール電場から受ける力の合力と考えられるのである。

この章で学んだこと

1 磁場

(1) 磁気に関するクーロンの法則

$$F=\frac{1}{4\pi\mu_0}\cdot\frac{m_1\cdot m_2}{r^2}$$

（真空の透磁率：μ_0，磁極間距離：r〔m〕
磁極の強さ：m_1〔Wb〕，m_2〔Wb〕）

(2) 磁場

$\vec{H}$〔N/Wb〕の磁場に強さ m〔Wb〕の磁極を置くと，$\vec{F}=m\vec{H}$ の力を受ける。

(3) 磁力線

磁力線の密度→「磁場の強さ」
磁力線の接線の向き→「磁場の向き」

2 電流のつくる磁場

(1) 直線電流のつくる磁場

$$H=\frac{I}{2\pi r}$$

（電流：I〔A〕，導線からの距離：r〔m〕）

(2) 円形電流が中心につくる磁場

$$H=\frac{I}{2r}$$

（円形電流：I〔A〕，円の半径：r〔m〕）

(3) ソレノイドのつくる磁場

$$H=nI$$

（単位長さあたりの巻き数：n〔回/m〕，
電流：I〔A〕）

3 電流が磁場から受ける力

(1) フレミングの左手の法則

電流が磁場から受ける力の向きは，図の左手の関係にある。

(2) 電流が磁場から受ける力の大きさ

$$F=\mu IHl$$

（力：F〔N〕，透磁率：μ〔N/A²〕
磁場の強さ：H〔A/m〕
導線の長さ：l〔m〕）

(3) 磁束密度

真空中で

$$\vec{B}=\mu_0\vec{H}$$

（磁束密度：B〔T〕
磁場の強さ：H〔A/m〕）

電流が磁場から受ける力は

$$F=IBl$$

(4) 平行電流間にはたらく力

$$F=(2\times10^{-7}\ \mathrm{N/A^2})\cdot\frac{I_1I_2}{r}l$$

（電流：I_1，I_2〔A〕，導線間距離：r〔m〕
力を受ける導線の長さ：l〔m〕）

電流が同じ向きのとき引力，反対向きで反発力。

(5) 磁性体

反磁性体，常磁性体，強磁性体

4 ローレンツ力

(1) ローレンツ力

$$f=qvB\sin\theta$$

（電気量：q〔C〕，速さ：v〔m/s〕
磁束密度：B〔T〕
磁束密度と速度のなす角度：θ）

(2) 磁場中の荷電粒子の運動

$$m\cdot\frac{v^2}{R}=qvB$$

質量　向心加速度　向心力（ローレンツ力）

(3) ホール効果

キャリアが電子のとき，電流が流れると，導体内部の自由電子がローレンツ力を受けることで，導体両側面間に電位差が生じる。

MY BEST

Advanced Physics

第4章 電磁誘導と電磁波

1 電磁誘導の法則

1 電磁誘導の法則

A 電磁誘導

図 88 (a)のように，コイルを検流計につなぎ，コイル内に棒磁石を出し入れすると，検流計の針が動く。コイルに電流が流れたためである。また，図 88 (b)のように同一鉄心にコイル A，B を通し，コイル B につながっているスイッチを入れたり切ったりすると，コイル A に接続してある検流計の針が動く。やはりコイル A に電流が流れたからである。

これらの現象を**電磁誘導**，このとき生じた電流を**誘導電流**という。また，(a)のコイルや(b)のコイル A には，電流を流すはたらきをする**誘導起電力**が発生している。

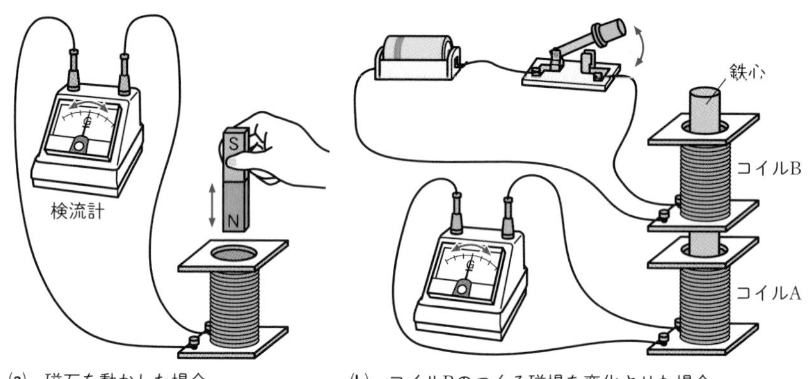

(a) 磁石を動かした場合　　(b) コイルBのつくる磁場を変化させた場合

図 88　電磁誘導の実験

B 磁束と磁束密度

電磁誘導は，明らかに磁場の変化と密接な関わりがある。そこで磁場をどう表すかが問題となる。電磁誘導では磁場を表すのに，磁場 H ではなく，**磁束密度** $\boldsymbol{B}$ を用いる。磁場のある空間には**磁束線**が走っており，単位面積あたりの磁束線の本数が B 本であるとき，その場所の磁束密度を B とする。すると，面積 S〔m^2〕を貫く磁束線の本数は

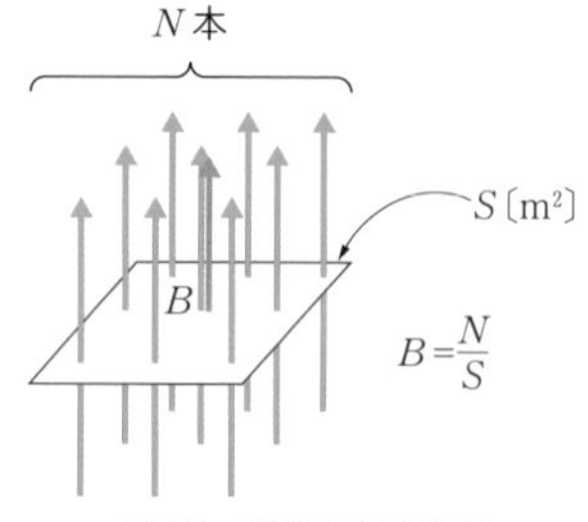

図 89　磁束と磁束密度

$$N = BS \quad \cdots\cdots (73)$$

となるが，この本数のことを**磁束**とよび，記号 $\boldsymbol{\Phi}$ で表す。すなわち

$$\Phi = BS \quad \cdots\cdots (74)$$

である。

C 磁束の単位

p.510 で学習したように磁束密度 B の単位は T（テスラ）であり

$$\mathrm{T} = \mathrm{N/(A \cdot m)}\ (\text{ニュートン毎アンペア毎メートル})$$

であった。また，p.511 で学習したように

$$\mathrm{T} = \mathrm{Wb/m^2}\ (\text{ウェーバ毎平方メートル})$$

と表すこともできる。磁束 Φ は磁束密度 B に面積 S〔$\mathrm{m^2}$〕を乗じたものであるから，その単位は

$$\mathbf{T \cdot m^2 = N \cdot m/A = Wb}$$

である。通常，磁束の単位としては，最後の式の Wb（ウェーバ）が用いられる。**磁束は磁石の磁極の強さに相当するもの**である。

D 誘導起電力の向き－レンツの法則

電磁誘導の実験で，コイルに生じる誘導電流の向きに関しては，**図 90** のようにまとめることができる。これをコイルを貫く磁束の増減という観点からあらためて整理すると，以下のようになる。

図 90 (a)のように，コイルに磁石の N 極を近づけると，コイルを貫く下向きの磁束が増加する。すると，コイルにはこの変化を打ち消すように，上向きの磁束をつくるように誘導起電力が発生し，誘導電流が流れる。

図 90 (b)のように，コイルから磁石の N 極を遠ざけると，コイルを貫く下向きの磁束が減少する。すると，コイルにはこの変化を打ち消すように，下向きの磁束をつくるように誘導起電力が発生し，誘導電流が流れる。一般に，**コイルを貫く磁束の変化を妨げる向きに誘導起電力が発生し，誘導電流が流れる。**この関係を**レンツの法則**という。

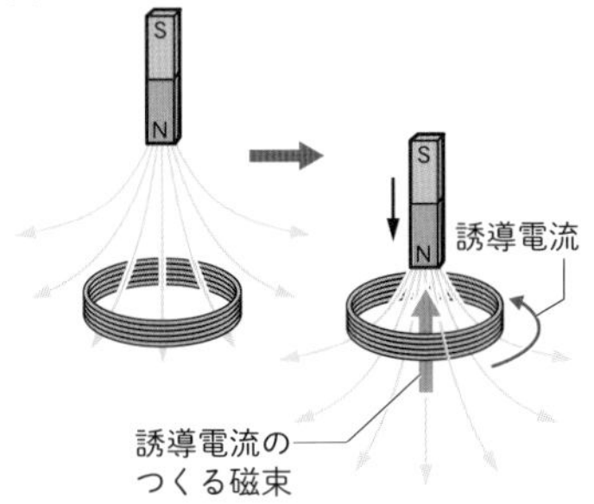

(b) コイルからN極を遠ざける。

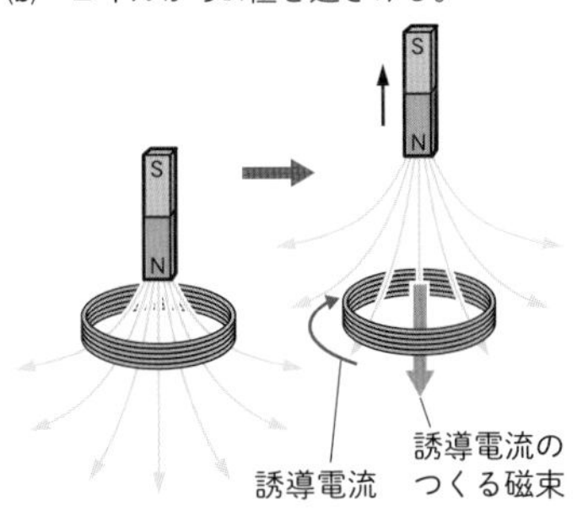

図 90　レンツの法則

例題 172　レンツの法則

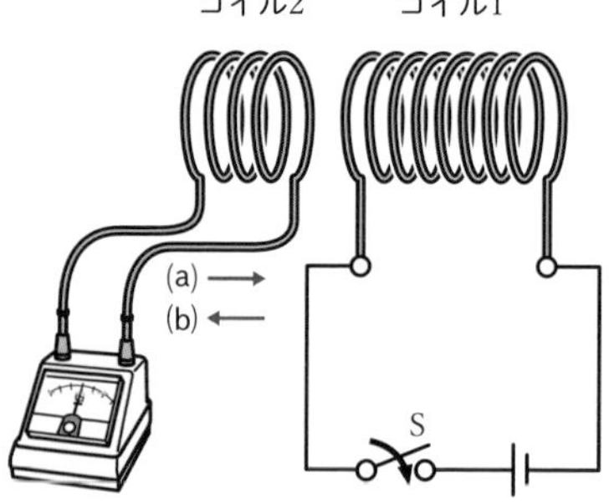

図のようにコイル1と2を配置し，コイル1に電流を流す。スイッチSを閉じた瞬間，コイル2に流れる誘導電流の向きは(a)，(b)のいずれか。

考え方　コイル1がつくる磁束の向きを考える。それが同時にコイル2を貫く。コイル2に発生する誘導起電力と誘導電流の向きはレンツの法則から求める。

解答

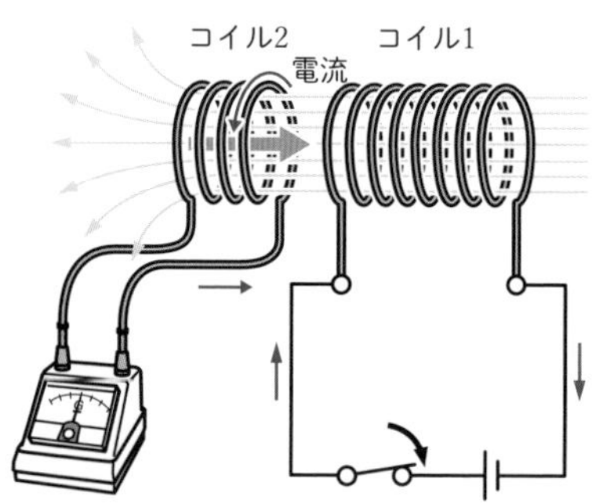

コイル1に図の向きに電流が流れ，左向きの磁束が発生する。その結果，コイル2を左向きの磁束が貫くので，レンツの法則により，その変化を妨げる向きに，つまりコイル2に右向きの磁束を生じさせるような誘導起電力が生じ，誘導電流が流れる。

(a)　…答

E 誘導起電力の大きさ－ファラデーの電磁誘導の法則

コイルを貫く磁束が Φ〔Wb〕であるとする。Δt〔s〕後に磁束が $\Phi+\Delta\Phi$〔Wb〕となったとき，この間の磁束の変化は $\Delta\Phi$ であり，コイル1巻きあたりに発生する誘導起電力の大きさは $\left|\dfrac{\Delta\Phi}{\Delta t}\right|$ に比例する。すなわち，**コイルに生じる誘導起電力の大きさは，コイルを貫く磁束の単位時間あたりの変化量に比例する。**これを**ファラデーの電磁誘導の法則**といい，誘導起電力の単位は Wb/s＝V となる。

コイルに生じる誘導起電力の正の向きは，通常**図 91** のように定義される。すると，コイル1巻きあたりに発生する誘導起電力 v〔V〕は

$$v=-\frac{\Delta\Phi}{\Delta t}$$

と表せる。コイルの巻き数を N とすれば，コイル全体に生じる誘導起電力 V〔V〕は式(75)となる。

$$\boldsymbol{V=Nv=-N\frac{\Delta\Phi}{\Delta t}} \quad \cdots\cdots (75)$$

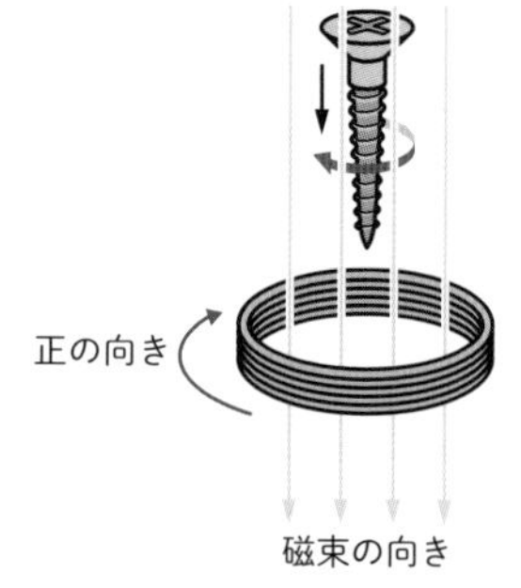

図 91　誘導起電力の向き

例題 173 ファラデーの電磁誘導の法則

巻き数N，断面積S〔m^2〕のコイルに，図(a)のように抵抗値R〔Ω〕の抵抗器を接続し，磁束密度Bの磁場を貫かせた。図(a)の矢印の向きをBの正の向きとする。Bを図(b)のように時間変化させたとして，以下の問いに答えよ。

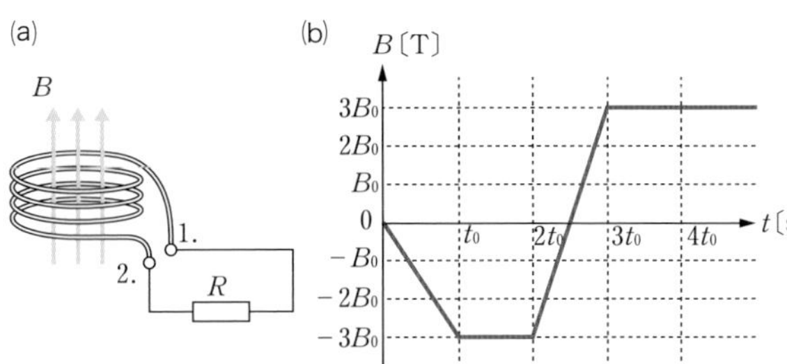

(1) $t_1=2t_0$から$t_2=3t_0$のt_0〔s〕間における磁束の変化$\Delta\Phi$〔Wb〕はいくらか。また，この間の単位時間あたりの磁束の変化はいくらか。

(2) $t=0$から$t=4t_0$までの間に抵抗に流れる電流の時間変化のグラフをかけ。コイルの端子2.が高電位のときを正とし，コイルの抵抗は無視せよ。

考え方 (1) 磁束は$\Phi=BS$で定義されている。断面積Sは時間変化しない。Bが時間変化すれば，Φも時間変化する。

(2) 生じる誘導起電力をVとすれば，$V=-N\dfrac{\Delta\Phi}{\Delta t}$，誘導電流は$I=\dfrac{V}{R}$で与えられる。

コイル端子2.が高電位のとき，抵抗には右向きの電流が流れる。

解答

(1) $t_1=2t_0$における磁束は$\Phi_1=(-3B_0)S$，$t_2=3t_0$における磁束は$\Phi_2=(3B_0)S$となるので，この間の磁束の変化は　$\Delta\Phi=\Phi_2-\Phi_1=6B_0S$　…答

また，単位時間あたりの磁束の変化は　$\dfrac{\Delta\Phi}{\Delta t}=\dfrac{\Delta\Phi}{3t_0-2t_0}=\dfrac{6B_0S}{t_0}$　…答

(2) (1)と同様にして，各時間間隔ごとに$\dfrac{\Delta\Phi}{\Delta t}=S\dfrac{\Delta B}{\Delta t}$を求める。$\dfrac{\Delta B}{\Delta t}$は$B$-$t$グラフの傾きである。それぞれから$I=\dfrac{V}{R}=\dfrac{-N\dfrac{\Delta\Phi}{\Delta t}}{R}=-\dfrac{NS}{R}\cdot\dfrac{\Delta B}{\Delta t}$を求める。

$0\leqq t<t_0$，$\dfrac{\Delta B}{\Delta t}=\dfrac{(-3B_0)-0}{t_0-0}=-\dfrac{3B_0}{t_0}$，$I=-\dfrac{NS}{R}\cdot\left(-\dfrac{3B_0}{t_0}\right)=3\dfrac{NSB_0}{Rt_0}$

(2.側が高電位)

$t_0\leqq t<2t_0$，$\dfrac{\Delta B}{\Delta t}=\dfrac{(-3B_0)-(-3B_0)}{2t_0-t_0}=0$，$I=0$

$2t_0\leqq t<3t_0$，$\dfrac{\Delta B}{\Delta l}=\dfrac{(3B_0)-(-3B_0)}{3t_0-2t_0}=\dfrac{6B_0}{t_0}$，$I=-\dfrac{NS}{R}\cdot\dfrac{6B_0}{t_0}=-6\dfrac{NSB_0}{Rt_0}$

(1.側が高電位)

$3t_0 \leqq t \leqq 4t_0,\ \dfrac{\Delta B}{\Delta t}=\dfrac{(3B_0)-(3B_0)}{4t_0-3t_0}=0,\ I=0$

以上より，右の I-t グラフが得られる。

…㊣

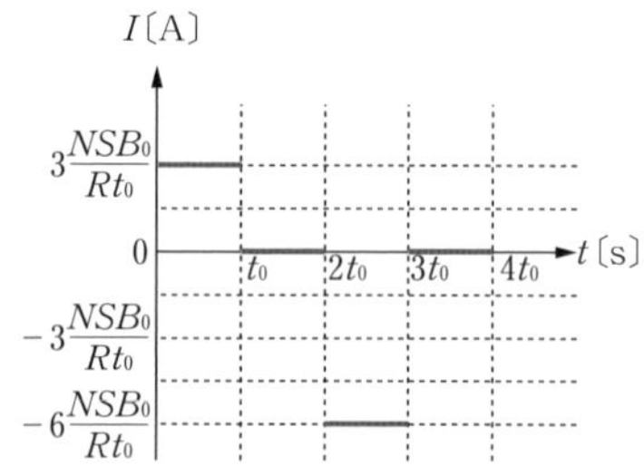

POINT

面積 S，N 回巻きコイルに生じる誘導起電力

$$V=-N\frac{\Delta\Phi}{\Delta t}=-NS\frac{\Delta B}{\Delta t}$$

（S：コイルの面積，N：コイルの巻き数
B：コイルの面を垂直に貫く磁束密度
$\Phi=BS$〔Wb〕：コイルを貫く磁束
$\dfrac{\Delta\Phi}{\Delta t}=S\dfrac{\Delta B}{\Delta t}$：コイルを貫く磁束の単位時間あたりの変化）

F コイル面に対して磁束密度が斜めの場合

磁束密度の方向が，**図 92** のように面積 S〔m^2〕のコイル面に対して斜めの場合は，磁束密度の方向に対して垂直なコイル面の面積 $S'=S\cos\theta$ を考える。磁束密度 B は S' を垂直に貫くので，コイルを貫く磁束 Φ は

$$\boldsymbol{\Phi=BS'=BS\cos\theta} \quad \cdots\cdots (76)$$

となる。

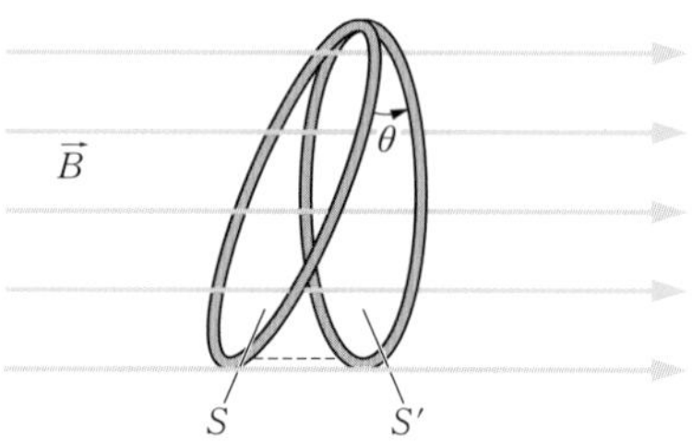

図 92　コイル面に対して磁束密度が斜めの場合

例題 173 のように B が時間変化しなくても，コイルが回転するだけでコイルを貫く磁束は変化し，誘導起電力が発生する。

例題 174　磁場中でのコイルの回転

磁束密度に対して面積 S の 1 巻きコイルが平行に置かれている。コイルが Δt 秒間に回転軸 AA′ の回りに角度 $\Delta\theta$〔rad〕だけ傾いたとき，コイルに発生する誘導起電力の大きさを求めよ。

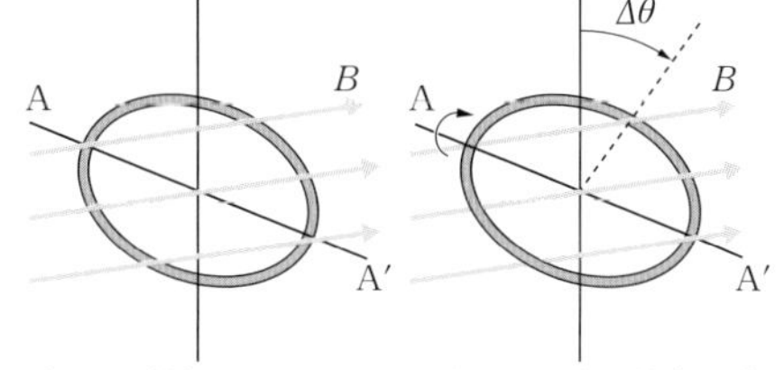

右図の破線はコイルの面に対して垂直な線（法線）

考え方　コイルが $\Delta\theta$ 回転する前後における磁束の変化を求める。

解答

はじめにコイルを貫く磁束は $\Phi_1=0$，$\Delta\theta$ 傾いた後の磁束は $\Phi_2=BS\sin\Delta\theta$ である。したがって，この間の磁束の変化は　$\Delta\Phi=\Phi_2-\Phi_1=BS\sin\Delta\theta$

電磁誘導の法則より

$$V=\left|-\frac{\Delta\Phi}{\Delta t}\right|=\frac{BS\sin\Delta\theta}{\Delta t}\quad\cdots 答$$

誘導電流は図の向きに生じる。

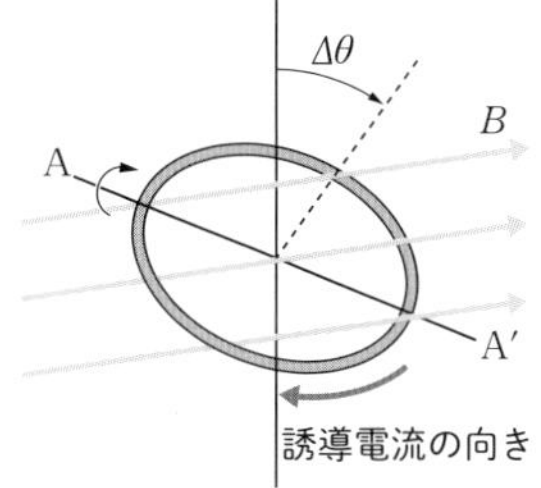

2　磁場中を動く導体棒に生じる起電力

A　電磁誘導の法則の適用

間隔 l の金属製レールの上を摩擦なくすべることのできる導体棒がある。レール間には抵抗 R の抵抗器が接続されており，導体棒とレール，抵抗器で電気回路 PSRQ が形成されている。一様な磁束密度 B の磁場をレールのつくる平面に対して垂直に上向きにかけ，導体棒を右向きに速度 v で動かすと，PSRQ に誘導起電力が発生し，抵抗器に電流が流れる。電気回路 PSRQ は 1 巻きのコイルとみなすことができる。

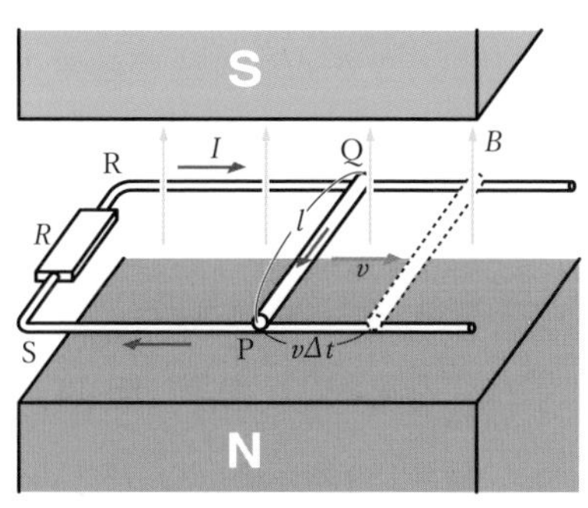

図 93　磁場中を動く導体棒

導体棒は時間 Δt で右に $v\Delta t$ だけ移動するので，この間に 1 巻きコイル PSRQ の面積は $\Delta S=v\Delta t\cdot l$ だけ増加する。するとコイルを貫く磁束は

$$\Delta\Phi=B\Delta S=Bvl\cdot\Delta t$$

だけ増加する。生じる誘導起電力は

$$V=-\frac{\Delta\Phi}{\Delta t}=-\frac{Bvl\cdot\Delta t}{\Delta t}=-vBl \quad \cdots\cdots (77)$$

となる。誘導電流の向きは青色の矢印の向きになる。前ページの**図 93** では p.528 の**図 91** にもとづき，P→Q→R→S の向きを正の向きとするので，式には負号が付いている。

例題 175　磁場中を動く導体棒

図 93 で，レール間隔 $l=5.0\ \mathrm{cm}$，$B=50\ \mathrm{mT}$，$v=10\ \mathrm{cm/s}$ とすると，生じる誘導起電力の大きさはいくらか。また抵抗を $R=5.0\ \Omega$ とすると，誘導電流の大きさはいくらか。

解答

誘導起電力の大きさは

$$V=|-vBl|=(10\times10^{-2}\ \mathrm{m/s})\times(50\times10^{-3}\ \mathrm{T})\times(5.0\times10^{-2}\ \mathrm{m})$$
$$=2.5\times10^{-4}\ \mathrm{V} \quad \cdots 答$$

また，誘導電流は　$I=\dfrac{V}{R}=\dfrac{2.5\times10^{-4}\ \mathrm{V}}{5.0\ \Omega}=5.0\times10^{-5}\ \mathrm{A} \quad \cdots$ 答

B 導体棒が受ける力と仕事率

図 94 のように，一様な磁束密度 B の中を磁場に対して垂直右向きに，長さ l の導体棒が速度 v で運動すると，A で学習したように回路 PSRQ に大きさ vBl の誘導起電力が生じる。これから，さらに次のことがわかる。

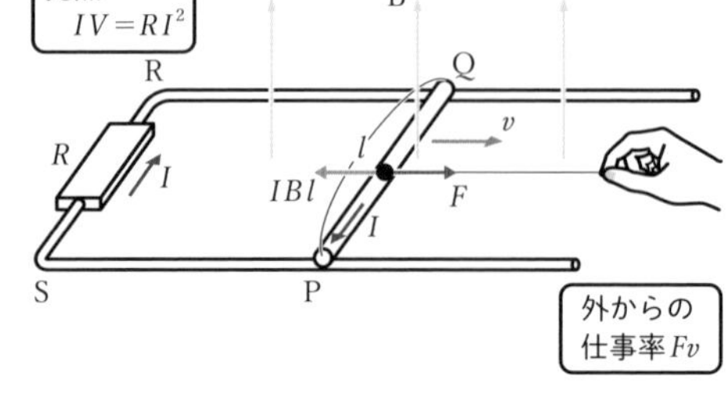

図 94　導体棒が受ける力と仕事率

① 回路 PSRQ 内の抵抗が R であれば，流れる電流は

$I=\dfrac{vBl}{R}$ となり，向きは**図 94** の青色矢印の向きである。

② 長さ l の導体棒に Q→P の向きに I の電流が流れると，導体棒は磁場から

$$IBl=\frac{vBl}{R}\cdot Bl=\frac{v(Bl)^2}{R}$$

の力を左向きに受ける。

③ したがって，導体棒が一定速度 v で右向きに運動を続けるためには

$$F=\frac{v(Bl)^2}{R}$$

の力で右向きに引き続ける必要がある。

④　このときの仕事率(単位時間あたりの仕事) P〔W〕は

$$P=\frac{W(\text{仕事})}{t(\text{時間})}=\frac{F(\text{力})\cdot s(\text{移動距離})}{t(\text{時間})}=Fv=\frac{(vBl)^2}{R}$$

である。

⑤　一方，抵抗器で単位時間あたりに発生するジュール熱(電力)〔W〕は

$$IV=\frac{vBl}{R}\cdot vBl=\frac{(vBl)^2}{R}$$

である。

⑥　上の④，⑤より，**導体棒に対して外力がした仕事の分だけ，抵抗器からジュール熱として発生している**ことがわかる。

例題 176　導体棒に加える仕事率と抵抗で発生するジュール熱

図 94 で，導体棒の長さ $l=5.0$ cm，$B=50$ mT，$v=10$ cm/s，$R=5.0\ \Omega$ とすると，一定速度 v を維持するために必要な，棒に加える仕事率 P はいくらか。またこの状態が 10 s 間続いたとき，抵抗に発生するジュール熱はいくらか。

解答

$$P=\frac{(vBl)^2}{R}=\frac{\{(10\times10^{-2}\ \text{m/s})\times(50\times10^{-3}\ \text{T})\times(5.0\times10^{-2}\ \text{m})\}^2}{5.0\ \Omega}$$

$$=1.25\times10^{-8}\ \text{W}\fallingdotseq1.3\times10^{-8}\ \text{W}\quad\cdots\text{答}$$

発生するジュール熱は

$$Q=Pt=1.25\times10^{-8}\ \text{W}\times10\ \text{s}=1.25\times10^{-7}\ \text{J}\fallingdotseq1.3\times10^{-7}\ \text{J}\quad\cdots\text{答}$$

POINT

磁場中を運動する導体棒に生じる誘導起電力と誘導電流

$$V=vBl$$

$$I=\frac{V}{R}=\frac{vBl}{R}$$

- V〔V〕：生じる誘導起電力の大きさ
- I〔A〕：生じる誘導電流の大きさ
- v〔m/s〕：導体棒の速さ
- B〔T〕：レール，導体棒を垂直に貫く磁束密度
- l〔m〕：導体棒の長さ
- R〔Ω〕：抵抗値

例題 177　磁場中を鉛直に運動する導体棒に生じる起電力

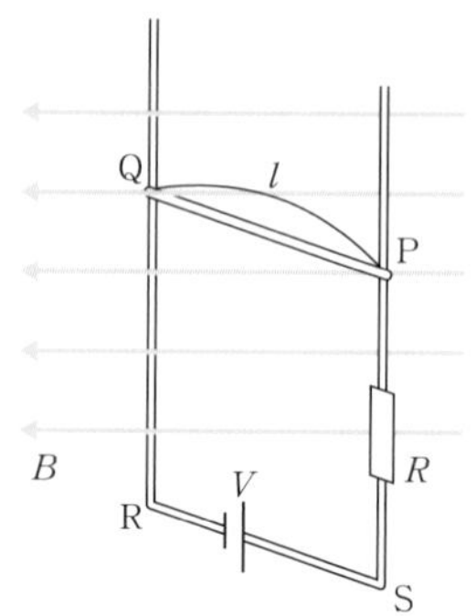

　図のように，鉛直に立てたレールに接触しながら，質量 m の導体棒 PQ が水平を保ったまま摩擦なく上下に運動できる装置がある。レールや導体棒には抵抗はない。RS，SP 間には起電力 V の電池，抵抗値 R の抵抗が接続してある。磁束密度 B の一様な磁場を面 PQRS に垂直左向きにかける。導体棒の長さを l，重力加速度の大きさを g として，以下の問いに答えよ。

(1)　抵抗値 R が R_0 よりも小さいとき，導体棒から手をはなすと上向きに運動を開始した。R_0 はいくらか。

(2)　導体棒が上向きに速度 v で運動している瞬間，回路 PQRS に流れる電流はいくらか。

(3)　十分に時間が経過すると，導体棒は一定の速度で上昇するようになる。そのとき回路に流れている電流はいくらか。

(4)　(3)の状態のとき，導体棒の上昇速度はいくらか。

(5)　(3)の状態のとき，電池による電力 IV，単位時間あたりに抵抗で発生するジュール熱 P_1，電流 I が流れる導体棒が磁場から受ける力による仕事率 P_2 の間に $IV=P_1+P_2$ の関係が成り立つことを証明せよ。

考え方　(1)　導体棒には重力 mg と，流れる電流が磁場から受ける力がはたらく。

(2)　電磁誘導の法則により，回路 PQRS には誘導起電力 V' が発生する。したがって，回路には起電力 V の電池と新たに生じた誘導起電力 V' の両方がかかる。

(3)　導体棒が一定の速度で上昇しているとき，受ける力の合力は 0 である。

(4)　(3)の電流が流れるような上昇速度を求める。

(5)　電池の仕事率 IV は抵抗で単位時間あたりに発生するジュール熱 P_1 と，導体棒をもち上げる仕事率 P_2 によって消費されている。

解答

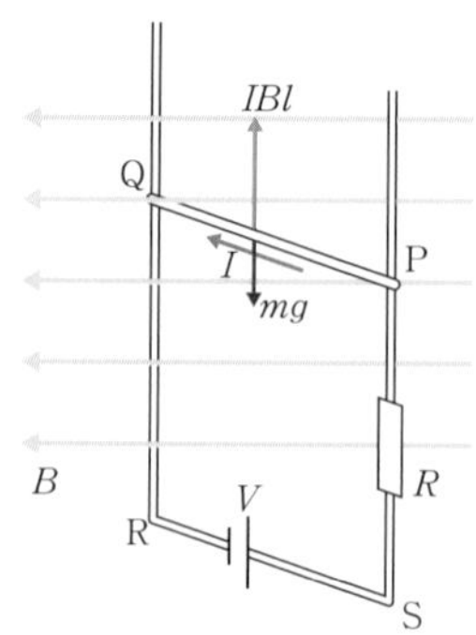

(1)　静止している導体棒に流れる電流は P→Q の向きに $I=\dfrac{V}{R}$ である。したがって，電流が磁場から受ける力は，上向きに

$$IBl=\frac{VBl}{R}$$

となる。l は導体棒の長さである。一方，棒は下向きに mg の重力を受けているので，手をはなしたとき上向きに運動するためには

$$\frac{VBl}{R}>mg$$

でなければならない。これより，$R<\frac{VBl}{mg}$ となる。

よって　　$R_0=\frac{VBl}{mg}$　…㊎

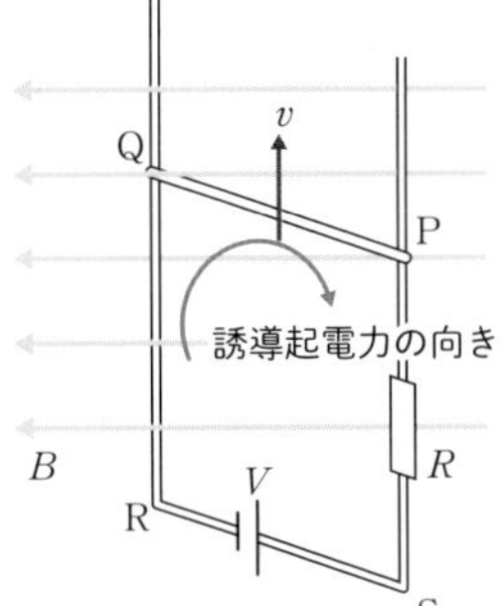

⑵　導体棒が上向きに速度 v で運動している瞬間には，電磁誘導の法則により，R→Q→P→S の向きに vBl の誘導起電力が発生している。これは電池の向きと反対向きなので，回路全体の起電力は $V-vBl$ となる。

したがって，このとき流れる電流は

$\frac{V-vBl}{R}$　…㊎

⑶　一定速度となったときに，導体棒が受ける力の合力は 0 である。

そのとき流れる電流を I_0 とすれば，電流が磁場から受ける力 I_0Bl と重力 mg がつり合うので

$$I_0Bl=mg$$

よって　　$I_0=\frac{mg}{Bl}$　…㊎

⑷　電流 I_0 が流れるときの速度を v_0 とすれば，⑵，⑶より

$$\frac{V-v_0Bl}{R}=\frac{mg}{Bl}$$

これを v_0 について解くと　　$v_0=\frac{1}{(Bl)^2}(VBl-mgR)$　…㊎

⑸　抵抗で単位時間あたりに発生するジュール熱は $P_1=I_0{}^2R=\left(\frac{mg}{Bl}\right)^2R$，電流が磁場から受ける力による仕事率は $P_2=I_0Bl\cdot v_0=mgv_0$ となる。P_2 は重力に逆らって棒を速度 v_0 でもち上げるときの仕事率で，⑷の v_0 を代入すると

$$P_2=mgv_0=\frac{mg}{(Bl)^2}(VBl-mgR)=\frac{mgV}{Bl}-\left(\frac{mg}{Bl}\right)^2R$$

最後に，電池のする仕事率は $I_0V=\frac{mgV}{Bl}$ である。以上より，$P_1+P_2=I_0V$ が成り立つ。

C ローレンツ力で考える

A のようなレールがなくても，磁場中を導体棒が動くと起電力が発生する。

図 95 のように，長さ l の導体棒が磁束密度 B に対して垂直右向きに速度 v で運動すると，次のことが起きる。

① $-e(e>0)$ の電気量をもつ導体棒内電子は P→Q の向きにローレンツ力 evB を受ける。

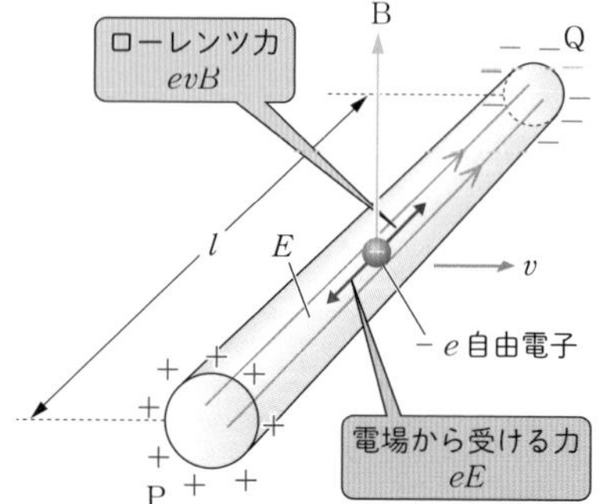

図 95　導体棒内電子の受けるローレンツ力

② その結果，端 Q には自由電子が蓄積して負に帯電し，端 P は自由電子が不足して正に帯電する。

③ 端 P，Q の正負の帯電により，P→Q の向きに電場 E が生じる。

④ 自由電子はローレンツ力に加えて eE の力を Q→P の向きに受ける。

⑤ $eE<evB$ であれば，端 Q で負の帯電が増え続け，端 P で正の帯電が増え続ける。その結果電場 E は増大する。

⑥ やがて $eE=evB$ になったところで，自由電子の移動が止まり，導体棒内電場 E は一定値 $E=vB$ となる。

⑦ このとき，P，Q 間には $V=El=vBl$ の電位差が生じている。

こうして，**導体棒に vBl の起電力が発生する**ことがわかる。

A では，vBl の起電力は，電磁誘導の法則により 1 巻きコイル PSRQ 全体に発生したものである。しかし，C では，導体棒自体が端 P を正極，端 Q を負極とした，起電力 vBl の電池のはたらきを担う。

コラム | **うず電流**

アルミニウムは常磁性体(p.516 参照)なので，磁石を近づけてもつかない。しかしアルミ板に磁石を当て，急にもち上げると，アルミ板もいっしょにもち上がる。N 極を引き離すのであれば，アルミ板を下向きに貫く磁束が減少し，図のような誘導電流が発生する。その誘導電流が磁場から上向きの力を受け，アルミ板を浮き上がらせたためである。このとき流れる電流を「**うず電流**」とよんでいる。

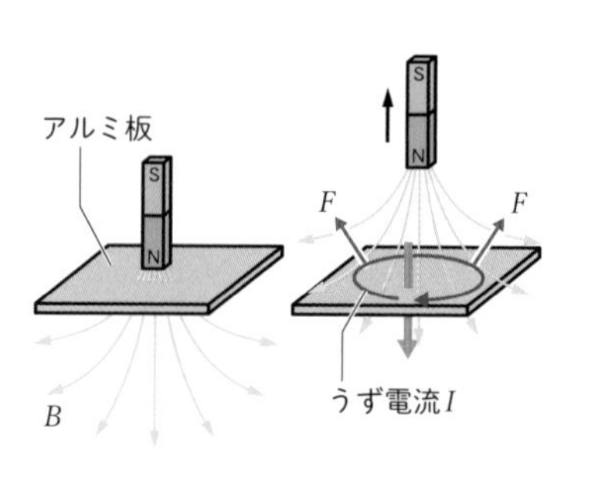

2 相互誘導と自己誘導

1 相互誘導

A 相互誘導

図 96 のように，1 次コイルに電源を接続し，コイルに流す電流を変化させると，1 次コイルのつくる磁場が変化する。すると 2 次コイルを貫く磁束が変化する。その結果，2 次コイル側に誘導起電力が発生し，誘導電流が流れる。これを**相互誘導**という。

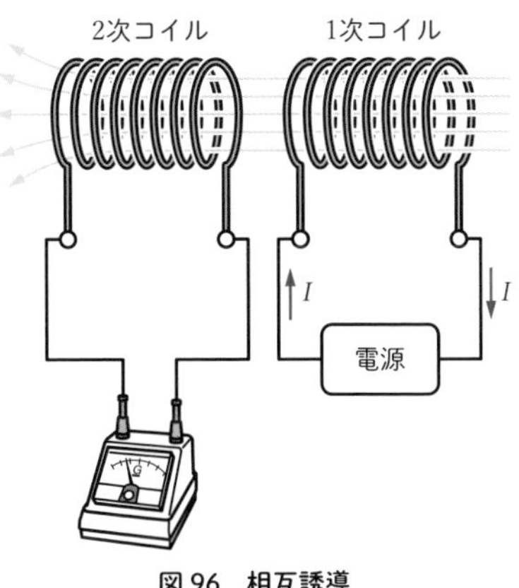

図 96　相互誘導

B 相互インダクタンス

2 次コイルを貫く磁束は 1 次コイルに生じる磁場に比例する。磁場は 1 次コイルを流れる電流に比例する。したがって，2 次コイルを貫く磁束の単位時間あたりの変化 $\dfrac{\Delta\Phi}{\Delta t}$ は 1 次コイルを流れる電流 I_1 の単位時間あたりの変化 $\dfrac{\Delta I_1}{\Delta t}$ に比例する。電磁誘導の法則により，2 次コイルに発生する誘導起電力 V_2 は $\dfrac{\Delta\Phi}{\Delta t}$ に比例するので

$$V_2 = -M\frac{\Delta I_1}{\Delta t} \qquad \cdots\cdots (78)$$

と表すことができる。発生する誘導起電力の正の向きはp.527 の**図 90**にしたがって決める。M は比例定数で，**相互インダクタンス**という。単位は**ヘンリー（記号：H)**である。$\mathrm{H=V/(A/s)=\Omega\cdot s=Wb/A}$ の関係が成り立つ。

例題 178　2 重コイルの相互誘導

右図の 1 次コイルは長さ l〔m〕，巻き数 N_1，断面積 S〔m^2〕，2 次コイルの巻き数は N_2 である。2 重コイルの相互インダクタンスを求めよ。

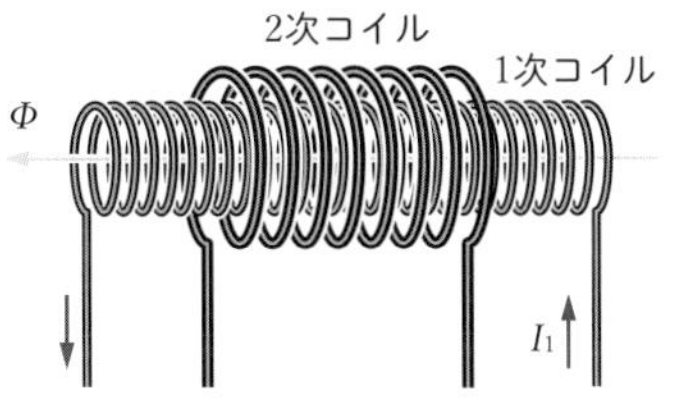

解答

1次コイル内にできる磁場は$H=nI_1$(p.506参照)，nは単位長さあたりの巻き数で，$n=\dfrac{N_1}{l}$である。したがって，1次コイル内の磁束密度は$B=\mu_0 H=\dfrac{\mu_0 N_1 I_1}{l}$となる。これより磁束は$\Phi=BS=\dfrac{\mu_0 S N_1 I_1}{l}$となり，これが2次コイルをも貫く。2次コイルに発生する誘導起電力は電磁誘導の法則により

$$V_2=-N_2\frac{\Delta\Phi}{\Delta t}=-\frac{\mu_0 S N_1 N_2}{l}\frac{\Delta I_1}{\Delta t}=-M\frac{\Delta I_1}{\Delta t}\qquad よって\quad M=\frac{\mu_0 S N_1 N_2}{l}\quad \cdots (答)$$

2 自己誘導

A 自己誘導

電池とスイッチ，豆電球，そしてコイルを鉄心に500回以上巻いたものを用意し，**図97**のように接続する。スイッチを入れると，乾電池の起電力により豆電球が点灯する。その状態でスイッチを切ると，一瞬であるが，豆電球はより明るく光ってから消える。これはコイルに高い誘導起電力が発生したためで，この現象を**自己誘導**という。

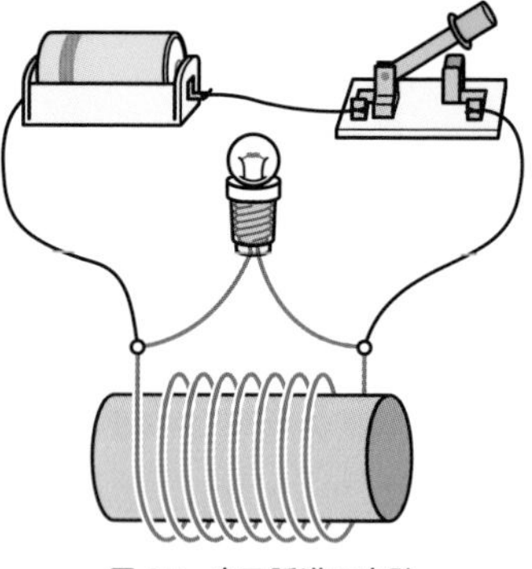

図97　自己誘導の実験

B 自己インダクタンス

コイルに生じる磁場は流れる電流Iに比例するので，そのコイルを貫く磁束Φも電流Iに比例する。したがって単位時間あたりの磁束の変化$\dfrac{\Delta\Phi}{\Delta t}$は，単位時間あたりの電流の変化$\dfrac{\Delta I}{\Delta t}$に比例する。その結果，コイルに生じる誘導起電力$V$は

$$V=-L\frac{\Delta I}{\Delta t}\qquad \cdots\cdots (79)$$

と表すことができる。Lは比例定数で，**自己インダクタンス**という。単位は**ヘンリー（記号：H）**である。自己誘導では，相互誘導の1次コイル，2次コイルの役割を同一のコイルが果たしていると考えることができる。

図97の実験では，スイッチを切った瞬間にコイルを貫く磁束が大きく変化し，その結果高い誘導起電力が発生して，豆電球がより明るくなった。

例題 179　コイルの自己インダクタンス

図 97 の鉄心付コイル（チョークコイル）は断面積 5.0 cm^2，長さ 10 cm の鉄心に 600 回巻いてある。真空の透磁率を $\mu_0=4\pi\times10^{-7}\ \mathrm{N/A^2}$，鉄の比透磁率 μ_r を 250 としたとき，コイルの自己インダクタンスはいくらか。

解答

断面積 S，長さ l の鉄心にコイルを N 回巻き，I の電流を流すと，鉄心内に生じる磁束密度は　$B=\mu_r\mu_0\dfrac{N}{l}I$

したがって，磁束は　$\Phi=BS=\dfrac{\mu_r\mu_0NS}{l}I$

電磁誘導の法則により　$V=-N\dfrac{\Delta\Phi}{\Delta t}=-\dfrac{\mu_r\mu_0N^2S}{l}\dfrac{\Delta I}{\Delta t}=-L\dfrac{\Delta I}{\Delta t}$

よって　$L=\dfrac{\mu_r\mu_0N^2S}{l}$

数値を代入し　$L=\dfrac{250\times(4\pi\times10^{-7}\ \mathrm{N/A^2})\times600^2\times5.0\times10^{-4}\ \mathrm{m^2}}{10\times10^{-2}\ \mathrm{m}}$

$=0.57\ \mathrm{H}$　…(答)

POINT

相互誘導と自己誘導

$$V_2=-M\frac{\Delta I_1}{\Delta t}$$

V_2〔V〕：2次コイルに生じる誘導起電力

$\dfrac{\Delta I_1}{\Delta t}$〔A/s〕：1次コイルに流れる電流の単位時間あたりの変化

M〔H〕：相互インダクタンス

$$V=-L\frac{\Delta I}{\Delta t}$$

V〔V〕：コイルに生じる誘導起電力

$\dfrac{\Delta I}{\Delta t}$〔A/s〕：コイルに流れる電流の単位時間あたりの変化

L〔H〕：自己インダクタンス

コイルが発生する磁束Φは，自己インダクタンスL，コイルに流れる電流Iを用いて$\Phi=LI$と表すことができる。したがって

$$V=-L\frac{\Delta I}{\Delta t}=-\frac{\Delta\Phi}{\Delta t}$$

である。自己インダクタンスはコイルの能力を表す指標である。

C コイルにたくわえられるエネルギー

図 98 の自己誘導の実験で，スイッチを切った瞬間に豆電球がより明るく光るのは，コイルに発生した誘導起電力によるものである。つまり，電流が流れている状態のコイルには仕事をする能力，すなわちエネルギーがたくわえられていることがわかる。自己インダクタンス L〔H〕のコイルに I〔A〕の電流が流れているとき，コイルにたくわえられているエネルギー U〔J〕は次の式で表される。

$$U=\frac{1}{2}LI^2 \qquad \cdots\cdots (80)$$

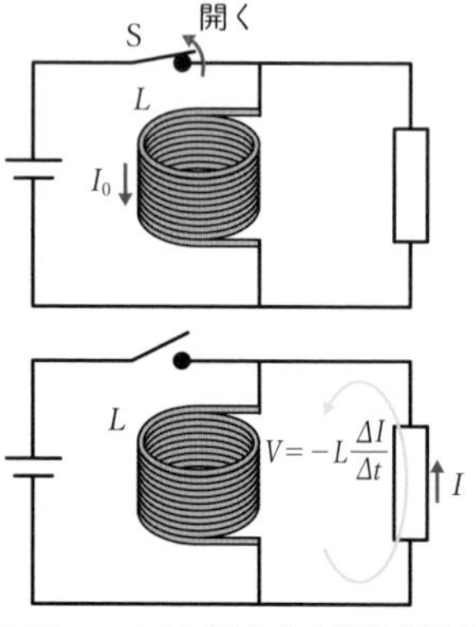

図 98　コイルに発生する誘導起電力

図 98 の回路で自己インダクタンス L のコイルに電流が流れているとき，スイッチ S を開くと，コイルには

$$V=-L\frac{\Delta I}{\Delta t}$$

の誘導起電力が発生する。抵抗で時間 Δt の間に発生するジュール熱 ΔQ は $\Delta Q=IV\Delta t$ であるので

$$\Delta Q=I\left(-L\frac{\Delta I}{\Delta t}\right)\Delta t=-IL\,\Delta I$$

である。したがって，コイルに流れている電流が I_0 から 0 になるまでの間，抵抗で発生する全ジュール熱 Q は $Q=\Sigma(-IL\,\Delta I)$ となる。

ところで，$\Sigma(-IL\,\Delta I)$ は**図 99** のグラフの面積に等しい。これより

$$Q=\frac{1}{2}LI_0{}^2$$

となる。つまり I_0 が流れている自己インダクタンス L のコイルには $\frac{1}{2}LI_0{}^2$ の仕事をする能力がある。

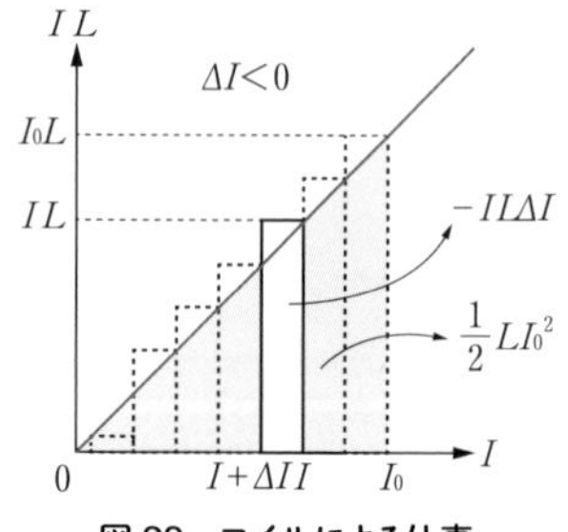

図 99　コイルによる仕事

3 交流

1 交流の発生

A 交流発電機

図 100 のようにN極からS極に向かう磁場中で四角形のコイル ABCD を回転させる。するとコイルを貫く磁束が時間変化し，コイルに誘導起電力が発生する。コイルが回転するたびに，磁場がコイル面を裏から表に向かって貫いたり，表から裏に向かって貫いたりするので，起電力の向きが交互に反転する**交流起電力**が生じる。

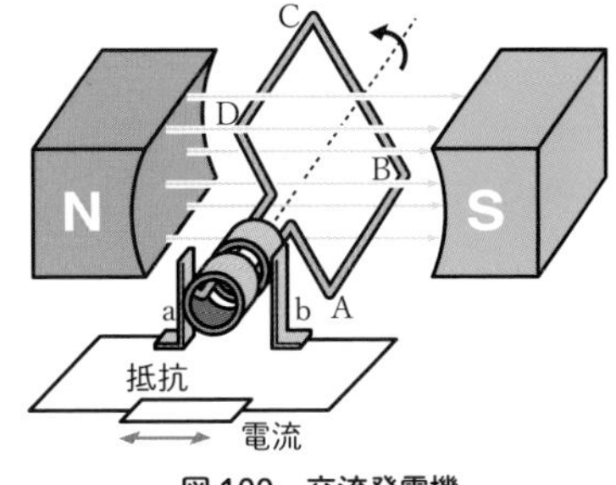

図 100　交流発電機

B コイルを貫く磁束

磁束密度 B〔T〕の磁場中に置かれたコイルのコイル面 ABCD の面積を S〔m^2〕とする。また，コイルは反時計回りに角速度 ω〔rad/s〕で回転しているとする。時刻 $t=0$ で垂直であったコイル面 ABCD は t〔s〕後には $\theta=\omega t$ だけ傾くので，磁束密度 B の方向から見たコイル面 ABCD の面積は $S\cos\theta=S\cos\omega t$ である。したがって，コイルを貫く磁束 Φ〔Wb〕は次式で表される。

$$\boldsymbol{\Phi=BS\cos\omega t} \quad \cdots\cdots (81)$$

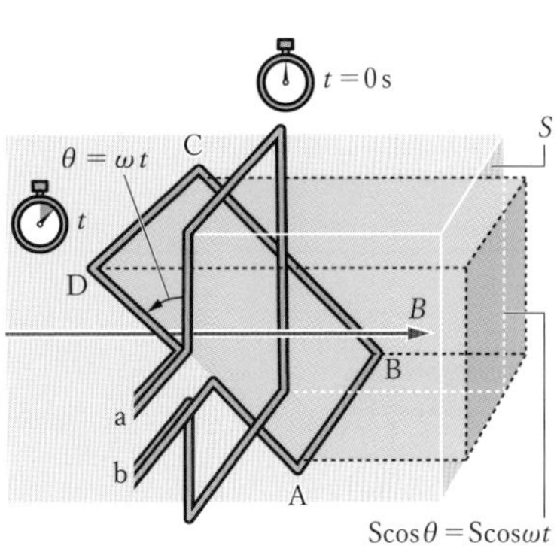

図 101　コイルを貫く磁束

C コイルに生じる誘導起電力

ファラデーの電磁誘導の法則により，**図 101** のコイル ABCD に生じる誘導起電力は

$$V=-\frac{\Delta\Phi}{\Delta t}$$

である。$\dfrac{\Delta\Phi}{\Delta t}$（**図 102**(b)）は Φ-t グラフ（**図 102**(a)）の各瞬間ごとの接線の傾きであるの

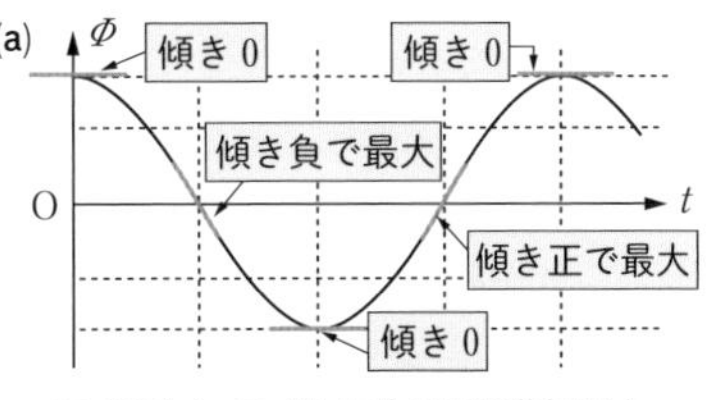

図 102(a)　コイルに生じる誘導起電力

で，$-\dfrac{\Delta\Phi}{\Delta t}$ は**図 102(c)**のように時間変化することがわかる。その最大値を V_0 とすると，交流起電力 V は次式で表される。

$$V = V_0 \sin\omega t \qquad \cdots\cdots (82)$$

ω〔rad/s〕を交流の角周波数という。また，コイルが 1 回転する時間 T〔s〕は交流の周期である。交流の周波数 f〔Hz〕は

$$f = \frac{1}{T}$$

と表される。

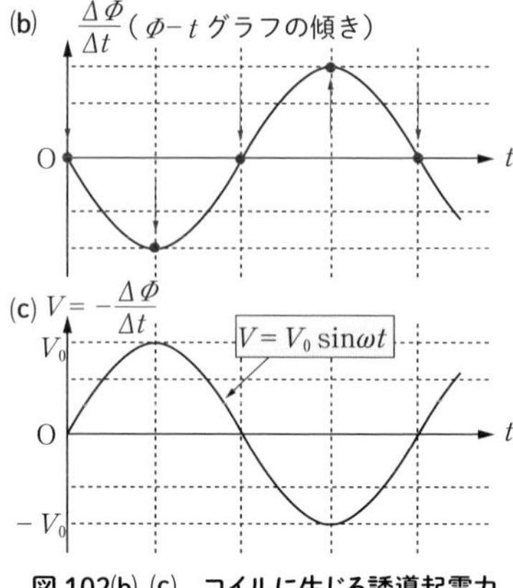

図 102(b),(c)　コイルに生じる誘導起電力

POINT

交流起電力

$$V = V_0\sin\omega t = V_0\sin\frac{2\pi}{T}t = V_0\sin 2\pi ft$$

ω〔rad/s〕：交流の角周波数＝コイルの回転の角速度

T〔s〕：交流の周期＝コイルの回転周期，$T=\dfrac{2\pi}{\omega}$

f〔Hz〕：交流の周波数＝コイルの回転数，$f=\dfrac{1}{T}$

例題 180　交流の発生

前ページの**図 100** のコイルが 1 秒間に 50 回転しているとき，下図のような交流起電力が発生した。以下の問いに答えよ。ただし，起電力は A → B → C → D の向きを正とする。

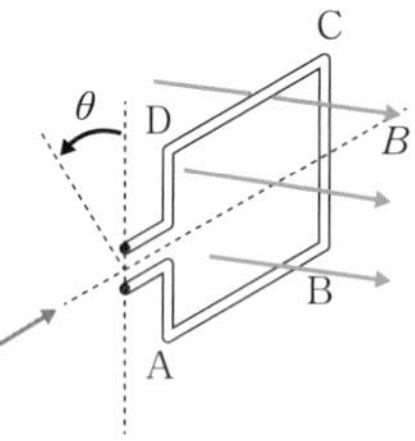

(1)　交流の周期 T はいくらか。

(2)　$t=\dfrac{3T}{2}$ のとき，コイルの状態は(a)～(h)のどれか。ただし，(a)～(h)はコイルを青い矢印の向きに見たものである。

(3)　コイルの状態が(d)のとき，起電力の大きさはいくらか。

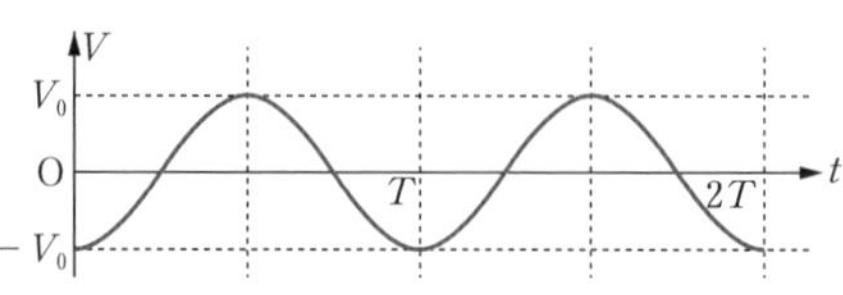

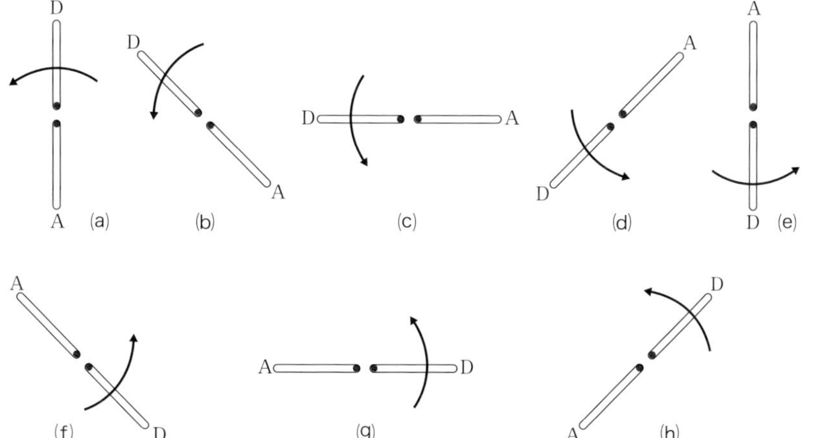

考え方 (1) 周期 T と周波数 f の間には $T=\dfrac{1}{f}$ の関係がある。

(2) **図 101，102** を参考にしてコイルの回転角と発生する起電力の関係を理解する。

(3) 交流起電力はコイルの回転角を用いて $V=V_0\sin\theta$ と表されることに注意する。

解答

(1) コイルが 1 秒間に 50 回転すれば，周波数 $f=50\ \mathrm{Hz}$ の交流が発生する。

$$T=\frac{1}{f}=\frac{1}{50\ \mathrm{Hz}}=0.020\ \mathrm{s}\quad\cdots\text{答}$$

(2) $t=\dfrac{3T}{2}$ で，起電力は最大値 V_0 であるので，**図 101，102** を参考にすると，

コイルの回転角が $\theta=\dfrac{\pi}{2}$ のときに相当することがわかる。　(c) …答

(3) (d)の状態はコイルの回転角が $\theta=\dfrac{3\pi}{4}$ のときに相当する。

$$V=V_0\sin\frac{3\pi}{4}=\frac{1}{\sqrt{2}}V_0\quad\cdots\text{答}$$

2 抵抗を流れる交流

A 抵抗を流れる電流

抵抗 R〔Ω〕の抵抗器に電圧が $V=V_0\sin\omega t$ で時間変化する交流電源を接続すると，抵抗器に電流 I〔A〕が流れる。抵抗器にかかる電圧 V〔V〕は瞬間毎に変化する

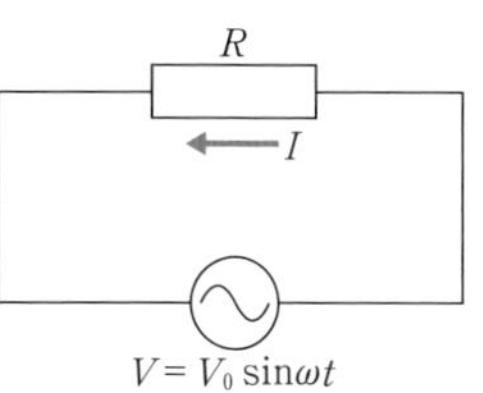

図 103　抵抗を流れる電流

が，各瞬間でオームの法則が成り立つので

$$I=\frac{V}{R}=I_0\sin\omega t \quad \left(I_0=\frac{V_0}{R}：最大電流\right) \quad \cdots\cdots (83)$$

と表すことができる。電圧が最大の瞬間に電流も最大となり，抵抗にかかる電圧と流れる電流は，等しい時間変化をする。

B 交流のベクトル図

抵抗両端の電圧 V と流れる電流 I の時間変化は**図 104** のグラフで表される。これを**図 104** のようなベクトル $\vec{V}$ とベクトル $\vec{I}$ が反時計回りに角速度 ω で回転し，その縦軸への射影がその瞬間の V，I を与えると考えると，わかりやすい。

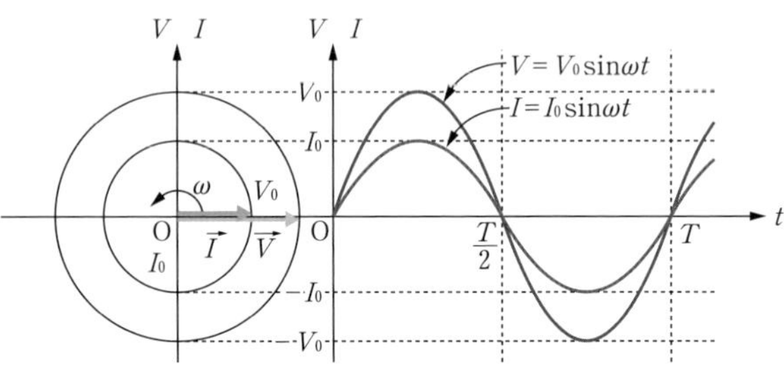

図 104　交流のベクトル図

図 104 に示すように V，I は同じ時間変化をするので，ベクトル $\vec{V}$，$\vec{I}$ はつねに同じ向きを向きながらそろって回転している。つまり，ベクトル $\vec{V}$，$\vec{I}$ の回転角はつねに等しい。この回転角のことをベクトルの**位相**という。抵抗にかかる電圧と流れる電流の位相は等しい。

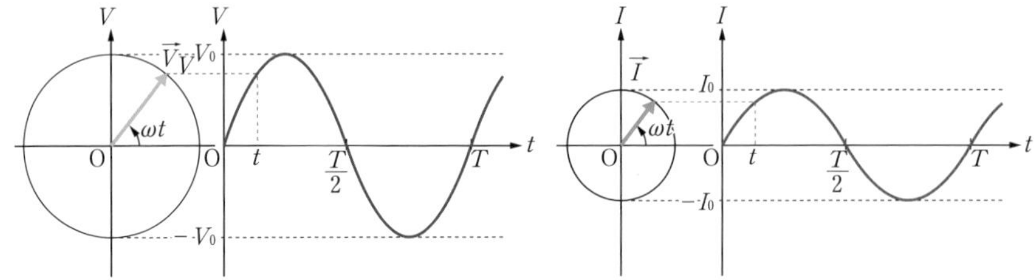

図 105　抵抗にかかる電圧と流れる電流の位相

POINT

抵抗にかかる交流電圧と交流電流

$V=V_0\sin\omega t$ $\left(\omega=\frac{2\pi}{T}=2\pi f：交流の角周波数，T：周期，f：周波数\right)$

$I=I_0\sin\omega t$　**電圧と電流の位相は等しい**

3 交流の電力と実効値

A 抵抗で消費される電力

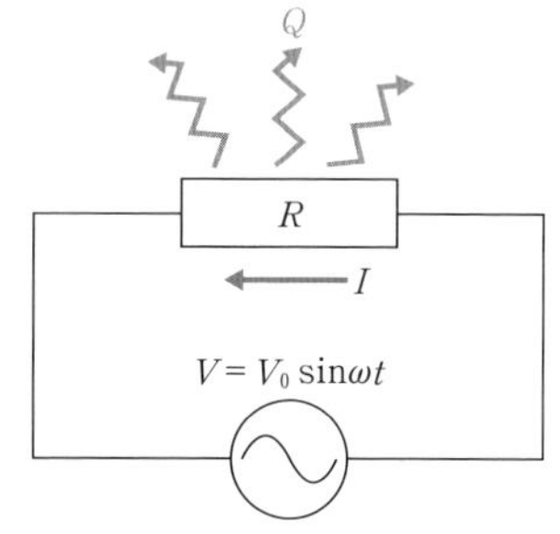

図 106　抵抗を流れる電流

抵抗 R〔Ω〕の抵抗器に起電力 $V=V_0\sin\omega t$ の交流電源を接続すると，抵抗に $I=I_0\sin\omega t$ の交流電流が流れる(**図 106**)。電圧が V である瞬間に I の電流が流れれば，その瞬間の電力は IV であるので

$$P=IV=I_0V_0\sin^2\omega t \quad \cdots\cdots (84)$$

となる。

交流では消費電力 P も時間変化する。電力 P の時間変化は**図 107** (a)の赤線グラフになる。

B 抵抗で発生するジュール熱と平均の電力

抵抗 R で Δt〔s〕の間に発生するジュール熱 ΔQ は

$$\Delta Q=P\Delta t=I_0V_0\sin^2\omega t\cdot\Delta t$$

である。これは**図 107** (a)の青い長方形の面積に等しいが，時間毎にその面積は変化している。周期 T の間に発生する全ジュール熱はこれらの長方形の面積をたし合わせたもので，Δt が十分に小さな極限を考えれば，**図 107** (a)緑色の領域の面積に等しくなる。

ところで，**図 107** (b)中の(1)，(2)，(3)，(4)の領域の面積はそれぞれ等しいので，**図 107** (a)の緑色の領域の面積は**図 107** (c)の緑色の長方形の面積に等しい。したがって，周期 T の間に発生する全ジュール熱 Q は

$$Q=\Sigma\Delta Q=\frac{I_0V_0}{2}\cdot T$$

となる。周期 T の間の**平均の消費電力**を $\overline{P}$ とすると

$$Q=\overline{P}T$$

と書くことができるので，平均の消費電力は

$$\overline{P}=\frac{I_0V_0}{2} \quad \cdots\cdots (85)$$

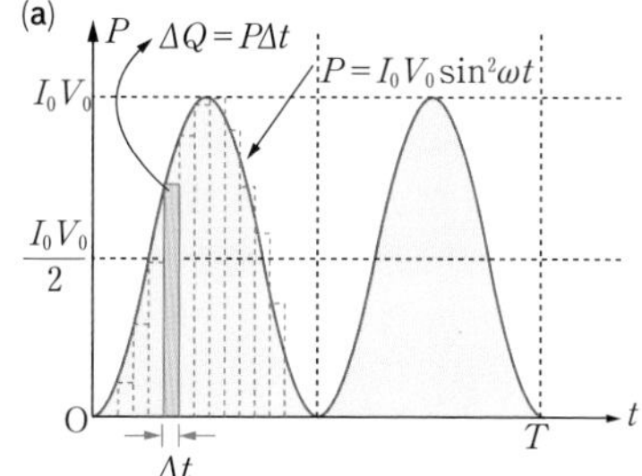

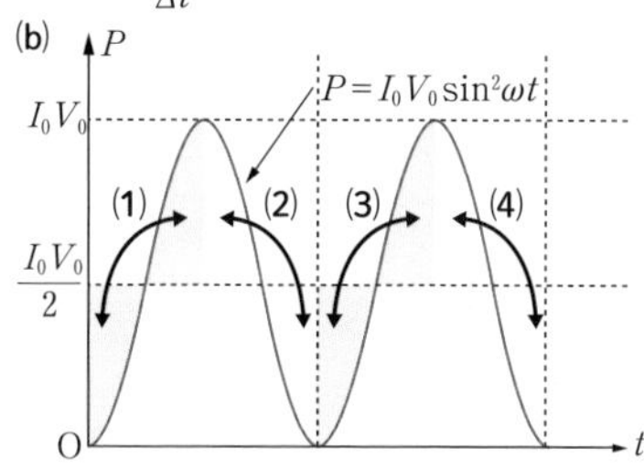

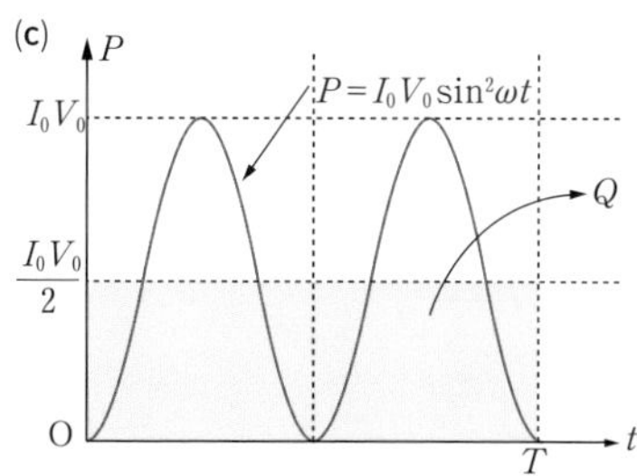

図 107　抵抗で発生するジュール熱

と表される。交流回路では，平均の電力のことを単に電力という。

参考　消費電力

■消費電力 P のグラフ

図107の消費電力 P は

$$P=IV=I_0\sin\omega t\cdot V_0\sin\omega t$$
$$=I_0V_0\sin^2\omega t$$

と表される。ここで，三角関数の $\sin^2\theta=\dfrac{1-\cos 2\theta}{2}$ の公式を用いると

$$P=\frac{I_0V_0}{2}(1-\cos 2\omega t)$$
$$=\frac{I_0V_0}{2}\left(1-\cos\frac{4\pi}{T}t\right)$$

となる。$-\dfrac{I_0V_0}{2}\cos\dfrac{4\pi}{T}t$ のグラフは

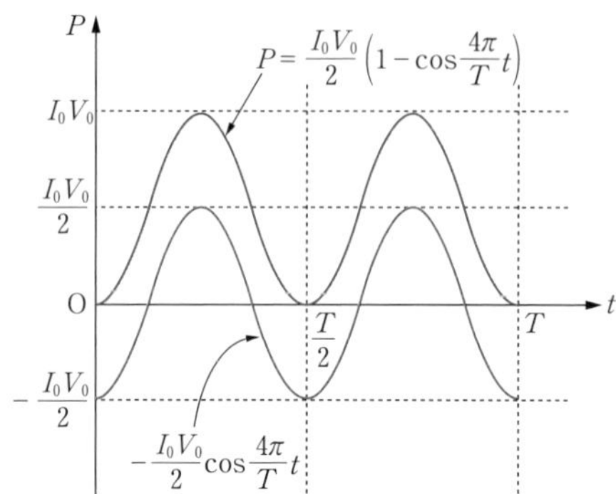

周期が $\dfrac{T}{2}$ の図の赤い実線のグラフとなることがすぐにわかるので，電力 P のグラフはこれに $\dfrac{I_0V_0}{2}$ を加えたもの，図の青い実線のグラフとなる。

■消費電力 P の平均値 $\overline{P}$

抵抗で1周期 T の間に発生するジュール熱 Q は図106(a)の緑色の領域の面積である。この間の平均の電力を $\overline{P}$ とすれば

$$Q=\overline{P}\,T=\int_0^T Pdt$$

と表すことができる。これより

$$\overline{P}=\frac{1}{T}\int_0^T Pdt=\frac{1}{T}\int_0^T I_0V_0\sin^2\frac{2\pi}{T}tdt=\frac{1}{T}\cdot\frac{I_0V_0}{2}\int_0^T\left(1-\cos\frac{4\pi}{T}t\right)dt=\frac{I_0V_0}{2}$$

が得られる。ただし，$\displaystyle\int_0^T\cos\frac{4\pi}{T}tdt=0$ の関係を用いた。

C 電流，電圧の実効値

直流回路では電力 P は電流 I，電圧 V を用いて $P=IV$ と表せる。そこで，交流回路においても平均の電力 $\overline{P}$ を

$$\overline{P}=I_eV_e \quad \cdots\cdots(86)$$

と表すこととし，I_e，V_e をそれぞれ**電流の実効値**，**電圧の実効値**という。

$$\overline{P}=\frac{I_0V_0}{2}$$

であるから

$$I_e=\frac{I_0}{\sqrt{2}},\quad V_e=\frac{V_0}{\sqrt{2}} \quad \cdots\cdots(87)$$

である。

参考　電流，電圧の２乗平均

交流の電流 I や電圧 V は $I=I_0\sin\omega t$ や $V=V_0\sin\omega t$ というように sin 関数で表されるので，どのような電流，電圧であっても，その１周期の平均をとれば０になってしまう。そこで，２乗してから平均をとると

$$\overline{I^2}=\frac{I_0^2}{T}\int_0^T\sin^2\frac{2\pi}{T}tdt,\quad \overline{V^2}=\frac{V_0^2}{T}\int_0^T\sin^2\frac{2\pi}{T}tdt$$

となり，０でない値をとることができる。平均の電力の場合と同じようにして $\int_0^T\sin^2\frac{2\pi}{T}tdt=\frac{T}{2}$ となることがわかるので，$\overline{I^2}=\frac{I_0^2}{2}$，$\overline{V^2}=\frac{V_0^2}{2}$ となり，$\overline{I}=\sqrt{\overline{I^2}}=\frac{I_0}{\sqrt{2}}$，$\overline{V}=\sqrt{\overline{V^2}}=\frac{V_0}{\sqrt{2}}$ であることがわかる。これを実効値 I_e，V_e としたのである。

POINT

電力と電流，電圧の実効値

$$\overline{P}=I_eV_e$$

$$I_e=\frac{I_0}{\sqrt{2}}$$

$$V_e=\frac{V_0}{\sqrt{2}}$$

（P〔W〕：交流の電力（平均の電力）
I_e〔A〕：電流の実効値
V_e〔V〕：電圧の実効値）

例題 181　電流，電圧の実効値

電圧が $V=(100\text{ V})\times\sin(100\pi t/\text{s})$ で表される交流電源に $R=200\text{ k}\Omega$ の抵抗器を接続した。次の問いに答えよ。

(1)　電流 I の時間変化を求めよ。また，この交流の周期 T はいくらか。

(2)　電流の最大値，電流の実効値，電力を求めよ。

考え方 (1)　抵抗器を流れる電流と電圧の位相は等しい。

(2)　電流の実効値と最大電流の関係は

P（電力（平均の電力））$=I_e$（電流の実効値）・V_e（電圧の実効値）

解答

(1)　$I=\frac{V}{R}=\frac{100\text{ V}}{2.0\times10^5\ \Omega}\times\sin(100\pi t/\text{s})=(5.0\times10^{-4}\text{ A})\sin(100\pi t/\text{s})$ …(答)

$I=I_0\sin\frac{2\pi}{T}t$ より　$\frac{2\pi}{T}t=100\pi t/\text{s}$，$T=0.020\text{ s}$ …(答)

(2) $I=(5.0\times10^{-4}\,\mathrm{A})\times\sin(100\pi t/\mathrm{s})$，$I=I_0\sin\omega t$ より，電流の最大値は

$I_0=5.0\times10^{-4}\,\mathrm{A}$ …答

電流の実効値は　$I_e=\dfrac{I_0}{\sqrt{2}}=3.5\times10^{-4}\,\mathrm{A}$ …答

電力(平均の電力)は　$P=\dfrac{1}{2}I_0V_0=\dfrac{1}{2}\times(5.0\times10^{-4}\,\mathrm{A})\times100\,\mathrm{V}$

$=2.5\times10^{-2}\,\mathrm{W}$ …答

D 変圧器

鉄心に N_1 回巻きのコイル 1，N_2 回巻きのコイル 2 を**図 108** のように取り付け，コイル 1 を交流電源に接続する。すると，鉄心の中に変動する磁場が生じる。鉄心を通る磁束は両方のコイルを貫くので，時間 Δt の間の磁束の変化を $\Delta\Phi$ とすると，コイル 1，2 に生じる誘導起電力の大きさは $\left|N_1\dfrac{\Delta\Phi}{\Delta t}\right|$，$\left|N_2\dfrac{\Delta\Phi}{\Delta t}\right|$ となる。

$$V_1=\left|N_1\frac{\Delta\Phi}{\Delta t}\right| \qquad V_2=\left|N_2\frac{\Delta\Phi}{\Delta t}\right|$$

V_1，V_2 はそれぞれコイル 1，2 の時刻 t における電圧の大きさ(絶対値)である。両辺の比をとれば

$$\frac{V_1}{V_2}=\frac{N_1}{N_2} \qquad \cdots\cdots(88)$$

の関係が得られる。また，コイルの導線や鉄心で消費されるジュール熱などが無視できれば，コイル 1，2 の電力は等しいので，コイル 1，2 の電流の実効値を I_1，I_2 とすれば

$$I_1V_1=I_2V_2 \qquad \cdots\cdots(89)$$

が成り立つ。

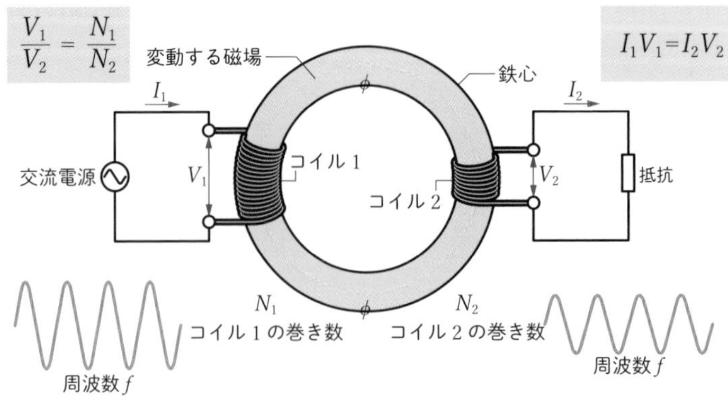

図 108　変圧器の原理

変圧器の原理

$$\frac{V_1}{V_2}=\frac{N_1}{N_2},\quad I_1V_1=I_2V_2 \qquad \left(\begin{array}{l}\text{1次コイル：巻き数}N_1,\ \text{電圧}V_1,\ \text{電流}I_1\\ \text{2次コイル：巻き数}N_2,\ \text{電圧}V_2,\ \text{電流}I_2\end{array}\right)$$

4 コイルを流れる交流

A 交流に対するコイルのはたらき

チョークコイルと豆電球を**図109**のように，同じ電圧(直流電圧と交流電圧の実効値が等しい)の直流電源，交流電源とにそれぞれ接続する。明らかに交流電源と接続したほうが暗くなる。つまりコイルは，交流から見ると，抵抗のはたらきをしていることがわかる。

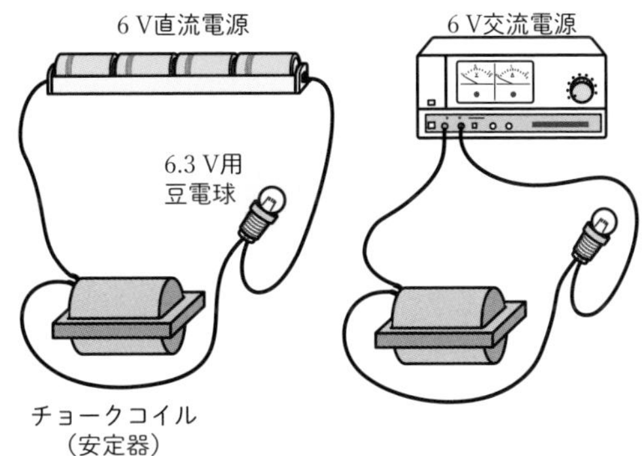

図109　コイルのはたらき

B コイルを流れる電流の実効値

自己インダクタンスL〔H〕のコイルを実効値 V_e〔V〕の交流電源に接続する。このときコイルを流れる電流の実効値I_e〔A〕は

$$I_e=\frac{V_e}{X_L},\quad X_L=\omega L=\frac{2\pi L}{T}=2\pi fL \qquad \cdots\cdots (90)$$

$\left(\begin{array}{l}T\text{〔s〕：交流の周期}\\ f\text{〔Hz〕：交流の周波数}\\ L\text{〔H〕：コイルの自己インダクタンス}\end{array}\right)$

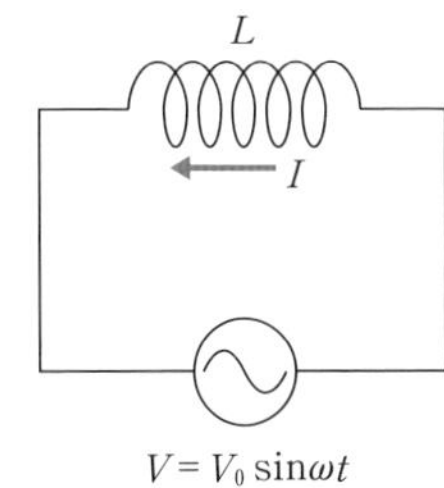

図110　コイルを流れる電流

となり，オームの法則が成り立つ。X_L をコイルの**誘導リアクタンス**といい，**交流がコイルから受ける抵抗の大きさ**を表す。単位の H/s(ヘンリー毎秒)はΩ(オーム)となる。

誘導リアクタンス X_L は交流の周波数 f に比例するので，自己インダクタンス L が等しいコイルであっても，f が大きいほど X_L は大きい。直流は周波数 $f=0$ なので，誘導リアクタンス X_L は0になる。

例題 182 **コイルを流れる交流電流の実効値**

周波数 50 Hz, 電圧の実効値 100 V の交流電源を自己インダクタンス 100 H(ヘンリー)のコイルに接続した。流れる電流の実効値はいくらか。

考え方 交流から見ればコイルは抵抗が誘導リアクタンス X_L の抵抗器である。

解答

電流の実効値 $I_e=\frac{V_e}{X_L}$, 電圧の実効値 $V_e=100\ \mathrm{V}$, 誘導リアクタンス $X_L=2\pi fL=2\times3.14\times50\ \mathrm{Hz}\times100\ \mathrm{H}=3.14\times10^4\ \Omega$ より

$$I_e=\frac{V_e}{X_L}=\frac{100\ \mathrm{V}}{3.14\times10^4\ \Omega}=3.2\times10^{-3}\ \mathrm{A}$$ …(答)

C コイルの自己誘導と誘導リアクタンス

コイルに誘導リアクタンスが生じるのは, コイルに流れる交流電流により, 誘導起電力が発生するからである。

コイルを流れる電流が Δt〔s〕の間に ΔI〔A〕変化すると, コイルには

$$E=-L\frac{\Delta I}{\Delta t}$$

の誘導起電力が生じる。この瞬間の交流電源電圧が V であれば, キルヒホッフの第 2 法則により

$$V+E=0$$

でなければならない。交流起電力を $V=V_0\sin\omega t$ とすると

$$\frac{\Delta I}{\Delta t}=\frac{V_0}{L}\sin\omega t \quad \left(\frac{\Delta I}{\Delta t}\text{は }I\text{-}t\text{ グラフの傾き}\right)$$

の関係式を得る。

そこで, 上の関係を満たす電流 I がどのように時間変化するのか考える。もし, 電流が**図 112** の緑色のグラフのように $I=-I_0\cos\omega t$ と時間変化するとすれば, $t=0$, $\frac{T}{2}$, T でその接線の傾きが 0 $\left(\frac{\Delta I}{\Delta t}=0\right)$, $t=\frac{T}{4}$ で傾きが正で最大, $t=\frac{3T}{4}$ で傾きが負で最大, つまり $\frac{\Delta I}{\Delta t}$ が $\sin\omega t$ で時間変化し, 上の関係式を満たすことがわかる。

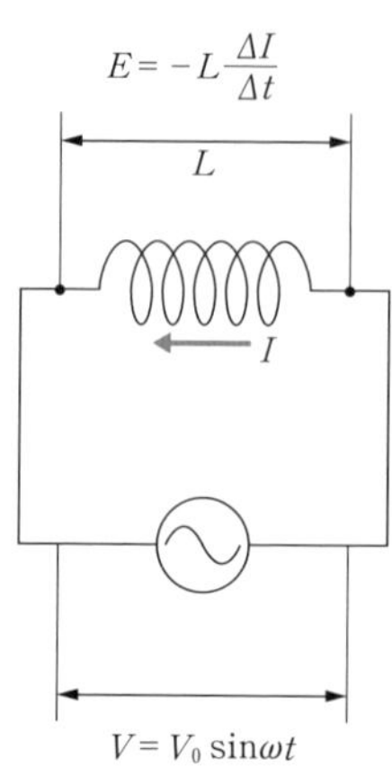

図 111　コイルの自己誘導

$$\boldsymbol{I=-I_0\cos\omega t=I_0\sin\left(\omega t-\frac{\pi}{2}\right)} \quad \cdots\cdots(91)$$

と表されるので，**図 112** の電圧ベクトル $\vec{V}$ に対して回転角(位相)が $\dfrac{\pi}{2}$ だけ遅れて回転する電流ベクトル $\vec{I}$ の縦軸への射影がコイルに流れる交流電流となる。

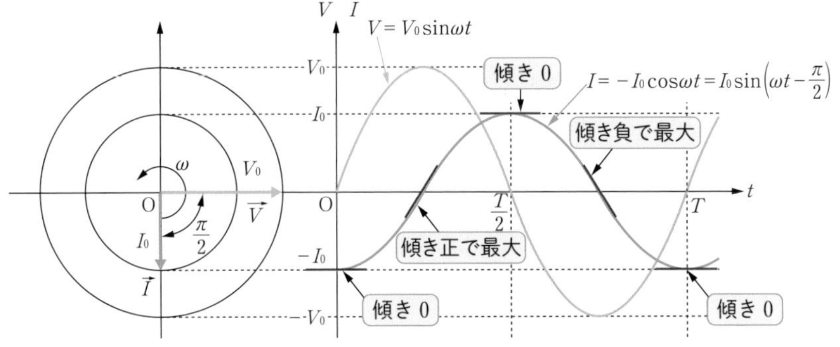

図 112　コイルを流れる電流と電圧の関係

参考　コイルに流れる電流

コイルに流れる電流が大きく時間変化するほど，コイルにはより大きな誘導起電力が発生する。生じる誘導起電力は数学の微分を用いると

$$E=-L\frac{dI}{dt}$$

と表すことができる。コイルに $V=V_0\sin\omega t$ の交流電源を接続すると，キルヒホッフの第 2 法則より $E+V=0$，すなわち

$$\frac{dI}{dt}=\frac{V_0}{L}\sin\omega t$$

の関係式を得る。$I=-I_0\cos\omega t$ を時間 t で微分すると

$$\frac{dI}{dt}=I_0\omega\sin\omega t$$

となるので，$I_0\omega=\dfrac{V_0}{L}$ の関係式が成り立てば，$I=-I_0\cos\omega t$ がこのとき流れる電流であることがわかる。したがって

$$I_0=\frac{V_0}{X_\mathrm{L}}\quad X_\mathrm{L}=\omega L\quad\rightarrow\quad\frac{I_0}{\sqrt{2}}=\frac{\dfrac{V_0}{\sqrt{2}}}{X_\mathrm{L}}\quad\text{すなわち}\quad I_\mathrm{e}=\frac{V_\mathrm{e}}{X_\mathrm{L}}$$

となる。

コイルにかかる交流電圧と流れる交流電流

電圧　$V = V_0 \sin\omega t$

電流　$I = I_0 \sin\left(\omega t - \frac{\pi}{2}\right)$

$I_e = \frac{V_e}{X_L}$　$\left(I_0 = \frac{V_0}{X_L}\right)$，$X_L = \omega L = 2\pi fL$

電流の位相は電圧よりも $\frac{\pi}{2}$ 遅れる。

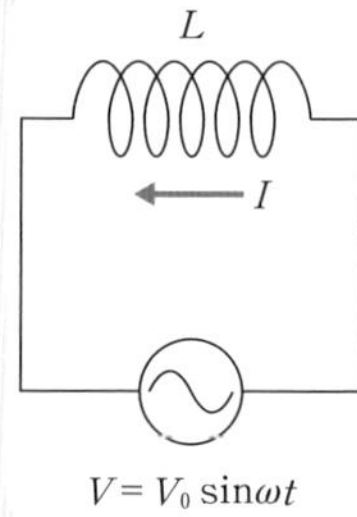

例題 183　コイルを流れる電流

自己インダクタンス 0.50 H のコイルに，起電力が $V = (60\ \mathrm{V}) \times \sin(300t/\mathrm{s})$ で表される交流電源を接続した。コイルの導線自体がもつ抵抗は無視し，以下の問いに答えよ。

(1)　コイルの誘導リアクタンスは何Ωか。

(2)　コイルに流れる最大電流はいくらか。

(3)　コイルにかかる電圧と電流の実効値を求めよ。

(4)　コイルに流れる電流の時間変化の式を書け。

考え方　(1)　コイルの誘導リアクタンスは $X_L = \omega L$ で与えられる。

(2)　最大電流 I_0 と最大電圧 V_0 との間にはオームの法則 $I_0 = \frac{V_0}{X_L}$ が成り立つ。

(3)　電流の実効値 I_e と電圧の実効値 V_e との間にもオームの法則 $I_e = \frac{V_e}{X_L}$ が成り立つ。

(4)　コイルに流れる電流の位相は電圧と比べて $\frac{\pi}{2}$ 遅れる。

解答

(1)　交流起電力は $V = (60\ \mathrm{V}) \times \sin(300t/\mathrm{s})$ と表される。$V = V_0 \sin\omega t$ と比較すると，$V_0 = 60\ \mathrm{V}$，$\omega = 300\ \mathrm{rad/s}$ であることがわかる。$L = 0.50\ \mathrm{H}$ であるから

$$X_L = \omega L = (300\ \mathrm{rad/s}) \times 0.50\ \mathrm{H} = 1.5 \times 10^2\ \Omega \quad \cdots 答$$

(2)　$I_0 = \frac{V_0}{X_L}$，$V_0 = 60\ \mathrm{V}$，$X_L = 1.5 \times 10^2\ \Omega$ より

$$I_0 = \frac{60\ \mathrm{V}}{1.5 \times 10^2\ \Omega} = 0.40\ \mathrm{A} \quad \cdots 答$$

(3) $I_e=\dfrac{I_0}{\sqrt{2}}$, $V_e=\dfrac{V_0}{\sqrt{2}}$ より　$I_e=\dfrac{0.40\ \mathrm{A}}{\sqrt{2}}=0.28\ \mathrm{A}$, $V_e=\dfrac{60\ \mathrm{V}}{\sqrt{2}}=42\ \mathrm{V}$ …(答)

(4) 電圧 $V=V_0\sin\omega t$ に対してコイルには $I=I_0\sin\left(\omega t-\dfrac{\pi}{2}\right)$ の電流が流れる。

$I_0=0.40\ \mathrm{A}$, $\omega=300\ \mathrm{rad/s}$ なので　$I=(0.40\ \mathrm{A})\times\sin\left(300t/\mathrm{s}-\dfrac{\pi}{2}\right)$ …(答)

5 コンデンサーを流れる交流

A 交流に対するコンデンサーのはたらき

電解コンデンサーと豆電球を図のように，同じ電圧(直流電圧と交流電圧の実効値が等しい)の直流電源，交流電源とにそれぞれ接続する。直流電源に接続した豆電球は点灯しないが，交流電源のほうは明るく点灯する。交流から見ると，コンデンサーは電流が流れる**抵抗のはたらき**をしている。

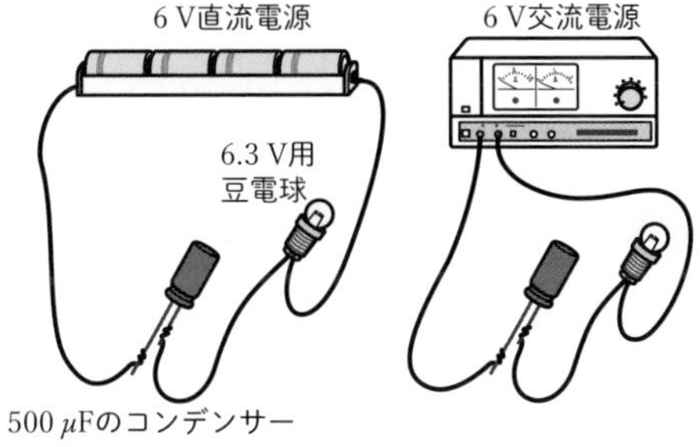

図 113　交流に対するコンデンサーのはたらき

B コンデンサーを流れる電流の実効値

電気容量 C〔F〕のコンデンサーを実効値 V_e〔V〕の交流電源に接続する。このときコンデンサーを流れる電流の実効値 I_e〔A〕は

$$\boldsymbol{I_e=\frac{V_e}{X_C}},\quad X_C=\frac{1}{\omega C}=\frac{1}{2\pi fC}=\frac{T}{2\pi C}\qquad\cdots\cdots(92)$$

(T〔s〕：交流の周期，f〔Hz〕：交流の周波数
C〔F〕：コンデンサーの電気容量)

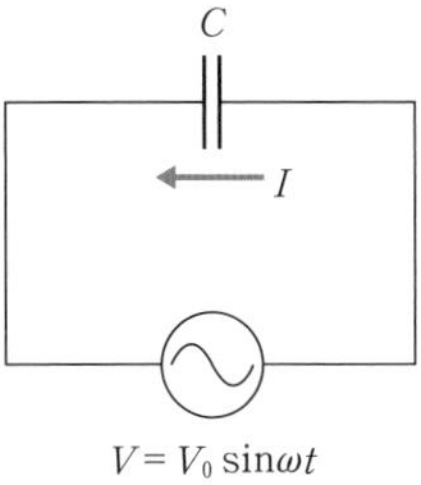

となり，オームの法則が成り立つ。X_C をコンデンサーの**容量リアクタンス**といい，**交流がコンデンサーから受ける抵抗の大きさ**を表す。単位の s/F(秒毎ファラド)はΩ(オーム)となる。

図 114　コンデンサーを流れる電流

容量リアクタンス X_C は交流の周波数 f に反比例するので，電気容量 C が等しいコンデンサーであっても，f が大きいほど X_C は小さく電流が流れやすい。直流は周波数 $f=0$ なので，容量リアクタンス X_C は無限大である。つまり電流は流れない。コンデンサーは，周波数が大きな交流ほど充電，放電が素早く繰り返されるので，電流が流れやすくなるのである。

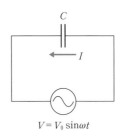

例題184 コンデンサーを流れる交流電流の実効値

電気容量 100 μF のコンデンサーに，実効値 100 V，周波数 50 Hz の交流電圧をかけた。以下の問いに答えよ。

(1) コンデンサーに流れる電流の実効値はいくらか。

(2) 電気容量が 2 倍になると，流れる電流の実効値は何倍になるか。

(3) 電気容量を変えずに周波数を 2 倍にしたらどうなるか。

考え方 (1) コンデンサーの容量リアクタンス X_C を求め，電流の実効値を計算する。

(2), (3) 容量リアクタンス X_C と電気容量，周波数の関係を考える。

解答

(1) 容量リアクタンスは $X_C=\dfrac{1}{2\pi fC}$ と表されるので，交流電圧，電流の実効値をそれぞれ V_e, I_e とすれば

$$I_e=\frac{V_e}{X_C}=2\pi fCV_e=2\pi\times 50\ \mathrm{Hz}\times 100\times 10^{-6}\ \mathrm{F}\times 100\ \mathrm{V}=3.1\ \mathrm{A}\quad \cdots 答$$

(2) $I_e=\dfrac{V_e}{X_C}=2\pi fCV_e$ より，C が 2 倍になれば I_e は 2 倍になる。 …答

(3) 同様にして，f が 2 倍になれば I_e は 2 倍になる。 …答

C コンデンサーの充放電と容量リアクタンス

コンデンサーに容量リアクタンスが生じるのは，コンデンサーが充放電を繰り返すことにより，交流電流が流れるからである。起電力 $V=V_0\sin\omega t$〔V〕の交流電源を電気容量 C〔F〕のコンデンサーに接続する。コンデンサーに V の電圧がかかった瞬間，Q〔C〕の電荷が帯電するとすれば

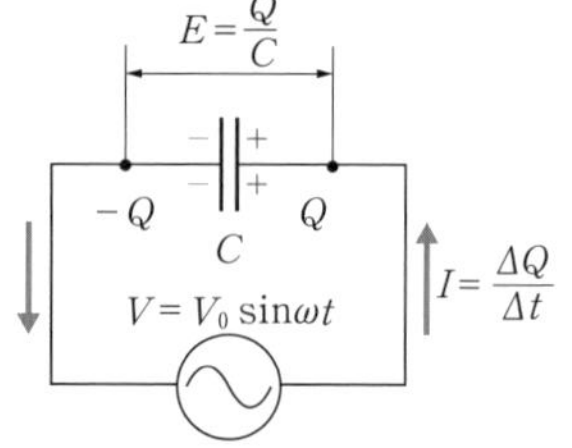

図115 コンデンサーの充放電

$$Q=CV=CV_0\sin\omega t$$

が成り立っている。一方，コンデンサーの帯電量が時間 Δt の間に Q から ΔQ 増加すると，導線には $I=\dfrac{\Delta Q}{\Delta t}$ の電流が流れる。つまり，電流は $Q=CV_0\sin\omega t$ のグラフの各時刻 t での接線の傾きに等しい。この関係を満たす電流は

$$\boldsymbol{I=I_0\cos\omega t}=I_0\sin\left(\omega t+\frac{\pi}{2}\right)\quad \cdots\cdots (93)$$

である。したがって，**図116** の電圧ベクトル $\vec{V}$ に対して回転角（位相）が $\dfrac{\pi}{2}$ だけ進んで回転する電流ベクトル $\vec{I}$ の縦軸への射影がコンデンサーに流れる交流電流となる。

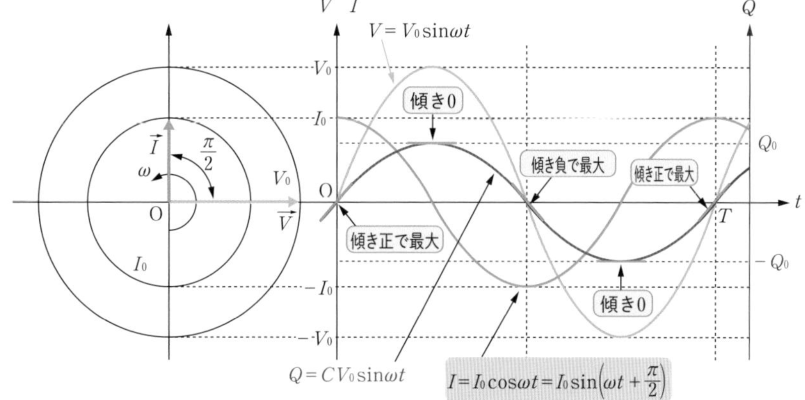

図 116　コンデンサーを流れる電流と電圧

参考　コンデンサーに流れる電流

コンデンサーの帯電量 Q の変化と電流 I の関係を微分で表すと　$I=\dfrac{dQ}{dt}$

となる。$Q=CV$ より　$I=C\dfrac{dV}{dt}$

である。交流起電力 $V=V_0\sin\omega t$ の電源を接続すると　$\dfrac{dV}{dt}=V_0\omega\cos\omega t$

なので　$I=CV_0\omega\cos\omega t=I_0\sin\left(\omega t+\dfrac{\pi}{2}\right)$, $I_0=\omega C V_0=\dfrac{V_0}{X_C}$, $X_C=\dfrac{1}{\omega C}$

の関係を得る。また, $\dfrac{I_0}{\sqrt{2}}=\dfrac{\dfrac{V_0}{\sqrt{2}}}{X_C}$ より, $I_e=\dfrac{V_e}{X_C}$ である。

POINT

コンデンサーにかかる交流電圧と流れる交流電流

電圧　$V=V_0\sin\omega t$

電流　$I=I_0\sin\left(\omega t+\dfrac{\pi}{2}\right)$

$I_e=\dfrac{V_e}{X_C}$　$\left(I_0=\dfrac{V_0}{X_C}\right)$, $X_C=\dfrac{1}{\omega C}=\dfrac{1}{2\pi f C}$

電流の位相は電圧よりも $\dfrac{\pi}{2}$ 進む。

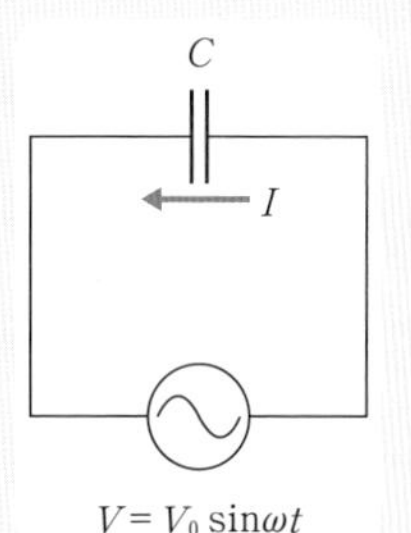

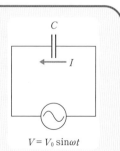

例題 185 コンデンサーを流れる交流電流

電気容量 100 μF のコンデンサーに，起電力が $V=(141\ \mathrm{V})\times\sin(200t/\mathrm{s})$ で表される交流電源を接続した。以下の問いに答えよ。

(1) コンデンサーの容量リアクタンスを求めよ。

(2) コンデンサーに流れる電流の実効値はいくらか。

(3) コンデンサーに流れる電流の時間変化を表す式を書け。

考え方 (1) コンデンサーの容量リアクタンス X_C を求める。$V=V_0\sin\omega t$ の関係式を参照すれば交流の角周波数 ω がわかる。

(2) 電圧の実効値がわかれば，$I_e=\dfrac{V_e}{X_C}$ の関係から電流の実効値がわかる。

(3) コンデンサーを流れる電流は電圧よりも位相が $\dfrac{\pi}{2}$ 進む。

解答

(1) $V=(141\ \mathrm{V})\times\sin(200t/\mathrm{s})$ と $V=V_0\sin\omega t$ とを比較すれば，$V_0=141\ \mathrm{V}$，$\omega=200\ \mathrm{rad/s}$ であることがわかる。容量リアクタンス X_C は

$$X_C=\frac{1}{\omega C}=\frac{1}{(200\ \mathrm{rad/s})\times100\times10^{-6}\ \mathrm{F}}=50\ \Omega \quad \cdots \text{答}$$

(2) 電圧の実効値は $V_e=\dfrac{141\ \mathrm{V}}{\sqrt{2}}=100\ \mathrm{V}$

$$I_e=\frac{V_e}{X_C}=\frac{100\ \mathrm{V}}{50\ \Omega}=2.0\ \mathrm{A} \quad \cdots \text{答}$$

(3) 電流の最大値 I_0 は

$$I_0=\sqrt{2}\times I_e=1.41\times2.0\ \mathrm{A}=2.82\ \mathrm{A}$$

である。流れる電流は $I=I_0\sin\left(\omega t+\dfrac{\pi}{2}\right)$ と表されるので，$\omega=200\ \mathrm{rad/s}$ より

$$I=(2.8\ \mathrm{A})\times\sin\left(200t/\mathrm{s}+\frac{\pi}{2}\right) \quad \cdots \text{答}$$

6 RLC直列回路

抵抗値 R〔Ω〕の抵抗，自己インダクタンス L〔H〕のコイル，電気容量 C〔F〕のコンデンサーを直列にして，交流電源に接続する。抵抗，コイル，コンデンサーの各回路素子に流れる電流はあらゆる瞬間にすべて等しくなければならない。

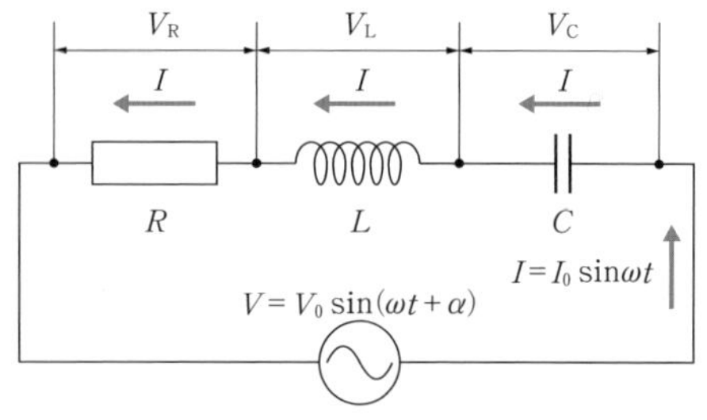

図 117 RLC 直列回路

そこで，共通の電流を

$$I=I_0\sin\omega t \qquad \cdots\cdots(94)$$

とおく。このとき各回路素子にかかる電圧 V_R，V_L，V_C は以下のようになる。

①**抵抗**：電流と電圧の位相は等しいので　$V_R=V_{R0}\sin\omega t \qquad \cdots\cdots(95)$

②**コイル**：電流の位相は電圧よりも $\frac{\pi}{2}$ 遅れる。

→電圧の位相は電流よりも $\frac{\pi}{2}$ 進むので　$V_L=V_{L0}\sin\left(\omega t+\frac{\pi}{2}\right) \qquad \cdots\cdots(96)$

③**コンデンサー**：電流の位相は電圧よりも $\frac{\pi}{2}$ 進む。

→電圧の位相は電流よりも $\frac{\pi}{2}$ 遅れるので　$V_C=V_{C0}\sin\left(\omega t-\frac{\pi}{2}\right) \qquad \cdots\cdots(97)$

このときの電源電圧は

$$V=V_{R0}\sin\omega t+V_{L0}\sin\left(\omega t+\frac{\pi}{2}\right)+V_{L0}\sin\left(\omega t-\frac{\pi}{2}\right)$$

となる。これを

$$V=V_0\sin(\omega t+\alpha) \qquad \cdots\cdots(98)$$

と表す。電流 $I=I_0\sin\omega t$ を回転ベクトル $\vec{I}$ で，$V_R=V_{R0}\sin\omega t$ を回転ベクトル $\vec{V}_R$，$V_L=V_{L0}\sin\left(\omega t+\frac{\pi}{2}\right)$ を回転ベクトル $\vec{V}_L$，$V_C=V_{C0}\sin\left(\omega t-\frac{\pi}{2}\right)$ を回転ベクトル $\vec{V}_C$ で表すと図 118 のようになる。すると V は $\vec{V}_R$，$\vec{V}_L$，$\vec{V}_C$ のベクトル合成 V の縦軸への射影として求めることができる。

$$\vec{V}=\vec{V}_R+\vec{V}_L+\vec{V}_C$$

$$V_0=|\vec{V}|=\sqrt{V_{R0}{}^2+(V_{L0}-V_{C0})^2}$$

また

$$\tan\alpha=\frac{V_{L0}-V_{C0}}{V_{R0}}$$

の関係が成り立つ。

$$V_{R0}=I_0R$$

$$V_{L0}=I_0X_L,\quad X_L=\omega L$$

$$V_{C0}=I_0X_C,\quad X_C=\frac{1}{\omega C}$$

より

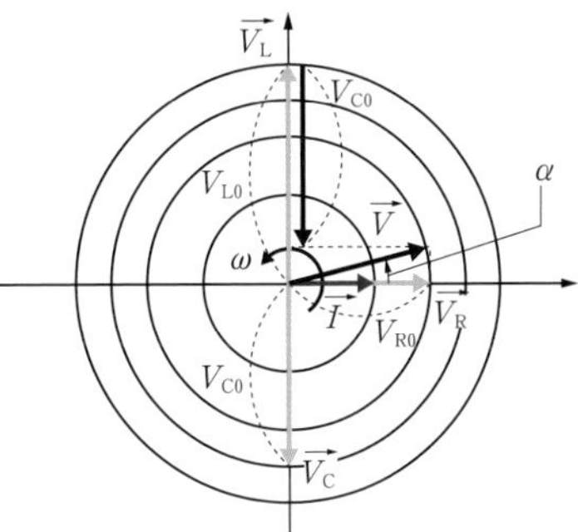

図 118　RLC 直列回路における電圧

$$V_0=\sqrt{(I_0R)^2+(I_0X_L-I_0X_C)^2}=Z\cdot I_0 \quad \cdots\cdots (99)$$

$$Z=\sqrt{R^2+\left(\omega L-\frac{1}{\omega C}\right)^2} \quad \cdots\cdots (100)$$

$$\tan\alpha=\frac{\omega L-\frac{1}{\omega C}}{R} \quad \left(|\alpha|\leqq\frac{\pi}{2}\right) \quad \cdots\cdots (101)$$

が得られる。Z を回路の**インピーダンス**といい，**回路全体で交流が受ける抵抗**を表す。**電流 $I=I_0\sin\omega t$ に対して全体の電圧が $V=V_0\sin(\omega t+\alpha)$ であれば，$V=V_0\sin\omega t$ の電源電圧に対して $I=I_0\sin(\omega t-\alpha)$ の電流が流れることになる。**

POINT

RLC直列回路にかかる交流電圧と流れる交流電流

電圧　$V=V_0\sin\omega t$

電流　$I=I_0\sin(\omega t-\alpha)$，$Z=\sqrt{R^2+\left(\omega L-\frac{1}{\omega C}\right)^2}$

$$\tan\alpha=\frac{\omega L-\frac{1}{\omega C}}{R} \quad \left(|\alpha|\leqq\frac{\pi}{2}\right)$$

$$I_e=\frac{V_e}{Z} \quad \left(I_0=\frac{V_0}{Z}\right),$$

α はインピーダンスの位相角と呼ばれ，電流の位相は電圧よりも α 遅れる。

例題 186　RL 直列回路を流れる交流電流

自己インダクタンス 0.10 H のコイルと 30 Ω の抵抗を直列に接続し，起電力が $V=(141\ \mathrm{V})\times\sin(300t/\mathrm{s})$ で表される交流電源を接続した。以下の問いに答えよ。

(1) 回路のインピーダンスはいくらか。

(2) 回路に流れる電流の実効値はいくらか。

(3) 回路に流れる電流の時間変化を表す式を書け。

考え方 (1) 回路のインピーダンスを求めるためには角周波数 ω の値が必要。

(2) 電圧の実効値，回路のインピーダンスから求める。

(3) 最大電流 I_0 と位相角 α がわかれば，$I=I_0\sin(\omega t-\alpha)$ より，電流の時間変化がわかる。

解答

(1)　$V=(141\ \mathrm{A})\times\sin(300t/\mathrm{s})$ と $V=V_0\sin\omega t$ とを比較すれば，$V_0=141\ \mathrm{V}$，$\omega=300\ \mathrm{rad/s}$ であることがわかる。回路のインピーダンス Z は

$$Z=\sqrt{(30\ \Omega)^2+(0.10\ \mathrm{H}\times300\ \mathrm{rad/s})^2}=30\ \Omega\sqrt{2}=42.3\ \Omega\fallingdotseq42\ \Omega\quad\cdots\text{答}$$

(2)　電圧の実効値は　$V_e=\dfrac{141\ \mathrm{V}}{\sqrt{2}}=100\ \mathrm{V}$

$$I_e=\frac{V_e}{Z}=\frac{100\ \mathrm{V}}{42.3\ \Omega}=2.36\ \mathrm{A}=2.4\ \mathrm{A}\quad\cdots\text{答}$$

(3)　位相角 α は

$$\tan\alpha=\frac{\omega L}{R}=\frac{(300\ \mathrm{rad/s})\times0.10\ \mathrm{H}}{30\ \Omega}=1.0\quad\rightarrow\quad\alpha=\frac{\pi}{4}$$

また，$I_0=\sqrt{2}\cdot I_e=1.41\times2.36\ \mathrm{A}=3.3\ \mathrm{A}$ である。流れる電流は $I=I_0\sin(\omega t-\alpha)$ と表されるので，$\omega=300\ \mathrm{rad/s}$ より

$$I=(3.3\ \mathrm{A})\times\sin\left(300t/\mathrm{s}-\frac{\pi}{4}\right)\quad\cdots\text{答}$$

参考　交流回路の消費電力

$V=V_0\sin\omega t$ の交流電源に対して $I=I_0\sin(\omega t-\alpha)$ の電流が流れる回路の電力（平均の電力）を求めよう。

$$\overline{P}=\frac{1}{T}\int_0^T IVdt=\frac{I_0V_0}{T}\int_0^T\sin\omega t\cdot\sin(\omega t-\alpha)dt$$

$$\sin(\omega t-\alpha)=\sin\omega t\cdot\cos\alpha-\cos\omega t\cdot\sin\alpha$$

より

$$\overline{P}=\frac{I_0V_0}{T}\int_0^T\sin\omega t\cdot(\sin\omega t\cdot\cos\alpha-\cos\omega t\cdot\sin\alpha)dt$$

$\dfrac{1}{T}\displaystyle\int_0^T\sin^2\omega tdt=\dfrac{1}{2}$，$\dfrac{1}{T}\displaystyle\int_0^T\sin\omega t\cdot\cos\omega tdt=0$ の関係を用いると以下の結果を得る。

$$\overline{P}=\frac{I_0V_0}{2}\cos\alpha=I_eV_e\cos\alpha\qquad(\cos\alpha：力率)$$

4 電気振動

1 電気振動

A 電気振動

図 119 (a)のように，起電力 V_0 の電池，電気容量 C のコンデンサー，自己インダクタンス L のコイルを用いて回路を組む。コンデンサーのスイッチをA側に倒して充電した後，Bのコイル側に切り替えると，L，C の回路に振動する電流が流れ，コイルの両端に振動する電圧**図 119** (b)が生じる。これを**電気振動**という。

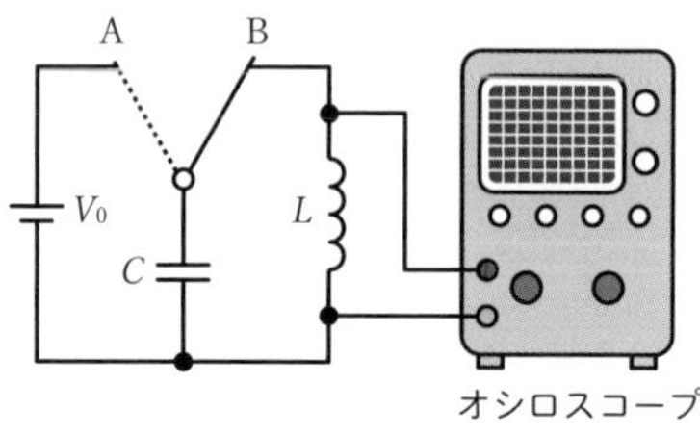

(a) 実験装置

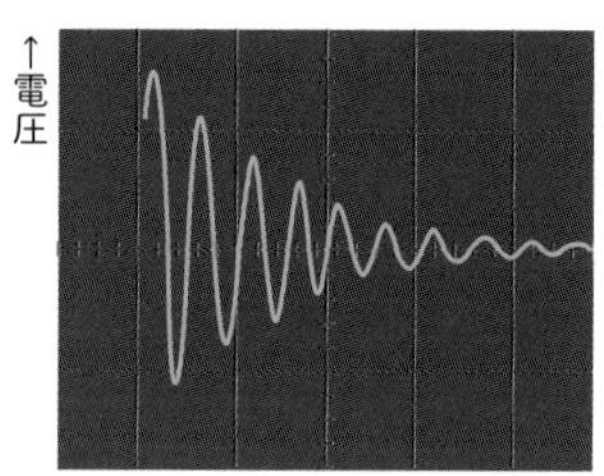

(b) 電気振動の電圧のオシロスコープ

図 119 電気振動の観察

B 回路に生じる電荷と電流の振動

$t=0$ でコンデンサーの電圧は V_0，電荷は $Q_0=CV_0$ である。スイッチをB側に切り替えた瞬間から電荷とコイルを流れる電流は**図 120** のように変化していく。

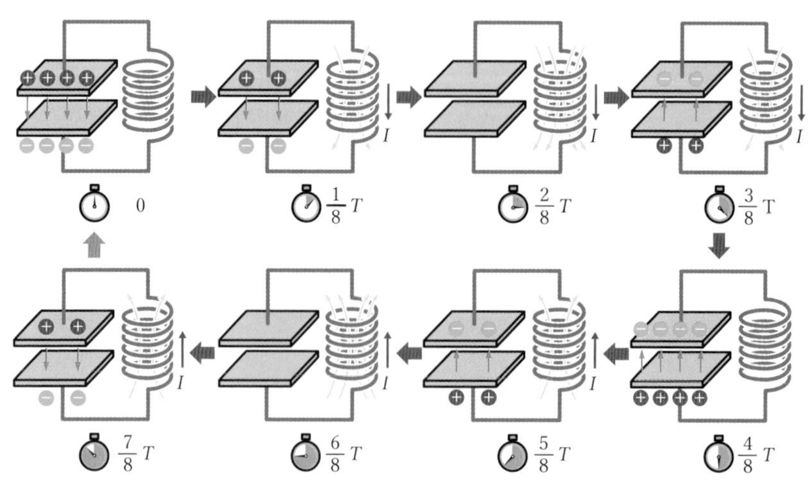

図 120 回路に生じる電荷と電流の振動

コンデンサーは $t=0$ で放電を開始し，$t=\frac{2T}{8}=\frac{T}{4}$ で電荷が 0 となって，電圧が 0 になる。しかしこのときコイルに流れる電流は最大値 I_0 である。電圧が 0 でもコイルの自己誘導により電流は流れ続け，$t=\frac{4T}{8}=\frac{T}{2}$ で 0 となる。しかし，このときコンデンサーには正負逆向きに Q_0 の電荷がたくわえられている。その後，コンデンサーは最初と反対向きに放電を開始し，$t=T$ で再びもとの状態に復帰する。

以上の電圧 V(電荷 $Q=CV$)と電流 I の時間変化をグラフにすると**図 121** のようになる。

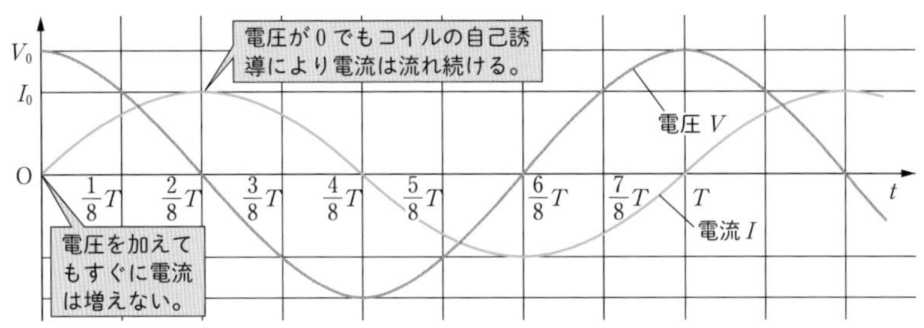

図 121　コンデンサーの電圧とコイルに流れる電流

このときの電気振動の周期 T〔s〕，振動数 f〔Hz〕は

$$\boldsymbol{T=2\pi\sqrt{LC}} \qquad \cdots\cdots (102)$$

$$\boldsymbol{f=\frac{1}{T}=\frac{1}{2\pi\sqrt{LC}}} \qquad \cdots\cdots (103)$$

で与えられる。

C 電気振動のエネルギー

電気容量 C のコンデンサーに電荷 Q がたくわえられ，電圧 $V=\frac{Q}{C}$ が発生しているとき，たくわえられている静電エネルギーは $\frac{1}{2}CV^2=\frac{Q^2}{2C}$ である。一方，自己インダクタンス L のコイルに電流 I が流れているときにたくわえられているエネルギーは $\frac{1}{2}LI^2$ である。したがって，コンデンサーとコイルからなる回路の電気振動では，エネルギー保存の法則により

$$\boldsymbol{\frac{1}{2}CV^2+\frac{1}{2}LI^2=\text{一定}} \qquad \cdots\cdots (104)$$

が成り立つ。$t=0$ で $V=V_0$，$I=0$ であれば，右辺の一定値は $\frac{1}{2}CV_0{}^2$ である。

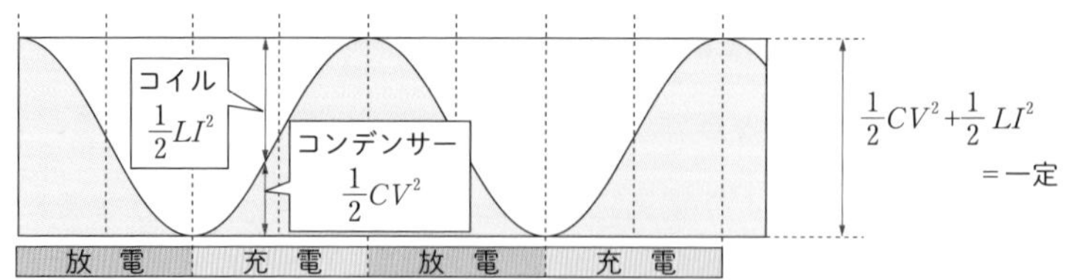

図 122　コイルとコンデンサーがたくわえるエネルギー

例題 187　電気振動

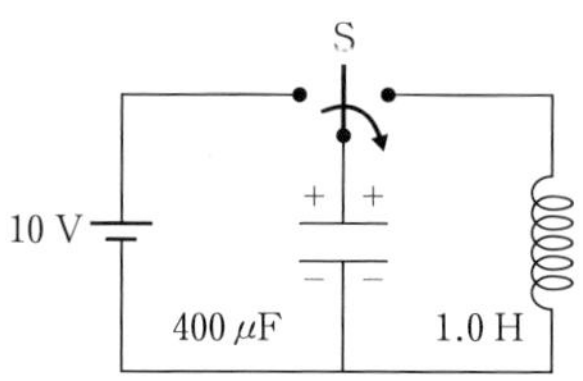

電気容量 400 μF のコンデンサーに 10 V の電圧をかけて充電した後，自己インダクタンス 1.0 H のコイルを接続し，回路のスイッチ S をコイル側に閉じたところ，電気振動が生じた。以下の問いに答えよ。

(1)　最初にコンデンサーにたくわえられていた電荷は何 C か。

(2)　電気振動の周波数は何 Hz か。

(3)　コイルに流れる電流の最大値はいくらか。

(4)　コイルに流れる電流が最初に最大となるのはスイッチを入れてから何秒後か。

考え方 (1)　$Q=CV$ の関係から帯電量 Q がわかる。C はコンデンサーの電気容量，V は電圧である。

(2)　電気振動の周波数 f は $f=\dfrac{1}{2\pi\sqrt{LC}}$ である。単位の関係 H＝Ω･s，F＝s/Ω を使う。

(3)　コンデンサーの静電エネルギーと電流が流れているコイルのもつエネルギーの和はあらゆる瞬間，一定である。

(4)　電気振動の周期から求める。

解答

(1)　$Q_0=CV_0=400\times10^{-6}\,\mathrm{F}\times10\,\mathrm{V}=4.0\times10^{-3}\,\mathrm{C}$　…(答)

(2)　$f=\dfrac{1}{2\pi\sqrt{LC}}=\dfrac{1}{2\pi\sqrt{1.0\,\mathrm{H}\times400\times10^{-6}\,\mathrm{F}}}=\dfrac{1}{2\times3.14\times2.0\times10^{-2}\,\mathrm{s}}$

$=7.96\,\mathrm{Hz}\fallingdotseq8.0\,\mathrm{Hz}$　…(答)

(3)　エネルギー保存の法則 $\dfrac{1}{2}CV^2+\dfrac{1}{2}LI^2=\dfrac{1}{2}CV_0{}^2$ より，$V=0$ のとき電流 I は最大値 I_0 となるので　$\dfrac{1}{2}LI_0{}^2=\dfrac{1}{2}CV_0{}^2$

よって　$I_0=V_0\sqrt{\dfrac{C}{L}}=10\,\mathrm{V}\times\sqrt{\dfrac{400\times10^{-6}\,\mathrm{F}}{1.0\,\mathrm{H}}}=10\,\mathrm{V}\times20\times10^{-3}/\Omega=0.20\,\mathrm{A}$

…(答)

(4) 電気振動の周期 T は

$$T=\frac{1}{f}=2\pi\sqrt{LC}=2\pi\sqrt{1.0\ \mathrm{H}\times 400\times 10^{-6}\ \mathrm{F}}=2\times 3.14\times 2.0\times 10^{-2}\ \mathrm{s}$$
$$=0.1256\ \mathrm{s}\fallingdotseq 0.13\ \mathrm{s}$$

また，p.560 の**図 120** より電流が最初に最大となるのは $t=\frac{T}{4}$ だから

$$\frac{0.1256\ \mathrm{s}}{4}=3.1\times 10^{-2}\ \mathrm{s}$$ …(答)

参考　電気振動

図のような電気容量 C のコンデンサーと，自己インダクタンス L のコイルを直列接続した回路において，スイッチ S が開いた状態で，コンデンサーにたくわえられている電荷を Q_0，電位差を $V_0=\frac{Q_0}{C}$ とする。

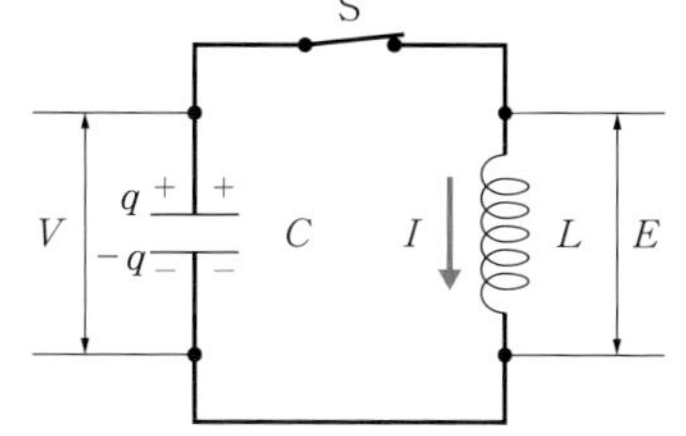

スイッチ S を閉じた瞬間を $t=0$ としたとき，時刻 t におけるコンデンサーの帯電量を q，コイルを流れる電流を I とする。コンデンサー両端の電位差 V とコイルに発生する誘導起電力 E は次式で表される。

$$V=\frac{q}{C},\quad E=-L\frac{dI}{dt}$$

キルヒホッフの第 2 法則により　$V+E=0$ が成り立つので

$$\frac{q}{C}+\left(-L\frac{dI}{dt}\right)=0 \quad \cdots\cdots(1)$$

である。また，コンデンサーの充放電により電流が流れるので

$$I=-\frac{dq}{dt} \quad \cdots\cdots(2)$$

の関係が成り立つ。(1)，(2)の関係式より

$$\frac{d^2q}{dt^2}=-\omega^2 q,\quad \omega^2=\frac{1}{LC},\quad \omega=\frac{1}{\sqrt{LC}} \quad \cdots\cdots(3)$$

を得る。$q=Q_0\cos\omega t$ は(3)の関係式および $t=0$ で $q=Q_0$ という初期条件を満たすので，これがコンデンサーに帯電する電荷の時間変化を表す。また(2)から時刻 t における電流を，(3)から振動の周期 T，周波数 f を求めると

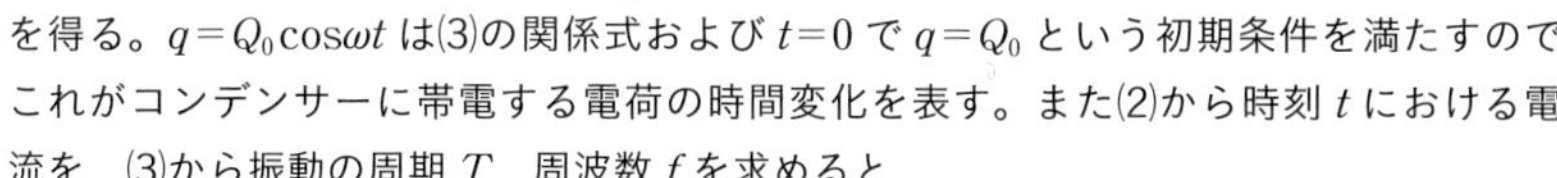

$$I=-\frac{dq}{dt}=I_0\sin\omega t,\quad I_0=Q_0\omega=\frac{Q_0}{\sqrt{LC}} \qquad T=\frac{2\pi}{\omega}=2\pi\sqrt{LC},\quad f=\frac{1}{T}=\frac{1}{2\pi\sqrt{LC}}$$

となる。

5 電磁波

1 電磁波の発生と伝播

A ヘルツの実験

携帯電話は電磁波を使って情報をやり取りする。電磁波は19世紀の物理学者マクスウェルが理論的にその存在を予言し，ヘルツがその後実験によって検出することに成功した。

ヘルツは電磁波が光と同じように，直進，屈折，反射することを確かめた。

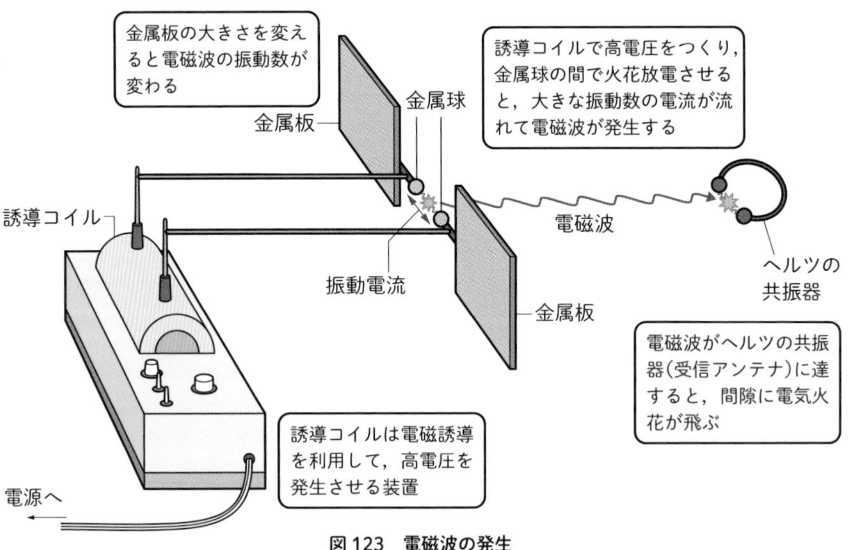
金属板の大きさを変えると電磁波の振動数が変わる
金属板
金属球
誘導コイルで高電圧をつくり，金属球の間で火花放電させると，大きな振動数の電流が流れて電磁波が発生する
誘導コイル
電磁波
振動電流
ヘルツの共振器
金属板
電磁波がヘルツの共振器(受信アンテナ)に達すると，間隙に電気火花が飛ぶ
誘導コイルは電磁誘導を利用して，高電圧を発生させる装置
電源へ

図123　電磁波の発生

B 電磁波の発生

前節で学習したLC電気振動回路を使えば電磁波を発生できる。電気振動を変圧器を使って取り出し，アンテナに接続する。アンテナに高周波数の交流電流が流れると，アンテナの電荷が激しく変化し，変動する電場と磁場が発生する。

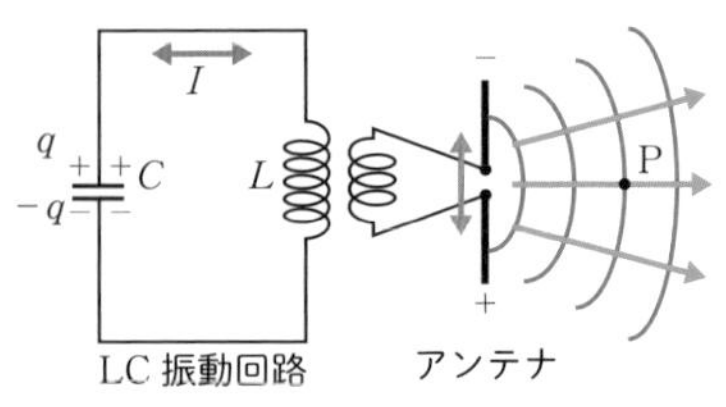
I
q
−q
C
L
P
LC振動回路
アンテナ

図124　電磁波の発生の原理

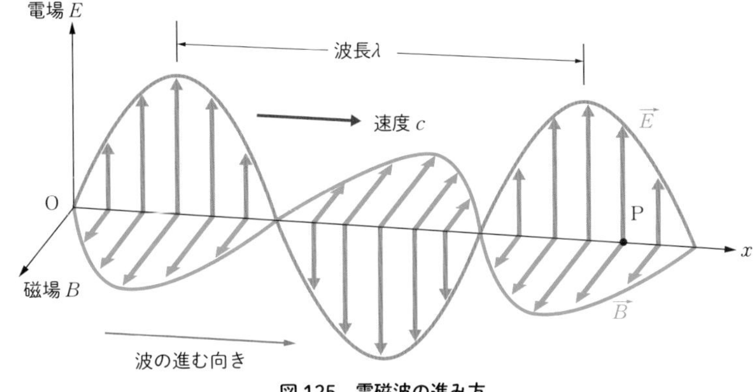

図 125　電磁波の進み方

C 電磁波の伝播

変動する電場と磁場は波動となって空間を伝わっていく。これが電磁波である。電磁波と電場，磁場の振動の間には次の関係がある。

- **電磁波の進行方向に対して電場 E，磁場 B の振動方向は垂直である。**
- **電場と磁場の振動方向は直交し，電場，磁場，電磁波進行の向きの間には図 125 の関係がある。**
- **電場と磁場は同位相で振動する。**

例えば**図 125** の P 点では，現在，上向きの電場が生じている。このとき磁場は手前向きであり，この後，電磁波の進行に伴って両者とも増加し，その後減少していき，やがて向きが反転する。

D 電磁波を表す式

電磁波は電場と磁場の波動なので，すでに学習した波動の式(p.368)にしたがって伝播する。波源である発振機は LC 振動回路なので，電磁波の周波数 f，周期 T は

$$f=\frac{1}{2\pi\sqrt{LC}},\quad T=\frac{1}{f} \qquad \cdots\cdots (105)$$

で与えられる(p.561)。すると，波長 λ の電磁波を表す式は

$$E=E_0\sin2\pi\left(\frac{x}{\lambda}-\frac{t}{T}\right),\quad B=B_0\sin2\pi\left(\frac{x}{\lambda}-\frac{t}{T}\right) \qquad \cdots\cdots (106)$$

となる。E_0，B_0 はそれぞれ電場，磁場の最大値である。

E 電磁波の速さ

真空中を電磁波が伝わる速さ c〔m/s〕は，真空の誘電率 ε_0(p.468)，真空の透磁率 μ_0(p.502)を用いて

$$c=\frac{1}{\sqrt{\varepsilon_0\mu_0}} \qquad \cdots\cdots(107)$$

と表される。ε_0，μ_0 は定数なので，電磁波の速さは真空中でつねに一定の値をとる。右辺に ε_0，μ_0 の値を代入すると，$c=3.0\times10^8$ m/s となり，これは光の速さに他ならない。これから，J. C. マクスウェルは**光は電磁波の一種である**と考えた。

電磁波は真空中を光速 c で進む

電磁波の波長を λ〔m〕，周波数を f〔Hz〕とすると

$$c=f\lambda=\frac{1}{\sqrt{\varepsilon_0\mu_0}},\quad c=3.0\times10^8\ \mathrm{m/s}\quad \begin{pmatrix}\varepsilon_0:\text{真空の誘電率}\\ \mu_0:\text{真空の透磁率}\end{pmatrix}$$

2 電磁波の分類とその利用

電磁波は周波数や波長の違いにより，異なった性質を示す。

> **＋アルファ**
>
> 1 nm＝10^{-9} m
>
> いわゆる虹の 7 色は，波長が長いものから順に赤，橙，黄，緑，青，藍，紫である。

A 光

光は電磁波である。特に波長が約 770 nm～380 nm（周波数が 3.9×10^{14} Hz～7.9×10^{14} Hz）の電磁波を**可視光線**という。可視光線は人が目で見ることのできる光である。可視光線の波長が 700 nm 程度であれば赤色，500 nm 程度であれば緑色，400 nm 程度であれば紫色，というように，人は波長の違いを色の違いとして認識する。

B 赤外線

可視光線の赤よりも波長の長い電磁波（波長が 100 μm ～ 770 nm）を**赤外線**という。人は赤外線を見ることはできない。赤外線は温度の高い物体から放射され，物を温める性質がある。

> **＋アルファ**
>
> 1 μm＝10^{-6} m

C 紫外線

可視光線の紫よりも波長の短い電磁波（波長が約 380 nm ～ 1 nm）を**紫外線**という。紫外線には殺菌作用がある。

D X線・γ線

紫外線よりもおおむね波長の短い電磁波は**X線**とよばれる。X線は物質を透過するので，医療検査に使われる。レントゲンによって発見された。**γ線**はX線よりさらに波長が短い電磁波である。

E 電波

波長が0.1 mmよりも長いものが電波である。1 mm程度のものは**ミリ波(EHF)**でレーダーや電波望遠鏡に使われる。1 cm程度のものは**センチ波(SHF)**でレーダーや衛星通信に使われている。さらに波長の長くなる順に，**極超短波(UHF)**，**超短波(VHF)**，**短波(HF)**，**中波(MF)**，**長波(LF)**と続く。中波(MF)は国内向けラジオ放送に使われている。携帯電話やPHS，電子レンジ，TV放送に使われている電波は極超短波(UHF)である。

F 電波による通信

電波により情報を送る方法には2つある。情報を振幅の変化によって伝えるものを**振幅変調(AM)**，周波数の変化によるものを**周波数変調(FM)**という。

表4　電磁波の利用

名称			波長	周波数	用途
電波		超長波(VLF)	100～10 km	3～30 kHz	海中での通信
電波		長波(LF)	10～1 km	30～300 kHz	船舶，航空機用通信，電波時計
電波		中波(MF)	1 km～100 m	300～3000 kHz	国内向けラジオ放送
電波		短波(HF)	100～10 m	3～30 MHz	ラジオ短波放送
電波		超短波(VHF)	10～1 m	30～300 MHz	ラジオFM放送，テレビ放送(アナログ波)
電波	マイクロ波	極超短波(UHF)	1 m～10 cm	300～3000 MHz	携帯電話，電子レンジ，TV放送(地上波デジタル)
電波	マイクロ波	センチ波(SHF)	10～1 cm	3～30 GHz	電話中継，衛星通信，レーダー
電波	マイクロ波	ミリ波(EHF)	1 cm～1 mm	30～300 GHz	電話中継，レーダー，電波望遠鏡
電波	マイクロ波	サブミリ波	1 mm～100 μm	300～3000 GHz	電波望遠鏡
赤外線			100 μm～約770 nm	(省略)	赤外線写真，熱線医療，赤外線リモコン
可視光線			約770～約380 nm		光学機器，光通信
紫外線			約380～1 nm*		殺菌灯，化学作用
X線			10～0.01 nm*		X線写真，材料検査，医療
γ線			0.1 nm未満*		材料検査，医療

*　紫外線とX線，X線とγ線の波長は一部重なり，厳密な境界はない。

この章で学んだこと

1 電磁誘導の法則

(1) 磁束

$$\Phi = BS$$

(Φ：磁束，B：磁束密度，S：面積)

(2) レンツの法則

コイルに生じる誘導電流は，コイルを貫く磁束の変化を妨げる向きに磁場をつくるような向きに流れる。

(3) ファラデーの電磁誘導の法則

巻き数 N のコイルに生じる誘導起電力

$$V = -N\frac{\Delta\Phi}{\Delta t}$$

(v：生じる誘導起電力
$\Delta\Phi$：時間 Δt あたりの磁束変化)

2 相互誘導と自己誘導

(1) 相互誘導

1次コイルを流れる電流 I_1〔A〕が時間 Δt〔s〕の間に ΔI_1 変化したとき，2次コイルに V_2〔V〕の誘導起電力が生じる。

$$V_2 = -M\frac{\Delta I_1}{\Delta t}$$

(M：相互インダクタンス)

(2) 自己誘導

コイルを流れる電流 I〔A〕が時間 Δt〔s〕の間に ΔI 変化したとき，コイルに V〔V〕の誘導起電力が生じる。

$$V = -L\frac{\Delta I}{\Delta t}$$

(L：自己インダクタンス)

3 交流

(1) 交流起電力

$$V = V_0\sin\omega t = V_0\sin\frac{2\pi}{T}t$$
$$= V_0\sin 2\pi ft$$
$$\omega = \frac{2\pi}{T} = 2\pi f$$

(2) 電力と実効値

$$I_e = \frac{I_0}{\sqrt{2}},\ V_e = \frac{V_0}{\sqrt{2}}$$
$$P = I_eV_e$$

(I_e：電流の実効値，V_e：電圧の実効値
I_0：電流の最大値，V_0：電圧の最大値
P：電力(平均値))

(3) 抵抗を流れる交流

電流と電圧は同位相

$$I_e = \frac{V_e}{R}$$

(4) コイルを流れる交流

電流は電圧に対して位相が $\frac{\pi}{2}$ 遅れる。

$$I_e = \frac{V_e}{X_L},\ X_L = \omega L = \frac{2\pi L}{T} = 2\pi Lf$$

(誘導リアクタンス)

(5) コンデンサーを流れる交流

電流は電圧に対して位相が $\frac{\pi}{2}$ 進む

$$I_e = \frac{V_e}{X_C},\ X_C = \frac{1}{\omega C} = \frac{1}{2\pi fC} = \frac{T}{2\pi C}$$

(容量リアクタンス)

4 電気振動

(1) 電気振動

電気振動の周期 T〔s〕, 周波数 f〔Hz〕は

$$T = 2\pi\sqrt{LC},\ f = \frac{1}{T} = \frac{1}{2\pi\sqrt{LC}}$$

(2) 電気振動のエネルギー

$$\frac{1}{2}CV^2 + \frac{1}{2}LI^2 = 一定$$

5 電磁波

真空中での電磁波の速度

$$c = f\lambda = \frac{1}{\sqrt{\varepsilon_0\mu_0}}$$

($c = 3.0\times10^8$ m/s，ε_0：真空の誘電率，μ_0：真空の透磁率)

定期テスト対策問題4

解答・解説は p.651 ～ 657

1　図のような x-y 平面において，$(-a,\ 0)$の位置に電気量 Q $(Q>0)$の電荷を，$(a,\ 0)$の位置に電気量 $-Q$ の電荷を配置した。点 A$(0,\ \sqrt{3}a)$における電場の向きと大きさを求めよ。クーロンの法則の比例定数を k_0 とする。

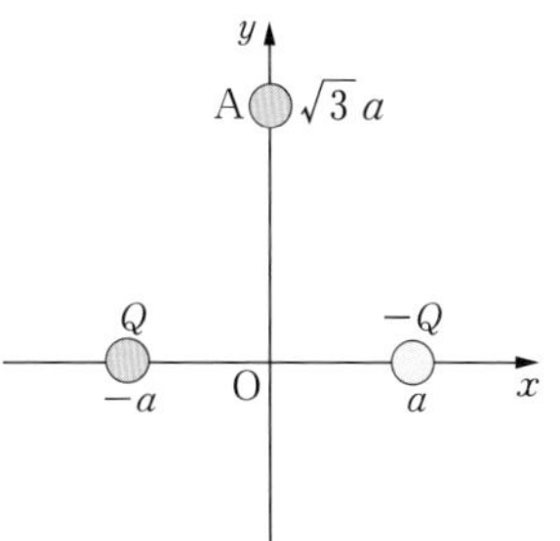

2　面積 S〔m²〕の2枚の極板を距離 d〔m〕離して設置し，平行平板コンデンサーをつくり，電圧 V〔V〕の電源を接続した。真空の誘電率を ε_0 として以下の問いに答えよ。

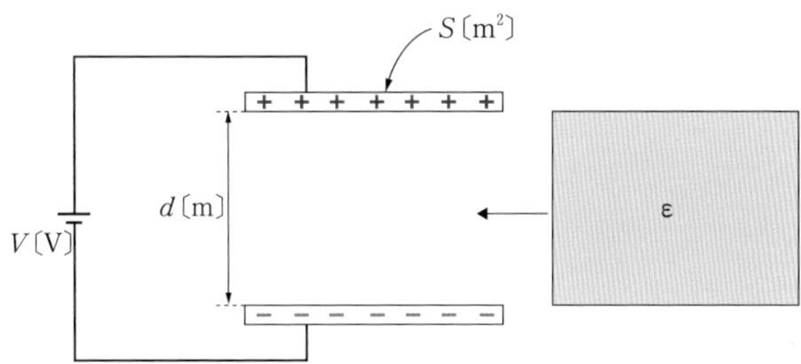

(1)　コンデンサーの電気容量を求めよ。
(2)　コンデンサーにたくわえられる電気量はいくらか。
(3)　誘電率の単位を記せ。
(4)　極板間の電場の大きさはいくらか。
(5)　コンデンサーのもつ静電エネルギーはいくらか。

続いて，電源を接続したまま誘電率 ε の誘電体を極板間に挿入した。
(6)　コンデンサーの電気容量はいくらになるか。
(7)　極板間の電場の大きさはいくらか。
(8)　極板に新たに流入した電荷量はいくらか。
(9)　コンデンサーの静電エネルギーはいくら増加したか。
(10)　誘電体を極板間に挿入する間，電池がした仕事はいくらか。
(11)　誘電体を極板間に挿入するために外力がした仕事はいくらか。

3 右のような電流電圧特性をもつ豆電球と10 Ωの抵抗を，内部抵抗を無視できる10 Vの電池に直列に接続した。このとき，次の問いに答えよ。

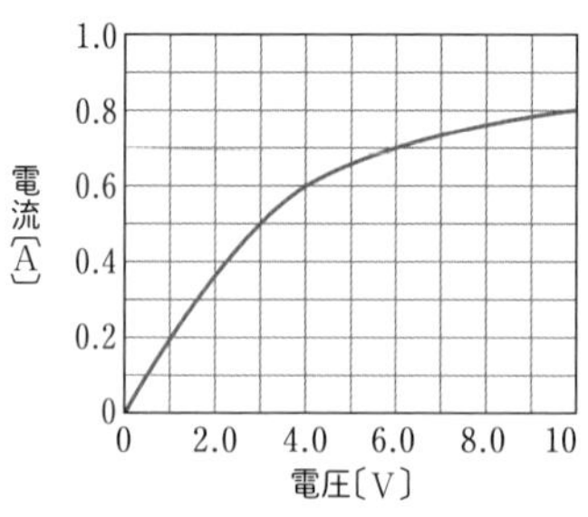

(1) 豆電球に流れる電流はいくらか。

(2) このときの豆電球の消費電力は何Wか。

(3) 抵抗で3分間に発生するジュール熱は何Jか。

4 右の回路について，抵抗 $R_1=50$ Ωを流れる電流 I_1，$R_2=100$ Ωを流れる電流 I_2 を図の向きに仮定したとき，I_1，I_2 を求めよ。

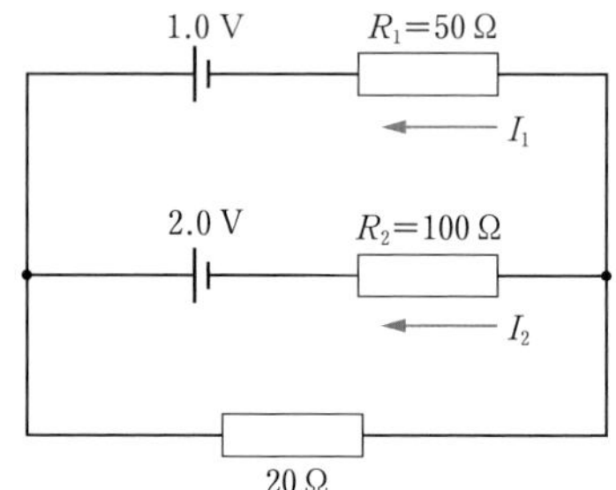

5 抵抗 R_1，R_2，抵抗120 Ωの太さが一様の針金XY，12 Vの電池，検流計G，電流計A，スイッチ S_1，S_2 を接続し，図のようなホイートストンブリッジ回路をつくった。検流計Gからのびている導線はZで針金XYに接しており，Zは電気的接触を保ったまま，左右にすべらせることができる。

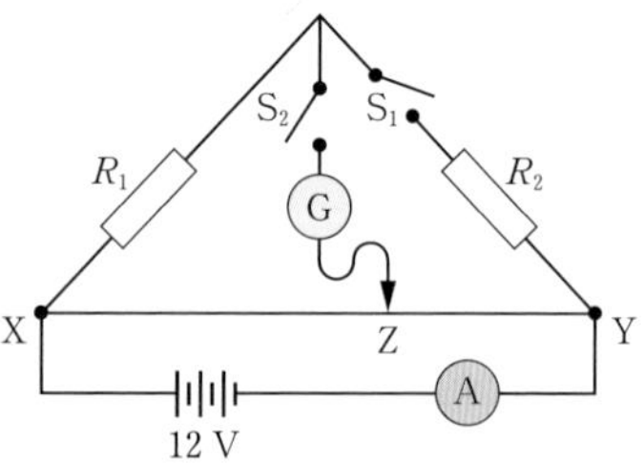

(1) S_1，S_2 が開いた状態(OFFの状態)では，電流計の示す値は何mAか。

(2) S_2 は開いたままで，S_1 を閉じた(ONの状態)とき，電流計は150 mAを示した。R_1+R_2 を求めよ。

(3) S_1，S_2 を閉じてZを左右にすべらせたところ，XZの長さがXYのちょうど $\frac{1}{3}$ のところで，検流計Gの針が0を示した。R_1，R_2 の抵抗はそれぞれいくらか。

ヒント

4 20 Ωの抵抗には I_1+I_2 の電流が流れる。

5 (2) XY間の抵抗は R_1+R_2 と120 Ωの並列接続による合成抵抗である。

(3) 針金の抵抗はその長さに比例する。

6 図のように，レールを水平面に対して角 θ 傾けて設置し，鉛直方向上向きに磁束密度 B〔T〕の磁場をかけた。レールの上に質量 m〔kg〕，長さ l〔m〕の導体棒PQを置き，電流を流したところ，棒は静止した。重力加速度の大きさを g〔m/s^2〕，導体棒とレールの間の摩擦力は無視できるとして以下の問いに答えよ。

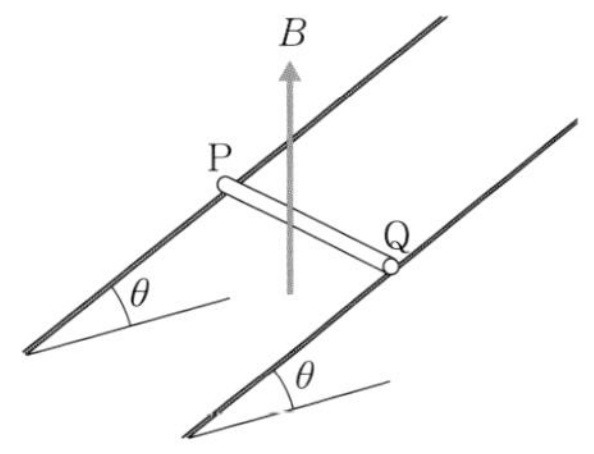

(1) 導体棒に流れる電流の向きはP→Qの向きか，Q→Pの向きか。

(2) 導体棒を流れる電流が磁場から受ける力の大きさはいくらか。

(3) このとき導体棒を流れている電流はいくらか。

7 十分に長い直線の導線から，図のように r 離れた場所に1辺 r の正方形の導線がある。直線の導線に I_1 の電流，正方形の導線に I_2 の電流が流れているとき，正方形の導線が受ける合力の向きと大きさを求めよ。ただし，真空の透磁率を μ_0 とする。

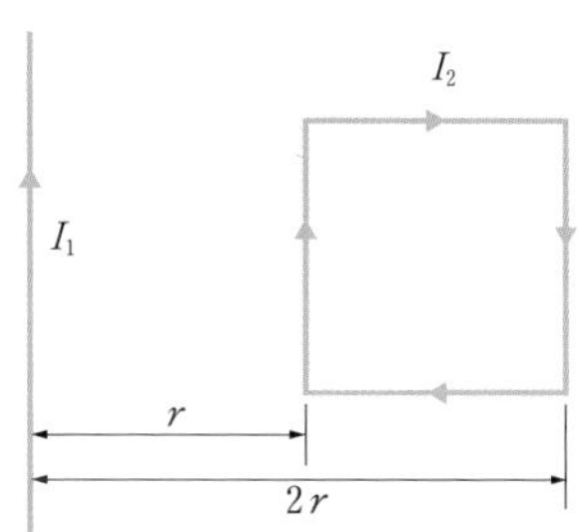

8 起電力 E の電池，自己インダクタンス L のコイル，抵抗値 r，R の2つの抵抗，スイッチSを用いて図のような回路をつくった。電池の内部抵抗は無視でき，コイルをつくっている導線がもつ抵抗も無視できるとして以下の問いに答えよ。

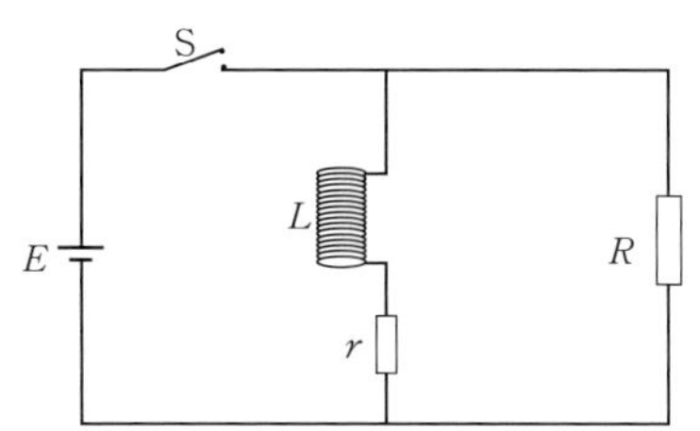

(1) スイッチを入れた瞬間にコイルに生じる誘導起電力 V_L の大きさはいくらか。

(2) スイッチを入れた後，ある時刻に r の抵抗を流れる電流は I であり，電流は増加しつつあった。コイルに生じる誘導起電力 V_L の大きさはいくらか。

(3) やがてコイルには一定の電流が流れるようになった。スイッチを入れてから，コイルに一定の電流が流れるまでの電流–時間グラフ（I–t グラフ）のおよその形をかけ。また，一定になったときの電流の値をグラフ中に書け。

(4) スイッチSが閉じてあり，回路に一定の電流が流れているとき，いきなりスイッチSを切った。このときコイルに発生する誘導起電力の大きさはいくらか。

9 2本のレールを抵抗値 R の抵抗でつなぎ，レールの上に質量が無視できる長さ l の導体棒abを図のように置いた。さらに導体棒abにひもを付け，定滑車を通して質量 m のおもりをつり下げる。可動部が受ける摩擦力や，滑車や糸の質量はすべて無視できる。また，レールや導体棒の抵抗値は十分に小さい。重力加速度の大きさを g として以下の問いに答えよ。

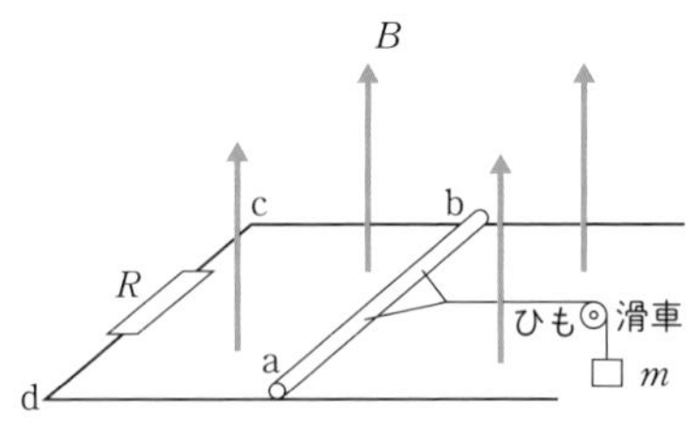

(1) おもりを手からはなすと，導体棒abは右向きに運動する。abの速さが v になった瞬間にabを流れる電流はいくらか。

(2) 導体棒abを流れる電流が磁場から受ける力の向きと大きさを求めよ。

(3) やがて導体棒abは一定の速度 v_0 で運動するようになる。v_0 を求めよ。導体棒abのはじめの位置と滑車間は十分離れているので，この間に導体棒abが滑車に達することはない。

(4) 導体棒abが一定の速度 v_0 で運動しているとき，抵抗 R で単位時間あたりに発生するジュール熱はいくらか。

10 実効値 V_e の交流電源に，抵抗値 R の抵抗と自己インダクタンス L のコイルを直列接続したとき，回路に流れる電流の位相は電圧の位相に対してちょうど $\dfrac{\pi}{4}$ radだけ遅れた。以下の問いに答えよ。

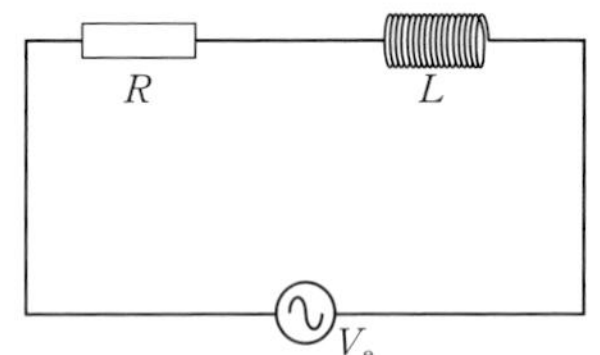

(1) 交流電源の振動数はいくらか。

(2) 流れる電流の実効値を求めよ。

11 電気容量 C のコンデンサーと自己インダクタンス L のコイルを図のように接続し，コンデンサーに電荷 $Q_0(>0)$ をたくわえた。スイッチSを入れた瞬間を時刻 $t=0$ としたとき，時刻 t におけるコンデンサーの帯電量 q は ω を定数として，$q=Q_0\cos\omega t$ で与えられることがわかっている。以下の問いに答えよ。

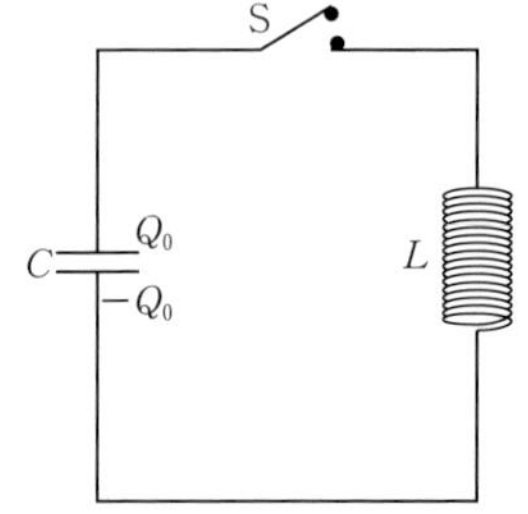

(1) 任意の時刻におけるコンデンサーの静電エネルギーとコイルにたくわえられるエネルギーの合計は一定であることを利用して，時刻 t に回路に流れる電流 I を求めよ。

(2) 回路に流れる電流の最大値 I_0 はいくらか。

(3) 最初に回路に流れる電流が最大になるのは，スイッチを閉じてから何秒後か。

Advanced Physics

物理

第5部

原子と原子核

MY BEST Advanced Physics

第章 原子の構造

1 電子

1 電子

A 陰極線

気体は，一般に電流を流さないが，電極間に高い電圧を加えると，電流が流れるようになる。**図1**のように，両端に電極を封入したガラス管の中に気体を入れて高電圧をかけ，真空ポンプで管内の圧力を下げていくと，管内の気体が光り始める。さらに圧力を下げていくと光は出なくなり，陽極側の管壁が蛍光を発するようになる。これは，何かが陰極から出て壁にぶつかるためと考えられ，陰極から出ているものは**陰極線**と名づけられた。また，このように，希薄な気体を通して起こる放電を**真空放電**という。

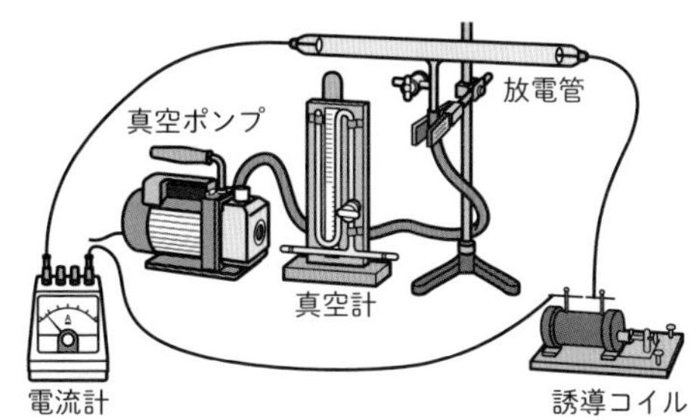

図1 真空放電

B 陰極線の性質

実験の結果，陰極線には，陰極の金属やガラス管内の気体の種類によらず，

① 磁場によって曲げられる
② 電場によって電場の向きと反対方向に曲げられる
③ 物体によってさえぎられ，その物体の影をつくる
④ 羽根車に当てると，羽根車を回すことができる

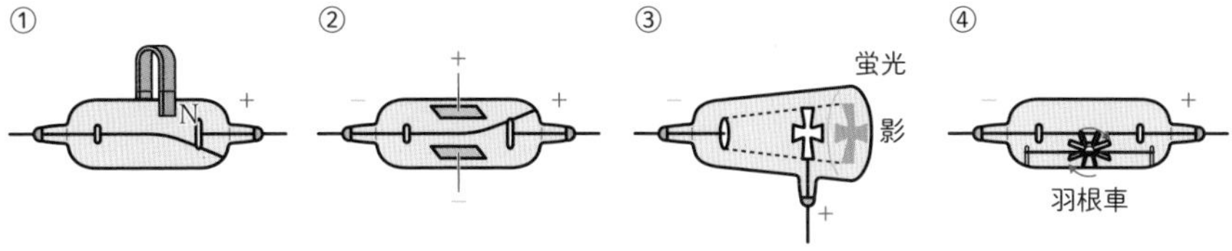

図2 陰極線の性質

という性質があることがわかった。

これらのことから，陰極線は，いろいろな金属に共通して含まれている，負の電荷をもつ高速な粒子の流れであることがわかった。これが**電子**である。

C 比電荷

1897 年，J. J. トムソンは，陰極線が電場と磁場で曲げられるようすを調べ，陰極線を構成する粒子の質量 m と，電気量 e の比 $\frac{e}{m}$ を測定した。その結果

$$\frac{e}{m}=1.76\times10^{11}\ \mathrm{C/kg} \quad \cdots\cdots(1)$$

で一定になるという結果を得た。電荷と質量の比を**比電荷**という。このことから，陰極線は一種類の粒子からなることがわかり，この粒子は電子と名づけられた。すなわち，陰極線は**電子線**ということになる。

> +アルファ
>
> **比電荷**
> 電子以外の荷電粒子についても，電荷と質量の比を比電荷という。比電荷は，その粒子の性質を知る上で重要な量になる。

D 電場中の電子の運動と比電荷

トムソンは電場と磁場を同じ向きに加えられるようにし，その中に電子を入射させ，**図 3** のように電子が到達する蛍光面上の位置をはかることで，比電荷を求めた。

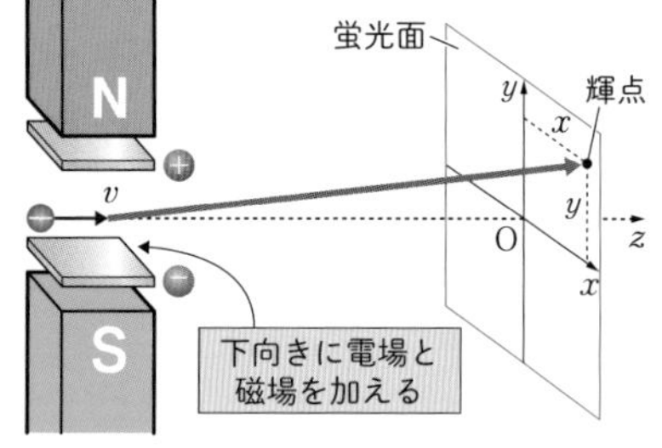

図 3　トムソンによる比電荷の測定

図 4 のように，電子が初速度 v で大きさ E の電場の極板間に垂直に入射すると，電子は電場と逆向きに大きさ eE の静電気力を受ける。この静電気力によって生じる y 軸方向の加速度を a とすると，運動方程式 $ma=eE$ より，電子に生じる加速度 a は

$$a=\frac{eE}{m} \quad \cdots\cdots(2)$$

と表され，一定となる。電子は入射方向には力を受けないので，z 軸方向には速さ v で等速直線運動をする。極板の長さを l，電子が極板間を通過するのに要した時間を t とすれば $l=vt$ となり

$$t=\frac{l}{v} \quad \cdots\cdots(3)$$

である。y 軸方向では加速度 $a=\frac{eE}{m}$ の等加速度運動なので y_1 は

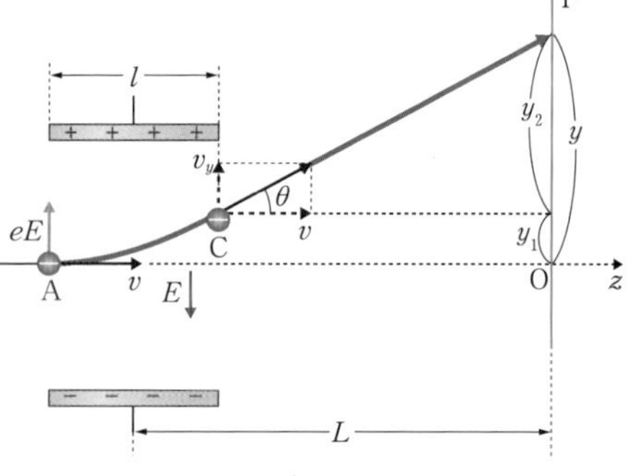

図 4　電場中の電子の運動

$$y_1=\frac{1}{2}at^2=\frac{1}{2}\times\frac{eE}{m}\times\left(\frac{l}{v}\right)^2=\frac{eE}{2m}\left(\frac{l}{v}\right)^2 \quad \cdots\cdots(4)$$

となる。また，速度の y 成分 v_y は等加速度運動の式 $v_y=at$ に式(2)と式(3)を代入して

$$v_y=\frac{eE}{m}\times\frac{l}{v}=\frac{e}{m}\cdot\frac{El}{v} \quad \cdots\cdots (5)$$

である。電子の速度の向きと z 軸とのなす角を θ とすれば，式(5)より

$$\tan\theta=\frac{v_y}{v}=\frac{e}{m}\cdot\frac{El}{v^2} \quad \cdots\cdots (6)$$

が得られる。電場を出た後，電子は外力を受けないので等速直線運動をおこない，y_2 は**図 4** より

$$y_2=\left(L-\frac{l}{2}\right)\times\tan\theta=\left(L-\frac{l}{2}\right)\times\frac{e}{m}\cdot\frac{El}{v^2} \quad \cdots\cdots (7)$$

となるので，蛍光面に電子の到達する点の y 座標は次式で与えられる。

$$y=y_1+y_2=\frac{eE}{2m}\left(\frac{l}{v}\right)^2+\left(L-\frac{l}{2}\right)\frac{e}{m}\cdot\frac{El}{v^2}=\frac{e}{m}\cdot\frac{El}{v^2}L \quad \cdots\cdots (8)$$

電子の比電荷は，式(8)または式(6)を変形して

$$\frac{e}{m}=\frac{v^2}{El}\cdot\frac{y}{L}=\frac{v^2}{El}\tan\theta \quad \cdots\cdots (9)$$

となる。

E 磁場中の電子の運動と比電荷

次に**図 3** の x 軸方向の移動について考える。次ページの**図 5** のように，電子を大きさ v の初速度で磁束密度大きさ B の磁場の中に垂直に入射させる。磁場の向きは紙面の表から裏へ向かう向きである。電子は磁場から運動方向に垂直な力 evB を受け，等速円運動をおこなう。このときの半径 r は，磁場から受ける力が等速円運動の向心力となるので，円運動の運動方程式 $m\frac{v^2}{r}=evB$ より

$$r=\frac{mv}{eB} \quad \cdots\cdots (10)$$

である。長さ l の磁場を出るときには，磁場に垂直な方向への変位 x_1 は $x_1=l\tan\alpha$ となり，α が小さければ $\tan\alpha\fallingdotseq\alpha$ の近似が成り立つので　$x_1\fallingdotseq l\alpha$

となる。また，$\alpha=\frac{\beta}{2}$ なので

$$x_1=l\frac{\beta}{2} \quad \cdots\cdots (11)$$

となり，さらに，変位 x_2 は β も小さければ $\tan\beta\fallingdotseq\beta$ なので

$$x_2=\left(L-\frac{l}{2}\right)\tan\beta=\left(L-\frac{l}{2}\right)\beta \quad \cdots\cdots (12)$$

であるから，蛍光面上に電子の到達する点の x 座標は式(11)と式(12)を代入して

$$x=x_1+x_2=l\frac{\beta}{2}+\left(L-\frac{l}{2}\right)\beta$$

$$=L\beta \quad \cdots\cdots (13)$$

となる。ここで α が小さければ

PQ≒r だから，$\beta \fallingdotseq \tan\beta=\frac{l}{r}$ を代入

して

$$x=L\frac{l}{r}=\frac{e}{m}\cdot\frac{Bl}{v}L \quad \cdots\cdots (14)$$

よって，電子の比電荷は次のようになる。

$$\frac{e}{m}=\frac{v}{Bl}\frac{x}{L} \quad \cdots\cdots (15)$$

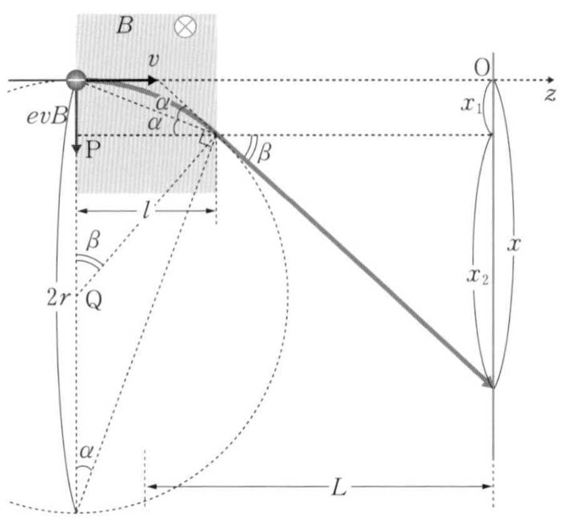

図5　磁場中の電子の運動

F 比電荷の決定

式(9)あるいは式(15)を用いて比電荷を決定するには，実測できる x，y，L，l のほかに電子の入射速度 v の値が必要になる。トムソンは，この2式を連立して解き，比電荷を求めた。

$$\frac{e}{m}=\frac{E}{B^2l}\cdot\frac{x^2}{yL} \quad \cdots\cdots (16)$$

2 ミリカンの油滴実験

A ミリカンの油滴実験

トムソンは電場と磁場の中に電子を入射させ比電荷の値を実験から求めたが，比電荷は電子の電気量と質量の比であり，電子の電気量そのものや質量そのものを求められたわけではない。1909年，ミリカンは，電場中で荷電粒子を落下させることにより，電子の電気量である電気素量 e を初めて測定した。

B 油滴の質量の測定

ミリカンは，噴霧器によって蒸発しにくい油の霧(油滴)をつくり，この油滴にX線でイオン化させた空気の分子を付着させて油滴の帯電量を変え，顕微鏡で油滴の落下のようすを観察した。

図6のような装置で，極板に電場を与えない場合(**図6(a)**)，油滴は重力によって落下するが，空気による抵抗力を受ける。速度があまり大きくないときは，空気抵抗力は油滴の速度に比例し，速度が増すにつれて落下の加速度が減少し終端速度になり，油滴は等速度で落下する。このとき，油滴の質量を M，油滴の終端速度を v_1，空気抵抗力の比例定数を k とすると，重力と空気抵抗力がつり合うので

$$kv_1=Mg \quad \cdots\cdots (17)$$

となる。比例定数 k は空気の状態や油滴の大きさによって決まる定数である。

顕微鏡の視野に刻まれた目盛りより，油滴の落下距離と時間を測定して速度 v_1 を求め，油滴の質量を求めることができる。

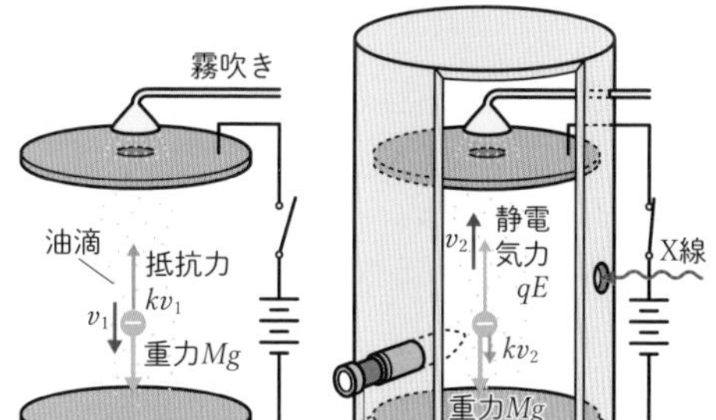

図6　ミリカンの実験

C 油滴の電気量の測定

次に，**図6**の(b)のように極板間に電場を与える。帯電している油滴は電場から上向きに静電気力を受けて上昇するようになる。やがて終端速度となるが，電場の強さを E，油滴の電気量を q，終端速度を v_2 とすると

$$qE=kv_2+Mg=kv_2+kv_1=k(v_1+v_2) \quad \cdots\cdots (18)$$

よって，式(19)で油滴の電気量 q が求められる。

$$q=\frac{k(v_1+v_2)}{E} \quad \cdots\cdots (19)$$

D 電気素量

ミリカンは精度を高めて繰り返し測定し，電気量 q がつねにある値 e の整数倍となることをつきとめた。

$q=e\times n$　(n は整数)

このある値 e は

$$\boldsymbol{e=1.60\times10^{-19}\,\mathrm{C}}$$

で**電気素量**とよばれる。電気素量は電気量の最小単位で，電子の電気量の絶対値である。また，電子の質量 m は電子の比電荷の値と電気素量から求められる。

$$\boldsymbol{m=9.11\times10^{-31}\,\mathrm{kg}}$$

現在では高精度の実験で得られた値 $e=1.602\,176\,634\times10^{-19}$ C を定義値として，クーロン(C)やアンペア(A)の単位が定められている。

例題 188　ミリカンの実験

ミリカンの電気素量の測定実験について，以下の問いに答えよ。ただし，油滴の質量を m〔kg〕，油滴の半径を r〔m〕，重力加速度の大きさを g〔m/s^2〕とする。

(1)　X 線を照射して帯電させた油滴は極板 A，B の間を落下するが，油滴には油滴の半径と落下速度に比例した空気抵抗がはたらき，一定の速さで落下する。このときの油滴の速さを v_0〔m/s〕，空気抵抗力の比例定数を k として，油滴の運動方程式を立てよ。

(2)　極板 AB 間に電圧をかけると，油滴は一定の速さ v〔m/s〕で上向きに運動した。極板間の電場の強さを E〔V/m〕，油滴の電荷を q〔C〕として，油滴について運動方程式を立てよ。ただし，油滴の電荷は正であるものとする。

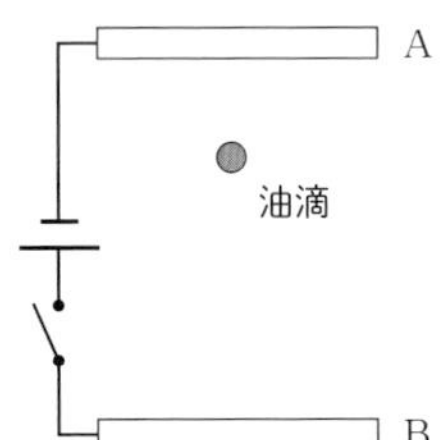

(3)　油滴の密度を ρ〔kg/m^3〕として質量 m を表せ。

(4)　(1)と(3)より，油滴の半径 r を求めよ。

(5)　(1)，(2)，(4)より，油滴の電荷 q を求めよ。

考え方　油滴にはたらく空気抵抗は krv_0〔N〕となる。

解答

(1)　油滴には下向きに大きさ mg〔N〕の重力，上向きに大きさ krv_0〔N〕の空気抵抗力がはたらく。

$$mg-krv_0=0 \quad \cdots 答$$

(2)　極板に電圧をかけると，油滴には上向きに大きさ qE〔N〕の静電気力，下向きに重力，空気抵抗力がはたらき，一定の速さで上昇する。

$$mg+krv-qE=0 \quad \cdots 答$$

(3)　油滴の体積は $\frac{4}{3}\pi r^3$ であるので

$$m=\rho\times\frac{4}{3}\pi r^3=\frac{4}{3}\pi\rho r^3 \quad \cdots 答$$

(4)　(3)の結果を(1)の結果に代入して

$$\frac{4}{3}\pi\rho r^3 g-krv_0=0 \quad より \qquad r=\sqrt{\frac{3kv_0}{4\pi\rho g}} \quad \cdots 答$$

(5)　(2)の結果を変形して(1)と(4)の結果を代入する。

$$q=\frac{mg+krv}{E}=\frac{krv_0+krv}{E}=\frac{k(v_0+v)}{E}r$$

$$=\frac{k(v_0+v)}{E}\sqrt{\frac{3kv_0}{4\pi\rho g}} \quad \cdots 答$$

2 光の粒子性

1 光電効果

A 光電効果

図7のように，はく検電器の上によくみがいた亜鉛板をのせ，全体を負に帯電させる。亜鉛板に紫外線を当てると，はくが閉じる。これは，紫外線を当てることにより，亜鉛板から電子が飛び出し，負電荷が減少するからである。

このように，光を金属の表面に当てると，そこから電子が飛び出してくる現象を**光電効果**といい，飛び出した電子を**光電子**という。

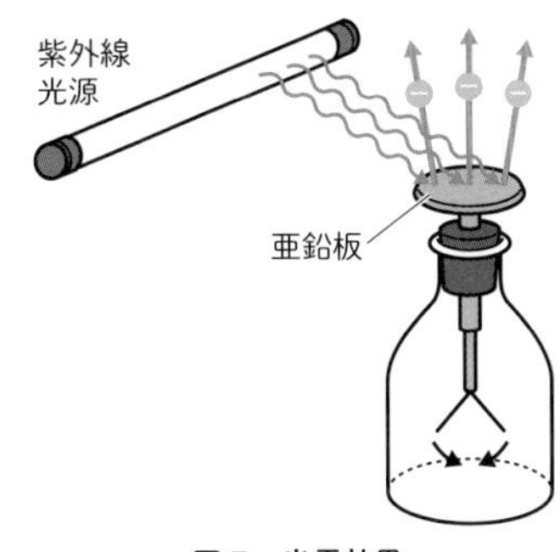

図7　光電効果

B 光電効果の性質

光の強さと光の振動数(波長)を変えて光電効果の実験をおこなったところ，以下の性質が明らかになった。

① 金属に当てる光の振動数ν〔Hz〕が，ある振動数ν_0よりも小さいと，光の強さに関わらず光電効果は起こらない。このときの振動数ν_0を**限界振動数**といい，金属の種類によって特有の値をとる。
　また，そのときの波長を**限界波長**という。

② 振動数がν_0より大きい光であれば，どんなに弱い光を当てても，光を当てた瞬間に電子が飛び出して光電効果が起こる。

③ 光電子が金属板から飛び出すときの運動エネルギーはさまざまな値をとるが，最大運動エネルギーK_0〔J〕は，光の振動数によって決まり，光の強さによらない。

④ 金属に当てる光の振動数νと光電子の最大運動エネルギーK_0は直線関係にある。

⑤ 振動数がν_0より大きく一定のとき，単位時間あたりに飛び出す光電子の数は，光の強さに比例する。

+アルファ

限界振動数と限界波長

限界波長λ_0は，限界振動数をν_0，真空中の光の速さをcとすると

$$\lambda_0=\frac{c}{\nu_0}$$

となる。

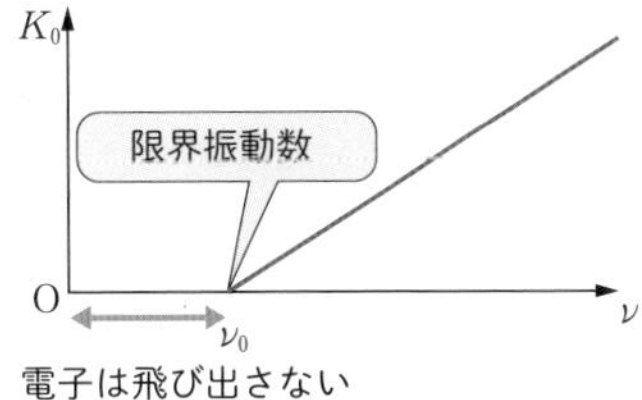

図8　最大運動エネルギーK_0と振動数νの関係

これらの実験結果は，光を電磁波と考えただけでは問題点を生ずる。

例えば，一般に，波が運ぶエネルギーは波の振幅 A の 2 乗に比例するので，振動数 ν が小さくても振幅が大きければ，波のエネルギーが大きく(光が強く)，光電効果は起こるはずである。これは，性質①に矛盾する。

また，非常に弱い光を電子に当てた場合，電子が光を得てから金属表面を飛び出す時間は，きわめて長い時間になるはずである。これは，性質②に矛盾する。

さらに，金属に当てる光が強いほど大きなエネルギーになるので，金属から飛び出す光電子の運動エネルギーは大きなエネルギーになるはずであり，このことは性質③に矛盾する。

2 光量子仮説

A 光子

1905 年，アインシュタインは，光は波動性と粒子性の両方の性質をもつという**光量子仮説**を発表し，光を粒子と考えることで光電効果を説明することに成功した。これは，アインシュタインの**光量子説**とよばれる。アインシュタインは，振動数 ν の光が

$$E=h\nu \quad \cdots\cdots (20)$$

のエネルギーをもつと考え，電磁波を構成している粒子を**光子(フォトン)**と名づけた。振動数が同じ光であれば，光子の数が多いほど強い光になり，N 個の光子があると $Nh\nu$ のエネルギーをもつ。h は，物質の種類によらない定数で**プランク定数**といい，次の値

$$h=6.63\times10^{-34}\,\mathrm{J\cdot s}$$

をとる。光の波長を λ，真空中の光の速さを c とすると，$c=\nu\lambda$ より $\nu=\dfrac{c}{\lambda}$ なので式(20)は次のようになる。

$$E=\frac{hc}{\lambda} \quad \cdots\cdots (21)$$

POINT

光子のエネルギー

$$E=h\nu=\frac{hc}{\lambda}$$

光子のエネルギーは振動数 ν に比例する。

B 光子による光電効果の説明

振動数νの光を，1個の光子がエネルギー$h\nu$をもっている多数の光子の流れであると考え，1個の光子が金属の中の1個の電子にぶつかって，そのエネルギー$h\nu$をすべて電子に与えると考えると，光電効果は説明がつく。

ここで，電子を金属の表面から外部に取り出すのに必要な最小限のエネルギーをWとする。限界振動数ν_0の光子のもつエネルギー$h\nu_0$がすべて電子に与えられると電子は飛び出すので

$$W=h\nu_0 \qquad \cdots\cdots (22)$$

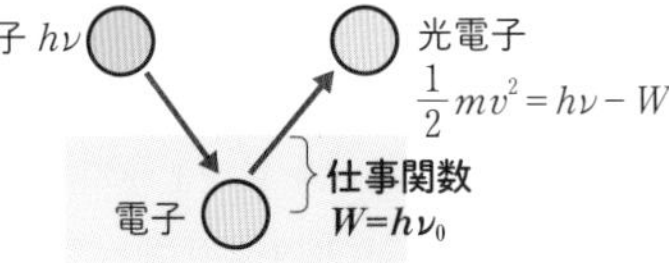

図9　仕事関数

となる。Wは**仕事関数**という。振動数νの光を当てられたとき，光子からもらったエネルギー$h\nu$のうち金属から飛び出るために少なくとも$W=h\nu_0$が使われるので光電子の運動エネルギーは

$$\frac{1}{2}mv^2 \leqq h\nu - W = K_0 \qquad \cdots\cdots (23)$$

となり，その最大値K_0を最大運動エネルギーという。

この考え方により，光電効果の性質①と②は次のように説明できる。

振動数νの光が金属に当たったとき，光子からもらったエネルギー$h\nu$より仕事関数Wが大きければ，どんなに強い光を当てても光電子は飛び出さないことになる。光子の数が多くても，光電子が飛び出すのに必要なエネルギーを光子からもらえないからである。一方，仕事関数以上のエネルギーをもらえると光電子は金属から飛び出ることができるので，振動数がν_0より大きければ弱い光でも金属から飛び出すことになり，光電効果が起こることになる。

また，光電効果の性質⑤については，振動数が同じで強い光というのは，単位時間に金属に到達する光子の数が多いということから説明できる。

よって，金属から飛び出す光電子の数は，光子の数と比例することになる。

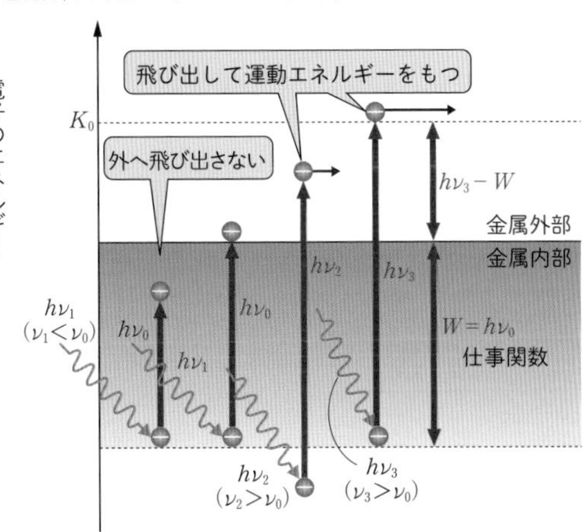

図10　光電効果と仕事関数

C 原子や電子のエネルギーの単位

マクロな現象を扱う場合のエネルギーの単位としてジュール(J)を用いているが，電子や原子などミクロなエネルギーを扱う場合は**電子ボルト(エレクトロンボルト)**という単位を用いる。真空中において**電子1個が1Vの電位差で加速されたときに得るエネルギーを1電子ボルト**とし，**eV**という記号を用いる。

q〔C〕の電荷が電位差 V〔V〕で加速されると qV〔J〕のエネルギーを得るので，1電子ボルトとは電気素量を e〔C〕とすると

$$1\ \mathrm{eV} = e \times 1\ \mathrm{V} = 1.60 \times 10^{-19}\ \mathrm{C} \times 1\ \mathrm{V} = \mathbf{1.60 \times 10^{-19}\ J}$$

となる。電子ボルト(eV)とジュール(J)の関係は以下のようになる。

$$1\ \mathrm{eV} = 1.60 \times 10^{-19}\ \mathrm{J}, \qquad 1\ \mathrm{J} = 6.24 \times 10^{18}\ \mathrm{eV}$$

特に，高速の電子などのエネルギーには次式で定義される**メガ電子ボルト**(記号 MeV)が用いられる。

$$1\ \mathrm{MeV} = 10^{6}\ \mathrm{eV}$$

D 光電管による光電効果の測定

図11は光電管による光電効果の実験の図である。ミリカンはこのような装置で，さまざまな金属の組合せを両方の電極に用いてプランク定数の値を求めた。ここでは，両極に同種の金属を用いた場合を考える。

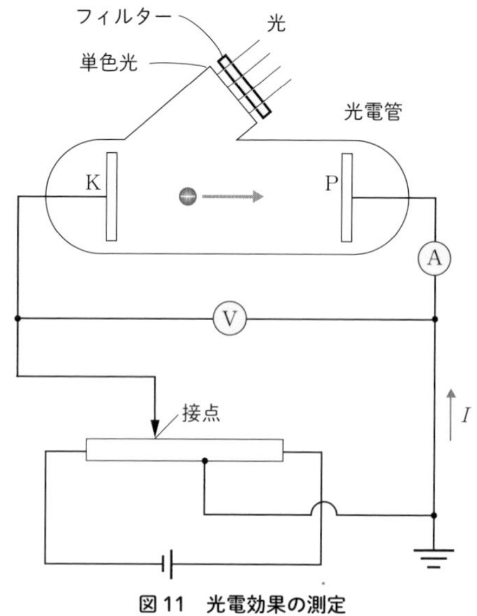

図11 光電効果の測定

負極とよぶ金属板Kと正極とよぶ金属板電極Pは真空ガラス管の中に離れて配置されており，電池と抵抗からなる回路につながっている。抵抗の接点を変えることにより，Kに対するPの電位(正極電圧)を正にも負にも変えることができる。Kに振動数 ν_0 より大きな振動数 ν の光を当てると金属板から光電子が飛び出し，Pでとらえられた光電子数が電流 I として観測される。電流 I と正極電圧 V との関係は**図12**のグラフとなる。

グラフから，V が正であれば金属板から飛び出した光電子はすべて正極Pに到達し，電流が流れる。この電流を**光電流**という。光電流 I は強い光ほど大きくなり，光の強度に比例する。

V が0でも，光電子は0から K_0 までの運動エネルギーをもっているので正極Pに到達し，電流が流れる。

Vを負にすると電流は減少し，$-V_0$になると光電流が0となり電流が流れなくなる。これはVが負になると正極に向かう光電子は反発力を受けてその一部は正極に到達できなくなるからで，$-V_0$になると正極に光電子が到達する前にすべての光電子の運動エネルギーが0になる。両極の金属が同種であれば，電子が電場からされる仕事がeV_0，電子のもっていた最大運動エネルギーがK_0より

$$0-K_0=-eV_0$$

$$K_0=eV_0 \quad \cdots\cdots (24)$$

よって，阻止電圧V_0を測定すれば光電子の運動エネルギーK_0を求めることができる。

電極の金属の種類を変えて，当てる単色光の振動数と光電子の運動エネルギーの関係を見ると，**図13**のように直線関係となる。この直線の傾きはプランク定数hを表しており

$$\boldsymbol{K_0=h\nu-h\nu_0} \quad \cdots\cdots (25)$$

の関係が得られる。

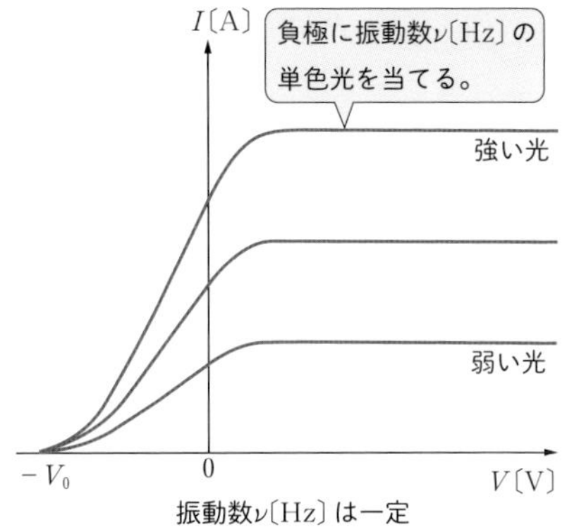

図12　正極電圧と光電流の関係

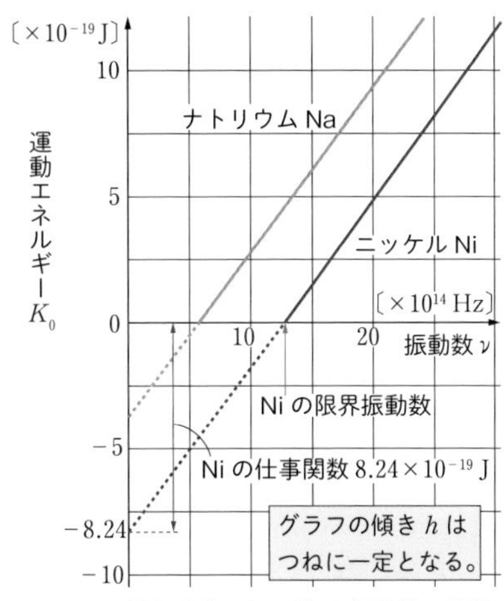

図13　最大運動エネルギーと振動数の関係

コラム　**両極の金属が異なる場合**

両極の金属の種類が異なる場合は式(24)は修正する必要がある。負極Kに対して正極Pに電圧$-V_0$を加えると，負極内の電子のエネルギーの最大値を電子の位置エネルギーの基準として，正極内の電子の位置エネルギーの最大値はeV_0となる。一方，負極の直ぐ外に置かれた電子の位置エネルギーは負極の仕事関数Wであり，正極の直ぐ外に置かれた電子の位置エネルギーは，正極の仕事関数をW'とするとeV_0+W'であるので，正極の直ぐ外で最大運動エネルギーK_0をもつ電子が正極のすぐ外側にちょうど到達できるのは

$$K_0+W=0+(eV_0+W')$$

のときである。これから得られる

$$K_0=eV_0+W'-W \quad \cdots\cdots (24)'$$

を式(24)の代わりに用いなければならない。

例題 189　光電効果

光電効果でセシウムの限界波長は 654 nm である。プランク定数を $h=6.6\times10^{-34}$ J・s，真空中の光速を $c=3.0\times10^{8}$ m/s として，次の問いに答えよ。

(1)　限界振動数 ν_0 を求めよ。

(2)　セシウムの仕事関数 W を求めよ。

(3)　セシウムに 600 nm の光を当てたとき，飛び出す光電子の運動エネルギーの最大値 K_0 を求めよ。

考え方　(2)　1 eV$=1.6\times10^{-19}$ J を用いて換算する。

解答

(1)　限界波長を λ_0 とすると

$$\nu_0=\frac{c}{\lambda_0}=\frac{3.0\times10^{8}\ \mathrm{m/s}}{654\times10^{-9}\ \mathrm{m}}=4.59\times10^{4}\ \mathrm{Hz}\fallingdotseq4.6\times10^{14}\ \mathrm{Hz}\quad\cdots\text{答}$$

(2)　仕事関数 W は $W=h\nu_0$ で求められるので

$$W=h\nu_0=6.6\times10^{-34}\ \mathrm{J\cdot s}\times4.59\times10^{14}\ \mathrm{Hz}=3.03\times10^{-19}\ \mathrm{J}$$

$$=\frac{3.03\times10^{-19}\ \mathrm{J}}{1.6\times10^{-19}\ \mathrm{J/eV}}=1.89\ \mathrm{eV}\fallingdotseq1.9\ \mathrm{eV}\quad\cdots\text{答}$$

(3)　$K_0=h\nu-h\nu_0=h(\nu-\nu_0)=hc\left(\frac{1}{\lambda}-\frac{1}{\lambda_0}\right)$

$$=6.6\times10^{-34}\ \mathrm{J\cdot s}\times(3.0\times10^{8}\ \mathrm{m/s})\times\left(\frac{1}{600\times10^{-9}\ \mathrm{m}}-\frac{1}{654\times10^{-9}\ \mathrm{m}}\right)$$

$$=2.72\times10^{-20}\ \mathrm{J}\fallingdotseq2.7\times10^{-20}\ \mathrm{J}\quad\cdots\text{答}$$

POINT

光電効果における運動エネルギーの最大値と振動数の関係

$$K_0=h\nu-h\nu_0$$

3　X線

A　X線の発見

1895 年，レントゲンは真空放電の研究中に，陰極から出た電子を高速に加速して陽極に衝突させると，放射線が出て，写真乾板を感光させることを発見した。この放射線は，波長が 10 nm から 0.001 nm の短い電磁波で，**X線**と名づけられた。

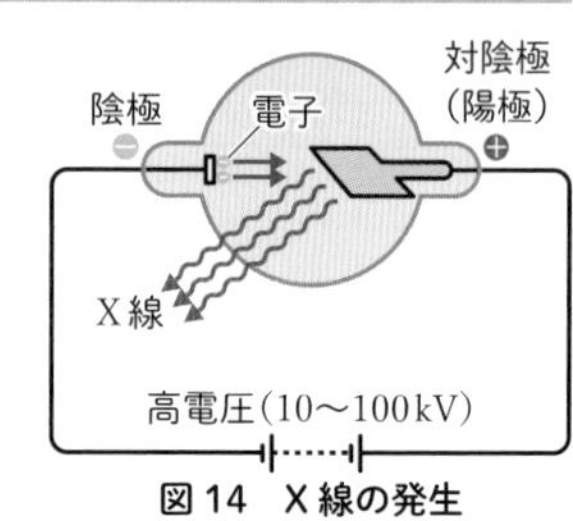

図 14　X線の発生

B X線の特徴

X線には，蛍光物質に蛍光を発生させる蛍光作用や気体を電離する電離作用，写真フィルムを感光させる感光作用がある。また，物体への透過力が強いことを利用して，物体の内部を調べることができる。

C 連続X線と特性X線

図15 は，X線の波長と強さの関係(スペクトル)を表したものであるが，X線は**連続X線**と**特性X線**(**固有X線**)からなる。連続X線は，最短波長 λ_0 より長い波長でほぼ連続的なスペクトルの形となる。また，特性X線は対陰極の物質によって決まる特定の波長の強い不連続なスペクトルとなる。

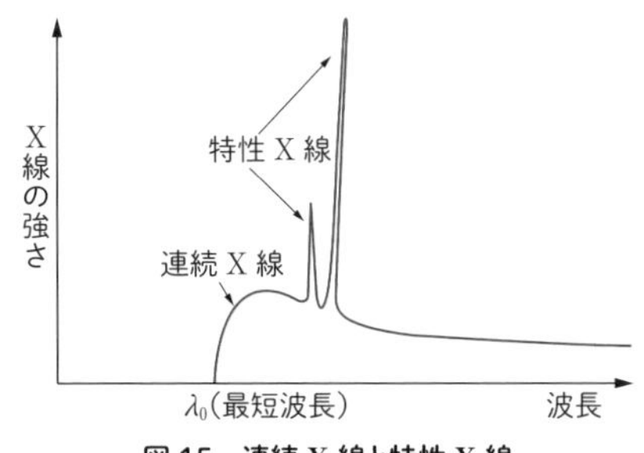

図15 連続X線と特性X線

D 連続X線の発生

連続X線は，光子の流れと考えると説明しやすい。陰極から出た電子は電圧によって加速され，運動エネルギーを得て陽極に衝突する。電子のもつ運動エネルギーの一部またはすべてがX線の光子のエネルギーとなり連続X線が発生し，残りは陽極の原子の熱運動のエネルギーになる。

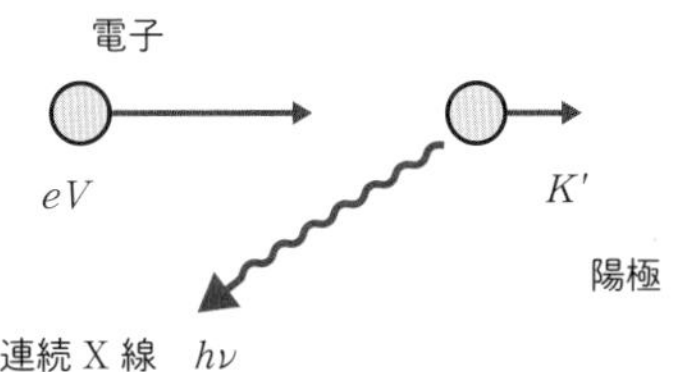

図16 連続X線の発生

陰極から電圧 V で加速された運動エネルギー eV の電子が，陽極に衝突して振動数 ν の1個のX線光子が放出されたとする。衝突後の電子の運動エネルギーを K' とするとエネルギー保存の法則が成り立ち

$$eV=h\nu+K' \quad \cdots\cdots (26)$$

よって

$$eV \geqq h\nu$$

である。eV のすべてがX線の光子エネルギーに変わった場合は

$$eV=h\nu$$

となり，発生したX線の波長は最短波長 λ_0 となり

$$\lambda_0=\frac{hc}{eV} \quad \cdots\cdots (27)$$

> **+アルファ**
>
> **軟X線と硬X線**
>
> 波長が数10 nm程度のX線を軟X線，波長が0.1 nmまたはそれよりも短い波長のX線を硬X線という。$E=h\nu$ より，X線の光子は，波長が短いほどエネルギーが大きく透過力が強いので，軟X線は透過力が弱く，硬X線は透過力が強い。式(27)より，加速電圧 V を大きくするとX線の最短波長 λ_0 が小さくなり，硬X線が発生することがわかる。

が成り立つ。この式から，最短波長 λ_0 は加速電圧 V に反比例し，加速電圧が大きいほど波長の短い X 線が発生することがわかる。

E X 線の波動性

1912 年，ラウエは結晶に X 線を照射して**ラウエ斑点**を発見し，X 線が波動的性質をもつことを実証した。結晶に X 線を当てると結晶内の規則的に並んだ原子によって X 線が散乱され，その散乱された X 線が干渉を起こし独自の回折パターンをつくる。それがラウエ斑点である。

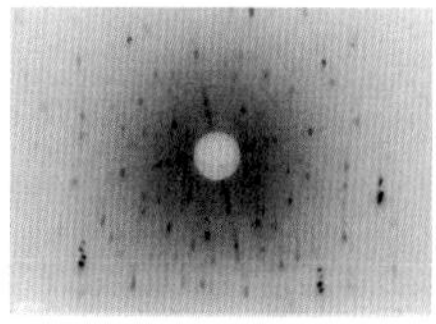

▲ラウエ斑点

F 結晶による X 線の回折

1912 年，ブラッグ父子は，結晶に X 線を当て，原子によって散乱された X 線が回折し，強め合うように干渉する条件を導いた。

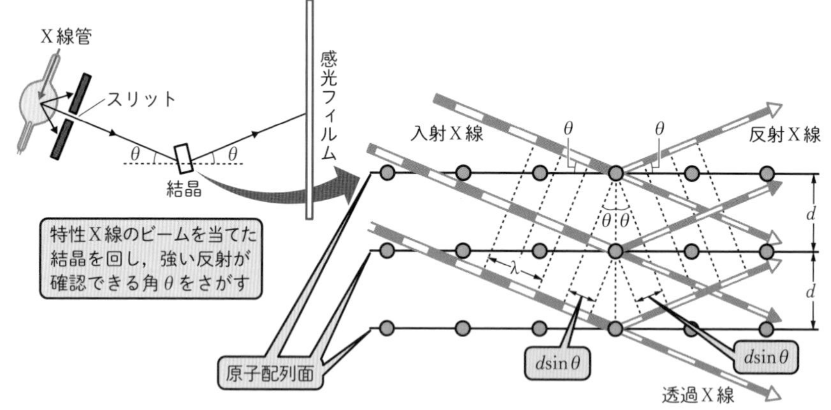

図 17　結晶による X 線の回折

図 17 のように，結晶内に平行に並んだ，1 組の原子配列面に，波長 λ の X 線を平面と角 θ をなす角度で入射させる。X 線は原子によって散乱され，あらゆる方向に進んでいく。しかし，原子の間隔と X 線の波長は同程度なので，ある特定の方向で散乱された X 線どうしは強め合うことがある。これは，回折格子に光を入射させた場合に特定の方向で強め合う回折と同じだと考えればよい。

散乱された X 線が干渉して強め合うのは，反射の法則を満たす方向で，隣り合う 2 つの配列面での反射 X 線が同位相になる場合である。配列面の間隔を d とすると，このときの X 線の経路差は $2d\sin\theta$ となるから

$$2d\sin\theta = m\lambda \quad (m=1,\ 2,\ 3,\ \cdots\cdots) \qquad \cdots\cdots (28)$$

の条件のとき，各原子の配列面から反射した X 線は干渉して強め合う。これを**ブラッグ反射**といい，干渉の条件のことを**ブラッグの条件**という。

この条件から，原子配列面の間隔のわかっている結晶を用いて散乱方向を測定すればX線の波長を知ることができる。逆に，波長のわかっているX線を用いて散乱方向を測定すれば，結晶構造を知ることができる。

例題 190 ブラッグ反射

波長が 1.5×10^{-10} m のX線を，結晶の原子配列面に 30° の角度で入射させたところ，反射X線が強め合って観察された。$m=2$ として，結晶の原子配列面の間隔を求めよ。

考え方 ブラッグの反射条件 $2d\sin\theta=m\lambda$ に $m=2$ を代入し，原子配列面の間隔 d を求める。

解答

ブラッグの反射条件より

$$d=\frac{m\lambda}{2\sin\theta}=\frac{2\times1.5\times10^{-10}\ \text{m}}{2\times\dfrac{1}{2}}=3.0\times10^{-10}\ \text{m}$$ …答

POINT

ブラッグの条件

$$2d\sin\theta=m\lambda \qquad (m=1,\ 2,\ 3\cdots\cdots)$$

G X線の粒子性

X線を物質に当てると，X線は散乱される。この散乱X線は，入射X線と同じ波長のものと入射X線より波長の長いものが含まれており，このことはX線を波動として考えると説明がつかない。

そこでアインシュタインは，電磁波は粒子の流れであると考え，この粒子がエネルギー $h\nu$，電磁波の進む向きの運動量 p をもつと考え，光量子仮説を発展させた。電磁波を粒子の流れと考えたときの運動量は以下の式で表される。

$$p=\frac{h\nu}{c}=\frac{h}{\lambda} \qquad \cdots\cdots(29)$$

コンプトンは，1923 年，X線が光子として電子と弾性衝突をすると考えた。

振動数 ν のX線を光子と考え，1個の光子が1個の電子と衝突したとする(次ページの**図 18**)。X線の光子は，エネルギー $h\nu$，進行方向に運動量 $\dfrac{h\nu}{c}$ をもっている。質量 m の電子は静止しており，エネルギーと運動量は0である。

衝突後，電子は角βの方向に速さvで運動し，X線の光子は角αの方向に振動数ν'となって散乱されたとする。このときエネルギー保存の法則より

$$h\nu = h\nu' + \frac{1}{2}mv^2 \qquad \cdots\cdots (30)$$

が成り立つ。

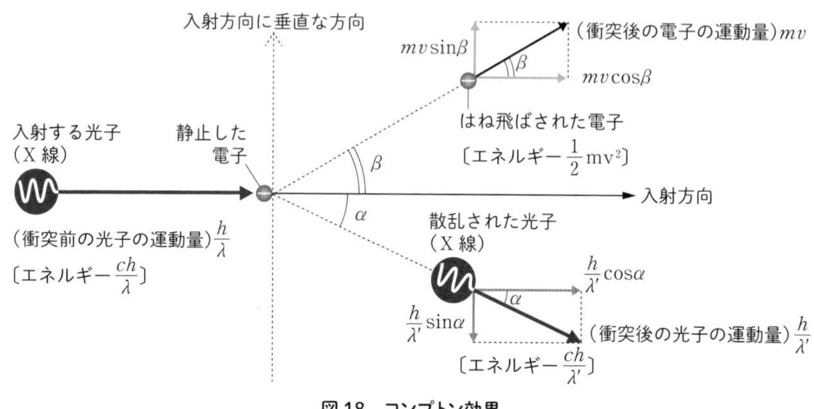

図18　コンプトン効果

また，入射X線の波長をλ，散乱X線の波長をλ'とすると，運動量保存の法則が成り立つ。

$$\text{入射方向：}\frac{h}{\lambda} = \frac{h}{\lambda'}\cos\alpha + mv\cos\beta \qquad \cdots\cdots (31)$$

$$\text{入射方向に垂直な方向：}0 = -\frac{h}{\lambda'}\sin\alpha + mv\sin\beta \qquad \cdots\cdots (32)$$

これらの式より，$\lambda \fallingdotseq \lambda'$のとき

$$\lambda' - \lambda = \frac{h}{mc}(1 - \cos\alpha) \qquad \cdots\cdots (33)$$

が得られる。これは実験結果と一致する。すなわち，X線の光子のエネルギーと運動量は減少し，散乱されたX線の波長は長くなる。

X線を金属に当てると波長がわずかに長くなったX線が散乱されることを**コンプトン効果(コンプトン散乱)**という。これはX線の光子が電子と衝突し，一部のエネルギーを電子に与え，光子のエネルギーが減少することによって起こる現象である。コンプトン効果は，X線には粒子性があることを示す例である。

POINT

コンプトン効果
散乱X線の波長は入射X線の波長よりわずかに長くなる。
⇨X線に粒子性があることを示す。

例題 191 コンプトン効果

図のように，真空中で静止している電子(質量 m〔kg〕)に波長 λ〔m〕のX線を当てた。X線は x 軸負の方向に電子によって反射され，波長は λ'〔m〕となり，電子は速さ v〔m/s〕で x 軸正の方向に動いた。プランク定数を h〔J·s〕，真空中の光の速さを c〔m/s〕とする。

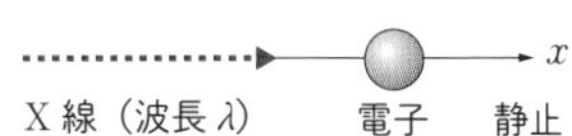

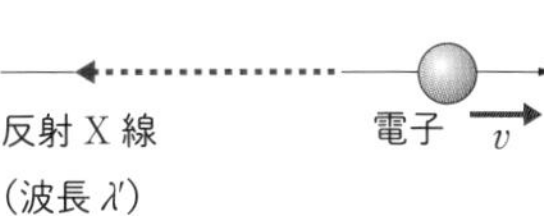

(1) エネルギー保存の法則の式を立てよ。
(2) 運動量保存の法則の式を立てよ。

考え方 X線のエネルギーは $\dfrac{hc}{\lambda}$，運動量は $\dfrac{h}{\lambda}$ である。

解答

(1) $\dfrac{hc}{\lambda}+\dfrac{1}{2}m\cdot 0^2=\dfrac{hc}{\lambda'}+\dfrac{1}{2}mv^2$ より

$$\frac{hc}{\lambda}=\frac{hc}{\lambda'}+\frac{1}{2}mv^2 \quad \cdots (答)$$

(2) $\dfrac{h}{\lambda}+m\cdot 0=-\dfrac{h}{\lambda'}+mv$ より

$$\frac{h}{\lambda}=-\frac{h}{\lambda'}+mv \quad \cdots (答)$$

POINT

光子の運動量

$$p=\frac{h\nu}{c}=\frac{h}{\lambda}$$

光子は運動量をもつ。

3 電子の波動性

1 物質波

A 電子波

1923年，ド・ブロイは，光波やX線などの電磁波が波動性と粒子性の二面性をもつのであれば，電子も粒子としての性質の他に波動性も示すのではないかと考え，電子波の理論を打ち立てた。電子が波動として振る舞うときの波を**電子波**という。

運動している電子波の波長をλ，運動量の大きさをpとすると，p.589の式(29)より

$$p=\frac{h}{\lambda}$$

これより，波長λは

$$\lambda=\frac{h}{p}$$

となり，電子の質量をm，速さをvとすると，次式が得られる。

$$\lambda=\frac{h}{p}=\frac{h}{mv} \quad \cdots\cdots (34)$$

B 物質波

一般に，電子以外の粒子にも波動性があり，中性子や陽子のような物質粒子が波動としてふるまうときの波を**物質波**または**ド・ブロイ波**といい，その波長は式(34)で与えられる。

例題 192 電子波

図のように，2枚の極板に電位差V〔V〕を与えたところ，はじめ極板Aで静止していた電子が加速され極板Bに到達した。電子の質量をm〔kg〕，電子の電気量の大きさ(電気素量)をe〔C〕とする。

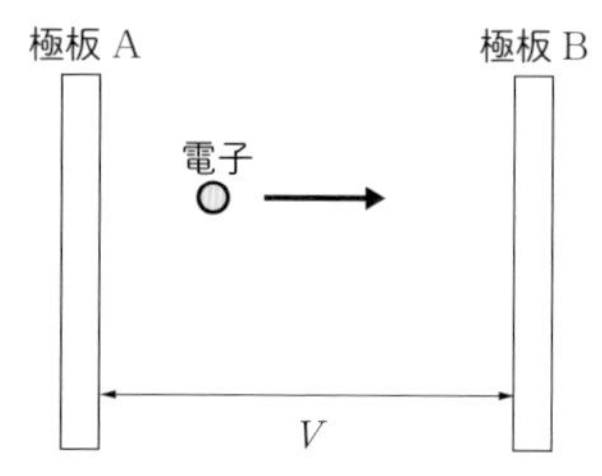

(1) 電子が極板Bに到達する直前の速さはいくらか。

(2) 電子が極板Bに到達する直前の運動量の大きさはいくらか。

⑶　電子が極板Bに到達する直前の電子波の波長はいくらか。

考え方　電場がした仕事により電子は運動エネルギーを得る。

解答

⑴　極板間の電場により電子は加速される。電場がした仕事が電子の運動エネルギーに変わる。

$eV=\frac{1}{2}mv^2$ より，v について解くと

$$v=\sqrt{\frac{2eV}{m}} \quad \cdots 答$$

⑵　運動量の式 $p=mv$ に⑴の結果を代入すると

$$p=mv=m\times\sqrt{\frac{2eV}{m}}=\sqrt{2meV} \quad \cdots 答$$

⑶　物質波の波長を λ として

$$\lambda=\frac{h}{p}$$

の式に，⑵の結果を代入すると

$$\lambda=\frac{h}{\sqrt{2meV}} \quad \cdots 答$$

POINT

物質波の波長

$$\lambda=\frac{h}{p}=\frac{h}{mv}$$

電子，中性子，陽子，原子，分子などの粒子にも波動性がある。

2 粒子と波動の二重性

電磁波は回折・干渉という波動性をもつが，光電効果やコンプトン散乱の実験結果からは粒子として振る舞うことがわかっている。このように，物質が粒子性と波動性の2つの性格をもつことを**粒子と波動の二重性**という。

ミクロな世界では粒子は波動性と粒子性をもっているが，マクロな世界と違って粒子の位置と運動量を同時に正確に決定することはできない。これを**ハイゼンベルグの不確定性原理**という。

不確定性原理により，粒子の位置と運動量は同時には精度よく決まらない。運動量が決まった状態では，粒子の位置は定まらず，波として振る舞う。粒子としての位置が決まったときは，運動量は定まらず，どの方向からそこへ来たかはわからない。粒子が検出される位置は確率的にしか定まらず，その確率が波として振る舞うのである。

コラム　**電子顕微鏡**

電子線の軌道が電場や磁場で曲げられることを利用し，電子線を集束させたものを電子レンズといい，電子レンズの作用により試料の拡大された像をつくるのが電子顕微鏡である。

光学顕微鏡は光の波長によって分解能が限られているが，電子顕微鏡は電子波の波長を短くすることができるので，高分解能で高倍率の像が得られる。

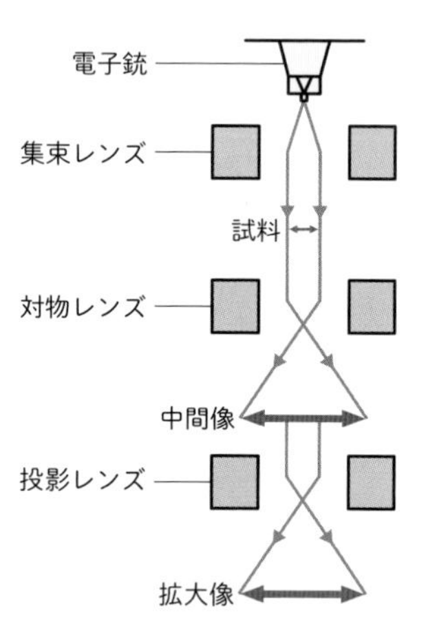

この章で学んだこと

1 電子

(1) 電子

負電荷をもった粒子。

すべての物質に含まれる。

(2) 陰極線

高速電子の流れ。

(3) 比電荷

粒子の電荷と質量の比。

電子の比電荷は

$$\frac{e}{m}=1.76\times10^{11}\ \mathrm{C/kg}$$

(e：電子の電気量，m：電子の質量)

(4) 電気素量

電子の電気量の絶対値で，電気量の最小単位。

$$e=1.60\times10^{-19}\ \mathrm{C}$$

2 光の粒子性

(1) 光子

ミクロな世界では，光は粒子としても振る舞う。

(2) 光子のエネルギー

$$E=h\nu=\frac{hc}{\lambda}$$

(E：エネルギー，ν：振動数

h：プランク定数 $6.63\times10^{-34}\ \mathrm{J\cdot s}$

c：真空中の光の速さ)

(3) 光電効果

$$K_0=h\nu-h\nu_0$$

(K_0：運動エネルギーの最大値

h：プランク定数 $6.63\times10^{-34}\ \mathrm{J\cdot s}$

ν：振動数，ν_0：限界振動数)

(4) 仕事関数

$$W=h\nu_0$$

(W：仕事関数，ν_0：限界振動数

h：プランク定数 $6.63\times10^{-34}\ \mathrm{J\cdot s}$)

(5) 電子ボルト

$$1\ \mathrm{eV}=1.60\times10^{-19}\ \mathrm{J}$$

(6) 連続 X 線

$$\lambda_0=\frac{hc}{eV}$$

(λ_0：最短波長

c：真空中の光の速さ

h：プランク定数 $6.63\times10^{-34}\ \mathrm{J\cdot s}$

e：電子の電気量の大きさ（電気素量）

V：電圧)

(7) ブラッグの反射条件

$$2d\sin\theta=m\lambda\quad(m=1,\ 2,\ 3,\ \cdots\cdots)$$

(d：原子配列面の間隔，λ：波長

θ：配列面と入射 X 線のなす角度)

(8) 光子の運動量

$$p=\frac{h\nu}{c}=\frac{h}{\lambda}$$

(p：運動量の大きさ

c：真空中の光の速さ

h：プランク定数 $6.63\times10^{-34}\ \mathrm{J\cdot s}$

ν：振動数，λ：波長)

3 電子の波動性

物質波

$$\lambda=\frac{h}{p}=\frac{h}{mv}$$

(λ：波長

p：運動量

m：質量

h：プランク定数 $6.63\times10^{-34}\ \mathrm{J\cdot s}$

v：速さ)

MY BEST　Advanced Physics

第  章　原子と原子核

1 原子の構造

1 原子模型

A 原子の構造

真空放電(陰極線)と光電効果の研究により，電気的に中性な金属板から，負電荷をもち原子より質量の小さい粒子が飛び出したことで，電子は発見された。それにより，原子が物質の最終的な単位であるという物質観は否定され，正電荷をもち原子の大部分の質量を占めるものが存在すると考えられるようになる。

B 原子模型

原子の構造について，大きく2つの模型が考えられた。J. J. トムソンの提唱した原子模型は，原子とほぼ同じ大きさの正に帯電した球を考え，その中に電子が埋め込まれている模型である(**図 19(a)**)。長岡半太郎は，原子を中心に正電荷をもつ核子を考え，そのまわりを土星の環のように電子が回転する模型を考えた(**図 19(b)**)。

(a) J. J. トムソンの原子模型

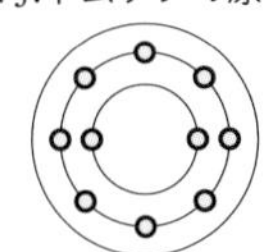

(b) 長岡半太郎の原子模型

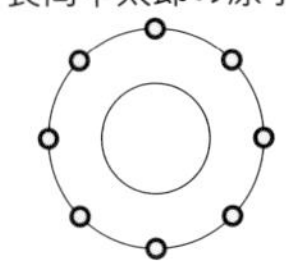

図 19　2つの原子模型

C 原子核の発見

1911年，ラザフォードとガイガーとマースデンは，α 粒子(ヘリウム原子核，電荷 $+2e$)の流れを薄い金ぱくに当て，金ぱくを通り抜けてカウンターの蛍光面に当たる数を数えて α 粒子の散乱のようすを調べた(次ページの**図 21**)。その結果，大部分の α 粒子は素通りするが，大きな角度で散乱されるものもあった。

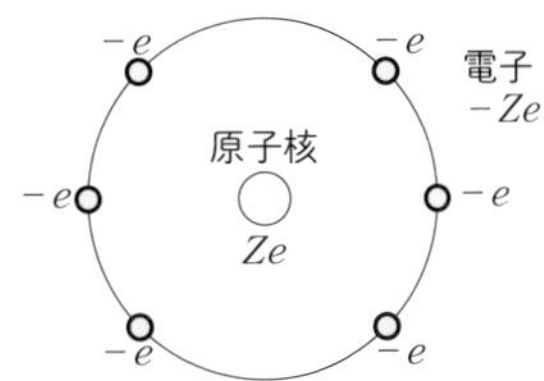

図 20　ラザフォードの原子模型

このことから，ラザフォードらは，原子のもつ正電荷は，きわめて小さい部分に集中していることを発見し，「原子番号 Z の原子は，中心に質量の大部分と正電荷 Ze をもつ原子核があり，そのまわりを負電荷 $-e$ の電子 Z 個が回っている」ということをつきとめた(**図 20**)。

(a) **実験装置**

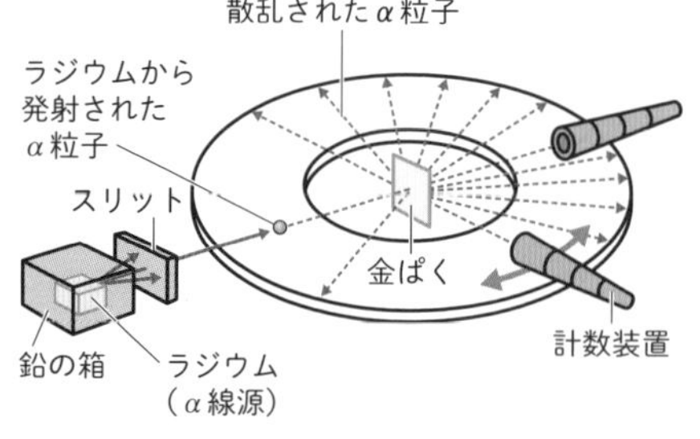

計数装置によってα粒子の散乱方向と個数を調べる。

(b) **α粒子の散乱**

大きく散乱された
α粒子
散乱された
α粒子
金の原子核
α線（α粒子の流れ）

図 21　α粒子の散乱実験

2 水素原子のスペクトル

A スペクトル

光の分散によって見られる光の帯を**スペクトル**とよんでいる。(p.405 参照)

一般に，高温の固体や液体から出る光のスペクトルは**連続スペクトル**(右図，白熱電球)であり，高温の気体から出る光は，その気体の元素特有の波長の**線スペクトル**(右図 Hg，H，Na)となる。ナトリウムランプや水銀灯などの気体放電による光のスペクトルは線スペクトルである。

Hg
H
Na
白熱電球

▲連続スペクトルと線スペクトル

B 水素原子のスペクトル

水素の気体を真空放電管に入れて放電させ，そこから出た光の波長を調べると，水素特有のスペクトルが観察される。この線スペクトルは，赤から紫の波長域に何本かのスペクトル線が並び，他のスペクトル線も含めて波長λは

$$\frac{1}{\lambda}=R\times\left(\frac{1}{n'^2}-\frac{1}{n^2}\right)\quad (n'=1,\ 2,\ 3,\ \cdots\cdots,\ n=n'+1,\ n'+2,\ n'+3,\ \cdots\cdots)\quad \cdots\cdots(35)$$

の形で表されることがわかった。Rは**リュードベリ定数**とよばれる定数で

$R=1.097\times10^7/\mathrm{m}$

である。水素原子のスペクトル線の波長は

① **バルマー系列**…可視光線領域の光のスペクトル

$n'=2,\ n=3,\ 4,\ 5,\ \cdots\cdots$

② **ライマン系列**…紫外線領域の光のスペクトル

$n'=1,\ n=2,\ 3,\ 4,\ \cdots\cdots$

③ **パッシェン系列**…赤外線領域の光のスペクトル

$n'=3,\ n=4,\ 5,\ 6,\ \cdots\cdots$

などがある(**図 22**)。

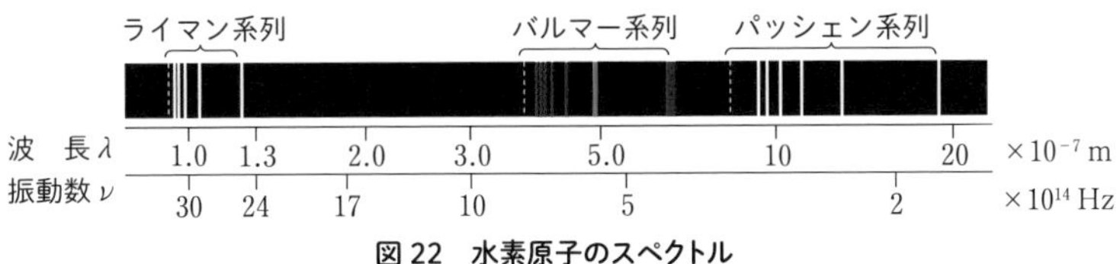

図 22　水素原子のスペクトル

3 原子の構造

A ラザフォード模型の欠点

中心に正電荷をもつ原子核のまわりを電子が回っているというラザフォードの模型には，大きな欠点があった。ラザフォードの模型では，電子が円運動をすると電磁波を出すので，エネルギーが減少して円運動の軌道半径が小さくなり，電子は原子核に吸収されることになる。しかし，電子が原子核に吸収されることはない。また，円運動の軌道半径が小さくなると角速度が大きくなり，放出される電磁波の振動数が連続的に増えることになるが，水素原子の放出する電磁波の波長は特定のものに決まっている。これらのことから，電子が原子内で回転しているという考えには無理があることになる。

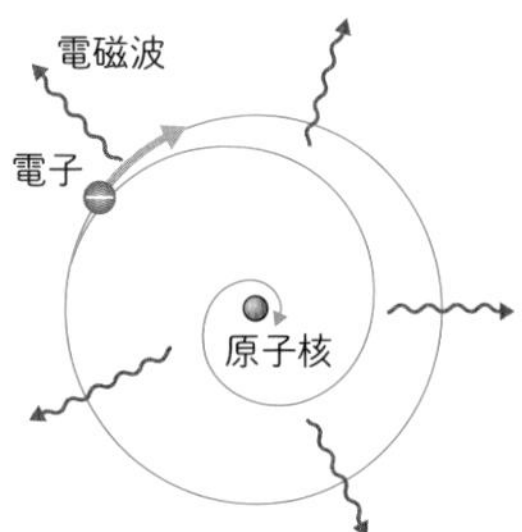

図 23　ラザフォードモデルの欠点

B ボーアの理論

1913 年，ボーアは水素原子模型の理論を確立し，ラザフォードの原子模型の欠点を補って元素の特性をその原子模型から説明した。ボーアは，理論を確立する上で，**量子条件(仮説 1)**と**振動数条件(仮説 2)**の 2 つの仮説を提唱した。

原子内の電子は，電子の運動量と軌道半径の積が $\frac{h}{2\pi}$ の正の整数倍に等しいという条件を満たす特別の円軌道上だけに存在する。この円軌道上を回る電子は電磁波を放射することなく安定な運動を続ける。これをボーアの量子条件(仮説 1)という。

質量 m の電子が，原子核を中心とした半径 r の円軌道を速さ v で等速円運動しているとすると

$$mvr = n\frac{h}{2\pi} \quad (n=1,\ 2,\ 3,\ \cdots\cdots) \qquad \cdots\cdots(36)$$

が成り立つと仮定する。n は**量子数**とよばれる。この式を変形して，後に提唱されたド・ブロイの物質波の考えを取り入れると，電子の波長を λ とすると

$$2\pi r = n\frac{h}{mv} = n\lambda \quad (n=1,\ 2,\ 3,\ \cdots\cdots) \qquad \cdots\cdots(37)$$

となる。これは，円軌道の円周の長さは波長の整数倍となり，定常波(定在波)となって安定化する条件となっている。

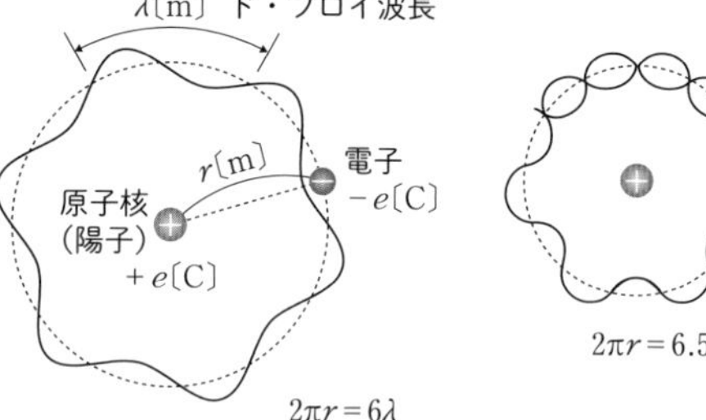

図 24　ボーアの量子条件(仮説 1)

電子波の定常波ができる軌道だけに電子が存在するとすれば，原子中の電子のエネルギーはとびとびのエネルギー値 E_1，E_2，E_3，……，E_n しかもつことができない。電子のとり得るいくつかの一定なエネルギー値を**エネルギー準位**という。また，電子の運動する軌道が，定常波ができる条件を満たしている状態を**定常状態**という。定常状態では，原子は光を外部に放射しない。

電子が定常状態にある軌道から，エネルギーの異なる他の軌道に移るとき，この 2 つの軌道のエネルギーの差をエネルギー $h\nu$ の光子として放出または吸収する。これをボーアの振動数条件(仮説 2)という。

高いエネルギー準位 E_n の定常状態から低いエネルギー準位 $E_{n'}$ の定常状態へ電子が移ったとき，原子が振動数 ν の光子を放出したとすると

$$E_n - E_{n'} = h\nu \qquad \cdots\cdots (38)$$

が成り立つ。逆に，$E_{n'}$ の定常状態にある原子は，式(38)で与えられる振動数 ν の光子を吸収して E_n へ移る。

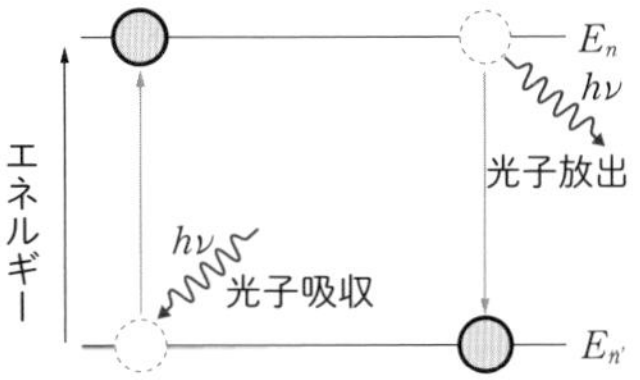

図 25　ボーアの振動数条件（仮説 2）

C 定常状態の軌道半径

定常状態で，電子は等速円運動をすると考える。質量 m，電荷 e の電子が原子核のまわりを速さ v で等速円運動しているとき，電子の受ける向心力は電子と原子核の間にはたらく静電気力であるので

$$m\frac{v^2}{r} = k_0\frac{e^2}{r^2} \qquad \cdots\cdots (39)$$

が成り立つ。k_0 はクーロンの比例定数である。また，ボーアの量子条件の式(36)を変形して

$$v = \frac{nh}{2\pi mr} \quad (n=1,\ 2,\ 3,\ \cdots\cdots)$$

を式(39)に代入して，r について解くと

$$\boldsymbol{r = \frac{h^2}{4\pi^2 k_0 m e^2}\cdot n^2} \quad (n=1,\ 2,\ 3,\ \cdots\cdots) \qquad \cdots\cdots (40)$$

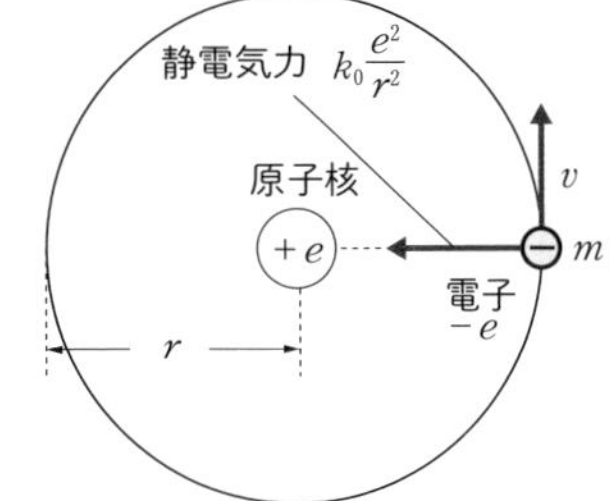

図 26　水素原子の電子の円運動

が得られる。これは水素原子の電子の可能な軌道半径を示しており，軌道半径は量子数に対応したとびとびの値に限られることがわかる。

この式に以下の各値，$h=6.63\times10^{-34}$ J·s, $m=9.11\times10^{-31}$ kg, $e=1.60\times10^{-19}$ C, $k_0=9.0\times10^9$ N·m^2/C^2 を代入すると

$$r = 5.29\times10^{-11}\times n^2$$

となり，$n=1$ のとき

$$r = 5.3\times10^{-11}\ \text{m}$$

となる。量子数 $n=1$ のときの r の値を**ボーア半径**という。

＋アルファ

水素原子の軌道半径は
$n=2$ のとき 2.1×10^{-10} m
$n=3$ のとき 4.8×10^{-10} m

POINT

原子内の軌道半径

$$r = \frac{h^2}{4\pi^2 k_0 m e^2}\cdot n^2 \quad (n=1,\ 2,\ 3,\ \cdots\cdots)$$

水素原子内の電子の軌道半径は，量子数 n に対応したとびとびの値をとる。

D 水素原子のエネルギー準位

定常状態での電子のエネルギーは，運動エネルギーと静電気力による位置エネルギーの和であるから，位置エネルギーの基準を無限遠にとると

$$\boldsymbol{E=\frac{1}{2}mv^2-k_0\frac{e^2}{r}=-\frac{k_0e^2}{2r}} \quad \cdots\cdots (41)$$

で与えられる。式(41)にボーアによる半径の式(40)を代入する。量子数 n のときの軌道を電子が回っているときのエネルギー準位 E_n は

$$\boldsymbol{E_n}=-\frac{k_0e^2}{2}\times\frac{4\pi^2k_0me^2}{h^2n^2}\boldsymbol{=-\frac{2\pi^2k_0{}^2me^4}{h^2}\times\frac{1}{n^2}} \quad (n=1,\ 2,\ 3,\ \cdots\cdots) \quad \cdots\cdots (42)$$

で表される。各量子数についてエネルギー準位を計算すると以下のようになる。

$n=1$ のとき　$E_1=-13.6\ \text{eV}$　基底状態

$n=2$ のとき　$E_2=-3.4\ \text{eV}$

$n=3$ のとき　$E_3=-1.5\ \text{eV}$

（$n=2$, 3）励起(れいき)状態

量子数 $n=1$ で原子内の電子が最も低いエネルギー準位にある状態を**基底状態**という。基底状態では，電子はいちばん内側の軌道を回っている。$n=2$，3，……のとき，すなわち，定常状態のうちで基底状態以外の状態を**励起状態**という。

E 水素原子のスペクトル

ある定常状態 E_n から別の定常状態 $E_{n'}$ に電子が移るとき，そのエネルギー差に相当するエネルギー $h\nu$ の光子を吸収または放出する。このとき光の波長 λ は

$$\frac{1}{\lambda}=\frac{\nu}{c}=\frac{h\nu}{ch}=\frac{E_n-E_{n'}}{ch}=\frac{2\pi^2k_0{}^2me^4}{ch^3}\times\left(\frac{1}{n'^2}-\frac{1}{n^2}\right) \quad \cdots\cdots (43)$$

となる。ここで

$$R=\frac{2\pi^2k_0{}^2me^4}{ch^3}$$

とおいて，各値を代入すると

$$R=1.09\times10^7/\text{m}$$

となり，リュードベリ定数と一致する。よって，式(43)は

$$\frac{1}{\lambda}=R\times\left(\frac{1}{n'^2}-\frac{1}{n^2}\right)$$

と書き表すことができ，これは観測された水素原子のスペクトル線の波長を表した式(35)(p.598)と一致している。

水素原子のエネルギー準位

$$E_n = -\frac{2\pi^2 k_0{}^2 m e^4}{h^2} \times \frac{1}{n^2} \quad (n=1,\ 2,\ 3,\ \cdots)$$

水素原子のエネルギー準位は，量子数nに対応したとびとびの値をとる。

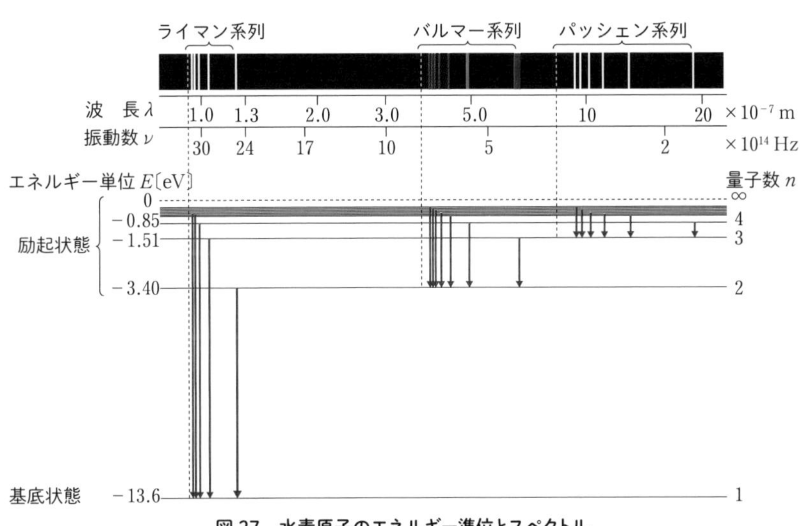

図27　水素原子のエネルギー準位とスペクトル

2 原子核と核反応

1 原子核の構成

A 原子核の構成

物理基礎 p.220 で学習したように，原子は電子・陽子・中性子からなり，**図 28** のような構成になっている。陽子は核子の 1 つで，水素の原子核そのものである。電子の電荷と大きさが同じで逆符号(正)の電荷をもち，質量は電子の質量の約 1840 倍である。中性子も核子の 1 つであり，質量は陽子よりわずかに大きく，電気的には中性である。

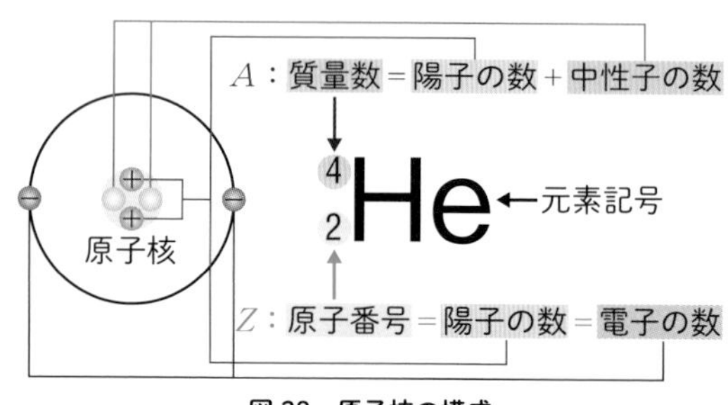

図 28　原子核の構成

原子核の構成を表すときは，元素記号 X，陽子数 Z，質量数 A を用いて $^{A}_{Z}\mathrm{X}$ と表記する。

＋アルファ

原子核の構成の表記

酸素の原子核	$^{16}_{8}\mathrm{O}$
陽子	$^{1}_{1}\mathrm{H}$
α 粒子	$^{4}_{2}\mathrm{He}$
中性子	$^{1}_{0}\mathrm{n}$

B 同位体

陽子数 Z が同じでも，質量数 A が異なる原子核をもつ原子を**同位体(アイソトープ)**または**同位元素**という。水素の場合

$^{1}_{1}\mathrm{H}$ … 水素
$^{2}_{1}\mathrm{H}$ … 重水素
$^{3}_{1}\mathrm{H}$ … 3 重水素

という 3 つの同位体があり，水素と重水素は自然界に存在し，3 重水素は人工的につくられている。同位体では原子核を取り巻く電子配置は変わらないので，原子の発生する光のスペクトルや化学的性質は変わらない。

C 統一原子質量単位

$^{12}_{6}\mathrm{C}$ の原子 1 個の質量の $\frac{1}{12}$ を基準とした原子核の質量の単位を**統一原子質量単位(記号：u)**という。$^{12}_{6}\mathrm{C}$ 原子のモル質量は $12\,\mathrm{g/mol}=1.2\times10^{-3}\,\mathrm{kg/mol}$ であるから，1 u の大きさはアボガドロ定数 $N_{\mathrm{A}}=6.02\times10^{23}/\mathrm{mol}$ を用いて

$$1\,\mathrm{u} = \frac{12 \times 10^{-3}\,\mathrm{kg/mol}}{6.02 \times 10^{23}/\mathrm{mol}} \times \frac{1}{12}$$
$$= 1.66 \times 10^{-27}\,\mathrm{kg}\ となる。$$

D 原子量

自然界の元素には質量の異なる同位体をもつものがあり，その存在比がわかっている(**表1**)。元素の**原子量**は，各元素の同位体の質量に同位体の存在比を乗じて計算した平均値をuで表した数値である。

例えば，炭素Cは質量数が12のものが98.93%，質量数が13のものが1.07%存在する。

よって，炭素Cの原子量は

$$\frac{12 \times 98.93\% + 13.0034 \times 1.07\%}{100\%}$$
$$= 12.011\ となる。$$

表1　同位体の質量と存在比

元　素	同位体	質量(u)	存在比(%)
水　素	$^{1}_{1}H$	1.008	99.989
	$^{2}_{1}H$	2.014	0.012
炭　素	$^{12}_{6}C$	12	98.93
	$^{13}_{6}C$	13.003	1.07
窒　素	$^{14}_{7}N$	14.003	99.636
	$^{15}_{7}N$	15.000	0.364
酸　素	$^{16}_{8}O$	15.995	99.757
	$^{17}_{8}O$	16.999	0.038
	$^{18}_{8}O$	17.999	0.205
ネオン	$^{20}_{10}Ne$	19.992	90.48
	$^{21}_{10}Ne$	20.994	0.27
	$^{22}_{10}Ne$	21.991	9.25
リ　ン	$^{31}_{15}P$	30.974	100
塩　素	$^{35}_{17}Cl$	34.969	75.76
	$^{37}_{17}Cl$	36.966	24.24
ウラン	$^{234}_{92}U$	234.041	0.0054
	$^{235}_{92}U$	235.044	0.7204
	$^{238}_{92}U$	238.051	99.2742

2 放射線と放射能

A 放射線と放射能

物質が自然に放射線を出す性質を**放射能**といい，放射能をもつ原子を**放射性原子**，放射能をもった同位体を**放射性同位体(ラジオアイソトープ)**という。

天然の放射性原子から出る放射線には，正体の違いによって，**α線**，**β線**，**γ線**があり，他に中性子線や宇宙線，**X線**などの高速のイオンの流れや素粒子の流れを放射線に含めている。

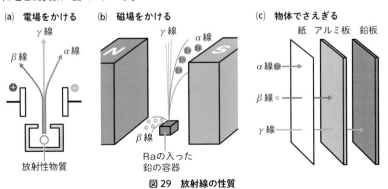

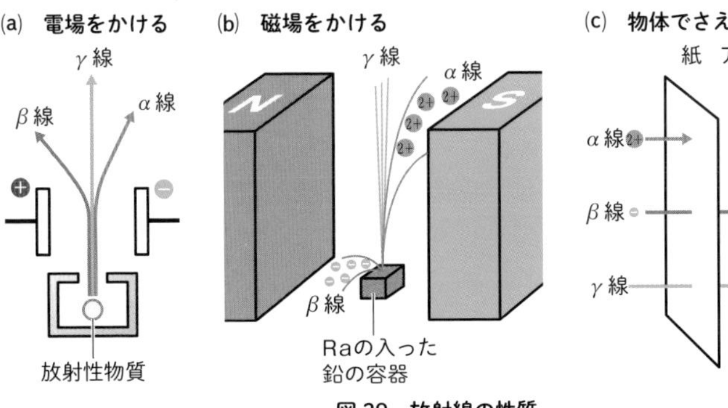

図29　放射線の性質

表 2　放射線の種類と性質

放射線	正　体	電荷	電離作用	透過力
α 線	高速のヘリウム原子核(α 粒子)の流れ	$+2e$	大	小
β 線	高速の電子の流れ	$-e$	中	中
γ 線	波長の短い電磁波	なし	小	大

B 原子核の崩壊

原子番号の大きい原子の原子核が不安定になり，放射線を放出して安定した原子核に変化する現象を**放射性崩壊**という。放射性崩壊には，**α 崩壊**と **β 崩壊**がある。

❶ α 崩壊

原子核が α 線を放出して壊れる現象を **α 崩壊**という。α 崩壊では原子核は，質量数が 4，原子番号が 2，減少する。

$${}^{A}_{Z}\mathrm{X} \longrightarrow {}^{A-4}_{Z-2}\mathrm{X}' + {}^{4}_{2}\mathrm{He} \quad \cdots\cdots (44)$$

例えば，原子番号 88 のラジウムは α 崩壊をして原子番号 86 のラドンになる(**図 30**)。

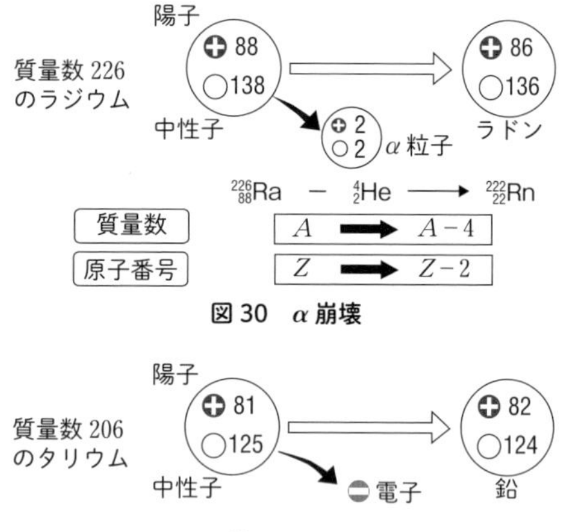

図 30　α 崩壊

図 31　β 崩壊

❷ β 崩壊

原子核が β 線を放出して壊れる現象を **β 崩壊**という。β 崩壊では，中性子が陽子に変化することによって電子が飛び出すため，原子番号が 1 増加する。

$${}^{A}_{Z}\mathrm{X} \longrightarrow {}^{A}_{Z+1}\mathrm{X}'' + \mathrm{e}^{-} \quad \cdots\cdots (45)$$

例えば，原子番号 81 のタリウムは，β 線を放出して原子番号 82 の鉛になる(**図 31**)。

α 崩壊，β 崩壊では，質量数と陽子数が次の表のように変化する。

	α 崩壊	β 崩壊
質量数	-4	0
陽子数	-2	$+1$

また，α 崩壊や β 崩壊をした直後の原子核はエネルギー状態が高く，この原子核が低いエネルギー状態へ移るときに γ 線としてエネルギーを放出する。原子核が γ 線を放出して壊れる現象を **γ 崩壊**という。γ 線は α 線，β 線とと

もに出て，γ 崩壊では，原子核の質量数，原子番号とも変わらないが，原子核のエネルギーが減少する。

❸ 崩壊系列

放射性崩壊によって安定するまで崩壊し続ける一連の原子核の列を**崩壊系列**という。

崩壊系列は4種類あり，原子番号92のウランから始まり原子番号82の安定な鉛に至る崩壊系列(ウラン系列，**図32**)，原子番号90のトリウムから始まり原子番号82の安定な鉛に至る崩壊系列(トリウム系列)，原子番号92のウランからアクチニウムを経て原子番号82の安定な鉛に至る崩壊系列(アクチニウム系列)，原子番号93のネプツニウムから始まり原子番号81のタリウムに至る崩壊系列(ネプツニウム系列)がある。

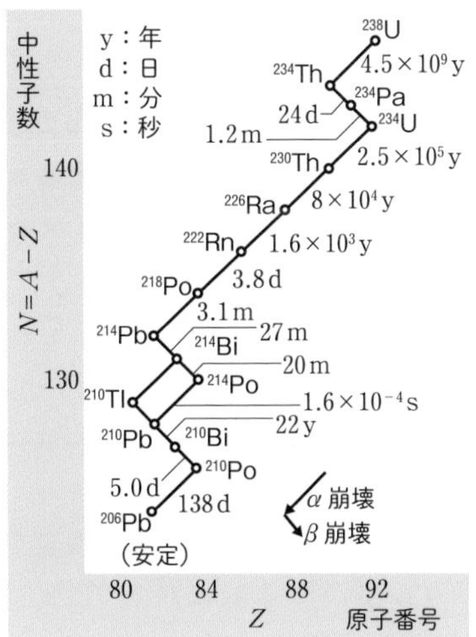

図32　崩壊系列の例(ウラン系列)

それぞれの崩壊系列の質量数は，n を正の整数とすると

$$\begin{cases} \text{ウラン系列} & 4n+2 \\ \text{トリウム系列} & 4n \\ \text{アクチニウム系列} & 4n+3 \\ \text{ネプツニウム系列} & 4n+1 \end{cases}$$

となる。

例題193　放射性崩壊

放射性原子ウラン $^{238}_{92}U$ は α 崩壊と β 崩壊を繰り返しおこない，最後に鉛 $_{82}Pb$ になり安定する。

(1) $_{82}Pb$ の質量数は，206，207，208のいずれかである。質量数はいくらか。

(2) $^{238}_{92}U$ が $_{82}Pb$ になって安定するまでに，α 崩壊と β 崩壊を何回ずつおこなうか。

考え方 α 崩壊を n 回おこなうと質量数が $4n$，原子番号が $2n$ 減少し，β 崩壊を n 回おこなうと原子番号が n 増える。

解答

(1) β 崩壊では質量数は変化しないので，α 崩壊のみを考えればよい。α 崩壊を n 回おこなったとすると，質量数は $4n$，原子番号は $2n$ 減少する。

$238-206=32$

$238-207=31$

$238-208=30$

より，4 の倍数であるのは 206 の場合である。　　206　…㊀

(2)　(1)より，原子番号が 238 から 206 に変化するので，α 崩壊は 8 回おこなわれることがわかる。β 崩壊を n' 回おこなったとすると，原子番号は n' 増加するので，原子番号について以下の関係が成り立つ。

$82=92-8\times2+n'$

$n'=6$　　　　α 崩壊　8 回，β 崩壊　6 回　…㊀

POINT

放射性崩壊

α 崩壊…原子番号が 2，質量数が 4，減少する。

β 崩壊…原子番号が 1，増加する。

❹ 半減期

放射性原子の量が放射線の放出によって半分に減少する時間は放射性原子によって決まっており，その時間を**半減期**という。放射性原子のはじめの原子核の量を N_0，時間 t 後に崩壊せずに残っている原子核の量を N，半減期を T とすると，次の関係式が成り立つ。

$$N=N_0\left(\frac{1}{2}\right)^{\frac{t}{T}} \quad \cdots\cdots\cdots (46)$$

例題 194　半減期

ラジウム $^{226}_{88}Ra$ の半減期は 1622 年であるとする。

(1)　3244 年たつと，$^{226}_{88}Ra$ の量ははじめの量の何倍になるか。

(2)　0.10 g の $^{226}_{88}Ra$ は 811 年後には何 g の $^{226}_{88}Ra$ を含んでいるか。

考え方　半減期の式より計算する。

解答

(1)　はじめのラジウムの量を N_0，3244 年後のラジウムの量を N とする。

$N=N_0\left(\frac{1}{2}\right)^{\frac{t}{T}}$ より

$\frac{N}{N_0}=\left(\frac{1}{2}\right)^{\frac{t}{T}}=\left(\frac{1}{2}\right)^{\frac{3244\text{年}}{1622\text{年}}}=\left(\frac{1}{2}\right)^2=\frac{1}{4}$　　$\frac{1}{4}$ 倍　…㊀

(2) $N_0=0.10\text{ g}$，$t=811$ 年を代入する。

$$N=0.10\text{ g}\times\left(\frac{1}{2}\right)^{\frac{811\text{年}}{1622\text{年}}}=0.10\text{ g}\times\left(\frac{1}{2}\right)^{\frac{1}{2}}$$

$$=0.10\text{ g}\times\sqrt{\frac{1}{2}}=0.071\text{ g}\quad\cdots\text{答}$$

POINT

放射性原子の半減期の式

$$N=N_0\left(\frac{1}{2}\right)^{-\frac{t}{T}}$$

コラム | **放射線の測定**

放射線を検出するには，放射線のもついろいろなはたらきを利用して検出する。

① ガイガー・ミュラー計数管…放射線の電離作用を利用して放射線の数を数える。

② シンチレーション計数管…蛍光作用を利用して放射線の数を数える。

③ 霧箱…電離作用を利用して放射線の飛跡を検出する。

④ 原子核乾板…感光作用を利用して，放射線の飛跡を検出する。

3 原子核反応とエネルギー

A 質量とエネルギーの等価性

1905 年，アインシュタインは特殊相対性理論を発表した。質量とエネルギーは等価であり，m〔kg〕の質量は，真空中の光の速さを c〔m/s〕とすると

$$E=mc^2 \qquad \cdots\cdots (47)$$

で表される E〔J〕のエネルギーに相当する。これを**質量とエネルギーの等価性**という。例えば静止している電子の場合は，電子の質量が 9.11×10^{-31} kg，光の速さが 3.00×10^8 m/s なので，電子のエネルギー E は

$$E=9.11\times10^{-31}\text{ kg}\times(3.00\times10^8\text{ m/s})^2=8.20\times10^{-14}\text{ J}=5.11\times10^5\text{ eV}$$

に相当する。

B 原子核の結合エネルギー

原子核は陽子と中性子の核子から構成され核力で結び付けられているが，個々の核子に分解するときには，核力に逆らって引き離す仕事が必要になる。原子核を個々の核子に分解するのに要するエネルギーを**結合エネルギー**という。こ

れは，個々の核子が結合して原子核をつくるときに放出されるエネルギーでもある。結合エネルギーが大きいほど原子核は壊れにくい。

原子の結合エネルギーはMeVの単位を用い，質量数60付近の原子の結合エネルギーが最大であることがわかる。**図33**の1核子あたりの結合エネルギーは，原子核から1個の核子を引き離すのに要するエネルギーである。よって1核子あたりの結合エネルギーが大きいほうが原子核は分解されにくく安定している原子核であるといえる。質量数60付近の鉄あたりの原子核では核子が互いに強く結び付いており安定している。

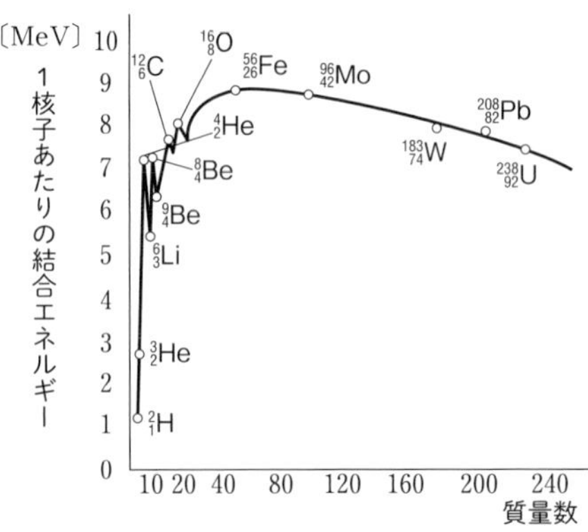

図33　原子核の結合エネルギー

C 質量欠損

原子核の質量は，原子核を構成している核子がそれぞれ単独にあるときの質量の和よりも小さい。核子が集まって原子核を構成する際に，その質量の差が結合エネルギーとして外へ放出されるためである。

Z個の陽子とN個の中性子で構成されている原子核の質量をm，陽子の質量をm_p，中性子の質量をm_nとすると

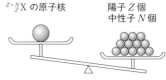

$$m < Zm_p + Nm_n$$

となる。この差をΔmとすると

$$\Delta m = Zm_p + Nm_n - m \quad \cdots\cdots (48)$$

となり，このΔmを**質量欠損**という。この質量欠損は，核子を結び付けているエネルギーに相当するので

$$\boldsymbol{E = \Delta m \cdot c^2} \quad \cdots\cdots (49)$$

で与えられるEが原子核の結合エネルギーとなる。

図34　質量欠損

例題 195　結合エネルギー

$^{4}_{2}$Heの結合エネルギーはいくらか。陽子の質量を1.0078 u，中性子の質量を1.0087 u，原子核の質量を4.0026 u，真空中の光の速さを3.00×10^8 m/sとする。

（考え方）質量欠損を計算し，$1\,\text{u} = 1.66 \times 10^{-27}$ kgを用いて換算してから，結合エネルギーを求める。

解答

質量欠損 Δm は，式(48)より

$$\Delta m = Zm_p + Nm_n - m$$
$$= 2 \times 1.0078\ \mathrm{u} + 2 \times 1.0087\ \mathrm{u} - 4.0026\ \mathrm{u} = 0.0304\ \mathrm{u}$$

となる。よって，結合エネルギー E は式(49)より

$$E = \Delta m \cdot c^2$$
$$= 0.0304\ \mathrm{u} \times 1.66 \times 10^{-27}\ \mathrm{kg/u} \times (3.00 \times 10^8\ \mathrm{m/s})^2$$
$$= 4.54 \times 10^{-12}\ \mathrm{J}$$
$$= 2.83 \times 10^7\ \mathrm{eV} = 28.3\ \mathrm{MeV}\quad \cdots (答)$$

POINT

原子核の結合エネルギー

$$E = \Delta m \cdot c^2$$

原子核の結合エネルギーは，質量欠損のエネルギーに相当する。

D 原子核反応

❶ 核反応

原子核どうしの衝突や，原子核に中性子や陽子などが当たって他の原子核に変わる現象を**原子核反応**または**核反応**という。**原子核反応では，反応前後の陽子数の和と質量数の和は保存される。**

❷ 核反応式

原子核反応は，1919 年，ラザフォードが箱の中の気体に α 線を当てたところ高速の陽子が飛び出したことから発見された。ラザフォードは，α 粒子が空気中の窒素と衝突して，窒素が酸素に変換されたことをつきとめた。これを反応式で書くと，以下のようになる。

$$^{14}_{7}\mathrm{N} + {}^{4}_{2}\mathrm{He} \longrightarrow {}^{17}_{8}\mathrm{O} + {}^{1}_{1}\mathrm{H}$$

このように，原子核反応を化学反応式のように表したものを**核反応式**という。核反応式では，中性子を $^{1}_{0}\mathrm{n}$，電子を e^- で表す。

例題 196 核反応式

(1) 次の核反応式の(　　)を埋めよ。

① $^{2}_{1}\mathrm{H} + {}^{3}_{1}\mathrm{H} \longrightarrow {}^{4}_{2}\mathrm{He} + (\qquad)$

② $^{7}_{3}\mathrm{Li} + {}^{2}_{1}\mathrm{H} \longrightarrow 2\,(\qquad) + {}^{1}_{0}\mathrm{n}$

5 第2章 原子と原子核

(2) α 粒子を ${}^{27}_{13}\mathrm{Al}$ に衝突させるとリンの放射性同位体 ${}^{30}_{15}\mathrm{P}$ になる。この反応の核反応式を書け。

考え方 質量数の和と原子番号の和が核反応式の右辺と左辺で等しくなる。

解答

(1) ① 質量数について　$2+3=4+A$ より $A=1$

原子番号について　$1+1=2+Z$ より $Z=0$

原子番号 0 で質量数 1 の粒子は中性子である。　${}^{1}_{0}\mathrm{n}$ …答

② 質量数について　$7+2=2A+1$ より $A=4$

原子番号について　$3+1=2Z+0$ より $Z=2$

原子番号 2 で質量数 4 の粒子はヘリウムである。　${}^{4}_{2}\mathrm{He}$ …答

(2) ${}^{27}_{13}\mathrm{Al}$ に α 粒子（${}^{4}_{2}\mathrm{He}$）を衝突させて ${}^{30}_{15}\mathrm{P}$ ができるので，未知の原子を X とおいて核反応式を立てる。

$${}^{27}_{13}\mathrm{Al} + {}^{4}_{2}\mathrm{He} \longrightarrow {}^{30}_{15}\mathrm{P} + {}^{A}_{Z}\mathrm{X}$$

質量数について　$27+4=30+A$ より $A=1$

原子番号について　$13+2=15+Z$ より $Z=0$

原子番号 0 で質量数 1 の粒子は中性子である。

$${}^{27}_{13}\mathrm{Al} + {}^{4}_{2}\mathrm{He} \longrightarrow {}^{30}_{15}\mathrm{P} + {}^{1}_{0}\mathrm{n}$$ …答

POINT

核反応の前後では，
- **質量数（核子数）の和**
- **原子番号（電気量）の和**

が保存される。

E 核分裂

❶ 核分裂

原子核に中性子やある種の放射線などを当てると，複数のより小さい（主として 2 つの半分程度の）核に分裂する。また，不安定な重い原子核などは自発的に原子核が分裂する。これらの現象を**核分裂**といい，核分裂の際，外部にエネルギーが放出される。

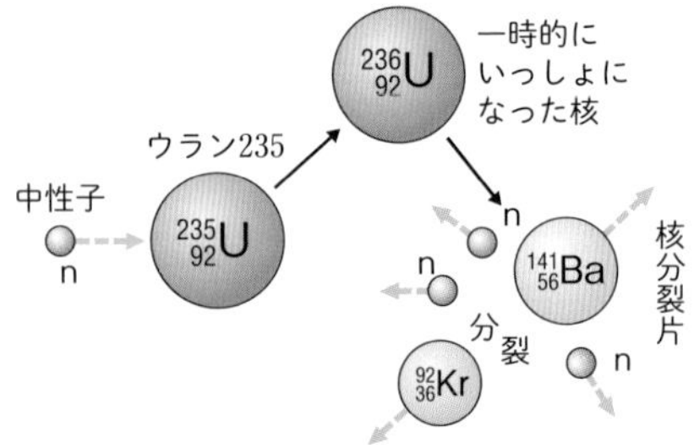

図 35　中性子によるウラン 235 の核分裂

例えば**図 35** のように，$^{235}_{92}\mathrm{U}$ に中性子 $^{1}_{0}\mathrm{n}$ を当てると，原子核 1 個につき約 200 MeV のエネルギーを放出して 2 個の原子核といくつかの中性子に分裂する。これを核反応式で書くと

$$^{235}_{92}\mathrm{U} \ + \ ^{1}_{0}\mathrm{n} \longrightarrow \ ^{141}_{56}\mathrm{Ba} \ + \ ^{92}_{36}\mathrm{Kr} \ + \ 3\,^{1}_{0}\mathrm{n}$$

となる。このときに放出されるエネルギーは化学変化で放出されるエネルギーに比べてきわめて大きい。大量の $^{235}_{92}\mathrm{U}$ を用いて反応を起こせば，大きなエネルギーを得ることができる。

上の式はウランの核分裂の 1 つの例である。他には

$$^{235}_{92}\mathrm{U} \ + \ ^{1}_{0}\mathrm{n} \longrightarrow \ ^{103}_{42}\mathrm{Mo} \ + \ ^{131}_{50}\mathrm{Sn} \ + \ 2\,^{1}_{0}\mathrm{n}$$

などがある。

例題 197 核分裂

ウラン $^{235}_{92}\mathrm{U}$ に中性子 $^{1}_{0}\mathrm{n}$ を当てたところ核分裂をしてバリウム $^{141}_{56}\mathrm{Ba}$ とクリプトン $^{92}_{36}\mathrm{Kr}$ と中性子 $^{1}_{0}\mathrm{n}$ 3 つを生じた。核反応式は以下の通りである。

$$^{235}_{92}\mathrm{U} \ + \ ^{1}_{0}\mathrm{n} \longrightarrow \ ^{141}_{56}\mathrm{Ba} \ + \ ^{92}_{36}\mathrm{Kr} \ + \ 3\,^{1}_{0}\mathrm{n}$$

それぞれの質量は，$^{235}_{92}\mathrm{U}$ を 235.0439 u，$^{141}_{56}\mathrm{Ba}$ を 140.9139 u，$^{92}_{36}\mathrm{Kr}$ を 91.8973 u，$^{1}_{0}\mathrm{n}$ を 1.0087 u とし，真空中の光の速さを 3.00×10^{8} m/s，$1\,\mathrm{u}=1.66\times10^{-27}$ kg，$1\,\mathrm{eV}=1.60\times10^{-19}$ J とする。

(1) この核反応式で示される核分裂で，質量は何 kg 減少するか。

(2) この核分裂で放出されるエネルギーは何 MeV か。

考え方 (1) 質量の減少を原子質量単位 u で求め，$1\,\mathrm{u}=1.66\times10^{-27}$ kg より単位を kg に直す。

(2) (1)の減少した質量がエネルギーになる。$E=\Delta m\cdot c^2$ より求め，単位を eV に直す。

解答

(1) 減少した質量を Δm とすると

$$\Delta m=(235.0439\,\mathrm{u}+1.0087\,\mathrm{u})-(140.9139\,\mathrm{u}+91.8973\,\mathrm{u}+3\times1.0087\,\mathrm{u})$$
$$=0.2153\,\mathrm{u}=0.3573\times10^{-27}\,\mathrm{kg}\fallingdotseq3.57\times10^{-28}\,\mathrm{kg}$$ …答

(2) 核エネルギー E は

$$E=\Delta m\cdot c^2=3.573\times10^{-28}\,\mathrm{kg}\times(3.00\times10^{8}\,\mathrm{m/s})^2$$
$$=32.157\times10^{-12}\,\mathrm{J}$$
$$=2.009\times10^{8}\,\mathrm{eV}=2.01\times10^{2}\,\mathrm{MeV}$$ …答

核分裂によるエネルギー
核分裂では，質量の減少が大きく，多量のエネルギーが放出される。

❷ 連鎖反応

核分裂が起こるとき，2個以上の中性子が放出されると，これらの中性子が再び他の原子核に当たり核分裂を起こし，核分裂が連続的におこなわれる**連鎖反応**が起こる。連鎖反応がおこなわれるために必要な一定の原子核の量を**臨界量**という。

F 核融合

❶ 核融合

軽い原子核が2個結合して，より安定な原子核をつくるときにも核エネルギーは放出される。質量数の小さい核で，2個以上の原子核が融合して重い核ができることを**核融合反応**という。核融合がおこなわれる際，外部にエネルギーが放出される。例えば，重水素$^{2}_{1}H$の原子核と3重水素$^{3}_{1}H$の原子核を結合させる核融合は，次式で表される。

$$^{2}_{1}H \quad + \quad ^{3}_{1}H \quad \longrightarrow \quad ^{4}_{2}He \quad + \quad ^{1}_{0}n$$

このとき，17.6 MeVのエネルギーが放出される。

原子核どうしを融合させるためには，原子核のもつ正電荷に逆らって原子核どうしを衝突させなければいけない。そのため，超高温にして原子核どうしが激しく衝突するようにして自然に核融合反応を起こさせる。このような反応を**熱核融合反応**という。核融合は，超高温(数億度程度)と高密度という条件下で起こるため，まだ実用化できていない。

❷ 太陽放射のエネルギー

太陽の中心部は，1600万度，2500億気圧の超高温，高圧になっており，核融合反応が起きている。4つの水素原子核が核融合し，1つのヘリウム原子核がつくられ，その際に27 MeVのエネルギーが放出される。

$$4\,^{1}_{1}H \longrightarrow \ ^{4}_{2}He + 2e^{+} + 2\nu_{e} \qquad \cdots\cdots(*)$$

(e^{+}：陽電子，ν_{e}：電子ニュートリノ)

このエネルギーが太陽放射のエネルギーとなっている。

例題 198　核融合

太陽の中心部では，4 個の水素の原子核 $^{1}_{1}\mathrm{H}$ が核融合を起こし，1 個のヘリウム原子核と 2 個の陽電子になる。水素の原子核の質量を 1.00783 u，ヘリウム原子核の質量を 4.00260 u，陽電子の質量を 0.00055 u として，次の各問いに答えよ。

(1)　太陽でおこなわれている核融合の核反応式を書け。

(2)　質量欠損は何 kg か。ただし，$1\,\mathrm{u}=1.66\times10^{-27}\,\mathrm{kg}$ である。

(3)　この核融合反応で生じるエネルギーは何 J か。ただし，真空中の光の速さを $3.00\times10^{8}\,\mathrm{m/s}$ とせよ。

(4)　この核融合反応で，太陽では 1 秒あたり 3.752×10^{38} 個の水素が使われていると考えられている。太陽は 1 秒間に何 J のエネルギーを放出していると考えられるか。

考え方　(1)　陽電子は電子と同じ質量で正の電荷をもっている。e^{+}で表す。

解答

(1)　$4\,^{1}_{1}\mathrm{H} \longrightarrow \,^{4}_{2}\mathrm{He} + 2e^{+}$　…答

(2)　質量欠損を Δm とすると

$$\Delta m=4\times1.00783\,\mathrm{u}-(4.00260\,\mathrm{u}+2\times0.00055\,\mathrm{u})$$
$$=0.02762\,\mathrm{u}=0.02762\,\mathrm{u}\times1.66\times10^{-27}\,\mathrm{kg/u}$$
$$=4.584\times10^{-29}\,\mathrm{kg}\fallingdotseq4.58\times10^{-29}\,\mathrm{kg}$$　…答

(3)　質量とエネルギーの等価性より

$$E=\Delta m\cdot c^2=4.584\times10^{-29}\,\mathrm{kg}\times(3.00\times10^{8}\,\mathrm{m/s})^2=4.126\times10^{-12}\,\mathrm{J}$$
$$\fallingdotseq4.13\times10^{-12}\,\mathrm{J}$$　…答

(4)　水素の原子核 4 個で核融合反応が 1 回起こり，(3)のエネルギーが放出される。1 秒間に放出されるエネルギーを E' とする。

$$E'=\frac{3.752\times10^{38}}{4}\times4.126\times10^{-12}\,\mathrm{J}=3.870\times10^{26}\,\mathrm{J}\fallingdotseq3.87\times10^{26}\,\mathrm{J}$$　…答

POINT

核融合によるエネルギー
核融合では，反応の前後で質量が減少し，多量のエネルギーが放出される。

コラム　**太陽の放射エネルギー**

太陽の中心部では，p.614の式(＊)で表される核融合反応が起きているが，この核融合反応は以下の4つの過程を経て進む。

① $^{1}_{1}\mathrm{H} + ^{1}_{1}\mathrm{H} \longrightarrow ^{2}_{1}\mathrm{H} + e^{+} + \nu_{e} + 0.42\ \mathrm{MeV}$

② $^{2}_{1}\mathrm{H} + ^{1}_{1}\mathrm{H} \longrightarrow ^{3}_{2}\mathrm{He} + \gamma + 5.49\ \mathrm{MeV}$

③ $^{3}_{2}\mathrm{He} + ^{3}_{2}\mathrm{He} \longrightarrow ^{4}_{2}\mathrm{He} + ^{1}_{1}\mathrm{H} + ^{1}_{1}\mathrm{H} + 12.86\ \mathrm{MeV}$

④ $e^{+} + e^{-} \longrightarrow 2\gamma + 1.02\ \mathrm{MeV}$

この連鎖反応は，陽子－陽子連鎖反応(ppチェイン)とよばれ，26.72 MeVのエネルギーが生成される。

また，例題206の(4)より，太陽内部では毎秒 3.87×10^{26} Jのエネルギーを放出している。これは，4.3×10^{9} kgの質量に相当する。すなわち，太陽中心部では，毎秒 4.3×10^{9} kgの質量が減少することになる。しかし，太陽の質量は 2.0×10^{30} kgであり，太陽中心部の水素の減少する割合は太陽全体の質量から考えると小さい。

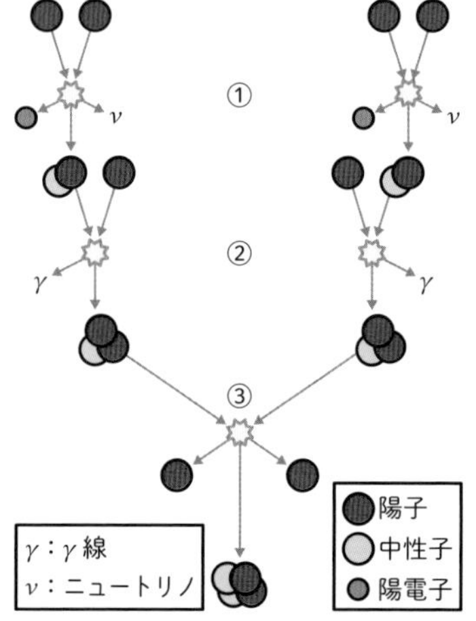

陽子－陽子連鎖反応

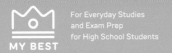

3 素粒子と宇宙

1 素粒子

A 素粒子

物質は，細かく分けていくと，分子，原子，電子，原子核，中性子，陽子と分けられる。電子，陽子，中性子，光子などの物質を構成する基本的な粒子を**素粒子**という。

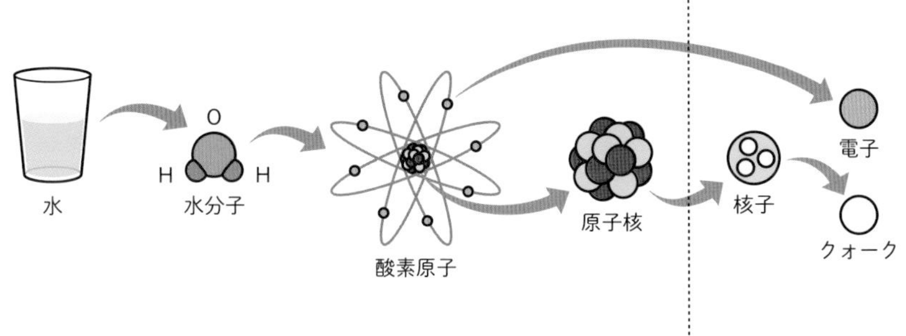

図36 物質の構造

技術が進み大型の加速器による高エネルギー実験や宇宙線の研究がおこなわれており，いまでは，新しい素粒子が次々に発見され，数百もの種類がある。

多くの素粒子は発生しても短時間で別の素粒子に変わっていくが，電子などは安定であるので，他の素粒子には変わらない。反応の過程で素粒子自身が変化することがあっても，素粒子は反応の前後でエネルギー，運動量，電荷はそれぞれ保存される。

B 素粒子の分類

素粒子は，その粒子数や質量により

- **光子**
- **レプトン**(電子，ニュートリノ，ミュー粒子など)
- **バリオン**(陽子，中性子など) ┐ **ハドロン**
- **メソン**(中間子，π(パイ)中間子など) ┘

に分類され，バリオンとメソン(中間子)を総称して**ハドロン**という。

次ページの表3におもな素粒子とその質量(静止エネルギー)と平均寿命を示す。

表3　おもな素粒子

名称	記号	電荷	反粒子	静止エネルギー〔MeV〕	平均寿命〔s〕
光子	γ	0	γ	0	∞
電子	e^-	$-e$	e^+	0.510 998 950 00	∞
ミュー粒子	μ^-	$-e$	μ^+	105.658 375 5	$2.196\,981\,1\times10^{-6}$
電子ニュートリノ	ν_e	0	$\overline{\nu}_e$	＜0.000 001 1	∞
ミューニュートリノ	ν_μ	0	$\overline{\nu}_\mu$	＜0.19	∞
π中間子	π^+	e	π^-	139.570 39	$2.603\,3\times10^{-8}$
	π^0	0	π^0	134.976 8	8.43×10^{-17}
陽子	p	e	$\overline{\mathrm{p}}$	938.272 088 16	∞
中性子	n	0	$\overline{\mathrm{n}}$	939.565 420 52	878.4

2　クォークとレプトン

A　クォーク

陽子や中性子などのハドロンを構成する基本粒子を**クォーク**という。クォークは1対ずつ3つの世代に分けられ

u（アップ），d（ダウン）　…第一世代
c（チャーム），s（ストレンジ）　…第二世代
t（トップ），b（ボトム）　…第三世代

の6種類がある。ダウンクォーク，ストレンジクォーク，ボトムクォークの電荷は電子の電荷の $\frac{1}{3}$ で，アップクォーク，チャームクォーク，トップクォークの電荷は陽子の電荷の $\frac{2}{3}$ である。それぞれのクォークをハドロンから単独で取り出すことはできない。

B　レプトン

電子，μ粒子（ミュー粒子），ニュートリノは**レプトン**とよばれ，6種類からなり3つの世代に分けられる。

電子，電子ニュートリノ　…第一世代
ミュー粒子，ミューニュートリノ　…第二世代
タウ粒子，タウニュートリノ　…第三世代

ミュー粒子，タウ粒子は負電荷をもち，大きさは電子の電荷と同じであり，ニュートリノは電荷をもたない。

クォーク，レプトンとも，世代が大きいほど質量が大きいとされている。

C 反粒子

粒子と寿命の長さと質量が同じで，電荷の大きさは同じだが正負が逆になっている粒子を**反粒子**という。すべての素粒子には反粒子がある。電子の反粒子は**陽電子**(**ポジトロン**)といわれる粒子で，電子と同じ質量をもち，基本的な粒子の性質は電子と同じである。陽電子は，ポジトロン断層法などがん治療に使われている。陽子の反粒子は反陽子とよばれる。6種類のクォークと6種類のレプトンにも反粒子がそれぞれ存在する。

反粒子はどの粒子にも存在するが，反粒子の性質が粒子の性質と変わらない粒子もある。光子，3種の π 中間子のうち中性のものなどはその例である。

D 対消滅と対生成

粒子と反粒子は，生成したり，消滅したりする。

粒子と反粒子が衝突して他の素粒子が生成されること，または，エネルギーに変換されることを**対消滅**という。例えば，電子と陽電子が衝突すると，光子が放出され γ 線となる。このとき，光子は電子と陽電子の**静止エネルギー**（$E=mc^2$ で表される）と運動エネルギーの和に等しいエネルギーをもっている。

対消滅では運動量が保存され，衝突前の粒子の運動量の和と衝突後に生じる粒子の運動量の和が等しくなる。

対消滅の逆の現象が**対生成**である。高エネルギーの γ 線が原子核に衝突すると，電子と陽電子が生成される。これは γ 線のエネルギーが電子と陽電子の質量に転換したと考えられる。

対消滅と同様に対生成でも，運動量保存の法則とエネルギー保存の法則が成り立つ。

E ニュートリノ

レプトンの中で電荷をもっていないものが**ニュートリノ**である。ニュートリノは，電子ニュートリノ，ミューニュートリノ，タウニュートリノの3種類があり，それぞれが反粒子を伴う。また，ニュートリノは小さいが質量がある。透過性が高いため，原子核や電子などの粒子と衝突しにくく，観測するのが難しい。日本では，スーパーカミオカンデで高感度の光電管を利用してニュートリノを観測している。

3 ハドロン

A ハドロン

素粒子のうち，陽子，中性子，π 中間子など核力のような強い力のはたらくものを**ハドロン**という。ハドロンは，陽子や中性子，Λ 粒子(ラムダ粒子)などの**バリオン**と，π 中間子，K 中間子などの**中間子(メソン)**に分けられる。バリオンは，3 つのクォークからなると考えられている。

B メソン(中間子)

原子核を構成する核子の間にはたらく核力を媒介する粒子を**中間子**という。1935 年，湯川秀樹は，原子核を構成する核子間にはたらく核力は中間子が媒介するという中間子論を発表した。これは，核子どうしが中間子を交換することによって核子を結び付ける強い力が生まれるという考え方である。1947 年，パウエルは，宇宙線にさらされた原子核乾板を調べ，湯川の説を裏づける π 中間子を発見した。

コラム | **宇宙線**

宇宙から飛んでくるきわめてエネルギーの高い粒子を宇宙線という。素粒子や原子核が高いエネルギーになるまで加速されたり素粒子どうしが衝突して反応したりした結果，宇宙線が生まれる。陽子, α 粒子, 電子, 光子など地球の大気圏に入る前の宇宙線を 1 次宇宙線，1 次宇宙線が大気中の原子と衝突して反応を起こすことによって生じる宇宙線を 2 次宇宙線という。宇宙線に，電子，陽電子，陽子，中性子，π 中間子，その他に不安定な素粒子が含まれることから，宇宙線を検出することで新しい素粒子が次々と発見されてきた。

4 4つの力

自然界には，重力(万有引力)，電磁気力，原子核の β 崩壊などを引き起こす「弱い力」，原子核をつくる「強い力」の 4 つの力があり，物理学では，これらを統一した理論を確立させようという試みがなされている。現在，電磁気力と弱い力は統一されており，電弱理論とよばれている。4 種類の力は**ゲージ粒子**という素粒子によって伝えられる。

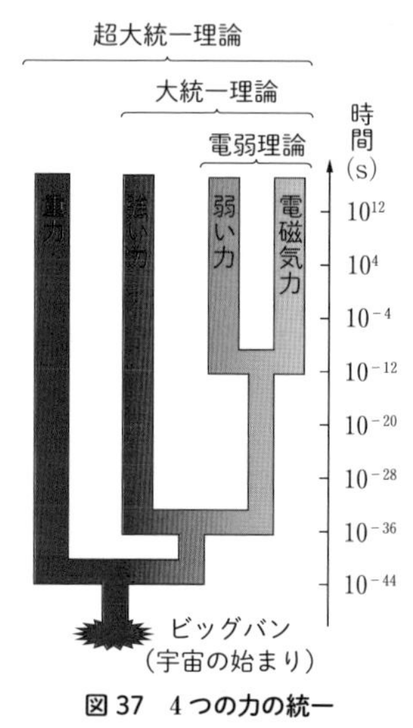

図 37　4 つの力の統一

5　宇宙の起源と素粒子

宇宙は約 137 億年前に起こった**ビッグバン**によってつくられたと考えられている。ビッグバンの直後，宇宙は高温で高密度の状態となり，膨張するにつれて温度が下がり，10^{-5} 秒後にはハドロンが生成されクォークの閉じ込めが起きた。その後，ハドロンやゲージ粒子は衝突を繰り返し，やがて陽子，中性子，電子，光子などの安定した粒子だけが残ったと考えられている。さらに温度が下がり，10^{2} 秒後には重水素やヘリウム原子核の生成など元素の合成がおこなわれた。この初期の原子核の生成の後も宇宙は膨張を続け，温度が下がると原子が生成され，10^{5} 年後には銀河が形成され，10^{10} 年経て現在に至っていると考えられている。

また，重力・電磁気力・「弱い力」・「強い力」の 4 つの力については，現在では，宇宙が誕生した直後には 4 つの力は一種類の力に統一されていたが，温度が下がるにつれてまずは重力が分岐し，次に強い力が分岐し，電磁気力と弱い力が分岐したと考えられている。

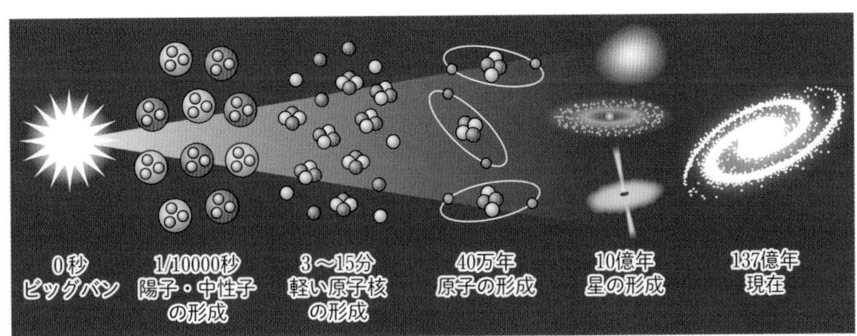

図 38　宇宙の進化

この章で学んだこと

1 原子の構造

(1) 水素原子のスペクトル

$$\frac{1}{\lambda}=R\times\left(\frac{1}{n'^2}-\frac{1}{n^2}\right)$$

($n'=1$, 2, 3, ……,
$n=n'+1$, $n'+2$, $n'+3$, ……)
(λ：波長，R：リュードベリ定数)

(2) ボーアの量子条件

$$mvr=n\frac{h}{2\pi}$$

(m：質量，v：速さ，r：半径
h：プランク定数 6.63×10^{-34} J·s
n：量子数)

(3) ボーアの振動数条件

$$E_n-E_{n'}=h\nu$$

(E_n, $E_{n'}$：エネルギー準位
h：プランク定数 6.63×10^{-34} J·s
n：量子数，ν：振動数)

2 原子核と核反応

(1) 同位体

陽子数は変わらないが質量数の異なる原子核をもつ原子を同位体という。

(2) 統一原子質量単位

$^{12}_{6}$C 原子 1 個の質量の $\frac{1}{12}$ を基準とした原子核の質量の単位。

$$1\ \mathrm{u}=1.66\times10^{-27}\ \mathrm{kg}$$

(3) 質量とエネルギーの等価性

$$E=mc^2$$

(E：静止エネルギー，m：質量
c：真空中の光の速さ)

(4) 質量欠損

核子の質量の和と原子核の質量の差。

(5) 質量欠損と結合エネルギー

$$E=\Delta m\cdot c^2$$

(E：結合エネルギー，Δm：質量欠損
c：真空中の光の速さ)

3 放射線

(1) 放射性崩壊

α崩壊：質量数-4，原子番号-2
β崩壊：原子番号$+1$

(2) 半減期

$$N=N_0\left(\frac{1}{2}\right)^{\frac{t}{T}}$$

(N：残っている原子核の量
N_0：はじめの原子核の量
T：半減期，t：時間)

4 核反応

(1) 原子核反応(核反応)

構成粒子の組み替えにより，原子核が他の原子核に変わる現象。

(2) 核反応式

原子核反応を化学反応式のように表したもの。

(3) 核分裂

原子核が複数のより小さな原子核に分裂する現象。

(4) 核融合

質量数の小さい 2 つ以上の原子核が融合して重い原子核ができる現象。

5 素粒子と宇宙

(1) 素粒子

物質を構成する基本粒子。クォーク，レプトン，バリオン，光子，中間子など。

(2) 反粒子

すべての素粒子に，同じ質量だが電荷の大きさは同じで正負が逆の粒子が存在する。対消滅，対生成する。

(3) 4 つの力

重力(万有引力)，電磁気力，「弱い力」，「強い力」がある。

定期テスト対策問題5

解答・解説は p.658 ～ 660

1 図のように，長さ 0.40 m の 2 枚の金属板を平行に 0.10 m 離して置き，500 V の電圧をかけた。電子を金属板に平行に 8.0×10^{7} m/s の速さで入射させたとき，以下の問いに答えよ。ただし，電子の比電荷を 1.76×10^{11} C/kg とする。

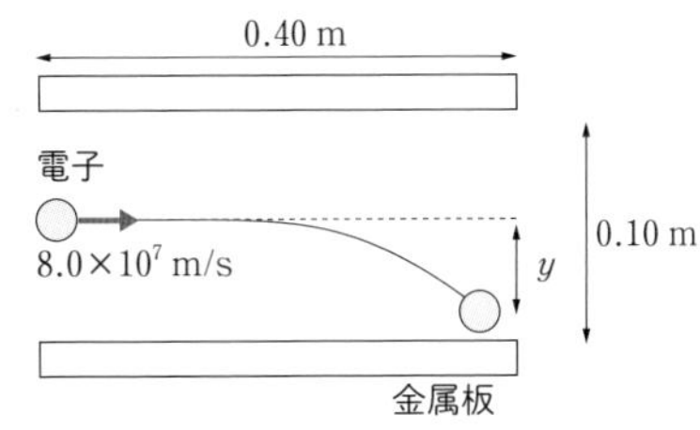

(1) 金属板の間の電場の強さを求めよ。

(2) 電子の加速度を求めよ。

(3) 電子が金属極板の間を通過するのに要する時間を求めよ。

(4) 電子が金属極板を出る直前の鉛直方向の変位 y を求めよ。

2 ミリカンの実験をおこない，油滴の電荷 q を測定した。データは，数個の油滴の電荷の測定結果である。電気素量はいくらか。

8.03　　4.81　　12.91　　14.51　　9.70　（$\times10^{-19}$ C）

3 図は，光電効果について，光電子の運動エネルギーの最大値と光の振動数の関係を表したものである。

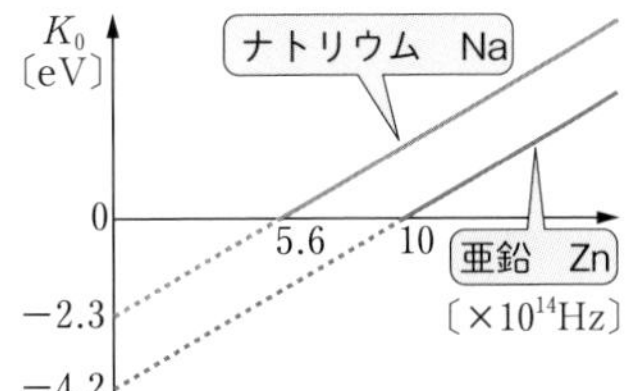

(1) ナトリウムの仕事関数を求めよ。

(2) 亜鉛の限界振動数を求めよ。

(3) プランク定数をナトリウムのグラフから求めよ。

4 図のような装置で 4.0×10^{4} V の電圧をかけたところ，負極から電子が飛び出して加速して正極に達し，X線が発生した。電子の質量は 9.0×10^{-31} kg，電子の電気量を -1.6×10^{-19} C，電子は初速度 0 で負極を出るものとする。プランク定数を 6.6×10^{-34} J•s，真空中の光の速さを 3.0×10^{8} m/s, $\sqrt{5}=2.23$ とせよ。

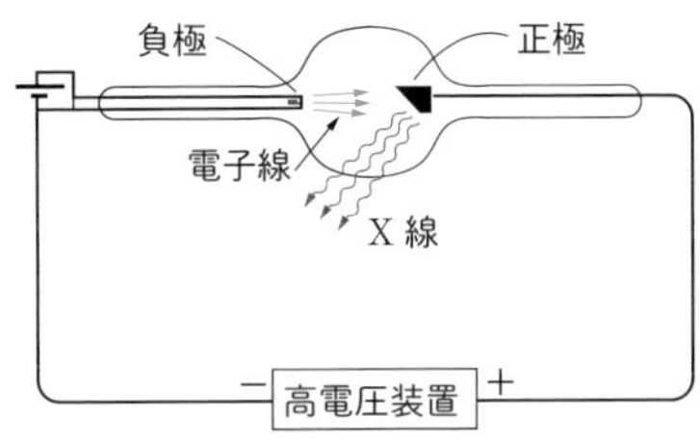

(1) 電子が加速されて正極にぶつかるときの電子の運動エネルギーを求めよ。

(2) 電子が負極を出て加速されて正極にぶつかるときの電子の速さを求めよ。

(3) 電子が正極にぶつかるときの電子波の波長を求めよ。

(4) 電子の運動エネルギーがすべてX線のエネルギーに変わったときに発生するX線の波長を求めよ。

5 ボーアの提唱した水素原子模型では，電子はとびとびの軌道を回っており，そのエネルギー E_n〔J〕は

$$E_n = -\frac{2.18\times10^{-18}}{n^2}$$

で与えられる。この式の n は量子数である。プランク定数を 6.63×10^{-34} J・s，真空中の光の速さを 3.00×10^{8} m/s として，以下の問いに答えよ。

(1) 電子が $n=2$ の軌道から $n=1$ の軌道に移動するときに放出する光の波長を求めよ。また，この波長の領域は紫外，可視，赤外のいずれかを答えよ。

(2) $n=1$ の軌道から電子を取り去るためには何 m の波長の光を当てればよいか。

6 重水素 $^{2}_{1}$H の質量は 2.0136 u である。真空中の光の速さを 3.00×10^{8} m/s，陽子，中性子の質量はそれぞれ 1.0073 u，1.0087 u，1 u $=1.66\times10^{-27}$ kg，電気素量は 1.60×10^{-19} C とする。

(1) 重水素の質量欠損は何 kg か。

(2) 結合エネルギーは何 J か。

(3) (2)は何 eV か。

7 放射性同位体を用いて植物の年代測定をすることができる。生きた植物の体内には，^{12}C と ^{14}C が一定の割合で取り込まれているが，植物が死ぬと ^{14}C は崩壊して減っていく。ある植物のサンプルの ^{14}C の割合を測定したところ，^{14}C の含まれている割合が現在の植物に比べて 70.7% $\left(\fallingdotseq\frac{1}{\sqrt{2}}\right)$ になっていた。^{14}C の半減期を 5.73×10^{3} 年とすると，このサンプルは約何年前のものと考えられるか。

8 静止しているリチウム原子核 $^{7}_{3}$Li に，加速した陽子を当てたところ 2 個の α 粒子になった。各問いに答えよ。

(1) この核反応の式を書け。

(2) 陽子の質量を 1.6726×10^{-27} kg，$^{7}_{3}$Li 原子核の質量を 11.6478×10^{-27} kg，α 粒子の質量を 6.6447×10^{-27} kg とすると，質量欠損は何 kg か。

(3) この核反応で生じたエネルギーは何 J か。ただし，真空中の光の速さを 3.0×10^{8} m/s とする。

For Everyday Studies and Exam Prep
for High School Students

定期テスト対策問題

解答・解説

物理基礎　解答・解説

第1部 運動と力

定期テスト対策問題 1 p.83-86

1 解答 (1) (ア) 6.3 (イ) 63 (ウ) 14
(エ) 1.4
(2) 等加速度直線運動

解説 (1) (ア) Aの位置を $x_A=5.7$ cm，Bの位置を $x_B=7.8$ cm，……のように，順に x_A，x_B，x_C，……とおくと

$$\Delta x=x_E-x_D$$
$$=22.5\text{ cm}-16.2\text{ cm}=6.3\text{ cm}$$

(イ) DE間の平均の速度を $\overline{v}_{DE}$ のようにかくことにすると

$$\overline{v}_{DE}=\frac{\Delta x}{\Delta t}=\frac{6.3\text{ cm}}{0.10\text{ s}}=63\text{ cm/s}$$

(ウ) $\Delta v=\overline{v}_{DE}-\overline{v}_{CD}$
$$=63\text{ cm/s}-49\text{ cm/s}=14\text{ cm/s}$$

(エ) 平均の加速度を $\overline{a}$ とすると

$$\overline{a}=\frac{\Delta v}{\Delta t}=\frac{14\text{ cm/s}}{0.10\text{ s}}=140\text{ cm/s}^2$$

1 cm＝0.01 m なので

$$140\frac{\text{cm}}{\text{s}^2}=140\frac{0.01\text{ m}}{\text{s}^2}=1.4\text{ m/s}^2$$

(2) 平均の加速度が一定だから，この運動は等加速度直線運動である。

2 解答 (1) 下のグラフA(赤)
(2) 下のグラフB(青)

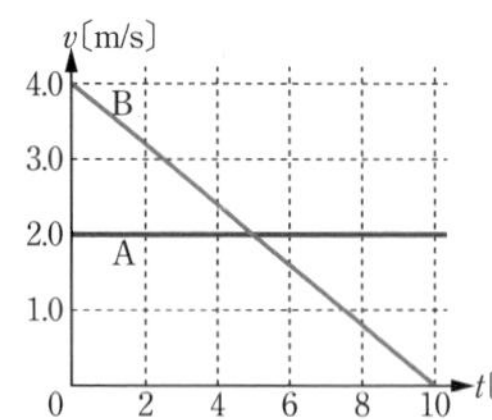

(3) 5.0秒後

解説 (1) 速度 2.0 m/s の等速度運動であるので，図のグラフAとなる。

(2) 物体Bの加速度 a は

$$a=\frac{0\text{ m/s}-4.0\text{ m/s}}{10\text{ s}}=-0.40\text{ m/s}^2$$

したがって，時刻 t における物体Bの速度 v_B は

$$v_B=v_0+at=4.0\text{ m/s}-(0.40\text{ m/s}^2)t$$

で，図のグラフBとなる。

(3) 物体Aの速度は $v_A=2.0$ m/s なので，物体Aに対するBの相対速度 V は

$$V=v_B-v_A$$
$$=\{4.0\text{ m/s}-(0.40\text{ m/s}^2)t\}-2.0\text{ m/s}$$
$$=2.0\text{ m/s}-(0.40\text{ m/s}^2)t$$

$V=0$ より

$$2.0\text{ m/s}-(0.40\text{ m/s}^2)t=0 \quad t=5.0\text{ s}$$

3 解答 (1) 1.0 m/s
(2) 南向きに 50 km/h

解説 (1) 下流に向かう場合を正として川の流れの速度を v_1，静水に対する船の速度を v_2 とすれば，岸に対する船の速度 V は

$$V=v_1+v_2$$

である。$v_1=2.0$ m/s，$V=5.0$ m/s より

$$v_2=V-v_1=3.0\text{ m/s}$$

上流に向かうとき，岸に対する速度 V は

$$V=v_1+(-v_2)=-1.0\text{ m/s}$$

すなわち上流に向かって 1.0 m/s

(2) 北向きを正の向きとする。電車Aの速度 $v_A=60$ km/h，電車Bの速度 v_B，電車Bの電車Aに対する相対速度 $V=-110$ km/h の間には

$$V=v_B-v_A$$

の関係式が成り立つ。

$$v_B=V+v_A=-50\text{ km/h}$$

電車Bは南向きに 50 km/h

4 解答 (1) 28 m/s (2) 35 m/s

解説 小球Aを落とした高さを $H=80$ m，衝突までの時間を t，A，Bの初速度の大きさを v_A，v_B，衝突した高さを $h=40$ m とすると

Aは $H-h=v_At+\frac{1}{2}gt^2$ ……①

Bは $h=v_Bt-\frac{1}{2}gt^2$ ……②

①+②より　$H=(v_A+v_B)t$　……③

(1)　A は自由落下なので $v_A=0$

①より　$\frac{1}{2}gt^2=H-h$

$t>0$ より

$$t=\sqrt{\frac{2(H-h)}{g}}$$
$$=\sqrt{\frac{2(80\ \mathrm{m}-40\ \mathrm{m})}{9.8\ \mathrm{m/s^2}}}\fallingdotseq 2.86\ \mathrm{s}$$

③に代入して

$$v_B=\frac{H}{t}=\frac{80\ \mathrm{m}}{2.86\ \mathrm{s}}\fallingdotseq 28.0\ \mathrm{m/s}$$

よって，B の初速度の大きさは

28 m/s

(2)　$v_A=21\ \mathrm{m/s}$，$H=80\ \mathrm{m}$，$h=40\ \mathrm{m}$ を①に代入して

$$80\ \mathrm{m}-40\ \mathrm{m}$$
$$=(21\ \mathrm{m/s})t+\frac{1}{2}\times(9.8\ \mathrm{m/s^2})t$$
$$(4.9\ \mathrm{m/s^2})t^2+(21\ \mathrm{m/s})t-40\ \mathrm{m}=0$$

$t>0$ より　$t\fallingdotseq 1.43\ \mathrm{s}$

③に代入して

$$v_B=\frac{H}{t}-v_A=\frac{80\ \mathrm{m}}{1.43\ \mathrm{s}}-21\ \mathrm{m/s}$$
$$\fallingdotseq 35\ \mathrm{m/s}$$

5 解答 (1)　$N=W$

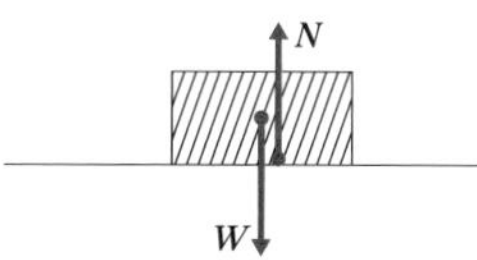

(2)　$T+N=W$

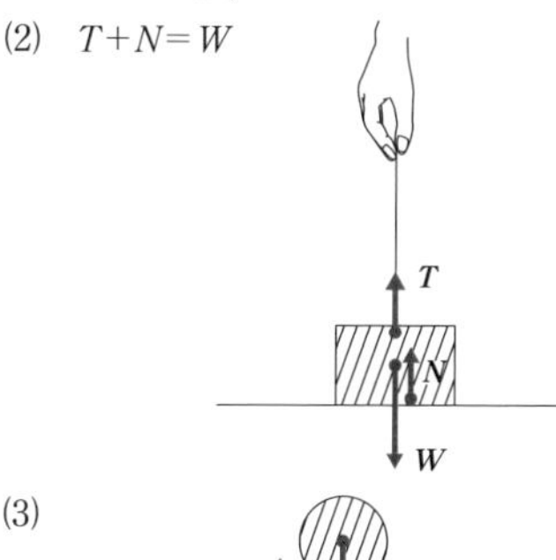

(3)

解説 (1)　物体が受ける力は大きさ W の重力と床から受ける大きさ N の抗力。力のつり合いの関係より

$N=W$

(2)　物体が受ける力は大きさ W の重力と床から受ける大きさ N の抗力，大きさ T の糸の張力。力のつり合いの関係より　$T+N=W$

(3)　物体が受ける力は大きさ W の重力のみ。受ける力はつり合っていない。

6 解答 (1)　4.0 cm　(2)　1.0 cm

解説 (1)　ばねを直列につないだとき，それぞれのばねが受ける力 F は等しい。おもりの質量は 100 g なので

$F=0.10\times 9.8\ \mathrm{N}$

また，ばね定数は $k=49\ \mathrm{N/m}$ であるから，ばね 1 個の伸び x はフックの法則 $F=kx$ より

$$x=\frac{F}{k}=\frac{0.98}{49}=0.020\ \mathrm{m}$$

となる。同じばねが 2 個直列に並んでいるので，全体の伸びの合計は

$x=0.020\times 2=0.040\ \mathrm{m}$

つまり 4.0 cm となる。

(2)　ばね A，B の伸びは等しいので，これを x とする。そのとき，それぞれのばねの弾性力 f は

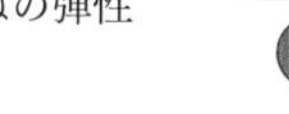

$f=kx$

である。2 つのばねの弾性力の和が力 F とつり合うので

$2f=F$

よって

$2kx=F$

$$x=\frac{F}{2k}=\frac{0.98}{2\times 49}=0.010\ \mathrm{m}$$

すなわち 1.0 cm となる。

7 解答 (1)　×　(2)　×　(3)　×　(4)　×

解説 (1)　質量 m の物体に生じる加速度を a，受ける合力を F とすれば，運動方程式より，$a=\frac{F}{m}$ である。

すなわち受ける力が 2 倍になれば，生じる加速度が 2 倍になる。加速度の値が

一定のまま変化しなくても，速さは時間とともに変化する。

(2)　加速度 a が質量 m に反比例するのは運動の法則による。これは摩擦力の有無によらない。

(3)「重さ」は，物体が受ける重力の大きさである。物体は重力を受けていなくても，質量はある。運動の法則によると，生じる加速度は質量に反比例する。

(4)　物体を投げ上げたとき，最高点で速度は0になるが，加速度は鉛直下向きの重力の向きで，$g=9.8\ \mathrm{m/s^2}$ である。

投射物体はつねに鉛直下向きに重力を受け，鉛直方向には重力加速度 g で運動している。

8 解答 (1)　7.5 N　(2)　3.0 N

解説 (1)

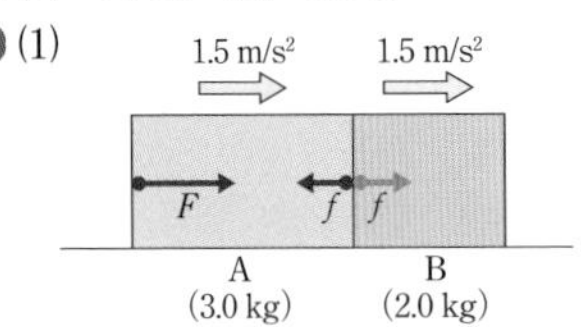

(1), (2)　A も B も，同じ加速度で運動し，A と B の接触面を通じて互いに力 f で押し合う。

A と B の水平方向の運動方程式は

A　$3.0\ \mathrm{kg}\times1.5\ \mathrm{m/s^2}=F+(-f)$ ……①

B　$2.0\ \mathrm{kg}\times1.5\ \mathrm{m/s^2}=f$ ……②

②から　$f=3.0\ \mathrm{N}$

①から　$F=7.5\ \mathrm{N}$

9 解答 (1)　Mg　(2)　mg

(3)　$ma=T-mg$

(4)　$Ma=Mg-T$

(5)　$a=\dfrac{M-m}{M+m}g$,　$T=\dfrac{2Mm}{M+m}g$

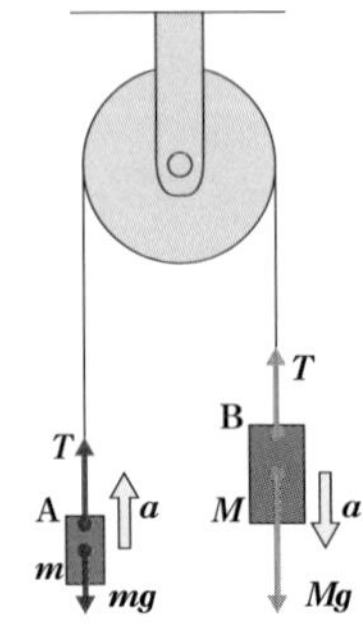

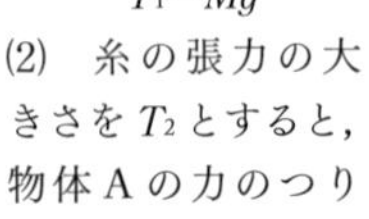

解説 (1)　糸の張力の大きさを T_1 とすると，物体Bの力のつり合いの関係より

$$T_1=Mg$$

(2)　糸の張力の大きさを T_2 とすると，物体Aの力のつり合いの関係より

$$T_2=mg$$

(3)　おもり A の運動方程式は図より

$ma=T-mg$　……①

(4)　おもり B の運動方程式は図より

$Ma=Mg-T$　……②

(5)　①+②より

$$(M+m)a=(M-m)g$$

$$a=\frac{M-m}{M+m}g \quad \cdots\cdots③$$

また，③を①に代入する。

$$T=m(a+g)$$

$$=m\left(\frac{M-m}{M+m}+1\right)g$$

$$=\frac{2Mm}{M+m}g$$

10 解答 ②

解説 落下速度が増大するにつれて，空気抵抗が大きくなり，終端速度に達すると空気抵抗と重力とがつり合い，スカイダイバーの運動は等速度運動となる。

第2部 エネルギー

定期テスト対策問題 2 p.126-128

1 解答 (1) 44 N (2) 76 J (3) 11 W

解説 (1) 物体が引く力の大きさをF，物体の重さをw，垂直抗力の大きさをN，動摩擦係数をμ'とすると

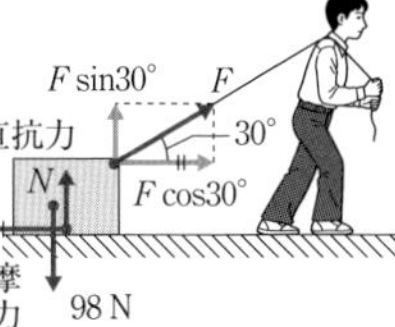

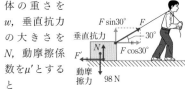

$$N=w-F\sin 30°=w-\frac{1}{2}F \quad \cdots\cdots①$$

「物体をゆっくり動かす」というのは加速度が0の運動と考えられるから，動摩擦力の大きさF'は$F\cos 30°$に等しい。

$$F'=\mu'N=F\cos 30°=\frac{\sqrt{3}}{2}F \quad \cdots\cdots②$$

①のNを②に代入して

$$\mu'\left(w-\frac{1}{2}F\right)=\frac{\sqrt{3}}{2}F$$

$$F=\frac{2\mu' w}{\sqrt{3}+\mu'} \text{ より}$$

$$F=\frac{2\times 0.50\times 98\text{ N}}{1.73+0.50}\fallingdotseq 43.9\text{ N}$$

よって　44 N

(2) $W=F\cos 30°\times s$ から

$$W=43.9\times\frac{\sqrt{3}}{2}\times 2.0\fallingdotseq 76\text{ J}$$

(3) 仕事率 $P=\dfrac{W}{t}$ から

$$P=\frac{76}{7.0}\fallingdotseq 11\text{ W}$$

2 解答 (1) 2.4×10^2 N (2) 2.4×10^3 J (3) -2.4×10^3 J (4) 0 J

解説 (1) $F=mg\sin\theta$

$$=40\times 9.8\times 0.60$$
$$=235.2\fallingdotseq 2.4\times 10^2\text{ N}$$

(2) 引き上げる力の向きに10 m進んだので，仕事Wは

$$W=235\times 10=2350\fallingdotseq 2.4\times 10^3\text{ J}$$

(3) 重力の斜面に平行な成分は，物体の進む向きと180°違うので

$$W=mg\sin\theta\cdot s\cdot\cos 180°$$
$$=40\times 9.8\times 0.60\times 10\times\cos 180°$$
$$=-2352\fallingdotseq -2.4\times 10^3\text{ J}$$

(4) 垂直抗力は斜面に対して垂直なので，$W=0$である。

3 解答 (1) 0.50 J (2) 2.0 m/s (3) 1.6 m/s

解説 (1) $U=\dfrac{1}{2}kx^2$ から

$$U=\frac{1}{2}\times 25\times 0.20^2=0.50\text{ J}$$

(2) ばねにたくわえられた弾性エネルギーが，おもりの運動エネルギーになるから，求める速さをv〔m/s〕とすると，次式のvはその数値を表すものとして

$$\frac{1}{2}\times 0.25\times v^2=0.50$$

よって　$v=2.0$ m/s

(3) おもりの速さをv_1〔m/s〕とすると，ばねの弾性エネルギーとおもりの運動エネルギーの和は一定だから，次式のv_1はその数値を表すものとして

$$\frac{1}{2}\times 25\times 0.12^2+\frac{1}{2}\times 0.25\times {v_1}^2=0.50$$

よって　$v_1=1.6$ m/s

4 解答 (1) $\sqrt{gl}$ (2) $\sqrt{(\sqrt{3}-1)gl}$ (3) $\sqrt{gl}$

解説 (1) おもりの質量をmとすると，力学的エネルギーは保存されるから

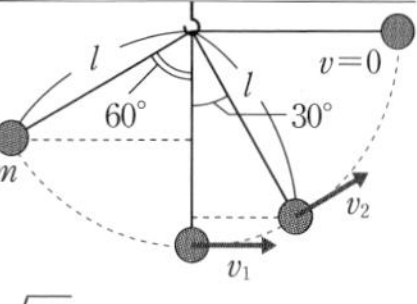

$$\frac{1}{2}m{v_1}^2=mg\left(\frac{l}{2}\right)$$

よって　$v_1=\sqrt{gl}$

(2) 重力による位置エネルギーと運動エネルギーの和は変わらないから

$$mgl(1-\cos 30°)+\frac{1}{2}m{v_2}^2=mg\left(\frac{l}{2}\right)$$

よって　$v_2=\sqrt{(\sqrt{3}-1)gl}$

(3) $mgl(1-\cos 60°)+\dfrac{1}{2}m{v_0}^2=mgl$

よって　$v_0=\sqrt{gl}$

5 解答 (1) $k=\dfrac{mg}{a}$ (2) $\sqrt{ga}$

解説 (1) ばね定数をkとすると，弾性力kaは重力mgとつり合うから，$mg=ka$

よって　$k=\dfrac{mg}{a}$

(2)　つり合いの位置から a だけ下げた位置を，重力による位置エネルギーの基準にとる。つり合いの位置を通過する瞬間の速さを v とすると

$$\frac{1}{2}k\times(2a)^2=\frac{1}{2}mv^2+mga+\frac{1}{2}ka^2$$

両辺を2倍して整理すると

$$mv^2=3ka^2-2mga$$

(1)の結果を k に代入して

$$mv^2=3\times\frac{mg}{a}\times a^2-2mga=mga$$

よって　$v=\sqrt{ga}$

6 解答 (1)　2.0×10^{-2} m　(2)　1.4 m/s

解説 以下では h と v は数値を表すものとする。

(1)　求める高さを h m とすると，力学的エネルギー保存の法則により

$$\frac{1}{2}\times9.8\times0.020^2=0.010\times9.8\times h$$

$h=2.0\times10^{-2}$　　よって　2.0×10^{-2} m

(2)　飛び出す速さを v m/s とすると，力学的エネルギー保存の法則により

$$\frac{1}{2}\times9.8\times0.10^2$$

$$=0.010\times9.8\times0.40+\frac{1}{2}\times0.010\times v^2$$

$v=1.4$　　よって　1.4 m/s

7 解答 (1)　$\dfrac{3}{2}m(v^2-gx)$

(2)　$\dfrac{1}{2}mv^2+mgx$

(3)　$2mv^2-\dfrac{1}{2}mgx$　(4)　$\dfrac{gx-4v^2}{3\sqrt{3}\,gx}$

解説 (1)　この斜面を x すべり下りると，落下した距離は $\dfrac{1}{2}x$ である。よって，力学的エネルギーの変化は

$$\frac{1}{2}\times3\,\mathrm{m}\times v^2+0$$

$$-\left(0+3\,\mathrm{m}\times g\times\frac{1}{2}x\right)$$

$$=\frac{3}{2}m(v^2-gx)$$

(2)　物体Aと同じ速さになり，距離 x 上昇するので

$$\frac{1}{2}mv^2+mgx$$

(3)　物体系全体の力学的エネルギーの減少が熱に変化したから，(1)と(2)の結果の和より

$$\frac{3}{2}m(v^2-gx)+\frac{1}{2}mv^2+mgx$$

$$=2mv^2-\frac{1}{2}mgx$$

(4)　摩擦力のした仕事は(3)の変化量に等しいから

$$-\mu'\times3mg\cos30°\times x=2mv^2-\frac{1}{2}mgx$$

よって　$\mu'=\dfrac{gx-4v^2}{3\sqrt{3}\,gx}$

8 解答 (1)　2.1×10^7 J　(2)　2.9×10^6 J

解説 (1)　$4.2\times10^4\times500=2.1\times10^7$ J

(2)　$W=Pt$

$$=800\times60^2$$

$$=2.88\times10^6\fallingdotseq2.9\times10^6\ \mathrm{J}$$

9 解答 (1)　7.1×10^5 J　(2)　17分

解説 (1)　0℃の氷を0℃の水にするための熱量を Q_1〔J〕とすると

$$Q_1=0.80\times10^3\times3.3\times10^2$$

$$=2.64\times10^5\ \mathrm{J}$$

氷が溶けると，0℃の水が 2.0×10^3 g になる。これを50℃にするための熱量を Q_2〔J〕とすると，$Q=mc(t_2-t_1)$ から

$$Q_2=2.0\times10^3\times4.2\times(50-0)$$

$$=4.2\times10^5\ \mathrm{J}$$

0℃の容器を50℃にするための熱量を Q_3〔J〕とすると

$$Q_3=420\times(50-0)$$

$$=2.1\times10^4\ \mathrm{J}$$

よって，求める熱量は

$$Q_1+Q_2+Q_3$$

$$=(2.64+4.2+0.21)\times10^5$$

$$=7.05\times10^5\fallingdotseq7.1\times10^5\ \mathrm{J}$$

(2)　t は数値を表すものとして，求める時間を t 分とすると

$$700\times60t=7.05\times10^5$$

$t=16.8$　　よって　17分

第3部 波動

定期テスト対策問題 3 p.160-162

1 解答 (1) 縦 (2) 横 (3) 0
(4) 1周期

解説 (2) 液体や気体では，縦波の圧縮力は伝わるが，横波のずれの力は伝わらない。

(3) 変位が最大となる山と谷では，媒質が一瞬静止しており，その中間の変位が0のときに速さが最大になる。

2 解答 (1) 400 cm/s (2) (ウ)
(3) −1 cm

解説 (1) 波形が0.01 sで4 cm移動しているから，波の速さは

$$v=\frac{\Delta x}{\Delta t}=\frac{4\ \text{cm}}{0.01\ \text{s}}=400\ \text{cm/s}$$

(2) 波形を少し進めてみればよい。問題文の破線は0.01 sの波形だから，これを利用すると，$x=4$の点は，$t=0$から時間の経過とともに，下へ変位している。$t=0$のときのy-xグラフの$x=4$の点の変位が，y-tグラフでは$t=0$のときの変位になる。

POINT

媒質の変位
y-xグラフの波形を進行方向へ少し進めて判断する

(3) この波の周期Tは

$$T=\frac{1}{f}=\frac{\lambda}{v}=\frac{16\ \text{cm}}{400\ \text{cm/s}}=0.04\ \text{s}$$

0.12 sは3周期に相当する。3周期後の変位は$t=0$のときと同じであり，$y=-1$ cmである。

3 解答 下図

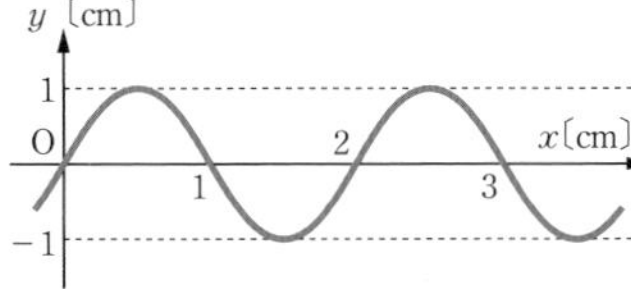

解説 y-tグラフから，振幅1 cmと周期0.2 sが読み取れる。速さが与えられているから

$$\lambda=\frac{v}{f}=vT$$
$$=(0.1\times10^2\ \text{cm/s})\times0.2\ \text{s}$$
$$=2\ \text{cm}$$

y-tグラフから，$x=0$の点は時間とともにyの負の向きに変位している。以上の条件でy-xグラフをかく。

4 解答 例1：水面に生じた波は，波形が次々に進んでいくが，水面に浮かぶ物体は媒質である水の振動とともに上下に振動するだけであり，波とともに進むことはない。

例2：地震波が伝わっても，土地やその上のものはその場で振動する。移動はしない。

例3：大きな音が聞こえるとき，媒質である空気の振動を感じることはあるが，空気そのものが移動するわけではないので，風を感じることはない。

5 解答 (1) 下図の赤い線。

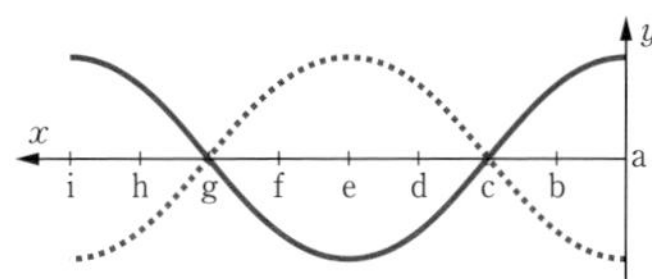

(2) 下図の赤い線。

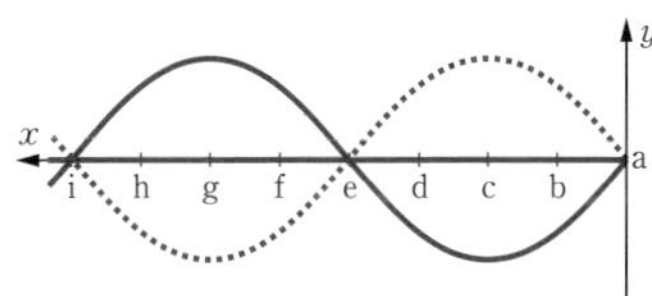

解説 (1) 自由端での反射では符号は変わらない。自由端の先へ波を延長し，その波を自由端を軸として線対称に折り返すと反射波になる。自由端をもつ定在波では，自由端は定在波の腹になる。

(2) 固定端での反射では符号が逆になる。固定端の先へ波を延長し，その波をx軸について線対称に折り返し，もう一度固定端を軸として折り返すと反射波になる。x軸で一度折り返したことで，反

射波の符号が逆になる。

固定端の媒質は点 a で固定されている(定在波の節になる)ので，問題の図のような変位は不自然に見える。入射波は点 a の直前まで変位を保って進んできて，点 a に達した瞬間，逆の符号の反射波と重なり合い，変位が 0 になると考えればよい。

6 解答 (1) 縦 (2) $0.6t$ (3) 0 (4) 1.7 (5) 17

解説 (2), (3) 空気中を伝わる音速は，気温が 1 ℃上がると，0.6 m/s だけ速くなる。

7 解答 495 Hz

解説 おんさの腕に針金を巻きつけると，おんさの腕が重くなるため振動数が小さくなる。A のおんさの振動数が小さくなってうなりが聞こえなくなったから，B のおんさの振動数は 500 Hz よりも小さい。

単位時間のうなりの数 $=|f_A-f_B|$

だから

$5\ \text{Hz}=500\ \text{Hz}-f_B$

よって　$f_B=495\ \text{Hz}$

POINT

単位時間のうなりの回数
2 つの音の振動数の差

8 解答 (1) 1.00 m (2) 680 Hz (3) 2.00 m (4) 510 Hz

解説 (1) 閉管の基本音では，長さ l の管内に $\frac{\lambda}{2}$ の定在波が発生しているから，$\lambda=2l$ である。気柱の振動は空気が振動するものだから，定在波の波長と音の波長は一致する。

(2) 閉管では基本音の次には 2 倍音が発生する。このとき，$\lambda=l$ である。2 倍音の振動数を f_2 とすれば

$$f_2=\frac{V}{\lambda}$$

$$=\frac{340\ \text{m/s}}{0.500\ \text{m}}=680\ \text{s}^{-1}=680\ \text{Hz}$$

(3) 閉管の基本音では，長さ l の管内に $\frac{\lambda}{4}$ の定在波が発生しているから，$\lambda=4l$ である。

(4) 閉管では，基本音の次には 3 倍音が発生する。このとき，$\lambda=\frac{4}{3}l$ である。3 倍音の振動数を f_3 とすれば

$$f_3=\frac{V}{\lambda}$$

$$=\frac{3\times340\ \text{m/s}}{4\times0.500\ \text{m}}=510\ \text{s}^{-1}=510\ \text{Hz}$$

第4部 電気と磁気

定期テスト対策問題 4 p.200-202

1 解答 ④

解説 12×1マスの太線の電気抵抗をR〔Ω〕とすると，太線がM本並列に接続された場合，合成抵抗R'は

$\frac{1}{R'}=\frac{1}{R}+\frac{1}{R}+\cdots=\frac{M}{R}$ より

$$R'=\frac{R}{M}$$

となる。したがって，合成抵抗の大きさは，接続本数Mに反比例する。よって，グラフは④が正解である。

2 解答 (1)　0.44 Ω，1.1 A　(2)　1.5 倍

解説 (1)　$R=\rho\frac{l}{S}=1.1\times10^{-6}\times\frac{20}{50\times10^{-6}}$

$=0.44\ \Omega$

オームの法則から

$$I=\frac{V}{R}=\frac{0.50}{0.44}$$

$\fallingdotseq 1.1$ A

(2)　断面積が2倍で長さが3倍だから

$R'=\rho\frac{3l}{2S}=\frac{3}{2}R$ より　$\frac{3}{2}=1.5$ 倍

POINT

電気抵抗は，導線の長さに比例し，断面積に反比例する

3 解答 (1)　24 Ω　(2)　0.50 A　(3)　0.30 A

解説 (1)　まず，20 Ωと30 Ωの並列接続の合成抵抗を求める。これは，$\frac{1}{R}=\frac{1}{20}+\frac{1}{30}=\frac{5}{60}=\frac{1}{12}$ となることより$R=$ 12 Ωとなる。次に，この合成抵抗12 Ωと12 Ωの抵抗の直列接続の合成抵抗を求める。これは，$R'=12+12=24$ Ωとなる。

(2)　(1)で求めた合成抵抗が12 Vの電源に接続していると考える。したがって，回路に流れる電流Iは，$I=\frac{V}{R'}=\frac{12}{24}=$ 0.50 Aとなる。

(3)　並列接続された2本の抵抗の合成抵抗は$R=12$ Ωであり，流れる電流は(2)より$I=0.50$ Aである。この合成抵抗に加わる電圧は，

$$V=IR=0.50\ \text{A}\times12\ \Omega=6.0\ \text{V}$$

したがって，20 Ωの抵抗を流れる電流I'は，

$$I'=\frac{6.0\ \text{V}}{20\ \Omega}=0.30\ \text{A}$$

4 解答 (1)　①　(2)　(イ)

(3)　(b)　南を向く

(c)　北を向いたまま変わらない

(d)　南を向く

解説 (1)，(2)　電流が北向き(①の向き)に流れれば，ABの真下に電流がつくる磁場は西向きである。これと北向きの地球磁場により北西向きの磁場ができる。

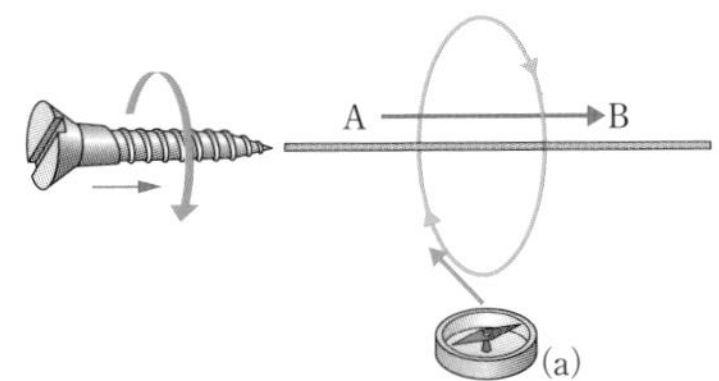

(3)　コイルによる磁場は内部は北向き，東側と西側は南向きである。地球磁場は北向きであるが，コイルのつくる磁場が十分強いので，東側と西側の方位磁針は南を向く。

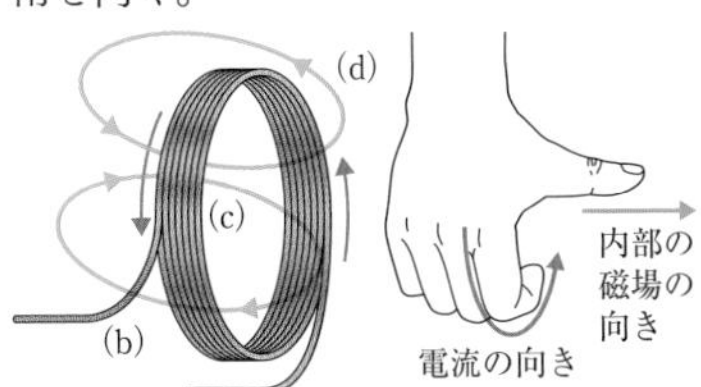

5 解答 (1)　①　(2)　(a)

解説 (1)　電流の向きは②であるが，電子の向きは電流の向きと反対。

(2)　磁場の向きはN極からS極へ。

6 解答 (A)　②　(B)　0　(C)　②　(D)　①

解説 (A)　コイルを貫く下向きの磁場が減少するので，コイルが下向きの磁場をつくるように，コイルの上から見て時計回

りに誘導電流が流れる。

(B)　磁場が変化しないので，誘導電流は生じない。

(C)　先の(A)と同じ。

(D)　コイルを貫く下向きの磁場が増加していくので，コイルが上向きの磁場をつくるように誘導電流が生じる。したがって，コイルの上から見て反時計回りに電流が流れる。

7 **解答** (1)　50 Hz　(2)　240 V
(3)　120 mA

解説 (1)　変圧器では，入出力の交流の周波数は変わらない。

(2)　一次側と二次側の電圧の比はコイルの巻き数の比に等しい。

$\dfrac{V_1}{V_2}=\dfrac{N_1}{N_2}$ より

$$V_2=\frac{N_2}{N_1}V_1=\frac{1000}{500}\times 120$$
$$=240\ \mathrm{V}$$

(3)　$I=\dfrac{V}{R}$

$$=\frac{240}{2000}=0.120\ \mathrm{A}=120\ \mathrm{mA}$$

第5部 物理学の拓く世界

定期テスト対策問題 5 p.228

1 解答 (1) 3 桁 (2) 2 桁 (3) 2 桁
(4) 3 桁 (5) 3 桁 (6) 2 桁

解説 (1) 有効数字は「1」「0」「2」の 3 つ。最後の「2」に誤差が含まれる。

(2) 有効数字は「2」「6」の 2 つ。0.0 は位取りの 0 なので，有効数字ではない。

(3) 有効数字は「1」「2」の 2 つ。位取りは 10^3 と表している。

(4) 有効数字は「2」「6」「5」の 3 つ。

(5) $521+2.35=523.35 \fallingdotseq 523$ となり，有効数字は「5」「2」「3」の 3 つ。「521」の最後の桁「1」は誤差を含むため，「0.35」の部分に意味がなくなる。

(6) $23-1.25=21.75 \fallingdotseq 22$ となり，有効数字は 2 桁である。

2 解答 (1) 6.9 (2) 4.1 (3) 1.0×10
(4) 9.0 (5) 6.4 (6) 35 (7) 5.0
(8) 31
(9) 3.6×10^2
(10) 251 (2.51×10^2)
(11) 0.17 (1.7×10^{-1})
(12) 1.2×10^7
(13) 2.5×10^2 cm^2
(14) 59 kg
(15) 157.8 kg (1.578×10^2 kg)

解説 (1) $2.23 \times 3.1 = 6.913 = 6.9$

元の値で，有効数字の小さな方にあわせる。

(2) $1.8 \times 2.30 = 4.14 \fallingdotseq 4.1$

(3) $20.2 \div 2.0 = 10.1 \fallingdotseq 1.0 \times 10$

(4) $22.6 \div 2.5 = 9.04 \fallingdotseq 9.0$

(5) $6.2+0.15=6.35 \fallingdotseq 6.4$

(6) $20.2+15=35.2 \fallingdotseq 35$

(7) $5.2-0.23=4.97 \fallingdotseq 5.0$

(8) $32-1.2=30.8 \fallingdotseq 31$

(9) $2.5+3.6 \times 10^2 \fallingdotseq 3.6 \times 10^2$

$3.6 \times 10^2 = 360$ の「6」の桁にすでに誤差が含まれており，2.5 はこの誤差内にあるので，2.5 を足すことに意味はない。

(10) $2.56 \times 10^2 - 5.24 = 250.76 \fallingdotseq 251$

(11) $0.087 \times 2.00 = 0.174 \fallingdotseq 0.17$

「0.087」の 0.0 は位取りの「0」なので，有効数字には含まれない。「0.087」の有効数字は「8」「7」の 2 桁である。

(12) $(2.2 \times 10^2) \times (5.3 \times 10^4) = 11.66 \times 10^6 \fallingdotseq 1.2 \times 10^7$

有効数字 2 桁で答える。

(13) $20.5\ \text{cm} \times 12\ \text{cm} = 246\ \text{cm}^2 \fallingdotseq 2.5 \times 10^2\ \text{cm}^2$

(14) $\dfrac{62\ \text{kg}+56\ \text{kg}}{2} = 59\ \text{kg}$

「2」は有効数字 1 桁ではない。2 人という確定した値で，誤差を含まない。この場合「人数の真の値が 1.5 人から 2.4 人の間にある」というのは明らかにおかしい。

(15) $52.6\ \text{kg} \times 3 = 157.8\ \text{kg}$

(14)と同様，3 個の「3」も誤差を含まない。答えは有効数字 4 桁である。

3 解答 (1) 7.8×10^5 W (2) ②

解説 (1) 水の重力による位置エネルギーが湖面までの水の圧力を受けた水をタービンに当てて電気エネルギーに変換される。質量 m の水がタービンを通過したときに，湖面にあった質量 m の水が減っていることになる。

水の重力による位置エネルギー U〔J〕は

$$U = mgh = 3.6 \times 10^6 \times 9.8 \times 100 = 3.528 \times 10^9\ \text{J}$$

で，そのうち 80% が電気エネルギーに変換される。この変換が 1 時間に行われるので，電力 P〔W〕は

$$P = \frac{U}{3600\ \text{s}} \times 0.80 = \frac{3.528 \times 10^9\ \text{J}}{3600\ \text{s}} \times 0.80 = 7.84 \times 10^5\ \text{W} \fallingdotseq 7.8 \times 10^5\ \text{W}$$

(2) ②の風力発電は，風の力学的エネルギー(運動エネルギー)を電気エネルギーに変換する。

物理　解答・解説

第1部　さまざまな運動

定期テスト対策問題 1 p.320-324

1 解答 (1)　0.60　(2)　10 s

解説 (1)　船の速度 $\vec{v_A}$ と流れの速度 $\vec{v_B}$ を合成した速度 $\vec{V}$ が，岸辺に対して垂直になればよい。図から

$$\sin\theta=\frac{3.0\ \mathrm{m/s}}{5.0\ \mathrm{m/s}}=0.60$$

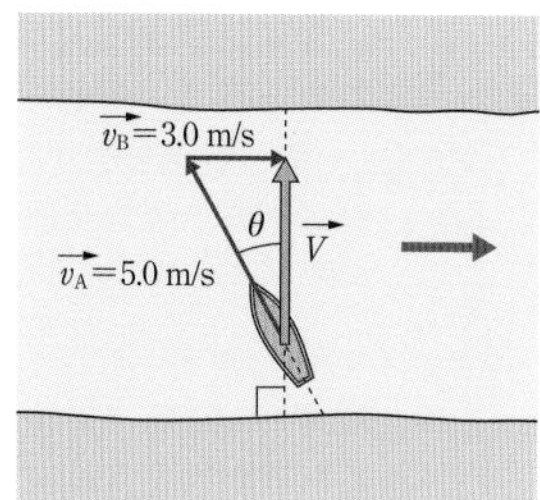

(2)　$V=\sqrt{v_A{}^2-v_B{}^2}$

$=\sqrt{(5.0\ \mathrm{m/s})^2-(3.0\ \mathrm{m/s})^2}=4.0\ \mathrm{m/s}$

よって，求める時間は

$$t=\frac{s}{V}=\frac{40\ \mathrm{m}}{4.0\ \mathrm{m/s}}=10\ \mathrm{s}$$

2 解答 (1)　4.0秒後　(2)　40 m　(3)　3.9

解説 (1)　鉛直方向には自由落下なので

$$y=\frac{1}{2}gt^2$$

の式に $y=78.4$ m を代入して時間 t を求める。

$$78.4\ \mathrm{m}=\frac{1}{2}\times9.8\ \mathrm{m/s^2}\times t^2$$

$$t^2=16\ \mathrm{s^2}$$

$$t=\pm4.0\ \mathrm{s}$$

$t<0$ は不適なので，$t=4.0$ s となる。

(2)　(1)より4.0秒でボールは落下するので，等速直線運動の式に代入する。

$$x=vt=10\ \mathrm{m/s}\times4.0\ \mathrm{s}=40\ \mathrm{m}$$

(3)　ボールが地面に達する直前の速度の鉛直方向の成分 v_y は

$$v_y=gt=9.8\ \mathrm{m/s^2}\times4.0\ \mathrm{s}=39.2\ \mathrm{m/s}$$

となる。また，$v_x=10$ m/s なので，水平方向とのなす角を θ とすると

$$\tan\theta=\frac{v_y}{v_x}=\frac{39.2\ \mathrm{m/s}}{10\ \mathrm{m/s}}=3.92$$

となる。

3 解答 (1)　2.00 s　(2)　19.6 m　(3)　136 m

解説 (1)　最高点では鉛直方向の速さ v_y が 0 m/s になるので，時間を t〔s〕として，$v_y=v_0\sin\theta_0-gt$ に代入する。

$$0=39.2\ \mathrm{m/s}\times\sin30^\circ-9.80\ \mathrm{m/s^2}\times t$$

$$9.80\ \mathrm{m/s^2}\times t=39.2\ \mathrm{m/s}\times\frac{1}{2}$$

$$t=2.00\ \mathrm{s}$$

(2)　$t=2.00$ s を

$$y=v_0\sin\theta_0\cdot t-\frac{1}{2}gt^2$$

に代入して

$$y=39.2\ \mathrm{m/s}\times\sin30^\circ\times2.00\ \mathrm{s}-\frac{1}{2}\times9.80\ \mathrm{m/s^2}\times(2.00\ \mathrm{s})^2$$

$$=19.6\ \mathrm{m}$$

(3)　(1)より2.00秒で小球は最高点に達するので，地面に落下するのは4.00秒後となる。

$$x=v_0\cos\theta_0\cdot t$$

$$=39.2\ \mathrm{m/s}\times\cos30^\circ\times4.00\ \mathrm{s}$$

$$=39.2\ \mathrm{m/s}\times\frac{\sqrt{3}}{2}\times4.00\ \mathrm{s}=135.6\ \mathrm{m}$$

4 解答 (1)　40 N の力の向き

(2)　25 N　(3)　M から A の向きに 30 cm

解説 (1)　逆向きの2つの平行力の合力を考えればよいから，大きい力の向き，すなわち40 N の力の向きと同じである。

(2)　大きさは2つの平行力の差に等しいから

$$40\ \mathrm{N}-15\ \mathrm{N}=25\ \mathrm{N}$$

(3)　作用点はMCを力の逆比に外分する。したがって，外分点はMの左側にある。外分点からMまでの距離を x とすると

$$\frac{15\ \mathrm{N}}{40\ \mathrm{N}}=\frac{x}{x+50\ \mathrm{cm}}$$

$x=30\ \mathrm{cm}$

5 解答 (1) $\dfrac{W}{2\sqrt{3}}$ (2) W

(3) $\dfrac{W}{2\sqrt{3}}$

解説 (1)の垂直抗力を N_1，(2)の垂直抗力を N_2，(3)の摩擦力を F とすると，棒にはたらく力は，右図のようになる。図のように

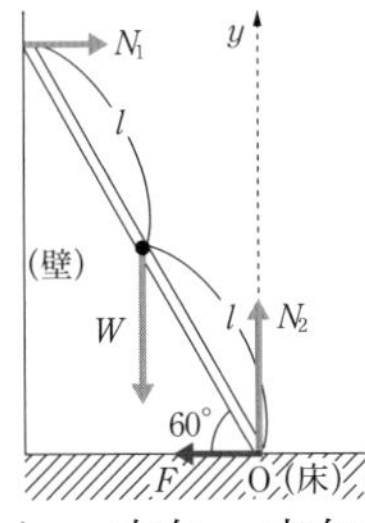

x 軸，y 軸を定めると，x 方向，y 方向の力の成分についてのつり合いの式は，それぞれ

$N_1+(-F)=0$ ……①

$N_2+(-W)=0$ ……②

O のまわりのモーメントのつり合いは

$l\times W\cos 60°+(-2l\times N_1\sin 60°)=0$ ……③

②から $N_2=W$

③から $N_1=\dfrac{W}{2\sqrt{3}}$

①から $F=N_1=\dfrac{W}{2\sqrt{3}}$

POINT

剛体のつり合い

⇨ **{力の x 成分も y 成分も和が 0 / 力のモーメントも和が 0}**

6 解答 O から，O′と反対に $\dfrac{r}{6}$ のところ

解説 求める重心を O″とする。はじめの円板 O の重さを W，切り抜いた円板 O′の重さを W_1，切り抜かれた残りの部分の重さを W_2 とする。

O は，O′と O″にはたらく平行な 2 力の合力の作用点となるから，O″ は O′O の延長上にある。

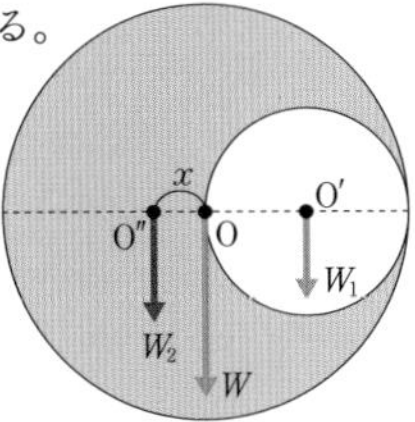

重さは面積に比例するから，O のまわりのモーメントのつり合いの式は

$$x\times\left\{\pi r^2-\pi\left(\frac{r}{2}\right)^2\right\}+\frac{r}{2}\times\left\{-\pi\left(\frac{r}{2}\right)^2\right\}=0$$

これを x について解いて $x=\dfrac{r}{6}$

7 解答 (1) $\dfrac{4-2e}{3}v$ (2) $\dfrac{4+e}{3}v$

(3) 弾性衝突($e=1$)の場合

解説 右向きを正として，運動量保存の式と反発係数の式を立てる。

(1) 物体 A と物体 B の衝突後の速度を v_A，v_B とし，運動量保存の式を立てると

$m\times 2v+2m\times v=m\times v_A+2m\times v_B$

質量 m を消去すると

$4v=v_A+2v_B$ ……①

反発係数の式は

$$e=-\frac{v_A-v_B}{2v-v}$$

変形すると $-ev=v_A-v_B$ ……②

①，②式より $v_A=\dfrac{4-2e}{3}v$

(2) (1)と同様に $v_B=\dfrac{4+e}{3}v$

(3) 衝突において，力学的エネルギーの和が一定なのは，弾性衝突($e=1$)の場合である。

POINT

力学的エネルギー保存

⇨ **反発係数が 1 の場合に成立する**

8 解答 (1) 1.5 m/s (2) 2.6 m/s

(3) 1.5 m/s (4) 1.5 m/s (5) 0.58

解説 なめらかな床であれば，床からおよぼされる力は床面に垂直である。したがって，(1)と(3)の値は等しい。

(1) 床と速度の向きとのなす角が衝突前は 60°であることより

$v_x=3.0\ \mathrm{m/s}\times\cos 60°=1.5\ \mathrm{m/s}$

(2) (1)と同様に

$$v_y=3.0\ \mathrm{m/s}\times\sin 60°=3.0\ \mathrm{m/s}\times\frac{\sqrt{3}}{2}$$

$$=2.595\ \mathrm{m/s}\fallingdotseq 2.6\ \mathrm{m/s}$$

(3)　衝突後のボールの速度の床面に平行な成分の大きさは(1)と同じである。

$$v_x{}'=v_x=1.5\ \mathrm{m/s}$$

(4)　衝突後のボールの速度の床面に垂直な成分の大きさは，平行な成分が1.5 m/sであることより

$$v_y{}'=v_x{}'\tan 45°=1.5\ \mathrm{m/s}$$

(5)　反発係数は

$$e=\frac{1.5\ \mathrm{m/s}}{2.595\ \mathrm{m/s}}=0.578\cdots$$

よって　　0.58

9 解答 (1)　$\dfrac{m}{m+M}v$　(2)　$-\dfrac{mM}{m+M}v$

(3)　$\dfrac{mM}{(m+M)F}v$　(4)　$\dfrac{mM}{2(m+M)F}v^2$

解説 (1)　弾丸は左向きに力積を受けて，運動量が変化する。弾丸が材木に対して静止した後の，材木の速度を V〔m/s〕とすると

$$mv=(m+M)V$$

これより　　$V=\dfrac{m}{m+M}v$

(2)　弾丸が受けた力積は弾丸の運動量変化より求めることができる。したがって

$$mV-mv=m\left(\frac{m}{m+M}v\right)-mv$$

$$=-\frac{mM}{m+M}v$$

(3)　材木に対して静止するまでの時間を t〔s〕とすると，(2)の答えと $-Ft$ が等しい。

$$-Ft=-\frac{mM}{m+M}v$$

よって　　$t=\dfrac{mM}{(m+M)F}v$

(4)　材木に対して静止するまでに，材木の動いた距離を L〔m〕，材木に対して弾丸のくい込んだ深さを x〔m〕とすると，運動エネルギーと仕事の関係より

材木：$FL=\dfrac{1}{2}MV^2-0$

弾丸：$-F(L+x)=\dfrac{1}{2}mV^2-\dfrac{1}{2}mv^2$

辺々を足すと

$$-Fx=\frac{1}{2}(m+M)V^2-\frac{1}{2}mv^2$$

ここで，(1)より，$V=\dfrac{m}{m+M}v$ なので

$$-Fx=\frac{1}{2}(m+M)\left(\frac{m}{m+M}v\right)^2-\frac{1}{2}mv^2$$

$$=\frac{1}{2}\frac{m^2}{m+M}v^2-\frac{1}{2}mv^2$$

$$=-\frac{1}{2}\frac{mM}{m+M}v^2$$

よって　　$x=\dfrac{mM}{2(m+M)F}v^2$

POINT

物体の運動エネルギー
⇨　仕事の分だけ変化する

10 解答 (1)　1.6 rad/s　(2)　0.79 m/s

(3)　0.25 Hz　(4)　2.5 N　(5)　1.0 m/s

解説 (1)　周期が4.0 sであることより，角速度 ω は

$$\omega=\frac{2\pi}{T}=\frac{2\times3.14\ \mathrm{rad}}{4.0\ \mathrm{s}}$$

$$=1.57\ \mathrm{rad/s}\fallingdotseq1.6\ \mathrm{rad/s}$$

(2)　物体の速さを v とすると

$$v=r\omega=0.50\ \mathrm{m}\times1.57\ \mathrm{rad/s}$$

$$=0.785\ \mathrm{m/s}\fallingdotseq0.79\ \mathrm{m/s}$$

(3)　回転数を n とすると

$$n=\frac{1}{T}=\frac{1}{4.0\ \mathrm{s}}=0.25\ \mathrm{Hz}$$

(4)　張力が向心力となっている。張力を F とすると

$$F=mr\omega^2$$

$$=2.0\ \mathrm{kg}\times0.50\ \mathrm{m}\times(1.57\ \mathrm{rad/s})^2$$

$$=2.46\ \mathrm{N}\fallingdotseq2.5\ \mathrm{N}$$

(5)　4.0 Nのときの物体の速さを求める。速さを v とすると

$$m\frac{v^2}{r}=F'$$

したがって　　$2.0\ \mathrm{kg}\times\dfrac{v^2}{0.50\ \mathrm{m}}=4.0\ \mathrm{N}$

これより　　$v=1.0\ \mathrm{m/s}$

11 解答 (1)　$\dfrac{3}{5}L$　(2)　$\dfrac{5}{4}mg$

(3)　$\dfrac{3}{4}mg$　(4)　$\sqrt{\dfrac{5g}{4L}}$　(5)　$\dfrac{1}{2\pi}\sqrt{\dfrac{5g}{4L}}$

解説 物体は水平面内で円運動していることより，張力の水平方向成分が向心力となっている。

(1)　直角三角形に注目すると3：4：5となっている。したがって　$\frac{3}{5}L$

(2)

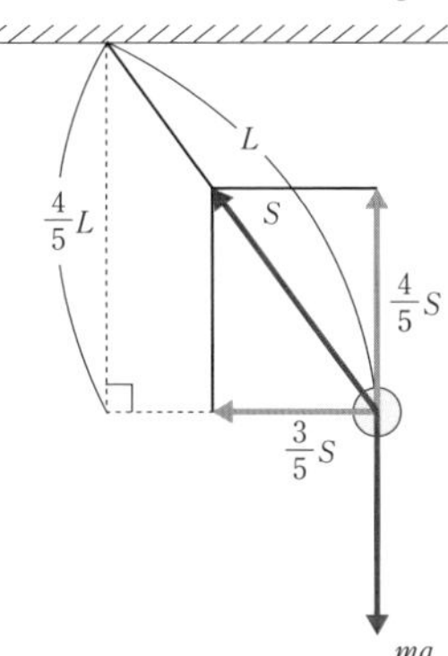

糸の張力をSとする。図のように，張力の鉛直方向成分は重力とつり合っている。したがって

$$\frac{4}{5}S=mg$$

これより　$S=\frac{5}{4}mg$

(3)　向心力は張力の水平方向成分である。したがって

$$\frac{3}{5}S=\frac{3}{5}\cdot\frac{5}{4}mg=\frac{3}{4}mg$$

(4)　この円運動の運動方程式は，角速度をωとすると，半径は$\frac{3}{5}L$であることより

$$m\frac{3}{5}L\omega^2=\frac{3}{4}mg$$

となる。よって　$\omega=\sqrt{\frac{5g}{4L}}$

(5)　回転数をnとすると

$$n=\frac{1}{T}=\frac{\omega}{2\pi}$$

となる。したがって

$$n=\frac{\omega}{2\pi}=\frac{1}{2\pi}\sqrt{\frac{5g}{4L}}$$

POINT

円錐振り子
張力の水平成分が向心力となる

12 **解答** (1)　$ma=-(k_1+k_2)x$

(2)　$T=2\pi\sqrt{\frac{m}{k_1+k_2}}$

(3)　$a_0=\frac{(k_1+k_2)A}{m}$

解説 ばねのおよぼす力の向きに注意する。

(1)　変位がx〔m〕の場合，ばね定数k_1〔N/m〕のばねから受ける力は$-k_1x$〔N〕，k_2〔N/m〕のばねから受ける力は$-k_2x$〔N〕，したがって，小球の運動方程式は次のようになる。

$$ma=-(k_1+k_2)x$$

(2)　(1)より　$a=-\frac{k_1+k_2}{m}x$

これと，単振動の加速度の式$a=-\omega^2x$を比べると，単振動の角振動数ωは

$$\omega=\sqrt{\frac{k_1+k_2}{m}}$$

したがって，周期Tは

$$T=\frac{2\pi}{\omega}=2\pi\sqrt{\frac{m}{k_1+k_2}}$$

(3)　単振動の加速度の式$a=-\omega^2x$より

$$a_0=\omega^2x=\frac{(k_1+k_2)A}{m}$$

13 **解答** (1)　$\frac{2\pi(R+h)}{T}$　(2)　$\frac{3\pi}{GT^2}\left(\frac{R+h}{R}\right)^3$

解説 人工衛星の運動より地球の質量を求める。

(1)　人工衛星は半径$(R+h)$のところを周期Tで運動しているので，その速さは

$$v=\frac{2\pi(R+h)}{T}$$

(2)　人工衛星の質量をm，地球の質量をMとすると，円運動の運動方程式は

$$m(R+h)\omega^2=G\frac{Mm}{(R+h)^2}$$

となる。円運動の角速度は$\omega=\frac{2\pi}{T}$で与えられることより

$$m(R+h)\frac{4\pi^2}{T^2}=G\frac{Mm}{(R+h)^2}$$

これより，地球の質量 M は

$$M=\frac{4\pi^2(R+h)^3}{GT^2}$$

となる。地球の体積は $V=\frac{4}{3}\pi R^3$ であることより

密度 ρ は $\rho=\frac{M}{V}=\frac{\frac{4\pi^2(R+h)^3}{GT^2}}{\frac{4}{3}\pi R^3}$

$$=\frac{3\pi}{GT^2}\left(\frac{R+h}{R}\right)^3$$

14 解答 (1) $T_0=2\pi\sqrt{\frac{R}{g}}$ (2) $2\sqrt{2}$ 倍

(3) $v_A=\sqrt{\frac{3}{2}gR}$

解説 力学的エネルギー保存の法則とケプラーの法則を用いて解くことができる。

(1) 地表すれすれで円運動する人工衛星の運動方程式は，人工衛星の質量を m〔kg〕，円運動の角速度を ω〔rad/s〕，地球の質量を M〔kg〕とすると

$$mR\omega^2=G\frac{Mm}{R^2}$$

ここで，周期 T_0 は，$T_0=\frac{2\pi}{\omega}$ であることと，$g=\frac{GM}{R^2}$ より

$$mR\left(\frac{2\pi}{T_0}\right)^2=mg$$

よって $T_0=2\pi\sqrt{\frac{R}{g}}$

(2) 地球のまわりを運動する2つの人工衛星についてはケプラーの第3法則が成立する。楕円運動する人工衛星の半長軸は $2R$ であることより

地表すれすれの人工衛星について：

$$T_0^2=kR^3$$

楕円運動する人工衛星について：

$$T^2=k(2R)^3$$

2つの式より

$$T^2=k(2R)^3=8kR^3=8T_0^2$$

よって $T=2\sqrt{2}T_0$

したがって $2\sqrt{2}$ 倍

(3) 点Aと点Bで力学的エネルギー保存の法則が成立する。したがって

$$\frac{1}{2}mv_A^2+\left(-G\frac{Mm}{R}\right)$$
$$=\frac{1}{2}mv_B^2+\left(-G\frac{Mm}{3R}\right)$$

また，楕円運動する人工衛星について，ケプラーの第2法則が成立する。したがって

$$\frac{1}{2}Rv_A=\frac{1}{2}(3R)v_B$$

これより，$v_B=\frac{1}{3}v_A$ となり，力学的エネルギー保存の法則の式に代入すると

$$\frac{1}{2}mv_A^2+\left(-G\frac{Mm}{R}\right)$$
$$=\frac{1}{2}m\left(\frac{1}{3}v_A\right)^2+\left(-G\frac{Mm}{3R}\right)$$

整理すると

$$\frac{1}{2}mv_A^2-\frac{1}{18}mv_A^2$$
$$=G\frac{Mm}{R}-G\frac{Mm}{3R}$$

これより $v_A^2=\frac{3}{2}\frac{GM}{R}$

ここで，$g=\frac{GM}{R^2}$ より，$v_A^2=\frac{3}{2}gR$ となる。

したがって $v_A=\sqrt{\frac{3}{2}gR}$

第2部 熱と気体

定期テスト対策問題 2 p.361-362

1 解答 (1) $\dfrac{5}{6}$倍 (2) 2.2×10^5 Pa

解説 (1) 容器Aの温度を変化させた後の，容器A，Bの中の気体の物質量をそれぞれn_A'〔mol〕，n_B'〔mol〕，気体の絶対温度をそれぞれT_A'〔K〕，T_B'〔K〕，気体の圧力をp'〔Pa〕とする。

理想気体の状態方程式$pV=nRT$より，物質量は

$$\text{A}: n_A'=\frac{p'V}{RT_A'} \quad \cdots\cdots①$$

$$\text{B}: n_B'=\frac{p'V}{RT_B'} \quad \cdots\cdots②$$

となる。

$$\frac{n_A'}{n_B'}=\frac{\dfrac{p'V}{RT_A'}}{\dfrac{p'V}{RT_B'}}=\frac{T_B'}{T_A'}$$

$$=\frac{(273+27)\text{K}}{(273+87)\text{K}}=\frac{300\text{ K}}{360\text{ K}}=\frac{5}{6}$$

(2) 容器Aの温度を変化させる前の，容器A，Bの中の気体の物質量をそれぞれn_A〔mol〕，n_B〔mol〕とすると，気体の物質量の総和は変わらないので

$$n_A+n_B=n_A'+n_B' \quad \cdots\cdots③$$

が成り立つ。また，温度をT〔K〕とすると，理想気体の状態方程式より物質量は

$$\text{A}: n_A=\frac{pV}{RT} \quad \cdots\cdots④$$

$$\text{B}: n_B=\frac{pV}{RT} \quad \cdots\cdots⑤$$

となる。③式に①，②，④，⑤式を代入する。

$$\frac{pV}{RT}+\frac{pV}{RT}=\frac{p'V}{RT_A'}+\frac{p'V}{RT_B'}$$

整理して

$$\frac{2p}{T}=\frac{p'(T_A'+T_B')}{T_A'T_B'}$$

$$p'=\frac{2pT_A'T_B'}{T(T_A'+T_B')}$$

題意より$T=T_B'$なので

$$p'=\frac{2pT_A'}{T_A'+T_B'}$$

$$=\frac{2\times2.0\times10^5\text{ Pa}\times(273+87)\text{K}}{(273+87)\text{K}+(273+27)\text{K}}$$

$$=2.18\times10^5\text{ Pa}$$

$$\fallingdotseq2.2\times10^5\text{ Pa}$$

2 解答 (1) 0.10 m (2) 4.0×10^3 N

(3) 0.20 m (4) 0.22 m

解説 (1) シリンダーの断面積をS，体積をVとすると，$V=Sx$だから，求める長さx〔m〕は

$$4.0\times10^{-3}\text{ m}^3=4.0\times10^{-2}\text{ m}^2\times x$$

より　$x=0.10$ m

(2) 内圧2.0×10^5 Pa，外圧1.0×10^5 Paであり，$1.0\times10^5\text{ Pa}=1.0\times10^5\text{ N/m}^2$なので，断面積$4.0\times10^{-2}\text{ m}^2$にかかる力は

$$1.0\times10^5\text{ N/m}^2\times4.0\times10^{-2}\text{ m}^2$$
$$=4.0\times10^3\text{ N}$$

(3) 温度一定で体積膨張後，ピストンに力を加えていないので，気体の圧力は大気圧と等しくなっていると考えられる。ボイルの法則$pV=p'V'$より

$$2.0\times10^5\text{ Pa}\times4.0\times10^{-3}\text{ m}^3$$
$$=1.0\times10^5\text{ Pa}\times4.0\times10^{-2}\text{ m}^2\times x_0$$

よって　$x_0=0.20$ m

(4) 圧力一定で0℃から27℃になったので，シャルルの法則を利用して

$$\frac{4.0\times10^{-2}\text{ m}^2\times0.20\text{ m}}{273\text{ K}}=\frac{4.0\times10^{-2}\times x'}{(273+27)\text{K}}$$

$$x'=0.22\text{ m}$$

3 解答 (1) 6.2×10^{-21} J

(2) 2.1×10^{-23} J (3) 1.00倍

(4) 2.00倍

解説 (1) $\dfrac{1}{2}m\overline{v^2}=\dfrac{3}{2}kT$

より

$$\frac{1}{2}m\overline{v^2}=\frac{3}{2}\times1.38\times10^{-23}\text{ J/K}\times(273+27)\text{K}$$

$$=6.21\times10^{-21}\text{ J}$$

$$\fallingdotseq6.2\times10^{-21}\text{ J}$$

(2) 絶対温度がΔT〔K〕上昇すると，気体分子の平均運動エネルギーは$\dfrac{3}{2}k\Delta T$増加する。

$$\frac{3}{2}k\Delta T=\frac{3}{2}\times 1.38\times 10^{-23}\ \mathrm{J/K}\times 1\ \mathrm{K}$$
$$=2.07\times 10^{-23}\ \mathrm{J}$$
$$\fallingdotseq 2.1\times 10^{-23}\ \mathrm{J}$$

(3)　ヘリウムの気体とネオンの気体はともに300 Kで絶対温度は等しい。よって，分子の平均運動エネルギーは同じになる。

(4)　27℃と327℃のヘリウムの平均運動エネルギーをそれぞれ$\frac{1}{2}m\overline{v_1^2}$，$\frac{1}{2}m\overline{v_2^2}$，絶対温度をそれぞれ$T_1$〔K〕，$T_2$〔K〕とする。

$$\frac{\frac{1}{2}m\overline{v_2^2}}{\frac{1}{2}m\overline{v_1^2}}=\frac{\frac{3}{2}kT_2}{\frac{3}{2}kT_1}=\frac{T_2}{T_1}$$
$$=\frac{(273+327)\mathrm{K}}{(273+27)\mathrm{K}}=\frac{600\ \mathrm{K}}{300\ \mathrm{K}}=2.00$$

4 解答 5.2×10^2 m/s

解説 $\sqrt{\overline{v^2}}=\sqrt{\dfrac{3RT}{M\times 10^{-3}}}$　より

$$\sqrt{\overline{v^2}}=\sqrt{\frac{3\times 8.3\mathrm{J/(mol\cdot K)}\times(273+27)\mathrm{K}}{28\times 10^{-3}\ \mathrm{kg/mol}}}$$
$$=517\ \mathrm{m/s}$$
$$\fallingdotseq 5.2\times 10^2\ \mathrm{m/s}$$

5 解答 (1)　1.15×10^5 Pa

(2)　8.80×10^4 Pa　(3)　0.130 m

解説 (1)　大気圧$p_0=1.013\times 10^5$ Paと，水銀柱に加わる単位断面積あたりの重力$1.36\times 10^4\ \mathrm{kg/m^3}\times 9.80\ \mathrm{m/s^2}\times 0.100\ \mathrm{m}\fallingdotseq 1.333\times 10^4$ Paが，空気柱の圧力p_1とつり合うので

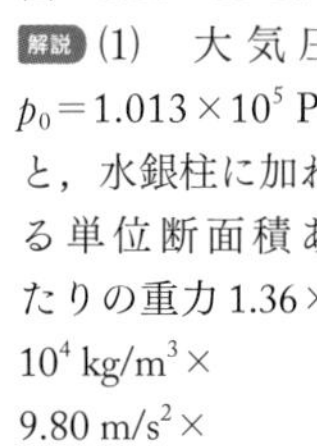

図1

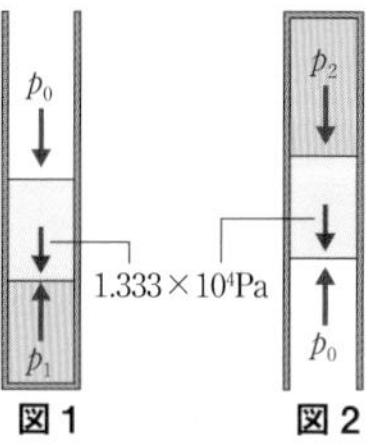

図2

$$p_1=1.013\times 10^5\ \mathrm{Pa}+1.333\times 10^4\ \mathrm{Pa}$$
$$=1.146\times 10^5\ \mathrm{Pa}\fallingdotseq 1.15\times 10^5\ \mathrm{Pa}$$

(2)　空気柱の圧力p_2と，水銀柱に加わる単位断面積あたりの重力1.333×10^4 Paが，大気圧$p_0=1.013\times 10^5$ Paとつり合うので

$$p_2=1.013\times 10^5\ \mathrm{Pa}-1.333\times 10^4\ \mathrm{Pa}$$
$$\fallingdotseq 8.80\times 10^4\ \mathrm{Pa}$$

(3)　圧力がp_1の状態とp_2の状態についてボイルの法則が成り立つので，ガラス管の断面積をSとすると

$$p_1\times S\times 0.100\ \mathrm{m}=p_2\times S\times x$$
$$x=\frac{p_1}{p_2}\times 0.100\ \mathrm{m}$$
$$=\frac{1.146\times 10^5\ \mathrm{Pa}}{8.80\times 10^4\ \mathrm{Pa}}\times 0.10\ \mathrm{m}$$
$$\fallingdotseq 0.130\ \mathrm{m}$$

6 解答 (1)　$2mv\cos\theta$

(2)　$\dfrac{v}{2r\cos\theta}$　(3)　$\dfrac{mv^2}{r}$

(4)　$\dfrac{Nmv^2}{r}$　(5)　$\dfrac{Nmv^2}{4\pi r^3}$

(6)　$\dfrac{Nmv^2}{3V}$

解説 (1)

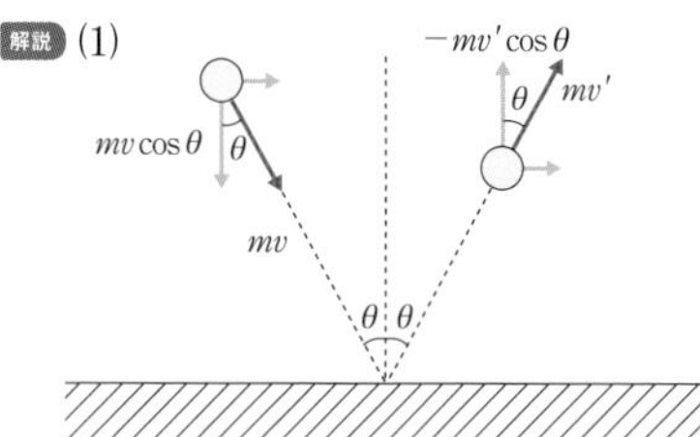

気体分子について，器壁に垂直な方向の運動量の変化を考える。図において，衝突するときの方向を正とすると，完全弾性衝突をするので，運動量の変化は

$$-mv'\cos\theta-mv\cos\theta=-2mv\cos\theta$$

となる。器壁に平行な方向の運動量の変化は0なので，運動量変化の大きさは$2mv\cos\theta$となる。

(2)

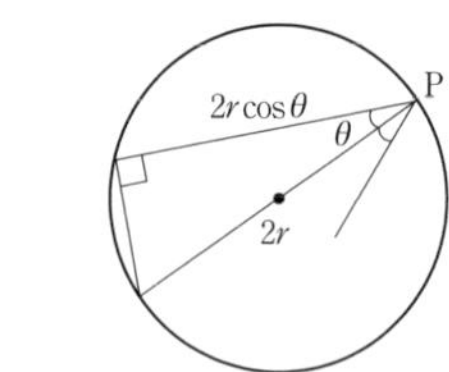

図より，点Pで衝突して次に器壁に衝突するまでの間に気体分子が進む距離は$2r\cos\theta$である。器壁に衝突してから次に器壁に衝突するまでの時間をtとすると

$$t=\frac{2r\cos\theta}{v}$$

となるので，1秒間あたりの衝突する回数は

$$\frac{1}{t}=\frac{1}{\frac{2r\cos\theta}{v}}=\frac{v}{2r\cos\theta}$$

となる。

(3) 気体分子と器壁との1回の衝突で，器壁に気体分子がおよぼす力積の大きさは，運動量変化と同じ大きさである。衝突回数をかけると，力積の総和となる。

$$2mv\cos\theta\times\frac{v}{2r\cos\theta}=\frac{mv^2}{r}$$

(4) 気体分子の総数はN個なので，(3)の結果にNをかける。

$$\frac{mv^2}{r}\times N=\frac{Nmv^2}{r}$$

(5) (4)で求めた単位時間あたりの力積の総和は，平均の力である。平均の力をFとすると，圧力pは

$$p=\frac{F}{4\pi r^2}=\frac{\frac{Nmv^2}{r}}{4\pi r^2}=\frac{Nmv^2}{4\pi r^3}$$

(6) 容器の体積をVとすると

$$V=\frac{4}{3}\pi r^3$$

より

$$4\pi r^3=3V$$

を(5)の結果に代入する。

$$p=\frac{Nmv^2}{4\pi r^3}=\frac{Nmv^2}{3V}$$

7 解答 (1) ② (2) ① (3) ①
(4) ①，②

解説 ①は定積変化，③は定圧変化である。

(1) 気体が仕事をするのは，体積が増加するときである。図の①～③の中では，②の等温変化のみがあてはまる。

(2) 温度が上がるのは，p-Vグラフで，外側の双曲線に移るときなので，①。

(3) 気体の内部エネルギーが増加するのは，温度が上がるときなので，(2)と同じになる。よって，①となる。

(4) 気体が外部から熱を吸収すると，同じ体積であれば，①のように圧力が上がる。また，②のように，同じ温度で圧力が減り，体積が増す場合にも外部から熱を吸収する。

POINT

気体の内部エネルギーは，温度が高くなるほど大きくなり，温度が低くなるほど小さくなる。

8 解答 (1) $(Q-4p_0V_0)$〔J〕
(2) W〔J〕 (3) $(Q-4p_0V_0)$〔J〕

解説 (1) A→Bの過程は定圧変化である。このとき，気体は膨張するので外部に仕事W'〔J〕をする。

$$W'=p\Delta V=p_0(5V_0-V_0)$$
$$=4p_0V_0$$

熱力学の第1法則$\Delta U=Q+W$に代入して

$$\Delta U=Q-W'=Q-4p_0V_0$$

(2) B→Cの過程は等温変化なので$\Delta U=0$である。外部から気体にされた仕事がW〔J〕なので，熱力学の第1法則より

$$0=Q+W$$
$$Q=-W$$

となり，気体はW〔J〕の熱を放出する。

(3) 状態A，B，Cでの内部エネルギーをそれぞれ，U_A〔J〕，U_B〔J〕，U_C〔J〕とする。

(1)の結果より，A→Bの過程について

$$U_B-U_A=Q-4p_0V_0$$

である。また，B→Cの過程は等温変化なので

$$U_C-U_B=0$$

より

$$U_C=U_B$$

C→Aの過程は定積変化である。内部エネルギーの変化量は

$$U_A-U_C=U_B-(Q-4p_0V_0)-U_B$$
$$=-(Q-4p_0V_0)\quad\cdots\cdots①$$

となる。この過程では気体は仕事をしないので，外から気体に加えた熱量をQ'〔J〕とすると，熱力学の第1法則より

$$U_A-U_C=Q'$$
となり，①式を代入して
$$Q'=-(Q-4p_0V_0)$$
となる。よって，気体が放出した熱量は$(Q-4p_0V_0)$〔J〕となる。

9 解答 (1)　29 K　(2)　21 J/(mol・K)
(3)　2.4×10^2 J　(4)　3.6×10^2 J
(5)　12 J/(mol・K)

解説 (1)　0℃，1.0×10^5 Pa は標準状態なので，気体の体積は 2.24×10^{-2} m³ である。

温度が ΔT〔K〕上昇したとすると，シャルルの法則　$\dfrac{V}{T}=$一定　より
$$\frac{2.24\times10^{-2}\,\text{m}^3}{(273+0)\text{K}}=\frac{2.24\times10^{-2}\,\text{m}^3+3.0\times10^{-2}\,\text{m}^2\times8.0\times10^{-2}\,\text{m}}{273\,\text{K}+\Delta T}$$
$$\Delta T=29.2\,\text{K}$$
(2)　定圧モル比熱を C_p〔J/(mol・K)〕とすると
$$C_p=\frac{Q}{n\Delta T}=\frac{6.0\times10^2\,\text{J}}{1.0\,\text{mol}\times29.2\,\text{K}}=20.5\,\text{J/(mol・K)}$$
(3)　気体が外部にした仕事 W〔J〕は
$$W=p\Delta V=1.0\times10^5\,\text{Pa}\times3.0\times10^{-2}\,\text{m}^2\times8.0\times10^{-2}\,\text{m}=2.4\times10^2\,\text{J}$$
(4)　熱力学の第1法則より
$$\Delta U=Q-p\Delta V=6.0\times10^2\,\text{J}-2.4\times10^2\,\text{J}=3.6\times10^2\,\text{J}$$
(5)　定積モル比熱を C_V〔J/(mol・K)〕とすると
$$C_V=\frac{Q}{n\Delta T}=\frac{\Delta U}{n\Delta T}=\frac{3.6\times10^2\,\text{J}}{1.0\,\text{mol}\times29.2\,\text{K}}=12.3\,\text{J/(mol・K)}$$

10 解答 (1)　解説のグラフの通り
(2)　1.0×10^7 J　(3)　2.0×10^7 J

解説 (1)　①の過程は定圧変化なので，シャルルの法則より変化後の体積 V〔m³〕を求める。
$$\frac{100\,\text{m}^3}{(273+27)\text{K}}=\frac{V}{(273+327)\text{K}}$$
$$V=200\,\text{m}^3$$
②の過程は定積変化である。ボイル・シャルルの法則より，変化後の圧力 p〔Pa〕を求める。
$$\frac{2.0\times10^5\,\text{Pa}\times200\,\text{m}^3}{(273+327)\text{K}}=\frac{p\times200\,\text{m}^3}{(273+27)\text{K}}$$
$$p=1.0\times10^5\,\text{Pa}$$
③の過程は定圧変化なので，①と同様に体積 V'〔m³〕を求める。
$$\frac{200\,\text{m}^3}{(273+27)\text{K}}=\frac{V'}{(273+(-123))\text{K}}$$
$$V'=100\,\text{m}^3$$
④の過程は定積変化なので，②と同様に変化後の圧力 p'〔Pa〕を求める。
$$\frac{1.0\times10^5\,\text{Pa}\times100\,\text{m}^3}{(273+(-123))\text{K}}=\frac{p'\times100\,\text{m}^3}{(273+27)\text{K}}$$
$$p'=2.0\times10^5\,\text{Pa}$$
①～④の過程を p-V グラフにかく。

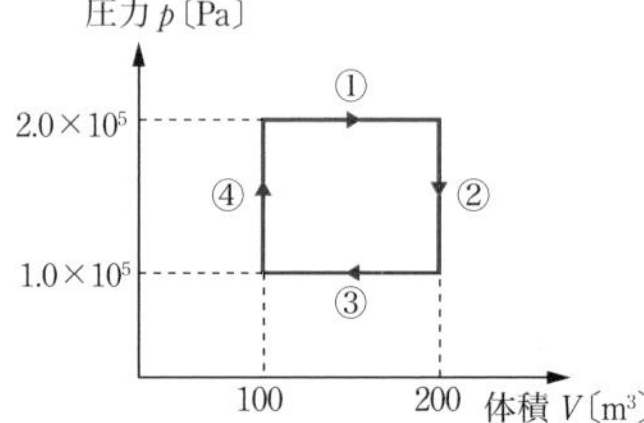

(2)　気体が外部から仕事をされる過程は③である。仕事を W〔J〕とすると
$$W=-p\Delta V=-1.0\times10^5\,\text{Pa}\times(100-200)\text{m}^3=1.0\times10^7\,\text{J}$$
(3)　気体が外部に仕事をする過程は①である。仕事を W'〔J〕とすると
$$W'=p\Delta V=2.0\times10^5\,\text{Pa}\times(200-100)\text{m}^3$$

$=2.0\times10^{7}\ \mathrm{J}$

11 解答 (1)　$6.6\times10^{-3}\ \mathrm{m^3}$

(2)　90 N　(3)　$1.5\times10^{5}\ \mathrm{Pa}$

(4)　$6.9\times10^{-3}\ \mathrm{m^3}$　(5)　$6.1\times10^{2}\ \mathrm{K}$

(6)　$5.1\times10^{2}\ \mathrm{J}$

解説 (1)　加熱する前の気体の体積をV_0〔$\mathrm{m^3}$〕とすると，理想気体の状態方程式より

$$V_0=\frac{nRT}{p}$$
$$=\frac{0.20\ \mathrm{mol}\times8.3\ \mathrm{J/(mol\cdot K)}\times400\ \mathrm{K}}{1.0\times10^{5}\ \mathrm{Pa}}$$
$$=6.64\times10^{-3}\ \mathrm{m^3}$$

(2)　弾性力をF〔N〕とすると，フックの法則$F=kx$より

$$F=6.0\times10^{2}\ \mathrm{N/m}\times0.15\ \mathrm{m}=90\ \mathrm{N}$$

(3)　膨張した後の気体の圧力p〔Pa〕は，大気圧p_0〔Pa〕と弾性力による圧力の和となる。

$$p=p_0+\frac{F}{S}$$
$$=1.0\times10^{5}\ \mathrm{Pa}+\frac{90\ \mathrm{N}}{2.0\times10^{-3}\ \mathrm{m^2}}$$
$$=1.45\times10^{5}\ \mathrm{Pa}$$

(4)　膨張後の気体の体積V〔$\mathrm{m^3}$〕は

$$V=V_0+S\Delta x$$
$$=6.64\times10^{-3}\ \mathrm{m^3}$$
$$+2.0\times10^{-3}\ \mathrm{m^2}\times0.15\ \mathrm{m}$$
$$=6.94\times10^{-3}\ \mathrm{m^3}$$

(5)　気体の温度がT〔K〕になるとすると，理想気体の状態方程式より

$$T=\frac{pV}{nR}$$
$$=\frac{1.45\times10^{5}\ \mathrm{Pa}\times6.94\times10^{-3}\ \mathrm{m^3}}{0.20\ \mathrm{mol}\times8.3\ \mathrm{J/(mol\cdot K)}}$$
$$=6.06\times10^{2}\ \mathrm{K}$$

(6)　内部エネルギーの変化量をΔU〔J〕とすると

$$\Delta U=\frac{3}{2}nR\Delta T$$
$$=\frac{3}{2}\times0.20\ \mathrm{mol}\times8.3\ \mathrm{J/(mol\cdot K)}$$
$$\times(606-400)\ \mathrm{K}$$
$$=5.12\times10^{2}\ \mathrm{J}$$

第3部 **音と光**

定期テスト対策問題 3 p.428-432

1 解答 ① 回折 ② 大きい
③ ホイヘンスの原理 ④ 差
⑤ 偶数倍

解説 (1) 波が障害物の背後に回り込んで進む現象のことを回折という。回折は，障害物の大きさに対して波の波長が大きいほどはっきりと現れる。波の回折や屈折，反射といった波動特有の進み方はホイヘンスの原理によって説明される。

(2) 2つの波源が同位相で振動している場合，ある点の干渉条件は，2つの波源からの距離の差を計算し，それが半波長の偶数倍であるときに強め合う。半波長の奇数倍であるときには弱め合う。

2 解答 (1) 1.0 s (2) 2.0 s (3) 1.0 m
(4) 8.0 s
(5) $y=0.50\ \mathrm{m}\times\sin 2\pi\left(\dfrac{t}{2.0\ \mathrm{s}}-4.0\right)$
(6) 解説の図の通り

解説 (1) $t=0$ で原点を出発し，y 方向正の向きに進む単振動する物体の変位は

$y=A\sin\omega t=A\sin\dfrac{2\pi}{T}t$ で表される。

これと問題文の変位の式を比較すると，$\omega=\pi$ となる。変位が0になるのは，周期を T とすると，$\dfrac{T}{2}$ ごとである。

$T=\dfrac{2\pi}{\omega}$ より

$$\frac{T}{2}=\frac{1}{2}\times\frac{2\pi}{\omega}=\frac{1}{2}\times\frac{2\pi}{\pi}=1.0\ \mathrm{s}$$

(2) (1)より周期は，2 s である。

(3) 波の基本式 $v=\dfrac{\lambda}{T}=f\lambda$ より

$$\lambda=vT=0.50\ \mathrm{m/s}\times2.0\ \mathrm{s}=1.0\ \mathrm{m}$$

(4) $x=4.0$ m の位置に届くのは

$$t=\frac{x}{v}=\frac{4.0\ \mathrm{m}}{0.50\ \mathrm{m/s}}=8.0\ \mathrm{s}$$

(5) 位置 x の変位は

$y=A\sin\dfrac{2\pi}{T}\left(t-\dfrac{x}{v}\right)$ となる。よって

$$y=0.50\ \mathrm{m}\times\sin\frac{2\pi}{2.0\ \mathrm{s}}(t-8.0\ \mathrm{s})$$
$$=0.50\ \mathrm{m}\times\sin 2\pi\left(\frac{t}{2.0\ \mathrm{s}}-4.0\right)$$

(6) $t=2.0$ s を $y=A\sin\dfrac{2\pi}{T}\left(t-\dfrac{x}{v}\right)$ に代入すると

$$y=0.50\ \mathrm{m}\times\sin\frac{2\pi}{2.0\ \mathrm{s}}\left(2.0\ \mathrm{s}-\frac{x}{0.50\ \mathrm{m/s}}\right)$$
$$=-0.50\ \mathrm{m}\times\sin\left(2\pi\frac{x}{1.0\ \mathrm{m}}-2.0\pi\right)$$

したがって，図のようになる。

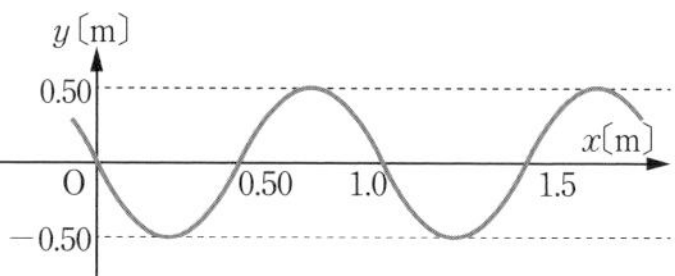

3 解答 (1) 解説の図の通り
(2) 速さ：v，波長：λ，振動数：f
(3) 解説の図の通り
(4) 速さ：$\dfrac{v}{\sqrt{3}}$，波長：$\dfrac{\lambda}{\sqrt{3}}$，振動数：$f$

解説 (1) 入射波の波面は進行方向と直交するから，入射角は60°，反射角も60°になる。反射波の波面は反射波の進行方向と直交するから，反射波の波面と境界面との角は60°になる。反射波の位相は π 変化するので，反射波の山の波面はa～gの各点の中点から発生する。

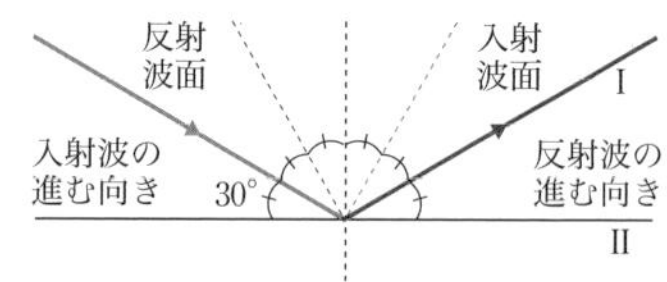

よって，答えは次の図の赤線のようになる。

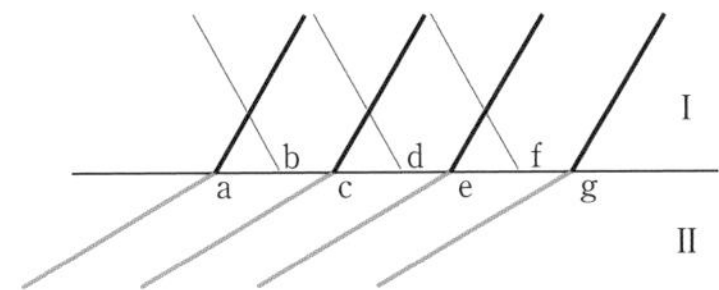

(2) 反射による速さ，波長，振動数の変化はない。

よって，速さ v，波長 λ，振動数 f となる。

(3) 屈折の法則より

$$\frac{\sin i}{\sin r}=\sqrt{3}$$

$i=60°$ より

$$\sin r=\frac{\sin 60°}{\sqrt{3}}=\frac{1}{2}$$

よって　　$r=30°$

屈折角が30°だから，これと直交する波面と境界面との角は30°である。

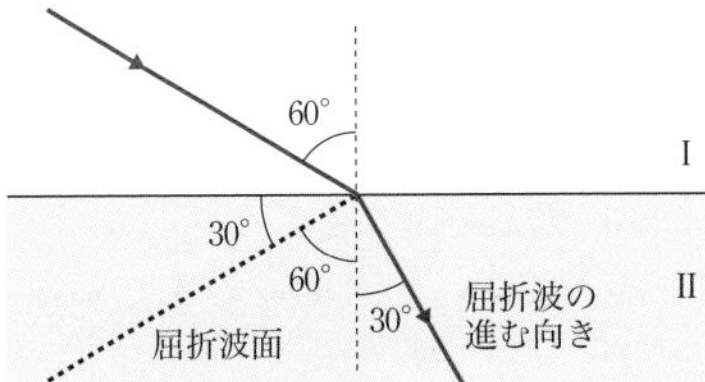

屈折波は位相が変化しないので，a，c，e，g の各点から波面をかく。よって，答えは(1)の図の緑線のようになる。

(4) 屈折波の速さを v'，波長を λ' とすると，屈折の法則より

$$\sqrt{3}=\frac{v}{v'}=\frac{\lambda}{\lambda'}$$

となる。したがって，$v'=\dfrac{v}{\sqrt{3}}$，$\lambda'=\dfrac{\lambda}{\sqrt{3}}$，振動数は変化しないので f である。

POINT

波の進む向きと波面は直交する

4 解答 (1)　1.50×10^3 m/s　(2)　3.00 m

(3)　0.537

解説 屈折の法則を用いる。なお，媒質が異なっても振動数は変化しない。

(1) 空気中の音速は340 m/s なので，屈折の法則 $n=\dfrac{v_1}{v_2}$ より

$$0.227=\frac{340\ \text{m/s}}{v_2}$$

したがって

$$v_2=\frac{340\ \text{m/s}}{0.227}\fallingdotseq 1498\ \text{m/s}$$
$$\fallingdotseq 1.50\times10^3\ \text{m/s}$$

(2) 振動数は500 Hz である。したがって

$$\lambda_2=\frac{1498\ \text{m/s}}{f}=\frac{1498\ \text{m/s}}{500\ \text{Hz}}$$
$$=2.996\ \text{m}\fallingdotseq 3.00\ \text{m}$$

(3) 屈折の法則 $n=\dfrac{\sin i}{\sin r}$ より

$$0.227=\frac{\sin 7°}{\sin r}=\frac{0.122}{\sin r}$$

したがって

$$\sin r=\frac{0.122}{0.227}=0.5374\fallingdotseq 0.537$$

5 解答 (1)　0.310 m　(2)　1.16×10^3 Hz

解説 (1)　$\lambda=\dfrac{V-v_S}{f_0}$ の式を用いる。

$(V-v_S)$ の中に f_0 個の波があるから

$$\lambda=\frac{V-v_S}{f_0}=\frac{340\ \text{m/s}-30\ \text{m/s}}{1000\ \text{Hz}}$$
$$=0.31\ \text{m}$$

(2)　$f=\dfrac{V-v_O}{V-v_S}f_0$ の式を用いる。(v_O，v_S は O に対する音速の向きを正とする)

$v_S=30$ m/s，$v_O=-20$ m/s なので

$$f=\frac{V-v_O}{V-v_S}f_0$$
$$=\frac{340\ \text{m/s}-(-20\ \text{m/s})}{340\ \text{m/s}-30\ \text{m/s}}\times1000\ \text{Hz}$$
$$\fallingdotseq 1161\ \text{Hz}$$

6 解答 (1)　0.325 m，1.05×10^3 Hz

(2)　0.340 m，1000 Hz

(3)　0.355 m，958 Hz

解説

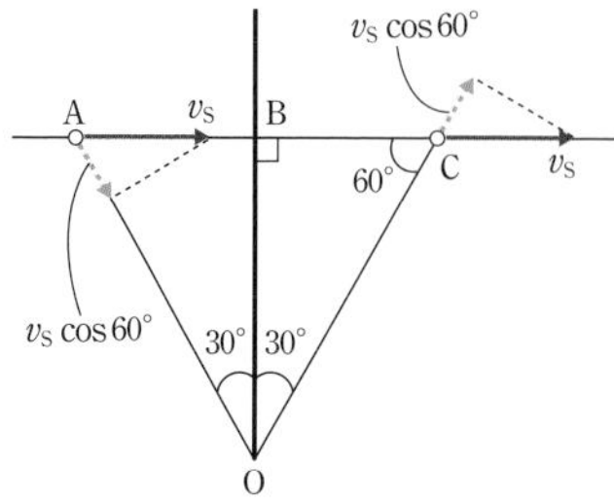

Aでは

$$v_S\cos 60° = 30\ \mathrm{m/s}\times\frac{1}{2}$$
$$= 15\ \mathrm{m/s}$$

でOに近づき，Cでは15 m/sでOから遠ざかっている。

(1) $\lambda = \dfrac{V - v_S\cos 60°}{f_0}$

$= \dfrac{340\ \mathrm{m/s} - 15\ \mathrm{m/s}}{1000\ \mathrm{Hz}}$

$= 0.325\ \mathrm{m} \fallingdotseq 0.33\ \mathrm{m}$

$f = \dfrac{V}{\lambda} = \dfrac{340\ \mathrm{m/s}}{0.325\ \mathrm{m}} \fallingdotseq 1046\ \mathrm{Hz}$

(2) BではB→O方向の速度成分はないから，波長も振動数も変わらない。

$\lambda = \dfrac{V}{f_0} = \dfrac{340\ \mathrm{m/s}}{1000\ \mathrm{Hz}}$

$= 0.34\ \mathrm{m},\ f = 1000\ \mathrm{Hz}$

(3) $\lambda = \dfrac{V + v_S\cos 60°}{f_0} = \dfrac{340\ \mathrm{m/s} + 15\ \mathrm{m/s}}{1000\ \mathrm{Hz}}$

$= 0.355\ \mathrm{m} \fallingdotseq 0.36\ \mathrm{m}$

$f = \dfrac{V}{\lambda} = \dfrac{340\ \mathrm{m/s}}{0.355\ \mathrm{m}} \fallingdotseq 958\ \mathrm{Hz}$

POINT

斜め方向のドップラー効果
速度の観測者方向成分を考える

7 解答 (1) 986 Hz (2) 1.02×10^3 Hz
(3) 29.4 回/s

解説 観測者Oに対する音速の向きを正にして，v_Sの符号を決める。

(1) この場合，$v_S = -5.0$ m/s なので

$f = 1000\ \mathrm{Hz}\times\dfrac{340\ \mathrm{m/s} - 0\ \mathrm{m/s}}{340\ \mathrm{m/s} - (-5.0\ \mathrm{m/s})}$

$\fallingdotseq 986\ \mathrm{Hz}$

(2) 壁に立つ観測者の聞く振動数をf'とすると，この場合，$v_S = +5.0$ m/s なので

$f' = 1000\ \mathrm{Hz}\times\dfrac{340\ \mathrm{m/s} - 0\ \mathrm{m/s}}{340\ \mathrm{m/s} - 5.0\ \mathrm{m/s}}$

$\fallingdotseq 1015\ \mathrm{Hz}$

(3) うなりの回数は振動数の差なので

$f' - f = 1015\ \mathrm{Hz} - 986\ \mathrm{Hz}$

$= 29$ 回/s

POINT

壁からの反射音
⇨壁に届く音の振動数に等しい

8 解答 (1) 2.0×10^8 m/s (2) 0.77 倍
(3) 0.87 (4) 0.87 (5) 1.5 cm

解説 屈折の法則を用いる。

(1) 屈折の法則 $n = \dfrac{c}{v}$ より

$v = \dfrac{c}{n} = \dfrac{3.0\times10^8\ \mathrm{m/s}}{1.5}$

$= 2.0\times10^8\ \mathrm{m/s}$

(2) 屈折の法則 $n = \dfrac{\lambda}{\lambda'}$ より

$\dfrac{\lambda'}{\lambda} = \dfrac{1}{n} = \dfrac{1}{1.3} = 0.77$ 倍

(3) ガラスの屈折率をn_1，水の屈折率をn_2とすると，ガラスに対する水の屈折率n_{12}は

$n_{12} = \dfrac{n_2}{n_1} = \dfrac{1.3}{1.5} = 0.87$

(4) 水での屈折角が90°になるときの入射角が臨界角である。

$n_{12} = 0.87 = \dfrac{\sin i_0}{\sin 90°}$

したがって　$\sin i_0 = 0.87$

(5) 光路長は屈折率と道のりの積で表される。

したがって

$nl = 1.5\times1.0\ \mathrm{cm} = 1.5\ \mathrm{cm}$

9 解答 (1)　レンズの右方 7.5 cm

(2)　実像　(3)　4.5 cm　(4)　1.5 cm

解説 レンズの式より考える。

(1)　レンズの式 $\frac{1}{a}+\frac{1}{b}=\frac{1}{f}$ に，

$a=5.0$ cm，$f=3.0$ cm を代入する。

$$\frac{1}{5.0\ \mathrm{cm}}+\frac{1}{b}=\frac{1}{3.0\ \mathrm{cm}}$$

これより

$$\frac{1}{b}=\frac{1}{3.0\ \mathrm{cm}}-\frac{1}{5.0\ \mathrm{cm}}=\frac{5.0-3.0}{15\ \mathrm{cm}}$$

$$=\frac{1}{7.5\ \mathrm{cm}}$$

よって　　$b=7.5$ cm

レンズの右方 7.5 cm の位置に像ができる。

(2)　(1)で求めた $b>0$ より，できる像は実像である。

(3)　像の倍率 m は

$$m=\left|\frac{b}{a}\right|=\frac{7.5\ \mathrm{cm}}{5.0\ \mathrm{cm}}=1.5\ 倍$$

である。したがって，3.0 cm の大きさの物体は，1.5×3.0 cm $=4.5$ cm の大きさになる。

(4)　倍率 2.0 倍で，虚像をつくるには

$$m=\left|\frac{b}{a}\right|=2.0$$

また，$b<0$ でなければならない。したがって，a と b の間には，$-\frac{b}{a}=2.0$，すなわち $b=-2.0a$ の関係がある。これとレンズの公式より

$$\frac{1}{a}+\frac{1}{-2.0a}=\frac{1}{3.0\ \mathrm{cm}}$$

したがって　　$\frac{1}{2.0a}=\frac{1}{3.0\ \mathrm{cm}}$

よって　　$a=1.5$ cm

10 解答 (1)　$d\sin\theta$　(2)　$\frac{x}{L}$

(3)　$\frac{mL\lambda}{d}$ $(m=0,\ 1,\ 2,\ \cdots\cdots)$

(4)　6.0×10^{-7} m

解説 2 つの光源からの道のりの差を考えて，干渉条件を求める。

(1)　スリット S_1，S_2 から点 P へ向かう光は平行光線と考えてよい。よって道のりの差 S_1P-S_2P は

$$S_1P-S_2P=d\sin\theta$$

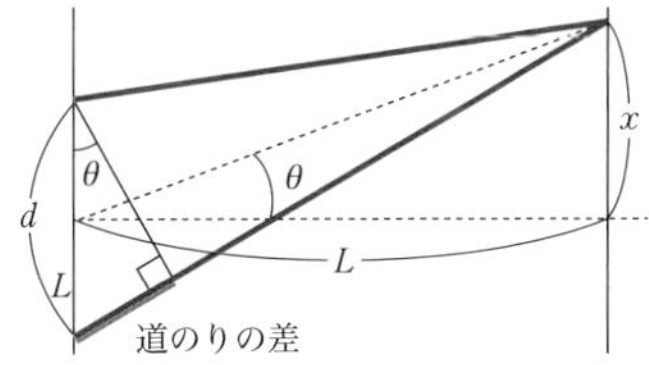

(2)　θ が小さいとき

$$\sin\theta\fallingdotseq\tan\theta=\frac{x}{L}$$

(3)　干渉条件は $d\sin\theta=d\frac{x}{L}=m\lambda$ となる。これを変形すると

$$x=\frac{mL\lambda}{d}\quad(m=0,\ 1,\ 2,\ \cdots\cdots)$$

(4)　$\Delta x=x_{m+1}-x_m$

$$=\frac{(m+1)L\lambda}{d}-\frac{mL\lambda}{d}$$

$$=\frac{L\lambda}{d}$$

よって

$$\lambda=\frac{d\Delta x}{L}$$

$$=\frac{0.60\times10^{-3}\ \mathrm{m}\times2.0\times10^{-3}\ \mathrm{m}}{2.0\ \mathrm{m}}$$

$$=6.0\times10^{-7}\ \mathrm{m}$$

11 解答 (1)　$d=2.80\times10^{-5}$ m

(2)　3.76×10^{-2} m

解説 回折格子の干渉条件を考える。

(1)　中心付近の明点の間隔については，$d\sin\theta=m\lambda$ $(m=0,\ 1,\ 2,\ \cdots\cdots)$ が成立する。

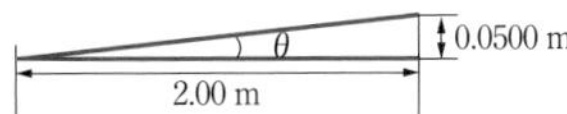

θ が非常に小さいので

$$\sin\theta\fallingdotseq\tan\theta=\frac{0.0500\ \mathrm{m}}{2.00\ \mathrm{m}}=0.0250$$

と近似することができる。

したがって，$m=1$，$\lambda=7.00\times10^{-7}$ m を代入すると

$$d\times0.0250=1\times7.00\times10^{-7}\ \text{m}$$

$$d=2.8\times10^{-5}\ \text{m}$$

(2) 屈折率を n とすると，水中での波長は $\dfrac{\lambda}{n}$ となる。したがって，水中での明点の間隔を x とすると

$$2.80\times10^{-5}\ \text{m}\times\frac{x}{2.00\ \text{m}}$$

$$=1\times\frac{7.00\times10^{-7}\ \text{m}}{1.33}$$

これより

$$x=3.759\times10^{-2}\ \text{m}\fallingdotseq3.76\times10^{-2}\ \text{m}$$

12 解答 (1) $n=\dfrac{\sin i}{\sin r}$ (2) $2d\cos r$

(3) $2d\cos r=\dfrac{1}{2}\times\dfrac{\lambda}{n}\times2m$

($m=1$, 2, 3, ……)

(4) 9.8×10^{-8} m

解説 薄膜干渉の条件を考える。反射光の位相変化を考慮する。

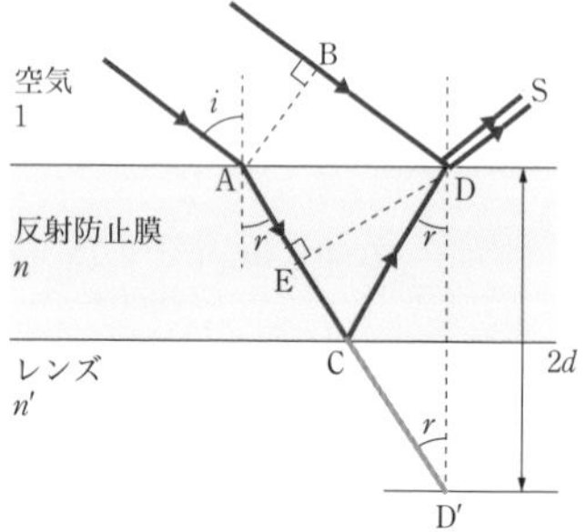

(1) 屈折の法則より $n=\dfrac{\sin i}{\sin r}$

(2) EC＋CD が経路差になる。

CD＝CD′より

$$\text{ED}'=2d\cos r$$

(3) 反射による位相変化を考慮する。

$1<n<n'$ なので，空気から反射防止膜に進もうとする光が反射する際には位相が π rad 変化し，反射防止膜からレンズに進もうとする光が反射する際にも位相は π rad 変化する。

また，屈折率 n の反射防止膜中では光の波長は $\dfrac{\lambda}{n}$ である。したがって，強め合う条件は

$$2d\cos r=\frac{1}{2}\times\frac{\lambda}{n}\times2m$$

($m=1$, 2, 3, ……)

注意 ここで，$m=0$ の場合，膜の厚さが 0 となるので不適である。

(4) 弱め合う条件は

$$2d\cos r=\frac{1}{2}\times\frac{\lambda}{n}\times(2m-1)$$

($m=1$, 2, 3, ……)

である。垂直に入射するので，$r=0°$ である。また，最小なので $m=1$ を代入する。

$$2d\cos0°=\frac{1}{2}\times\frac{5.5\times10^{-7}\ \text{m}}{1.40}\times1$$

$$d=\frac{5.5\times10^{-7}\ \text{m}}{4\times1.40}=9.8\times10^{-8}\ \text{m}$$

POINT

反射による位相変化

屈折率が小さい物質から大きい物質における反射で位相は πrad 変化する

第4部 電場と磁場

定期テスト対策問題 4 p.569-572

1 解答 x 軸正の向きに $\dfrac{k_0Q}{4a^2}$

解説

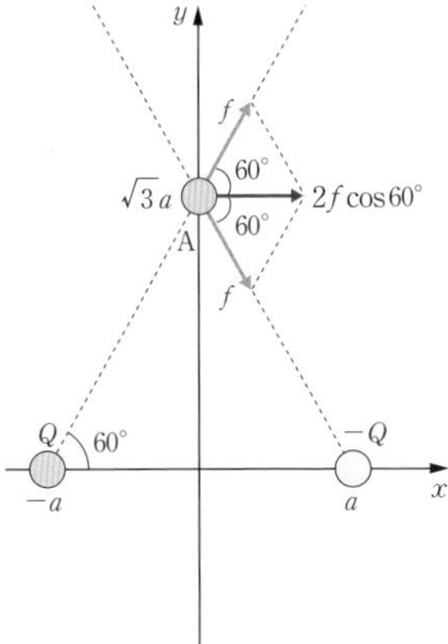

点Aに電荷 $q(q>0)$ を置いたとき，電荷 q は Q，$-Q$ の電荷より，等しい大きさ f の力をそれぞれ図の向きに受ける。電荷間の距離は $2a$ なので

$$f=k_0\frac{qQ}{(2a)^2}$$

である。したがって，電荷 q は

$$F=2f\cos60°$$

の合力を x 軸正の向きに受ける。

電場の大きさ E は，単位電荷あたりの受ける力の大きさなので

$$E=\frac{F}{q}$$
$$=\frac{1}{q}\cdot2k_0\frac{qQ}{(2a)^2}\cos60°$$
$$=\frac{k_0Q}{4a^2}$$

2 解答 (1) $\varepsilon_0\dfrac{S}{d}$ (2) $\varepsilon_0\dfrac{SV}{d}$

(3) C/(V•m) (4) $\dfrac{V}{d}$ (5) $\dfrac{\varepsilon_0SV^2}{2d}$

(6) $\varepsilon\dfrac{S}{d}$ (7) $\dfrac{V}{d}$ (8) $(\varepsilon-\varepsilon_0)\dfrac{SV}{d}$

(9) $(\varepsilon-\varepsilon_0)\dfrac{SV^2}{2d}$ (10) $(\varepsilon-\varepsilon_0)\dfrac{SV^2}{d}$

(11) $-(\varepsilon-\varepsilon_0)\dfrac{SV^2}{2d}$

解説 (1) 平行平板コンデンサーの電気容量の関係式より，電気容量 C_0 は

$$C_0=\varepsilon_0\frac{S}{d}$$

(2) 電気量 Q_0，電気容量 C_0，電圧 V の関係式より

$$Q_0=C_0V=\varepsilon_0\frac{SV}{d}$$

(3) $\varepsilon_0=\dfrac{Q_0d}{SV}$ の関係より

$$\frac{Q_0〔\mathrm{C}〕d〔\mathrm{m}〕}{S〔\mathrm{m}^2〕V〔\mathrm{V}〕}=\varepsilon_0〔\mathrm{C/(V\cdot m)}〕$$

(4) V，d を用いれば極板間の電場 E_0 は

$$E_0=\frac{V}{d}$$

である。あるいは ε_0，S，Q_0 を用いて

$$E_0=\frac{Q_0}{\varepsilon_0S}$$

であるが，(2)の Q_0 を代入して，上式を得る。

(5) 静電エネルギーの関係式より

$$\frac{1}{2}C_0V^2$$

(1)の C_0 を代入して

$$\frac{1}{2}\varepsilon_0\frac{S}{d}V^2$$

(6) 平行平板コンデンサーの電気容量の関係式より，電気容量 C は

$$C=\varepsilon\frac{S}{d}$$

(7) 誘電体が挿入されても極板間の電圧，極板間距離は変わらないので，電場 E は

$$E=\frac{V}{d}$$

すなわち　$E_0=E$

(8)　このときたくわえられている電気量は(2)の ε_0 を ε に置き換えたものになるので

$$Q=CV=\varepsilon\frac{SV}{d}$$

したがって，極板に流入した電気量 ΔQ は

$$\Delta Q=Q-Q_0$$
$$=(\varepsilon-\varepsilon_0)\frac{SV}{d}$$

(9)　静電エネルギーは(5)の ε_0 を ε に置き換えたものになるので

$$\frac{\varepsilon SV^2}{2d}$$

したがって，静電エネルギーの増加量は

$$\frac{\varepsilon SV^2}{2d}-\frac{\varepsilon_0 SV^2}{2d}=(\varepsilon-\varepsilon_0)\frac{SV^2}{2d}$$

(10)　電池がした仕事 W_C は

$$W_C=\Delta Q\cdot V$$
$$=(\varepsilon-\varepsilon_0)\frac{SV^2}{d}$$

(11)　エネルギーと仕事の間に次の関係が成り立つ。

(コンデンサーのエネルギーの変化量)＝(電池がした仕事)＋(外力がした仕事)

したがって，外力がした仕事を W_E とすると

$$(\varepsilon-\varepsilon_0)\frac{SV^2}{2d}=W_C+W_E$$

(10)の W_C を代入して整理すると

$$W_E=-(\varepsilon-\varepsilon_0)\frac{SV^2}{2d}$$

つまり，外力は負の仕事をする。誘電体はコンデンサーに引き込まれる。

3 **解答** (1)　0.60 A　(2)　2.4 W
(3)　6.5×10^2 J

解説 (1)　豆電球両端の電圧を V とすると，10 Ω の抵抗にかかる電圧は $10-V$ だから，オームの法則により

$$10-V=10\times I \quad \cdots\cdots①$$

ただし，I は抵抗と豆電球を流れる電流である。一方，豆電球について I と V は与えられたグラフに示される関係を満たすので，①とグラフを同時に満たす I と V が解となる。①の直線をグラフに記入して交点の目盛りを読めば

$$I=0.60 \text{ A}$$

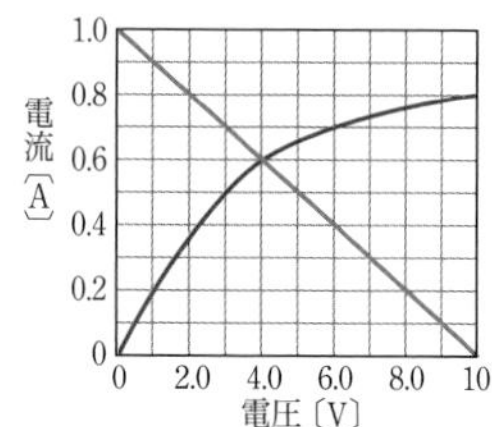

(2)　(1)のグラフより

$$I=0.60 \text{ A},\ V=4.0 \text{ V}$$

だから

$$P=IV$$
$$=0.60 \text{ A}\times4.0 \text{ V}$$
$$=2.4 \text{ W}$$

(3)　同様に，抵抗の電力は

$$P=I^2R$$
$$=(0.60)^2\times10\ \Omega$$
$$=3.6 \text{ W}$$

したがって，ジュール熱 Q〔J〕は

$$Q=3.6 \text{ W}\times(3\times60)\text{S}$$
$$\fallingdotseq 6.5\times10^2 \text{ J}$$

4 **解答** I_1：1.0×10^{-2} A，I_2：1.5×10^{-2} A

解説 20 Ω の抵抗を左から右に通過する電流は，キルヒホッフの第1法則から，I_1+I_2 となる。経路 a についてキルヒホッフの第2法則を用いて

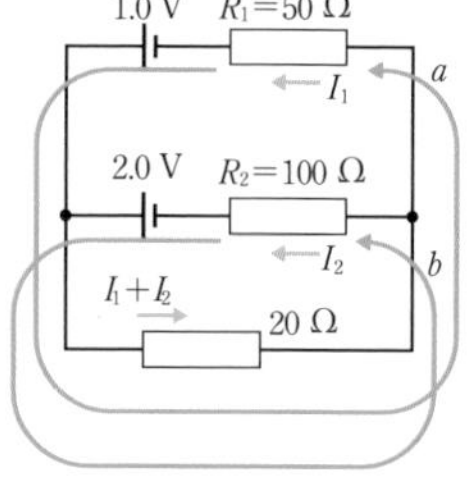

$$1.0=20(I_1+I_2)+50I_1 \quad \cdots\cdots①$$

また，経路 b については

$$2.0=20(I_1+I_2)+100I_2 \quad \cdots\cdots②$$

連立方程式①，②を解いて

$$I_1=0.010 \text{ A} \qquad I_2=0.015 \text{ A}$$

5 解答 (1)　0.10 A　(2)　240 Ω

(3)　$R_1 = 80\ \Omega$, $R_2 = 160\ \Omega$

解説 (1)　XY 間の抵抗 120 Ω に 12 V の電池が接続してあるので，オームの法則より電流は

$$I = \frac{12\ \text{V}}{120\ \Omega} = 0.10\ \text{A}$$

(2)　$R_1 + R_2 = R$，全体の合成抵抗を R' とすると

$$\frac{1}{R'} = \frac{1}{R} + \frac{1}{120\ \Omega}$$

また，R' に 150 mA の電流が流れるのだから，オームの法則より

$$0.15\ \text{A} = \frac{12\ \text{V}}{R'}$$

よって　　$R' = 80\ \Omega$

$$\frac{1}{R} = \frac{1}{80\ \Omega} - \frac{1}{120\ \Omega} = \frac{1}{240\ \Omega}$$

$$R = 240\ \Omega$$

(3)　ホイートストンブリッジ回路の関係より

$$\frac{\overline{\text{XZ}}}{\overline{\text{ZY}}} = \frac{R_1}{R_2}$$

題意より

$$\frac{\overline{\text{XZ}}}{\overline{\text{ZY}}} = \frac{1}{2}$$

であるから

$$\frac{R_1}{R_2} = \frac{1}{2} \qquad \cdots\cdots①$$

また，(2)の結果より

$$R_1 + R_2 = 240\ \Omega \quad \cdots\cdots②$$

である。①，②より

$$R_1 = 80\ \Omega,\ R_2 = 160\ \Omega$$

6 解答 (1)　Q → P　(2)　$mg\tan\theta$

(3)　$\dfrac{mg\tan\theta}{Bl}$

解説 (1)　導体棒に図の向きに力 F がはたらけば，力がつり合うことができる。フレミングの左手の法則により，このとき流れる電流は Q → P の向きである。

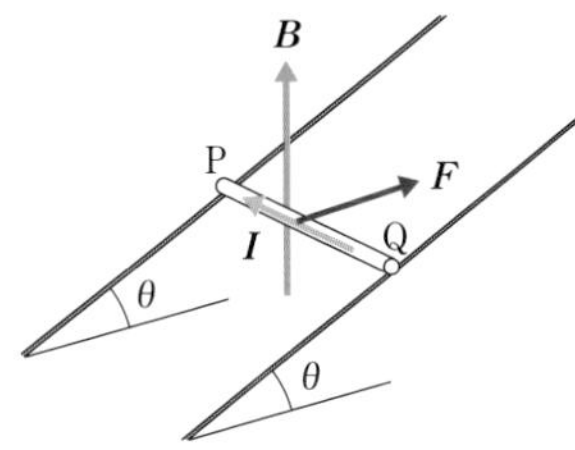

(2)　電流が磁場から受ける力を F とすると，重力 mg，垂直抗力 N との力のつり合いの関係より

$$\tan\theta = \frac{F}{mg}$$

よって

$$F = mg\tan\theta$$

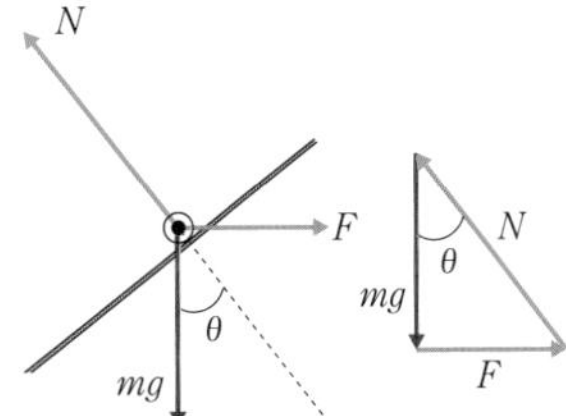

(3)　導体棒を流れる電流を I とすると，電流が磁場から受ける力の大きさ F は

$$F = IBl$$

これが(2)の力 F となるので

$$IBl = mg\tan\theta$$

よって

$$I = \frac{mg\tan\theta}{Bl}$$

7 解答 直線導線の向きに $\dfrac{\mu_0 I_1 I_2}{4\pi}$

解説 正方形の導線の各辺を流れる電流 I_2 が，電流 I_1 のつくる磁場から受ける力を求める。

辺 BA が受ける力 F_{BA}：

この場所に電流 I_1 のつくる磁場 H_1 は

$$H_1 = \frac{I_1}{2\pi r}$$

なので

$$F_{\text{BA}} = \mu_0 I_2 H_1 r = \frac{\mu_0 I_1 I_2}{2\pi}$$

向きは図のように直線導線に向かう向き。

辺 DC が受ける力 F_{DC}：

この場所に電流 I_1 のつくる磁場 H_1' は

$$H_1' = \frac{I_1}{4\pi r}$$

なので

$$F_{DC} = \mu_0 I_2 H_1' r = \frac{\mu_0 I_1 I_2}{4\pi}$$

向きは図のように直線導線から遠ざかる向き。

辺 AD，CB が受ける力 F_{AD}，F_{CB}：

これらの力は上向き，下向きである。大きさは等しいので，その合力は 0 になる。

以上より，正方形導線を流れる電流 I_2 が受ける合力は，直線導線に向かう向きに

$$F_{BA} - F_{DC} = \frac{\mu_0 I_1 I_2}{2\pi} - \frac{\mu_0 I_1 I_2}{4\pi} = \frac{\mu_0 I_1 I_2}{4\pi}$$

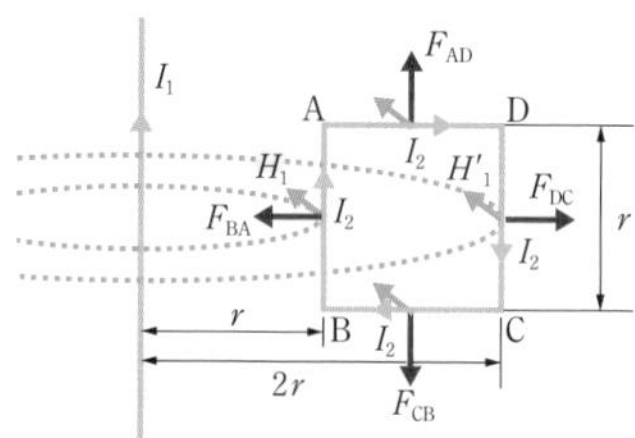

8 解答 (1) E (2) $|Ir-E|$

(3) 解説のグラフの通り (4) $\frac{E}{r}(r+R)$

解説 (1) スイッチを入れたときに抵抗 r を流れる電流を I，コイルで生じる誘導起電力を V_L とする。図の閉回路Cにキルヒホッフの第 2 法則を適用すると，起電力の合計は $E+V_L$，電圧降下は Ir であるから

$$E + V_L = Ir$$

が成り立つ。

スイッチを入れた瞬間は，$I=0$ であるから

$$V_L = -E$$

となり，誘導起電力の大きさは E となる。

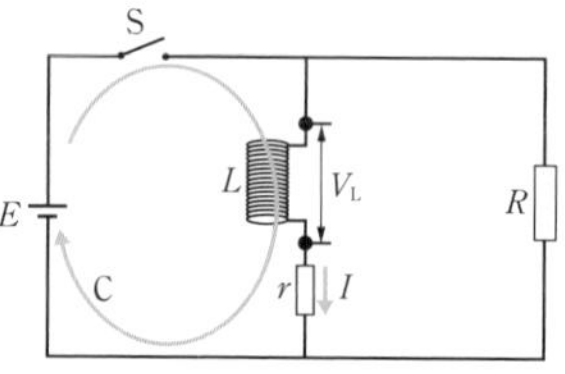

(2) 抵抗 r を流れる電流が I の瞬間には

$$E + V_L = Ir$$

より

$$V_L = Ir - E$$

である。大きさであるから，絶対値をとって $|Ir-E|$

(3) 時間 Δt の間に電流が ΔI 変化したとすれば，ファラデーの電磁誘導の法則により

$$V_L = -L\frac{\Delta I}{\Delta t}$$

である。これを(2)の関係に代入して

$$-L\frac{\Delta I}{\Delta t} = Ir - E$$

よって

$$\frac{\Delta I}{\Delta t} = -\frac{Ir}{L} + \frac{E}{L}$$

を得る。ところで，$\frac{\Delta I}{\Delta t}$ は I-t グラフの傾きである。スイッチ S を入れた瞬間を $t=0$ とすると，$t=0$ のとき $I=0$ であるから，I は傾き

$$\frac{\Delta I}{\Delta t} = \frac{E}{L}$$

で立ち上がる。その後，電流が徐々に増加し，I になった瞬間には

$$\frac{\Delta I}{\Delta t} = -\frac{Ir}{L} + \frac{E}{L}$$

となる。明らかに傾きは $\frac{E}{L}$ より減少している。その後さらに I が増加していくと，やがて傾きは 0 になる。

$$\frac{\Delta I}{\Delta t} = 0$$

このとき流れる電流をI_0とすると

$$-I_0 r+E=0$$

$$I_0=\frac{E}{r}$$

となる。以上より，I-t グラフは図のようになる。

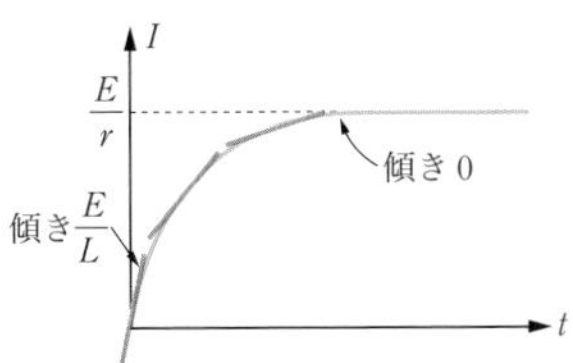

(4) スイッチSを切った瞬間に発生するコイルの誘導起電力をV_L'とする。図の閉回路C'にキルヒホッフの第2法則を適用すると

$$V_L'=Ir+IR$$

である。切った瞬間に流れている電流は(3)の$I_0=\frac{E}{r}$だから

$$V_L'=\frac{E}{r}(r+R)$$

となる。

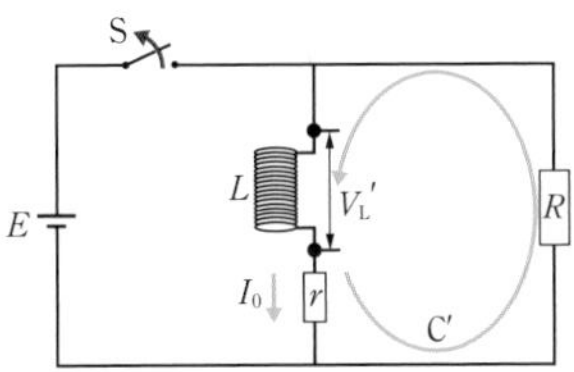

9 解答 (1) $\frac{vBl}{R}$ (2) 左向きに$\frac{v(Bl)^2}{R}$

(3) $\frac{mgR}{(Bl)^2}$ (4) $\frac{(v_0Bl)^2}{R}$

解説 (1) 導体棒が右向きに速度vで運動しているとき，閉回路abcdには図の向きに誘導電流Iが流れる。誘導起電力は$E=vBl$であるから

$$I=\frac{E}{R}=\frac{vBl}{R}$$

である。

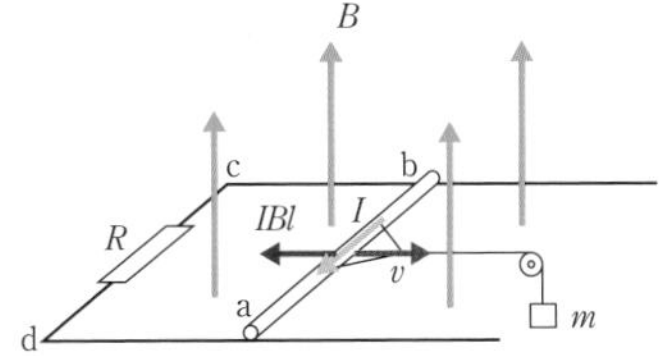

(2) 電流Iが磁場から受ける力の大きさfは

$$f=IBl=\frac{v(Bl)^2}{R}$$

向きは左向きである。

(3) 導体棒が速度v_0で運動しているとき，棒を流れる電流が受ける力は

$$\frac{v_0(Bl)^2}{R}$$

である。速度v_0は一定なので，棒が受ける合力は0になる。

$$mg=\frac{v_0(Bl)^2}{R}$$

よって

$$v_0=\frac{mgR}{(Bl)^2}$$

(4) 抵抗で単位時間あたりに発生するジュール熱は，抵抗での消費電力$P=I^2R$である。

$$P=\left(\frac{v_0Bl}{R}\right)^2 R$$

$$=\frac{(v_0Bl)^2}{R}$$

10 解答 (1) $\dfrac{R}{2\pi L}$ (2) $\dfrac{V_e}{\sqrt{2}R}$

解説 (1) 抵抗とコイルを流れる電流は共通なので，電流ベクトル $\vec{I}$ を図のようにかくと，抵抗の電圧ベクトル $\vec{V_R}$ は $\vec{I}$ と同じ向き，$\vec{V_L}$ は $\vec{I}$ に対して位相が $\dfrac{\pi}{2}$ 進んだ向きになる。回路全体の電圧ベクトル $\vec{V}$ は $\vec{V_R}$, $\vec{V_L}$ のベクトル合成であり，$\vec{I}$ に対して $\dfrac{\pi}{4}$ 位相が進んでいる，というのが問題の条件である。

したがって

$$|\vec{V_R}|=|\vec{V_L}|$$

が成り立つ。

電流の最大値を I_0, V_R の最大値($|\vec{V_R}|$)を V_{R0}, V_L の最大値($|\vec{V_L}|$)を V_{L0} と書けば

$$V_{R0}=I_0R$$
$$V_{L0}=I_0X_L$$

である。X_L はコイルの誘導リアクタンスで，交流電源の角周波数を ω とすれば

$$X_L=L\omega$$

である。したがって

$$I_0R=I_0X_L$$

が成り立ち

$$R=L\omega$$

の関係式が得られる。これより

$$\omega=\frac{R}{L}$$

また，振動数 f を用いて $\omega=2\pi f$ であるから

$$2\pi f=\frac{R}{L} \iff f=\frac{R}{2\pi L}$$

を得る。

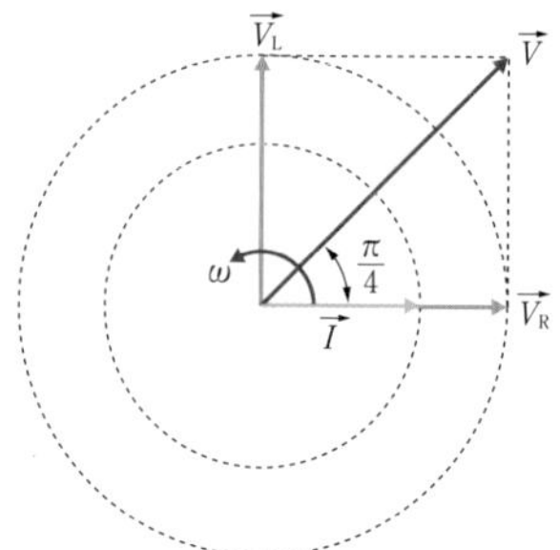

(2) 上のベクトル図で，$\vec{V}$ の最大値($|\vec{V}|$)を V_0 とすれば，三平方の定理より

$$V_0{}^2=V_{R0}{}^2+V_{L0}{}^2$$
$$=(I_0R)^2+(I_0X_L)^2$$

である。(1)より

$$I_0R=I_0X_L$$

であるから

$$V_0{}^2=2(I_0R)^2$$

整理して

$$V_0=\sqrt{2}R\cdot I_0$$

を得る。よって

$$I_0=\frac{V_0}{\sqrt{2}R}$$

両辺を $\sqrt{2}$ で割って

$$I_e=\frac{V_e}{\sqrt{2}R}$$

が求める電流の実効値である。

11 解答 (1) $\dfrac{Q_0}{\sqrt{LC}}\sin\omega t$ (2) $\dfrac{Q_0}{\sqrt{LC}}$

(3) $\dfrac{\pi}{2}\sqrt{LC}$

解説 (1) コンデンサーの電荷が q のときの静電エネルギーは

$$U_C=\frac{q^2}{2C}$$

また，コイルに電流 I が流れているときのコイルのエネルギーは

$$U_L=\frac{1}{2}LI^2$$

これらの合計は一定である。

$$\frac{q^2}{2C}+\frac{1}{2}LI^2=\text{一定}$$

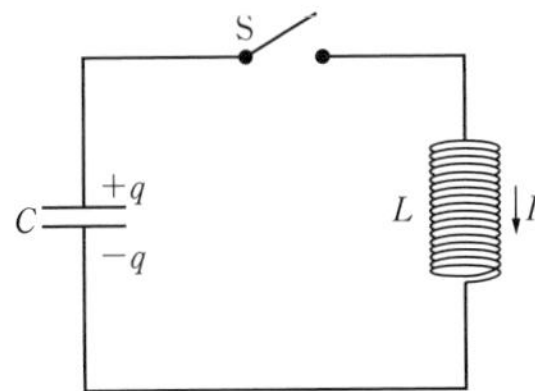

$t=0$ の瞬間のエネルギーの合計は

$$\frac{{Q_0}^2}{2C}+0$$

であるので，時刻 t における U_C と U_L の合計は

$$\frac{q^2}{2C}+\frac{1}{2}LI^2=\frac{{Q_0}^2}{2C}$$

となる。

$q=Q_0\cos\omega t$ を代入して

$$\frac{(Q_0\cos\omega t)^2}{2C}+\frac{1}{2}LI^2=\frac{{Q_0}^2}{2C}$$

電流 I について整理して

$$I^2=\frac{{Q_0}^2}{LC}(1-\cos^2\omega t)$$

$$=\frac{{Q_0}^2}{LC}\sin^2\omega t$$

ただし

$$\cos^2\omega t+\sin^2\omega t=1$$

の関係を用いた。よって

$$I=\frac{Q_0}{\sqrt{LC}}\sin\omega t$$

が得られる。

(2) (1)の

$$I=\frac{Q_0}{\sqrt{LC}}\sin\omega t$$

の関係式より，I の最大値 I_0 は

$$I_0=\frac{Q_0}{\sqrt{LC}}$$

となる。

(3) (1)，(2)からわかるように，電流は電気振動する。そのときの振動数 f は

$$f=\frac{1}{2\pi\sqrt{LC}}$$

であることがわかっている。また，与えられている定数 ω は角振動数で

$$\omega=2\pi f=\frac{1}{\sqrt{LC}}$$

となる。すると，電流は

$$I=\frac{Qa_0}{\sqrt{LC}}\sin\frac{t}{\sqrt{LC}}$$

と表され，最初に最大となるのは

$$\frac{t}{\sqrt{LC}}=\frac{\pi}{2}$$

となるときである。これより

$$t=\frac{\pi}{2}\sqrt{LC}$$

注意 振動の周期 T は

$$T=\frac{2\pi}{\omega}=2\pi\sqrt{LC}$$

である。$t=\frac{T}{4}$ で電流は最大となる。

第5部 原子と原子核

定期テスト対策問題 5 p.623-624

1 解答 (1) 5.0×10^{3} V/m

(2) 8.8×10^{14} m/s^{2} (3) 5.0×10^{-9} s

(4) $y=1.1\times10^{-2}$ m

解説 (1) 極板に加える電圧を V〔V〕，極板の間隔を d〔m〕とすると，電場の強さ E〔V/m〕は $E=\frac{V}{d}$ で求められる。

$$E=\frac{V}{d}=\frac{500\ \text{V}}{0.10\ \text{m}}=5.0\times10^{3}\ \text{V/m}$$

(2) 極板間の電子について運動方程式を立てる。

$$ma=eE$$

より

$$a=\frac{eE}{m}=1.76\times10^{11}\ \text{C/kg}\times5.0\times10^{3}\ \text{V/m}$$
$$=8.8\times10^{14}\ \text{m/s}^2$$

(3) 水平方向(極板に平行な方向)には初速度で等速直線運動をする。

$$t=\frac{x}{v}=\frac{0.40\ \text{m}}{8.0\times10^{7}\ \text{m/s}}=5.0\times10^{-9}\ \text{s}$$

(4) 鉛直方向には等加速度直線運動をするので，時間に(3)の結果を代入する。

$$y=\frac{1}{2}at^2$$
$$=\frac{1}{2}\times8.8\times10^{14}\ \text{m/s}^2\times(5.0\times10^{-9}\ \text{s})^2$$
$$=1.1\times10^{-2}\ \text{m}$$

2 解答 1.61×10^{-19} C

解説 (1) 互いに隣り合う測定値の差をとると，以下のようになる。

3.22　8.10　1.60　4.81
($\times10^{-19}$ C)

この中の最小値は 1.60×10^{-19} C である。このことから

$$e=1.60\times10^{-19}\ \text{C}$$

に近いと考えてよいので，測定結果は

$5e$，$3e$，$8e$，$9e$，$6e$

と表せる。

よって

$$e=\frac{(8.03+4.81+12.91+14.51+9.70)\times10^{-19}\ \text{C}}{5+3+8+9+6}$$
$$=1.611\times10^{-19}\ \text{C}$$

3 解答 (1) 2.3 eV

(2) 1.0×10^{15} Hz (3) 6.6×10^{-34} J･s

解説 (1) グラフの切片の値が仕事関数を表している。よって　2.3 eV

(2) 最大エネルギーが0のときの振動数が限界振動数なので，10×10^{14} Hz となる。

(3) グラフの直線の傾きがプランク定数を表す。最大エネルギーの単位を〔J〕に直して傾きを求める。

1 eV$=1.6\times10^{-19}$ J より

$$2.3\ \text{eV}=2.3\times1.6\times10^{-19}\ \text{J}$$
$$=3.68\times10^{-19}\ \text{J}$$

直線の傾きは

$$h=\frac{3.68\times10^{-19}\ \text{J}}{5.6\times10^{14}\ \text{Hz}}=6.57\times10^{-34}\ \text{J･s}$$

となる。

4 解答 (1) 6.4×10^{-15} J

(2) 1.2×10^{8} m/s (3) 6.1×10^{-12} m

(4) 3.1×10^{-11} m

解説 (1) エネルギーの原理により，電場のした仕事が電子の運動エネルギーになる。

$$\frac{1}{2}mv^2=eV=1.6\times10^{-19}\ \text{C}\times4.0\times10^{4}\ \text{V}$$
$$=6.4\times10^{-15}\ \text{J}$$

(2) (1)より

$$v=\sqrt{\frac{2eV}{m}}=\sqrt{\frac{2\times6.4\times10^{-15}\ \text{J}}{9.0\times10^{-31}\ \text{kg}}}$$
$$=1.20\times10^{8}\ \text{m/s}$$

(3) (2)より，電子波の波長 λ〔m〕は

$$\lambda=\frac{h}{mv}=\frac{6.6\times10^{-34}\ \text{J･S}}{9.0\times10^{-31}\ \text{kg}\times1.20\times10^{8}\ \text{m/s}}$$
$$=6.11\times10^{-12}\ \text{m}$$

(4) 最短波長を λ_0〔m〕とすると，(1)の結果を用いて

$$\lambda_0=\frac{hc}{eV}=\frac{6.6\times10^{-34}\ \text{J･S}\times3.0\times10^{8}\ \text{m/s}}{6.4\times10^{-15}\ \text{J}}$$
$$=3.09\times10^{-11}\ \text{m}$$

5 解答 (1)　1.22×10^{-7} m　紫外線域

(2)　9.12×10^{-8} m 以下の波長の光

解説 (1)　電子が軌道を遷移するときのエネルギーの差 ΔE〔J〕から波長 λ〔m〕を求める。

$$\Delta E=E_2-E_1$$
$$=-2.18\times10^{-18}\,\text{J}\times\left(\frac{1}{2^2}-\frac{1}{1^2}\right)$$
$$=1.635\times10^{-18}\,\text{J}$$

電子の波長 λ は次式で求められる。

$$\lambda=\frac{hc}{\Delta E}=\frac{6.63\times10^{-34}\,\text{J·S}\times3.00\times10^{8}\,\text{m/s}}{1.635\times10^{-18}\,\text{J}}$$
$$=1.22\times10^{-7}\,\text{m}$$

この波長は紫外線域である。

(2)　電子を取り去るためには，$n=1$ から $n=\infty$ に電子を移すことを考える。

$$\Delta E=E_\infty-E_1$$
$$=-2.18\times10^{-18}\,\text{J}\times\left(\frac{1}{\infty^2}-\frac{1}{1^2}\right)$$
$$=2.18\times10^{-18}\,\text{J}$$

このときの波長を λ'〔m〕とすると

$$\lambda'=\frac{hc}{\Delta E}=\frac{6.63\times10^{-34}\,\text{J·S}\times3.00\times10^{8}\,\text{m/s}}{2.18\times10^{-18}\,\text{J}}$$
$$=9.12\times10^{-8}\,\text{m}$$

となり，この波長よりも短い波長の光を当てればよいことになる。

6 解答 (1)　4.0×10^{-30} kg

(2)　3.6×10^{-13} J　(3)　2.2×10^{6} eV

解説 (1)　質量欠損を Δm とする。

$$\Delta m=1.0073\text{u}+1.0087\text{u}-2.0136\text{u}$$
$$=0.0024\text{u}$$
$$=0.0024\times1.66\times10^{-27}\,\text{kg}$$
$$=0.00398\times10^{-27}\,\text{kg}$$
$$=4.0\times10^{-30}\,\text{kg}$$

(2)　結合エネルギーを E〔J〕とする。

$$E=\Delta mc^2$$
$$=3.98\times10^{-30}\,\text{kg}\times(3.0\times10^{8}\,\text{m/s})^2$$
$$=3.58\times10^{-13}\,\text{J}$$
$$=3.6\times10^{-13}\,\text{J}$$

(3)　1 eV$=1.6\times10^{-19}$ J より換算する。結合エネルギーを E'〔eV〕とする。

$$E'=\frac{3.58\times10^{-13}}{1.6\times10^{-19}}\,\text{eV}=2.2\times10^{6}\,\text{eV}$$

7 解答 2.87×10^{3} 年

解説 t 年後に植物のサンプルがはじめの量の 70.7% になったとする。半減期の式

$$\frac{N}{N_0}=\left(\frac{1}{2}\right)^{\frac{t}{T}}$$

より

$$70.7=\frac{1}{\sqrt{2}}=\left(\frac{1}{2}\right)^{\frac{t}{5.73\times10^{3}\,\text{年}}}$$

となるので

$$\frac{t}{5.73\times10^{3}\,\text{年}}=\frac{1}{2}$$
$$t=2.87\times10^{3}\,\text{年}$$

8 解答 (1)　${}^{7}_{3}\text{Li}+{}^{1}_{1}\text{H}\longrightarrow{}^{4}_{2}\text{He}+{}^{4}_{2}\text{He}$

(2)　3.1×10^{-29} kg

(3)　2.8×10^{-12} J

解説 (1)　${}^{7}_{3}\text{Li}+{}^{1}_{1}\text{H}\longrightarrow{}^{4}_{2}\text{He}+{}^{4}_{2}\text{He}$

(2)　質量欠損を Δm〔kg〕とする。

$$\Delta m=11.6478\times10^{-27}\,\text{kg}+1.6726\times10^{-27}\,\text{kg}-2\times6.6447\times10^{-27}\,\text{kg}$$
$$=3.1\times10^{-29}\,\text{kg}$$

(3)　生じたエネルギーを E〔J〕とする。

$$E=\Delta mc^2$$
$$=3.1\times10^{-29}\,\text{kg}\times(3.0\times10^{8}\,\text{m/s})^2$$
$$=2.8\times10^{-12}\,\text{J}$$

物理の計算によく出てくる数学の公式

❶ 2次方程式

$ax^2+bx+c=0\,(a\neq 0)$ の解は　　$x=\dfrac{-b\pm\sqrt{b^2-4ac}}{2a}$

例　$x^2-3x+2=0$ では，上の式にあてはめると，$a=1$，$b=-3$，$c=2$ なので，解は

$$x=\frac{-(-3)\pm\sqrt{(-3)^2-4\cdot1\cdot2}}{2\cdot1}=\frac{3\pm1}{2}\qquad x=2,\ 1$$

注意　$x^2-3x+2=(x-2)(x-1)$ と因数分解すれば

$(x-2)(x-1)=0$　より $x=2$，1 と求めることができる。

❷ 弧度法

(A)　定義

半径 r の円弧の長さが r のときの中心角の大きさを 1 rad とする。

$$1\ \mathrm{rad}=\frac{180°}{\pi}$$

$S=\pi r^2\times\dfrac{\theta}{2\pi}=\dfrac{1}{2}r^2\theta=\dfrac{1}{2}rl$

$l=2\pi r\times\dfrac{\theta}{2\pi}=r\theta$

θ　r

(B)　弧の長さ l と面積 S

（半径を r，中心角を θ〔rad〕とする）

$$l=r\theta$$

$$S=\frac{1}{2}r^2\theta=\frac{1}{2}rl$$

ϕ〔°〕	0	30	45	60
θ〔rad〕	0	$\frac{\pi}{6}$	$\frac{\pi}{4}$	$\frac{\pi}{3}$
ϕ〔°〕	90	180	270	360
θ〔rad〕	$\frac{\pi}{2}$	π	$\frac{3}{2}\pi$	2π

❸ 三角比

直角三角形の各辺の比は角 θ で決まる。

$$\sin\theta=\frac{c}{a},\ \cos\theta=\frac{b}{a},\ \tan\theta=\frac{c}{b}$$

θ	0°	30°	45°	60°	90°
sin	0	$\frac{1}{2}$	$\frac{1}{\sqrt{2}}$	$\frac{\sqrt{3}}{2}$	1
cos	1	$\frac{\sqrt{3}}{2}$	$\frac{1}{\sqrt{2}}$	$\frac{1}{2}$	0
tan	0	$\frac{1}{\sqrt{3}}$	1	$\sqrt{3}$	∞

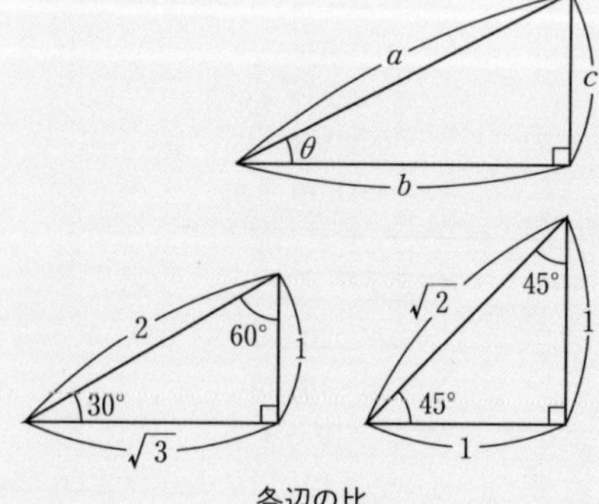

各辺の比

❹ 三角関数

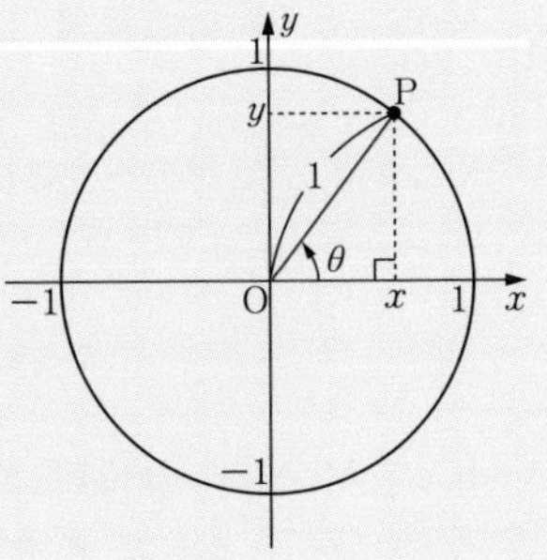

角 θ の動径と，原点を中心とする半径 1 の円との交点を $\mathrm{P}(x,\ y)$とすると

$$\sin\theta=\frac{y}{1},\ \cos\theta=\frac{x}{1}$$

が成り立つ。$0°\leqq\theta\leqq360°$ で $-1\leqq x\leqq1$，$-1\leqq y\leqq1$ の範囲で変化するので，$\sin\theta$，$\cos\theta$ は θ とともに次のように変化する。

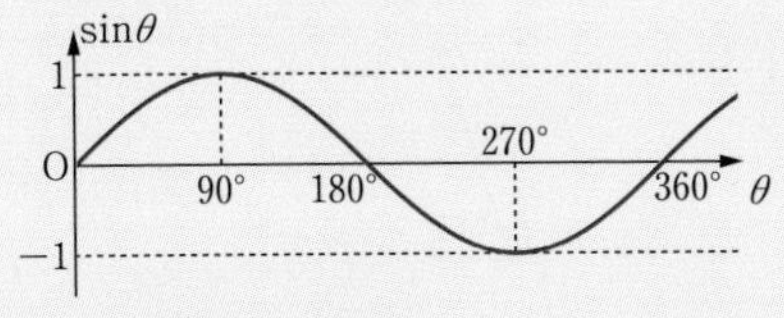

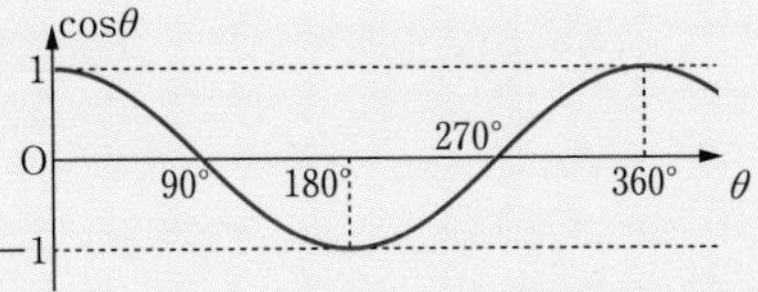

❺ 三角関数の公式

$$\sin^2\theta+\cos^2\theta=1,\ \tan\theta=\frac{\sin\theta}{\cos\theta}$$

$$\sin(\theta+90°)=\cos\theta,\ \cos(\theta-90°)=\sin\theta$$

$$1+\tan^2\theta=\frac{1}{\cos^2\theta}$$

$$\sin(\alpha\pm\beta)=\sin\alpha\cos\beta\pm\cos\alpha\sin\beta$$

$$\cos(\alpha\pm\beta)=\cos\alpha\cos\beta\mp\sin\alpha\sin\beta$$

$$\sin\alpha\pm\sin\beta=2\sin\frac{\alpha\pm\beta}{2}\cos\frac{\alpha\mp\beta}{2}$$

$$\sin2\theta=2\sin\theta\cos\theta$$

$$\cos2\theta=\cos^2\theta-\sin^2\theta=1-2\sin^2\theta=2\cos^2\theta-1$$

❻ ベクトル

(A)　ベクトルの表記

ベクトルは大きさと向きをもつ量なので，矢印で表す。これを $\vec{a}$ や $\overrightarrow{\mathrm{AB}}$ のような記号で表記する。矢印の向きがベクトルの向き，長さがベクトルの大きさである。

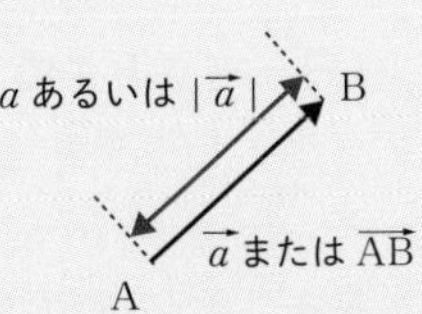

1 次元(直線上)のベクトルは，向きを符号で表すので正負の値をとる。1 次元のベクトル a の大きさは$|a|$と表すことが多い。

(B)　ベクトルの負号

ベクトル $\vec{a}$ に負号を付けた $-\vec{a}$ は，$\vec{a}$ と大きさが等しく，向きが反対のベクトルを表す。

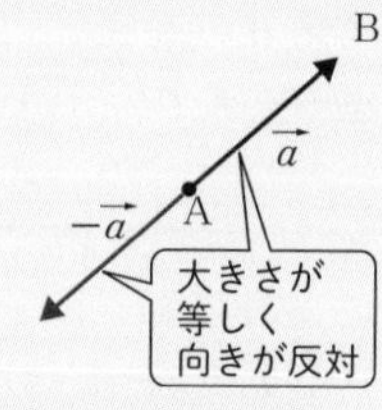

(C)　ベクトルの和(合成)

$\vec{c}=\vec{a}+\vec{b}$ として $\vec{a}$ と $\vec{b}$ の和 $\vec{c}$ を求めるには，$\vec{a}$ と $\vec{b}$ を平行四辺形の法則により合成すればよい。

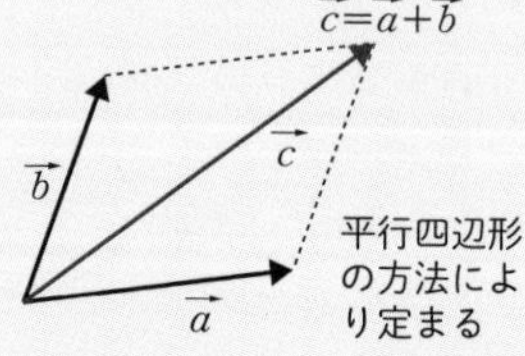

(D)　ベクトルの差

$\vec{d}=\vec{a}-\vec{b}$ として $\vec{a}$ と $\vec{b}$ の差 $\vec{d}$ を求めるには，$\vec{a}-\vec{b}=\vec{a}+(-\vec{b})$ として $\vec{a}$ と $-\vec{b}$ を平行四辺形の法則により合成すればよい。

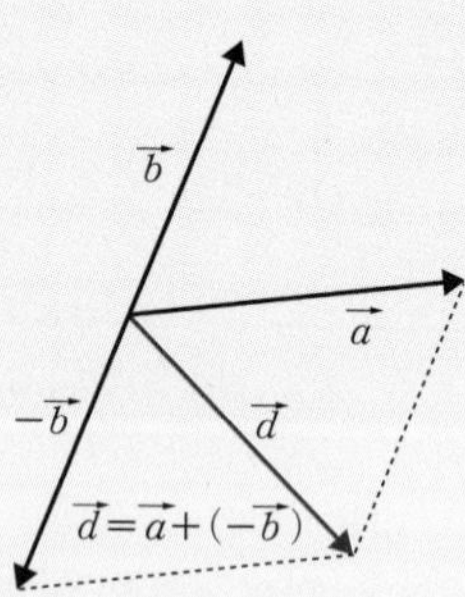

(E)　ベクトルの定数倍

ベクトル $\vec{a}$ を k 倍したベクトル $k\vec{a}$ は，$k>0$ のとき，$\vec{a}$ と同じ向きで，大きさが a の k 倍のベクトルを表す。

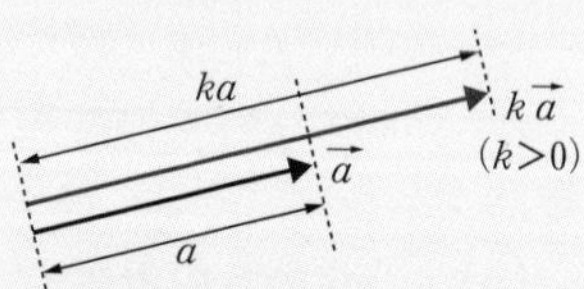

(F)　ベクトルの分解

ベクトル $\vec{c}$ を2つの方向のベクトル $\vec{a}$，$\vec{b}$ に分解することができる。$\vec{c}$ が力のベクトルの場合は，$\vec{a}$，$\vec{b}$ を分力という。分力 $\vec{a}$，$\vec{b}$ とベクトル $\vec{c}$ は同一平面上にある。

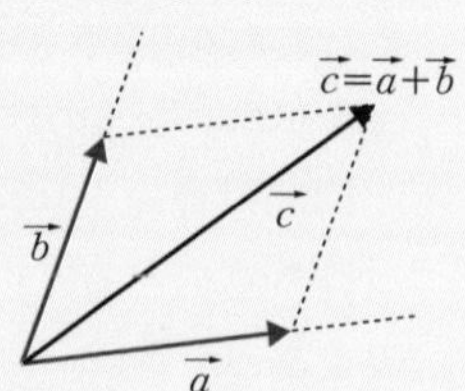

❼ ベクトルの成分表示

ベクトル $\vec{a}$ を，直交する x 方向，y 方向に分解すると便利である。分解で得られたベクトルの大きさに，それぞれの座標軸と同じ向きのときはそのまま，逆向きのときはマイナスをつけたものが，その座標軸方向の成分となる。

$$\vec{a} \longleftrightarrow (a_x,\ a_y)$$

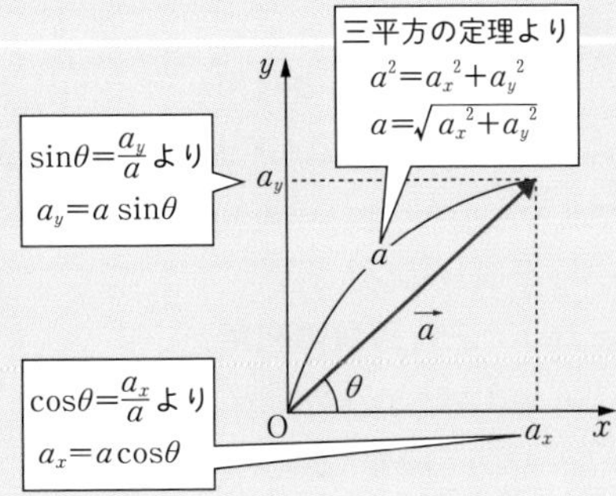

❽ ベクトル合成の成分表示

$\vec{a}$ と $\vec{b}$ の和 $\vec{c}=\vec{a}+\vec{b}$ は❻の(C)のように平行四辺形の法則で求めることができるが，ベクトルの成分表示によっても求めることができる。ベクトル $\vec{a}$，$\vec{b}$，$\vec{c}$ を成分表示すると

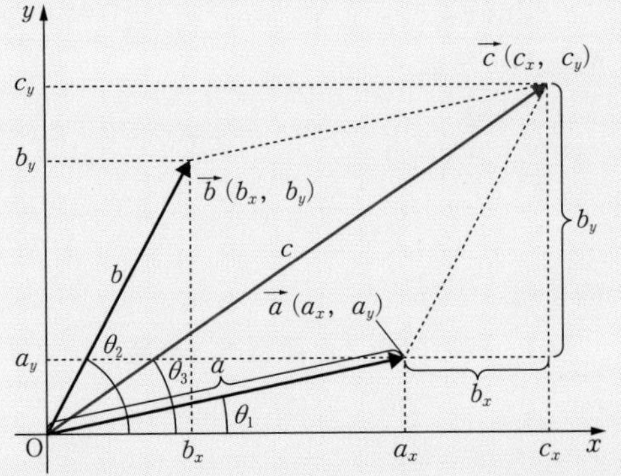

$$\vec{a} \longleftrightarrow (a_x,\ a_y)$$
$$\vec{b} \longleftrightarrow (b_x,\ b_y)$$
$$\vec{c} \longleftrightarrow (c_x,\ c_y)$$

$\vec{c}=\vec{a}+\vec{b}$ の関係より

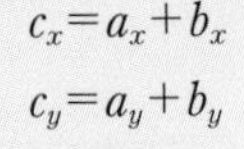

$$c_x=a_x+b_x$$
$$c_y=a_y+b_y$$

の関係が成り立つ。

❾ 指数・対数

($a>0$，$a\neq 1$ のときに成り立つ)

$$a^x a^y=a^{x+y},\ (a^x)^y=a^{xy}$$

$$a^{-x}=\frac{1}{a^x},\ a^0=1$$

$$x=a^y \longleftrightarrow y=\log_a x\quad (x>0)$$

$$\log_a a=1,\ \log_a 1=0$$

$$\log_a x^n=n\log_a x\quad (x>0)$$

$$\log_a xy=\log_a x+\log_a y,\ \log_a\frac{x}{y}=\log_a x-\log_a y\quad (x>0,\ y>0)$$

⑩ 近似公式

(A)　二項定理の利用

$|x|$が1に比べて十分小さいとき

$$(1\pm x)^n \fallingdotseq 1\pm nx$$

が成り立つ。

(B)　三角関数の利用

θが十分小さいとき

$$\sin\theta \fallingdotseq \tan\theta \fallingdotseq \theta$$

$$\cos\theta \fallingdotseq 1$$

が成り立つ。

⑪ 数列・級数

$$\sum_{k=1}^{n} k = 1+2+3+\cdots+n = \frac{n(n+1)}{2}$$

$$\sum_{k=1}^{n} r^{k-1} = 1+r+r^2+\cdots+r^{n-1} = \frac{1-r^n}{1-r}$$

⑫ 面積・体積

(A)　円の円周 l と面積 S（半径を r とする）

$$l=2\pi r,\quad S=\pi r^2$$

(B)　球の表面積 S と体積 V（半径を r とする）

$$S=4\pi r^2,\quad V=\frac{4}{3}\pi r^3$$

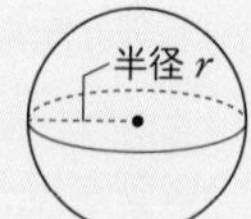

(C)　楕円の面積（長半径を a，短半径を b とする）

$$S=\pi ab$$

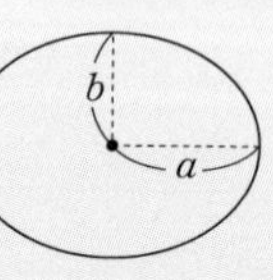

(D)　三角形の面積（底辺の長さを a，高さを h とする）

$$S=\frac{1}{2}ah$$

高さ h

底辺 a

(E)　台形の面積 S（上底の長さを a，下底の長さを b，高さを h とする）

$$S=\frac{1}{2}(a+b)h$$

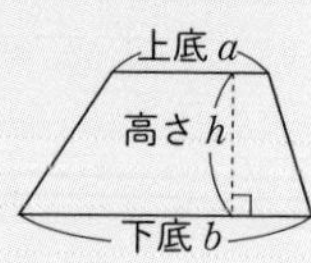

⑬ 関数のグラフ

(A) 1次関数

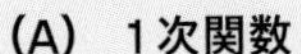

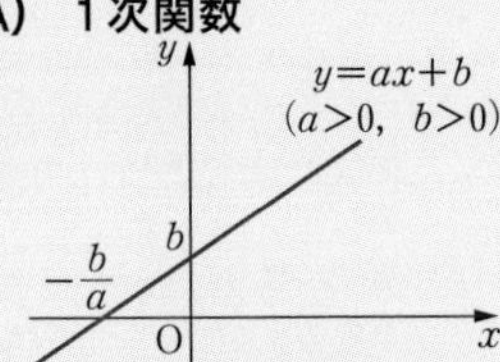

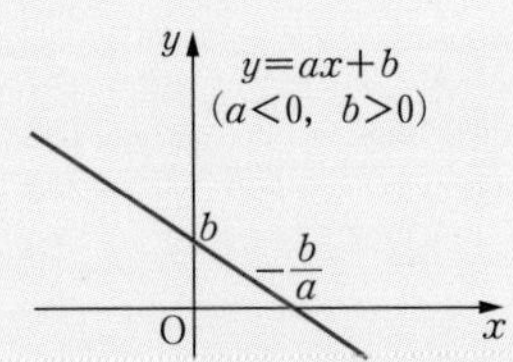

(B) 1次関数(比例)

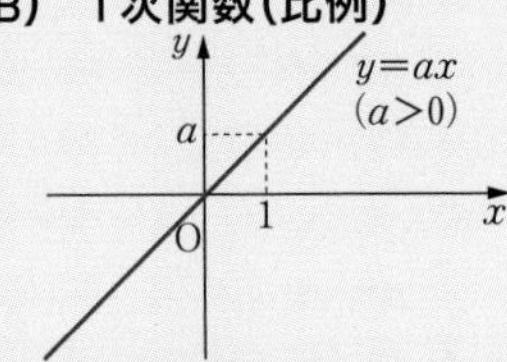

(C) 反比例

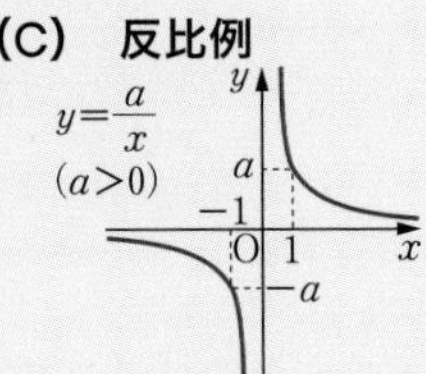

(D) 2次関数

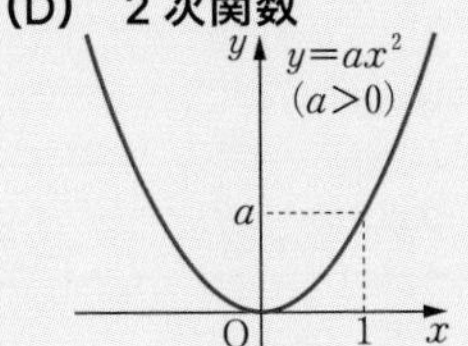

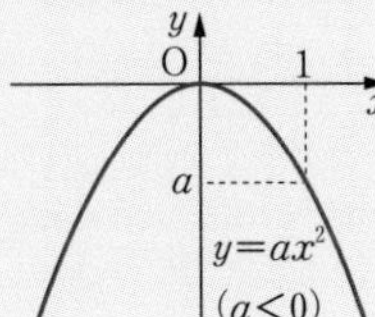

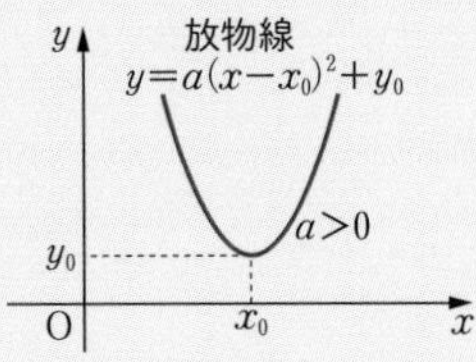

(E) 指数関数

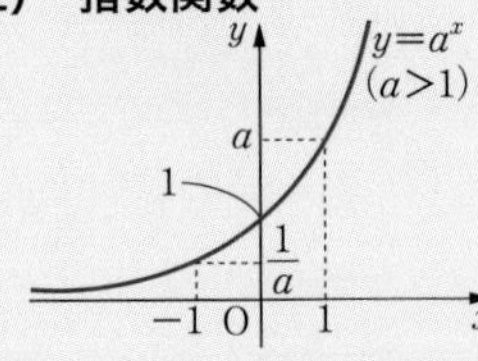

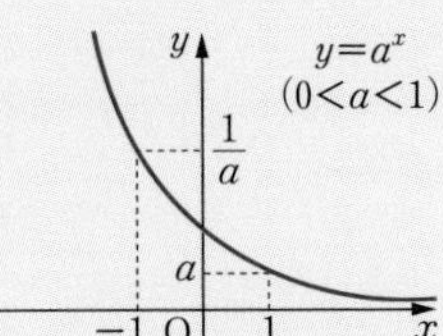

(F) 円

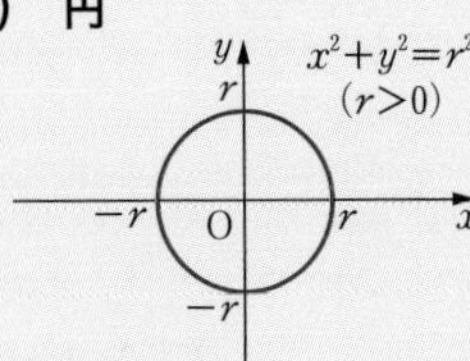

(G) 楕円

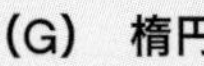

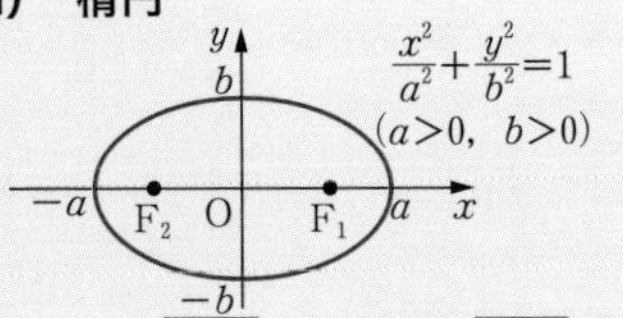

焦点は $F_1(\sqrt{a^2-b^2},\ 0)$，$F_2(-\sqrt{a^2-b^2},\ 0)$
$(a>b>0$ のとき$)$

(H) 双曲線

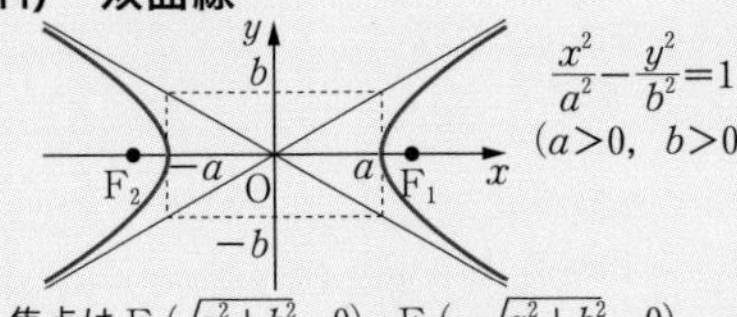

焦点は $F_1(\sqrt{a^2+b^2},\ 0)$，$F_2(-\sqrt{a^2+b^2},\ 0)$

さくいん

た

ち

つ

て

と

な

に

ね

は

ひ

ふ

へ

ほ

ま

み

め

も

MY BEST
よくわかる高校物理基礎+物理

監　修	小牧研一郎（東京大学名誉教授・理学博士）
著　者	右近修治（東京都市大学理工学部自然科学科客員教授）
	長谷川大和（東京工業大学附属科学技術高等学校教諭）
	徳永恵里子（慶應義塾大学高等学校非常勤講師）
イラストレーション	FUJIKO
編集協力	秋下幸恵，内山とも子，岡庭璃子，光山倫央，坂本実佐，佐藤玲子，鈴木亮子，高木直子，谷聡太，能塚泰秋，林千珠子，株式会社ダブルウイング，株式会社メビウス，株式会社U-Tee
図版作成	株式会社ユニックス
写真提供	日本スリービー・サイエンティフィック（株），北海道大学理学部　網塚グループ，OPO，photolibrary
データ作成	株式会社四国写研
印刷所	株式会社リーブルテック

①